百练成高手！

After Effects

# 经典案例荟萃

案例成对，全面展现；
掌握变化，学通技术；
快速提升，百练成高手！

徐丕文　徐暕文　编著

兵器工业出版社
北京希望电子出版社
Beijing Hope Electronic Press
www.bhp.com.cn

## 内 容 简 介

本书根据影视后期合成所需的常规技能和商业影视特效制作的实战技巧进行编写。全书内容分为文字特效制作、综合特效制作、模拟特效制作三大部分。文字特效制作部分分别详细解析了描边文字、粒子文字、Text Layer动画、路径文字、三维爆炸、空间转换、描绘文字等经典案例内容。综合特效制作部分分别详细解析了斑驳扫光、置换变形、流淌液体、水波纹理、装饰波浪、空间翻转等经典案例内容。模拟特效制作部分分别详细解析了炫目光线、天空云彩、自然粒子、水墨表现、校色降噪、综合影视包装等经典案例内容。为了帮助读者加深对各个类型案例制作的延伸掌握，本书在每个效果分类的章节课程讲解中，均有针对性的安排了索引案例进行分析比较与详解步骤。

本书结构严谨，案例步骤翔实，讲解内容清晰透彻。在解析经典的过程中，适时加入了丰富的制作经验和操作技巧说明，适用于各级电视台、制片公司、广告制作公司的视频制作人员以及希望在短时间内掌握经典特效技术的读者朋友，本书也可以作为影视后期相关专业及视频制作培训机构的教材。

本书配套光盘内容为书中部分实例的素材、源文件和最终效果文件。

**图书在版编目（CIP）数据**

After Effects经典案例荟萃/徐丕文，徐暕文编著.
北京：兵器工业出版社；北京希望电子出版社，2010.1
ISBN 978-7-80248-467-2

I.A…  II.①徐…②徐…  III.图形软件，After Effects
IV. TP391.41

中国版本图书馆CIP数据核字（2009）第202611号

出版发行：兵器工业出版社　北京希望电子出版社
邮编社址：100089　北京市海淀区车道沟10号
100085　北京市海淀区上地三街9号
嘉华大厦C座611
电　　话：010-62978181（总机）010-82702660 82702698（传真）
经　　销：各地新华书店　软件连锁店
印　　刷：北京凯达印务有限公司
版　　次：2010年1月第1版第1次印刷

封面设计：盛春宇
责任编辑：郭春临　宋丽华　秦　甲
责任校对：青青虫工作室
开　　本：787×1092　1/16
印　　张：30（6面彩插）
印　　数：1-3000
字　　数：688千字
定　　价：66.00元（配1张光盘）

①

②

③

④

⑤

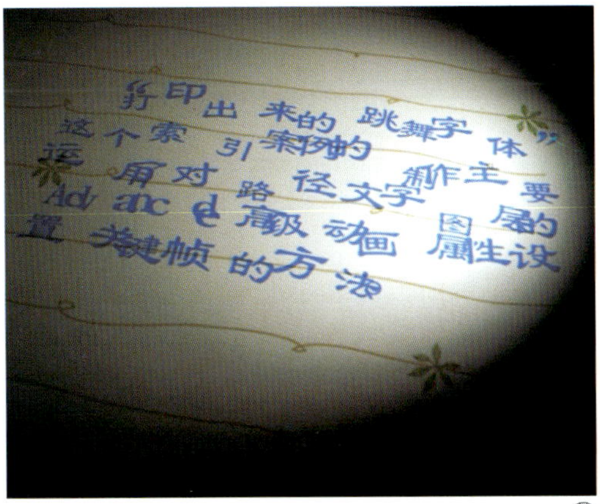

⑥

① 上浮的水泡

② 银装素裹的世界

③ 流星粒子拂过文字

④ 炫彩飞舞的粒子幻化文字

⑤ 变幻扭曲的文字

⑥ 打印出来的跳舞文字

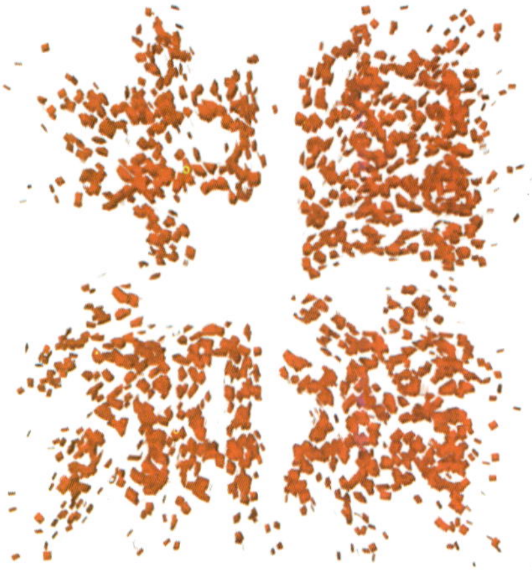

①

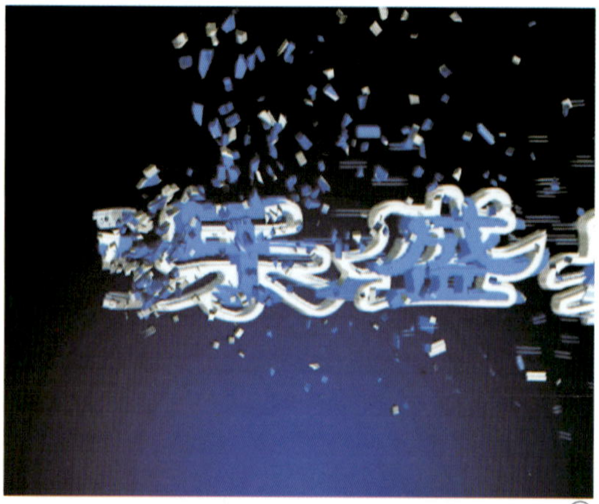

②

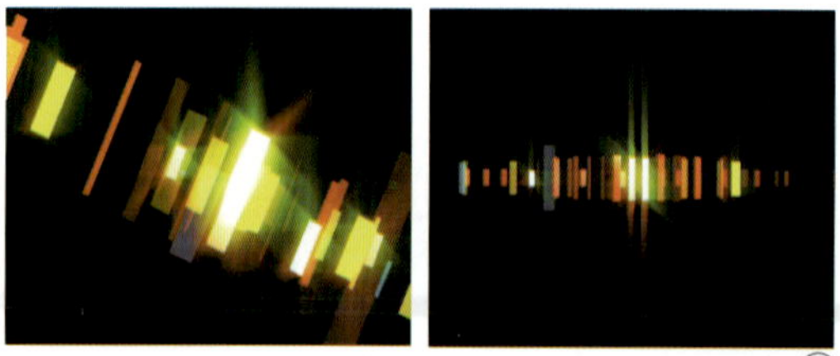

③

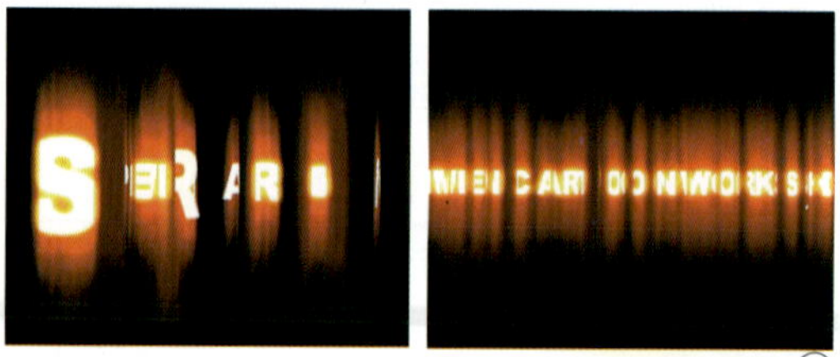

④

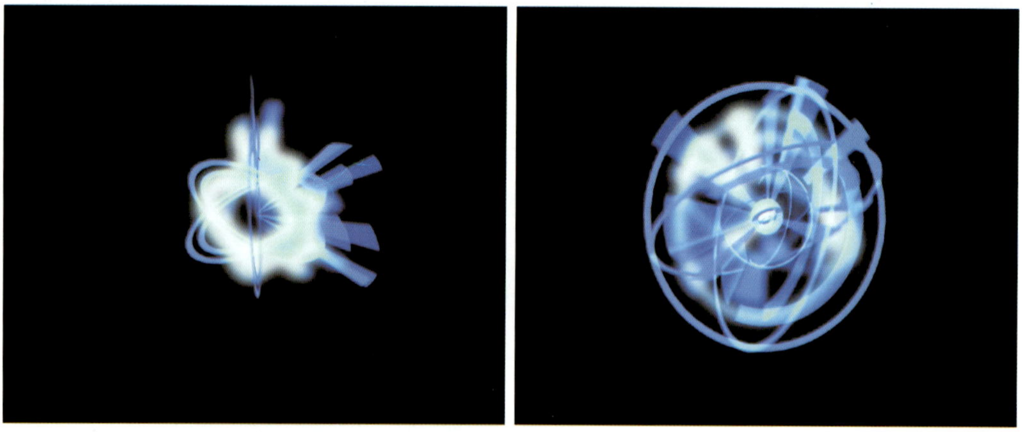

⑤

⑥

① 爆炸立体文字

② 时间凝固效果

③ 飞舞色条幻化LOGO

④ 辉光碎片文字

⑤ 转动的魔法光球

⑥ 跳舞的变色文字

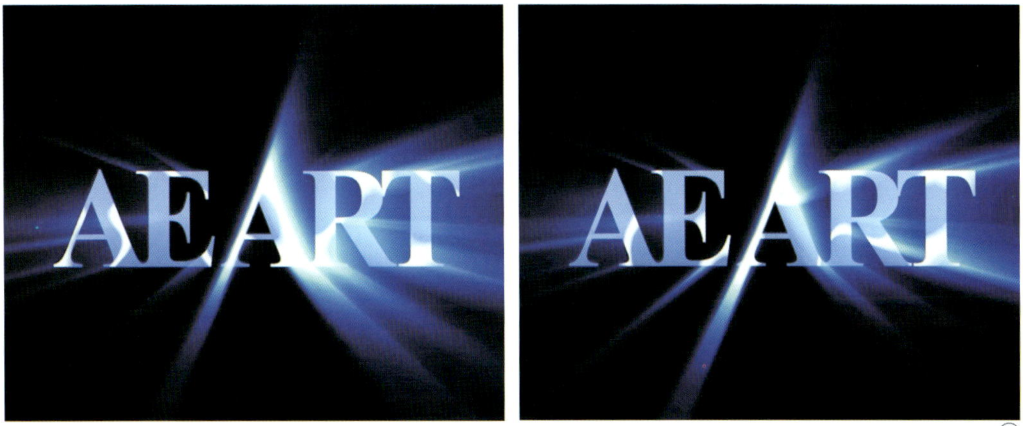


①

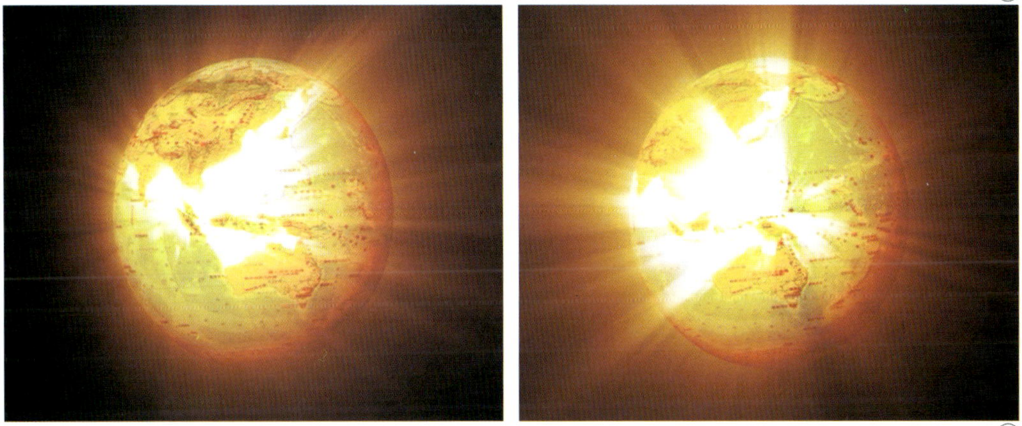

②

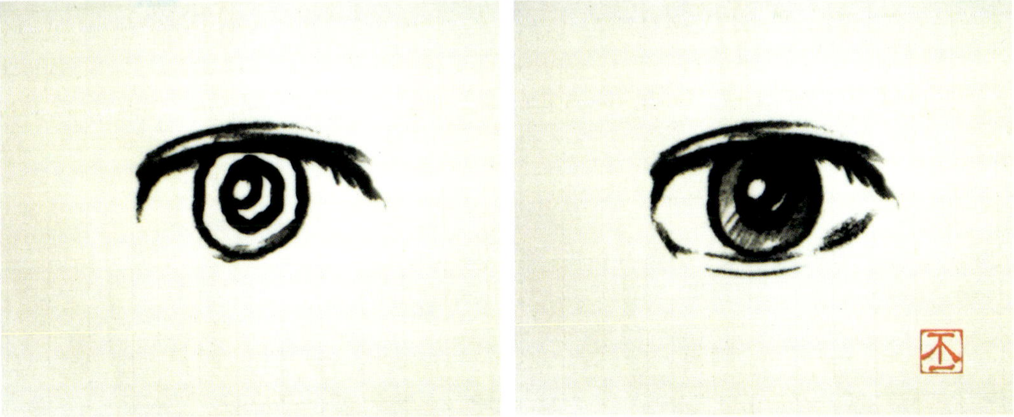

③

④

① 光影斑驳的文字表面扫光

② 光芒灼热的地球

③ 绘制水墨眼睛

④ 矢量手写LOGO文字

①

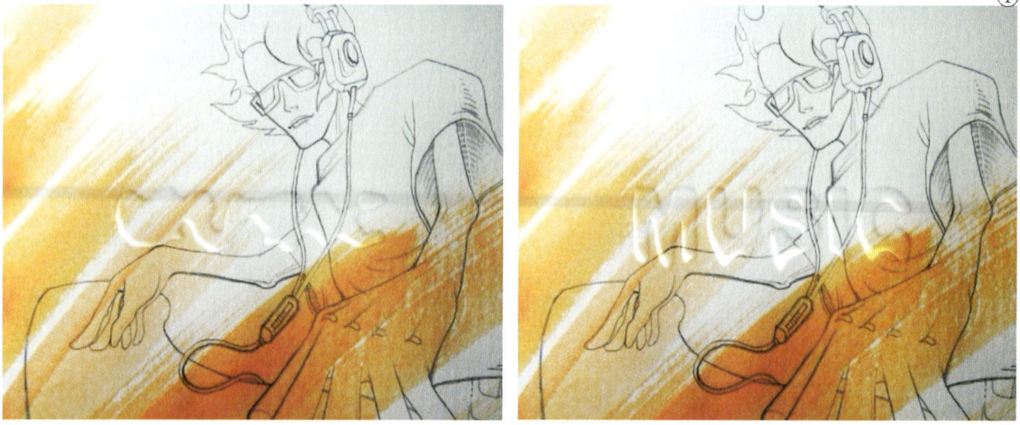

②

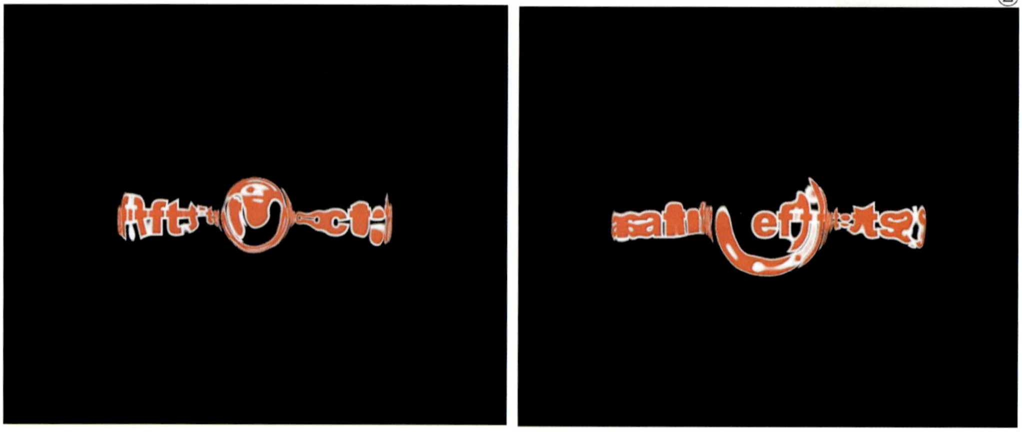
③

④

① 墙上渗出的文字
② 液体渗出流淌的效果
③ 水波荡漾文字
④ 躺在水底的照片

①

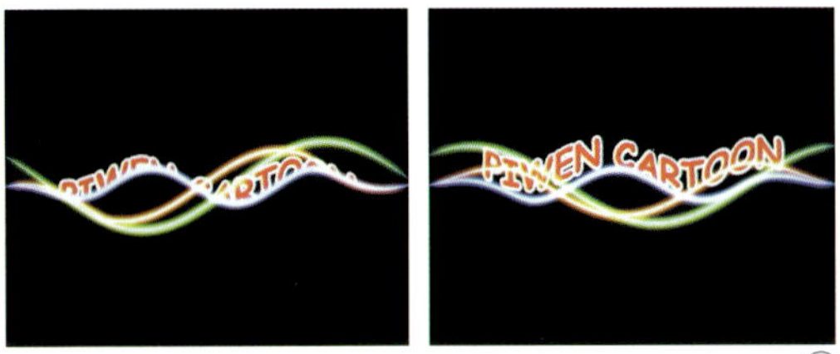


②

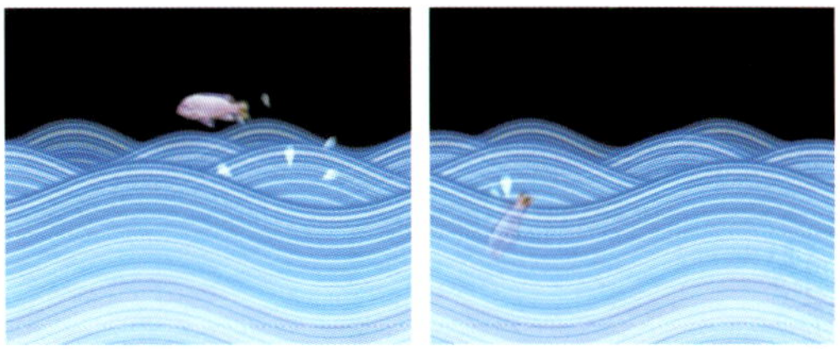

③

④

⑤

① 湖面上的夜景倒影

② 神奇的彩色水波线

③ 鱼跃大海

④ 神奇的变色荷花

⑤ 时光流逝的风景水墨画

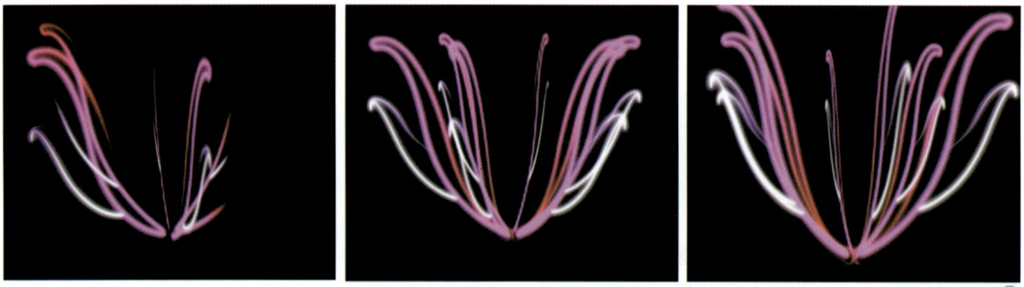

①

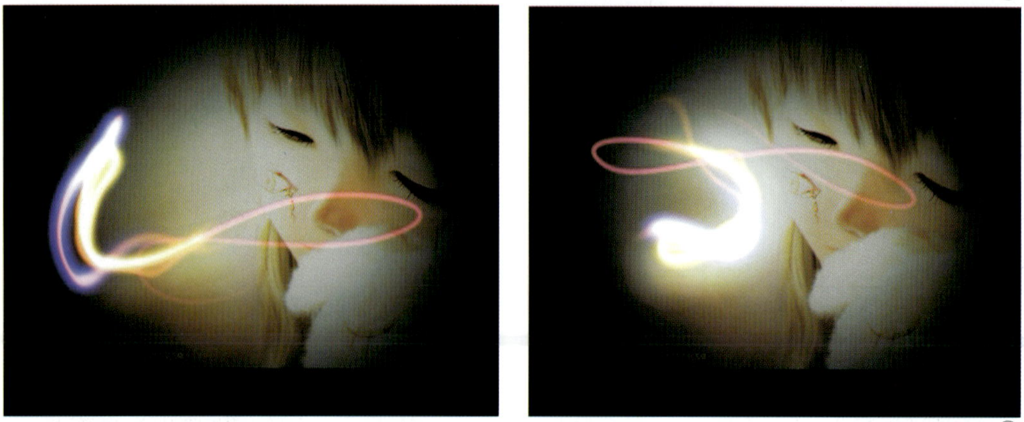

②

③

④

① 旋转生长的激光植物

② 流动的光线

③ 雷电场景

④ 天高流云涌

# 前　言

当今，视频制作技术正面临着一场从模拟化全面走向数字化的革命。数字技术已全面渗透到电影、电视、网络、互动艺术以及手机视频等各种媒体形式中，产生了令人叹为观止的数字特效及影视合成作品，展现了一个缤纷多彩的数码艺术世界。

After Effects是Adobe公司推出的一款拥有广泛用户群的非线性视频特效合成软件，它具有强大的视频特效处理功能、友好的软件操作界面、广泛的文件格式支持以及多种影片类型的输出支持等功能。它广泛应用于各级电视台、影视制作机构，具有良好的开放软件平台，与第三方外挂插件完全兼容并良好地运行使After Effects成为业内独树一帜的优秀特效制作软件。After Effects在PC平台体现出了优秀性能，它可以满足大多数中端乃至高端用户的需要，例如经典影片中的精彩特效便是运用After Effects软件制作合成的。强大完备的特效功能、简洁明了的合成概念、开放的软件平台以及优秀的兼容性，使After Effects成为广大视频工作者的首选利器。

## 关于本书

本书实例精彩丰富，以After Effects软件为制作平台，由3大类、18个效果分类及36个经典完美实例组成。从文字特效表现、综合特效表现以及模拟特效表现3个方面详细讲解After Effects的精髓。全书力求通过完整翔实的索引讲解以及极度明晰的制作步骤，使读者用最简单的阅读方式，对软件的操作、经典特效的应用和动画功能的设置等有一个完整的认识。同时，还兼顾画面的构图、色彩等构成理念对视频风格的影响。

书中的经典实例基本上都是通过运用After Effects内置特效及常用外挂插件来完成的。通过各种特效的组合与叠加、相关功能的穿插应用，得到全新的影像效果。另外，本书在每个分类效果的章节课程讲解中，均有针对性地安排了索引案例及其详解步骤，以帮助读者加深对各个类型特效制作的延伸理解。本书也注意了对After Effects相关技巧知识的深度讲解，使初学者不仅可以通过反复记忆式的方式学习掌握，也可以活学活用并轻松制作出绚丽的动画影像。而对于有一定软件基础的读者，也可以将本书作为After Effects的特效速查及进阶提高教材。本书适用于各级电视台、制片公司及广告制作公司的影视后期合成、多媒体设计、视频包装、动画设计、电视栏目制作人员，同时也适合希望在短时间内掌握经典特效技术的读者朋友、各院校和教育机构使用。另外本书也可以作为影视后期处理相关专业及视频制作培训机构的教材。

本书由徐丕文、徐暕文编写。在此对李铁、李鹏、鲁靓、陈扬、王京跃等朋友的热心参与表示感谢。由于作者水平有限，加之时间仓促，在编写的过程中难免有疏漏和不足之处，恳请读者朋友批评指正。

## 本书光盘内容

书中部分实例的素材、源文件和最终效果文件。

最后谨以此书献给所有熬夜奋战的视频创作者及After Effects爱好者们。

编者

2009年2月

# 目录

## 第1章 烟雾袅绕描边字体

## 第2章 炫彩飞舞粒子幻化字体

## 第3章 跳舞的闪动变色字体

## 第4章 变幻扭曲飞入字体

## 第5章 三维爆炸立体字体

## 第6章 3D空间文字组成的盒块动画

## 第7章 矢量手写LOGO文字

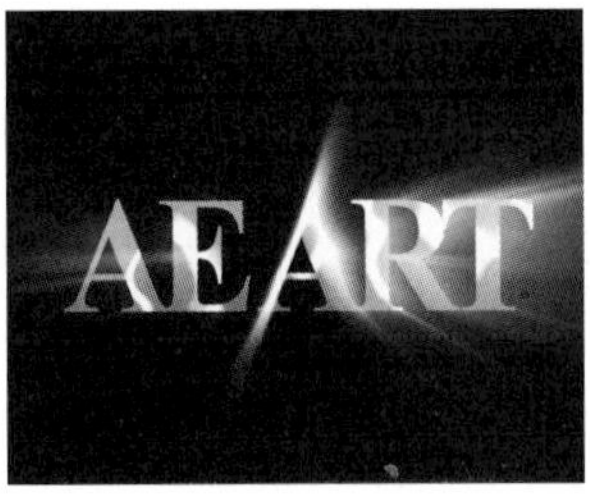


## 第8章 光影斑驳的字体表面扫光

## 第9章 飘渺光影幻化成形

## 第10章 液体状文字渗出流淌效果

## 第11章 水波荡漾幻化成形



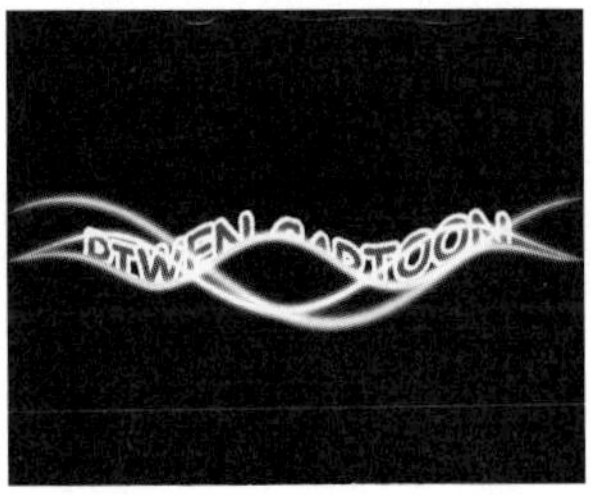

## 第12章 神奇的彩色水波线

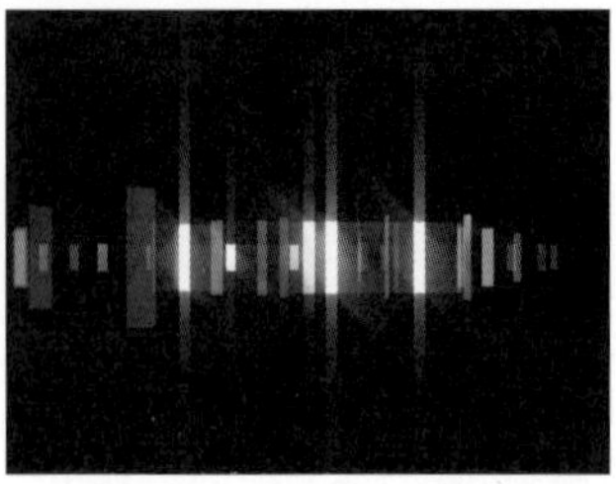

## 第13章 飞舞色条幻化LOGO

## 第14章 流动的华丽光线

## 第15章 雷电天空场景效果

## 第16章 漂浮上游的晶莹水泡

## 第 17 章 光华流逝的风景水墨画

## 第 18 章 “动画专业毕业展”宣传片头

# 第1章

# 烟雾袅绕描边字体

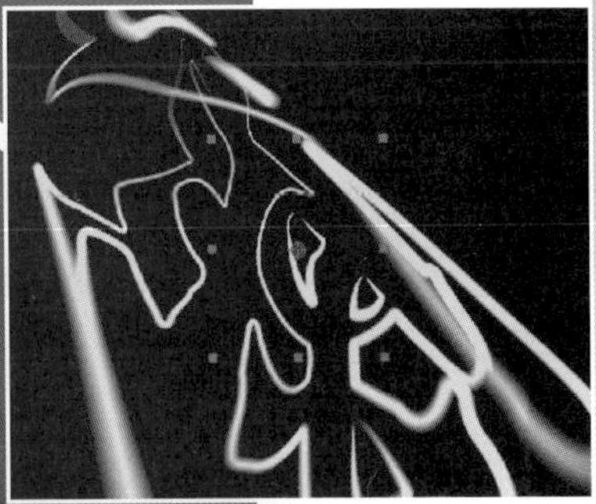

## 1.1 案例简介

这个案例表现的是文字“LOVE”，首尾两个字母分别以烟雾袅绕描边轮廓的形态逐渐显现出来的动画效果。下面通过示意图来分析如何在 After Effects 中制作这样的效果。

首先，运用 Particle Playground、Fast Blur 特效以及 Opacity（透明度）关键帧动画、设置 Mask（遮罩）等方法制作出茶杯上空升起缕缕轻烟的动画效果，从而为文字描边动画的出场起到较好的视觉引导作用。其次，通过勾画文字形状设置 Mask（遮罩）以及运用 Particle Playground、Fast Blur 等特效制作出“L”、“E”形状的桔黄色滚滚烟雾分别在这两个字母区域范围内不断翻腾起伏的动画效果。然后运用特效 Stroke 及制作其关键帧动画的方法，制作“L”、“E”这两个字母在茶杯上空分别以烟雾袅绕的形态来描边字体轮廓的动画效果。最后通过设置图层入点时间位置和设置图层混合模式、制作其他字母的 Position（位置）属性及 Opacity（透明度）属性关键帧动画等方法，完善并合成最终动画效果。制作思路示意图如图 1-1 所示，最后效果如图 1-2 所示。

(1) 茶杯上空升起缕缕轻烟的动画效果：运用 Particle Playground、Fast Blur 特效以及 Opacity（透明度）关键帧动画、设置 Mask（遮罩）

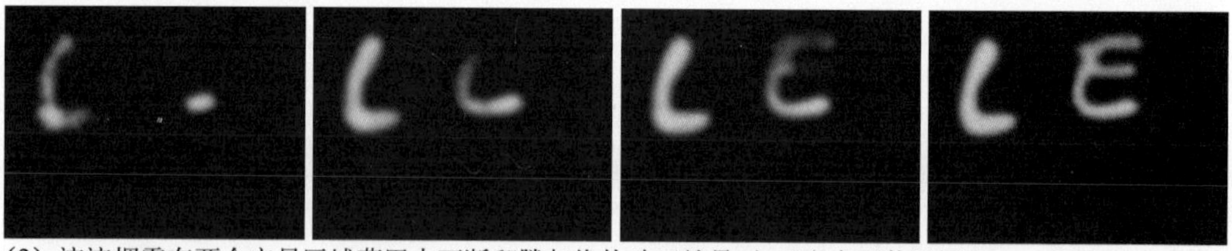

(2) 滚滚烟雾在两个字母区域范围内不断翻腾起伏的动画效果：勾画文字形状设置 Mask（遮罩）及运用 Particle Playground、Fast Blur 等特效

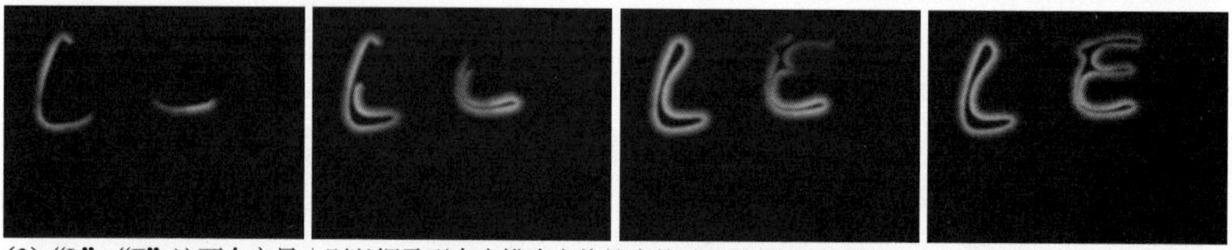

(3) “L”、“E”这两个字母分别以烟雾形态来描边字体轮廓的动画效果：运用特效 Stroke 及制作其关键帧动画

(4) 完善并合成最终动画效果：设置图层入点时间位置、设置图层混合模式、制作其余字母的 Position（位置）属性及 Opacity（透明度）属性关键帧动画

图1-1 制作思路示意图

图1-2 最后效果

## 1.2 具体制作

### 1.2.1 创建工程文件和制作茶杯上空的缕缕轻烟动画效果

❶新建工程文件“合成”和合成文件“茶杯冒烟动画”。首先启动 After Effects CS3 程序，按快捷键 Ctrl+N 新建一个合成文件。在打开的合成文件设置对话框中设置 Composition Name（合成名称）为“合成”。在 Basic（常规）选项卡下的 Preset（预置）下拉列表中选择“PAL D1/DV”，选项设置 Width（宽）为“720”，Height（高）为“576”，Frame Rate（帧率）为“25 帧 / 秒”，Duration（持续时间）为“0:00:15:00”，然后单击 OK（确定）按钮完成设置，如图 1-3 所示。

再次按快捷键 Ctrl+N 新建一个合成文件。在打开的合成文件设置对话框中设置 Composition Name（合成名称）为“茶杯冒烟动画”，Basic（常规）选项卡下的其他选项的设置可参照工程文件“合成”，如图 1-4 所示。

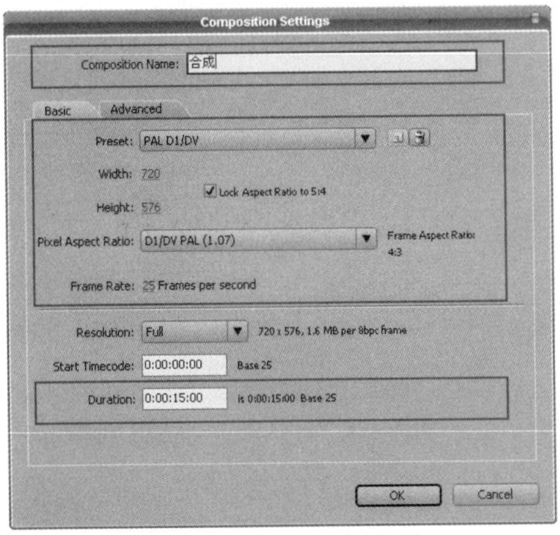


图1-3 新建工程文件

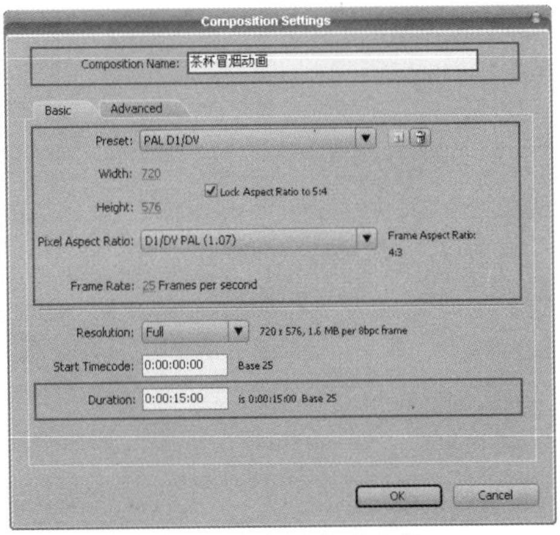


图1-4 新建合成文件

❷导入茶杯场景素材并将其置入合成文件“茶杯冒烟动画”中。在 Project 项目窗口中的空白区域双击，打开 Import File( 导入文件 ) 对话框，然后选择本书配套光盘 \lesson01 folder\(Footage)\ 目录下的 love01.psd 文件，单击“打开”按钮进行导入，如图 1-5 所示。

在打开的 PSD 文件导入设置对话框中，在 Import Kind( 导入种类 ) 下拉列表中选择“Footage（素材）”选项，在 Layer Options（图层选项）选项组内的 Choose Layer（选择图层）下拉列表中选择“love 图片”选项，然后单击 OK（确定）按钮进行导入。随后即可将该 PSD 文件内的底层图层“love 图片”以 Footage（素材）的形式导入到该 After Effects 项目中，如图 1-6 所示。

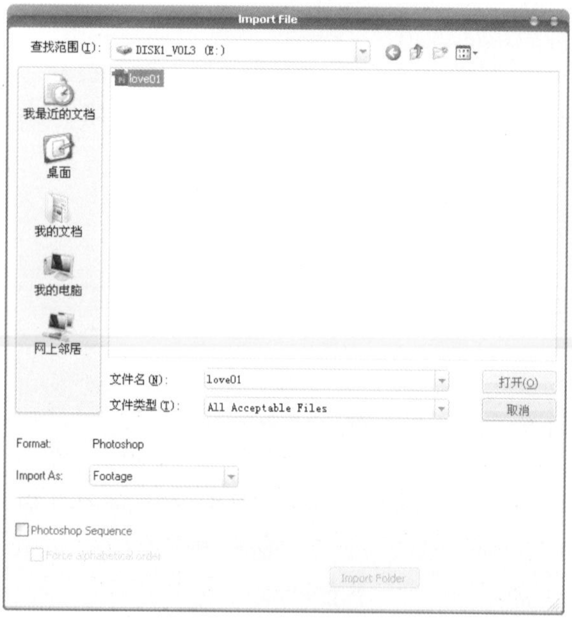


图1-5 导入素材文件

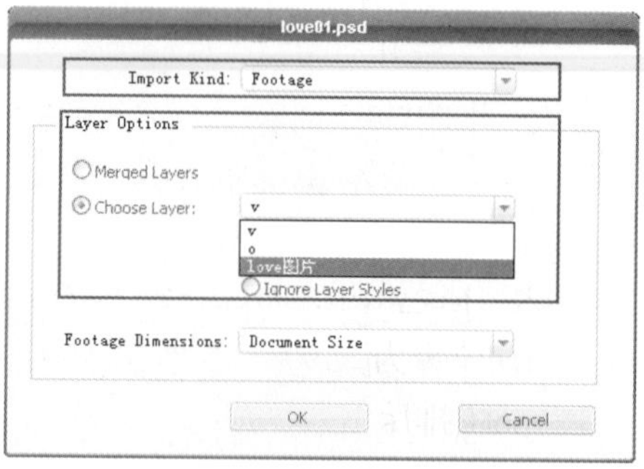


图1-6 设置导入图层

然后将图片素材“love 图片 \love01.psd”从 Project 项目窗口拖动至“茶杯冒烟动画”合成文件的 Timeline 面板中，如图 1-7 所示，效果如图 1-8 所示。

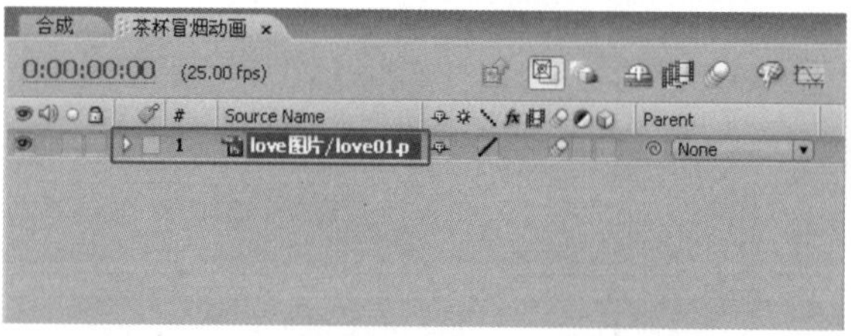


图1-7 将场景素材置入合成文件

图1-8 场景素材效果

❸创建“粒子烟雾”层。按快捷键 Ctrl+Y，在“茶杯冒烟动画”合成文件内新建一个固态层。然后在 Solid Settings（固态层设置）对话框中设置 Name（名称）为“粒子烟雾”，

Color（色彩）为“黑色”，设置完成单击 OK（确定）按钮，如图 1-9 所示。

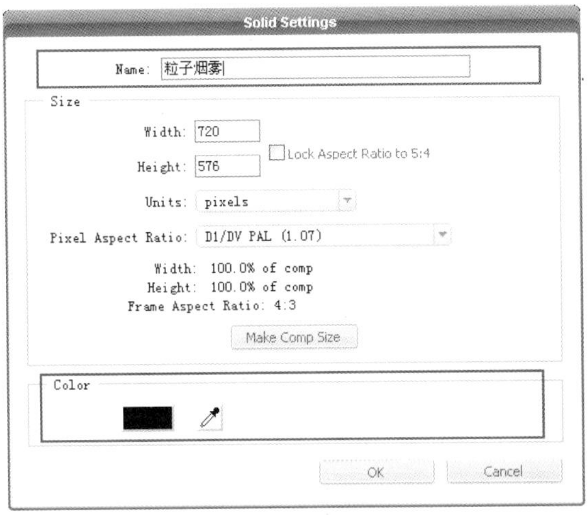


图1-9 创建层

❹为“粒子烟雾”层添加 Particle Playground（粒子运动仿真）特效。首先，选择“粒子烟雾”层并右击，从弹出的快捷菜单中选择“Effect（特效）”→“Simulation（模拟）”→“Particle Playground（粒子运动仿真）”选项。接着，在其 Particle Playground 特效控制面板中展开 Cannon（加农炮）选项，设置 Position（位置）为（148.0，350.0），Barrel Radius（活动半径）为“50.00”，Particle Per Second（粒子\秒）为“60.00”，Color（色彩）设为“白色”，Particle Radius（粒子半径）为“1.50”。再次，展开 Gravity（重力）选项，设置 Force（重力大小）为“0.00”，Force Random Spread（随机扩散力）为“0.10”。最后，展开 Repel（排斥）选项，设置 Force（斥力）为“0.50”，Force Radius（斥力半径）为“10.00”。至此，左边茶杯上空的外层烟雾效果设置完毕，如图 1-10 所示，效果如图 1-11 所示。

注：像雨点、雪花、尘粒这些相互间不断渗透和制约、整体相似而个体存在差异的物质，我们称之为粒子。Particle Playground是After Effects软件自带的功能强大的粒子特效，可以从物理学和数学等方面来控制粒子属性及其运动形态，从而实现这种奇妙的相似物体独立运动的动画效果。

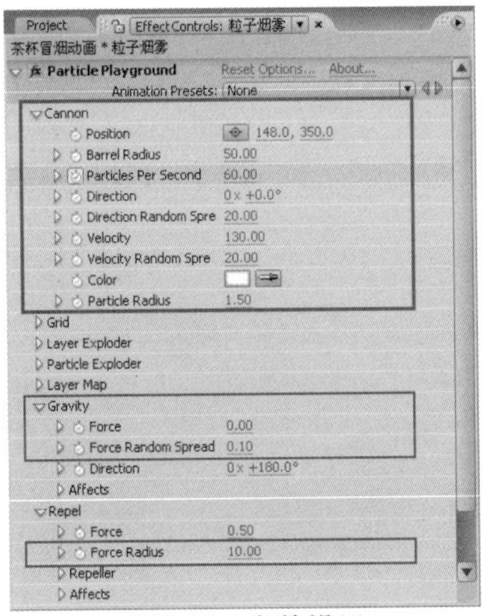


图1-10 参数设置

图1-11 效果截图

❺为“粒子烟雾”层制作 Opacity（透明度）关键帧动画及 Particle Playground（粒子运动仿真）特效关键帧动画。首先，将时间指针移至 0:00:04:00 处，展开“粒子烟雾”层的 Particle Playground（粒子运动仿真）特效选项。观察 Cannon（加农炮）选项内的 Particle Per Second（粒子＼秒）属性参数为“60.00”，然后单击其左侧秒表图标以新建一个特效关键帧，如图 1-12 所示。

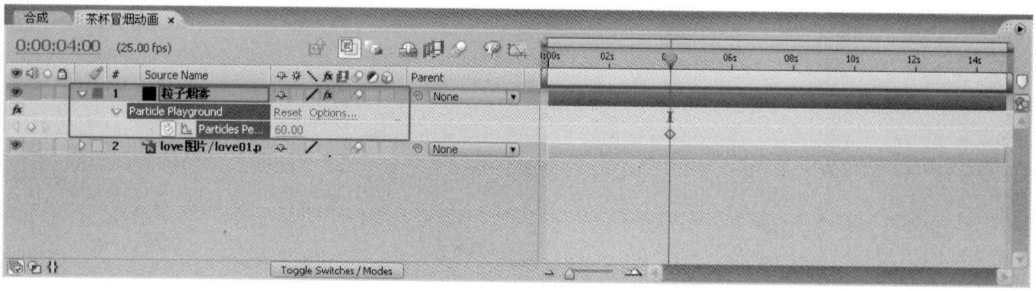


图1-12　设置关键帧

接着在时间 0:00:04:10 处，设置 Cannon（加农炮）选项内的 Particle Per Second（粒子＼秒）属性参数为“0.00”，即在当前时间处，该 Particle Per Second 特效属性自动生成参数为 0 的关键帧。

同时在 Timeline 面板内选择“粒子烟雾”层，按快捷键 T 调出该层的 Opacity（透明度）属性选项。在时间 0:00:04:10 处将“粒子烟雾”层的 Opacity（透明度）参数设置为“100”。并单击其左侧秒表图标新建一个 Opacity（透明度）属性关键帧，如图 1-13 所示。

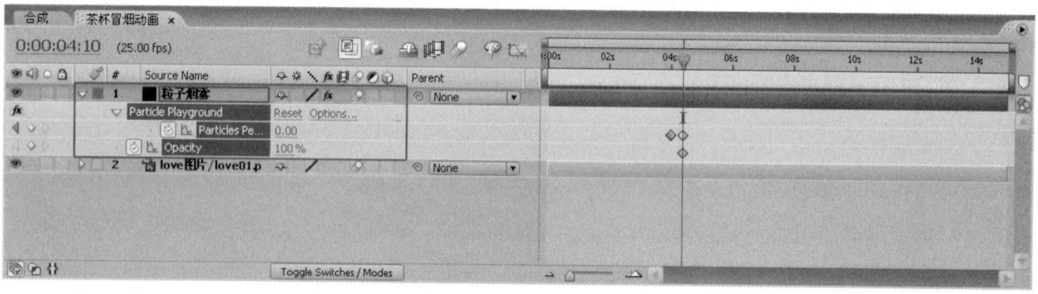


图1-13　设置关键帧

然后在时间 0:00:06:00 处，将“粒子烟雾”层的 Opacity（透明度）参数设置为“0%”，即在 6 秒处“粒子烟雾”层自动生成新的 Opacity（透明度）关键帧。至此，该层粒子数量逐渐减少直至全部消失的动画效果制作完毕，如图 1-14 所示，效果如图 1-15 所示。

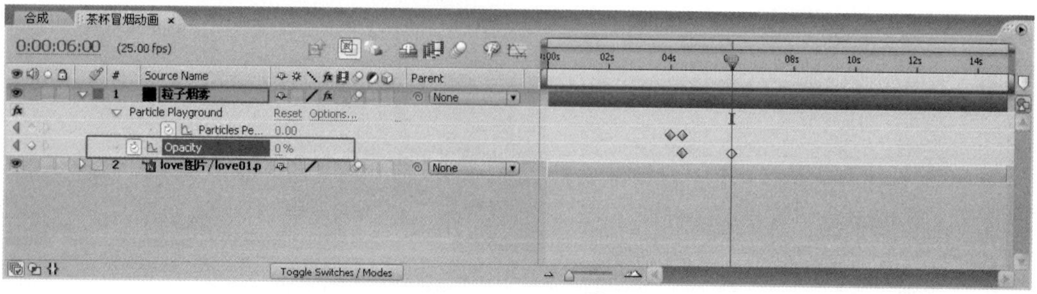


图1-14　设置关键帧

图1-15　动画效果截图

❻为“粒子烟雾”层添加 Fast Blur（快速模糊）特效。在合成文件“茶杯冒烟动画”的 Timeline 面板内选择“粒子烟雾”层并右击，从弹出的快捷菜单中选择“Effect（特效）”→“Blur&Sharpen（模糊 & 锐化）”→“Fast Blur（快速模糊）”选项。在 Fast Blur（快速模糊）特效控制面板中，设置 Blurriness（模糊）为 28，如图 1-16 所示。此处对动态粒子做模糊处理是制作烟雾类视效的常用技巧，效果如图 1-17 所示。

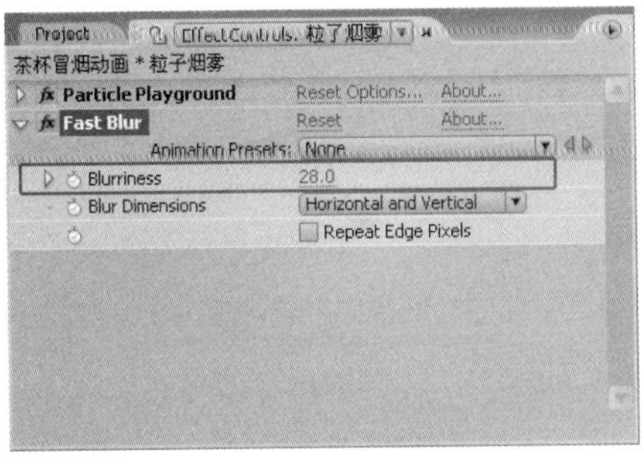


图1-16　参数设置

图1-17　Fast Blur效果

❼复制生成“粒子烟雾 2”层。在“茶杯冒烟动画”合成文件中，选择“粒子烟雾”层并按快捷键 Ctrl+D 复制并新建该层，再按 Enter 键将其改名为“粒子烟雾 2”，如图 1-18 所示。

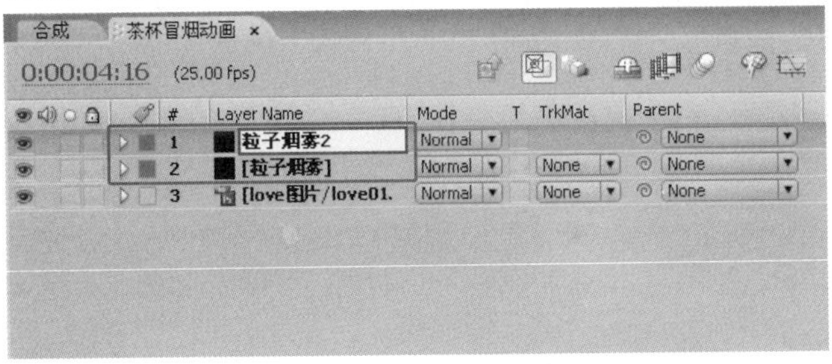


图1-18　复制生成层

❽改动“粒子烟雾 2”层 Particle Playground（粒子运动仿真）特效的部分属性参数设置。由于“粒子烟雾 2”层是通过复制“粒子烟雾”层新建的图层，所以“粒子烟雾 2”层所添加的特效及其特效关键帧设置与“粒子烟雾”层是完全一致的。选择“粒子烟雾 2”层并按快捷键 F3，调出该层的特效控制面板。然后展开其 Particle Playground（粒子运动仿真）特效内的 Cannon（加农炮）选项，将 Barrel Radius（活动半径）参数改为“25”。至此，左边茶杯上空的内层烟雾效果设置完毕，如图 1-19 所示，初步合成效果如图 1-20 所示。

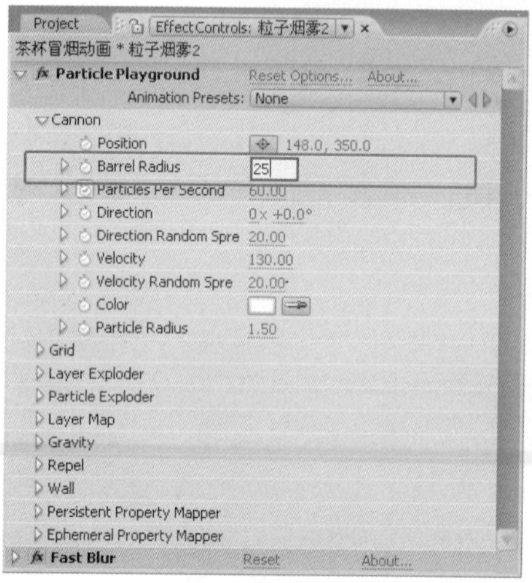


图1-19　参数设置

图1-20　烟雾效果

❾复制生成“右边粒子烟雾”层。在“茶杯冒烟动画”选项卡中，选择“粒子烟雾”层并按快捷键 Ctrl+D 复制并新建该层，再按 Enter 键将其改名为“右边粒子烟雾”，如图 1-21 所示。

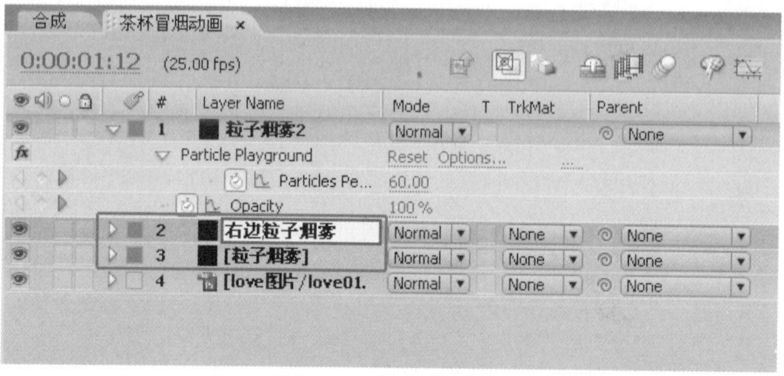


图1-21　复制生成层

❿改动“右边粒子烟雾”层中 Particle Playground（粒子运动仿真）特效的部分属性参数设置。由于“右边粒子烟雾”层是通过复制“粒子烟雾”层新建的图层，所以“右边粒子烟雾”层所添加的特效及其特效关键帧设置与“粒子烟雾”层也是完全一致的。选择“右边粒子烟雾”层并按快捷键 F3，调出该层的特效控制面板。展开其 Particle Playground 特效内的 Cannon（加农炮）选项，将其中的 Position（位置）参数改为（400.0，340.0），Barrel Radius（活动半径）参数改为“60”。至此，右边茶杯上空的外层烟雾效果设置完毕，如图 1-22 所示。

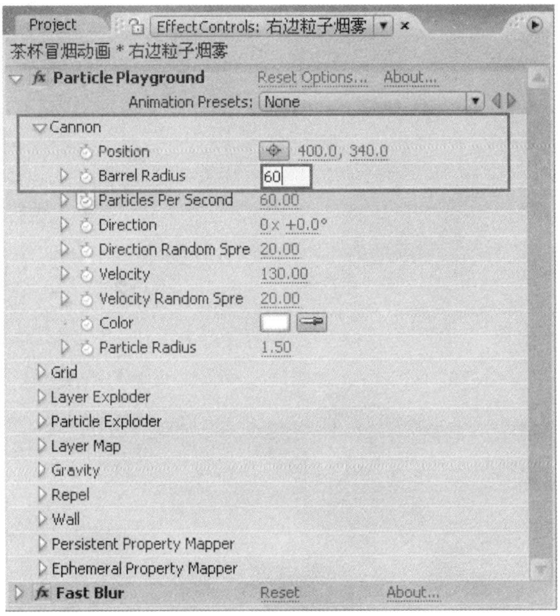


图1-22　参数设置

⑪复制生成“右边粒子烟雾 2”层。在“茶杯冒烟动画”合成文件的 Timeline 面板内，选择“粒子烟雾 2”层并按快捷键 Ctrl+D 复制并新建该层，再按 Enter 键将其改名为“右边粒子烟雾 2”，如图 1-23 所示。

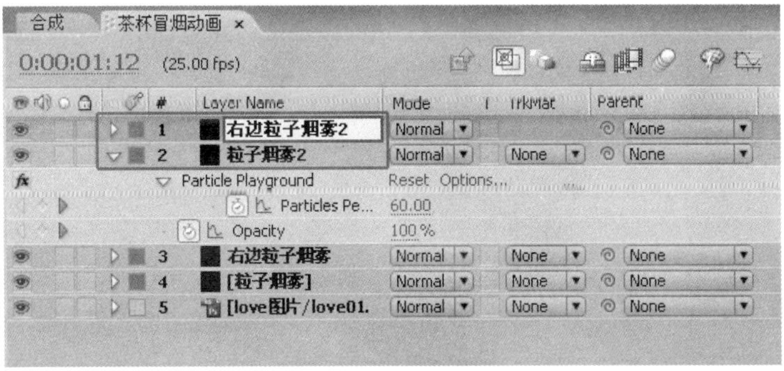


图1-23　复制生成层

⑫改动“右边粒子烟雾 2”层 Particle Playground（粒子运动仿真）特效的部分属性参数设置。由于“右边粒子烟雾 2”层是通过复制“粒子烟雾 2”层新建的图层，所以“右边粒子烟雾 2”层所添加的特效及其特效关键帧设置与“粒子烟雾 2”层也是完全一致的。选择“右边粒子烟雾 2”层并按快捷键 F3，调出该层的特效控制面板。展开其 Particle Playground 特效内的 Cannon（加农炮）选项，将其中的 Position（位置）参数改为（400.0, 340.0），Barrel Radius（活动半径）参数改为“40”。至此，右边茶杯上空的内层烟雾效果也设置完毕，如图 1-24 所示，效果如图 1-25 所示。

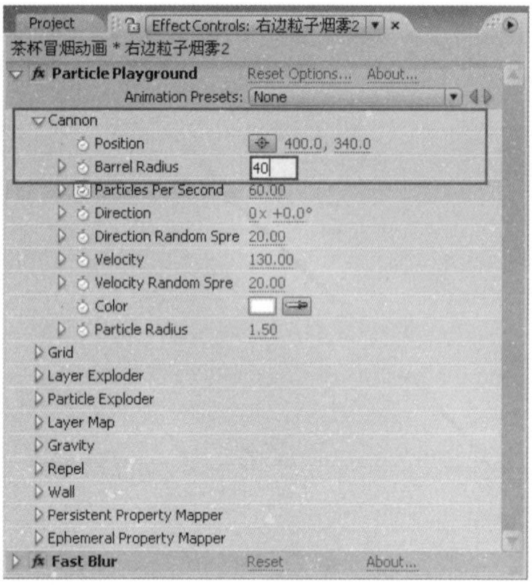


图1-24　参数设置

图1-25　合成效果

⑬预合成“粒子烟雾”层、“粒子烟雾 2”层、“右边粒子烟雾”层及“右边粒子烟雾 2”层。在“茶杯冒烟动画”合成文件的 Timeline 面板内，按住 Ctrl 键同时选中“粒子烟雾”层、“粒子烟雾 2”层、“右边粒子烟雾”层和“右边粒子烟雾 2”层，再按快捷键 Ctrl+Shift+C 对这 4 个图层进行合并预合成操作。然后为新建的子合成文件取名为“Pre- 粒子烟雾”，选中“Move all attributes into the new composition”单选按钮，把层属性移动到新建的子合成文件中，单击 OK（确定）按钮，如图 1-26 所示。

⑭为“Pre- 粒子烟雾”合成层添加 Mask（遮罩）。首先，在“茶杯冒烟动画”合成文件内的 Timeline 面板中选择“Pre- 粒子烟雾”合成层，然后单击 Tools（工具）面板中的“钢笔工具”按钮。接着，在“茶杯冒烟动画”合成图像窗口中，沿着茶杯杯口边缘勾画出“Pre- 粒子烟雾”合成层的封闭不规则 Mask（遮罩），如图 1-27 所示。

**注**：此处Mask形状（遮罩）须覆盖整个上升烟雾效果的区域范围，由于在一般情况下烟雾是从杯口内侧产生的，所以该Mask（遮罩）的区域范围不能包括茶杯杯口以下部分，即通过为最终烟雾效果所在的图层设置Mask（遮罩），将活动位置不符合逻辑的部分烟雾影像排除。

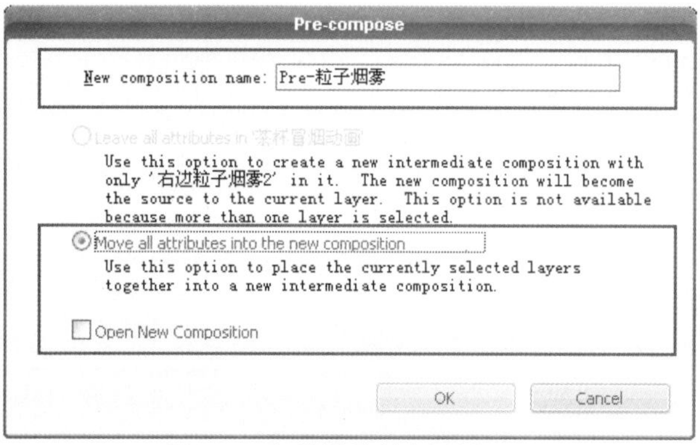


图1-26　烟雾效果所在图层

图1-27　合成层的Mask（遮罩）

## 1.2.2 制作以烟雾形态来描边“L”、“E”字体轮廓的动画效果

⑮创建合成文件“烟雾描边文字动画”和“粒子聚焦”层。按快捷键 Ctrl+N 新建一个合成文件，在打开的合成文件设置对话框中设置 Composition Name（合成名称）为“烟雾描边文字动画”。在 Basic（常规）选项卡下的 Preset（预置）下拉列表中选择“PAL D1\DV”选项，其他选项设置可参照工程文件“合成”，如图 1-28 所示。

接着，按快捷键 Ctrl+Y，在“烟雾描边文字动画”合成文件内新建一个固态层。然后设置 Name（名称）为“粒子聚焦”，Color（色彩）为“黑色”，如图 1-29 所示。

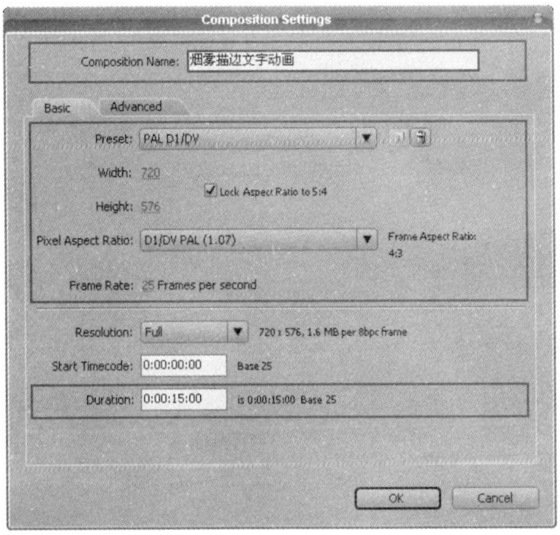


图1-28 创建合成文件

图1-29 创建层

⑯为“粒子聚焦”层添加文字形状 Mask（遮罩）。首先，在“烟雾描边文字动画”合成文件内的 Timeline 面板中选择“粒子聚焦”层，然后单击 Tools（工具）面板中的“钢笔工具”按钮。接着，在“烟雾描边文字动画”合成图像窗口中的画幅上侧分别勾画出“L”、“E”形状的封闭 Mask（遮罩）。此处绘制 Mask（遮罩）时应参考“茶杯冒烟动画”合成图像窗口，使“L”、“E”分别位于两只茶杯的上方即可，如图 1-30 所示。

选择“粒子聚焦”层并按快捷键 M，出现该层的 Mask（遮罩）属性选项。从中可以看到 Timeline 面板中的“粒子聚焦”层已经添加了名为“Mask 1”和“Mask 2”的两个 Mask（遮罩），如图 1-31 所示。

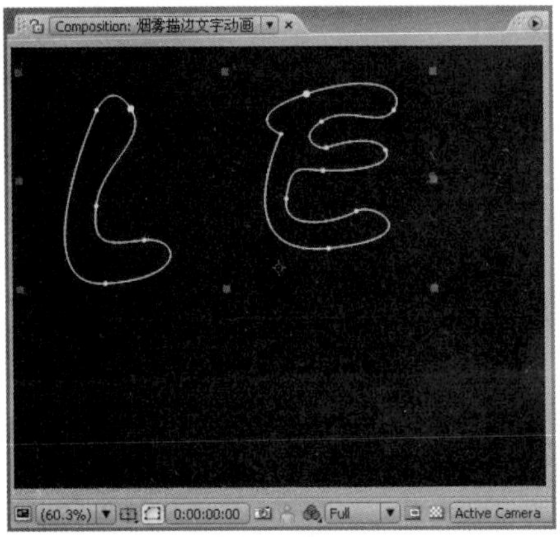


图1-30 勾画出文字形状Mask（遮罩）

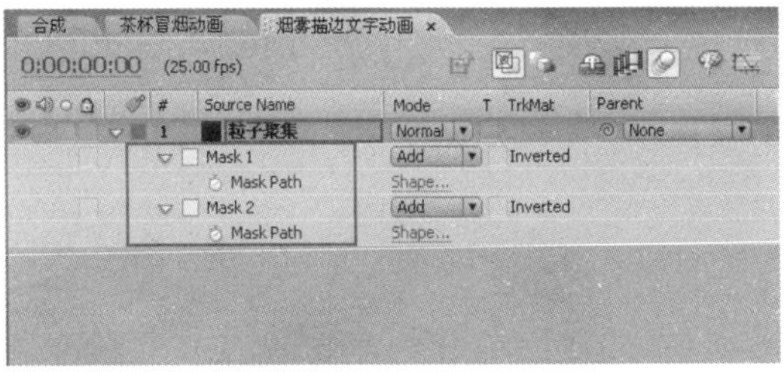


图1-31 两个Mask（遮罩）

⑰为“粒子聚焦”层添加 Particle Playground（粒子运动仿真）特效。首先，选择“粒子聚焦”层并右击，从弹出的快捷菜单中选择“Effect（特效）”→“Simulation（模拟）”→“Particle Playground（粒子运动仿真）”选项。接着，在 Particle Playground 特效窗口中展开 Cannon（加农炮）选项，设置其中 Position（位置）为（128.0，300.0），Barrel Radius（活动半径）为“0.00”，Particle Per Second（粒子\秒）为“600.00”，Color（色彩）设为“桔黄色”（FFD200），Particle Radius（粒子半径）为“2.00”。然后，展开 Gravity（重力）选项，设置 Force（重力大小）为“40.00”，Force Random Spread（随机扩散力）为“0.00”，Direction（方向）为（0x,+0.0°）。

最后，展开 Wall（粒子墙）选项，然后将 Boundary（边界）选项设为“Mask 1”，即选定该层的“Mask 1”遮罩作为粒子特效的边界墙，使动态粒子始终封闭在“Mask 1”也就是“L”文字形状的区域以内，如图 1-32 所示，效果如图 1-33 所示。

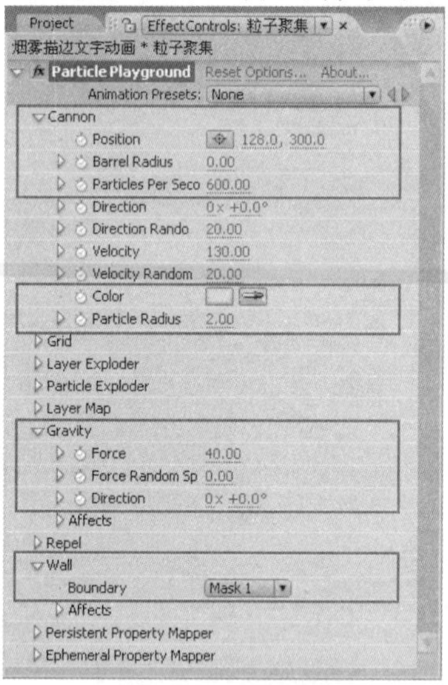

图1-32　参数设置

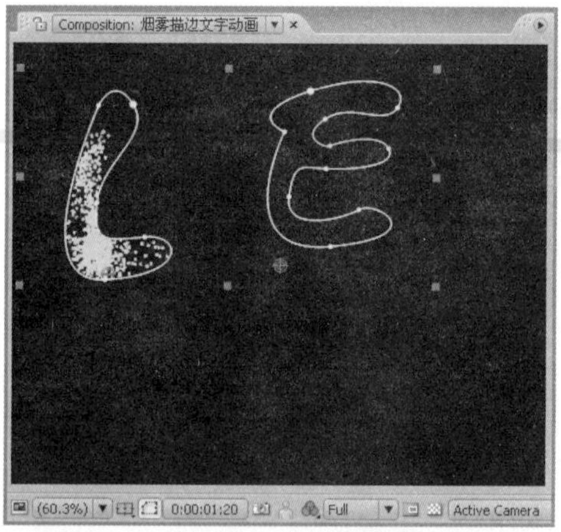

图1-33　效果截图

⑱为“粒子聚焦”层添加 Fast Blur（快速模糊）特效。在 Timeline 面板内选择“粒子聚焦”层并右击从弹出的快捷菜单中选择“Effect（特效）”→“Blur&Sharpen（模糊 & 锐化）”→“Fast Blur（快速模糊）”选项。接着在其 Fast Blur（快速模糊）特效控制面板中，设置 Blurriness（模糊）为“25.0”，如图 1-34 所示，效果如图 1-35 所示。

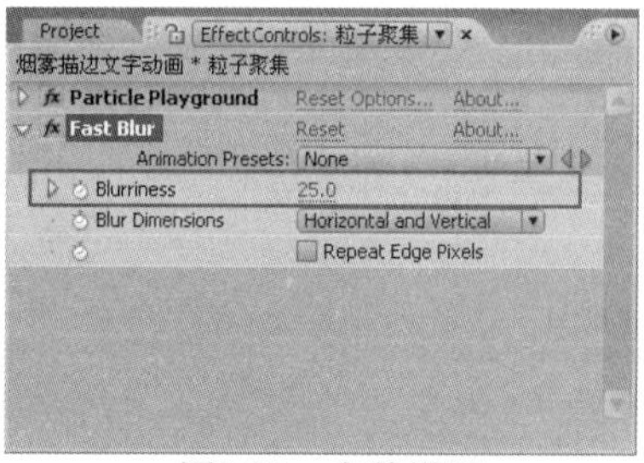

图1-34　参数设置

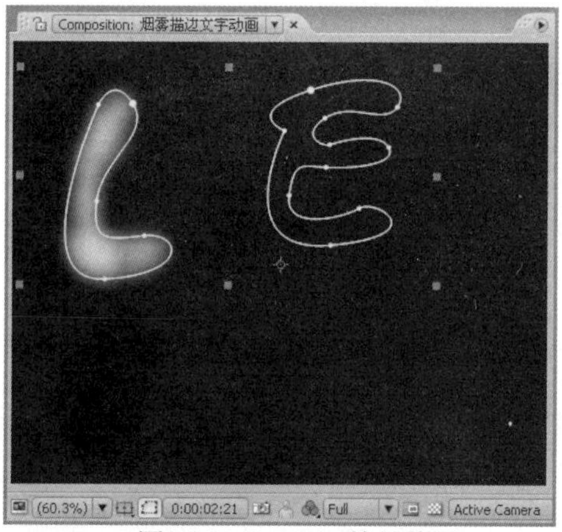

图1-35　Fast Blur效果截图

⑲为“粒子聚焦”层添加 Stroke（描边）特效。在 Timeline 面板内选择“粒子聚焦”层并右击，从弹出的快捷菜单中选择“Effect（特效）”→“Generate（生成）”→“Stroke（描边）”选项。在其 Stroke（描边）特效控制面板中，将 Path（路径）选项设为“Mask 1”，即 Stroke 特效将沿着该层“Mask 1”（也就是“L”文字形状）的路径来描边轮廓。Color（色彩）设为“白色（FFFFF）”，Brush Size（笔刷大小）设为“28.0”，Brush Hardness（笔刷硬度）设为“20”，在 Paint Style（描绘风格）下拉列表中选择“Reveal Original Image（显示原始图像）”选项。至此，合成图像窗口中出现了桔黄色烟雾描边“L”文字轮廓的画面效果，如图 1-36 所示，效果如图 1-37 所示。

**注**：Stroke（描边）特效可以沿着图像中的路径或者Mask（遮罩）产生自定义轮廓线条的画面效果，也可以通过设置其关键帧来制作类似手绘描边的动画效果。

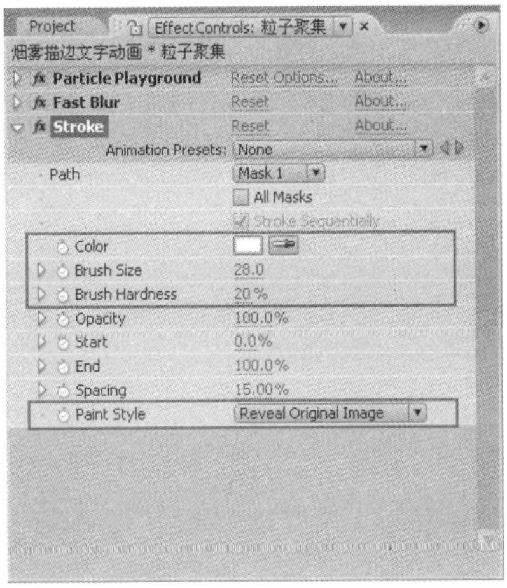


图1-36 参数设置

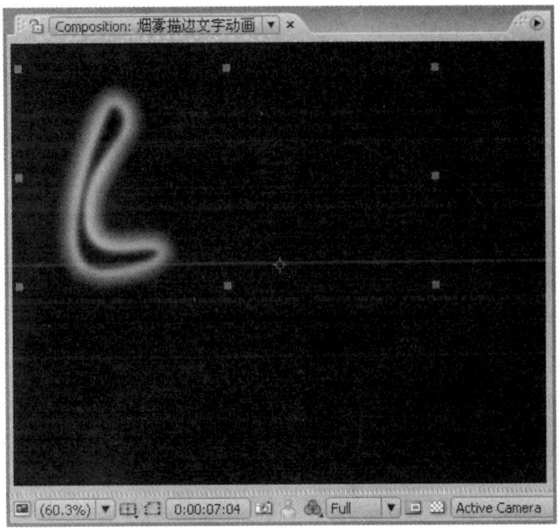


图1-37 Stroke效果

⑳为“粒子聚焦”层制作 Stroke（描边）特效关键帧动画。首先，将时间指针移至 0:00:01:00 处，再展开“粒子聚焦”层的 Stroke 特效选项。设置 Stroke 特效内 End（结束）属性参数为“0.0”，然后单击其左侧秒表图标新建一个特效关键帧，如图 1-38 所示。

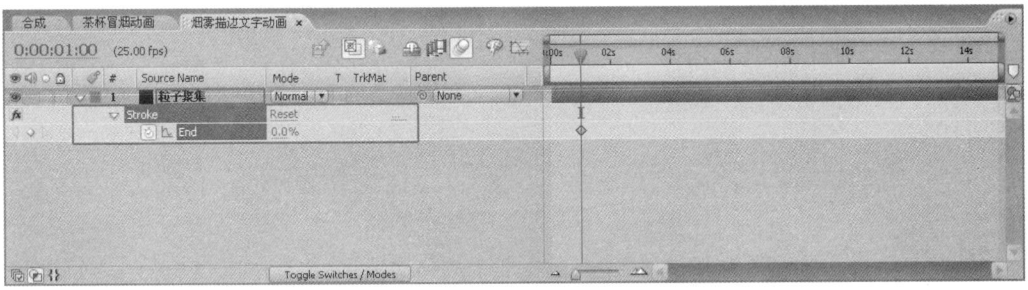


图1-38 设置关键帧

接着，将时间指针移至 0:00:05:00 处，设置“粒子聚焦”层的 Stroke 特效内的 End（结束）属性参数为“100.0”，即在 5 秒处，该 End 特效属性自动生成参数为 100 的关键帧，如图 1-39 所示。桔黄色烟雾沿着“L”文字轮廓进行勾勒描边的动画效果制作完成，效果如图 1-40 所示。

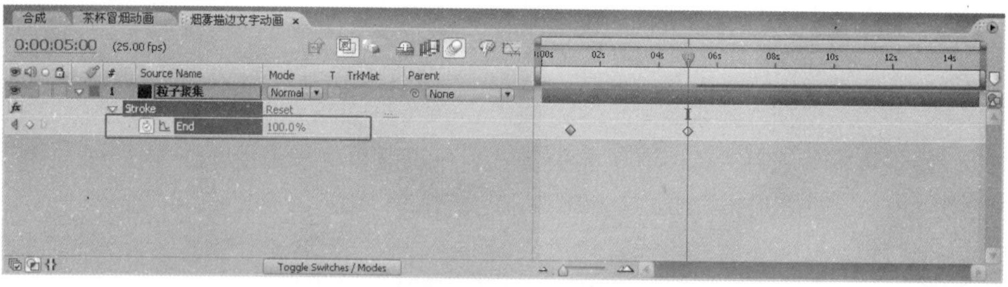

图1-39　设置关键帧

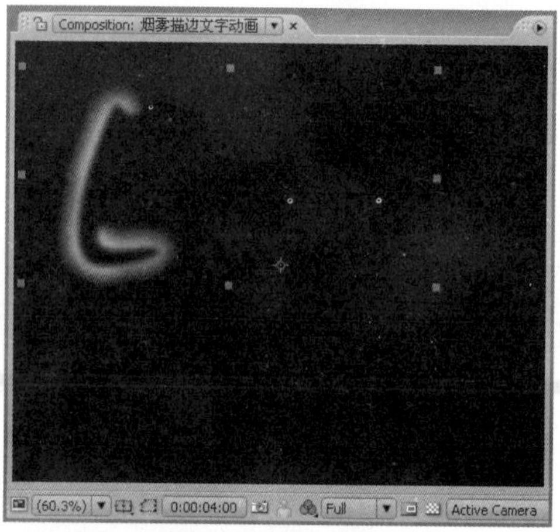

图1-40　效果截图

㉑重命名“粒子聚焦”层并复制生成“粒子聚焦 E”层。在“烟雾描边文字动画”合成文件中，选择“粒子聚焦”层并按 Enter 键将其改名为“粒子聚焦 L”。然后选择“粒子聚焦 L”层，再按快捷键 Ctrl+D 复制并新建该层，接着按 Enter 键将新建图层改名为“粒子聚焦 E”，如图 1-41 所示。

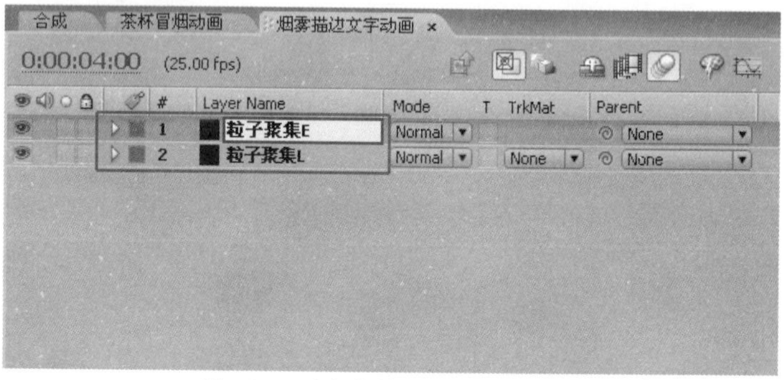

图1-41　重命名并复制生成新图层

㉒改动“粒子聚焦 E”层的 Particle Playground（粒子运动仿真）特效的部分属性参数设置。由于“粒子聚焦 E”层是通过复制“粒子聚焦 L”层新建的图层，所以该图层所添加的特效及其特效关键帧设置与“粒子聚焦 L”层是完全一致的。选择“粒子聚焦 E”层并按快捷键 F3，调出该层的特效控制面板。展开其 Particle Playground 特效内的 Cannon（加农炮）选项，将 Position（位置）参数改为（438.0，252.0）。再展开 Wall（粒子墙）选项，将 Boundary（边界）选项参数设置为“Mask 2”，即选定该层的“Mask 2”（遮罩）做

为粒子特效的边界墙，使动态粒子始终封闭在“Mask 2”，也就是“E”文字形状的区域以内，如图 1-42 所示。

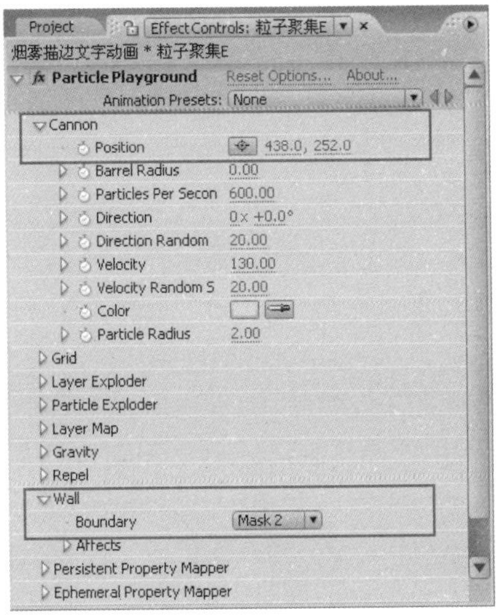

图1-42 参数设置

㉓改动“粒子聚焦 E”层的 Stroke（描边）特效的部分属性参数设置。选择“粒子聚焦 E”层并按快捷键 F3，调出该层的特效控制面板。将 Stroke 特效内的 Path（路径）选项设置为“Mask 2”，如图 1-43 所示。桔黄色烟雾沿着“E”文字轮廓进行勾勒描边的动画效果也制作完成，效果如图 1-44 所示。

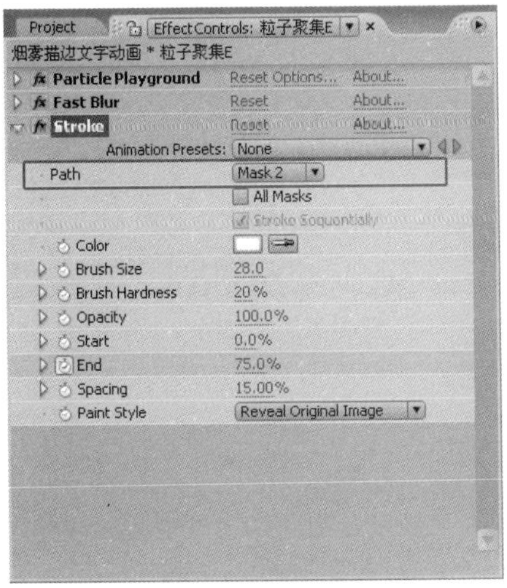

图1-43 参数设置

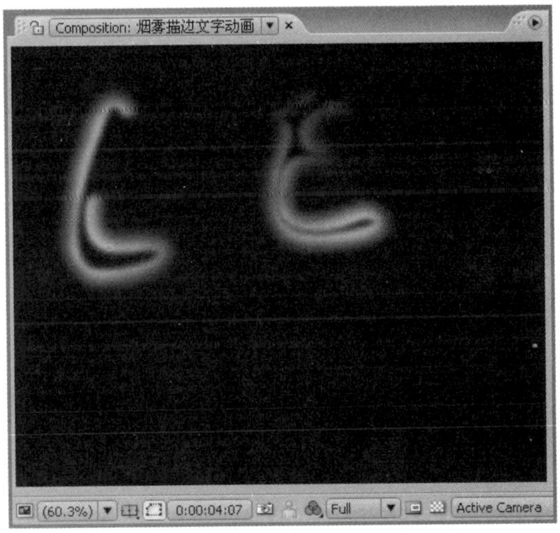

图1-44 效果截图

## 1.2.3 完善并合成最终动画效果

㉔设置“粒子聚焦 E”层的图层入点时间。首先将时间指针移至 0:00:01:00 处，然后在按住 Shift 键的同时将“粒子聚焦 E”层向 Timeline 面板右侧拖动，直至该层片段入点位置被吸附到当前的时间指针位置，即 0:00:01:00 处。通过对“粒子聚焦 E”层入点时间的调整，使烟雾描边“E”文字轮廓的动画效果从时间 0:00:01:00 处开始显现，如图 1-45 所示。

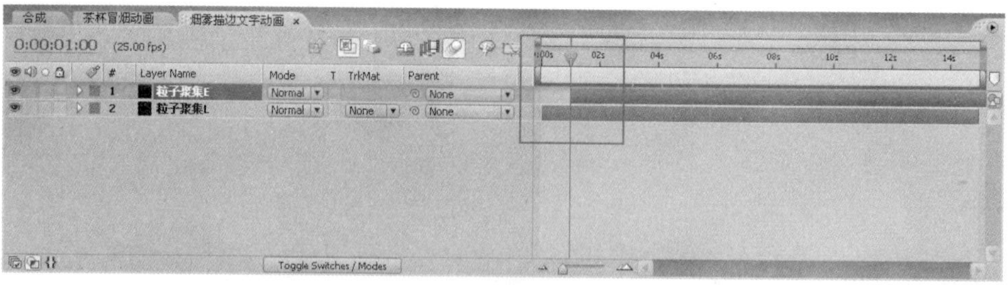

图1-45 调整图层入点时间

㉕将合成文件“茶杯冒烟动画”和“烟雾描边文字动画”置入工程文件“合成”中。在Project项目窗口中双击并打开第一步创建的合成文件“合成”。这是整个动画效果的工程文件，最后的特效与合成在此完成。然后在Project项目窗口中选中“茶杯冒烟动画”和“烟雾描边文字动画”这两个合成文件并将其拖动至“合成”工程文件的Timeline面板中，如图1-46所示。

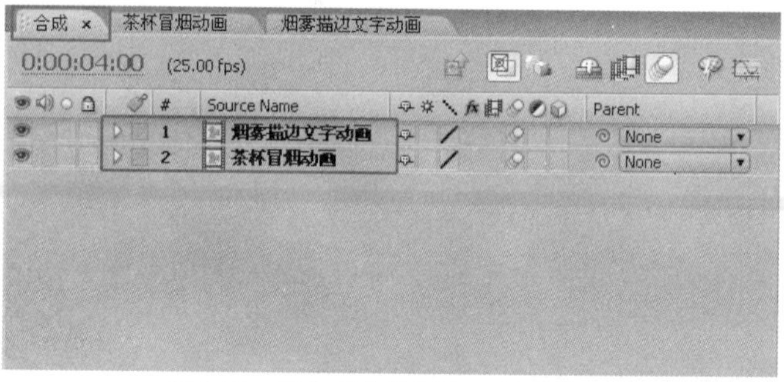

图1-46 将合成文件置入工程文件

㉖设置“合成”工程文件内各图层的上下堆栈顺序及图层混合模式。在“合成”工程文件的Timeline面板中，将“烟雾描边文字动画”合成层置于“茶杯冒烟动画”合成层的上层。然后单击“烟雾描边文字动画”合成层右侧的Mode（混合模式）下拉按钮，在弹出的下拉菜单中设置当前图层的图层混合模式，这里选择“Add（添加）”选项，如图1-47所示，效果如图1-48所示。

注：Add模式是一种可以使每个下层图层像素都被当前图层像素的亮度变亮到全白色值（1.0）的图层混合模式，通常用于提亮当前图层的亮部像素。

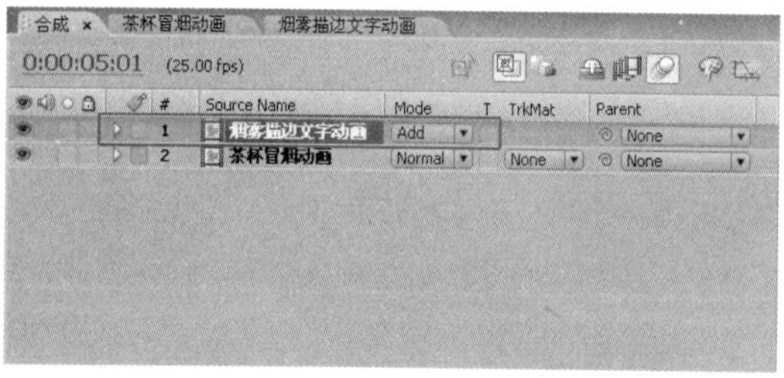

图1-47 设置混合模式

图1-48 效果截图

㉗导入其他字母素材并置入工程文件“合成”。在 Project 项目窗口中的空白处双击，打开 Import File( 导入文件 ) 对话框，在本地磁盘中选择作为其他字母素材的 PSD 文件“love01”，然后单击“打开”按钮进行导入，如图 1-49 所示。

在打开的 PSD 文件导入设置对话框的 Import Kind（导入种类）下拉列表中选择 Footage（素材）选项，在 Layer Options（图层选项）选项组中的 Choose Layer（选择图层）下拉列表中选择“v”选项，然后单击 OK（确定）按钮进行导入，即将该 PSD 文件内的图层“v”以 Footage（素材）的形式导入到该 After Effects 项目中，如图 1-50 所示。

图1-49　导入素材文件

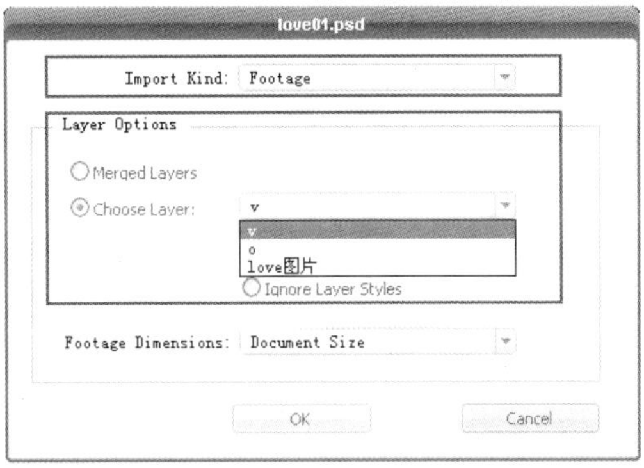


图1-50　导入图层

按照上述方法，将 PSD 文件“love01”内的图层“o”也以 Footage（素材）的形式导入到该 After Effects 项目中。然后将图片素材“o\love01.psd”、“v\love01.psd”从 Project（项目）窗口调入“合成”工程文件的 Timeline 面板中。

在 Timeline 面板中，按住 Ctrl 键同时选中“o\love01.psd”层和“v\love01.psd”层，再按快捷键 P 调出这两层的 Position（位置）属性选项。然后设置“o\love01.psd”层的 Position（位置）参数为（320.0，287.0），设置“v\love01.psd”层的 Position（位置）参数为（320.0，329.0），如图 1-51 所示，效果如图 1-52 所示。

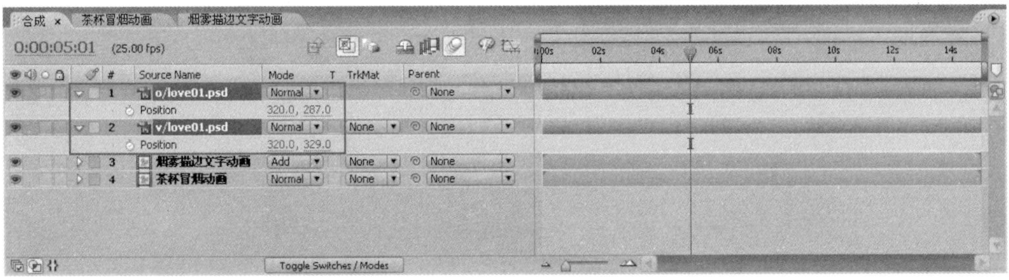


图1-51　将其他字母素材置入工程文件并调整其Position（位置）

图1-52　其他字母素材效果

㉘设置字母“o”、“v”的 Position（位置）属性及制作 Opacity（透明度）属性关键帧动画。首先将时间指针移至 0:00:06:00 处，然后同时展开“o\love01.psd”层、“v\love01.psd”层的 Position（位置）属性选项。接着单击其 Position（位置）属性左侧的秒表图标，在 0:00:06:00 处为这两个图层分别新建 Position（位置）关键帧。

在同时选中“o\love01.psd”层和“v\love01.psd”层的情况下，按快捷键 Shift+T 同时调出这两层的 Opacity（透明度）属性选项，然后设置 Opacity 参数均为“0”。接着单击其 Opacity（透明度）属性左侧的秒表图标，在 0:00:06:00 处为这两个图层分别再新建一个 Opacity（透明度）关键帧，如图 1-53 所示。

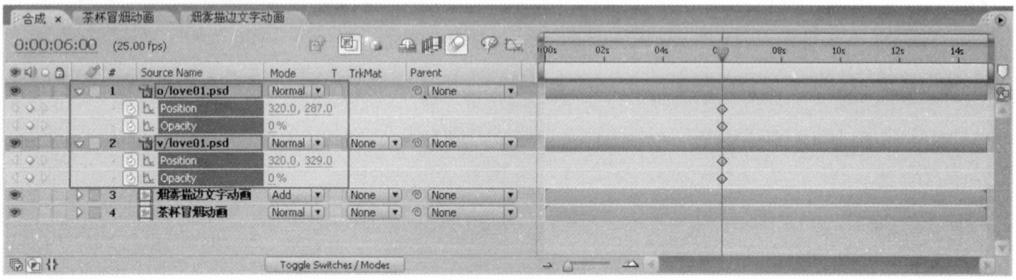


图1-53　设置关键帧

然后在时间 0:00:09:00 处，将“o\love01.psd”层的 Position（位置）参数设置为（320.0, 374.9），Opacity（透明度）参数设置为“80”。接着将“v\love01.psd”层的 Position（位置）参数设置为（320.0, 222.8），Opacity（透明度）参数设置为“70”，即在 0:00:09:00 处，“o”、“v”这两个字母所在图层都自动生成了新的 Position（位置）属性和 Opacity（透明度）属性关键帧。至此，“o”、“v”两个字母的出场动画效果制作完毕，如图 1-54 所示，效果如图 1-55 所示。

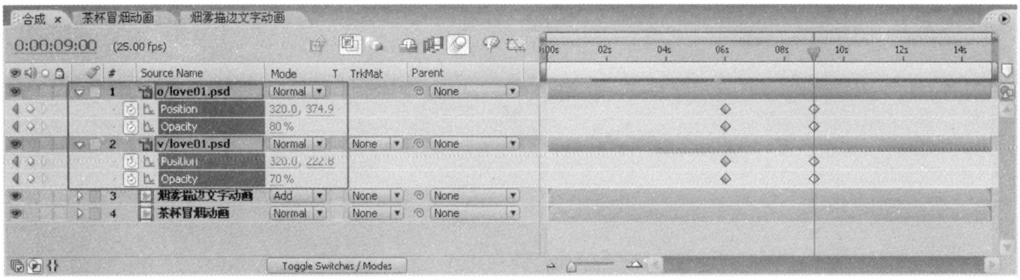
图1-54 设置关键帧

图1-55 效果截图

至此本案例的具体制作步骤结束。

## 1.3 同类索引

通过对本章案例的学习，用户知道了如何制作缕缕烟雾的翻腾上升、文字以烟雾缭绕描边轮廓的形态逐渐显现出来的动画效果。其中，升起缕缕轻烟的动画效果是通过Particle Playground、Fast Blur等特效并结合图层Opacity（透明度）关键帧动画、设置Mask（遮罩）等方法来实现的。在粒子特效所在层添加Fast Blur特效做模糊图像处理之后，即可实现更自然、更富有变化规律的烟雾消散效果。

上述制作思路中有一个技巧知识点需要注意：烟雾上升后逐渐消散的动画效果不能仅仅使用设置图层Opacity（透明度）关键帧来制作淡出效果，本章案例在这一制作环节中还用到了为Particle Playground特效内的Particle Per Second属性设置关键帧的动画方法，使其粒子数量逐渐减少，直至归零。

另外，制作“L”、“E”这两个字母分别以桔黄色烟雾形态来描边字体轮廓的动画效果也是本章的重点和难点。先通过勾画文字形状设置Mask（遮罩）、运用Particle Playground和Fast Blur特效等方法，制作出“L”、“E”形状的滚滚烟雾分别在这两个字母区域范围内不断翻腾起伏的动画效果。然后运用特效 Stroke 及制作其关键帧动画的方法，制作出最终的烟雾描边轮廓的动画效果。

> 这里需要注意的是：特效Stroke内Paint Style（描绘风格）下拉列表的设置，这里应该选择“Reveal Original Image（显示原始图像）”选项，而不是常用的“On Original Image（原始图像）”选项，如此设置的作用是将原有烟雾形态代替通常情况下的描边笔刷形态。

最后完善并合成最终动画效果，运用到了设置图层入点时间位置、设置图层混合模式、制作图层 Position（位置）属性及 Opacity（透明度）属性关键帧动画等方法。下面我们将本章案例制作思路及方法进行扩展延伸，探寻此类影像效果的画面细节并充分挖掘其运用到的 After Effects 中的其他技巧。

## ● 索引案例：卷曲飞舞的激光描边字

这个索引案例的动画效果是光芒熠熠的激光字在描边轮廓一圈结束之后呈卷曲状飞出。这样的描边字体效果与本章案例“烟雾缭绕描边字体”有所不同，主要区别在于文字轮廓的描边形态和文字动画结束方式不同。本章案例中描边文字轮廓的形态是桔黄色烟雾，而此索引案例画面最终呈现的是光芒熠熠的激光字，其描边形态更为闪亮、坚硬。本章案例中的“L”、“E”伴随着茶杯冒出的轻烟开始描边轮廓动画，其落版也是在茶杯上空位置。而此索引案例中激光字最后的动画结束方式是呈卷曲状由远及近飞出了画面。那么如何运用本章案例的制作方法或思维制作这种新的动画效果呢？

由于最终效果存在文字描边形态和文字动画结束方式这两点差异，因此索引案例“卷曲飞舞的激光描边字”的制作步骤主要根据这两方面来做出调整、延伸。首先运用特效 Stroke 及制作其关键帧动画的方法，制作激光字的描边轮廓的动画效果。其次运用 Trapcode 公司开发的著名插件特效 3D Stroke 来制作激光字呈卷曲状飞出画面的动画效果。3D Stroke 也是一种描边类型特效，它能够自由控制描边路径在三维空间内的生长、旋转、缩放、平移及扭曲等，从而制作出复杂而炫目的三维描边动画效果。最后运用到同样来自 Trapcode 公司的插件特效 Shine，模拟激光字周围光芒熠熠的动画效果，案例最后效果如图 1-56 所示。

图1-56　索引案例最后效果

下面介绍索引案例的具体操作步骤。

## ● 索引案例具体制作步骤

❶在 Illustrator 软件环境中创建“影”字形状路径。首先，在 Adobe Illustrator 软件环境中新建一个文档，再单击工具面板内的“文字工具” T 按钮，然后输入一个色彩为“黑色”、“没有 Stroke 描边”的“影”字。接着，在该文档中选中“影”字并右击，从弹出的快捷菜单中选择“创建轮廓”选项，从而得到“影”字形状的封闭路径。然后，单击工具面板内的“选择工具” 按钮，将该路径框选中，并按快捷键 Ctrl+C 进行复制，如图 1-57 所示。

**注**：Adobe Illustrator是Adobe公司开发的一款专业的矢量绘图软件。使用Illustrator绘制的矢量图形文件可以被导入或复制到After Effects中。由于矢量图像在放大或缩小时不会失真，所以建议在绘制平面图形时使用Illustrator。

图1-57　创建路径

❷创建工程文件“合成”，合成文件“文字描边动画”及“文字 MASK”层。首先按快捷键 Ctrl+N 新建一个合成文件。在打开的合成文件设置对话框中设置 Composition Name（合成名称）为“合成”，在 Basic（常规）选项卡下的 Preset（预置）下拉列表中选择“PAL D1\DV”选项，将 Duration（持续时间）设置为“0:00:10:00”，然后单击 OK（确定）按钮结束设置。

再按快捷键 Ctrl+N 新建一个合成文件，设置 Composition Name（合成名称）为“文字描边动画”，在 Basic（常规）选项下的其他选项设置可参照工程文件“合成”。

再按快捷键 Ctrl+Y，在“文字描边动画”合成文件内新建一个固态层。然后设置 Name（名称）为“文字 MASK”，Color（色彩）为“黑色”，如图 1-58 所示。

❸通过粘贴路径，为“文字 MASK”层添加 Mask（遮罩）。首先在合成文件“文字描边动画”内选择“文字 MASK”层，然后按快捷键 Ctrl+V 进行粘贴操作，将第一步创建并复制的“影”字形状路径粘贴到“文字 MASK”层中，如图 1-59 所示。

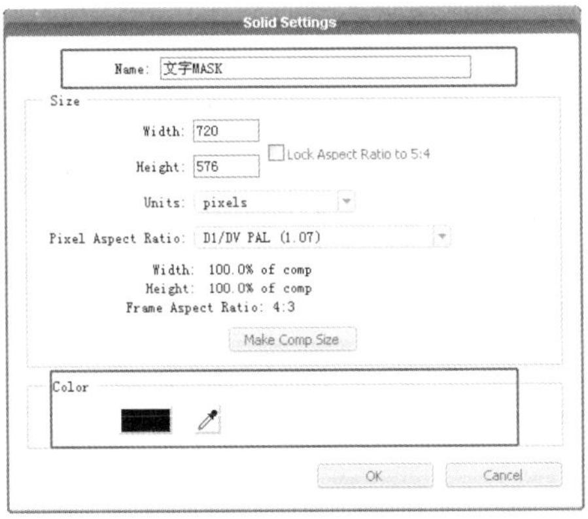


图1-58　创建层

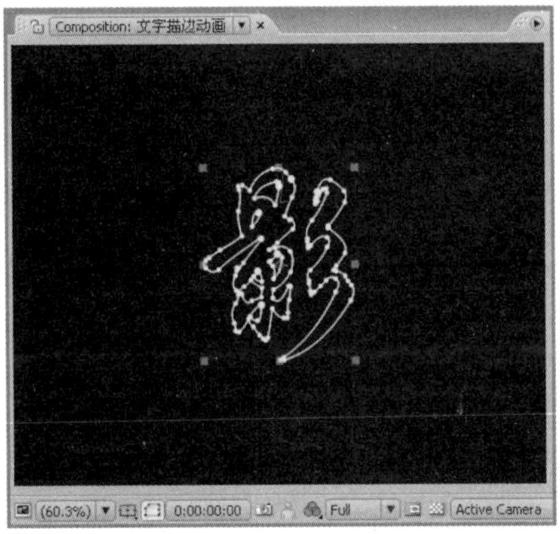


图1-59　添加Mask（遮罩）

这时可以发现“文字 MASK”层已经添加了 7 个 Mask（遮罩），这些即是通过复制粘贴 Illustrator 内“影”字的全部笔画路径而生成的，如图 1-60 所示。

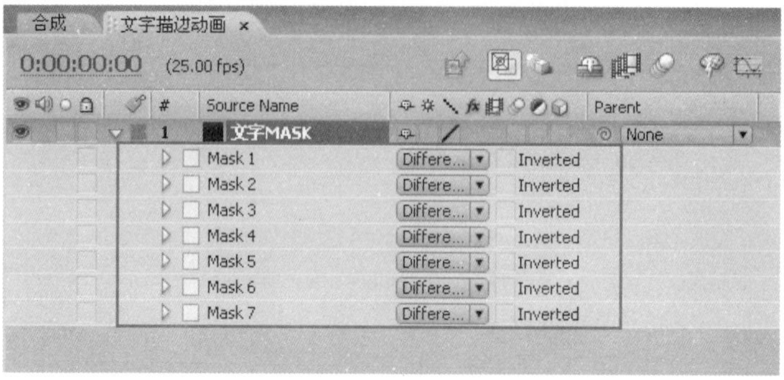

图1-60　每个笔画路径的Mask（遮罩）

❹为“文字 MASK”层添加 Stroke（描边）特效。在前面已经介绍过，Stroke（描边）特效可以沿着图像中的路径或者 Mask（遮罩）产生自定义轮廓线条的描边动画效果。

在 Timeline 面板内选择“文字 MASK”层并右击，然后选择“Effect（特效）”→“Generate（生成）”→“Stroke（描边）”选项，在其特效控制面板中按照如图 1-61 所示进行设置。

随后即可发现在合成图像窗口中出现了淡绿色线条描边的“影”文字轮廓的画面效果，如图 1-62 所示。

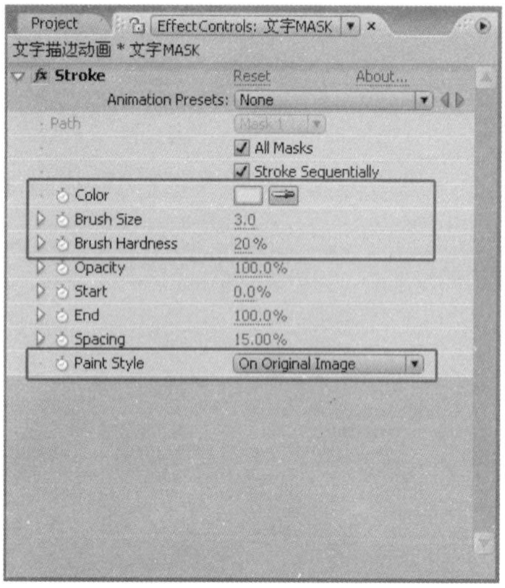

图1-61　参数设置

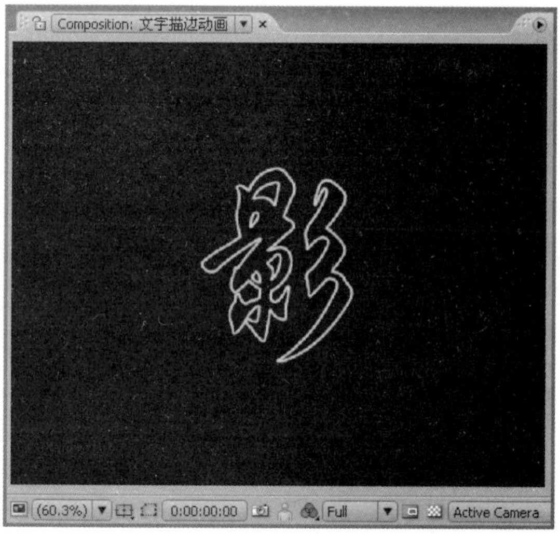

图1-62　Stroke（描边）效果

❺为“文字 MASK”层制作 Stroke（描边）特效关键帧动画。首先，将时间指针移至 0:00:01:00 处，再展开“文字 MASK”层的 Stroke 特效选项，设置 Stroke 特效内 End（结束）属性参数为“0.0”，然后单击其左侧秒表图标新建一个特效关键帧，如图 1-63 所示。

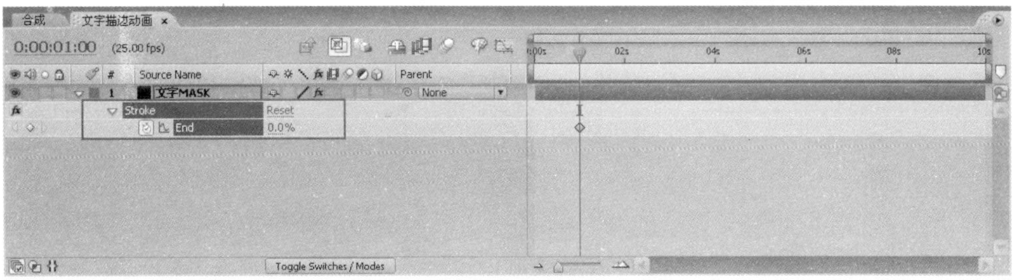


图1-63　设置关键帧

接着，在时间 0:00:06:00 处，设置“文字 MASK”层的 Stroke 特效内的 End（结束）属性参数为“100.0”，即在 0:00:06:00 处，该 End 特效属性自动生成参数为“100.0”的关键帧，如图 1-64 所示。至此，淡绿色线条沿着“影”文字轮廓进行勾勒描边的动画效果制作完成，如图 1-65 所示。

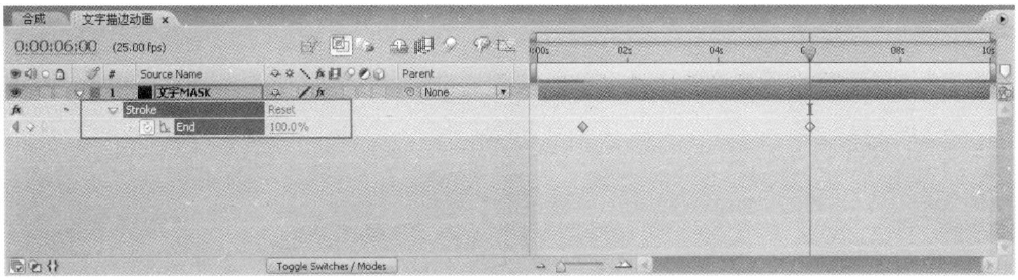


图1-64　设置关键帧

❻复制生成“文字 MASK 弯曲飞出”层并为其添加 3D Stroke 插件特效。在“文字描边动画”合成文件中，选择“文字 MASK”层，然后按快捷键 Ctrl+D 复制并新建该层，再按 Enter 键并将其改名为“文字 MASK 弯曲飞出”，如图 1-66 所示。

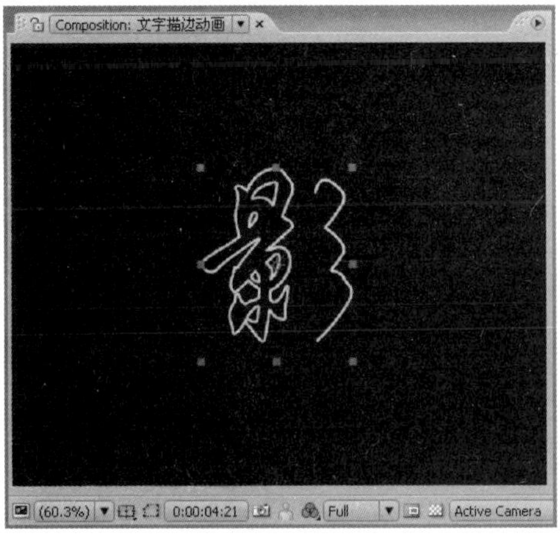


图1-65　动画效果

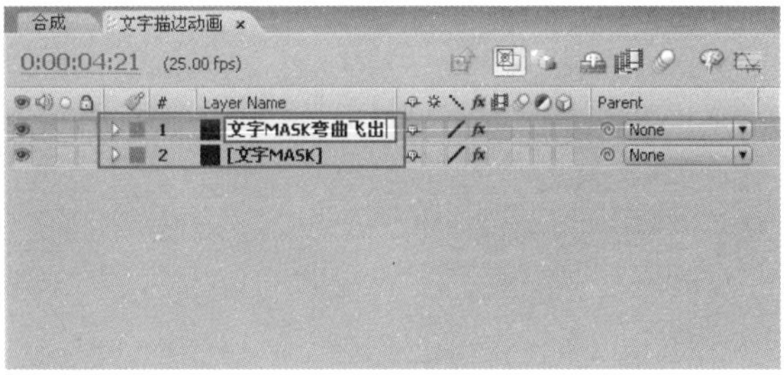


图1-66　复制生成层

接着，在 Timeline 面板内将“文字 MASK 弯曲飞出”层置于底层位置。然后选择“文字 MASK 弯曲飞出”层并按快捷键 E 调出该层所添加的全部特效，选中其中的 Stroke 特效并按 Delete 键删除。在选中“文字 MASK 弯曲飞出”层的情况下，右击该层在弹出的快捷菜单中选择“Effect（特效）”→“Trapcode”→“3D Stroke”选项，为该层添加 3D Stroke 插件特效，如图 1-67 所示。

**注**：3D Stroke 特效为After Effects外挂插件，需另外安装并重启After Effects才可使用。其安装路径为\Adobe After Effects CS3\Support Files\Plug-ins\ Trapcode。

现在开始调整“文字 MASK 弯曲飞出”层的 3D Stroke 特效的属性参数设置。在其 3D Stroke 特效控制面板中，勾选 Path（路径）选项下侧的 Use All Paths（使用全部路径）复选框，即使 3D Stroke 特效同时沿着该层的每个 Mask（遮罩）的路径来描边轮廓。然后将 Color（色彩）设为“淡绿色（C0FF00）”，Thickness（厚度）为“2.0”，Feather（羽化）为“8.0”。

然后，展开 3D Stroke 特效内的 Taper（锥角）选项，勾选 Enable（激活）复选框，并设置 Taper Start（锥角开始大小）为“0.0”。将时间指针移至 0:00:00:00 处，单击 Taper Start（锥角开始大小）属性左侧秒表图标新建一个特效关键帧，如图 1-68 所示。

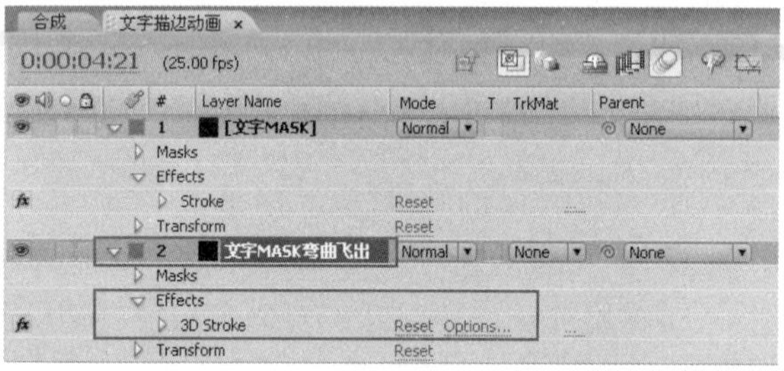


图1-67　添加3D Stroke特效

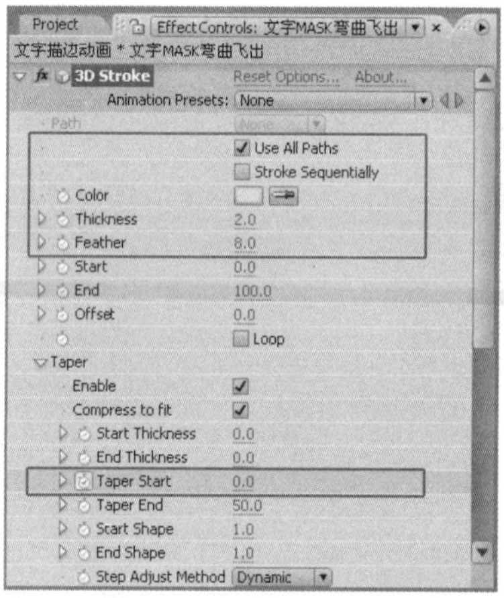


图1-68　参数设置（一）

最后，展开 3D Stroke 特效内的 Transform（转换）选项，可以看到 Bend（弯曲）、Bend Axis（弯曲角度）、Z Position（Z 位置）、X Rotation（X 旋转）和 Y Rotation（Y 旋转）等属性的默认参数都已归零。在时间 0:00:00:00 处，分别单击这些特效属性左侧的秒表图标以新建关键帧，如图 1-69 所示，效果如图 1-70 所示。

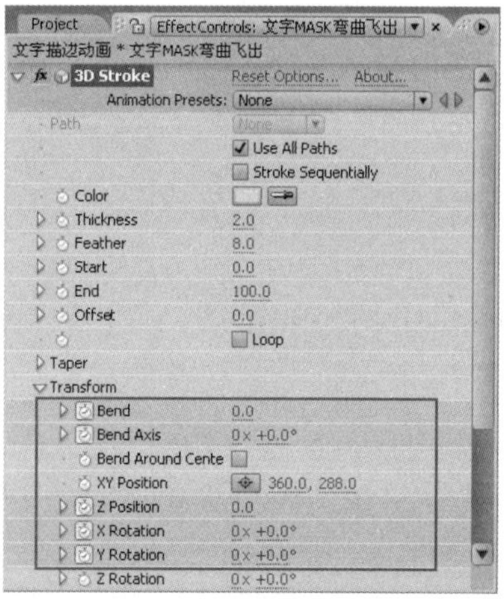


图1-69　参数设置（二）

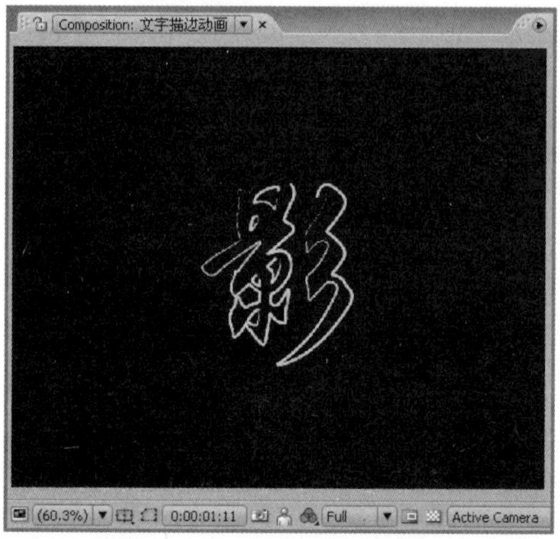


图1-70　3D Stroke效果

⑦为"文字 MASK 弯曲飞出"层制作 3D Stroke 特效关键帧动画，使文字从卷曲状飞出。将时间指针移至 0:00:03:00 处，并展开"文字 MASK 弯曲飞出"层的 3D Stroke 特效选项。在 Taper（锥角）选项内，设置 Taper Start（锥角开始大小）为"100.0"；在 Transform（转换）选项内，设置 Bend（弯曲）为"13.0"，Bend Axis（弯曲角度）为（0x,+90.0°），Z Position（Z 轴位置）为"-500.0"，X Rotation（X 轴旋转）为（0x,-10.0°），Y Rotation（Y 轴旋转）为（1x,+90.0°），如图 1-71 所示，效果如图 1-72 所示。

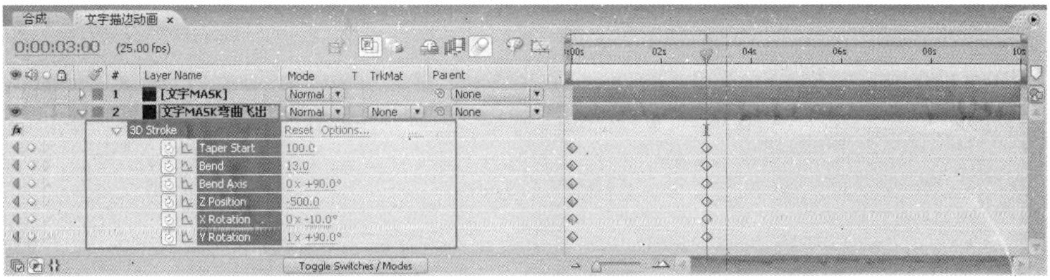

图1-71　设置关键帧

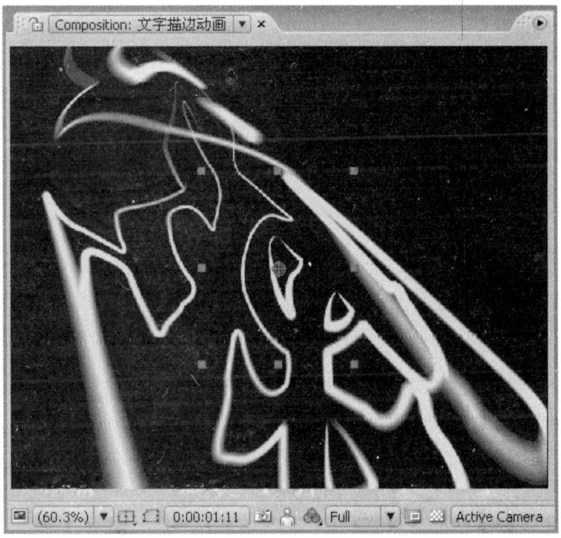

图1-72　效果截图

⑧设置"文字 MASK 弯曲飞出"层的图层入点时间。首先将时间指针移至 0:00:06:20 处，然后再按住 Shift 键不放并选择"文字 MASK 弯曲飞出"层，将其向 Timeline 面板右侧拖动，直至该层片段入点位置被吸附到当前的时间指针位置即 0:00:06:20 处。通过对"文字 MASK 弯曲飞出"层入点时间的调整，使"影"字呈卷曲状飞出的动画效果从时间 0:00:06:20 处开始显现，如图 1-73 所示。

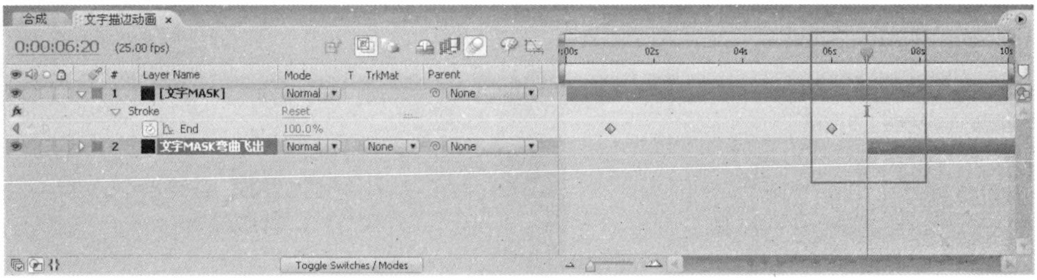

图1-73　调整图层入点时间

❾制作“文字 MASK”层的淡出动画效果。在时间 0:00:06:20 处，按快捷键 T 设置“文字 MASK”层的 Opacity（透明度）属性参数为“100.0”，接着单击其左侧秒表图标新建一个 Opacity（透明度）关键帧。然后在 0:00:07:02 处，设置该层的 Opacity（透明度）属性参数为“0”。制作该层的透明度淡出动画可以使其更加流畅自然地过渡至 0:00:06:20 处开始的“文字 MASK 弯曲飞出”层动画效果，参数设置如图 1-74 所示。

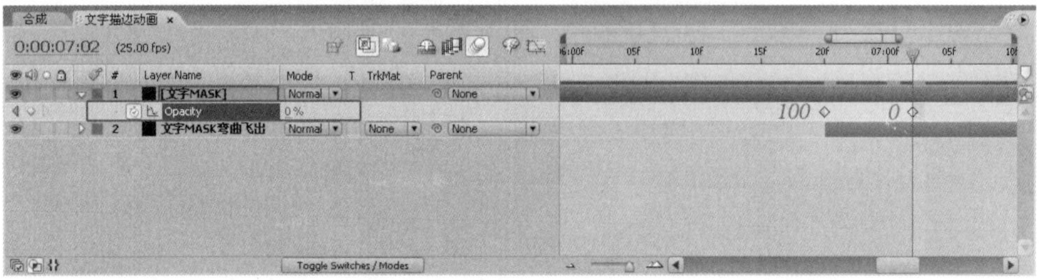


图1-74 淡出动画参数设置

❿为激光描边字“影”添加 Shine 插件特效。首先，在 Project 项目窗口双击并打开第二步创建的“合成”工程文件，然后在 Project 项目窗口中选中合成文件“文字描边动画”并将其拖动至“合成”工程文件的 Timeline 面板中，再按快捷键 F4 切换至图层分功能设置开关面板（Switches）并单击合成层“文字描边动画”右侧的矢量转换开关按钮抓图，如图 1-75 所示。

图1-75 置入工程文件

接着，选择合成层“文字描边动画”并右击，然后从弹出的快捷菜单中选择“Effect（特效）”→“Trapcode”→“Shine”选项，按照如图 1-76 所示进行设置，效果如图 1-77 所示。

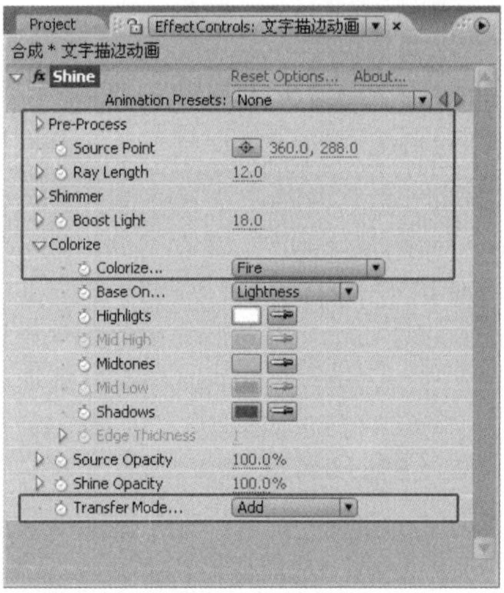


图1-76 参数设置

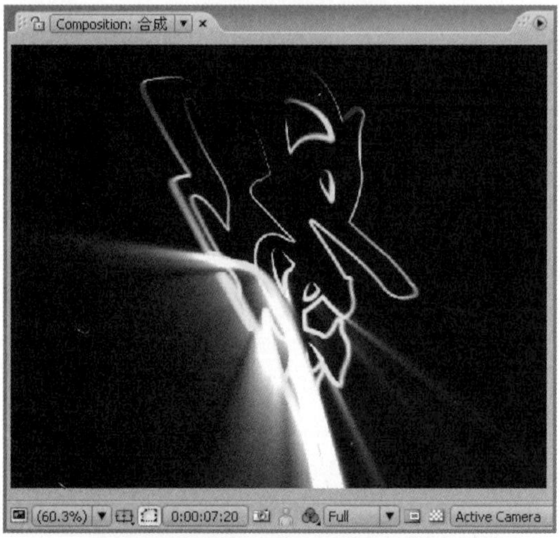


图1-77 效果截图

这样整个动画效果就完成了。

# 第2章
# 炫彩飞舞粒子幻化字体

## 2.1 案例简介

这个案例表现的是五颜六色的粒子群在空间中飞舞，最后幻化、汇集为 LOGO 文字的动画效果。通过示意图可以分析如何在 After Effects 中制作这样的效果。

首先，运用 Basic Text、Particular、Glow 等特效制作出本节案例的 LOGO 文字效果以及一片五颜六色的粒子群的动画效果。接着，通过设置 Particular 插件特效的相关属性关键帧，初步制作出飞舞的粒子群最后汇集成为 LOGO 文字的动画效果。然后，通过复制生成新图层、制作 Opacity（透明度）关键帧动画等方法，制作出 LOGO 文字的淡入动画效果。最后，通过运用 Ramp 特效、设置图层混合模式等方法，制作动画背景效果并完成整个动画效果的特效合成工作。本案例通过将粒子群汇集成为 LOGO 文字的动画部分与 LOGO 文字淡入动画效果进行完美的匹配合成，从而实现粒子群幻化字体的绚丽效果。制作思路示意图如图 2-1 所示，最后效果如图 2-2 所示。

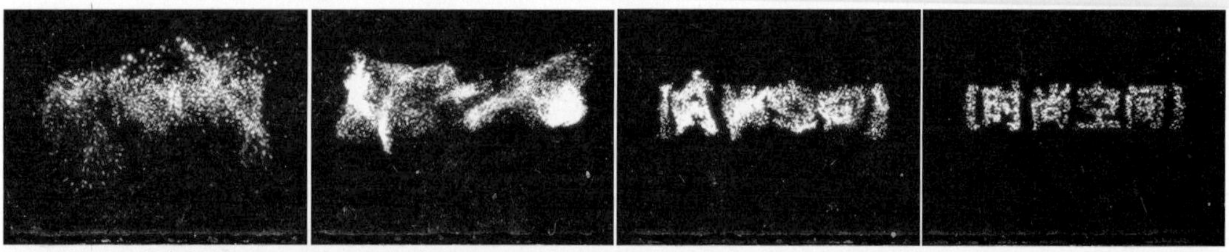


(1) LOGO 文字效果以及一片五颜六色的粒子群动画效果：运用 Basic Text、Glow、Particular 特效等，并制作 Particular 插件特效的关键帧动画

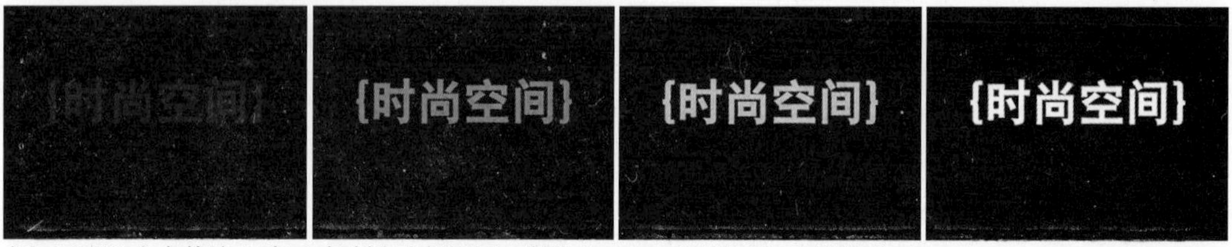


(2) LOGO 文字的淡入动画：复制生成新图层、制作 Opacity（透明度）关键帧动画

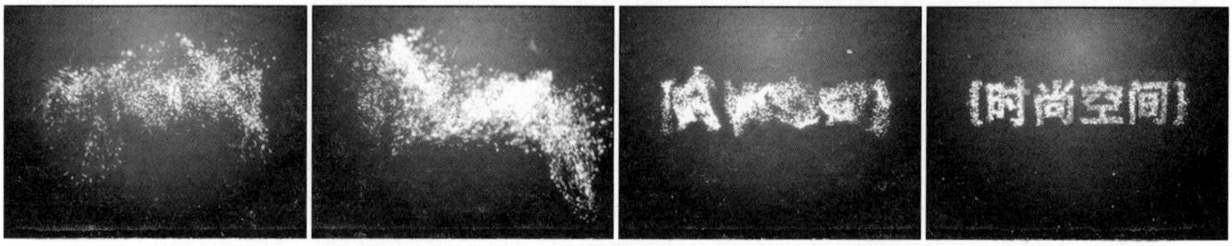


(3) 动画背景效果、整个动画效果的特效合成：运用 Ramp 特效，设置图层混合模式

图2-1　制作思路示意图

图2-2 最后效果

## 2.2 具体制作

### 2.2.1 创建工程文件和LOGO文字效果

❶新建工程文件“合成”。首先，启动 After Effects CS3 程序，并按快捷键 Ctrl+N 新建一个合成文件。在打开的合成文件设置对话框中设置 Composition Name（合成名称）为“合成”，在 Basic（常规）选项卡下的 Preset（预置）下拉列表中选择“PAL D1/DV”选项。设置 Width（宽）为“720”，Height（高）为“576”，Frame Rate（帧率）为“25 帧 / 秒”，Duration（持续时间）为“0:00:10:00”然后单击 OK（确定）完成设置，如图 2-3 所示。

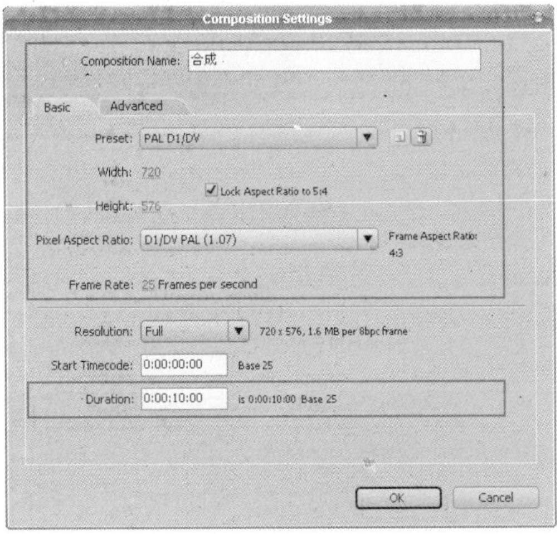


图2-3 新建工程文件

❷创建“文字”层。在“合成”工程文件的 Timeline 面板内，按快捷键 Ctrl+Y 新建一个固态层。然后设置 Name（名称）为“文字”，Color（色彩）为“黑色”，如图 2-4 所示。

图2-4　创建层

图2-5　设置窗口

❸创建文字元素。在“合成”工程文件内的Timeline面板中选择“文字”层并右击，然后在弹出的快捷菜单中选择“Effect(特效)”→“Text(文字)”→“Basic Text(基本文字)”选项。在其Basic Text(基本文字)设置窗口输入中文字符“{时尚空间}”,并设置font(字体)为“SimHei”。然后单击OK(确定)按钮，完成LOGO文字的创建，如图2-5所示。

在“文字”层的Basic Text特效控制面板中设置Display Options(显示选项)为“Fill Over Stroke(填充覆盖描边)”，Fill Color(填充色彩)为白色，Stroke Color(描边色彩)亦为白色，Stroke Width(描边宽度)为“5.0”，Size(尺寸)为“120.0”，Tracking(字间距)为“0”，如图2-6所示，效果如图2-7所示。

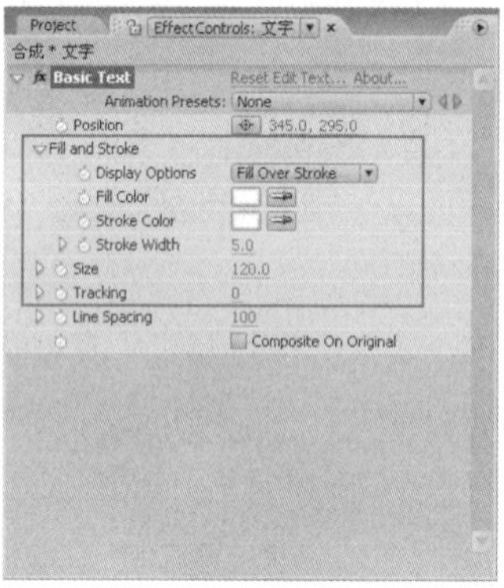


图2-6　参数设置

图2-7　Basic Text效果

❹预合成“文字”层。在“合成”工程文件内选中“文字”层并按快捷键Ctrl+Shift+C进行预合成操作。然后为新建的子合成文件取名为“文字 Comp 1”，选中Move all attributes into the new composition(把层属性移动到新建的子合成文件中)单选按钮并单击OK(确定)按钮，如图2-8所示。

图2-8　预合成层

## 2.2.2　制作粒子群动画效果

⑤复制生成“文字粒子效果”合成层。在“合成”工程文件内选中“文字 Comp 1”合成层，按快捷键 Ctrl+D 复制并新建该层，再按 Enter 键将新建层改名为“文字粒子效果”。然后单击“文字 Comp 1”合成层左侧的眼睛图标，取消其可视化状态。接着单击“文字 Comp 1”合成层右侧分功能设置开关面板（Switches）中的 3D 图层开关，再单击“文字 Comp 1”合成层和“文字粒子效果”合成层右侧分功能设置开关面板（Switches）中的运动模糊开关，如图 2-9 所示。

注：如果图层动画以很快的速度运动，并且已在After Effects的Layer(图层)和Composition（合成文件）一级均打开运动模糊开关，那么将得到与元素运动相一致的强烈的幻影效果。对于快速移动的元素来说，影像中的运动模糊是必需的。

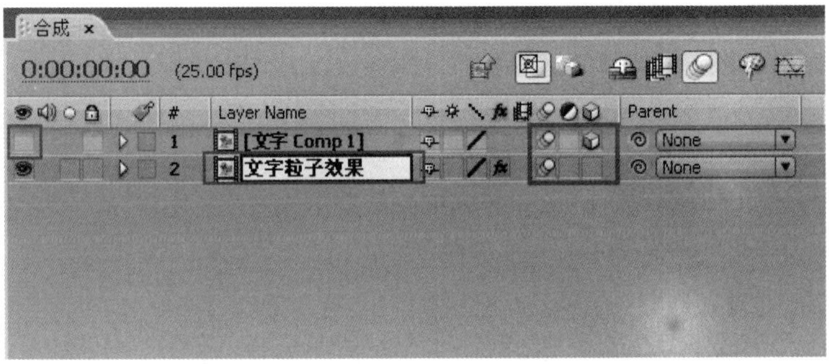


图2-9　复制生成“文字粒子效果”合成层

⑥为“文字粒子效果”合成层添加 Particular 特效。在“合成”工程文件内选择“文字粒子效果”合成层并右击，然后从弹出的快捷菜单中选择“Effect（特效）”→“Trapcode”→“Particular”选项。

注：Particular是由Trapcode公司开发的一款非常经典的After Effects粒子插件特效，该插件特效通过对发射器子系统、粒子系统、物理子系统、AUX子系统、可见性及运动模糊等方面的控制，可以快速精确地制作出各种粒子的喷射、漂浮和变形等高质量的动画特效。Particular需另外安装并重启After Effects才可使用，其安装路径为\Adobe After Effects CS3\Support Files\Plug-ins\ Trapcode。

现在开始运用 Particular 特效来制作一片五颜六色的粒子群及其汇集成为 LOGO 文字的视觉效果。首先，在“文字粒子效果”合成层的 Particular 特效控制面板中展开 Emitter（发射器）选项，设置其中的 Particles/sec（粒子数量 / 秒）为“200000”，在 Emitter Type（发射器类型）下拉列表中选择“Layer（图层）”选项，在 Layer（图层）下拉列表中选择“2. 文字 Comp 1”选项，在 Layer Sampling（图层取样）下拉列表中选择“Particle Birth Time（粒子生成时间）”选项，在 Layer RGB Usage（使用图层的 RGB）下拉列表中选择“RGB-Particle Color（RGB- 粒子颜色）”选项，在 Direction（方向）下拉列表中选择“Bi-Directional（双向）”选项，Direction Spread（方向扩展）设为“50.0”。设置 Velocity（速度）为“1000.0”，Velocity Random（随机速度）为“12.0”，Velocity from Motion（初始化速度）为“12.0”，如图 2-10 所示，效果如图 2-11 所示。

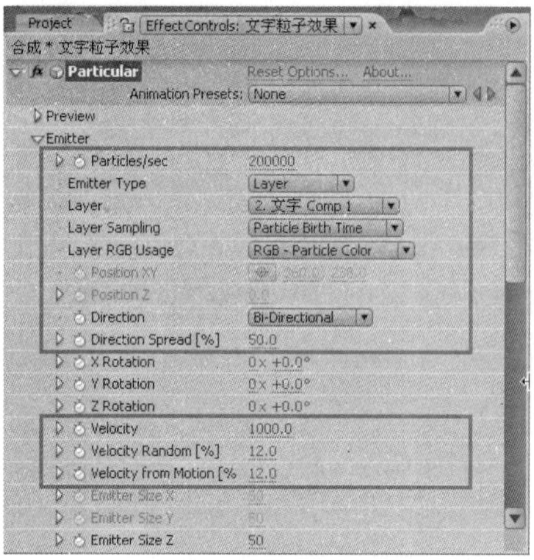


图2-10　参数设置（一）

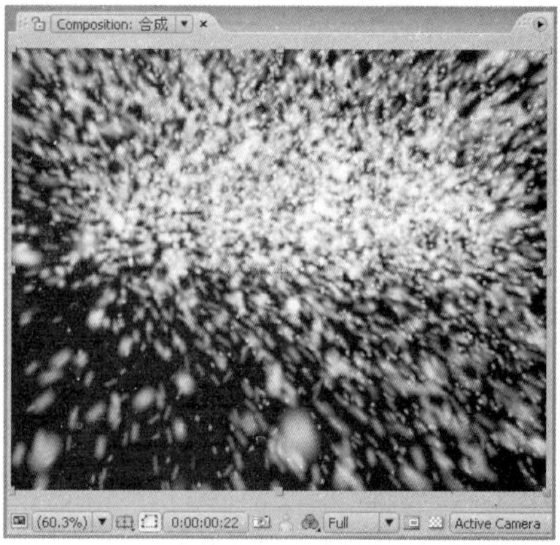


图2-11　合成层效果（一）

接着，在“文字粒子效果”合成层的 Particular 特效控制面板中展开 Particle（粒子）选项，设置其中的 Life[sec]（寿命[秒]）为“2.6”，Life Random（随机寿命）为“55”，在 Particle Type（粒子类型）下拉列表中选择“Sphere（球体）”选项，设置 Sphere Feather（球体羽化）为“50.0”，Size（粒子尺寸）为“2.0”，Size Random（随机尺寸）为“65.0”，Opacity（透明度）为“100.0”，Opacity Random（随机透明度）为“55.0”，Color Random（随机色彩）为“40.0”，随着 Color Random（随机色彩）属性参数值的增加，粒子群五颜六色的色彩变化效果会更加明显，如图 2-12 所示，效果如图 2-13 所示。

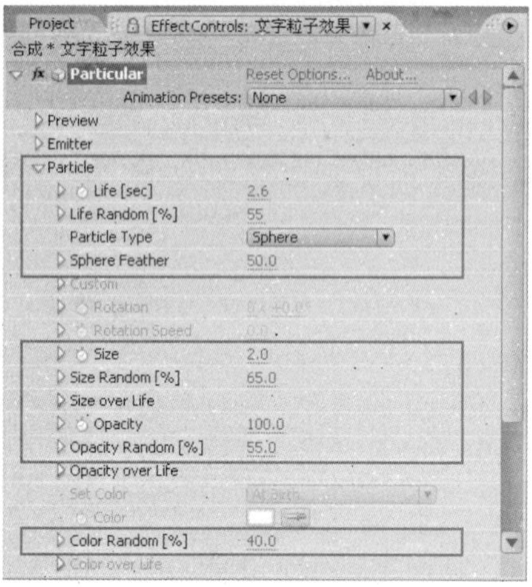


图2-12　参数设置（二）

图2-13　合成层效果（二）

然后，在其 Particular 特效控制面板中展开 Physics（物理效果）选项，在 Physics Model（物理模式）下拉列表中选择“Air（空气）”选项。再展开 Physics（物理效果）选项下的 Air（空气）属性选项，设置其中的 Air Resistance（空气阻力）为“1000.0”，Spin Amplitude（自旋振幅）为“30.0”，Spin Frequency（自旋频率）为“12.0”。接着展开 Air（空气）选项下的 Turbulence Field（漩涡范围）属性选项，设置其中的 Affect Size（影响范围）为“35.0”，Affect Position（影响位置）为“1000.0”，Scale（比例）为“10.0”，Complexity（复杂度）为“3”，Evolution Speed（演化速度）为“65.0”，如图 2-14 所示，效果如图 2-15 所示。

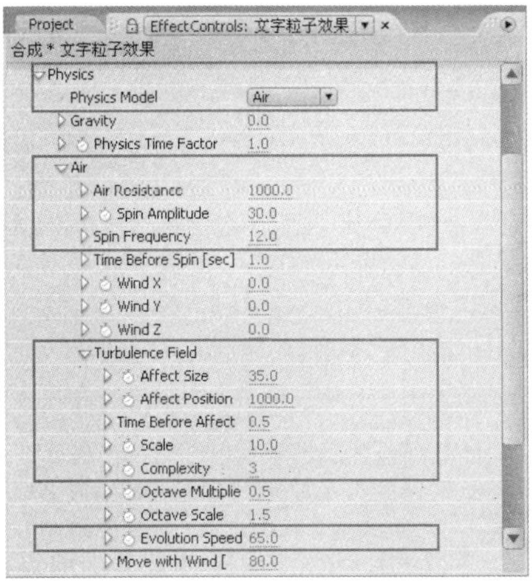


图2-14 参数设置（三）

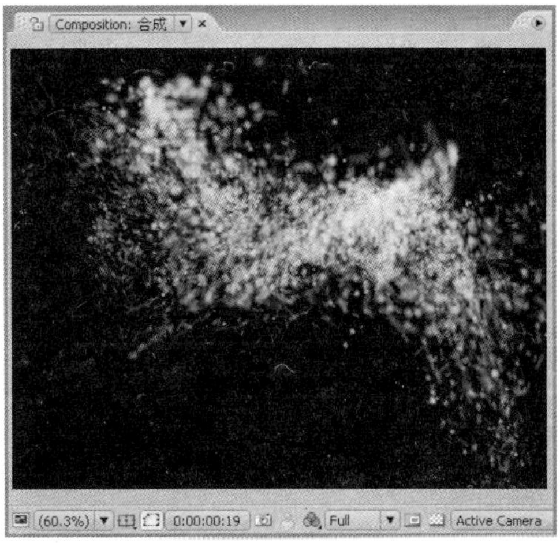


图2-15 合成层效果（三）

❼为“文字粒子效果”合成层制作 Particular 特效关键帧动画。首先，将时间指针移至 0:00:00:00 处并展开“文字粒子效果”合成层的 Particular 特效选项。可以看到 Emitter（发射器）选项下的 Particles/sec（粒子数量 / 秒）属性参数为“200000”，在其 Particular 特效控制面板中展开 Physics（物理学）选项，然后将 Air（空气）选项下的 Spin Amplitude（自旋振幅）属性参数设为“30.0”，再展开 Air（空气）选项下的 Turbulence Field（漩涡范围）属性选项，将 Affect Size（影响范围）属性参数设为“35.0”，Affect Position（影响位置）属性参数设为“1000.0”。然后分别单击这些特效属性左侧的秒表图标来建立关键帧，如图 2-16 所示。

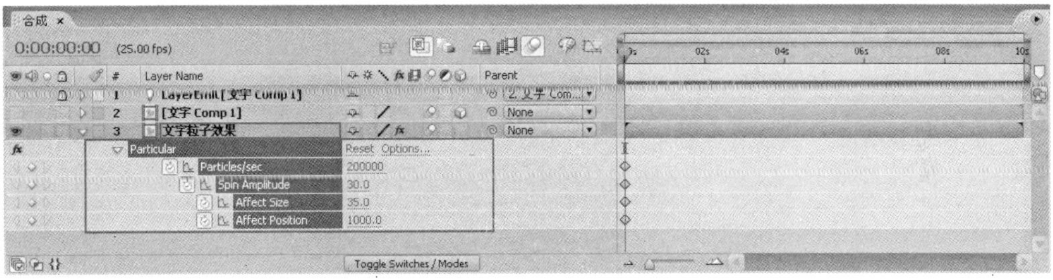


图2-16 设置关键帧

接着，将时间指针移至 0:00:03:00 处并展开“文字粒子效果”合成层的 Particular 特效选项。设置 Particles/sec（粒子数量 / 秒）属性参数为“0”，即在 0:00:03:00 处，该合成层 Particular 特效将自动生成新的 Particles/sec 属性关键帧，如图 2-17 所示。

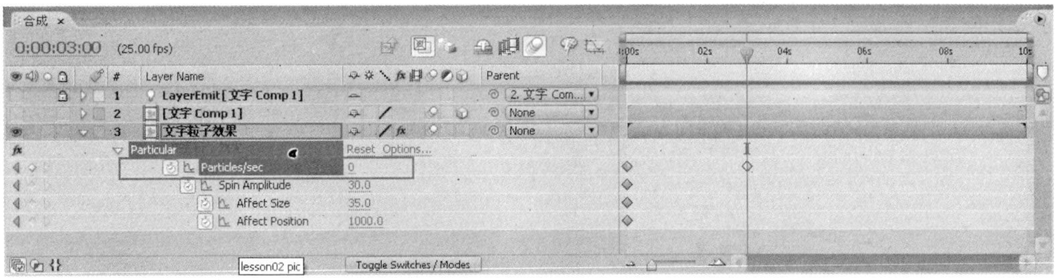


图2-17 设置关键帧

然后，将时间指针移至 0:00:05:00 处并展开“文字粒子效果”合成层的 Particular

特效选项。设置 Spin Amplitude（自旋振幅）属性的参数为“0.0”，Affect Size（影响范围）属性参数为“6.0”，Affect Position（影响位置）属性参数为“0.0”，即在 0:00:05:00 处，该合成层 Particular 特效将自动生成新的 Spin Amplitude、Affect Size 和 Affect Position 等属性关键帧，如图 2-18 所示。

> 注：在Particular特效内将Particles/sec属性参数值归零，可以制作粒子群数量逐渐减少直至粒子消失的动画效果。而将Spin Amplitude、Affect Size及Affect Position等属性参数值归零或者降低，可以制作粒子群由旋转飞舞形态转变为聚集至原始位置的动画效果。

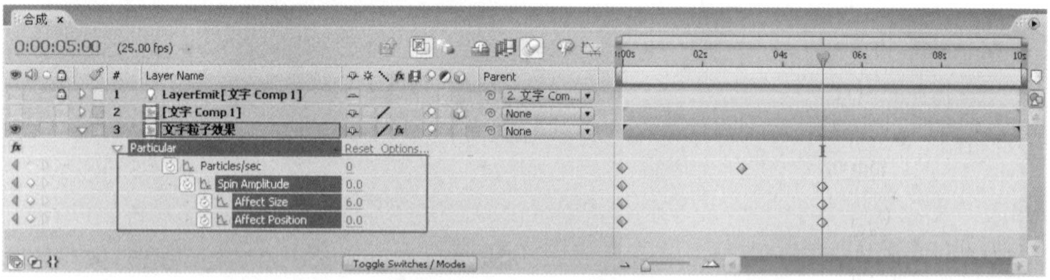

图2-18　设置关键帧

旋转飞舞的炫彩粒子群最后汇集成“{ 时尚空间 }”文字形状，直至最终粒子消失的动画效果制作完毕，效果如图 2-19 所示。

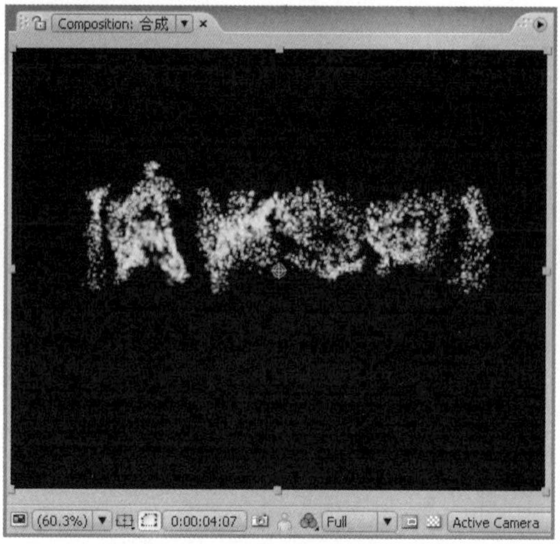

图2-19　动画截图

❽为“文字粒子效果”合成层添加 Glow（辉光）特效。在“合成”工程文件内选择“文字粒子效果”合成层并右击，然后从弹出的快捷菜单中选择“Effect（特效）”→“Stylize（风格化）”→“Glow（辉光）”选项。在其 Glow（辉光）特效控制面板中，设置 Glow Threshold（辉光极限值）为“78.0”，Glow Radius（辉光半径）为“17.0”，Glow Intensity（辉光强度）为“1.2”，在 Glow Colors（辉光色彩）下拉列表中选择“Original Colors（原始色彩）”选项，如图 2-20 所示，效果如图 2-21 所示。

> 注：Glow（辉光）特效可以使带有Alpha通道的图像和文字产生漂亮的边缘发光效果。

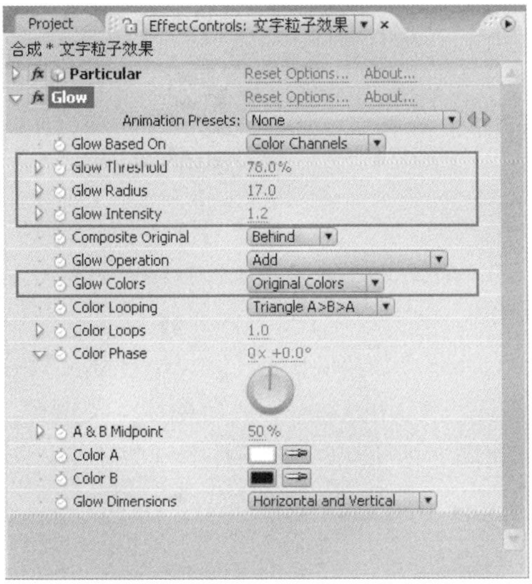


图2-20　参数设置

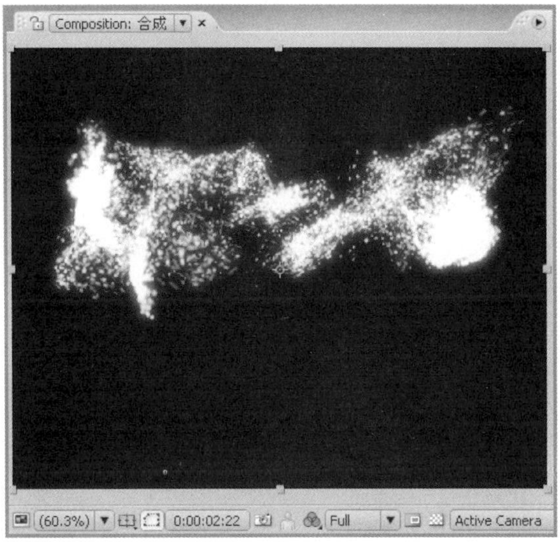


图2-21　合成层Glow效果

## 2.2.3　制作LOGO文字的淡入动画效果

❾复制生成“文字 Comp 2”合成层。在“合成”工程文件内选中“文字 Comp 1”合成层，然后按快捷键 Ctrl+D 复制并新建该层，再按 Enter 键将新建层改名为“文字 Comp 2”。单击“文字 Comp 2”合成层左侧的“眼睛”图标，开启其可视化状态，如图 2-22 所示，效果如图 2-23 所示。

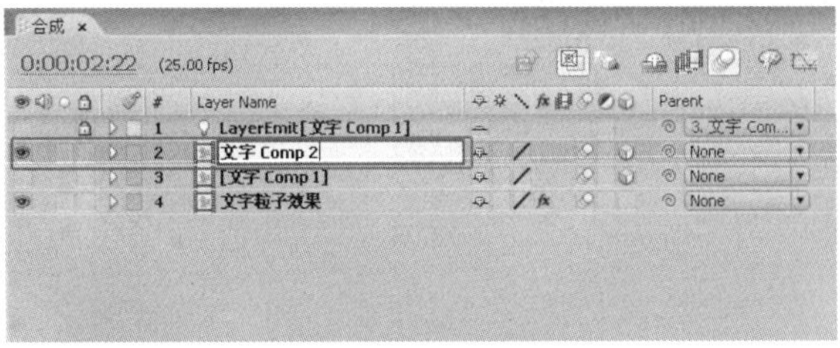


图2-22　复制合成层

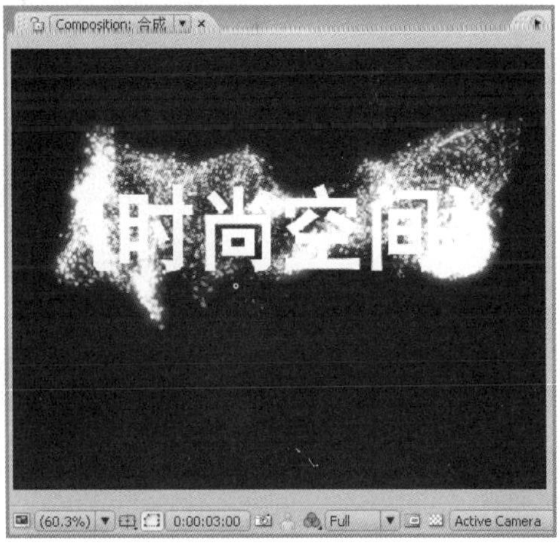


图2-23　初步合成效果

❿制作“文字 Comp 2”合成层的 Opacity（透明度）属性关键帧动画。在 Timeline 面板内选中“文字 Comp 2”合成层，按快捷键 T 调出该合成层的 Opacity（透明度）属性选项。在时间 0:00:04:15 处将其 Opacity（透明度）参数设置为“0”，并单击其左侧的“秒表”图标为“文字 Comp 2”合成层新建一个 Opacity（透明度）属性关键帧，如图 2-24 所示。

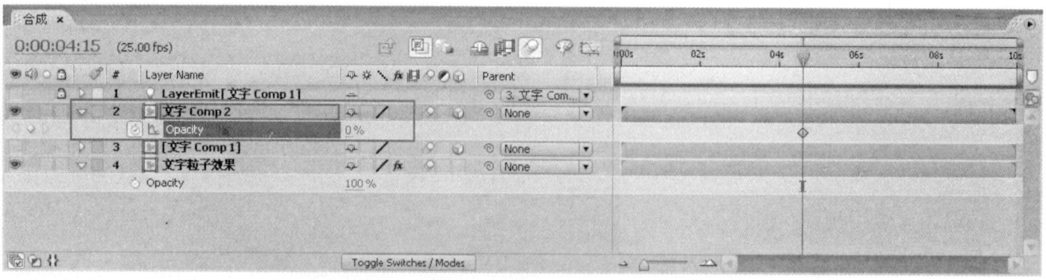

图2-24 设置关键帧

然后将时间指针移至0:00:05:20处，将“文字 Comp 2”合成层的Opacity（透明度）参数设置为“100”，即在当前时间处，该合成层将自动生成新的Opacity（透明度）关键帧。至此，LOGO文字的淡入动画效果就制作完成了，如图2-25所示，效果如图2-26所示。

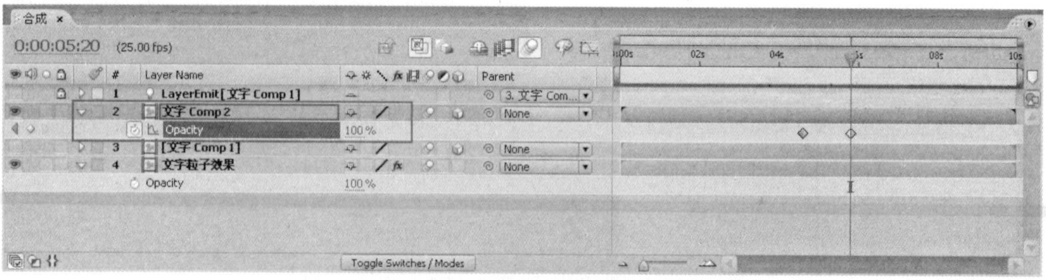

图2-25 设置关键帧

图2-26 效果截图

## 2.2.4 制作动画背景并完成最终合成效果

⑪创建“背景”层。在“合成”工程文件的Timeline面板内，按快捷键Ctrl+Y新建一个固态层。在其控制面板中设置Name（名称）为“背景”，在Size（尺寸）选项组中设置Width（宽）为“720”，Height（高）为“576”，设置Color（色彩）为“黑色”，然后单击OK（确定）按钮完成设置，如图2-27所示。

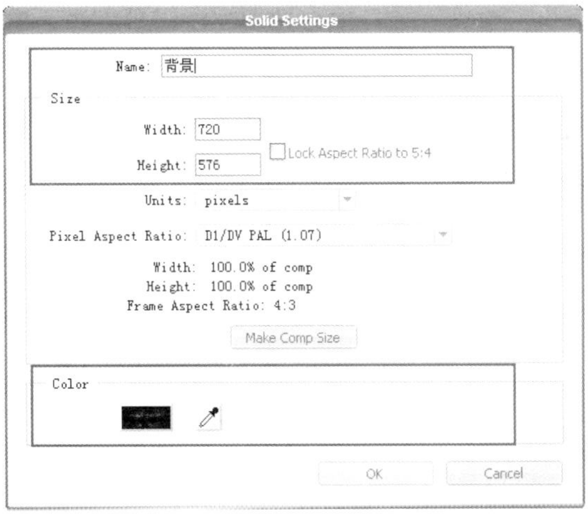


图2-27　创建层

⑫为“背景”层添加 Ramp（渐变）特效。选中“背景”层并右击，从弹出的快捷菜单中选择“Effect（特效）”→“Generate（生成）”→“Ramp（渐变）”选项。在其 Ramp（渐变）特效控制面板中，设置 Start of Ramp（渐变开始位置）为（360.0，105.0），Start Color（开始色彩）为“绿色”（3AAF00）。设置 End of Ramp（渐变结束位置）为（358.3，540.0），End Color（结束色彩）为“黑色”。再设置 Ramp Shape（渐变外形）为“Radial Ramp（径向渐变）”，如图 2-28 所示，效果如图 2-29 所示。

**注**：Ramp（渐变）特效通常用于快速创建黑白和彩色渐变的影像效果。

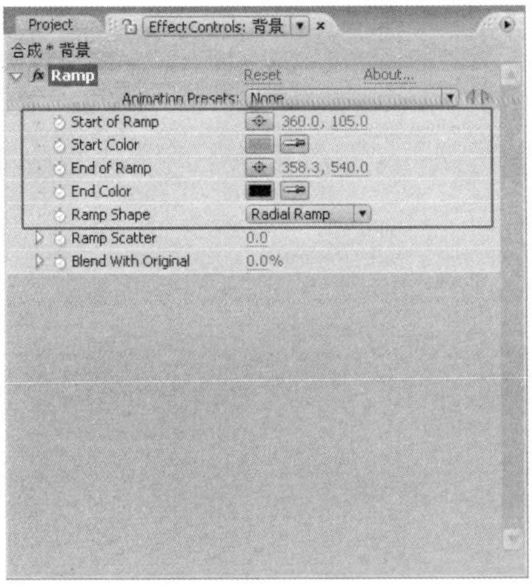


图2-28　参数设置

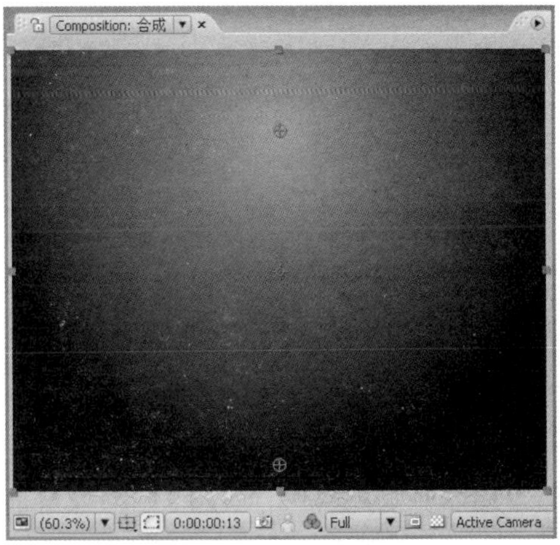


图2-29　Ramp效果

⑬设置“合成”工程文件内各图层的混合模式。在“合成”工程文件的 Timeline 面板中，分别在“文字 Comp 2”合成层和“文字粒子效果”合成层右侧的 Mode（混合模式）下拉列表中设置当前层的混合模式。

在“文字 Comp 2”合成层的 Mode 下拉列表中选择“Add（添加）”选项。Add 模式是一种可以使每个下层图层像素的亮度都被当前图层像素的亮度调整到全白色值（1.0）

的图层混合模式，通常用于提高当前图层的亮部像素的亮度；在“文字粒子效果”合成层的 Mode 下拉列表中选择“Lighten( 变亮 )”选项，如图 2-30 所示。

注：Lighten模式的混合原理是，将被选定图层与其下层图层在影调上进行对比，其较暗的区域显示下层图层的影像，较亮的区域则将上下两层叠加混合，从而显示出更亮的图层混合效果。Lighten模式在亮化程度上要次于Add模式。

通过在工程文件内设置各自效果所在层的图层混合模式，将粒子群汇集成 LOGO 文字的动画部分并与 LOGO 文字淡入动画效果进行完美的匹配合成，从而实现粒子群幻化字体的绚丽效果，最终动画效果如图 2-31 所示。

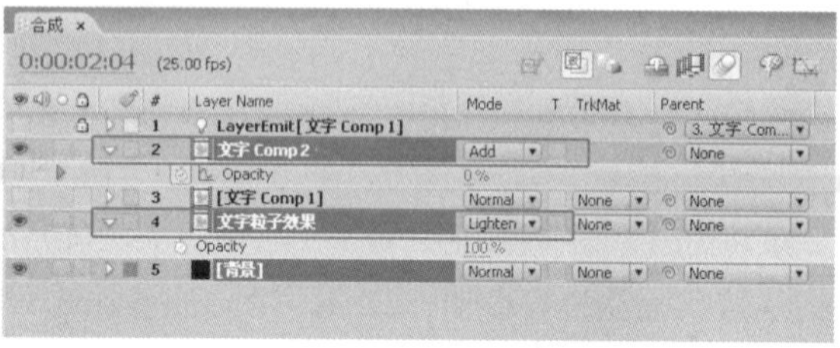


图2-30 设置图层混合模式

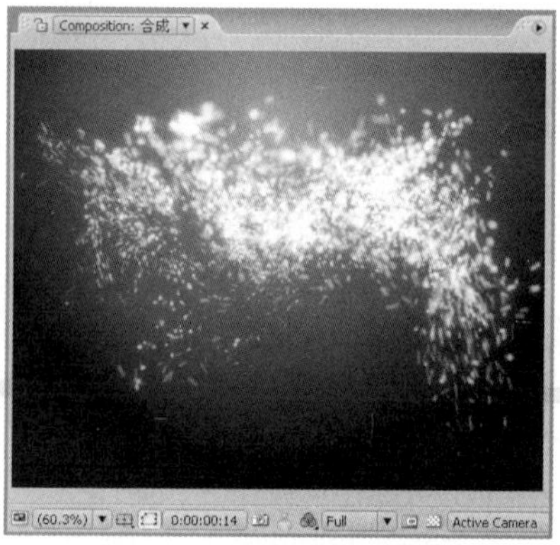


图2-31 最终动画效果截图

至此，本案例的具体制作步骤结束。

## 2.3 同类索引

通过上述案例的学习，用户已经知道如何制作炫彩粒子群在空间中旋转飞舞直至最后幻化、汇集成为 LOGO 文字的动画效果。其中，LOGO 文字效果以及一片五颜六色的粒子群动画效果，是通过运用 Basic Text、Particular、Glow 特效等来实现的。

上述制作过程中有若干技巧知识点需要注意：Particular插件特效内的Color Random（随机色彩）属性可以控制粒子群五颜六色的色彩变化效果；将Particular插件特效内的Particles/sec（粒子数量/秒）属性参数值归零，可以制作出粒子群数量逐渐减少直至粒子消失的效果；Spin Amplitude（旋转振幅）、Affect Size（影响大小）、Affect Position（影响位置）等属性参数值归零或者降低，可以实现粒子群由旋转飞舞转变为聚集至原始位置的形态变化。

而 LOGO 文字的淡入动画效果则是通过复制生成新图层及制作 Opacity（透明度）关键帧动画等方法来实现的。动画背景效果的制作以及最终动画效果的合成，运用到了 Ramp 特效、设置图层混合模式等方法。可以看出，如何运用 Particular 插件特效并设置其相关属性关键帧，是实现本章案例动画效果的关键所在，也是本章内容的重点和难点。设置文字所在层的 Opacity（透明度）关键帧来制作文字的淡入动画效果，使其与粒子群汇集成形的动画效果进行合成对位，也是本章案例整体制作思路中的重点。

下面将本章案例的制作思路及方法进行扩展延伸，探寻此类影像效果的画面细节并充分挖掘其运用到的 After Effects 中的其他技巧。

● **索引案例:流星粒子拂过文字**

这个索引案例的动画效果表现的是 LOGO 文字随着快速拂过的流星粒子群而逐渐从左至右显现出来。这样的效果与本章案例“炫彩飞舞粒子幻化字体”有所不同，主要区别在于画面中粒子运动的形态和文字出场的动画效果不同。本章案例中的粒子群是在空间中飞舞并最终幻化、汇集成为 LOGO 文字，而此索引案例中的粒子只是快速地拂过画面。本章案例中的 LOGO 文字制作了淡入动画效果，并且最后与粒子群汇集成形的动画效果进行合成对位，而此索引案例中的 LOGO 文字的出场效果较为复杂。首先，“卡通剧场”这 4 个字是从左至右逐渐显现出来的;其次，为了丰富画面细节还模拟了文字在水中的倒影效果。那么如何运用本章案例的制作方法或思维制作这种新的动画效果呢?

由于最终效果存在粒子运动形态和文字出场效果这两点差异，因此索引案例“流星粒子拂过文字”的制作步骤将主要根据这两方面来做出调整和延伸。首先，运用 Basic Text 特效、设置 Mask（遮罩）关键帧等方法，制作出 LOGO 文字从左至右逐渐显现出来的动画效果。其次，运用复制生成新图层、设置 Track Matte 模式、设置 Mask（遮罩）关键帧以及使用 Ramp、Ripple、Glow 特效等方法，制作出 LOGO 文字仿佛立于水面般的倒影效果及出场文字前端处的发光效果，然后运用 Trapcode 公司的 Particular 插件特效并设置其相关属性关键帧，制作出无数流星粒子快速拂过画面的绚丽效果。

案例最后效果如图 2-32 所示。

图2-32　索引案例最后效果

下面介绍索引案例的具体操作步骤。

● **索引案例制作步骤**

❶新建“合成”工程文件及“文字”层。首先按快捷键 Ctrl+N 新建一个合成文件，并设置 Composition Name（合成名称）为“合成”，在 Basic（常规）选项卡下的 Preset（预置）下拉列表中选择“PAL D1/DV”选项。然后在“合成”工程文件的 Timeline 面板中按快捷键 Ctrl+Y 新建一个固态层。接着设置 Name（名称）为“文字”，Color（色彩）为“黑色”，如图 2-33 所示。

❷创建文字元素并制作其 Basic Text（基本文字）特效关键帧动画。在“合成”工程文件内的 Timeline 面板中选择“文字”层并右击，然后从弹出的快捷菜单中选择“Effect（特效）”→“Text（文字）”→“Basic Text（基本文字）”选项。在其 Basic Text（基本文字）对话框的文本框中输入中文字符“卡通剧场”，并设置 font（字体）为“YouYuan”。然后单击 OK（确定）按钮，完成 LOGO 文字的创建，如图 2-34 所示。

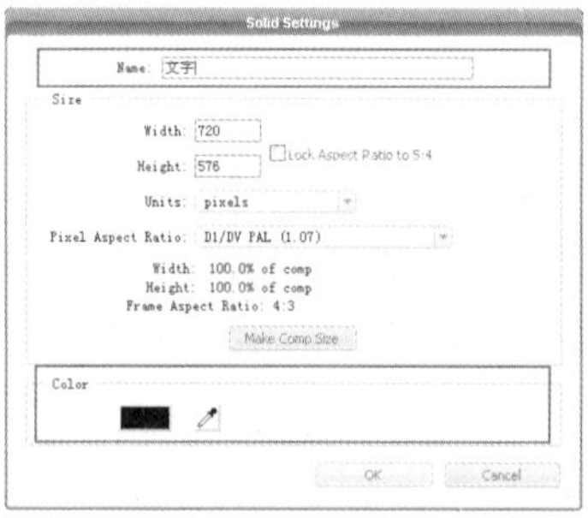

图2-33　创建层

图2-34　设置窗口

在“文字”层的Basic Text特效控制面板中设置Fill Color（填充色彩）为“桔红色（FF5A00）”，Stroke Color（描边色彩）为“白色”，其他设置如图2-35所示，效果如图2-36所示。

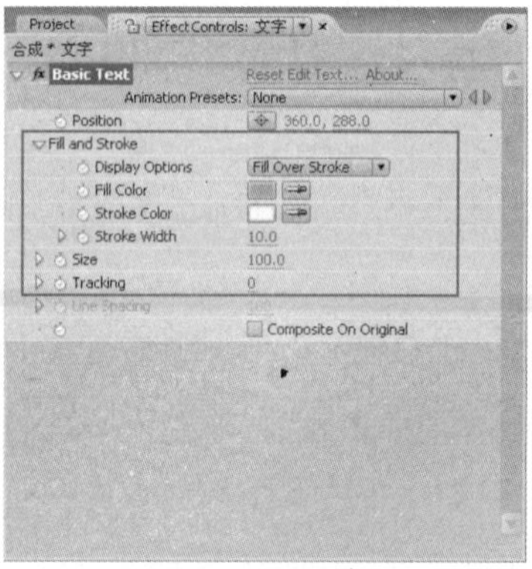

图2-35　参数设置

图2-36　Basic Text效果

将时间指针移到0:00:00:00处，在Timeline面板内展开“文字”层的Basic Text特效选项，并单击Tracking（字间距）属性左侧的秒表图标新建一个该特效属性关键帧。然后将指针移到0:00:02:00处，将“文字”层Basic Text特效内的Tracking（字间距）的属性参数改为“30”。这样，LOGO文字字间距增大、向左右两侧延伸的动画效果制作完毕，如图2-37所示，效果如图2-38所示。

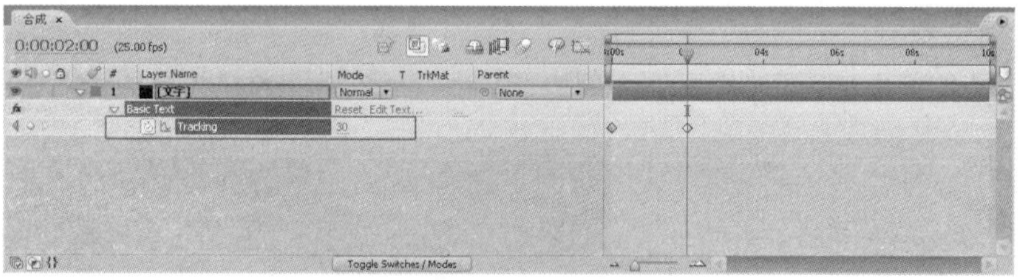

图2-37　设置关键帧

❸为LOGO文字制作Mask（遮罩）关键帧动画。首先，在“合成”工程文件内选中“文字”层，并按快捷键Ctrl+Shift+C进行预合成操作。然后为新建的子合成文件取名为“文字Comp 1”，选中Move all attributes into the new composition（把层属性移动到新建的子合成文件中）单选按钮，再单击OK（确定）按钮，如图2-39所示。

在Timeline面板内选中“文字Comp 1”合成层，再在Tools（工具）面板中单击“圆角矩形Mask工具”按钮，接着在合成图像窗口中为“文字Comp 1”合成层制作圆角矩形形状的Mask（遮罩），如图2-40所示。

> **注**：此处Mask遮罩的位置应控制在合成图像窗口中LOGO文字的左侧区域，并且不能覆盖到LOGO文字“卡通剧场”这四个字。

图2-38　效果截图

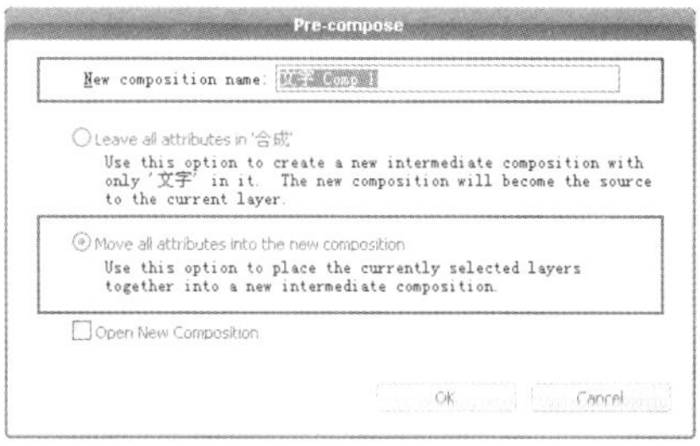


图2-39　预合成层

接着，在Timeline面板内选择“文字 Comp 1”合成层并按快捷键M，显示出该合成层的Mask属性参数设置选项。先设置其Mask Feather（遮罩羽化）参数为（20.20），然后单击Mask Path（遮罩外形）属性右侧的Shape...（外形…）选项，打开Mask Shape（遮罩外形）对话框，在其中设置Top（上）为“197.4”,Bottom（下）为“383.2”,Left（左）为“8.3”，Right（右）为“87.9”，如图2-41所示。

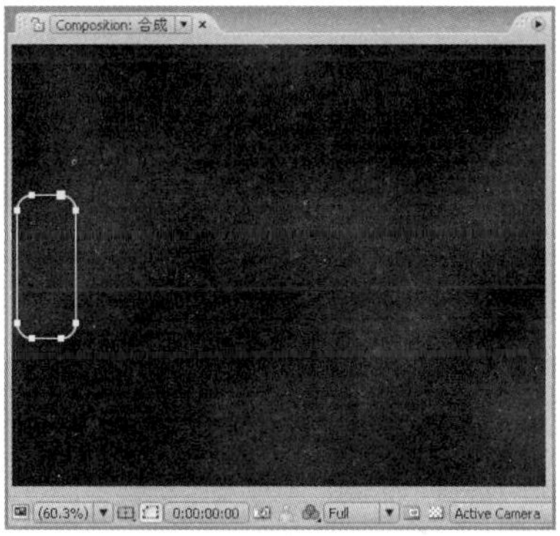


图2-40　制作圆角矩形Mask（遮罩）

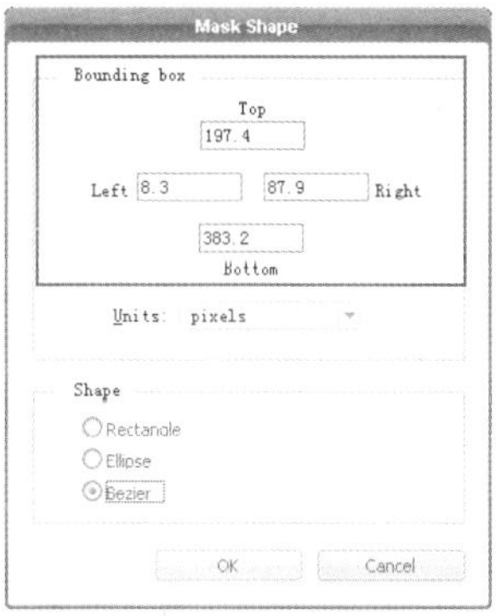


图2-41　参数设置

在时间0:00:00:00处，展开“文字 Comp 1”合成层的Mask属性选项，然后单击Mask Path（遮罩外形）属性左侧的“秒表”图标设置Mask（遮罩）关键帧，如图2-42所示。

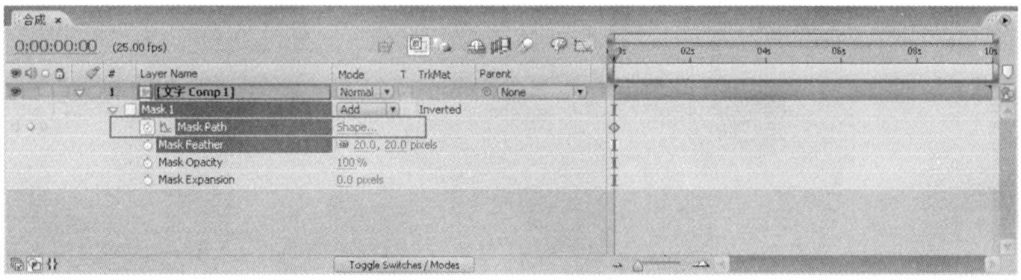


图2-42　设置关键帧

然后在时间0:00:02:00处，单击“文字 Comp 1”合成层中Mask Path（遮罩外形）属性右侧的Shape...（外形…）选项，打开Mask Shape（遮罩外形）对话框。在其中将参数设置改成Top（上）为“197.4”,Bottom（下）为“383.2”,Left（左）为“8.3”,Right（右）为“672”，如图2-43所示。

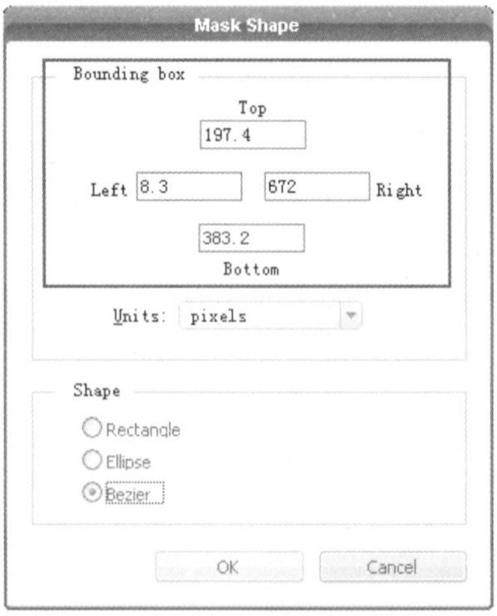


图2-43　参数设置

这样即可在“文字 Comp 1”合成层的 0:00:02:00 处自动新建一个 Mask Path（遮罩外形）关键帧。至此，LOGO 文字从左至右逐渐显现出来的动画效果制作完毕，如图 2-44 所示，效果如图 2-45 所示。

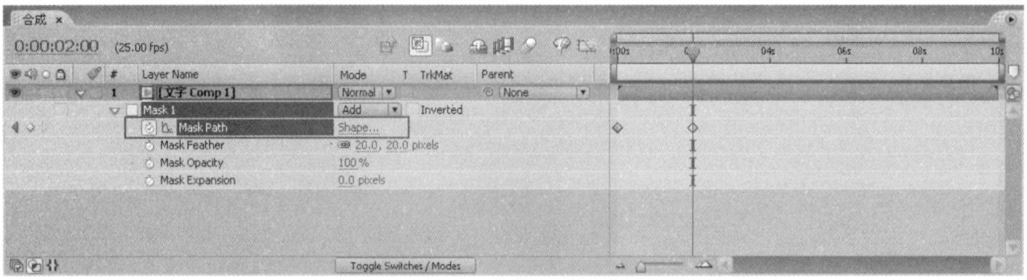


图2-44　设置关键帧

图2-45　效果截图

❹复制生成“文字 Comp 1 倒影”合成层并设置其 Scale（缩放）属性和 Position（位置）属性。在 Timeline 面板内选择“文字 Comp 1”合成层，按快捷键 Ctrl+D 复制并新建该层，再按 Enter 键将其改名为“文字 Comp 1 倒影”，如图 2-46 所示。

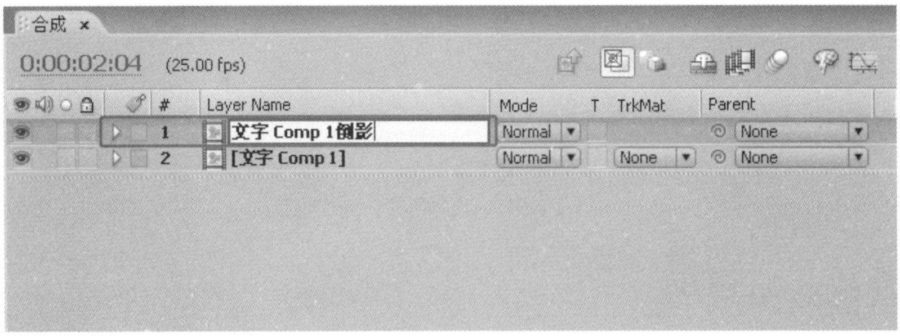


图2-46　复制生成合成层

然后在 Timeline 面板内展开“文字 Comp 1 倒影”合成层的 Scale（缩放）属性选项，单击其参数左侧的锁定比例图标，并设置“文字 Comp 1 倒影”合成层的 Scale（缩放）参数为（100.0，-100.0），Position（位置）参数为（360.0，388.0），如图 2-47 所示。

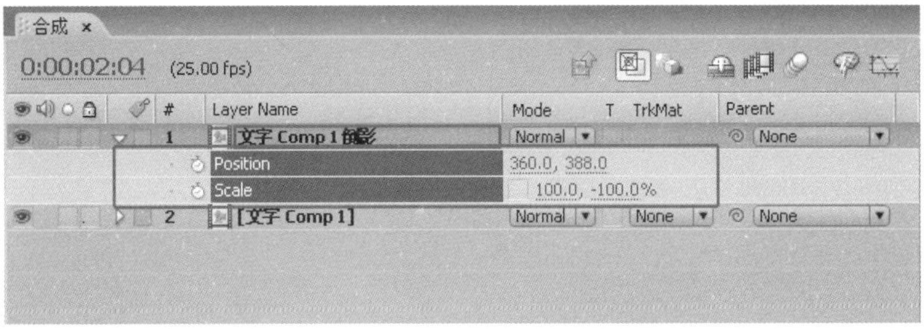


图2-47　合成层的属性

至此，“文字 Comp 1 倒影”合成层中的LOGO文字图形已经倒置，其倒影效果初步实现，如图 2-48 所示。

❺创建“黑白渐变蒙版”层。在“合成”工程文件的 Timeline 面板内，按快捷键 Ctrl+Y 新建一个固态层。然后在打开的对话框中设置 Name（名称）为“黑白渐变蒙版”，Color（色彩）为“黑色”，如图 2-49 所示。

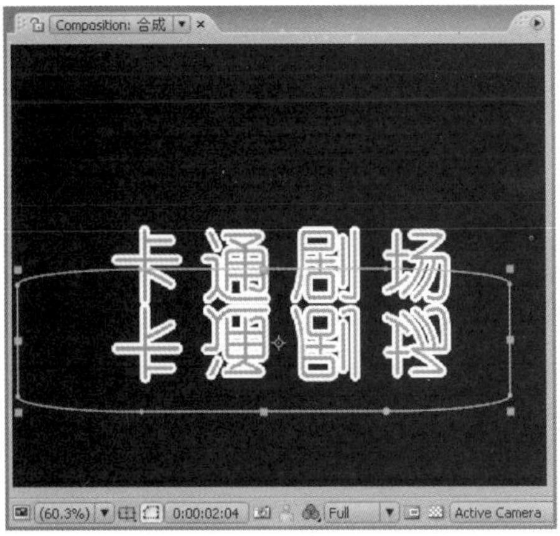


图2-48　文字倒置效果

图2-49　创建层

❻为“黑白渐变蒙版”层添加 Ramp（渐变）特效。选择“黑白渐变蒙版”层并右击，从弹出的快捷菜单中选择“Effect（特效）”→“Generate（生成）”→“Ramp（渐变）”选项，在打开的面板中按照如图 2-50 所示设置参数。效果如图 2-51 所示。

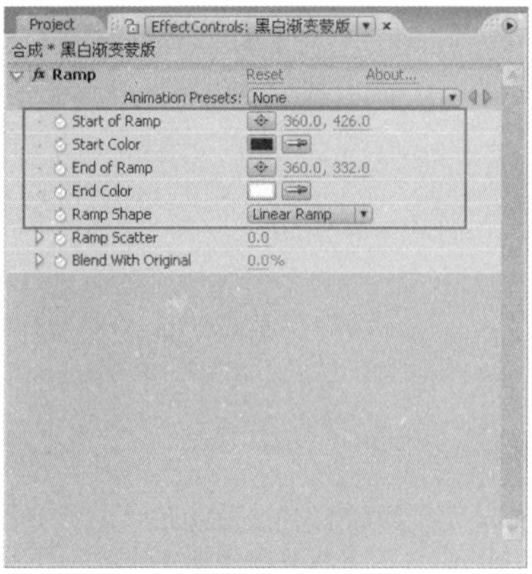


图2-50 参数设置

图2-51 Ramp效果

❼设置“文字 Comp 1 倒影”合成层的 Track Matte 模式。在 Timeline 面板内单击“文字 Comp 1 倒影”合成层右侧的 Track Matte 下拉菜单，在此设置当前图层的蒙版编辑模式。在弹出的下拉菜单中选择“Luma Matte（黑白渐变蒙版）”选项，即以上层“黑白渐变蒙版”层的亮度区域作为下层“文字 Comp 1 倒影”合成层的透明通道，使下层图像从上层像素的亮度区域显示出来，如图 2-52 所示。

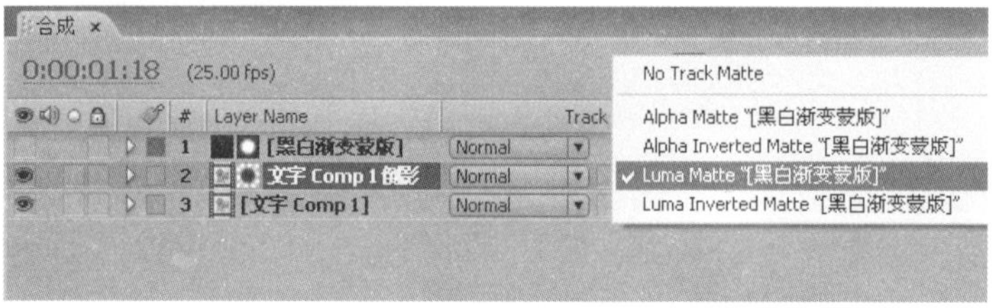


图2-52 设置合成层的Track Matte模式

观察合成图像窗口，可以看到 LOGO 文字仿佛立于水面的倒影效果更加明显，如图 2-53 所示。

❽预合成“黑白渐变蒙版”层和“文字 Comp 1 倒影”合成层。在“合成”工程文件的 Timeline 面板内选中“黑白渐变蒙版”层和“文字 Comp 1 倒影”合成层，然后按快捷键 Ctrl+Shift+C 进行合并预合成操作。在弹出的对话框中为新建的子合成文件取名为“文字倒影”，选中 Move all attributes into the new composition（把层属性移动到新建的子合成文件中）单选按钮，然后单击 OK（确定）按钮，如图 2-54 所示。

图2-53 改变模式后效果

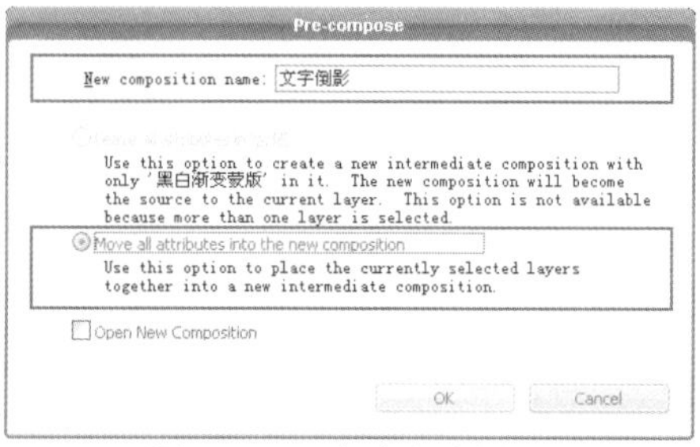


图2-54 预合成合成层

⑨为“文字倒影”合成层添加 Ripple（波纹）特效。选择“文字倒影”合成层并右击，从弹出的快捷菜单中选择“Effect（特效）”→“Distort（扭曲）”→“Ripple（波纹）”选项，在弹出的对话框中按照如图 2-55 所示进行设置，效果如图 2-56 所示。

注：Ripple（波纹）特效不需要设置相关关键帧即可生成默认形态的波纹动画效果，运用该特效可以快速地制作出LOGO文字倒影图形在水波中的扭曲变形效果。

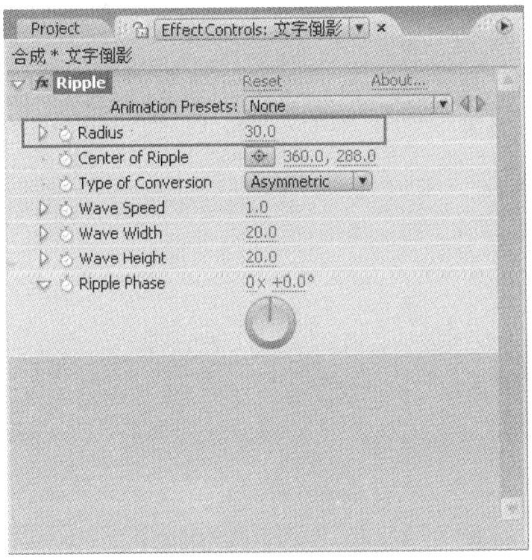


图2-55 参数设置

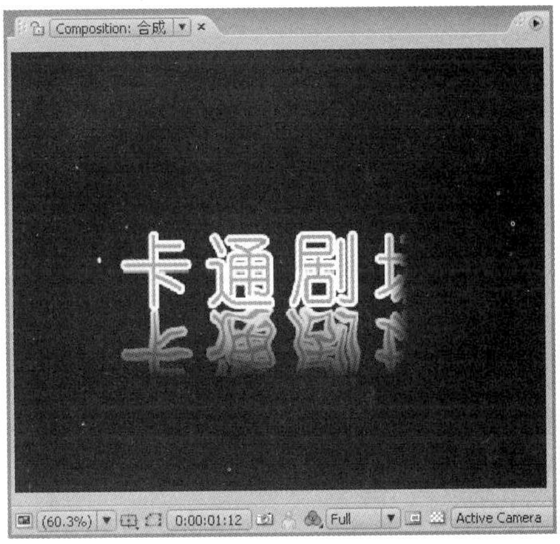


图2-56 Ripple效果

⑩再次为 LOGO 文字制作 Mask（遮罩）关键帧动画。首先，在 Timeline 面板内选中“文字 Comp 1”合成层，按快捷键 Ctrl+D 复制并新建该层，再按 Enter 键将其改名为“文字 Comp 1 前端”，如图 2-57 所示。

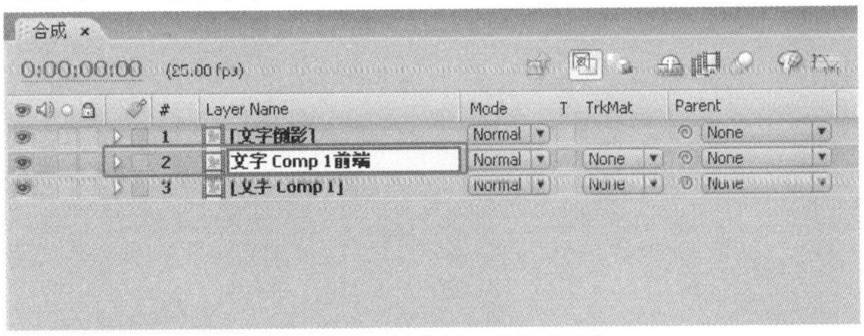


图2-57 复制生成合成层

接着，在 Timeline 面板内选中“文字 Comp 1 前端”合成层，再在 Tools（工具）面板中单击“圆角矩形 Mask 工具”按钮，然后在合成图像窗口中为“文字 Comp 1 前端”合成层制作较为细长的纵向圆角矩形形状的 Mask（遮罩）。注意：此处 Mask（遮罩）的位置也应控制在合成图像窗口中 LOGO 文字的左侧区域，并且不能覆盖 LOGO 文字。

然后，选中“文字 Comp 1 前端”合成层并按快捷键 M，调出该合成层的 Mask 属性参数设置选项。单击 Mask Path（遮罩外形）属性右侧的 Shape...（外形…）选项，打开 Mask Shape（遮罩外形）对话框。在其中将其参数设置为 Top（上）：“197.4”，Bottom（下）：“383.2”，Left（左）：“122.8”，Right（右）：“164.2”，如图 2-58 所示。

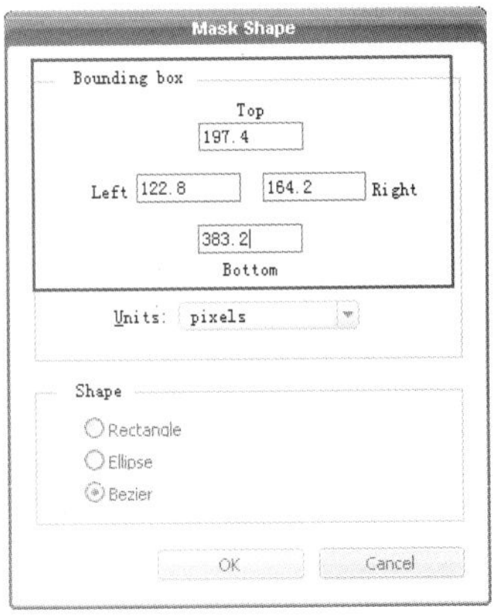


图2-58 参数设置

在时间0:00:00:00处，展开"文字 Comp 1 前端"合成层的Mask属性选项，然后单击Mask Path（遮罩外形）属性左侧的秒表图标设置Mask（遮罩）关键帧，如图2-59所示。

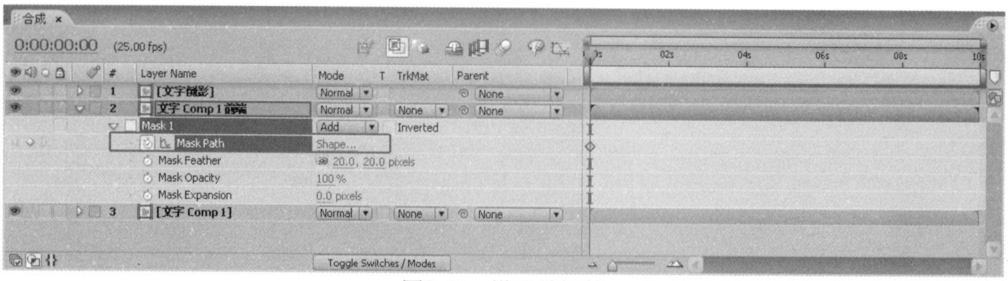

图2-59　设置关键帧

最后，在时间0:00:01:21处，单击"文字 Comp 1 前端"合成层Mask Path（遮罩外形）属性右侧的Shape...（外形…）选项，打开Mask Shape（遮罩外形）对话框。将其参数设置改为Top（上）："197.4",Bottom（下）："383.2",Left（左）："598.9",Right（右）："640.3"，如图2-60所示。

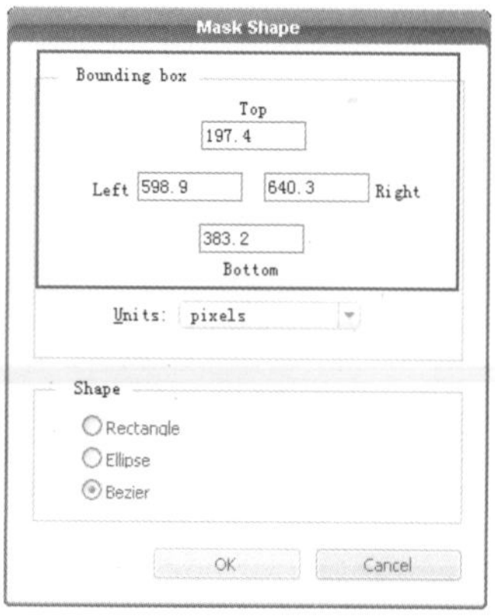


图2-60　参数设置

即可发现在当前时间处，"文字 Comp 1 前端"合成层自动新建了一个Mask Path（遮罩外形）关键帧，至此，LOGO文字的Mask遮罩位置从左至右快速移动的动画效果制作完毕，如图2-61所示，效果如图2-62所示。

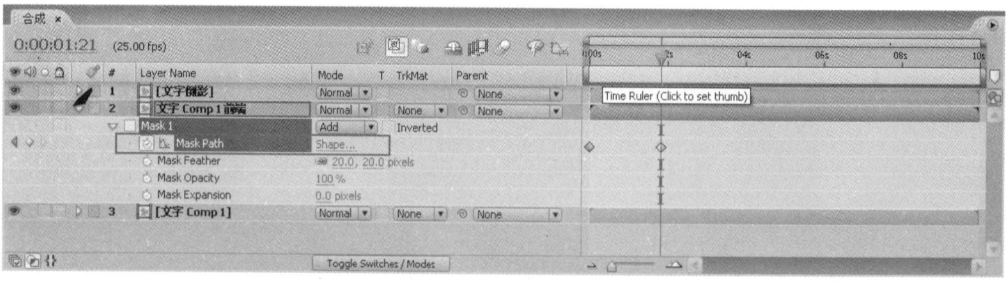

图2-61　设置关键帧

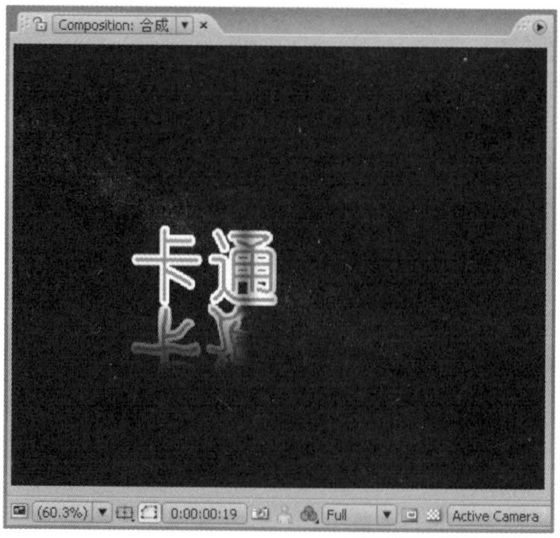

图2-62　效果截图

⑪为“文字 Comp 1 前端”合成层添加 Glow（辉光）特效。在“合成”工程文件内选择“文字 Comp 1 前端”合成层并右击，从弹出的快捷菜单中选择“Effect（特效）”→“Stylize（风格化）”→“Glow（辉光）”选项，然后按照如图 2-63 所示进行参数的设置，效果如图 2-64 所示。

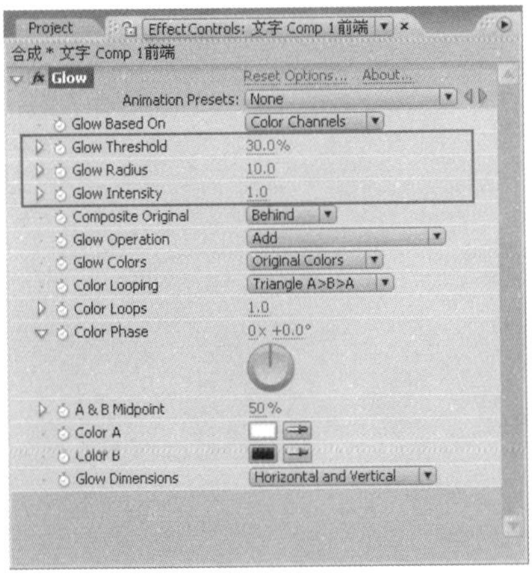


图2-63　参数设置

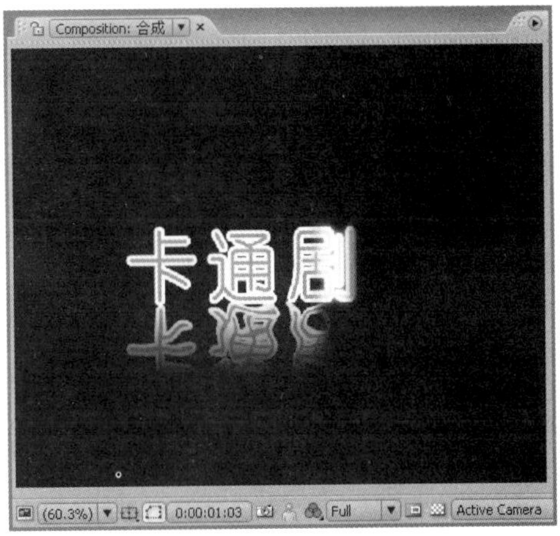


图2-64　Glow效果

⑫创建“粒子划过”层。在“合成”工程文件的 Timeline 面板内，按快捷键 Ctrl+Y 新建一个固态层。然后在弹出的对话框中设置 Name（名称）为“粒子划过”，Color（色彩）为“黑色”，如图 2-65 所示。

⑬为“粒子划过”层添加 Particular 特效。首先，在“合成”工程文件内选择“粒子划过”层并右击，从弹出的快捷菜单中选择“Effect（特效）”→“Trapcode”→“Particular”选项。

接下来，运用 Particular 特效来制作快速拂过的流星粒子群的动画效果。在“粒子划过”层的 Particular 特效控制面板中展开 Emitter（发射器）选项，在其中设置 Particles/sec（粒子数量 / 秒）为“5000”，在 Emitter Type（发射器类型）下拉列表中选择“Sphere（球体）”选项，Position XY（XY 轴位置）设置为（56.0，272.0），Position Z（Z 轴位置）为“0.0”。设置 Velocity（速度）为“500.0”，Velocity Random（随机速度）为“80.0”，Velocity from Motion（初始化速度）为“20.0”，如图 2-66 所示。

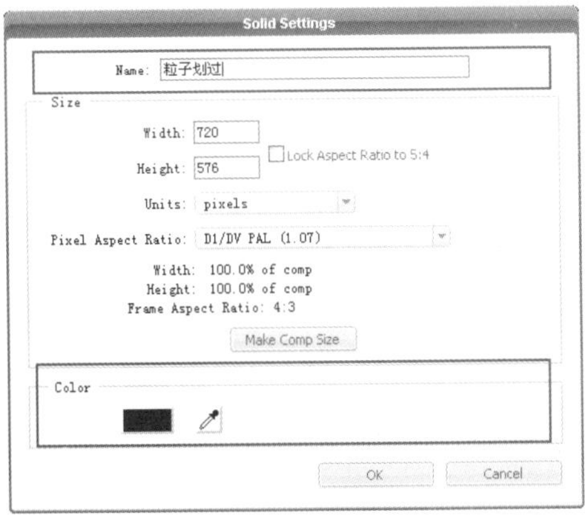


图2-65　创建层

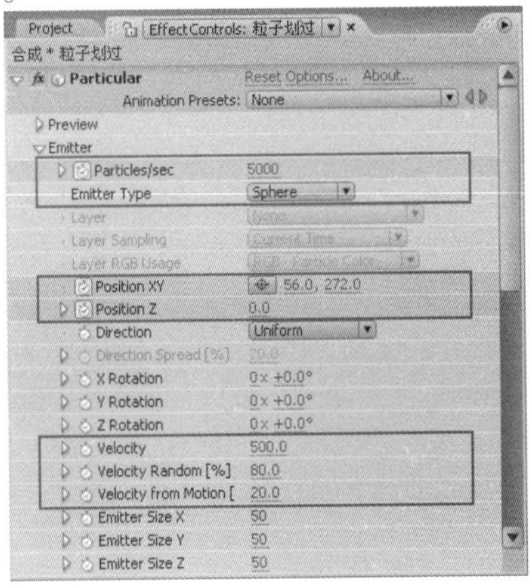


图2-66　参数设置（一）

接着，在“粒子划过”层的 Particular 特效控制面板中展开 Particle（粒子）选项，在其中设置 Life[sec]（寿命 [ 秒 ]）为“2.0”，Life Random（随机寿命）为“50”。在 Particle

Type（粒子类型）下拉列表中选择“Sphere（球体）”选项，设置 Sphere Feather（球体羽化）为“50.0”，Size（粒子尺寸）为“4.5”，Size Random（随机尺寸）为“70.0”，Opacity（透明度）为“100.0”，Opacity Random（随机透明度）为“50.0”，Color Random（随机色彩）为“50.0”。最后在 Transfer Mode（合成模式）下拉列表中选择“Add（添加）”选项，如图 2-67 所示，效果如图 2-68 所示。

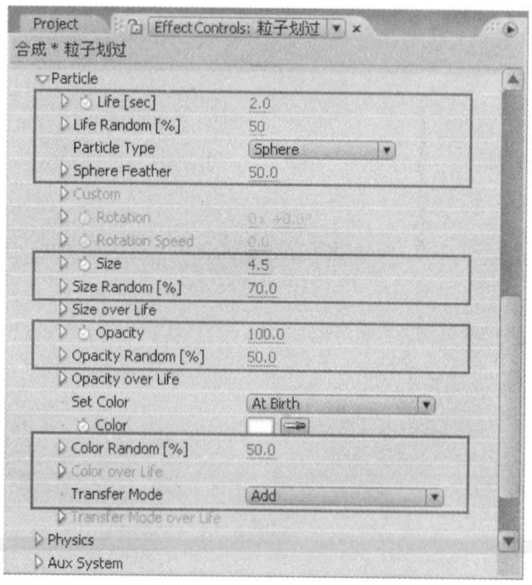


图2-67　参数设置（二）

图2-68　Particular效果（一）

然后，在其 Particular 特效控制面板中展开 Physics（物理设置）选项，接着在 Physics Model（物理模式）下拉列表中选择“Air（空气）”选项，设置 Gravity（重力）为“-100.0”。再展开 Physics（物理设置）选项下的 Air（空气）属性选项，在其中设置 Air Resistance（空气阻力）为“4.0”，Spin Amplitude（自旋振幅）为“50.0”，Spin Frequency（自旋频率）为“2.5”，Time Before Spin（自旋预备时间）为“0.3”，Wind X（风向 X）为“120.0”。接着展开 Air（空气）选项下的 Turbulence Field（漩涡范围）属性选项，在其中设置 Affect Size（影响范围）为“22.0”，Affect Position（影响位置）为“50.0”，Time Before Affect（时间影响）为“0.3”，Scale（比例）为“10.0”，Complexity（复杂度）为“3”，Move with Wind（风移动）为“0.0”，如图 2-69 所示。

最后，在其 Particular 特效控制面板中展开 Motion Blur（动态模糊）选项，接着在 Motion Blur（动态模糊）下拉列表中选择“On（开启）”选项，设置 Shutter Angle（快门角度）为“360”，Shutter Phase（快门相位）为“0”，如图 2-70 所示，效果如图 2-71 所示。

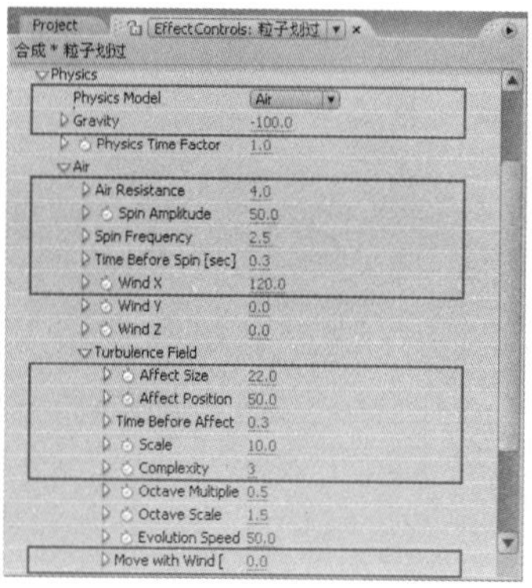


图2-69　参数设置（三）

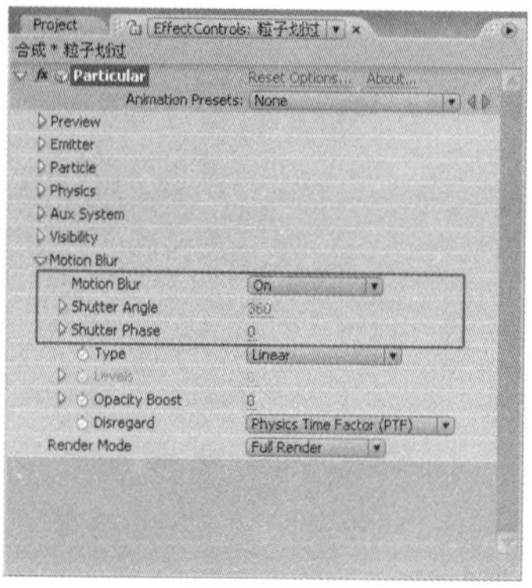


图2-70　参数设置（四）

图2-71　Particular效果（二）

⑭为“粒子划过”层制作 Particular 特效关键帧动画。首先，将时间指针移至 0:00:00:00 处，并展开“粒子划过”层的 Particular 特效选项。然后设置 Emitter（发射器）选项下的 Particles/sec（粒子数量 / 秒）属性参数为“5000”，Position XY（XY 轴位置）的属性参数为（-30.0，272.0），Position Z（Z 轴位置）的属性参数为“0.0”。然后分别单击这些特效属性左侧的秒表图标来新建关键帧，如图 2-72 所示。

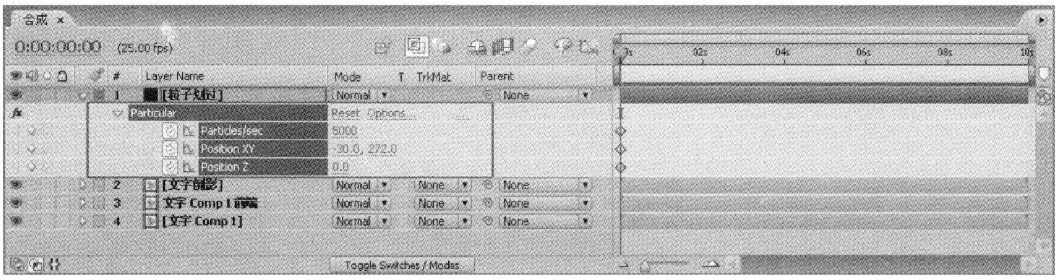


图2-72　设置关键帧

接着，将时间指针移至 0:00:01:12 处，并展开“粒子划过”层的 Particular 特效选项。设置 Particles/sec（粒子数量 / 秒）的属性参数为“0”，Position XY（XY 轴位置）的属性参数为（800.0，272.0），Position Z（Z 轴位置）的属性参数为“50.0”，如图 2-73 所示。

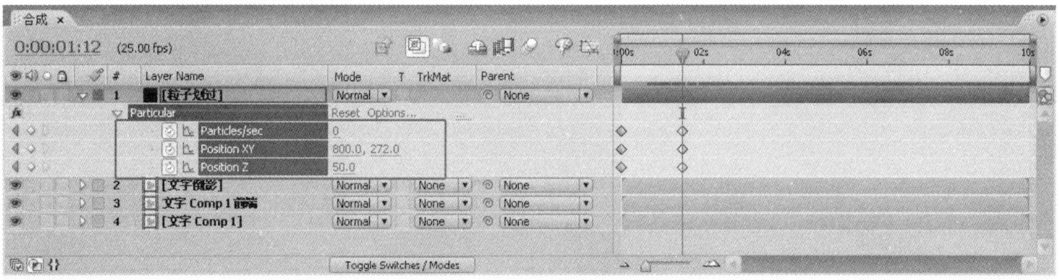


图2-73　设置关键帧

至此，五彩缤纷的流星粒子快速拂过画面的动画效果制作完毕，最终效果如图 2-74 所示。

图2-74　效果截图

这样，整个动画效果就制作完成了。

·读·书·笔·记·

# 第3章

## 跳舞的闪动变色字体

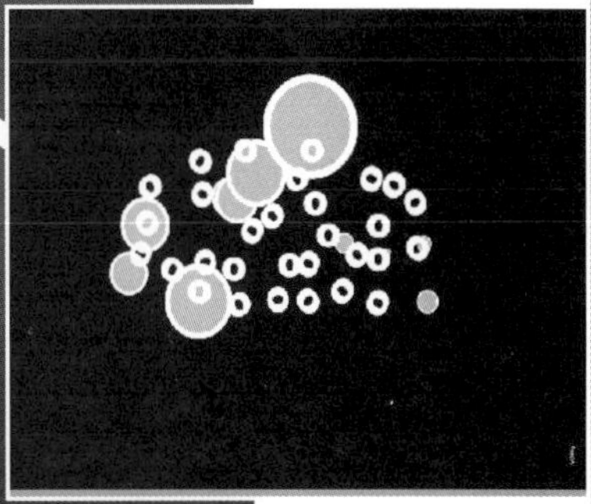

## 3.1 案例简介

这个案例表现的是不断变换颜色的 LOGO 文字像跳舞一般弹跳抖动的动画效果。通过示意图我们分析一下如何在 After Eeffects 中制作这样的效果。

首先通过创建 Text（文字）图层和 Character（文本）属性设置，制作出本章案例的 LOGO 文字“ADOBE AFTER EFFECTS”。然后通过制作 Text（文字）图层的 Animate 高级动画属性的关键帧动画，表现出文字弹跳抖动及变换颜色的动画效果。其中，Animate 高级动画属性中的 Position、Scale、Rotation 等属性选项可用于制作弹跳抖动的效果，而 Fill Color|Hue 属性选项则可用于制作变换颜色的效果。最后通过为 Text（文字）图层添加 Echo 特效的方式制作动态拖尾残影的动画效果，制作思路如图 3-1 所示，最后效果如图 3-2 所示。

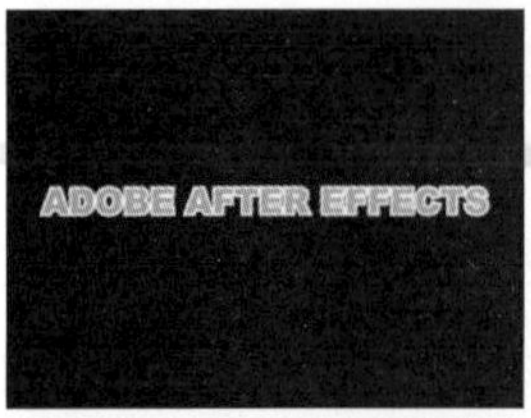


(1) 制作 LOGO（文字）元素：创建 Text（文字）图层和 Character（文本）属性设置

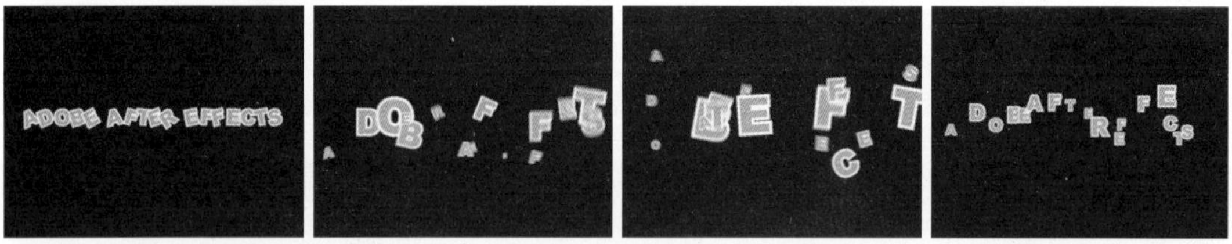

(2) 文字弹跳抖动的动画效果：运用 Animate 高级动画属性内 Postition、Scale、Rotation 等属性关键帧动画

(3) 文字变换颜色的动画效果：运用 Animate 高级动画属性内 Fill Colorl Hue 属性设置

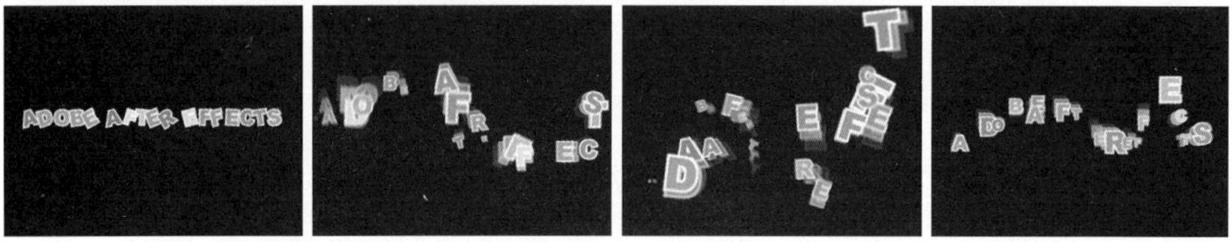

(4) 文字的动态拖尾残影的动画效果：运用特效 Eoho

图3-1　制作思路示意图

图3-2　最后效果

## 3.2　具体制作

### 3.2.1　创建工程文件和LOGO文字元素

❶新建工程文件“合成”和Text文字图层“ADOBE AFTER EFFECTS”。首先，启动After Effects程序，并按快捷键Ctrl+N新建一个合成文件。在打开的合成文件设计对话框中设置Composition Name选项（合成名称）为“合成”。然后在Basic（常规）选项卡下的Preset（预置）下拉列表中选择“PAL D1/DV”选项，设置Width（宽）为“720”，Height（高）为“576”，Frame Rate（帧率）为“25帧/秒”，Duration（持续时间）为“0:00:10:00”，如图3-3所示。

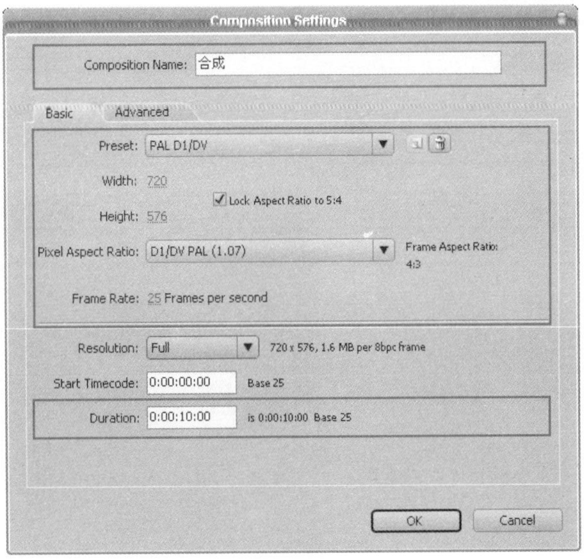


图3-3　新建工程文件

接着，在After Effects主菜单栏处选择“Layer（图层）”→“New（新建）”→“Text（文字）”选项创建一个Text（文字）图层。另外，通过在工具面板中单击“文字工具”T.按钮，然后在合成图像窗口中单击鼠标，也可以创建一个Text（文字）图层，如图3-4所示。

此时在合成图像窗口中的光标闪烁处即可直接输入文字“ADOBE AFTER EFFECTS”，如图 3-5 所示。

> **注**：Timeline面板内的文字图层会自动按照已经输入的文字内容来命名。

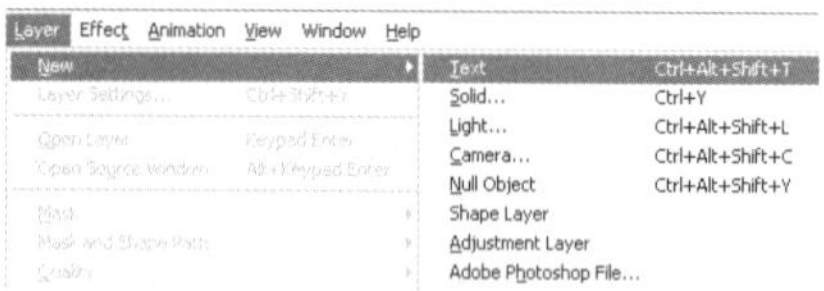


图3-4　新建文字图层

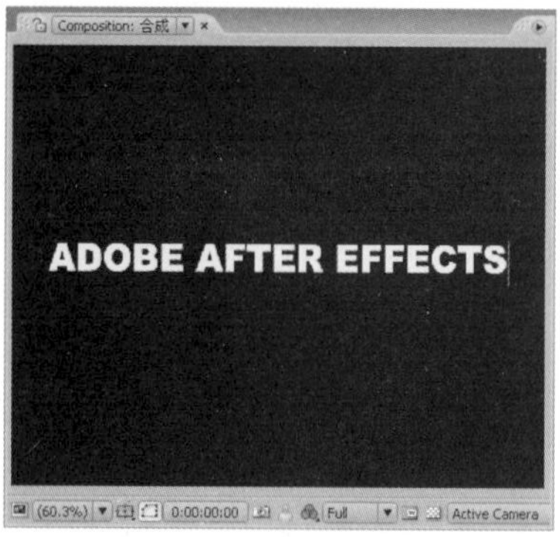


图3-5　输入文字

❷设置 Text（文字）图层内文字“ADOBE AFTER EFFECTS”的各项属性参数。首先单击工具面板中的“文字工具” T 按钮并选中合成图像窗口中的文字“ADOBE AFTER EFFECTS”,然后打开在前面新建 Text（文字）图层时弹出的 Character（文字）属性设置对话框。在该对话框中设置字体为“Arial Black”，填充色彩为“土红色（F56464）”，单击激活填充色彩图标下层的描边色彩图标并设置其为“白色”。接着设置字体大小为“50px”,描边线宽为“6px”，显示选项为“Fill Over Stroke（字体填充覆盖描边）”，如图 3-6 所示，效果如图 3-7 所示。

> **注**：在After Effects主菜单栏中选择“Window（窗口）”→“Character（文字）”选项也可以调出Character（文字）属性设置对话框框，默认情况下该设置框弹出时位于合成图像窗口的右侧。另外，在Character（文字）属性对话框框内的设置必须在已选中合成图像窗口内文字的情况下才有效果。

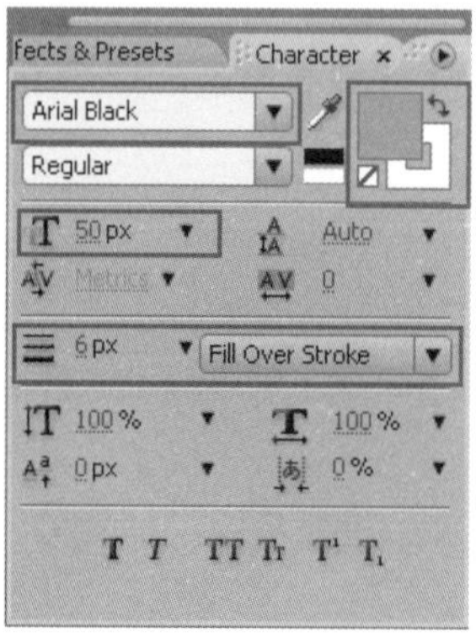


图3-6　参数设置

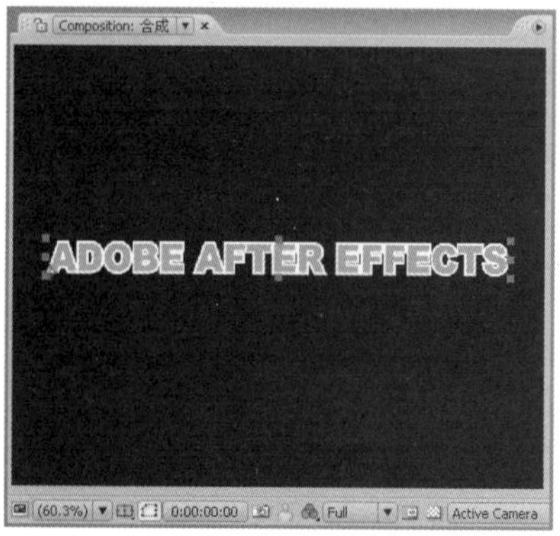


图3-7　显示效果

## 3.2.2　制作文字随机位移、缩放、旋转的弹跳抖动效果

❸为文字图层“ADOBE AFTER EFFECTS”新增 Position（位置）高级动画设置属性栏目。

**注**：After Effects里的Text（文字）图层，在其Text属性设置面板中均包含一个Animate高级动画器按钮。单击此按钮而弹出的下拉菜单中涵盖了After Effects为文字图层预置的各种动画效果，选择其中的任意一项即可在文字图层下出现该类型的高级动画设置属性栏目。在该动画属性栏目中并不需要设置复杂的动画关键帧，而只需要设置相关属性参数值，然后设置文字属性变化范围的偏移值，即可实现复杂多变的文字动画效果。此处Animate高级动画器中的文字动画效果与主菜单栏内Animation | Animate Text命令中的动画效果是完全一致的。

在“合成”工程文件的 Timeline 面板内选中文字图层“ADOBE AFTER EFFECTS”，然后单击其 Text（文字）属性选项右侧的 Animate 高级动画器按钮，在弹出的下拉菜单中选择 Position（位置）选项。此时，该文字图层的 Text 属性选项内新增了一个位移效果类型的“Animator 1”高级动画设置属性栏目，如图 3-8 所示。

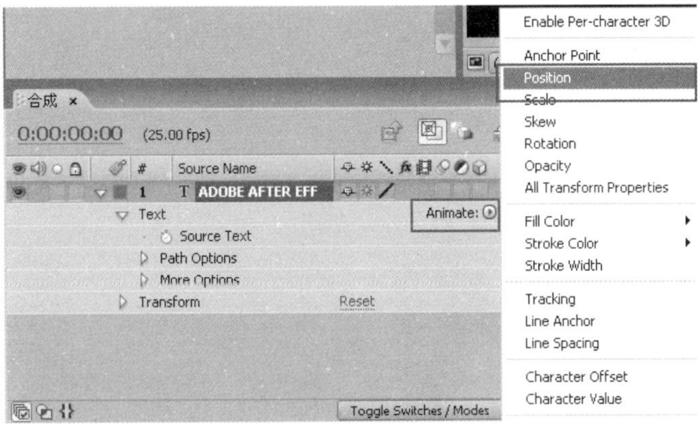


图3-8　设置属性栏目

❹为文字图层“ADOBE AFTER EFFECTS”的 Position（位置）高级动画设置属性栏目新增随机抖动效果。展开文字图层“ADOBE AFTER EFFECTS”的 Text（文字）属性选项，然后单击 Animator 1 栏目右侧的 Add（添加）按钮，在弹出的下拉菜单中选择“Selector（选择器）”→“Wiggly（抖动）”选项，该选项用于设置文字动画属性的随机抖动效果，如图 3-9 所示。

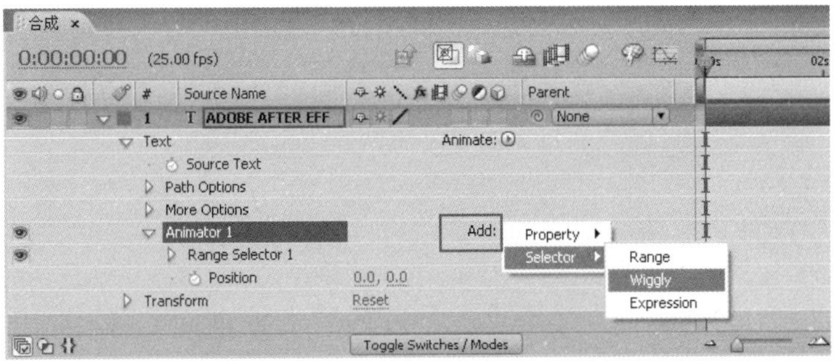


图3-9　设置属性栏目新增随机抖动效果

❺为文字图层“ADOBE AFTER EFFECTS”的“Animator 1”高级动画设置属性栏目重命名，并制作其变化偏移值的关键帧动画。首先，展开文字图层“ADOBE AFTER EFFECTS”的 Text（文字）属性选项，选中 Animator 1 高级动画设置属性栏目，然后按 Enter 键将其改名为“位置动画”，如图 3-10 所示。

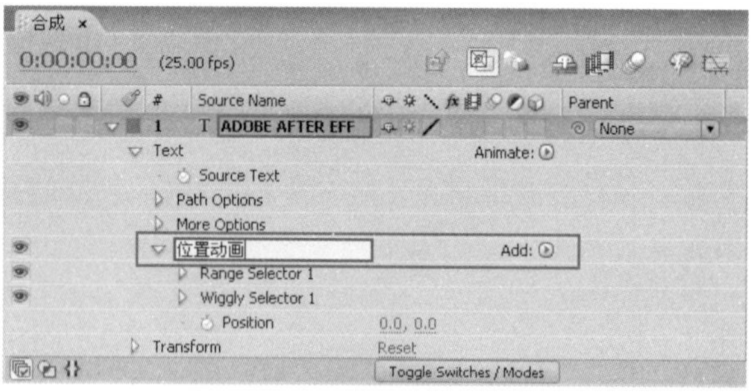


图3-10　设置属性栏目重命名

下面设置“位置动画”栏目的关于文字位置变化偏移值的关键帧。首先将时间指针移至 0:00:01:00 处，展开文字图层“ADOBE AFTER EFFECTS”的“位置动画”高级动画设置属性栏，在其中设置 Position（位置）的属性参数为（0，0）。接着单击其左侧秒表图标新建一个关键帧。然后将时间指针移至 0:00:03:00 处，设置“位置动画”栏目内的 Position（位置）属性参数为（150，200），即在 0:00:03:00 处，该 Position（位置）偏移属性自动生成另一个关键帧，如图 3-11 所示。

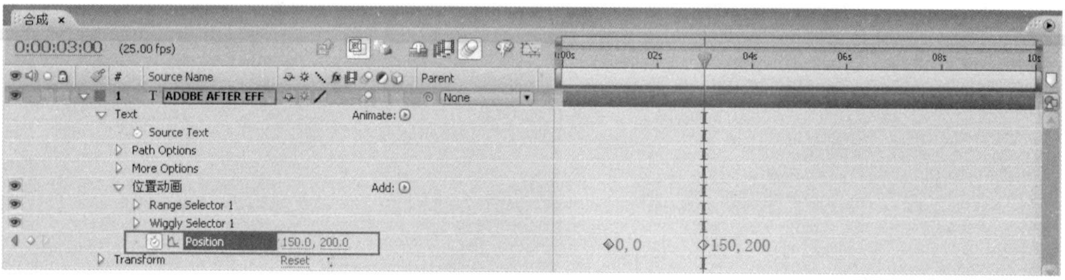


图3-11　设置关键帧

接着，选中“位置动画”栏目内 Position 属性在时间 0:00:03:00 处的关键帧，并按快捷键 Ctrl+C 复制关键帧。然后将时间指针移至 0:00:07:00 处，选中“位置动画”栏目后按快捷键 Ctrl+V 粘贴关键帧。这样文字图层“ADOBE AFTER EFFECTS”的位置偏移值在 0:00:03:00 和 0:00:07:00 处都分别创建了属性参数为（150,200）的关键帧，如图 3-12 所示。

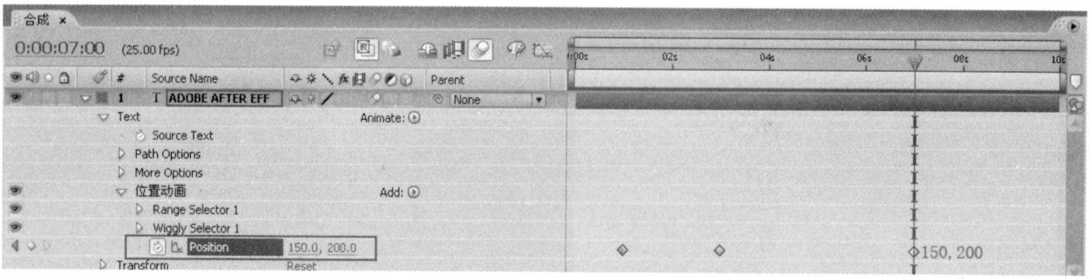


图3-12　复制粘贴文字位置偏移值的关键帧

然后，将时间指针移至 0:00:09:00 处，在文字图层“ADOBE AFTER EFFECTS”的“位置动画”高级动画设置属性栏目内，设置 Position（位置）属性参数为（0,0），即在 0:00:09:00 处，该 Position（位置）偏移属性自动生成另一个关键帧，此时整个文字图层停止了抖动位移动画效果，如图 3-13 所示，效果如图 3-14 所示。

⑥为文字图层“ADOBE AFTER EFFECTS”新增 Scale（比例）高级动画设置属性栏目。在“合成”工程文件的 Timeline 面板内选中文字图层“ADOBE AFTER EFFECTS”，然后单击其 Text（文字）属性选项右侧的 Animate（高级动画器）按钮，在弹出的下拉菜单中选择“Scale（比例）”选项。此时，该文字图层的 Text 属性选项内新增一个缩放效果类型的“Animator 1”高级动画设置属性栏目，如图 3-15 所示。

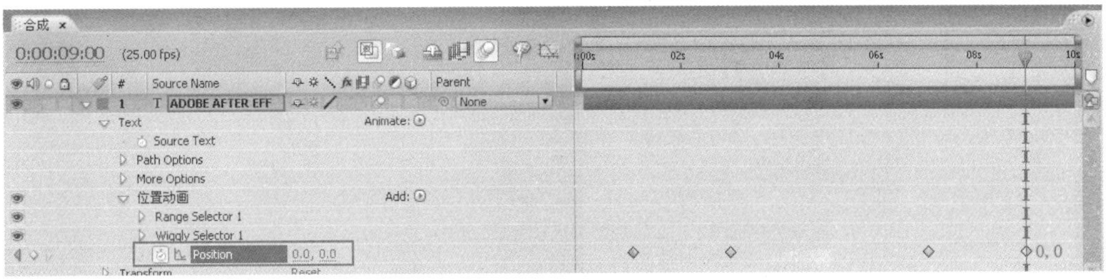

图3-13 设置关键帧

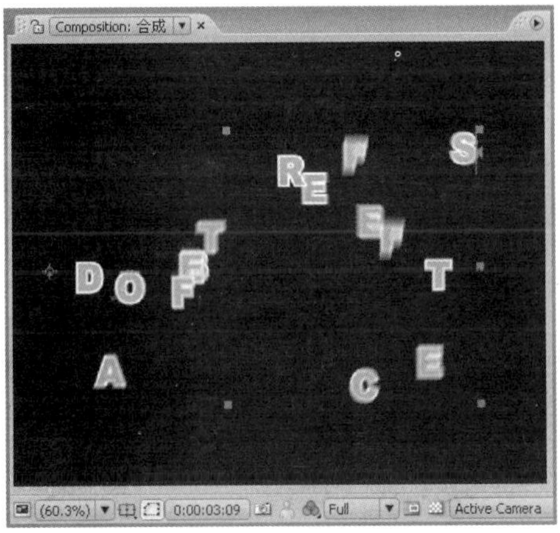

图3-14 效果截图

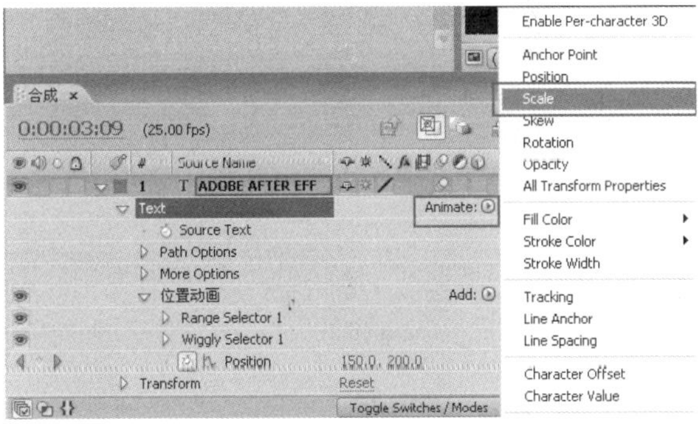

图3-15 设置属性栏目

⑦为文字图层“ADOBE AFTER EFFECTS”的 Scale（比例）高级动画设置属性栏目新增随机抖动效果。展开文字图层“ADOBE AFTER EFFECTS”的 Text（文字）属性选项，然后单击“Animator 1”栏目右侧的 Add（添加）按钮，在弹出的下拉菜单中选择“Selector（选择器）”→“Wiggly（抖动）”选项，该选项用于设置文字动画属性的随机抖动效果，如图 3-16 所示。

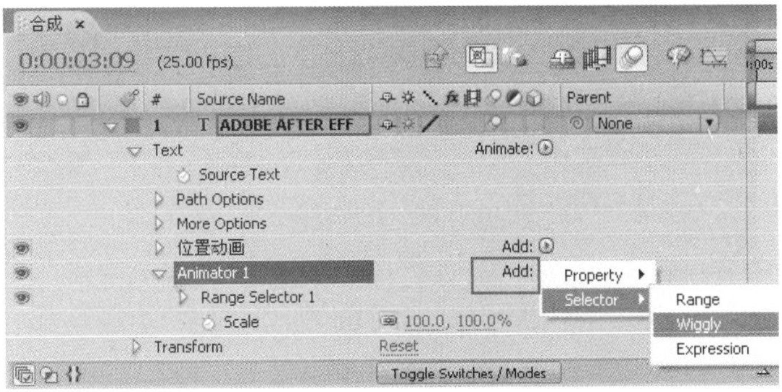

图3-16 设置属性栏目新增随机抖动效果

❽为文字图层“ADOBE AFTER EFFECTS”的“Animator 1”高级动画设置属性栏目重命名，并制作其大小变化偏移值的关键帧动画。首先，展开文字图层“ADOBE AFTER EFFECTS”的 Text（文字）属性选项，选中“Animator 1”高级动画设置属性栏目，然后按 Enter 键将其改名为“缩放动画”，如图 3-17 所示。

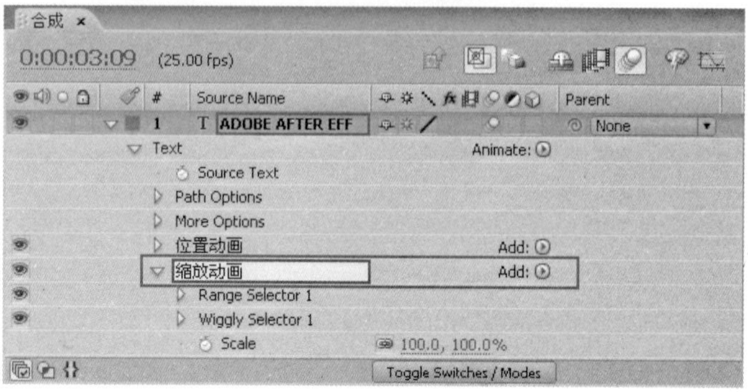


图3-17　设置属性栏目重命名

展开“缩放动画”栏目内的“Wiggly Selector 1（抖动选择器 1）”属性选项，设置 Wiggles/Second（摆动 / 秒）为“1.0”,Lock Dimensions（固定尺寸）设为“On（打开）”,如图 3-18 所示。

**注**：通过对“Wiggly Selector 1”属性选项内各项参数的设置，可以有效地控制文字动画的变化数量、变化依据、变化频率以及相互关联百分数等随机抖动属性。

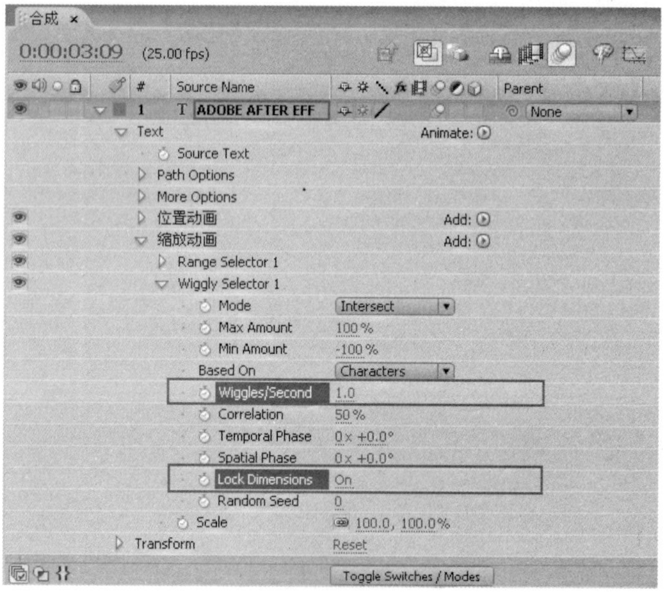


图3-18　参数设置

下面设置“缩放动画”栏目的关于文字大小变化偏移值的关键帧。首先将时间指针移至 0:00:01:00 处，展开文字图层“ADOBE AFTER EFFECTS”中的“缩放动画”高级动画设置属性栏目，在其中设置 Scale（比例）的属性参数为（100，100），然后单击其左侧秒表图标新建一个关键帧，如图 3-19 所示。

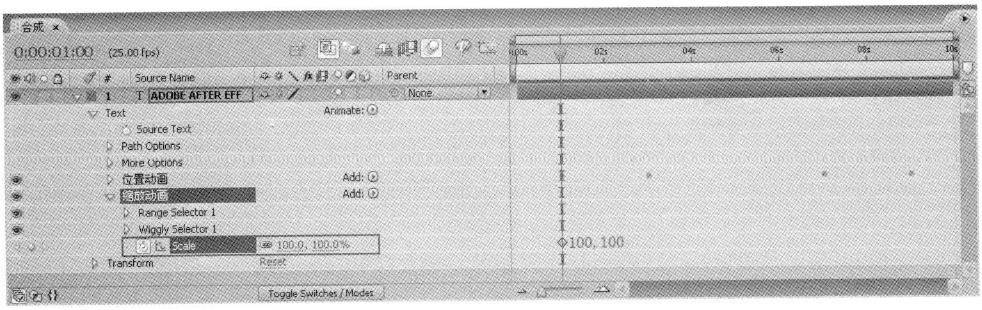


图3-19 设置关键帧

接着，将时间指针移至0:00:03:00处，设置“缩放动画”栏目内的Scale（比例）属性参数为（300，300），即在0:00:03:00处，该Scale（比例）偏移属性自动生成另一个关键帧，如图3-20所示。

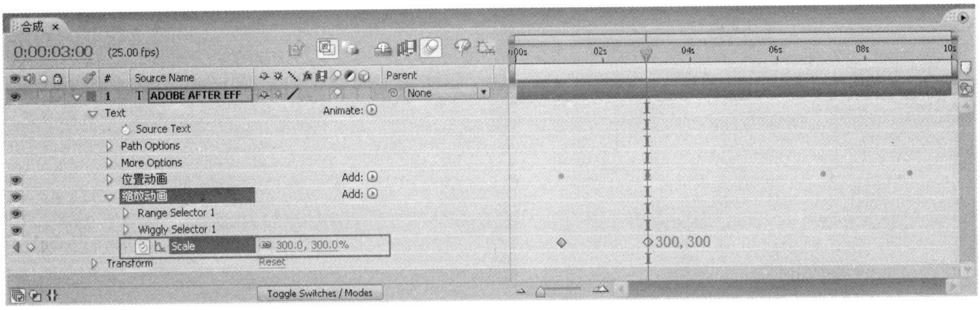


图3-20 设置关键帧

然后，选中“缩放动画”栏目内的Scale属性在时间0:00:03:00处的关键帧，并按快捷键Ctrl+C复制关键帧。接着将时间指针移至0:00:07:00处，选中“缩放动画”栏目后按快捷键Ctrl+V粘贴关键帧。这样文字图层“ADOBE AFTER EFFECTS”的大小比例偏移值在0:00:03:00和0:00:07:00处都分别创建了属性参数为（300，300）的关键帧，如图3-21所示。

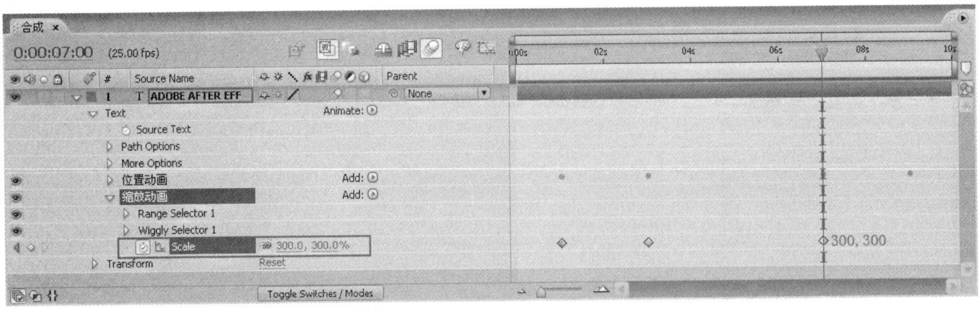


图3-21 复制粘贴文字大小偏移值的关键帧

最后，将时间指针移至0:00:09:00处，在文字图层“ADOBE AFTER EFFECTS”的“缩放动画”高级动画设置属性栏目内，设置Scale（比例）的属性参数为（100，100），即在0:00:09:00处，该Scale（比例）偏移属性自动生成另一个关键帧，此时整个文字图层停止了字体尺寸随机变化的动画效果，如图3-22所示，效果如图3-23所示。

❾为文字图层“ADOBE AFTER EFFECTS”新增Rotation（旋转）高级动画设置属性

栏目。在“合成”工程文件的 Timeline 面板内选中文字图层“ADOBE AFTER EFFECTS”，然后单击其 Text（文字）属性选项右侧的 Animate（高级动画器）按钮，在弹出的下拉菜单中选择“Rotation（旋转）”选项。此时，该文字图层的 Text 属性选项内新增了一个旋转效果类型的 Animator 1 高级动画设置属性栏目，如图 3-24 所示。

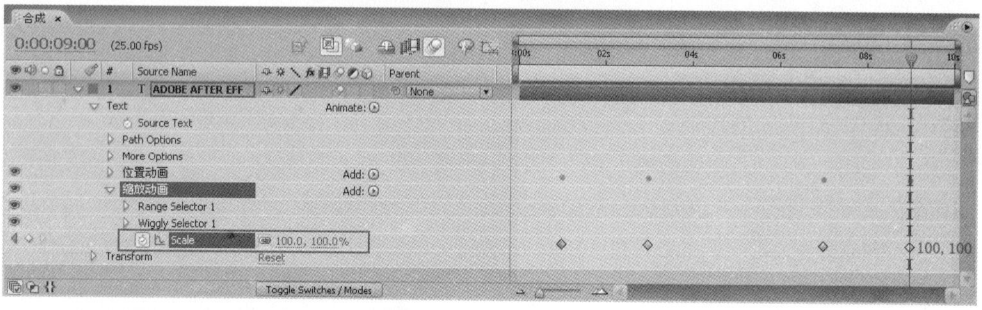


图3-22　设置关键帧

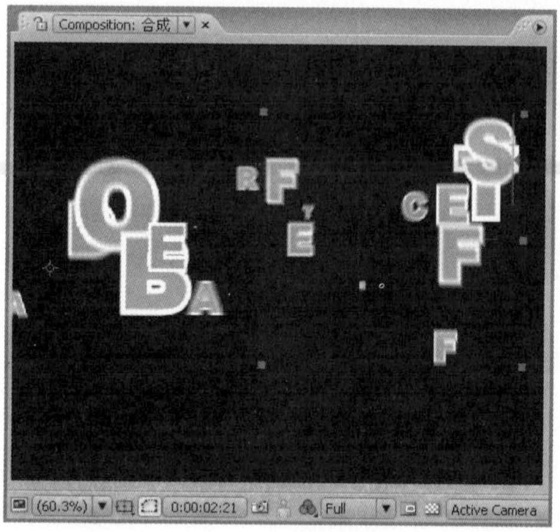


图3-23　效果截图

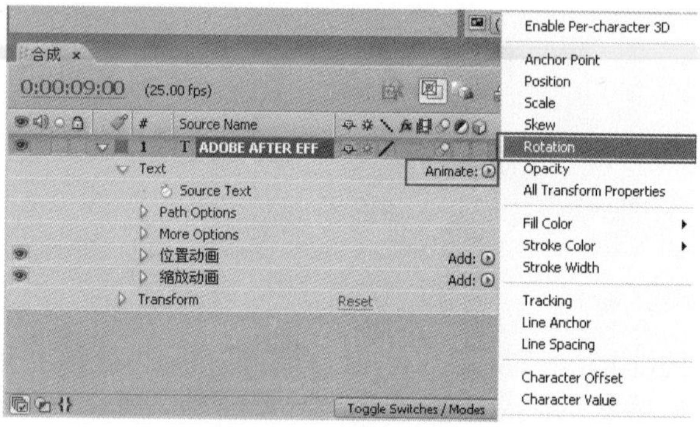


图3-24　设置属性栏目

⑩为文字图层“ADOBE AFTER EFFECTS”的 Rotation（旋转）高级动画设置属性栏目新增随机抖动效果。展开文字图层“ADOBE AFTER EFFECTS”的 Text（文字）属性选项，然后单击“Animator 1”栏目右侧的 Add（添加）按钮，在弹出的下拉菜单中选择“Selector（选择器）”→“Wiggly（抖动）”选项，该选项用于设置文字动画属性的随机抖动效果，如图 3-25 所示。

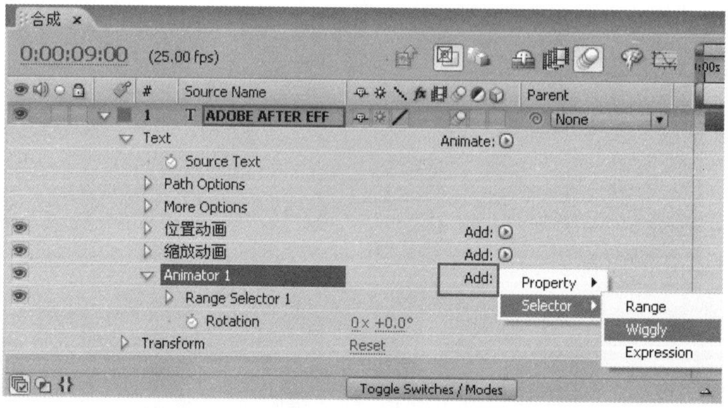


图3-25　设置属性栏目新增随机抖动效果

⓫为文字图层“ADOBE AFTER EFFECTS”的“Animator 1”高级动画设置属性栏目重命名，并制作其变化偏移值的关键帧动画。首先展开文字图层“ADOBE AFTER EFFECTS”的 Text（文字）属性选项，并选中 Animator 1 高级动画设置属性栏目，然后按 Enter 键将其改名为“旋转动画”，如图 3-26 所示。

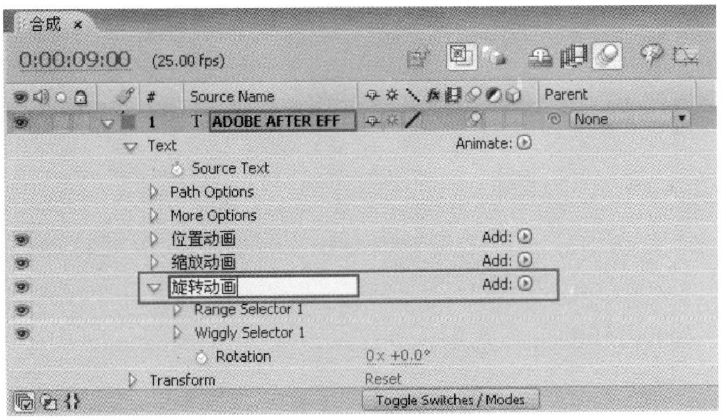


图3-26 设置属性栏目重命名

展开“旋转动画”栏目内的“Wiggly Selector 1（抖动选择器 1）”属性选项，设置 Max Amount（变化最大量）为“30”，Min Amount（变化最小量）为“-30”，Wiggles/Second（摆动 / 秒）为“1.0”，如图 3-27 所示。

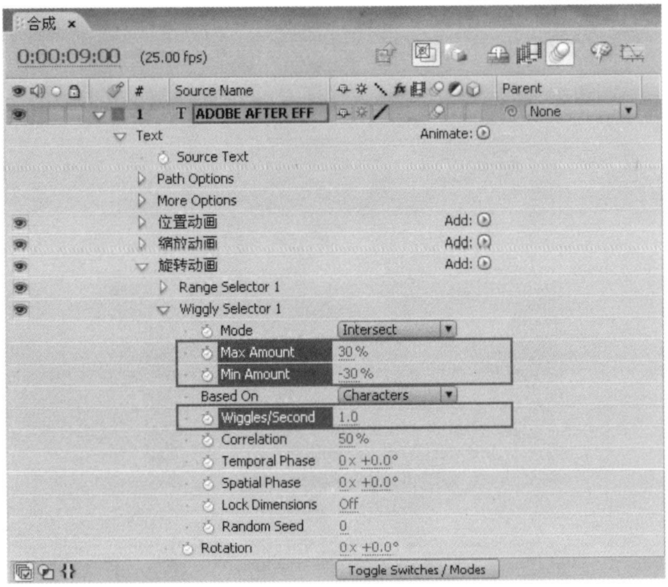


图3-27 参数设置

下面设置“旋转动画”栏目的关于文字旋转变化偏移值的关键帧。首先将时间指针移至 0:00:06:00 处，展开文字图层“ADOBE AFTER EFFECTS”的“旋转动画”高级动画设置属性栏目，在其中设置 Rotation（旋转）的属性参数为（0x，110.0°），接着单击其左侧秒表图标新建一个关键帧，如图 3-28 所示。

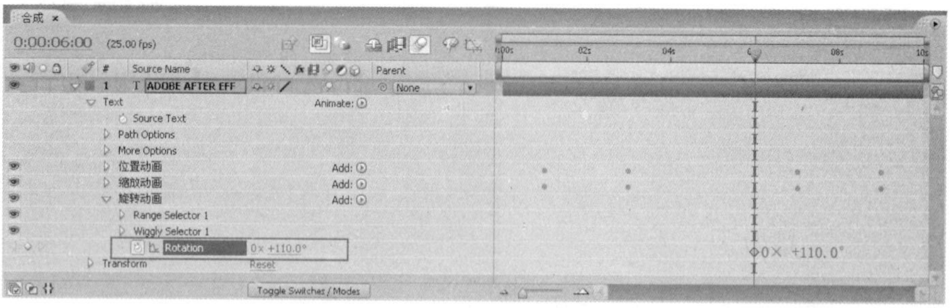

图3-28　设置关键帧

然后将时间指针移至0:00:08:00处，在文字图层“ADOBE AFTER EFFECTS”的“旋转动画”高级动画设置属性栏目内，设置Rotation（旋转）的属性参数为（0x，+0.0°），即在0:00:08:00处，该Rotation（旋转）偏移属性自动生成另一个关键帧，此时整个文字图层显示出停止了随机旋转的动画效果，如图3-29所示，效果如图3-30所示。

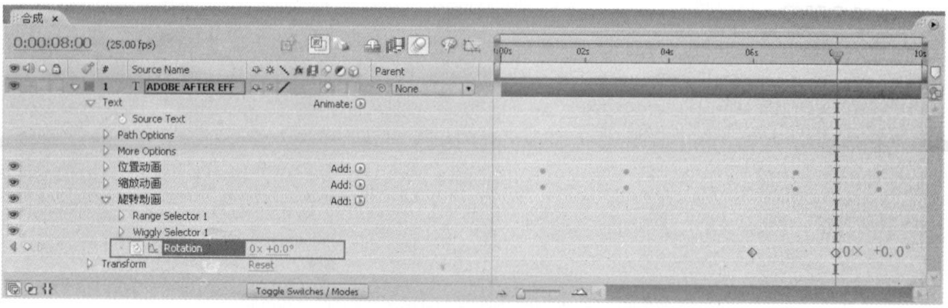

图3-29　设置关键帧

图3-30　效果截图

## 3.2.3　制作文字随机变换颜色的动画效果

⓬为文字图层“ADOBE AFTER EFFECTS”新增Hue（色相）高级动画设置属性栏目。在“合成”工程文件的Timeline面板内选中文字图层“ADOBE AFTER EFFECTS”，然后单击其Text（文字）属性选项右侧的Animate高级动画器按钮，在弹出的下拉菜单中选择“Fill Color（填充色彩）”→“Hue（色调）”。此时，该文字图层的Text属性选项内新增了一个改变色彩效果类型的“Animator 1”高级动画设置属性栏目，如图3-31所示。

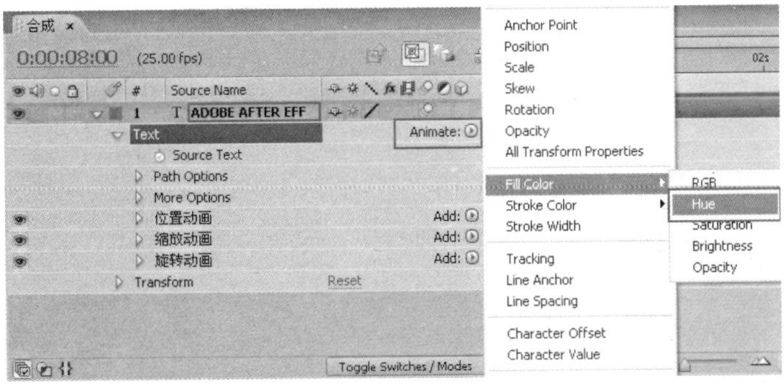


图3-31　设置属性栏目

⑬为文字图层“ADOBE AFTER EFFECTS”的 Hue（色相）高级动画设置属性栏目新增随机抖动效果。展开文字图层“ADOBE AFTER EFFECTS”的 Text（文字）属性选项，然后单击 Animator 1 栏目右侧的 Add（添加）按钮，在弹出的下拉菜单中选择“Selector（选择器）”→“Wiggly（抖动）”选项，该选项用于设置文字动画属性的随机抖动效果，如图 3-32 所示。

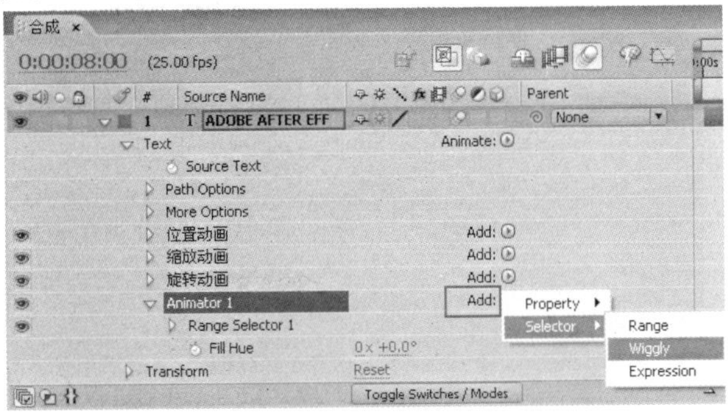


图3-32　设置属性栏目新增随机抖动效果

⑭为文字图层“ADOBE AFTER EFFECTS”的“Animator 1”高级动画设置属性栏目重命名，并设置其变化偏移值。首先展开文字图层“ADOBE AFTER EFFECTS”的 Text（文字）属性选项，并选中“Animator 1”高级动画设置属性栏目，然后按 Enter 键将其改名为“色调动画”。接着在“色调动画”栏目内，设置 Fill Hue（填充色相）的属性参数为（0x，180.0°）。此时文字图层内的文字“ADOBE AFTER EFFECTS”出现了随机改变字体填充色彩的动画效果，并且该随机变化效果被控制在 Fill Hue（色相偏移属性参数）为（0x，180.0°）的范围以内，如图 3-33 所示，效果如图 3-34 所示。

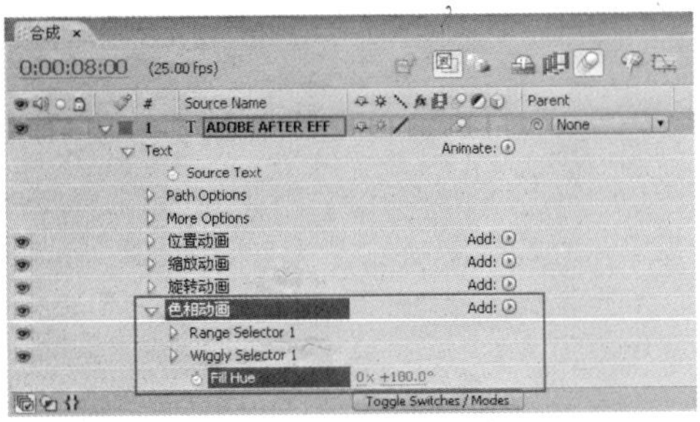


图3-33　设置Animator 1高级动画

图3-34　效果截图

### 3.2.4 制作文字的动态拖尾残影的动画效果

⑮为文字图层“ADOBE AFTER EFFECTS”添加Echo（拖尾重影）特效。首先选择文字图层“ADOBE AFTER EFFECTS”并右击，从弹出的快捷菜单中选择“Effect（特效）”→“Time（时间）”→“Echo（拖尾重影）”选项。

在其Echo特效控制面板中设置Echo Time(seconds)（重新时间（秒））为“-0.050”，Number Of Echoes（重新数量）为“2”,Starting Intensity（开始强度）为“0.20”,Decay（衰减）为“3.50”，Echo Operator（重影运算）设为“Composite In Back（在后合成）”，如图3-35所示，效果如图3-36所示。

注：通过Echo特效可以较为真实而且自然地表现物体在运动时的拖尾残影效果。

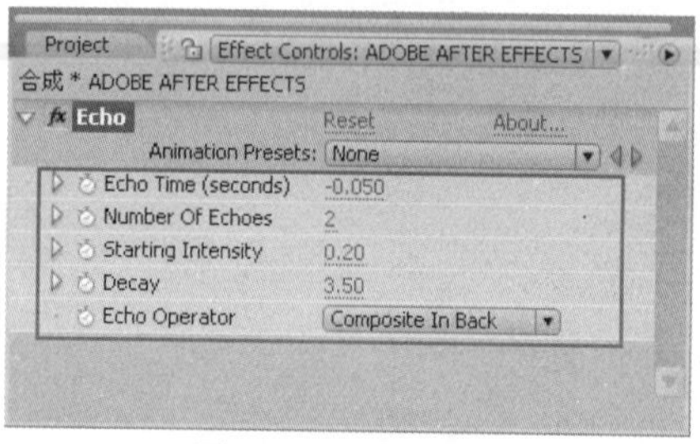


图3-35 参数设置

图3-36 特效效果

至此，本案例的制作步骤结束。

## 3.3 同类索引

通过本章案例的学习，用户已经知道如何制作LOGO文字不断变换字体颜色，同时像跳舞一般弹跳抖动的动画效果。其中，LOGO文字元素的制作是通过创建Text（文字）图层和Character（文本）属性设置来完成的。而文字弹跳抖动、随机变换颜色的效果，则是通过设置Text属性选项内Animate高级动画器中的Position、Scale、Rotation以及Hue等效果选项来实现的。值得一提的是Position、Scale、Rotation以及Hue等高级动画设置属性栏目都添加了Wiggly Selector（抖动选择器），以实现文字动画属性的随机变化效果。此外除了Hue栏目，其他的高级动画设置属性栏目都设置了文字属性变化偏移值的关键帧。该类型关键帧的参数设置规律均为“低—高—低”或者“高—低”，以此表现文字动画属性的随机变化效果由强烈逐渐恢复正常的过程。最后的动态拖尾残影的动画效果，则是通过为Text（文字）图层添加Echo特效的方法来实现的，Echo特效是制作此类画面残影的最佳选择方案。

下面将本章案例的制作思路及方法进行扩展延伸，探寻此类影像效果的画面细节并充分挖掘其运用到的After Effects中的其他技巧。

### ● 索引案例:翩翩起舞的欢乐小球

这个索引案例的动画效果表现的是许多桔黄色圆球像跳舞一样欢乐地弹跳，而这些忽大忽小、起起伏伏的圆球图形内部还游动着无数更小的黄色小球。画面中这两种颜色、两种运动形态的圆球图形彼此交融又相互映衬，这种既具有装饰性元素又有较强节奏感的动画影像通常被运用于影视包装制作中的场景装饰。

这个索引案例的画面效果主要包含了两种动态元素，其一是起伏状跳动的桔黄色圆球；其二就是在画面中央区域游动的黄色小球。首先通过设置 Text 属性选项内的 Animate 高级动画器中的 Scale、Position 等效果选项，制作桔黄色圆球这些特殊符号的动画效果；然后制作桔黄色圆球内部的黄色小球的游动动画。这里运用 Particle Playground（粒子运动仿真）特效来实现效果；最后创建背景层并设置图层混合模式，从而实现最终视觉效果。案例最后效果如图 3-37 所示。

图3-37　索引案例最后效果

与案例“跳舞的闪动变色字体”相比，“翩翩起舞的欢乐小球”效果制作有两个不同点，一是该案例文字图层所表现的圆球图形是不同于普通文字的特殊符号字体；二是内部黄色小球的动画制作，由于其动作效果特殊而运用到了新的特效 Particle Playground（粒子运动仿真）。

下面介绍索引案例的具体制作步骤。

### ● 索引案例制作步骤

❶新建工程文件并创建桔黄色圆球元素。按快捷键 Ctrl+N 新建一个合成文件，设置 Composition Name（合成名称）为“合成”，在 Basic（常规）选项卡下的 Preset（预置）下拉列表中选择“PAL D1/DV”选项，持续时间为 0:00:09:00。然后在 After Effects 主菜单栏中选择“Layer（图层）”→“New（新建）”→“Text（文字）”选项创建一个 Text 文字图层。

接下来，设置文字输入法的状态，在拼音输入法的图标上单击右键，从弹出的快捷菜单中选择“软键盘”→“特殊符号”选项，如图 3-38 所示。

在弹出的输入法软键盘上连续单击“●”按钮 14 次，即可在合成图像窗口中输入 14 个特殊符号字体“●”，如图 3-39 所示。

图3-38　设置文字输入法状态

图3-39　输入特殊符号文字

然后使用工具面板中的文字工具 T 来选中合成图像窗口中的特殊符号“●●●●●●●●●●●●●●●●”，再在 Character 文字属性对话框框中设置其各项参数，将填充色彩设置为“桔黄色（FFAE00）”，激活填充色彩图标下层的描边色彩图标并设置其为“白色”。其他参数设置可以参照图 3-40 所示，效果如图 3-41 所示。

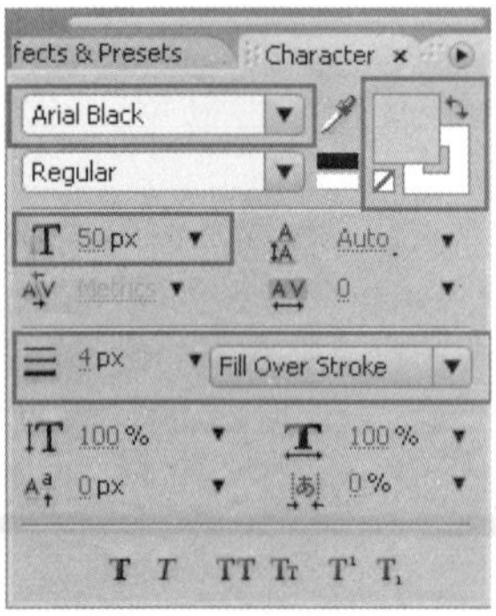


图3-40　参数设置

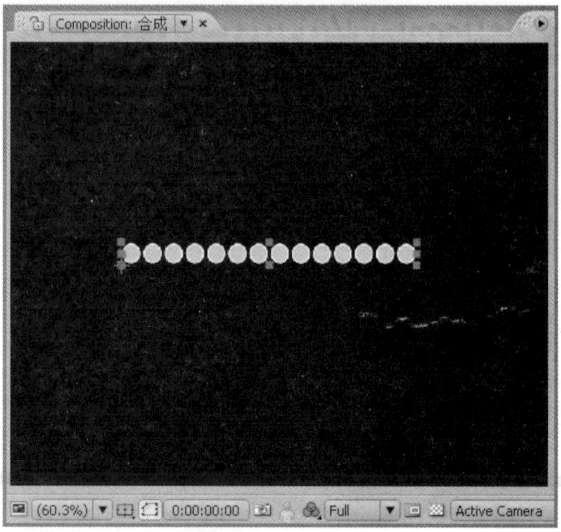


图3-41　显示效果

❷为文字图层新增 Scale（大小比例）高级动画设置属性栏目并新增随机缩放效果。在“合成”工程文件的 Timeline 面板内选中文字图层，然后单击其 Text（文字）属性选项右侧的 Animate（高级动画器）按钮，在弹出的下拉菜单中选择“Scale（比例）”选项。此时，该文字图层的 Text 属性选项内新增一个缩放效果类型的“Animator 1”高级动画设置属性栏目，如图 3-42 所示。

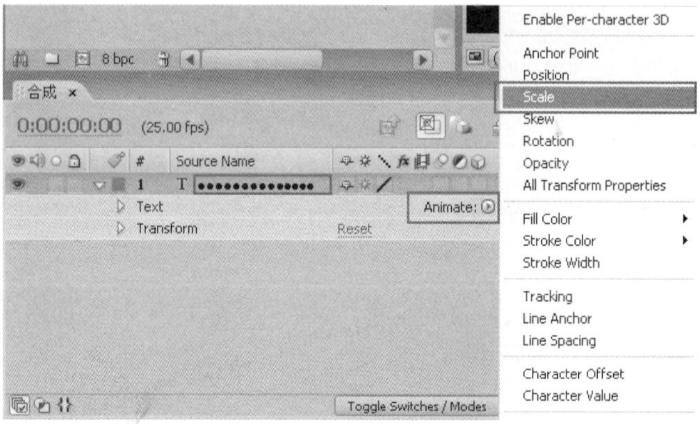


图3-42　设置属性栏目

展开文字图层的 Text（文字）属性选项，选中“Animator 1”栏目并按 Enter 键将其改名为“缩放动画”。然后单击“缩放动画”栏目右侧的 Add（添加）按钮，在弹出的下拉菜单中选择“Selector（选择器）”→“Wiggly（抖动）”选项，该选项用于设置文字动画属性的随机抖动效果，如图 3-43 所示。

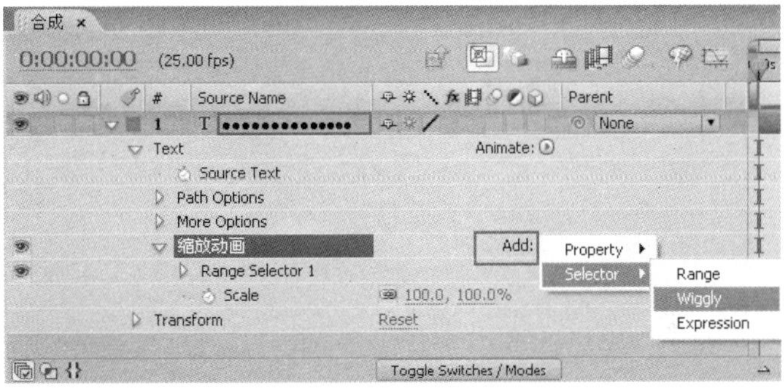


图3-43 设置属性栏目新增随机抖动效果

通过对“Wiggly Selector 1”属性选项内各项参数的设置，可以有效地控制文字缩放动画的“变化数量”、“变化依据”、“变化频率”以及“相互关联百分数”等随机抖动属性。展开“缩放动画”栏目内“Wiggly Selector 1（抖动选择器 1）”属性选项，其中参数设置参照图 3-44 所示。

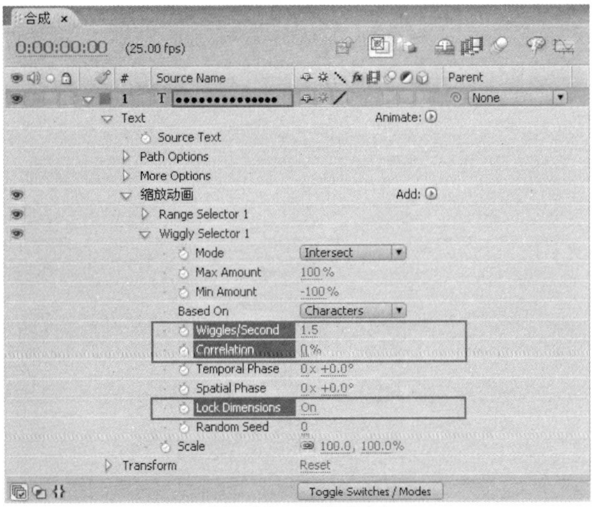


图3-44 参数设置

❸为文字图层的“缩放动画”栏目制作其大小变化偏移值的关键帧动画。首先将时间指针移至 0:00:00:00 处，并展开文字图层的“缩放动画”高级动画设置属性栏目，在其中设置 Scale（大小比例）的属性参数为（100.0，100.0），接着单击其左侧秒表图标新建一个关键帧。然后在时间 0:00:02:00 处，设置“缩放动画”栏目内 Scale（大小比例）的属性参数为（700.0，700.0），如图 3-45 所示，桔黄色圆球的随机缩放动画效果如图 3-46 所示。

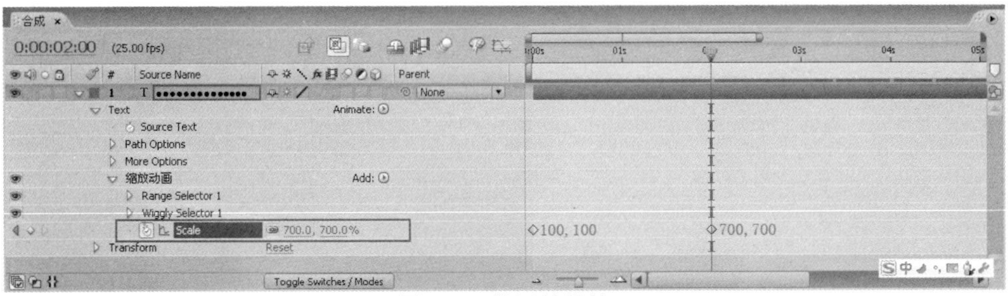


图3-45 设置关键帧

❹为文字图层新增 Position（位置）高级动画设置属性栏目并新增随机缩放效果。在“合成”工程文件的 Timeline 面板内选中文字图层，然后单击其 Text（文字）属性选项右侧的 Animate（高级动画器）按钮，在弹出的下拉菜单中选择“Position（位置）”选项。此时，该文字图层的 Text 属性选项内新增了一个位移效果类型的“Animator 1”高级动画设置属性栏目，如图 3-47 所示。

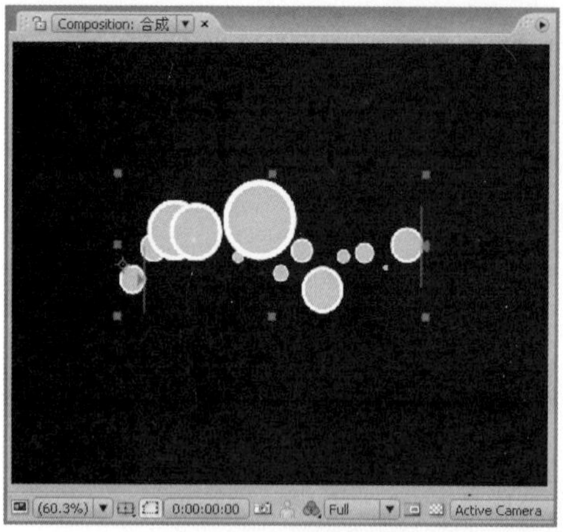


图3-46　效果截图

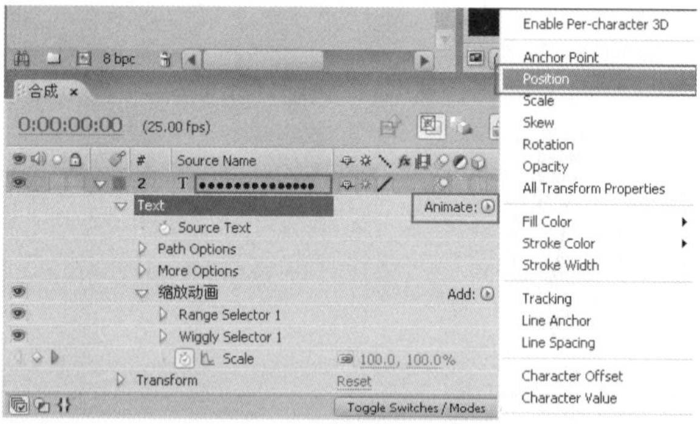


图3-47　设置属性栏目

展开文字图层的 Text（文字）属性选项，选中“Animator 1”栏目并按 Enter 键将其改名为“位置动画”。然后单击“位置动画”栏目右侧的 Add（添加）按钮，在弹出的下拉菜单中选择“Selector（选择器）”→“Wiggly（抖动）”选项，如图 3-48 所示。

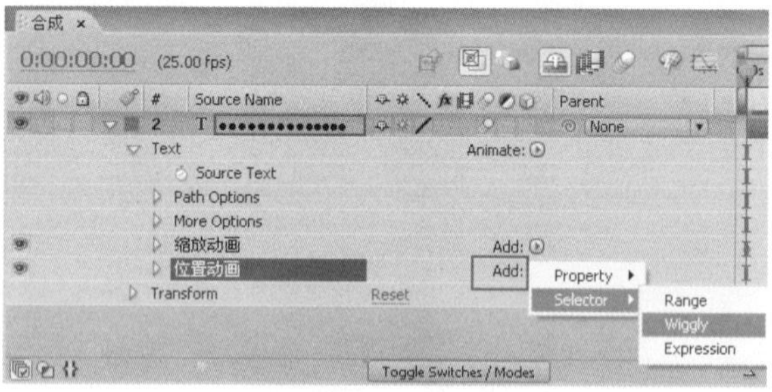


图3-48　设置属性栏目新增随机抖动效果

❺为文字图层的“位置动画”栏目制作其位置变化偏移值的关键帧动画。首先将时间指针移至 0:00:00:00 处，并展开文字图层的“位置动画”高级动画设置属性栏，然后设置 Position（位置）的属性参数为（0，0），接着单击其左侧秒表图标新建一个关键帧。在时间 0:00:02:00 处，设置“位置动画”栏目内 Position（位置）r 属性参数为（60.0，100.0），如图 3-49 所示，桔黄色圆球的位置随机抖动效果如图 3-50 所示。

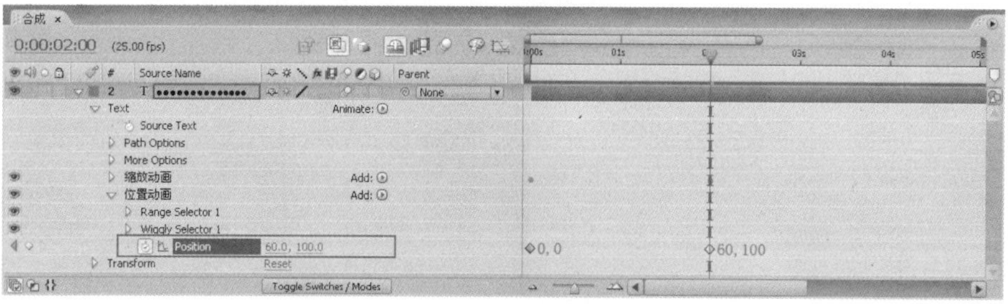


图3-49　设置关键帧

⑥创建“粒子文字”层。在“合成”工程文件的 Timeline 面板内按快捷键 Ctrl+Y 新建一个固态层，并命名为“粒子文字”，如图 3-51 所示。

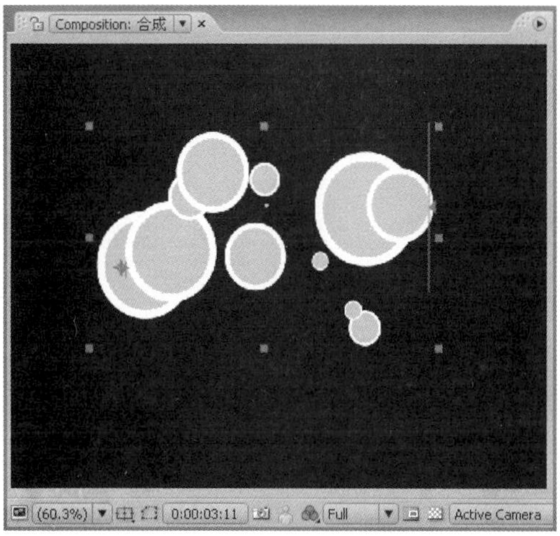


图3-50 效果截图

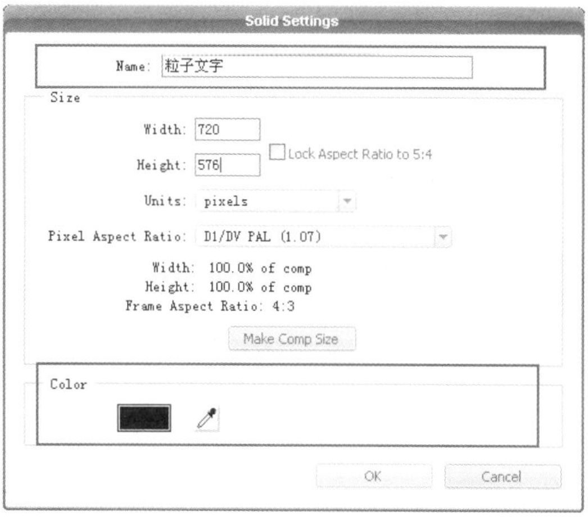


图3-51 创建层

⑦为“粒子文字”层添加 Mask（遮罩）。单击工具面板中的“椭圆形 Mask 工具”按钮，然后在合成图像窗口中为“粒子文字”层制作出椭圆形 Mask（遮罩）效果，其中 Mask（遮罩）形状须覆盖画面中央区域，如图 3-52 所示。

**注**：这个Mask（遮罩）范围即是之后黄色小球游动动画的区域范围。

⑧为“粒子文字”层添加“Particle Playground（粒子运动仿真）”特效并设置其关键帧。首先选择“粒子文字”层并右击，从弹出的快捷菜单中选择“Effect（特效）”→“Simulation（模拟）”→“Particle Playground（粒子运动仿真）”选项。接着在其“Particle Playground”特效控制面板中，单击特效标题右侧的 Options（选项）选项，如图 3-53 所示。

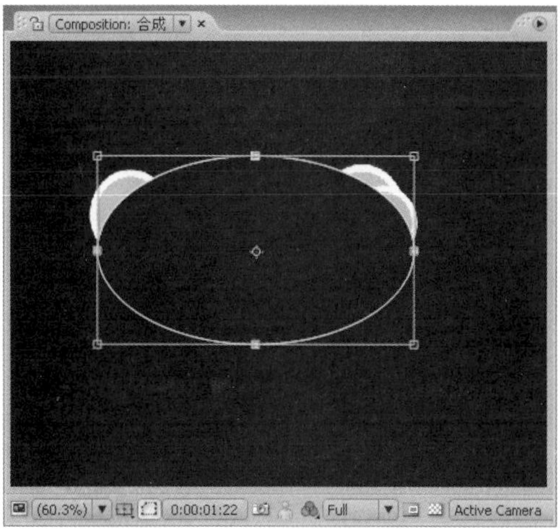


图 3-52 添加 Mask（遮罩）

图 3-53 控制面板中 Options（选项）

然后在打开的“Particle Playground”对话框中，单击 Edit Grid Text...（编辑栅格文字…）按钮，如图 3-54 所示。

在随即打开的“Edit Grid Text”对话框中，按照如图 3-55 所示对 Font( 字体 ),Alignment( 对齐 ) 等属性进行设置，并在文本框中输入相应的文字内容。

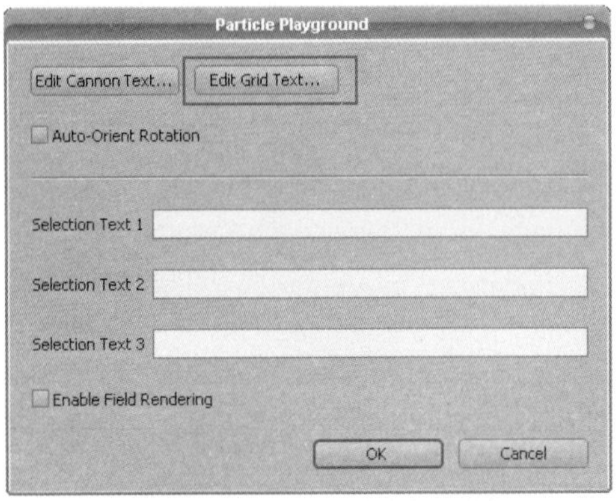


图3-54 单击编辑删格文字按钮

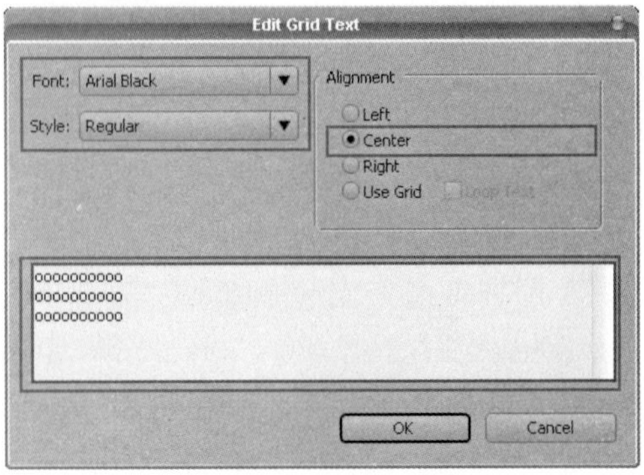


图3-55 对话框属性设置

> 注：此处输入的文字均为英文小写字母“o”。然后单击OK（确定）按钮完成设置。

接着在“Particle Playground”特效控制面板中展开 Cannon（加农炮）和 Grid（栅格）选项，设置 Cannon（加农炮）选项内的“Particle Per Second（粒子 / 秒）”为“0.00”，Color（色彩）选项设为“红色( FF0000 )”。设置 Grid( 栅格 )选项内的 Color( 色彩 ) 选项为白色，Font Size（字体大小）为“50.00”。接着展开 Repel（排斥）选项，设置 Force（斥力）为“2.00”，Force Radius（斥力半径）为“50.00”。最后展开 Wall（粒子墙）选项，设置 Boundary（边界）为“Mask 1”，如图 3-56 所示。

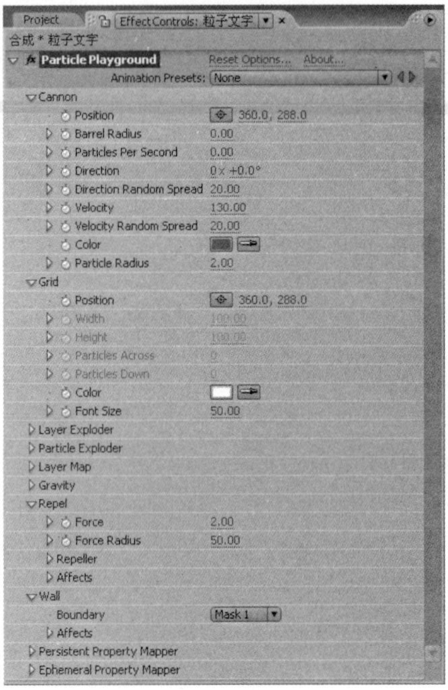


图3-56 参数设置

接下来，设置“粒子文字”层的“Particle Playground”特效关键帧。首先将时间指针移至 0:00:00:00 处，并展开“粒子文字”层的 Particle Playground 特效选项。可以看到 Grid（栅格）选项内的“Font Size（字体大小）”属性参数为“50.00”，单击其左侧秒表图标新建一个关键帧，如图 3-57 所示。

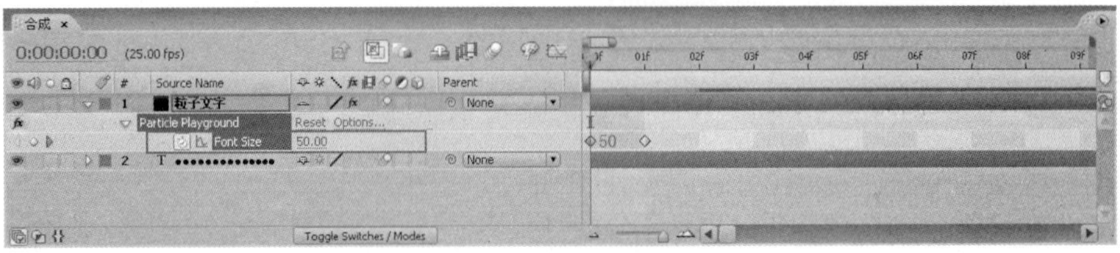


图3-57 设置关键帧

接着在时间 0:00:00:01 处，设置 Grid（栅格）选项内的“Font Size（字体大小）”属性参数为“0.00”，如图 3-58 所示，效果如图 3-59 所示。

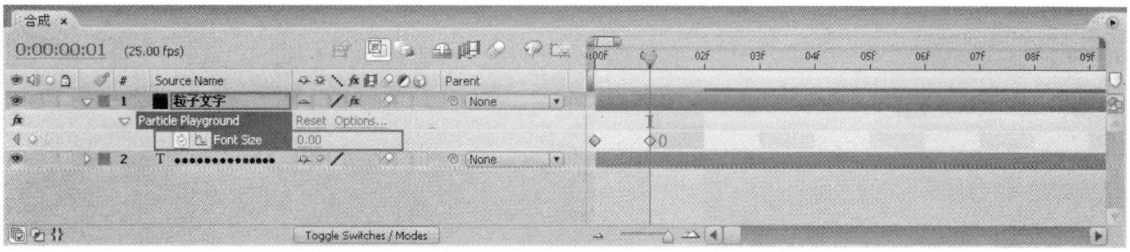


图3-58 设置关键帧

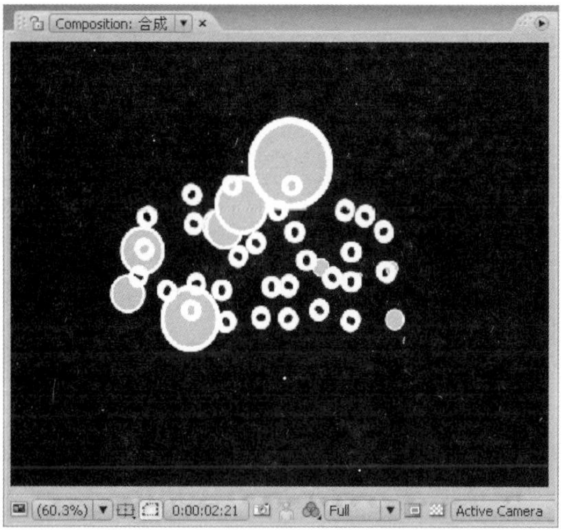


图3-59 Particle Playground效果

⑨创建背景层并设置图层混合模式。在“合成”工程文件内新建一个白色固态层，并将其置于Timeline面板的底层位置。然后单击“粒子文字”层右侧的Mode（混合模式）下拉菜单，从中选择“Overlay（叠加）”选项，如图3-60所示，效果如图3-61所示。

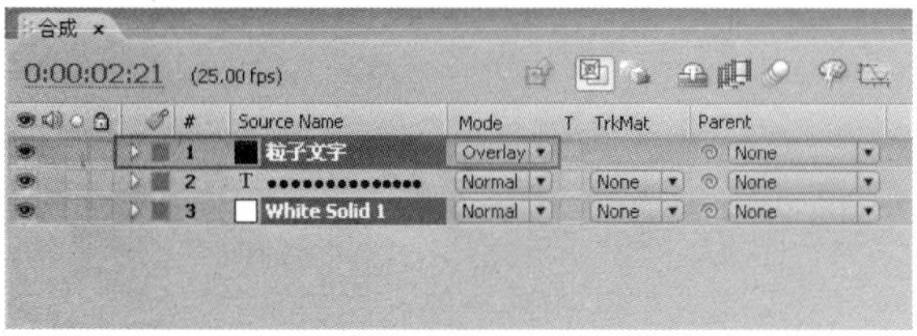


图3-60 设置混合模式

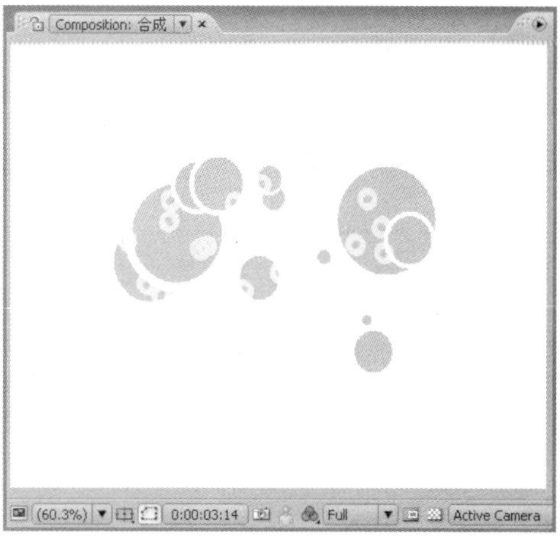


图3-61 合成动画效果

至此，整个动画效果就完成了。

·读·书·笔·记·

# 第4章 变幻扭曲飞入字体

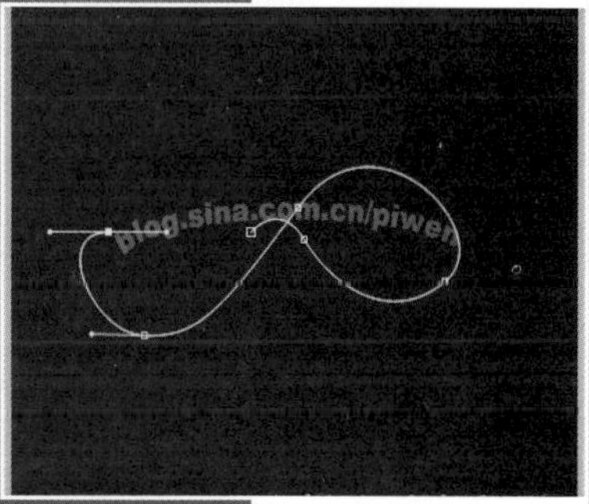

## 4.1 案例简介

这个案例的动画效果表现的是由一群起伏变化的文字组成的阵列从远及近地飞入画面，随后该文字阵列停止扭曲变形并变幻成落版于画面中央的 LOGO 文字。通过示意图分析一下如何在 After Effects 中制作这样的效果。

首先使用勾画 Mask 路径及添加特效 Path Text 的方法，制作出一列由小变大的字体沿着自定义路径位移直至落版的动画效果。再通过设置 Path Text 特效的 Advanced 高级动画属性关键帧及添加特效 Echo 等方法，为上一步完成的文字动画效果添加起伏抖动、拖尾残影等视觉效果。然后通过复制并新建图层、设置透明度关键帧、图层排序有特效 Fast Blur 等方法，将已经制作完成的文字动画效果做集群化处理，重点表现出字体阵列的密集感和错落感。最后运用插件特效 Light Factory EZ 制作光芒四射的背景影像，以此映衬并突出漂亮炫目的前景文字动画。制作思路示意图如图 4-1 所示，最后效果如图 4-2 所示。

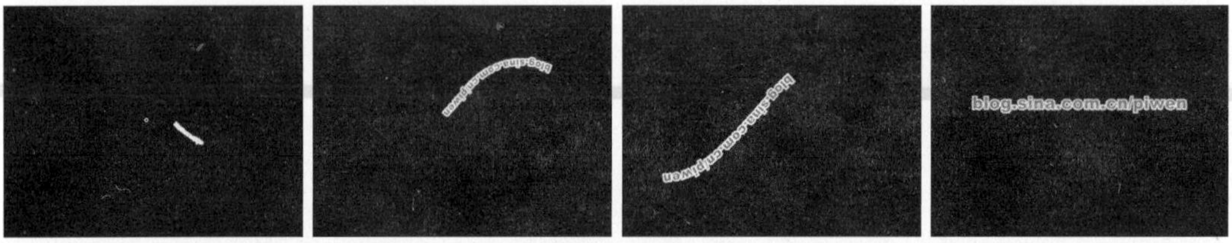


（1）由小变大的字体沿着自定义路径位移直至落版的动画效果：制作 Mask 路径、特效 Path Text

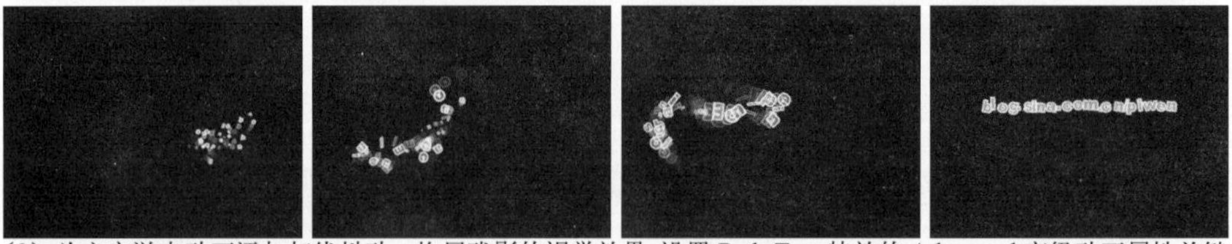

（2）为文字游走动画添加起伏抖动、拖尾残影的视觉效果：设置 Path Text 特效的 Advanced 高级动画属性关键帧、特效 Echo

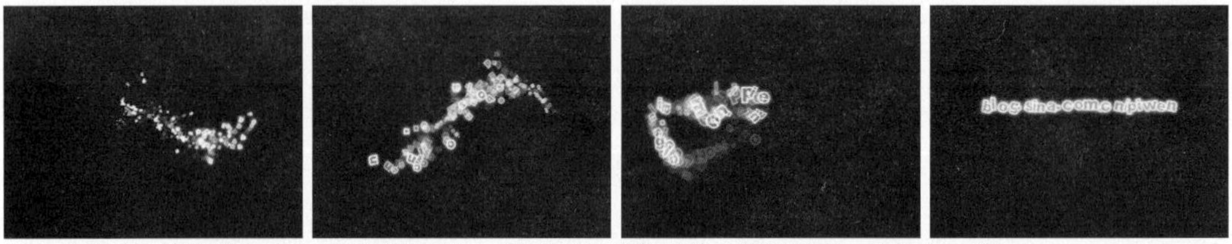

（3）文字动画的集群化处理：复制新建图层、设置透明度关键帧、图层排序、特效 Fast Blur

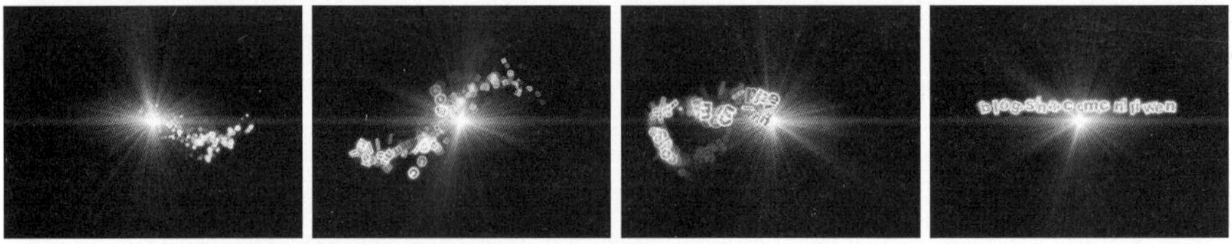

（4）辉光四射的背景影像：运用插件特效 Light Factory EZ

图4-1　制作思路示意图

图4-2　最后效果

## 4.2 具体制作

### 4.2.1 创建工程文件和文字游走动画

❶新建工程文件“合成”。首先启动 After Effects 程序，并按快捷键 Ctrl+N 新建一个合成文件。在打开的合成文件设置对话框中设置“Composition Name（合成名称）”为“合成”，在 Basic（常规）选项卡中的 Preset（预置）下拉列表中选择“PAL D1/DV”选项。设置 Width（宽）为“720”，Height（高）为“576”,Frame Rate（帧率）为“25 帧 / 秒”，Duration（持续时间）为“0:00:10:00”，如图 4-3 所示。

❷创建“飞入字体”合成文件和“文字”层。按快捷键 Ctrl+N 新建一个合成文件，并将其命名为“飞入字体”，其参数设置参考“合成”工程。接着按快捷键 Ctrl+Y，在“飞入字体”合成文件内新建一个固态层。然后在打开的固态层设置对话框中设置 Name（名称）为“文字”，Color（色彩）为“黑色”，如图 4-4 所示。

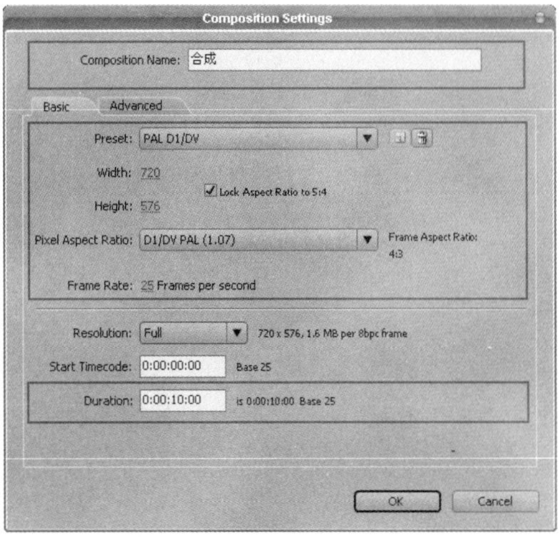


图4-3　新建工程文件

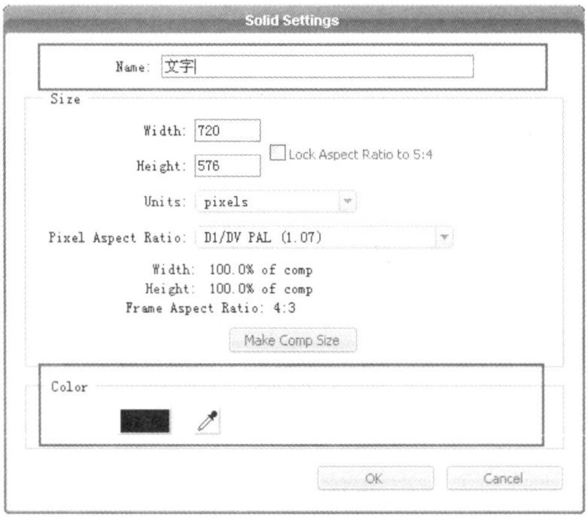


图4-4　创建层

❸为“文字”层添加 Path Text（路径文字）特效。在“飞入字体”合成文件内的 Timeline 面板中选择“文字”层并右击从弹出的快捷菜单中选择“Effect（特效）”→“Text（文字）”→“Path Text（路径文字）”选项。在“Path Text（路径文字）”对话框的文本框中输入文字“blog.sina.com.cn/piwen”，设置 Font（字体）为较粗的字体“Arial Black”，然后单击 OK（确定）按钮，完成主体文字的创建，如图 4-5 所示。

❹为“文字”层添加 Mask（遮罩）。首先在“飞入字体”合成文件的 Timeline 面板内选中“文字”层，接着在 Tools（工具）面板中单击“钢笔”工具按钮，然后在“飞入字体”合成图像窗口中，从右至左地为“文字”层勾画出一个反“8”字形的 Mask（遮罩），如图 4-6 所示。

**注**：此处，Mask路径并不需要闭合，并且该Mask路径的最后一个路径点的两端句柄需控制为水平方向。文字在游走时即是沿着这条Mask路径移动的，而其末端路径点的句柄控制为水平方向则是为了确保文字游走结束后能够沿着水平方向移至画面中央。

图4-5 设置窗口

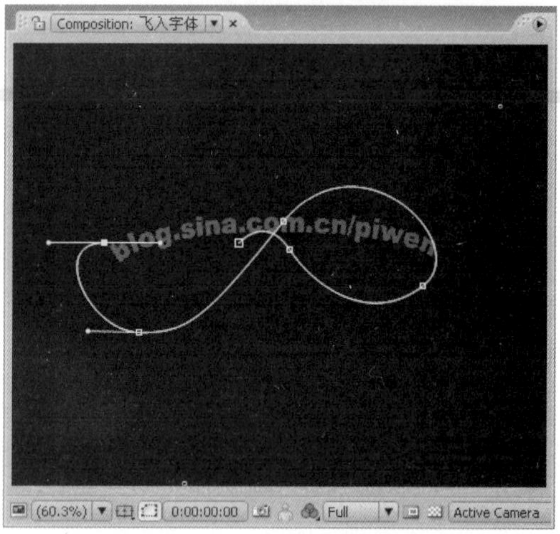


图4-6 为“文字”层添加Mask（遮罩）

❺设置“文字”层的 Path Text（路径文字）特效属性参数。在 Timeline 面板中选择“文字”层并按快捷键 E 调出该层所添加的特效，然后双击其中的“Path Text（路径文字）”特效选项打开“Path Text”特效控制面板。

在其中展开“Path Options（路径选项）”选项，设置“Shape Type（外形类型）”为“Bezier（贝塞尔曲线）”，设置 Custom Path（自定义路径）为“Mask 1”，即将刚刚创建的“Mask 1”遮罩设为 Path Text 特效内文字游走移动的轨迹路径。再展开“Fill and Stroke（填充和描边）”选项，设置 Options（选项）为“Fill Over Stroke（填充覆盖描边）”，Fill Color（填充色彩）为“蓝色（005AFF）”，Stroke Color（描边色彩）为“白色”，Stroke Width（描边宽度）为“4.0”。接着展开 Character（文字）选项，设置 Size（尺寸）为“40.0”。然后展开 Paragraph（段落）选项，设置 Alignment（对齐）为“Left（左）”，如图 4-7 所示，效果如图 4-8 所示。

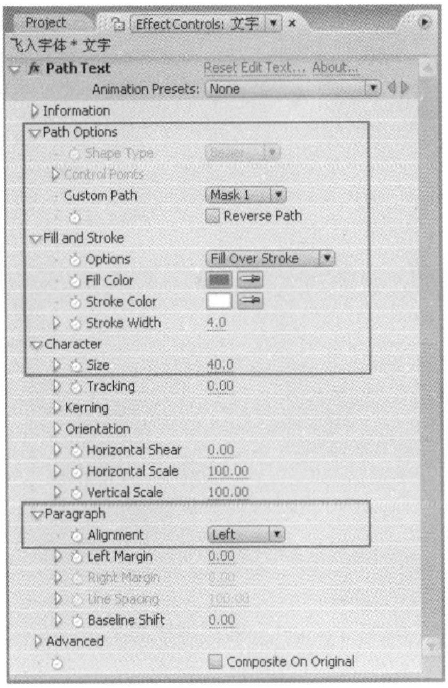


图4-7 参数设置

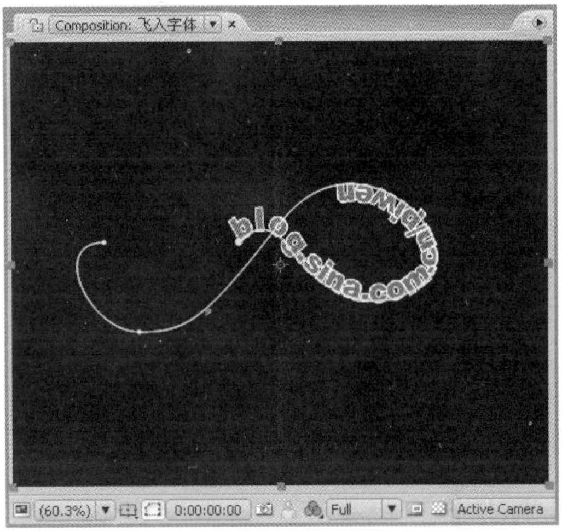


图4-8 Path Text效果

❻制作“文字”层的“Path Text（路径文字）”特效关键帧动画。首先将时间指针移至 0:00:00:00 处，然后展开“文字”层的“Path Text”特效控制面板内的 Character（文字）和 Paragraph（段落）选项，在其中分别设置 Size（尺寸）参数为“0.0”，Left Margin（左缩进）参数为“0.00”。接着分别单击其左侧的秒表图标，即在这两个“Path Text”特效属性上分别新建一个关键帧，如图 4-9 所示。

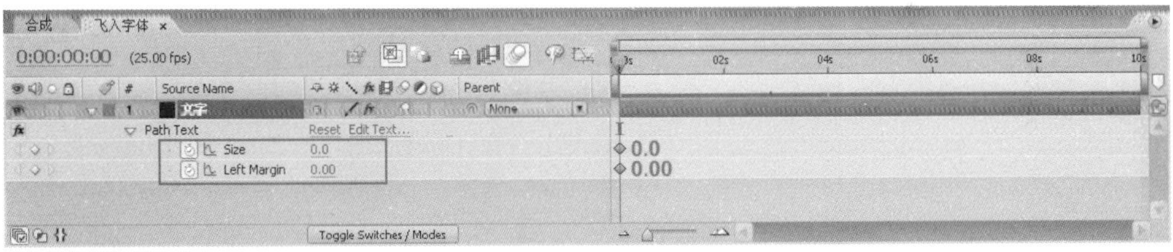


图4-9 设置关键帧

然后将时间指针移至 0:00:04:00 处，同样在该特效控制面板的 Character（文字）和 Paragraph（段落）选项内，分别设置 Size（尺寸）参数为“38.0”，Left Margin（左缩进）参数为“1030.00”，即在 0:00:04:00 处，“Path Text”特效内 Size、Left Margin 属性各自动生成另一个关键帧，这样一列由小变大的字体沿着自定义路径位移，至此落版的动画效果就制作完成了，如图 4-10 所示，效果如图 4-11 所示。

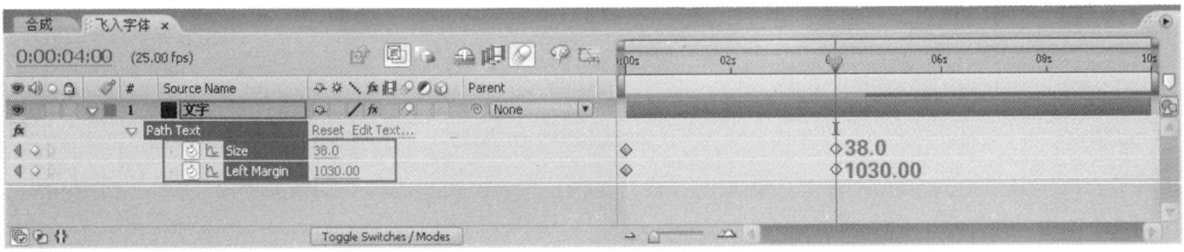


图4-10 设置关键帧

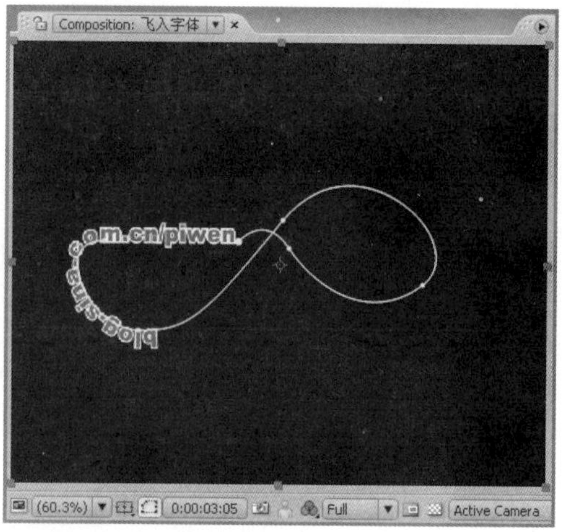


图4-11　效果截图

## 4.2.2　添加起伏抖动、拖尾残影等动画效果

❼设置“文字”层“Path Text（路径文字）”特效内的 Advanced 高级动画属性的关键帧。首先将时间指针移至 0:00:03:00 处，然后展开“文字”层的“Path Text”特效控制面板内的 Advanced（高级）选项，展开其中的 Jitter Settings（抖动设置）子栏目。设置 Baseline Jitter Max（基线抖动）为“100.00”，Kerning Jitter Max（字间距抖动）为“100.00”，Rotation Jitter Max（旋转抖动）为“300.00”，Scale Jitter Max（缩放抖动）为“150.00”。接着分别单击它们左侧的秒表图标，即在这些 Advanced（高级）动画属性上分别新建一个关键帧，如图 4-12 所示。此时 LOGO 文字已开始出现起伏抖动和随机摇摆的动画效果。

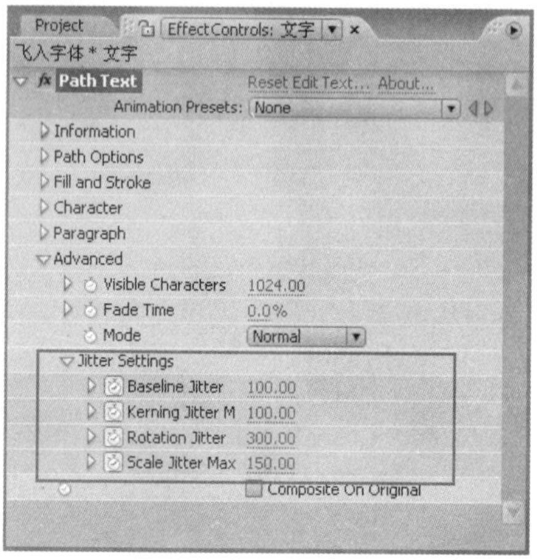


图4-12　设置关键帧

将时间指针移至 0:00:05:00 处，并展开该层“Path Text”特效的 Advanced（高级）选项内的“Jitter Settings（抖动设置）”子栏目。设置“Baseline Jitter Max（基线抖动）”、“Kerning Jitter Max（字间距抖动）”、“Rotation Jitter Max（旋转抖动）”及“Scale Jitter Max（缩放抖动）”的属性参数皆为“0.00”，即在 0:00:05:00 处，这些 Advanced 高级动画属性都自动生成了一个参数为“0”的关键帧，此时 LOGO 文字停止了各种随机抖动效果，如图 4-13 所示，效果如图 4-14 所示。

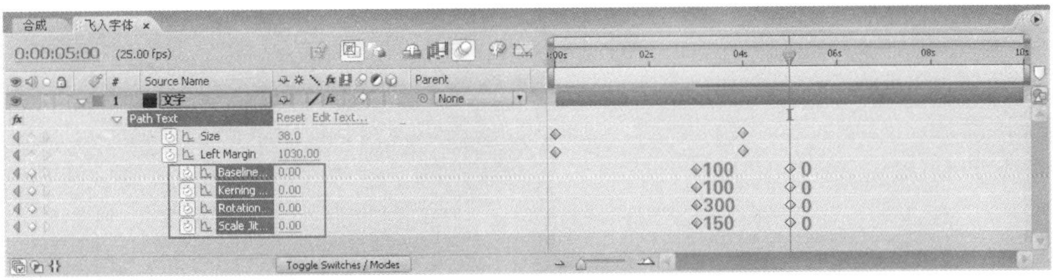

图4-13 设置关键帧

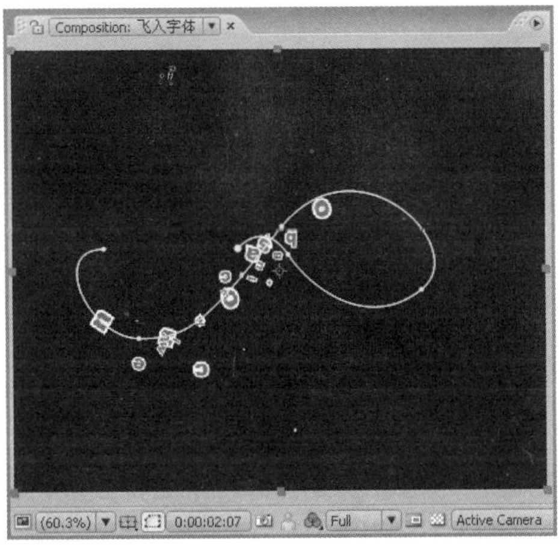

图4-14 效果截图

❽为“文字”层添加Echo（拖尾重影）特效。首先在Timeline面板内选择“文字”层并右击，从弹出的快捷菜单中选择“Effect（特效）”→“Time（时间）”→“Echo（拖尾重影）”选项。在其Echo特效控制面板中设置Echo Time(seconds)（重复时间（秒））为“-0.030”，Number Of Echoes（重复数量）为“10”，Starting Intensity（开始强度）为“1.00”，Decay（衰减）为“0.45”，Echo Operator（重复运算符）设为“Add（添加）”，如图4-15所示，效果如图4-16所示。

> **注**：通过Echo特效可以较好地表现此处文字在快速运动时的拖尾残影效果。

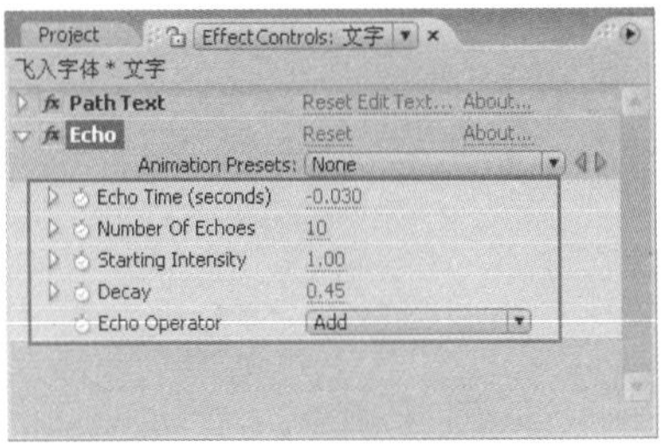

图4-15 参数设置

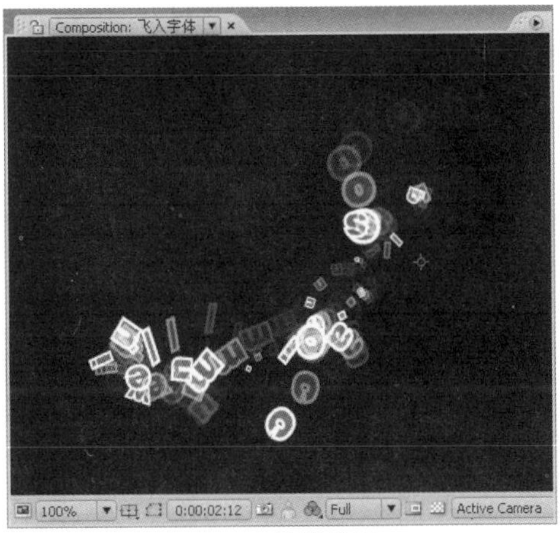

图4-16 特效效果

### 4.2.3 文字动画的集群化处理

❾预合成“文字”层。在“飞入字体”合成文件的 Timeline 面板内选中“文字”层并按快捷键 Ctrl+Shift+C，进行预合成操作。为新建的子合成文件取名为“文字 Comp 1”，中 Move all attributes into the new composition（把层属性移动到新建的子合成文件中）单选按钮，然后单击 OK（确定）按钮，如图 4-17 所示。

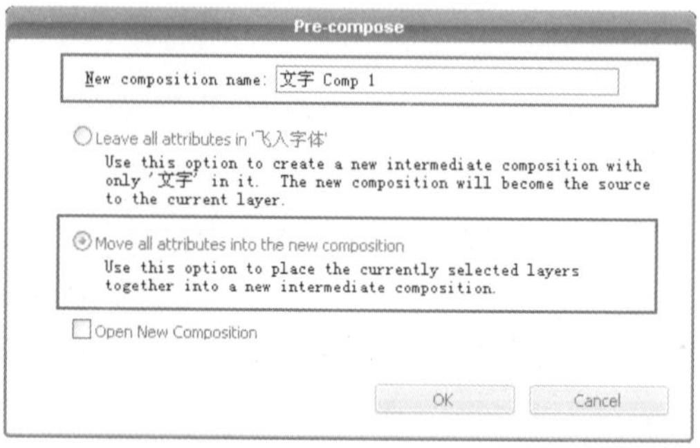


图4-17 预合成层

❿复制并新建 4 个“文字 Comp 1”合成层。在“飞入字体”合成文件中，选中“文字 Comp 1”合成层后连续按 4 次快捷键 Ctrl+D，即可将复制并新建该层的操作重复 4 次。观察“飞入字体”合成文件的 Timeline 面板内共有 5 个完全一致的“文字 Comp 1”合成层，如图 4-18 所示。

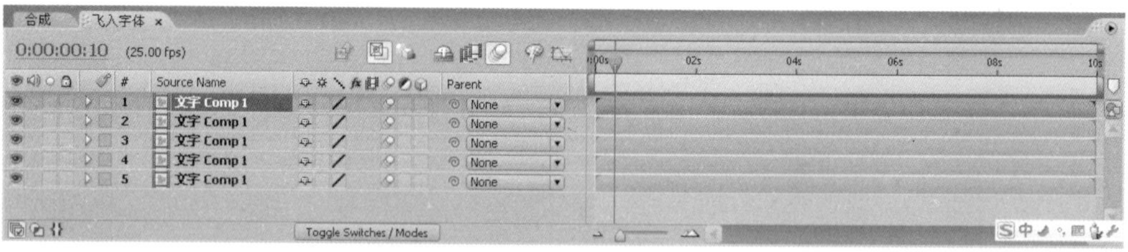


图4-18 复制新建合成层

⓫制作前 3 层“文字 Comp 1”合成层的 Opacity（透明度）属性关键帧动画。首先，将时间指针移至 0:00:01:00 处，在“飞入字体”合成文件的 Timeline 面板内按 Ctrl 键的同时选中前 3 层“文字 Comp 1”合成层，然后按快捷键 T 同时调出这些合成层的 Opacity 透明度属性选项。此处设置前 3 层“文字 Comp 1”合成层的 Opacity（透明度）参数均为“100”，并且分别单击其左侧秒表图标以各新建一个 Opacity（透明度）关键帧，如图 4-19 所示。

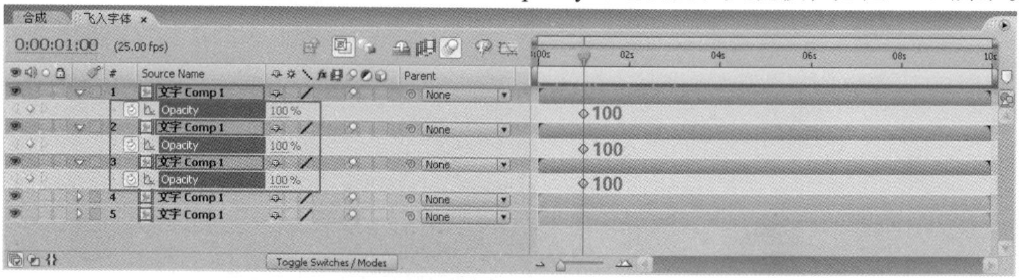


图4-19 设置关键帧

接着，将时间指针移至 0:00:03:00 处，分别设置前 3 层“文字 Comp 1”合成层的

Opacity（透明度）参数均为“0”，即在 0:00:03:00 处，前 3 层“文字 Comp 1”合成层都自动生成一个参数为“0”的 Opacity（透明度）关键帧，这样前 3 层文字动画的淡出效果制作完毕，如图 4-20 所示。

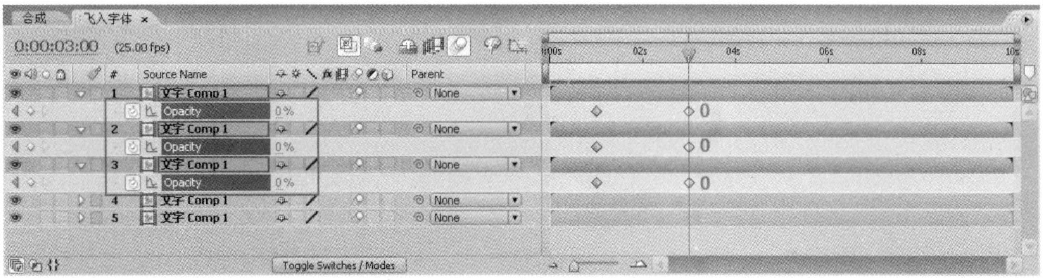

图4-20 设置关键帧

⑫为前 3 层“文字 Comp 1”合成层排列时间顺序。首先，在 Timeline 面板内按 Ctrl 键的同时选中前 3 层“文字 Comp 1”合成层，然后在 After Effects 主菜单栏中选择“Animation（动画）”→“Keyframe Assistant（关键帧助手）”→“Sequence Layers（图层排序）”选项，如图 4-21 所示。

接着，在打开的“Sequence Layers（图层排序）”对话框中，勾选 Overlap（重叠）复选框，然后在 Duration（时间长度）文本框中输入“0:00:09:15”，即设定前后图层相隔时间长度均为 10 帧。最后在该对话框中设置 Transition（过渡转换）模式为“Off（关）”，如图 4-22 所示。设置完成单击 OK 按钮。

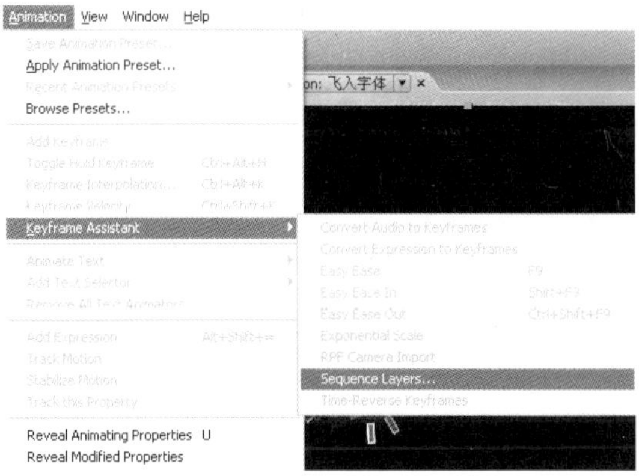

图4-21 选择命令

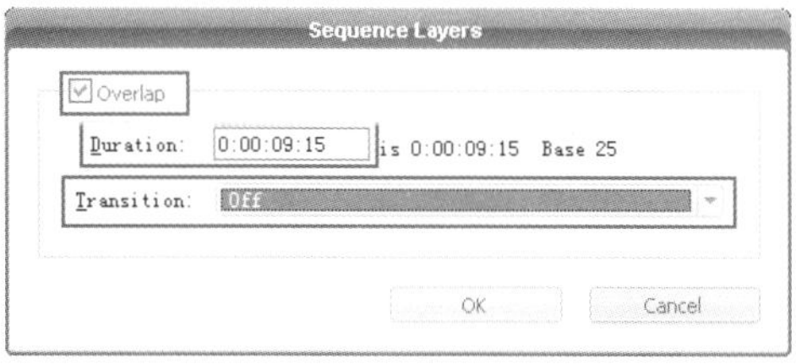

图4-22 设置窗口

观察“飞入字体”合成文件的 Timeline 面板，可以发现前 3 层“文字 Comp 1”合成层的时序已经发生了变化，从顶层开始以相隔 10 帧的时间间距依次向后排列，如图 4-23 所示。

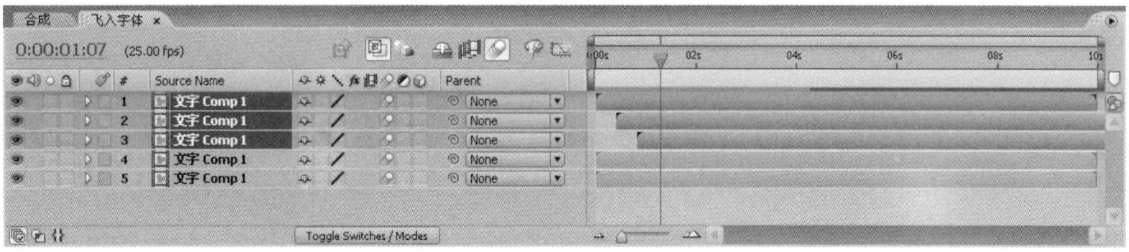

图4-23 排列时间顺序

观察“飞入字体”合成图像窗口，可以发现字体阵列的密集感和错落感已经在动画效果中基本得以表现，效果如图 4-24 所示。

⑬为底层“文字 Comp 1”合成层重命名并添加“Fast Blur（快速模糊）”特效。首先，在 Timeline 面板内选中处于底层位置的“文字 Comp 1”合成层，按 Enter 键并将其改名为“文字底层”，如图 4-25 所示。

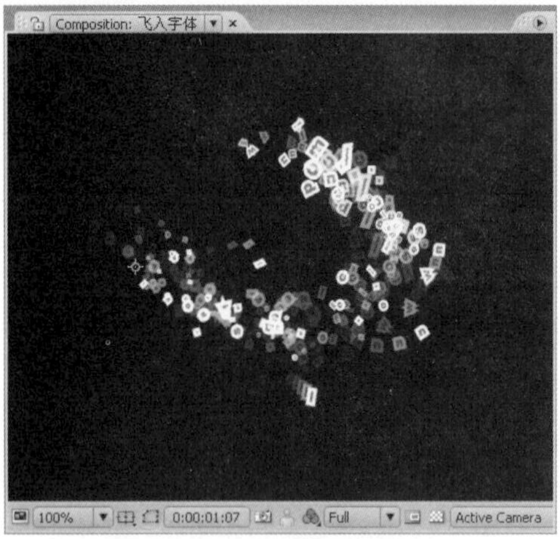

图4-24　文字动画的集群化效果

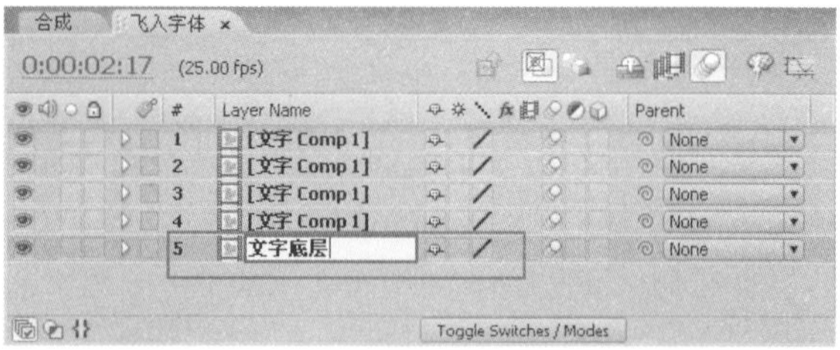


图4-25　合成层重命名

接着，选中“文字底层”合成层并右击，从弹出的快捷菜单中选择“Effect（特效）”→“Blur&Sharpen（模糊 & 锐化）”→“Fast Blur（快速模糊）”选项。然后在其“Fast Blur”特效控制面板中，设置 Blurriness（模糊）为“10.0”，如图 4-26 所示，效果如图 4-27 所示。

> **注**：为底层添加“Fast Blur”特效可以使整个文字动画产生虚焦效果，并可与背景图像更好地融合。

图4-26　参数设置

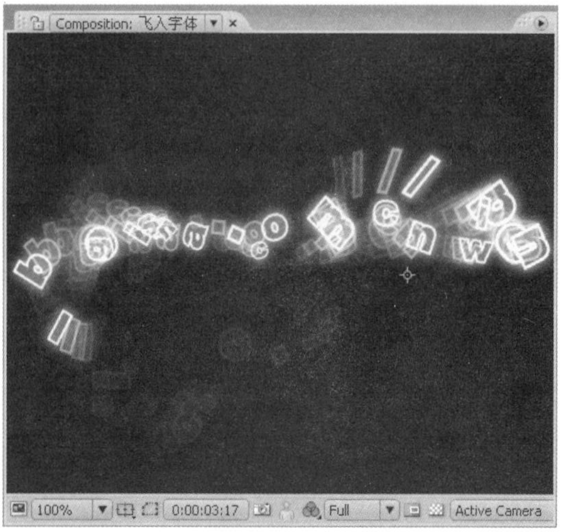

图4-27　Fast Blur效果

⑭设置前 3 层“文字 Comp 1”合成层的图层混合模式。首先，在合成文件“飞入字体”的 Timeline 面板内同时选中前 3 层“文字 Comp 1”合成层，然后分别单击其右侧的 Mode（混合模式）下拉菜单，并从中选择“Screen（屏幕）”选项，如图 4-28 所示，效果如图 4-29 所示。

> **注**：Screen模式是一种能够将本层较少的像素值变为全白色的混合模式。Screen模式也被称为滤色模式，用户可以将其理解为一种减弱的Add（添加）模式。

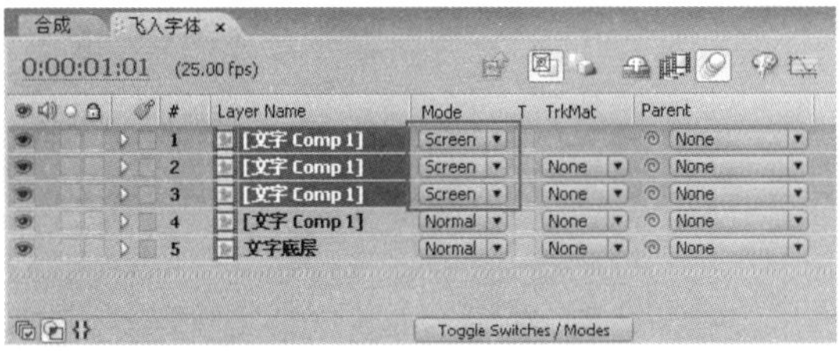


图4-28　设置图层混合模式

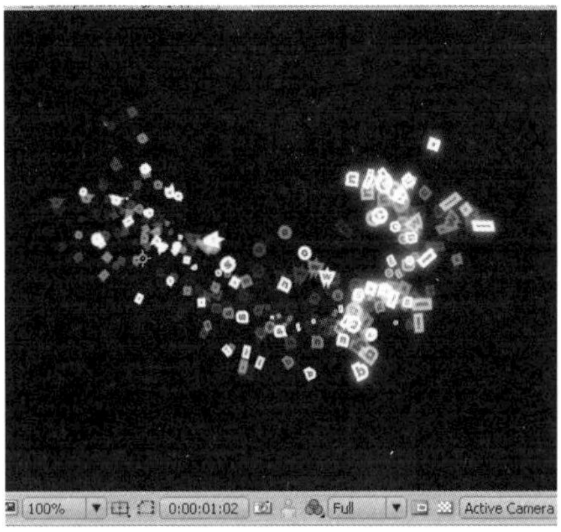


图4-29　设置合成层的混合模式

⑮将合成文件“飞入字体”置入工程文件“合成”中。在Project项目窗口中双击并打开第一步创建的“合成”合成文件，这是整个动画效果的工程文件，最后的特效与合成将在此完成。将“飞入字体”合成文件从Project项目窗口拖动至“合成”工程文件的Timeline面板中，即可生成“飞入字体”合成层，如图4-30所示。

图4-30　合成文件置入工程文件

## 4.2.4　制作光芒四射的背景影像

⑯在工程文件内创建“背景光”层。首先在“合成”工程文件的Timeline面板内按快捷键Ctrl+Y，在工程文件内新建一个固态层。然后在固态层设置对话框中设置Name（名称）为“背景光”，Color（色彩）为黑色，如图4-31所示。

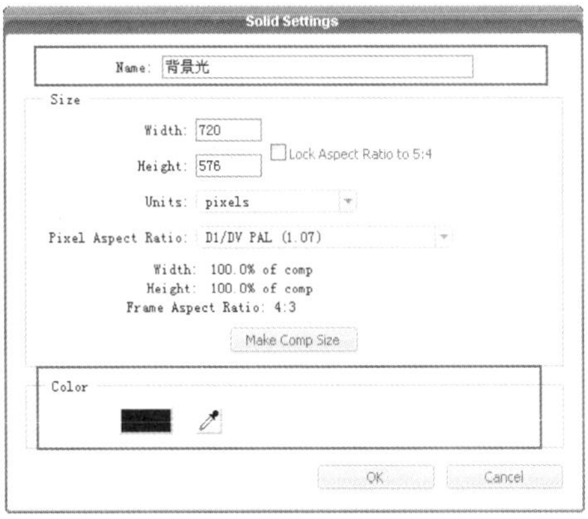


图4-31　创建层

⑰为“背景光”层添加 Light Factory EZ 插件特效。选择“背景光”层并右击，从弹出的快捷菜单中选择“Effect（特效）”→“Knoll Light Factory”→“Light Factory EZ”选项。然后在其“Light Factory EZ”特效控制面板中，设置 Brightness（亮度）为“70.0”，Scale（比例）为“1.00”，Light Source Location（光源位置）设为（358.7,284.0）。接着设置 Color（色彩）为“白色”，Angle（角度）为（0x,+0.0°）。最后设置 Flare Type（耀斑类型）为“Quantum5（量子 5）”，如图 4-32 所示，效果如图 4-33 所示。

> **注**：Knoll Light Factory 系列插件特效通常被称为“光工厂”，该系列插件是 After Effects 最优秀的镜头光斑特效插件之一。Knoll Light Factory 系列插件需另外安装并重启 After Effects 才可使用，其安装路径为\Adobe After Effects CS3\Support Files\Plug-ins\Knoll Light Factory。

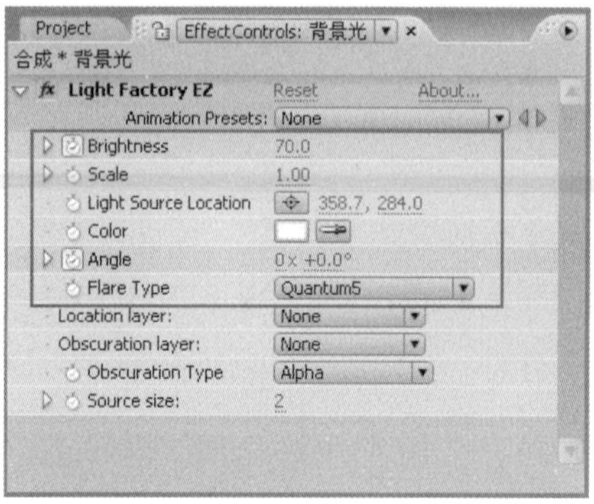


图4-32　参数设置

图4-33　Light Factory EZ效果

⑱设置“背景光”层的“Light Factory EZ”特效关键帧。首先，将时间指针移至 0:00:00:00 处，展开“背景光”层的“Light Factory EZ”特效选项。可以看到 Angle（角度）的属性参数为（0x,+0.0°），并单击其左侧秒表图标新建一个 Angle 属性特效关键帧。接着，将时间指针移至 0:00:07:00 处，可以看到“Light Factory EZ”特效选项内的 Brightness（亮度）属性参数为“70.0”，单击其左侧秒表图标再新建一个 Brightness 属性特效关键帧。

然后，将时间指针移至 0:00:09:24 处，在“背景光”层的“Light Factory EZ”特效选项内设置 Brightness（亮度）的属性参数为“0.0”，Angle（角度）的属性参数为（1x,+0.0°），如图 4-34 所示，最终效果如图 4-35 所示。

> **注**：此处制作 Light Factory EZ 特效的关键帧动画，是为了将背景影像由光芒四射至光斑黯淡的变化过程表现出来。

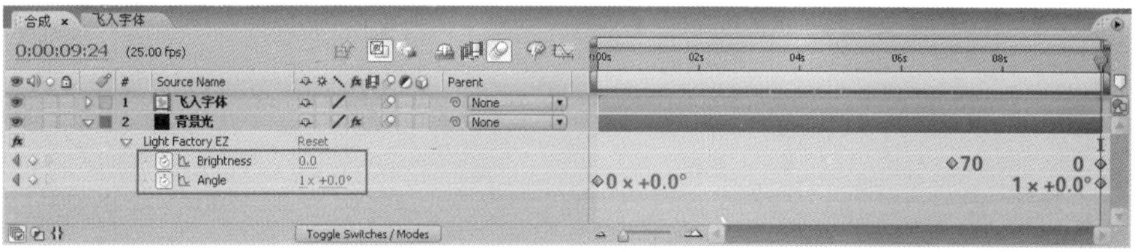


图4-34　特效关键帧设置

图4-35 效果截图

## 4.3 同类索引

通过本章案例的学习，用户已经知道如何制作一个起伏变化着的字体阵列由远及近飞入画面并变幻成落版文字的动画效果。这个案例制作的基本逻辑是，首先，由小变大的字体沿着自定义路径位移直至落版的动画效果通过勾画 Mask 路径及添加特效 Path Text 的方法来实现；进一步为文字动画所添加的起伏抖动和拖尾残影等视觉效果，则通过设置 Path Text 特效的 Advanced（高级）动画属性关键帧及添加特效 Echo 等方法来实现；然后，为了表现出字体阵列在扭曲飞入画面时的密集感、错落感，将之前制作完成的文字动画效果做集群化处理，此处应用到了复制新建图层、设置透明度关键帧、图层排序及 Fast Blur 特效等方法；最后起到映衬前景文字作用的背景影像辉光四射的动画效果，则运用了“光工厂”系列的插件特效 Light Factory EZ。下面将本节制作思路及方法进行扩展延伸，探寻此类影像效果的画面细节并充分挖掘其运用到的 After Effects 中的其他技巧。

● **索引案例：打印出来的跳舞字体**

这个索引案例的动画效果表现的是躺在纸面上的文字段落以逐字自动打印的方式输出并且其中每个文字都富有节奏感的跳动着。这样的效果与本章案例“变幻扭曲飞入字体”有不少异同之处，两者的相同处就是在制作技巧上均主要运用了 Path Text 特效及为其设置 Advanced（高级）动画属性关键帧的方法。此索引案例“打印出来的跳舞字体”通过为路径文字层制作 Advanced（高级）动画属性关键帧动画，不仅实现了随机抖动摇摆的文字动画效果，而且完成了文字段落逐字自动输出的“屏幕打字”动画效果。

此索引案例与本章案例“变幻扭曲飞入字体”相比，主要的区别在于文字动画的动作形态和背景影像效果的不同。索引案例“打印出来的跳舞字体”中的文字动画主要存在两个动作形态：其一是文字的随机抖动摇摆和大小随机变化；其二是“屏幕打字”效果，即文字段落逐字自动打印输出的效果。另外，此索引案例的背景画面为被投射了一束光的信纸的一角。值得注意的是，此处信纸背景和文字动画都是呈俯视角度效果的平躺状态，使得画面具有一定的透视感和真实感。

与本章案例“变幻扭曲飞入字体”相比，“打印出来的跳舞字体”效果的制作有一些不同。其一是在“Path Text”特效的 Advanced（高级）动画属性内，需要设置关键帧的特效属性不是“Jitter Settings”，而是“Visible Characters”；其二是将动画效果所在层转换为 3D 图层之后的位置、缩放和旋转等基本属性设置不同；其三是索引案例中灯光图层的创建和其属性设置不同。下面介绍索引案例的具体操作步骤。案例的最后效果如图 4-36 所示。

图4-36　索引案例最后效果

## ● 索引案例制作步骤

❶新建工程文件并创建文字元素。首先，按快捷键 Ctrl+N 新建一个合成文件，并设置 Composition Name（合成名称）为“合成”，在 Basic（常规）选项卡下的 Preset（预置）下拉列表中选择“PAL D1/DV”选项。然后按快捷键 Ctrl+Y 在“合成”工程文件内新建一个黑色固态层，并为其取名为“文字”，如图 4-37 所示。

接着，选择“文字”层并右击，从弹出的快捷菜单中选择“Effect（特效）”→“Text（文字）”→“Path Text（路径文字）”选项。在“Path Text（路径文字）”对话框的文本框中输入图 4-38 中的文字内容，并设置 Font（字体）为“LiSu（隶书）”。然后，单击 OK（确定）按钮，完成主体文字的创建，如图 4-38 所示。

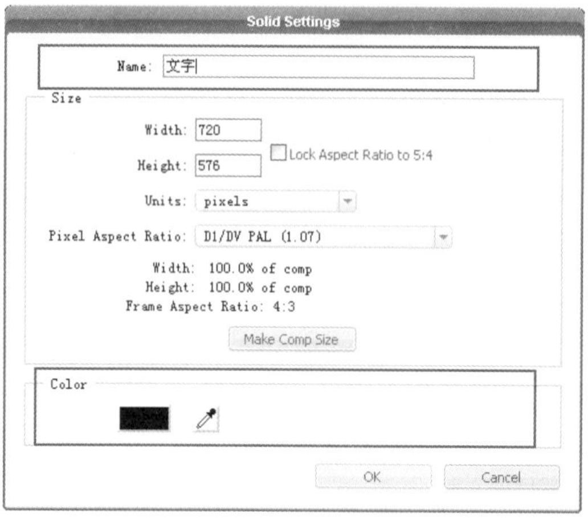


图4-37　创建层

图4-38　设置窗口

然后，设置“文字”层的“Path Text（路径文字）”特效的属性参数。在其特效控制面板中展开“Path Options（路径选项）”选项，接着设置“Shape Type（外形类型）”为“Line（直线）”，即将“Path Text”特效内文字移动的路径设置为直线。

最后，展开“Fill and Stroke（填充和描边）”选项，设置 Options（选项）为“Fill Only（单填充）”，“Fill Color（填充色彩）”设为“蓝色（276EFF）”。再展开 Character（文字）选项，并设置 Size（尺寸）为“40.0”。接着展开 Paragraph（段落）选项，设置 Alignment（对齐）为“Left（左）”，“Baseline Shift（基线移位）”为“65.00”，如图 4-39 所示，效果如图 4-40 所示。

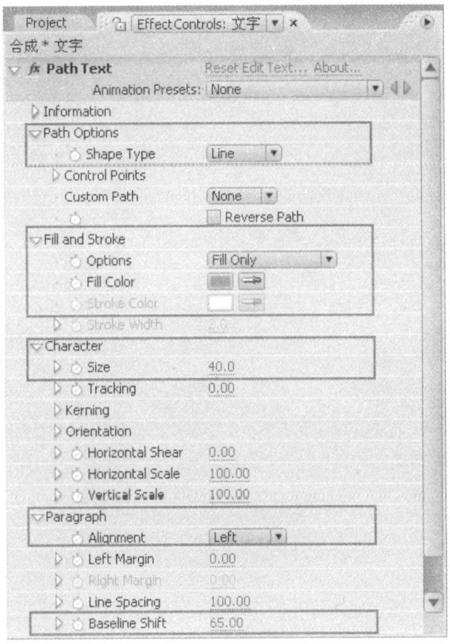


图4-39 参数设置

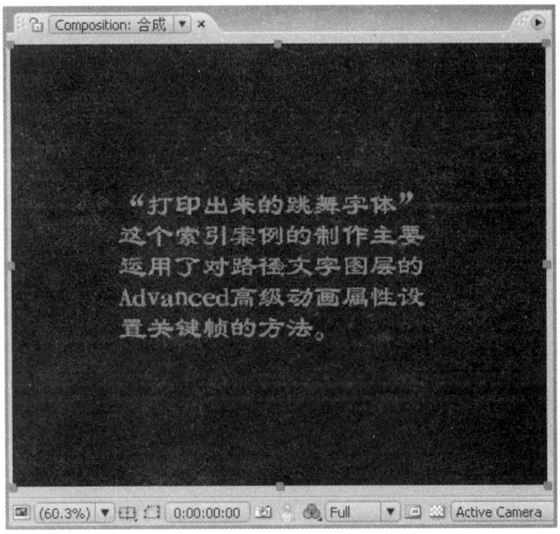


图4-40 Path Text效果

❷运用 Advanced（高级）动画属性制作随机抖动摇摆的文字动画效果及“屏幕打字”动画效果。首先，展开“文字”层的“Path Text”特效控制面板内的 Advanced（高级）选项，并打开其中的 Jitter Settings（抖动设置）子栏目。设置 Baseline Jitter Max（基线抖动）为“10.00”，Kerning Jitter Max（字间距抖动）为“10.00”，Rotation Jitter Max（旋转抖动）为“20.00”，Scale Jitter Max（缩放抖动）为“40.00”。至此，文字段落的随机抖动摇摆效果设置完成，如图 4-41 所示。

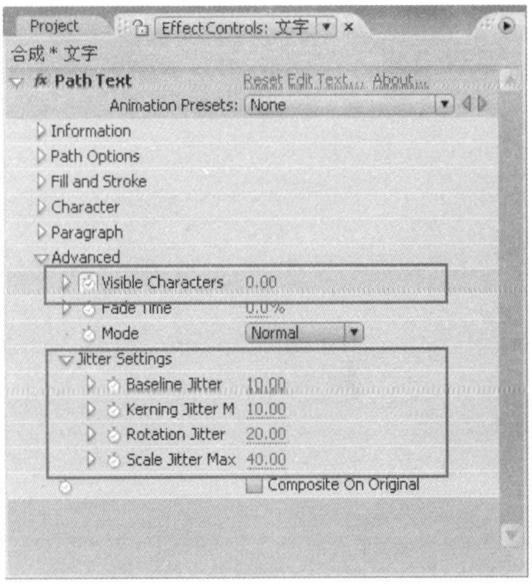


图 4-41 参数设置

接着，在时间 0:00:00:00 处展开 Advanced（高级）选项，并设置其中的 Visible Characters（文字显示）属性参数为“0”，再单击该属性左侧的秒表图标，即在第一帧处为“文字”层新建一个“Visible Characters”属性特效关键帧。然后在时间 0:00:08:00 处，将 Advanced 选项内的 Visible Characters 属性参数设置为“65.00”，即在 0:00:08:00 处，该特效属性自动生成另一个关键帧，此时整个文字段落以逐字自动打印输出的动画方式显现出来，如图 4-42 所示，效果如图 4-43 所示。

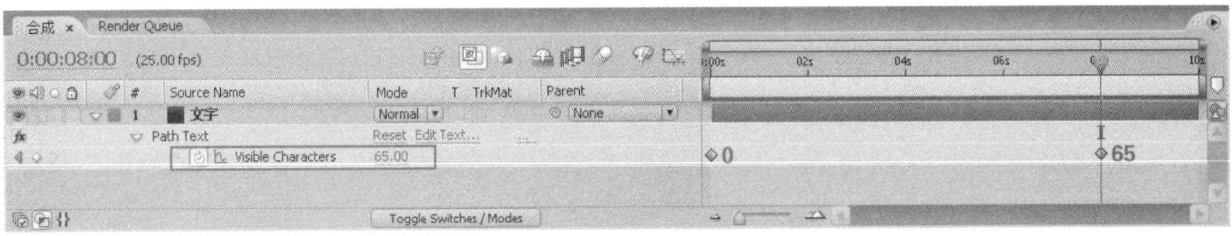


图4-42 关键帧设置

❸置入背景素材并将其与改变混合模式后的“文字”层合并预合成。首先在 Project 项目窗口中双击并导入作为背景素材的 jpg 文件“信纸 01”，接着将其置入工程文件“合成”的 Timeline 面板中的底层位置，生成“信纸 01.jpg”层。然后单击“文字”层右侧的 Mode（混合模式）下拉菜单，从中选择“Multiply( 相乘模式 )”选项，如图 4-44 所示。

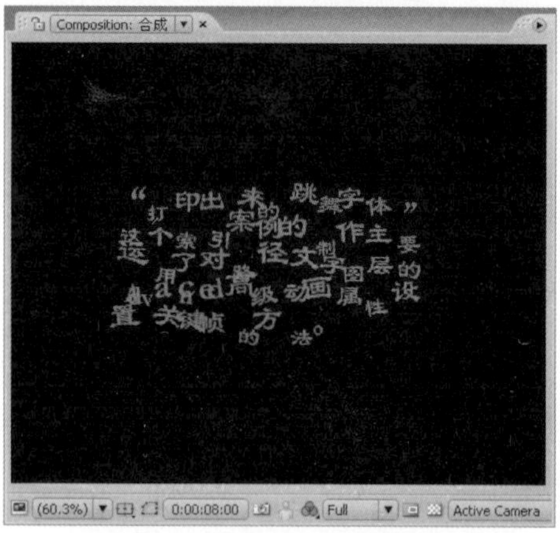


图4-43　文字动画效果截图

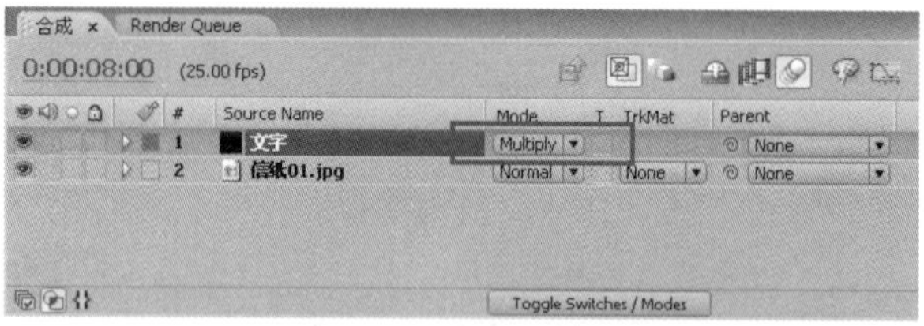


图4-44　置入背景素材

在 Timeline 面板中按 Ctrl 键的同时选中“文字”层和“信纸 01.jpg”层，然后按快捷键 Ctrl+Shift+C, 进行预合成操作。接着为新建的子合成文件取名为“文字动画效果”，并选中 Move all attributes into the new composition（把层属性移动到新建的子合成文件）单选按钮，如图 4-45 所示。

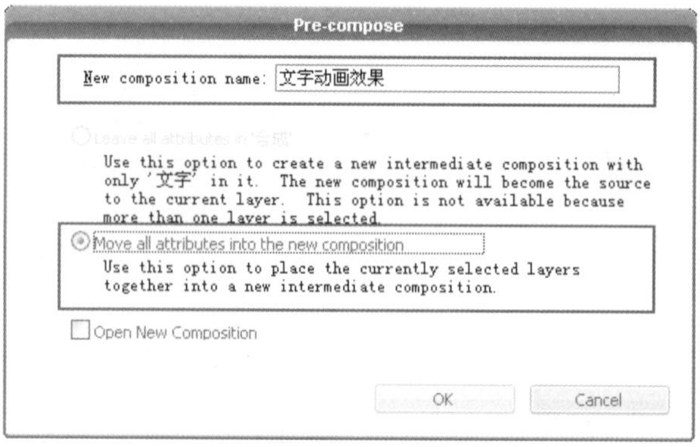


图4-45　合并预合成

❹将“文字动画效果”合成层转换为 3D 图层并设置其位置、缩放和旋转等属性参数。在工程文件“合成”的 Timeline 面板中，单击“3D Layer（3D 图层）”开关按钮，使该合成层完成从普通图层到 3D 图层的转换操作。

然后选中“文字动画效果”合成层，并按快捷键 P 调出该合成层的 Position（位置）属性选项，接着按快捷键 Shift+S 和 Shift+R，同时调出其 Scale（缩放）、Rotation（旋转）属性选项。这里按照如图 4-46 所示设置“文字动画效果”合成层的 Position，Scale，Rotation 等属性参数。这样信纸背景、文字动画的呈俯视角度的平躺效果即可得以表现，效果如图 4-47 所示。

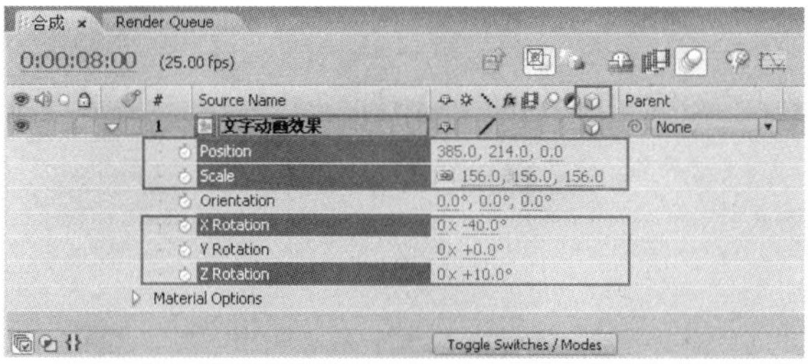


图4-46　设置属性参数

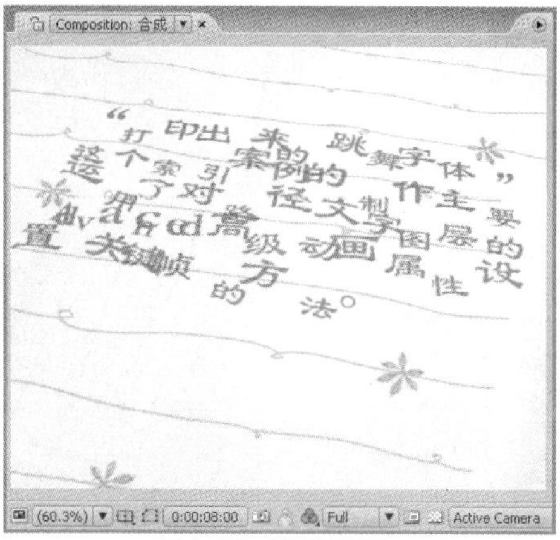


图4-47　效果截图

⑤创建灯光图层并设置其灯光属性。按快捷键 Ctrl+Alt+Shift+L 在工程文件“合成”的 Timeline 面板中新建一个灯光图层，然后在打开的“Light Settings（灯光设置）”对话框中的按照如图 4-48 所示进行参数的设置。

接着在 Timeline 面板中展开“Light 1”灯光图层的灯光属性选项，并按照如图 4-49 所示设置 Point of Interest（目标点）、Position（位置）、X Rotation（X 轴旋转）及 Y Rotation（Y 轴旋转）等属性的参数。至此，被投射了一束光的信纸背景画面制作完成，最终效果如图 4-50 所示。

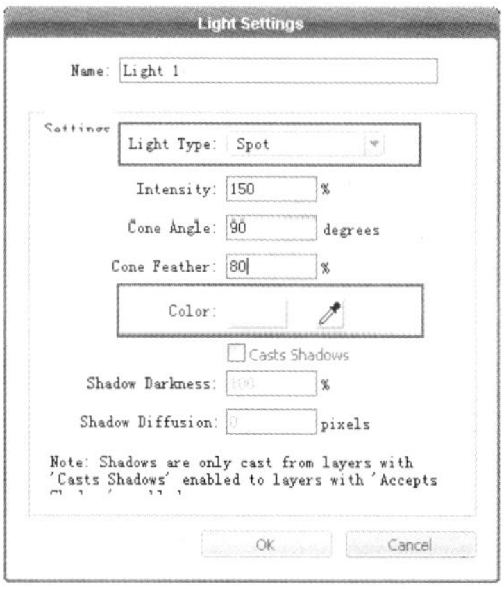


图4-48　设置窗口

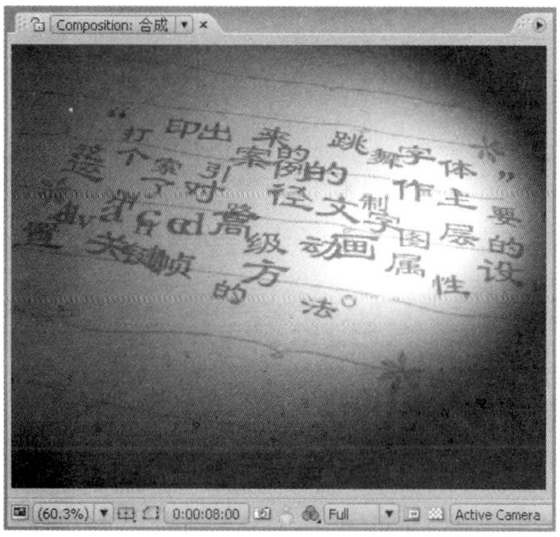


图4-50　画面效果

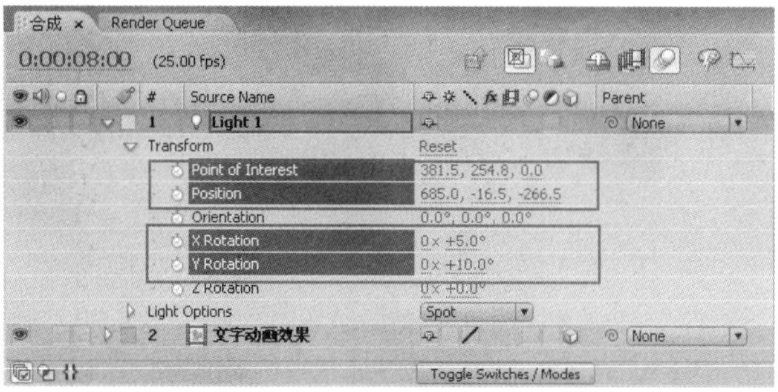


图4-49　参数设置

这样，整个动画效果就完成了。

·读·书·笔·记·

# 第5章

## 三维爆炸立体字体

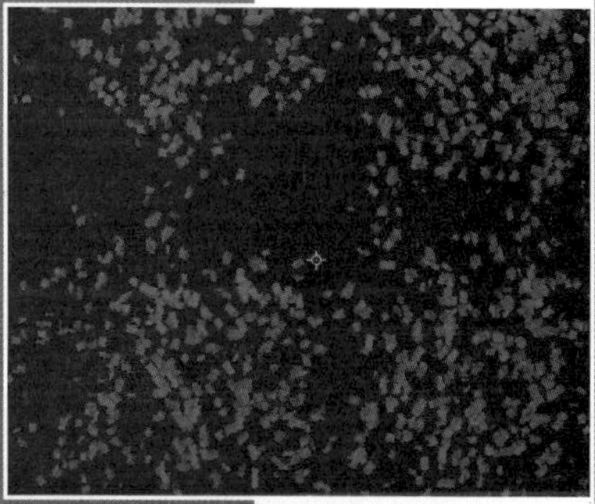

## 5.1 案例简介

这个案例的动画效果表现的是无数红色爆炸碎片汇聚成“中国加油”四个字，然后平面文字“中国加油”旋转变换成为表面有光束经过的三维立体字体。通过示意图我们分析一下如何在 After Effects 中制作这样的效果。

首先，通过运用 Basic Text 和 Shatter 等内置特效及设置图层入点时间位置等方法，制作出平面文字“中国加油”旋转成为三维立体字体的动画效果，这一步操作无须其他插件特效或者三维图形软件来配合制作。其次，通过复制并生成新图层、运用 Shatter 特效、设置 Time Remap 属性关键帧以及制作 Opacity（透明度）关键帧动画等方法，制作出无数红色爆炸碎片汇聚成文字“中国加油”的动画效果。最后，通过设置 Mask（遮罩）外形关键帧、设置图层混合模式等方法，制作三维立体文字表面上经过的白色光束，从而完成整个动画效果的特效合成工作。制作思路示意图如图 5-1 所示，最后效果如图 5-2 所示。

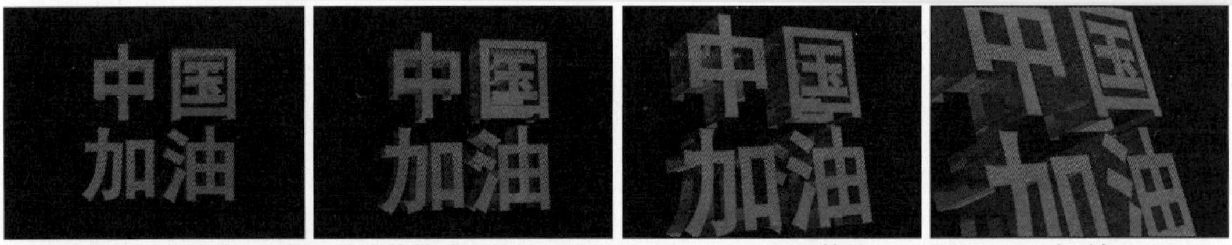

(1) 平面文字旋转成为三维立体字体的动画效果：运用 Basic Text、Shatter 特效以及设置图层入点时间

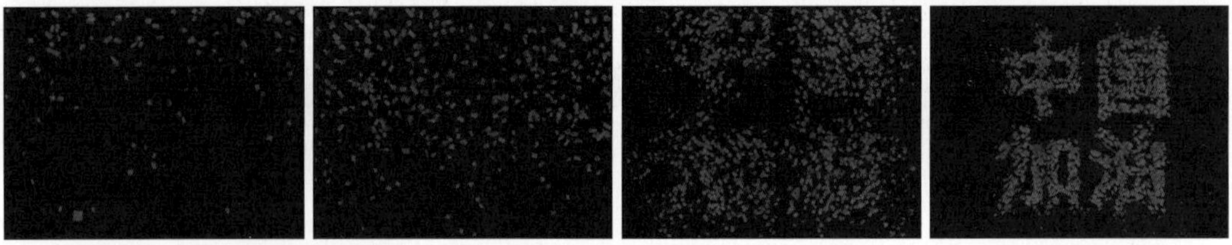

(2) 无数爆炸碎片汇聚成文字的动画效果：复制生成新图层、特效 Shatter、设置 Time Remap 属性关键帧以及制作 Opacity（透明度）关键帧动画

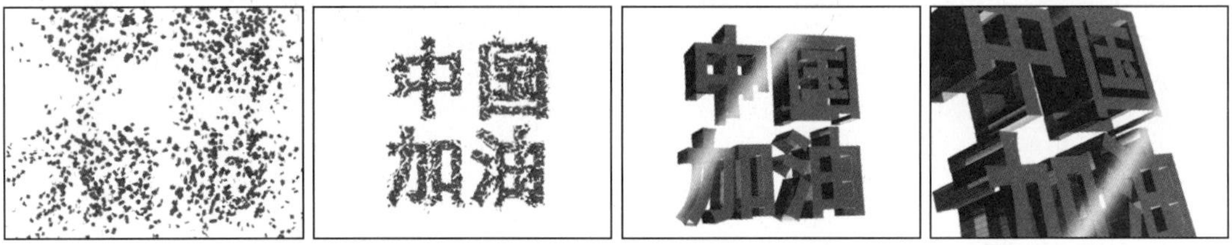

(3) 三维立体文字表面上经过的白色扫光效果：设置 Mask（遮罩）外形关键帧、设置图层混合模式

图5-1 制作思路示意图

图5-2　最后效果

## 5.2 具体制作

### 5.2.1 创建工程文件和三维立体字体的动画效果

❶新建工程文件“合成”和合成文件“中国加油”。首先，启动 After Effects CS3 程序，并按快捷键 Ctrl+N 新建一个合成文件。在打开的合成文件设置对话框中设置 Composition Name（合成名称）为“合成”，在 Basic（常规）选项卡中的 Preset（预置）下拉列表中选择“PAL D1/DV”选项。设置 Width（宽）为“720”，Height（高）为“576”，Frame Rate（帧率）为“25 帧 / 秒”，Duration（持续时间）为“0:00:10:00”，然后单击 OK（确定）按钮完成设置，如图 5-3 所示。

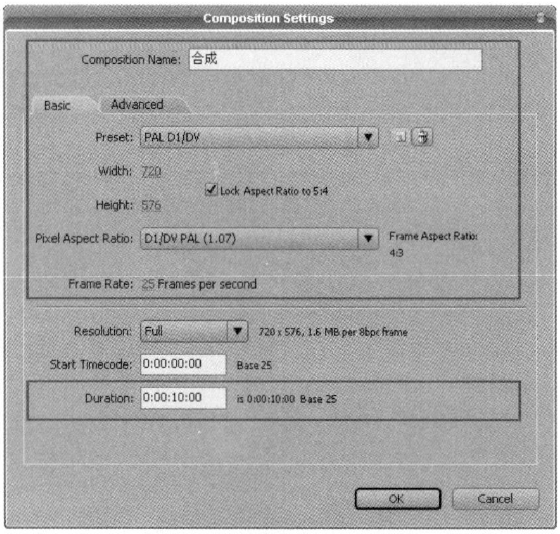


图5-3　新建工程文件

接着，再次按快捷键 Ctrl+N 新建一个合成文件，然后在打开的合成文件设置对话框中设置 Composition Name（合成名称）为“中国加油”，并按照工程文件“合成”中的相应参数设置情况来设置 Basic（常规）选项面板内的其他选项。

❷创建“文字”层。在“中国加油”合成文件的 Timeline 面板内，按快捷键 Ctrl+Y 新建一个固态层。然后在打开的对话框中设置 Name（名称）为“文字”，Color（色彩）为“黑色”，如图 5-4 所示。

❸创建文字元素。在“中国加油”合成文件内的 Timeline 面板中选择“文字”层并右击，从弹出的快捷菜单中选择“Effect（特效）”→“Text（文字）”→“Basic Text（基本文字）”选项。在其“Basic Text（基本文字）”对话框的文本框中输入文字“中国加油”，并设置 Font（字体）为“SimHei”。然后单击 OK（确定）按钮，完成 LOGO 文字的创建，如图 5-5 所示。

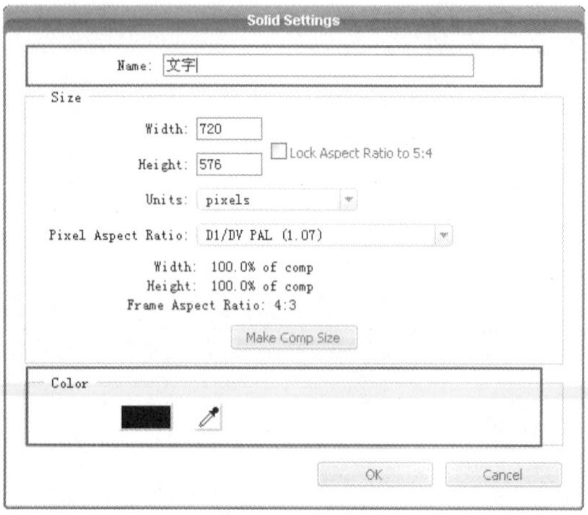


图5-4 创建层

图5-5 设置窗口

在“文字”层的 Basic Text 特效控制面板中设置 Display Options（显示选项）为“Fill Over Stroke（填充覆盖描边）”，Fill Color（填充色彩）为“红色”（FF0000），Stroke Color（描边色彩）亦为“红色（FF0000）”，设置 Stroke Width（描边宽度）为“8.0”，Size（尺寸）为“200.0”，Tracking（字间距）为“0”，如图 5-6 所示，效果如图 5-7 所示。

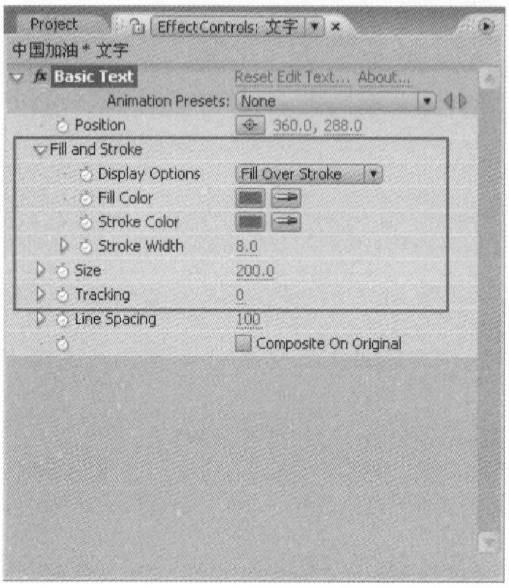


图5-6 参数设置

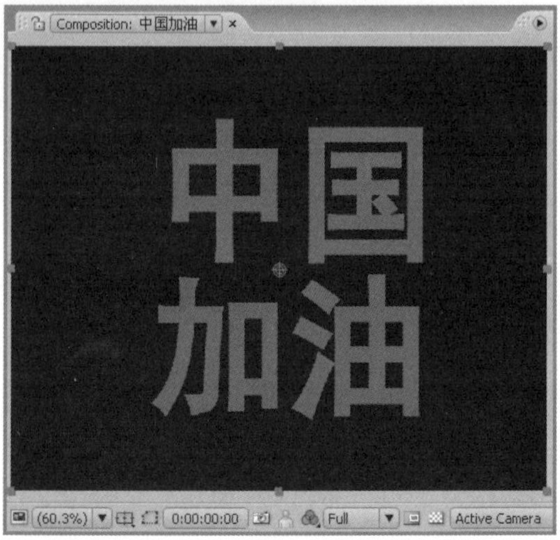


图5-7 Basic Text效果

❹将“中国加油”合成文件置入“合成”工程文件中。在 Project 项目窗口中选中“中国加油”合成文件，并将其拖动至“合成”工程文件的 Timeline 面板中，生成“中国加油”合成层，如图 5-8 所示。

❺创建“立体效果”层。在“合成”工程文件的 Timeline 面板内，按快捷键 Ctrl+Y 新建一个固态层。然后设置 Name（名称）为“立体效果”，Color（色彩）为“黑色”，如图 5-9 所示。

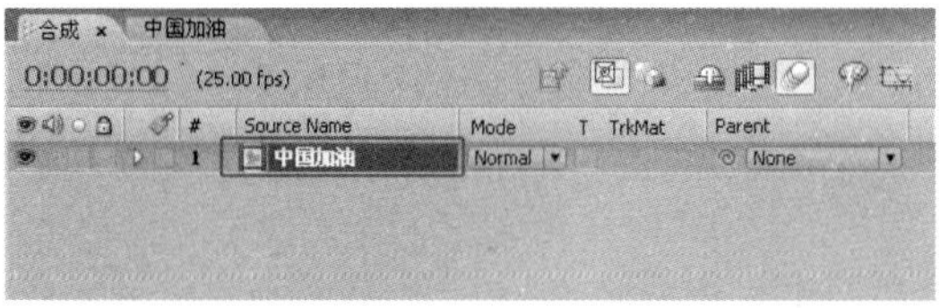


图5-8　置入“合成”工程文件

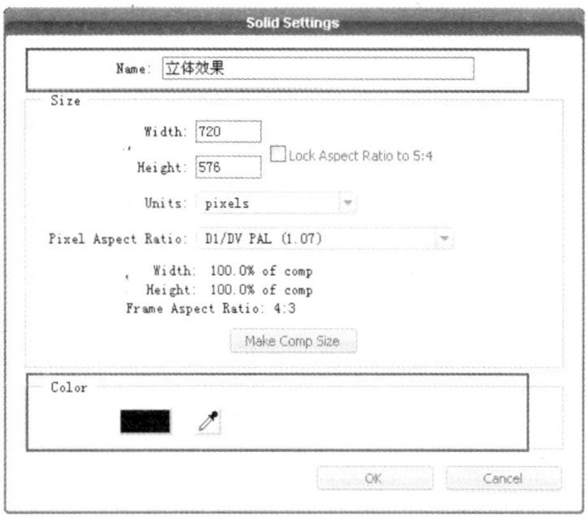


图5-9　创建层

❻为“立体效果”层添加 Shatter（破碎）特效。在“合成”工程文件内的 Timeline 面板中选择“立体效果”层并右击，从弹出的快捷菜单中选择“Effect（特效）”→“Simulation（模拟）”→“Shatter（破碎）”选项。然后在其 Shatter（破碎）特效控制面板中，设置 View（查看）为“Rendered（渲染）”，即将观察模式设置为已渲染效果。接着设置 Render（渲染）为“Pieces（片）”。在 Shape（外形）选项内设置 Pattern（图案）为“Custom（自定义）”，Custom Shatter Map（自定义破碎图层）设为“2. 中国加油”，即将“中国加油”合成层设置为该 Shatter 特效的破碎形状映射层。设置 Repetitions（重复）为“10.00”，Extrusion Depth（碎片厚度）为“2.50”。再在 Force 1（作用力 1）选项内设置 Depth（深度）为“0.10”，Radius（半径）为“0.40”，Strength（强度）为“0.00”。在 Physics（物理设置）选项内设置 Rotation Speed（旋转速度）为“0.20”，Gravity（重力）为“0.00”，如图 5-10 所示。

> **注：** After Effects内置特效Shatter在不需要设置相关关键帧的情况下，即可在所选定图层的第1帧处开始产生默认爆炸形态的动画效果，该特效是制作物体瞬间爆炸、破碎效果的最佳方案之一。

接着，在“立体效果”层的 Shatter 特效控制面板中展开 Textures（纹理）选项，在其中设置 Front Layer（前面图层）、Side Layer（侧面图层）和 Back Layer（侧面图层）均为“2. 中国加油”，即设置“中国加油”合成层分别为该 Shatter 特效内正面、侧面、背面的纹理贴图图层。最后展开 Camera Position（摄像机位置）选项，设置 X Rotation（X 轴旋转）为（0x,+0.0°），Y Rotation（Y 轴旋转）为（0x,+0.0°），Z Position（Z 轴位置）为“2.00”，如图 5-11 所示。

至此，“中国加油”这 4 个字的三维立体字体效果初步制作完成，效果如图 5-12 所示。

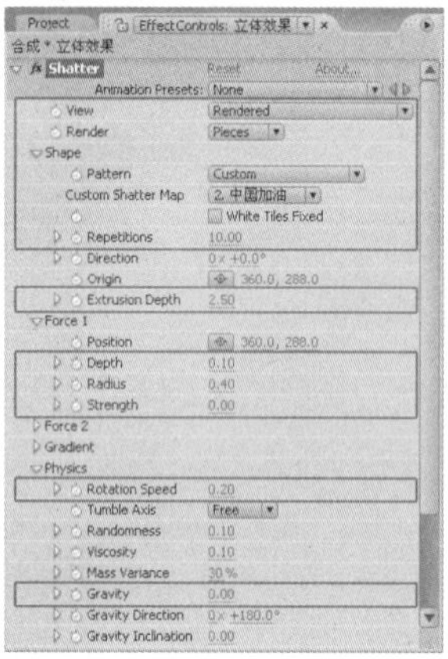

图5-10　参数设置（一）

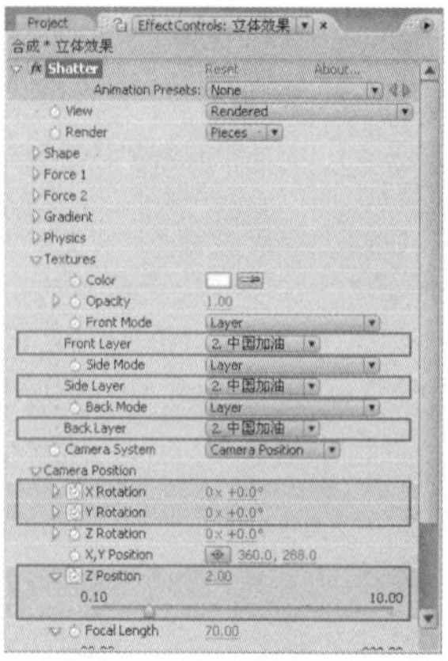

图5-11　参数设置（二）

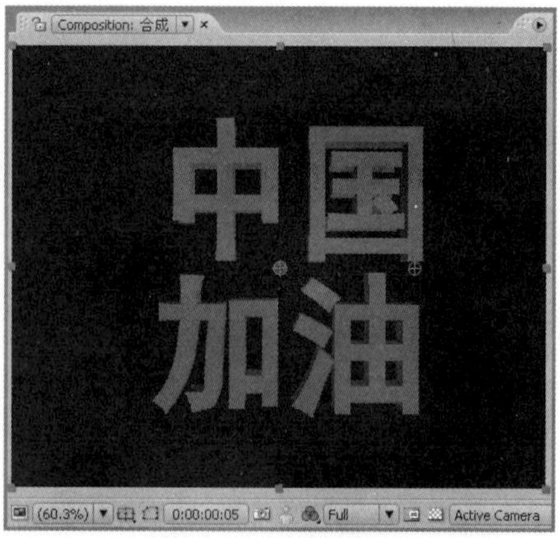

图5-12　Shatter效果

❼制作“立体效果”层的 Shatter（破碎）特效关键帧动画。首先，将时间指针移至 0:00:00:00 处，并展开“立体效果”层的 Shatter 特效选项。可以看到 Camera Position（摄像机位置）选项下的 X Rotation（X 轴旋转）属性参数为（0x,+0.0°），Y Rotation（Y 轴旋转）属性参数为（0x,+0.0°），“Z Position（Z 轴位置）”属性参数为“2.00”。分别单击这些特效属性左侧的秒表图标来新建关键帧，如图 5-13 所示。

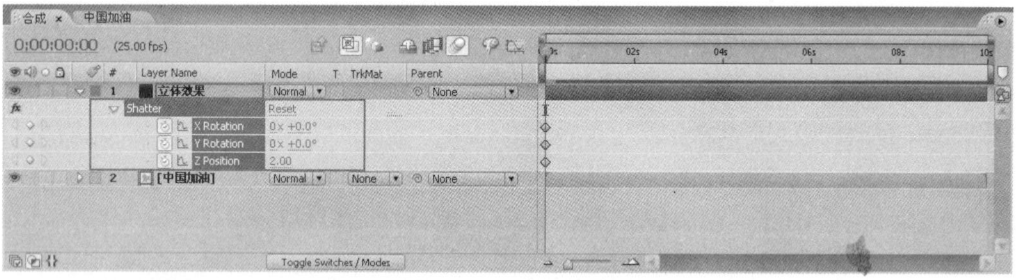

图5-13　设置关键帧

接着，将时间指针移至 0:00:02:00 处，并展开“立体效果”层的 Shatter 特效选项。然后设置 X Rotation（X 轴旋转）属性参数为（0x,-20.0°），Y Rotation（Y 轴旋转）属性参数为（0x,-50.0°），Z Position（Z 轴位置）属性参数为“1.00”，即在 0:00:02:00 处，该层 Shatter 特效自动生成新的“X Rotation”、“Y Rotation”和“Z Position”属性关键帧。这样从平面文字转换到最终倾斜立体字之间的旋转动画效果就制作完成了，如图 5-14 所示，效果如图 5-15 所示。

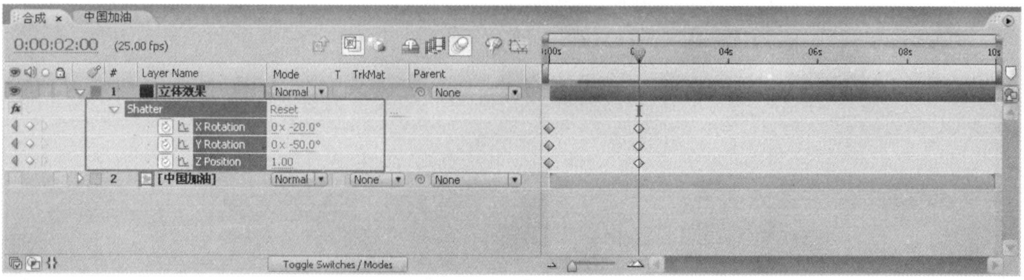

图5-14　设置关键帧

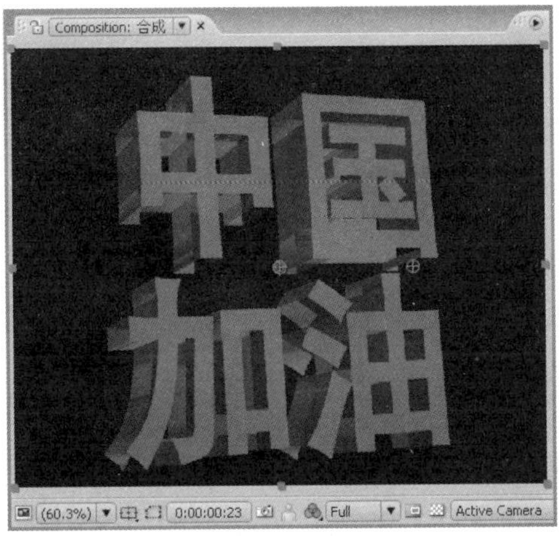

图5-15 动画截图

❽设置“立体效果”层的图层入点时间。首先将时间指针移至0:00:02:00处，然后在按住Shift键的同时选中“立体效果”层并将其向Timeline面板右侧拖动，直至该层片段入点位置被吸附到当前的时间指针位置，即0:00:02:00处。通过对“立体效果”层入点时间的调整，使平面文字“中国加油”旋转成为三维立体字体的动画效果从0:00:02:00处开始显现，如图5-16所示。

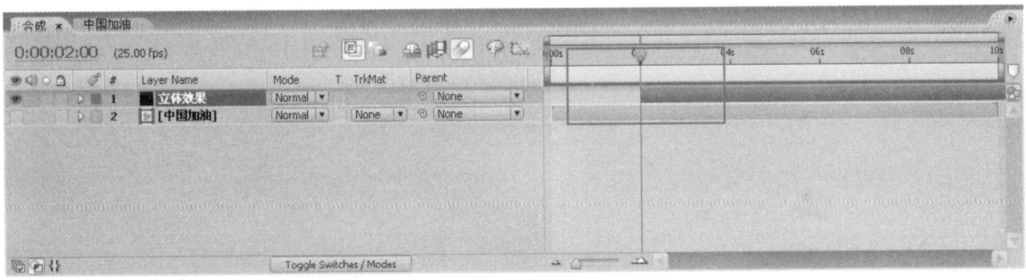

图5-16 调整图层入点时间

## 5.2.2 制作无数爆炸碎片汇聚成平面文字的动画效果

❾复制并生成“文字爆炸碎片”合成层。在“合成”工程文件内选中“中国加油”合成层，然后按快捷键Ctrl+D复制并新建该层，再按Enter键将新建层改名为“文字爆炸碎片”。接着单击“中国加油”合成层左侧的眼睛图标，取消其可视化状态，如图5-17所示。

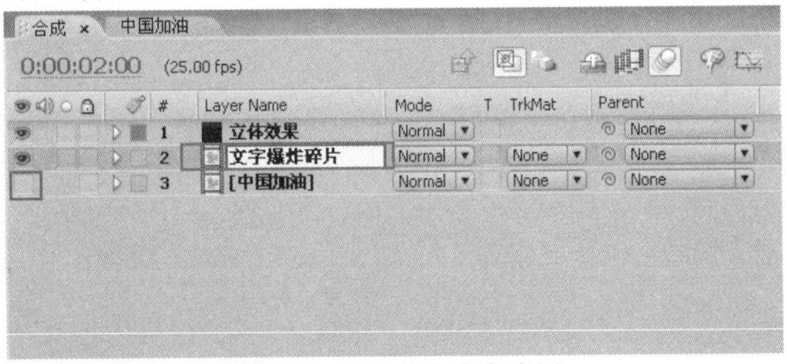

图5-17 复制并生成合成层

❿为“文字爆炸碎片”合成层添加Shatter（破碎）特效。在此运用特效Shatter制

作平面文字“中国加油”爆炸成无数红色碎片的动画效果。在“合成”工程文件内的Timeline面板中选择“文字爆炸碎片”合成层并右击，从弹出的快捷菜单中选择“Effect（特效）”→“Simulation（模拟）”→“Shatter（破碎）”选项。

在其Shatter（破碎）特效控制面板中，设置View（查看）为“Rendered（渲染）”，即将观察模式设置为已渲染效果。设置Render（渲染）为“All（所有）”。接着在Shape（外形）选项内设置Pattern（图案样式）为“Glass（玻璃）”，即将碎片的形状设置为玻璃类型。再设置Repetitions（重复）为“100.00”，Extrusion Depth（碎片厚度）为“0.20”。在Force 1（作用力1）选项内设置Depth（深度）为“0.30”，Radius（半径）为“0.60”，Strength（强度）为“5.00”。然后在Physics（物理学）选项内设置Rotation Speed（旋转速度）为“0.20”，Tumble Axis（旋转滚动轴）设为“Free（自由）”，Randomness（随机度）为“0.10”，Viscosity（粘合性）为“0.10”，Gravity（重力）为“3.00”，Gravity Direction（重力方向）为（0x,+0.0°），如图5-18所示，效果如图5-19所示。

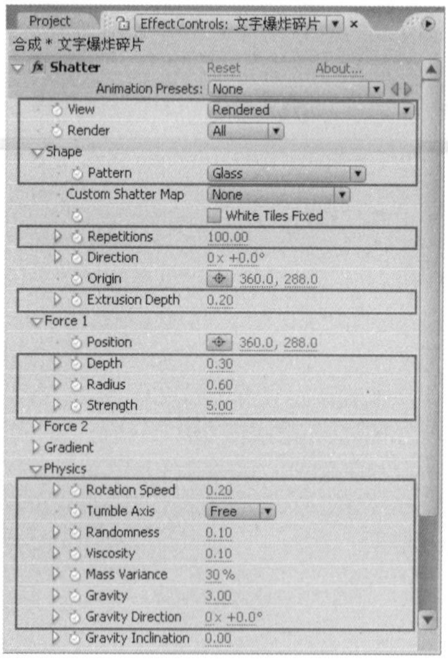


图5-18 参数设置

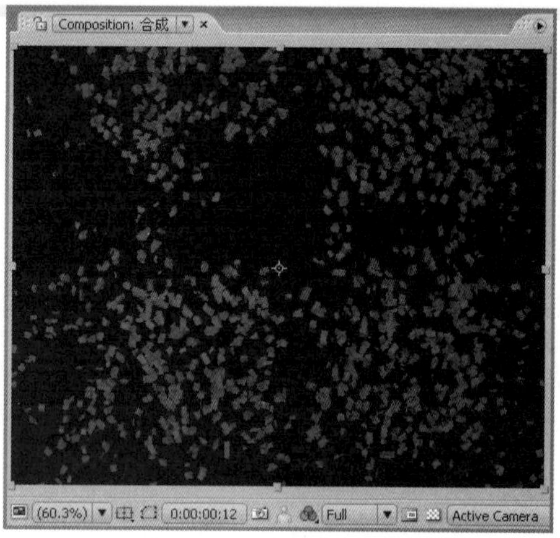


图5-19 Shatter效果

⓫预合成“文字爆炸碎片”合成层。在“合成”工程文件内选中“文字爆炸碎片”合成层，并按快捷键Ctrl+Shift+C单独对其进行预合成操作。为新建的子合成文件取名为“文字爆炸碎片Comp 1”，选中Move all attributes into the new composition（把层属性移动到新建的子合成文件中）单选按钮，然后单击OK（确定）按钮。在此预合成文字爆炸效果所在层并生成新的合成层“文字爆炸碎片Comp 1”，为随后设置Time Remap（时间重映射）属性做准备，如图5-20所示。

⓬为“文字爆炸碎片Comp 1”合成层设置Time Remap（时间重映射）属性关键帧。首先，在“合成”工程文件内的Timeline面板中选择“文字爆炸碎片Comp 1”合成层，然后在After Effects主菜单栏中选择“Layer（图层）”→“Time（时间）”→“Enable Time Remapping（允许时间重映射）”选项，启用“文字爆炸碎片Comp 1”合成层的“Time Remap（时间重映射）”功能，如图5-21所示。

**注**：Time Remap（时间重映射）是After Effects在对视频时间进行复杂处理时最常用到的功能之一，Time Remap的工作原理是，通过Time Remap功能使时间和任何其他属性一样都具有参数值，这意味着可以对时间这一属性进行设置关键帧、添加缓入和缓出等常规动画操作，从而实现快慢速播放、加减速播放、循环播放、倒序播放、往返播放、静帧停止等各种时间重置效果。需要注意的是：对于已经添加了许多特效及特效关键帧的图层（并非原始素材），Time Remap无法启用或者对其重置时间的效果会受到影响。对此可以先将动画效果所在层进行预合成操作，并把原来的层属性移动到新建的子合成文件中，再在新生成的合成层上设置Time Remap。

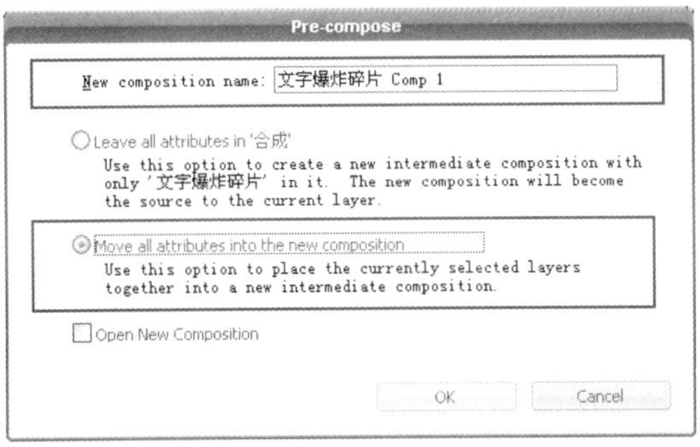


图5-20 预合成“文字爆炸碎片”合成层

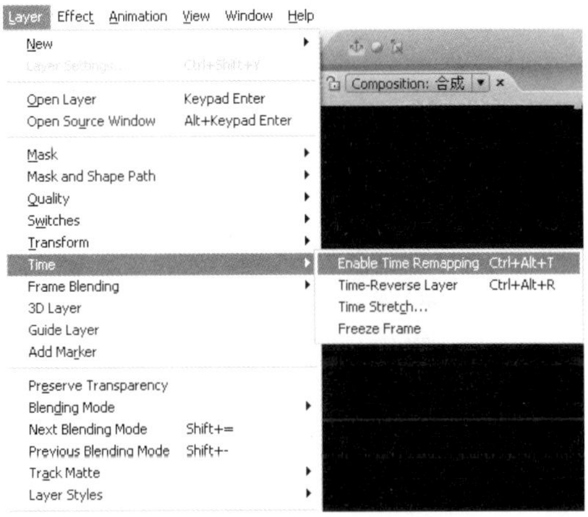


图5-21 启用Time Remap功能

接着，观察“合成”工程文件内的 Timeline 面板，可以看到“文字爆炸碎片 Comp 1”合成层的“Time Remap”属性已经自动设置了前后两个关键帧，一个关键帧在图层的开始点位置“0:00:00:00”，另一个关键帧在图层结束点的后一帧位置“0:00:10:00”。将时间指针移至 0:00:02:00 处，然后在 Timeline 面板内单击“文字爆炸碎片 Comp 1”合成层 Time Remap 属性最左侧的菱形图标，即可在 0:00:02:00 处新建一个“Time Remap”关键帧，接着将 Time Remap 的时间参数改为“0:00:00:00”，如图 5-22 所示。

**注**：已设置Time Remap的图层在理论上具有无限时长，所以图层在Timeline面板内的长度只表明其显示的跨度，只有Time Remap属性关键帧才能控制并调整图层中动画的具体时间位置。

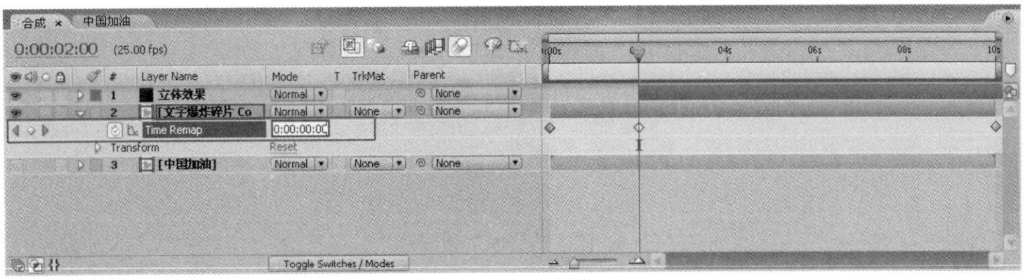


图5-22 设置关键帧

然后，将时间指针移至 0:00:00:00 处，选中此处“文字爆炸碎片 Comp 1”合成层已自动设置好的“Time Remap”关键帧，然后将 Time Remap 时间参数改为“0:00:02:00”，如图 5-23 所示。

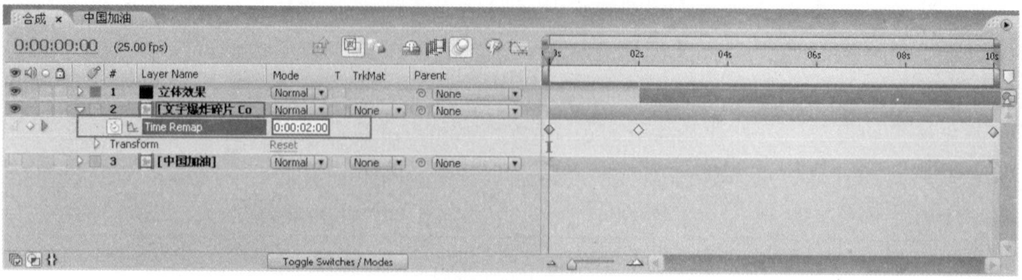

图5-23　设置关键帧

现在通过“Graph Editor（曲线编辑器）”编辑模式来观察“文字爆炸碎片 Comp 1”合成层的“Time Remap”关键帧的设置情况。首先单击 Timeline 面板内的“Graph Editor”按钮，将“合成”工程文件的 Timeline 面板从“Layer Bar(图层条)”堆栈模式切换到“Graph Editor(曲线编辑器)”编辑模式。然后观察“文字爆炸碎片 Comp 1”合成层的“Time Remap”属性的数值曲线呈“V”字形变化形态，这意味着该合成层的动画效果是先倒序播放至 0:00:02:00 处再正常播放，如图 5-24 所示。

**注**：After Effects软件从7.0版本开始提供了全新的动画Graph Editor(曲线编辑器)，用户可以使用它来对关键帧属性进行完全的可视化控制，并且可以非常方便地跨图层来同步调控动画属性，从而能够快速地制作出更加精准和流畅的动画效果。
Time Remap属性在Graph Editor编辑模式下显示的数值曲线，是很好的观察、调整Time Remap时间重置效果的渠道。通常情况下，从左至右上扬的Time Remap数值曲线，表明该层正常顺序播放；从左至右下抑的Time Remap数值曲线，表明该层倒序播放；较陡的Time Remap数值曲线，表明该层快速播放；较平缓的Time Remap数值曲线，表明该层慢速播放；呈水平直线的Time Remap数值曲线，表明该层在该时间段内只显示某一帧的静态图像。

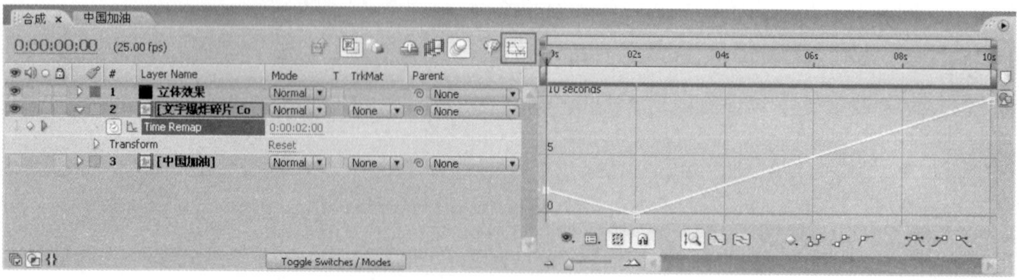

图5-24　观察Time Remap关键帧的设置情况

观察合成图像窗口，可以看出从 0:00:00:00 至 0:00:02:00，显示了“文字爆炸碎片 Comp 1”合成层在该时间段的倒放效果，即无数红色爆炸碎片汇聚成为平面文字“中国加油”的动画效果，效果如图 5-25 所示。

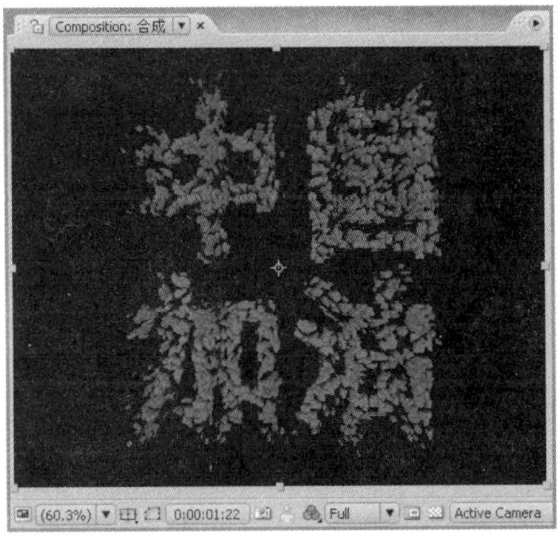


图5-25　效果截图

⑬为“文字爆炸碎片 Comp 1”合成层设置 Opacity 透明度关键帧。在 Timeline 面板内选中“文字爆炸碎片 Comp 1”合成层，并按快捷键 T 调出该合成层的 Opacity（透明度）属性选项。在时间 0:00:02:00 处将“文字爆炸碎片 Comp 1”合成层的 Opacity（透明度）参数设置为“100”，并单击其左侧秒表图标新建关键帧，如图 5-26 所示。

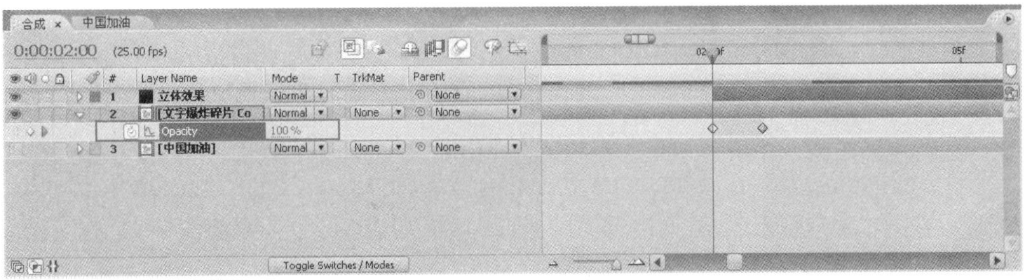


图5-26　设置关键帧

接着在 0:00:02:01 处，将该合成层的 Opacity（透明度）参数改为“0”，即在当前时间处，“文字爆炸碎片 Comp 1”合成层将自动生成参数为“0”的 Opacity（透明度）关键帧。至此，爆炸碎片汇聚成为平面文字之后瞬间消失的效果制作完成，如图 5-27 所示。

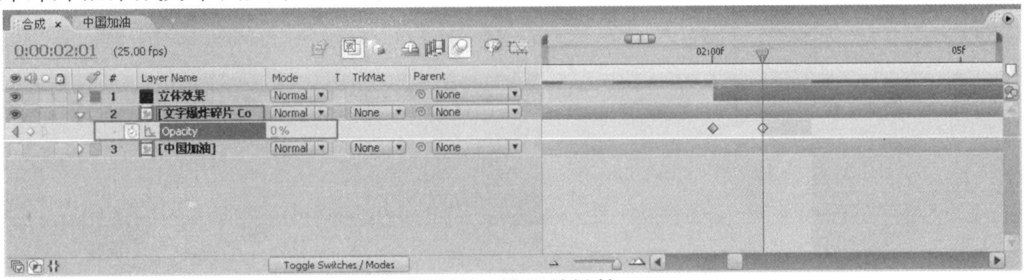


图5-27　设置关键帧

## 5.2.3　制作三维立体文字表面的扫光动画效果

⑭创建“亮光”层。在“合成”工程文件的 Timeline 面板内，按快捷键 Ctrl+Y 新建一个固态层。然后在打开的对话框中设置 Name（名称）为“亮光”，Color（色彩）为白色，如图 5-28 所示。

⑮为“亮光”层制作 Mask（遮罩）关键帧动画。首先，在 Timeline 面板内选中“亮光”层，

然后在 Tools（工具）面板中单击“矩形 Mask 工具”按钮，并在合成图像窗口中为“亮光”层制作较为细长的矩形 Mask(遮罩)，双击该 Mask 的锚点，使鼠标指针停至其附近时能够变为旋转图标，此时单击并拖动鼠标以使刚刚绘制的矩形 Mask 旋转成倾斜状，如图 5-29 所示。

> **注**：此处Mask（遮罩）的上下两端均要覆盖到“立体效果”层的LOGO文字效果。

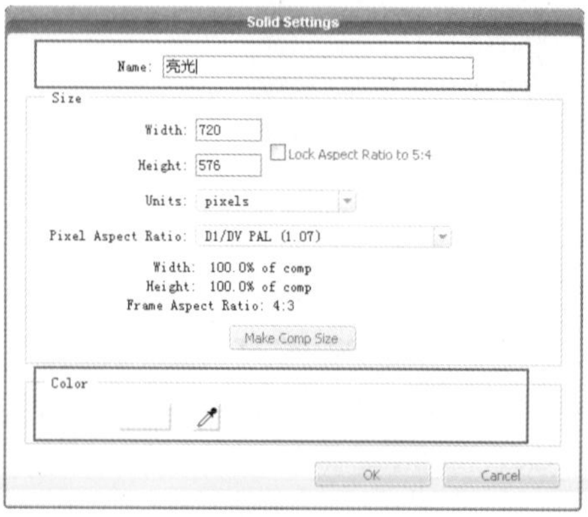


图5-28　创建层

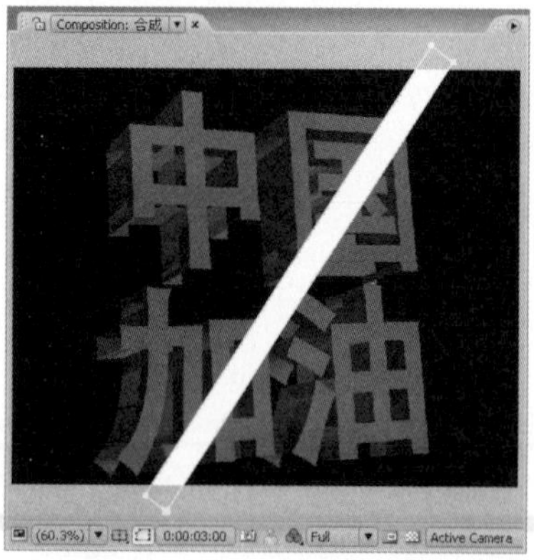


图5-29　制作矩形Mask（遮罩）

选中“亮光”层并按快捷键 M，调出该层的 Mask 属性参数设置选项。然后设置其 Mask Feather（遮罩羽化）属性参数为（45.0，45.0），如图 5-30 所示。

接着，将时间指针移至 0:00:00:00 处，在合成图像窗口中双击“亮光”层内倾斜状矩形 Mask 的锚点，使该 Mask 呈被选中状态，然后拖动该 Mask 到画面左上方的出画位置，如图 5-31 所示。

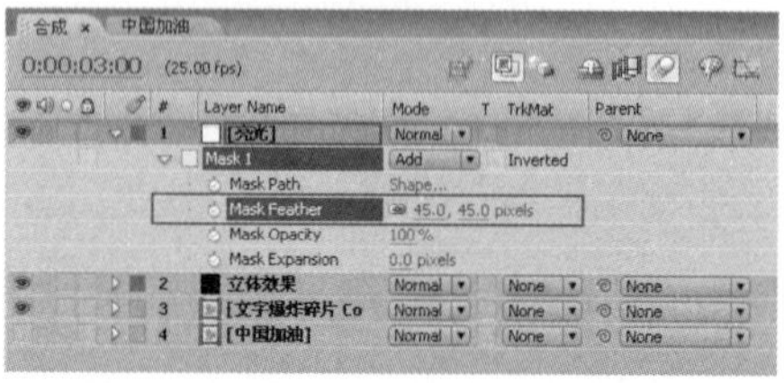


图 5-30　设置 Mask Feather 属性

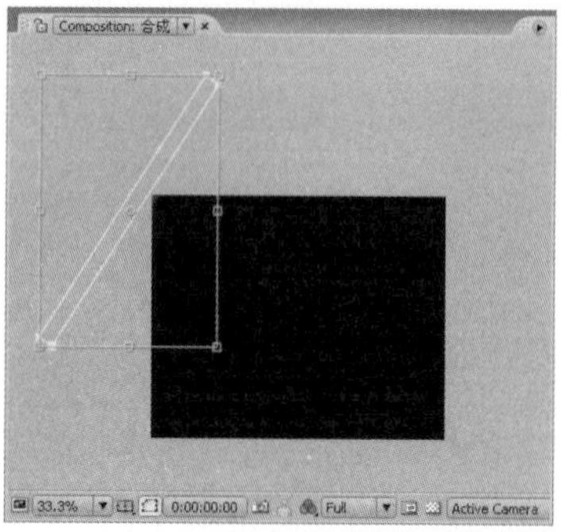


图 5-31　移动 Mask（遮罩）

展开“亮光”层的 Mask 属性选项，在当前时间即 0:00:00:00 处单击 Mask Path（遮罩外形）属性左侧的秒表图标，为“亮光”层新建一个 Mask（遮罩）关键帧，如图 5-32 所示。

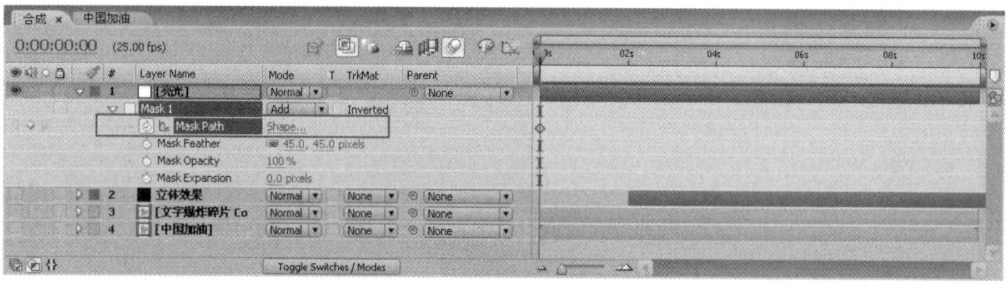


图5-32　设置关键帧

然后，将时间指针移至 0:00:02:00 处，在合成图像窗口中双击“亮光”层的倾斜状矩形 Mask（遮罩），并将其移到画面右下方的出画位置，即在 0:00:02:00 处，“亮光”层自动生成新的 Mask（遮罩）关键帧，如图 5-33 所示。

最后，将时间指针移至 0:00:04:00 处，在合成图像窗口中双击“亮光”层的倾斜状矩形 Mask（遮罩），并再次将其移到画面左上方的出画位置，即在 0:00:04:00 处，“亮光”层自动生成新的 Mask（遮罩）关键帧，如图 5-34 所示。

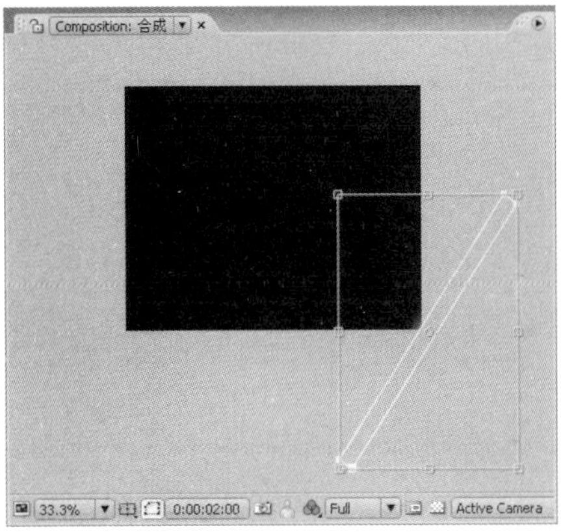


图5-33　移动Mask（遮罩）

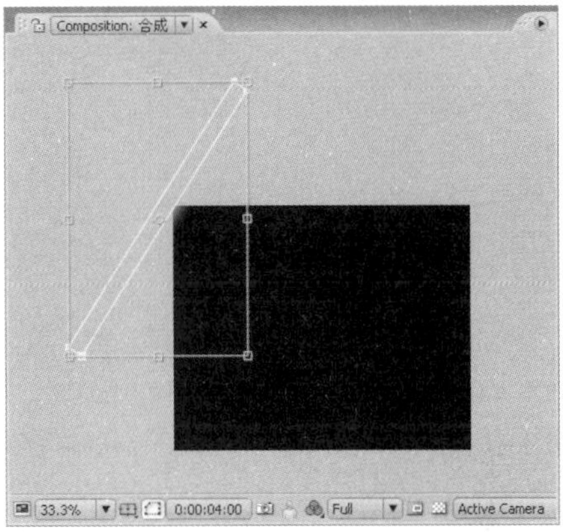


图5-34　再次移动Mask（遮罩）

观察 Timeline 面板内“亮光”层的 Mask 属性选项，可以发现该层 Mask Path（遮罩外形）属性已分别在时间 0:00:00:00、0:00:02:00 和 0:00:04:00 处各创建了一个关键帧。至此，一道倾斜状的白光从左上方移至右下方，再从右下方移回至左上方的动画效果就制作完成了，如图 5-35 所示。效果如图 5-36 所示。

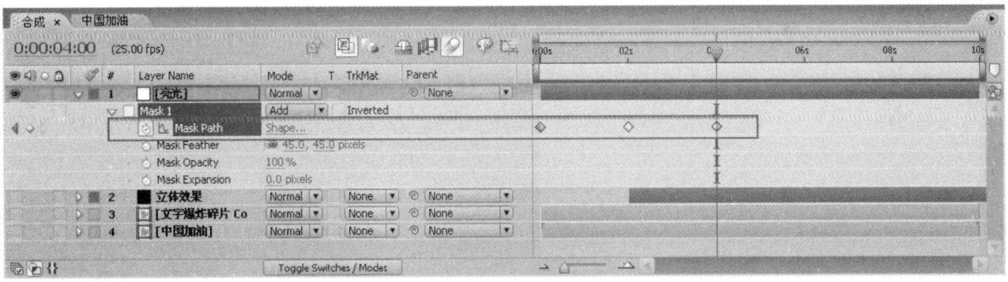


图5-35　关键帧设置

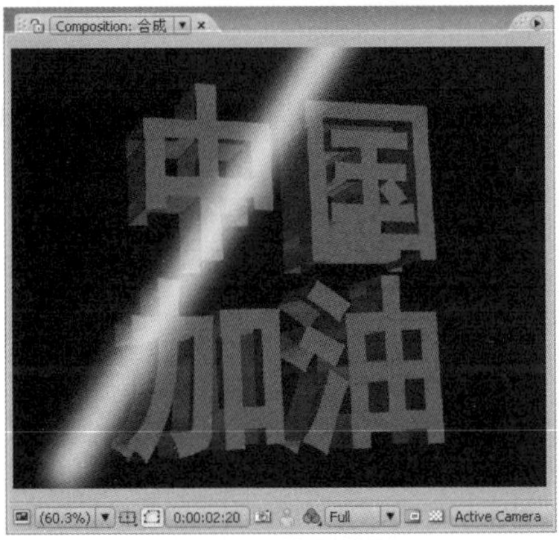


图5-36　效果截图

⑯设置“亮光”层的图层入点时间。首先将时间指针移至0:00:02:00处，然后在按住Shift键的同时选中“亮光”层并将其向Timeline面板右侧拖动，直至该层片段入点位置被吸附到当前的时间指针位置，即0:00:02:00处。通过对“亮光”层入点时间的调整，使该层Mask遮罩位移的动画效果从0:00:02:00处开始显现，如图5-37所示。

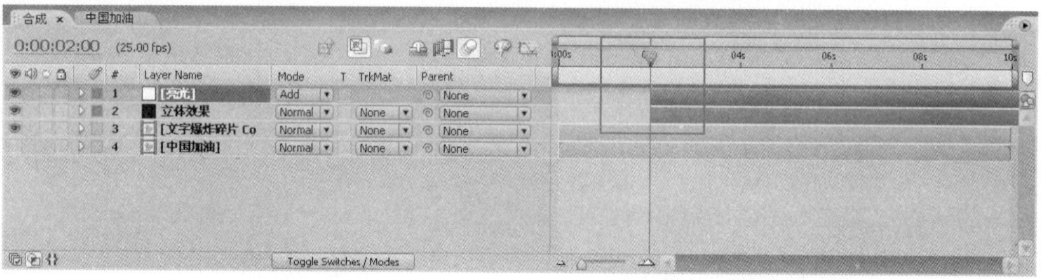

图5-37 调整“亮光”层的图层入点时间为0:00:02:00

⑰创建“背景”层。在“合成”工程文件的Timeline面板内，按快捷键Ctrl+Y新建一个固态层。然后在打开的对话框中设置Name（名称）为“背景”，Color（色彩）为“白色”，如图5-38所示。

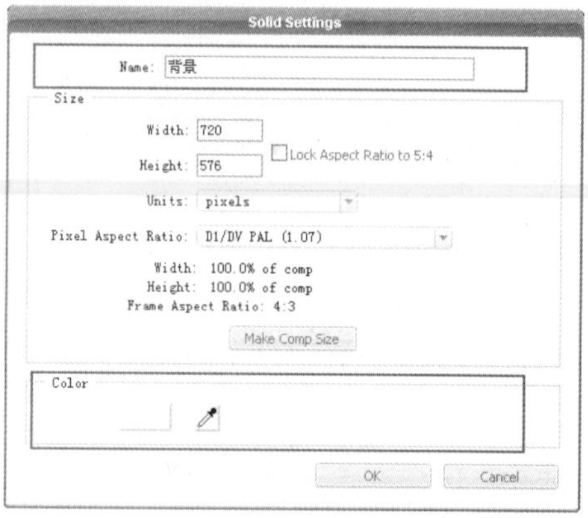

图5-38 创建层

⑱调整“合成”工程文件内部分图层的堆栈顺序和混合模式。在“合成”工程文件的Timeline面板内，将“亮光”层置于顶层位置，“背景”层置于底层位置。

然后单击“亮光”层右侧的Mode（混合模式）下拉菜单，从中选择“Add（添加）”选项，Add模式通常用于提亮当前图层的亮部像素，如图5-39所示，最终效果如图5-40所示。

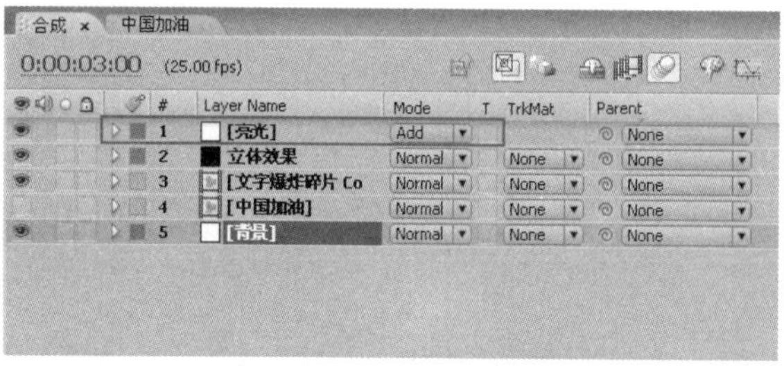

图5-39 调整堆栈顺序及混合模式

图5-40 最终动画效果截图

至此，本案例的具体操作步骤结束。

## 5.3 同类索引

通过本章案例的学习，用户已经知道如何制作由无数爆炸碎片汇聚而成的平面文字旋转成为三维立体字体的动画效果。其中，平面文字旋转成为三维立体字体的动画效果是需要先完成的，该特效通过运用 Basic Text、Shatter 等特效及设置图层入点时间位置等方法来实现。

上述制作思路中有几个技巧知识点需要注意：其一是为了实现三维立体字体的效果，Shatter特效内的Pattern（图案）属性需设为Custom（自定义），而Custom Shatter Map（自定义破碎图层）选项则用于设置Shatter特效的破碎形状映射层，此处应该选择平面文字效果所在层；其二是为了表现三维立体字体的质感及表面纹理，还需展开Shatter特效内的Textures（纹理）选项进行详细的设置，将正面、侧面、背面的纹理贴图图层都设为平面文字效果所在层，这样可以模拟出更真实、更通透的三维立体效果。

而无数红色爆炸碎片汇聚成平面文字的动画效果，则通过复制并生成新图层、运用 Shatter 特效、设置 Time Remap 属性关键帧以及制作 Opacity（透明度）关键帧动画等方法实现。

这里需要注意的是：此制作环节中的Shatter特效，主要用于制作平面文字爆破时飞出无数碎片的动画效果。而设置其Time Remap属性关键帧是为了将这段平面文字爆破动画进行时间重置，使其呈倒放效果即爆炸碎片汇聚成原平面文字。

最后，在立体文字表面经过的白色扫光效果，则是通过创建白色固态层、设置 Mask（遮罩）外形关键帧、设置图层混合模式等方法来完成的。从中可以看出，Shatter 特效及 Time Remap 功能的运用，是本章案例制作的重点和难点。

下面将本节制作思路及方法进行扩展延伸，探寻此类影像效果的画面细节并充分挖掘其运用到的 After Effects 中的其他技巧。

- **索引案例：经典时间凝固效果**

这个索引案例的动画效果表现的是在 LOGO 文字从左至右爆破碎化的过程中，时间突然静止凝固。这样的效果与本章案例“三维爆炸立体字体”有所不同，主要区别在于爆炸破碎的形态和时间重置的效果不同。本章案例表现的是无数爆炸碎片汇聚成 LOGO 文字的过程，而此索引案例表现的是 LOGO 文字从左至右爆破碎化的过程；本章案例中的时间重置效果是将文字爆破碎化的过程进行倒序播放，而此索引案例中的时间重置效果是模拟时间静止凝固。那么我们如何运用本节案例的制作逻辑制作这种新的动画效果呢？

由于最终效果存在爆炸破碎形态和时间重置效果这两点差异，因此索引案例“经典时间凝固效果”的制作步骤主要根据这两方面来做出调整和延伸。

首先是运用 Basic Text、Shatter 特效制作出 LOGO 文字从左至右爆破的动画效果。接着为 LOGO 文字的 Shatter 特效设置摄像机运动关键帧，注意此处 Shatter 特效内的摄像机运动动画必须在极短时间内进行较大幅度的机位偏移。然后在上述动画效果所在层上运用“Time Remap”功能并设置其属性关键帧。制作拉伸时间的“Time Remap”效果即可模拟时间静止、动画凝固的现象，案例最后效果如图 5-41 所示。

图5-41　索引案例最后效果

下面介绍索引案例的具体操作步骤。

● **索引案例制作步骤**

❶新建“合成”合成文件及“文字”层。首先，按快捷键Ctrl+N新建一个合成文件，并设置Composition Name（合成名称）为“合成”，然后在Basic（常规）选项卡下的Preset（预置）下拉列表中选择“PAL D1/DV”选项并设置其持续时间为“0:00:09:00”。接着，在“合成”合成文件的Timeline面板内，按快捷键Ctrl+Y新建一个固态层。在打开的对话框中设置Name（名称）为“文字”，Color（色彩）为“黑色”，然后单击OK（确定）按钮完成设置，如图5-42所示。

❷创建文字元素。在“合成”合成文件内的Timeline面板中选择“文字”层并右击，从弹出的快捷菜单中选择“Effect（特效）”→“Text（文字）”→“Basic Text（基本文字）”选项。然后在其Basic Text（基本文字）对话框的文本框中输入文字“音乐盛典”，并设置Font（字体）为“LiSu”。再单击OK（确定）按钮，完成LOGO文字的创建，如图5-43所示。

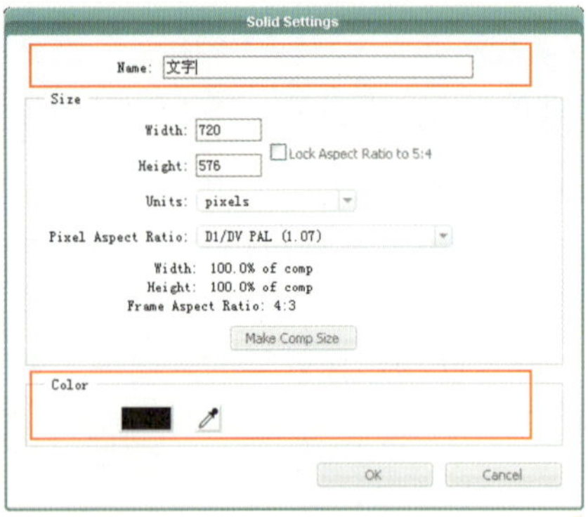


图5-42　创建层

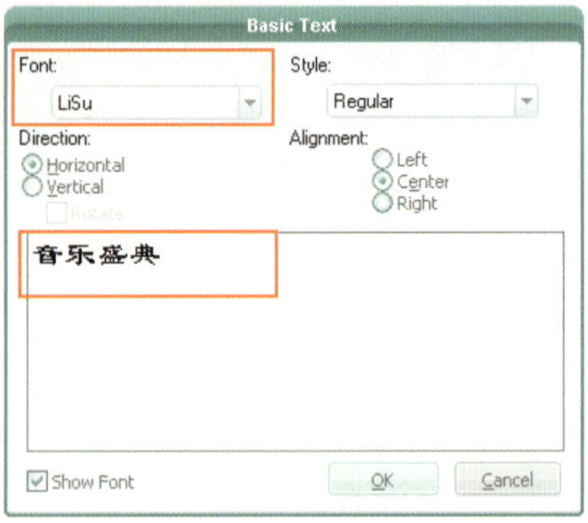


图5-43　设置窗口

接下来在“文字”层的Basic Text特效控制面板中设置Fill Color（填充色彩）为“蓝色（0078FF）”，Stroke Color（描边色彩）为“白色”，其他Basic Text特效按照如图5-44所示进行设置，效果如图5-45所示。

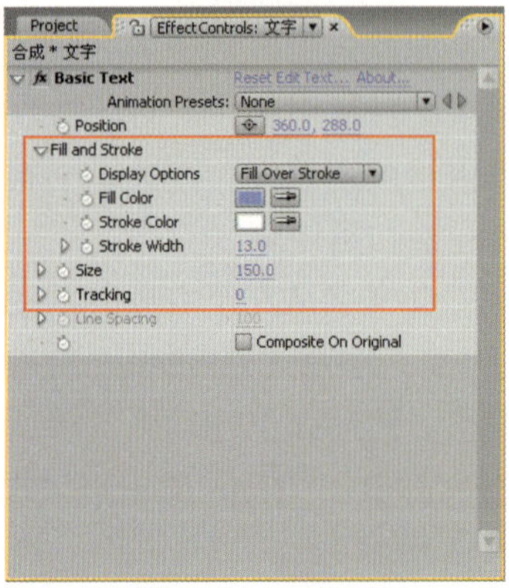


图5-44　参数设置

图5-45　Basic Text效果

❸预合成“文字”层。在“合成”合成文件内选中“文字”层，并按快捷键Ctrl+Shift+C对其进行预合成操作。接着为新建的子合成文件取名为“文字 Comp 1”，并选中Move all attributes into the new composition（把层属性移动到新建的子合成文件中）单选按钮，然后单击OK（确定）按钮，如图5-46所示。

❹复制并生成“文字 Comp 1置换”合成层。在“合成”合成文件内选中“文字 Comp 1”合成层，按快捷键Ctrl+D复制并新建该层，再按Enter键将新建层改名为“文字 Comp 1置换”。然后单击“文字 Comp 1置换”合成层左侧的眼睛图标，取消其可视化状态，如图5-47所示。

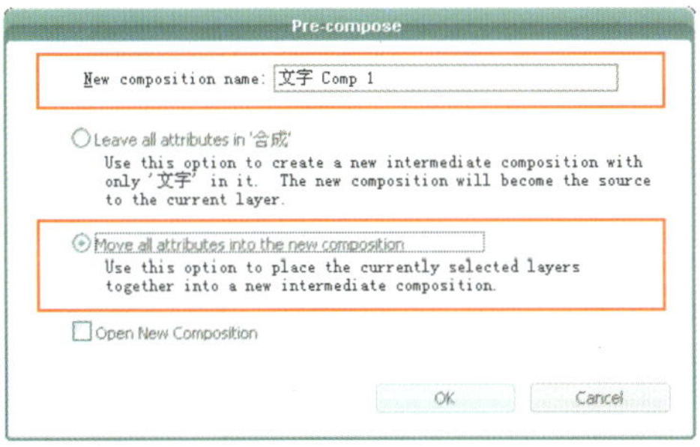


图5-46　预合成层

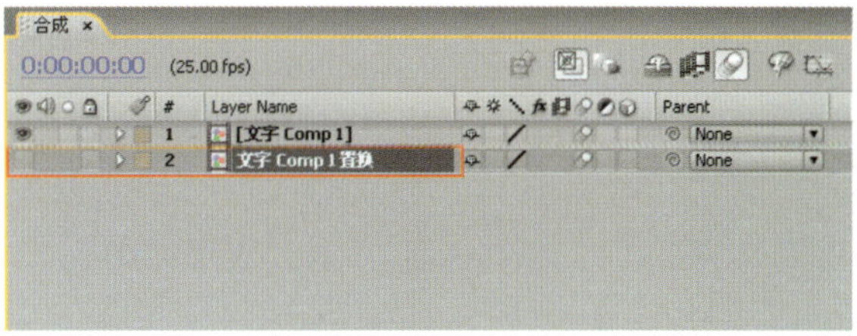


图5-47　复制生成合成层

❺为“文字 Comp 1”合成层添加Shatter（破碎）特效。在“合成”合成文件内的Timeline面板中选择“文字 Comp 1”合成层并右击，从弹出的快捷菜单中选择“Effect（特效）”→“Simulation（模拟）”→“Shatter（破碎）”选项，在弹出的对话框中按照如图5-48所示进行设置，效果如图5-49所示。

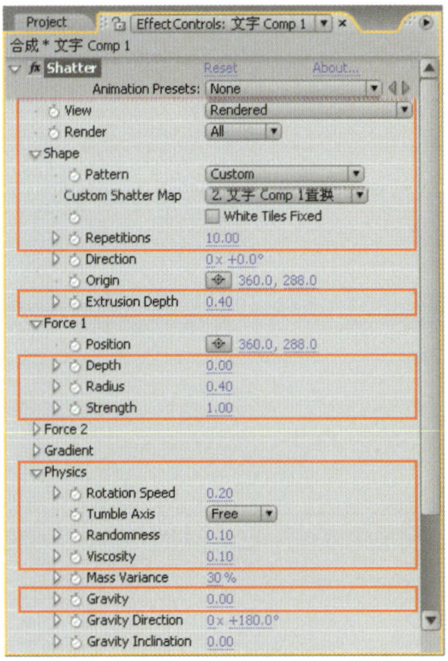


图5-48　参数设置

图5-49　Shatter效果

❻制作“文字 Comp 1”合成层的Shatter（破碎）特效关键帧动画。首先，将时间指针移至0:00:00:00处，并展开“文字 Comp 1”层的Shatter特效选项。在Force 1（作用力1）选项内设置Position（位置）为（-300.0，288.0），设置Strength（强度）为“1.00”。然后分别单击其左侧的秒表图标来新建Position和Strength特效属性关键帧，如图5-50所示。

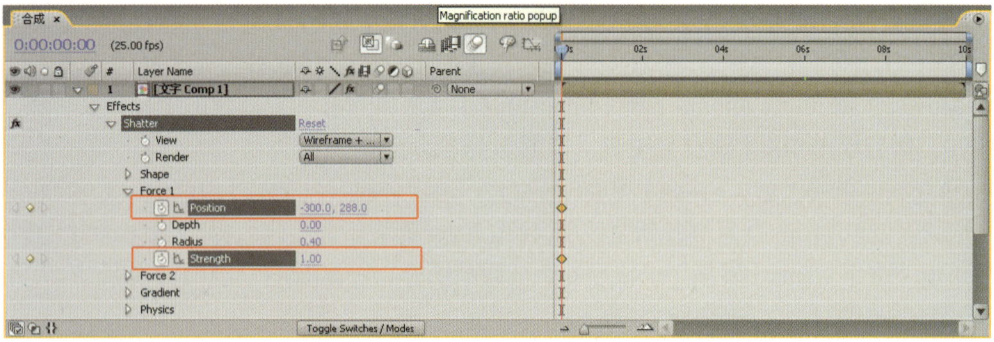


图5-50　设置关键帧

接着，将时间指针移至 0:00:02:00 处，展开“文字 Comp 1”合成层的 Shatter 特效选项。在 Force 1（作用力 1）选项内设置 Position（位置）为（1050.0，288.0），设置 Strength（强度）为“3.00”。这样，LOGO 文字爆破点从左至右移动、爆破强度逐渐增大的动画效果就制作完成了，如图 5-51 所示，效果如图 5-52 所示。

⑦预合成“文字 Comp 1”合成层和“文字 Comp 1 置换”合成层。在“合成”合成文件内同时选中“文字 Comp 1”合成层和“文字 Comp 1 置换”合成层，并按快捷键 Ctrl+Shift+C 进行合并预合成操作。然后为新建的子合成文件取名为“文字爆炸动画”，并选中 Move all attributes into the new composition（把层属性移动到新建的子合成文件中）单选按钮，再单击 OK（确定）按钮，如图 5-53 所示。

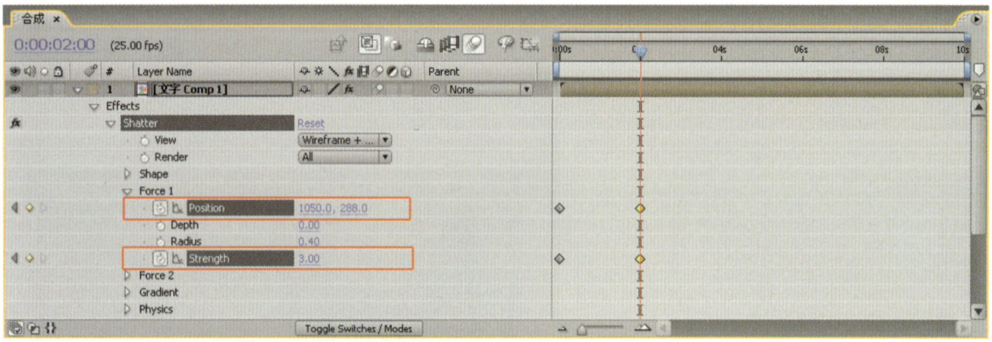


图5-51　设置关键帧

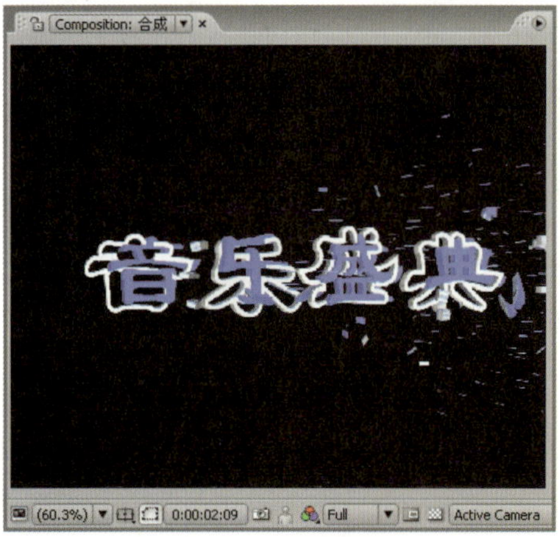


图5-52　动画截图

图5-53　预合成合成层

⑧为“文字爆炸动画”合成层添加 Shatter（破碎）特效。在“合成”合成文件内的 Timeline 面板中选择“文字爆炸动画”合成层并右击，从弹出的快捷菜单中选择“Effect（特效）”→“Simulation（模拟）”→“Shatter（破碎）”选项，然后在打开的对话框中按照如图 5-54 所示进行设置，效果如图 5-55 所示。

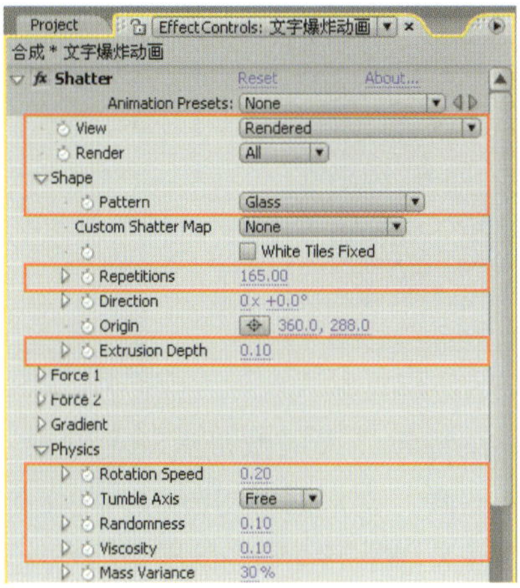


图5-54　参数设置

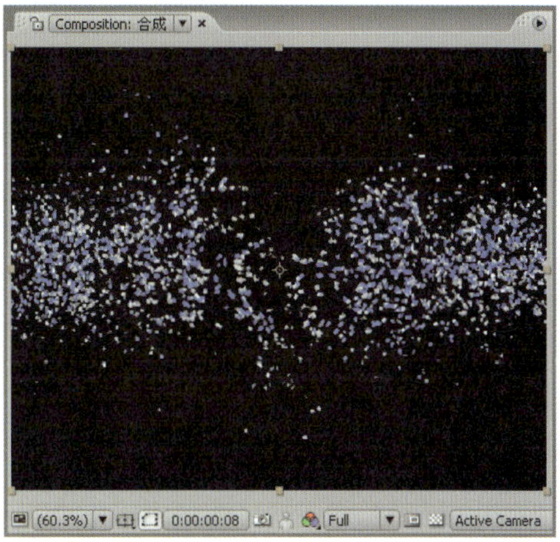


图5-55　Shatter效果

⑨制作“文字爆炸动画”合成层的 Shatter（破碎）特效关键帧动画。首先，将时间指针移至 0:00:00:15 处，并展开“文字爆炸动画”合成层的 Shatter 特效选项。在 Force 1（作用力 1）选项内设置 Position（位置）为（-200.0，288.0），然后单击其左侧秒表图标新建关键帧，如图 5-56 所示。

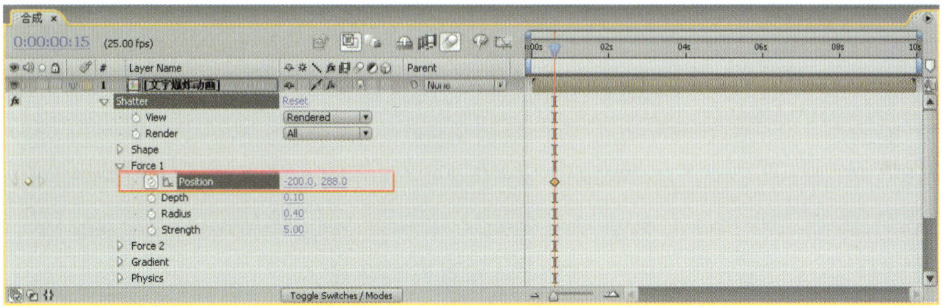


图5-56　0:00:00:15处设置“文字爆炸动画”合成层的Shatter特效关键帧

接着，将时间指针移至 0:00:08:00 处，并展开“文字爆炸动画”合成层的 Shatter 特效选项。在 Force 1（作用力 1）选项内设置 Position（位置）为（520.0，288.0）。至此，将之前制作的 Shatter 动画影像进行整体细化破碎的效果制作完成，如图 5-57 所示，效果如图 5-58 所示。

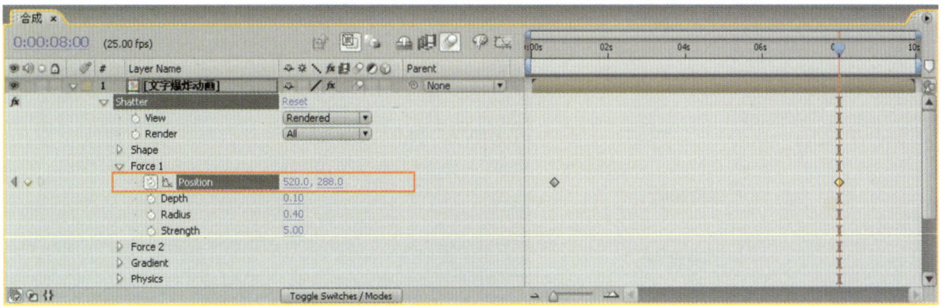


图5-57　设置关键帧

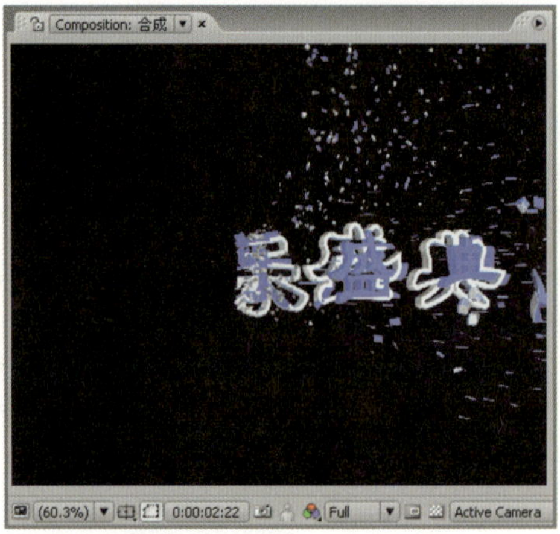


图5-58　动画截图（一）

接下来，为“文字爆炸动画”合成层的Shatter特效设置摄像机运动关键帧。首先，将时间指针移至0:00:02:00处，并展开“文字爆炸动画”合成层的Shatter特效选项。在Camera Position（摄像机位置）选项内设置X Rotation（X轴旋转）属性的参数为（0x,+0.0°），Z Position（Z轴位置）属性参数为“2.00”。然后分别单击其左侧的秒表图标新建X Rotation和Z Position特效属性关键帧，如图5-59所示。

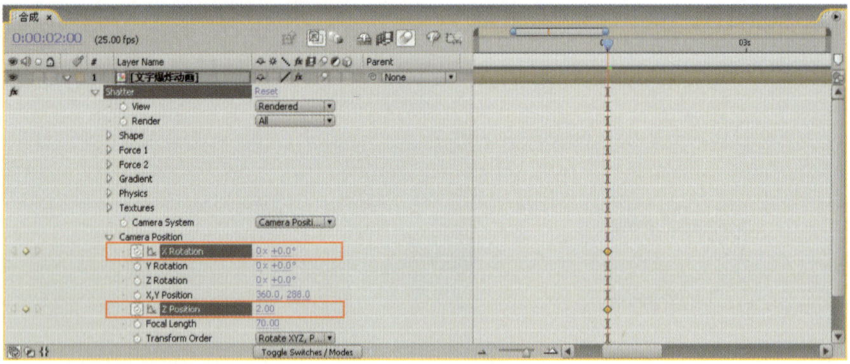


图5-59　设置关键帧

接着，将时间指针移至0:00:02:05处，展开“文字爆炸动画”合成层的Shatter特效选项。在Camera Position（摄像机位置）选项内设置X Rotation（X轴旋转）属性的参数为（0x,+70.0°），Z Position（Z轴位置）属性参数为“0.50”，如图5-60所示。

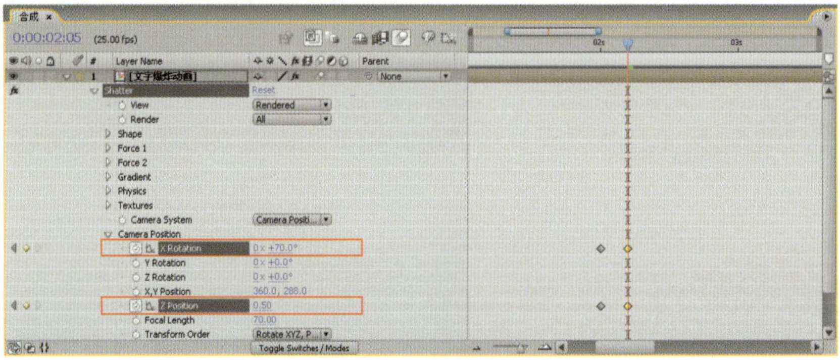


图5-60　设置关键帧

然后，将时间指针移至 0:00:02:10 处，并展开“文字爆炸动画”合成层的 Shatter 特效选项。在 Camera Position（摄像机位置）选项内设置 X Rotation（X 轴旋转）属性的参数为（0x,+0.0°），Z Position（Z 轴位置）属性参数为“2.00”。至此，摄像机机位推入 LOGO 文字顶部位置后又拉回的动画效果制作完成，如图 5-61 所示，效果如图 5-62 所示。

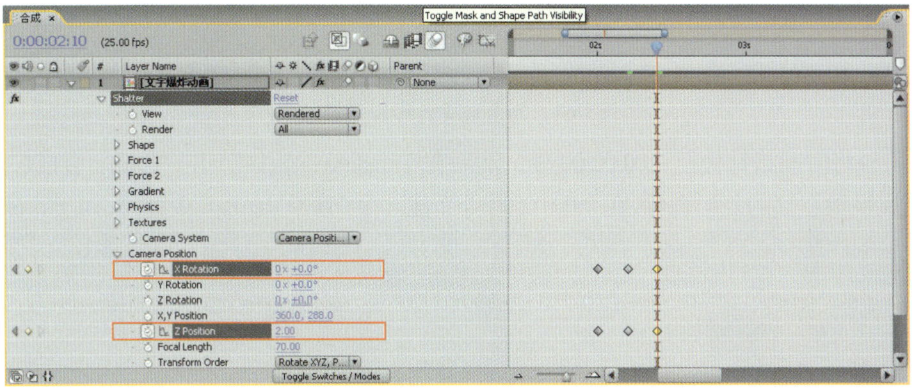

图5-61　设置关键帧

⑩新建“最终子弹时间效果”工程文件。按快捷键 Ctrl+N 新建一个合成文件，并设置 Composition Name（合成名称）为“最终子弹时间效果”，在 Basic（常规）选项卡下的 Preset（预置）下拉列表中选择“PAL D1/DV”选项。然后单击 OK（确定）按钮完成设置，如图 5-63 所示。

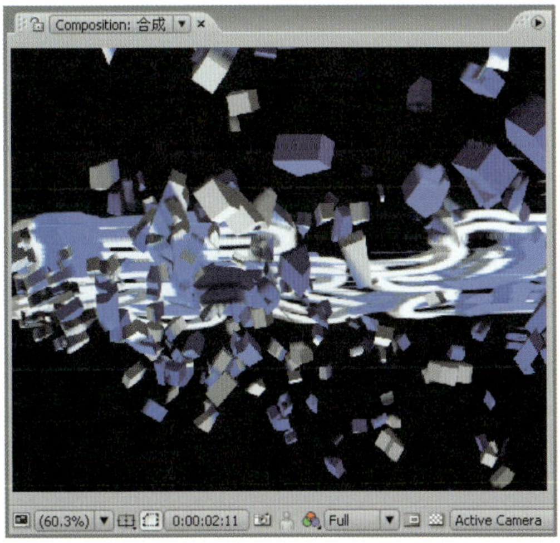

图5-62　动画截图（二）

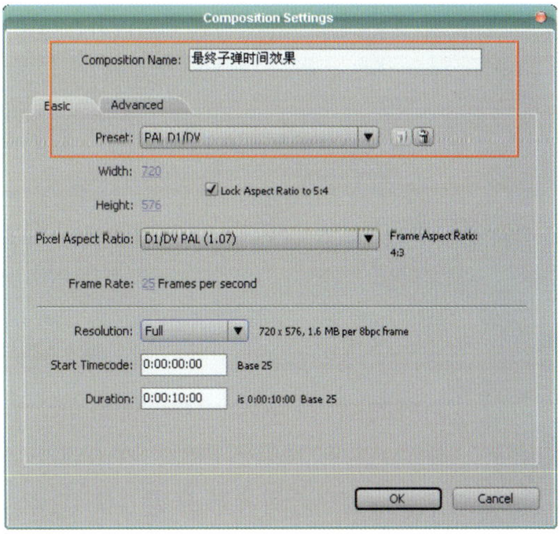

图5-63　新建工程文件

⑪将“合成”合成文件置入工程文件，并为其设置“Time Remap（时间重映射）”属性关键帧。首先，将“合成”合成文件从 Project 项目窗口拖入“最终子弹时间效果”工程文件的 Timeline 面板中，生成“合成”合成层。

然后选中“合成”合成层，并在 After Effects 主菜单栏中选择“Layer（图层）”→“Time（时间）”→“Enable Time Remapping（允许时间重映射）”选项，启用该合成层的“Time Remap（时间重映射）”功能。观察 Timeline 面板可以发现“合成”合成层已自动设置好了 0:00:00:00 和 0:00:10:00 处的 Time Remap 关键帧，如图 5-64 所示。

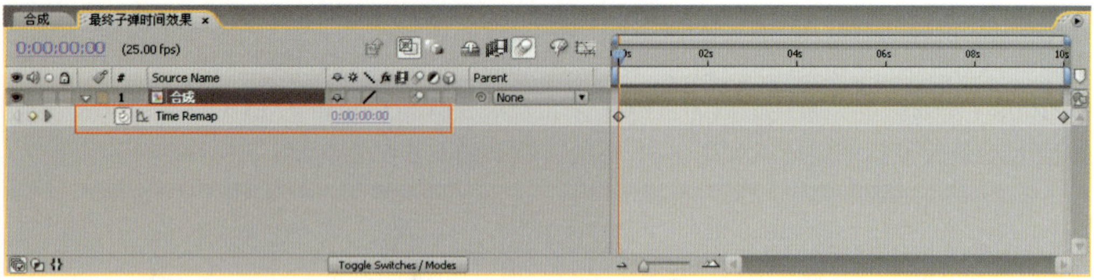


图5-64　为合成文件设置关键帧

接着，将时间指针移至 0:00:02:00 处，然后在 Timeline 面板内单击“合成”合成层“Time Remap”属性最左侧的菱形图标，在 0:00:02:00 处新建一个“Time Remap”关键帧，如图 5-65 所示。

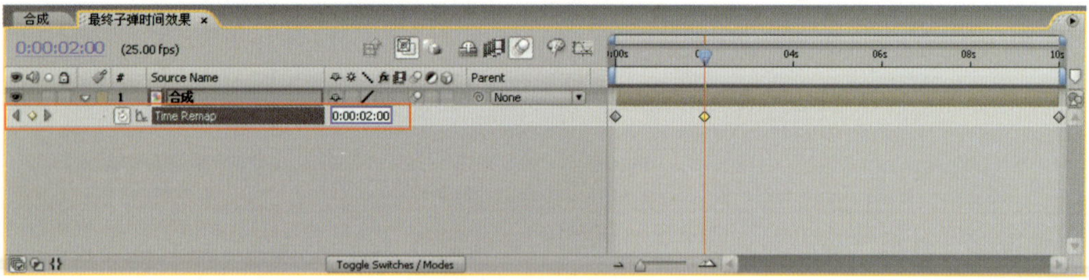


图5-65　设置关键帧

然后，将时间指针移至 0:00:04:00 处，并在 Timeline 面板内单击“合成”合成层“Time Remap”属性最左侧的菱形图标，在 0:00:04:00 处新建一个“Time Remap”关键帧，并将其“Time Remap”时间参数改为 0:00:02:05，如图 5-66 所示。

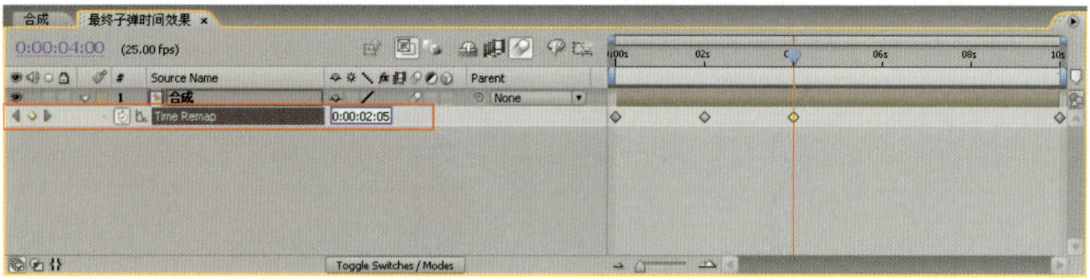


图5-66　设置关键帧

最后，将时间指针移至 0:00:06:00 处，并在 Timeline 面板内单击“合成”合成层“Time Remap”属性最左侧的菱形图标，在 0:00:06:00 处新建一个“Time Remap”关键帧，然后将其“Time Remap”时间参数改为 0:00:02:10。至此，“合成”合成层内动画影像的时间凝固效果制作完成，此时“合成”合成层从 0:00:02:00 到 0:00:06:00 处显示的画面，即是未设置 Time Remap 的“合成”合成层从 0:00:02:00 到 0:00:02:10 的影像跨度，如图 5-67 所示。

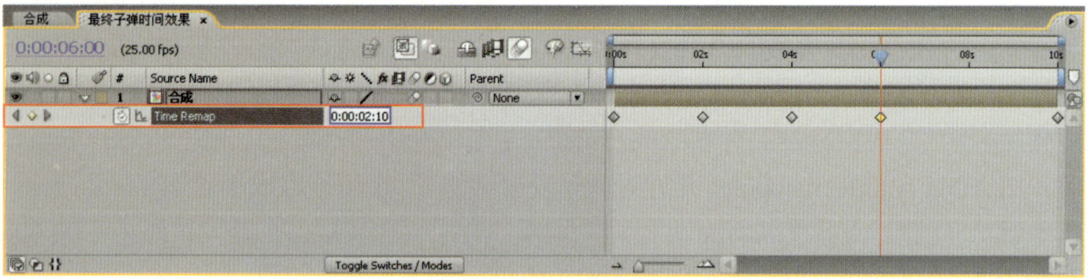


图5-67　设置关键帧

⑫在工程文件内创建“背景”层。在“最终子弹时间效果”工程文件的 Timeline 面板内，按快捷键 Ctrl+Y 新建一个固态层。然后在打开的对话框中设置 Name（名称）为“背景”，Color（色彩）为“黑色”，如图 5-68 所示。

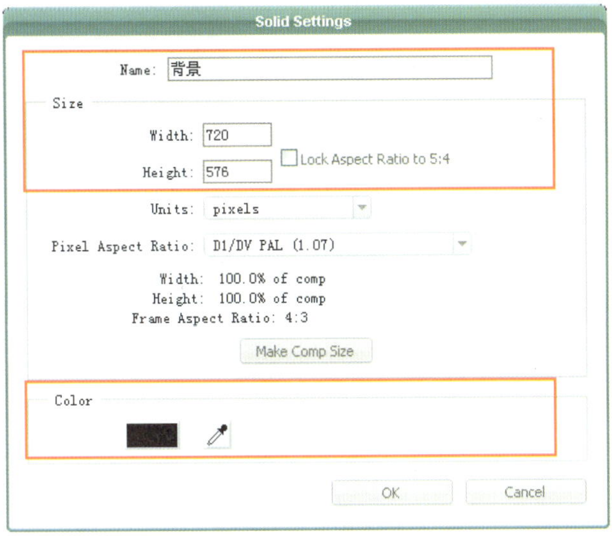


图5-68　创建层

⑬为“背景”层添加 Ramp（渐变）特效。选择“背景”层并右击，从弹出的快捷菜单中选择“Effect（特效）”→“Generate（生成）”→“Ramp（渐变）”选项。然后在其 Ramp（渐变）特效控制面板中，设置 Start Color（开始色彩）为“深蓝色（003194）”，End Color（结束色彩）为“黑色（000000）”，其他参数按照如图 5-69 所示进行设置，效果如图 5-70 所示。

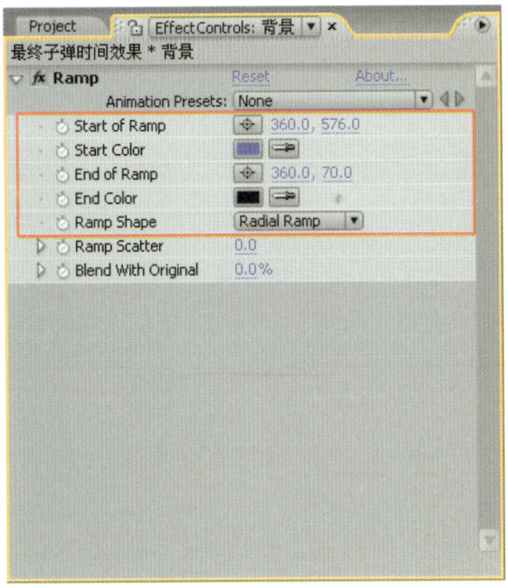


图5-69　参数设置

图5-70　Ramp效果

⑭调整“背景”层的图层堆栈顺序。在“最终子弹时间效果”工程文件的 Timeline 面板内，将“背景”层置于底层位置，如图 5-71 所示，最终效果如图 5-72 所示。

图5-71　调整图层堆栈顺序

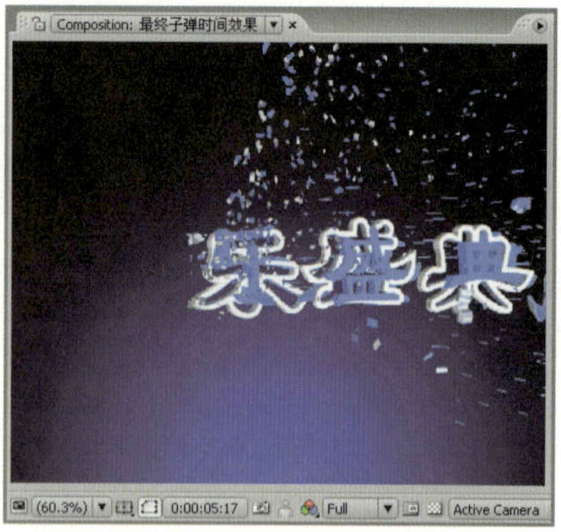

图5-72　最终动画效果截图

至此，整个动画效果制作完成。

# 第6章

## 3D空间文字组成的盒块动画

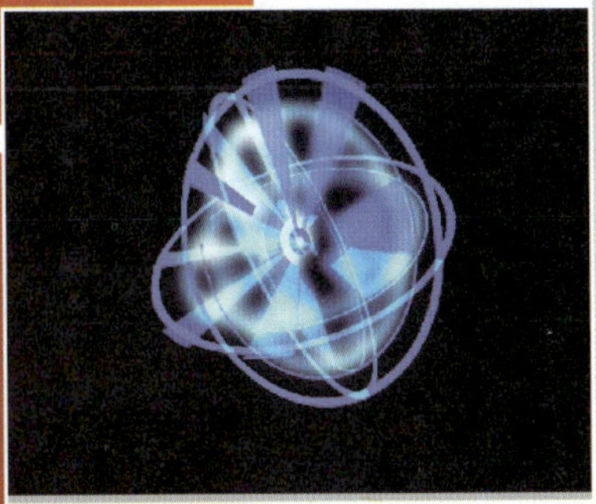

## 6.1 案例简介

这个案例的动画效果表现的是由“影”、“视”、“艺”、“术”4个汉字组合而成的盒块在空间中快速旋转，并最终展开合子显示LOGO文字。通过示意图分析一下如何在After Effects中制作这样的效果。

首先，通过创建Text文字图层、设置Character（文本）属性、设置Mask（遮罩）、设置Anchor Point（轴心点）位置等图层基本属性、制作Rotation（旋转）属性关键帧动画等方法，制作出由4个汉字组合而成的盒块逐渐展开其盒形并显示LOGO文字的动画效果。其次，通过合并预合成图层、制作Rotation（旋转）属性关键帧动画等方法，制作出由4个汉字组合而成的盒块在空间中快速旋转的动画效果。最后，通过创建灯光图层并设置其灯光属性关键帧、运用Fast Blur、Radial Blur特效等方法，制作出LOGO文字整体发亮、文字盒块背后散光的动画效果，从而完成整个动画效果的特效合成工作，制作思路示意图如图6-1所示，最后效果如图6-2所示。

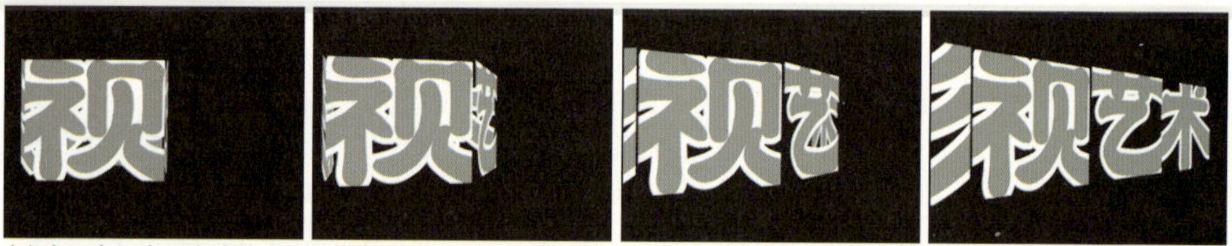

(1)由4个汉字组合成的盒块逐渐展开其盒形并显示LOGO文字的动画效果：创建Text(文字)图层、设置Character(文本）属性、设置Mask（遮罩)、设置Anchor Point（轴心点）位置、制作Rotation（旋转）属性关键帧动画

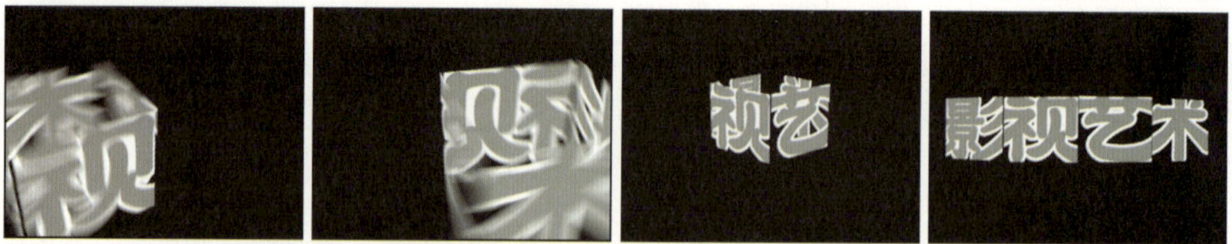

(2) 由4个汉字组成的盒块在空间中快速旋转的动画效果：合并预合成图层、制作Rotation旋转属性关键帧动画

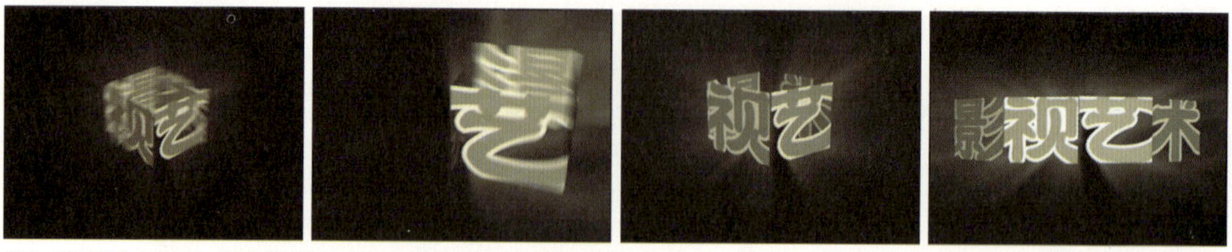

(3) 落版时LOGO文字逐渐变亮、文字盒块背后散光的动画效果：创建灯光图层并设置其灯光属性关键帧、Fast Blur、Radial Blur等特效

图6-1　制作思路示意图

图6-2　最后效果

## 6.2　具体制作

### 6.2.1　创建工程文件和由汉字组合成的盒块效果

❶新建工程文件“合成”和合成文件“文字组合”。首先，启动 After Effects 程序，并按快捷键 Ctrl+N 新建一个合成文件。然后在打开的合成文件设置对话框中设置 Composition Name（合成名称）为“合成”，在 Basic（常规）选项卡下的 Preset（预置）下拉列表中选择“PAL D1/DV”选项。接着设置 Width（宽）为“720”，Height（高）为“576”，Frame Rate（帧率）为“25 帧 / 秒”，Duration（持续时间）为“0:00:10:00”，然后单击 OK（确定）按钮完成设置，如图 6-3 所示。

接着，按快捷键 Ctrl+N 新建一个合成文件，在打开的合成文件设置对话框中设置“Composition Name（合成名称）”为“文字组合”。然后在 Basic（常规）选项卡下的 Preset（预置）下拉列表中选择“Custom（自定义）”选项。接着设置 Width（宽）为“1000”，Height（高）为“800”，Frame Rate（帧率）为“25 帧 / 秒”，Duration（持续时间）为“0:00:10:00”，如图 6-4 所示。

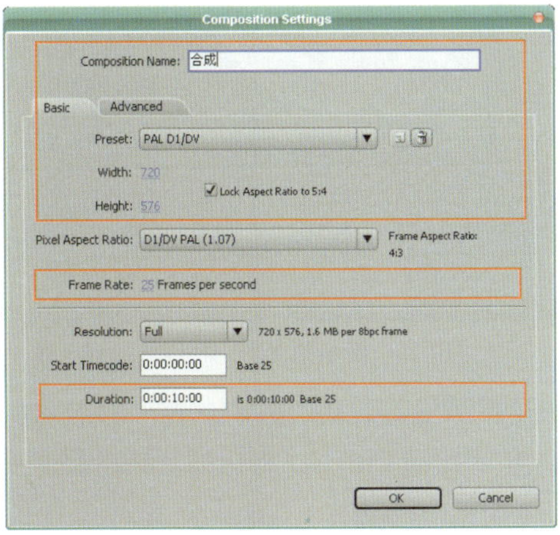


图6-3　新建工程文件

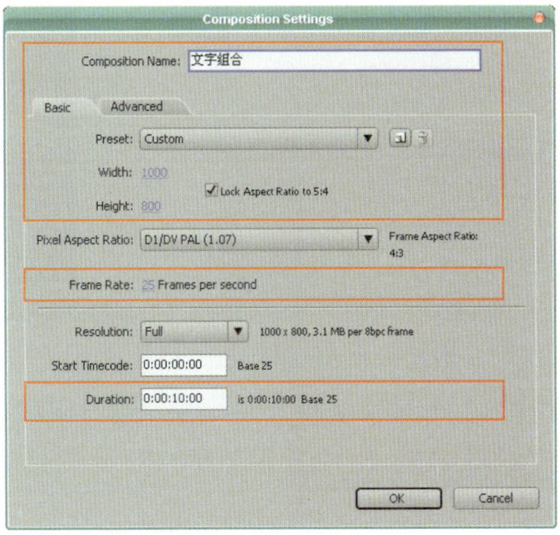


图6-4　新建合成文件

❷新建 Text（文字）图层。切换至合成文件“文字组合”的 Timeline 面板，然后在 After Effects 主菜单栏中选择“Layer（图层）”→“New（新建）”→“Text（文字）”选项，创建一个 Text 文字图层，如图 6-5 所示。

> 注：在工具面板中选择文字工具T，然后在合成图像窗口中单击，也可以创建一个 Text文字图层。

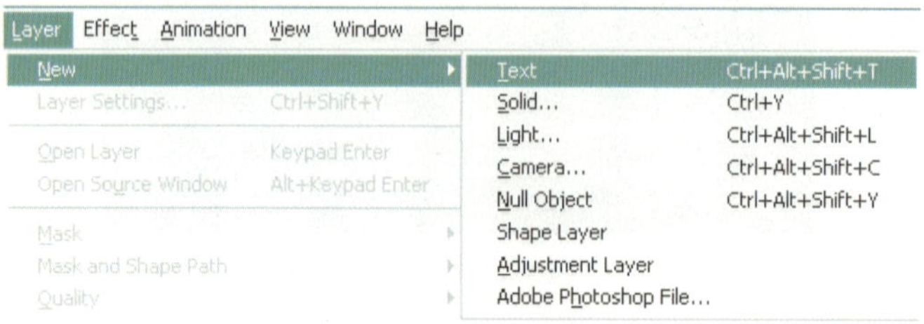


图6-5　新建文字图层

❸创建第一个汉字元素“影”。创建完 Text（文字）图层后即可在光标闪烁处输入文字“影”，稍后 Timeline 面板内的文字图层会自动按照已经输入的文字内容来命名。

接下来，设置 Text（文字）图层内文字“影”的各项属性参数。首先，单击工具面板中的“文字工具”T按钮，并选中合成图像窗口中的文字“影”，然后打开在此之前新建 Text（文字）图层时弹出的 Character 文字属性设置对话框。接着，在该对话框中设置字体为“LiSu”，填充色彩为“灰色（7D7D7D）”，激活填充色彩图标下层的描边色彩图标并设置其为“白色”。然后，设置字体大小为“200px”，设置描边线宽为“17px”，设置显示选项为“Fill Over Stroke（字体填充覆盖描边）”。最后，单击该对话框中左下角的粗体图标 **T**，使选中文字字体加粗，如图 6-6 所示，效果如图 6-7 所示。

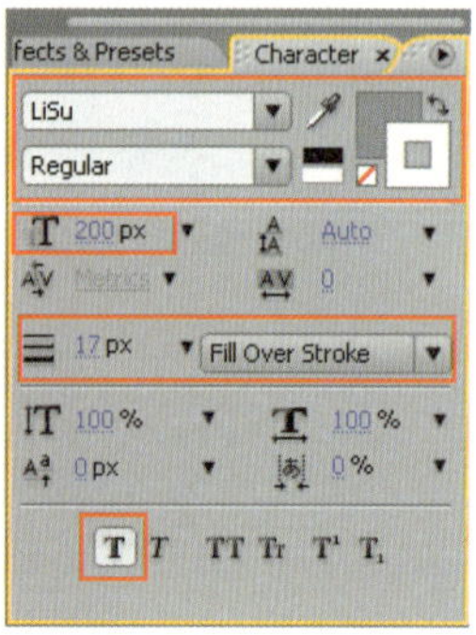


图6-6　参数设置

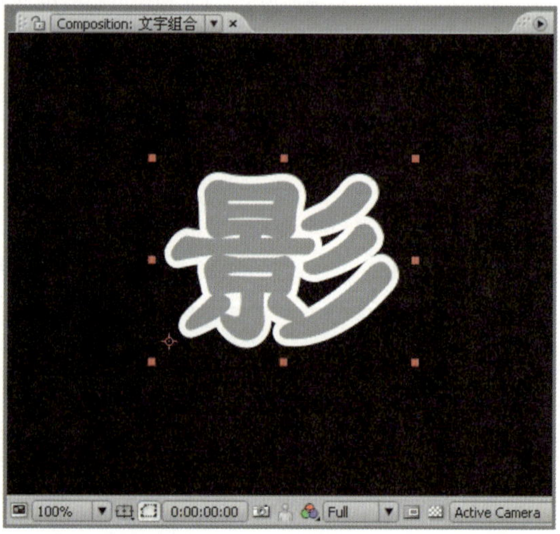


图6-7　显示效果

❹复制并生成其他 3 个 Text（文字）图层“影 2”、“影 3”和“影 4”。在“文字组合”合成文件内选中 Text（文字）图层“影”，并连续 3 次按快捷键 Ctrl+D，即执行复制并新建该图层的操作 3 次。观察“文字组合”合成文件的 Timeline 面板，所以发现其他 3 个 Text（文字）图层“影 2”、“影 3”和“影 4”已经生成，如图 6-8 所示。效果分别如图 6-9、图 6-10 及图 6-11 所示。

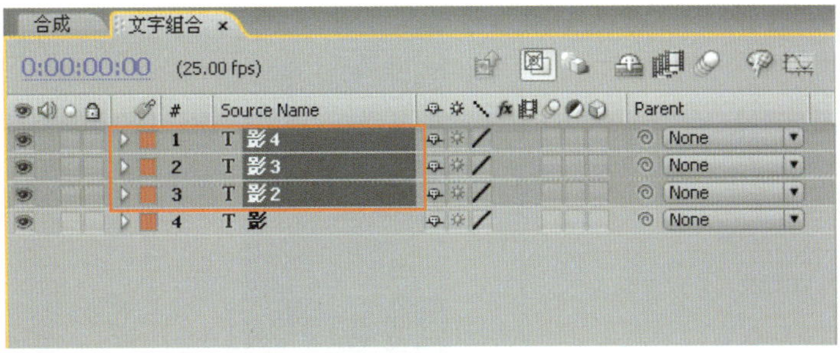


图6-8　复制并生成其他3个Text文字图层“影2”、“影3”和“影4”

图6-9　“影2”显示效果

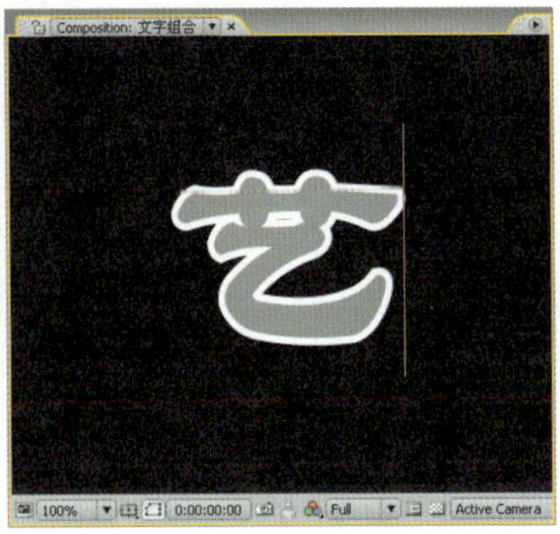


图6-10　“影3”显示效果

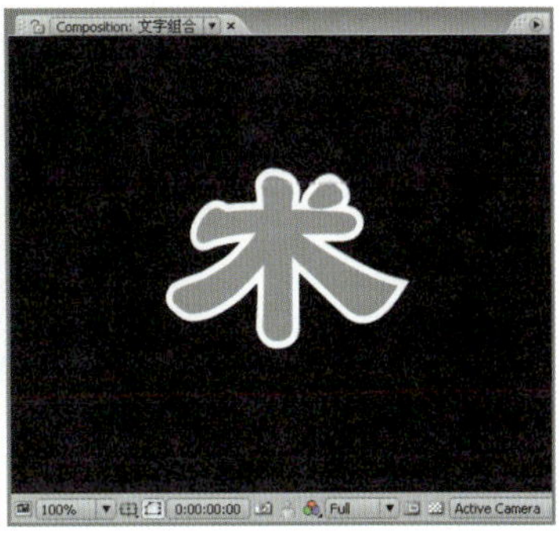


图6-11　“影4”显示效果

❺分别为“影 2”、“影 3”和“影 4”等 Text 文字图层重命名。在“文字组合”合成文件的 Timeline 面板内依次选中“影 2”、“影 3”和“影 4”这 3 个 Text（文字）图层，然后分别按 Enter 键依次将“影 2”层改名为“视”，将“影 3”层改名为“艺”，将“影 4”层改名为“术”，如图 6-12 所示。

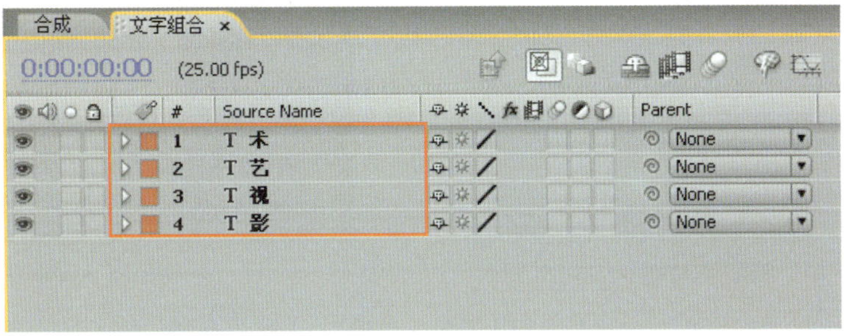


图6-12　Text文字图层重命名

❻为 Text（文字）图层“影”设置 Mask（遮罩）。在 Timeline 面板内选中 Text（文字）图层“影”，然后在 Tools（工具）面板中单击矩形 Mask 工具按钮，并在合成图像窗口中为 Text 文字图层“影”制作正方形形状的 Mask（遮罩）。

接着，在 Timeline 面板内选中 Text（文字）图层“影”并按快捷键 M，调出该层的 Mask 属性参数设置选项。单击 Mask Path（遮罩外形）属性右侧的 Shape...（外形…）选项，打开 Mask Shape（遮罩外形）对话框。在其中设置 Top（上）为“-120.9”，Bottom（下）为“-1.9”，Left（左）为“27.3”，Right（右）为“169.2”如图 6-13 所示，效果如图 6-14 所示。

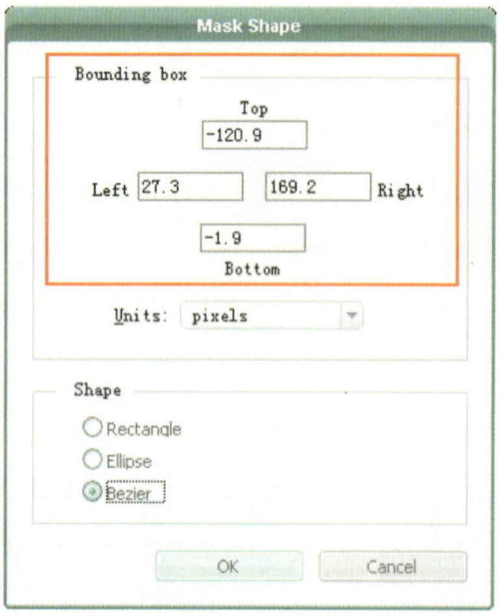


图6-13　参数设置

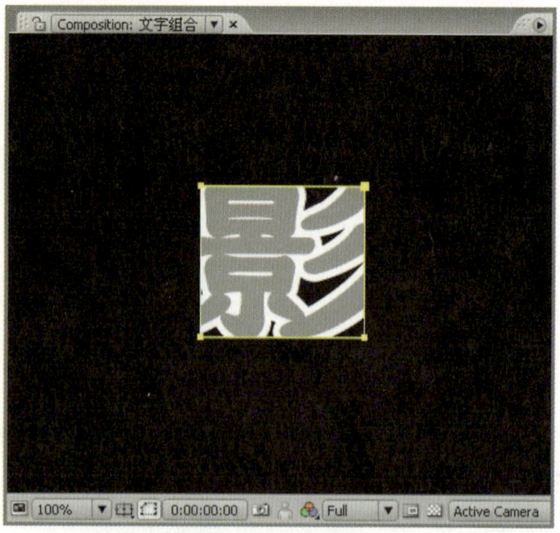


图6-14　Mask（遮罩）效果

❼复制 Text 文字图层“影”的 Mask（遮罩）并粘贴至“视”、“艺”、“术”Text（文字）图层。首先，在 Timeline 面板内选中 Text（文字）图层“影”并按快捷键 M，调出该层的 Mask 属性选项，接着，选中“Mask 1”并按快捷键 Ctrl+C 进行复制操作。然后，在 Timeline 面板内同时选中“视”、“艺”、“术”这 3 个 Text（文字）图层，再按快捷键 Ctrl+V 进行粘贴操作。这样，其他 3 个 Text（文字）图层均添加了与“影”层完全一致的 Mask（遮罩），如图 6-15 所示，效果如图 6-16 所示。

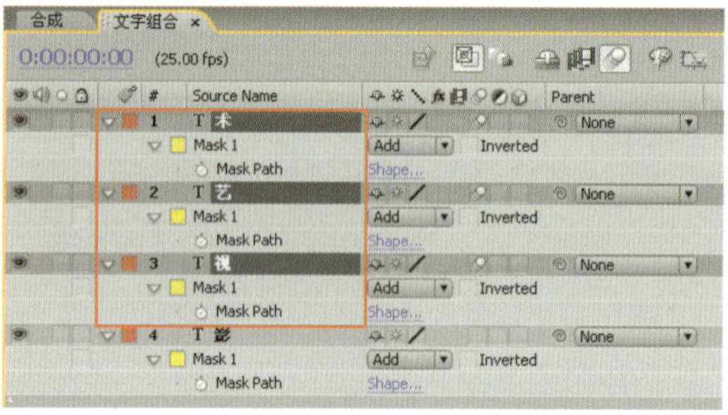


图6-15　粘贴至其他Text文字图层

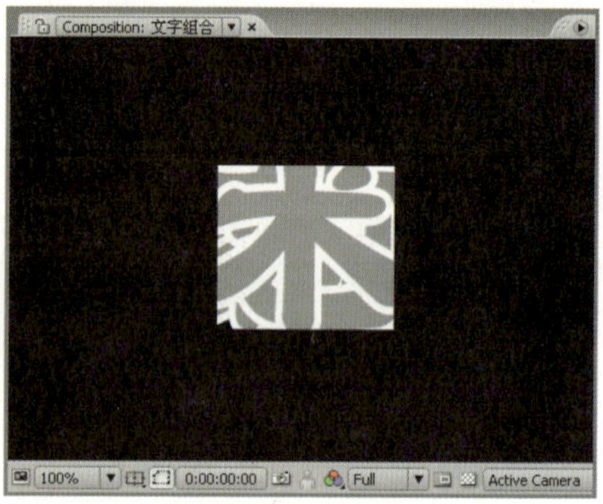


图6-16　效果图

❽将 Text（文字）图层“影”、“视”、“艺”、“术”分别设置为 3D 图层。在“文字组合”合成文件的 Timeline 面板内，按住 Ctrl 键的同时选中“影”、“视”、“艺”、“术”这 4 个 Text（文字）图层。然后分别单击它们右侧的分功能设置开关面板（Switches）中的“3D 图层开关”按钮，并将这 4 个 Text（文字）图层均设置为 3D 图层，如图 6-17 所示。

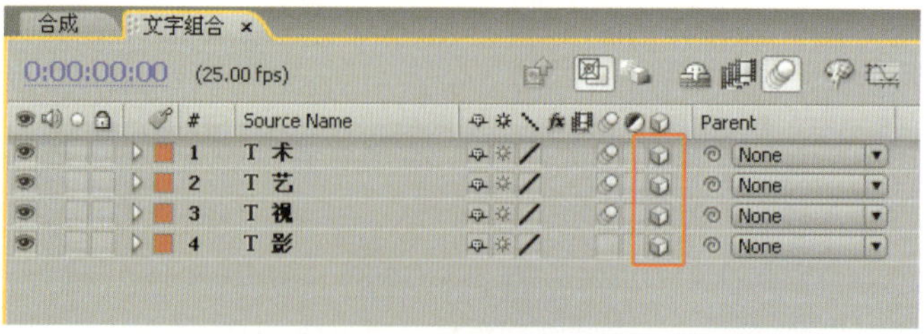


图6-17　设置为3D图层

⑨分别设置 Text（文字）图层“影”、“视”、“艺”、“术”的 Anchor Point（轴心点）位置。在 Timeline 面板内选中 Text（文字）图层“影”，再在 Tools（工具）面板中单击“轴心移动工具”按钮。然后在合成图像窗口中移动 Text（文字）图层“影”的轴心点，使其位置居于“影”字右侧边缘处。接着使用上述方法，将 Text（文字）图层“视”的轴心点移至“视”字右侧边缘处，将 Text（文字）图层“艺”的轴心点移至“艺”字左侧边缘处，将 Text（文字）图层“术”的轴心点移至“术”字左侧边缘处。

接下来，调整各个 Text（文字）图层的轴心点位置。在 Timeline 面板内选择 Text（文字）图层“影”并按快捷键 A，打开该层的“Anchor Point（轴心点）”属性选项，将其参数设置为（168.5，-60.0，0.0）。接着使用上述方法，设置 Text（文字）图层“视”的 Anchor Point（轴心点）参数为（168.5，-59.0，0.0）。设置 Text 文字图层“艺”的 Anchor Point（轴心点）参数为（26.7，-58.0，0.0）。设置 Text 文字图层“术”的 Anchor Point（轴心点）参数为（26.7，-62.0，0.0），如图 6-18 所示，效果如图 6-19 所示。

注：Anchor Point即图形的轴心点，它是整幅图像的对称中心点的绝对坐标。例如某图形素材的幅面大小为800*600，则其Anchor Point参数值为（400，300）。

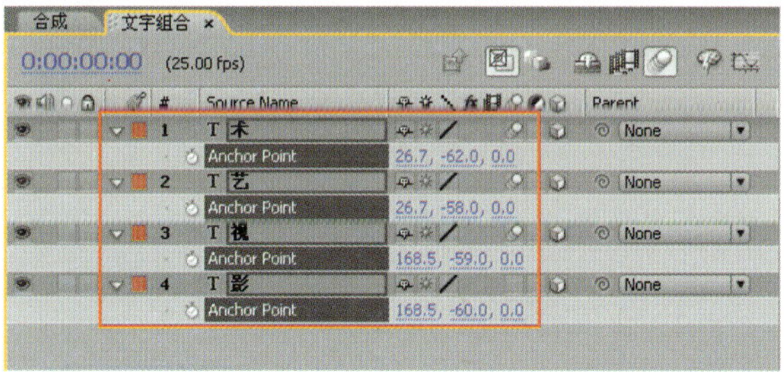

图6-18　参数设置

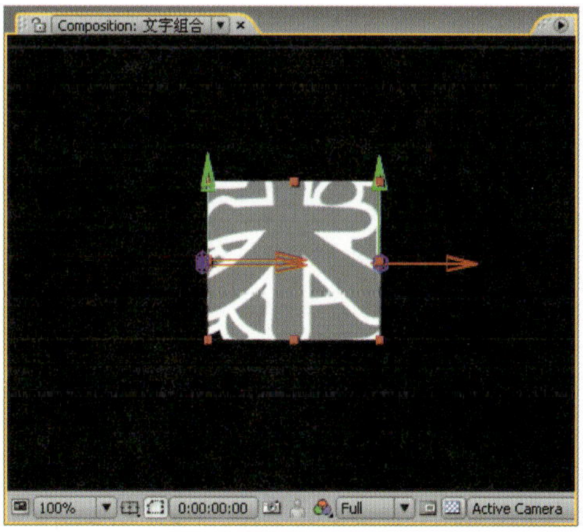

图6-19　轴心点位置

⑩分别设置 Text（文字）图层“影”、“视”、“艺”、“术”的 Position（位置）属性及 Rotation 旋转属性。在 Timeline 面板内选中 Text（文字）图层“影”并按快捷键 P, 再按快捷键 Shift+R, 同时打开该层的 Position（位置）属性和 Rotation 旋转属性选项。然后设置 Text（文字）图层“影”的 Position 位置参数为（389.4，398.0，0.0），再设置该层的“Y Rotation”旋转参数为（0x,90.0°）。

继续使用上述方法，设置 Text（文字）图层“视”的 Position 位置参数为（524.4，400.0，0.0），设置 Text（文字）图层“艺”的 Position（位置）参数为（527.4，400.0，0.0）。再设置该层的“Y Rotation”旋转参数为（0x,-90.0°）；设置 Text（文字）图层“术”的 Position 位置参数为（525.4，397.0，143.5），设置该层的 Y Rotation 旋转参数为（0x,+180.0°）。至此，由“影”、“视”、“艺”、“术”4 个汉字组合而成的盒块效果制作完成，如图 6-20 所示，效果分别如图 6-21、图 6-22 所示。

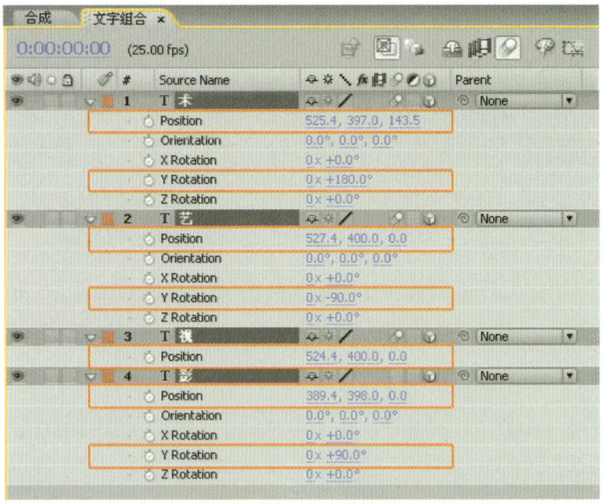

图6-20　参数设置

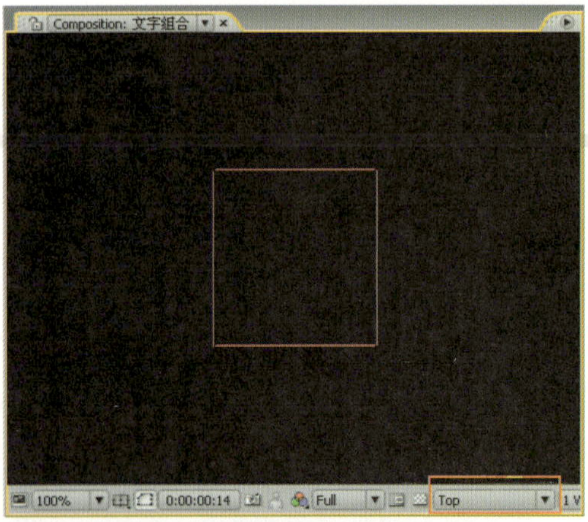

图6-21　文字盒块效果（一）

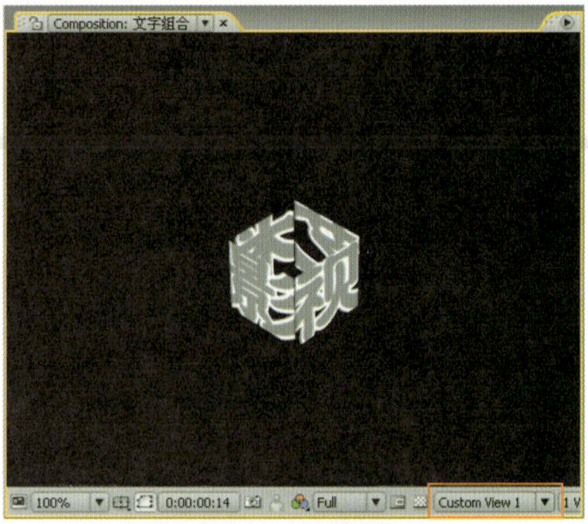

图6-22　文字盒块效果（二）

## 6.2.2　制作文字盒块快速旋转并最终展开其盒形的动画效果

⑪预合成 Text 文字图层“影”、“视”。在“文字组合”合成文件内选中“影”、“视”这两个 Text（文字）图层，并按快捷键 Ctrl+Shift+C 进行合并预合成操作。然后为新建的子合成文件取名为“影视”，并选中 Move all attributes into the new composition（把层属性移动到新建的子合成文件中）单选按钮，再单击 OK（确定）按钮，如图 6-23 所示。

⑫预合成 Text（文字）图层“艺”、“术”。在“文字组合”合成文件内选中“艺”、“术”这两个 Text（文字）图层，并按快捷键 Ctrl+Shift+C 进行合并预合成操作。然后为新建的子合成文件取名为“艺术”，并选中 Move all attributes into the new composition(把层属性移动到新建的子合成文件中) 单选按钮，再单击 OK(确定) 按钮，如图 6-24 所示。

稍后即可发现在“文字组合”合成文件的 Timeline 面板内，已生成了“影视”、“艺术”这两个合成层。分别单击这两个合成层右侧的分功能设置开关面板（Switches）中的“矢量转换开关”按钮、“3D 图层开关”按钮，如图 6-25 所示。

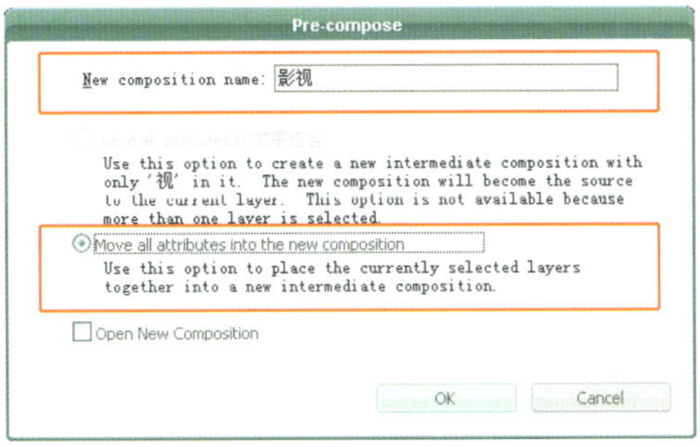


图6-23 预合成Text（文字）图层“影”、“视”

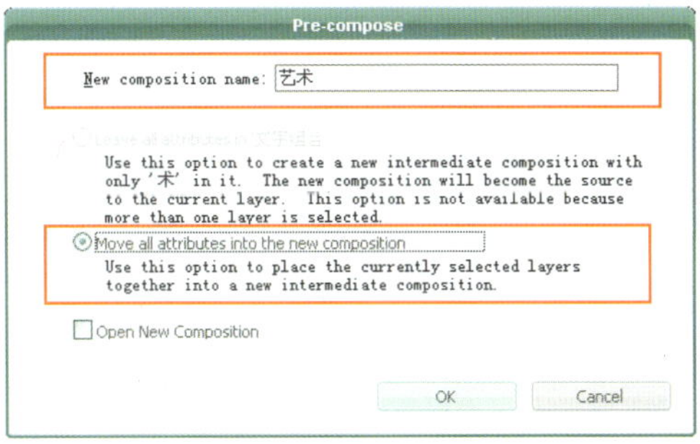


图6-24 预合成Text（文字）图层“艺”、“术”

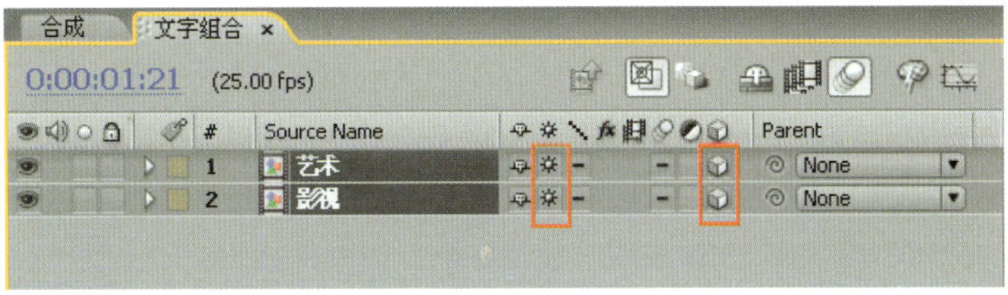


图6-25 打开矢量转换、3D图层开关

13分别设置“影视”、“艺术”合成层的“Anchor Point（轴心点）”位置。在Timeline面板内选中“影视”合成层，再在Tools（工具）面板中单击“轴心移动工具”按钮。然后在合成图像窗口中移动“影视”合成层的轴心点，使其位置居于文字右侧边缘处。接着使用上述方法，再将“艺术”合成层的轴心点移至文字右侧边缘处。

接下来，调整“影视”、“艺术”合成层的轴心点位置。在Timeline面板内选中“影视”合成层并按快捷键A，调出该合成层的“Anchor Point（轴心点）”属性选项，将“影视”合成层的“Anchor Point（轴心点）参数设置为（526.0，399.0，0.0）。然后再使用上述方法，设置“艺术”合成层的“Anchor Point（轴心点）”参数为（525.0，400.0，0.0），如图6-26所示，效果如图6-27所示。

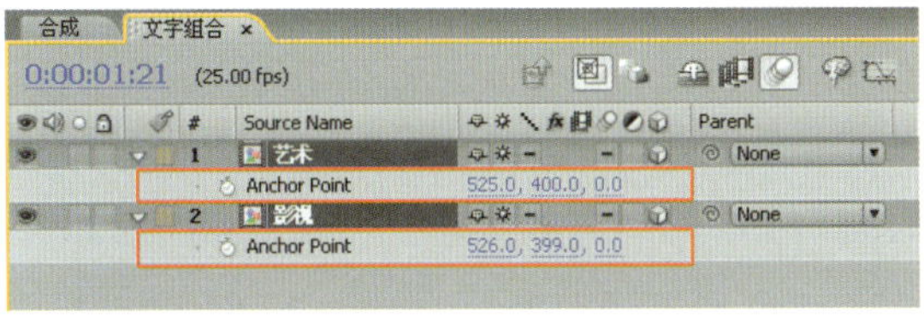


图6-26 参数设置

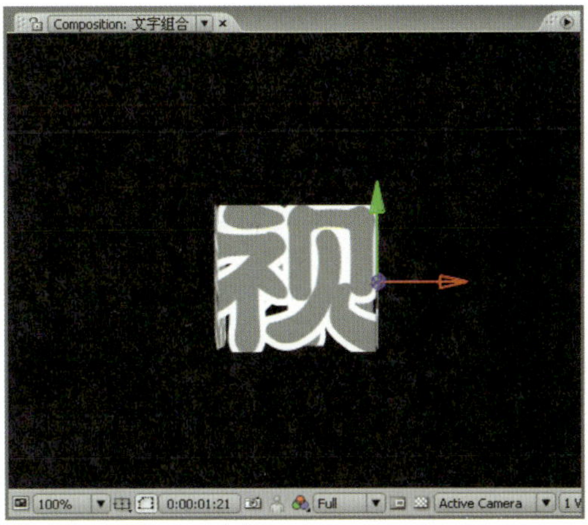


图6-27 轴心点移至文字右侧边缘处

14将“文字组合”合成文件置入“合成”工程文件。将“文字组合”合成文件从Project项目窗口调入“合成”工程文件的Timeline面板中，生成“文字组合”合成层。单击该合成层右侧的分功能设置开关面板（Switches）中的“矢量转换开关”按钮和“3D图层开关”按钮，如图6-28所示。

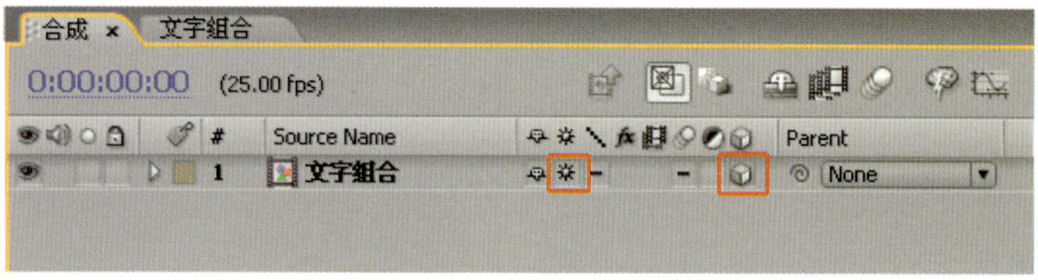


图6-28　将合成文件置入工程文件

⑮为“文字组合”合成层制作 Position（位置）和 Rotation 旋转属性关键帧动画。首先，在 Timeline 面板内选中“文字组合”合成层并按快捷键 P，再按快捷键 Shift+R，同时打开该合成层的 Position（位置）属性及 Rotation（旋转）属性选项。然后将其 Position（位置）参数设置为（340.0，139.0，0.0），“X Rotation”旋转参数设置为（0x,30）。“Y Rotation”旋转参数设置为（0x,+0.0°）。

在时间 0:00:00:00 处，单击“文字组合”合成层的 Position 和“Y Rotation”属性左侧的秒表图标新建关键帧，如图 6-29 所示。

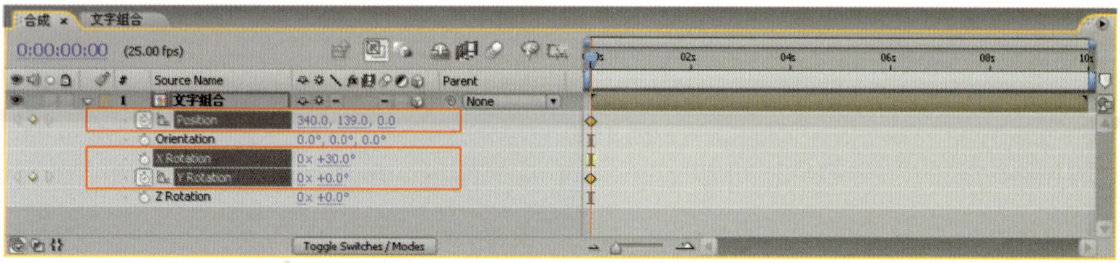


图6-29　设置关键帧

接着，将时间指针移至 0:00:00:15 处，并将“文字组合”合成层的 Position（位置）参数设置为（340.0，417.0，0.0），即在当前时间处，“文字组合”合成层自动生成新的 Position（位置）属性关键帧，如图 6-30 所示。

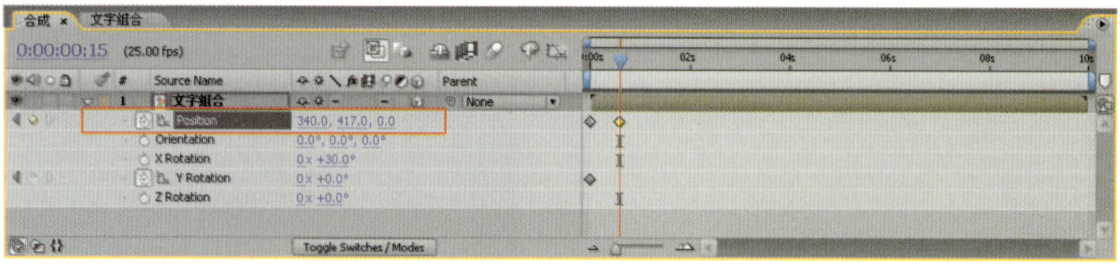


图6-30　设置关键帧

再将时间指针移至 0:00:01:00 处，将“文字组合”合成层的 Position 位置参数设置为（340.0，295.0，0.0）。即在当前时间处，“文字组合”合成层自动生成了新的 Position（位置）属性关键帧，如图 6-31 所示。

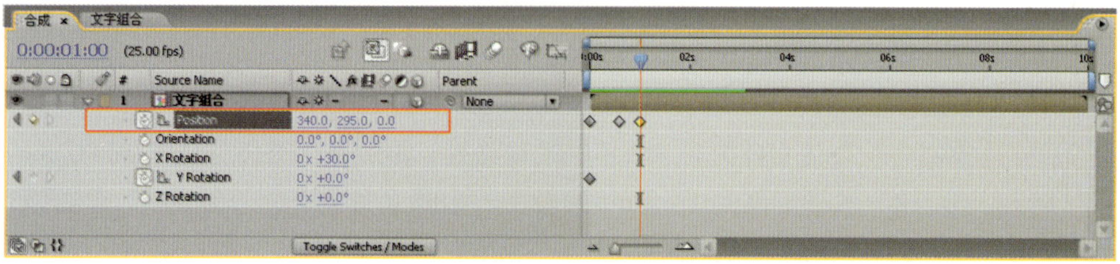


图6-31　设置关键帧

选中“文字组合”合成层在 0:00:00:15，0:00:01:00 处的 Position（位置）关键帧并右击，从弹出的快捷菜单中选择“Keyframe Assistant（关键帧助手）”→“Easy Ease（简化曲线）”选项，为所选定关键帧添加缓入缓出效果，从而使“文字组合”合成层的 Position 属性关键帧动画显得更加真实和流畅，如图 6-32 所示。

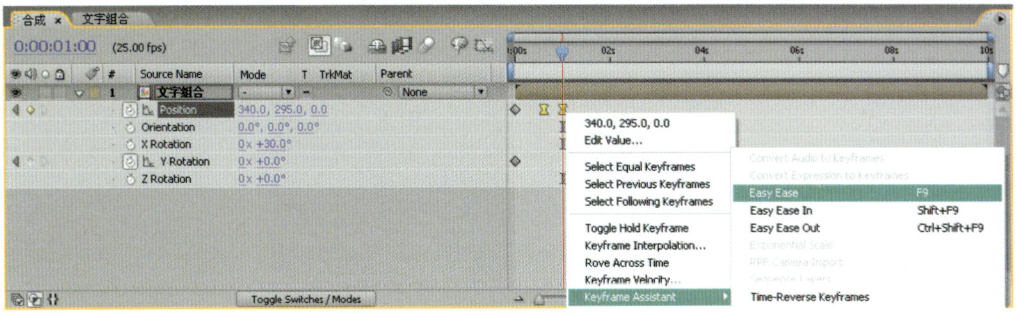


图6-32 添加缓入缓出效果

将时间指针移至 0:00:05:00 处，并将“文字组合”合成层的“Y Rotation（Y 轴旋转）”参数设置为（5x,+45.0°），即在 0:00:05:00 处，“文字组合”合成层自动生成新的“Y Rotation（Y 轴旋转）”属性关键帧。接着单击该合成层“X Rotation”属性左侧的秒表图标，在 0:00:05:00 处新建“X Rotation（X 轴旋转）”属性关键帧，如图 6-33 所示。

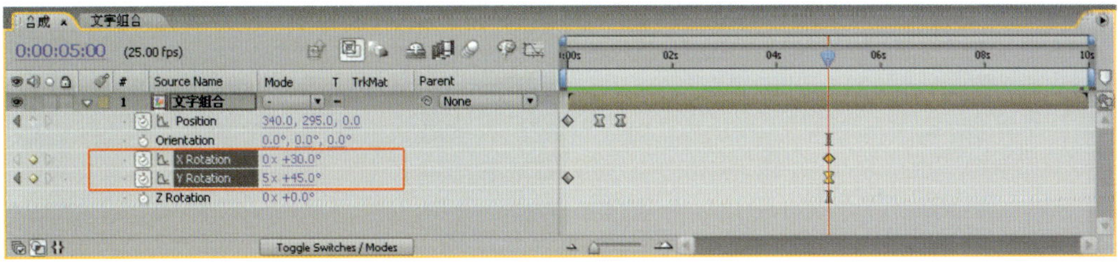


图6-33 设置关键帧

最后，将时间指针移至 0:00:06:00 处，并将“文字组合”合成层的“X Rotation（X 轴旋转）”参数设置为（0x,+0.0°），即在 0:00:06:00 处，“文字组合”合成层自动生成新的“X Rotation（X 轴旋转）”属性关键帧。至此，文字盒块在空间中偏移、旋转直至最终平置的动画效果制作完成，如图 6-34 所示，效果如图 6-35 所示。

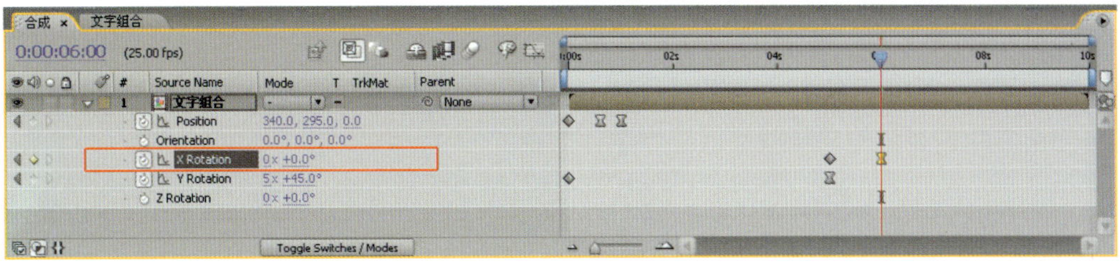


图6-34 设置关键帧

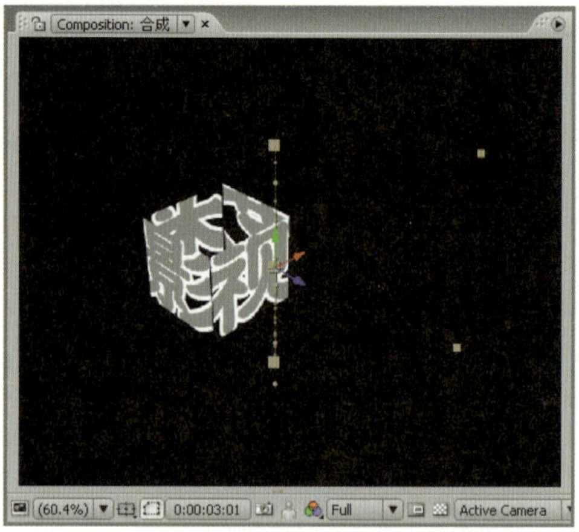

图6-35　动画截图

⑯分别为“影视”、“艺术”合成层制作 Rotation（旋转）属性关键帧动画。首先，在“文字组合”合成文件的 Timeline 面板内，按住 Ctrl 键的同时单击“影视”、“艺术”合成层并按快捷键 R，调出这两个合成层的 Rotation（旋转）属性选项，将其“Y Rotation”参数都设置为（0x,+0.0°）。然后将时间指针移至 0:00:05:00 处，分别单击“影视”、“艺术”合成层的“Y Rotation”属性左侧的秒表图标，为这两个合成层在 0:00:05:00 处新建“Y Rotation”属性关键帧，如图 6-36 所示。

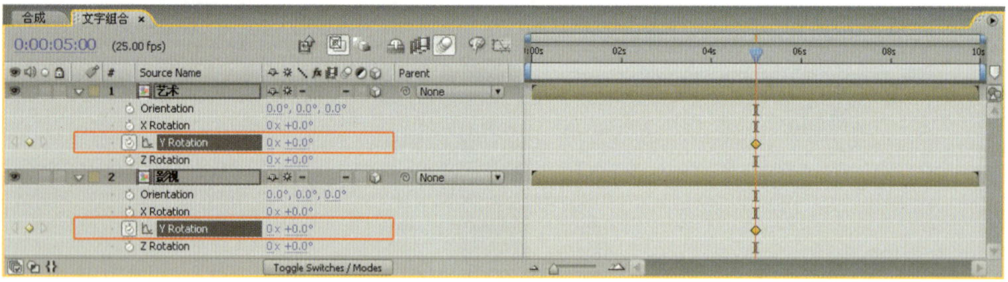

图6-36　设置关键帧

接着将时间指针移至 0:00:08:00 处，然后将“影视”合成层的“Y Rotation（Y 轴旋转）”参数设置为（0x,-45.0°），并将“艺术”合成层的“Y Rotation（Y 轴旋转）”参数设置为（0x,+45.0°），即在 0:00:08:00 处，“影视”、“艺术”合成层分别自动生成新的“Y Rotation（Y 轴旋转）”属性关键帧，如图 6-37 所示，效果如图 6-38 所示。

观察此时“合成”工程文件的合成图像窗口，可以看到“影视”、“艺术”这两个文字组合分别向两侧展开的动画效果已经产生，如图 6-39 所示。

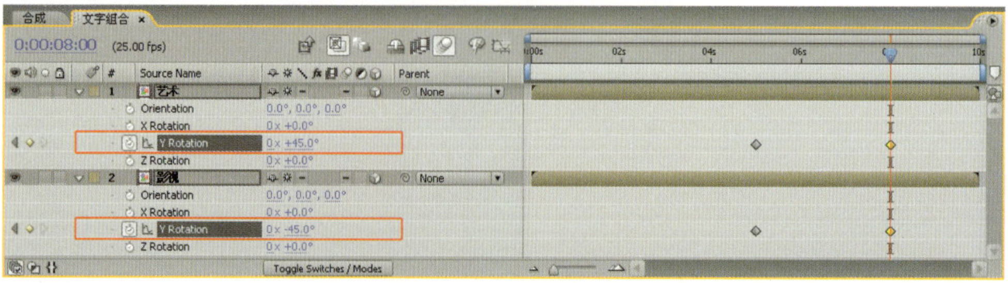

图6-37　设置关键帧

图6-38 动画截图

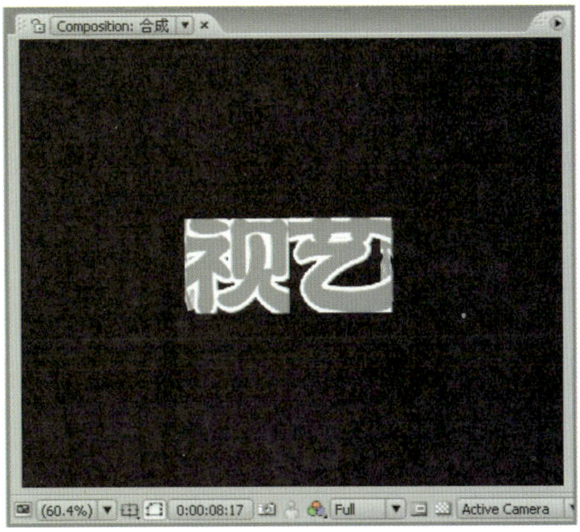


图6-39 效果截图

⑰为 Text（文字）图层“影”制作 Rotation 旋转属性关键帧动画。首先，在 Project 项目窗口中双击并打开“影视”合成文件，然后在“影视”合成文件的 Timeline 面板内选中 Text（文字）图层“影”，并按快捷键 R 调出该层的 Rotation 旋转属性选项。

接着，在时间 0:00:06:00 处，单击“影”层的“Y Rotation”属性左侧的秒表图标新建关键帧。然后在时间 0:00:08:00 处，将该层的“Y Rotation(Y 轴旋转 )”参数改为( 0x,+0.0° )，即在 0:00:08:00 处，Text（文字）图层“影”自动生成新的“Y Rotation”属性关键帧。至此，“影”字沿着处于边缘位置的轴心点从左侧翻开的动画效果制作完成，如图 6-40 所示，效果如图 6-41 所示。

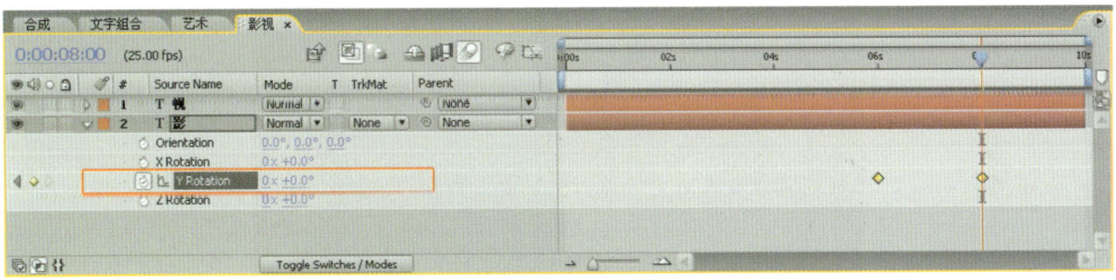


图6-40 设置关键帧

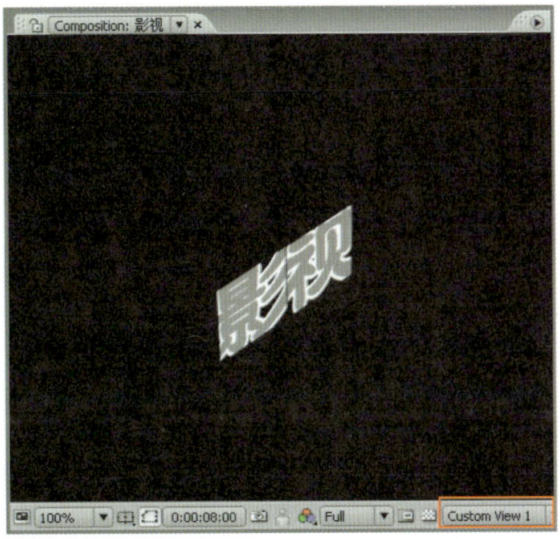


图6-41 动画截图

⑱为 Text（文字）图层“术”制作 Rotation（旋转）属性关键帧动画。首先，在 Project 项目窗口中双击并打开“艺术”合成文件，然后在“艺术”合成文件的 Timeline 面板内选中 Text（文字）图层“术”，并按快捷键 R 调出该层的 Rotation 旋转属性选项。

接着，在时间 0:00:06:00 处，单击“术”层的“Y Rotation”属性左侧的秒表图标新建关键帧。然后在时间 0:00:08:00 处，将该层的“Y Rotation”旋转参数改为（0x,+270.0°），即在 0:00:08:00 处，Text（文字）图层“术”自动生成新的 Y Rotation 属性关键帧。至此，“术”字沿着处于边缘位置的轴心点从右侧翻开的动画效果制作完成，如图 6-42 所示，效果如图 6-43 所示。

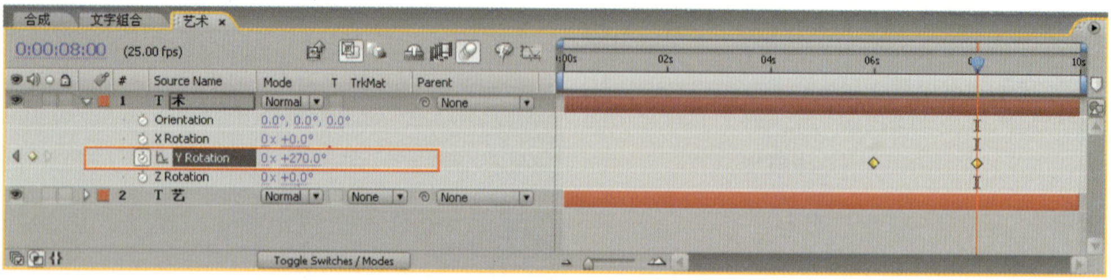


图6-42 设置关键帧

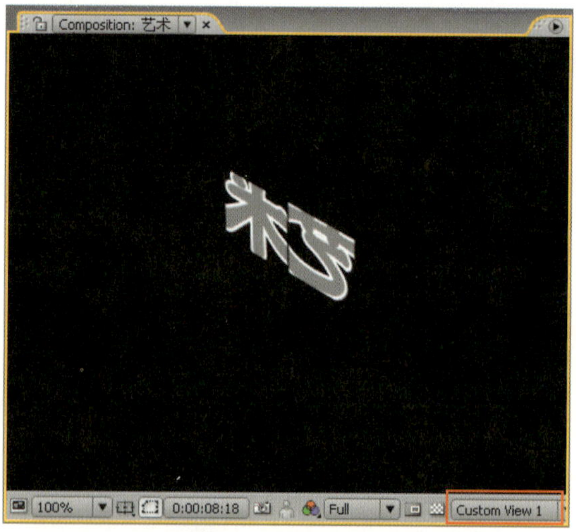


图6-43 动画截图

## 6.2.3 制作LOGO文字整体发亮、LOGO文字背后散光等动画效果

⑲新建灯光图层“Light 1”。切换到“合成”Timeline 面板中，然后在 After Effects 主菜单栏中选择“Layer（图层）”→“New（新建）”→“Light（灯光）”选项创建一个灯光图层，如图 6-44 所示。

注：至上一步制作完成时，整个案例的动画效果已基本成型。此处将通过创建一个灯光图层并制作其灯光强度属性关键帧动画，来表现LOGO文字整体发亮及其落版时逐渐变暗的动画效果。

接着，在打开的灯光设置窗口中，设置 Name（名称）为“Light 1”，Light Type（灯光类型）为“Parallel（平行）”，Intensity（灯光强度）为“180”，Color（灯光色彩）为“浅黄色（FEF0C9）”，注意此处撤选“Casts Shadows（投射阴影）”复选框，因为本节案例效果暂不需要制作文字图形的阴影效果，如图 6-45 所示。

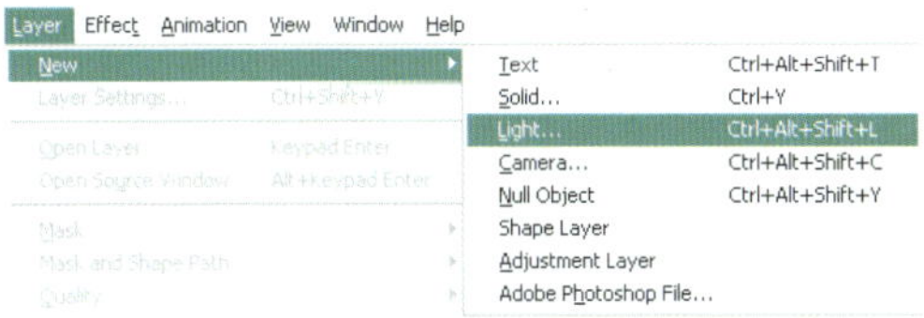


图6-44　新建灯光图层

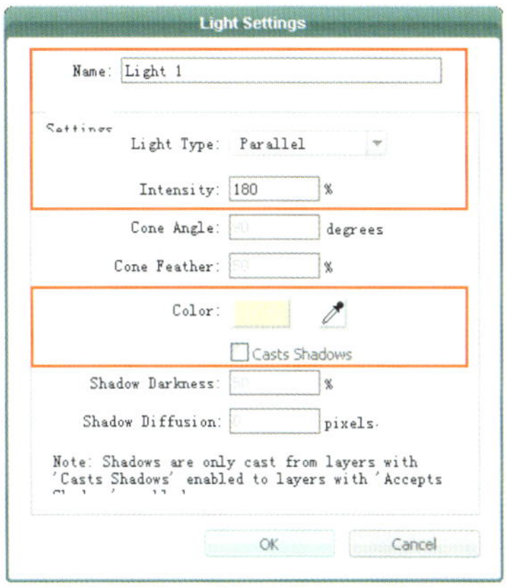


图6-45　灯光设置窗口

⑳制作灯光图层“Light 1”的关键帧动画。首先，将时间指针移至 0:00:06:00 处，然后在 Timeline 面板中展开“Light 1”灯光图层的“Light Options（灯光选项）”属性选项。在其中设置 Intensity（灯光强度）为“180”，并单击其左侧秒表图标新建一个 Intensity 灯光属性关键帧。

接着，将时间指针移至 0:00:08:00 处，在 Timeline 面板中“Light 1”灯光图层的“Light Options（灯光选项）”属性选项内，将 Intensity（灯光强度）属性参数改为“120”，即在 0:00:08:00 处创建另一个 Intensity（灯光属性）关键帧。至此，从 0:00:06:00 处开始逐渐变暗的灯光动画效果制作完成，如图 6-46 所示，效果如图 6-47 所示。

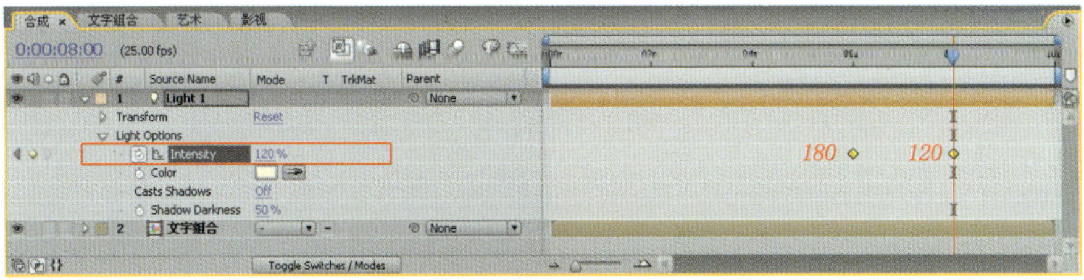


图6-46　设置关键帧

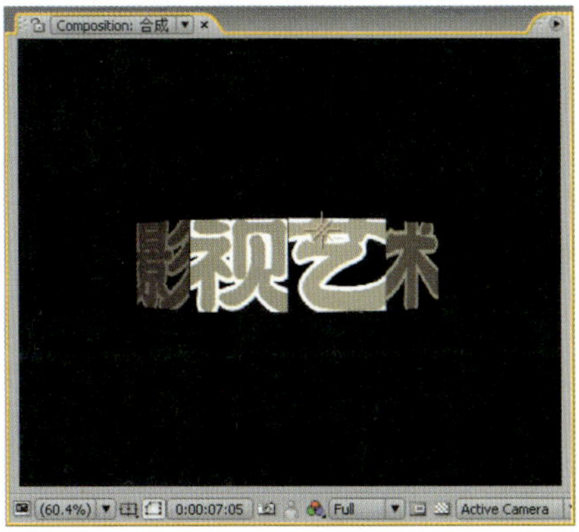


图6-47　效果截图

㉑复制并生成第二个“文字组合”合成层并调整其 Scale（缩放）、Opacity（透明度）属性。在“合成”工程文件内选中“文字组合”合成层，按快捷键 Ctrl+D 复制并新建该层，然后将生成的第二个“文字组合”合成层置于 Timeline 面板的底层位置。

然后选中底层位置的“文字组合”合成层并按快捷键 T，再按快捷键 Shift+S，同时调出该合成层的 Scale（缩放）、Opacity（透明度）属性选项。在其中设置 Scale 缩放参数为（155.0，155.0，155.0），并设置其 Opacity 透明度参数为“35”，如图 6-48 所示，效果如图 6-49 所示。

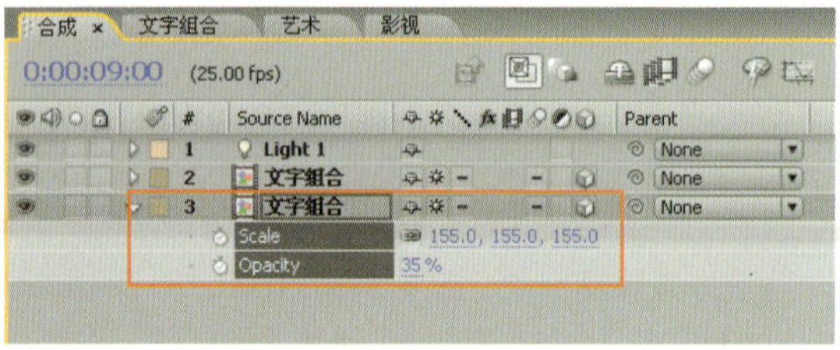


图6-48　调整合成层属性

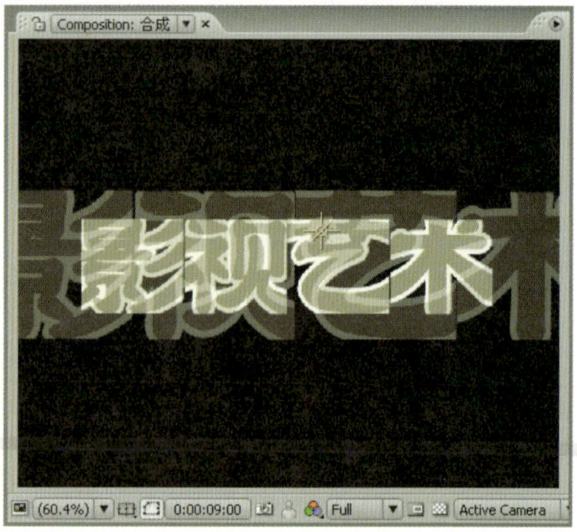


图6-49　合成层效果

㉒为底层位置的“文字组合”合成层添加 Fast Blur（快速模糊）特效。选中底层位置的“文字组合”合成层并右击，从弹出的快捷菜单中选择“Effect（特效）”→“Blur&Sharpen（模糊 & 锐化）”→“Fast Blur（快速模糊）”选项。然后在其“Fast Blur（快速模糊）”特效控制面板中，设置 Blurriness（模糊）为“10.0”，如图 6-50 所示，效果如图 6-51 所示。

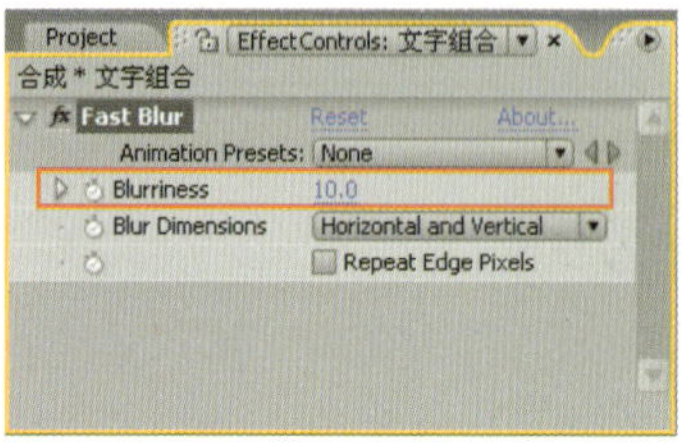


图6-50　参数设置

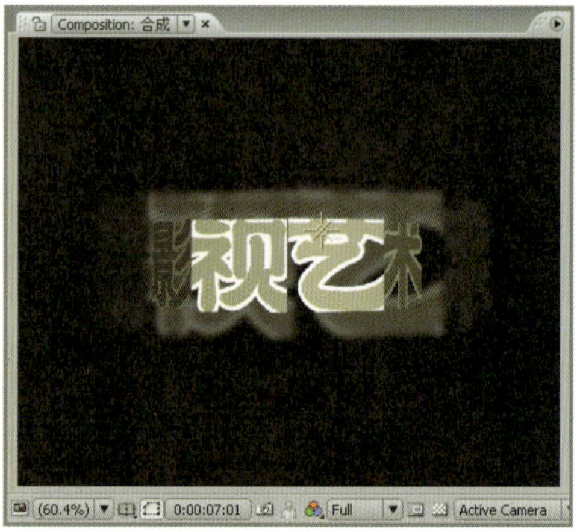


图6-51　Fast Blur效果

㉓为底层位置的“文字组合”合成层添加“Radial Blur（径向模糊）”特效。选择底层位置的“文字组合”合成层并右击，从弹出的快捷菜单中选择“Effect（特效）”→“Blur&Sharpen（模糊 & 锐化）”→“Radial Blur（径向模糊）”选项。然后在其“Radial Blur（径向模糊）”特效控制面板中，设置 Amount（数量）为“160.0”，Type（类型）为“Zoom（缩放）”。至此，LOGO 文字背后散光的效果制作完成，如图 6-52 所示，最终效果如图 6-53 所示。

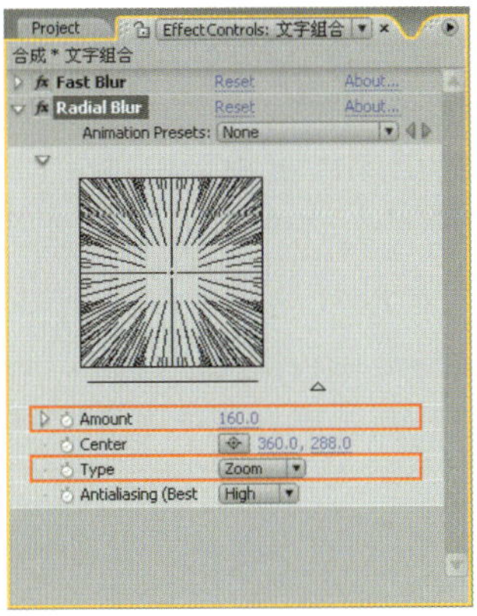


图6-52　参数设置

图6-53　Radial Blur效果

至此，本案例的具体制作步骤结束。

## 6.3　同类索引

通过本章案例的学习，用户已经知道如何制作由文字组合而成的 3D 盒块效果及其在空间中快速旋转直至展开其盒形的动画效果。首先，由 4 个汉字组成的盒块逐渐展开并显示 LOGO 文字的动画效果，是通过创建 Text（文字）图层、设置 Character（文本）属性、设置 Mask（遮罩）、设置 Anchor Point（轴心点）位置等图层基本属性、制作 Rotation（旋转）属性关键帧动画等方法实现的。

上述制作思路中需要注意的技巧知识点是：Anchor Point（轴心点）位置的设置方法。一般情况下，若要在After Effects中实现一个3D盒块展开成为平面图形的动画效果，则至少需要制作“单个盒面”和“盒面组合”两类元素的旋转动画，并且“单个盒面”所在层应嵌套在“盒面组合”合成文件内。而且，“单个盒面”和“盒面组合”的Anchor Point（轴心点）都应该设置在左侧或者右侧的盒面相交处，只有将轴心点摆放在图形边缘处才能实现类似翻页、展开盒子等翻转动画效果。

其次，由 4 个汉字组成的盒块在空间中快速旋转的动画效果，是通过合并预合成图层、制作 Rotation 旋转属性关键帧动画等方法来实现的。

上述制作思路中需要注意的技巧知识点是：必须将盒块效果所在合成层的矢量转换开关、3D图层开关打开（这两个分功能开关都在图层右侧的分功能设置开关面板中），否则嵌套在该合成层内的其他3D图层效果将丢失。

最后阶段制作的 LOGO 文字整体发亮、文字盒块背后散光的动画效果，则是通过创建灯光图层并设置其灯光属性关键帧、运用 Fast Blur、Radial Blur 特效等方法来实现的。其中，运用灯光图层来使图形变亮甚至变色、运用 Blur 系列特效制作图形散光效果等都是动画特效制作中非常实用的制作技巧。下面将本节制作思路及方法进行扩展延伸，探寻此类影像效果的画面细节并充分挖掘其运用到的 After Effects 中的其他技巧。

- **索引案例：转动的魔法光球**

这个索引案例表现的是由许多蓝色光环组成的魔法光球在空间中转动的动画效果，它与本章案例的相似之处在于它们都是在平面画幅中模拟出三维图形旋转的运动效果。但此索引案例的最终效果与本章案例“3D 空间文字组成的盒块动画”也有所不同，主要区别在于画面中的动画元素及其运动的形态不同。本章案例中的画面主角是由“影”、“视”、“艺”、“术”4 个汉字组成的文字盒块，而此索引案例所表现的是由许多蓝色光环组成的一个球体状元素。另外，本章案例中的文字盒块在快速旋转之后展开其盒形并显示出 LOGO 文字效果，而此索引案例中由光环组成的球体状元素却始终是自转的运动形态，并且其内部的蓝色光环群在细节方面也产生了旋转、偏移、变形的动画效果。那么如何运用本章案例的制作逻辑来制作这种新的动画效果呢？

由于最终效果存在动画元素和运动形态这两点差异，因此索引案例“转动的魔法光球”的制作步骤主要根据这两方面来做出调整和延伸。

首先，运用复制并生成新图层、制作 Position 位移动画和 Polar Coordinates 特效等方法，制作出单个蓝色光环的动画效果。接着，运用复制并生成新图层、设置 Rotation（旋转）属性及设置图层混合模式等方法，制作出立体感较强的由 3 个蓝色光环组成的魔法光球效果。然后，通过制作 Rotation（旋转）属性关键帧动画、复制并生成新图层及运用 Glow 和 Fast Blur 特效等方法，制作出由许多蓝色光环组成的魔法光球的旋转动画效果，案例最后效果如图 6-54 所示。

图6-54　索引案例最后效果

下面介绍索引案例的具体制作步骤。

- **索引案例制作步骤**

❶新建“合成”工程文件、“色块动画”合成文件及“Royal Blue Solid 1”层。首先，按快捷键 Ctrl+N 新建一个合成文件，并设置“Composition Name（合成名称）”为“合成”，然后在 Basic（常规）选项卡下的 Preset（预置）下拉列表中选择“PAL D1/DV”选项，设置 Duration（持续时间）为“0:00:08:00”。接着，再次按快捷键 Ctrl+N 新建一个合成文件，在打开的合成文件设置对话框中设置“Composition Name（合成名称）”为“色块动画”，然后参照工程文件“合成”中的设置对 Basic（常规）选项卡内的其他选项进行设置。

然后，在“色块动画”合成文件的 Timeline 面板内，按快捷键 Ctrl+Y 新建一个固态层。在打开的对话框中设置 Name（名称）为默认的“Royal Blue Solid 1”，Color（色彩）为“蓝色（0167FF）”，如图 6-55 所示。

❷复制并生成其他 7 个“Royal Blue Solid 1”层。在“色块动画”合成文件的 Timeline 面板内选择“Royal Blue Solid 1”层，并连续 7 次按快捷键 Ctrl+D，即执行复制并新建该图层的操作 7 次。观察“色块动画”合成文件的 Timeline 面板，所以看到其他 7 个“Royal Blue Solid 1”层已经生成，如图 6-56 所示。

❸设置各个“Royal Blue Solid 1”层的位置、大小缩放及透明度属性。在“色块动画”合成文件内同时选中全部“Royal Blue Solid 1”层并按快捷键 T，再按快捷键 Shift+S 和 Shift+P，同时调出这些图层的 Opacity（透明度）、Scale（缩放）及 Position（位置）属性选项。

然后分别设置各个“Royal Blue Solid 1”层的 Position（位置）、Scale（缩放）、Opacity（透明度）属性参数。具体参数设置可以参照如图 6-57 所示进行，效果如图 6-58 所示。

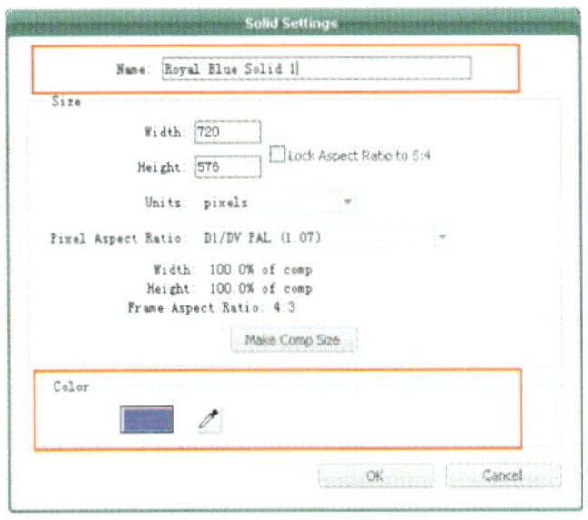


图6-55　创建层

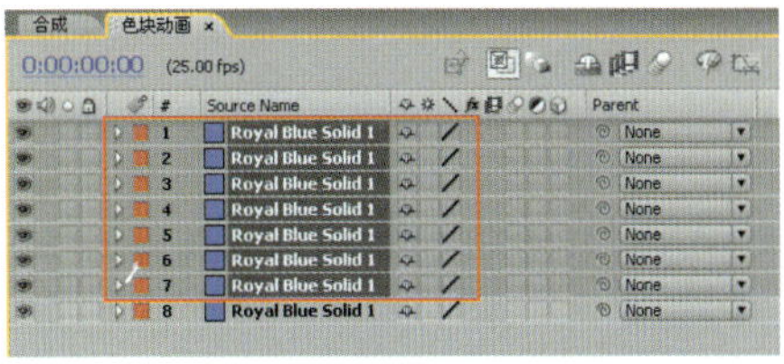


图6-56　复制生成其他7个层

图6-57　设置各个蓝色固态层的属性

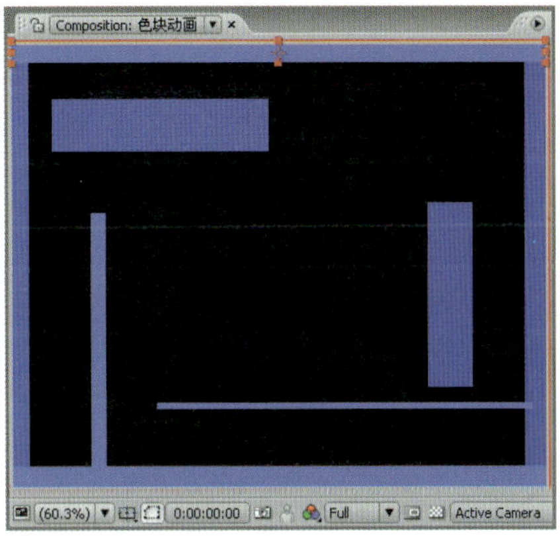


图6-58　显示效果

❹分别设置各“Royal Blue Solid 1”层的Position位置属性关键帧。首先，在时间0:00:00:00处，分别单击 Timeline 面板内的各“Royal Blue Solid 1”层 Position 属性左侧的秒表图标，即在 0:00:00:00 处为每个“Royal Blue Solid 1”层分别创建一个 Position 位置关键帧。

接着，将时间指针移至 0:00:06:00 处，参照图 6-59 中的设置方法将各“Royal Blue Solid 1”层的 Position（位置）属性参数进行调整改动，即在 0:00:06:00 处，每个“Royal Blue Solid 1”层均自动生成新的 Position 位置关键帧。这样所有蓝色固态层的位移动画就制作完成了，如图 6-59 所示，效果如图 6-60 所示。

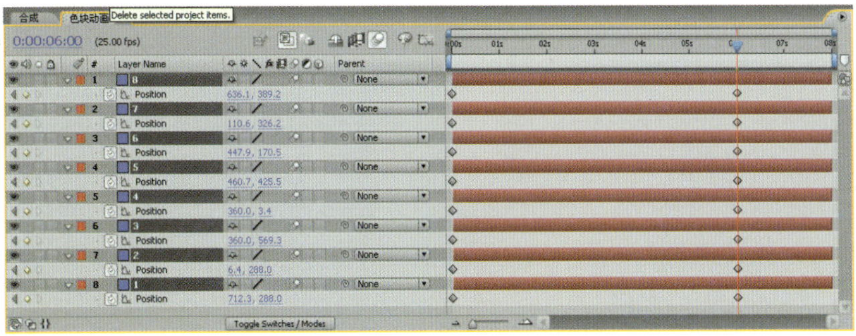


图6-59　设置关键帧

❺将“色块动画”合成文件置入“合成”工程文件。将“色块动画”合成文件从Project项目窗口拖入“合成”工程文件的Timeline面板中，即生成“色块动画”合成层，如图6-61所示。

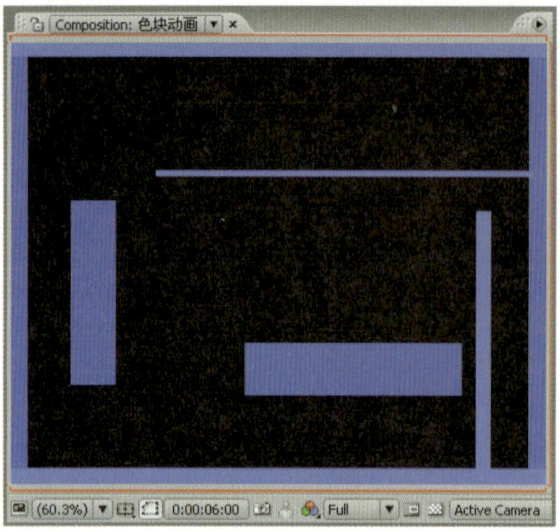


图6-60　效果截图

图6-61　合成文件置入工程文件

❻为“色块动画”合成层添加Polar Coordinates（极坐标）特效。在“合成”工程文件的Timeline面板内选中“色块动画”合成层并右击，从弹出的快捷菜单中选择“Effect（特效）”→“Distort（扭曲）”→“Polar Coordinates（极坐标）”选项。然后在其Polar Coordinates（极坐标）特效控制面板内设置Interpolation（插值）为“100.0”，Type of Conversion（转换类型）为“Rect to Polar（直角坐标转化为极坐标）”。至此，单个蓝色光环的动画效果就制作完成了，如图6-62所示，效果如图6-63所示。

**注**：运用Polar Coordinates（极坐标）特效可以将图像的直角坐标和极坐标进行互相转换，从而产生扭曲、挤压的效果。

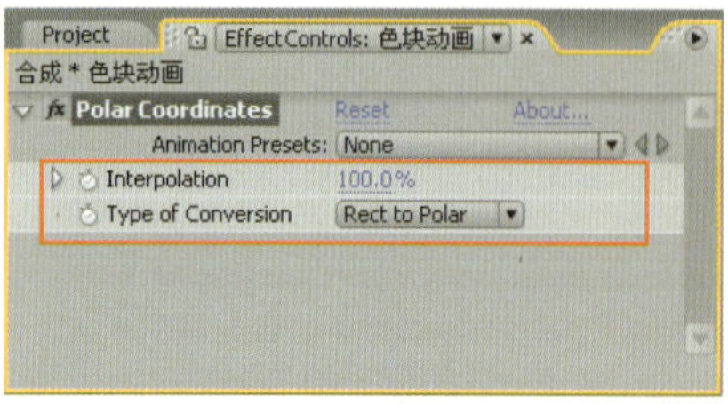


图6-62　参数设置

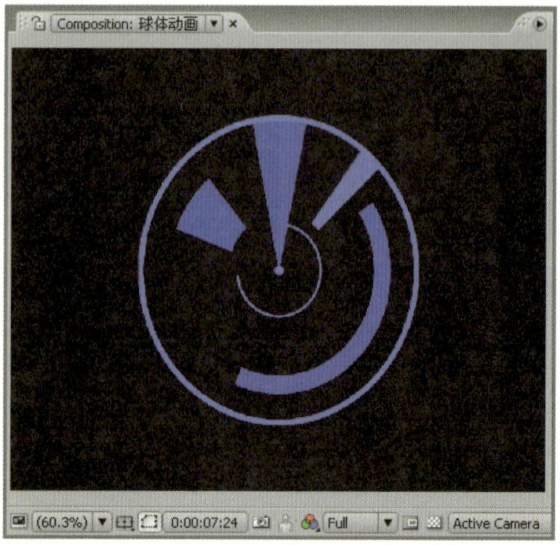


图6-63　Polar Coordinates效果

❼复制并生成其他两个“色块动画”合成层并设置它们的Rotation旋转属性。首先，在“合成”工程文件中，单击“色块动画”合成层右侧分功能设置开关面板（Switches）中的3D图层开关按钮，将该合成层设置为3D图层。

接着，选中“色块动画”合成层并连续两次按快捷键 Ctrl+D，将复制并新建该合成层的操作重复两次。然后同时选中新生成的两个“色块动画”合成层，并按快捷键 R 调出它们的 Rotation（旋转）属性选项。将顶层位置的“色块动画”合成层的 X Rotation（X 轴旋转）参数设置为（0x,+115.0°）。接着将居中位置的“色块动画”合成层的 X Rotation（X 轴旋转）参数设置为（0x,+60.0°），Y Rotation（Y 轴旋转）参数设置为（0x,+55.0°），如图 6-64 所示。

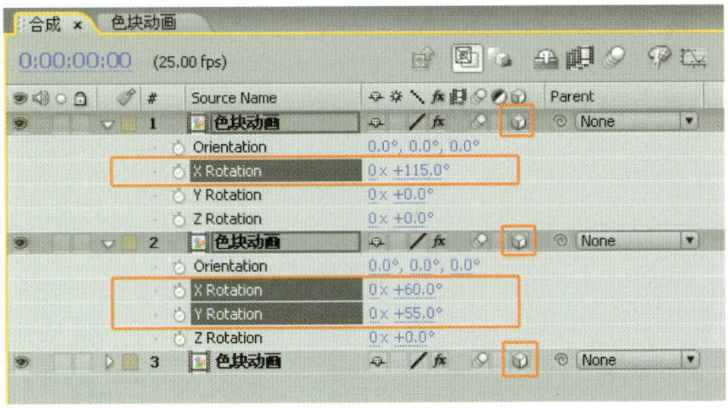


图6-64 设置合成层属性

8设置前两层“色块动画”合成层的图层混合模式。在“合成”工程文件的 Timeline 面板中，依次单击前两层“色块动画”合成层右侧的 Mode（混合模式）下拉菜单，从中分别选择“Add（添加）”选项，如图 6-65 所示。

观察合成图像窗口，可以看到由 2 个蓝色光环组成的、立体感较强的魔法光球效果已经制作完成，如图 6-66 所示。

图6-65 设置图层混合模式

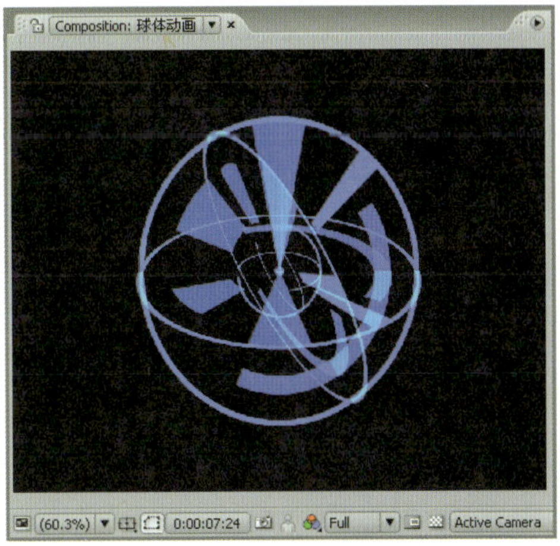


图6-66 魔法光球效果

9将全部“色块动画”合成层合并预合成，并设置新生成合成层的分功能属性开关。在“合成”工程文件的 Timeline 面板内，按住 Ctrl 键的同时选中这 3 个“色块动画”合成层，再按快捷键 Ctrl+Shift+C 对它们进行合并预合成操作。然后为新建的子合成文件取名为“球体动画”，并选中 Move all attributes into the new composition 单选按钮，将层属性移动到新建的子合成文件中，再单击 OK（确定）按钮，如图 6-67 所示。

观察“合成”工程文件的 Timeline 面板内，可以看到“球体动画”合成层已生成。单击该合成层右侧的分功能设置开关面板（Switches）中的矢量转换开关按钮和 3D 图层开关按钮，如图 6-68 所示。

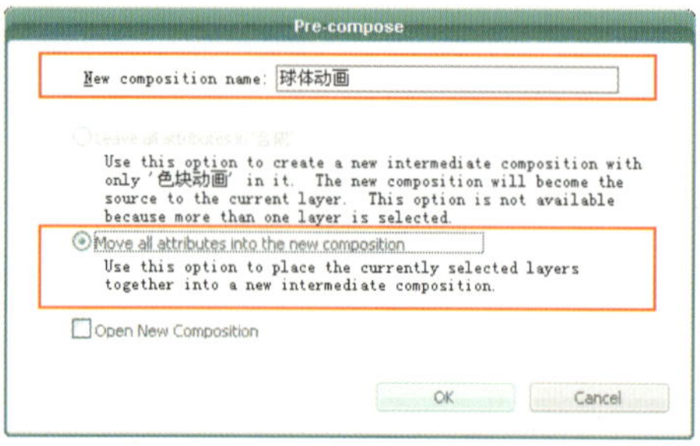


图6-67　合并预合成

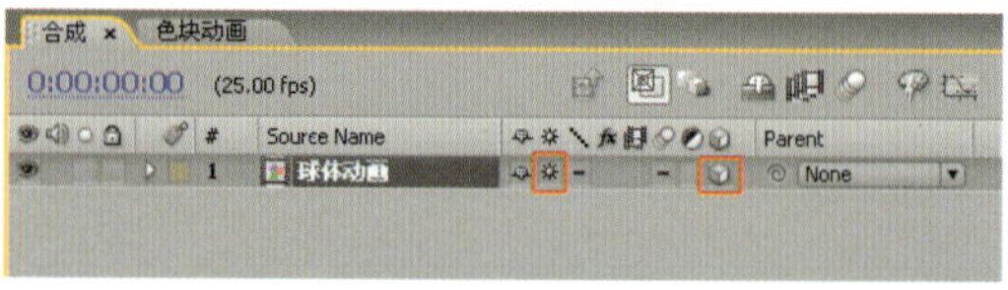


图6-68　打开开关

⑩制作“球体动画”合成层的 Rotation 旋转属性关键帧动画。首先，在 Timeline 面板内选中“球体动画”合成层并按快捷键 R，调出该合成层的 Rotation 旋转属性选项。接着，在时间 0:00:00:00 处，单击“球体动画”合成层的“X Rotation”和“Y Rotation”属性左侧的秒表图标分别新建关键帧。

然后，在时间 0:00:07:24 处，将“球体动画”合成层的 X Rotation（X 轴旋转）参数设置为（1x,+0.0°），Y Rotation（Y 轴旋转）参数设置为（3x,+0.0°），如图 6-69 所示。

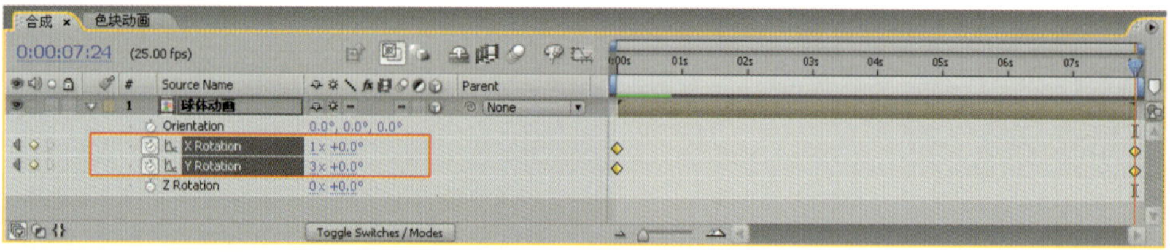


图6-69　设置关键帧

观察合成图像窗口，可以看到由 3 个蓝色光环组成的魔法光球的旋转动画效果已经制作完成，如图 6-70 所示。

⑪复制并生成“球体动画底层”合成层。在“合成”工程文件中，选中“球体动画”合成层，然后按快捷键 Ctrl+D 复制并新建该合成层，再按 Enter 键将其改名为“球体动画底层”。接着将“球体动画底层”合成层置于 Timeline 面板内的底层位置，如图 6-71 所示。

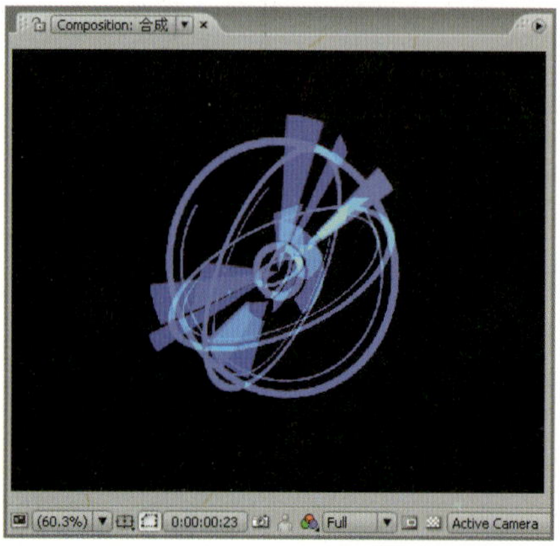


图6-70　效果截图

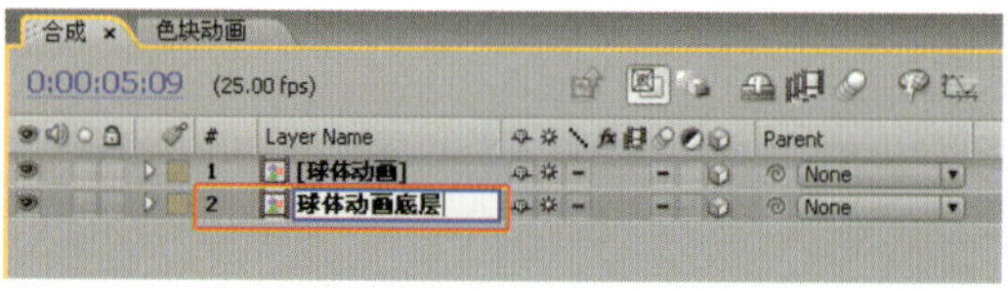


图6-71　复制生成合成层并置于底层位置

⑫为“球体动画底层”合成层添加 Glow（辉光）特效。在“合成”工程文件内选择“球体动画底层”合成层并右击，从弹出的快捷菜单中选择“Effect（特效）”→“Stylize（风格化）”→“Glow（辉光）”选项，然后按照如图 6-72 所示对其 Glow 特效控制面板中的参数进行设置，效果如图 6-73 所示。

注：Glow（辉光）特效可以使带有Alpha通道的图像产生漂亮的边缘发光效果。

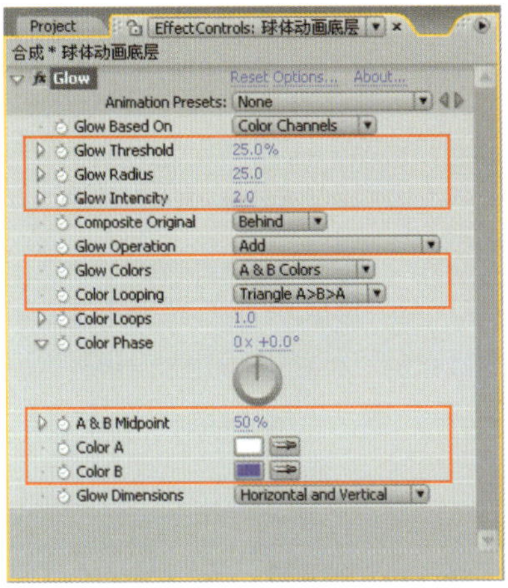


图6-72　参数设置

图6-73　Glow效果

⑬为“球体动画底层”合成层添加“Fast Blur（快速模糊）”特效。在“合成”工程文件内选择“球体动画底层”合成层并右击，从弹出的快捷菜单中选择“Effect（特效）”→“Blur&Sharpen（模糊 & 锐化）”→“Fast Blur（快速模糊）”选项。然后在其“Fast Blur（快速模糊）”特效控制面板中，设置 Blurriness（模糊）为“15.0”，如图 6-74 所示，效果如图 6-75 所示。

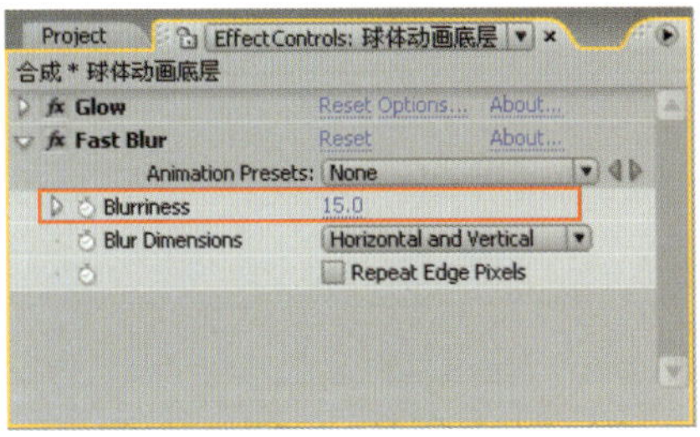


图6-74　参数设置

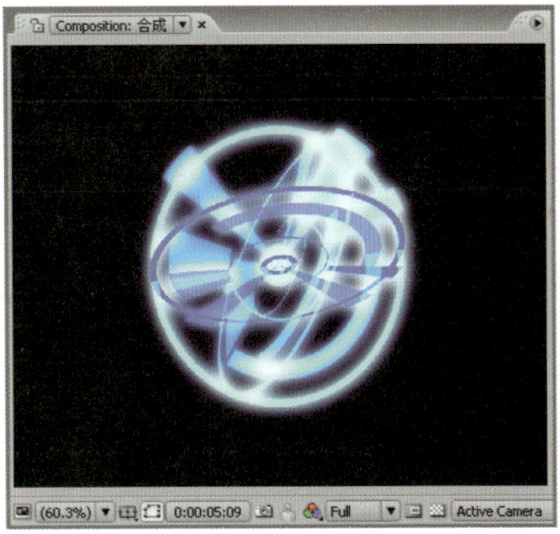


图6-75　Fast Blur效果

⑭改动“球体动画底层”合成层的 Rotation 属性的部分关键帧参数设置。由于“球体动画底层”合成层是通过复制“球体动画”合成层新建的图层，所以此时在“球体动画底

层”合成层中所添加的各种属性关键帧及其设置与“球体动画”合成层是完全一致的。

选中“球体动画底层”合成层并按快捷键 U，调出在该合成层上所设置的所有关键帧。然后将时间指针移至 0:00:07:24 处，并将“球体动画底层”合成层在此处的“X Rotation”属性关键帧参数改为（1x,+40.0°），接着再将其此处的 Y Rotation 属性关键帧参数改为（3x,+100.0°），如图 6-76 所示。

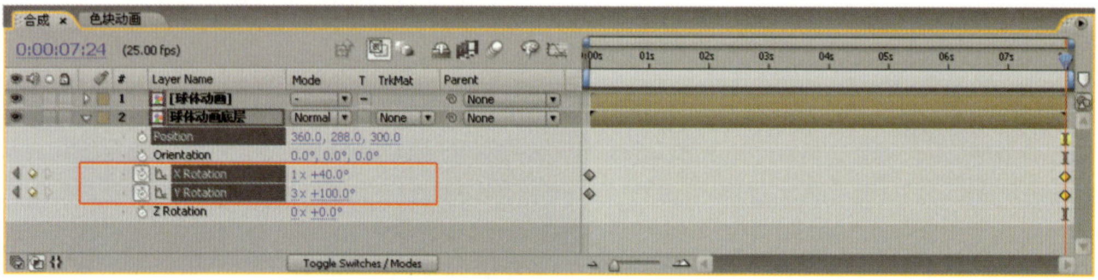


图6-76　关键帧参数设置

观察“合成”工程文件的合成图像窗口，“球体动画底层”合成层通过调整其 Rotation（旋转）属性的关键帧参数设置，使其旋转速度与“球体动画”合成层相比显得略快一些。由于两者在光环颜色、模糊程度、旋转速度等方面的差异，魔法光球内蓝色光环的集群化效果已经产生，最终效果如图 6-77 所示。

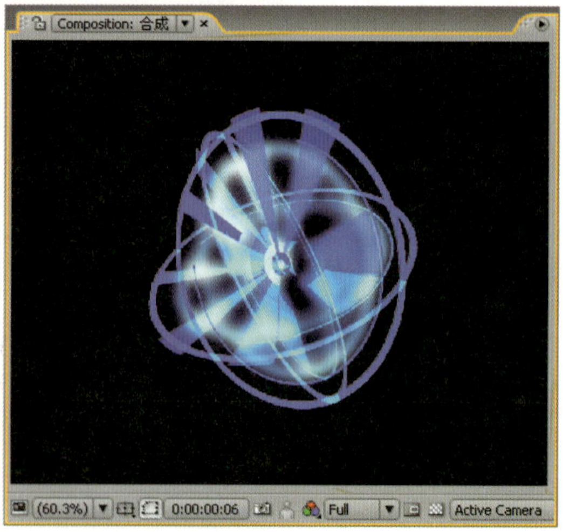


图6-77　最终动画效果截图

至此，整个动画效果就完成了。

# 第7章

## 矢量手写LOGO文字

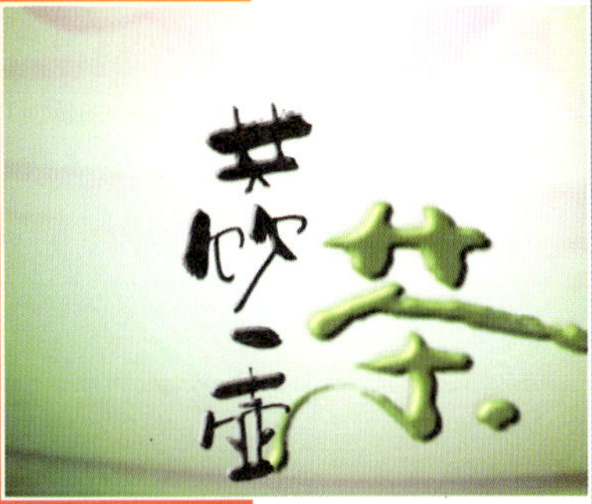

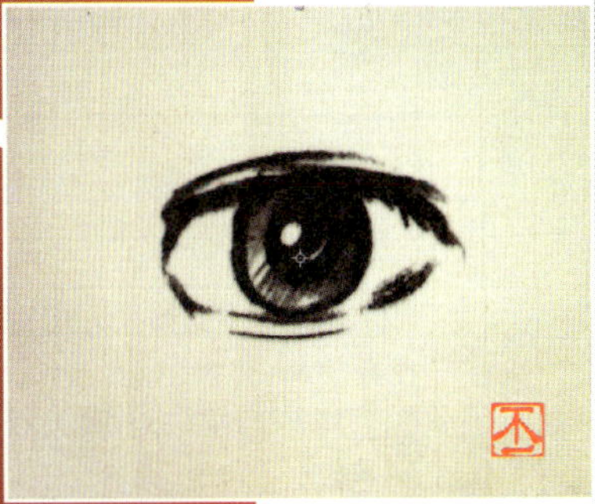

## 7.1 案例简介

这个案例表现的是模拟书写文字“茶”的描绘动画效果以及其他文字以擦拭方式出场的动画效果。通过示意图分析一下如何在 After Effects 中制作这样的效果。

首先，通过在导入的书法素材上运用 Fill、Vector Paint 等特效，制作出模拟书写文字的书法描绘效果。其次，通过运用 Fast Blur、Bevel Alpha、Glow 等特效，制作出文字笔画立体感较强的书法描绘效果，即将上一步模拟书写的文字“茶”做立体化和亮化处理。然后通过运用 Paint、Bevel Alpha 等特效、制作 Position 属性关键帧动画、设置 Track Matte 模式等方法，制作文字“共饮一壶”呈擦拭方式出场的动画效果。最后通过导入底图素材、制作 Scale（缩放）及 Position（位置）属性关键帧动画等方法，完善并合成最终动画效果。制作思路示意图如图 7-1 所示，最后效果如图 7-2 所示。

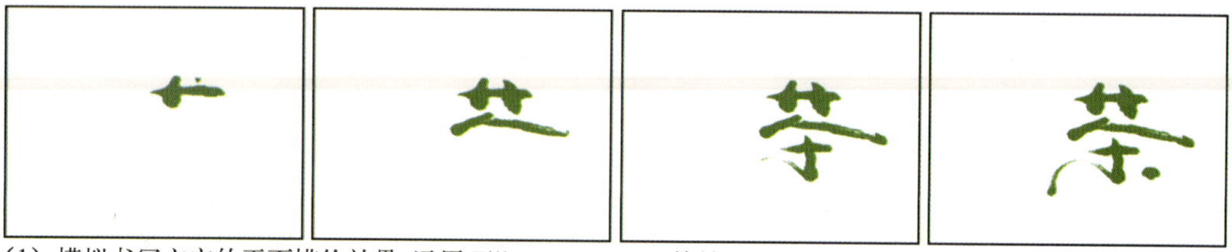

（1）模拟书写文字的平面描绘效果：运用 Fill、Vector Paint 特效

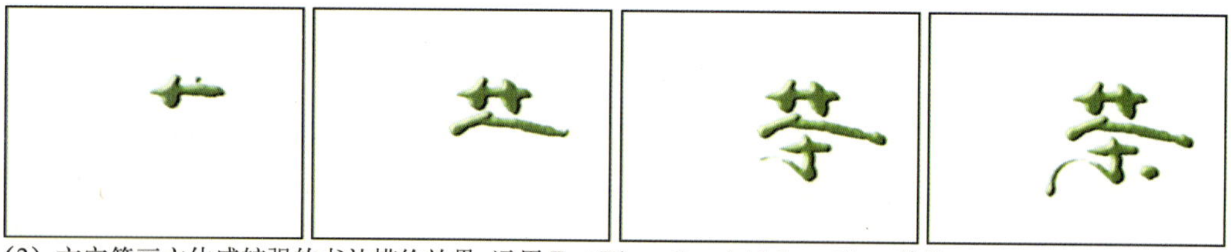

（2）文字笔画立体感较强的书法描绘效果：运用 Fast Blur、Bevel Alpha、Glow 特效

（3）其他文字呈擦拭方式的出场动画效果：运用 Paint、Bevel Alpha 等特效、制作 Pisition 属性关键帧动画、设置 Track Matte 模式

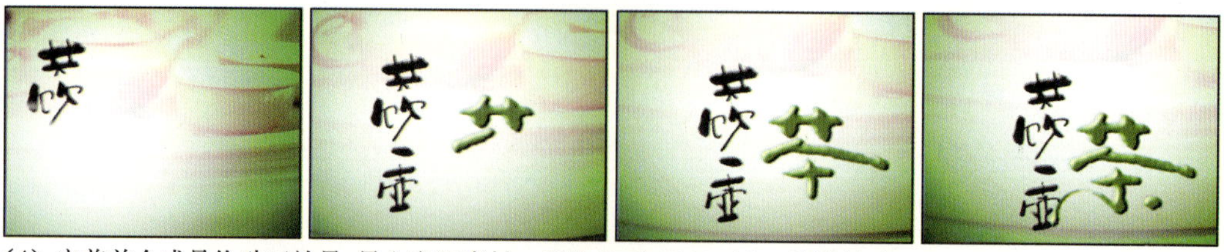

（4）完善并合成最终动画效果：导入底图素材，制作 Scale 及 Position 关键帧动画

图7-1　制作思路示意图

图7-2 最后效果

## 7.2 具体制作

### 7.2.1 创建工程文件和“茶”字书法描绘效果

❶新建工程文件“合成”和合成文件“文字动画”。首先启动 After Effects CS3 程序，并按快捷键 Ctrl+N 新建一个合成文件。然后在打开的合成文件设置对话框中设置 Composition Name（合成名称）为“合成”。接着在 Basic（常规）选项卡下的 Preset（预置）下拉列表中选择“PAL D1/DV”选项，并设置 Width（宽）为“720”，Height（高）为“576”，Frame Rate（帧率）为“25 帧 / 秒”，Duration（持续时间）为“0:00:10:00”，然后单击 OK（确定）按钮完成设置，如图 7-3 所示。

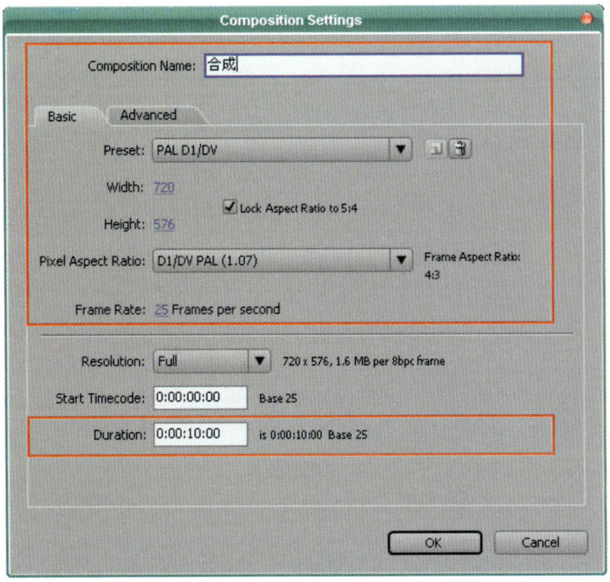


图7-3 新建工程文件

再次按快捷键 Ctrl+N 新建一个合成文件，并在打开的合成文件设置对话框中设置 Composition Name（合成名称）为“文字动画”，然后参照工程文件“合成 ”中的设置对 Basic（常规）选项卡下的其他选项进行设置。

❷导入书法笔画素材并调整其置入合成文件“文字动画”后的图层入点时间。在 Project 项目窗口中的空白处双击，打开 Import File(导入文件）对话框，在其中选择作为书法笔画素材的 PSD 文件“茶 01”，然后单击“打开”按钮进行导入，如图 7-4 所示。

在打开的 PSD 文件导入设置对话框中的 Import Kind（导入种类）下拉列表中选择“Footage（素材）”选项，在 Layer Options（图层选项）选项组内的 Choose Layer（选择图层）下拉列表中选择“茶 01”选项，然后单击 OK 按钮进行导入。即可将该 PSD 文件内的图层“茶 01”以 Footage（素材）的形式导入到该 After Effects 项目中，如图 7-5 所示。

图7-4　导入素材文件

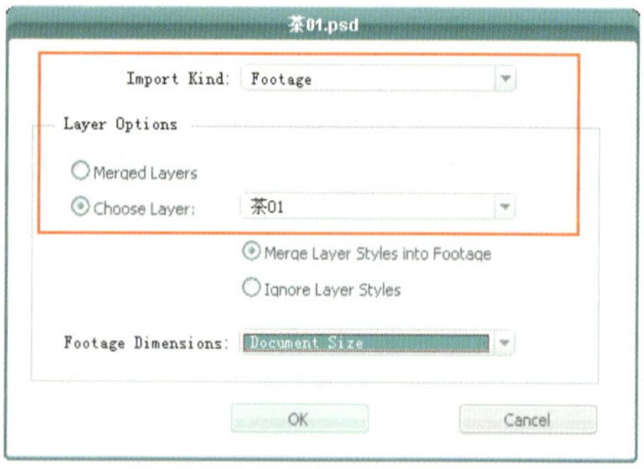


图7-5　选择所需导入图层

接着，将图片素材“茶 01\ 茶 01.psd”从 Project 项目窗口调入“文字动画”合成文件的 Timeline 面板中。

然后，将时间指针移至 0:00:01:00 处，在按住 Shift 键的同时选中“茶 01\ 茶 01.psd”层并将其向 Timeline 面板右侧拖动，直至该层片段入点位置被吸附到当前的时间指针位置，即 0:00:01:00 处。通过对“茶 01\ 茶 01.psd”层入点时间的调整，使该书法笔画素材“茶”的效果从 0:00:01:00 处开始显示，如图 7-6 所示，效果如图 7-7 所示。

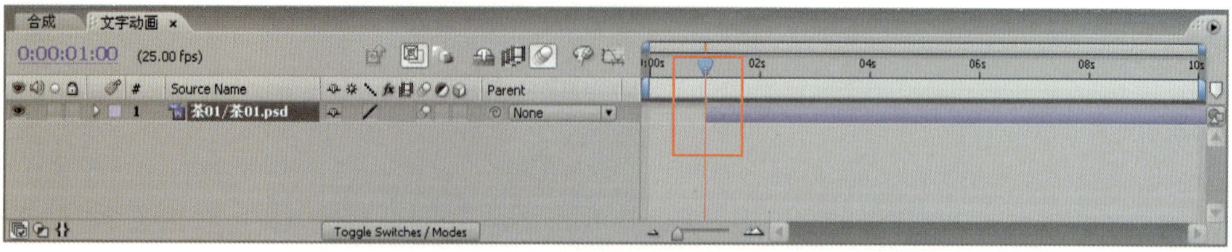


图7-6　调整图层入点时间

图7-7　显示效果

③为“茶 01/ 茶 01.psd”层添加 Fill（填充）特效。首先在合成文件“文字动画”内选择“茶 01/ 茶 01.psd”层并右击，从弹出的快捷菜单中选择“Effect（特效）”→“Generate（生成）”→“Fill（填充）”选项。然后在其 Fill（填充）特效控制面板中，将 Color（色彩）设为“绿色（3A7000）”，Opacity（透明度）为“100.0”，如图 7-8 所示。

至此，“茶”字颜色变为绿色的效果已经产生，效果如图 7-9 所示。

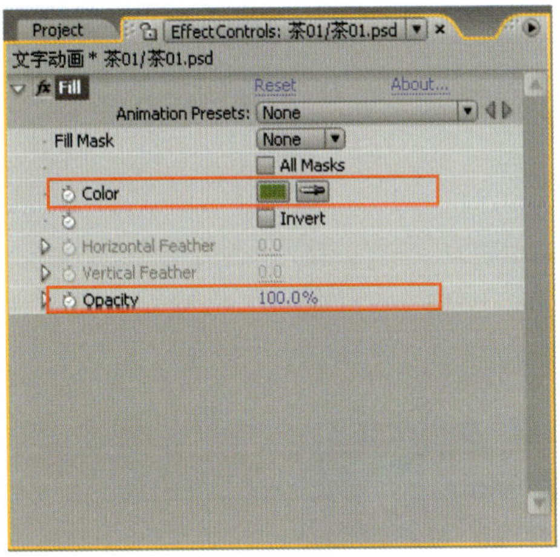


图7-8　参数设置

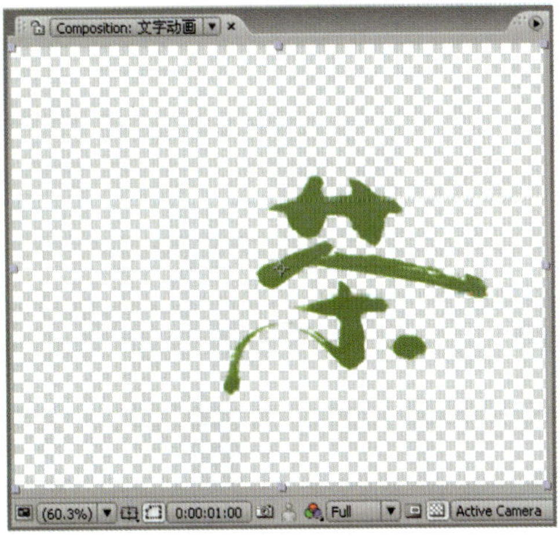


图7-9　Fill效果

④为“茶 01\ 茶 01.psd”层添加“Vector Paint（矢量绘画）”特效并制作其书法描绘动画。首先，在合成文件“文字动画”内选择“茶 01\ 茶 01.psd”层并右击，从弹出的快捷菜单中选择“Effect（特效）”→“Paint（绘画）”→“Vector Paint（矢量绘画）”选项。随即可发现在合成文件“文字动画”的合成图像窗口的左侧出现一列绘画工具。单击左上方的“箭头”按钮▶，在弹出的下拉菜单中选择“Shift-Paint Records（绘画记录）”→“Continuously（连续）”选项，可以使程序将绘制过程动态地记录下来，如图 7-10 所示。

**注**：Vector Paint（矢量绘画）特效是一个功能非常强大的矢量绘图工具。使用它可以在图层上随意地绘制出各种颜色和形状的线条，并能实时地记录下这些线条的详细绘制过程，然后回放所产生的描绘动画效果。

接着，在“茶 01\ 茶 01.psd”层的 Vector Paint（矢量绘画）特效控制面板中，设置 Radius（半径）为“13.0”，Brush Type（笔刷类型）为“Paint（绘画）”，Feather（羽化）为“0”，Opacity（透明度）为“100”，Color（色彩）为“白色”，如图 7-11 所示。

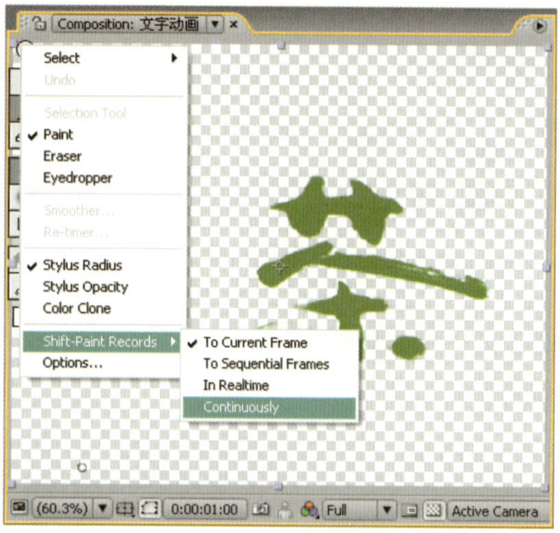


图7-10　动态记录功能

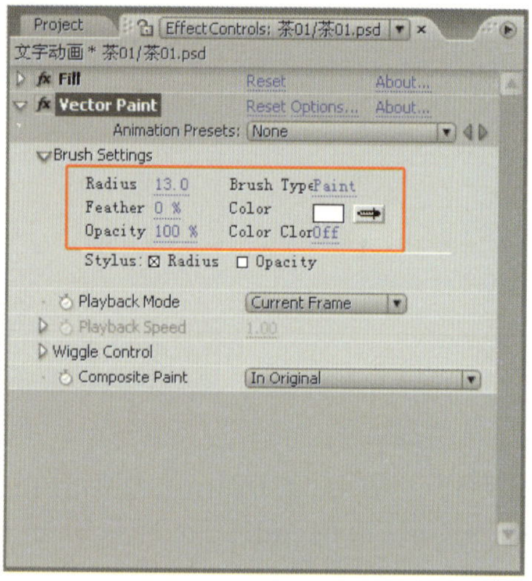


图7-11　参数设置（一）

然后，在按住 Shift 键的同时，按住鼠标左键不放，并沿着合成图像窗口中“茶”字的笔划顺序写一遍，如图 7-12 所示。

**注**：只有在不同笔画之间停顿时，才可释放鼠标左键；另外，此处按住Shift键的作用是将书写各个笔画的先后顺序动态地记录下来。

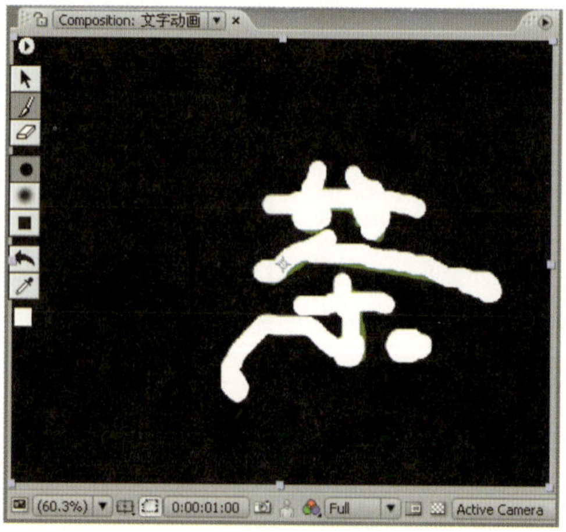


图7-12　绘制“茶”字

最后，在“茶 01\ 茶 01.psd”层的 Vector Paint（矢量绘画）特效控制面板中，将 Playback Mode（播放模式）设置为“Animate Strokes（动画描边）”，即实时回放全部笔画的描绘过程，包括绘制中的停顿与快慢。接着设置 Playback Speed（播放速度）为“5.00”，Composite Paint（合成绘画）为“As Matte（作为蒙版）”，即将之前描摹的白色“茶”字笔画设为当前图层“茶 01\ 茶 01.psd”的蒙版，如图 7-13 所示。

至此，模拟书写文字“茶”的书法描绘效果就初步完成了，效果如图 7-14 所示。

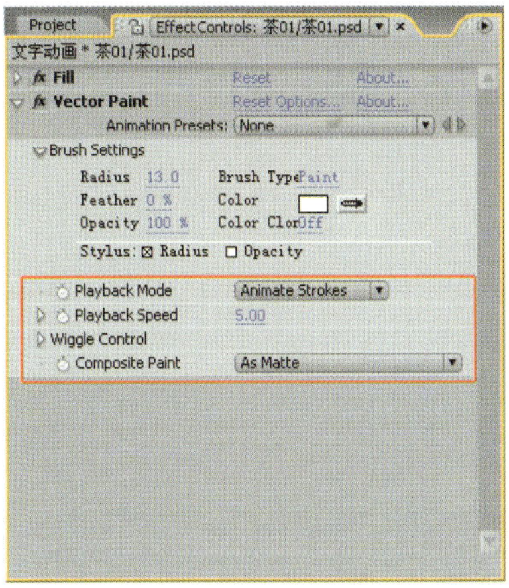


图7-13　参数设置（二）

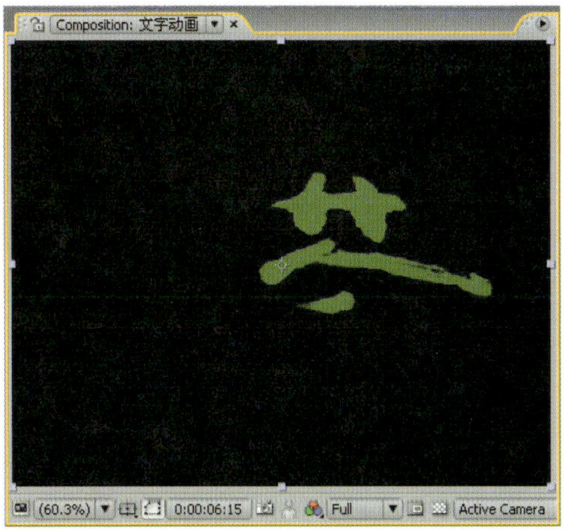


图7-14　动画截图

## 7.2.2 制作文字笔画立体感较强的描绘效果

5为“茶 01\ 茶 01.psd”层添加“Fast Blur（快速模糊）”特效和“Bevel Alpha（Alpha 斜角）”特效。在 Timeline 面板内选择“茶 01\ 茶 01.psd”层并右击，从弹出的快捷菜单中选择“Effect(特效)”→“Blur&Sharpen（模糊 & 锐化）”→“Fast Blur（快速模糊）”选项。然后在其“Fast Blur（快速模糊）”特效控制面板中，设置 Blurriness（模糊）为“3.0”，如图 7-15 所示。

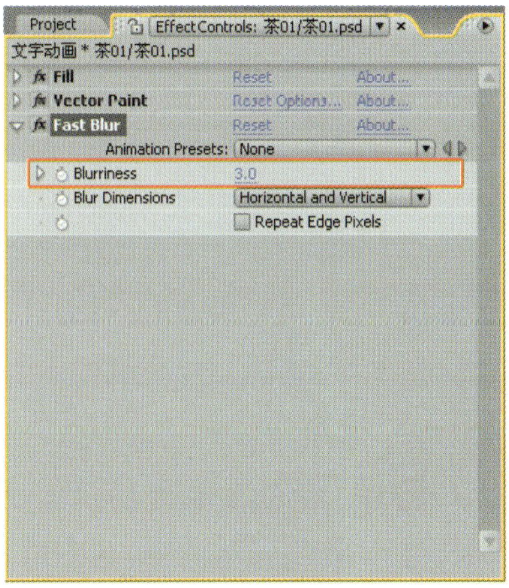


图7-15　参数设置

然后在 Timeline 面板内选择“茶 01\ 茶 01.psd”层并右击，从弹出的快捷菜单中选择“Effect（特效）”→“Perspective（透视）”→“Bevel Alpha（Alpha 斜角）”选项。然后在其“Bevel Alpha（Alpha 导角）”特效控制面板中，设置 Edge Thickness（边缘厚度）为“7.00”，Light Intensity（灯光强度）为“0.50”，如图 7-16 所示，效果如图 7-17 所示。

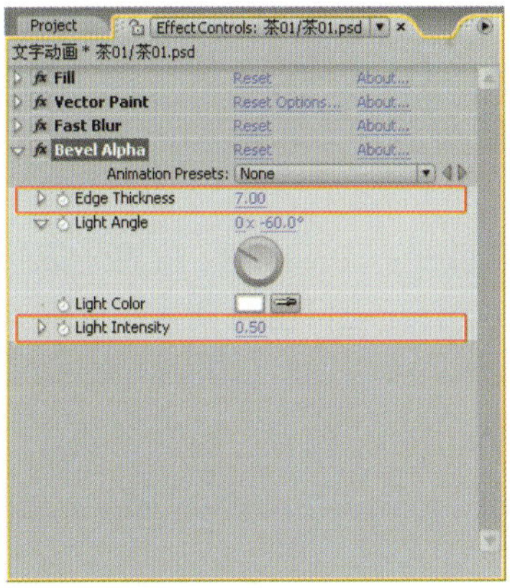


图7-16　参数设置

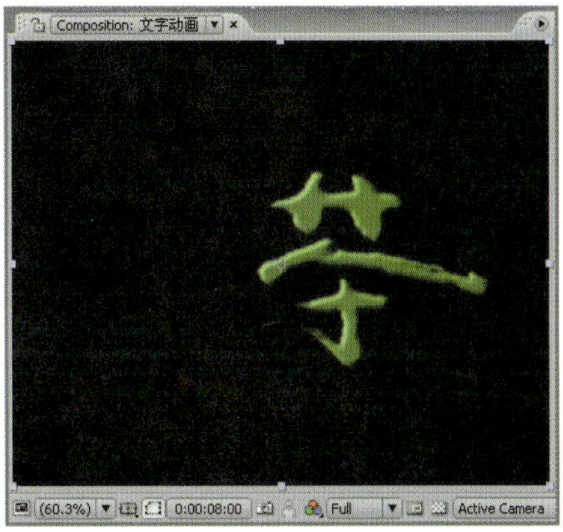


图7-17　Fast Blur、Bevel Alpha效果

❻为“茶 01\茶 01.psd”层添加 Glow（辉光）特效。在“文字动画”合成文件内选择“茶 01\茶 01.psd”层并右击，从弹出的快菜单中选择“Effect（特效）”→“Stylize（风格化）”→“Glow（辉光）”选项。然后在其 Glow（辉光）特效控制面板中，设置 Glow Threshold（辉光极限值）为“45.0”，Glow Radius（辉光半径）为“12.0”，Glow Intensity（辉光强度）为“1.0”，Glow Colors（辉光颜色）为“A&B Colors（A 和 B 颜色）”，Color A（颜色 A）选择“浅黄色（F6FFA6）”，Color B（颜色 B）选择“褐色（5E3E00）”，如图 7-18 所示，效果如图 7-19 所示。

> **注**：此处添加Glow（辉光）特效是为了将文字笔画的亮部进行提亮，同时添加其外部阴影效果。

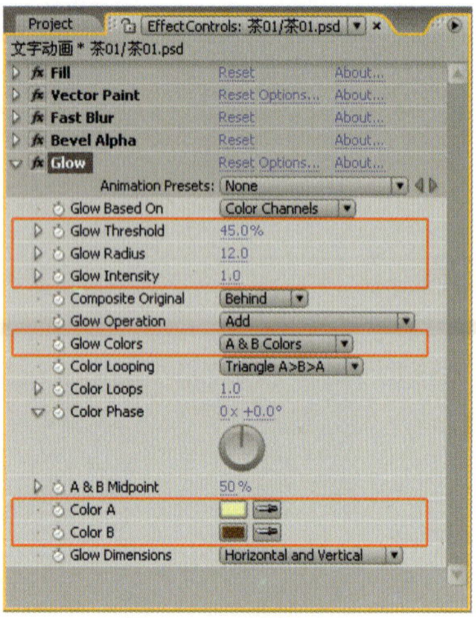


图7-18　参数设置

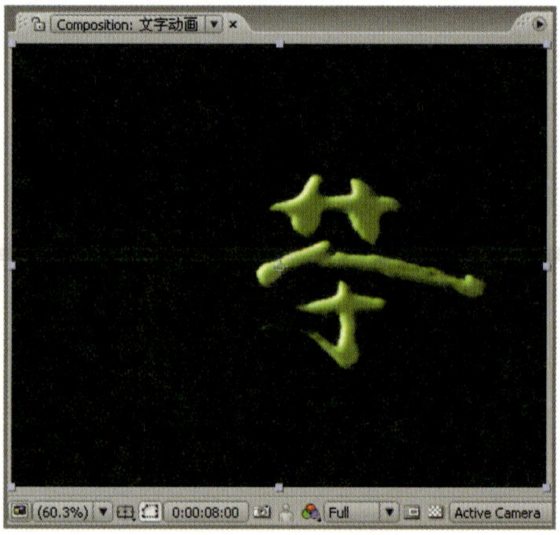


图7-19　Glow效果

## 7.2.3 制作其他文字呈擦拭方式出场的动画效果

❼导入书法笔画素材“共饮一壶”。在 Project 项目窗口中的空白处双击，打开“Import File（导入文件）”对话框，从中选择作为书法笔画素材的 PSD 文件“共饮一壶”，然后单击“打开”按钮进行导入，如图 7-20 所示。

接着在打开的 PSD 文件导入设置对话框中的 Import Kind（导入种类）下拉列表中选择“Footage（素材）”选项，并在“Layer Options（图层选项）”选项组内的“Choose Layer（选择图层）”下拉列表中选择“共饮一壶”选项，单击然后 OK（确定）按钮进行导入，即可将该 PSD 文件内的图层“共饮一壶”以 Footage（素材）的形式导入到该 After Effects 项目中，如图 7-21 所示。

❽调整“共饮一壶\共饮一壶.psd”层的 Scale（缩放）、Position（位置）属性参数设置。首先将图片素材“共饮一壶\共饮一壶.psd”从 Project 项目窗口调入“文字动画”合成文件的 Timeline 面板中，然后选中“共饮一壶\共饮一壶.psd”层并按快捷键 S 和快捷键 Shift+P，同时调出该层的 Scale（缩放）属性和 Position（位置）属性选项。然后设置其 Scale（缩放）参数为（65.0，65.0），Position（位置）参数为（80.0,288.0），如图 7-22 所示，效果如图 7-23 所示。

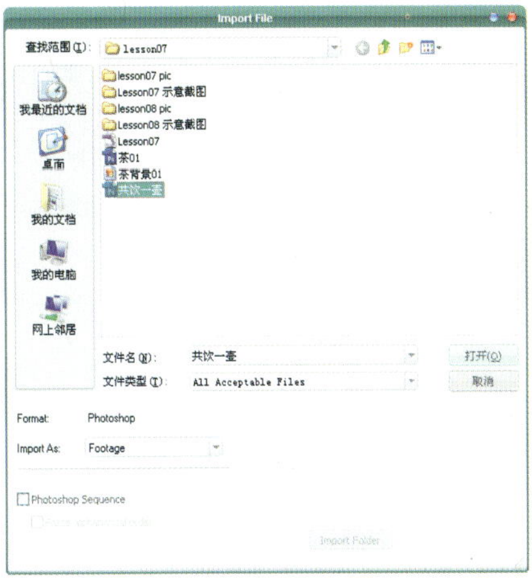


图7-20 导入素材文件

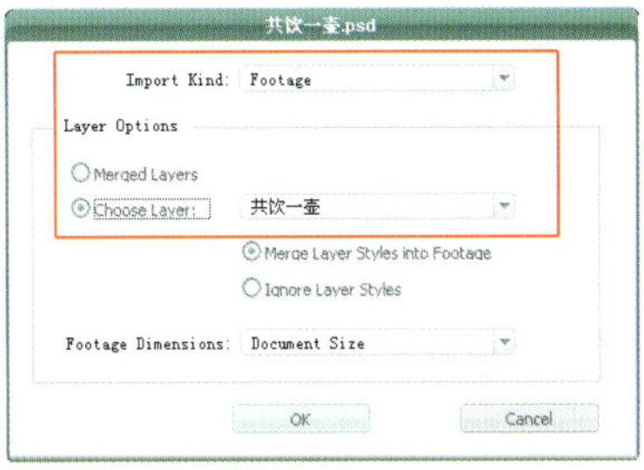


图7-21 在PSD文件导入所需图层

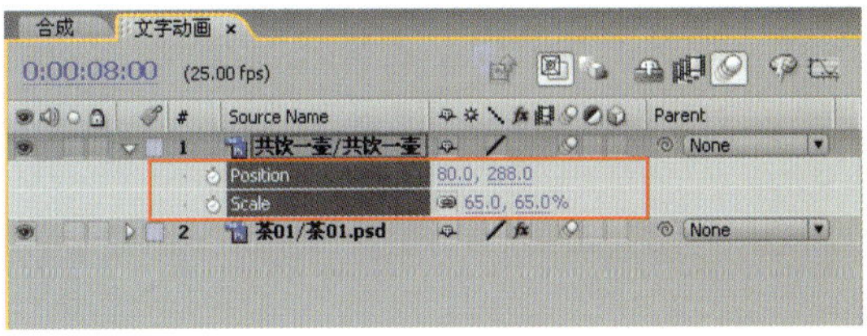


图7-22 调整属性

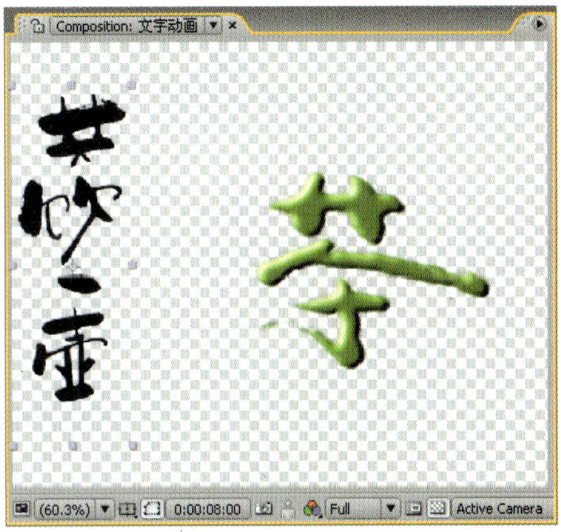


图7-23 显示效果

9制作“共饮一壶\共饮一壶.psd”层的Position（位置）属性关键帧动画。首先将时间指针移至0:00:00:00处，然后单击“共饮一壶\共饮一壶.psd”层Position属性左侧的秒表图标，为其新建Position属性关键帧。接着再将时间指针移至0:00:08:00处，并将“共饮一壶\共饮一壶.psd”层的Position位置属性参数改为（260.0，288.0），即在0:00:08:00处，该层自动生成新的Position属性关键帧，如图7-24所示。

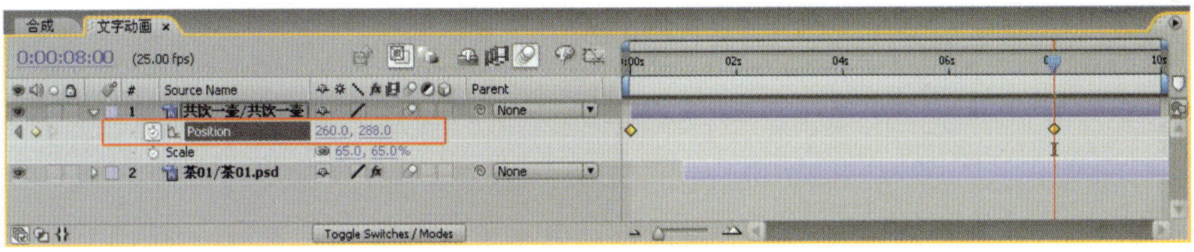


图7-24 设置关键帧

10为“共饮一壶\共饮一壶.psd”层添加“Bevel Alpha（Alpha斜角）”特效。在Timeline面板内选择“共饮一壶\共饮一壶.psd”层并右击，从弹出的快捷菜单中选择“Effect（特效）”→“Perspective（透视）”→“Bevel Alpha（Alpha斜角）”选项。然后在其“Bevel Alpha（Alpha斜角）”特效控制面板中，设置Edge Thickness（边缘厚度）为“9.00”，Light Intensity（灯光强度）为“0.85”，如图7-25所示，效果如图7-26所示。

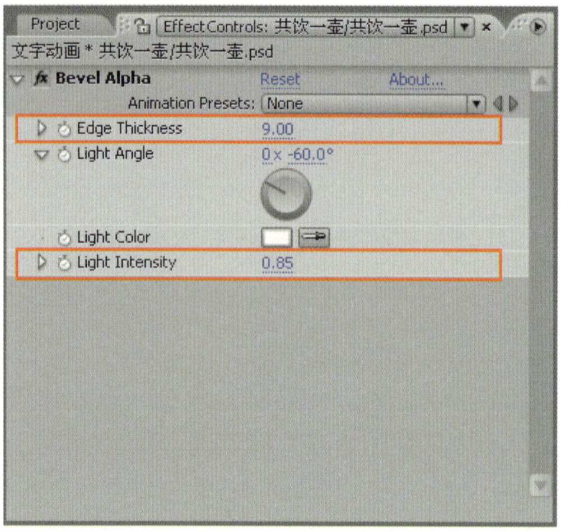


图7-25　参数设置

图7-26　Bevel Alpha效果

⑪创建“共饮一壶的蒙版”层。在“文字动画”合成文件的 Timeline 面板内，按快捷键 Ctrl+Y 新建一个固态层。然后在打开的对话框中设置 Name（名称）为“共饮一壶的蒙版”，Color（色彩）为“黑色”，如图 7-27 所示。

⑫为“共饮一壶的蒙版”层添加 Paint（绘画）特效。在合成文件“文字动画”内选择“共饮一壶的蒙版”层并右击，从弹出的快捷菜单中选择“Effect（特效）”→“Paint（绘画）”→“Paint（绘画）”选项。然后在其 Paint（绘画）特效控制面板内，勾选“Paint on Transparent（在透明上绘画）”复选框，即使绘画效果显示在透明背景上，如图 7-28 所示。

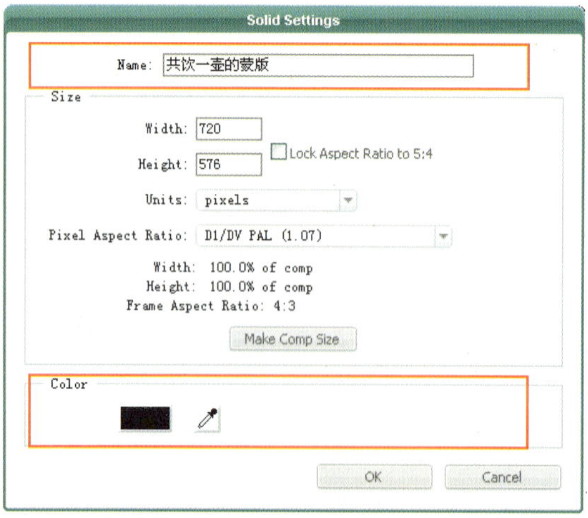


图7-27　创建层

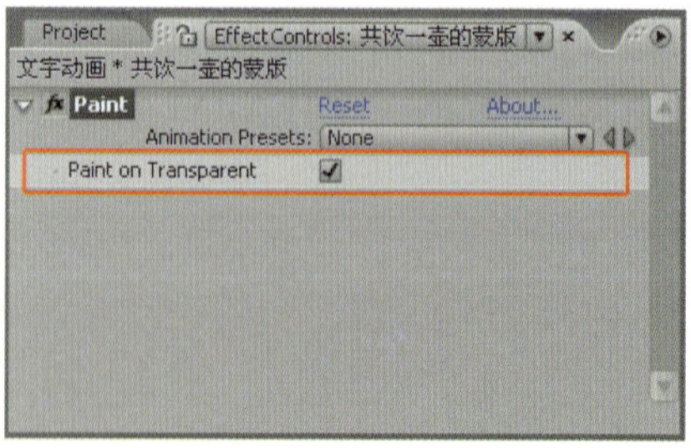


图7-28　勾选复选框

注：Paint（绘画）特效是一个非常实用的描绘类型特效，当我们在某个图层上使用任意一种绘图工具（笔刷、橡皮擦或者图章等）时，程序都会自动为该图层添加一个Paint特效，并且在该图层上每描绘出一个笔画，其Paint特效选项内都会增加一个被称为Brush（Brush 1、Brush 2、...）的属性选项。然后再通过设置Brush的属性参数，可以实现动画描绘的效果。

⑬设置笔刷、绘画属性参数。首先在 Tools（工具）面板中单击“笔刷工具”按

钮，接着在 After Effects 主菜单栏中选择“Window（窗口）”→“Brush Tips（笔刷）”选项，打开“Brush Tips（笔刷）”对话框。在其中选择一个倾斜状的毛笔类型笔刷，并设置 Diameter（直径）为“70”，Angle（角度）为“45”，Roundness（圆度）为“45”，Hardness（硬度）为“0”,Size（大小尺寸）设为“Pen Pressure（笔压）”，如图 7-29 所示。

然后在 After Effects 主菜单栏中选择“Window（窗口）”→“Paint（绘画）”选项，打开 Paint（绘画）对话框。在其中设置 Opacity（透明度）为“100”,Flow（流量）为“100”，前景色和背景色均设为“白色”，如图 7-30 所示。

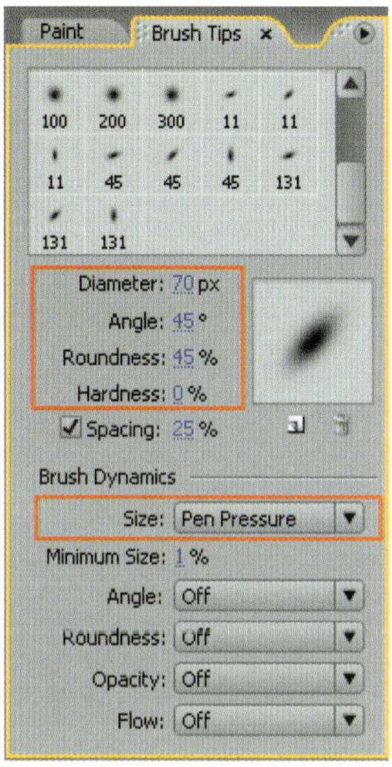


图7-29　设置窗口

图7-30　设置窗口

⑭制作“共饮一壶的蒙版”层的 Paint（绘画）特效关键帧动画。首先在 Timeline 面板内双击“共饮一壶的蒙版”层，打开其图层窗口。接着使用笔刷工具在此图层窗口内绘制出能覆盖住文字“共饮一壶”的一块白色图形，如图 7-31 所示。

**注**：此处笔刷工具的运用技巧是以反复擦拭的运笔方式来绘制图形，并且在绘制过程中不应出现明显停顿或者更新笔画，从而形成一笔而就的效果。

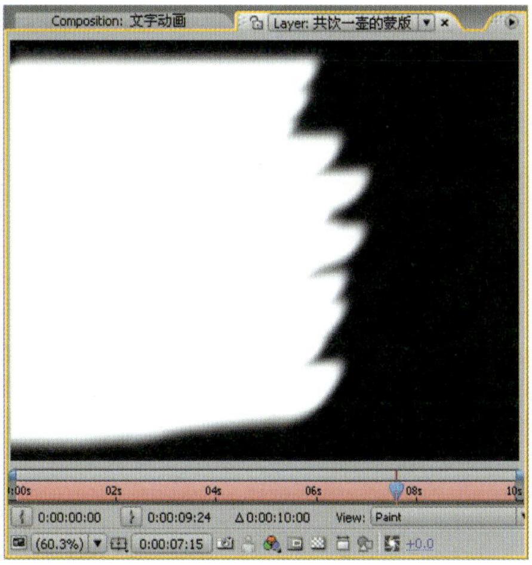


图7-31　绘制白色图形

然后在 Timeline 面板内展开“共饮一壶的蒙版”层的 Paint 特效选项，再展开其中的 Brush 1（笔刷 1）属性选项。在其中设置“Stroke Options（描边选项）”选项内的 End（结束）属性参数为“0.0”，并设置 Color（色彩）为“白色”。

在时间 0:00:00:00 处，单击 Brush 1 属性选项内的 End 属性左侧的秒表图标，即在 0:00:00:00 处新建 End 属性关键帧。然后在时间 0:00:06:00 处，将其 End 属性参数设置为“100”，即在 0:00:06:00 处，“共饮一壶的蒙版”层的 Paint 特效自动生成新的 End 属性关键帧，如图 7-32 所示。

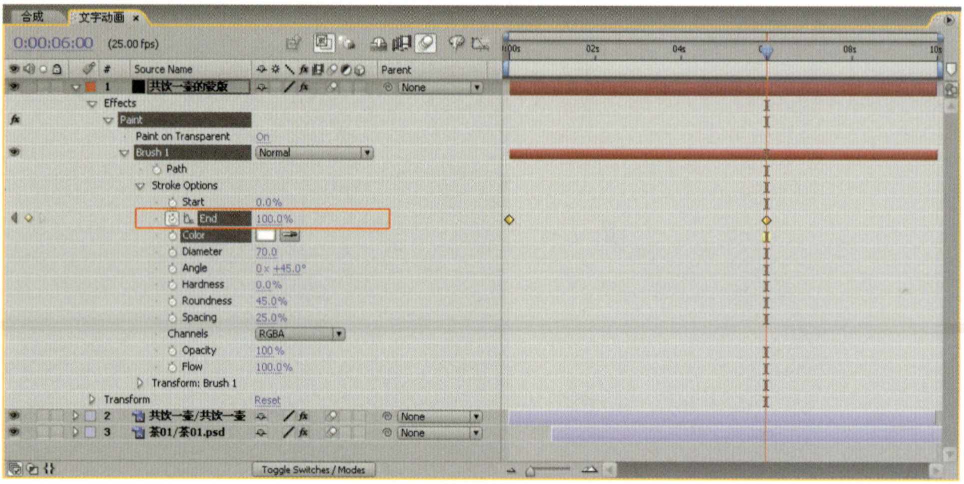

图7-32　设置Paint特效关键帧

至此，之前绘制的白色图形呈擦拭方式描绘的动画效果就制作完成了，效果如图 7-33 所示。

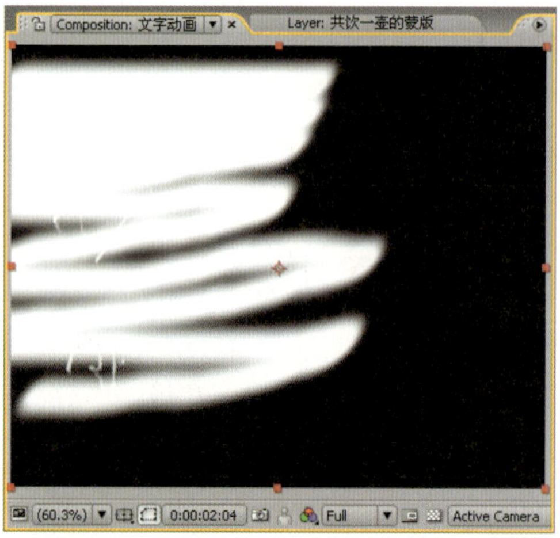

图7-33　动画截图

⑮设置“共饮一壶 / 共饮一壶 .psd”层的“Track Matte”模式。在 Timeline 面板内单击“共饮一壶 / 共饮一壶 .psd”层右侧的 Track Matte 下拉菜单，从中选择第 3 项 Luma Matte“共饮一壶的蒙版”，即以上层“共饮一壶的蒙版”层的亮度区域作为下层“共饮一壶 / 共饮一壶 .psd”层的透明通道，使下层图像从上层像素的亮度区域显示出来。至此，文字“共饮一壶”呈擦拭方式出场的动画效果已经制作完成，如图 7-34 所示，效果如图 7-35 所示。

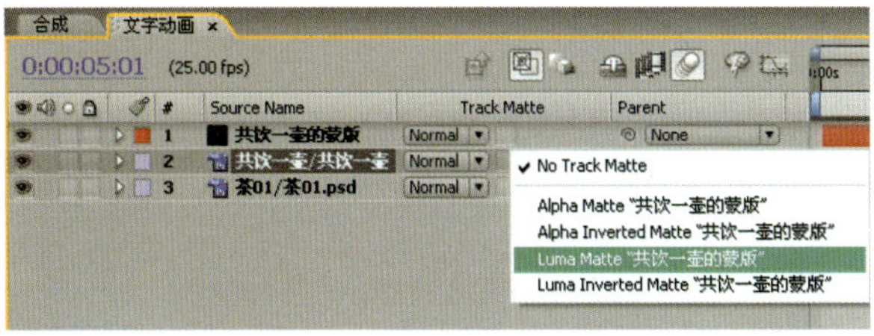


图7-34 设置Track Matte模式

图7-35 动画效果截图

## 7.2.4 完善并合成最终动画效果

⑯导入场景素材，并将其与合成文件“文字动画”一起置入工程文件。首先，在Project 项目窗口中的空白处双击，打开 Import File( 导入文件 ) 对话框，从中选择作为场景素材的 JPG 文件“茶背景 01”，然后单击“打开”按钮进行导入，如图 7-36 所示。

接着,在 Project 项目窗口中同时选中图片素材“茶背景 01.jpg”和合成文件“文字动画”,并将它们一起调入“合成”工程文件的 Timeline 面板中，生成“茶背景 01.jpg”层和“文字动画”合成层。然后将“文字动画”合成层置于 Timeline 面板内顶层位置,如图 7-37 所示。

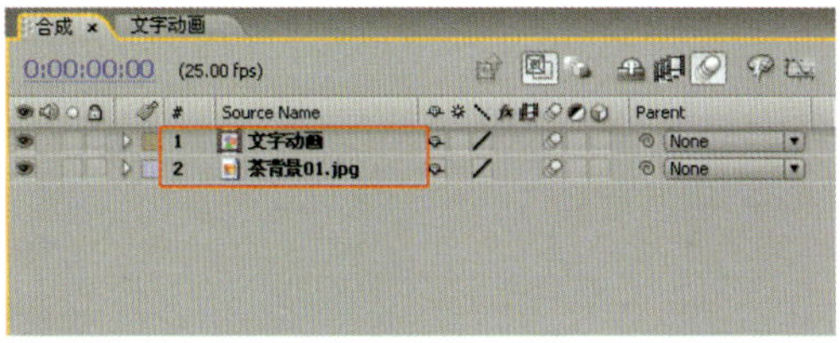


图7-36 导入素材文件 图7-37 素材“茶背景01.jpg”和合成文件“文字动画”一起置入工程

⑰制作“茶背景 01.jpg”层和“文字动画”合成层的 Position（位置）、Scale（缩放）属性关键帧动画。首先，在 Timeline 面板内同时选中“茶背景 01.jpg”层和“文字动画”合成层,并按快捷键 S 和快捷键 Shift+P,同时调出它们的 Position（位置）属性和 Scale（缩放）属性选项。

接着，将时间指针移至0:00:00:00处，并单击“文字动画”合成层Position属性左侧的秒表图标，即该合成层在0:00:00:00处新建Position属性关键帧。

再分别单击“茶背景01.jpg”层的Position属性和Scale属性左侧的秒表图标，即该层在0:00:00:00处同时新建Position属性和Scale属性关键帧，如图7-38所示。

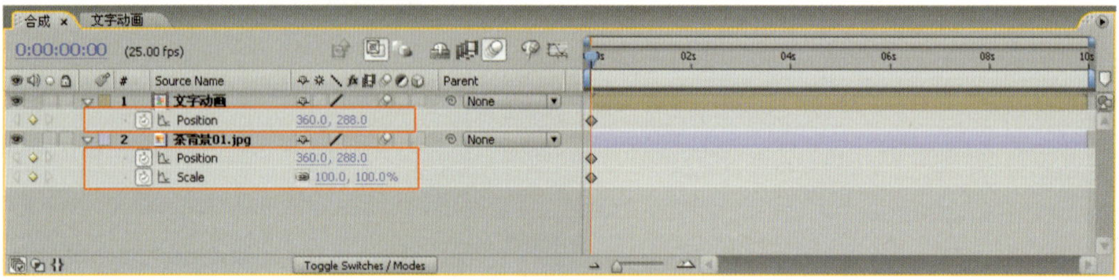


图7-38　设置关键帧

然后，将时间指针移至0:00:09:00处，将“文字动画”合成层的Position位置属性参数改为（385.0，365.0），并将“茶背景01.jpg”层的Position位置属性参数改为（600.0，98.0）。接着将“茶背景01.jpg”层的Scale缩放属性参数改为（125.0,125.0）,即在0:00:09:00处，这两层均自动生成新的Position属性和Scale属性关键帧，如图7-39所示，最终效果如图7-40所示。

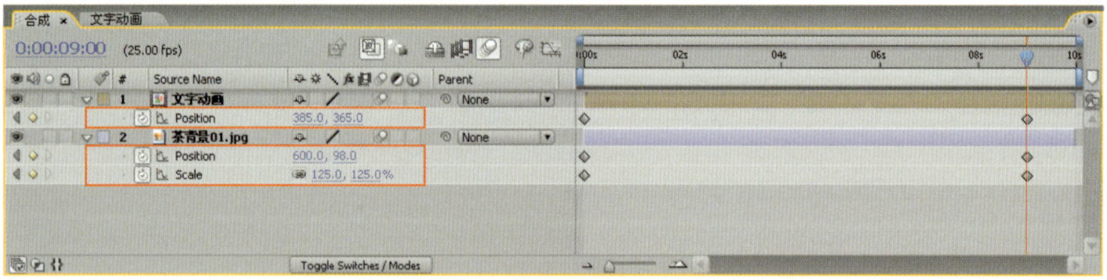


图7-39　设置关键帧

图7-40　最终动画效果截图

至此，本案例的具体制作步骤结束。

## 7.3 同类索引

通过本章案例的学习，用户已经知道了如何制作模拟书写文字描绘的动画效果、文字呈擦拭方式出场的动画效果等。其中，第一步模拟书写文字的书法描绘效果是本章案例制作中的重中之重，主要通过运用 Fill，Vector Paint 等特效来实现；其次，为上一步描绘动画中的文字笔画制作立体化、亮化效果，主要通过运用 Fast Blur、Bevel Alpha、Glow 等特效来实现。另外，制作其他文字呈擦拭方式出场的动画效果也是本章案例制作中的重点和难点，这种文字动画效果则是通过运用 Paint 和 Bevel Alpha 特效、制作 Position 属性关键帧动画以及设置 Track Matte 模式等方法来实现的。

场景中的笔画、文字、线段、图形等被逐步描绘出来的视觉效果，在影视特效制作中都可以归类为“描绘动画”。After Effects 实现这种“描绘动画”的基本原理及制作逻辑是：按照制作者手动描绘时的顺序、速度，运用预先设定的笔刷及颜色，回放整个描绘过程并产生动画。制作者还可以运用各种方法来设置所绘制效果与源图层效果之间的叠加方式。

可以看出，如何运用并设置 Vector Paint、Paint 等特效是本节最重要的技巧知识点，也是制作诸如此类描绘动画效果的关键所在。下面将本节制作思路及方法进行扩展延伸，探寻此类影像效果的画面细节并充分挖掘其运用到的 After Effects 中的其他技巧。

- **索引案例：水墨《眼睛》的绘画过程**

这个索引案例表现的是运用水墨风格将一只眼睛逐笔勾画出来的绘画过程。这样的效果与本章案例“矢量手写 LOGO 文字”的效果都属于“描绘动画”效果，而两者之间的主要区别在于描绘对象和描绘笔刷形态的不同。本章案例中的描绘对象是文字图形，而此索引案例的描绘对象是更加复杂的眼睛图形。本章案例中用于模拟书写文字的设定笔刷具有较强的矢量感，而且其书写笔画也具有较强的立体感，而此索引案例中模拟的是水墨风格的绘画过程，其笔刷形态显得更加柔软、潮湿。那么如何运用本章案例的制作逻辑制作这种新的动画效果呢？

由于最终效果存在描绘对象和描绘笔刷形态这两点差异，因此索引案例“水墨《眼睛》的绘画过程”的制作步骤主要根据这两方面来做出调整和延伸。首先，运用 Vector Paint 特效制作出眼睛图形的描绘动画效果。其次，通过复制并生成新图层、运用 Fast Blur 特效、调整图层入点时间等方法，将之前描绘眼睛的动画效果做模糊虚化、时间延迟等处理，最后，将这两个效果所在层以正片叠底的模式进行混合，即可实现水墨风格的描绘效果。案例最后效果如图 7-41 所示。

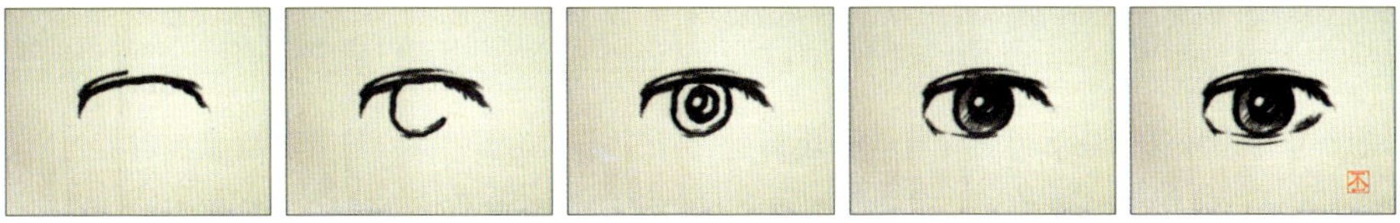

图7-41 索引案例最后效果

下面介绍索引案例的具体操作步骤。

- **索引案例制作步骤**

1 以合成影像形式导入素材“眼睛素描”。首先，在 Project 项目窗口中的空白处双击，打开“Import File( 导入文件 )”对话框，在其中选择作为绘画素材的 PSD 文件“眼睛素描”，并在“Import File( 导入文件 )”对话框下方的“Import As（导入为）”下拉列表中选择“Composition（合成）”选项，即将该 PSD 素材以合成影像的形式导入。然后单击“打开”按钮进行导入，如图 7-42 所示。

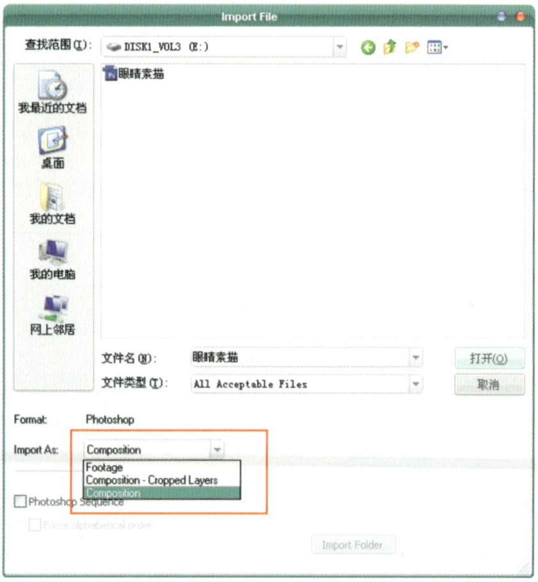

图7-42　导入PSD文件

接着，在 Project 项目窗口中双击“眼睛素描”合成文件，打开其 Timeline 面板。可以看到“眼睛素描”合成文件内已置入了“图章”和“眼睛素描 01”这两个图层，即原 PSD 文件的图层结构、图层画面已被保留，如图 7-43 所示，效果如图 7-44 所示。

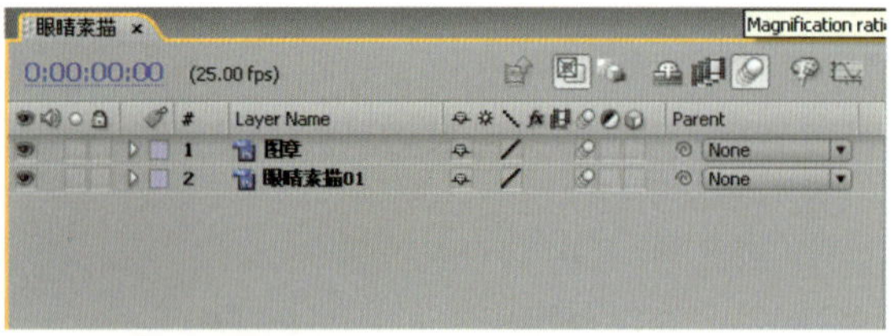

图7-43　合成文件内已置入了原PSD图层

图7-44　窗口显示效果

❷为“眼睛素描 01”层添加“Vector Paint（矢量绘画）”特效并制作其描绘动画。首先，在合成文件“眼睛素描”内选择“眼睛素描 01”层并右击，从弹出的快捷菜单中选择“Effect（特效）”→“Paint（绘画）”→“Vector Paint（矢量绘画）”选项。然后在其“Vector Paint（矢量绘画）”特效控制面板内，设置 Radius（半径）为“11”，Brush Type（笔刷类型）为“Paint（绘画）”，Feather（羽化）为“0”，Opacity（透明度）为“100”，Color（色彩）为“白色”，如图 7-45 所示。

这时在合成文件“眼睛素描”的合成图像窗口的左侧出现了一列绘画工具。单击左上方的“箭头”按钮，在弹出的下拉菜单中选择“Shift-Paint Records（绘画记录）”→“Continuously（连续）”选项，使程序可以将进行的绘制过程动态记录下来，如图7-46所示。

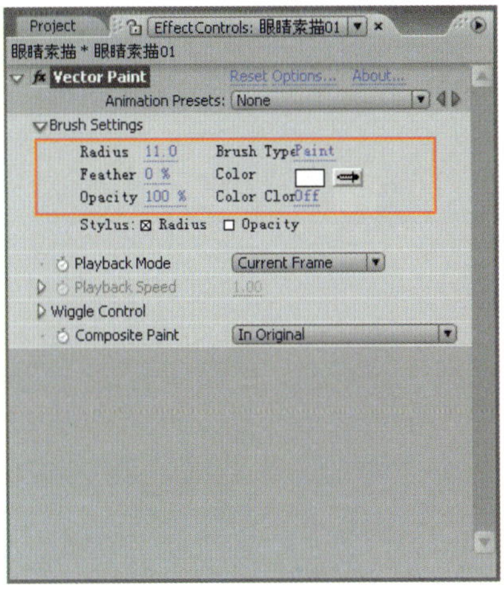


图7-45 参数设置（一）

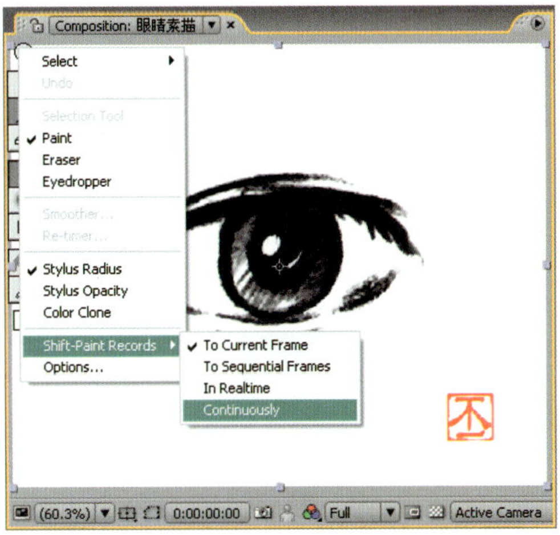


图7-46 设置动态记录功能

然后在按住Shift键的同时，按住鼠标左键不放，并沿着合成图像窗口中眼睛图形的勾画顺序描摹一遍，如图7-47所示。

**注**：只有在不同线条之间停顿时，才可释放鼠标。

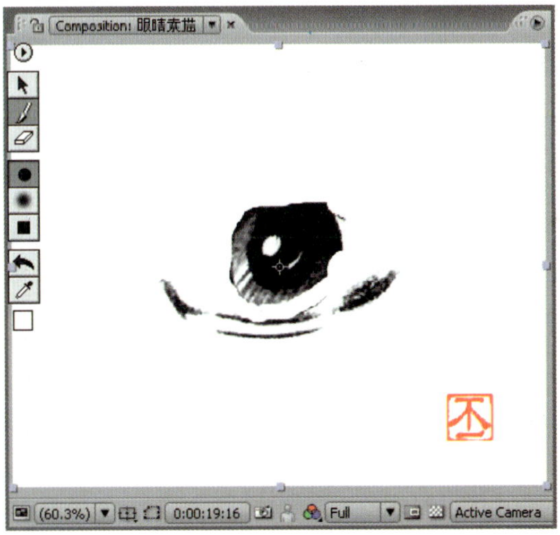


图7-47 描摹眼睛

接着，在“眼睛素描01”层的“Vector Paint（矢量绘画）”特效控制面板中，将“Playback Mode（播放模式）”设置为“Animate Strokes（动画描边）”，即实时回放全部笔画的描绘过程，包括绘制中的停顿与快慢。然后设置Playback Speed（播放速度）为“5.00”，Composite Paint（合成绘画）为“As Matte（作为蒙版）”，即将之前描摹的白色笔画设为当前图层“眼睛素描01”的蒙版，如图7-48所示。

至此，将一只眼睛逐笔勾画出来的描绘动画效果就初步完成了，效果如图 7-49 所示。

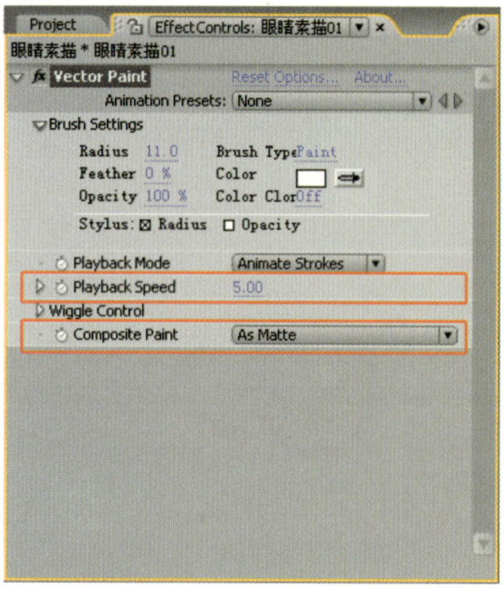


图7-48　参数设置（二）

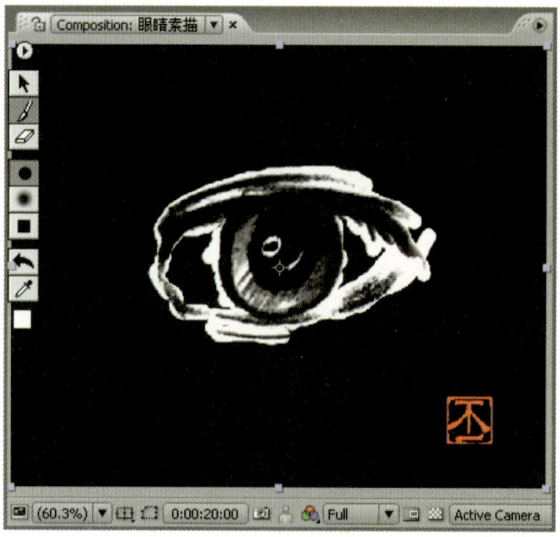


图7-49　动画截图

❸导入底图素材并设置“图章”层和“眼睛素描 01”层的图层混合模式。首先，在 Project 项目窗口中的空白处双击，打开 Import File(导入文件)对话框并在其中选择作为底图素材的 JPG 文件“宣纸 01”进行导入，然后将其置入“眼睛素描”合成文件。

接着，在“眼睛素描”合成文件的 Timeline 面板中，分别单击“图章”层和“眼睛素描 01”层右侧的 Mode（混合模式）下拉菜单，从中都选择“Multiply(相乘模式)”选项，从而使眼睛和图章图形产生叠加在底图宣纸纸面上的视觉效果，如图 7-50 所示，效果如图 7-51 所示。

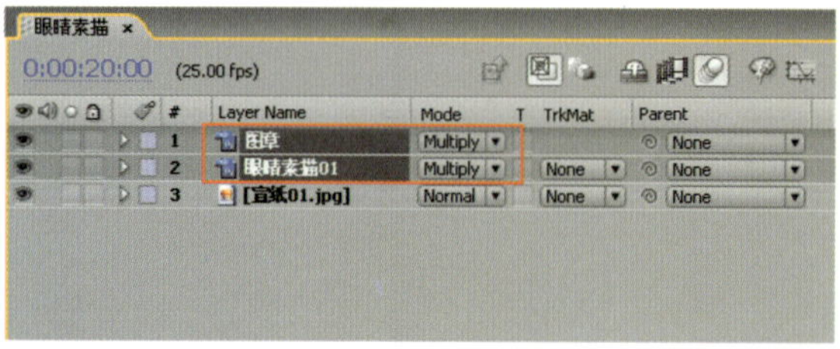


图7-50　导入底图素材并设置其他图层的混合模式

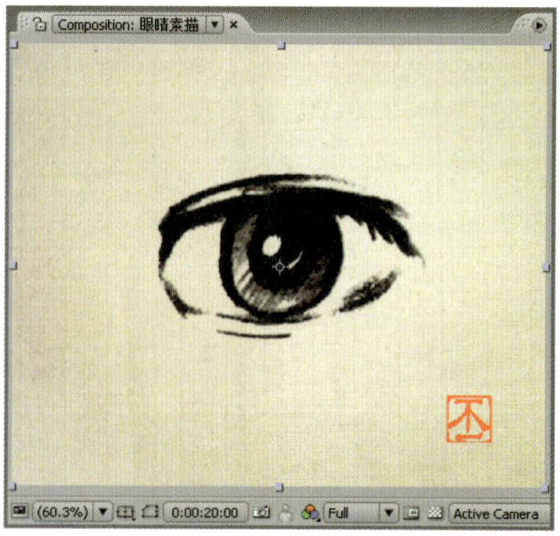


图7-51　设置混合模式为Multiply后的效果

❹复制并生成“眼睛素描 02”层，并为“眼睛素描 01”层添加“Fast Blur(快速模糊)”特效。首先，在 Timeline 面板内选中“眼睛素描 01”层，再按快捷键 Ctrl+D 复制并新建该层，即生成“眼睛素描 02”层。然后在 Timeline 面板内拖动“眼睛素描 02”层并将其置于“眼睛素描 01”层的上层位置。

接着，在 Timeline 面板内选择“眼睛素描 01”层并右击，从弹出的快捷菜单中选择“Effect(特效)”→“Blur&Sharpen(模糊 & 锐化)”→“Fast Blur(快速模糊)”选项，并设置其 Blurriness(模糊)属性参数为“6.00”，如图 7-52 所示。

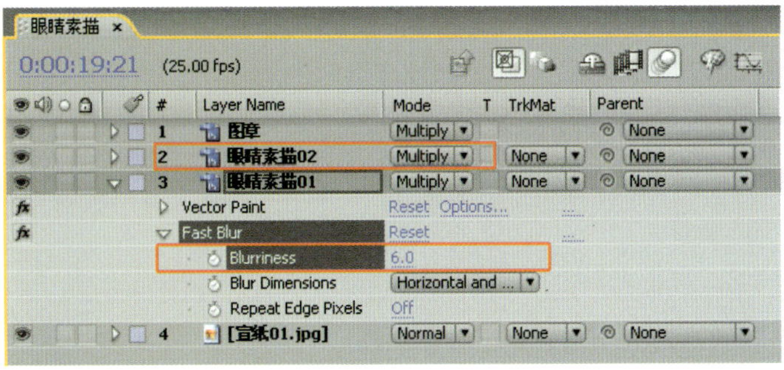


图7-52 添加Fast Blur特效

5设置“眼睛素描 01”层的图层入点时间。首先将时间指针移至 0:00:00:03 处，然后在按住 Shift 键的同时单击“眼睛素描 01”层并将其向 Timeline 面板右侧拖动，直至该层片段入点位置被吸附到当前的时间指针位置，即 0:00:00:03 处，如图 7-53 所示，效果如图 7-54 所示。

注：通过对该层入点时间的调整，使其动态描绘眼睛的模糊效果在延迟3帧之后开始显现，以此模拟毛笔接触纸面时先轻后重、先干后湿的水墨笔触效果。

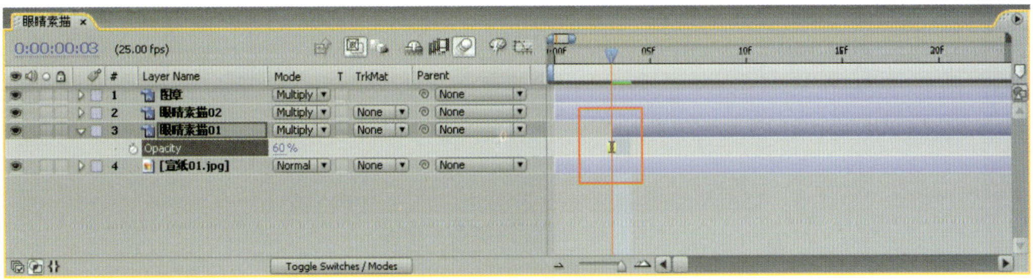


图7-53 设置图层入点时间

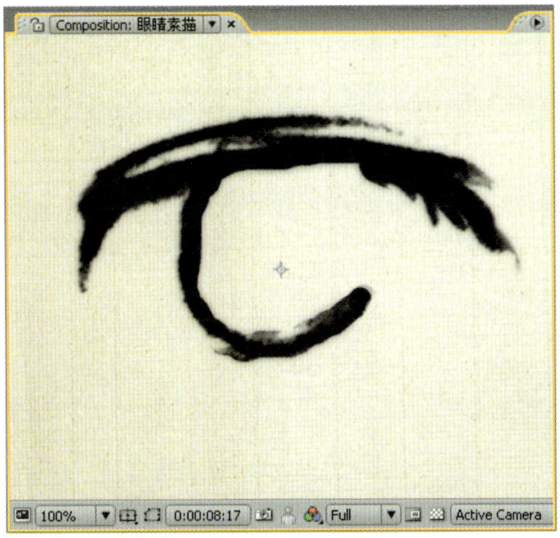


图7-54 模拟毛笔水墨笔触效果

6制作“图章”层的 Opacity（透明度）关键帧动画。首先，将时间指针移至 0:00:21:00 处，并单击“图章”层 Opacity（透明度）属性左侧的秒表图标来新建关键帧，然后将此 Opacity（透明度）关键帧参数设置为“0”。接着，将时间指针移至 0:00:22:10 处，并将“图章”层的

Opacity 透明度属性参数改为“100”。至此，模拟图章逐渐印在宣纸纸面上的淡入动画效果制作完成，如图 7-55 所示，最终效果如图 7-56 所示。

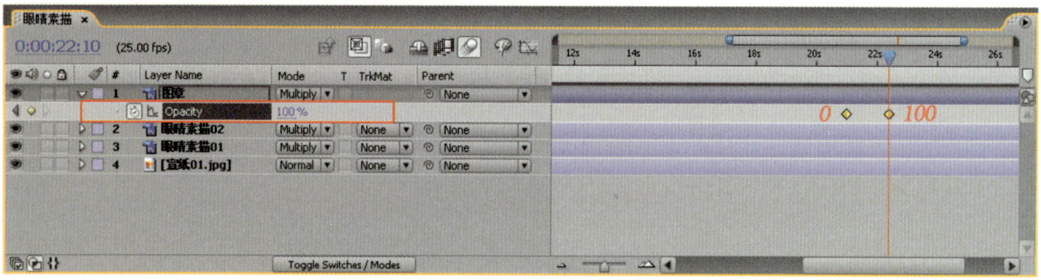

图7-55　设置Opacity（透明度）属性关键帧

图7-56　最终动画效果截图

至此，整个动画效果就完成了。

# 第8章

## 光影班驳的字体表面扫光

## 8.1 案例简介

这个案例表现的是一片斑驳闪烁的光影在字体“AE ART”表面上流动并最后出现背面绚丽扫光的动画效果。通过示意图可以分析一下如何在 After Effects 中制作这样的效果。

首先，通过运用 Fractal Noise 特效并设置其特效关键帧及运用 The Wiggler 抖动功能等方法，制作出一片斑驳闪烁的光影动画效果。其次，通过运用 Basic Text、Ramp 特效结合 Track Matte 模式设置的方法，制作出字体“AE ART”区域范围内的光影效果，然后通过改变图层混合模式的方法将其与下层字体合成。最后，确定上述动画效果的合成文件已置入工程文件，再通过为其添加 Trapcode Shine 插件特效制作出字体背面绚丽扫光的动画效果。制作思路示意图如图 8-1 所示，最后效果如图 8-2 所示。

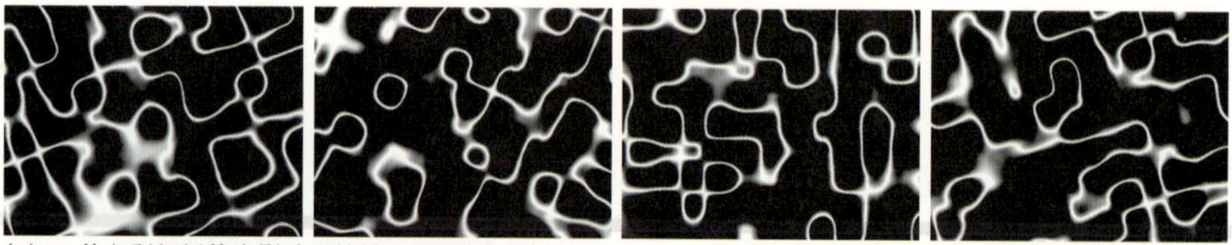

(1) 一片斑驳闪烁的光影动画效果：运用 Fractal Noise 特效

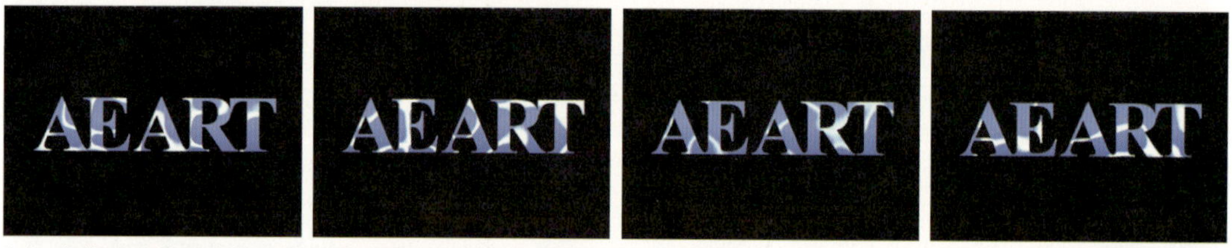


(2) 字体区域范围内的光影效果：运用 Basic Text 特效、Ramp 特效、Track Matte 模式设置、改变图层混合模式

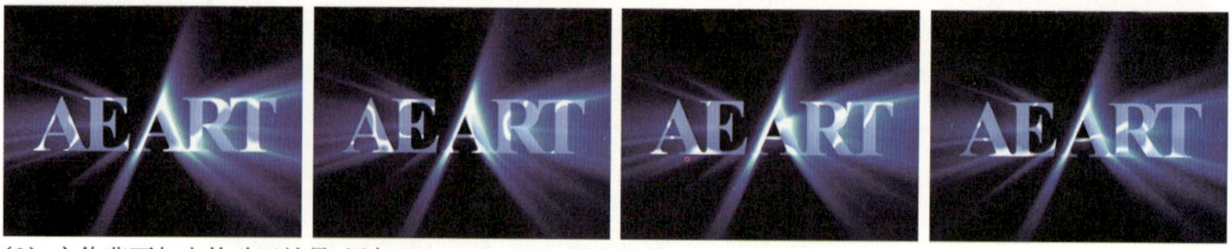


(3) 字体背面扫光的动画效果：添加 Trapcode Shine 插件特效

图8-1　制作思路示意图

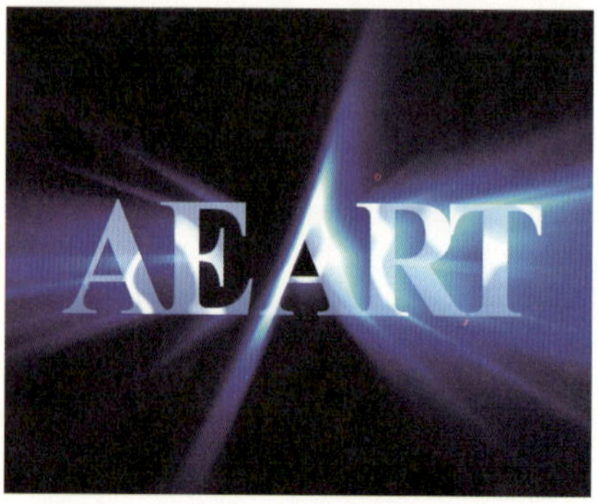


图8-2　最后效果

# 8.2 具体制作

## 8.2.1 创建工程文件和斑驳闪烁的光影动画效果

❶新建工程文件“合成”和合成文件“斑驳光影字体”。首先，启动 After Effects CS3 程序，并按快捷键 Ctrl+N 新建一个合成文件。然后在打开的合成文件设置对话框中设置 Composition Name（合成名称）为“合成”。在 Basic（常规）选项卡下的 Preset（预置）下拉列表中选择“PAL D1/DV”选项，并设置 Width（宽）为“720”，Height（高）为“576”，Frame Rate（帧率）为“25 帧 / 秒”，Duration（持续时间）为“0:00:10:00”，然后单击 OK（确定）按钮完成设置，如图 8-3 所示。

接着，再次按快捷键 Ctrl+N 新建一个合成文件。在打开的合成文件设置对话框中设置 Composition Name（合成名称）为“斑驳光影字体”。然后在 Basic（常规）选项卡下的 Preset（预置）下拉列表中选择“PAL D1/DV”选项，并设置 Width（宽）为“720”，Height（高）为“576”，Frame Rate（帧率）为“25 帧 / 秒”，Duration（持续时间）为“0:00:10:00”，然后单击 OK（确定）按钮完成设置，如图 8-4 所示。

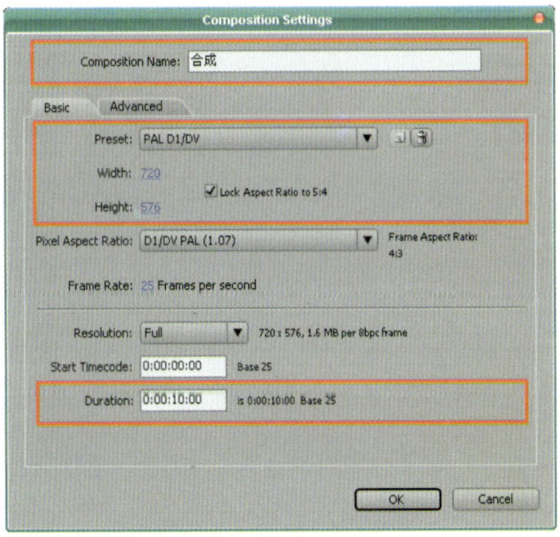


图8-3　新建工程文件

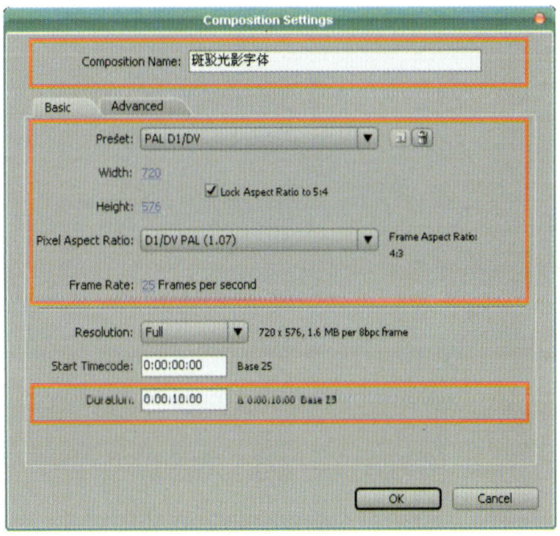


图8-4　新建合成文件

❷创建“斑驳光影”层。在“斑驳光影字体”合成文件的 Timeline 面板内，按快捷键 Ctrl+Y 新建一个固态层。然后在打开的对话框中设置 Name（名称）为“斑驳光影”，Color（色彩）为“黑色”，再单击 OK（确定）按钮完成设置，如图 8-5 所示。

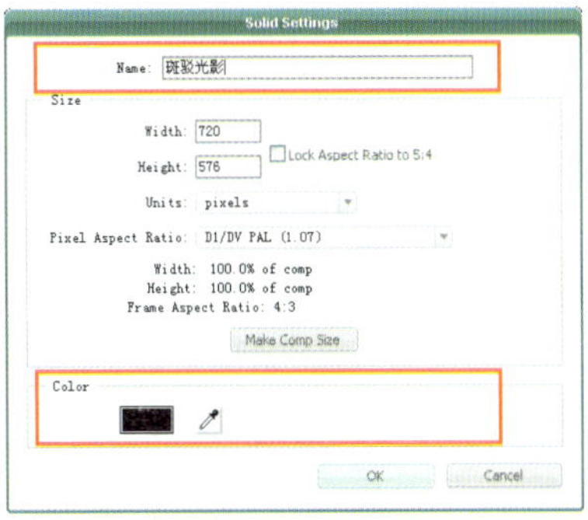


图8-5　创建“斑驳光影”层

③为“斑驳光影”层添加“Fractal Noise(分形噪波)”特效并设置其特效关键帧。在“斑驳光影字体”合成文件中选择“斑驳光影”层并右击,从弹出的快捷菜单中选择“Effect(特效)”→“Noise&Grain(噪点和颗粒)”→“Fractal Noise(分形噪波)”选项。然后在其“Fractal Noise”特效控制面板中,设置Fractal Type(分形类型)为“Strings(字串)”,Contrast(对比度)为“650.0”,Brightness(亮度)为“15.0”,Complexity(噪波复杂度)为“2.0”。

接着,将时间指针移至0:00:00:00处,并在“斑驳光影”层的“Fractal Noise”特效控制面板中展开Transform(转换)选项,然后设置其中Rotation(旋转)为(0x,+0.0°),并单击Rotation(旋转)属性左侧的秒表图标新建一个特效关键帧。再设置Evolution(相位演变)为(0x,+0.0°),并单击Evolution(相位演变)属性左侧的秒表图标新建一个特效关键帧。最后设置Opacity(透明度)为“100.0”,并单击Opacity(透明度)属性左侧的秒表图标新建一个特效关键帧,如图8-6所示,效果如图8-7所示。

注:Fractal Noise(分形噪波)特效可以实现类似水面、云层、烟雾、熔浆等噪波纹理的动态效果。

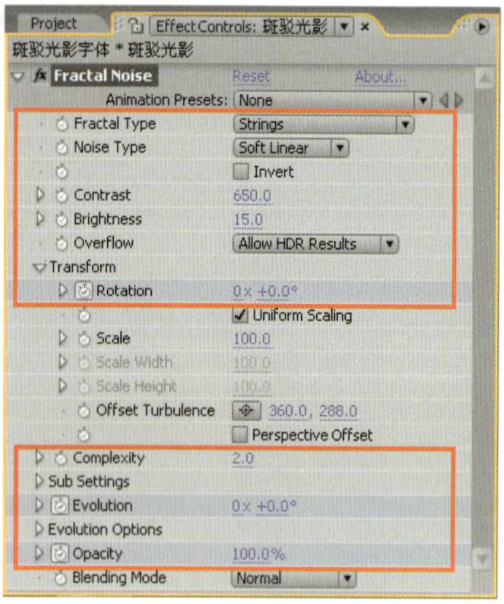


图8-6 Fractal Noise特效参数设置

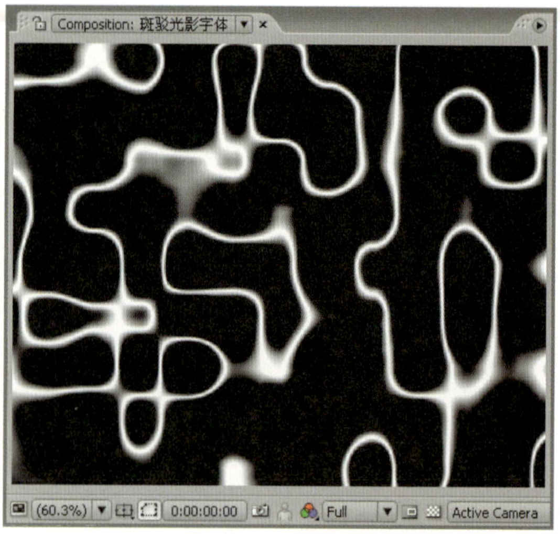


图8-7 Fractal Noise特效效果

然后,在时间0:00:09:00处,将“斑驳光影”层的“Fractal Noise(分形噪波)”特效内的Rotation(旋转)属性设置改为(1x,+0.0°),即在0:00:09:00处,“斑驳光影”层的“Fractal Noise”特效的Rotation属性自动生成另一个关键帧,在此9秒内该层的噪波内部旋转变化了1周。

同样在时间0:00:09:00处,将Evolution(相位演变)属性设置改为(6x,+0.0°)。即在9秒处,该层Fractal Noise特效的Evolution属性自动生成另一个关键帧,在此0:00:09:00内该层的噪波内部相位演变了6圈。

最后,在时间0:00:09:00处,单击“Fractal Noise”特效内Opacity(透明度)属性位于Timeline面板最左侧的菱形图标,新建一个与之前关键帧参数一致的该属性关键帧。这样,一片Strings(字串)类型的灰度光影动画就基本制作完成,如图8-8所示,效果如图8-9所示。

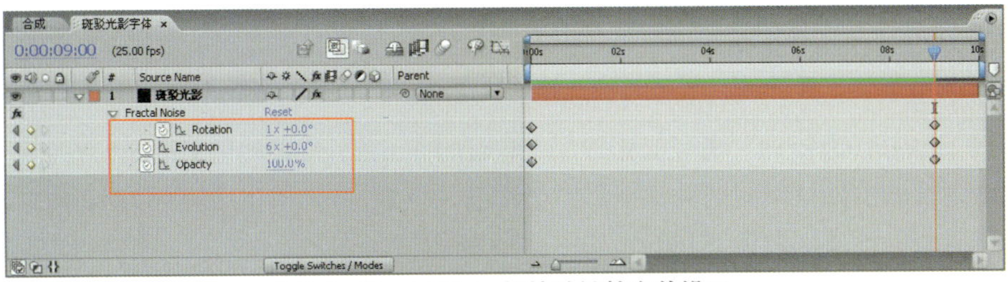


图8-8 Fractal Noise特效关键帧参数设置

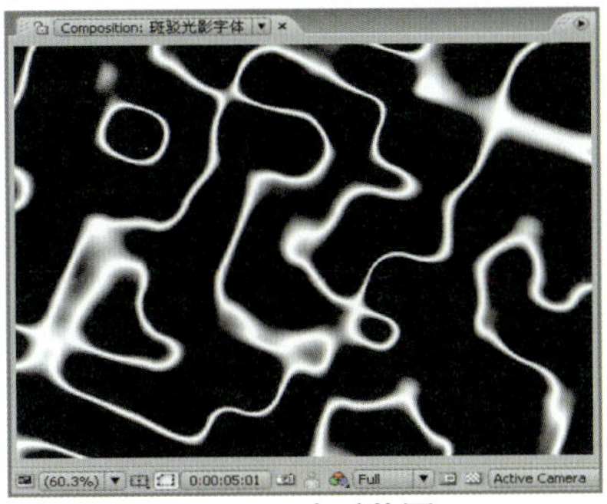


图8-9 动画截图

4为“斑驳光影”层的“Fractal Noise（分形噪波）”特效内的Opacity(透明度)属性添加随机化关键帧。首先，在“斑驳光影字体”合成文件的Timeline面板内，单击“斑驳光影”层的“Fractal Noise”特效内的Opacity属性项目，并选中其全部关键帧，如图8-10所示。

**注**：由于“斑驳光影”层Fractal Noise特效内的Opacity属性的前后两个关键帧参数皆为100%，所以此前制作的光影动画效果没有任何透明度变化。下面通过为该层Fractal Noise特效的Opacity属性添加随机化关键帧，制作光影本身忽明忽暗、斑驳闪烁的视觉效果。

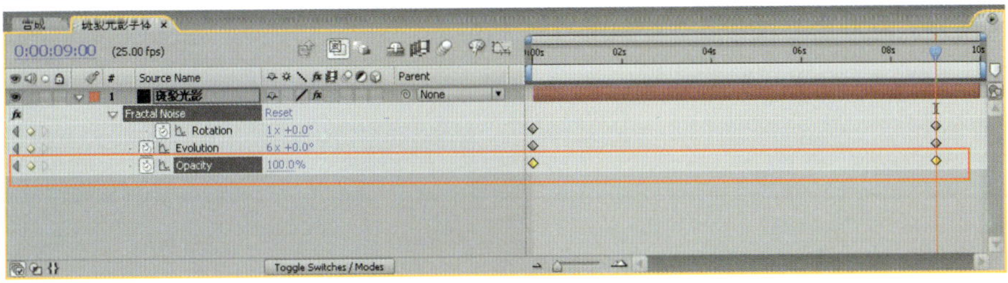


图8-10 选中全部关键帧

接着，在After Effects主菜单栏中单击“Window(窗口)”→“The Wiggler(抖动器)”选项，打开“The Wiggler(抖动器)”设置对话框。在该设置对话框设置Apply To（应用到）为“Temporal Graph(时间曲线图)”，Noise Type（噪波类型）为“Smooth(平滑)”，Dimensions(方向)为All Independently(全维数独立)，Frequency(频率)为“10 per second（帧/秒)”，Magnitude(数量)为“300.0”。然后单击该对话框下侧的Apply(应用)按钮，即将自定义设置的“The Wiggler”命令应用于该层“Fractal Noise”特效的Opacity属性关键帧，如图8-11所示。

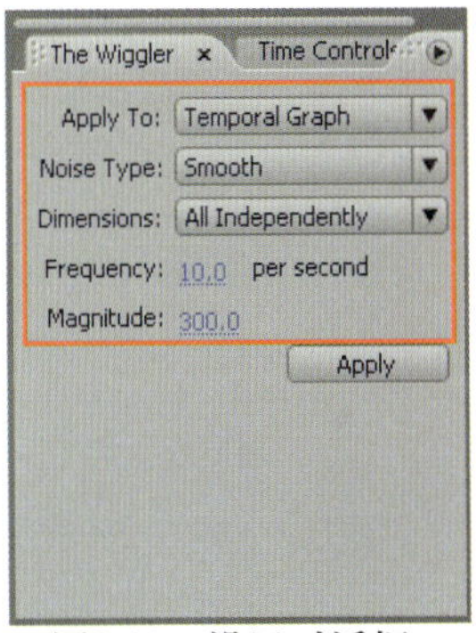


图8-11 设置对话框

注：The Wiggler命令可以根据自定义设置在各种属性关键帧之间自动添加随机化关键帧，从而制作位置抖动、忽明忽暗、特效强度随机增减等动画效果。

观察 Timeline 面板内“斑驳光影”层“Fractal Noise”特效内的 Opacity 属性项目，可以发现该属性参数随机增减的关键帧都已全部自动生成，其随机生成频率为 10 关键帧 / 秒，随机变化范围为该属性参数“300”，如图 8-12 所示。

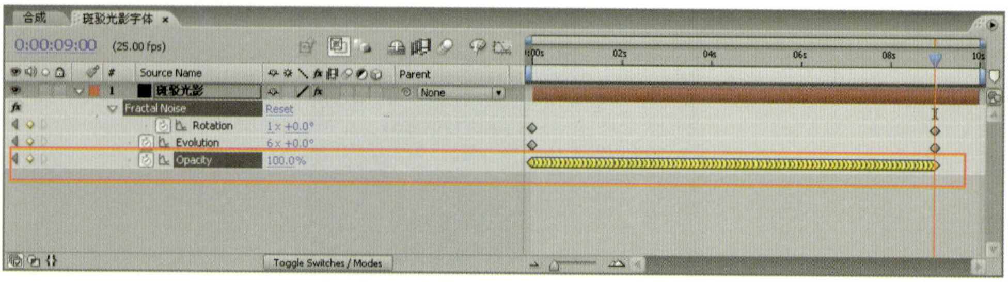

图8-12　自动生成随机增减参数的关键帧

## 8.2.2　制作光影在字体表面流动的动画效果

❺创建“文字 AE ART”层。选中“斑驳光影字体”合成文件的 Timeline 面板，并按快捷键 Ctrl+Y，在“斑驳光影字体”合成文件内新建一个固态层。然后在打开的对话框中设置 Name（名称）为“文字 AE ART”，Color（色彩）为“黑色”，再单击 OK（确定）按钮完成设置，如图 8-13 所示。

❻创建 LOGO 文字元素。在“斑驳光影字体”合成文件内的 Timeline 面板中选择“文字 AE ART”层并右击，从弹出的快捷菜单中选择“Effect（特效）”→“Text（文字）”→“Basic Text（基本文字）”选项。然后在 Basic Text（基本文字）对话框中的文本框输入文字“AE ART”。并设置 Font（字体）为“Times New Roman”，Style 样式为“Bold”再单击 OK（确定）按钮，完成 LOGO 文字的创建，如图 8-14 所示。

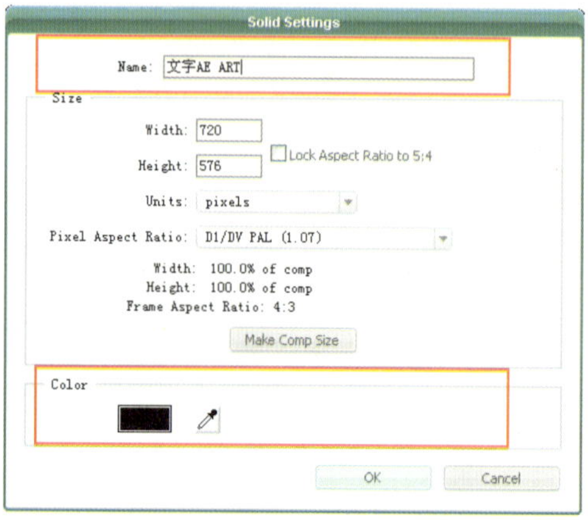

图8-13　创建“文字AE ART”层

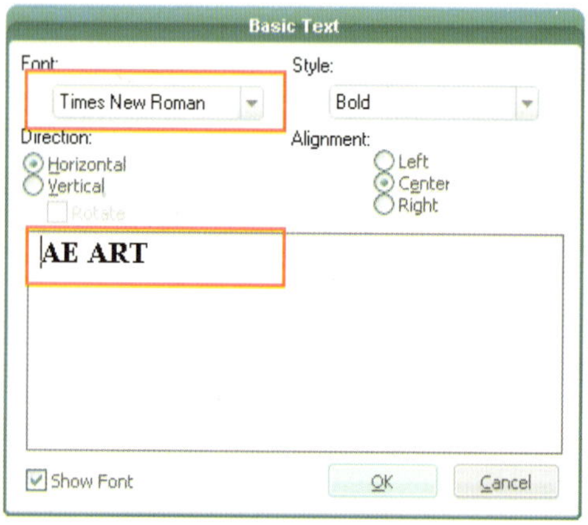

图8-14　设置窗口

接着，在“文字 AE ART”层的 Basic Text 特效控制面板中设置 Display Options（显示选项）为“Fill Only（只是填充）”，Fill Color（填充色彩）为默认红色，Size（尺寸）为“200.0”，

Tracking(字间距)为“-10”，如图 8-15 所示，效果如图 8-16 所示。

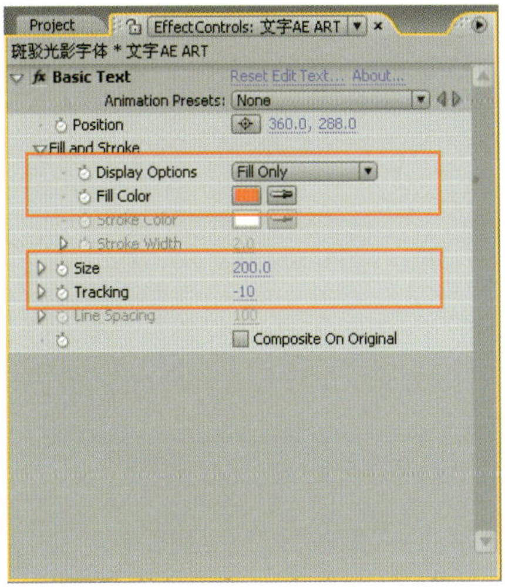


图8-15　参数设置

图8-16　Basic Text效果

❼为“文字 AE ART”层添加 Ramp（渐变）特效。在 Timeline 面板内选择“文字 AE ART”层并右击，从弹出的快捷菜单中选择“Effect(特效)”→“Generate(生成)”→“Ramp(渐变)”选项。在 Ramp（渐变）特效控制面板中，设置 Start of Ramp（渐变开始位置）为（360.0,290.0），Start Color（开始色彩）为“淡蓝色（6392FD）”，End of Ramp（渐变结束位置）为（360.0,480.0），End Color（结束色彩）为“深蓝色（000D38）”，Ramp Shape（渐变外形）为“Linear Ramp（线性渐变）”，如图 8-17 所示。

通过运用 Ramp（渐变）特效为字体“AE ART”着色，使其呈上浅下深的蓝色系渐变效果，效果如图 8-18 所示。

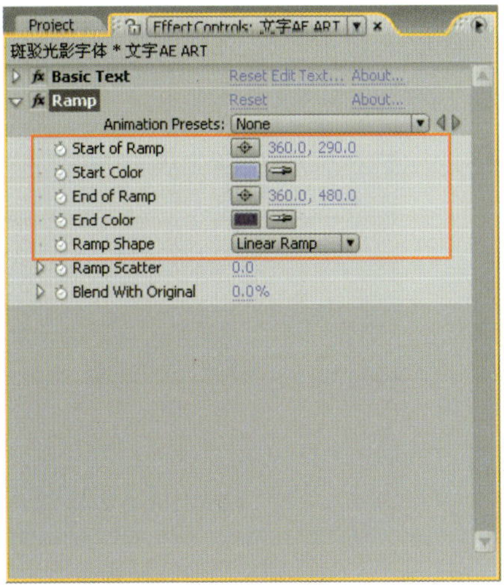


图8-17　参数设置

图8-18　Ramp效果

❽复制并生成“文字 AE ART2”层，调整其图层堆栈顺序。在“斑驳光影字体”合成文件中，选中“文字 AE ART”层，然后按快捷键 Ctrl+D 复制并新建该层，再按 Enter 键将其改名为“文字 AE ART2”，如图 8-19 所示。

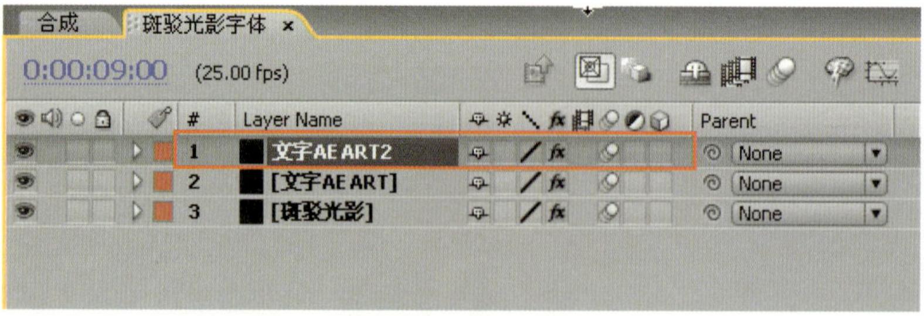


图8-19　复制生成层

由于下一步要将“文字 AE ART2”层设为“斑驳光影”层的蒙版，所以有必要调整一下“斑驳光影字体”合成文件内的图层堆栈顺序。现在将“斑驳光影”层置于 Timeline 面板内“文字 AE ART2”层的下层位置，如图 8-20 所示。

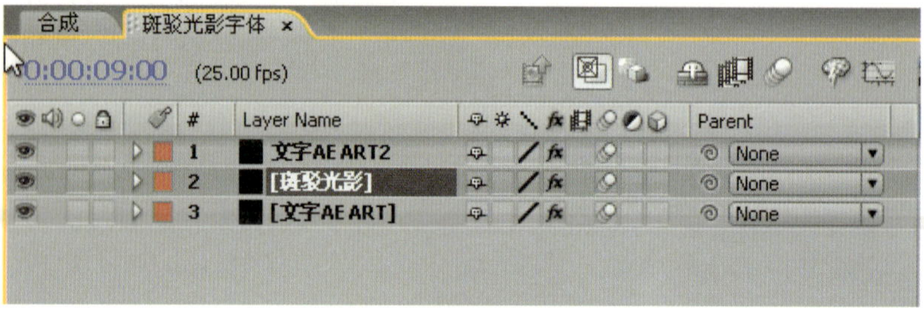


图8-20　调整堆栈顺序

❾设置“斑驳光影”层的“Track Matte”模式。在“斑驳光影字体”合成文件的 Timeline 面板内，单击“斑驳光影”层右侧 Track Matte 下拉菜单，从中选择 Alpha Matte“文字 AE ART2”选项，将上层“文字 AE ART2”设置为“斑驳光影”层的 Alpha 通道蒙版。

由于上层“文字 AE ART2”中除了“AE ART”文字图形以外都为透明部分，因此改变“Track Matte”模式之后的“斑驳光影”层也只保留了“AE ART”文字图形部分。单击底层“文字 AE ART”层左侧眼睛图标，可以看到合成图像窗口中流动着的斑驳光影只在字体“AE ART”区域范围内显示，如图 8-21 所示，效果如图 8-22 所示。

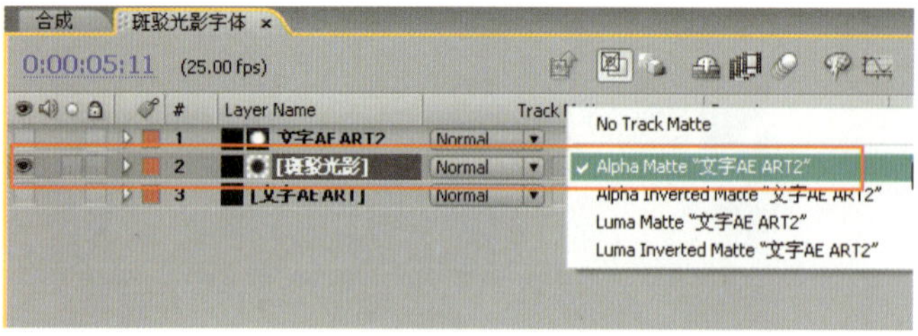


图8-21　设置“斑驳光影”层的Track Matte模式

图8-22　效果截图

❿设置“斑驳光影”层的图层混合模式。在“斑驳光影字体”合成文件的 Timeline 面板内，单击底层“文字 AE ART”层左侧的眼睛图标，使其成为可视状态。然后单击“斑驳光影”层右侧的 Mode（混合模式）下拉菜单，从中选择“Add（添加）”选项，如图 8-23 所示，效果如图 8-24 所示。

注：Add模式的混合效果是，前景层像素越暗，混合可见性就越低；反之，前景层像素越亮，混合可见性就越高。通过改变图层混合模式来实现将光影部分提亮并与下层字体表面融合的效果。

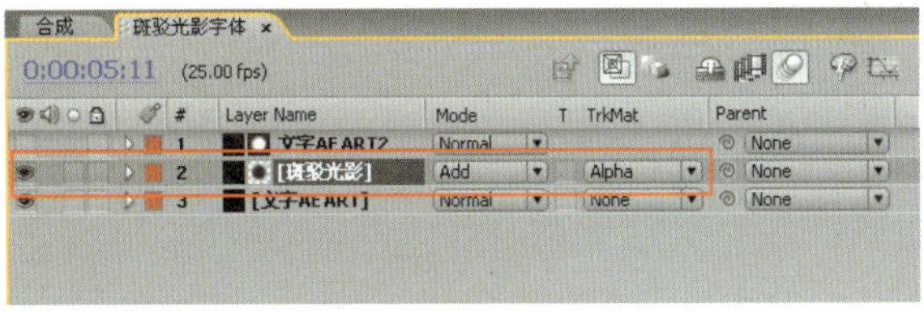


图8-23 设置混合模式

图8-24 效果截图

## 8.2.3 制作背面绚丽扫光的动画效果

⑪将合成文件“斑驳光影字体”置入工程文件“合成”。在Project项目窗口中的空白处双击并打开第一步创建的“合成”合成文件。这是整个动画效果的工程文件，最后的扫光特效及合成动画在此完成。

然后将“斑驳光影字体”合成文件从Project项目窗口中拖动到“合成”工程文件的Timeline面板中，生成“斑驳光影字体”合成层。再打开该合成层右侧的分功能设置开关面板（Switches）中的“矢量转换”开关，如图8-25所示。

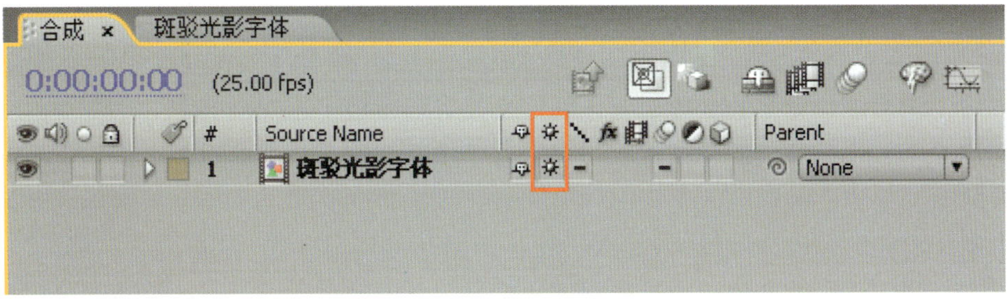


图8-25 将合成文件置入工程文件

⑫为“斑驳光影字体”合成层添加Shine插件特效。在“合成”工程文件的Timeline面板内选择“斑驳光影字体”合成层并右击，从弹出的快捷菜单中选择“Effect（特效）”→“Trapcode”→“Shine”选项。然后在Shine特效控制面板中设置Ray Length（光芒长度）为“8.0”，Boost Light（提升亮度）为“4.0”。接着展开特效控制面板中的Colorize（颜色模式）选项，并设置Colorize...（颜色模式）为“Electric（电弧）”。最后设置Transfer Mode...（转换模式）为“Screen（屏幕）”，如图8-26所示，效果如图8-27所示。

注：最后添加Shine插件特效是为了进一步将文字亮部细节提亮，同时添加文字背后的随着光影变化的扫光效果。

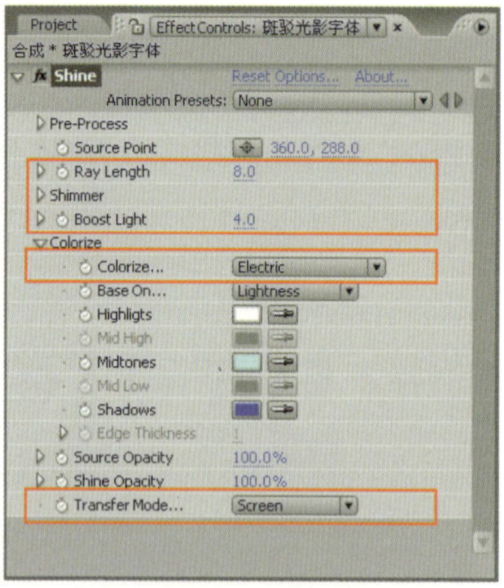


图8-26　参数设置

图8-27　效果截图

至此，本案例的具体制作步骤结束。

## 8.3　同类索引

通过本章案例的学习，用户已经知道如何制作在字体表面上流动斑驳闪烁的光影、LOGO文字等图形元素出现背面扫光的动画效果。其中，字体区域范围内的斑驳光影效果是通过Fractal Noise、Basic Text、Ramp等特效结合Track Matte模式设置的方法来实现的。

上述制作思路中有两个技巧知识点需要注意：一是如何运用Fractal Noise特效制作本章案例中的Strings(字串)类型的光影闪烁动画；二是将文字所在层设置为光影所在层的蒙版，两者之间的关系及图层堆栈顺序不可混淆。而设置光影所在层的图层混合模式为Add，只保留了该层的亮部像素，从而较好地实现了与下层字体的合成效果。

最后，随着前景光影的变化而变化的扫光效果则使用了Shine插件特效。

上述关于Shine特效的制作过程中也有若干技巧知识点需要注意，首先确定需要做扫光效果的图层是否已被嵌套入工程文件，同时还需确定的是添加Shine特效的图层的尺寸不能小于其所在的合成文件尺寸，否则Shine特效所在层会出现Shine光芒“穿帮”后果。下面将本节制作思路及方法进行扩展延伸，探寻此类影像效果的画面细节并充分挖掘其运用到的After Effects中的其他技巧。

- **索引案例：光芒灼热的地球**

这个索引案例表现的是转动的地球从表面射出无数自右向左划动的灼灼光芒。这样的效果与本节案例“光影斑驳的字体表面扫光”的效果有所不同，主要区别在于画面动画元素和背面扫光形式的不同。本章案例画面的主体是表面上流动着光影的文字，而此索引案例的动画元素是自转的地球；本章案例中的扫光动画是固态的，并且将色彩渲染成了蓝色系，而此索引案例中的灼灼光芒是自右向左划动的，并且光芒色彩呈火焰般的桔红色。那么如何运用本章案例的制作逻辑制作这种新的动画效果呢？

由于最终效果存在动画元素和扫光动画形式这两点差异，因此索引案例“光芒灼热的地球”的制作步骤主要根据这两方面来做出调整和延伸。首先，运用 After Effects 的 Final Effects 插件系列中的 FE Sphere 特效将一张世界地图素材进行弯曲变形处理，并设置其旋转属性关键帧来模拟较真实的 3D 地球转动动画；接着，为其添加 Glow、Shine 特效及制作 Shine 特效关键帧动画，模拟自右向左划动的灼灼光芒的动画效果，案例最后效果如图 8-28 所示。

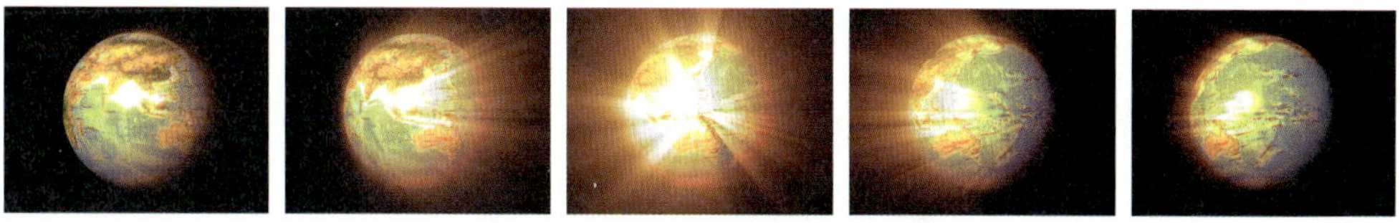

图8-28　索引案例最后效果

下面介绍索引案例的具体操作步骤。

### ● 索引案例制作步骤

❶新建工程文件并导入世界地图素材。按快捷键 Ctrl+N 新建一个合成文件，并设置 Composition Name（合成名称）为“光芒灼热的地球”，然后在 Basic（常规）选项卡下的 Preset（预置）下拉列表中选择“PAL D1/DV”选项。“光芒灼热的地球”合成文件是整个动画效果的工程文件，最后的扫光特效及合成动画在此完成，如图 8-29 所示。

接着，在 Project 项目窗口中的空白区域处双击，打开 Import File(导入文件)对话框，在其中选择 JPG 文件“世界地图”，然后单击“打开”按钮进行导入。再将素材文件“世界地图”从 Project 项目窗口调入工程文件内，如图 8-30 所示，效果如图 8-31 所示。

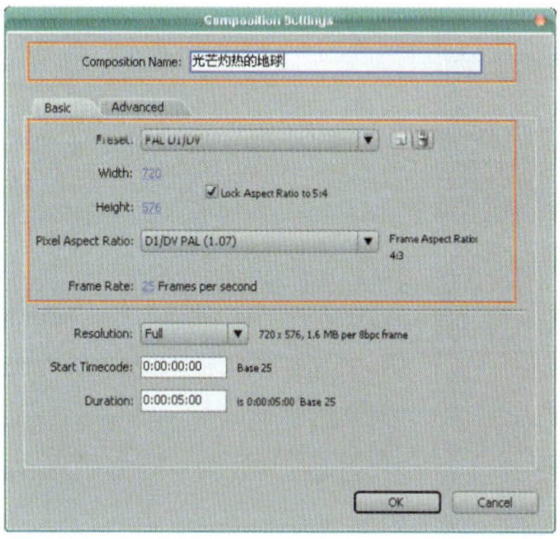


图8-29　新建工程文件

图8-30　导入素材文件

❷在工程文件内选择“世界地图”层并右击，从弹出的快捷菜单中选择“Effect（特效）”→“Final Effects”→“FE Sphere”选项。然后按照如图 8-32 和图 8-33 所示对“FE Sphere”特效的参数设置及关键帧设置方法进行设置，效果如图 8-34 所示。

> 注：通过FE Sphere特效制作“世界地图”层的模拟3D球体贴图的弯曲变形效果。FE Sphere是After Effects的著名外挂插件系列Final Effects中的一个插件特效，需另外安装Final Effects插件包并重启After Effects才可使用。其安装路径为Adobe After Effects CS3\Support Files\Plug-ins\ FE。

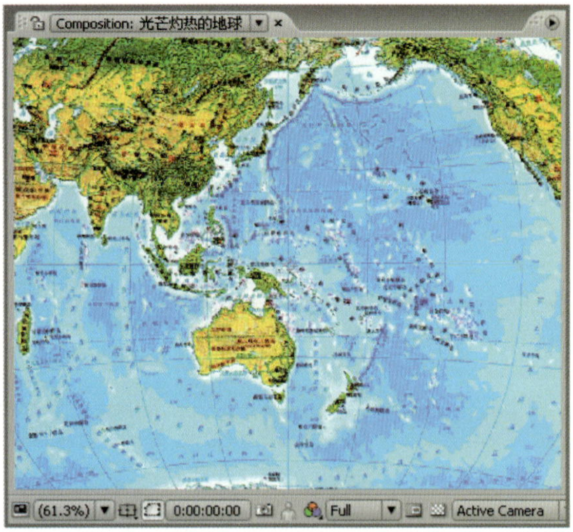


图8-31　查看素材效果

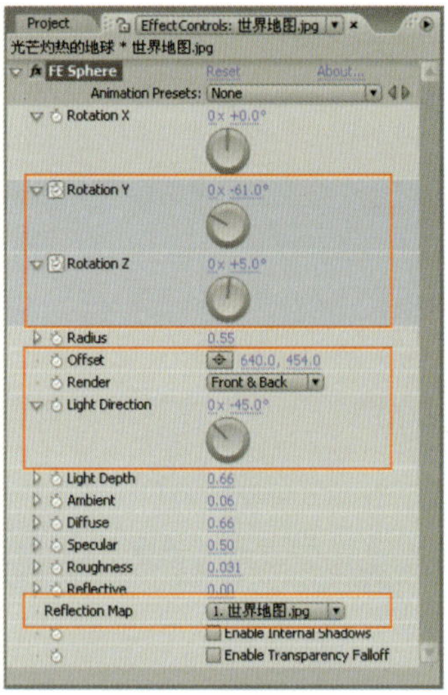


图8-32　参数设置

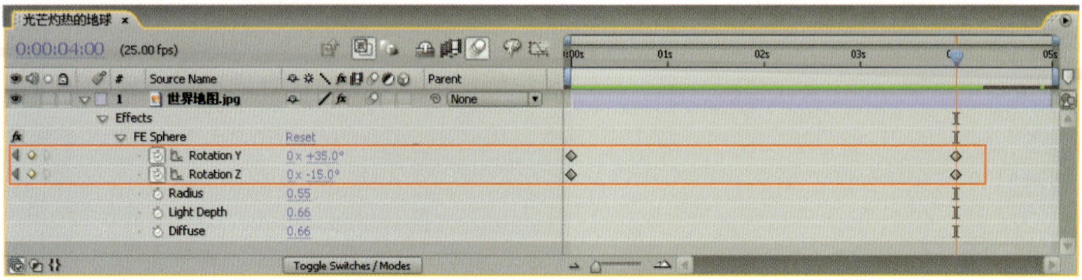


图8-33　设置关键帧

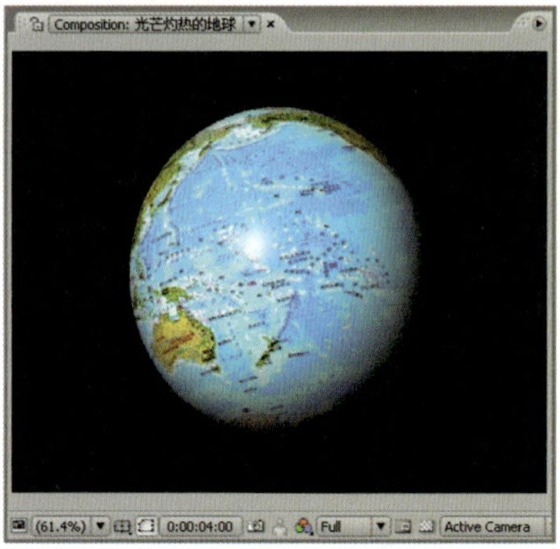


图8-34　FE Sphere效果

❸在工程文件内选择“世界地图”层并右击，从弹出的快捷菜单中选择“Effect（特效）”→“Stylize（风格化）”→“Glow（辉光）”选项，然后按照如图 8-35 所示对 Glow 特效进行参数设置，效果如图 8-36 所示。

> **注**：此处运用Glow（辉光）特效的目的是增加合成图像中地球表面的亮部细节并将其亮部像素提亮，从而为其后使用Shine特效制作扫光效果做准备。

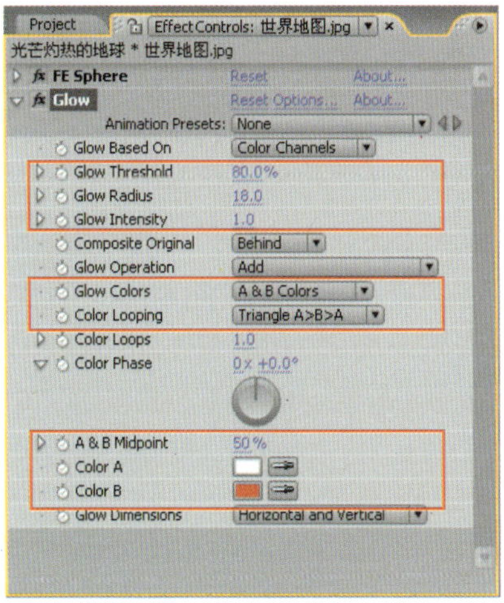


图8-35 参数设置

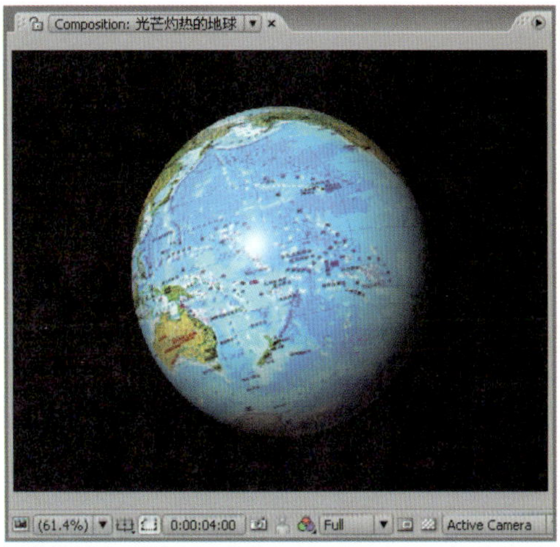


图8-36 Glow效果

❹在工程文件的 Timeline 面板内选择“世界地图”层，并按快捷键 Ctrl+Shift+C 进行预合成操作，然后为新建子合成文件取名为“世界地图 .jpg Comp”，并选中 Move all attributes into the new composition（把层属性移动到新建的子合成文件中）单选按钮，再单击 OK 按钮完成设置，如图 8-37 所示。

接着，在 Timeline 面板中选中合成层“世界地图 .jpg Comp”，并单击其右侧功能设置开关面板中的“矢量转换”开关 按钮，如图 8-38 所示。

图8-37 预合成层

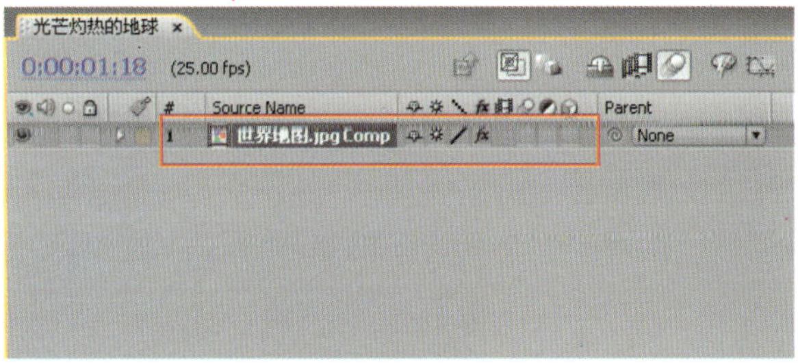


图8-38 打开合成层的矢量转换开关

❺在 Timeline 面板内选择合成层“世界地图 .jpg Comp”并右击，从弹出的快捷菜单中选择“Effect（特效）”→“Trapcode → Shine”选项。

接着，在时间 0:00:00:00 处，展开 Shine 特效控制面板中的 Pre-Process（预处理）选项，并设置 Source Point（发光点）为（0.0，287.0），然后单击其左侧的秒表图标新建一个特效关键帧。同时展开特效控制面板中其他选项，设置 Ray Length（光芒长度）为“0.0”，并单击其左侧的秒表图标新建一个特效关键帧。接着设置 Boost Light（提升亮度）为“0.0”，并单击其左侧的秒表图标新建一个特效关键帧。然后展开 Colorize（颜色模式）选项，并设置 Colorize...（颜色模式）为“Fire（火焰）”。最后设置 Transfer Mode...（混合模式）为“Hard light（强光）”。

接下来，在 Timeline 面板中分别设置 Shine 特效内“Ray Length”、“Boost Light”、“Source Point”等属性在 0:00:02:00 和 0:00:04:00 处的关键帧。在时间 0:00:00:00 处，在 Shine 特效控制面板中展开 Pre-Process（预处理）选项，设置 Source Point（发光点）为（0.0，287.0），单击其左侧秒表图标新建一个关键帧。同时展开特效控制面板中其他选项，设置

Ray Length(光芒长度)为"0.0",单击其左侧秒表图标新建一个关键帧。设置 Boost Light(提升亮度)为"0.0",单击其左侧秒表图标新建一个关键帧。然后展开 Colorize(颜色模式)选项,设置 Colorize...(颜色模式)为 Fire(火焰)。最后设置 Transfer Mode...(混合模式)为 Hard light(强光)。

现在在 Timeline 面板中开始设置 Shine 特效内 Ray Length、Boost Light、Source Point 等属性分别在第 2 秒、第 4 秒的关键帧。在时间 0:00:02:00 处,将 Shine 特效内 Ray Length 属性参数改为"6.0",将 Boost Light 属性参数改为"2.0"。在时间 0:00:04:00 处,将 Shine 特效内 Ray Length 属性参数改为"0.0",将 Boost Light 属性参数改为"0.0",同时将 Pre-Process 选项内 Source Point 参数设置改为(720.0,287.0)。Shine 特效参数设置及其关键帧设置方法可参照如图 8-39 所示。

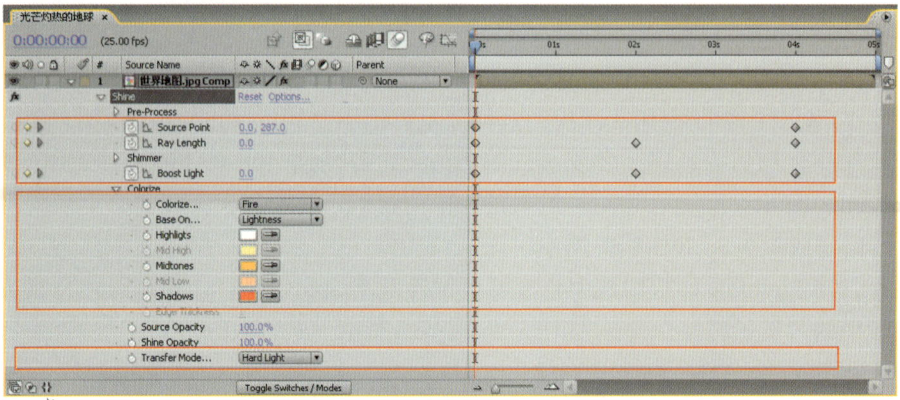


图8-39 参数设置及关键帧设置方法

至此,光芒自右向左划动、强度由弱及强再由强及弱的 Shine 特效关键帧动画制作完毕,效果如图 8-40 所示。

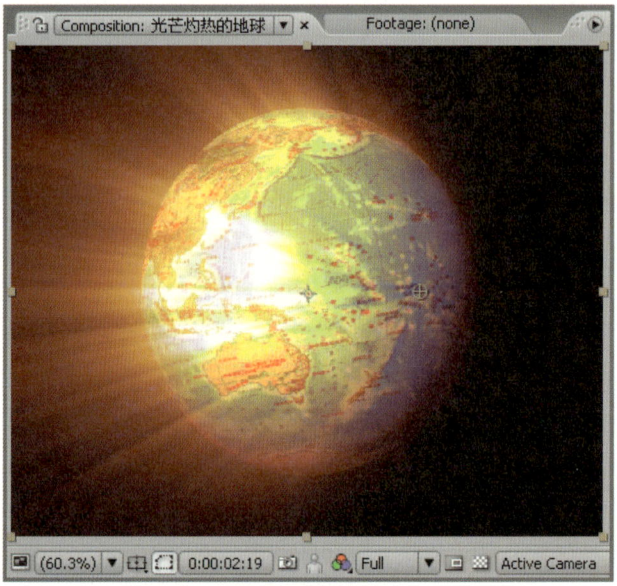


图8-40 效果截图

至此,这样整个动画效果就完成了。

# 第9章

## 飘渺光影幻化成形

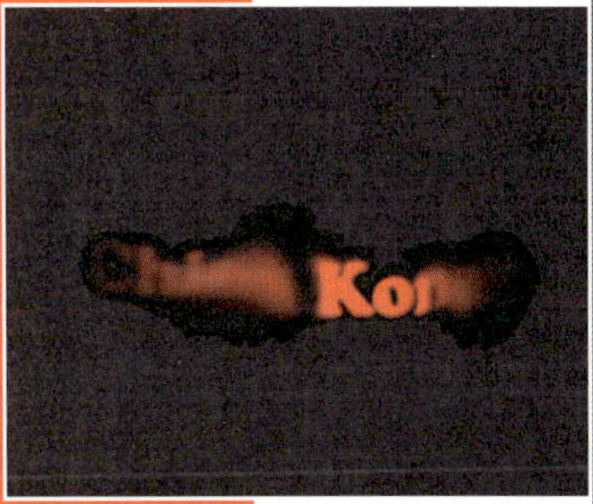

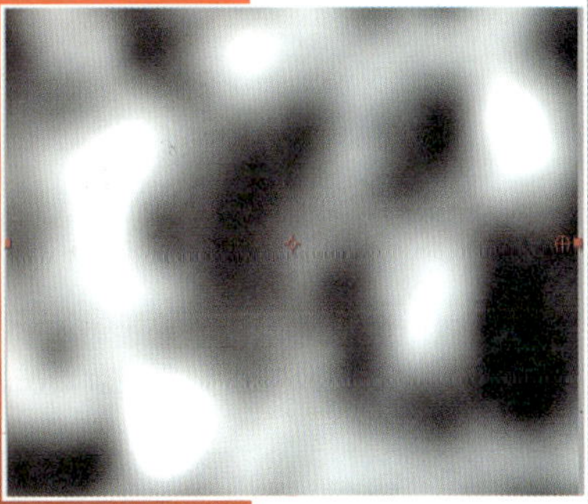

## 9.1 案例简介

这个案例表现的是一片飘渺摇曳的光影自然平滑地变形幻化成为文字“China Kongfu”的动画效果，这样的 LOGO 文字动画效果常被运用到很多影视节目制作中。通过示意图可以分析一下如何在 After Effects 中制作这样的效果。

首先，通过使用 Fractal Noise 特效、设置 Mask（遮罩）位移动画等方法，制作出一片足以覆盖住 LOGO 文字的灰度飘渺光影从中间向右移动出画的效果。然后，运用 Basic Text 和 Fast Blur 等特效，制作出文字“China Kongfu”逐渐从模糊到清晰的动画效果。最后，确定上述动画效果的合成文件都已置入工程文件，并通过为文字所在层添加 Compound Blur、Displacement Map 特效和制作灯光层属性动画的方法使其产生由飘渺摇曳的光影自然幻化成 LOGO 文字的视觉效果，制作思路示意图如图 9-1 所示，最后效果如图 9-2 所示。

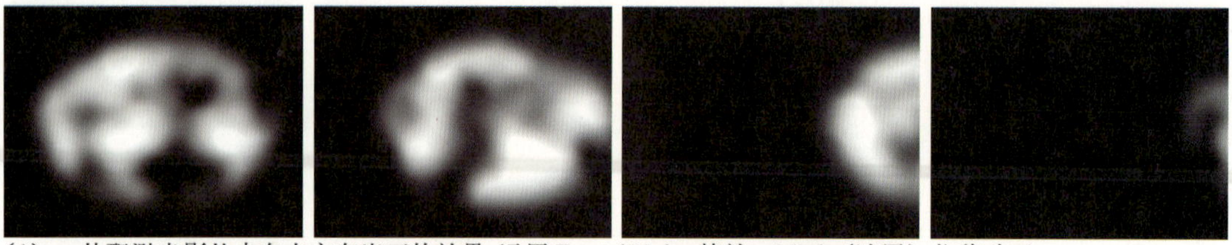

(1) 一片飘渺光影从中向右方向出画的效果:运用 Fractal Noise 特效、Mask（遮罩）位移动画

(2) LOGO 文字从模糊到清晰的动画效果:运用 Basic Text、Fast Blur 特效

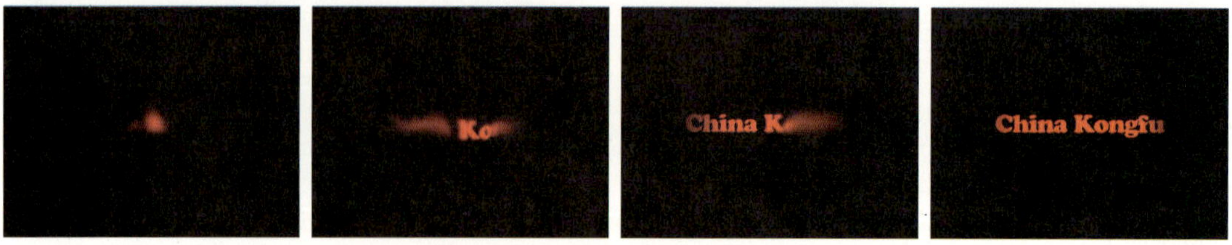


(3) 由飘渺摇曳的光影自然幻化成为 LOGO 文字:运用 Compound Blur、Displacement Map 特效和制作灯光层属性动画

图9-1 制作思路示意图

图9-2 最后效果

# 9.2 具体制作

## 9.2.1 创建工程文件和灰度飘渺光影的动画效果

❶新建工程文件“合成”。首先，启动 After Effects 程序，并按快捷键 Ctrl+N 新建一个合成文件。然后在打开的合成文件设置对话框中设置 Composition Name（合成名称）为“合成”。接着，在 Basic（常规）选项卡下的 Preset（预置）下拉列表中选择“PAL D1/DV”选项，并设置 Width（宽）为“720”，Height（高）为“576”，Frame Rate（帧率）为“25 帧 / 秒”，Duration（持续时间）为“0:00:10:00”，然后单击 OK（确定）按钮完成设置，如图 9-3 所示。

❷创建“光影飘渺”层。在“合成”工程文件的 Timeline 面板内，按快捷键 Ctrl+Y 新建一个固态层。然后在打开的对话框中设置 Name（名称）为“光影飘渺”，Color（色彩）为“黑色”，如图 9-4 所示。

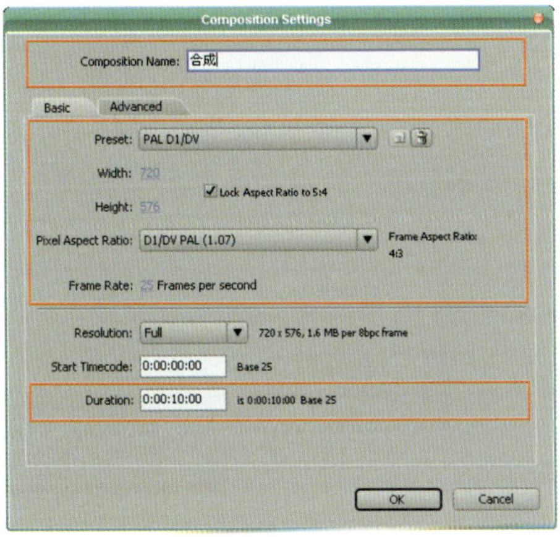


图9-3 新建工程文件

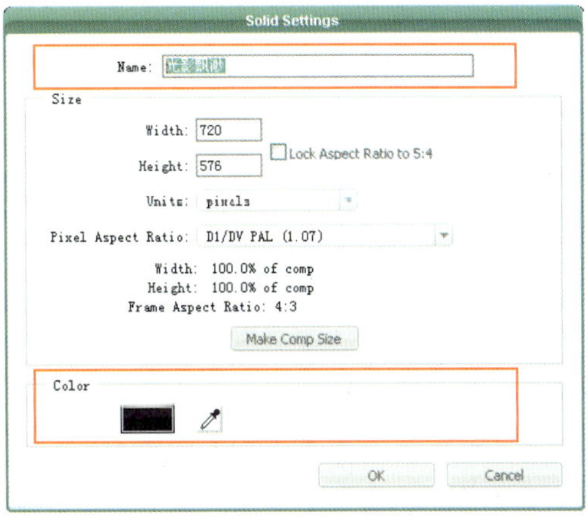


图9-4 创建层

❸为“光影飘渺”层添加“Fractal Noise（分形噪波）”特效并制作其关键帧动画。在“合成”工程文件中选择“光影飘渺”层并右击，从弹出的快捷菜单中选择“Effect（特效）”→“Noise&Grain（噪点和颗粒）”→“Fractal Noise（分形噪波）”选项。然后在其“Fractal Noise”特效控制面板中设置 Noise Type（噪波类型）为“Spline(样条系数)”，Contrast(对比度)为“230.0”，Brightness（亮度）为“10.0”，Complexity（噪波复杂度）为“1.3”。

接着，将时间指针移至 0:00:00:00 处，并在“光影飘渺”层的“Fractal Noise”特效控制面板中展开 Transform（转换）选项，然后设置其中的 Offset Turbulence（偏移容差值）为（360.0，288.0）。并单击“Offset Turbulence”（偏移容差值）属性左侧的秒表图标新建一个特效关键帧。接着设置 Evolution(相位演变)为(0x,+0.0°)，再单击 Evolution(相位演变)属性左侧的秒表图标新建一个特效关键帧，如图 9-5 所示。

**注**：Fractal Noise（分形噪波）特效可以用于实现类似水面、云层、烟雾、熔浆等噪波纹理的动态效果。

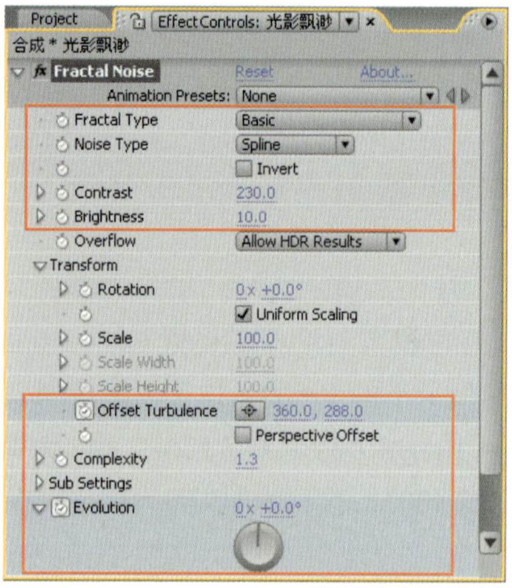


图9-5 参数设置

然后，在时间 0:00:06:00 处，将 Offset Turbulence( 偏移容差值 ) 属性设置改为（700.0，288.0），即在 0:00:06:00 处，“光影飘渺”层“Fractal Noise”特效的“Offset Turbulence”属性自动生成另一个关键帧。同样在时间 0:00:06:00 处，将 Evolution( 相位演变 ) 属性设置改为（5x,+0.0°），即在 0:00:06:00 处，“光影飘渺”层“Fractal Noise”特效的 Evolution 属性自动生成另一个关键帧。这样，一片飘渺摇曳的灰度光影的动画效果就制作完毕，如图 9-6 所示，效果如图 9-7 所示。

**注**：由于为其Offset Turbulence(偏移容差值)、Evolution(相位演变)特效属性制作了关键帧动画，因此灰度光影内部噪波实现了位置偏移和细节演变的动态效果。

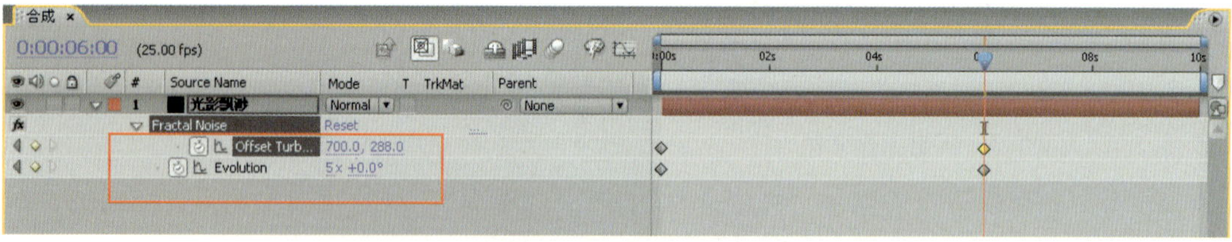


图9-6 关键帧设置

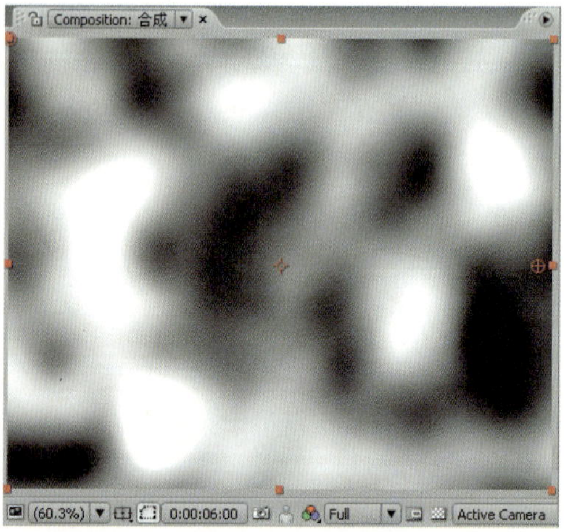


图9-7 效果截图

❹为“光影飘渺”层添加 Mask（遮罩）。在“合成”工程文件的 Timeline 面板内选中“光影飘渺”层，然后在 Tools（工具）面板中单击椭圆形 Mask 工具按钮，如图 9-8 所示。

图9-8 选择椭圆形

接着，在“合成”合成图像窗口中，为“光影飘渺”层制作出椭圆形的 Mask 效果，其 Mask 形状须覆盖住其后制作的 LOGO 文字。在 Timeline 面板内选中“光影飘渺”层并按快捷键 M，调出该层 Mask 属性参数设置选项。然后单击 Mask Path（遮罩外形）右侧的“Shape...（外形…）”选项，打开“Mask Shape（遮罩外形）”对话框。在其中设置 Top（上）为“85”，Bottom（下）为“495”，Left（左）为“80”，Right（右）为“645”，如图 9-9 所示。

然后，在“光影飘渺”层的 Mask 属性参数设置选项中，设置“Mask Feather（遮罩羽化）”为（80.0,80.0），如图 9-10 所示，“光影飘渺”层的 Mask 效果如图 9-11 所示。

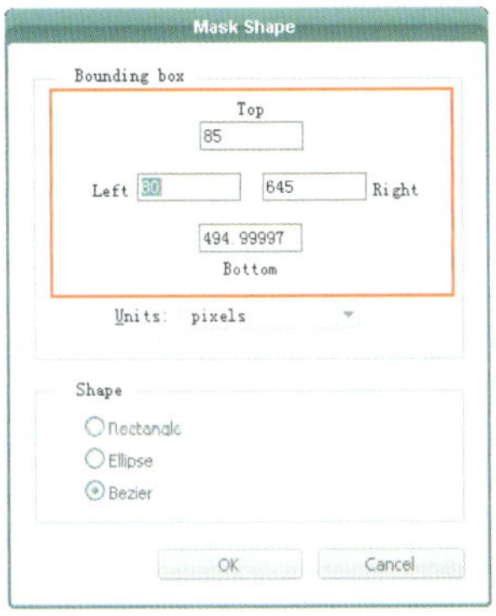


图9-9 参数设置

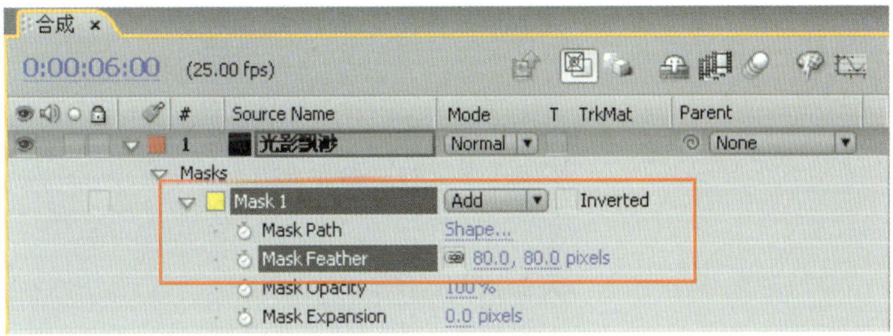


图9-10 参数设置

❺为“光影飘渺”层制作 Mask Path（遮罩外形）关键帧动画。现在的灰度光影在整体上是没有位移变化的，下面就为其制作从画中移向右侧的出画效果。将时间指针移至 0:00:00:00 处，并在“光影飘渺”层的 Mask 属性参数设置选项中单击 Mask Path（遮罩外形）属性左侧的秒表图标，新建一个 Mask（遮罩）关键帧。然后将时间指针移至 0:00:06:00 处，在“合成”合成图像窗口中双击该 Mask（遮罩）的路径，使其变为可控制外形的被选择状态。再在按住 Shift 键的同时将该 Mask（遮罩）向右拖动直至移出合成图像窗口，如图 9-12 所示。

**注**：此处Shift键的作用是使Mask遮罩的拖动轨迹保持在水平方向上。

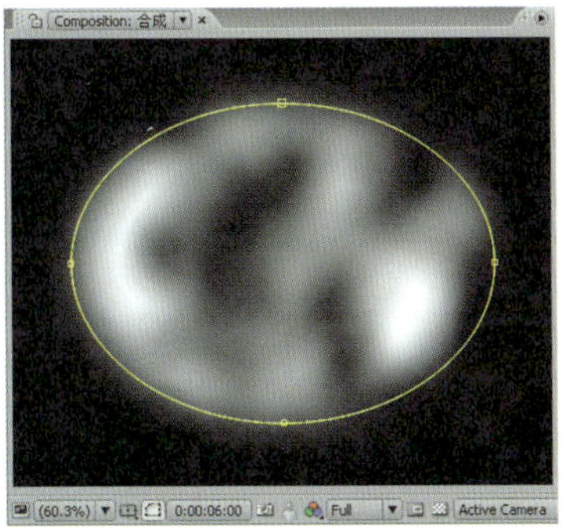


图9-11 Mask效果

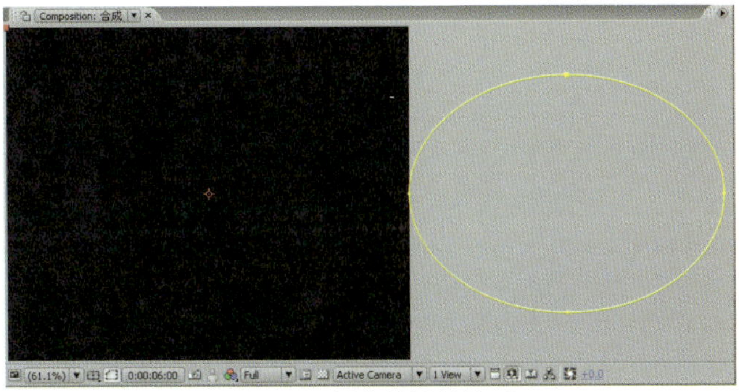


图9-12 制作关键帧动画

观察 Timeline 面板内“光影飘渺”层的 Mask 属性参数设置选项，可以发现在 0:00:06:00 处该层的 “Mask Path（遮罩外形）” 属性自动生成一个新的关键帧，如图 9-13 所示。

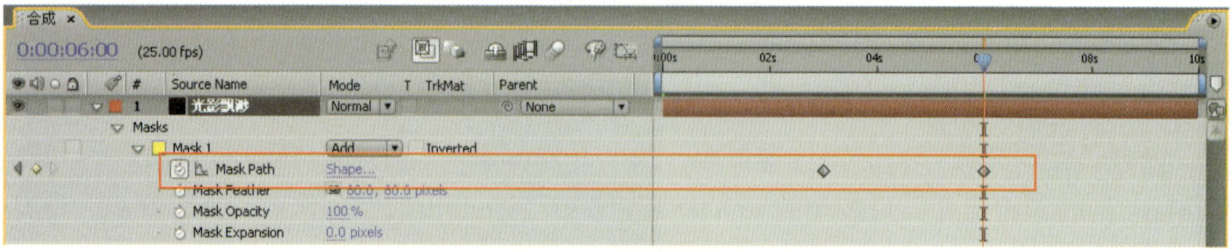


图9-13　关键帧设置

至此，灰度光影的出画效果制作完毕，如图 9-14 所示。

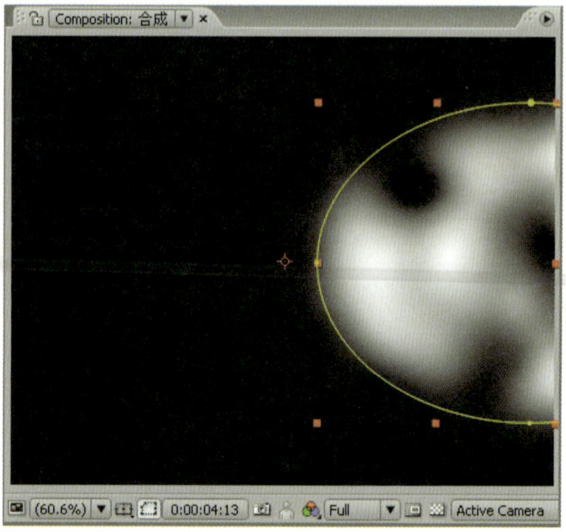


图9-14　效果截图

❻预合成 “光影飘渺” 层。在 Timeline 面板内选中 “光影飘渺” 层，并按快捷键 Ctrl+Shift+C 进行预合成操作。然后为新建的子合成文件取名为 “光影飘渺 Comp 1”，并选中 Move all attributes into the new composition（把层属性移动到新建的子合成文件中）单选按钮，再单击 OK（确定）按钮，如图 9-15 所示。这里对灰度光影效果所在层预合成操作并把原层属性移出，是为了之后将其设置为置换映射层做准备。

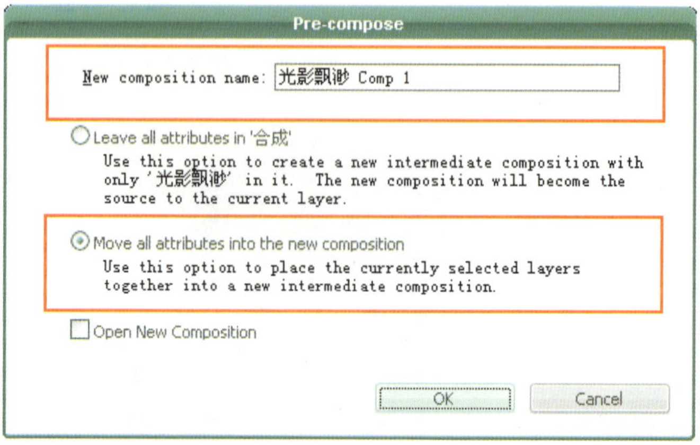


图9-15　预合成层

## 9.2.2 制作文字由模糊到清晰的动画效果

❼创建“文字 China Kongfu”层。选中“合成”工程文件内的 Timeline 面板，并按快捷键 Ctrl+Y，在“合成”工程文件内新建一个固态层。然后在打开的对话框中设置 Name（名称）为“文字 China Kongfu”，Color（色彩）为“黑色”，再单击 OK（确定）按钮，如图 9-16 所示。

❽创建文字元素“China Kongfu”。在“合成”工程文件内的 Timeline 面板中选择“文字 China Kongfu”层并右击，从弹出的快捷菜单中选择“Effect（特效）”→“Text（文字）”→“Basic Text（基本文字）”选项。然后在“Basic Text（基本文字）”对话框中的文本框中输入文字“China Kongfu”，并设置 Font（字体）为“Cooper Std”。再单击 OK（确定）按钮，完成 LOGO 文字的创建，如图 9-17 所示。

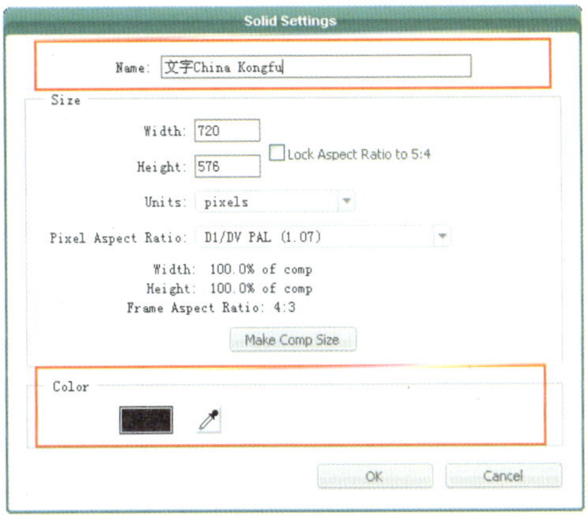


图 9-16 创建层

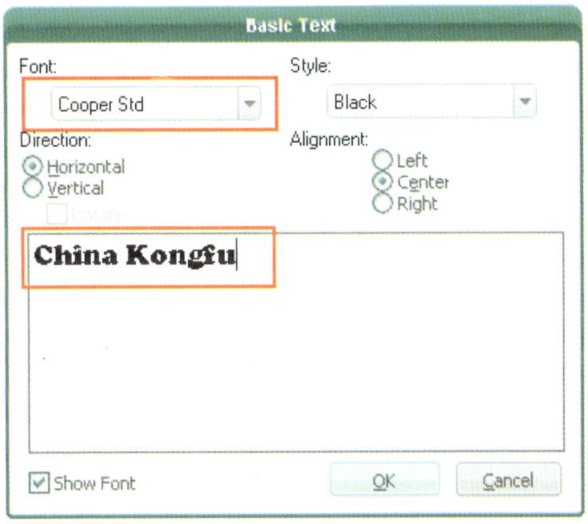


图 9-17 设置窗口

接着，在“文字 China Kongfu”层的“Basic Text”特效控制面板中，设置“Display Options（显示选项）”为“Fill Only（只是填充）”，“Fill Color（填充色彩）”为默认红色，Size（尺寸）为“62.0”，Tracking（字间距）为“-3”，如图 9-18 所示，效果如图 9-19 所示。

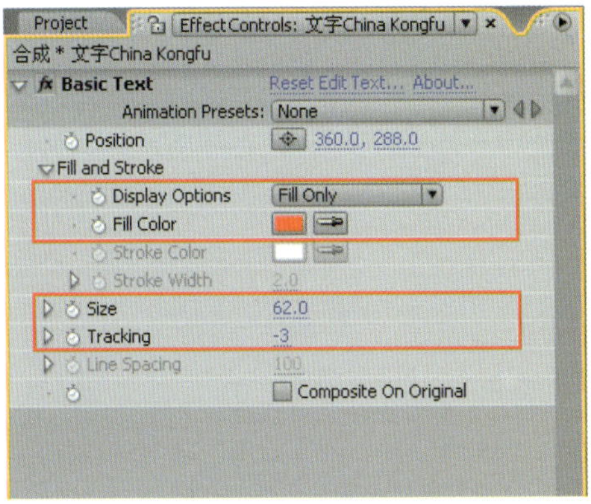


图9-18 参数设置

图9-19 Basic Text效果

❾为“文字 China Kongfu”层添加“Fast Blur（快速模糊）”特效并制作其特效关键帧动画。在 Timeline 面板内选择“文字 China Kongfu”层并右击，从弹出的快捷菜单中选择“Effect（特效）”→“Blur&Sharpen（模糊 & 锐化）”→“Fast Blur（快速模糊）”选项。然后将时间指针移至 0:00:03:00 处，并在“文字 China Kongfu”层的“Fast Blur（快速模糊）”特效

控制面板中设置 Blurriness（模糊）为“10.0”，再单击 Blurriness（模糊）属性左侧的秒表图标新建一个特效关键帧，如图 9-20 所示。接着在 0:00:04:00 处，将 Blurriness（模糊）属性的参数改为“0.0”，即在 0:00:04:00 处该特效属性自动生成另一个关键帧。这样从 0:00:03:00 至 0:00:04:00 时间段内，LOGO 文字由模糊逐渐变为清晰的动画效果制作完毕。Fast Blur 特效参数设置及其关键帧设置方法如图 9-20 和图 9-21 所示。

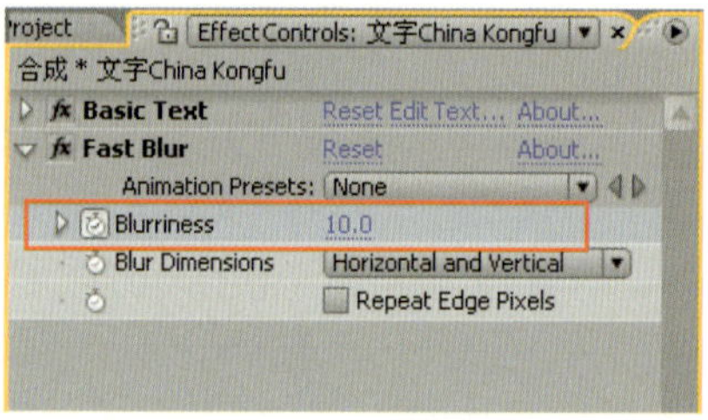


图9-20　参数设置

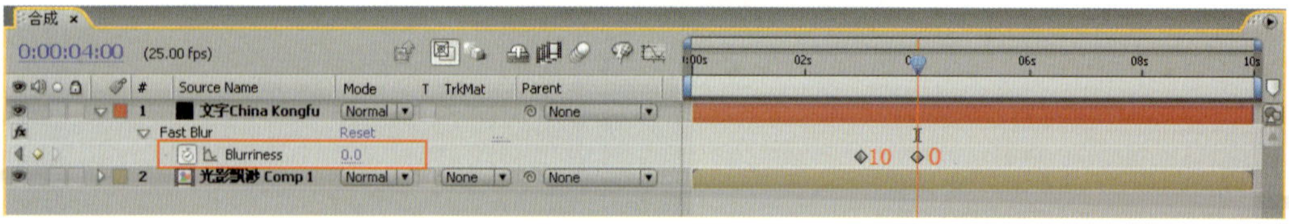


图9-21　设置关键帧

⑩预合成“文字 China Kongfu”层。在“合成”工程文件的 Timeline 面板内，选中“文字 China Kongfu”层并按快捷键 Ctrl+Shift+C，进行预合成操作。然后为新建的子合成文件取名为“pre- 文字 China Kongfu”，并选中 Move all attributes into the new composition（把层属性移动到新建的子合成文件中）单选按钮，再单击 OK（确定）按钮，如图 9-22 所示。

此处预合成文字所在层的作用是，保留原效果的同时进行项目优化、移除等操作，以为其后添加“Compound Blur”和“Displacement Map”特效做准备。

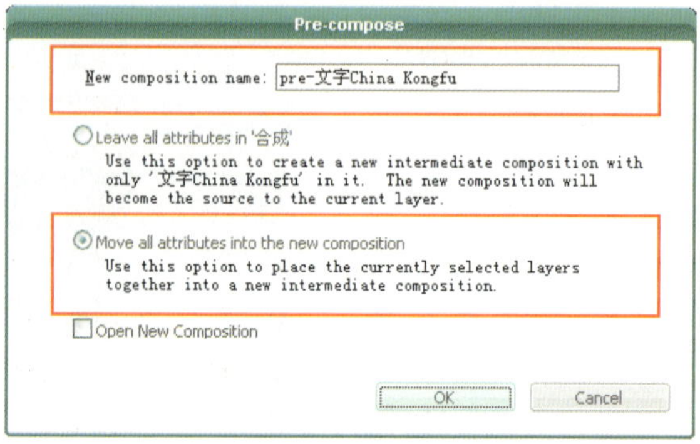


图9-22　预合成层

## 9.2.3　制作飘渺光影幻化成为LOGO字体的动画效果

⑪为“pre- 文字 China Kongfu”合成层添加“Compound Blur（混合模糊）”特效。在 Timeline 面板内选择“pre- 文字 China Kongfu”合成层并右击，从弹出的快捷菜单中选择“Effect（特效）”→“Blur&Sharpen（模糊 & 锐化）”→“Compound Blur（混合模糊）”选项。然后在“Compound Blur”特效控制面板中设置“Blur Layer（模糊贴图层）”为“2. 光影飘

渺 Comp 1”，设置“Maximum Blur（最大模糊）”为“25.0”，即将“光影飘渺 Comp 1”合成层设置为该特效的模糊贴图层，“pre- 文字 China Kongfu”合成层上的文字图形将按照“光影飘渺 Comp 1”合成层的亮度变化状态进行模糊，如图 9-23 所示，效果如图 9-24 所示。

注：Compound Blur特效可以将模糊贴图图层的亮度值作为基础对当前层进行区域模糊处理。

图9-23　参数设置

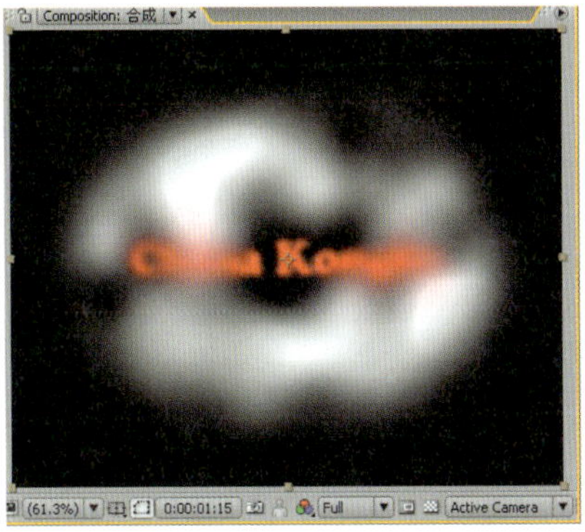


图9-24　Compound Blur效果

⑫为“pre- 文字 China Kongfu”合成层添加“Displacement Map（置换图层）”特效。在 Timeline 面板内选择“pre- 文字 China Kongfu”合成层并右击，从弹出的快捷菜单中选择“Effect（特效）”→“Distort（扭曲）”→“Displacement Map（置换图层）”选项。

接着，在其“Displacement Map（置换图层）”特效控制面板中，设置 Displacement Map Layer（置换映射图层）为“2. 光影飘渺 Comp 1”，即将“光影飘渺 Comp 1”合成层作为该特效的置换图层。然后设置 Use For Horizontal Displacement（使用水平置换）为“Luminance（亮度）”，Max Horizontal Displacement（最大水平置换）为“12.0”。接着设置 Use For Vertical Displacement（使用垂直置换）为“Luminance（亮度）”，Max Vertical Displacement（最大垂直置换）为“20.0”。其他“Displacement Map”特效选项参数保持默认值，如图 9-25 所示，效果如图 9-26 所示。

注：Displacement Map特效可以利用一个层或者影像的亮度、色调、通道等信息使当前图层产生相应的移动、变形、扭曲、模糊等动画效果，从而通过置换图层有效地控制当前层的细节变形。

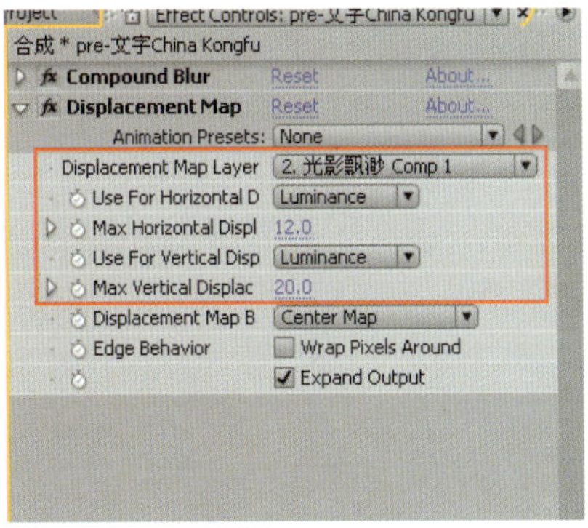


图9-25　参数设置

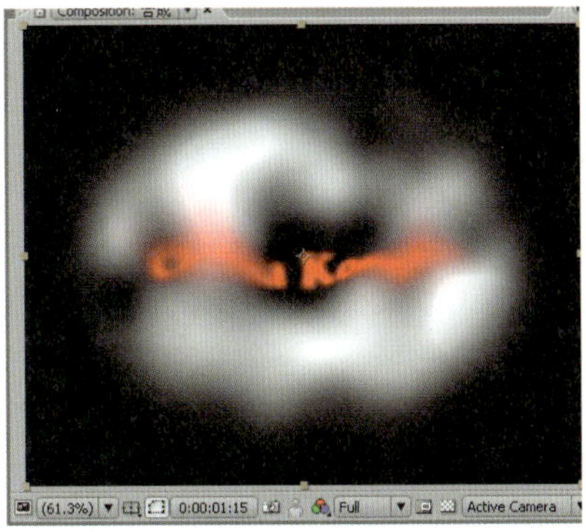


图9-26　Displacement Map效果

然后，在“合成”工程文件的 Timeline 面板中，单击“光影飘渺 Comp 1”合成层左侧的眼睛图标，取消其可视化状态。这样，“pre- 文字 China Kongfu”合成层的置换贴图扭曲的动画效果制作完毕，最终效果如图 9-27 所示。

图9-27　最终效果截图

⑬新建灯光图层“Light 1”。首先，在 After Effects 主菜单栏中选择“Layer（图层）”→“New（新建）”→“Light（灯光）”选项，创建一个灯光图层，如图 9-28 所示。

> 注：至上一步制作完成时，整个案例动画效果已基本成型。下面将通过创建一个灯光图层并制作其位置属性关键帧动画，来表现文字图形“China Kongfu”从画面中央逐渐显现出来的动画效果。

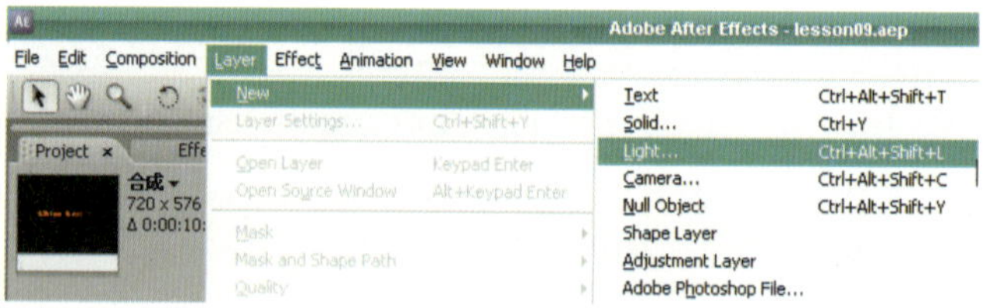


图9-28　新建灯光图层

接着，在打开的灯光设置对话框中，设置 Name（名称）为“Light 1”，Light Type（灯光类型）为“Spot（斑驳）”，Cone Feather（灯光锥形羽化）为“80.0”，Color（灯光色彩）为默认白色。如图 9-29 所示。

> 注：此处撤选“Casts Shadows（投射阴影）”复选框，因为本节案例暂不需要制作文字图形的阴影效果。

观察“合成”工程文件的 Timeline 面板中，可以发现在顶层位置已新建了一个“Light 1”灯光图层。单击“pre- 文字 China Kongfu”合成层和“光影飘渺 Comp 1”合成层右侧分功能设置开关面板（Switches）中的运动模糊开关按钮和 3D 图层开关按钮，如图 9-30 所示。

> 注：After Effects的灯光图层只能对其所在合成文件内的3D图层产生效果。

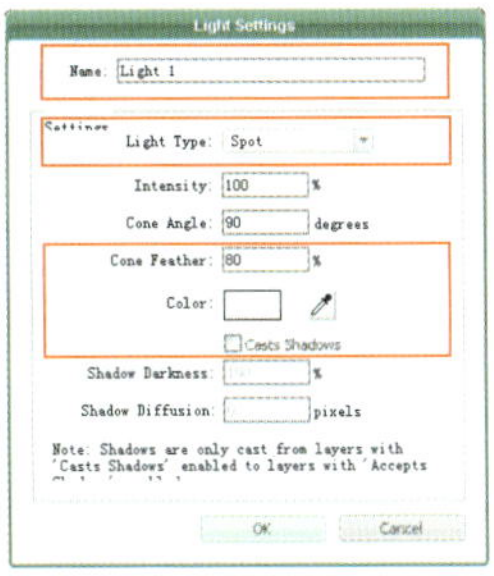


图9-29　灯光设置窗口

图9-30　新建灯光层位于顶层位置

⑭制作灯光图层“Light 1”的关键帧动画。首先，将时间指针移至 0:00:00:00 处，并在 Timeline 面板中展开“Light 1”灯光图层的 Transform（转换）属性选项，然后在其中设置“Point of Interest（目标点）”为（326.0，320.0，270.0），并单击其左侧的秒表图标新建一个“Point of Interest”灯光属性关键帧。接着再设置 Position（位置）为（360.0，290.0，0.0），并单击其左侧的秒表图标新建一个 Position 灯光属性关键帧，如图 9-31 所示，灯光图层“Light 1”在合成图像窗口中左视图的效果如图 9-32 所示。

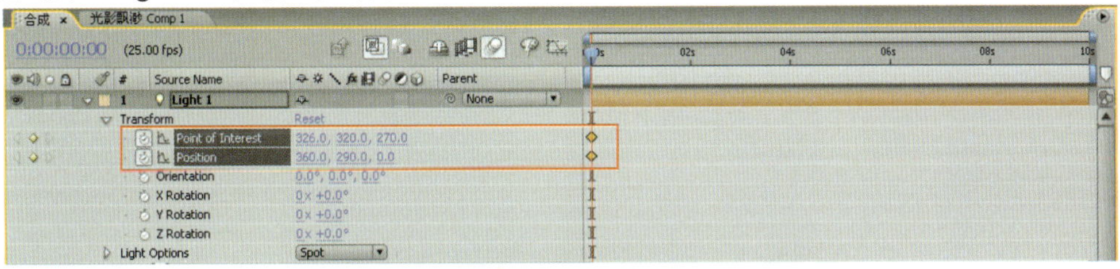


图9-31　关键帧设置方法

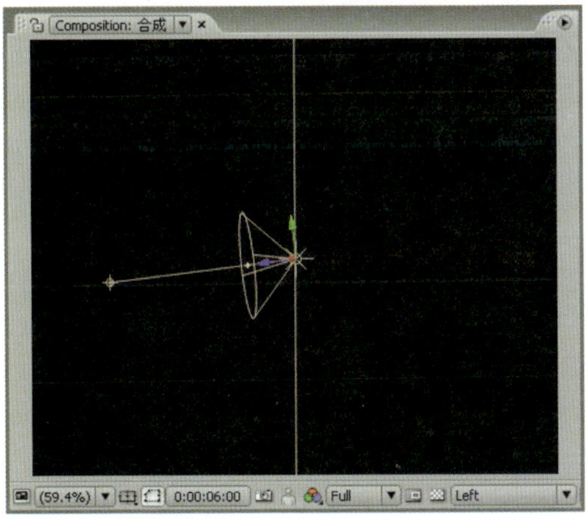


图9-32　左视图的效果

然后，将时间指针移至 0:00:06:00 处，在 Timeline 面板中“Light 1”灯光图层的 Transform（转换）属性选项内，将“Point of Interest（目标点）”的参数改为（372.0，278.0，-107.0），即在 0:00:06:00 处创建另一个“Point of Interest”灯光属性关键帧。同样在时间 0:00:06:00 处，将“Light 1”灯光图层的 Position（位置）参数改为（408.0，248.0，-380.0），即在 0:00:06:00 处创建另一个 Position 灯光属性关键帧。这样，灯光图层由近及远逐渐扩大照明范围的动画效果制作完毕，0:00:06:00 的灯光图层关键帧设置方法如图 9-33 所示。0:00:06:00 时灯光图层“Light 1”在合成图像窗口中左视图的效果如图 9-34 所示。

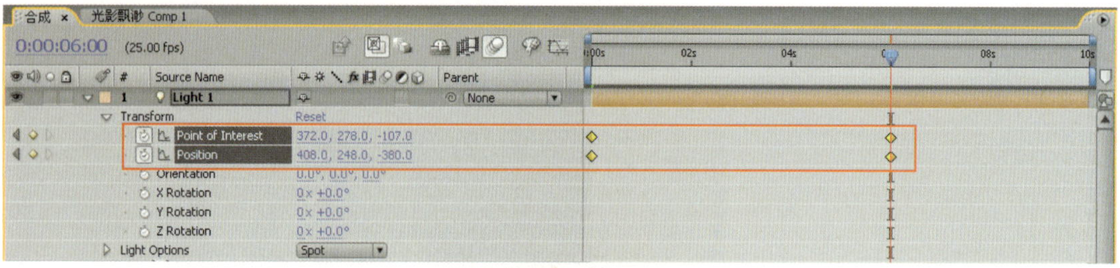


图9-33　关键帧设置方法

将合成图像窗口的视图模式恢复为正常，即 Active Camera（激活摄像机）状态下，再观察制作灯光图层关键帧动画之后的整体效果，发现文字图形“China Kongfu”从画面中央逐渐向四周扩散显现出来的过程已被较好地表现出来，如图 9-35 所示。

至此，本案例的具体制作步骤结束。

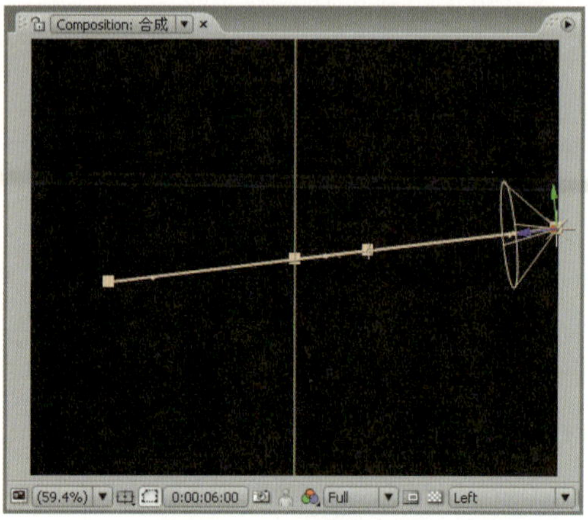


图9-34　左视图的效果

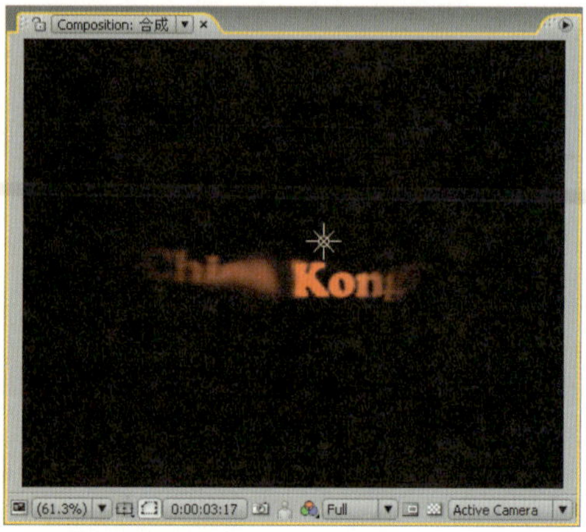


图9-35　效果截图

## 9.3　同类索引

通过本章案例的学习，用户已经知道如何制作飘渺摇曳的光影变形幻化成为字体的动画效果。首先，灰度飘渺光影从中间向右出画的效果是通过运用 Fractal Noise 特效、设置 Mask（遮罩）位移动画等方法来实现的；其次，制作字体 China Kongfu 从模糊逐渐到清晰的动画效果，这里运用到了 Basic Text、Fast Blur 特效等；最后，制作由飘渺摇曳的光影自然幻化成为文字 China Kongfu 的动画效果，这一步骤运用到了为文字所在层添加 Compound Blur，Displacement Map 特效和制作灯光图层属性动画的方法。这一步骤的操作较为复杂，所运用到的置换贴图、灯光图层设置等技巧也很重要。下面将本节制作思路及方法进行扩展延伸，探寻此类影像效果的画面细节并充分挖掘其运用到的 After Effects 中的其他技巧。

- **索引案例：湖面上的夜景倒影**

这个索引案例表现的是夜景映射在波光粼粼的湖面上的动态倒影效果。该效果的动画制作与本章案例“飘渺光影幻化成形”既有不同的地方，也有相同的地方，主要区别在于画面动画元素不同、运用 Fractal Noise 特效制作光影动画的特效设置技巧不同、运用到的置换贴图特效不同。两者之间主要的相同点是在制作方法上都大量运用了 After Effects 中置换图层信息的技巧，通过置换贴图层的亮度、通道和色调等信息，使另一个图层的像素产生偏移、扭曲、模糊等复杂的变形效果。能实现此功能的特效主要有 Displacement Map、Compound Blur、Shatter 以及 Caustics 等，即使项目中只有一张简单的图片素材，也可以充分利用上述特效构建出真实、漂亮的动态影像。

本索引案例“湖面上的夜景倒影”的制作步骤及逻辑思路与本章案例有些相似，其一切动态效果都来源于一张夜景倒影的素材图片。首先，运用 Fractal Noise 特效来实现这种水面的灰度纹理影像的动画效果。然后，运用 Mask 工具分别勾画出湖面上的远近两个独立区域，再分别运用 Displacement Map、Caustics 等特效来置换水面灰度纹理影像，从而实现比较真实的夜景倒影效果，案例最后效果如图 9-36 所示。

图9-36　索引案例最后效果

下面介绍索引案例的具体操作步骤。

## ● 索引案例制作步骤

①创建工程文件并导入素材。首先，按快捷键 Ctrl+N 新建一个合成文件并取名为“合成”，设置其 Duration（持续时间）为“0:00:10:00”。然后在 Project 项目窗口中的空白处双击打开 Import File(导入文件)对话框，在其中选择 JPG 文件“水中倒影”，并单击“打开”按钮将此素材导入，再将其调入工程文件的 Timeline 面板，如图 9-37 所示，效果如图 9-38 所示。

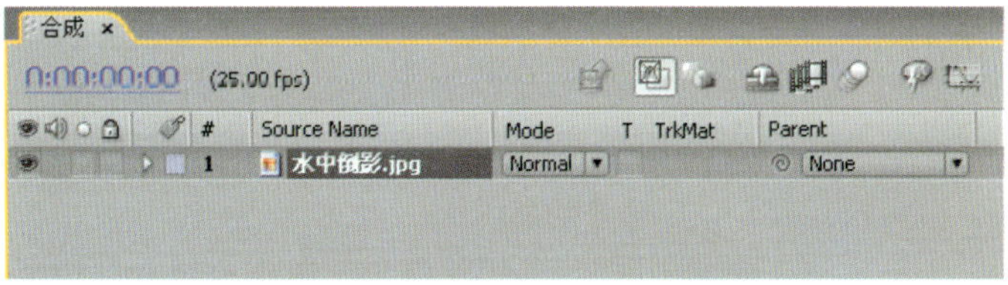


图9-37　将素材导入工程文件

图9-38　效果图

❷复制并新建“水中倒影.jpg”层，然后在新建层上设置Mask（遮罩）。在“合成”工程文件的Timeline面板内，选中“水中倒影.jpg”层并按快捷键Ctrl+D复制并新建该层。然后选择工具面板中的“钢笔”工具并在新建层上制作Mask（遮罩）。按照如图9-39所示对Mask（遮罩）参数进行设置，效果如图9-40所示。

> **注**：该遮罩的大小范围应与合成图像中的湖面范围一致。

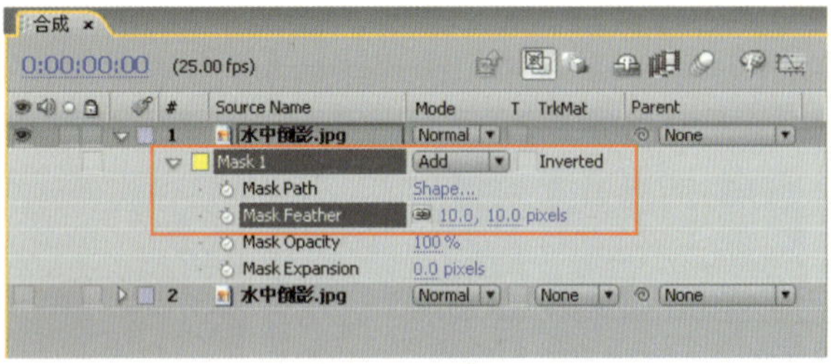


图9-39 参数设置

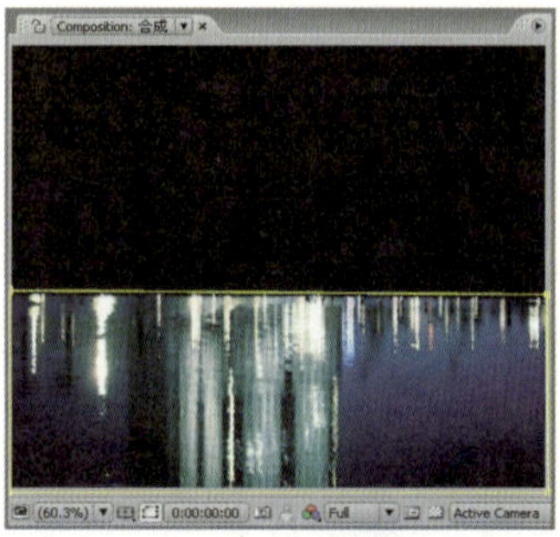


图9-40 效果图

❸选中制作了Mask的新建层“水中倒影.jpg”，然后按快捷键Ctrl+Shift+C进行预合成操作并为新合成层取名“水中倒影.jpg Comp 1”。接着，在“合成”工程文件的Timeline面板内新建一个黑色固态层，并取名为“湖面纹理”，然后选择“湖面纹理”层，并在Alter Effects主菜单中选择“Effect（特效）”→“Noise&Grain（噪点＆颗粒）”→“Fractal Noise(分形噪波)”选项。

接着在“湖面纹理”层的“Fractal Noise”特效控制面板中展开Transform（转换）选项。首先，撤选“Uniform Scaling（统一比例）”复选框，然后设置Scale Width（尺寸宽度）为“5000.0”，Scale Height（尺寸高度）为“20.0”。这样，整个分形噪波效果就被拉长成为500∶2的大小比例，实现了水平线状噪波的效果。“Fractal Noise”特效参数设置及其Evolution属性关键帧设置方法如图9-41及图9-42所示，效果如图9-43所示。

> **注**：此处运用“Fractal Noise”特效的作用是，设置其Evolution(相位演变)属性关键帧动画，可以制作出与本章案例有所区别的水平上下波动的线状噪波。另外，运用“Fractal Noise”特效表现这种纵向或水平的线状噪波动画，常用的方法是解除噪波宽高统一比例的锁定，并单独改变其宽度或高度的参数设置。

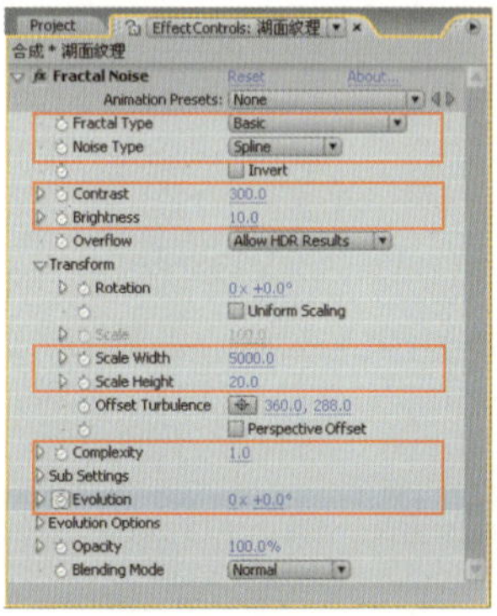


图9-41 参数设置

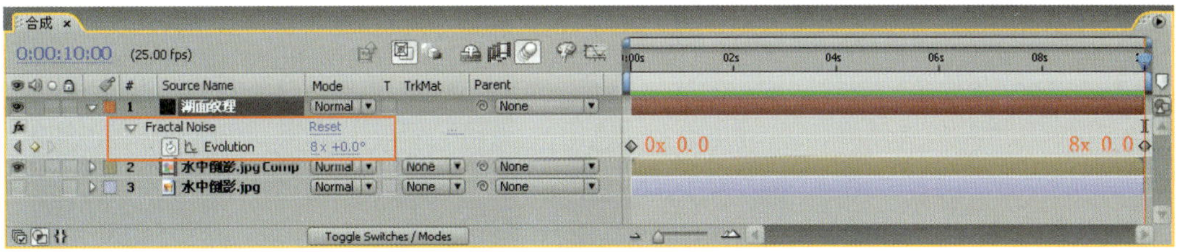

图9-42　关键帧设置方法

图9-43　效果截图

4选择“湖面纹理”层并在 Aftcr Effect 主菜单中选择“Effect（特效）”→“Distort（扭曲）”→“Corner Pin（边角定位）”选项。“Corner Pin”特效的参数设置方法如图 9-44 所示。

注：可以通过Corner Pin（边角定位）特效制作“湖面纹理”层的四角透视变形效果，即控制其边角位置、大小范围与湖面范围一致。

5选中“湖面纹理”层并按快捷键 Ctrl+Shift+C 进行预合成操作，然后选中 Move all attributes into the new composition（把层属性移动到新建的子合成文件中）单选按钮，再单击 OK 按钮，如图 9-45 所示。对灰度纹理效果所在层进行预合成操作并把原层属性移出，是为之后将其设置为置换映射层做准备。

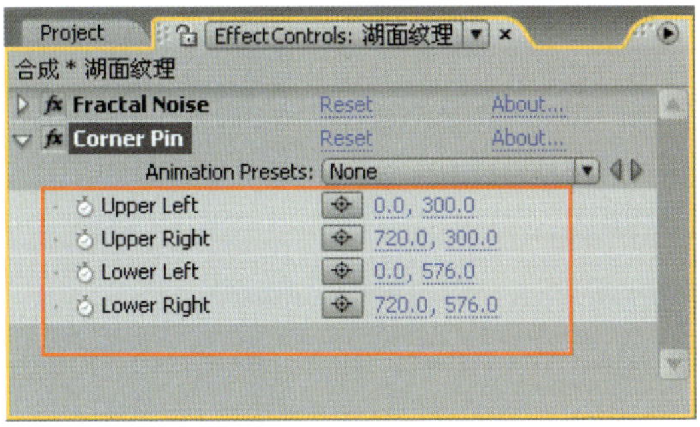

图9-44　参数设置

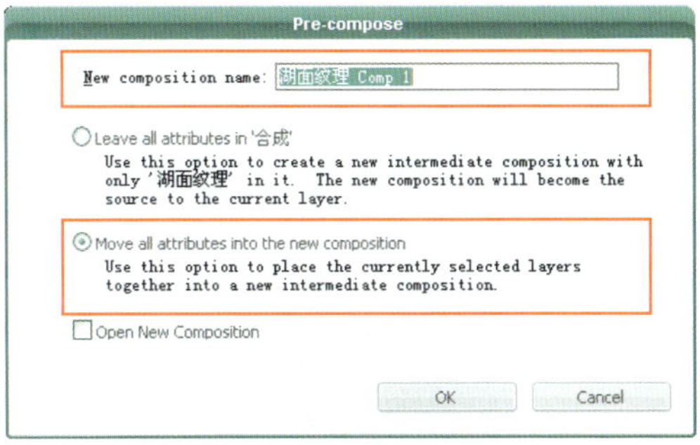

图9-45　预合成层

接着，选择“水中倒影.jpg Comp 1”合成层，并在 Affer Effects 主菜单中选择“Effect（特效）”→“Distort（扭曲）”→“Displacement Map（置换图层）”选项。然后在“Displacement Map”特效控制面板中，设置“Displacement Map Layer（置换映射图层）”为“1. 湖面纹理 Comp 1”，即将“湖面纹理 Comp 1”合成层作为该特效的置换图层。其他“Displacement

Map”特效选项的参数参照图 9-46 所示进行设置，效果如图 9-47 所示。

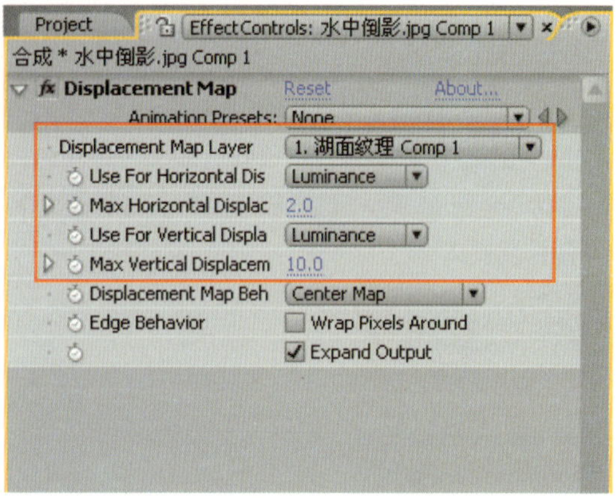


图9-46　参数设置

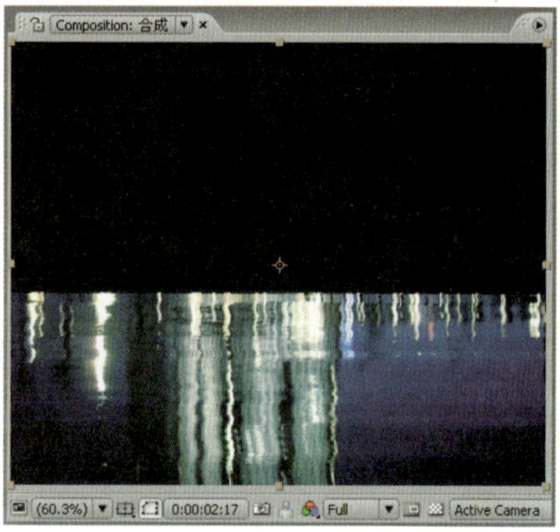


图9-47　Displacement Map效果

❻在“合成”工程文件的 Timeline 面板内，选中底层“水中倒影 .jpg”，然后按快捷键 Ctrl+D 再次复制并新建该层。接着选择工具面板中的“钢笔”工具并在新建层上制作 Mask（遮罩），Mask 外形参数的设置如图 9-48 所示，Mask 其他参数的设置如图 9-49 所示。新建层“水中倒影 .jpg”Mask（遮罩）效果如图 9-50 所示。

**注：** 此处遮罩的区域范围应位于合成图像中湖面的下侧。

图9-48　参数设置

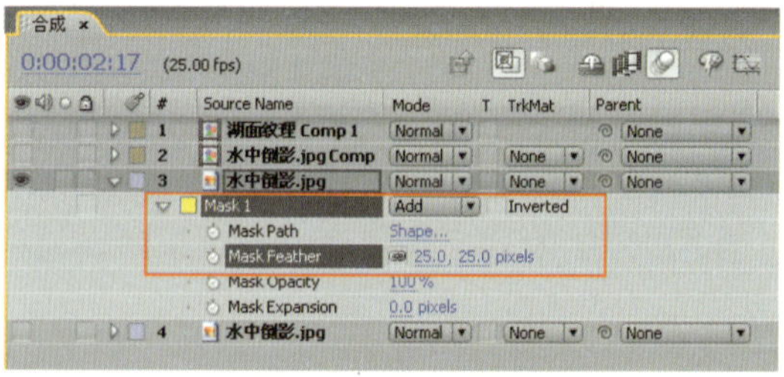


图9-49　其他参数设置

❼选中制作了 Mask 的新建层“水中倒影 .jpg”，然后按快捷键 Ctrl+Shift+C 进行预合成操作并为新合成层取名“水中倒影 2.jpg Comp”，再选中 More all attributes into the new composition 单选按钮，单击 OK 按钮，如图 9-51 所示。

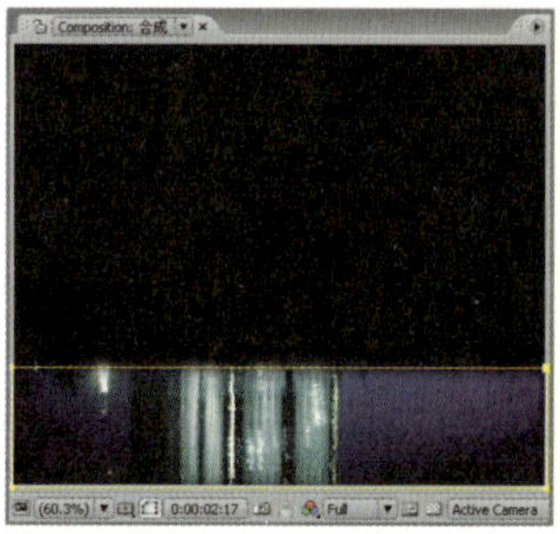

图9-50　新建层效果

图9-51　创建新合成层

新合成层“水中倒影 2.jpg Comp”中的图像即湖面的近景区域，将其拖动至 Timeline 面板内“水中倒影 .jpg Comp 1”合成层的上层位置。然后选择“水中倒影 2.jpg Comp”合成层，并在 After Effects 主菜单中选择“Effect（特效）”→“Simulation（仿真）”→“Caustics（焦散）”选项。然后在 Caustics 特效控制面板中，展开 Water（水）选项，并设置 Water Surface（水面）为“1. 湖面纹理 Comp 1”，即将“湖面纹理 Comp 1”合成层设定为 Caustics 效果的置换映射层，其他 Caustics 特效参数设置如图 9-52 所示，效果如图 9-53 所示。

注：Caustics特效可以通过置换那些模拟水波纹路的灰度影像来制作较真实的水波环境效果。

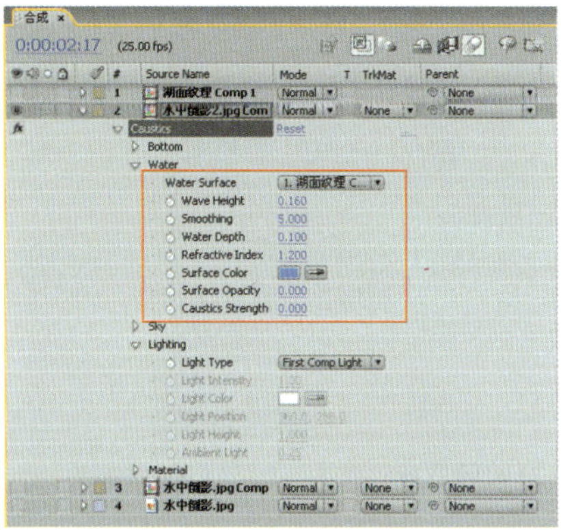

图9-52　参数设置

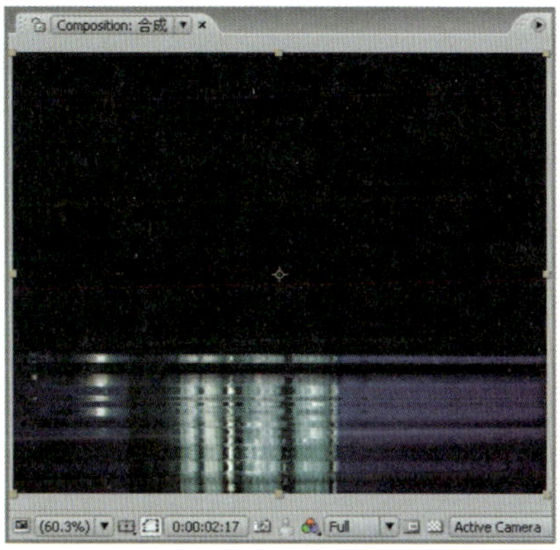

图9-53　Caustics效果

8 预合成全部倒影效果所在层并设置其 Mask 遮罩。在 Timeline 面板内同时选中“湖面纹理 Comp 1”合成层、“水中倒影 2.jpg Comp”合成层和“水中倒影 .jpg Comp 1”合成层，然后按快捷键 Ctrl+Shift+C 进行合并预合成操作，并为新合成层取名为“湖面倒影 Comp”。

接着，选择工具面板中的“钢笔工具”并在“湖面倒影 Comp”合成层上制作 Mask（遮罩），Mask（遮罩）属性参数设置如图 9-54 所示，Mask 外形参数设置如图 9-55 所示。

注：此处遮罩的大小范围应与合成图像中的湖面范围一致。这里制作Mask（遮罩）的作用是，将倒影效果中由于之前添加“Displacement Map”，Caustics等特效而产生的偏移出湖面范围的部分像素去除。

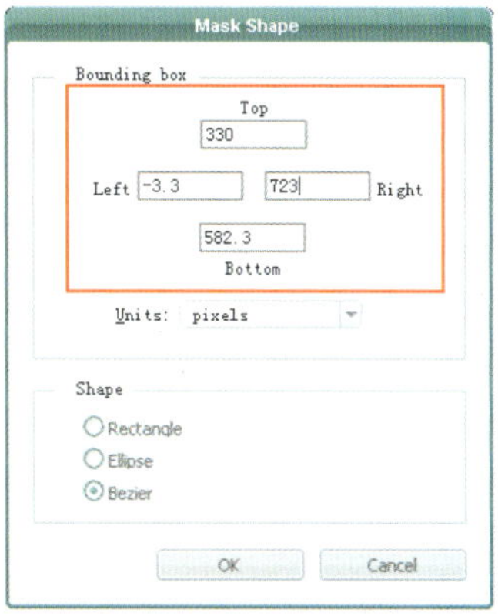

图9-55　参数设置

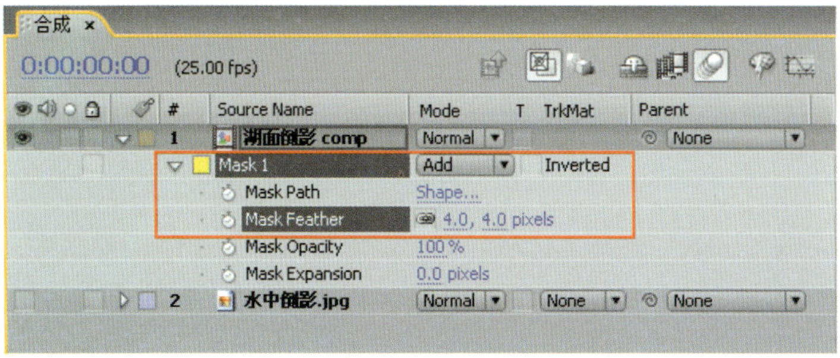

图9-54　预合成全部倒影效果所在层并设置其Mask（遮罩）

在“合成”工程文件的 Timeline 面板内单击所有层左侧的眼睛图标，观察案例最终效果如图 9-56 所示。

图9-56　案例最终动画效果

至此，整个动画效果就完成了。

# 第10章 液体状文字渗出流淌效果

## 10.1 案例简介

这个案例表现的是液体状的文字“MUSIC”从画稿纸面里逐渐渗出并自上而下流淌的动画效果。通过示意图我们分析一下如何在 After Effects 中制作这样的效果。

首先，通过运用 Basic Text、Roughen Edges 特效，制作出平面文字逐渐渗出纸面的动画效果。然后，通过运用 Fast Blur、Emboss 特效并结合 Track Matte 模式设置的方法，将渗出纸面的文字动画由平面效果转变为有厚度感的液体状效果。最后，将上述动画效果的合成文件置入工程文件，通过添加 Liquify 和 Glow 等特效、改变图层混合模式的方法使其产生自上而下缓缓流淌的视觉效果。制作思路示意图如图 10-1 所示。最后效果如图 10-2 所示。

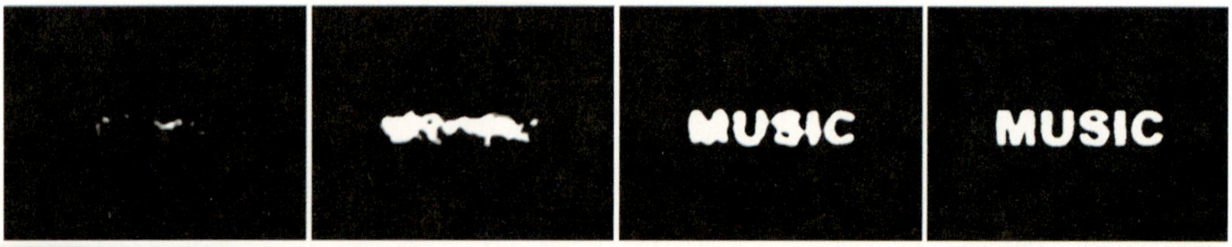


(1) 平面字体逐渐渗出纸面的动画效果:运用 Basic Text、Roughen Edges 特效

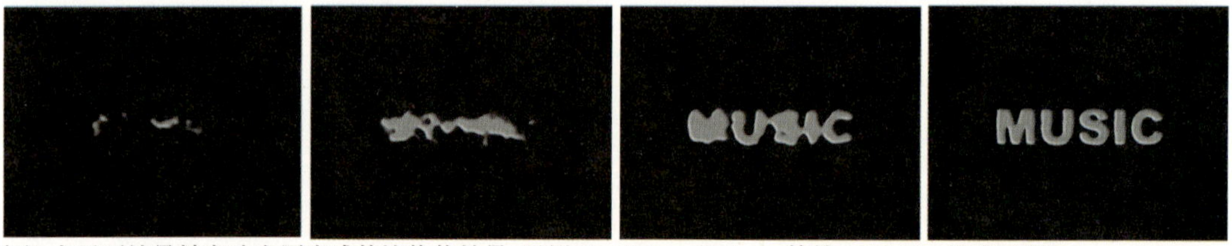


(2) 由平面效果转变为有厚度感的液体状效果:运用 Fast Blur、Emboss 特效，TrkMat 模式设置

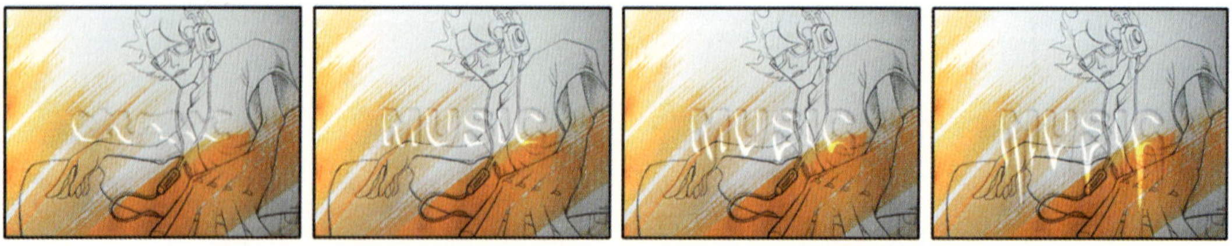

(3) 产生自上而下缓缓流淌的视觉效果:运用 Liquify、Glow 特效，改变图层混合模式

图10-1 制作思路示意图

图10-2 最后效果

# 10.2　具体制作

## 10.2.1　创建工程文件和液体文字渗出动画

❶新建工程文件“合成”。首先启动 After Effects 程序，并按快捷键 Ctrl+N 新建一个合成文件。然后在打开的合成文件设置对话框中设置 Composition Name（合成名称）为“合成”。在 Basic（常规）选项卡下的 Preset（预置）下拉列表中选择“PAL D1/DV”选项，并设置 Width（宽）为“720”，Height（高）为“576”，Frame Rate（帧率）为“25 帧 / 秒”，Duration（持续时间）为“0:00:06:00”，单击 OK（确定）按钮完成设置，如图 10-3 所示。

❷创建“文字渗出动画”合成文件和“文字”层。按快捷键 Ctrl+N 新建一个合成文件，并取名为“文字渗出动画”，其参数设置参照“合成”工程。接着按快捷键 Ctrl+Y，在“文字渗出动画”合成文件内新建一个固态层。然后在打开的对话框中设置 Name（名称）为“文字”，Color（色彩）为黑色，如图 10-4 所示。

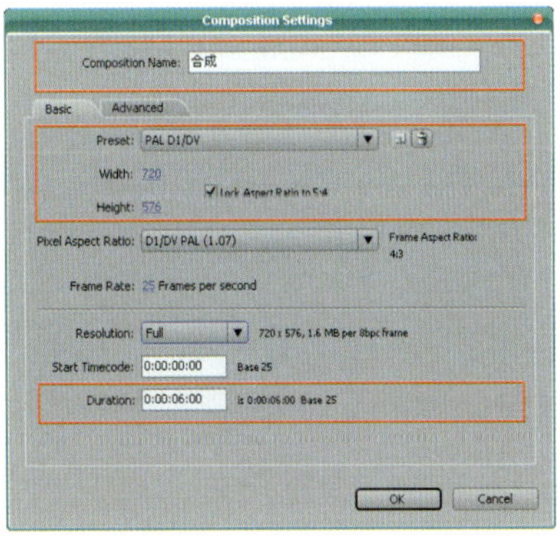


图10-3　新建工程文件

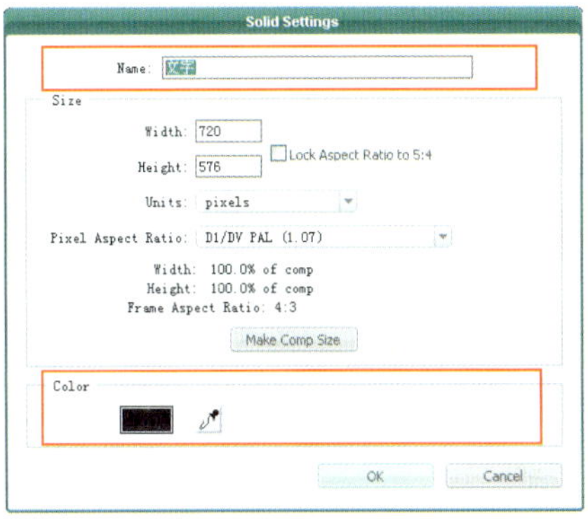


图10-4　创建层

❸创建文字元素。在“文字渗出动画”合成文件内的 Timeline 面板中选择“文字”层并右击，从弹出的快捷菜单中选择“Effect（特效）”→“Text（文字）”→“Basic Text（基本文字）”选项。然后在“Basic Text（基本文字）”对话框的文本框中输入文字“MUSIC”，并设置 Font（字体）为较粗的字体“Arial Black”。再单击 OK（确定）按钮，完成主体文字的创建，如图 10-5 所示。

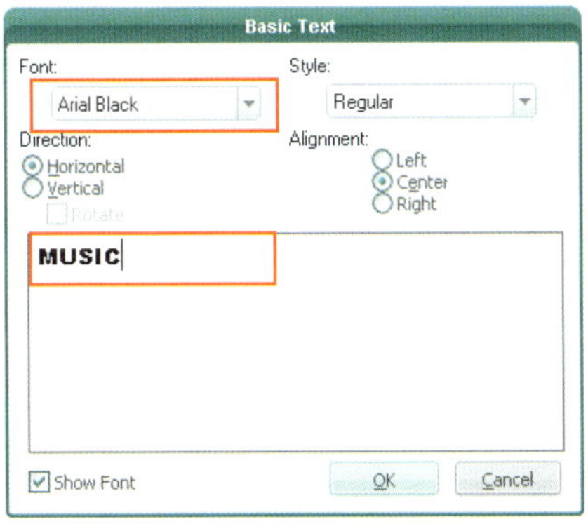


图10-5　设置窗口

接着，在“文字”层的“Basic Text”特效控制面板中设置 Display Options（显示选项）为“Fill Only（只有填充）”，Fill Color（填充色彩）为“白色”，Size（尺寸）为“120.0”，如图 10-6 所示，效果如图 10-7 所示。

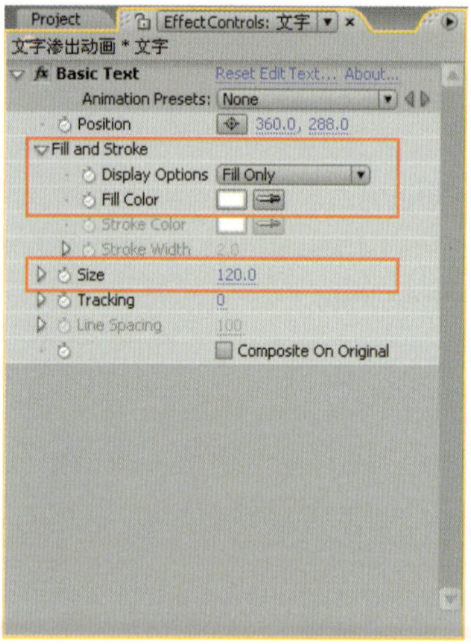


图10-6　参数设置

图10-7　Basic Text效果

④为“文字”层添加“Roughen Edges（粗糙边缘）”特效。选择“文字”层并右击，从弹出的快捷菜单中选择“Effect（特效）”→“Stylize（风格化）”→“Roughen Edges（粗糙边缘）”选项。然后在时间 0:00:00:00 处，将“Roughen Edges（粗糙边缘）”特效控制面板中的 Scale（数值）设置为“250.0”，设置 Border（边界）为“220”，并单击 Border（边界）左侧的秒表图标新建一个关键帧。接着在时间 0:00:03:00 处，设置 Border（边界）为“8.00”，即在 0:00:03:00 处该特效属性自动生成另一个关键帧，如图 10-8 所示，效果如图 10-9 所示。

> 注：除了可以实现糙化边缘的视觉效果以外，Roughen Edges还可以通过设置关键帧动画表现较为真实自然的液体渗出效果。

⑤复制并生成“文字 2”层，预合成“文字”层和“背景”层。在“文字渗出动画”合成文件中，选中“文字”层，然后按快捷键 Ctrl+D 复制并新建该层，再按 Enter 键将其改名为“文字 2”，如图 10-10 所示。

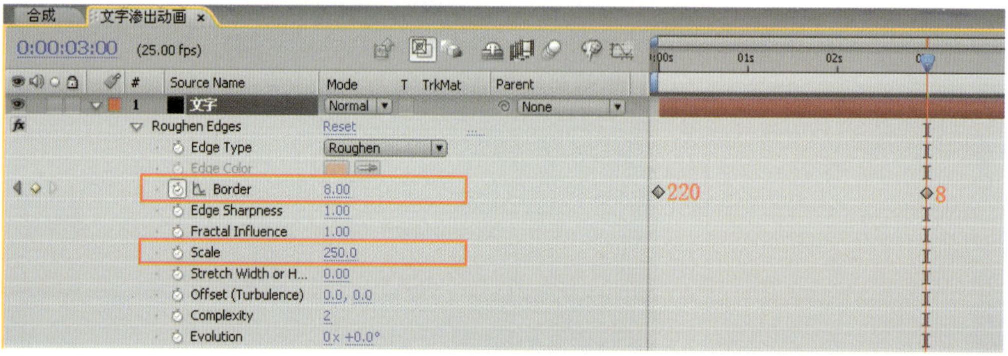


图10-8　参数及关键帧设置

图10-9　动画效果截图

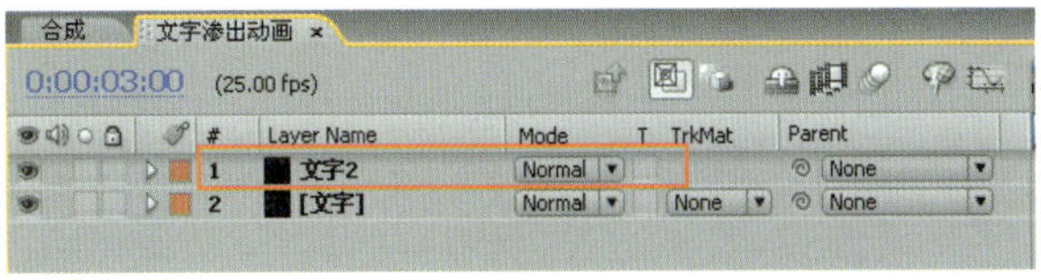


图10-10　复制生成层并改名

接着，按快捷键 Ctrl+Y，在“文字渗出动画”合成文件内新建一个固态层。然后在打开的对话框中设置 Name（名称）为“背景”，Color（色彩）为“黑色”，并将“背景”层置于 Timeline 面板内“文字”层的下方，如图 10-11 所示。

接下来，按住 Ctrl 键的同时选中“文字”层和“背景”层，并按快捷键 Ctrl+Shift+C 进行预合成操作。然后为新建的子合成文件取名为“Pre- 文字”，并选中 Move all attributes into the new composition（把层属性移动到新建的子合成文件中）单选按钮，再单击 OK（确定）按钮，如图 10-12 所示。

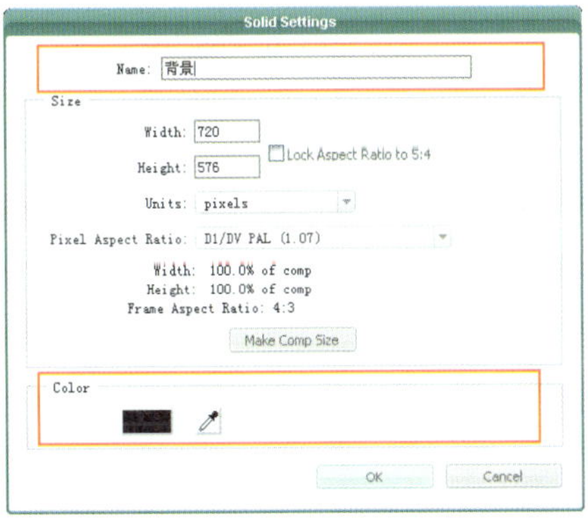


图10-11　创建层

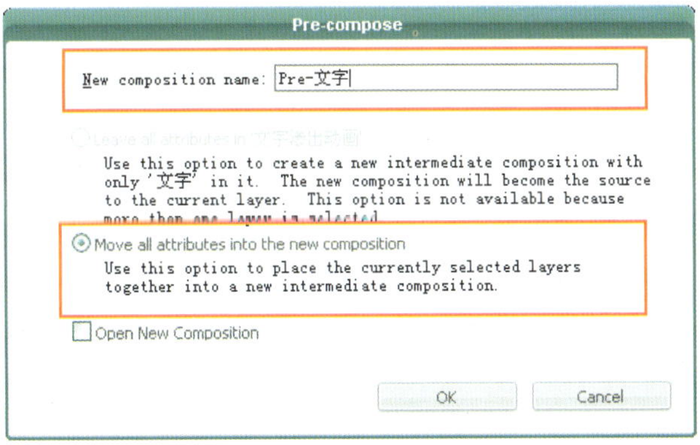


图10-12　预合成层

观察“文字渗出动画”合成文件的 Timeline 面板，可以发现原来的“文字”层和“背景”层已被嵌套入新建的子合成文件“Pre- 文字”，如图 10-13 所示。

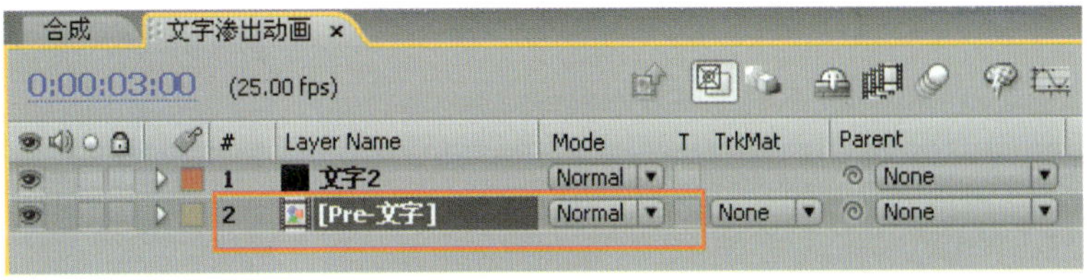


图10-13　建立子合成文件

❻为“Pre- 文字”合成层添加“Fast Blur（快速模糊）”特效。选择“Pre- 文字”合成层并右击，从弹出的快捷菜单中选择“Effect（特效）”→“Blur&Sharpen（模糊 & 锐化）”→“Fast

Blur（快速模糊）”选项。在其“Fast Blur（快速模糊）”特效控制面板中，设置 Blurriness（模糊）为“8.0”，并单击“文字 2”层左侧的眼睛图标，如图 10-14 所示，效果如图 10-15 所示。

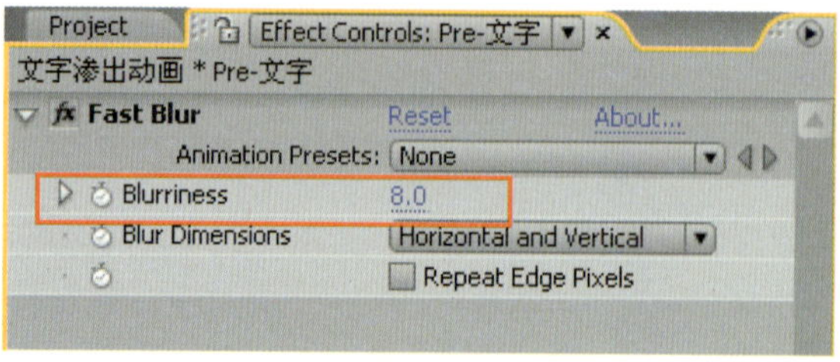


图10-14　参数设置

图10-15　Fast Blur效果

❼为“Pre- 文字”合成层添加 Emboss（浮雕）特效。选择“Pre- 文字”合成层并右击，从弹出的快捷菜单中选择“Effect（特效）”→“Stylize（风格化）”→“Emboss（浮雕）”选项。然后在 Emboss（浮雕）特效控制面板中，设置 Direction（方向）为（0x,+45.0°）Relief（浮雕）为“1.40”，如图 10-16 所示，效果如图 10-17 所示。

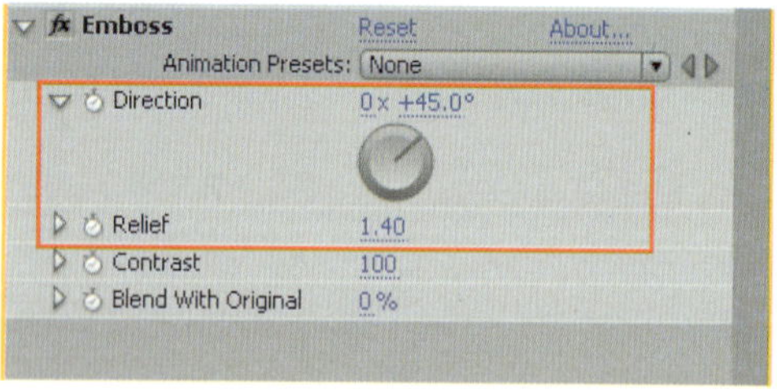


图10-16　参数设置

图10-17　Emboss效果

❽设置“Pre- 文字”合成层的“Track Matte”模式。在“文字渗出动画”合成文件的 Timeline 面板内，单击“Pre- 文字”合成层右侧 Track Matte 下拉菜单，从中选择 Alpha Matte“文字 2”选项，将上层“文字 2”设置为“Pre- 文字”合成层的 Alpha 通道蒙版，如图 10-18 所示。由于上层“文字 2”除了“MUSIC”文字图形以外皆为透明部分，所以改变“Track Matte”模式之后的“Pre- 文字”合成层也只保留了“MUSIC”文字图形部分，效果如图 10-19 所示。

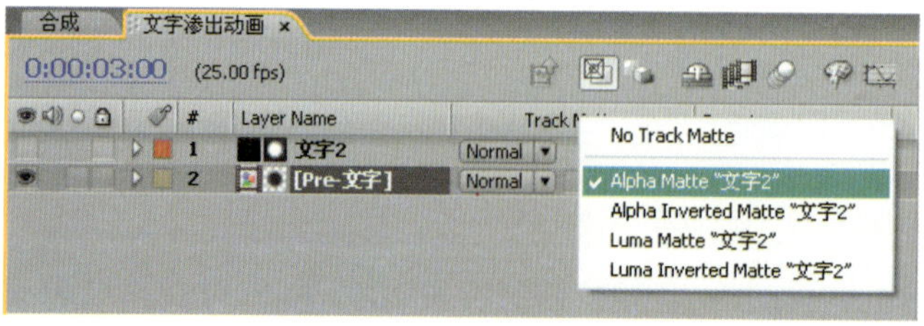


图10-18　Track Matte模式

图10-19　效果截图

## 10.2.2 制作液体文字流淌效果并合成动画

9将合成文件“文字渗出动画”和做底素材置入工程文件“合成”。在 Project 项目窗口中的空白处双击并打开第一步创建的“合成”合成文件。这是整个动画效果的工程文件，最后的合成动画在此完成。将“文字渗出动画”合成文件从 Project 项目窗口调入“合成”合成文件的 Timeline 面板中。然后在 Project 项目窗口中的空白处双击，打开 Import File( 导入文件 ) 对话框，在其中选择作为底图素材的 JPG 文件“music”，再单击“打开”按钮进行导入，如图 10-20 所示。

图10-20 导入素材文件

接着,将图片素材“music”从 Project 项目窗口调入“合成”合成文件的 Timeline 面板中,并置于“文字渗出动画”合成层的下方，如图 10-21 所示，效果如图 10-22 所示。

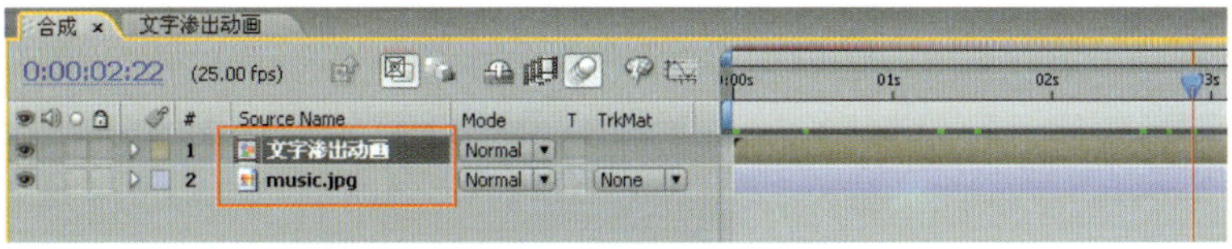


图10-21 将图片素材置于合成层下方

图10-22 初步合成效果

⑩为“文字渗出动画”合成层添加 Liquify（液化）特效。在工程文件“合成”内选择“文字渗出动画”合成层并右击，从弹出的快菜单中选择“Effect（特效）”→“Distort（扭曲）”→“Liquify（液化）”选项。然后在其 Liquify（液化）特效控制面板中，展开 Tools（工具）选项并单击“手形工具”按钮，再展开 Warp Tool Options（弯曲工具选项）选项，并设置 Brush Size（笔刷大小）为“50”，Brush Pressure（笔刷笔压）为“100”，如图 10-23 所示。

**注**：Liquify（液化）特效可以通过其画笔、旋转扭曲、镜像等特效工具对图像进行液化变形处理，从而产生有趣的扭曲动画效果。

接着，用鼠标在文字图形“MUSIC”上沿着文字底部边缘向下涂抹，直至得到较好的液体文字向下流淌的效果，如图 10-24 所示。

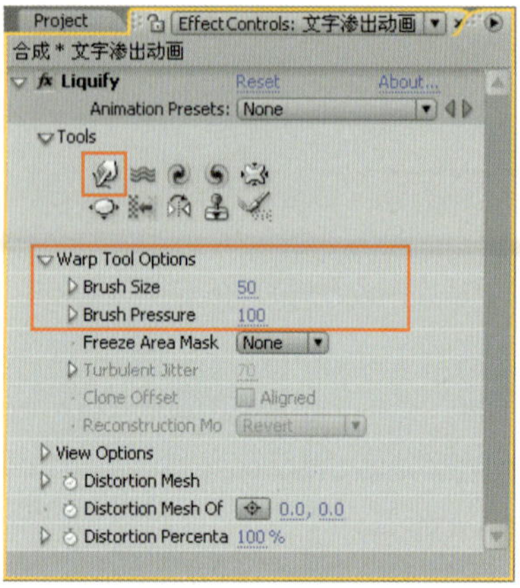


图10-23　参数设置

图10-24　Liquify涂抹效果

然后，将时间指针移至 0:00:03:00 处，在 Liquify（液化）特效控制面板中展开 Distortion Percentage（变形率）属性选项，设置其参数为“0”，并单击 Distortion Percentage（变形率）属性左侧的秒表图标新建一个关键帧。接着在时间 0:00:06:00 处，设置 Distortion Percentage（变形率）为“100”，即在 0:00:06:00 处该特效属性自动生成另一个关键帧，如图 10-25 所示。

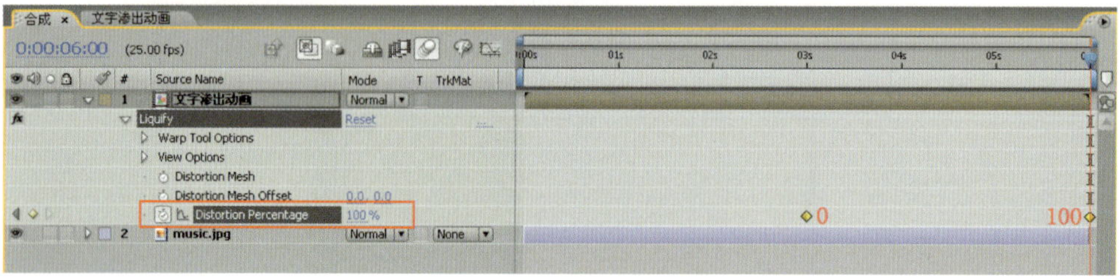


图10-25　关键帧设置

最后，在工程文件“合成”内，按小键盘上的数字键“0”进行动画预览。至此，液体文字逐渐渗出并向下流淌的动画制作完成，效果如图 10-26 所示。

⑪设置“文字渗出动画”合成层的图层混合模式。在工程文件“合成”的 Timeline 面板内，单击“文字渗出动画”合成层右侧的 Mode（混合模式）下拉菜单，从中选择“Overlay（叠加）”选项，通过改变图层混合模式来表现液体文字透明的效果，如图 10-27 所示，效果如图 10-28 所示。

图10-26　Liquify效果截图

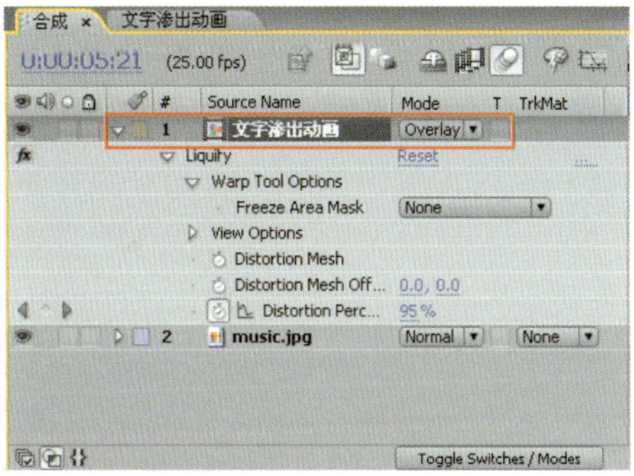

图10-27　设置合成层的混合模式

图10-28　合成层混合模式设为Overlay

⑫为“文字渗出动画”合成层添加 Glow（辉光）特效。选择“文字渗出动画”合成层并右击，从弹出的快捷菜单中选择“Effect（特效）”→“Stylize（风格化）”→“Glow（辉光）”选项。然后在其 Glow（辉光）特效控制面板中，设置 Glow Threshold(辉光极限值)为“70.0”，Glow Radius（辉光半径）为“6.0”，Glow Intensity（辉光强度）为“1.0”，“Glow Colors（辉光色彩）”为“Original Colors（原始色彩）”，如图 10-29 所示。

> Glow（辉光）特效可以使带有 Alpha 通道的图像、文字产生漂亮的边缘发光效果，最后添加 Glow（辉光）特效是为了进一步将液体文字亮部提亮、添加液体文字与纸面接触产生的阴影，效果如图 10-30 所示。

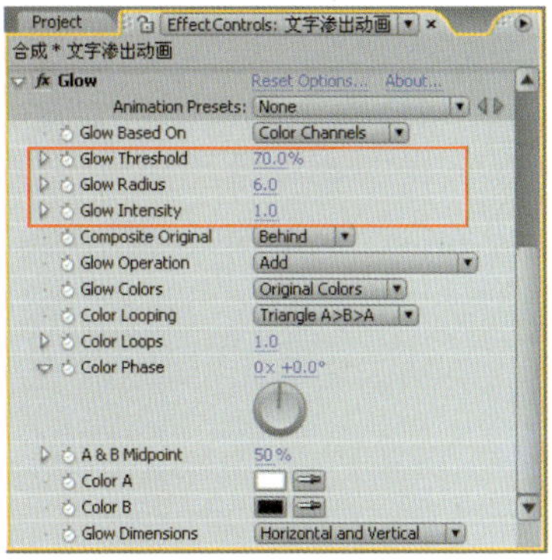

图10-29　参数设置

图10-30　Glow效果

至此，本案例的具体制作步骤结束。

## 10.3 同类索引

通过本章案例的学习，用户已经知道如何制作液体状文字从纸面里逐渐渗出并自上而下流淌的动画效果。其中，字体的液体状效果通过 Fast Blur、Emboss 特效并结合 Track Matte 模式设置的方法来实现；字体逐渐渗出的效果则由 Basic Text、Roughen Edges 特效完成；最后字体流淌的动画效果则使用了 Liquify、Glow 等特效。下面将本节制作思路及方法进行扩展延伸，探寻此类影像效果的画面细节并充分挖掘其运用到的 After Effects 中的其他技巧。

● **索引案例：旧墙上渗出的文字**

这个索引案例表现的是文字“MUSIC”从斑驳的旧墙里渗出并流淌下来的动画效果。这样的效果与本章案例“液体状文字渗出流淌效果”有所不同，主要区别在于画面观察视角和文字背后材质不同。本章案例画面的视角是平行前视的，而此索引案例是具有一定透视感的侧视角；本章案例中字体背后的材质是画稿，而在索引案例中文字是从斑驳的旧墙里渗出的。那么如何制作这种新的动画效果呢？索引案例的制作步骤与本章案例“液体状文字渗出流淌效果”有何异同呢？

由于最终效果存在观察视角和环境材质两点差异，因此索引案例“旧墙上渗出的文字”的制作步骤主要根据这两点来做出调整和延伸。首先，运用 Corner Pin 特效将已呈流淌动画效果的合成层“文字渗出动画”进行四角变形处理，模拟画面侧视视角；其次，为合成层“文字渗出动画”添加 Displacement Map 特效，并对其进行置换贴图变形处理，模拟文字“MUSIC”根据旧墙上的凹凸明暗信息而产生的真实自然的渗出流淌效果，案例最后效果如图 10-31 所示。

图10-31　索引案例最后效果

下面介绍索引案例的具体操作步骤。

● **索引案例制作步骤**

由于最终动画效果及制作逻辑的相似，此索引案例的前半部分和本章案例一致。针对效果差异做出的步骤调整从本章案例“液体状文字渗出流淌效果”的第 11 步开始。

①替换工程文件中的做底素材。在 Project 项目窗口中的空白处双击，打开 Import File(导入文件)对话框，在其中选择作为新底图素材的 JPG 文件“墙”，然后单击“打开”按钮进行导入。在 JPG 文件“墙”和工程文件中“music”层同时被选中的状态下，按住 Alt 键并将项目窗口中的 JPG 文件素材“墙”拖动至工程文件中“music”层处释放，这样，就完成了做底素材的替换操作，如图 10-32 所示。即可发现整个动画效果的背景环境变成了斑驳的旧墙面，效果如图 10-33 所示。

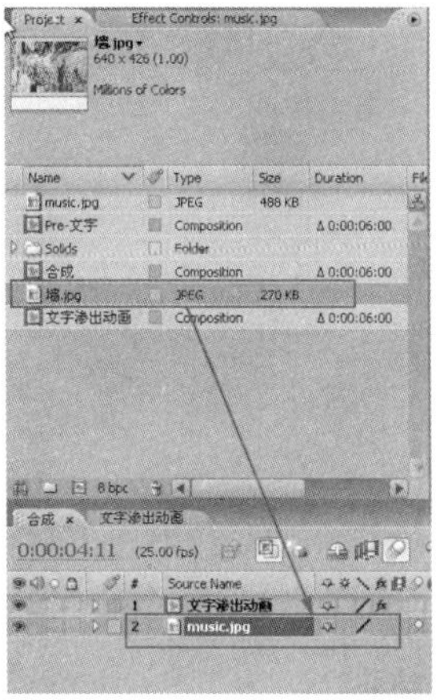


图10-32　替换素材

图10 33　效果图

接着，将底图素材层“墙”放大到适当尺寸，然后选中该层并按快捷键 Ctrl+Shift+C 进行预合成操作。再为新建的子合成文件取名为“Pre- 墙”，并选中 Move all attributes into the new composition（把层属性移动到新建的子合成文件中）单选按钮，如图 10-34 所示，效果如图 10-35 所示。

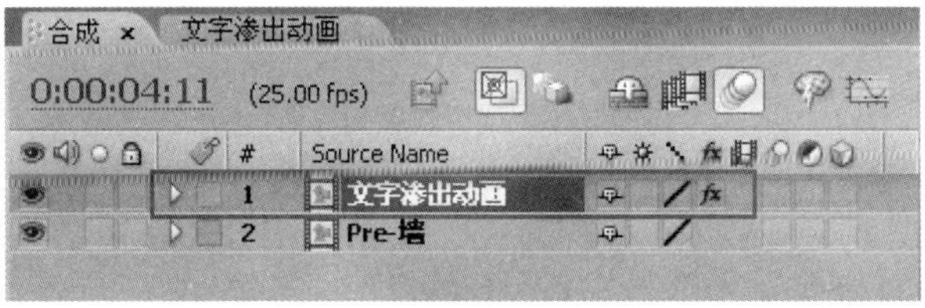


图10-34　将底图素材层放大后进行预合成操作

图10-35　素材层效果

❷为“文字渗出动画”合成层添加“Corner Pin（边角定位）”特效。在工程文件“合成”内单击选择“文字渗出动画”合成层并右击，从弹出的快捷菜单中选择“Effect（特效）”→“Distort（扭曲）”→“Corner Pin（边角定位）”选项。然后在其“Corner Pin（边角定位）”特效控制面板中，设置 Upper Left（左上）为（167.0，4.9）。Upper Right（右上）为（725.0，-93.8）。Lower Left（左下）为（160.4，477.1）。Lower Right（右下）为（725.0，839.6），如图 10-36 所示。

注：Corner Pin（边角定位）特效可以重新定位图层4个边角的位置，从而使图像产生拉伸、收缩、倾斜或扭曲等变形效果。可以运用该特效来制作“文字渗出动画”合成层的四角透视变形效果。

然后设置“文字渗出动画”合成层的图层混合模式为“Add（添加）”，如图 10-37 所示，效果如图 10-38 所示。

图10-36　参数设置

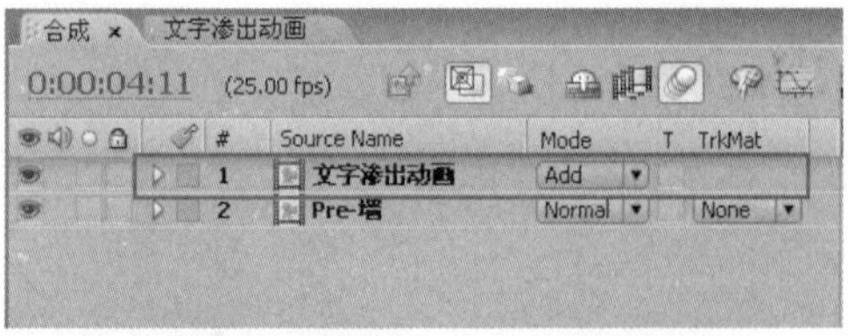


图10-37　设置合成层的混合模式

图10-38　效果图

❸为“文字渗出动画”合成层添加“Displacement Map（置换图层）”特效。在工程文件“合成”内单击选择“文字渗出动画”合成层并右击，从弹出的快捷菜单中选择“Effect（特效）”→“Distort（扭曲）”→“Displacement Map（置换图层）”选项。

然后在其“Displacement Map（置换图层）”特效控制面板中，设置Displacement Map Layer（置换映射图层）为“2.Pre-墙”，即将“Pre-墙”合成层作为该特效的置换图层。其他“Displacement Map”特效参数设置如图10-39所示，最终效果如图10-40所示。

**注**：Displacement Map特效可以利用一个层或者影像的亮度、色调、通道等信息，使当前图层产生相应的移动、变形、扭曲、模糊等效果，从而通过置换图层有效地控制当前层的细节变形。

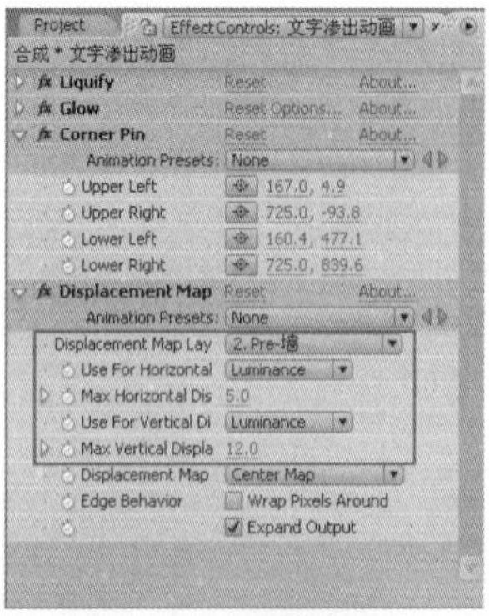


图10-39　参数设置

图10-40　Displacement Map效果

至此，整个动画效果就完成了。

# 第11章

## 水波荡漾幻化成形

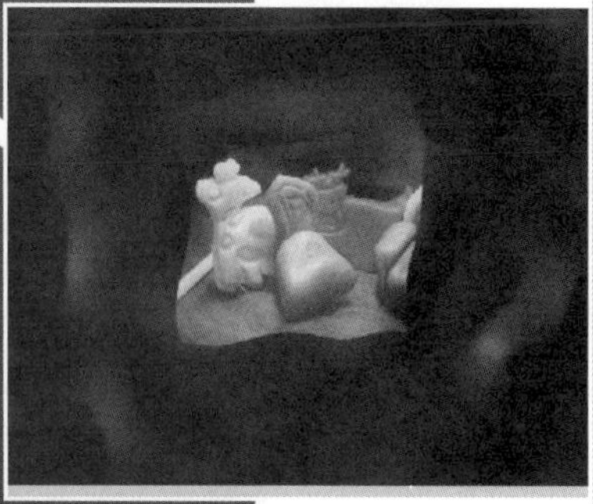

## 11.1 案例简介

这个案例表现的是 LOGO 文字伴随着荡漾水波的节奏和纹理而逐渐显现出来的动画效果。通过示意图可以分析一下如何在 After Effects 中制作这样的动画效果。

首先，通过运用 Mask（遮罩）工具并设置其 Mask 关键帧的方法，制作出文字从无到有、逐渐显示出来的动画效果。然后，通过运用 Radio Waves、Roughen Edges 和 Fast Blur 等特效，制作出一圈圈散开的水波涟漪纹理的动态影像，并将其设为最终文字动画的效果置换层。最后，通过运用 Caustics 特效来实现文字 Mask 动画和水波灰度影像之间的完美匹配与融合的幻化动画效果。制作思路示意图如图 11-1 所示，最后效果如图 11-2 所示。

（1）文字从无到有、逐渐显出的动画：设置 Mask Shape（遮罩外形）关键帧动画

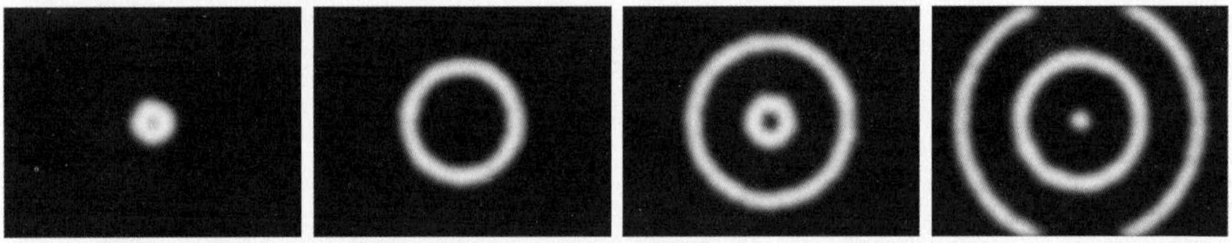

（2）水波涟漪纹理的动态影像：运用 Radio Waves、Roughen Edges、Fast Blur 等特效

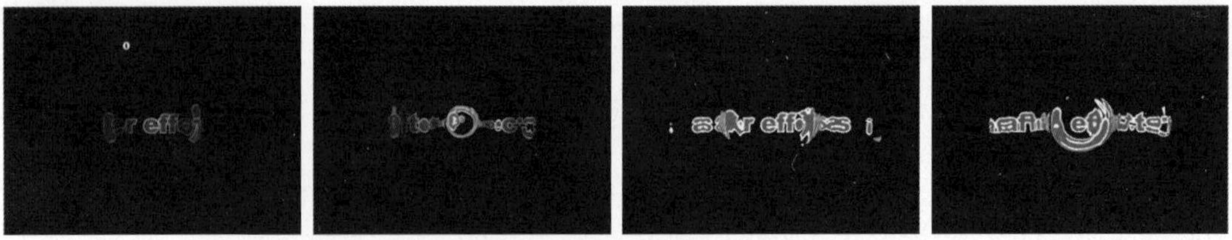

（3）合成动画、实现效果：运用 Caustics（焦散）特效将两段动画合成

图11-1　制作思路示意图

图11-2　最后效果

# 11.2　具体制作

## 11.2.1　创建工程文件和文字MASK动画

❶新建工程文件“合成”。首先启动 After Effects CS3 程序，并按快捷键 Ctrl+N 新建一个合成文件。然后在打开的合成文件设置对话框中设置“Composition Name（合成名称）”为“合成”。接着在 Basic（常规）选项卡下的 Preset（预置）下拉列表中选择“PAL D1/DV”选项，并设置 Width（宽）为“720”，Height（高）为“576”，Frame Rate（帧率）为“25 帧 / 秒”，Duration（持续时间）为“0:00:06:00”，然后单击 OK（确定）按钮完成设置，如图 11-3 所示。

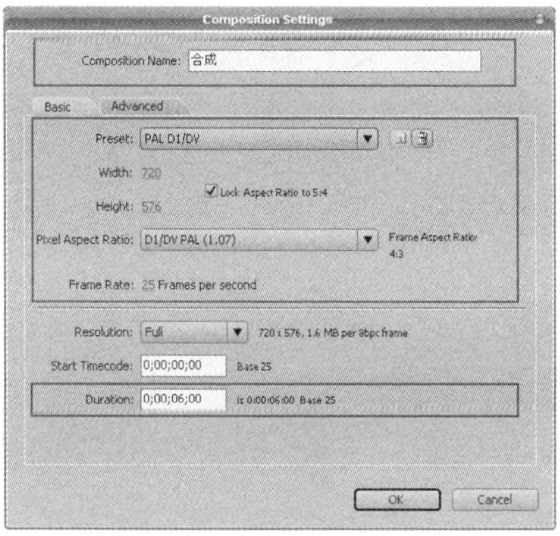


图11-3　新建工程文件

❷创建“文字动画”合成文件和“文字”层。再次按快捷键 Ctrl+N 新建一个合成文件，并在打开的合成文件设置对话框中设置 Composition Name（合成名称）为“文字动画”，Basic（常规）选项卡内的其他选项设置可参照工程文件“合成”。接着按快捷键 Ctrl+Y，在“文字动画”合成文件内新建一个固态层。然后在打开的固态层设置对话框中设置 Name（名称）为“文字”，Color（色彩）为黑色，如图 11-4 所示。

❸创建文字元素。在“文字动画”合成文件内的 Timeline 面板中选择“文字”层并右击，从弹出的快捷菜单中选择“Effect（特效）”→“Text（文字）”→“Basic Text（基本文字）”选项。然后在其“Basic Text（基本文字）”对话框的文本框中输入文字“After Effects”，并设置 Font（字体）为较粗的字体“Arial Black”，再单击 OK（确定）按钮，完成主体文字的创建，如图 11-5 所示。

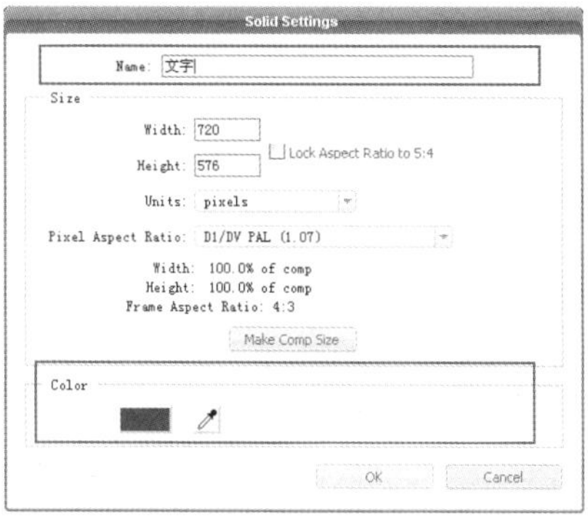


图11-4　创建层

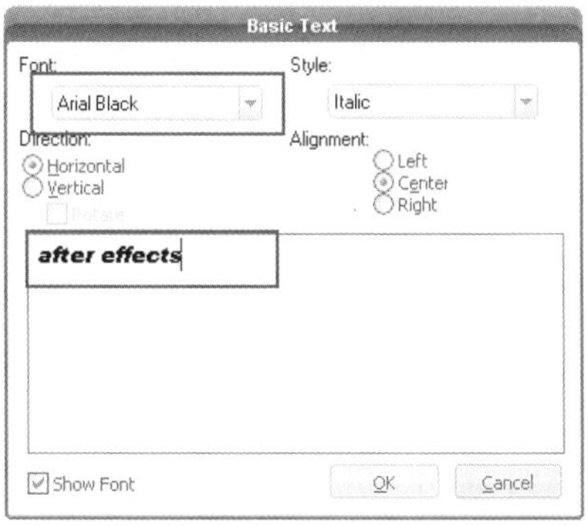


图11-5　设置对话框

接着在“文字”层的“Basic Text”特效控制面板中，设置 Display Options（显示选项）为“Fill Over Stroke（填充覆盖描边）”，Fill Color（填充色彩）为默认红色，Stroke Color（描边色彩）为“白色”，Stroke Width（描边宽度）为“6.0”，Size（尺寸）为“60.0”，如图 11-6 所示。

“文字”层在合成图像窗口的显示效果如图 11-7 所示。

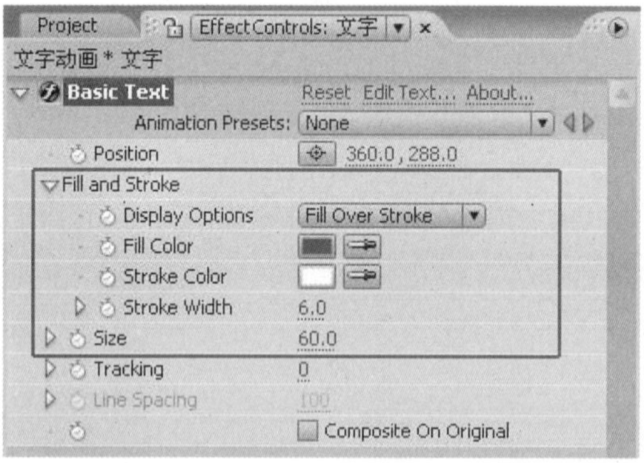


图11-6　参数设置

图11-7　Basic Text效果

❹预合成“文字”层。在“文字动画”合成文件内的 Timeline 面板中选中“文字”层，并按快捷键 Ctrl+Shift+C 进行预合成操作。然后为新建的子合成文件取名为“文字 Comp 1”，并选中 Move all attributes into the new composition（把层属性移动到新建的子合成文件中）单选按钮，再单击 OK（确定）按钮，如图 11-8 所示。

观察“文字动画”合成文件的 Timeline 面板，可以发现原来的“文字”层已被嵌套入新建的子合成文件“文字 Comp 1”中，如图 11-9 所示。

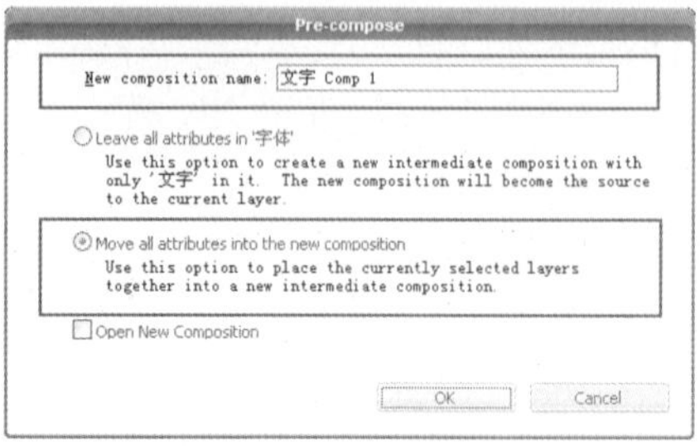


图11-8　预合成层

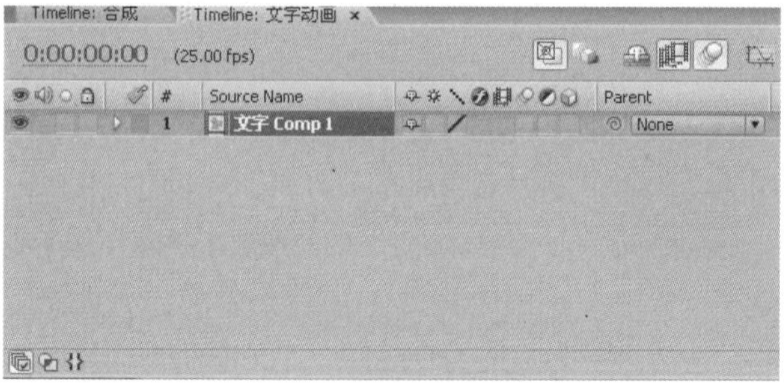


图11-9　新建子合成文件

❺为“文字 Comp 1”合成层添加 Mask（遮罩）。在“文字动画”合成文件内的 Timeline 面板中选中“文字 Comp 1”合成层，然后在 Tools（工具）面板中单击椭圆形 Mask 工具按钮，如图 11-10 所示。

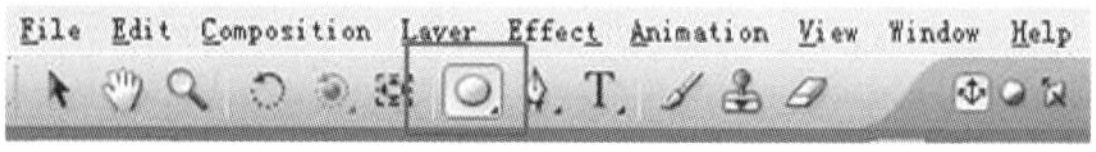


图11-10　选择椭圆形Mask工具

接着，在“文字动画”合成图像窗口中，为“文字 Comp 1”合成层制作出椭圆形 Mask（遮罩）效果。注意，此处 Mask（遮罩）形状须覆盖整个主体文字“after effects”，如图 11-11 所示。

然后，在 Timeline 面板内选择“文字 Comp 1”合成层并按快捷键 M，打开该层的 Mask（遮罩）属性参数设置选项。在其中设置 Mask Feather（遮罩羽化）为（80.0，80.0），如图 11-12 所示。

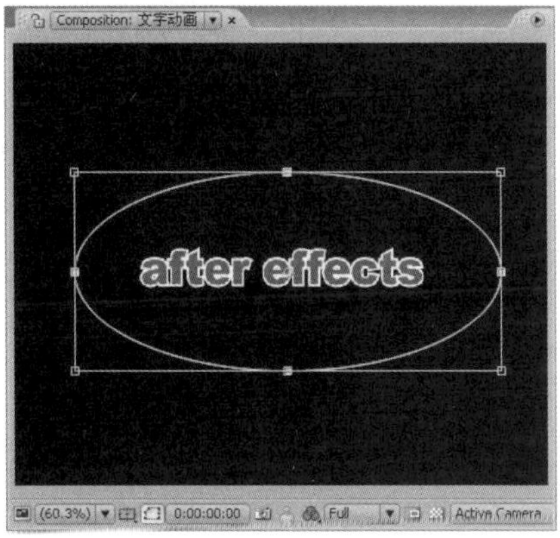


图11-11 添加Mask（遮罩）

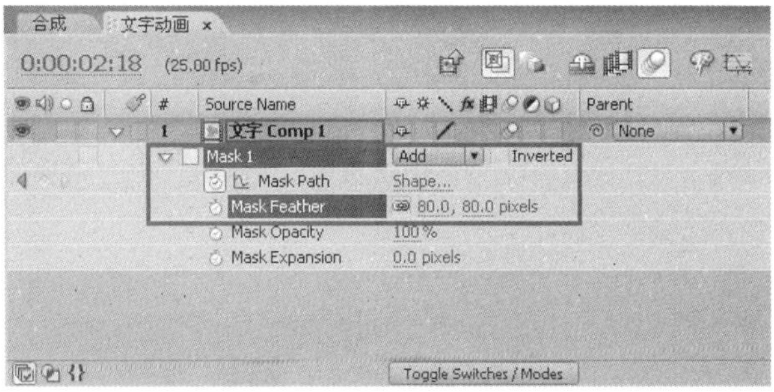


图11-12 设置参数

❻制作“文字 Comp 1”合成层的“Mask Path”关键帧动画。在时间 0:00:02:15 处的“文字 Comp 1”合成层的 Mask 属性参数设置选项中，单击 Mask Path（遮罩外形）左侧的秒表图标设置关键帧。然后再单击该合成层 Mask 属性选项内的“Shape...（外形…）”选项，打开“Mask Shape（遮罩外形）”对话框。在时间 0:00:00:15 处设置该对话框中的 Top（上）为“288”,Bottom（下）为“288”,Left（左）为“360”,Right（右）为“360”,如图 11-13 所示。

即可在“文字 Comp 1”合成层的第 15 帧处新建一个“Mask Path（遮罩外形）”关键帧，效果如图 11-14 所示。

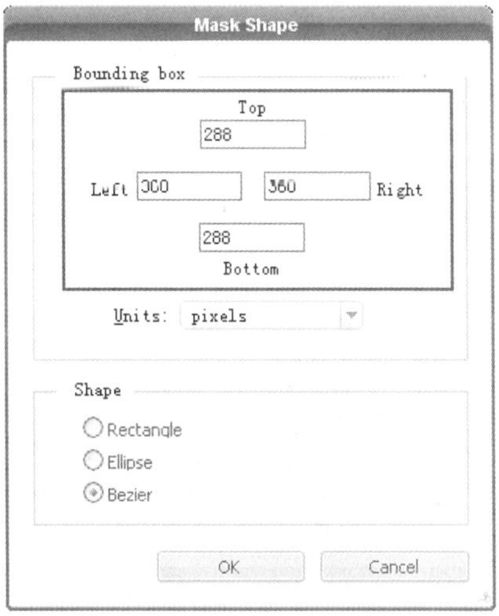


图11-13 设置参数

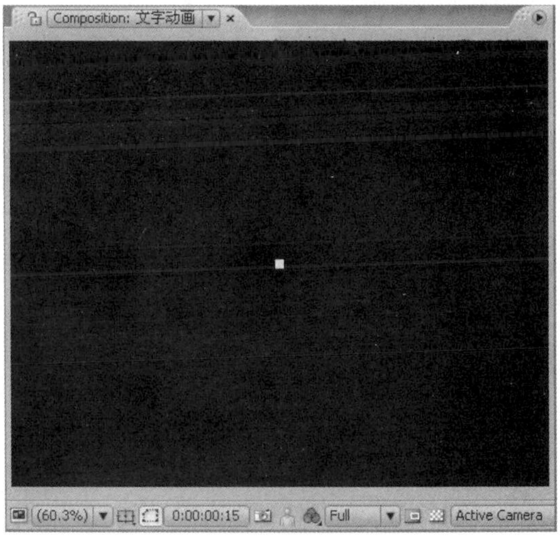


图11-14 合成层效果

至此，文字从无到有、逐渐显示出来的 Mask 动画效果制作完成。

## 11.2.2 制作水波涟漪纹理的动态影像

❼创建“水波”合成文件和“水波”层。按快捷键 Ctrl+N 新建一个合成文件，并在打开的合成文件设置对话框中设置 Composition Name（合成名称）为“水波”，Basic（常

规）选项卡内的其他选项设置可参照工程文件“合成”。接着按快捷键 Ctrl+Y，在“水波”合成文件内新建一个固态层。然后在打开的固态层设置对话框中设置 Name（名称）为“水波”，Color（色彩）为“黑色”，再单击 OK（确定）按钮完成设置，如图 11-15 所示。

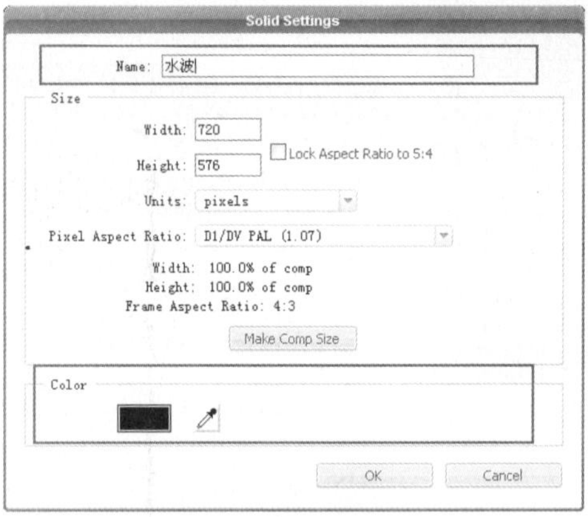


图11-15　创建层

❽为“水波”层添加“Radio Waves（电波）”特效。在“水波”合成文件的 Timeline 面板内选择“水波”层并右击，从弹出的快捷菜单中选择“Effect（特效）”→“Generate（生成）”→“Radio Waves（电波）”选项。然后在其“Radio Waves（电波）”特效控制面板中展开 Stroke（描边）属性选项，设置 Color（色彩）为“白色”，Start Width（开始宽度）为“40.00”，End Width（结束宽度）为“1.00”，如图 11-16 所示，效果如图 11-17 所示。

> 注：Radio Waves（电波）特效可以在不设置关键帧的情况下生成类似电波扩散的动画效果。

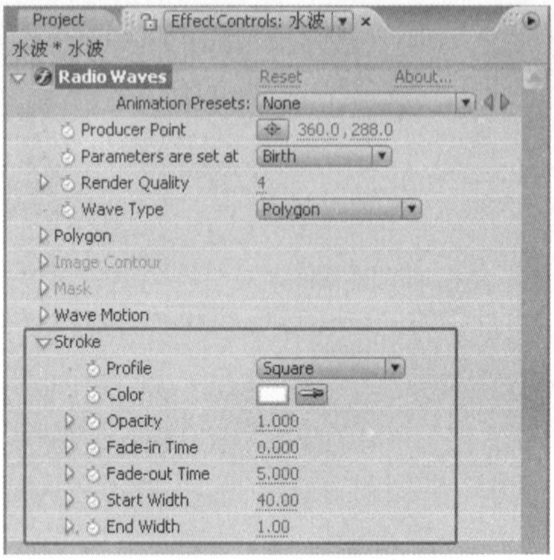


图11-16　特效参数设置

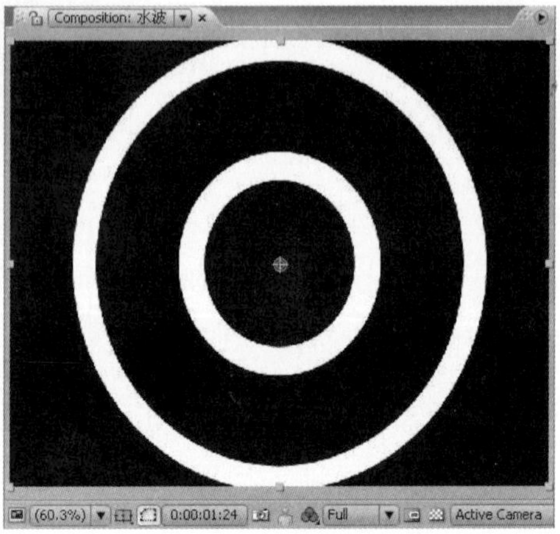


图11-17　效果截图

❾为“水波”层添加“Roughen Edges（边缘粗糙）”特效。在 Timeline 面板内选择“水波”层并右击，从弹出的快捷菜单中选择“Effect（特效）”→“Stylize（风格化）”→“Roughen Edges（边缘粗糙）”选项。然后在其“Roughen Edges（边缘粗糙）”特效控制面板中，设置 Edge Type（边缘类型）为“Roughen（粗糙）”，Border（边界）为“25.00”，Complexity（复杂度）为“2”，如图 11-18 所示。

运用该特效对上一步制作的“Radio Waves”动画进行噪化边缘处理，效果如图 11-19 所示。

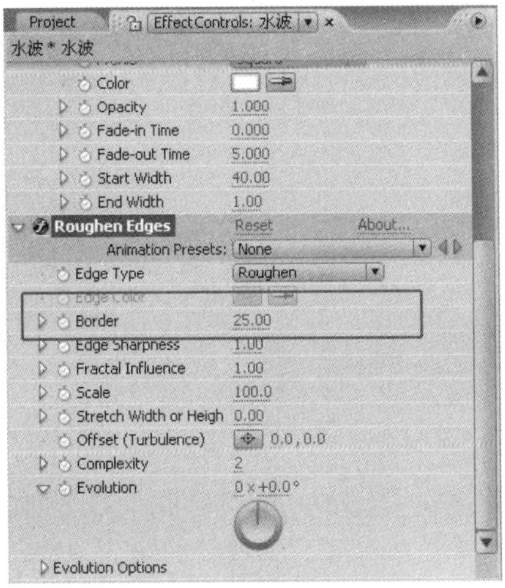


图11-18　特效参数设置

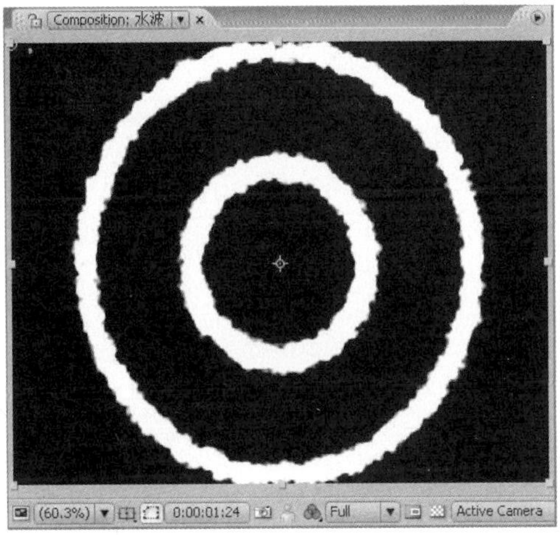


图11-19　Roughen Edges效果

⑩为“水波”层添加“Fast Blur（快速模糊）”特效。在 Timeline 面板内选择“水波”层并右击，从弹出的快捷菜单中选择“Effect（特效）”→“Blur&Sharpen（模糊 & 锐化）”→“Fast Blur（快速模糊）”选项。然后在其“Fast Blur（快速模糊）”特效控制面板中，设置 Blurriness（模糊）为“30.0”，如图 11-20 所示，效果如图 11-21 所示。

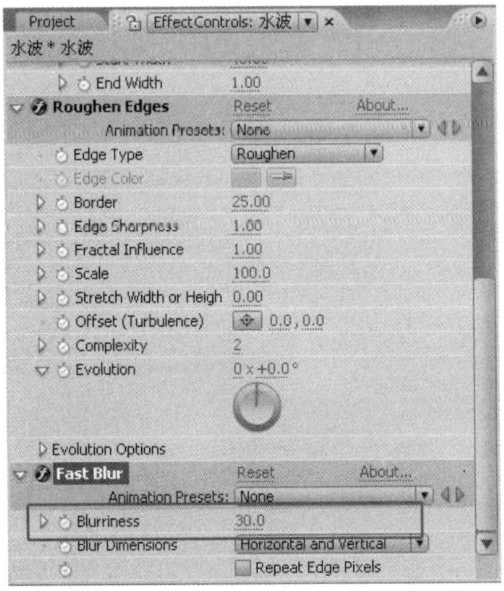


图11-20　特效参数设置

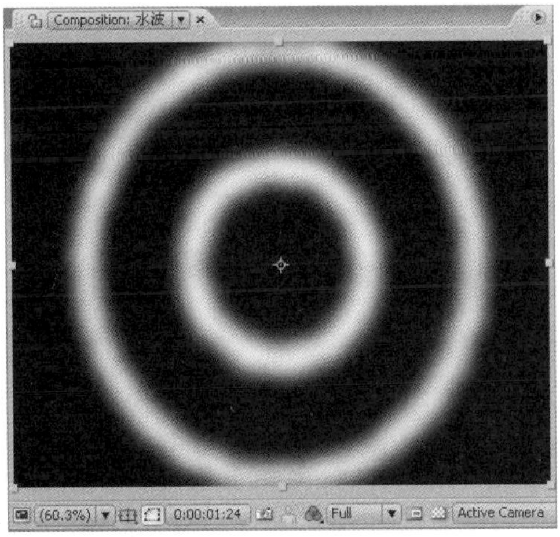


图11-21　Fast Blur效果

在“水波”合成文件内，按小键盘“0”键进行动画预览，以查看效果。至此，水波涟漪纹理的动画效果制作完成。

## 11.2.3　在工程文件内合成动画特效

⑪将合成文件“水波”和“文字动画”置入工程文件“合成”。在 Project 项目窗口中的空白处双击并打开第一步创建的“合成”合成文件。这是整个动画效果的工程文件，最

后的特效与合成将在此完成。然后将“水波”和“文字动画”这两个合成文件从 Project 项目窗口拖动至“合成”工程文件的 Timeline 面板中，生成“水波”合成层和“文字动画”合成层，如图 11-22 所示。

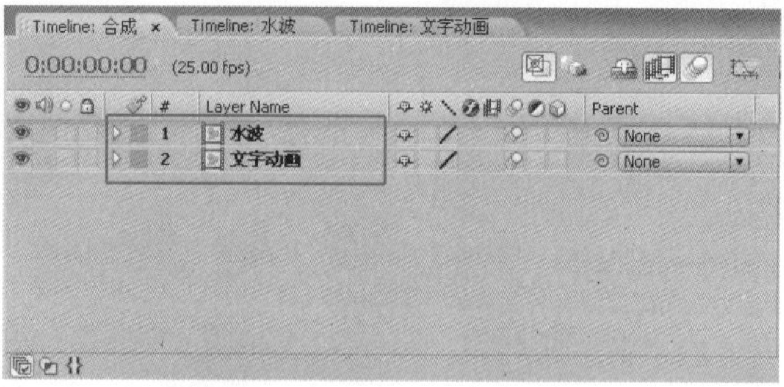


图11-22 合成文件置入工程文件

⑫为“文字动画”合成层添加 Caustics（焦散）特效。在“合成”工程文件的 Timeline 面板中，选择嵌套进入的“文字动画”合成层并右击，从弹出的快捷菜单中选择“Effect（特效）”→“Simulation（仿真）”→“Caustics（焦散）”选项。

然后在其 Caustics（焦散）特效控制面板中，展开 Water（水）属性选项，并设置 Water Surface（水面）为“1. 水波”，即将“水波”合成层设定为 Caustics 效果的映射层。接着设置 Wave Height（波形高度）为“0.150”，Smoothing（滤波）为“5.000”，Water Depth（水深）为“0.400”，Surface Opacity（表面透明度）为“0.000”。再展开 Lighting（照明）属性选项，设置 Light Type（灯光类型）为“First Comp Light（首选合成灯光）”，如图 11-23 所示，效果如图 11-24 所示。

> **注**：Caustics（焦散）特效可以通过映射那些模拟水波纹路的灰度图素材来实现较为真实的水波环境和水波纹效果。

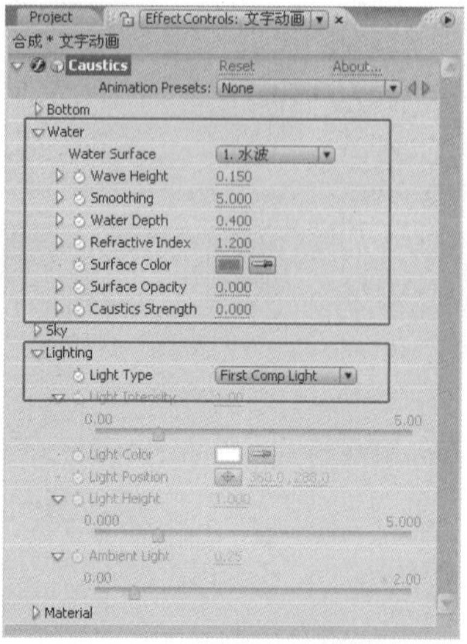


图11-23 特效参数设置

图11-24 效果截图

⑬在“水波”合成文件内制作“水波”层的 Opacity（透明度）属性关键帧动画。首

先，在 Project 项目窗口中双击“水波”合成文件，打开其 Timeline 面板。然后在“水波”合成文件内选中“水波”层并按快捷键 T，调出该层的 Opacity（透明度）属性选项。

接着，在时间 0:00:04:00 处，单击“水波”层 Opacity 属性左侧的秒表图标来新建关键帧，并设置此 Opacity（透明度）关键帧参数为“100”。再在时间 0:00:05:00 处，将“水波”层的 Opacity（透明度）属性参数改为“0”，即在 0:00:05:00 处，该层的 Opacity（透明度）属性自动生成新的关键帧。至此，“水波”合成文件内“水波”层的淡出动画效果制作完毕，如图 11-25 所示。

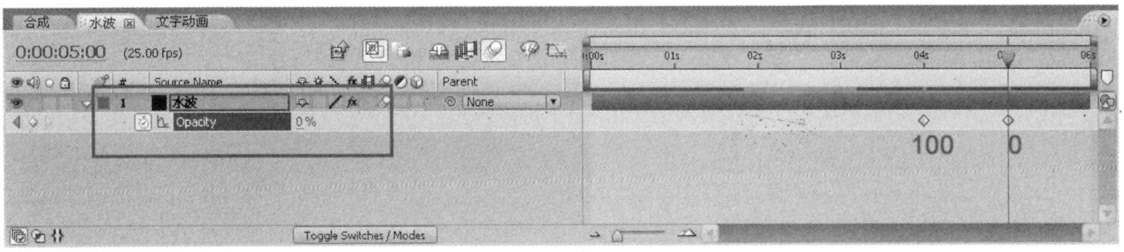


图11-25 设置关键帧

然后，观察“合成”工程文件的 Timeline 面板及其合成图像窗口，可以看到“水波”合成层的画面效果从时间 0:00:04:00 处也开始逐渐淡出，直至时间 0:00:05:00 处完全消失。由于“水波”合成层已被设为 Caustics 特效的置换层，因此“文字动画”合成层在添加 Caustics 特效后所产生的文字变形效果将从 0:00:04:00 开始逐渐淡化，直至恢复该合成层“after effects”文字原状，效果如图 11-26 所示。

图11-26 动画效果截图

最后，在“合成”工程文件的 Timeline 面板中单击“水波”合成层左侧的眼睛图标，取消其可视属性。

至此，本案例的具体制作步骤结束。

## 11.3 同类索引

通过本章案例的学习，用户已经知道如何制作 LOGO 文字伴随着荡漾水波的节奏和纹理而逐渐显现出来的动画效果。本章案例基本的制作的关键是，如何运用 After Effects 制作出文字逐渐显现出和水波涟漪纹理这两个动态影像，然后在工程文件中如何将两段动画影像进行合成及如何运用 Caustics（焦散）特效实现最终视觉效果等。

文字逐渐显现出的动画效果的制作运用了 Mask Path（遮罩外形）设置关键帧，这是比较常见和便捷的制作方法。而水波涟漪纹理的动态影像制作则运用了 Radio Waves（电波）、Roughen Edges（边缘粗糙）、Fast Blur（快速模糊）等特效。由于最先添加的 Radio Waves 特效可以自动实现沿效果点中心向外扩展发射电波的波纹动画，因此这个环节的动画制作没有设置关键帧。接着再运用 Roughen Edges 和 Fast Blur 等特效对 Radio Waves 效果进行进一步的修饰并完善形状。由于水波动态影像所在层将被设置为最后 Caustics 效果的映射层，所以该水波动态影像的颜色应设为黑白效果，即设置 Radio Waves 特效内的 Stroke Color（描边色彩）为白色。

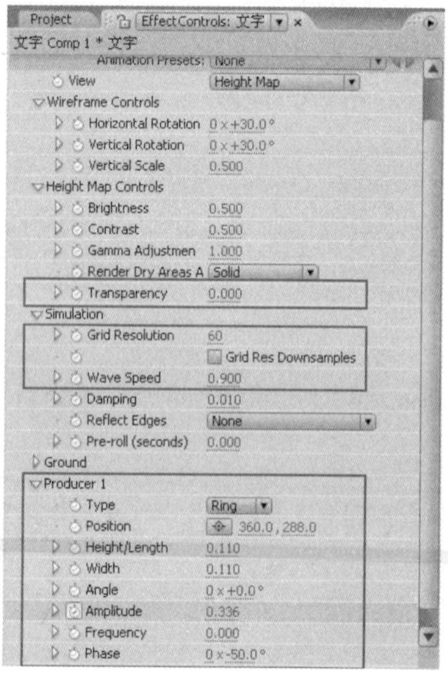

图11-27　参数设置

那么关于水波涟漪纹理还有别的制作方法吗？只运用 After Effects 内单独一个特效也可以创建较为真实的动态液体波纹效果吗？答案是肯定的，这就是 Simulation（仿真）—Wave World（波形世界）特效。在本章案例第 8 步骤处，可以选择“水波”层并运用 Wave World（波形世界）特效。关于其特效参数设置和关键帧的设置方法可以参照图 11-27 和图 11-28 所示。

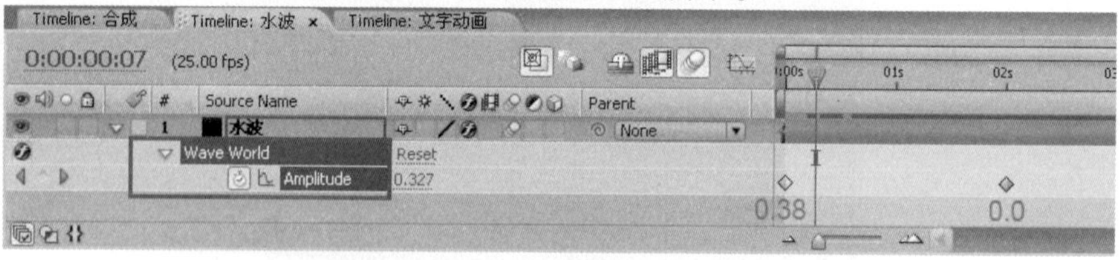

图11-28　关键帧设置

效果如图 11-29 所示。

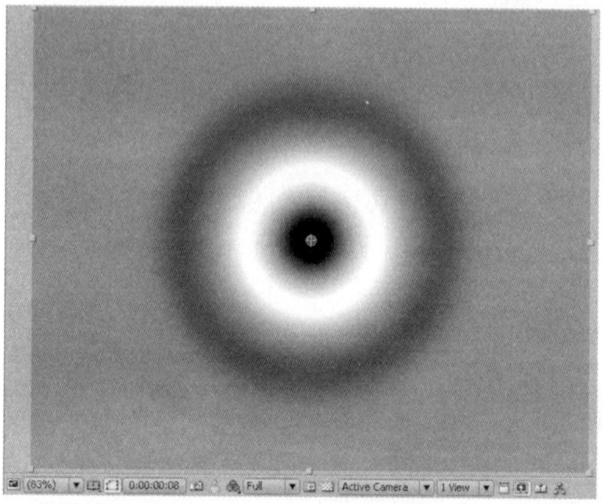

图11-29　水波动态影像

通过对本章案例第 3 步的学习，用户可以了解到第 2 步中所制作的灰度的水波动态影像是为了配合 Caustics 特效来实现最终的视觉效果。

● 索引案例:躺在水底的照片

这个索引案例的画面效果主要包含两种动态元素，即波光粼粼的水面和随着水波曳动的照片素材。首先制作这种水面波光的灰度动态影像，这里运用 Noise&Grain（噪点 & 颗粒）→ Fractal Noise( 分形澡波 ) 特效来实现此动画效果。然后，选择照片素材所在层并运用 Caustics（焦散）特效来映射之前制作的水面灰度动态影像，从而实现照片躺在水底的最终视觉效果。索引案例的最后效果如图 11-30 所示。

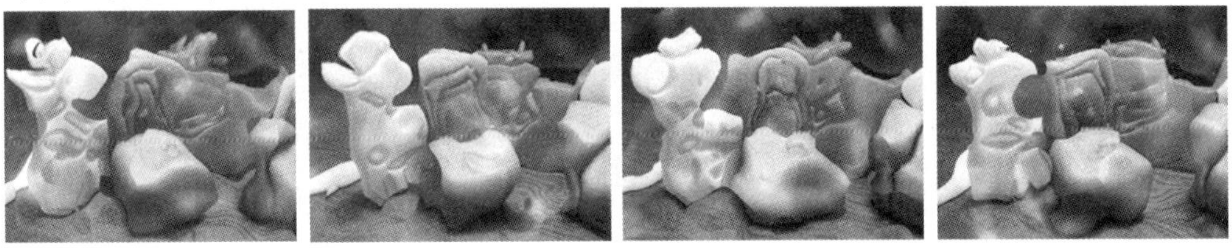

图11-30　索引案例的最后效果

与案例“水波荡漾幻化成形”相比，此索引案例“躺在水底的照片”在制作环节上主要有两个不同点，一是水面灰度动态影像的制作技巧不同，二是 Caustics 特效根据画面效果差异在参数设置上的部分变化不同。

下面介绍索引案例的具体操作步骤。

● 索引案例制作步骤

❶新建“合成”工程文件及“波光”层。首先，按快捷键 Ctrl+N 新建一个合成文件，并设置“Composition Namc（合成名称）”为“合成”，然后在 Basic（常规）选项卡下的 Preset（预置）下拉列表中选择“PAL D1/DV”选项。接着，在“合成”工程文件的 Timclinc 面板内，单击 OK（确定）按钮，完成设置，再按快捷键 Ctrl+Y 新建一个固态层，并设置 Name（名称）为“波光”，Color（色彩）为“黑色”，如图 11-31 所示。

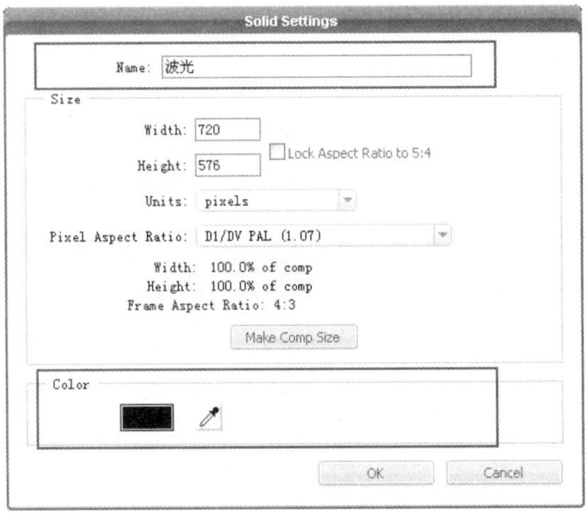


图11-31　创建层

❷导入照片素材并为“波光”层添加“Fractal Noise(分形噪波)”特效。首先，在Project项目窗口的空白处双击，打开“Import File(导入文件)”对话框，在其中选择作为照片素材的JPG文件“photo1”并进行导入，然后将其置入“合成”工程文件。

接着，在Timeline面板内选择“波光”层并右击，从弹出的快捷菜单中选择“Effect(特效)”→“Noise&Grain(噪点&颗粒)”→“Fractal Noise(分形噪波)”选项。然后在“波光”层为其“Fractal Noise”特效设置关键帧动画，制作出波光粼粼的水面的灰度动态影像。“Fractal Noise(分形噪波)”特效参数设置及关键帧设置方法参照如图11-32和图11-33所示，效果如图11-34所示。

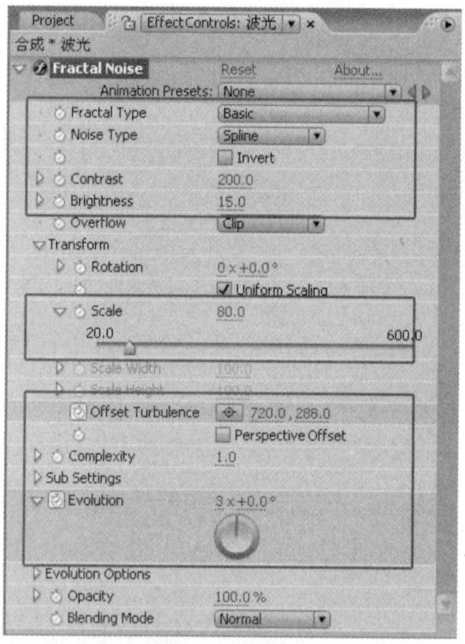


图11-32　参数设置

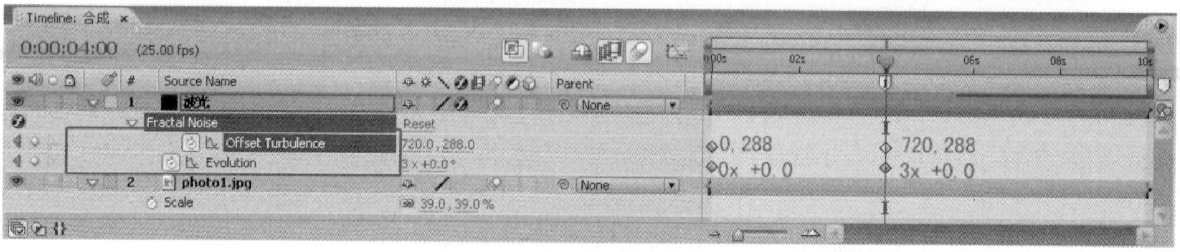


图11-33　设置关键帧

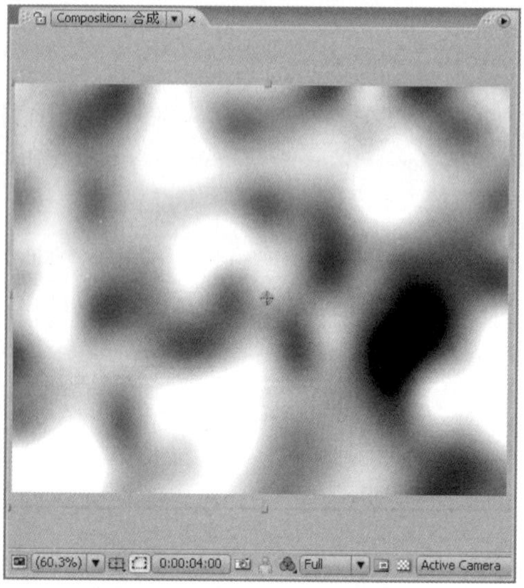


图11-34　动画效果截图

❸分别预合成“波光”层、照片素材所在层。在“合成”工程文件内选中“波光”层，并按快捷键Ctrl+Shift+C对其进行预合成操作。然后为新建的子合成文件取名为“波光Comp 1”，并选中Move all attributes into the new composition（把层属性移动到新建的子合成文件）单选按钮，再单击OK按钮，如图11-35所示。

使用与上述相同的方法，对照片素材所在层“photo1.jpg”进行预合成操作，继而在“合成”工程文件内生成“照片 Comp 1”合成层，如图 11-36 所示。

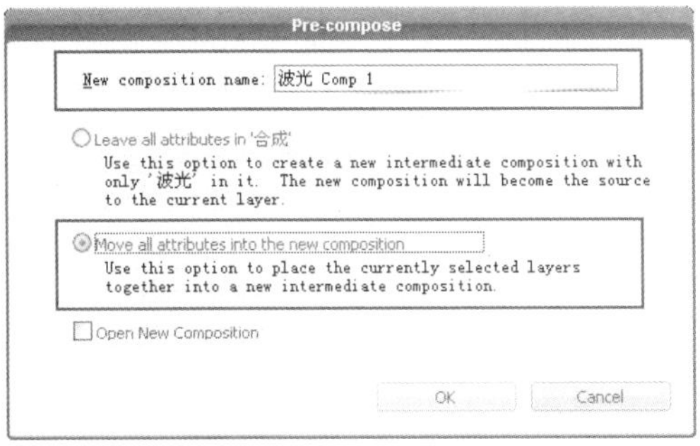


图11-35　预合成层

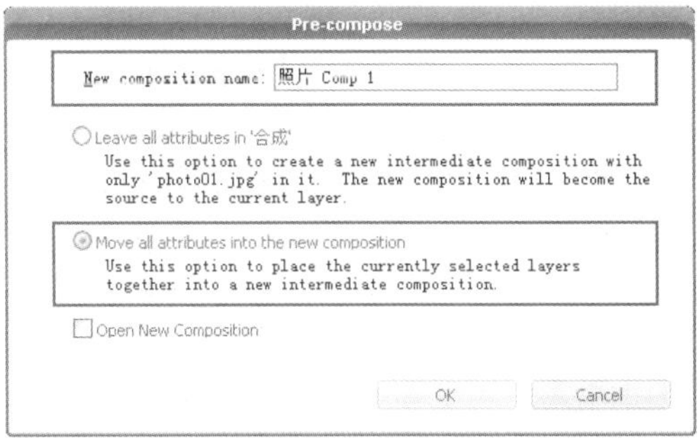


图11-36　预合成层

❹为“照片 Comp 1”合成层添加 Caustics（焦散）特效。在“合成”工程文件内选择“照片 Comp 1”合成层并右击，从弹出的快捷菜单中选择“Effect（特效）”→“Simulation（仿真）”→“Caustics（焦散）”选项。然后在其 Caustics（焦散）特效控制面板中，设置 Water Surface（水面）为“波光 Comp 1”，即将“波光 Comp 1”合成层设定为 Caustics 效果的映射层，其他 Caustics 特效参数设置如图 11-37 所示，最终效果如图 11-38 所示。

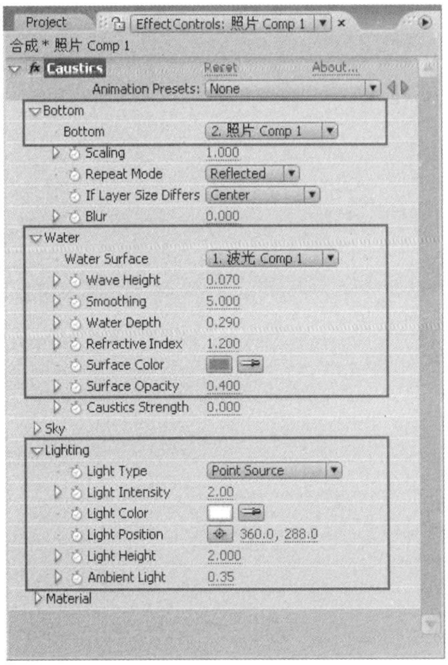


图11-37　参数设置

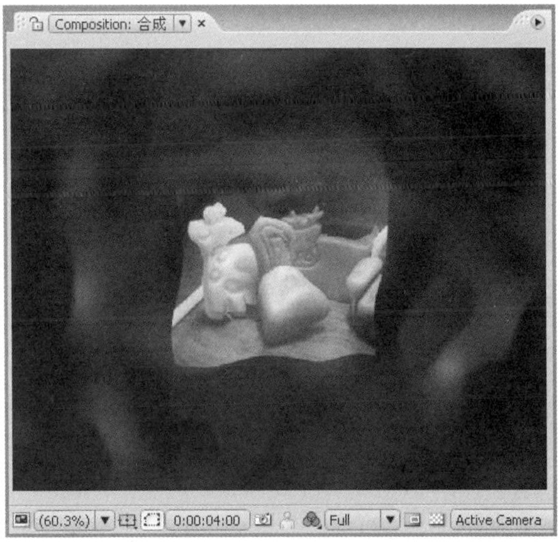


图11-38　特效效果

至此，整个动画效果就完成了。

·读·书·笔·记·

# 第12章
## 神奇的彩色水波线

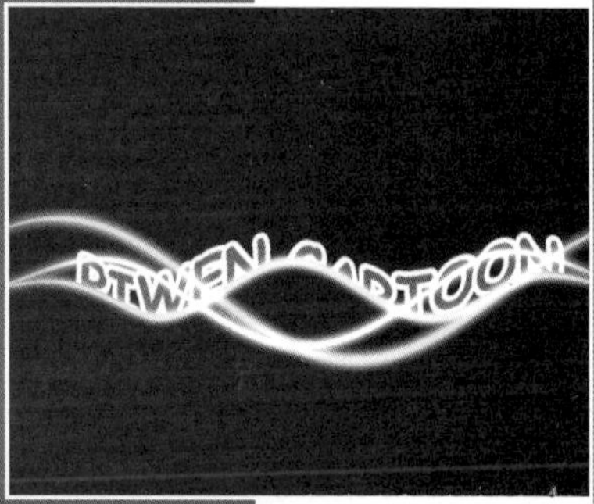

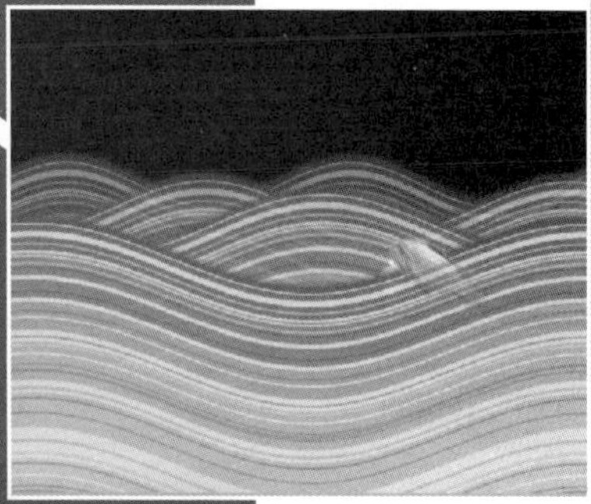

# 12.1 案例简介

这个案例表现的是波动的文字“PIWEN CARTOON”伴随着翻动的彩色水波线逐渐出现直至定格落版的动画效果。通过示意图我们分析一下如何在 After Effects 中制作这样的效果。

首先，通过运用 Basic Text、Wave Warp 等特效并结合设置 Position 位移动画的方法，制作出以波浪线状态波动的文字“PIWEN CARTOON”自下而上缓缓移动的动画效果。接着，通过设置 Mask（遮罩）并结合运用 Wave Warp、Glow 等特效的方法，制作出文字周围的三根彩色水波线由不断翻动直至平静消失的动画效果。然后，通过设置 Mask（遮罩）结合运用 Wave Warp 特效的方法，制作一个以波浪线状态波动的白色矩形区域，其波动形状、幅度、速率应与其中蓝色水波线保持一致。此波动的白色矩形将被设置为文字“PIWEN CARTOON”的动态蒙版。最后，通过设置 Track Matte 模式，将文字处于蓝色水波线下侧的部分去除，从而表现出文字“PIWEN CARTOON”自始至终都被无形的蓝色水波遮住的视觉效果。制作思路示意图如图 12-1 所示，最后效果如图 12-2 所示。

（1）波浪线状态波动的 LOGO 文字自下向上缓缓移动的动画效果：运用 Basic Text、Wave Warp 等特效，Positon 位移动画

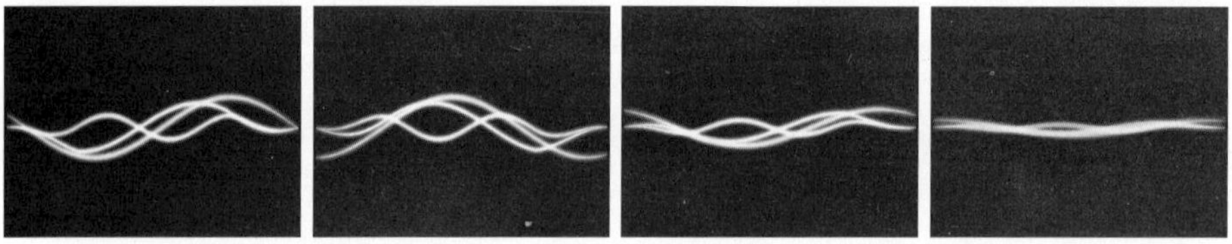

（2）彩色水波线由不断翻动直至平静消失的动画效果：设置 Mask（遮罩）、运用 Wave Warp、Glow 等特效

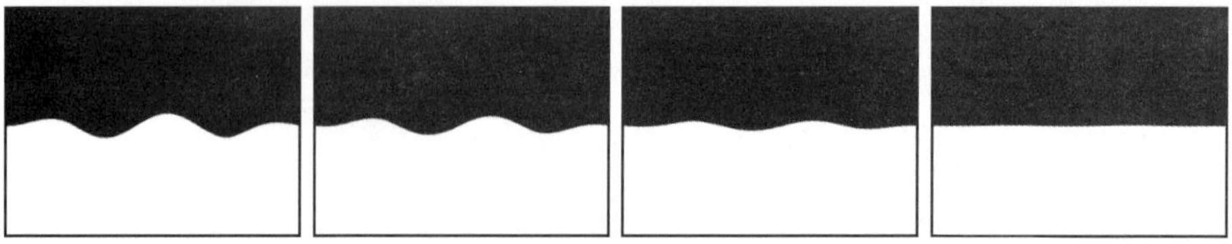

（3）制作一个以波浪线状态波动的白色矩形区域，其波动形状、幅度、速率应与蓝色水波线保持一致：设置 Mask（遮罩）、复制 Wave Warp 特效

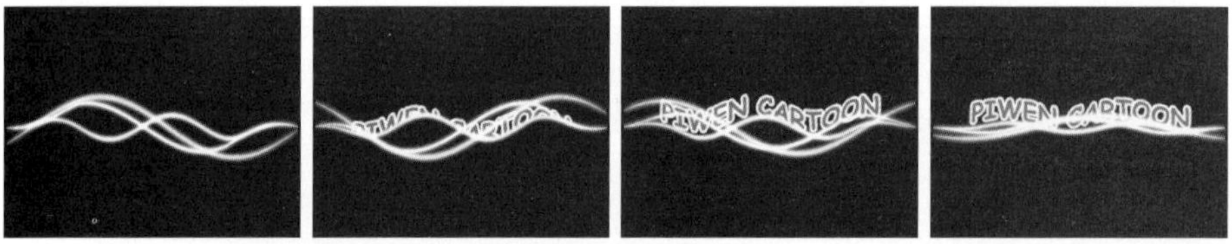


（4）设置 LOGO 文字的蒙版、动画合成并制作结尾落版的动画效果：设置 Track Matte 模式、Wave Warp 特效、Opacity（透明度）动画

图12-1　制作思路示意图

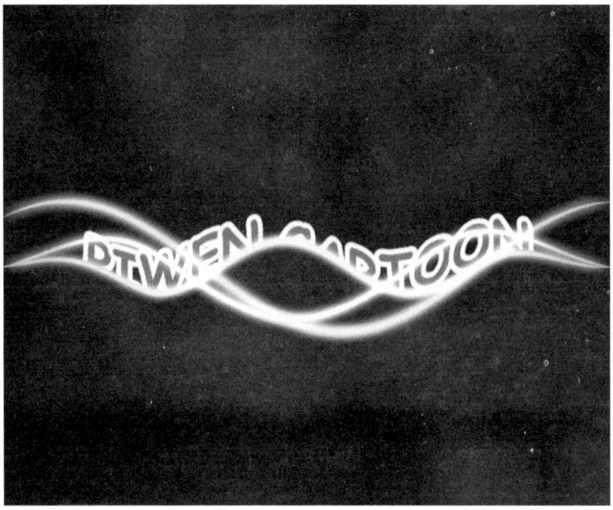

图12-2　最后效果

## 12.2　具体制作

### 12.2.1　创建工程文件和文字波浪动画

❶新建工程文件“合成”。首先，启动 After Effects CS3 程序，并按快捷键 Ctrl+N 新建一个合成文件。然后在打开的合成文件设置对话框中设置 Composition Name（合成名称）为“合成”。在 Basic（常规）选项卡下的 Preset（预置）下拉列表中选择“PAL D1/DV”选项，并设置 Width（宽）为“720”，Height（高）为“576”，Frame Rate（帧率）为“25 帧 / 秒”，Duration（持续时间）为“0:00:10:00”，再单击 OK（确定）按钮完成设置，如图 12-3 所示。

❷创建“文字”层。切换到“合成”工程文件内的 Timeline 面板，并按快捷键 Ctrl+Y，在“合成”工程文件内新建一个固态层。然后在打开的对话框中设置 Name（名称）为“文字”，Color（色彩）为“黑色”，如图 12-4 所示。

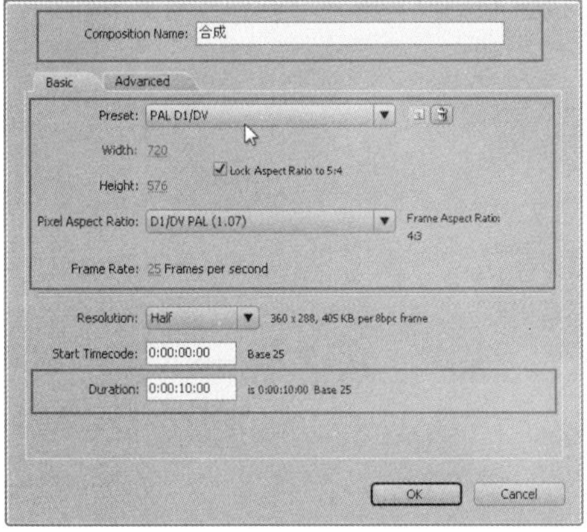


图12-3　新建工程文件

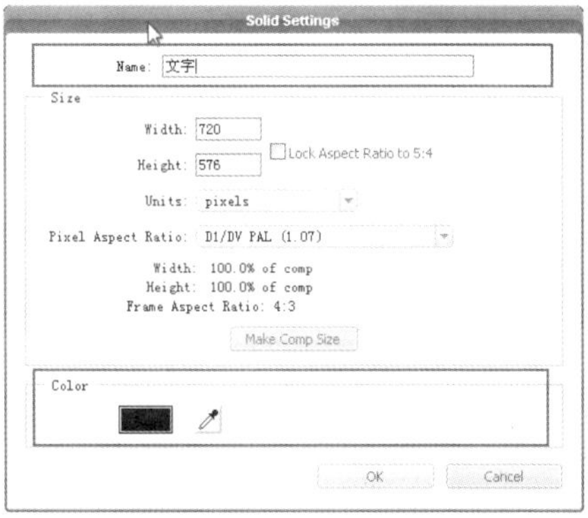


图12-4　创建层

❸创建文字元素“PIWEN CARTOON”。在“合成”工程文件内的 Timeline 面板中选择“文字”层并右击，从弹出的快捷菜单中选择“Effect（特效）”→“Text（文字）”→“Basic Text（基本文字）”选项。然后在“Basic Text（基本文字）”对话框的文本框中输入文字“PIWEN CARTOON”，并设置 Font（字体）为较为卡通的字体“Comic Sans MS”。再单击 OK（确定）按钮，完成 LOGO 文字的创建，如图 12-5 所示。

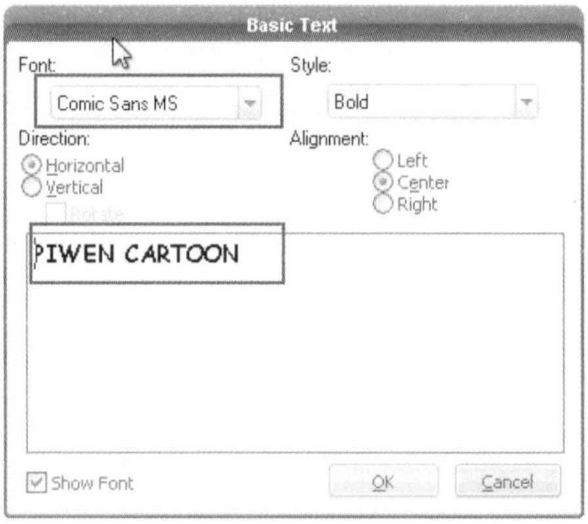


图12-5　设置窗口

接着，在“文字”层的“Basic Text”特效控制面板中设置 Display Options（显示选项）为“Fill Over Stroke（填充覆盖描边）”，Fill Color（填充色彩）为默认红色，Stroke Color（描边色彩）为“白色”，Stroke Width（描边宽度）为“12.0”，Size（尺寸）为“62.0”，如图 12-6 所示。“文字”层在合成图像窗口的显示效果如图 12-7 所示。

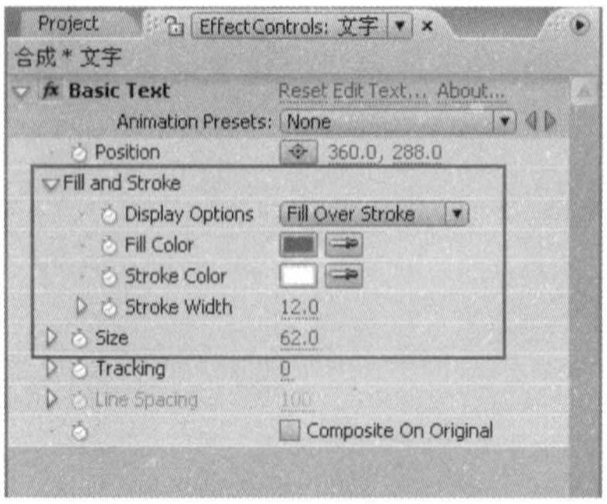


图12-6　特效参数设置

图12-7　Basic Text效果

❹为“文字”层添加“Wave Warp（波形弯曲）”特效。选择“文字”层并右击，从弹出的快捷菜单中选择“Effect（特效）”→“Distort（扭曲）”→“Wave Warp（波形弯曲）”选项。然后在其“Wave Warp（波形弯曲）”特效控制面板中设置 Wave Type（波形类型）为“Sine（正弦）”，Wave Height（波形高度）为“20”，Wave Width（波形宽度）为“150”，Antialiasing（抗锯齿）为“High（高）”，如图 12-8 所示。至此，文字“PIWEN CARTOON”波浪线状态波动的动画效果就完成了，效果如图 12-9 所示。

**注**：Wave Warp特效可以不必设置关键帧而表现流畅自然的波浪动画效果。

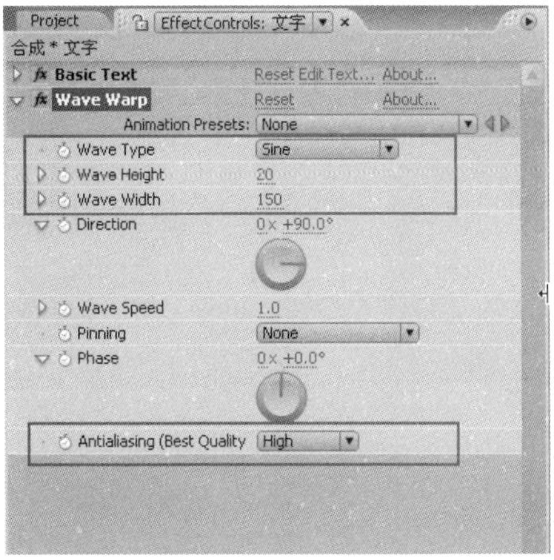


图12-8　特效参数设置

图12-9　动画效果截图

❺预合成“文字”层并制作其上移动画效果。在“合成”工程文件中，选中“文字”层并按快捷键 Ctrl+Shift+C 进行预合成操作。然后为新建的子合成文件取名为“Pre- 文字”，并选中 Move all attributes into the new composition（把层属性移动到新建的子合成文件中）单选按钮，再单击 OK（确定）按钮，如图 12-10 所示。

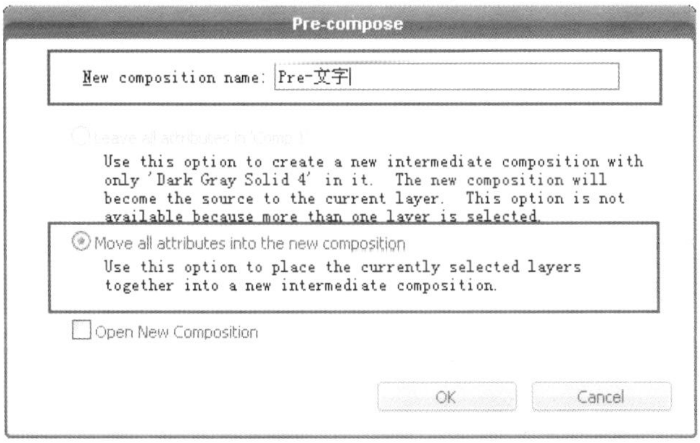


图12-10　预合成层

接着，选中“Pre- 文字”层并按快捷键 P，打开“Pre- 文字”层的 Position（位置）属性选项。接下来，制作“Pre- 文字”合成层的上移动画效果。将时间指针移至 0:00:00:00 处，在 Timeline 面板中选择“Pre- 文字”合成层的 Position（位置）属性，并将其设置为（360，450），再单击 Position（位置）属性左侧的秒表图标新建一个关键帧。

然后在时间 0:00:05:00 处将 Position 属性设置改为(360,260)。即在 0:00:05:00 处，“Pre- 文字”合成层的 Position（位置）属性自动生成另一个关键帧，如图 12-11 所示，效果如图 12-12 所示。

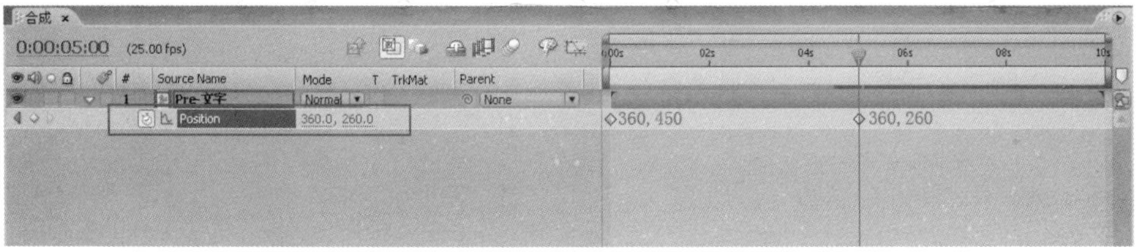


图12-11　合成层Position（位置）属性关键帧设置

图12-12　动画效果截图

## 12.2.2　制作彩色水波线动画

❻创建“蓝色水波线”层。在“合成”工程文件中,按快捷键 Ctrl+Y 新建一个固态层。然后在打开的对话框中设置 Name(名称)为“蓝色水波线”,Color(色彩)为“蓝色(006CFF)”,如图 12-13 所示。

❼为“蓝色水波线”层添加 Mask(遮罩)。在“合成”工程文件内的 Timeline 面板中选中“蓝色水波线”层，然后在 Tools（工具）面板中选择“椭圆形 Mask”工具，如图 12-14 所示。

图12-13　创建层

图12-14　选择“椭圆形Mask”工具

接着，在“合成”合成图像窗口中，为“蓝色水波线”层制作出椭圆形的 Mask 效果，Mask 形状须细窄狭长些。然后选中“蓝色水波线”层并按快捷键 M，调出该层的 Mask 属性参数设置选项。再单击“Mask Path（遮罩外形）”右侧的“Shape...（外形…）”选项，打开“Mask Shape（遮罩外形）”对话框。在其中设置 Top（上）为“298”,Bottom（下）为“305”,Left（左）为“0”,Right（右）为“720”,如图 12-15 所示,效果如图 12-16 所示。

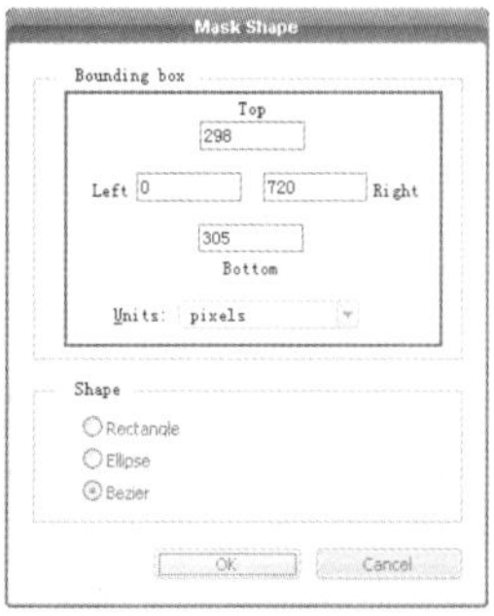

图12-15　参数设置

图12-16　Mask效果

⑧为“蓝色水波线”层添加“Wave Warp（波形弯曲）”特效。选择“蓝色水波线”层并右击，从弹出的快捷菜单中选择“Effect（特效）”→“Distort（扭曲）”→“Wave Warp（波形弯曲）”选项。

然后在其“Wave Warp（波形弯曲）”特效控制面板中，设置 Wave Type(波形类型)为“Sine(正弦)”，Wave Height(波形高度)为“30”，Wave Width(波形宽度)为“160”，Pinning(固定)为“All Edges(全部边缘)”，Antialiasing(抗锯齿)为“High(高)”，如图 12-17 所示。蓝色水波线波动的动画效果就完成了，效果如图 12-18 所示。

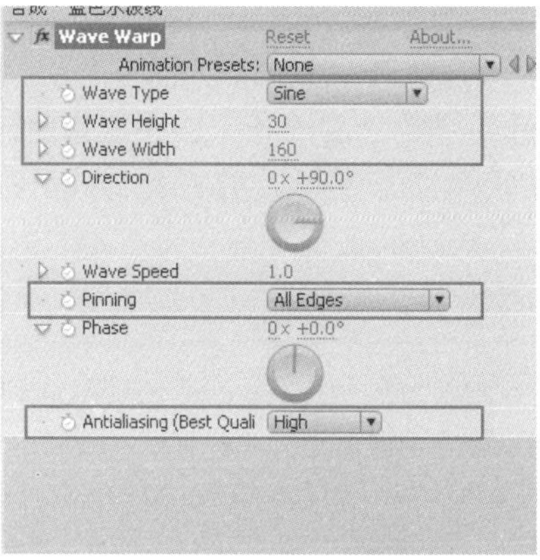

图12-17 特效参数设置

图12-18 效果截图

⑨为“蓝色水波线”层添加 Glow（辉光）特效。选择“蓝色水波线”层并右击，从弹出的快捷菜单中选择“Effect（特效）”→“Stylize（风格化）”→“Glow（辉光）”选项。

然后在其 Glow（辉光）特效控制面板中，设置 Glow Threshold（辉光极限值）为“22.0”，Glow Radius（辉光半径）为“12.0”，Glow Intensity（辉光强度）为“3.0”，Glow Colors（辉光颜色）为“A&B Colors（A 和 B 颜色）”，Color A（颜色 A）选择默认白色，Color B（颜色 B）选择“蓝色 (0020E0)”，如图 12-19 所示，效果如图 12-20 所示。

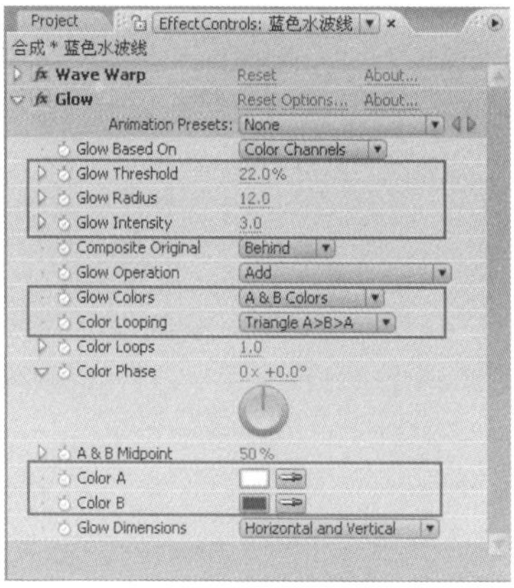

图12-19 特效参数设置

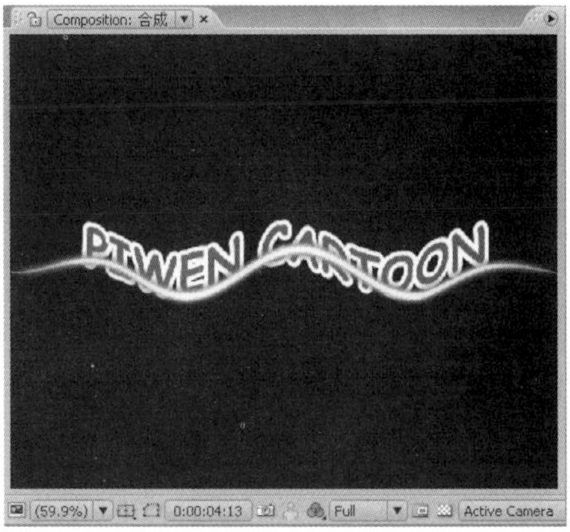

图12-20 效果截图

⑩创建“橙色水波线”层和“绿色水波线”层。在“合成”工程文件的 Timeline 面板内，选中“蓝色水波线”层并按快捷键 Ctrl+D 复制并新建该层，然后按 Enter 键并将其改名为“橙色水波线”。再选中“橙色水波线”层按快捷键 Ctrl+D 复制并新建该层，然后按 Enter 键并将其改名为“绿色水波线”，如图 12-21 所示。

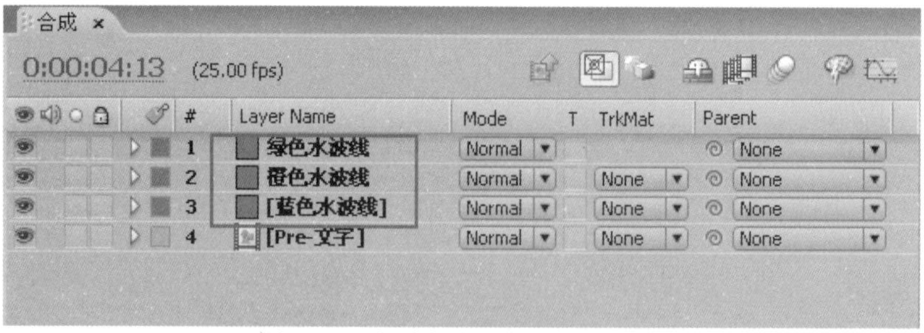


图12-21　创建橙色和绿色水波线层

⓫改变“橙色水波线”层的“Wave Warp（波形弯曲）”、“Glow（辉光）”等特效参数设置。在“合成”工程文件的Timeline面板内，选中“橙色水波线”层并按快捷键E，调出该层所添加的全部特效属性。然后双击“Wave Warp（波形弯曲）”打开其特效控制面板，在其中设置Wave Height(波形高度)为“60”，Wave Width(波形宽度)为“300”，其余参数保持默认，如图12-22所示，效果如图12-23所示。

> 注：由于“橙色水波线”层是通过复制“蓝色水波线”层生成的，因此此时“橙色水波线”层的Wave Warp（波形弯曲）、Glow（辉光）等特效参数与“蓝色水波线”层是完全一致的。在此改变“橙色水波线”层的这些特效参数设置是为了将其与“蓝色水波线”层从波动幅度、速率及色调等方面区别开来，从而形成错落有致的彩色水波线动画效果。

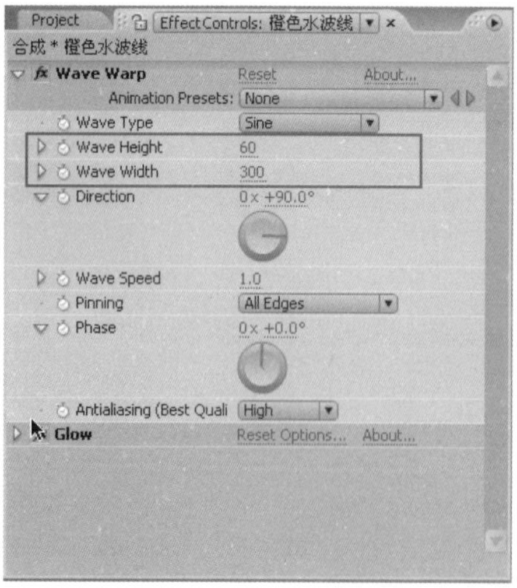


图12-22　改变特效参数设置

图12-23　效果截图

接着，在“合成”工程文件的Timeline面板内，选中“橙色水波线”层并按快捷键E，调出该层所添加的全部特效属性。然后双击Glow（辉光）打开其特效控制面板，在其中设置Color A（颜色A）为“黄色（FFF000）”，Color B（颜色B）为“红色(FF0000)”，其余参数保持默认。通过改变Glow（辉光）特效参数，将“橙色水波线”层的色调修正为橙色，如图12-24所示，效果如图12-25所示。

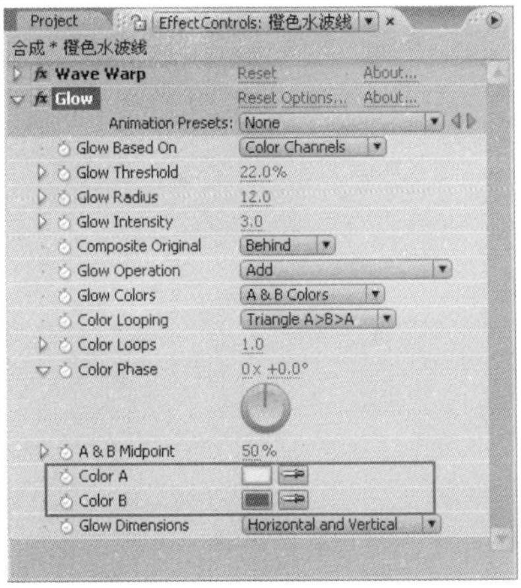


图12-24　改变特效参数设置

图12-25　效果截图

⑫改变“绿色水波线”层“Wave Warp（波形弯曲）”、Glow（辉光）等特效参数设置。在“合成”工程文件的 Timeline 面板内，选中“绿色水波线”层并按快捷键 E, 调出该层所添加的全部特效属性。然后双击“Wave Warp（波形弯曲）”打开其特效控制面板，在其中设置 Wave Height (波形高度) 为“75”，Wave Width(波形宽度) 为“350”，Pinning（固定）为“None（无）”，其余参数保持默认，如图 12-26 所示，效果如图 12-27 所示。

> **注**：此时“绿色水波线”层的Wave Warp（波形弯曲）、Glow（辉光）等特效参数与“蓝色水波线”层也是完全一致的。在此改变“绿色水波线”层的这些特效参数设置是为了将其与“蓝色水波线”层、“橙色水波线”层从波动幅度、速率、色调等方面区别开来，从而形成错落有致的彩色水波线动画效果。

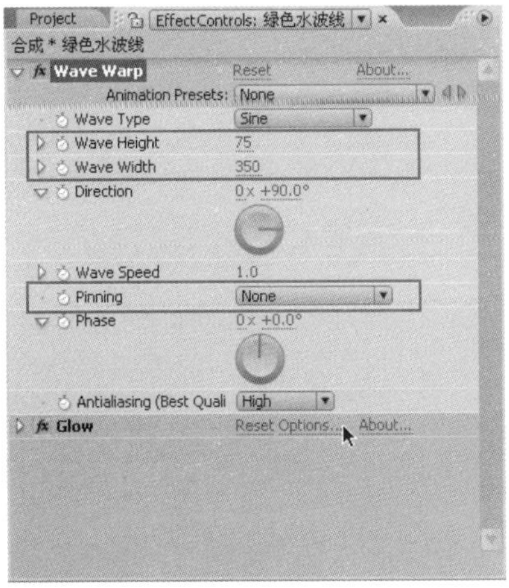


图12-26　改变特效参数设置

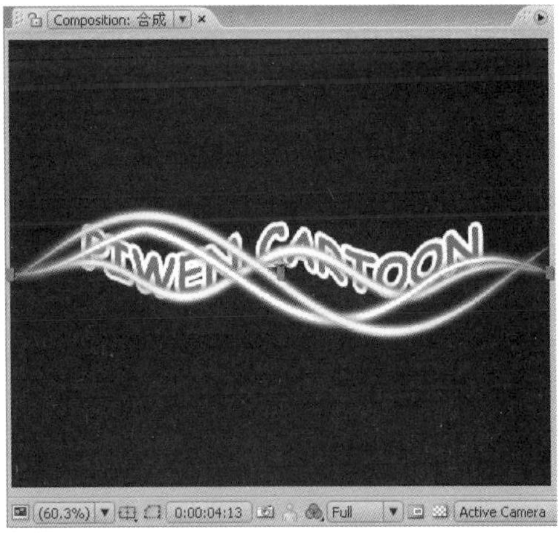


图12-27　效果截图

接着，在“合成”工程文件的 Timeline 面板内，选中“绿色水波线”层并按快捷键 E, 调出该层所添加的全部特效属性。然后双击 Glow（辉光）打开其特效控制面板，在其中设置“Color A（颜色 A）”为“黄绿色（CCFF00）”,“Color B（颜色 B）”为“绿色 (3CE600)”，其余参数保持默认，如图 12-28 所示。通过改变 Glow（辉光）特效参数，将“绿色水波线”层的色调修正为绿色，效果如图 12-29 所示。

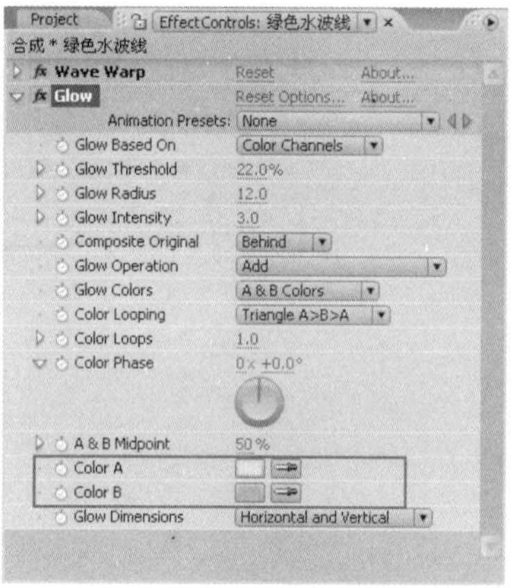


图12-28　改变特效参数设置

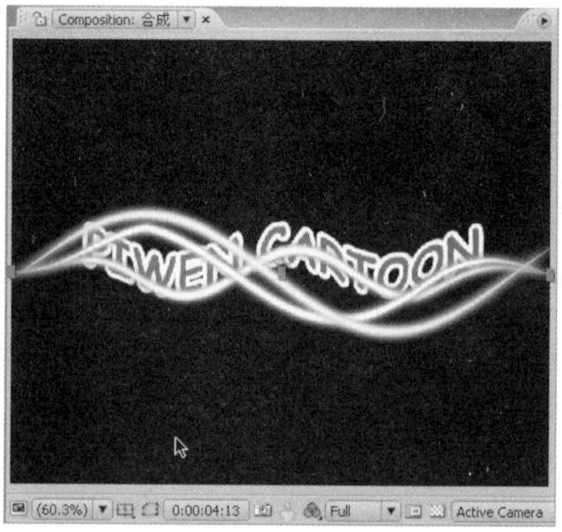


图12-29　效果截图

至此，全部彩色水波线的波动动画部分制作完成。

## 12.2.3　制作文字“PIWEN CARTOON”的动态蒙版、制作结尾落版动画

⑬创建“文字蒙版”层。在“合成”工程文件的Timeline面板内，按快捷键Ctrl+Y新建一个固态层。然后在打开的对话框中设置Name（名称）为“文字蒙版”，Color（色彩）为白色，如图12-30所示。

⑭为“文字蒙版”层添加Mask（遮罩）。选中“文字蒙版”层，然后在Tools（工具）面板中选择“矩形Mask”工具，如图12-31所示。

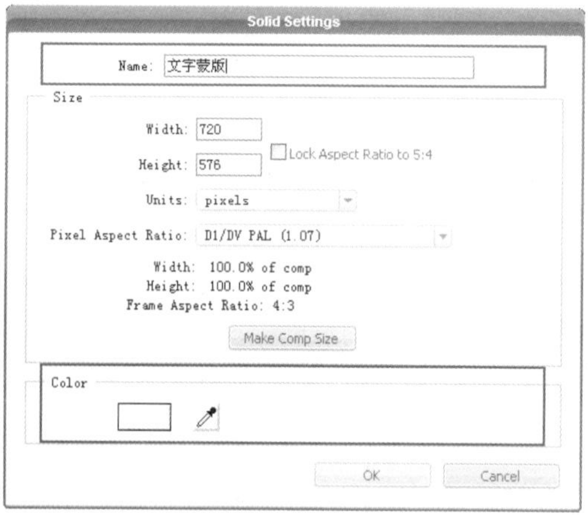


图12-30　创建层

图12-31　选择“矩形Mask”工具

接着，在“合成”合成图像窗口中，为“文字蒙版”层制作出矩形Mask效果，其Mask形状须覆盖该层下半部分。然后选择“文字蒙版”层并按快捷键M，调出该层的Mask属性参数设置选项。再单击“Mask Path（遮罩外形）”右侧的“Shape...（外形…）”选项，打开“Mask Shape（遮罩外形）”对话框。在其中设置Top（上）为“288”，Bottom（下）为“600”，Left（左）为“-10”，Right（右）为“735”，如图12-32所示，效果如图12-33所示。

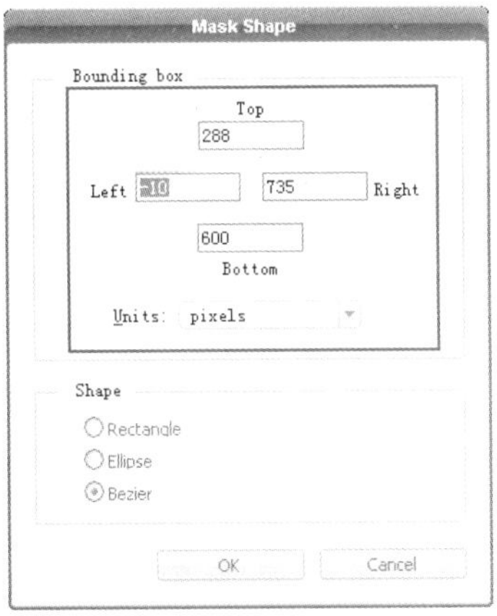


图12-32　参数设置

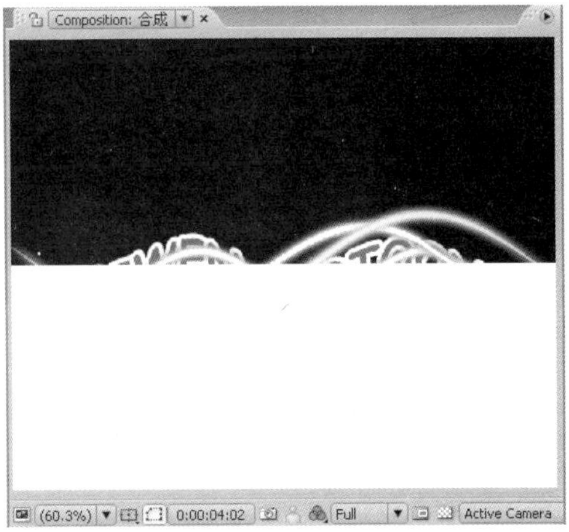


图12-33　Mask效果

⑮复制“蓝色水波线”层的“Wave Warp”特效至“文字蒙版”层。在“合成”工程文件的Timeline面板内，选中“蓝色水波线”层并按快捷键E，调出该层所添加的全部特效属性。然后选中“Wave Warp（波形弯曲）”并按快捷键Ctrl+C进行复制。再选中“文字蒙版”层，按快捷键Ctrl+V进行粘贴，即在“文字蒙版”层添加了参数设置与“蓝色水波线”层完全一致的“Wave Warp（波形弯曲）”特效，如图12-34所示。

图12-34　复制特效至“文字蒙版”层

接着，在Timeline面板内选中“文字蒙版”层并按快捷键P，调出该层的Position（位置）属性选项，并将其Position（位置）参数设置为（360.0，298.0），如图12-35所示。

图12-35　调整Position（位置）属性

然后，观察“合成”工程文件的合成图像窗口，可以发现“文字蒙版”层的白色区域与图中蓝色水波线在波动形状、幅度、速率等方面是完全吻合的，效果如图12-36所示。

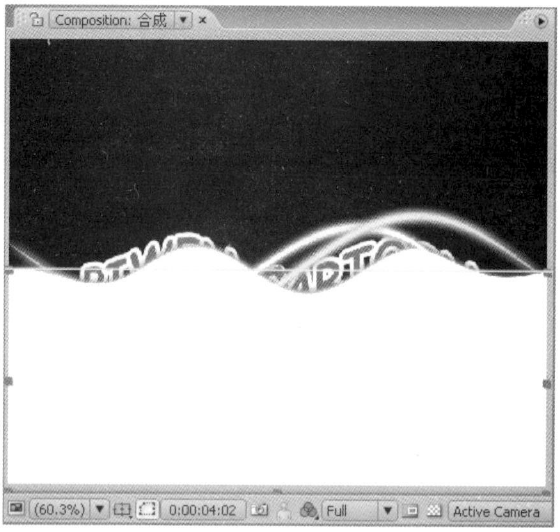


图12-36　Wave Warp效果

⑯设置“Pre- 文字”合成层的“Track Matte”模式。在“合成”工程文件的 Timeline 面板内，将“Pre- 文字”合成层拖动至“文字蒙版”层的下方，如图 12-37 所示。

图12-37　设置合成层

然后单击“Pre- 文字”合成层右侧的 Track Matte 下拉菜单，从中选择 Alpha Inverted Matte“文字蒙版”选项，将上层“文字蒙版”设置为“Pre- 文字”合成层的反相 Alpha 通道蒙版，即表示将上层“文字蒙版”Alpha 通道以外的区域作为下层“Pre- 文字”的透明通道。由于上层“文字蒙版”在合成图像中蓝色水波线上侧的皆为透明部分，因此设置了反相 Alpha 通道蒙版之后的“Pre- 文字”合成层只保留了合成图像中蓝色水波线上侧部分，如图 12-38 所示，效果如图 12-39 所示。

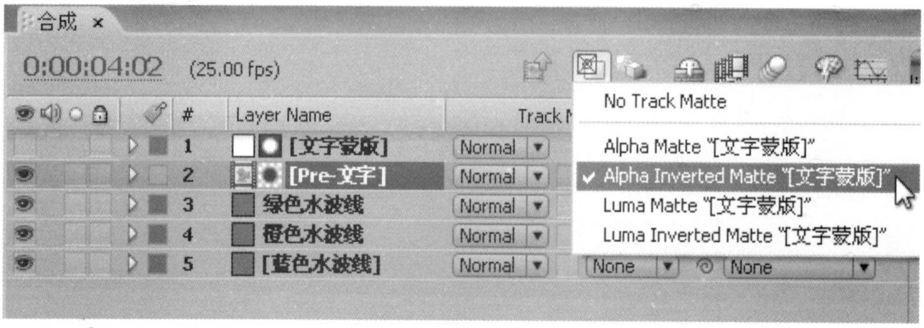


图12-38　设置合成层的Track Matte模式

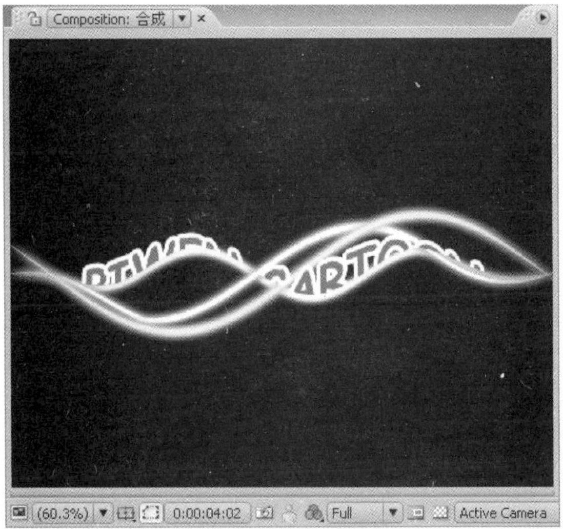


图12-39　效果截图

⑰设置主要图层的混合模式。在“合成”工程文件的 Timeline 面板内，按住 Ctrl 键的同时选中“Pre- 文字”合成层、“绿色水波线”层和“橙色水波线”层。然后单击右侧的 Mode（混合模式）下拉菜单，从中选择“Add(添加)”选项，如图 12-40 所示。通过改变图层混合模式来表现各种元素相叠加处较为闪亮的效果，效果如图 12-41 所示。

图12-40　设置主要图层的混合模式

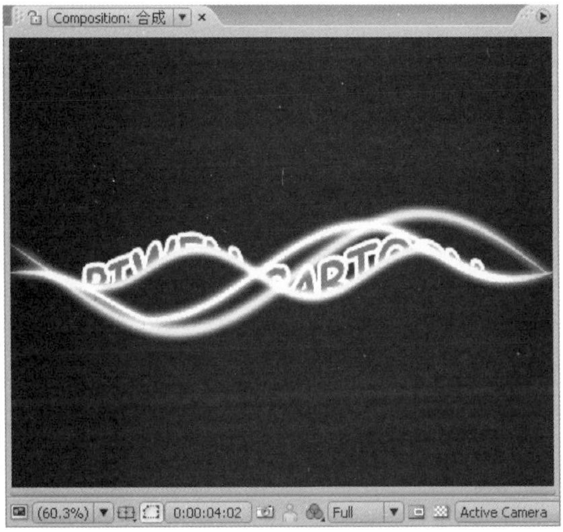


图12-41　图层混合模式设为Add效果

⑱设置“文字蒙版”层、“绿色水波线”层、“橙色水波线”层及“蓝色水波线”层的“Wave Warp（波形弯曲）”特效关键帧。在“合成”工程文件的Timeline面板内，按住Ctrl键的同时选中“文字蒙版”层、“绿色水波线”层、“橙色水波线”层及“蓝色水波线”层，然后按快捷键E同时调出这些层所添加的全部特效属性，再展开其中的“Wave Warp（波形弯曲）”特效属性。接着，将时间指针移至0:00:05:00处，在“文字蒙版”层展开的“Wave Warp（波形弯曲）”特效属性选项中，单击“Wave Height（波形高度）”属性左侧的秒表图标新建一个关键帧。

按照同样的方法，在0:00:05:00处，为“绿色水波线”层、“橙色水波线”层及“蓝色水波线”层也都新建一个“Wave Height（波形高度）”属性关键帧。然后在时间0:00:08:00处，设置“文字蒙版”层的“Wave Warp（波形弯曲）”特效的“Wave Height（波形高度）”为“0”，即在0:00:08:00处其“Wave Height（波形高度）”属性自动生成另一个参数为“0”的关键帧。同样地，在0:00:08:00处将其他3个层的“Wave Height（波形高度）”属性参数设置为“0”。各层关键帧的参数设置如图12-42所示，效果如图12-43所示。

**注**：此步骤为制作结尾落版的动画部分，结尾处所有水波线皆逐渐停止了波动，归于平静直至变为水平线。此效果可以通过设置Wave Warp（波形弯曲）特效的Wave Height（波形高度）属性关键帧来实现。

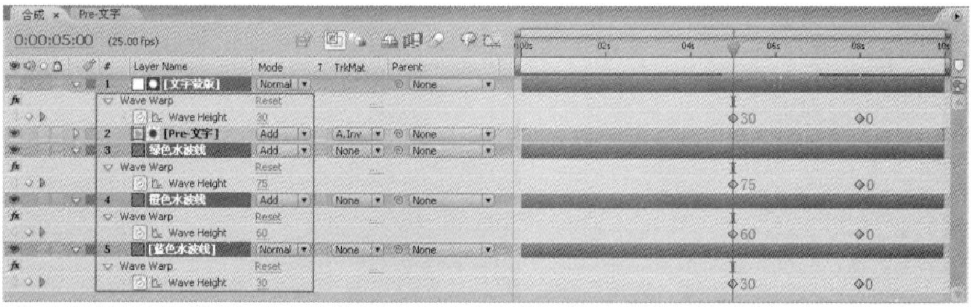

图12-42 关键帧设置

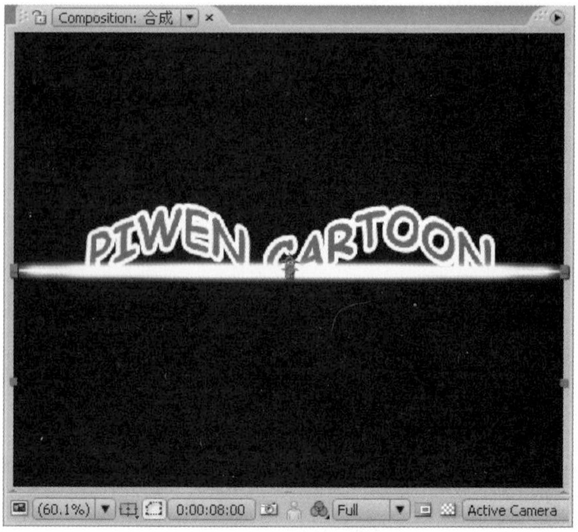


图12-43 属性设置

⑲设置“文字蒙版”层、“绿色水波线”层、“橙色水波线”层及“蓝色水波线”层的Opacity透明度关键帧。在“合成”工程文件的Timeline面板内，按住Ctrl键的同时选

中“文字蒙版”层、“绿色水波线”层、“橙色水波线”层及“蓝色水波线”层，并按快捷键 T 同时调出这些层的 Opacity（透明度）属性选项。然后将时间指针移至 0:00:07:00 处，可以看到“文字蒙版”层的 Opacity（透明度）属性参数为“100”，单击其左侧的秒表图标新建一个关键帧。按照同样的方法，在 0:00:07:00 处为“绿色水波线”层、“橙色水波线”层及“蓝色水波线”层也都新建一个 Opacity（透明度）属性关键帧。然后在时间 0:00:08:00 处，设置“文字蒙版”层的 Opacity（透明度）属性参数为“0”，即在 8 秒处其自动生成另一个参数为“0”的关键帧。同样在 0:00:07:00 处将其他 3 个层的 Opacity 透明度属性设置为“0”。各层关键帧的参数设置如图 12-44 所示，效果如图 12-45 所示。

**注**：结尾处所有水波线都逐渐停止波动，且最终消失。此效果可以通过设置Opacity（透明度）属性关键帧来实现。

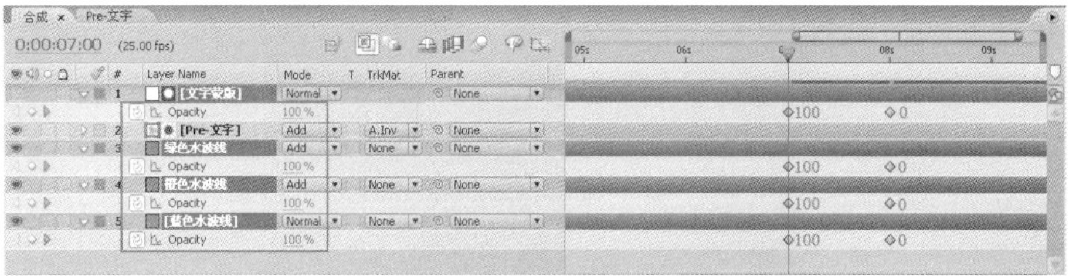


图12-44　关键帧设置

图12-45　属性设置

⑳设置文字元素“PIWEN CARTOON”的“Wave Warp（波形弯曲）”特效关键帧。在“Pre-文字”合成文件的 Timeline 面板内，选中“文字”层并按快捷键 E，调出该层所添加的全部特效属性，展开其中的“Wave Warp（波形弯曲）”特效属性。然后将时间指针移至 0:00:06:00 处，在“文字”层展开的“Wave Warp（波形弯曲）”特效属性选项中，单击“Wave Height（波形高度）”属性左侧的秒表图标新建一个关键帧。接着，在时间 0:00:08:00 处，设置“文字”层“Wave Warp（波形弯曲）”特效的“Wave Height（波形高度）”为“0”，即在 0:00:08:00 处其“Wave Height（波形高度）”属性自动生成另一个参数为“0”的关键帧，如图 12-46 所示，效果如图 12-47 所示。

注：观察效果可以发现结尾处的LOGO文字也逐渐停止波动，最终恢复正常状态。参考第17步，此效果可以通过设置其Wave Warp（波形弯曲）特效的Wave Height（波形高度）属性关键帧来实现。

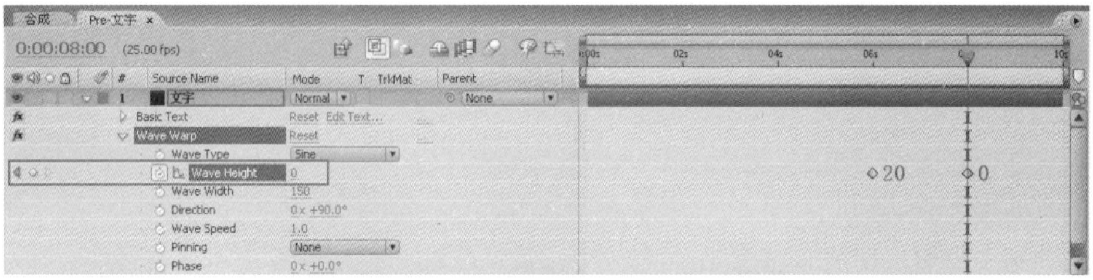

图12-46　Wave Warp特效的Wave Height属性关键帧设置

图12-47　效果截图

至此，本案例的具体制作步骤结束。

## 12.3　同类索引

通过本章案例的学习，用户已经知道如何制作波动文字伴随着翻动的彩色水波线逐渐出现直至定格落版的动画效果。其中，波动的文字通过运用 Basic Text 和 Wave Warp 特效并结合设置 Position（位移）动画的方法来实现；彩色水波线不断翻动直至消失的动画效果则通过设置 Mask 并结合运用 Wave Warp 和 Glow 特效来完成；最后表现文字被无形的蓝色水波遮住的视觉效果则使用了设置 Mask（遮罩）、复制 Wave Warp 特效及设置 Track Matte 模式等方法。可以看出设置 Mask（遮罩）、运用 Wave Warp 特效等是本章案例的重点知识点，下面将本节制作思路及方法进行扩展延伸，探寻此类特效及影像效果的画面细节并充分挖掘其运用到的 After Effects 中的其他技巧。

● **索引案例：鱼跃大海**

这个索引案例表现的是鱼儿在呈装饰性风格的海面画面上腾跃的动画效果。这样的效果与本章案例“神奇的彩色水波线”一样，都运用了 Wave Warp 特效、设置 Mask（遮罩）及设置 Track Matte 模式等主要技巧。但是为了表现海水材质的透明性，此索引案例中的鱼儿在跃入大海之后并没有完全消失，而是在海水水波下侧它呈现半透明状态，这点与本章案例中的LOGO文字有所不同。而且大海海面与本章案例中的彩色水波线他是有区别的。尽管影像画面确定为装饰性风格，但是海面上近亮远暗、近大远小、近急远缓的基本纵深效果还是要表现出来的。而本章案例中的彩色水波线呈现的是平面图形效果。那么如何制作索引案例中的这些新的动画效果呢？是否需要运用新的特效或者制作技巧呢？

其实前后两个画面效果看似差别较大，但运用到的特效和制作技巧却是相同的。无非就是在 Wave Warp 特效、设置 Mask（遮罩）及设置 Track Matte 模式及图层基本属性动画等方面做参数调整或者技巧延伸。索引案例“鱼跃大海”的制作思路如下，首先，运用 Photoshop 等图形制作软件制作出海面、鱼儿和海水水滴等图形元素；接着，进入 After Effects 界面进行操作，运用复制图层、Wave Warp 特效、调整图层的 Opacity（透明度）属性等技巧制作出海面的动画效果；然后，运用图层 Position（位移）动画、Rotation（旋转）动画、Scale（缩放）动画、Opacity（透明度）动画等技巧，制作出鱼儿腾起跃入、海水水滴溅起的动画效果；最后，运用设置 Mask（遮罩）、复制 Wave Warp 特效、设置 Track Matte 模式等方法制作鱼儿跃入大海并呈半透明状态显示的效果。

值得注意的是，根据场景设计的实际需要，这里创建的动态蒙版应该是一个波动的灰色矩形，位于合成图像下半部分，而且 Track Matte 模式应设置为 Luma Inverted Matte。案例最后效果如图 12-48 所示。

图12-48　索引案例最后效果

下面介绍索引案例的具体操作步骤。

## ● 索引案例制作步骤

❶运用 Photoshop 等图形制作软件制作出海面、鱼儿和海水水滴等图形元素并将其导入到 After Effects 中。绘制结束后，在 Photoshop 中将其存储为 PSD 格式文件，并取名为“鱼跃大海”，如图 12-49 所示，效果如图 12-50 所示。

> **注**：前期绘制素材时必须注意，在Photoshop中分层绘制或者制作每个元素的Alpha通道，是为了实现后期在After Effects中可以实现对每个图形元素单独控制的目的。

图 12-49　在 Photoshop 中分层绘制

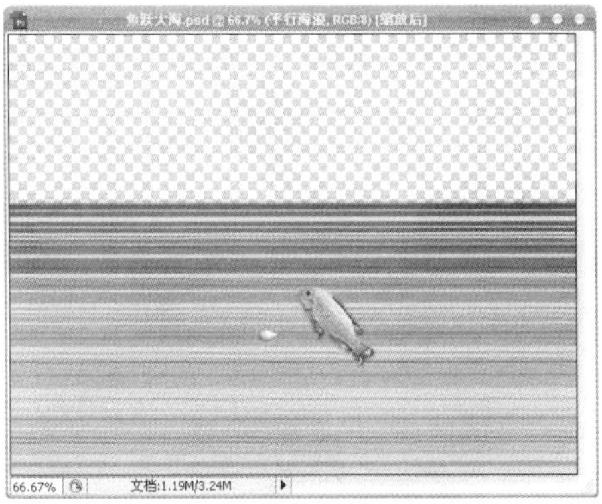


图 12-50　前期制作图形元素

启动 After Effects CS3 程序，在 Project 项目窗口中的空白处双击打开 Import File(导入文件)对话框，在其中选择 PSD 文件“鱼跃大海”，并在“Import As:(导入为)”下拉菜单中选择“Composition(合成)”选项，即将 PSD 文件“鱼跃大海”作为合成影像文件进行导入。再单击“打开”按钮进行导入，如图 12-51 所示。

❷制作画面呈装饰性风格的海面。首先，在 Project 项目窗口中的空白处双击并打开合成文件“鱼跃大海”，再在该合成文件的 Timeline 面板中选择“平行海浪”层并右击，从弹出的快捷菜单中选择“Effect(特效)”→“Distort(扭曲)”→“Wave Warp(波形弯曲)”选项。然后在其“Wave Warp(波形弯曲)”特效控制面板中，设置 Wave Type(波形类型)为“Sine(正弦)”，Wave Height(波形高度)为“25”，Wave Width(波形宽度)为“180”，Wave Speed(波形速度)为“0.3”，Antialiasing(抗锯齿)为“High(高)”。这样，最远一层海浪的波动动画效果就完成了。

接着，选中“平行海浪”层并连续 3 次按快捷键 Ctrl+D 进行复制并新建层操作，即在 Timeline 面板内生成“平行海浪 2”层、“平行海浪 3”层及“平行海浪 4”层。然后将复制生成的这 3 个图层的“Wave Warp”特效参数逐一进行调整，其各个图层的参数设置如图 12-52 所示。

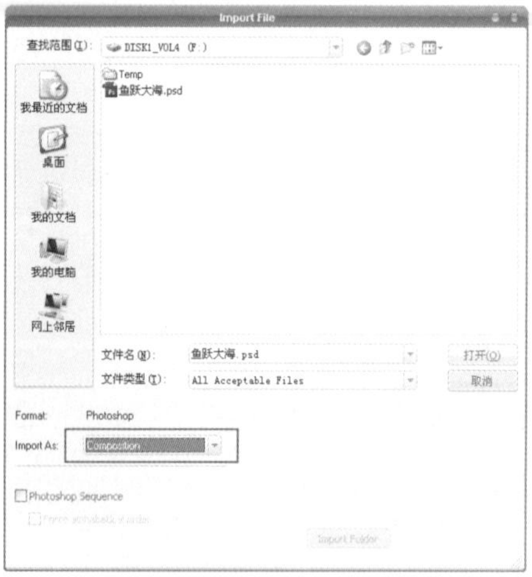


图 12-51 导入 PSD 文件

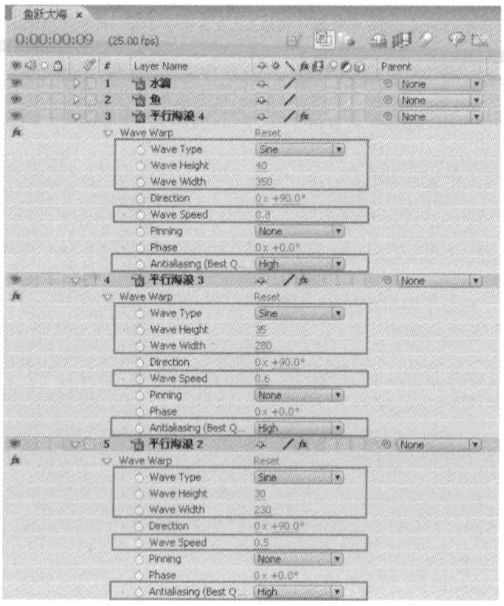


图 12-52 特效设置

**注**：各层Wave Warp特效参数调整的依据是，画面位置由远及近、图层位置由下而上的三层海浪的Wave Height(波形高度)、Wave Width(波形宽度)和Wave Speed(波形速度)属性参数逐渐增加，以此模拟出海面上近大远小、近急远缓的纵深效果。

然后，在 Timeline 面板中同时选中“平行海浪”层、“平行海浪 2”层、“平行海浪 3”层及“平行海浪 4”层，并按快捷键 P 和快捷键 Shift+T，同时调出选中层的 Position(位置)属性、Opacity(透明度)属性选项，并对其参数逐一进行调整，其参数设置如图 12-53 所示。至此，海面的动画效果制作完成，效果如图 12-54 所示。

**注**：各层Position和Opacity属性调整的依据是，画面位置由远及近、图层位置由下而上的各层海浪Position（位置）逐渐下降、Opacity（透明度）逐渐提高，以模拟出海面上近亮远暗的纵深效果。

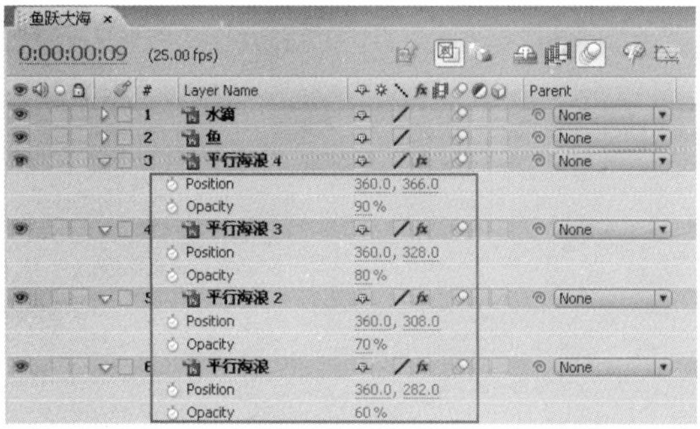


图12-53　全部海浪层的Position和Opacity属性参数设置

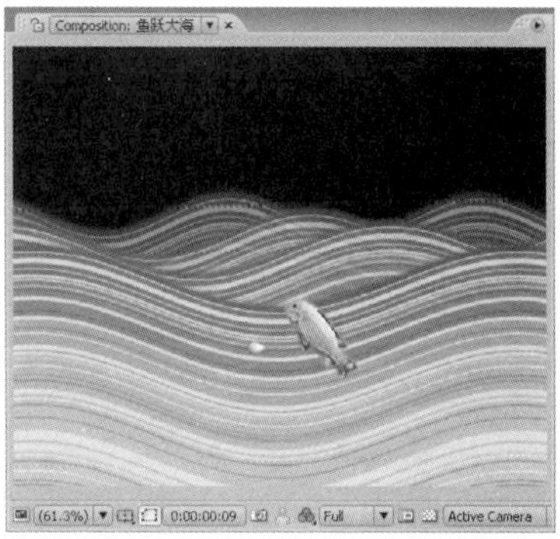


图12-54　海面的动画效果截图

❸制作鱼儿腾起跃入、海水水滴溅起的动画效果。首先，将“鱼”层的“Anchor Point”轴心点位置设为（400.0，368.0），即将“鱼”层的轴心点位置移至合成图像中的鱼身上。然后分别在时间 0:00:01:00、0:00:01:10、0:00:02:00、0:00:02:05，0:00:02:17 以及 0:00:02:24 处在“鱼”层 Position（位置）属性设置关键帧制作位移动画，Position 关键帧参数依次为（776.3，325.6）、（598.8，405.6）、（374.1，179.4）、（269.4，183.5）、（101.2，430.0）及（-96.3，434.9）。

接着，分别在时间 0:00:01:00、0:00:01:10、0:00:01:19、0:00:02:05、0:00:02:17 及 0:00:02:24 处在“鱼”层的 Rotation（旋转）属性设置关键帧处制作旋转动画，Rotation 关键帧参数依次为“-80”、“-50”、“0”、“-70”、“-110”及“-30”。“Anchor Point”参数设置及 Position、Rotation 关键帧设置如图 12-55 所示。

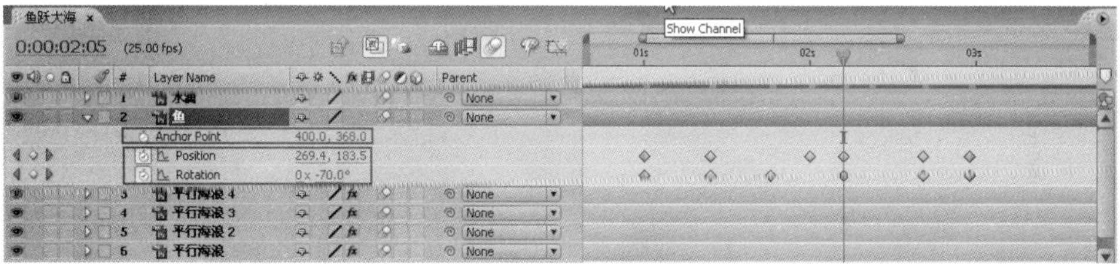


图12-55　Anchor Point参数设置及Position、Rotation关键帧设置

下面制作鱼儿腾跃时海水水滴四溅的动画效果。先将“水滴”层的“Anchor Point”轴心点位置设为（323.0,394.0），即将该层的轴心点位置移至合成图像中的水滴处。

接着，在时间 0:00:00:00 和 0:00:00:20 处分别在“水滴”层的 Position（位置）属性、Rotation（旋转）属性、Opacity（透明度）属性和 Scale（缩放）属性上设置关键帧，制作海水水滴溅起直至消失的动画效果。“水滴”层图层属性参数及其关键帧的设置方法如图 12-56 所示。

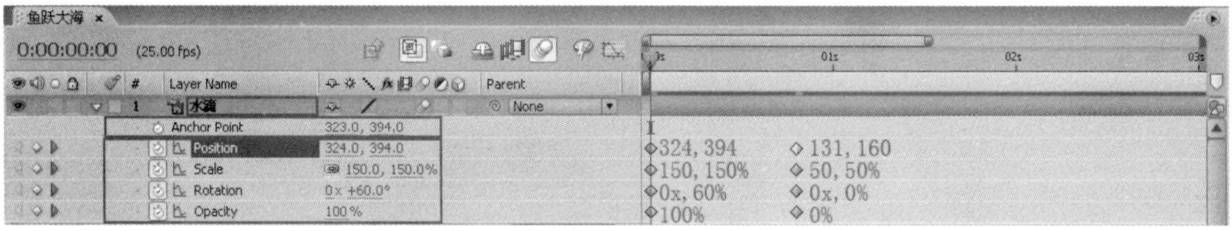


图12-56　Anchor Point参数设置及Position、Rotation、Opacity和Scale关键帧设置

然后，选中“水滴”层并按快捷键 Ctrl+Shift+C 进行预合成操作，再为新建的子合成文件取名为“Pre- 水滴”，并选中 Move all attributes into the new composition（把层属性移

动到新建的子合成文件中）单选按钮，再单击 OK 按钮。

接下来，选中"Pre- 水滴"合成层并连续 6 次按快捷键 Ctrl+D 进行复制操作，将复制并新建的这 6 个图层及原来"Pre- 水滴"合成层的 Position（位置）属性、Rotation（旋转）属性和 Scale（缩放）属性参数设置逐一进行调整，注意此处图层属性无需再设置关键帧。然后按照错落有致的时间顺序重新排列它们在 Timeline 面板中的图层入点位置，如图 12-57 和图 12-58 所示。

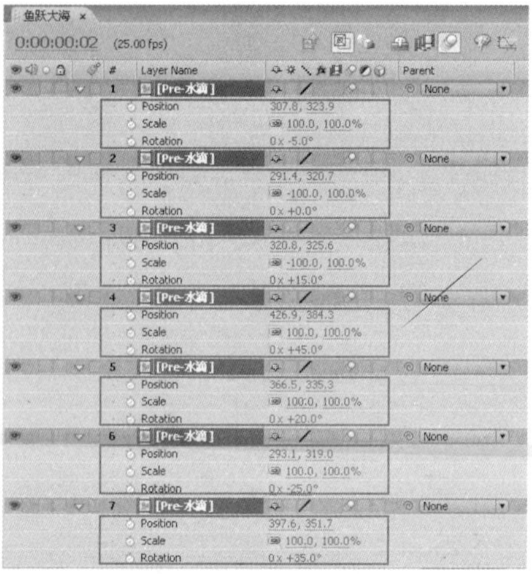

图12-57　属性参数设置

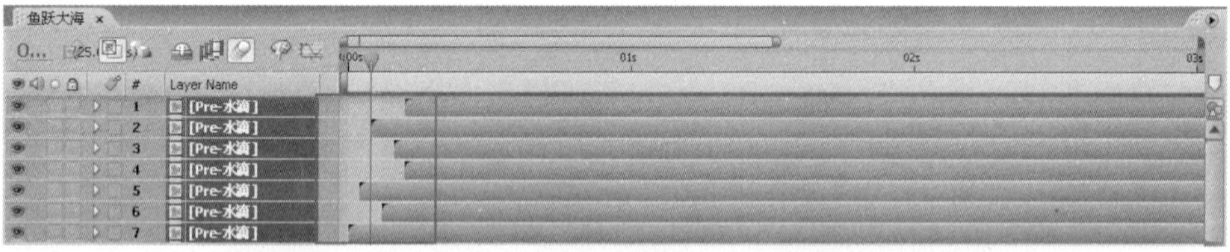

图12-58　将全部合成层在Timeline面板中的入点重新排列

选中全部"Pre- 水滴"合成层并按快捷键 Ctrl+Shift+C 进行合并预合成操作，然后为新建的子合成文件取名为"水滴溅起动画"，并选中 Move all attributes into the new composition（把层属性移动到新建的子合成文件中）单选按钮，再单击 OK 按钮。

最后，将"水滴溅起动画"合成层的 Position（位置）属性的参数设为（190.6，230.9）。这是鱼儿腾出海面的画面位置。选中"水滴溅起动画"合成层并按快捷键 Ctrl+D 进行复制，然后将复制的新建的"水滴溅起动画"合成层的 Position（位置）的属性参数改为（526.9，194.9），这是鱼儿跃入大海的画面位置。再将两个"水滴溅起动画"合成层的图层入点时间分别设置为 0:00:02:11 和 0:00:01:15,这是鱼儿腾出海面和跃入大海的时间点。最后将两个"水滴溅起动画"合成层的图层混合模式都设为"Add（添加）"，并将它们都置于 Timeline 面板中"平行海浪 4"层的下方，如图 12-59 所示，效果如图 12-60 所示。

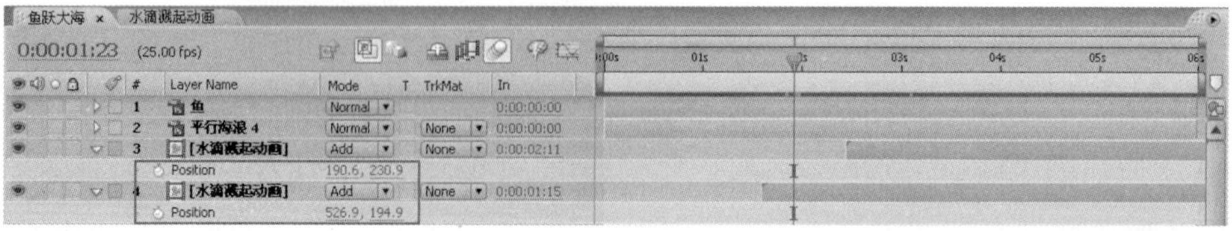

图12-59　调整合成层的Position（位置）属性参数、入点时间、混合模式和图层位置

❹制作鱼儿跃入大海中所呈现的半透明状态的效果。在“鱼跃大海”合成文件的Timeline面板内，按快捷键Ctrl+Y新建一个固态层。然后在打开的对话框中设置Name（名称）为“[鱼儿蒙版]”，Color（色彩）为“灰色（ACACAC）”，如图12-61所示。

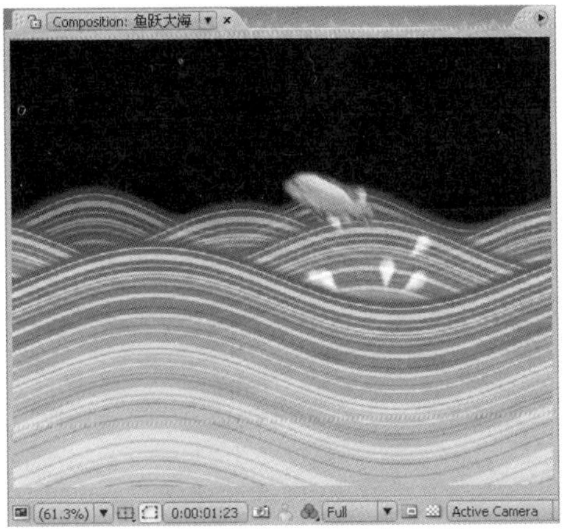


图12-60　动画效果

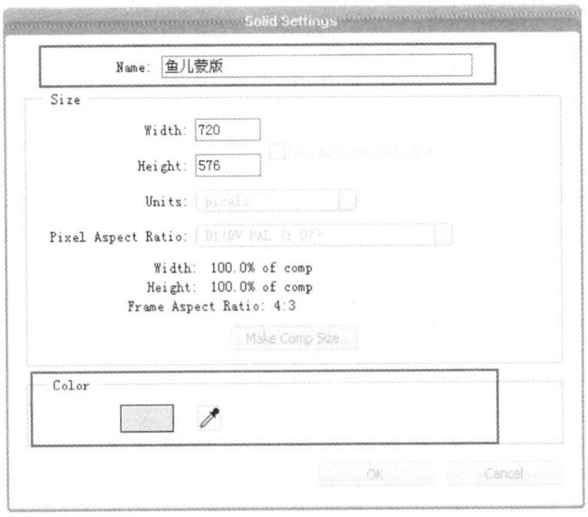


图12-61　创建层

接着，单击Tools（工具）面板中的“矩形Mask工具”按钮，并为“鱼儿蒙版”层制作出矩形形状的Mask效果，注意Mask形状须覆盖该层的下半部分。然后按快捷键Ctrl+C复制“平行海浪4”层的“Wave Warp（波形弯曲）”特效，再选中“鱼儿蒙版”层并按快捷键Ctrl+V进行粘贴特效操作，如图12-62所示，效果如图12-63所示。

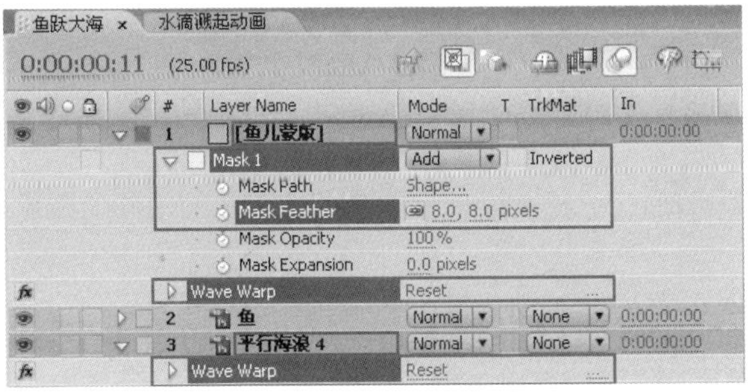


图12-62　特效设置

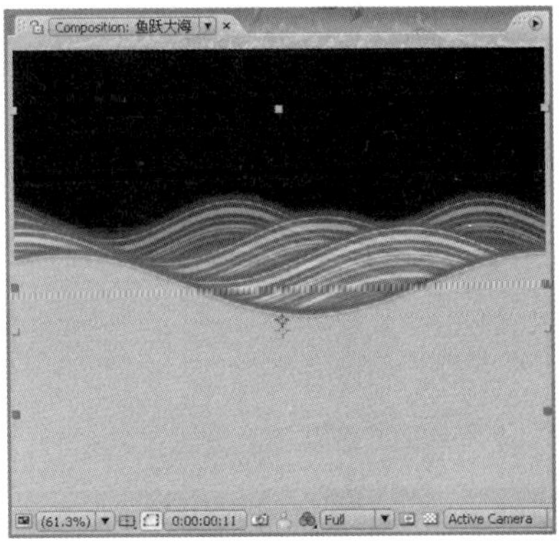


图12-63　Wave Warp效果

然后，设置“鱼”层的“Track Matte”模式。先确定“鱼”层已置于“[鱼儿蒙版]”层的下方，再单击“鱼”层右侧的Track Matte下拉菜单，从中选择Luma Inverted Matte“[鱼儿蒙版]”选项，将上层“[鱼儿蒙版]”设置为“鱼”层的反相Luma亮度蒙版，如图12-64所示，最终效果如图12-65所示。

> **注**：由于上层“[鱼儿蒙版]”在合成图像中的“平行海浪4”层上侧皆为透明部分，而其在“平行海浪4”层下侧全部为灰色区域，因此设置了反相Luma亮度蒙版之后的“鱼”层则从上层亮度区域相反的区域显示出这种半透明状态，从而很好地表现了本索引案例中海水的材质特征。

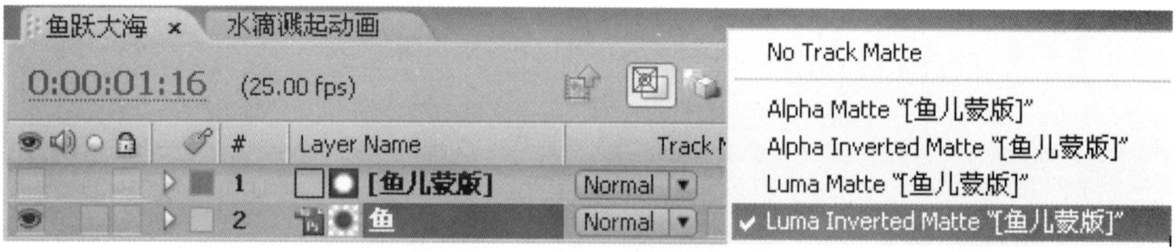


图12-64　设置层Track Matte模式

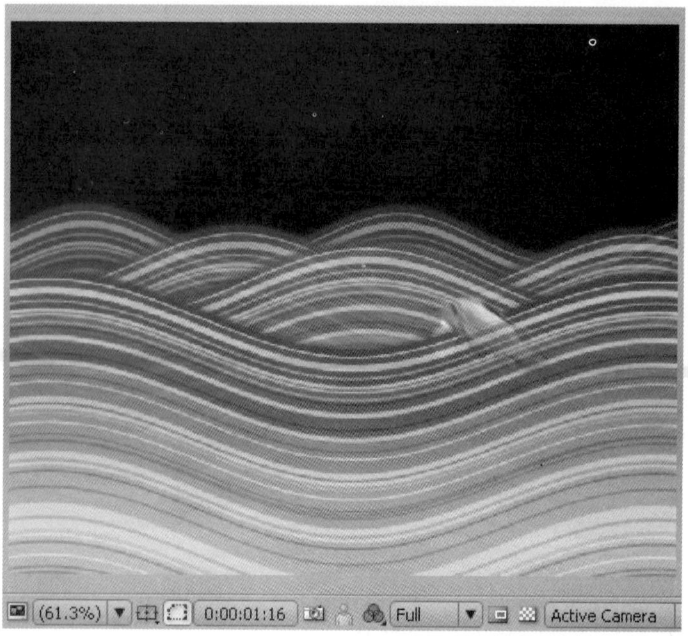


图12-65　效果截图

至此，整个鱼跃大海的动画效果就制作完成了。

# 第13章

## 飞舞色条幻化LOGO

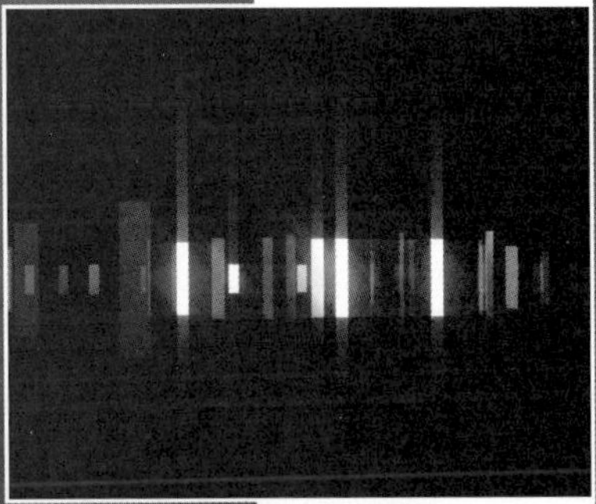

## 13.1 案例简介

这个案例表现的是 LOGO 文字“PIWEN CARTOON WORKSHOP”在一列列翻动着飞入画面的彩色色条的映衬下逐渐显现，直至定格落版的动画效果。通过示意图分析一下如何在 After Effects 中制作这样的效果。

首先，通过使用 Card Wipe 特效并设置其关键帧动画，分别制作出 4 组具有红、蓝、黄 3 种颜色的色条翻转飞入镜头的动画效果。其次，运用创建调节图层、应用 Starglow 插件特效等方法，再制作出这些彩色色条在翻动过程中发射出耀眼的璀璨星光的动画效果。再次，运用设置 Opacity（透明度）属性关键帧的方法，制作这些彩色色条入画落版之后的淡出效果。然后通过运用 Basic Text、Bevel Alpha、Color Emboss、Card Wipe 等特效并设置 Card Wipe 特效关键帧动画，制作出 LOGO 文字卡片状翻转直至落版定格的动画效果。最后，通过设置图层混合模式实现彩色色条和 LOGO 文字两者完美匹配、相互映衬的合成效果。制作思路示意图如图 13-1 所示，最后效果如图 13-2 所示。

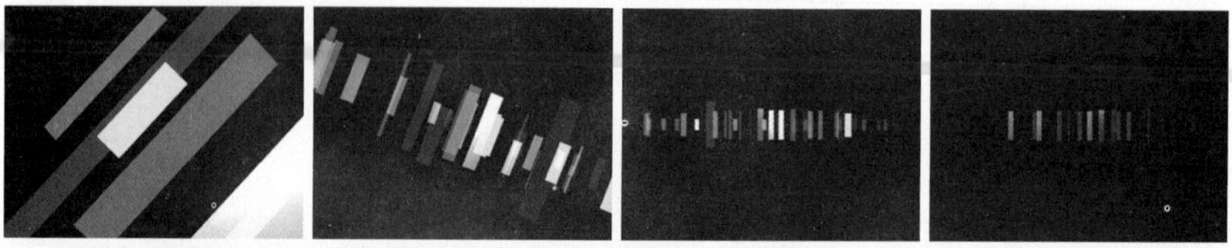

(1) 3 种颜色 4 组色条的翻转飞入镜头的动画效果：设置 Card Wipe 特效关键帧动画、Opacity（透明度）关键帧动画

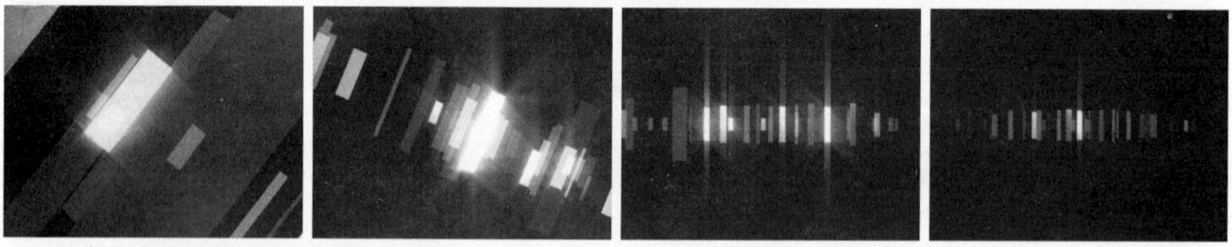

(2) 彩色色条在翻动过程中发射出璀璨星光的动画效果：创建调节层、运用特效 Starglow

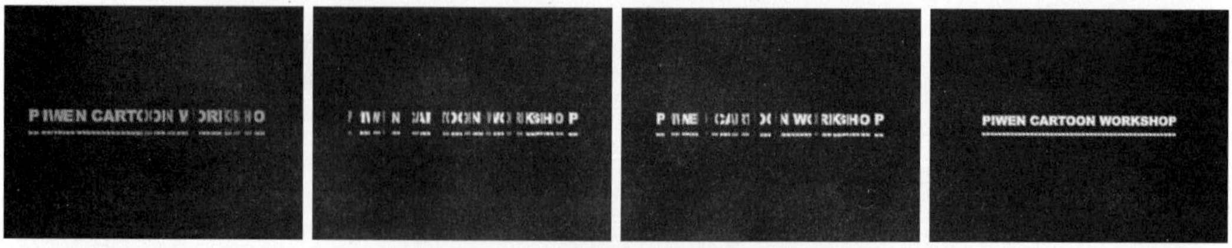


(3) LOGO 文字的卡片状翻转直至落版定格的动画效果：运用 Basic Text、Bevel Alpha、Color Emboss、Card Wipe 等特效并设置 Card Wipe 特效关键帧动画

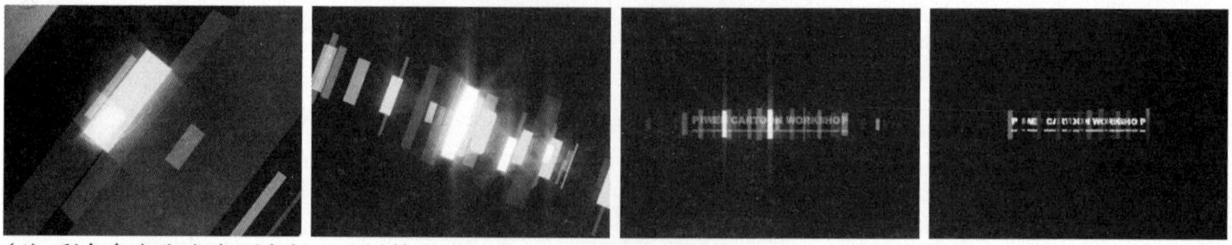

(4) 彩色色条和文字两者相互映衬的合成效果：设置图层混合模式

图13-1 制作思路示意图

图13-2 最后效果

## 13.2 具体制作

### 13.2.1 创建工程文件和四组色条动画

❶新建工程文件“合成”。首先，启动 After Effects 程序，并按快捷键 Ctrl+N 新建一个合成文件。然后在打开的合成文件设置对话框中设置 Composition Name（合成名称）为“合成”。接着，在 Basic（常规）选项卡下的 Preset（预置）下拉列表中选择“PAL D1/DV”选项，并设置 Width（宽）为“720”，Height（高）为“576”，Frame Rate（帧率）为“25 帧 / 秒”，Duration（持续时间）为“0:00:05:00”，然后单击 OK（确定）按钮完成设置，如图 13-3 所示。

❷创建“红色色条 1”合成文件和“红色色条 1”层。按快捷键 Ctrl+N 新建一个合成文件，并取名为“红色色条 1”，其参数设置可以参照“合成”工程文件。接着按快捷键 Ctrl+Y，在“红色色条 1”合成文件内新建一个固态层。然后在打开的固态层设置对话框中设置 Name（名称）为“红色色条 1”，Width（宽）为“1440”，Height（高）为“576”，Color（色彩）为“红色（FF1800）”，如图 13-4 所示。

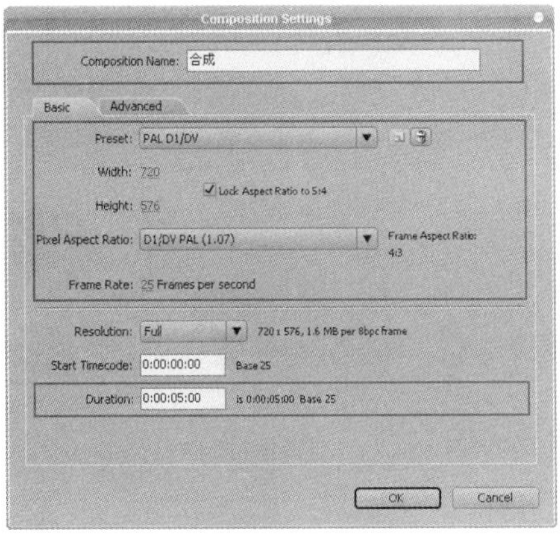


图13-3 新建工程文件

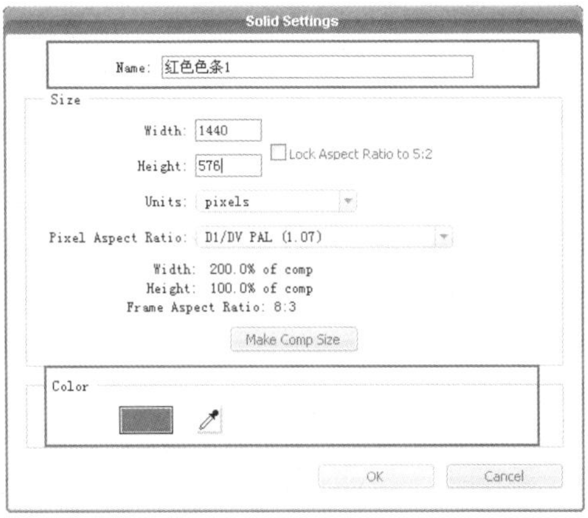


图13-4 创建层

❸为“红色色条 1”层添加 Card Wipe（交错擦拭转场）特效。在“红色色条 1”合成文件内的 Timeline 面板中选择“红色色条 1”层并右击，从弹出的快捷菜单中选择“Effect（特效）”→“Transition（转场）”→“Card Wipe（卡片翻转）”选项。

然后在其“Card Wipe（卡片翻转）”特效控制面板中，设置“Transition Completion（转场结束）”为“100”，“Transition Width（转换幅度）”为“50.0”，“Rows（行）”为“1”，“Columns（列）”为“15”，“Card Scale（卡片尺寸）”为“0.50”。再设置“Flip Axis（翻转坐标轴）”为“Y”，“Timing Randomness（随机时值）”为“1.00”，“Random Seed（随机种子）”为“21”。接着在“Card Wipe”特效控制面板中展开“Camera Position（摄像机位置）”选项，并设置“X,Y Position（X,Y 轴位置）”为（720.0，288.0），“Z Position（Z 轴位置）”为“7”，如图 13-5 所示。

**注**：Card Wipe是一个常用的转场特效，可以产生水平或垂直方向的画面交错条纹，并可设置产生立体交错动画效果。

接着，在“Card Wipe”特效控制面板中展开 Lighting（照明）选项，并设置“Light Type（灯光类型）”为“Point Source（点光源）”，“Light Intensity（灯光强度）”为“2.00”，“Light Position（灯光位置）”为（720.0，-100.0），“Ambient Light（环境灯光）”为“0.20”。再在“Card Wipe”特效控制面板中展开 Material（材质）选项，并在其中设置“Diffuse Reflection（漫反射）”为“0.40”，“Specular Reflection（镜面反射）”为“2.000”，“Highlight Sharpness（高光锐化）”为“20.000”。

然后，在“Card Wipe”特效控制面板中展开“Position Jitter（位置抖动）”选项，并设置“X Jitter Speed（X 轴抖动速度）”为“0.00”，“Z Jitter Amount（Z 轴抖动量）”为“6.50”，“Z Jitter Speed（Z 轴抖动速度）”为“0.00”。接着展开“Rotation Jitter（旋转抖动）”选项，并设置“X Rot Jitter Speed（X 轴旋转抖动速度）”为“0.00”，“Y Rot Jitter Amount（Y 轴旋转抖动量）”为“305.00”，“Y Rot Jitter Speed（Y 轴旋转抖动速度）”为“0.50”，“Z Rot Jitter Speed（Z 轴旋转抖动速度）”为“0.00”，如图 13-6 所示。

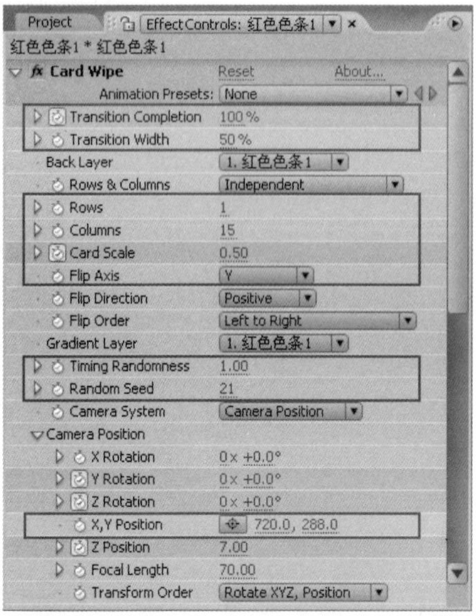


图13-5 Card Wipe特效参数设置（一）

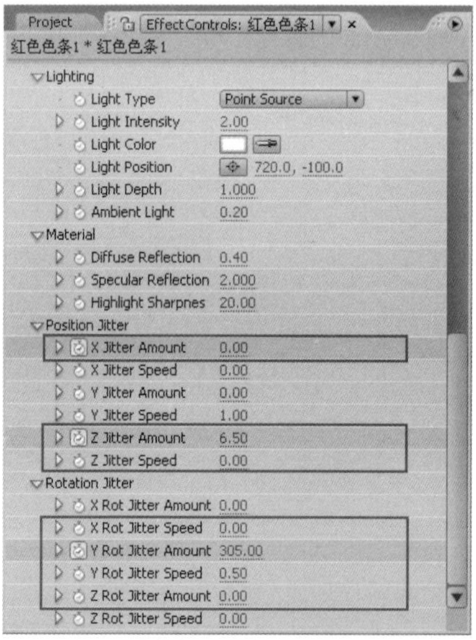


图13-6 Card Wipe特效参数设置（二）

为“红色色条 1”层添加“Card Wipe”特效后的显示效果如图 13-7 所示。

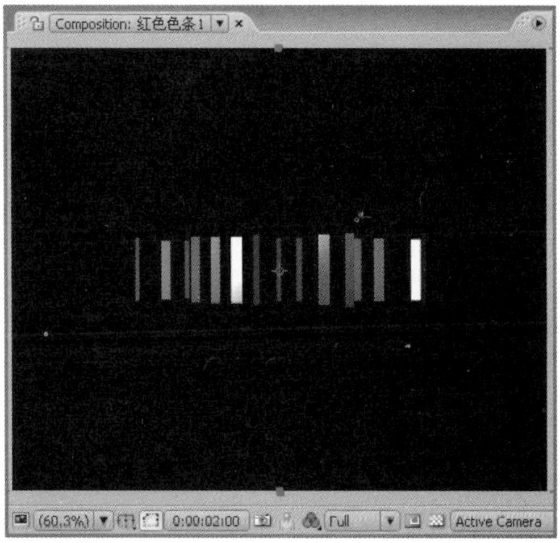


图13-7 “红色色条1”层Card Wipe效果

❹为“红色色条 1”层的“Card Wipe”特效制作关键帧动画。首先将时间指针移至 0:00:00:00 处，并在 Timeline 面板中展开“红色色条 1”层的“Card Wipe”特效选项，然后设置“Card Scale（卡片尺寸）”为“0.80”，“Y Rotation（Y 轴旋转）”为（0x,-30.0°），“Z Rotation（Z 轴旋转）”为（0x,-60.0°），“Z Position（Z 轴位置）”为“-2.00”，“X Jitter Amount（X 轴抖动量）”为“5.00”，“Z Jitter Amount（Z 轴抖动量）”为“25.00”，“Y Rot Jitter Amount（Y 轴旋转抖动量）”为“360.00”。

然后单击这些“Card Wipe”特效属性左侧的秒表图标，即可在 0:00:00:00 处为“红色色条 1”层的“Card Wipe”特效分别新建“Card Scale”、“Y Rotation”、“Z Rotation”、“Z Position”、“X Jitter Amount”、“Z Jitter Amount”、“Y Rot Jitter Amount”属性的关键帧，如图 13-8 所示。

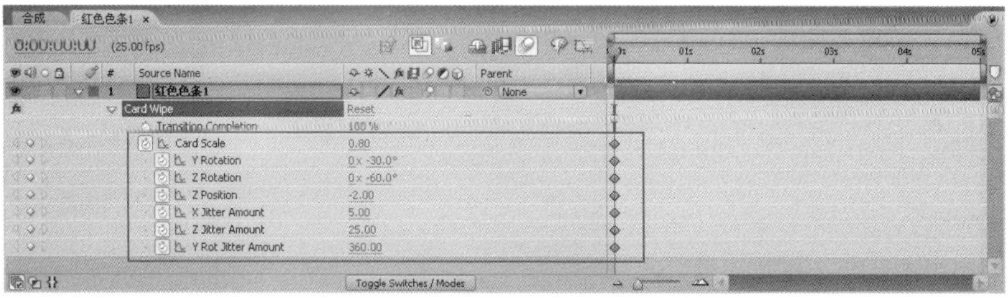


图13-8 设置Card Wipe特效关键帧

接着，再将时间指针移至 0:00:01:10 处，并在“红色色条 1”层的“Card Wipe”特效选项内设置“Transition Completion（转场结束）”为“0”，然后单击其左侧秒的表图标新建一个“Transition Completion”属性关键帧，如图 13-9 所示。

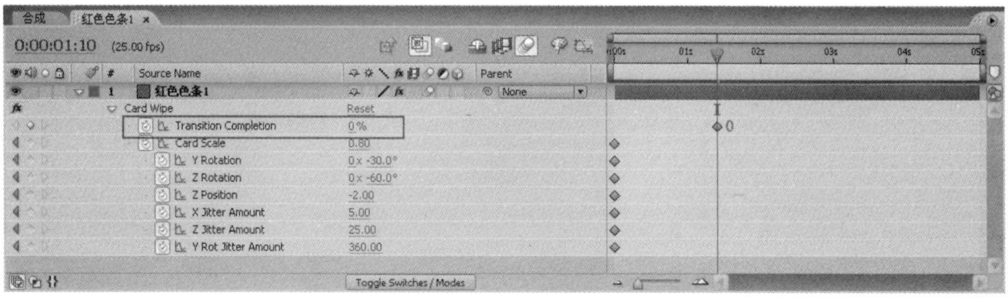


图13-9 设置Card Wipe特效关键帧

然后，将时间指针移至0:00:02:08处，并在“红色色条1”层的“Card Wipe”特效选项内设置“Transition Completion（转场结束）”为“100”，“Y Rotation（Y轴旋转）”为（0x,+0.0°），“Z Rotation（Z轴旋转）”为（0x,0.0°），“X Jitter Amount（X轴抖动量）”为“0.00”，“Z Jitter Amount（Z轴抖动量）”为“6.50”，“Y Rot Jitter Amount（Y轴旋转抖动量）”为“305.00”，即可在0:00:02:08处为“红色色条1”层分别新建“Transition Completion”、“Y Rotation”、“Z Rotation”、“X Jitter Amount”、“Z Jitter Amount”、“Y Rot Jitter Amount”属性的“Card Wipe”特效关键帧，如图13-10所示。

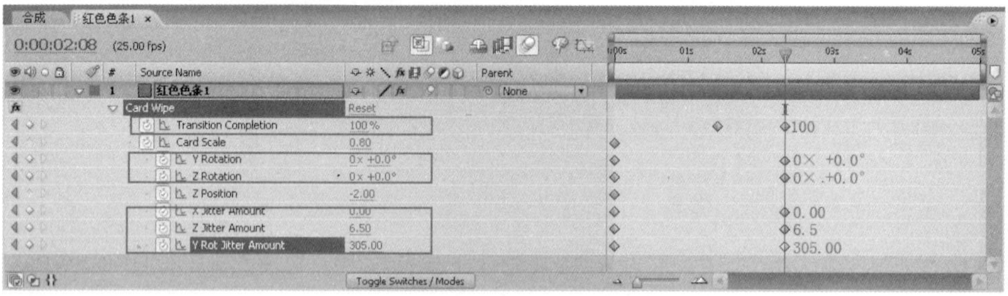

图13-10　设置Card Wipe特效关键帧

再将时间指针移至0:00:02:15处，在“红色色条1”层的“Card Wipe”特效选项内设置“Card Scale（卡片尺寸）”为“0.50”，“Z Position（Z轴位置）”为“8.00”，即在0:00:02:15处为“红色色条1”层分别新建“Card Scale”、“Z Position”属性的“Card Wipe”特效关键帧，如图13-11所示。

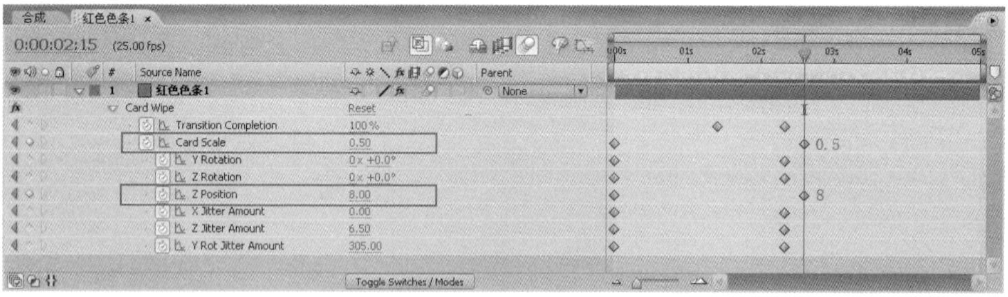

图13-11　设置Card Wipe特效关键帧

最后，将时间指针移至0:00:03:05处，并在“红色色条1”层的“Card Wipe”特效选项内设置“Y Rot Jitter Amount（Y轴旋转抖动量）”为“250.00”，即在0:00:03:05处为“红色色条1”层新建“Y Rot Jitter Amount”属性的“Card Wipe”特效关键帧，如图13-12所示。该层“Card Wipe”特效关键帧动画的效果如图13-13所示。

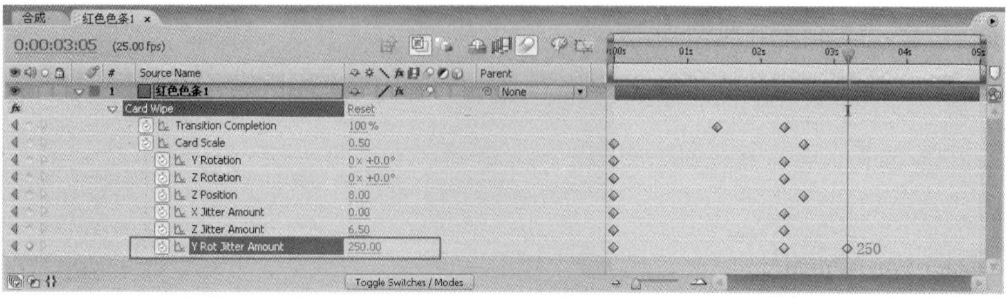

图13-12　设置Card Wipe特效关键帧

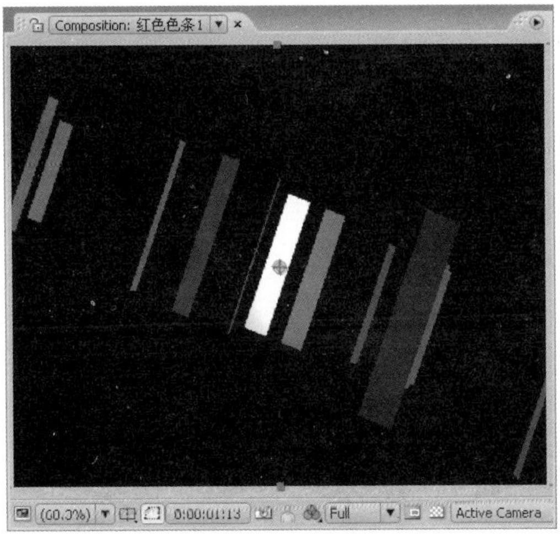


图13-13　动画效果截图

❺创建“红色色条 2”合成文件和“红色色条 2”层。按快捷键 Ctrl+N 新建一个合成文件，并取名为“红色色条 2”，其参数设置可以参照“合成”工程文件。

接着，快捷键 Ctrl+Y，在“红色色条 2”合成文件内新建一个固态层。然后在打开的固态层设置对话框中设置 Name（名称）为“红色色条 2”，Width（宽）为“4200”，Height（高）为“576”，Color（色彩）为“红色（FF1800）”，如图 13 14 所示。

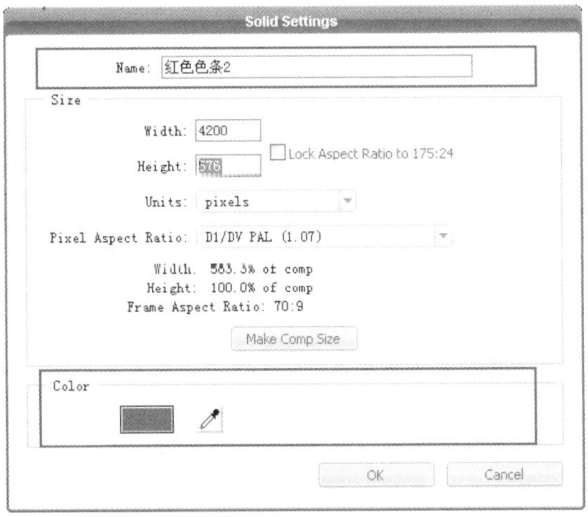


图13-14　创建“红色色条2”层

❻为“红色色条 2”层添加“Card Wipe（卡片翻转）”特效。在“红色色条 2”合成文件内的 Timeline 面板中选择“红色色条 2”层并右击，从弹出的快捷菜单中选择“Effect（特效）”→“Transition（转场）”→“Card Wipe（卡片翻转）”选项。

然后在其特效控制面板中设置“Transition Completion（转换结束）”为“30”，“Transition Width（转场宽度）”为“50”，“Back Layer（背景图层）”为“None（无）”，Rows（行）为“1”，Columns（列）为“20”，“Card Scale（卡片尺寸）”为“0.30”。接着设置“Flip Axis（翻转坐标轴）”为“Y”，“Timing Randomness（随机时值）”为“1.00”，“Random Seed（随机种子）”为“32”。再在“Card Wipe”特效控制面板中展开“Camera Position（摄像机位置）”选项，并设置“X,Y Position（X,Y 轴位置）”为（2100.0，288.0），“Z Position（Z 轴位置）”为“10.00”，如图 13-15 所示。

接着，在“Card Wipe”特效控制面板中展开 Lighting（照明）选项，并设置“Light Type（灯光类型）”为“Point Source（点光源）”，“Light Intensity（灯光强度）”为“1.00”，“Light Position（灯光位置）”为（720.0，-800.0），“Light Depth（灯光深度）”为“0.500”，“Ambient Light（环境灯光）”为“0.25”。再在 Card Wipe 特效控制面板中展开 Material（材质）选项，并设置“Diffuse Reflection（漫反射）”为“0.40”，“Specular Reflection（镜面反射）”为“2.000”，“Highlight Sharpness（高光锐化）”为“25.00”。

然后再在“Card Wipe”特效控制面板中展开“Position Jitter（位置抖动）”选项，并设置 X Jitter Speed（X 轴抖动速度）为“0.00”，“Y Jitter Speed（Y 轴抖动速度）”为“0.00”，“Z Jitter Amount（Z 轴抖动量）”为“25.00”，“Z Jitter Speed（Z 轴抖动速度）”为“0.00”。接着展开“Rotation Jitter（旋转抖动）”选项，并设置“X Rot Jitter Speed（X 轴旋转抖动速度）”为“0.00”，“Y Rot Jitter Amount（Y 轴旋转抖动量）”为“180.00”，“Y Rot Jitter Speed（Y 轴旋转抖动速度）”为“0.50”，“Z Rot Jitter Speed（Z 轴旋转抖动速度）”为“0.00”，如图 13-16 所示。为“红色色条 2”层添加 Card Wipe 特效后的显示效果如图 13-17 所示。

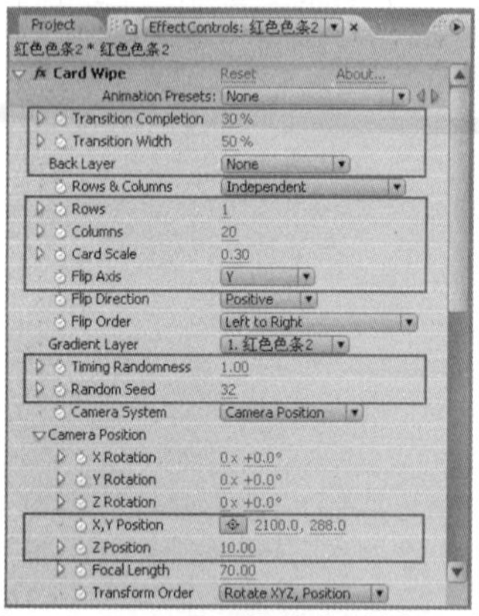
图13-15　Card Wipe特效参数设置（一）

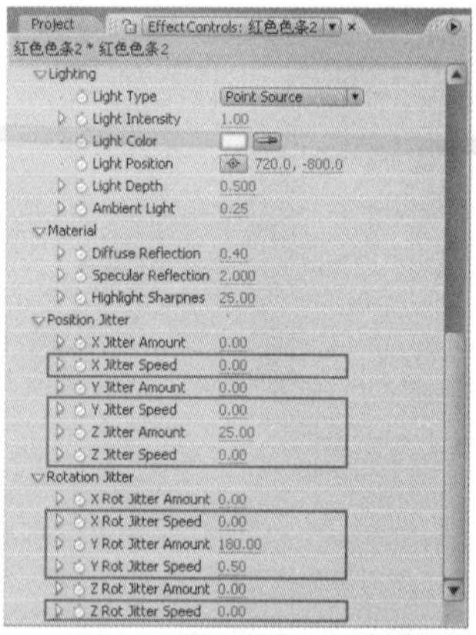
图13-16　Card Wipe特效参数设置（二）

❼为“红色色条 2”层的“Card Wipe”特效制作关键帧动画。首先将时间指针移至 0:00:00:00 处，并在 Timeline 面板中展开“红色色条 2”层的“Card Wipe”特效选项，设置“Y Rotation（Y 轴旋转）”为（0x，+30.0°），“Z Rotation（Z 轴旋转）”为（0x，-60°），“Z Position（Z 轴位置）”为“-2.00”，“X Jitter Amount（X 轴抖动量）”为“5.00”，“Z Jitter Amount（Z 轴抖动量）”为“25.00”，“Y Rot Jitter Amount（Y 轴旋转抖动量）”为“360.00”。

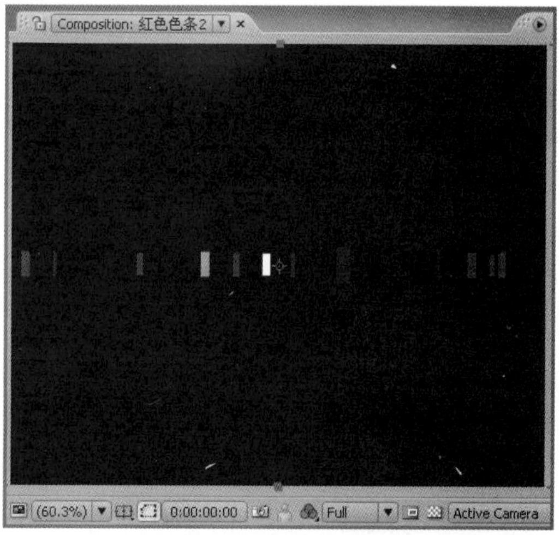
图13-17　“红色色条2”层Card Wipe效果

然后单击这些“Card Wipe”特效属性左侧的秒表图标，即可在 0:00:00:00 处为“红色色条 2”层的“Card Wipe”特效分别新建“Y Rotation”、“Z Rotation”、“Z Position”、“X Jitter Amount”、“Z Jitter Amount”、“Y Rot Jitter Amount”属性的关键帧，如图 13-18 所示。

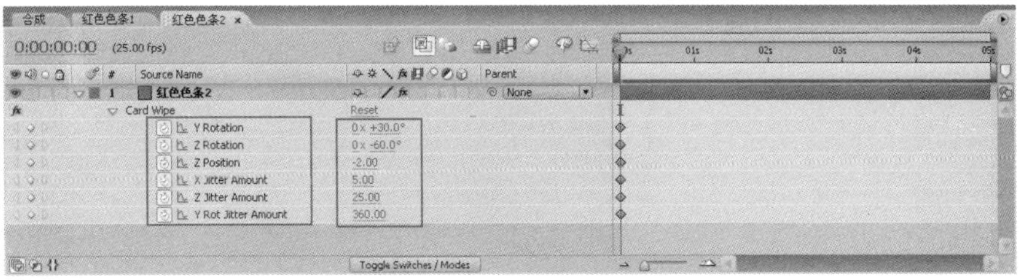

图13-18 设置Card Wipe特效关键帧

接着，再将时间指针移至 0:00:01:06 处，并在“红色色条 2”层的“Card Wipe”特效选项内设置“Transition Completion（转场结束）”为“0”，再单击其左侧的秒表图标新建一个“Transition Completion”属性关键帧，如图 13-19 所示。

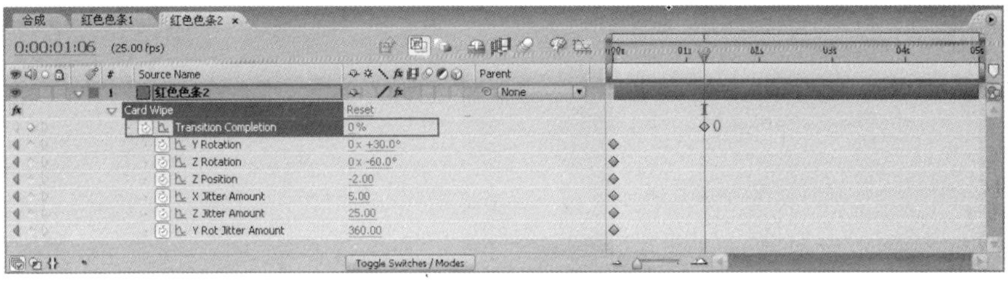

图13-19 设置Card Wipe特效关键帧

然后，将时间指针移至 0:00:02:05 处，并在“红色色条 2”层的“Card Wipc”特效选项内设置“Transition Completion（转场结束）”为“30”，“Y Rotation（Y 轴旋转）”为（0x,+0.0°），“Z Rotation（Z 轴旋转）”为（0x,+0.0°），“X Jitter Amount（X 轴抖动量）”为“0.00”，即可在 0:00:02:05 处为“红色色条 2”层分别新建了“Transition Completion”、“Y Rotation”、“Z Rotation”、“X Jitter Amount”属性的“Card Wipe”特效关键帧，如图 13-20 所示。

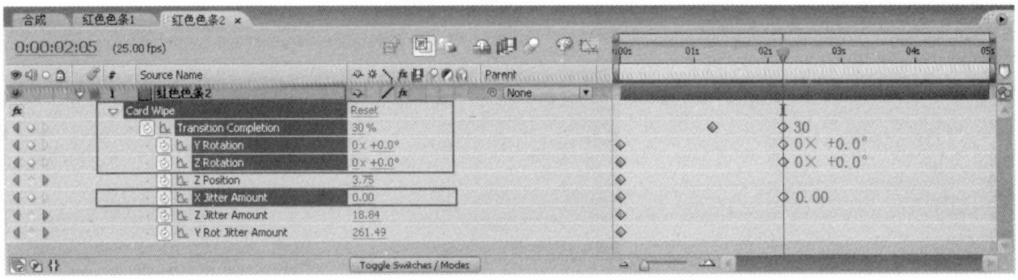

图13-20 设置Card Wipe特效关键帧

最后，然后将时间指针移至 0:00:02:14 处，并在“红色色条 2”层的“Card Wipe”特效选项内设置“Z Position（Z 轴位置）”为“12.00”，“Z Jitter Amount（Z 轴抖动量）”为“10.00”，“Y Rot Jitter Amount（Y 轴旋转抖动量）”为“120.00”，即可在 0:00:02:14 处为“红色色条 2”层分别新建“Z Position”、“Z Jitter Amount”、“Y Rot Jitter Amount”属性的“Card Wipe”特效关键帧，如图 13-21 所示。该层“Card Wipe”特效关键帧动画的效果如图 13-22 所示。

❽创建“蓝色色条”合成文件和“蓝色色条”层。按快捷键 Ctrl+N 新建一个合成文件，并取名为“蓝色色条”，其参数设置可以参照“合成”工程文件。再按快捷键 Ctrl+Y，在“蓝色色条”合成文件内新建一个固态层。然后在打开的固态层设置对话框中设置 Name（名称）为“蓝色色条”，Width（宽）为“1600”，Height（高）为“576”，Color（色彩）为“蓝色（009CFF）”，再单击 OK（确定）按钮完成设置，如图 13-23 所示。

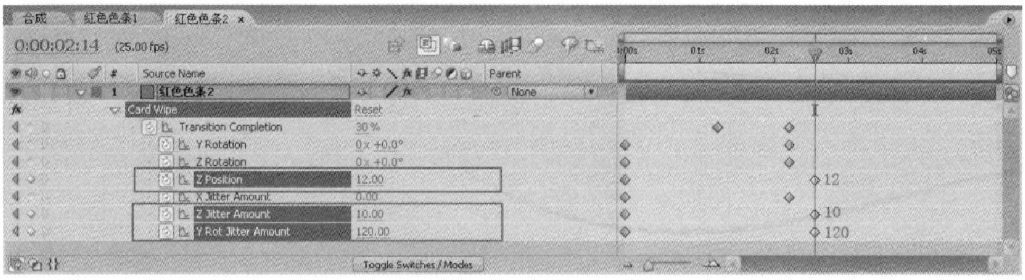

图13-21　设置Card Wipe特效关键帧

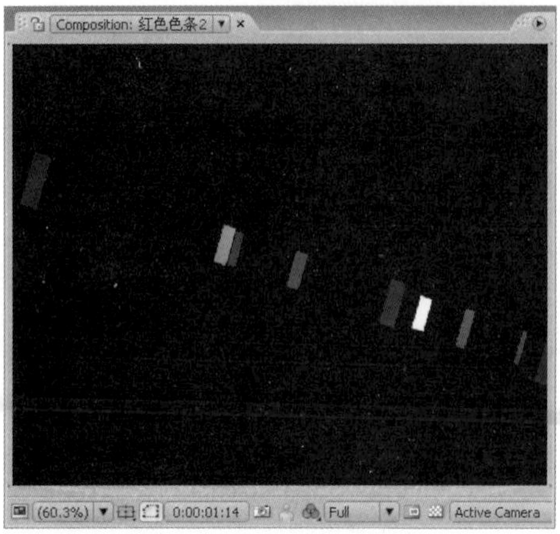

图13-22　动画效果截图

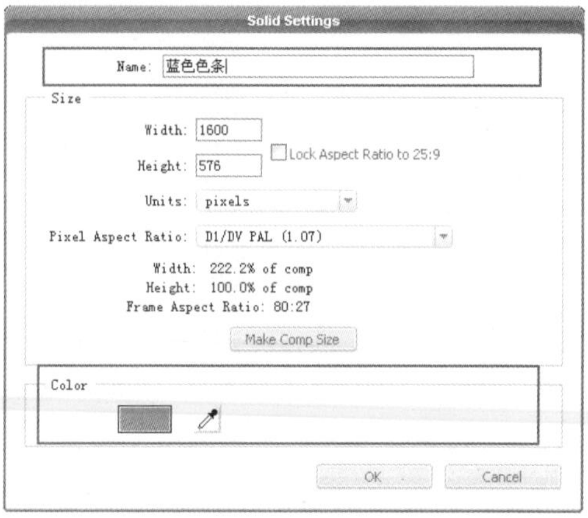

图13-23　创建层

❾为“蓝色色条”层添加“Card Wipe（卡片翻转）”特效。在“蓝色色条”合成文件内的 Timeline 面板中选择“蓝色色条”层并右击，从弹出的快捷菜单中选择“Effect（特效）”→“Transition（转场）”→“Card Wipe（卡片翻转）”选项。

然后在其特效控制面板中设置“Transition Completion（转换结束）”为“100”，“Transition Width（转场宽度）”为“50”，“Back Layer（背面图层）”为“None（无）”，“Rows（行）”为“1”，Columns（列）为“8”，“Card Scale（卡片尺寸）”为“0.45”。再设置“Flip Axis（翻转坐标轴）”为“Y”，“Timing Randomness（随机时值）”为“1.00”，“Random Seed（随机种子）”为“4”。然后在“Card Wipe”特效控制面板中展开“Camera Position（摄像机位置）”选项，并设置“X,Y Position（X,Y 轴位置）”为（1000.0，288.0），“Z Position（Z 轴位置）”为“2.00”，如图 13-24 所示。

接着，在“Card Wipe”特效控制面板中展开 Lighting（照明）选项，设置“Light Type（灯光类型）”为“Point Source（点光源）”，“Light Intensity（灯光强度）”为“1“，“Light Color（灯光色彩）”为“淡蓝色（9DD9FF）”，“Light Position（灯光位置）”为（720.0，-1200.0），“Ambient Light（环境灯光）”为“0.25”。再在“Card Wipe”特效控制面板中展开 Material（材质）选项，并设置“Diffuse Reflection（漫反射）”为“0.40”，“Specular Reflection（镜面反射）”为“2.000”，“Highlight Sharpness（高光锐化）”为“10.00”。

然后在“Card Wipe”特效控制面板中展开“Position Jitter（位置抖动）”选项，并设置“X Jitter Amount（X 轴抖动量）”为“5.00”，“X Jitter Speed（X 轴抖动速度）”为“0.00”，“Y Jitter Speed（Y 抖动速度）”为“0.00”，“Z Jitter Amount（Z 轴抖动量）”为“3.00”，“Z Jitter Speed（Z 轴抖动速度）”为“0.00”。接着展开“Rotation Jitter（旋转抖动）”选项，并设置“X Rot Jitter Speed（X 轴旋转抖动速度）”为“0.00”，“Y Rot Jitter Amount（Y 轴

旋转抖动量）”为“350.00”，“Y Rot Jitter Speed（Y 轴旋转抖动速度）”为“0.50”，“Z Rot Jitter Speed（Z 轴旋转抖动速度）”为“0.00”，如图 13-25 所示。

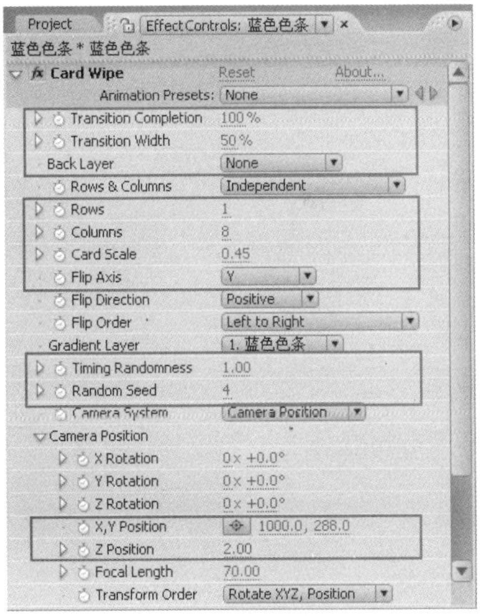


图13-24 Card Wipe特效参数设置（一）

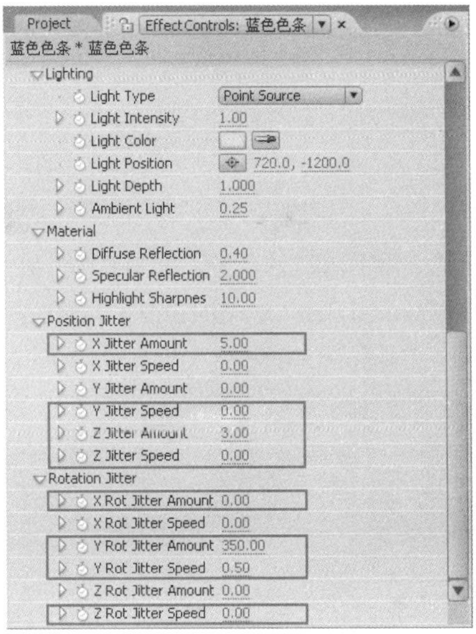


图13-25 Card Wipe特效参数设置（二）

为“蓝色色条”层添加 Card Wipe 特效后的显示效果如图 13-26 所示。

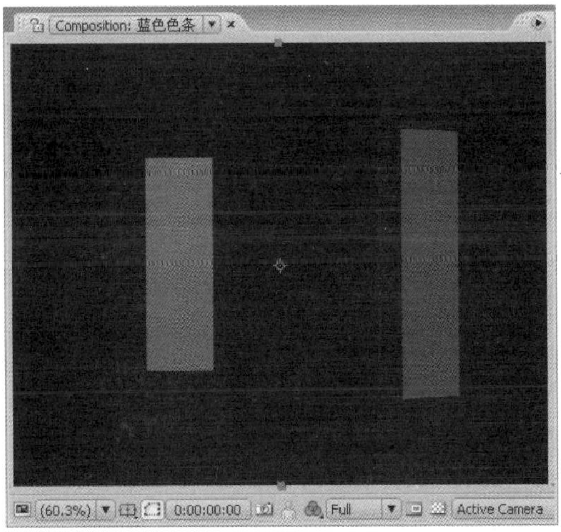


图13-26 “蓝色色条”层Card Wipe效果

⑩为“蓝色色条”层的 Card Wipe 特效制作关键帧动画。首先，将时间指针移至 0:00:00:00 处，并在 Timeline 面板中展开“蓝色色条”层的“Card Wipe”特效选项，设置 Columns（列）为“8”，“Card Scale（卡片尺寸）”为“0.45”，“Y Rotation（Y 轴旋转）”为（0x,+30.0°），“Z Rotation（Z 轴旋转）”为（0x,-60.0°），“Z Position（Z 轴位置）”为“0.00”，“Z Jitter Amount（Z 轴抖动量）”为“25.00”，“Y Rot Jitter Amount（Y 轴旋转抖动量）”为“350.00”。

然后单击这些 Card Wipe 特效属性左侧的秒表图标，即可在 0:00:00:00 处为“蓝色色条”层的 Card Wipe 特效分别新建 Columns、Card Scale、Y Rotation、Z Rotation、Z Position、Z Jitter Amount、Y Rot Jitter Amount 属性的关键帧，如图 13-27 所示。

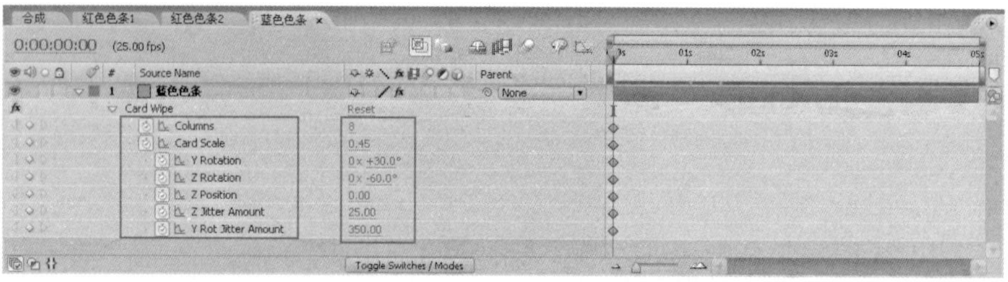

图13-27 设置Card Wipe特效关键帧

接着，将时间指针移至 0:00:01:11 处，并在“蓝色色条”层的“Card Wipe”特效选项内设置“Transition Completion（转场结束）”为“0”，再单击其左侧的秒表图标新建一个 Transition Completion 属性关键帧，如图 13-28 所示。

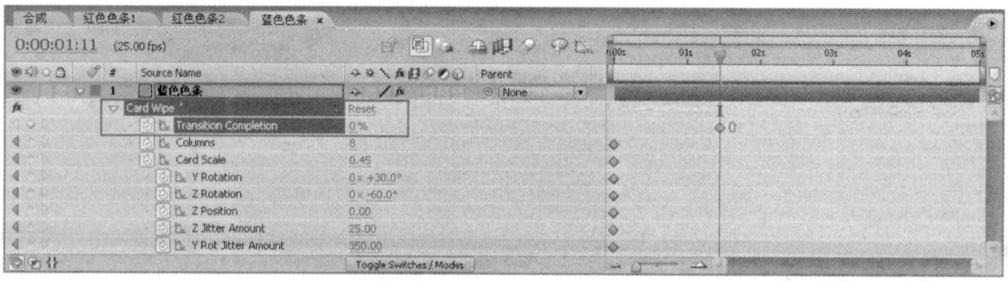

图13-28 设置Card Wipe特效关键帧

然后，将时间指针移至 0:00:02:08 处，并在“蓝色色条”层的“Card Wipe”特效选项内设置“Transition Completion（转换结束）”为“100”，Columns（列）为“12”，“Y Rotation（Y 轴旋转）”为（0x,+0.0°），“Z Rotation（Z 轴旋转）”为（0x,+0.0°）。即可在 0:00:02:08 处为“蓝色色条”层分别新建“Transition Completion”、“Columns”、“Y Rotation”、“Z Rotation”属性的 Card Wipe 特效关键帧，如图 13-29 所示。

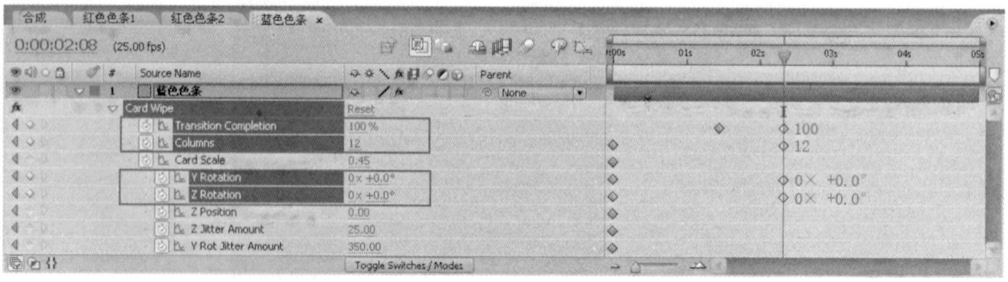

图13-29 设置Card Wipe特效关键帧

最后，将时间指针移至 0:00:03:00 处，并在“蓝色色条”层的“Card Wipe”特效选项内设置“Card Scale（卡片尺寸）”为“0.3”，“ Z Position（Z 轴位置）”为“8”，“Y Rot Jitter Amount（Y 轴旋转抖动量）”为“300”。即可在 0:00:03:00 处为“蓝色色条”层分别新建“Card Scale”、“Z Position”、“Y Rot Jitter Amount”属性的“Card Wipe”特效关键帧，如图 13-30 所示。该层“Card Wipe”特效关键帧动画的效果，如图 13-31 所示。

⑪创建“黄色色条”合成文件和“黄色色条”层。按快捷键 Ctrl+N 新建一个合成文件，并取名为“黄色色条”，其参数设置可以参照“合成”工程文件。

然后按快捷键 Ctrl+Y，在“黄色色条”合成文件内新建一个固态层。在打开的固态层设置对话框中设置 Name（名称）为“黄色色条”，Width（宽）为“3000”，Height（高）为“576”，Color（色彩）为“黄色（FFFC00）”，并单击 OK（确定）按钮完成设置，如图 13-32 所示。

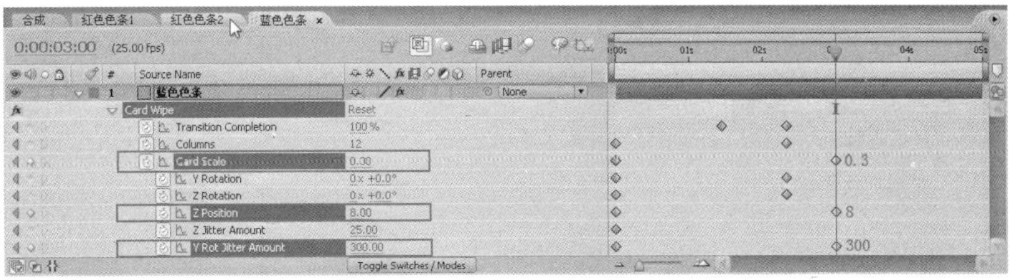


图13-30 设置Card Wipe特效关键帧

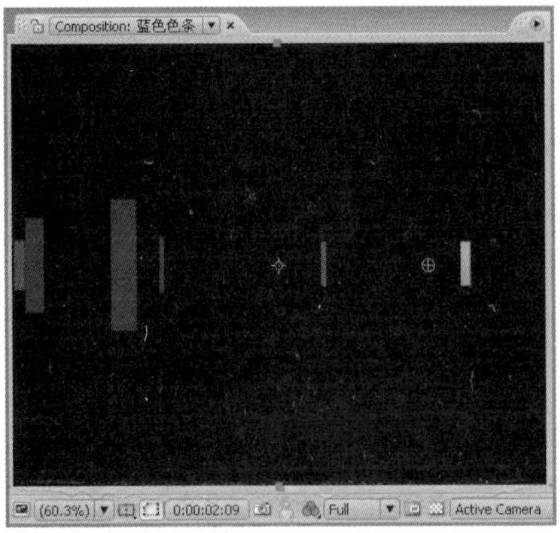


图13-31 动画效果截图

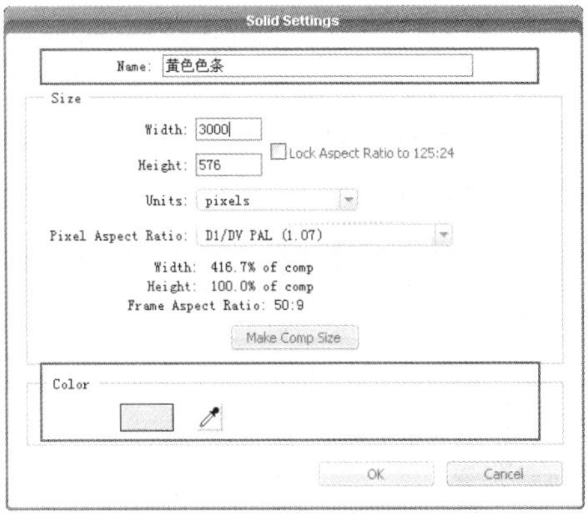


图13-32 创建"黄色色条"层

⑫为"黄色色条"层添加"Card Wipe（卡片翻转）"特效。在"黄色色条"合成文件内的 Timeline 面板中选择"黄色色条"层并右击，从弹出的快捷菜单中选择"Effect（特效）"→"Transition（转场）"→"Card Wipe（交错擦拭转场）"选项。

然后在其特效控制面板中设置"Transition Completion（转换结束）"为"100"，"Transition Width（转场宽度）"为"50"，"Back Layer（背面图层）"为"None（无）"，"Rows（行）"为"1"，"Columns（列）"为"18"，"Card Scale（卡片尺寸）"为"0.50"。再设置"Flip Axis（翻转坐标轴）"为"Y"，"Timing Randomness（随机定时值）"为"1.00"，"Random Seed（随机种子）"为"200"。接着在"Card Wipe"特效控制面板中展开"Camera Position（摄像机位置）"选项，并设置"X,Y Position（X,Y 轴位置）"为（1500.0，288.0），"Z Position（Z 轴位置）"为"6.50"，如图 13-33 所示。

接着，在"Card Wipe"特效控制面板中展开 Lighting（照明）选项，并设置"Light Type（灯光类型）"为"Point Source"（点光源），"Light Intensity（灯光强度）"为"1.00"，"Light Color（灯光色彩）"为"黄色（FFF000）"，"Light Position（灯光位置）"为（1500，288），"Light Depth（灯光深度）"为"0.50"，"Ambient Light（环境灯光）"为"0.25"。再在"Card Wipe"特效控制面板中展开 Material（材质）选项，并设置"Diffuse Reflection（漫反射）"为"0.4"，"Specular Reflection（镜面反射）"为"2.00"，"Highlight Sharpness（高光锐化）"为"10.00"。

接着在"Card Wipe"特效控制面板中展开"Position Jitter（位置抖动）"选项，并设置"X Jitter Speed（X 轴抖动速度）"为"0.00"，"Y Jitter Speed（Y 轴抖动速度）"为"0.00"，"Z Jitter Amount（Z 轴抖动量）"为"8.00"，"Z Jitter Speed（Z 轴抖动速度）"为"0.00"。再展开"Rotation Jitter（旋转抖动）"选项，并设置"X Rot Jitter Speed（X 轴旋转抖动速度）"为"0.00"，"Y Rot Jitter Amount（Y 轴旋转抖动量）"为"350.00"，"Y Rot Jitter Speed（Y

轴旋转抖动速度）”为“1.00”，“Z Rot Jitter Speed（Z 轴旋转抖动速度）”为“0.00”，如图 13-34 所示。为“黄色色条”层添加 Card Wipe 特效后的显示效果如图 13-35 所示。

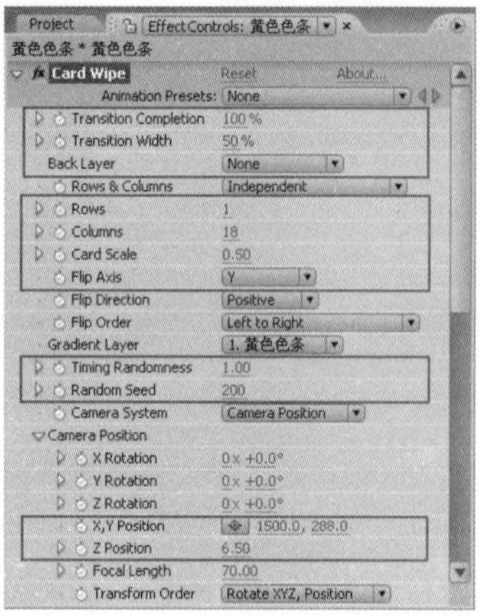


图13-33 Card Wipe特效参数设置（一）

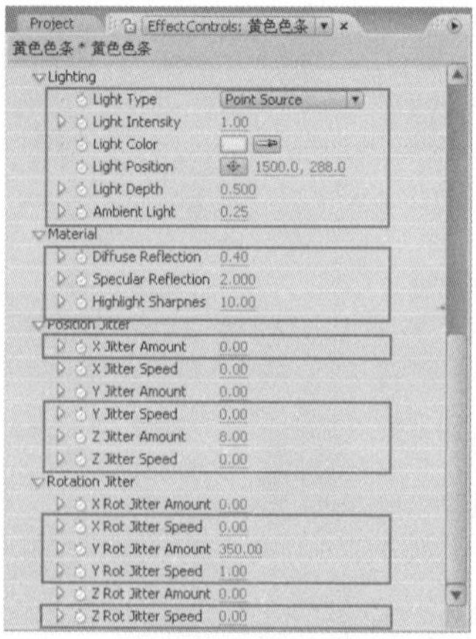


图13-34 Card Wipe特效参数设置（二）

⑬为“黄色色条”层的“Card Wipe”特效制作关键帧动画。首先，将时间指针移至 0:00:00:00 处，并在 Timeline 面板中展开“黄色色条”层的“Card Wipe”特效选项，设置“Y Rotation（Y 轴旋转）”为（0x,+30.0°），“Z Rotation（Z 轴旋转）”为（0x,-60.0°），“Z Position（Z 轴位置）”为“-1.00”，“X Jitter Amount（X 抖动量）”为“5.00”，“Z Jitter Amount（Z 轴抖动量）”为“20.00”，“Y Rot Jitter Amount（Y 轴旋转抖动量）”为“350.00”。

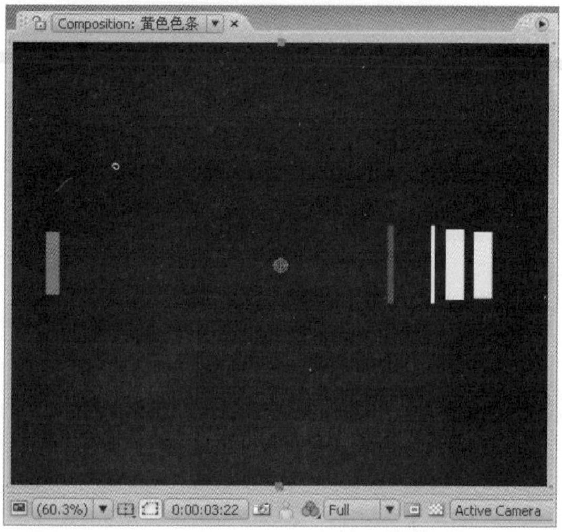


图13-35 为“黄色色条”层添加Card Wipe效果

然后单击这些“Card Wipe”特效属性左侧的秒表图标，即可在 0:00:00:00 处为“黄色色条”层的“Card Wipe”特效分别新建“Y Rotation”、“Z Rotation”、“Z Position”、“X Jitter Amount”、“Z Jitter Amount”、“Y Rot Jitter Amount”属性的关键帧，如图 13-36 所示。

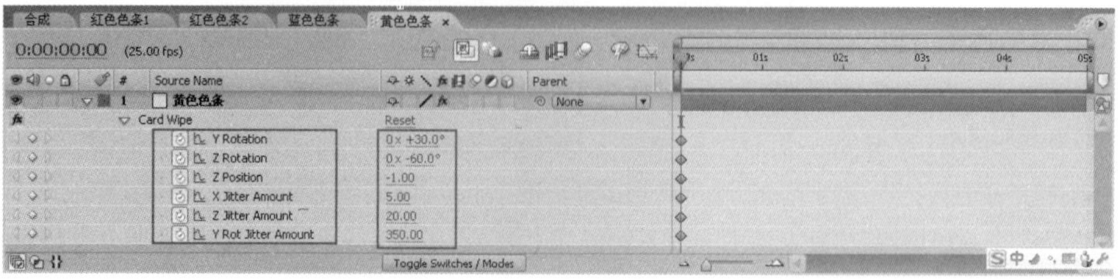


图13-36 设置Card Wipe特效关键帧

接着，将时间指针移至 0:00:01:10 处，并在“黄色色条”层的“Card Wipe”特效选项内设置“Transition Completion（转场结束）”为“0”，再单击其左侧的秒表图标新建一个 Transition Completion 属性关键帧，如图 13-37 所示。

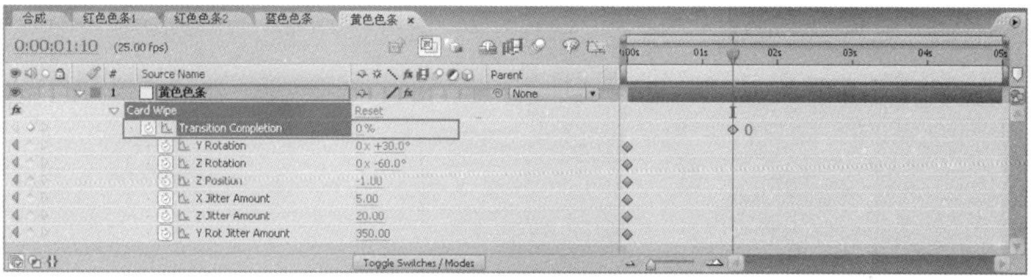

图13-37　设置Card Wipe特效关键帧

然后，将时间指针移至0:00:02:08处，并在“黄色色条”层的“Card Wipe”特效选项内设置“Transition Completion（转场结束）”为“100”，“Y Rotation（Y轴旋转）”为（0x,+0.0°），“Z Rotation（Z轴旋转）”为（0x,0.0°），“X Jitter Amount（X轴抖动量）”为“0.00”，“Z Jitter Amount（Z轴抖动量）”为“8.00”，即可在0:00:02:08处为“黄色色条”层分别新建“Transition Complction”、“Y Rotation”、“Z Rotation”、“X Jitter Amount”，“Z Jitter Amount”属性的“Card Wipe”特效关键帧，如图13-38所示。

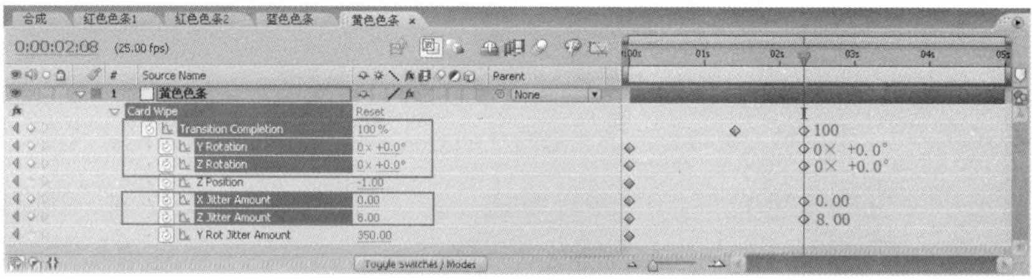

图13-38　设置Card Wipe特效关键帧

最后，将时间指针移至0:00:02:20处，并在“黄色色条”层的“Card Wipe”特效选项内设置“Z Position（Z轴位置）”为“10.00”，“Y Rot Jitter Amount（Y轴旋转抖动量）”为“250.00”。即可在0:00:02:20处为“黄色色条”层分别新建“Z Position”、“Y Rot Jitter Amount”属性的“Card Wipe”特效关键帧，如图13-39所示。该层“Card Wipe”特效关键帧动画的效果如图13-40所示。

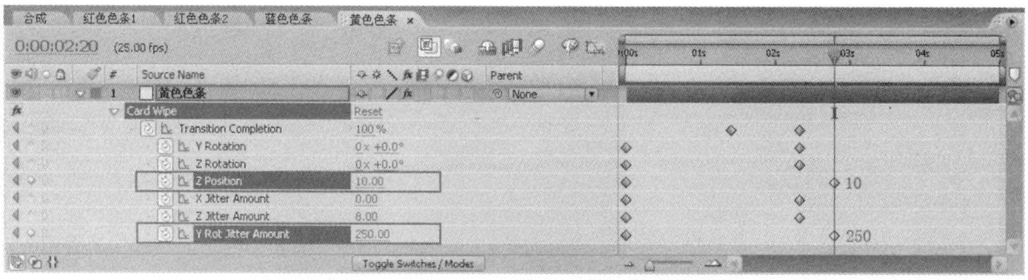

图13-39　设置Card Wipe特效关键帧

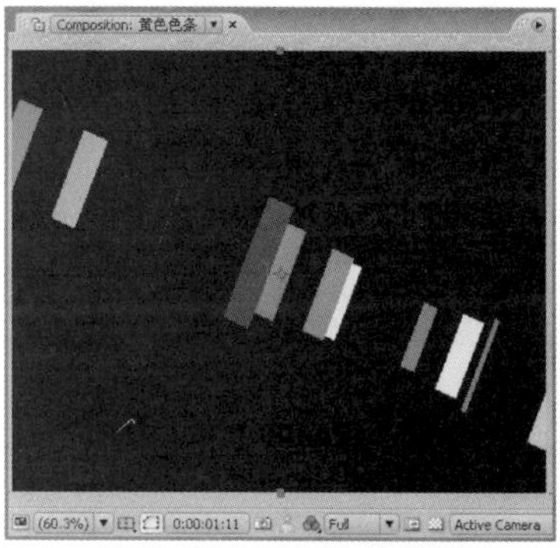

图13-40　动画效果截图

⑭将合成文件“红色色条 1”、“红色色条 2”、“蓝色色条”和“黄色色条”置入工程文件“合成”。在 Project 项目窗口中的空白处双击并打开第一步创建的“合成”合成文件，这是整个动画效果的工程文件，最后的特效与合成在此完成。将“红色色条 1”、“红色色条 2”、“蓝色色条”及“黄色色条”这 4 个合成文件从 Project 项目窗口调入“合成”工程文件的 Timeline 面板中，如图 13-41 所示。

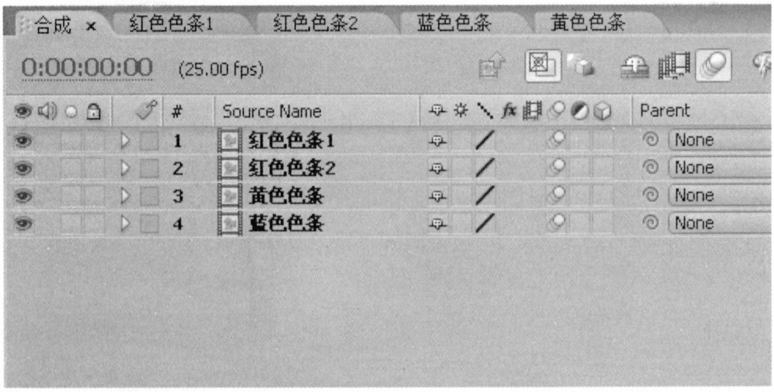


图13-41　将彩色色条效果的全部合成文件置入工程文件

⑮设置工程文件内全部合成层的混合模式。在“合成”工程文件内，按住 Ctrl 键的同时选中“红色色条 1”合成层、“红色色条 2”合成层、“蓝色色条”合成层及“黄色色条”合成层。然后单击它们右侧的 Mode（混合模式）下拉菜单，在此设置当前图层的图层混合模式。在 Mode 拉出菜单中选择“Add（添加）”选项，通过改变图层混合模式来表现不同颜色色条相叠处的较为闪亮的效果，如图 12-42 所示，效果如图 12-43 所示。

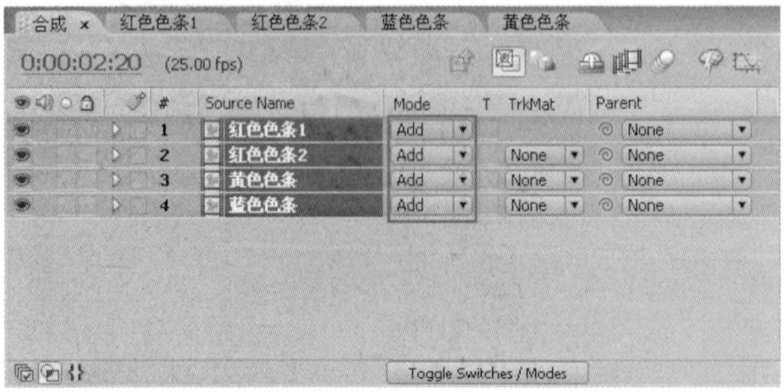


图13-42　设置混合模式

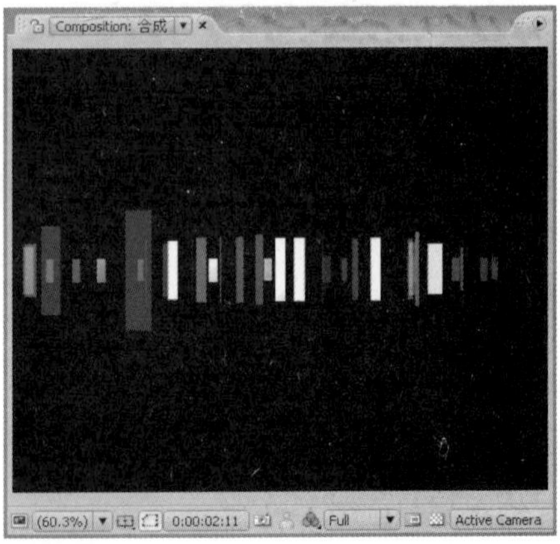


图13-43　初步合成效果截图

## 13.2.2　制作色条发出璀璨星光并落版淡出的动画效果

⑯创建调节图层。首先选中“合成”工程文件的 Timeline 面板，然后在 After Effects 主菜单栏中选择“Layer（图层）→“New（新建）”→“Adjustment Layer（调节图层）”选项，如图 12-44，即在“合成”工程文件内的顶层位置新建一个名为“Adjustment Layer”的调节图层，如图 12-45。

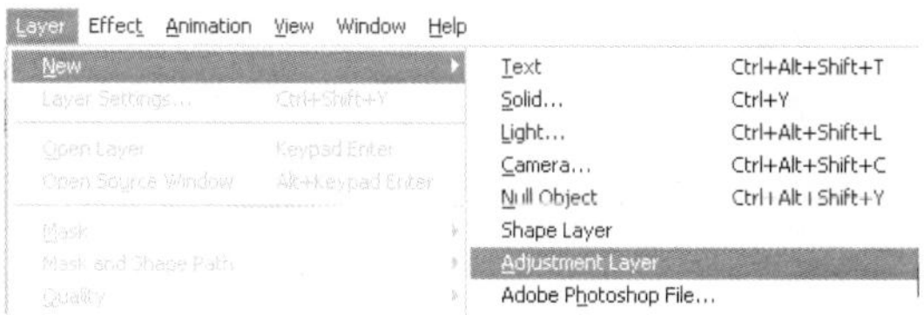


图13-44　执行新建调节图层命令

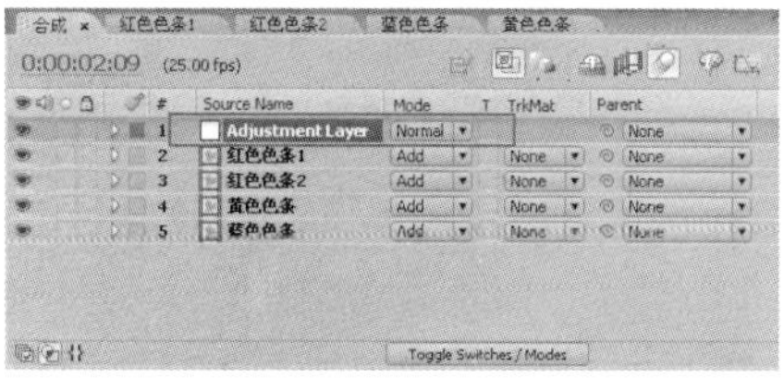


图13-45　创建调节图层

⑰为“Adjustment Layer”调节图层添加 Starglow 插件特效。在“合成”工程文件内选择“Adjustment Layer”调节图层并右击，从弹出的快捷菜单中选择“Effect（特效）”→“Trapcode”→“Starglow”选项。然后在 Starglow 特效控制面板中展开 Pre-Process（预处理）选项，并设置“Threshold（阀值）”为“200.00”，“Threshold Soft（阀值羽化）”为“100.00”，“Streak Length（光线长度）”为“50.0”，“Boost Light（提升亮度）”为“3.0”。然后展开特效控制面板中的“Colormap A（颜色贴图 A）”选项，并设置 Type/Preset（预置类型）为“3-Color Gradient（3 色渐变）”，其下面的的 3 种颜色都设为默认值。最后设置“Transfer Mode（混合模式）”为“Add（添加）”，如图 12-46 所示，效果如图 12-47 所示。

> **注**：在After Effects中，Timeline面板内的任何图层都可以转变为调节图层，也可以通过菜单命令新建调节图层。调节图层本身不可见，但是它所添加应用的特效将影响到图层堆栈中该层下方的所有图层。这里需要注意的是，应用了特效之后，调节图层的时间调整和Transform转换属性对下方图层仍然有影响。

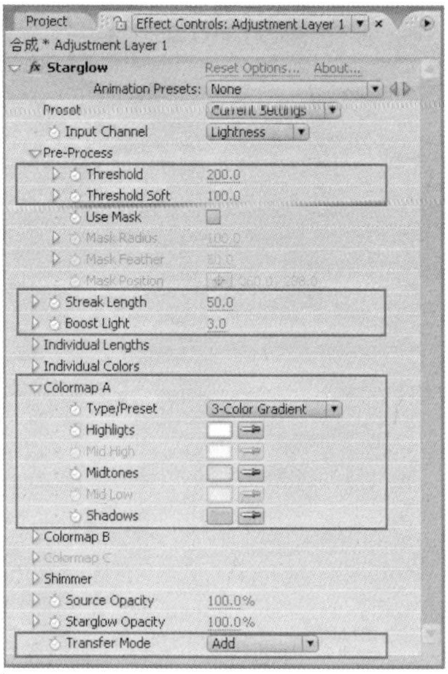


图13-46　Starglow特效参数设置

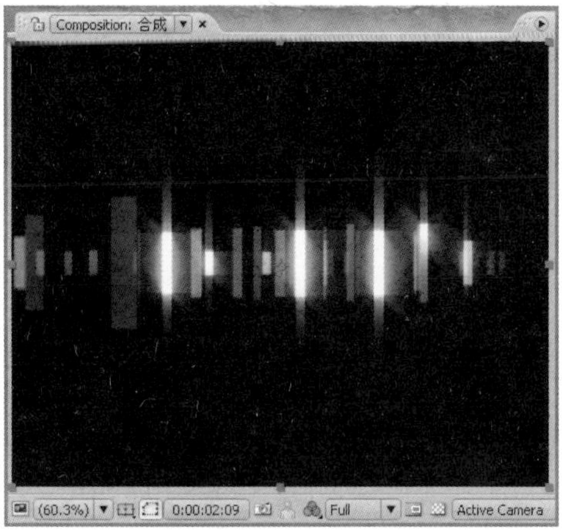


图13-47　调节图层添加Starglow效果

⑱为 4 组彩色色条制作 Opacity（透明度）属性的关键帧动画。首先，将时间指针移至 0:00:02:22 处，并在“合成”工程文件内按住 Ctrl 键的同时选中“红色色条 2”合成层、“黄色色条”合成层及“蓝色色条”合成层，再按快捷键 T 调出这 3 个图层的 Opacity（透明度）属性选项。可以看到其参数都为“100”，然后单击其左侧的秒表图标，即可在 0:00:02:22 处为这 3 个合成层分别新建一个 Opacity（透明度）关键帧，如图 13-48 所示。

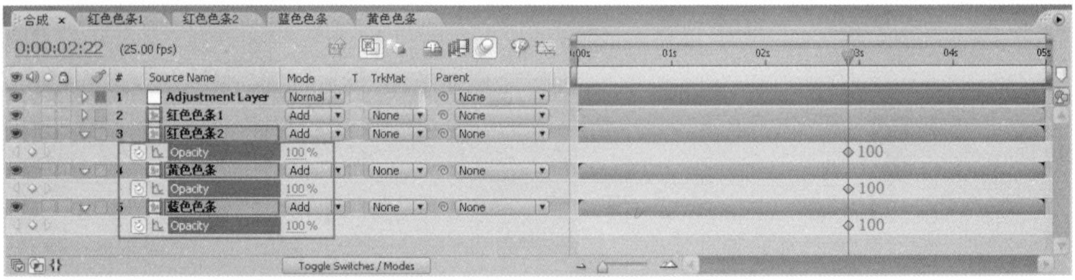

图13-48　设置合成层的关键帧

接着，再将时间指针移至0:00:04:00处，并将“红色色条2”合成层、“黄色色条”合成层以及“蓝色色条”合成层的Opacity（透明度）属性参数改为“0”，如图13-49所示。

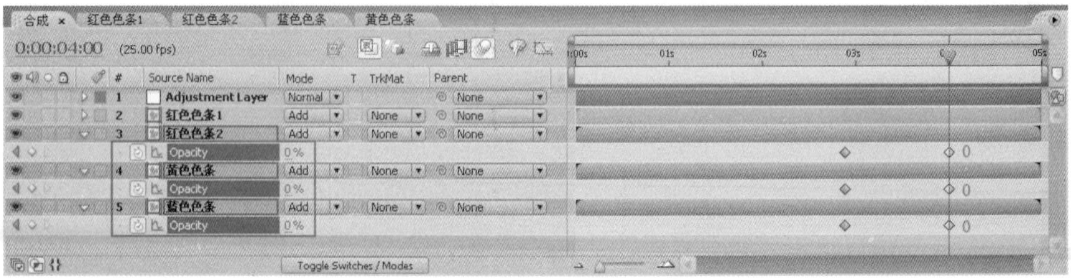

图13-49　设置合成层的关键帧

然后，接着将时间指针移至0:00:03:10处，并在“合成”工程文件内选中“红色色条1”合成层，按快捷键T调出该层的Opacity（透明度）属性。可以看到其参数为“100”，然后单击其左侧的秒表图标，即可在0:00:03:10处为“红色色条1”合成层新建一个Opacity（透明度）关键帧，如图13-50所示。

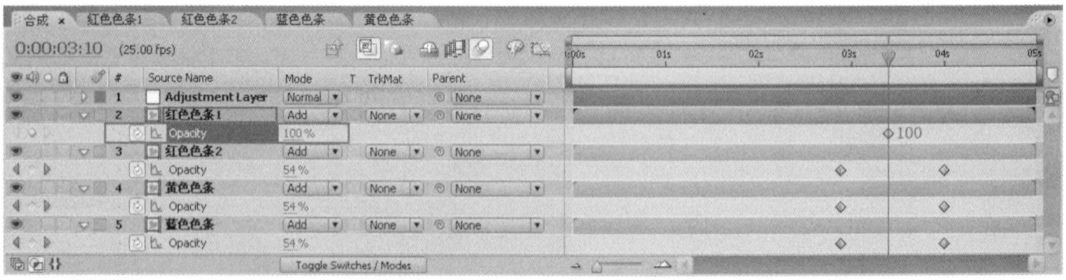

图13-50　设置合成层的关键帧

最后，将时间指针移至0:00:04:10处，并将“红色色条1”合成层的Opacity（透明度）属性参数改为“0”，如图13-51所示。全部彩色色条的Opacity（透明度）动画效果如图13-52所示。

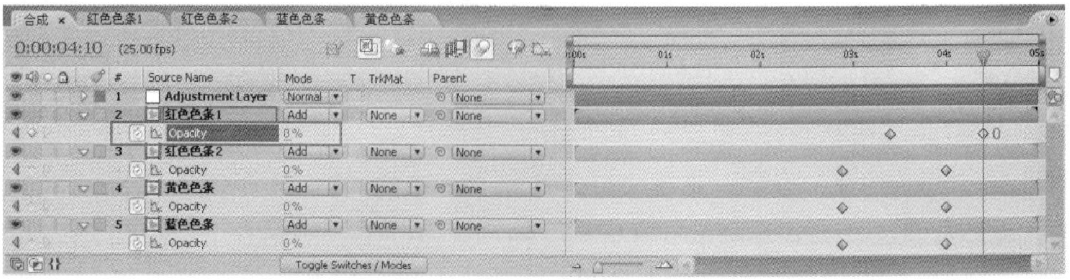

图13-51　设置合成层的关键帧

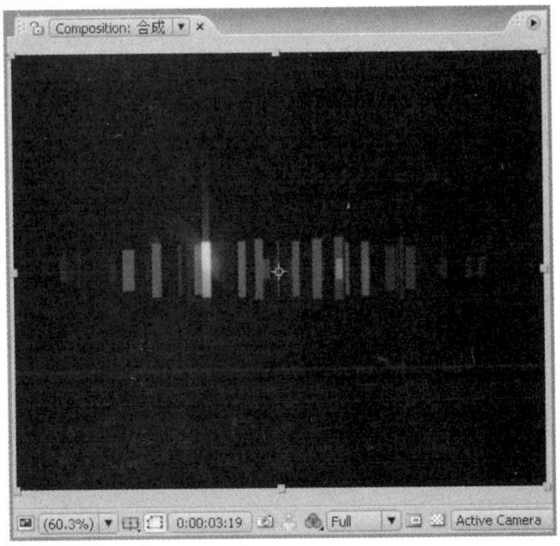


图13-52 动画效果截图

## 13.2.3 制作文字的卡片状翻转直至落版的动画效果

⑲创建“文字动画”合成文件和“文字”层。按快捷键 Ctrl+N 新建一个合成文件，并取名为“文字动画”，其参数设置可以参照“合成”工程文件。再按快捷键 Ctrl+Y，在“文字动画”合成文件内新建一个固态层。然后在打开的固态层设置对话框中设置 Name（名称）为“文字”，Width（宽）为“720”，Height（高）为“576”，Color（色彩）为“黑色”，并单击 OK（确定）按钮完成设置，如图 13-53 所示。

⑳创建文字元素。在“文字动画”合成文件内的 Timeline 面板中选择“文字”层并右击，从弹出的快捷菜单中选择“Effect（特效）”→“Text（文字）”→“Basic Text（基本文字）”选项。然后在“Basic Text（基本文字）”对话框的文本框中输入文字“PIWEN CARTOON WORKSHOP”，并设置 Font（字体）为较粗的字体“Arial Black”，再单击 OK（确定）按钮，完成主体文字的创建，如图 13-54 所示。

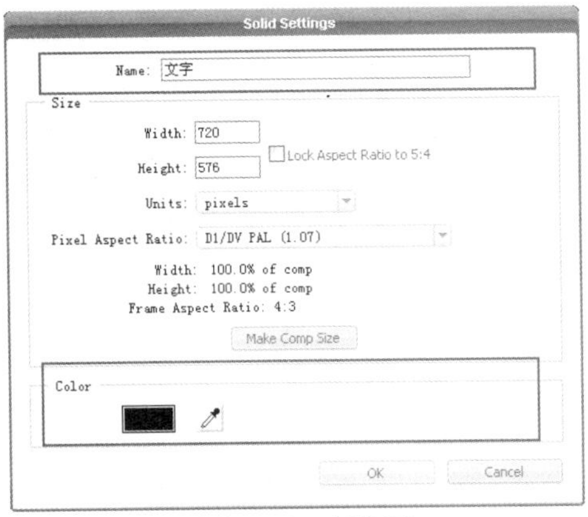


图13-53 创建层

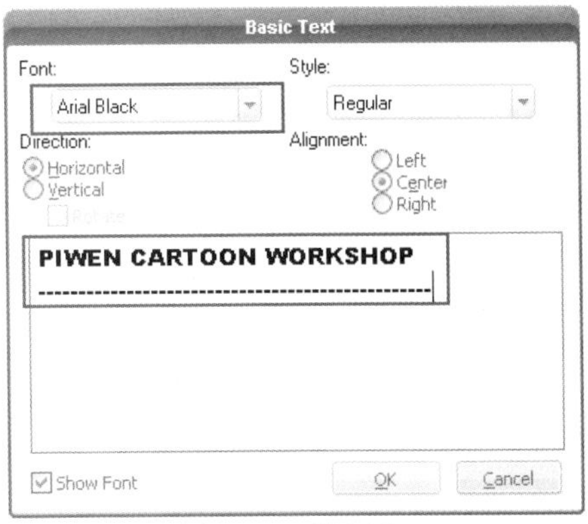


图13-54 设置窗口

接着，在“文字”层的“Basic Text”特效控制面板中设置“Display Options（显示选项）”为“Fill Over Stroke（填充覆盖描边）”，“Fill Color（填充色彩）”为默认红色，“Stroke Color（描边色彩）”为“白色”，“Stroke Width（描边宽度）”为“5.0”，Size（尺寸）为“32.0”，如图 13-55 所示，效果如图 13-56 所示。

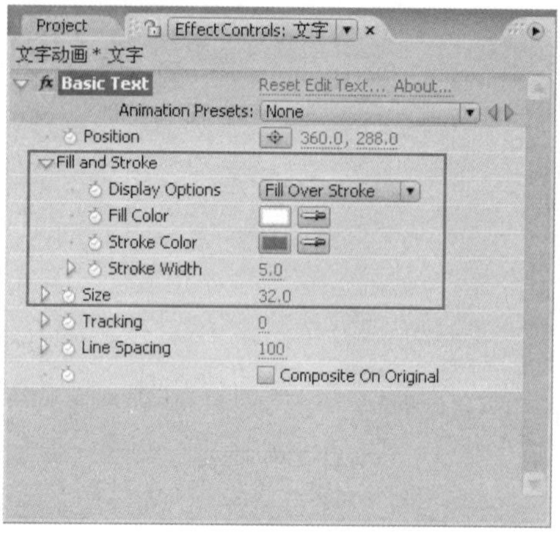


图13-55 特效参数设置

图13-56 Basic Text效果

㉑为“文字”层添加“Bevel Alpha（Alpha斜角）”特效。选择“文字”层并右击，从弹出的快菜单中选择“Effect（特效）”→“Perspective（透视）”→“Bevel Alpha（Alpha斜角）”选项。然后在“Bevel Alpha”特效控制面板中，设置“Edge Thickness（边缘厚度）”为“4.50”，其他属性参数保持默认，如图13-57所示，效果如图13-58所示。

注：通过运用Bevel Alpha（Alpha斜角）特效为字体“PIWEN CARTOON WORKSHOP”制作具有一定立体感的导角效果。

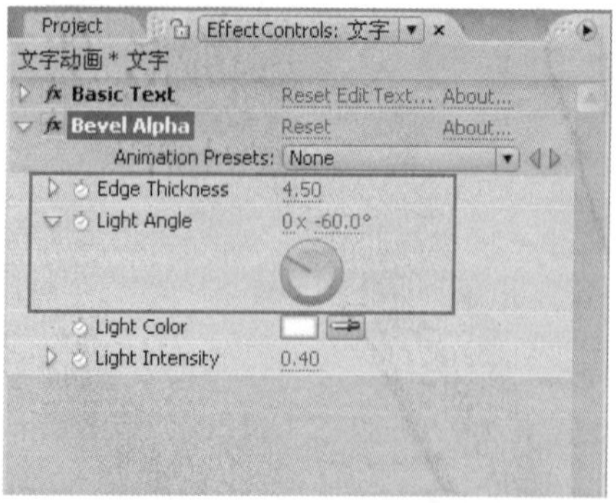


图13-57 特效参数设置

图13-58 Bevel Alpha效果

㉒为“文字”层添加“Color Emboss（色彩浮雕）”特效。选择“文字”层并右击，从弹出的快捷菜单中选择“Effect（特效）”→“Stylize（风格化）”→“Color Emboss（色彩浮雕）”选项。然后在“Color Emboss”特效控制面板中，设置Relief（浮雕）为“1.30”，其他属性参数保持默认，如图13-59所示，效果如图13-60所示。

注：通过运用Color Emboss（色彩浮雕）特效为字体“PIWEN CARTOON WORKSHOP”制作具有一定立体感的浮雕效果。

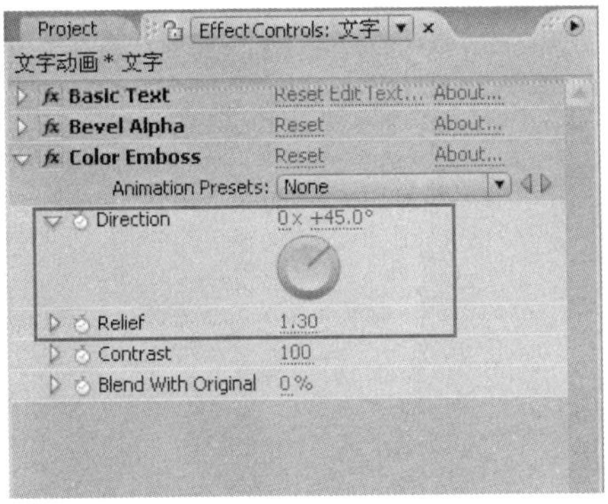


图13-59　特效参数设置

图13-60　Color Emboss效果

㉓预合成“文字”层并添加“Card Wipe（卡片翻转）”特效。首先，在“文字动画”合成文件内的 Timeline 面板中选中“文字”层，并按快捷键 Ctrl+Shift+C 进行预合成操作。然后为新建的子合成文件取名为“文字 Comp 1”，并选中 Move all attributes into the new composition（把层属性移动到新建的子合成文件中）单选按钮，再单击 OK（确定）按钮，如图 13-61 所示。

接着，在“文字动画”合成文件内选择“文字 Comp 1”合成层并右击选择“Effect（特效）”→“Transition（转场）”→“Card Wipe（卡片翻转）”选项。然后在其特效控制面板中设置“Transition Completion（转换结束）”为“0”，“Transition Width（转场宽度）”为“50”，“Back Layer（背面图层）”设为“1. 文字 Comp 1”，Rows（行）为“1”，Columns（列）为“32”，“Card Scale（卡片尺寸）”为“1.00”。再设置“Flip Axis（翻转坐标轴）”为“Y”，“Flip Direction（翻转方向）”设为“Negative（负向）”，“Timing Randomness（随机时值）”为“0.50”，“Random Seed（随机种子）”为“4”。

然后再展开“Camera Position（摄像机位置）”选项，并设置“X,Y Position（X,Y 轴位置）”为（360，288），“Z Position（Z 轴位置）”为“2.50”，如图 13-62 所示。

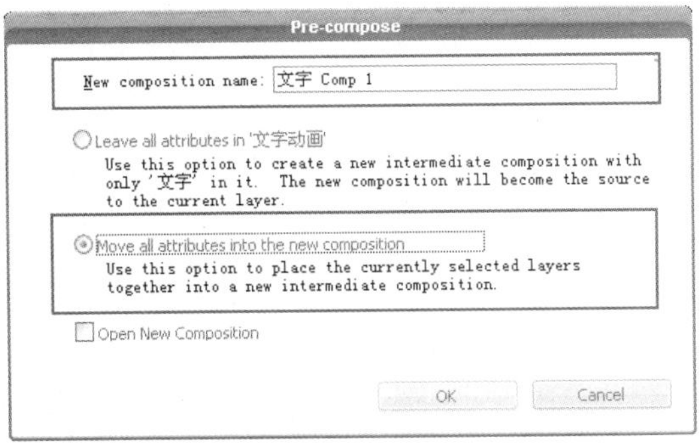


图13-61　预合成层

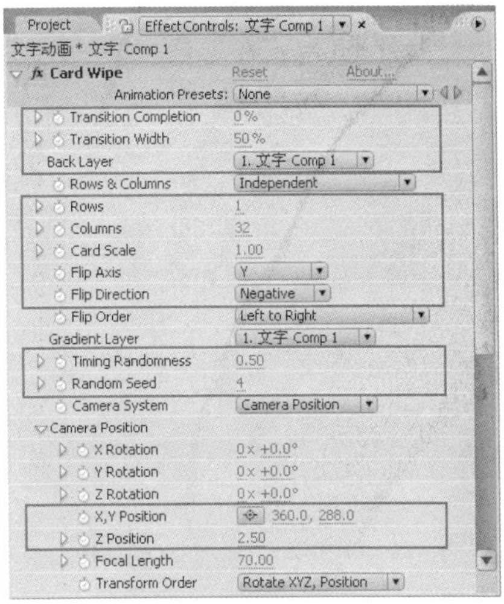


图13-62　Card Wipe特效参数设置（一）

然后，在“Card Wipe”特效控制面板中展开“Position Jitter（位置抖动）”选项，并设置“Z Jitter Speed（Z 轴抖动速度）”为“0.00”。再展开 Rotation Jitter（旋转抖动）选项，设置“Y Rot Jitter Amount（Y 轴旋转抖动量）”为“1.00”，如图 13-63 所示。为“文字 Comp 1”合成层添加“Card Wipe”特效后的显示效果如图 13-64 所示。

图13-63 Card Wipe特效参数设置（二）

图13-64 Card Wipe效果

㉔为“文字 Comp 1”合成层的“Card Wipe”特效制作关键帧动画。首先，将时间指针移至 0:00:00:00 处，并在 Timeline 面板中展开“文字 Comp 1”合成层的“Card Wipe”特效选项，然后设置“Transition Completion（转换结束）”为“100”，“Z Position（Z 轴位置）”为“2.50”，“Z Jitter Amount（Z 轴抖动量）”为“0.00”。

再单击这些“Card Wipe”特效属性左侧的秒表图标，即可在 0:00:00:00 处为“文字 Comp 1”合成层的“Card Wipe”特效分别新建了“Transition Completion”、“Z Position”、“Z Jitter Amount”属性的关键帧，如图 13-65 所示。

图13-65 设置Card Wipe特效关键帧

接着，将时间指针移至 0:00:01:00 处，并在“文字 Comp 1”合成层的“Card Wipe”特效选项内设置“Transition Completion（转换结束）”为“0”，“Z Position（Z 轴位置）”为“3.50”，“Z Jitter Amount（Z 轴抖动量）”为“1.00”。即可在 0:00:01:00 处为“文字 Comp 1”合成层分别新建“Transition Completion”、“Z Position”、“Z Jitter Amount”属性的“Card Wipe”特效关键帧，如图 13-66 所示。该合成层“Card Wipe”特效关键帧动画的效果如图 13-67 所示。

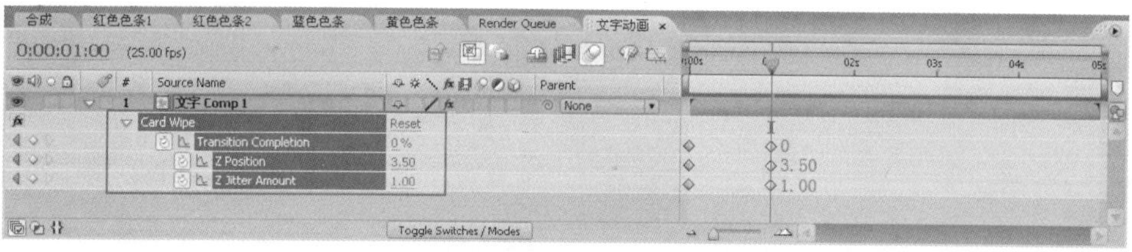


图13-66 设置Card Wipe特效关键帧

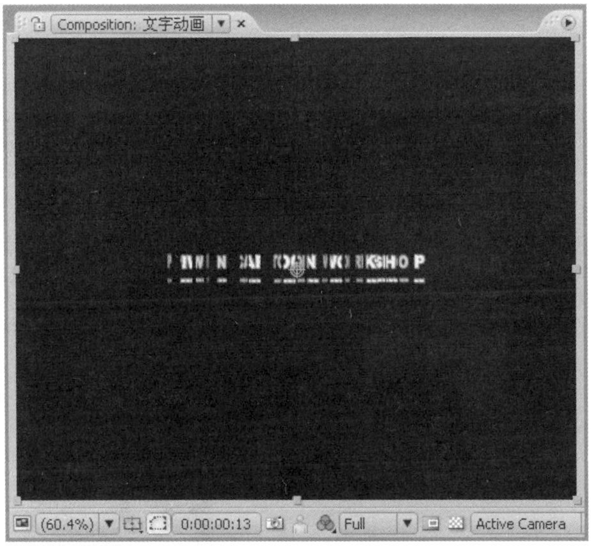


图13-67　动画效果

㉕为“文字 Comp 1”合成层制作 Opacity（透明度）属性的关键帧动画。首先，将时间指针移至 0:00:00:00 处，并在“文字动画”合成文件内选中“文字 Comp 1”合成层，按快捷键 T 调出该层的 Opacity（透明度）属性，并将其参数改为“0”。再单击其左侧的秒表图标，即或在 0:00:00:00 处为该合成层新建一个 Opacity（透明度）关键帧，如图 13-68 所示。

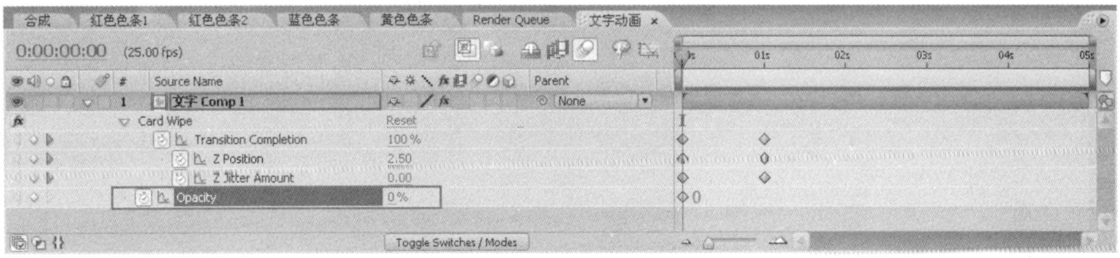


图13-68　设置关键帧

接着，将时间指针移至 0:00:00:12 处，并将“文字 Comp 1”合成层的 Opacity 透明度属性参数改为“100”，如图 13-69 所示。至此，“文字 Comp 1”合成层的淡入动画效果制作完毕。

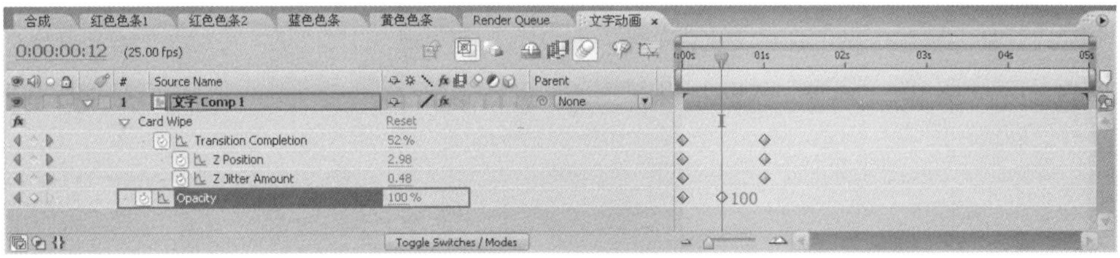


图13-69　设置关键帧

## 13.2.4　在工程文件内合成色条和文字的动画效果

㉖将合成文件“文字动画”置入工程文件“合成”中。在 Project 项目窗口中的空白处双击并打开“合成”工程文件，这是整个动画效果的工程文件。然后将合成文件“文字动画”从 Project 项目窗口拖动至“合成”工程文件的 Timeline 面板中，再将“文字动画”合成层

置于 Timeline 面板内的顶层位置并将该层入点时间设为“0:00:03:10”，如图 13-70 所示。

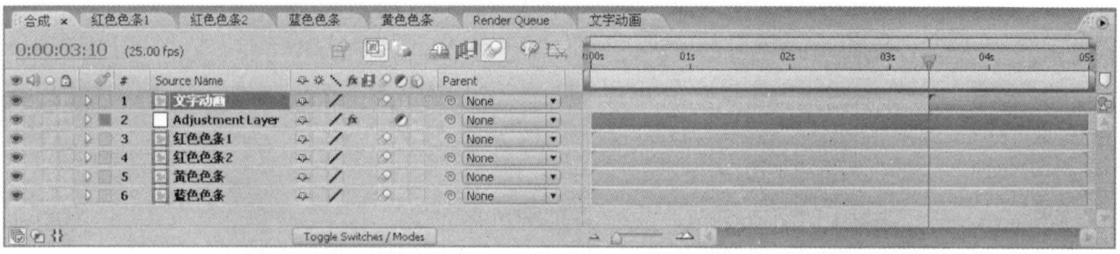


图13-70 设置合成文件

㉗设置“文字动画”合成层的混合模式。在“合成”工程文件内选中“文字动画”合成层，并单击其右侧的 Mode（混合模式）下拉菜单，从中选择“Add (添加)”选项，通过改变图层混合模式来表现文字和色条相叠处较为闪亮的效果，如图 13-71 所示，效果如图 13-72 所示。

图13-71 合成层的混合模式

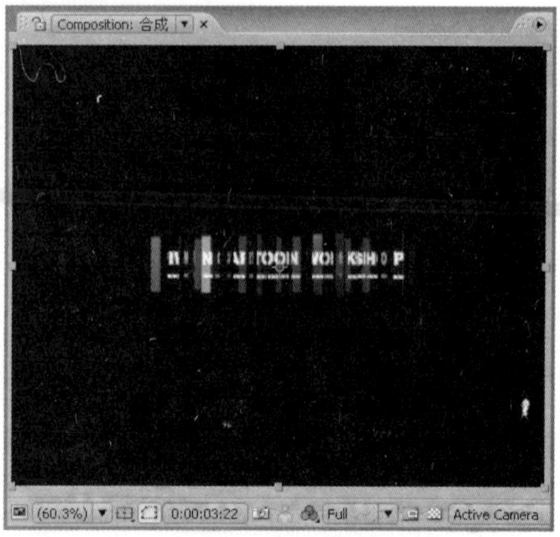


图13-72 效果图

㉘制作 LOGO 文字落版定格的动画效果。最后制作文字“PIWEN CARTOON WORKSHOP”停止翻转的动画并定格在画面中央的效果，即将其特效“Card Wipe”内的“Z Jitter Amount（Z 轴抖动量）”属性的参数调至最低。在 Project 项目窗口中的空白处双击并打开“文字动画”合成文件，然后将时间指针移至 0:00:01:10 处，在“文字 Comp 1”合成层的“Card Wipe”特效选项内设置“Z Jitter Amount（Z 轴抖动量）”为“0.00”。即可在 0:00:01:10 处为“文字 Comp 1”合成层新建一个参数为“0”的“Z Jitter Amount”属性关键帧，如图 13-73 所示。

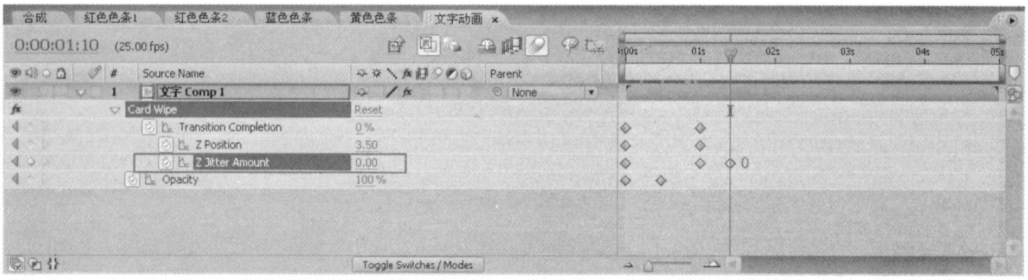


图13-73 设置Z Jitter Amount属性关键帧

至此，本案例的具体制作步骤结束。

## 13.3 同类索引

通过本章案例的学习，我们已经知道如何制作 LOGO 文字在一列翻动着飞入画面的彩色色条的映衬下逐渐显现直至定格落版的动画效果。首先，要实现彩色色条翻动着飞入画面的效果，需要制作 4 组不同颜色色条的 Card Wipe 特效关键帧动画，通常，在 Card Wipe 特效内需要设置的关键帧的特效属性有 Transition Completion（转场结束）、Y Rotation（Y 轴旋转）、Z Rotation（Z 轴旋转）、Z Position（Z 轴位置）、X Jitter Amount（X 轴抖动量）、Z Jitter Amount（Z 轴抖动量）、Y Rot Jitter Amount（Y 轴旋转抖动量）；接着，彩色色条在翻动过程中发射出耀眼的璀璨星光的动画效果，则通过创建调节图层、应用 Starglow 特效等方法来实现；然后，通过设置 Opacity（透明度）属性关键帧，运用 Basic Text、Bevel Alpha、Color Emboss 特效以及制作文字所在层的 Card Wipe 特效关键帧动画等方法，实现了彩色色条入画落片及之后的淡出效果，具有一定体量感的 LOGO 文字元素的创建以及文字呈卡片状翻转直至落版空格的动画等效果；最后，在工程文件内设置文字所在层的图层入点及图层混合模式，从而实现文字和彩色色条两者相互映衬的合成效果。

可以看出，调节图层、运用 Card Wipe、Starglow 特效等是本章案例的重要知识点，下面将本节制作思路及方法进行扩展延伸，探寻此类特效及影像效果的画面细节并充分挖掘其运用到的 After Effects 中的其他技巧。

- **索引案例：组合成型的辉光碎片文字**

这个索引案例表现的是一列列被纵向划开的碎片文字“PIWEN CARTOON WORKSHOP”散发出耀眼的条状辉光，再飞舞着划过镜头并最终组合成完整文字停留在画面中央的动画效果。这样的效果与本章案例“飞舞色条幻化 LOGO”一样，都运用到了 Basic Text、Card Wipe 等特效关键帧动画、文字边缘辉光等主要制作方法。

此索引案例的画面效果主要包含两种动态元素，其一是飞舞着划过镜头并最终组合成型的文字碎片动画，其二是伴随着文字碎片运动的条状辉光。首先，制作文字碎片动画，这里主要通过运用 Card Wipe 特效制作关键帧动画来实现；接着，将文字碎片动画所在层复制并新建一层，将新建层作为文字边缘辉光的原型使用；然后，运用 Glow、Directional Blur、Colorama 等特效制作出文字边缘的条状辉光效果；最后，通过设置图层混合模式及 Opacity（透明度）淡出动画等方法实现较好的合成效果。案例最后效果如图 13-74 所示。

与本节案例“飞舞色条幻化 LOGO”相比，“组合成型的辉光碎片字体”效果的制作主要有两个不同点，一是制作文字碎片动画时所运用到的 Card Wipe 特效的关键帧参数设置上的不同；二是制作耀眼的条状辉光效果所运用到的特效及方法的不同。

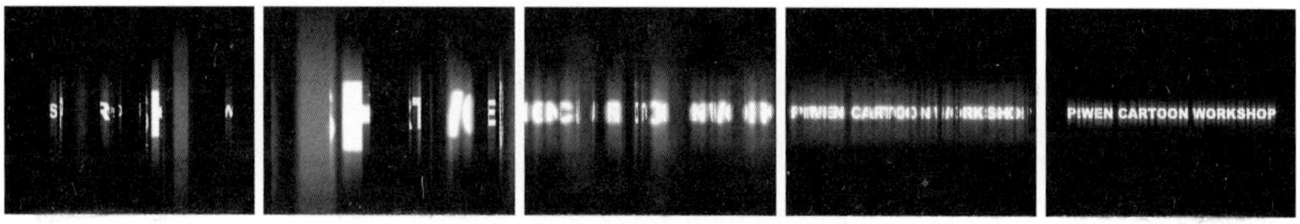


图13-74　索引案例最后效果

下面介绍索引案例的具体操作步骤。

● 索引案例制作步骤

❶创建工程文件和文字元素。首先，按快捷键 Ctrl+N 新建一个合成文件，并设置“Composition Name（合成名称）”为“合成”，在 Basic（常规）选项卡 Preset（预置）下拉列表中选择“PAL D1/DV”选项，Duration（持续时间）设为“0:00:05:00”。然后按快捷键 Ctrl+Y，在“合成”工程文件内新建一个黑色固态层，并取名为“文字”，如图 13-75 所示。

接着，选择“文字”层并右击，从弹出的快捷菜单中选择“Effect（特效）”→“Text（文字）”→“Basic Text（基本文字）”选项。在“Basic Text（基本文字）”对话框的文本框中输入文字“PIWEN CARTOON WORKSHOP”，设置 Font（字体）为较粗的字体“Arial Black”，如图 13-76 所示。

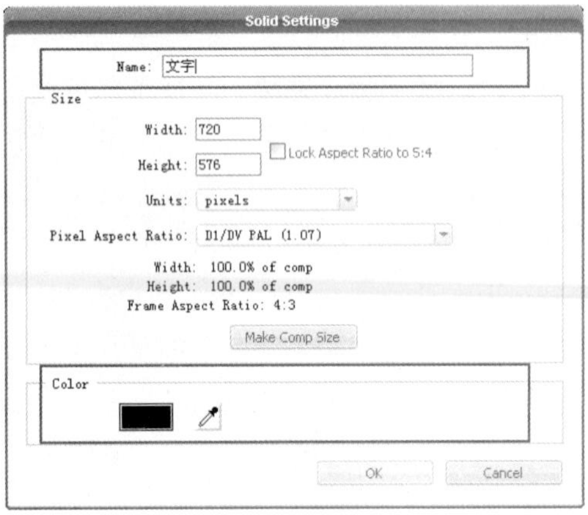


图13-75　创建层

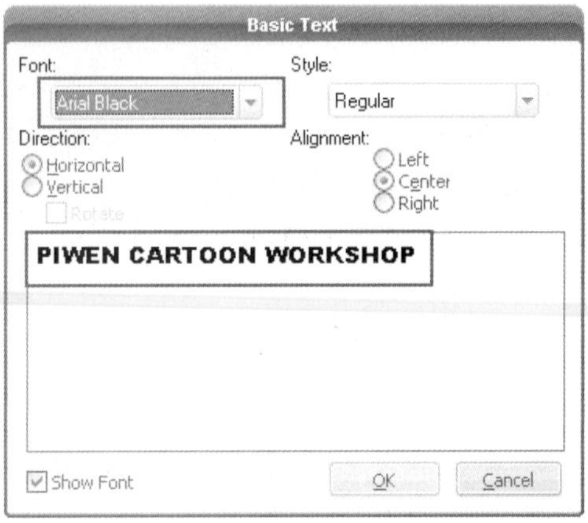


图13-76　设置窗口

然后，在“文字”层的“Basic Text”特效控制面板中设置“Display Options（显示选项）”为“Fill Only（只是填充）”，“Fill Color（填充色彩）”为“白色”，Size（尺寸）为“40.0”，如图 13-77 所示。

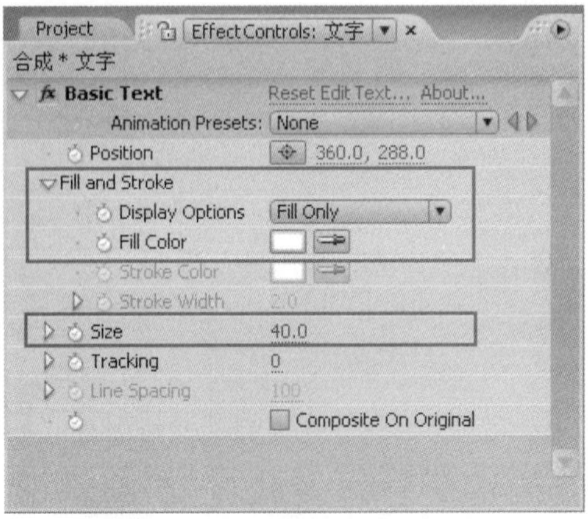


图13-77　Basic Text特效参数设置

❷预合成“文字”层并为其添加“Card Wipe（卡片翻转）”特效。在“合成”工程文件内选中“文字”层，并按快捷键 Ctrl+Shift+C，进行预合成操作。然后为新建的子合成文件取名为“文字 Comp 1”，并选中 Move all attributes into the new composition（把层属性移动到新建的子合成文件中）单选按钮，再单击 OK 按钮，如图 13-78 所示。

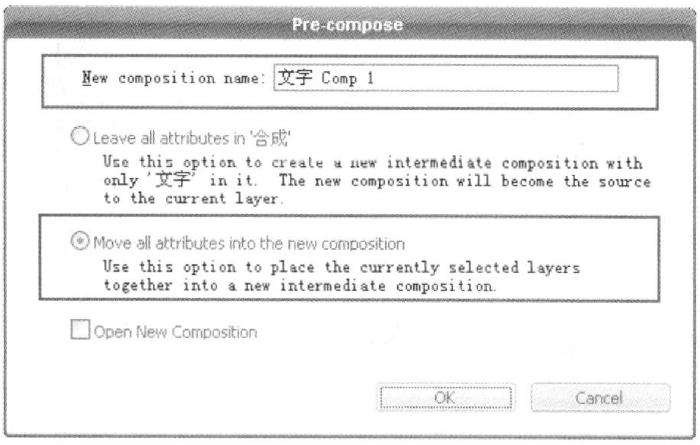


图13-78　预合成层

接着，在“合成”工程文件内选择“文字 Comp 1”合成层并右击，从弹出的快捷菜单中选择“Effect（特效）”→“Transition（转场）”→“Card Wipe（交错擦拭转场）”选项。然后在其特效控制面板中设置“Transition Completion（转换结束）”为“0”，“Transition Width（转场宽度）”为“50”，Rows（行）为“1”，Columns（列）为“40”，Card Scale（卡片尺寸）为“1.00”。再设置“Flip Axis（翻转坐标轴）”为“Y”，“Flip Direction（翻转方向）”为“Negative（负向）”，“Timing Randomness（随机时值）”为“0.50”，“Random Seed（随机种子）”为“1”。

接着展开“Camera Position（摄像机位置）”选项，并设置“Y Rotation（Y 轴旋转）”为（0x,+115.0°），“X,Y Position（X,Y 轴位置）”为（360.0,288.0），“Z Position（Z 轴位置）”为“0.50”，“Focal Length（焦点距离）”为“80.00”，如图 13-79 所示。

然后，在“Card Wipe”特效控制面板中展开“Position Jitter（位置抖动）”选项，并设置“X Jitter Amount（X 轴抖动量）”为“4.00”，“X Jitter Speed（X 轴抖动速度）”为“0.20”，“Y Jitter Amount（Y 轴抖动量）”为“0.00”，“Y Jitter Speed（Y 轴抖动速度）”为“0.01”，“Z Jitter Amount（Z 轴抖动量）”为“15.00”，“Z Jitter Speed（Z 抖动速度）”为“0.00”。再展开“Rotation Jitter（旋转抖动）”选项，设置“Y Rot Jitter Amount（Y 轴旋转抖动量）”为“250.00”，“Y Rot Jitter Speed（Y 轴旋转抖动速度）”为“0.50”，如图 13-80 所示。为“文字 Comp 1”合成层添加“Card Wipe”特效后的显示效果如图 13-81 所示。

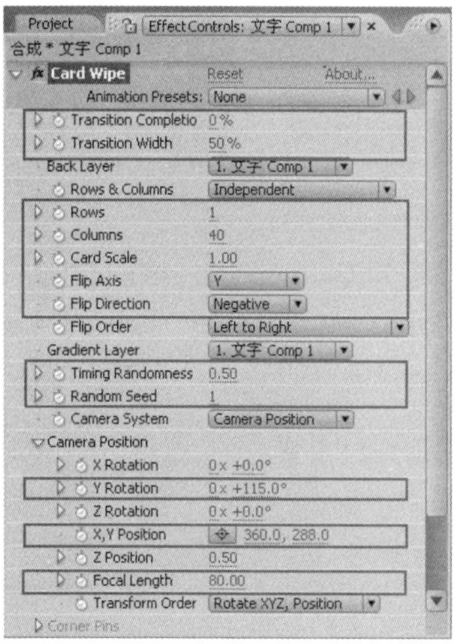


图13-79　Card Wipe特效参数设置（一）

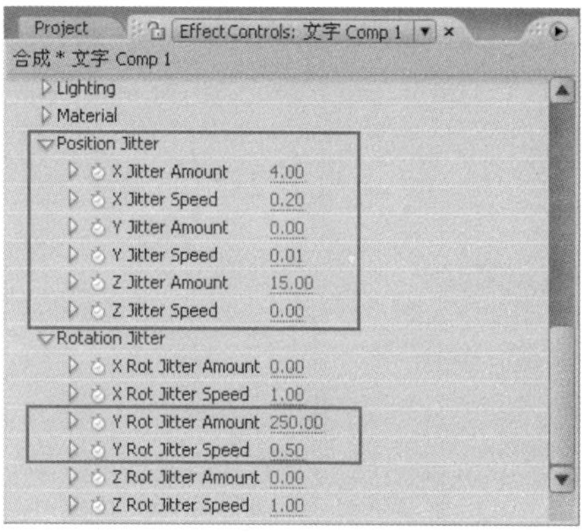


图13-80　Card Wipe特效参数设置（二）

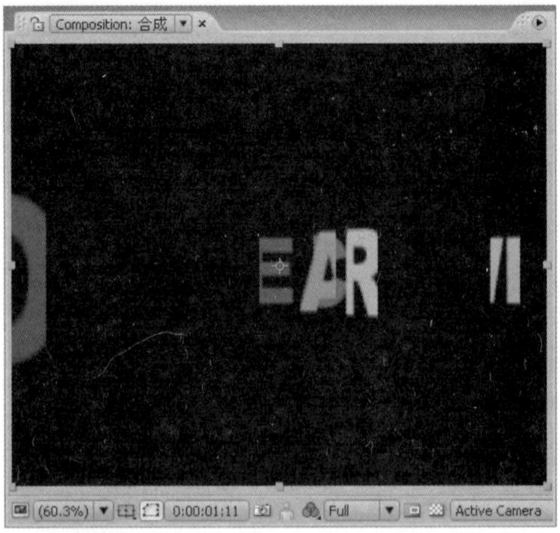


图13-81　合成层Card Wipe效果

❸为“文字 Comp 1”合成层的“Card Wipe”特效制作关键帧动画。首先，将时间指针移至0:00:00:00处，并展开“文字 Comp 1”合成层的“Card Wipe”特效选项，设置“Y Rotation（Y轴旋转）”为（0x,+190.0°），“X,Y Position（X,Y轴位置）”为（0.0，288.0），“Z Position（Z轴位置）”为“0.00”，“X Jitter Amount（X轴抖动量）”为“4.00”，“Z Jitter Amount（Z轴抖动量）”为“25.00”，“Y Rot Jitter Amount（Y轴旋转抖动量）”为“360.00”。

然后单击这些“Card Wipe”特效属性左侧的秒表图标，即可在0:00:00:00处分别新建“Y Rotation”、“X,Y Position”、“Z Position”、“X Jitter Amount”、“Z Jitter Amount”、“Y Rot Jitter Amount”属性的关键帧，如图13-82所示。

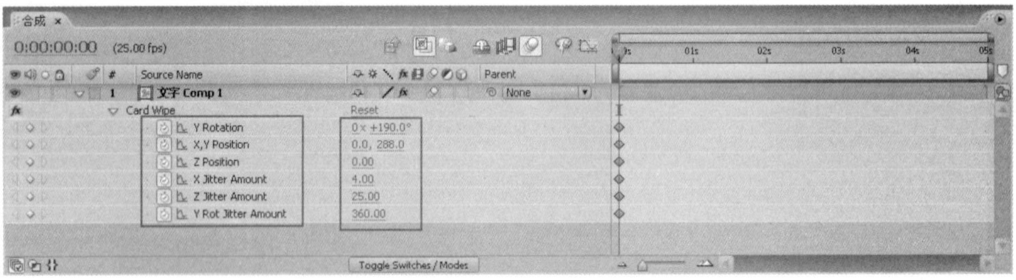


图13-82　设置“Card Wipe”特效关键帧

接着，将时间指针移至0:00:02:00处，并在“文字 Comp 1”合成层的“Card Wipe”特效选项内设置“Transition Completion（转场结束）”为“0”，然后单击其左侧的秒表图标新建一个“Transition Completion”属性关键帧，如图13-83所示。

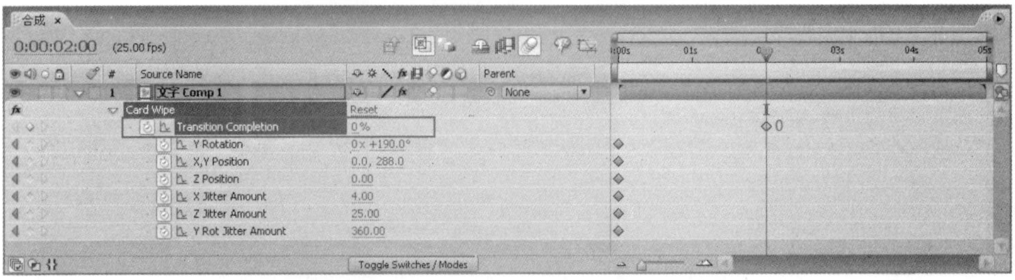


图13-83　设置“Card Wipe”特效关键帧

然后，将时间指针移至 0:00:02:15 处，并在“文字 Comp 1”合成层的“Card Wipe”特效选项内设置“Y Rotation（Y 轴旋转）”为（0x,0.0°），“ X,Y Position（X,Y 轴位置）”为（360.0，288.0），“Z Jitter Amount（Z 轴抖动量）”为“0.00”，如图 13-84 所示。

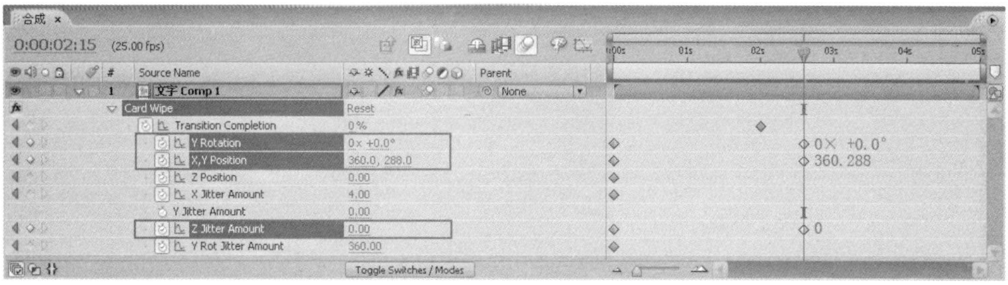

图13-84　设置Card Wipe特效关键帧

最后，将时间指针移至 0:00:04:20 处，并在“文字 Comp 1”合成层的“Card Wipe”特效选项内设置“Transition Completion（转换结束）”为“100”，“Z Position（Z 轴位置）”为“2.40”，“X Jitter Amount（X 轴抖动量）”为“0.00”，“Y Rot Jitter Amount（Y 旋转抖动量）”为“0.00”，如图 13-85 所示。该层“Card Wipe”特效关键帧动画的效果如图 13-86 所示。

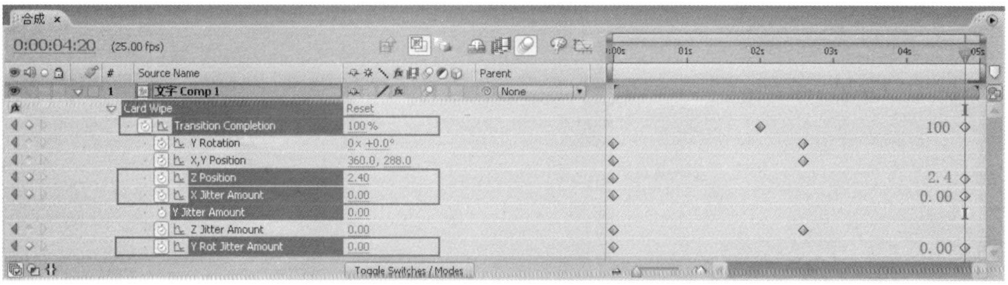

图13-85　设置Card Wipe特效关键帧

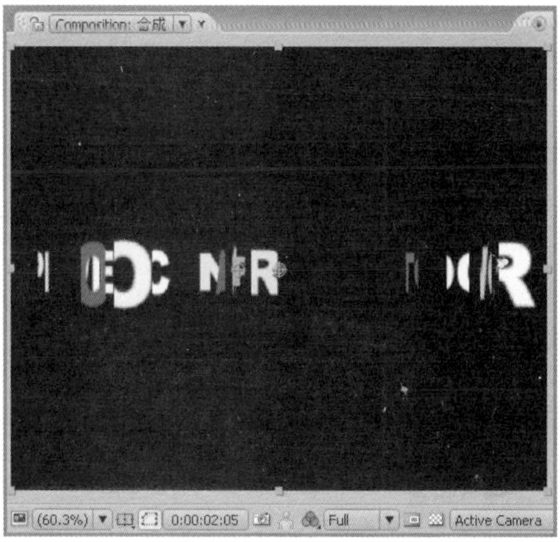

图13-86　动画效果截图

❹为“文字 Comp 1”合成层添加 Glow（辉光）特效并制作其关键帧动画。选择“文字 Comp 1”合成层并右击，从弹出的快捷菜单中选择“Effect（特效）”→“Stylize（风格化）”→“Glow（辉光）”选项，然后按照如图 13-87 所示对该合成层的 Glow 特效参数进行设置，并按照如图 13-88 和图 13-89 所示对其特效关键帧进行设置。

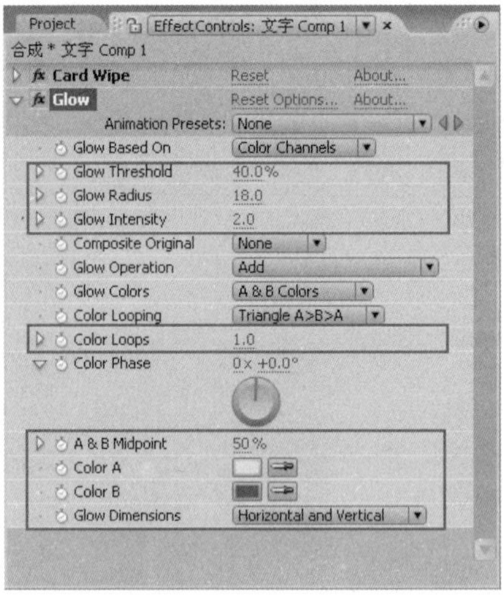


图13-87　Glow特效参数设置

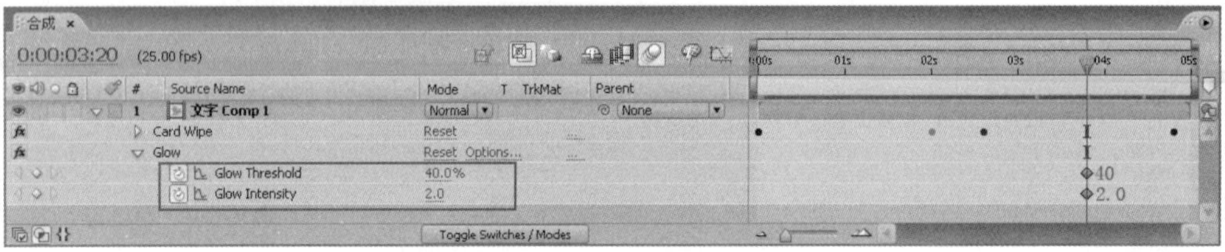


图13-88　设置Glow特效关键帧（一）

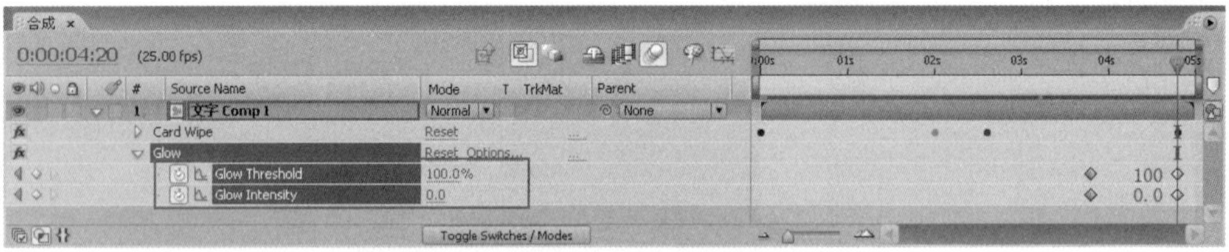


图13-89　设置Glow特效关键帧（二）

❺创建“文字光线”合成层。在“合成”工程文件的Timeline面板内，选中“文字Comp 1”合成层并按快捷键Ctrl+D复制并新建层，再按Enter键并将新建合成层改名为“文字光线”。然后将“文字光线”合成层置于Timeline面板内“文字Comp 1”合成层的下方，如图13-90所示。

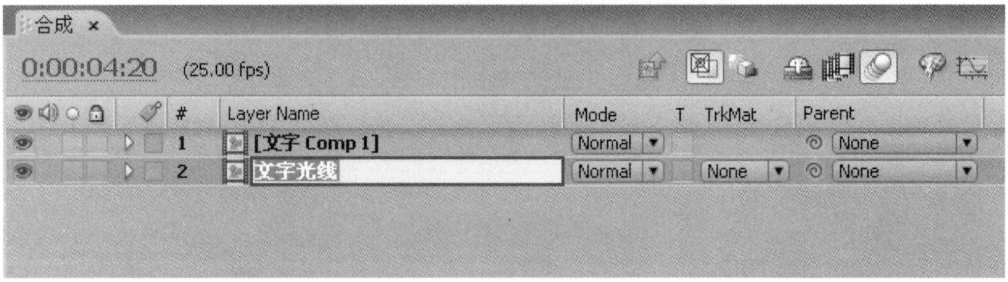


图13-90　创建合成层

❻为“文字光线”合成层添加“Directional Blur（方向模糊）”特效并制作其关键帧动画。选择“文字光线”合成层并右击，从弹出的快捷菜单中选择“Effect（特效）”→“Blur&Sharpen（模糊 & 锐化）”→“Directional Blur（方向模糊）”选项，然后设置该合成层“Directional Blur”特效内的“Blur Length（模糊长度）”为“150.0”，并在时间 0:00:03:20 处新建此特效属性关键帧。再在时间 0:00:04:24 处将其“Blur Length（模糊长度）”参数改为“0”，恢复该层原状，如图 13-91 所示，其特效关键帧设置方法如图 13-92 所示。

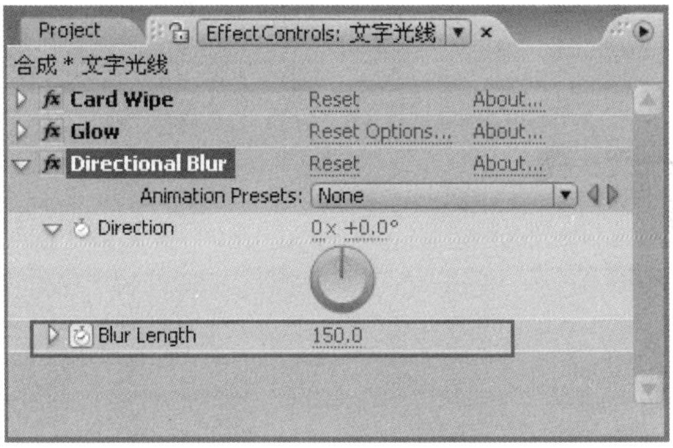


图13-91 Directional Blur特效参数设置

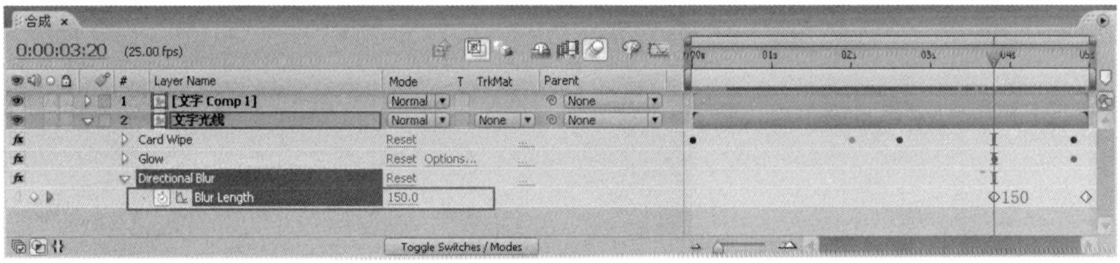


图13-92 合成层Directional Blur特效关键帧的设置

❼为“文字光线”合成层添加 Colorama（彩光）特效。选择“文字光线”合成层并右击，从弹出的快捷菜单中选择“Effect（特效）”→“Color Correction（颜色修正）”→“Colorama（彩光）”选项。然后在其 Colorama 特效控制面板内展开“Input Phase（输入相位）”选项，并设置“Get Phase From（获取相位）”为“Alpha”。再展开“Output Cycle（输出循环）”选项，设置“Use Preset Palette（使用预设面板）”为“Fire（火）”，如图 13-93 所示。

以原文字所在层为原型，应用“Directional Blur”、“Colorama”等特效制作的文字边缘辉光效果如图 13-94 所示。

❽为“文字 Comp 1”合成层添加 Levels（色阶）特效并制作其关键帧动画。选择“文字 Comp 1”合成层并右击，从弹出的快捷菜单中选择“Effect（特效）”→“Color Correction（颜色修正）”→“Levels（色阶）”选项。通过对该层应用 Levels 特效可以使其产生明显的亮度升降变化的动画效果。在时间 0:00:03:00 和 0:00:04:15 处，分别为当前层创建一个 Levels 特效内的 Histogram（柱状图）属性关键帧，如图 13-95 所示。Levels 特效关键帧参数设置如图 13-96 和图 13-97 所示。

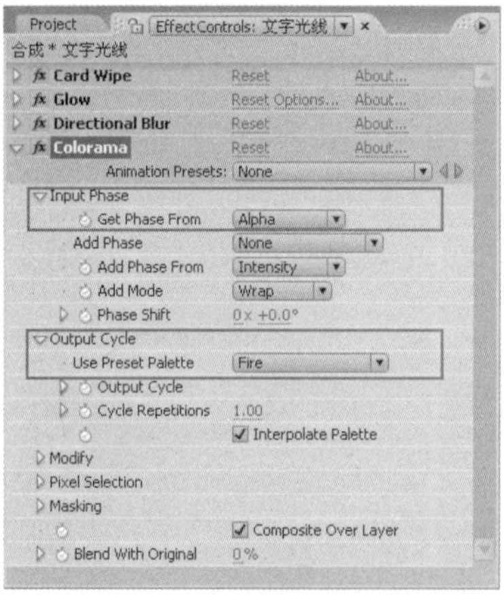


图13-93　合成层Colorama特效参数设置

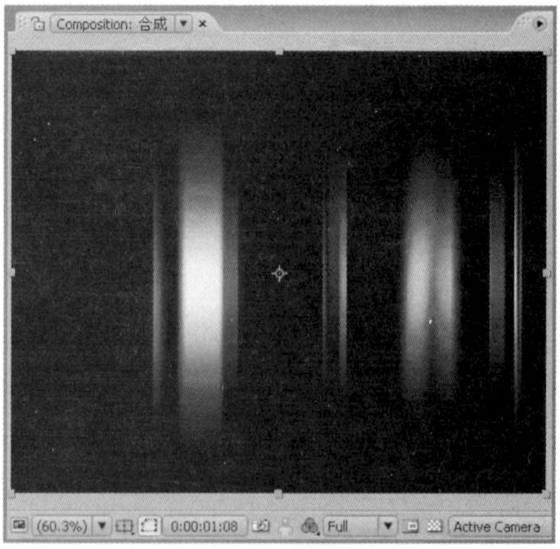


图13-94　效果截图

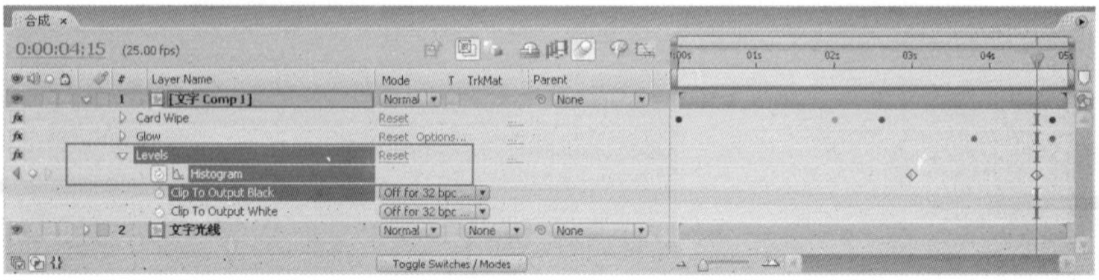


图13-95　合成层Levels特效关键帧设置

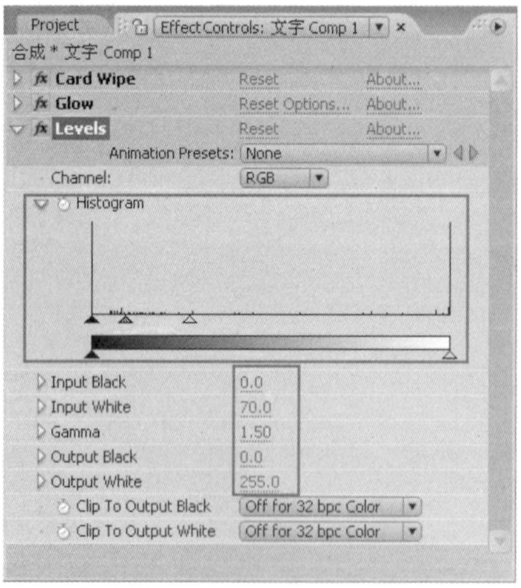


图13-96　Levels关键帧参数设置

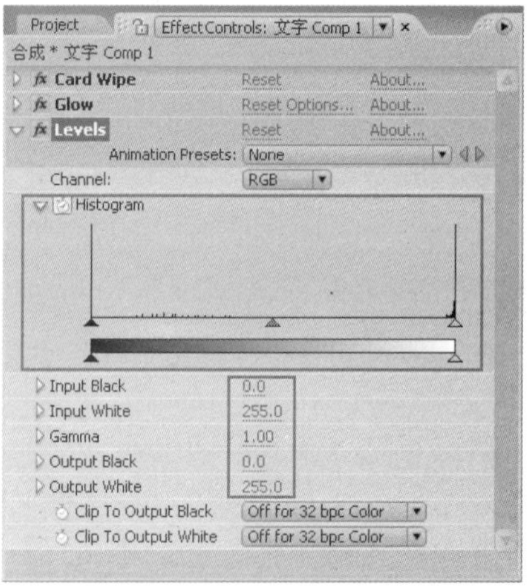


图13-97　Levels关键帧参数设置

❾设置“文字 Comp 1”合成层的混合模式。在“合成”工程文件内选中“文字 Comp 1”合成层，然后单击其右侧的 Mode（混合模式）下拉菜单，从中选择“Add(添加)”选项，如图 13-98 所示。文字碎片动画和文字边缘辉光的合成效果如图 13-99 所示。

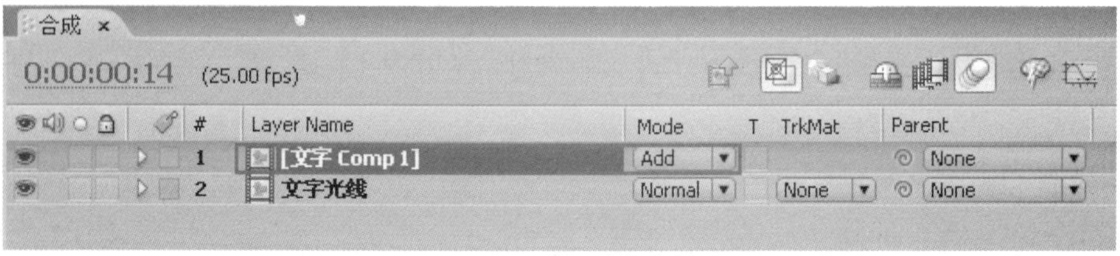


图13-98　设置合成层的混合模式

图13-99　合成效果截图

⑩制作背景辉光素材并合成最终效果。首先，选中“文字光线”合成层然后按快捷键 Ctrl+D 复制并新建该合成层，并将新建的“文字光线 2.0”合成层置于 Timeline 面板内底层位置，如图 13-100 所示。

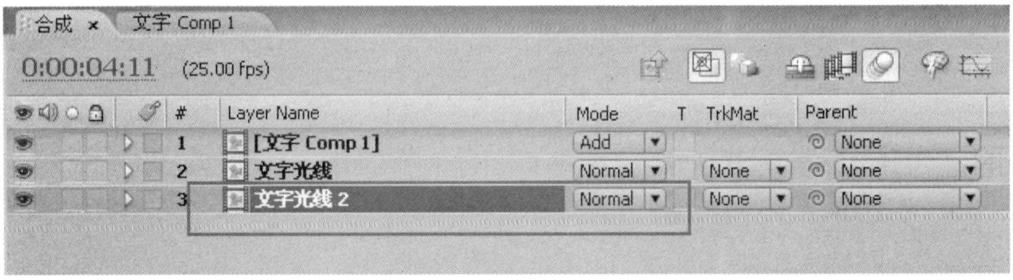


图13-100　复制原层并新建合成层“文字光线2”

接着，将合成层“文字光线 2”的 Scale 缩放属性参数设置为“200.0”，将其尺寸扩大至 2 倍。然后为该合成层制作从 0:00:03:00 开始的透明度淡出动画。在时间 0:00:03:00 和 0:00:04:24 处分别为“文字光线 2”合成层创建一个 Opacity（透明度）属性关键帧，再在 0:00:03:00 处设置该层的 Opacity 属性参数为“35”，而在 0:00:04:24 处将该层 Opacity 属性参数改为“0”，如图 13-101 所示。

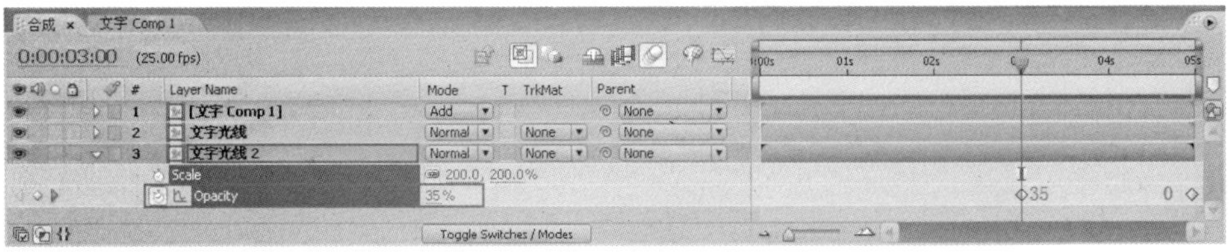


图13-101　合成层Scale属性参数、Opacity属性关键帧设置

然后，在“合成”工程文件内选中“文字光线”合成层，然后单击其右侧的 Mode（混合模式）下拉菜单，从中选择“Add（添加）”选项，如图 13-102 所示。本索引案例的最终合成效果如图 13-103 所示。

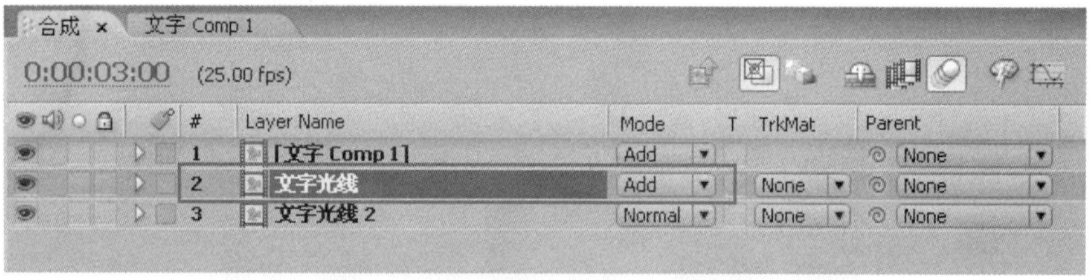


图13-102　设置合成层的混合模式

图13-103　最终合成效果截图

至此，整个动画效果完成。

# 第14章

## 流动的华丽光线

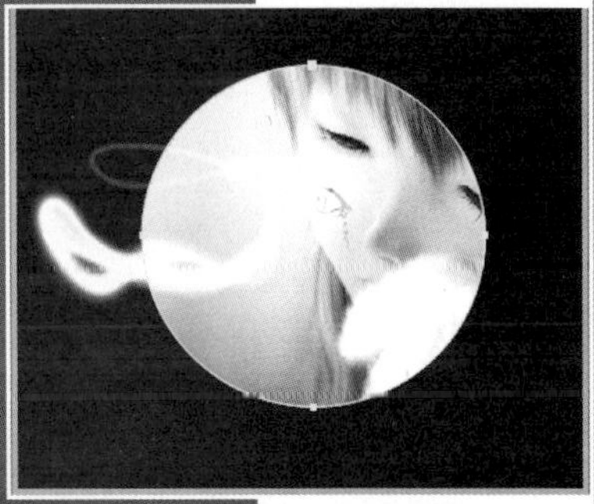

## 14.1 案例简介

这个案例表现的是华丽炫目的光线组合在一幅画面前自由穿梭、流动的动画效果。通过示意图我们分析一下如何在 After Effects 中制作出这样的效果。

首先，通过设置 Mask（遮罩）、运用 Vegas 特效等方法，制作出一束单独的紫红色光线在空间中穿梭流动的动画效果。接着，通过复制并生成新图层、调整 Vegas 特效参数设置、设置图层混合模式等方法，制作出在流动光线的前端处闪耀着黄色光斑的绚丽效果。然后，通过运用 Glow、Turbulent Displace、Fast Blur 等特效以及复制并生成新图层、设置 Mask（遮罩）、设置 Track Matte 模式等方法，制作出炫目的流动光线组合自由穿梭的视觉效果。制作思路示意图如图 14-1 所示，最后效果如图 14-2 所示。

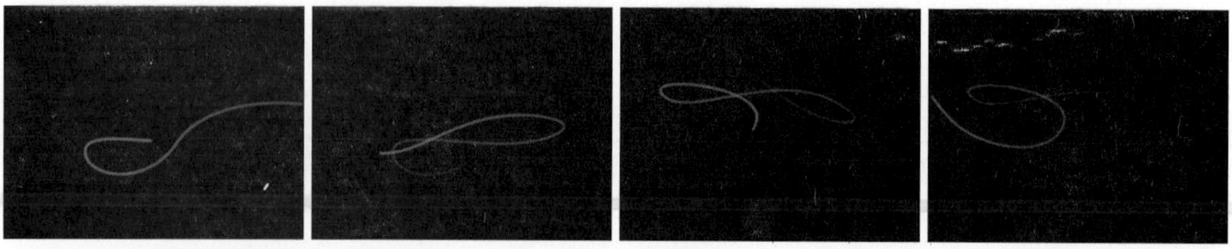

(1) 单独一束紫红色光线在空中流动的动画效果：设置 Mask（遮罩）、运用 Vegas 特效

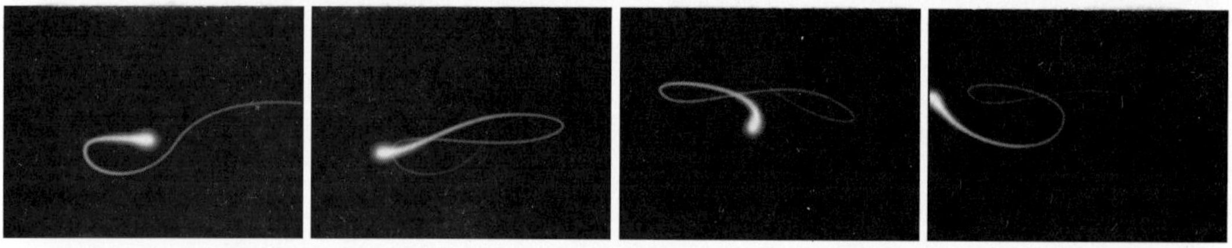

(2) 流动光线的前端处闪耀着黄色光斑的绚丽效果：复制并生成新图层、调整 Vegas 特效参数设置、设置图层混合模式

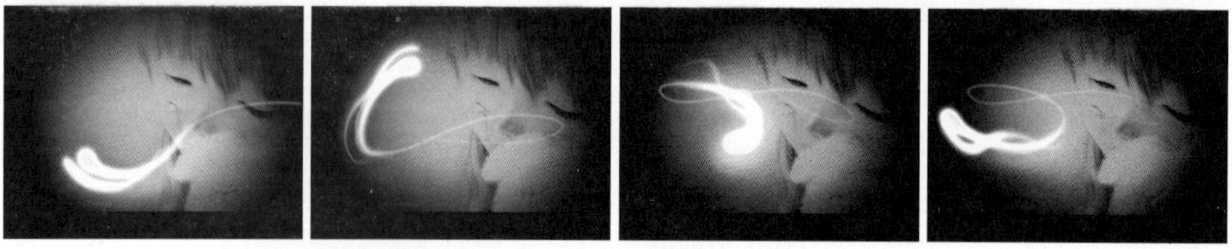

(3) 流动光线组合自由穿梭的视觉效果：运用 Glow、Turbulent Displace、Fast Blur 等特效以及复制并生成新图层、设置 Mask（遮罩）、设置 Track Matte 模式

图14-1　制作思路示意图

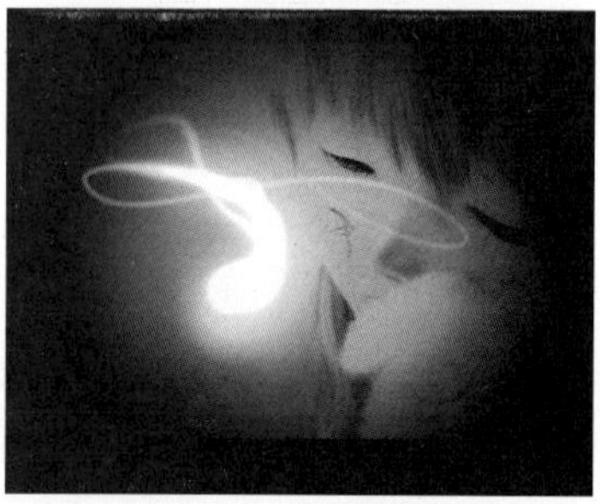

图14-2　最后效果

# 14.2 具体制作

## 14.2.1 创建工程文件和单独一束流动光线的动画效果

❶新建工程文件“合成”和“流动的光线”层。首先启动 After Effects 程序，并按快捷键 Ctrl+N 新建一个合成文件。然后在打开的合成文件设置对话框中设置“Composition Name（合成名称）”为“合成”。在 Basic（常规）选项卡下的 Preset（预置）下拉列表中选择“PAL D1/DV”选项，并设置 Width（宽）为“720”，Height（高）为“576”，“Frame Rate（帧率）”为“25 帧 / 秒”，“Duration（持续时间）”为“0:00:10:00”，然后单击 OK（确定）按钮完成设置，如图 14-3 所示。

在“合成”工程文件的 Timeline 面板内，按快捷键 Ctrl+Y 新建一个固态层。然后在打开的对话框中设置 Name（名称）为“流动的光线”，Color（色彩）为“黑色”，如图 14-4 所示。

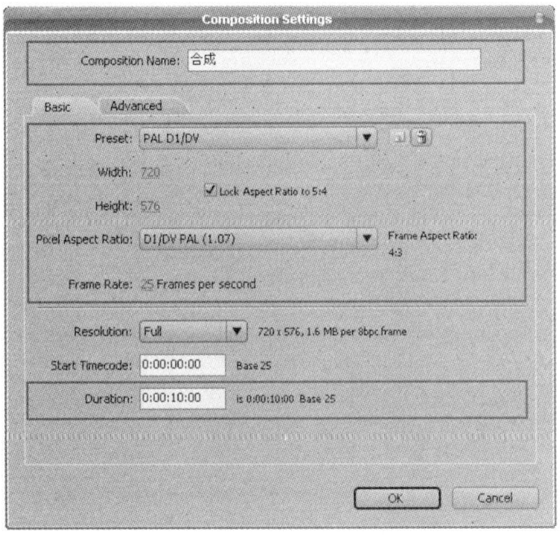


图14-3 新建工程文件

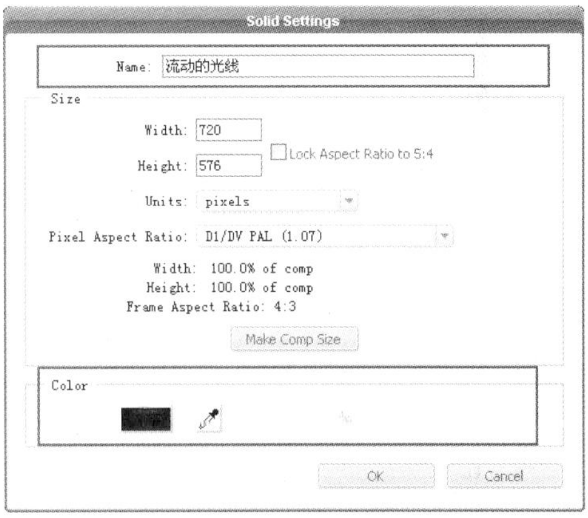


图14-4 创建层

❷为“流动的光线”层添加曲线形 Mask 路径。首先在“合成”工程文件的 Timeline 面板内选中“流动的光线”层，并在 Tools（工具）面板中单击“钢笔”工具按钮，然后在合成图像窗口中以从右至左的顺序为该层绘制出光滑的曲线形 Mask 路径，如图 14-5 所示。

> **注**：这条迂回交错的曲线形Mask路径即为章节案例中流动光线的游动轨迹，注意其首尾两端的路径点应控制在合成图像画幅以外较远的位置。

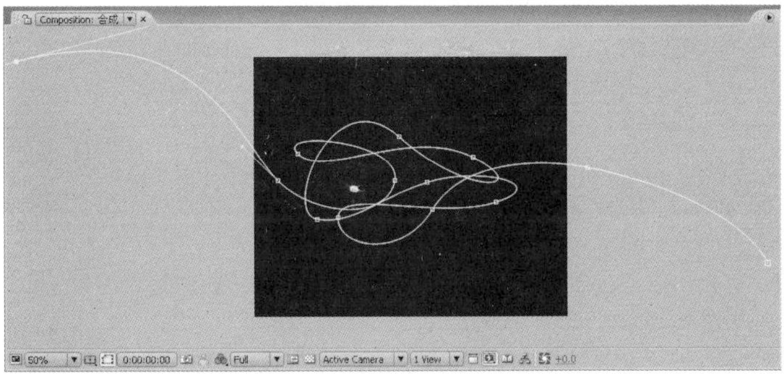


图14-5 绘制曲线形Mask路径

❸为“流动的光线”层添加 Vegas（勾画）特效。在“合成”工程文件内选择“流动的光线”层并右击选择“Effect（特效）”→“Generate（生成）”→“Vegas（勾画）”选项。然后在其 Vegas（勾画）特效控制面板中的 Stroke（描边）下拉列表中选择“Mask/Path（遮罩 / 路径）”选项。再展开 Mask/Path（遮罩 / 路径）选项，在 Path（路径）下拉列表中选择“Mask 1”选项，即可将上一步制作的 Mask 路径设为该 Vegas 特效的描绘轨迹。接着展开 Segments（片段）选项，并设置 Segments（片段数量）为“1”，Length（长度）为“0.290”，Rotation（旋转）为（0x,-170.0°），“Random Seed（随机种子）”为“1”。最后展开 Rendering（渲染）选项，并设置 Color（色彩）为“紫红色（FF0066）”，Width（宽度）为“5.00”，Hardness（硬度）为“0.000”，如图 14-6 所示。

注：Vegas（勾画）特效可以根据已有路径、遮罩或者图形来产生动态勾绘线条的动画效果，它是运用After Effects制作生长、勾绘类型光影效果的最佳方案之一。

这时观察“合成”工程文件的合成图像窗口，可以看到沿着“Mask 1”路径勾绘出的紫红色线条效果已经产生，如图 14-7 所示。

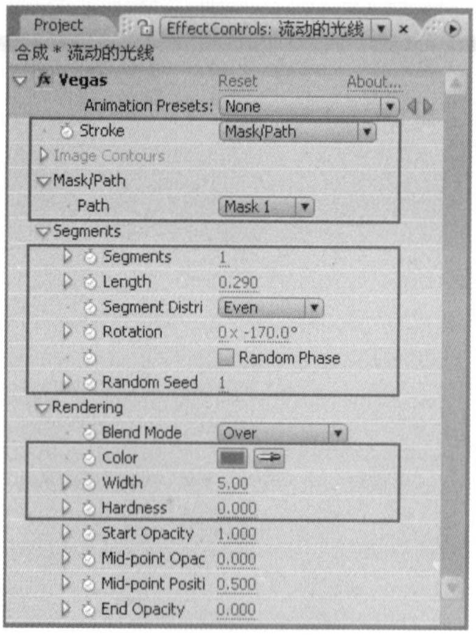


图14-6 Vegas特效参数设置

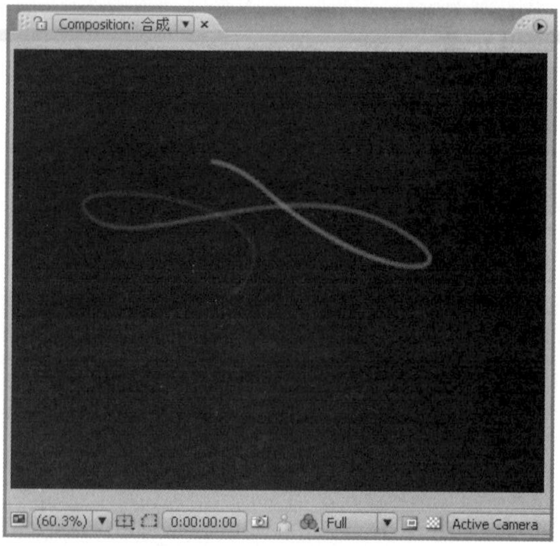


图14-7 Vegas效果

❹制作“流动的光线”层的 Vegas（勾画）特效关键帧动画。首先，在 Timeline 面板内展开“流动的光线”层的 Vegas 特效选项，并将其 Segments（片段）选项内的 Rotation（旋转）属性参数设置为（0x,-45.0°）。接着，将时间指针移至 0:00:01:00 处，并单击该 Rotation 特效属性左侧的秒表图标设置关键帧，即可在 0:00:01:00 处，为“流动的光线”层的 Vegas 特效新建一个 Rotation 特效属性关键帧，如图 14-8 所示。

注：按照本步骤中的Vegas（勾画）特效参数设置以后，如果出现合成图像窗口内左侧或右侧位置有残留光线图像的情况，那么请参照第2步并单击“流动的光线”层内Mask左侧一端的锚点并将其拖动至左侧的稍远位置，或单击该Mask右侧一端的锚点并将其拖动至右侧的稍远位置。

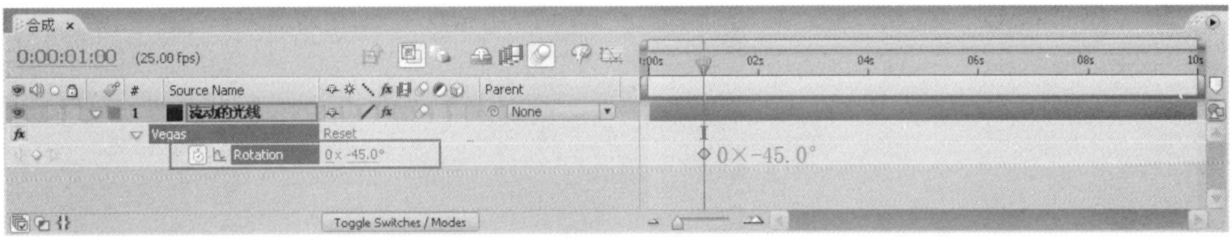

图14-8　设置Vegas特效关键帧

然后，将时间指针移至 0:00:04:00 处，并在“流动的光线”层的 Vegas 特效选项内，将其 Rotation 属性参数设置为（-1x,-45.0°），即在 0:00:04:00 处，该层 Vegas 特效自动生成了新的 Rotation 特效属性关键帧，如图 14-9 所示。至此，单独一束光线沿着“Mask 1”的路径轨迹进行穿梭流动的动画效果就制作完成了，如图 14-10 所示。

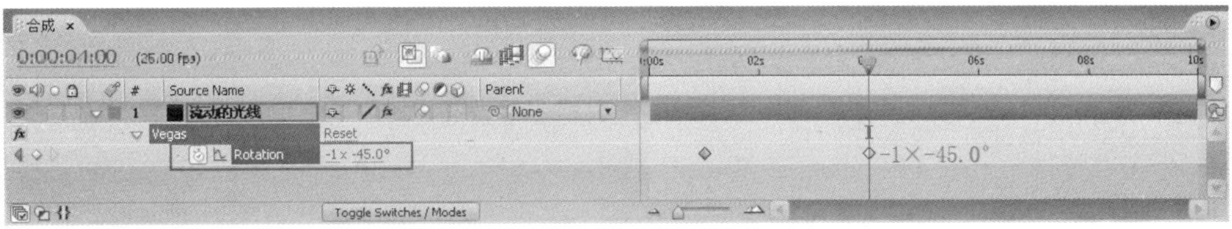

图14-9　设置Vegas特效关键帧

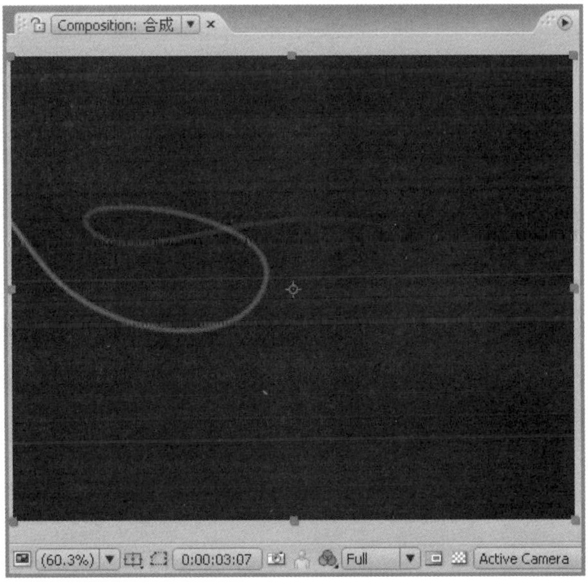

图14-10　动画截图

## 14.2.2　制作流动光线前端处的光斑效果

❺复制并生成“流动的光线桔红色”层。在 Timeline 面板内选中“流动的光线”层，然后按快捷键 Ctrl+D 复制并新建该层，再按 Enter 键并将新建层改名为“流动的光线桔红色”，如图 14-11 所示。

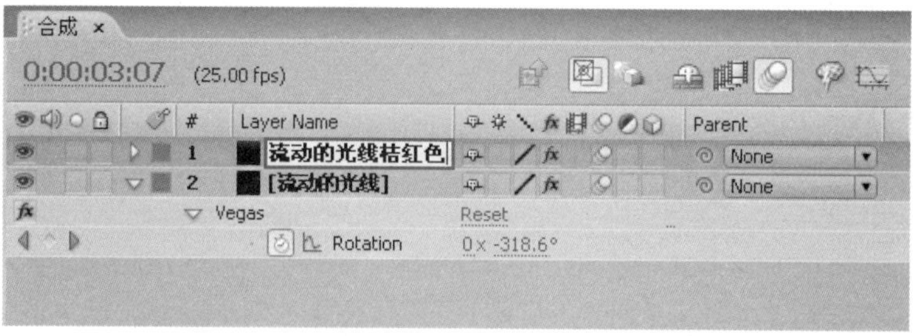


图14-11　复制并生成层

❻改动“流动的光线桔红色”层 Vegas（勾画）特效的部分属性参数设置。由于“流动的光线桔红色”层是通过复制“流动的光线”层新建的图层，因此此时“流动的光线桔红色”层所添加的特效及其特效关键帧设置与“流动的光线”层是完全一致的。选中“流动的光线桔红色”层并按快捷键 F3，打开该层的特效控制面板。然后展开 Segments（片段）选项，将 Length（长度）参数改为“0.080”。再展开 Rendering（渲染）选项，将 Color（色彩）设置为“桔红色（FF5A00）”，Width（宽度）参数为“9.00”。这样，较紫红色光线更短些更粗些的桔红色光线效果设置完毕，如图 14-12 所示，效果如图 14-13 所示。

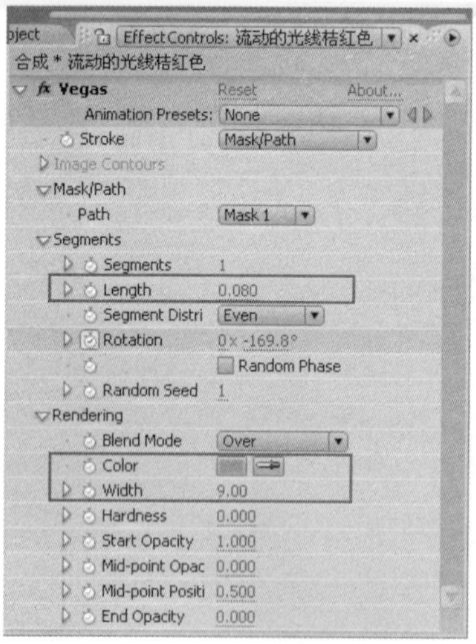


图14-12　Vegas特效参数设置

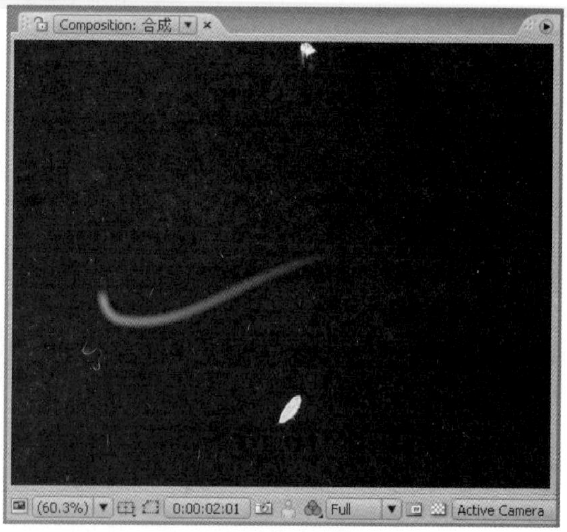


图14-13　动画截图

❼复制并生成“流动的光线桔黄色”层。在 Timeline 面板内选中“流动的光线桔红色”层，然后按快捷键 Ctrl+D 复制并新建该层，再按 Enter 键并将新建层改名为“流动的光线桔黄色”，如图 14-14 所示。

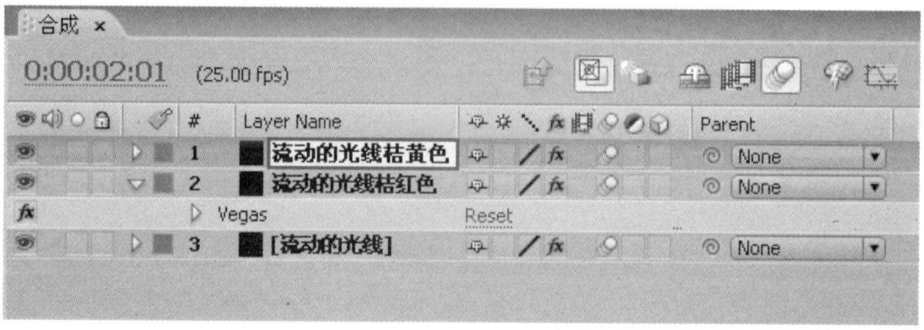


图14-14　复制并生成层

❽改动“流动的光线桔黄色”层 Vegas（勾画）特效的部分属性参数设置。由于“流动的光线桔黄色”层是通过复制“流动的光线桔红色”层新建的图层，因此此时“流动的光线桔黄色”层所添加的特效及其特效关键帧设置与“流动的光线桔红色”层也是完全一致的。选中“流动的光线桔黄色”层并按快捷键 F3，调出该层的特效控制面板。然后展开其 Vegas 特效内的 Segments（片段）选项，并将 Length（长度）参数改为“0.030”。再展开 Rendering（渲染）选项，将 Color（色彩）设置为“桔黄色（FFBA00）”，Width（宽度）为“18.00”，如图 14-15 所示。这样，较桔红色光线更短些更粗些的桔黄色光线效果设置完毕，效果如图 14-16 所示。

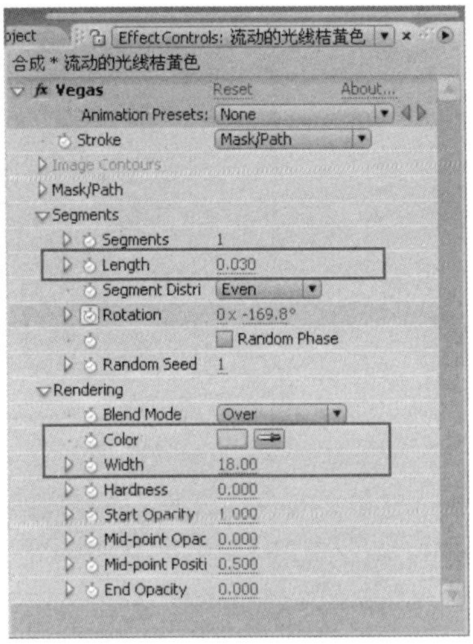

图14-15 Vegas特效参数设置

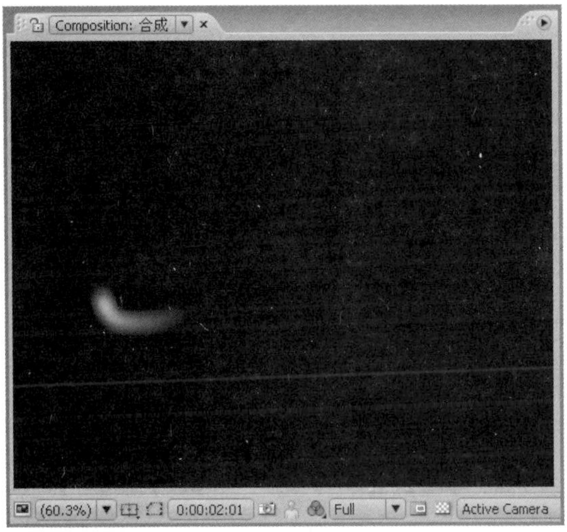

图14-16 动画截图

❾复制并生成“流动的光线黄色”层。在 Timeline 面板内选中“流动的光线桔黄色”层，然后按快捷键 Ctrl+D 复制并新建该层，再按 Enter 键并将新建层改名为“流动的光线黄色”，如图 14-17 所示。

图14-17 复制生成层

❿改动“流动的光线黄色”层 Vegas（勾画）特效的部分属性参数设置。由于“流动的光线黄色”层是通过复制“流动的光线桔黄色”层新建的图层，因此此时“流动的光线黄色”层所添加的特效及其特效关键帧设置与“流动的光线桔黄色”层也是完全一致的。选中“流动的光线黄色”层并按快捷键 F3，打开该层的特效控制面板。然后展开其 Vegas 特效内的 Segments（片段）选项，将 Length（长度）参数改为“0.010”。再展开 Rendering（渲染）选项，并将 Color（色彩）设置为“黄色（FFFC00）”，Width（宽度）为“30.00”，如图 14-18 所示。这样，较桔黄色光线更短些更粗些的黄色光点效果设置完毕，如图 14-19 所示。

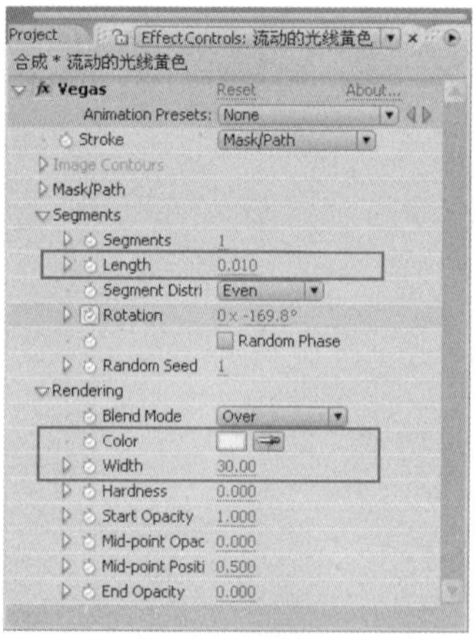


图14-18　Vegas特效参数设置

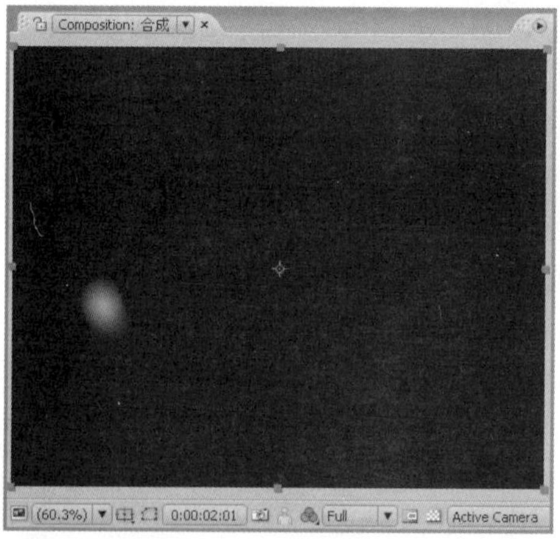


图14-19　动画截图

⓫设置“流动的光线”层、“流动的光线桔红色”层、“流动的光线桔黄色”层及“流动的光线黄色”层的混合模式。在“合成”工程文件的Timeline面板中，依次单击“流动的光线”层、“流动的光线桔红色”层、“流动的光线桔黄色”层及“流动的光线黄色”层右侧的Mode（混合模式）下拉菜单，从中均选择“Add（添加）”选项，如图14-20所示。

> **注**：Add模式是一种可以使每个下层图层的像素都被当前图层像素的亮度变亮到全白色值（1.0）的图层混合模式，通常用于提亮当前图层的亮部像素。通过将这些图层的图层混合模式设置为Add,流动光线的前端处闪耀着黄色光斑的绚丽效果已经产生。

观察“合成”合成图像窗口，可以看到紫红色光线在前端的黄色亮点的带动下在空间中穿梭流动的视觉效果，如图14-21所示。

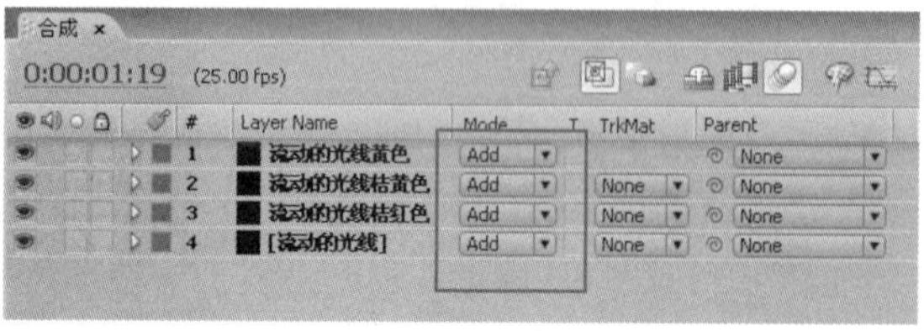


图14-20　设置图层混合模式

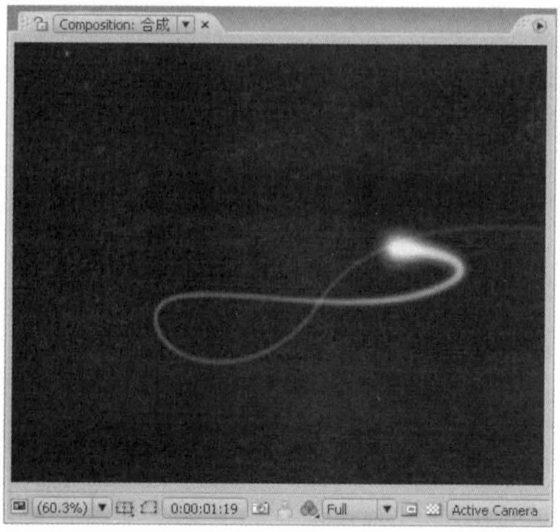


图14-21　效果截图

### 14.2.3　制作光线组合在一幅画面前穿梭流动的动画效果

⓬预合成所有颜色的光线所在层。在“合成”工程文件的Timeline面板内，按住Ctrl键的同时选中“流动的光线”层、“流动的光线桔红色”层、“流动的光线桔黄色”层及“流动的光线黄色”层，再按快捷键Ctrl+Shift+C对这些图层进行合并预合成操

作。然后为新建的子合成文件取名为“Pre- 光线”，并选中 Move all attributes into the new composition（把层属性移动到新建的子合成文件中）单选按钮，再单击 OK（确定）按钮，如图 14-22 所示。

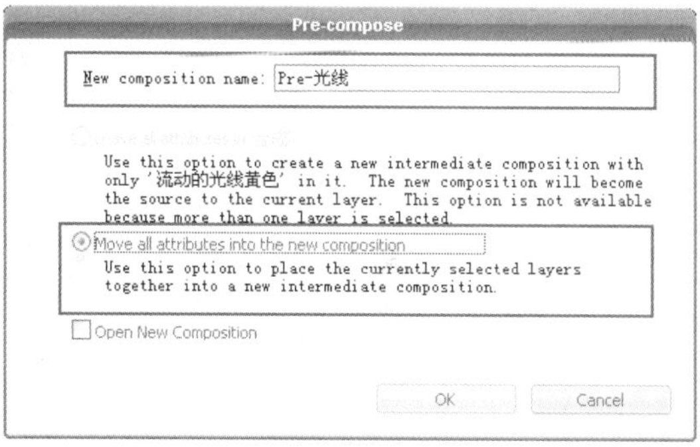


图14-22 预合成所有的颜色光线所在层

⑬为“Pre- 光线”合成层添加 Glow（辉光）特效。在“合成”工程文件内选择“Pre- 光线”合成层并右击，从弹出的快捷菜单中选择“Effect（特效）”→“Stylize（风格化）”→“Glow（辉光）”选项。然后在其 Glow（辉光）特效控制面板中，设置“Glow Threshold（辉光极限值）”为“30.0”，“Glow Radius（辉光半径）”为“16.0”，“Glow Intensity（辉光强度）”为“2.5”，“Glow Colors（辉光颜色）”为“A&B Colors（A 和 B 颜色）”，“Color A（颜色 A）”为“白色”，“Color B（颜色 B）”为“桔黄色（FFA800）”，如图 14-23 所示，效果如图 14-24 所示。

> **注**：此处添加Glow（辉光）特效可以使流动光线周围产生一种炽热的漫射光环效果。

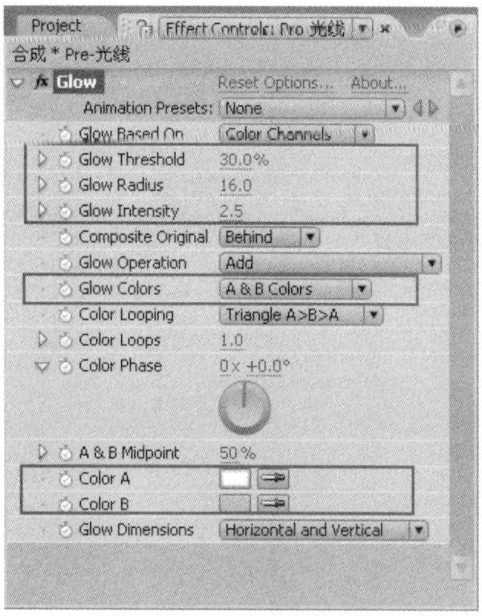


图14-23 Glow特效参数设置

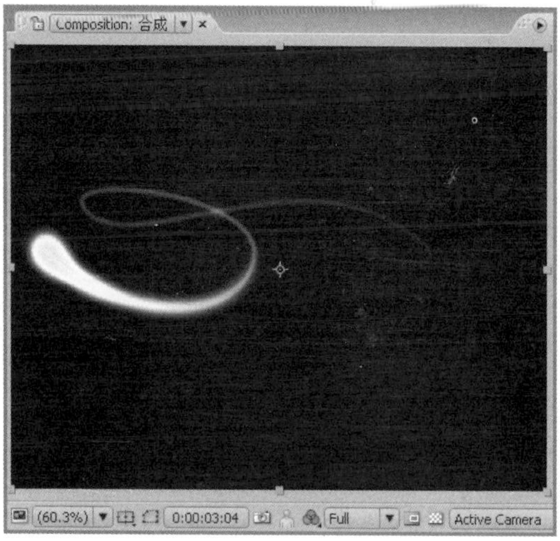


图14-24 合成层Glow效果

⑭将“流动的光线桔红色”层复制并粘贴至“合成”工程文件。在 Project 项目窗口中的空白处双击并打开“Pre- 光线”合成文件的 Timeline 面板，在其中选择“流动的光线桔红色”层并按快捷键 Ctrl+C 进行复制图层操作。再打开“合成”工程文件的 Timeline 面板，按快捷键 Ctrl+V 进行粘贴图层操作，即可在“合成”工程文件内生成“流动的光线桔红色”层，如图 14-25 和图 14-26 所示。

图14-25 合成文件内复制层

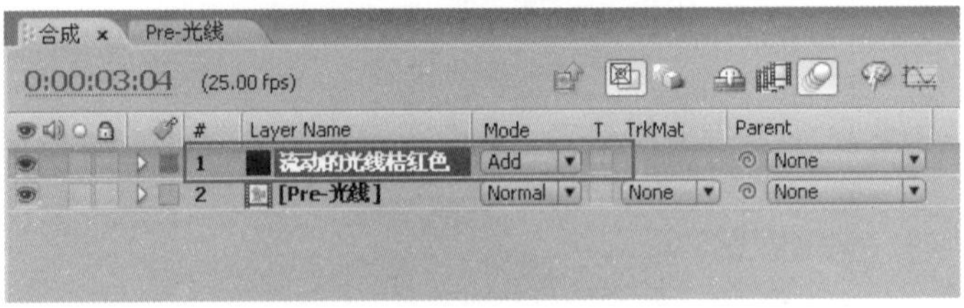

图14-26 在工程文件内粘贴层

⑮为“流动的光线桔红色”层添加“Turbulent Displace（剧烈置换）”特效。在“合成”工程文件内选择“流动的光线桔红色”层右击从弹出的快捷菜单中选择“Effect（特效）”→“Distort（扭曲）”→“Turbulent Displace（剧烈置换）”选项。然后在其“Turbulent Displace（剧烈置换）”特效控制面板中，设置Amount（数量）为“100.0”，Size（尺寸）为“25.0”，Complexity（复杂度）为“1.0”，如图14-27所示。

观察合成图像窗口，可以看到另外一条缠绕在主光线周围的扭曲抖动的桔红色光线已经制作完成了，效果如图14-28所示。

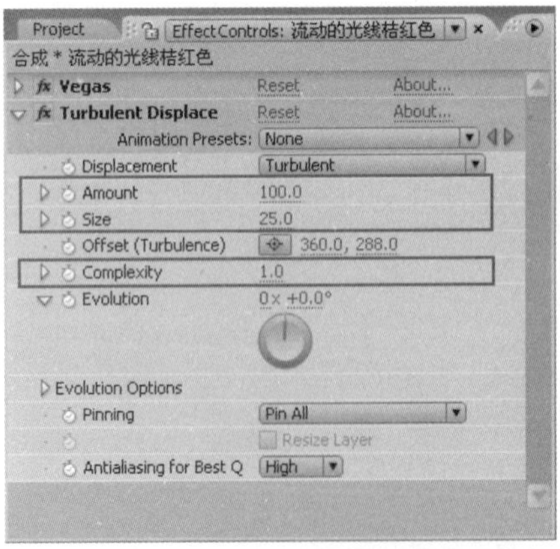

图14-27 Turbulent Displace特效参数设置

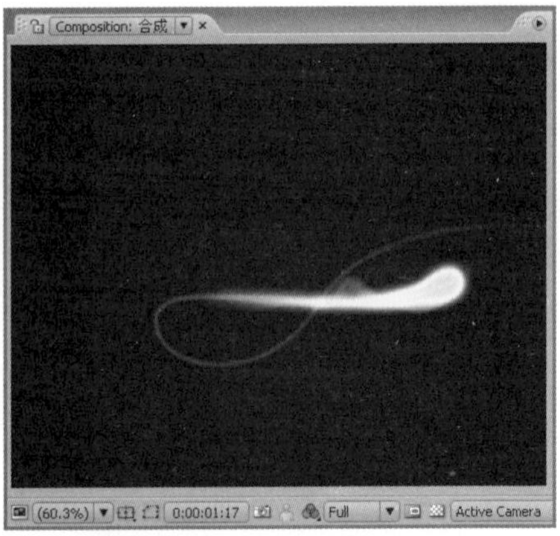

图14-28 Turbulent Displace效果

⑯复制并生成“流动的光线桔红色2”层。在“合成”工程文件的Timeline面板内选中“流动的光线桔红色”层，然后按快捷键Ctrl+D复制并新建该层，即可生成“流动的光线桔红色2”层，如图14-29所示。

图14-29 复制并生成层

⑰改动“流动的光线桔红色 2”层“Turbulent Displace（剧烈置换）”特效的部分属性参数设置。由于“流动的光线桔红色 2”层是通过复制“流动的光线桔红色”层新建的图层，因此此时“流动的光线桔红色 2”层所添加的特效及其参数设置与“流动的光线桔红色”层是完全一致的。选中“流动的光线桔红色 2”层并按快捷键 F3，调出该层的特效控制面板。然后在其“Turbulent Displace（剧烈置换）”特效内设置 Amount（数量）为“120.0”，Size（尺寸）为“60.0”，Complexity（复杂度）为“1.0”，如图 14-30 所示。效果如图 14-31 所示。

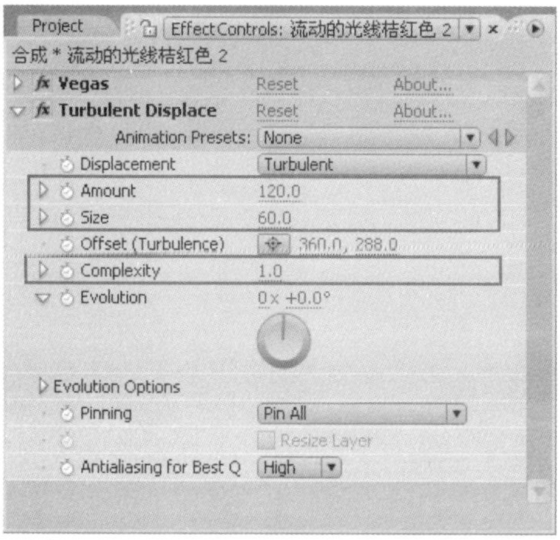


图14-30　Turbulent Displace特效参数设置

图14-31　Turbulent Displace效果

⑱为“流动的光线桔红色 2”层添加 Glow（辉光）特效。在“合成”工程文件内选择“流动的光线桔红色 2”层并右击，从弹出的快捷菜单中选择“Effect（特效）”→“Stylize（风格化）”→“Glow（辉光）”选项。然后在其 Glow（辉光）特效控制面板中，设置“Glow Threshold（辉光极限值）”为“18.0”，“Glow Radius（辉光半径）”为“25.0”，“Glow Intensity（辉光强度）”为“3.0”，“Glow Colors（辉光颜色）”为“A&B Colors（A 和 B 颜色）”，“Color A（颜色 A）”为“白色”，“Color B（颜色 B）”为“湛蓝色（2400FF）”，如图 14-32 所示。至此，炫目的流动光线组合效果制作完毕，如图 14-33 所示。

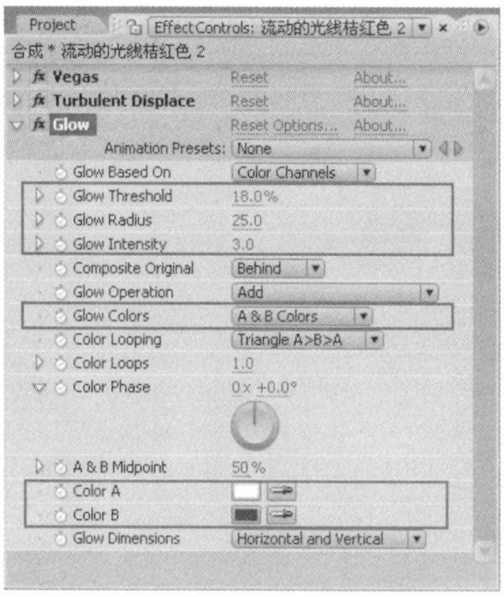


图14-32　Glow特效参数设置

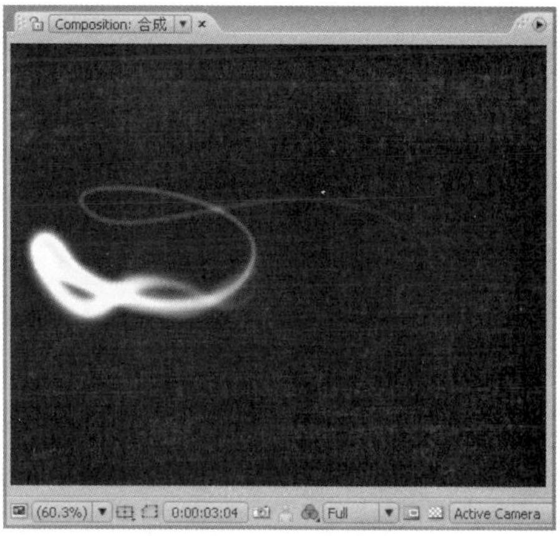


图14-33　Glow效果

⑲导入底图素材并设置“Pre- 光线”合成层的混合模式。在 Project 项目窗口中的空白处双击，打开 Import File（导入文件）对话框，在其中选择作为底图素材的 JPG 文件“lulu 插画”，然后单击“打开”按钮进行导入，如图 14-34 所示。

图14-34　导入素材文件

接着，将图片素材“lulu 插画 .jpg”从 Project 项目窗口调入“合成”工程文件的 Timeline 面板中，生成“lulu 插画 .jpg”层，并将其置于 Timeline 面板内底层位置。

然后,单击“Pre- 光线”合成层右侧的 Mode（混合模式）下拉菜单,从中选择“Add（添加）”，选项如图 14-35 所示。

⑳为“lulu 插画 .jpg”层添加 Mask（遮罩）。首先，在“合成”工程文件的 Timeline 面板内选中“lulu 插画 .jpg”层，然后在 Tools（工具）面板中单击“椭圆形 Mask”工具按钮。接着在“合成”工程文件的合成图像窗口中，为“lulu 插画 .jpg”层制作出处于画面中央的椭圆形 Mask（遮罩）。该 Mask（遮罩）的形状和大小可以参照如图 14-36 所示。

图14-35　设置合成层的图层混合模式

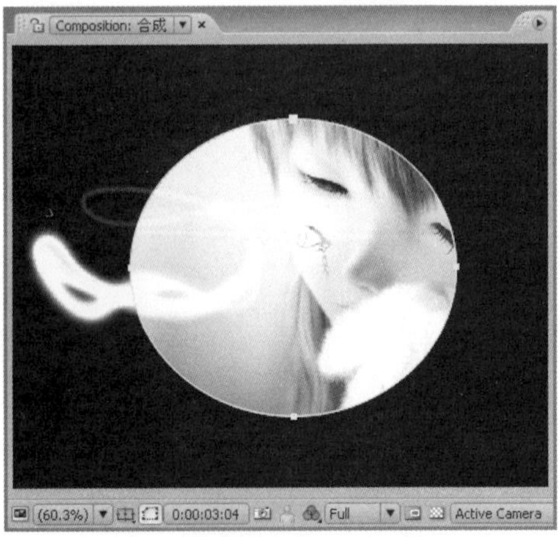


图14-36　制作椭圆形Mask（遮罩）

接着，选中“lulu 插画 .jpg”层并按快捷键 M，调出该层的 Mask（遮罩）属性选项。设置“Mask Feather（遮罩羽化）”参数为（155.0，155.0），“Mask Opacity（遮罩透明度）”为“60”，如图 14-37 所示，效果如图 14-38 所示。

图14-37 Mask（遮罩）属性设置

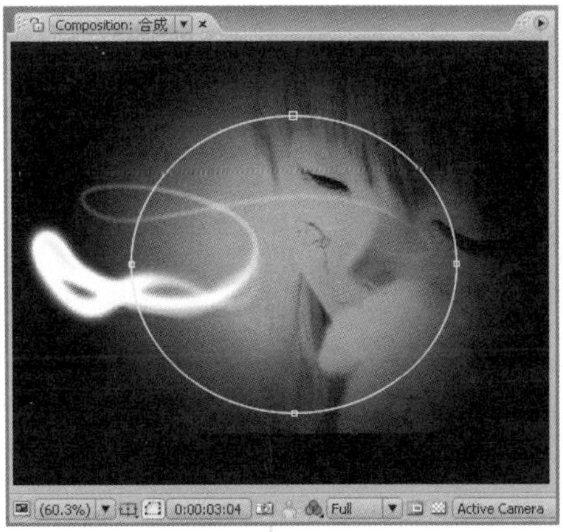


图14-38 Mask（遮罩）效果

㉑复制并生成“Pre- 光线蒙版”合成层和“lulu 插画 .jpg”层。在“合成”工程文件的 Timeline 面板内选中“Pre- 光线”合成层，按快捷键 Ctrl+D 复制并新建该层，再按 Enter 键并将新建合成层改名为“Pre- 光线蒙版”。再使用与上述相同的方法，复制并生成第二个“lulu 插画 .jpg”层。最后在 Timeline 面板内，将生成的“Pre- 光线蒙版”合成层、“lulu 插画 .jpg”层置于原“lulu 插画 .jpg”层上方，如图 14-39 所示。

图14-39 复制生成层

㉒调整“Pre- 光线蒙版”合成层的 Position（位置）和 Scale（缩放）属性参数。在“合成”工程文件的 Timeline 面板内选中“Pre- 光线蒙版”合成层并按快捷键 S，再按快捷键 Shift+P，同时呼出该合成层的 Position（位置）及 Scale（缩放）属性选项。然后设置其 Position 位置参数为（380.0，300.0），Scale（缩放）参数为（130.0，130.0），如图 14-40 所示，效果如图 14-41 所示。

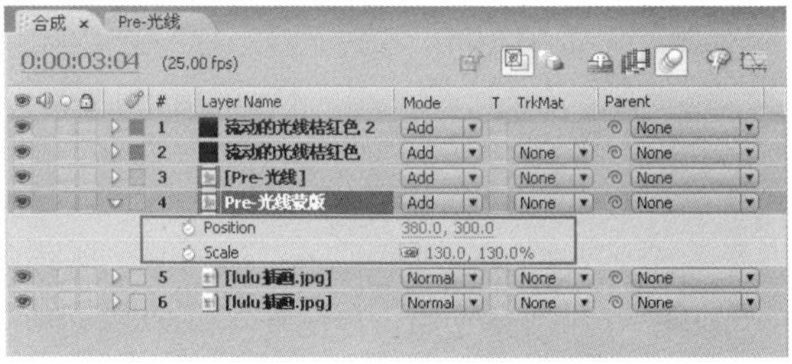


图14-40 调整合成层的属性参数

图14-41 合成层效果

㉓为“Pre- 光线蒙版”合成层添加“Fast Blur（快速模糊）”特效。在 Timeline 面板内选择“Pre- 光线蒙版”合成层并右击，从弹出的快捷菜单中选择“Effect（特效）”→“Blur&Sharpen（模糊 & 锐化）”→“Fast Blur（快速模糊）”选项。然后在其“Fast Blur（快速模糊）”特效控制面板中，设置 Blurriness（模糊）为“50.0”，如图 14-42 所示，效果如图 14-43 所示。

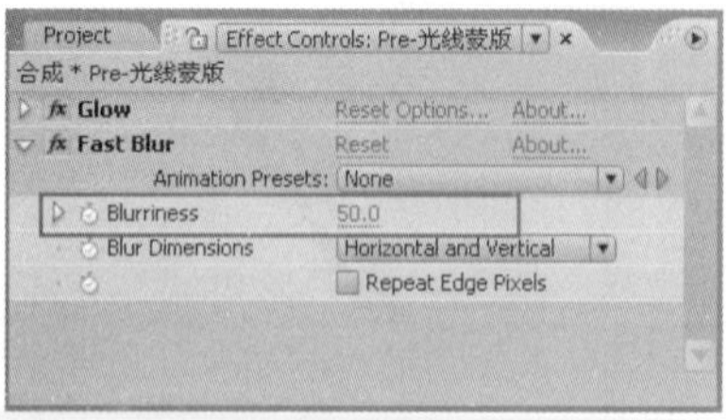


图14-42　Fast Blur特效参数设置

图14-43　Fast Blur效果

㉔设置倒数第二层“lulu 插画 .jpg”层的“Track Matte”模式。在“合成”工程文件的 Timeline 面板内，单击“lulu 插画 .jpg”层右侧的 TrkMat 下拉菜单，从中选择 Luma Matte“Pre- 光线蒙版”选项，即以上层“Pre- 光线蒙版”合成层的亮度区域作为下层“lulu 插画 .jpg”层的透明通道，使下层图像从上层像素的亮度区域显示出来，如图 14-44 所示。

观察合成图像窗口，可以看到底图素材画面只从“Pre- 光线蒙版”合成层内流动光线的区域显示出来，效果如图 14-45 所示。

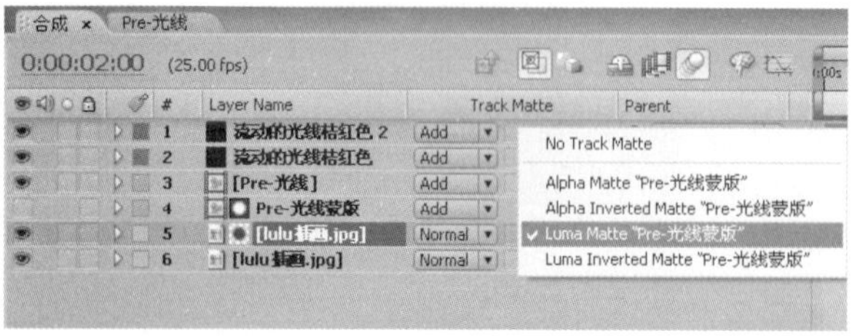


图14-44　Track Matte模式

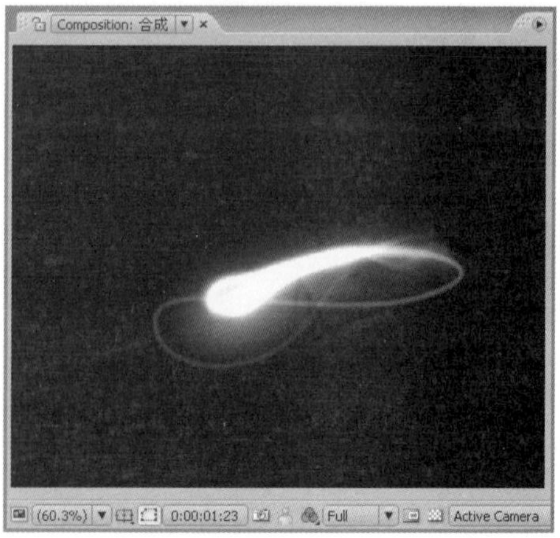


图14-45　效果截图

㉕合并预合成“Pre- 光线蒙版”合成层、“lulu 插画 .jpg”层。在“合成”工程文件的 Timeline 面板内，按住 Ctrl 键的同时选中“Pre- 光线蒙版”合成层及“lulu 插画 .jpg”层，并按快捷键 Ctrl+Shift+C 进行合并预合成操作。然后为新建的子合成文件取名为“光线照亮插画部分”，并选中 Move all attributes into the new composition（把层属性移动到新建的子合成文件中）单选按钮，再击 OK（确定）按钮，如图 14-46 所示。

㉖为“光线照亮插画部分”合成层添加 Glow（辉光）特效，并设置该合成层的图层混合模式。首先，在“合成”工程文件内选择“光线照亮插画部分”合成层并右击，从弹出的快捷菜单中选择“Effect（特效）”→“Stylize（风格化）”→“Glow（辉光）”选项。在其 Glow（辉光）特效控制面板中，设置“Glow Threshold（辉光极限值）”为“30.0”，“Glow Radius（辉光半径）”为“10.0”，“Glow Intensity（辉光强度）”为“2.0”，“Glow Colors（辉光色彩）”为“Original Colors（原始色彩）”，如图 14-47 所示。

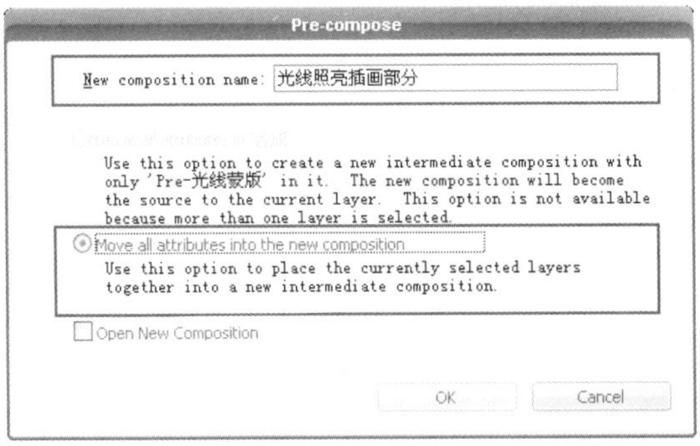


图14-46 合并预合

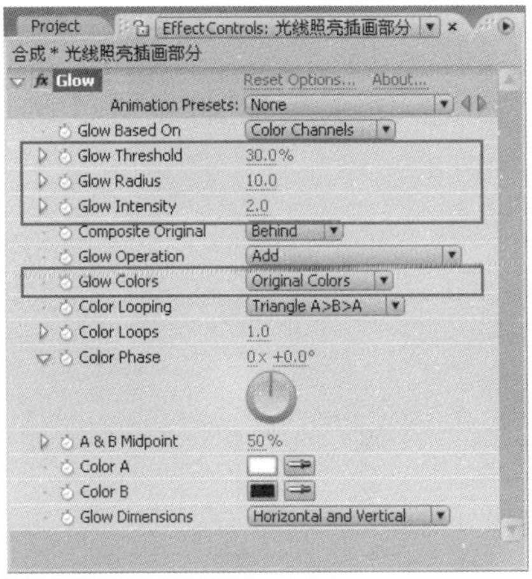


图14-47 Glow特效参数设置

接着，在 Timeline 面板内，单击“光线照亮插画部分”合成层右侧的 Mode（混合模式）下拉菜单，从中选择“Add（添加）”选项，如图 14-48 所示。

观察合成图像窗口，可以看到华丽炫目的流动光线组合在经过在一幅画时，该画画面由于前景光线的穿梭流动而产生了光影变化的视觉效果，最终效果如图 14-49 所示。

图14-48 设置合成层的图层混合模式

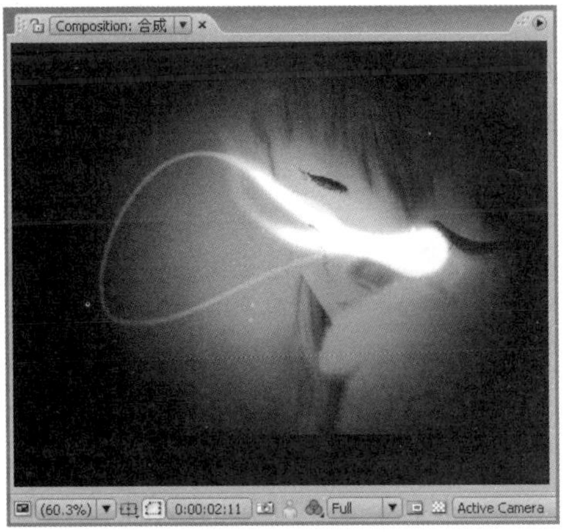


图14-49 最终动画效果截图

至此，本案例的具体制作步骤结束。

## 14.3 同类索引

通过本章案例的学习，用户已经知道如何制作华丽炫目的光线组合效果及其在一幅画面前自由穿梭、流动的动画效果。其中，单独一束紫红色光线在空间中穿梭流动的动画效果是最先需要制作的，其主要通过设置 Mask（遮罩）、运用 Vegas 特效等方法来实现。

上述制作思路中需要注意的技巧知识点是：Vegas特效内的Segments（片段）选项下的Rotation（旋转）属性，可以控制勾绘线条在路径轨迹上的分布位置。通过设置该特效属性关键帧，可以制作出动态勾绘线条的动画效果，这也是运用Vegas特效来实现诸如光线流动、纹路生长等效果的常用方法。

其次是制作流动光线前端的闪耀的黄色光斑的绚丽效果，主要通过复制并生成新图层、调整 Vegas 特效参数设置、设置图层混合模式等方法来实现的。

上述制作思路中需要注意的技巧知识点是：调整Vegas特效内的Length（长度）、Color（色彩）、Width（宽度）等属性，可以自由控制本章案例中流动光线的形态，从而将紫红色光线转变为其他颜色的光斑、光点效果。

最后的制作环节是，制作炫目的流动光线组合及其在一幅画面前自由穿梭的视觉效果。这里主要通过运用 Glow、Turbulent Displace、Fast Blur 等特效以及复制并生成新图层、设置 Mask（遮罩）、设置 Track Matte 模式等方法来实现。可以看出，运用 Vegas、Glow 特效等是本章案例的重要知识点。下面将本节制作思路及方法进行扩展延伸，探寻此类特效及影像效果的画面细节并充分挖掘其运用到的 After Effects 中的其他技巧。

● **索引案例：旋转生长的激光植物**

这个索引案例表现的是炫目的激光植物一边旋转一边逐渐生长出枝干的动画效果。这样的效果与本章案例“流动的华丽光线”一样，都运用到了 Vegas 及 Glow 等特效来制作勾绘类型的光影动画效果。但是在光线形态、光线动态变化这两方面，此索引案例与本章案例之间还是有所区别的。本章案例中所表现的是流动光线组合，它由数条颜色各异、粗细各异的光线交织在一起，视觉效果十分华丽；而此索引案例表现的是由许多“花瓣”形状的光线围绕而成的激光植物元素。另外，本章案例中的光线组合是在一幅画面前自由地穿梭流动，其动态变化丰富。而此索引案例中的激光植物则是一边旋转，一边逐渐生长出光线枝干。除了激光植物内部的动态变化以外，其整体还有旋转、缩放的动作效果。那么如何运用本章案例的制作逻辑制作这种新的动画效果呢?

与本章案例“流动的华丽光线”相比，“旋转生长的激光植物”效果的制作主要有两个不同点，一是明显不同于“流动”效果的光线“生长”效果，这里通过运用 Vegas 特效并设置其 Length（长度）属性关键帧等方法，制作逐渐生长出光线枝干的动画效果；二是这些“花瓣”形状的光线围绕在一起，并整体发生旋转的动画效果，主要通过设置 3D 图层属性、复制并生成新图层、调整各个 3D 图层的旋转属性及制作摄像机位置关键帧动画等方法来实现。案例最后效果如图 14-50 所示。

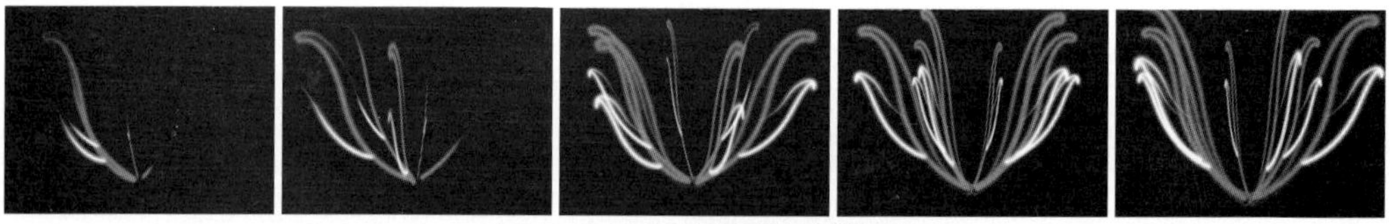

图14-50　索引案例最后效果

下面介绍索引案例的具体操作步骤。

● **索引案例制作步骤**

❶创建“合成”工程文件、“生长的光线花瓣”合成文件及“光线花瓣”层。首先按快捷键 Ctrl+N 新建一个合成文件，并设置“Composition Name（合成名称）”为“合成”，在 Basic（常规）选项卡下的 Preset（预置）下拉列表中选择“PAL D1/DV”选项，并设置持续时间为“0:00:01:00”。

再次按快捷键 Ctrl+N 新建一个合成文件，并在打开的合成文件设置对话框中设置“Composition Name（合成名称）”为“生长的光线花瓣”。在 Basic（常规）选项卡内的其他选项设置可参照工程文件“合成”。然后按快捷键 Ctrl+Y，在“生长的光线花瓣”合成文件内新建一个固态层，在弹出的对话框中设置 Name（名称）为“光线花瓣”，Color（色彩）为“黑色”，再单击 OK 按钮，如图 14-51 所示。

❷为“光线花瓣”层添加花瓣形状的 Mask 路径。首先在“生长的光线花瓣”合成文件的 Timeline 面板内选中“光线花瓣”层，接着在 Tools（工具）面板中单击“钢笔”工具按钮，然后在合成图像窗口中以从下至上的顺序为该层绘制出光滑的花瓣形状 Mask 路径，如图 14-52 所示。

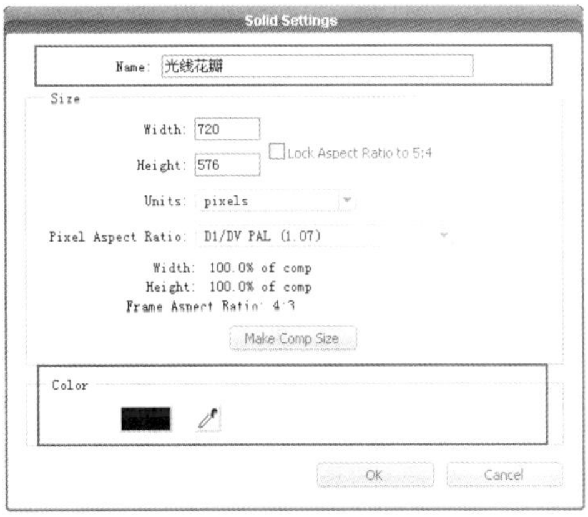


图14-51 创建层

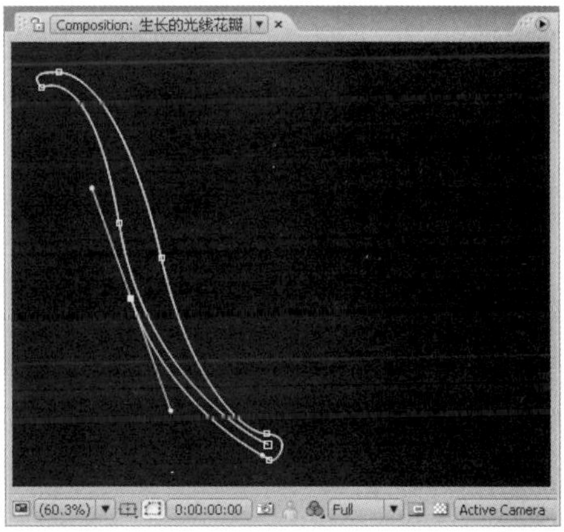


图14-52 绘制花瓣形状的Mask路径

注：这条不封闭的曲线形Mask路径即为此索引案例中的第一条光线的生长轨迹。

❸为“光线花瓣”层添加 Vegas（勾画）特效。在 Timeline 面板内选择“光线花瓣”层，并右击，从弹出的快捷菜单中选择“Effect（特效）”→“Generate（生成）”→“Vegas（勾画）”选项。然后在其 Vegas（勾画）特效控制面板中的 Stroke（描边）下拉列表中选择“Mask/Path（遮罩 / 路径）”选项。接着展开 Mask/Path（遮罩 / 路径）选项，并设置 Path（路径）为“Mask 1”，即将上一步制作的 Mask 路径设为该 Vegas 特效的描绘轨迹。再展开 Segments（片段）选项，设置 Segments（片段数量）为“1”，Length（长度）为“1.00”，Rotation（旋转）为（0x,+0.0°），“Random Seed（随机种子）”为“1”。最后展开 Rendering（渲染）选项，设置 Color（色彩）为“紫红色（FF00A2）”，Width（宽度）为“4.00”，Hardness（硬度）为“0.00”，如图 14-53 所示，效果如图 14-54 所示。

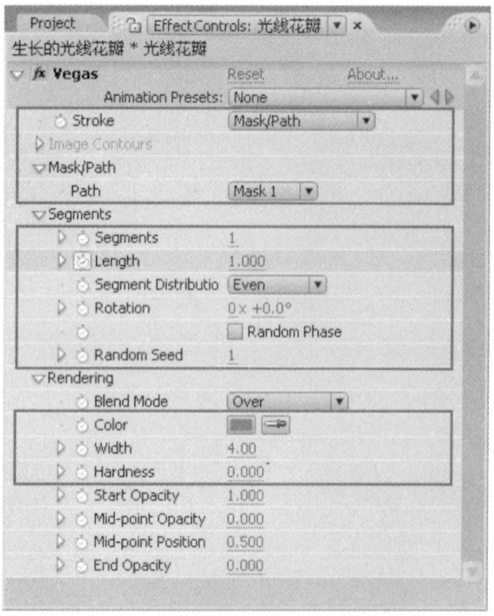


图14-53　Vegas特效参数设置

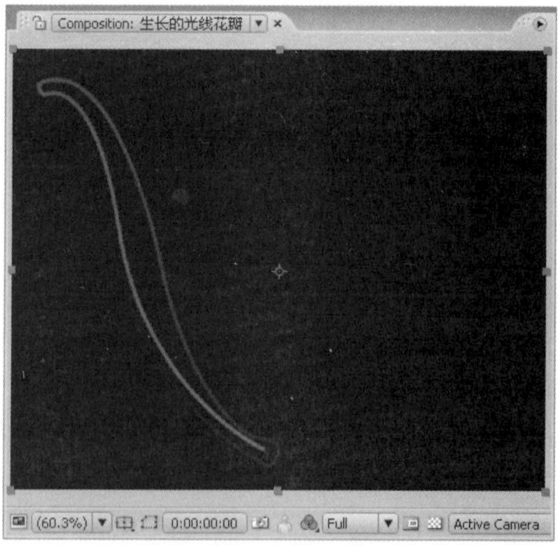


图14-54　Vegas效果

❹为“光线花瓣”层再次添加花瓣形状的 Mask 路径。在 Timeline 面板内选中“光线花瓣”层，接着在 Tools（工具）面板中单击“钢笔”工具按钮 ，然后在合成图像窗口中以从下至上的顺序为该层绘制出另一个花瓣形状的 Mask 路径，如图 14-55 所示。

**注**：这条新建的Mask 2路径也是不封闭的Mask，只是其首尾处两个路径点位置邻近。

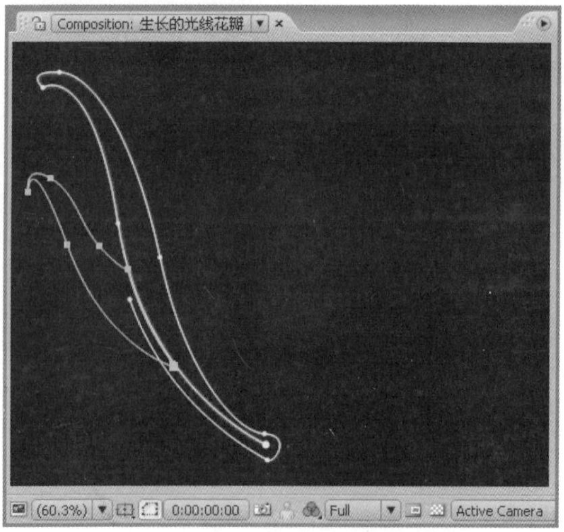


图14-55　再次绘制花瓣形状的Mask路径

❺为“光线花瓣”层再次添加 Vegas（勾画）特效。在 Timeline 面板内选择“光线花瓣”层并右击，从弹出的快捷菜单中选择“Effect（特效）”→“Generate（生成）”→“Vegas（勾画）”选项。然后在其 Vegas 2 特效控制面板中的 Stroke（描边）下拉列表中选择“Mask/Path（遮罩 / 路径）”选项。展开 Mask/Path（遮罩 / 路径）选项，并设置 Path（路径）为“Mask 2”，即将上一步制作的 Mask 路径设为该“Vegas 2”特效的描绘轨迹。再展开 Segments（片段）选项，设置 Segments（片段数量）为“1”，Length（长度）为“1.000”，Rotation（旋转）为

(0x,+0.0°)，“Random Seed（随机种子）”为“1”。最后展开 Rendering（渲染）选项，并设置 Color（色彩）为“淡红色（FCB1FF）”，Width（宽度）为“3.00”，Hardness（硬度）为“0.000”，如图 14-56 所示，效果如图 14-57 所示。

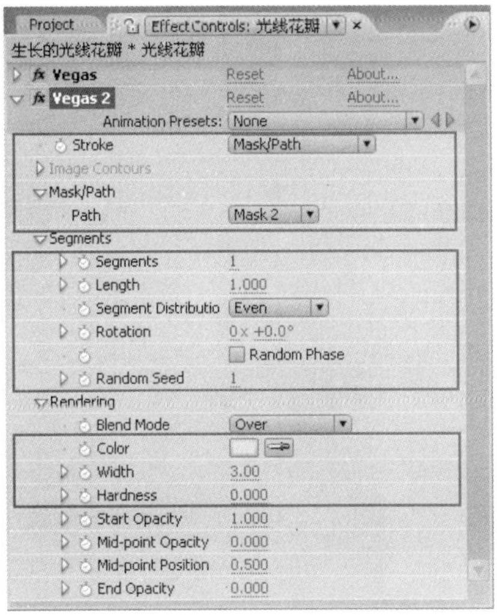


图14-56 Vegas 2特效参数设置

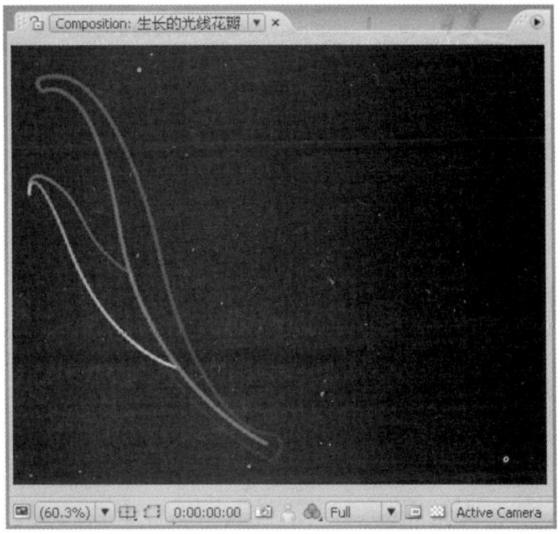


图14-57 Vegas 2效果

❻分别制作“光线花瓣”层内 Vegas 特效及 Vegas 2 特效的关键帧动画。首先，在 Timeline 面板内展开“光线花瓣”层的 Vegas 特效选项，并将其 Segments（片段）选项内的 Length（长度）属性参数设置为“0”。接着将时间指针移至 0:00:01:00 处，并单击该 Length 特效属性左侧的秒表图标设置关键帧，即在 0:00:01:00 处，为“光线花瓣”层的 Vegas 特效新建一个 Length 特效属性关键帧。

接着，将时间指针移至 0:00:05:00 处，并在“光线花瓣”层的 Vegas 特效选项内，将其 Length 属性参数设置为“1.000”，即在 0:00:05:00 处，该层 Vegas 特效自动生成了新的 Length 特效属性关键帧，如图 14-58 所示。至此，紫红色光线沿着“Mask 1”的路径轨迹逐渐生长出来的动画效果制作完成。

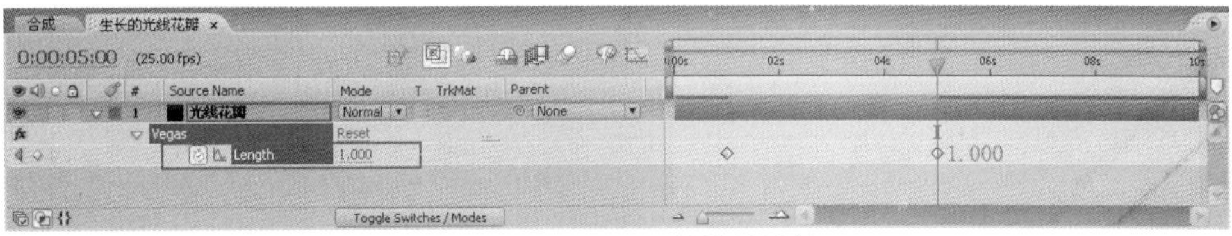


图14-58 设置Vegas特效关键帧

然后，在 Timeline 面板内展开“光线花瓣”层的 Vegas 2 特效选项，并将其 Segments（片段）选项内的 Length（长度）属性参数设置为“0.000”。接着将时间指针移至 0:00:01:15 处，并单击该 Length 特效属性左侧的秒表图标设置关键帧，即在当前时间处，为“光线花瓣”层的 Vegas 2 特效新建一个 Length 特效属性关键帧。

最后，将时间指针移至 0:00:05:00 处，并在“光线花瓣”层的“Vegas 2”特效选项内，将其 Length 属性参数设置为“1.00”，即在 0:00:05:00 处，该层 Vegas 2 特效自动生成了新的 Length 特效属性关键帧。至此，淡红色光线沿着 Mask 2 的路径轨迹逐渐生长出来的动画效果制作完成，如图 14-59 所示，效果如图 14-60 所示。

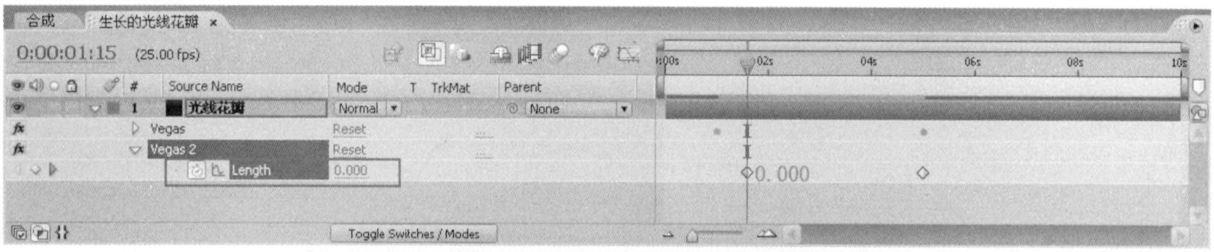


图14-59　设置Vegas 2特效关键帧

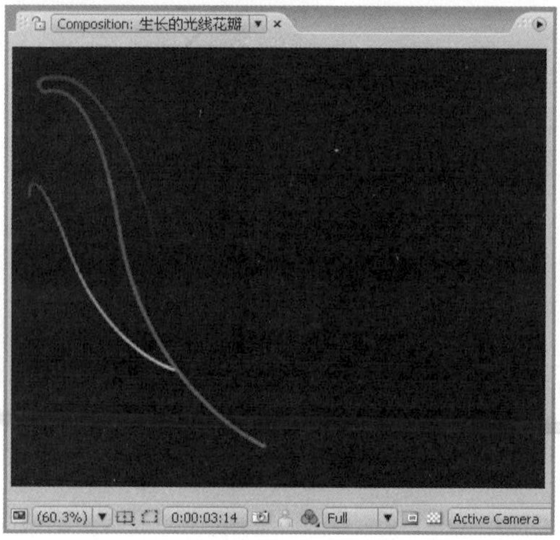


图14-60　动画效果

❼为“光线花瓣”层添加Glow（辉光）特效。在Timeline面板内选择“光线花瓣”层并右击，从弹出的快捷菜单中选择“Effect（特效）”→“Stylize（风格化）”→“Glow（辉光）”选项。然后在其Glow（辉光）特效控制面板中，设置“Glow Threshold（辉光极限值）”为“20.0”，“Glow Radius（辉光半径）”为“12.0”，“Glow Intensity（辉光强度）”为“2.0”，如图14-61所示，效果如图14-62所示。

图14-61　Glow特效参数设置

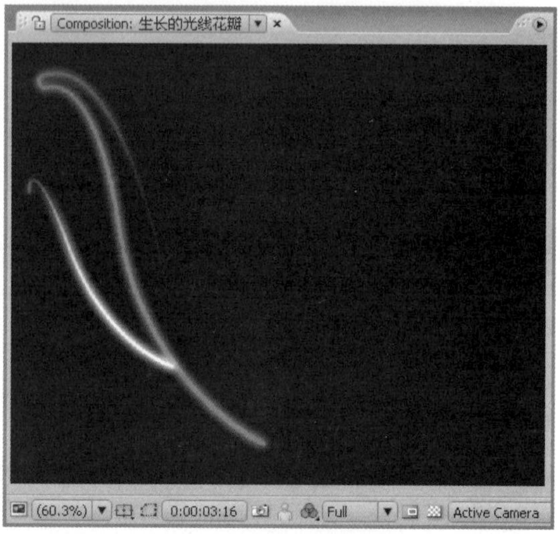


图14-62　Glow效果

❽将合成文件“生长的光线花瓣”置入工程文件，并设置其为3D图层。首先将“生长的光线花瓣”合成文件从Project项目窗口调入“合成”工程文件的Timeline面板中，

生成“生长的光线花瓣”合成层。

然后打开其右侧分功能设置开关面板（Switches）中的“3D 图层开关”，将该合成层设置为 3D 图层，如图 14-63 所示。

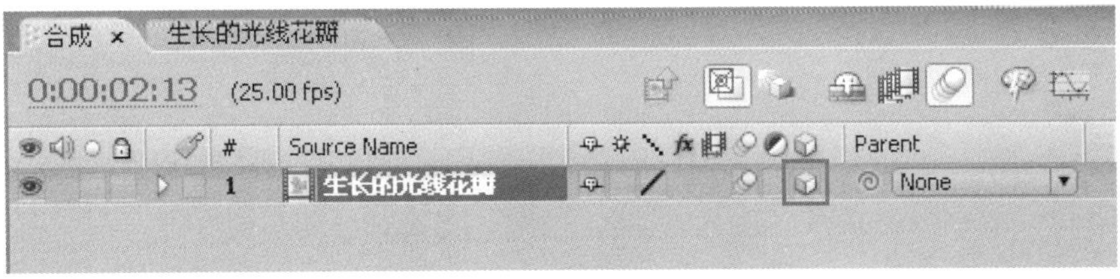

图14-63　合成层设置为3D图层

⑨复制并生成其他 5 个“生长的光线花瓣”合成层，并分别调整它们的旋转属性参数。首先在“合成”工程文件内选中“生长的光线花瓣”合成层，并连续 5 次按快捷键 Ctrl+D，即将复制并新建该合成层的操作重复 5 次。观察“合成”工程文件的 Timeline 面板，可以看到其他 5 个“生长的光线花瓣”合成层已经生成。

然后在 Timeline 面板内，同时选中所有“生长的光线花瓣”合成层，并按快捷键 R 调出它们的 Rotation（旋转）属性选项。再分别调整各个“生长的光线花瓣”合成层的“Y Rotation（旋转）”属性参数，具体参数设置可以参照如图 14-64 所示，效果如图 14-65 所示。

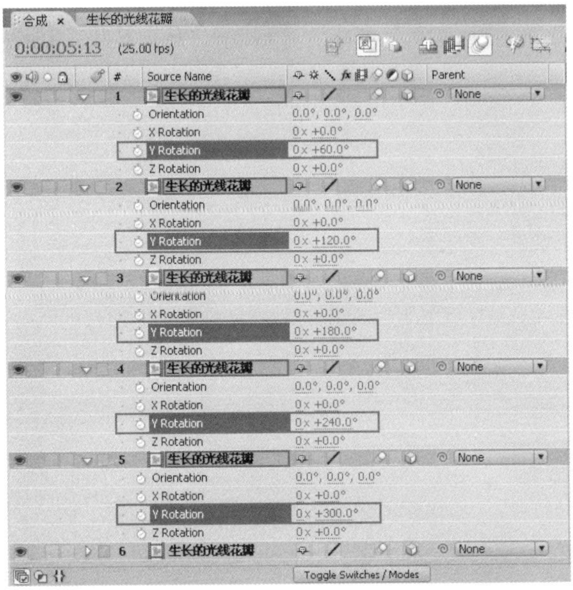

图14-64　分别调整各个合成层的Rotation旋转属性

图14-65　光线围绕效果

⑩设置各个“生长的光线花瓣”合成层的图层混合模式。在“合成”工程文件的 Timeline 面板中，依次单击所有“生长的光线花瓣”合成层右侧的 Mode（混合模式）下拉菜单，均从中选择“Add（添加）”选项，如图 14-66 所示，效果如图 14-67 所示。

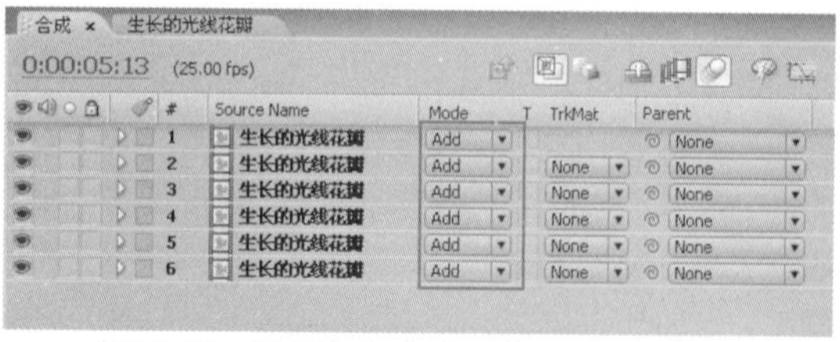


图14-66　设置各个合成层的图层混合模式

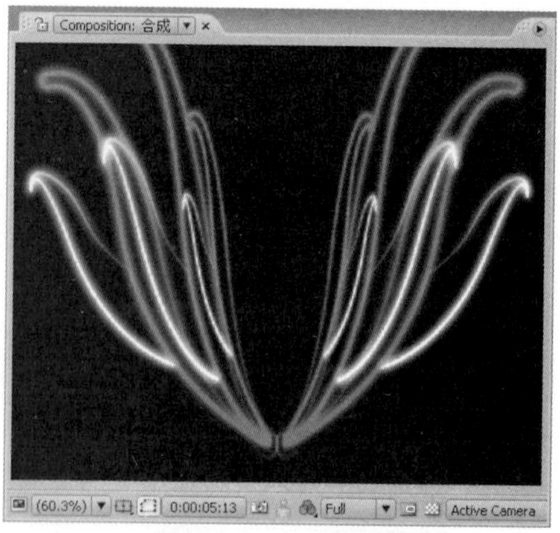


图14-67　光线围绕效果

⑪为各个“生长的光线花瓣”合成层排列时间顺序。首先在 Timeline 面板内按住 Ctrl 键并同时选中所有的“生长的光线花瓣”合成层，然后在 After Effects 主菜单栏中选择“Animation（动画）”→“Keyframe Assistant（关键帧助手）”→“Sequence Layers（图层排序）”选项，如图 14-68 所示。

接着在随即打开的“Sequence Layers（图层排序）”对话框中，首先勾选 Overlap（重叠）复选框，再在 Duration（时间长度）文本框中输入参数值 0:00:09:10，即设定前后图层相隔时间长度均为 15 帧。最后设置 Transition（过渡转换）模式为“Off（关）”，如图 14-69 所示。

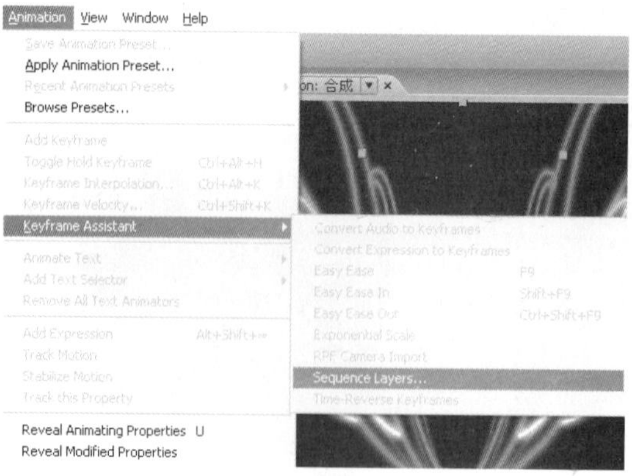


图14-68　在主菜单栏处选择命令

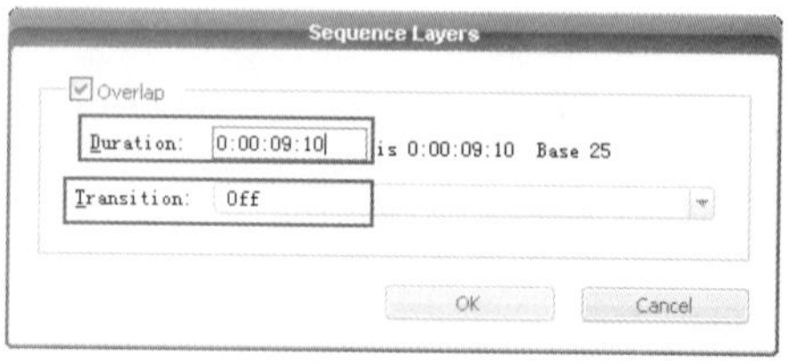


图14-69　Sequence Layers 对话框

观察“合成”工程文件的 Timeline 面板，可以看到所有“生长的光线花瓣”合成层的时序已经发生了变化，从顶层开始以相隔 15 帧的时间间距依次向后排列，如图 14-70 所示。至此，依次生长出光线枝干的激光植物效果就制作完成了。

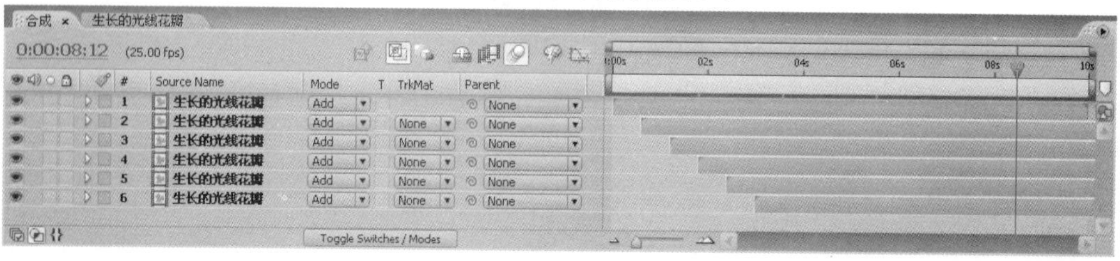


图14-70　为各个合成层排列时间顺序

⑫创建“Camera 1”摄像机图层并制作其Position（位置）属性关键帧动画。在切换到“合成”工程文件内Timeline面板的情况下，选择After Effects主菜单栏中的“Layer（图层）”→“New（新建）”→“Camera（摄像机图层）”选项或者按快捷键Ctrl+Alt+Shift+C中的新建摄像机图层“Camera 1”。

接着，在Timeline面板内选中“Camera 1”摄像机图层并按快捷键P，呼打开层的Position（位置）属性选项。然后在时间0:00:00:00处设置其Position（位置）属性参数为（360.0，288.0，-1066，7），并单击其左侧的秒表图标新建一个Position（位置）关键帧。再在时间0:00:05:00处，将“Camera 1”摄像机图层的Position（位置）参数改为（360.0，-130.0，1066.7），即在0:00:05:00处，该摄像机图层自动生成了新的Position（位置）关键帧。最后在时间0:00:09:24处，将“Camera 1”摄像机图层的Position（位置）参数改为（360.0，288.0，-1066.7），即在最后一帧处，该摄像机图层自动生成了新的Position位置关键帧，如图14-71所示。

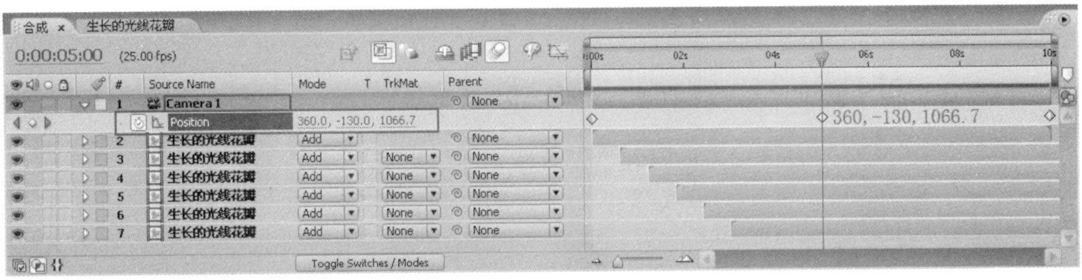

图14-71 创建Camera 1摄像机图层并设置其Position位置属性关键帧

然后，单击合成图像窗口的视图模式按钮并将其切至Top（顶）视图，再在Tools（工具）面板中单击选择转换锚点工具按钮，并使用该工具沿水平方向拖动Camera摄像机在合成图像窗口内顶端处的位置路径点，这样可以将此路径点转换为平滑锚点，同时自动打开其切线手柄。接着在合成图像窗口内底端，运用与上述相同的方法分别拖动Camera摄像机的首尾位置路径点的切线手柄，使其均成为水平方向，从而将该Camera摄像机的整个位置路径调整成为一个以激光植物为中心的圆形路径，如图14-72所示。

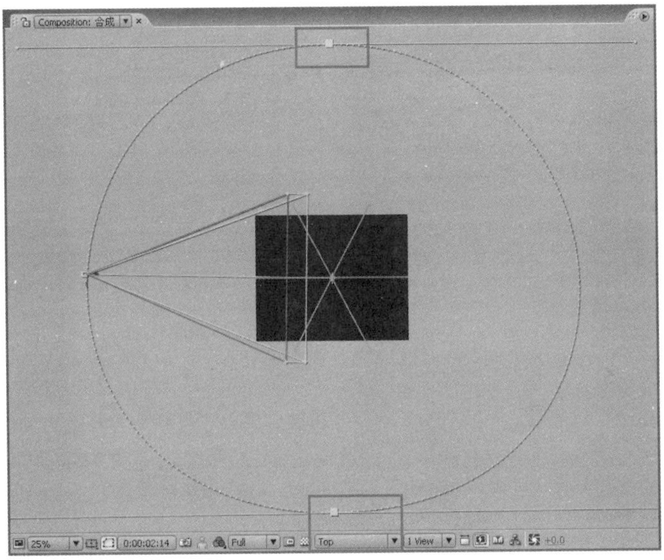

图14-72 调整摄像机位置路径

至此，激光植物一边旋转一边逐渐生长出枝干的动画效果就制作完成了。最终效果如图 14-73 所示。

图14-73　最终动画效果截图

至此，整个动画效果就完成了。

# 第 15 章

# 雷电天空场景效果

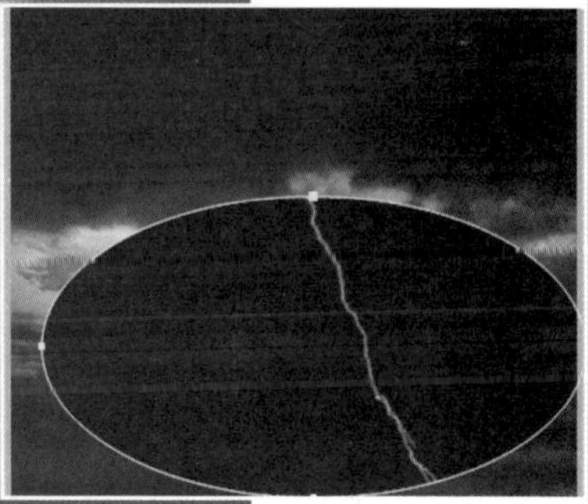

## 15.1 案例简介

这个案例表现的是天空中乌云密布、电闪雷鸣的动画效果。通过示意图可以分析如何在 After Effects 中制作这样的效果。

首先，通过设置 Position（位置）属性关键帧、复制并生成新图层、设置 Mask（遮罩）及运用 Fast Blur 特效等方法，制作出一张具有景深效果的天空图片从左向右移动的动画效果。其次，通过运用 Turbulent Displace 及 Corner Pin 等特效，制作出天空中乌云的细节变化效果及其流动时逼真的画面透视效果。再次，通过设置 Mask（遮罩）、复制并生成新图层、设置 Track Matte 模式、设置 Opacity（透明度）属性关键帧、运用 The Wiggler 抖动功能和 Glow 特效等方法，制作出天空中的部分云层因为闪电而忽明忽暗的视觉效果。最后，通过运用 Lightning 特效、设置 Mask（遮罩）、设置图层混合模式、设置 Opacity（透明度）属性关键帧、运用 The Wiggler 抖动功能等方法，制作出天幕中不断划过闪电的动画效果。制作思路示意图如图 15-1 所示，最后效果如图 15-2 所示。

(1) 天空效果从左向右位移的动画效果：设置 Position（位置）属性关键帧、复制并生成新图层、设置 Mask（遮罩）及运用 Fast Blur 特效

(2) 乌云的细节变化效果及其流动时逼真的画面透视效果：运用 Trubulent Displace、Corner Pin 特效

(3) 部分云层由于闪电的原因而忽明忽暗的视觉效果：设置 Mask（遮罩）、复制生成新图层、设置 Track Matte 模式、设置 Opacity（透明度）属性关键帧、运用 The Wiggler 抖动功能、运用 Glow 特效

(4) 天幕中不断划过闪电的动画效果：特效 Lightning，设置 Mask（遮罩），设置图层混合模式，设置 Opacity（透明度）属性关键帧，运用 The Wiggler 抖动功能

图15-1　制作思路示意图

图15-2 最后效果

# 15.2 具体制作

## 15.2.1 创建工程文件和天空效果图的位移动画

❶新建工程文件“合成”和合成文件“雷电天空”。首先启动 After Effects CS3 程序，并按快捷键 Ctrl+N 新建一个合成文件。然后在打开的合成文件设置对话框中设置“Composition Name（合成名称）”为“合成”。在 Basic（常规）选项卡下的 Preset（预置）下拉列表中选择“PAL D1/DV”选项，并设置 Width（宽）为“720”，Height（高）为“576”，“Frame Rate（帧率）”为“25 帧 / 秒”，Duration（持续时间）为“0:00:08:00”，再单击 OK（确定）按钮完成设置，如图 15-3 所示。

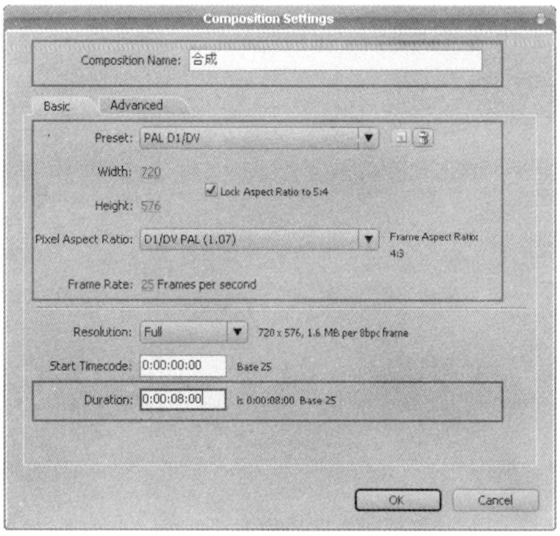


图15-3 新建工程文件

再次按快捷键 Ctrl+N 新建一个合成文件，并在打开的合成文件设置对话框中设置“Composition Name（合成名称）”为“雷电天空”。Basic（常规）选项卡下的其他选项设置可参照工程文件“合成”。

❷导入天空场景素材并将其置入合成文件“雷电天空”。在 Project 项目窗口中的空白处双击，打开 Import File（导入文件）对话框，在其中选择作为天空场景素材的 JPG 文件“天

空 01”，并单击“打开”按钮进行导入，如图 15-4 所示。

然后将图片素材“天空 01.jpg”从 Project 项目窗口调入“雷电天空”合成文件的 Timeline 面板中，生成“天空 01.jpg”层，如图 15-5 所示。

图15-4　导入素材文件

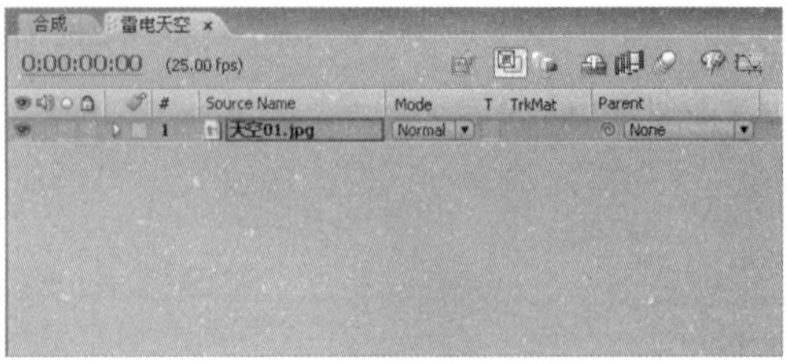


图15-5　素材置入合成文件

❸制作“天空 01.jpg”层的 Position（位置）关键帧动画。在 Timeline 面板内选中“天空 01.jpg”层并按快捷键 P, 调出该层的 Position 位置属性选项。然后在时间 0:00:00:00 处设置其 Position(位置)属性参数为(400.0,288.0),并单击其左侧的秒表图标新建一个 Position(位置)关键帧。接着在时间 0:00:07:24 处,将“天空 01.jpg”层的 Position(位置)参数改为(515.0,288.0)，即在最后一帧处，该层自动生成了新的 Position（位置）关键帧。至此，原天空效果图从左向右移动的动画效果就制作完成了，如图 15-6 所示，效果如图 15-7 所示。

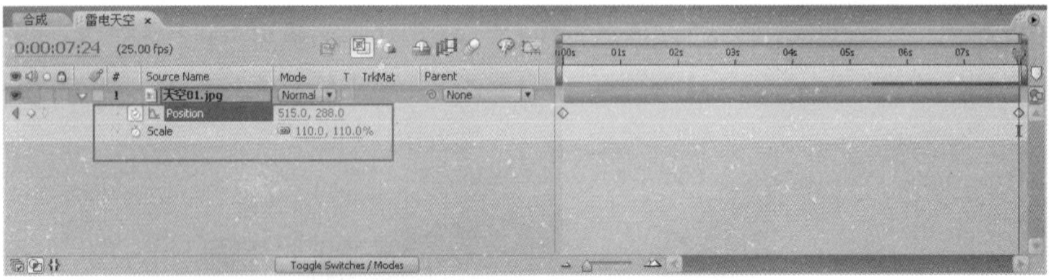


图15-6　设置Position（位置）关键帧

图15-7　效果截图

❹预合成“天空 01.jpg”层。在“雷电天空”合成文件的 Timeline 面板内，选中“天空 01.jpg”层并按快捷键 Ctrl+Shift+C 对其进行预合成操作。然后为新建的子合成文件取名为“pre- 天空 01”，并选中 Move all attributes into the new composition（把层属性移动到新建的子合成文件中）单选按钮，再单击 OK（确定）按钮，如图 15-8 所示。

观察“雷电天空”合成文件的 Timeline 面板内生成了“pre- 天空 01”合成层，如图 15-9 所示。

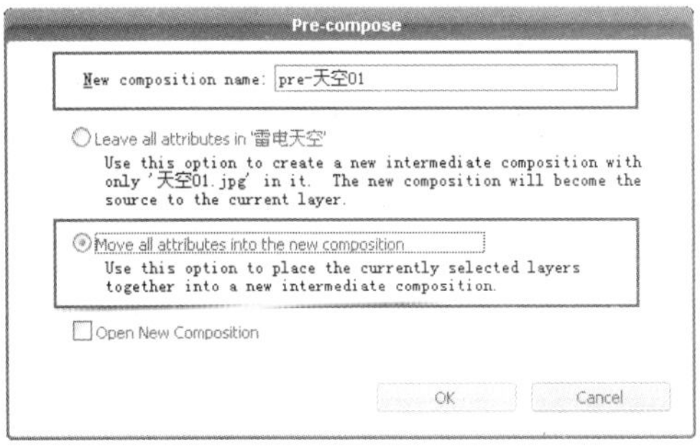


图15-8 预合成层

图15-9 生成合成层

❺复制并生成“天空前景和远景”合成层。在“雷电天空”合成文件内选中“pre- 天空 01”合成层，按快捷键 Ctrl+D 复制并新建该层，再按 Enter 键并将新建合成层改名为“天空前景和远景”，如图 15-10 所示。

❻为“天空前景和远景”合成层添加 Mask（遮罩）。首先，在“雷电天空”合成文件的 Timeline 面板内选中“天空前景和远景”合成层，接着在 Tools（工具）面板中单击“钢笔”工具按钮，然后在合成图像窗口中为该合成层绘制出封闭 Mask（遮罩），如图 15-11 所示。

注：此处Mask（遮罩）的形状是不规则的，而且其范围需覆盖住天空场景中的前景及远景处区域。

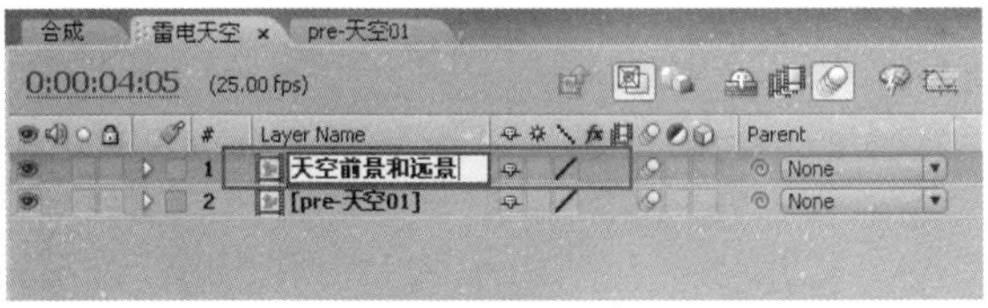


图15-10 复制生成合成层

图15-11 绘制出合成层的Mask（遮罩）

接着，选中“天空前景和远景”合成层并按快捷键 M 调出该合成层的 Mask（遮罩）属性选项，设置“Mask Feather（遮罩羽化）”参数为（15.0，15.0）。再设置其“Mask Expansion（遮罩扩展）”参数为“-15.0”，如图 15-12 所示，效果如图 15-13 所示。

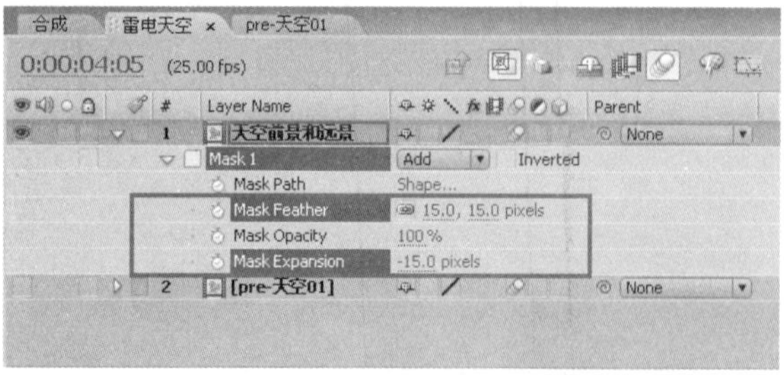


图15-12　设置合成层的Mask（遮罩）属性

图15-13　合成层Mask（遮罩）效果

❼为“天空前景和远景”合成层添加“Fast Blur（快速模糊）”特效。选择“天空前景和远景”合成层并右击，从弹出的快捷菜单中选择“Effect（特效）”→“Blur&Sharpen（模糊 & 锐化）”→“Fast Blur（快速模糊）”选项。然后在其“Fast Blur（快速模糊）”特效控制面板中，设置 Blurriness（模糊）为“10.0”，如图 15-14 所示，效果如图 15-15 所示。

**注**：对天空场景的前景及远景区域做模糊图像处理，可以快速地模拟出整个天幕的景深效果，以强化画面空间的纵深感。

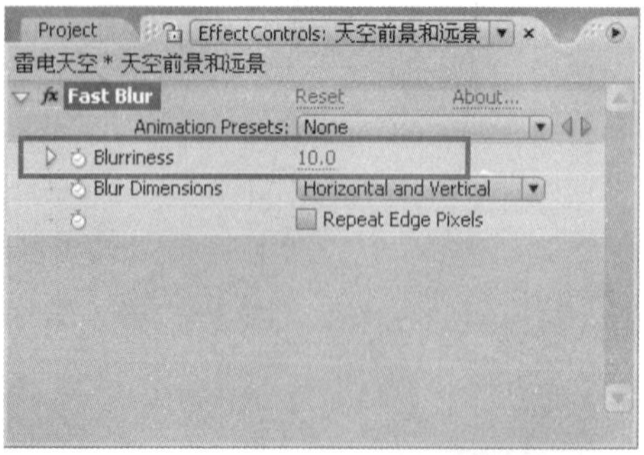


图15-14　Fast Blur特效参数设置

图15-15　合成层Fast Blur效果

## 15.2.2　制作乌云的细节变化效果、云层流动时的画面透视效果

❽将合成文件“雷电天空”置入“合成”工程文件。将“雷电天空”合成文件从 Project 项目窗口调入“合成”工程文件的 Timeline 面板中，即生成“雷电天空”合成层，如图 15-16 所示。

❾为“雷电天空”合成层添加 Turbulent Displace（剧烈置换）特效。在 Timeline 面板内选择“雷电天空”合成层并右击，从弹出的快捷菜单中选择“Effect（特效）”→“Distort（扭

曲 )”→“Turbulent Displace（剧烈置换 )”选项。然后在该合成层的“Turbulent Displace（剧烈置换 )”特效控制面板中，设置 Amount（数量）为“12.5”，Size（尺寸）为“7.5”，Complexity（复杂度）为“2.2”，如图 15-17 所示。

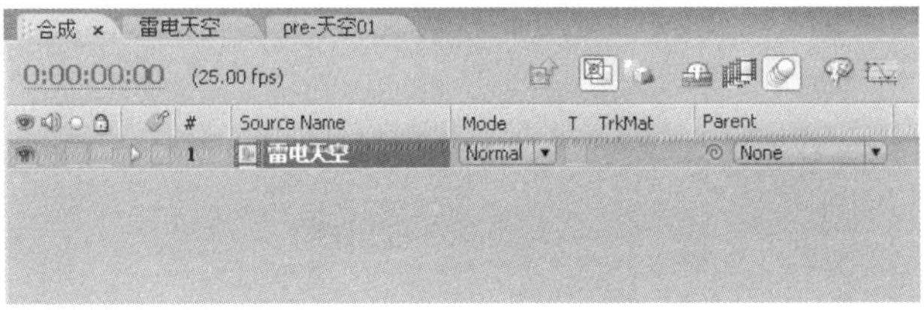


图15-16 合成文件置入工程文件

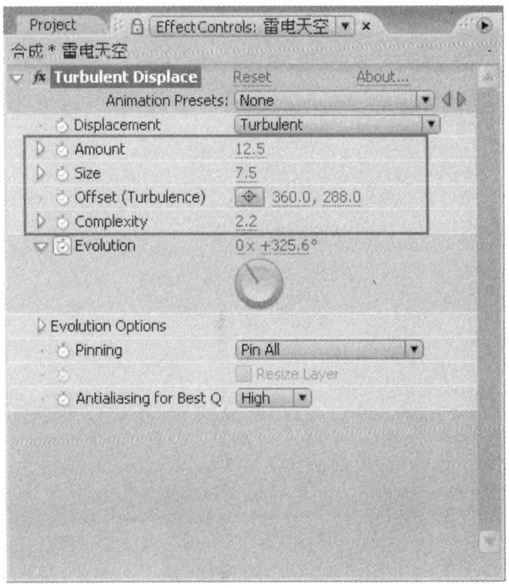


图15-17 Turbulent Displace特效参数设置

⑩制作“雷电天空”合成层的“Turbulent Displace（汹涌置换）”特效关键帧动画。首先将时间指针移至 0:00:00:00 处，并在“雷电天空”合成层的“Turbulent Displace（剧烈置换 )”特效控制面板中展开 Evolution( 相位演变 ) 选项，设置其 Evolution( 相位演变 ) 参数为（0x,0），再单击其左侧的秒表图标新建一个特效关键帧。

然后在时间 0:00:07:24 处，将“雷电天空”合成层“Turbulent Displace”特效内的 Evolution( 相位演变 ) 参数改为（12x,+0.0°），即在最后一帧处，该合成层的“Turbulent Displace”特效自动生成了新的 Evolution 属性关键帧，如图 15-18 所示。

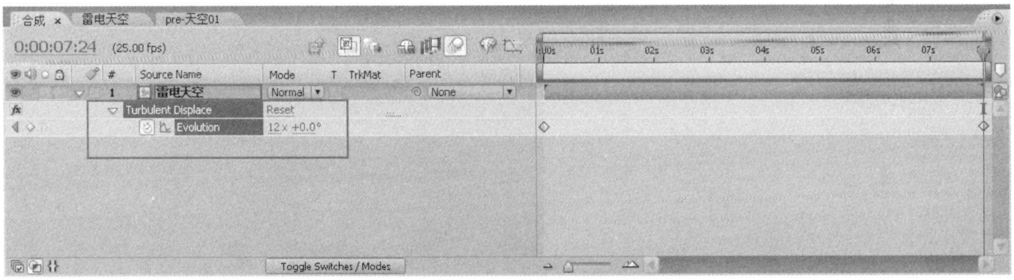


图15-18 设置合成层的Turbulent Displace特效关键帧

至此，云层内部细节变形的动画效果就制作完成了，效果如图 15-19 所示。

⑪为“雷电天空”合成层添加“Corner Pin（边角定位）”特效并设置其特效关键帧。在 Timeline 面板内选择“雷电天空”合成层并右击，从弹出的快捷菜单中选择“Effect（特效 )”→“Distort( 扭曲 )”→“Corner Pin( 边角定位 )”选项。然后在其“Corner Pin( 边角定位 )”特效控制面板中，设置“Upper Left（左上 )”为 (-440.0,0.0 )，“Upper Right（右上 )”为（720.0，0.0），“Lower Left（左下 )”为（0.0，576.0），“Lower Right（右下 )”为（720.0，576.0）。再将时间指针移至 0:00:00:00 处，分别单击“Upper Left（左上 )”和“Upper Right（右上 )”属性左侧的秒表图标，即可在 0:00:00:00 处分别为这两个属性新建特效关键帧，如图 15-20 所示。

注：Corner Pin（边角定位）特效可以重新定位图层4个边角的位置，从而使图像产生拉伸、收缩、倾斜或扭曲等变形效果。此处通过运用Corner Pin特效使天空场景的前景区域快速移动，而其远景区域则缓速移动。

图15-19　动画截图

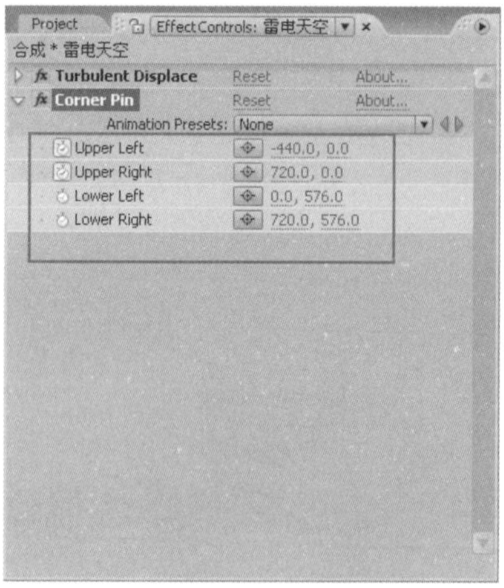


图15-20　Corner Pin特效参数设置

接着，在时间0:00:07:24处，将“雷电天空”合成层“Corner Pin”特效内的“Upper Left（左上）”参数改为（0.0，0.0），“Upper Right（右上）”参数改为（1280.0，0.0），即在最后一帧处，该合成层的“Corner Pin”特效自动生成了新的“Upper Left”、“Upper Right”属性关键帧，如图15-21所示。

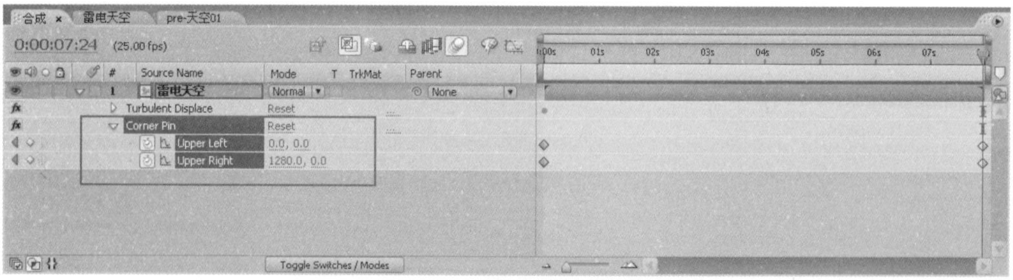


图15-21　设置合成层的Corner Pin特效关键帧

至此，模拟云层流动的画面透视效果就制作完成了，效果如图15-22所示。

图15-22　动画截图

### 15.2.3 制作部分云层忽明忽暗的视觉效果

⑫创建“天空亮部蒙版”层。在“合成”工程文件的 Timeline 面板内，按快捷键 Ctrl+Y 新建一个固态层。然后在弹出的对话框中设置 Name（名称）为“天空亮部蒙版”，Color（色彩）为“白色”，如图 15-23 所示。

⑬为“天空亮部蒙版”层添加 Mask（遮罩）。首先在“合成”工程文件的 Timeline 面板内选中“天空亮部蒙版”层，接着在 Tools（工具）面板中单击“钢笔”工具按钮，然后在合成图像窗口中为该层绘制出封闭 Mask（遮罩），如图 15-24 所示。

注：此处Mask（遮罩）的形状也是不规则的，而且其范围须覆盖住天空场景的中部区域，这也是本案例中闪电将出现的区域。

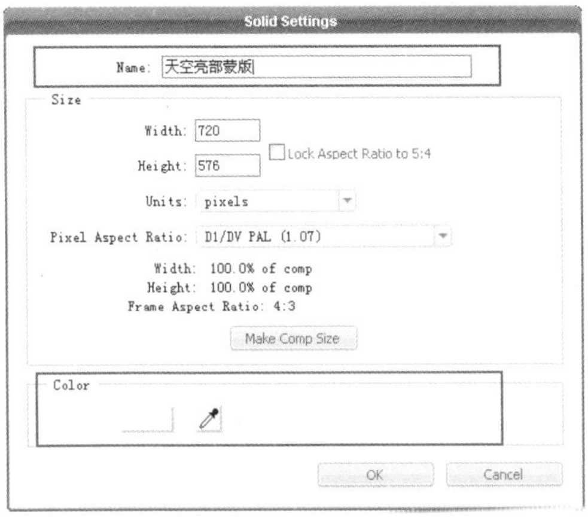


图15-23 创建层

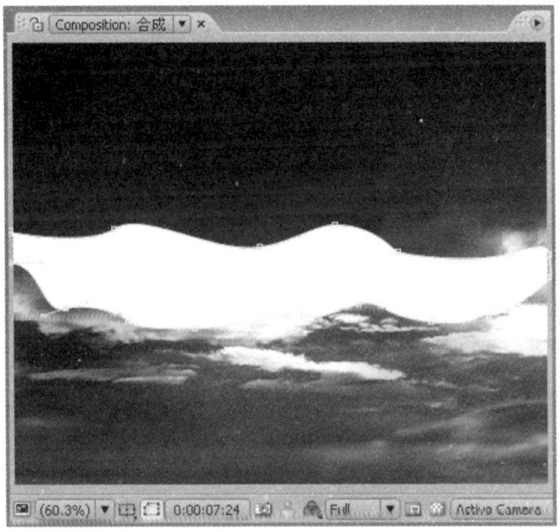


图15-24 绘制层的Mask（遮罩）

接着选中“天空亮部蒙版”层并按快捷键 M，调出该层的 Mask（遮罩）属性选项，设置其“Mask Feather（遮罩羽化）”的参数为（70.0，70.0），如图 15-25 所示，效果如图 15-26 所示。

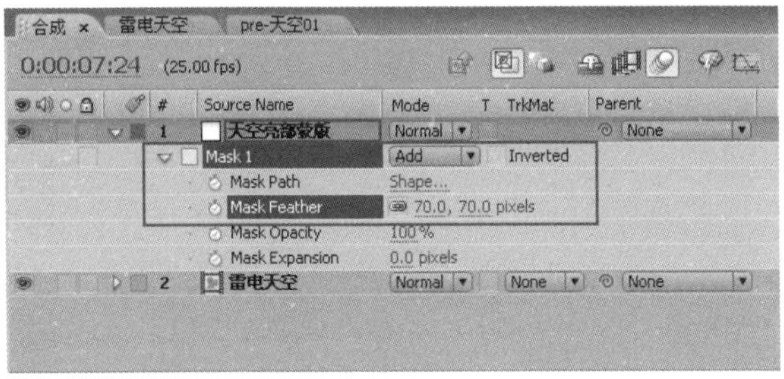


图15-25 设置层的Mask（遮罩）属性

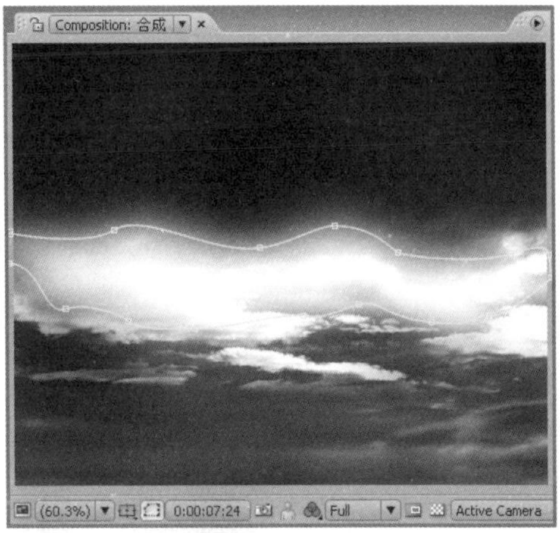


图15-26 Mask（遮罩）效果

⑭复制并生成“雷电天空亮部”合成层。在“合成”工程文件内选中“雷电天空”合成层，然后按快捷键 Ctrl+D 复制并新建该层，再按 Enter 键并将新建合成层改名为“雷电天空亮

部”。接着在 Timeline 面板内，将“雷电天空亮部”合成层置于“天空亮部蒙版”层的下方，如图 15-27 所示。

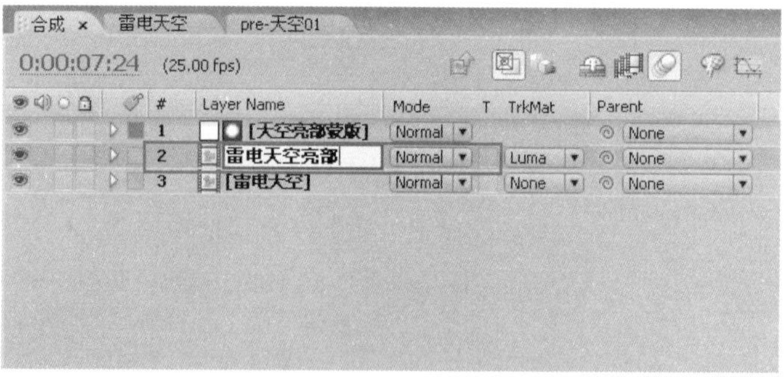

图15-27　复制并生成合成层

⑮设置“雷电天空亮部”合成层的“Track Matte”模式。在 Timeline 面板内单击“雷电天空亮部”合成层右侧的 Track Matte 下拉菜单，从中选择“Luma Matte‘〔天空亮部蒙版〕’选项”，即以上层“天空亮部蒙版”层的亮度区域作为下层“雷电天空亮部”合成层的透明通道，使下层图像从上层像素的亮度区域显示出来，如图 15-28 所示，效果如图 15-29 所示。

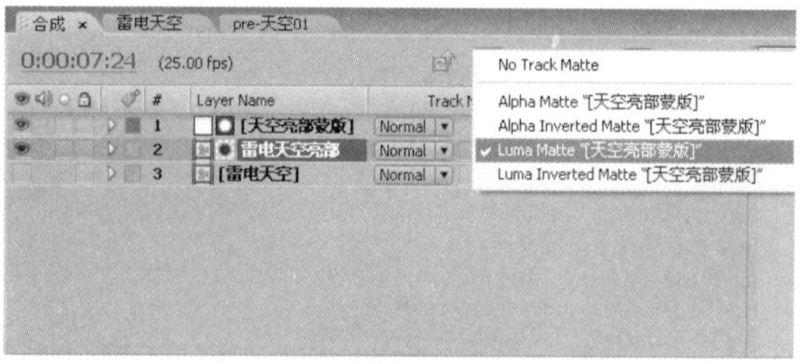

图15-28　设置合成层的Track Matte模式

图15-29　效果截图

⑯为“雷电天空亮部”合成层设置 Opacity（透明度）属性关键帧，并调整“雷电天空”合成层的 Opacity（透明度）属性。在 Timeline 面板内选中“雷电天空亮部”合成层并按快捷键 T，调出该合成层的 Opacity（透明度）属性选项，设置其 Opacity(透明度) 参数为“0”。再在时间 0:00:00:00 处，单击“雷电天空亮部”合成层 Opacity（透明度）属性左侧的秒表图标，为该合成层新建一个 Opacity（透明度）关键帧。

然后将时间指针移至 0:00:07:24 处，并单击“雷电天空亮部”合成层的 Opacity 属性中位于 Timeline 面板最左侧的菱形图标，为该合成层新建一个与之前关键帧参数一致的 Opacity(透明度)关键帧。最后使用与上述相同的方法，将“雷电天空”合成层的 Opacity(透明度) 属性参数设置为“50”，如图 15-30 所示。

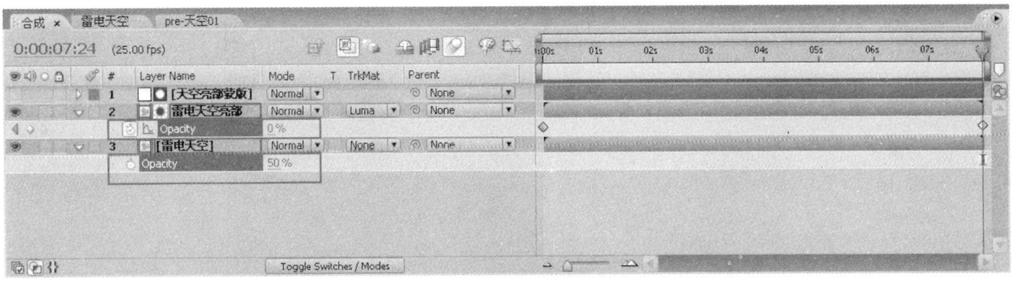

图15-30 为合成层设置Opacity关键帧并调整另一个合成层的Opacity属性

⑰为“雷电天空亮部”合成层的 Opacity 属性添加随机化关键帧。首先在“合成”工程文件的 Timeline 面板内，单击“雷电天空亮部”合成层的 Opacity（透明度）属性选项，同时选中其前后两个关键帧。然后在 After Effects 主菜单栏中选择“Window（窗口）”→“The Wiggler(抖动器)”选项，打开“The Wiggler(抖动器)”设置对话框。

在“The Wiggler(抖动器)”设置对话框中设置“Apply To(应用到)”为“Temporal Graph(时间曲线图)”，“Noise Type(噪波类型)”为“Smooth(平滑)”，“Dimensions(方向)”为“All Independently(全维数独立)”，“Frequency(频率)”为“8per second(帧/秒)”，“Magnitude(数量)”为“300.0”。然后单击该对话框下侧的 Apply(应用)按钮，即将自定义的“The Wiggler”命令应用于该合成层的 Opacity（透明度）属性关键帧，如图 15-31 所示。

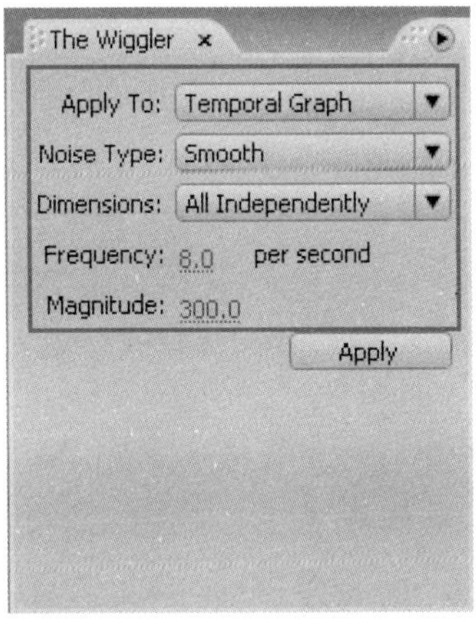

图15-31 The Wiggler设置对话框

> 注：由于“雷电天空亮部”合成层的Opacity（透明度）属性的前后两个关键帧参数皆为“0”，因此该合成层没有任何图像效果显示及透明度变化。此处我们通过“The Wiggler”命令为该合成层的Opacity（透明度）属性添加随机化关键帧，制作出天幕的中部区域忽明忽暗、斑驳闪烁的视觉效果。
>
> “The Wiggler”命令可以根据自定义设置在各种属性关键帧之间自动添加随机化关键帧，从而制作位置抖动、忽明忽暗、特效强度随机增减等动画效果。

观察 Timeline 面板内“雷电天空亮部”合成层的 Opacity（透明度）属性选项，可以看到该属性参数随机增减的关键帧都已全部自动生成，其随机生成频率为 8 关键帧/秒，随机变化范围为该属性参数 300，如图 15-32 所示，效果如图 15-33 所示。

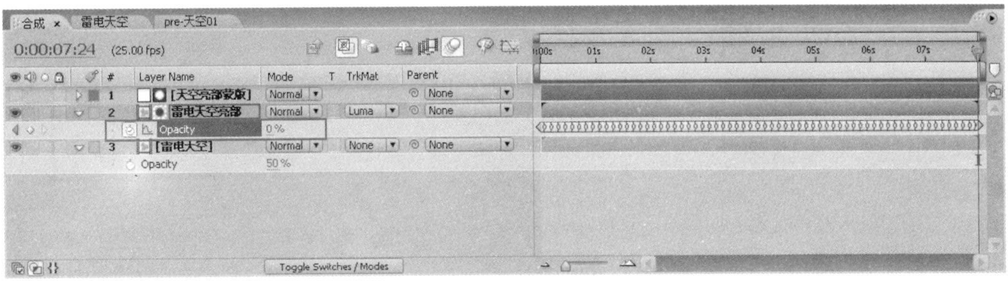

图15-32 添加命令自动生成关键帧

图15-33　动画效果截图

⑱为“雷电天空亮部”合成层添加 Glow（辉光）特效。在“合成”工程文件内选择“雷电天空亮部”合成层并右击，从弹出的快捷菜单中选择“Effect（特效）”→“Stylize（风格化）”→“Glow（辉光）”选项。然后在其 Glow（辉光）特效控制面板中，设置“Glow Threshold(辉光极限值)”为“83%”，“Glow Radius（辉光半径）”为“44.0”，“Glow Intensity（辉光强度）”为“0.7”，“Glow Operation（辉光操作）”为“Screen（屏幕）”，如图 15-34 所示，效果如图 15-35 所示。

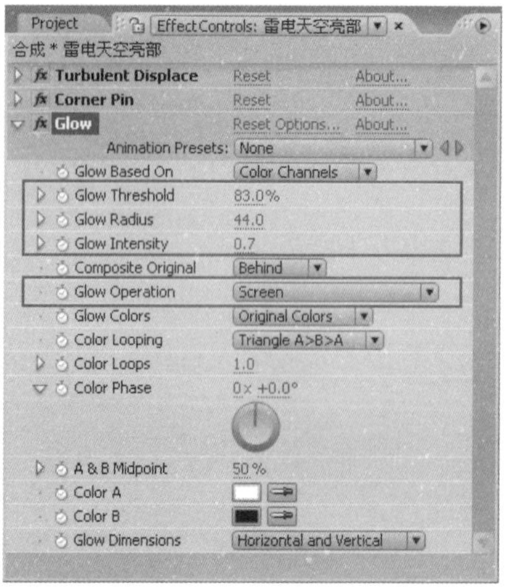


图15-34　Glow特效参数设置

图15-35　合成层Glow效果

## 15.2.4　制作天幕中不断划过闪电的动画效果

⑲创建“闪电”层。切换到“合成”工程文件的 Timeline 面板，并按快捷键 Ctrl+Y，在“合成”工程文件内新建一个固态层。然后在打开的对话框中设置 Name（名称）为“闪电”，Color（色彩）为“黑色”，如图 15-36 所示。

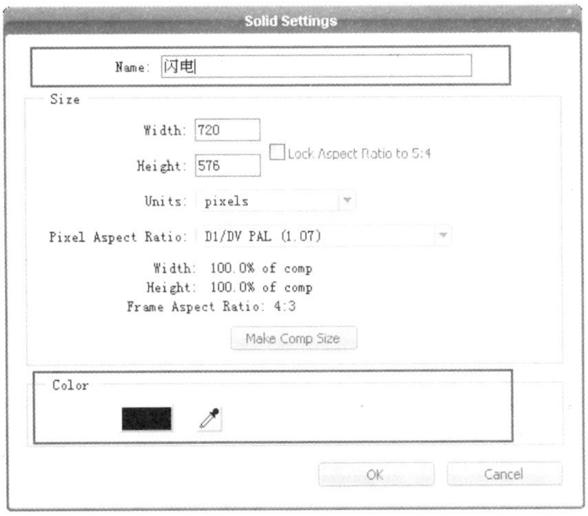


图15-36 创建层

⑳为“闪电”层添加 Lightning（闪电）特效。在“合成”工程文件的 Timeline 面板内选择“闪电”层并右击，从弹出的快捷菜单中选择“Effect（特效）”→“Generate（生成）”→“Lightning（闪电）”选项。然后在其 Lightning（闪电）特效控制面板中，设置“Start point（开始点）”为（350.0，175.0），“End point（结束点）”为（550.0,585.0），Segments（片段）为“13”，“Detail Level（细节级别）”为“4”，Speed（速度）为“5”，Width（宽度）为“12.500”，“Outside Color（外部色彩）”为“蓝色（0000FF）”，“Inside Color（内部色彩）”为“白色”，如图 15-37 所示。

> 注：Lightning（闪电）特效可以模拟出逼真的闪电、电弧效果，并且能自动生成闪电动画。

这样，黑暗中不断划过闪电的动画效果已经初步产生，如图 15-38 所示。

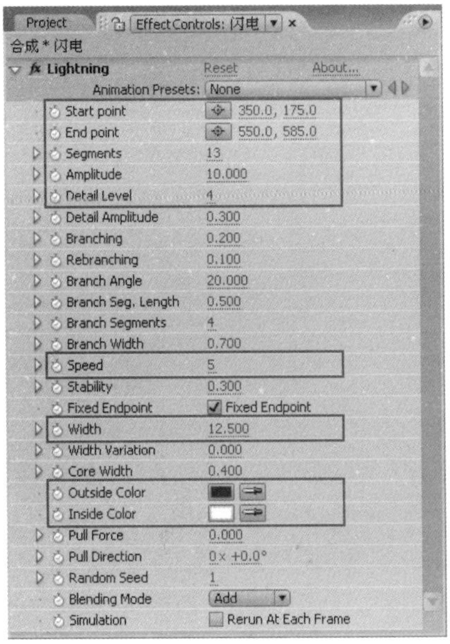


图15-37 Lightning特效参数设置

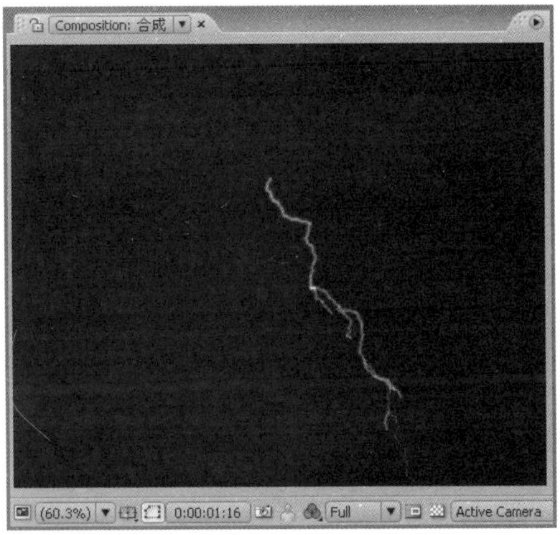


图15-38 动画截图

㉑预合成“闪电”层。在“合成”工程文件的Timeline面板内，选中“闪电”层并按快捷键Ctrl+Shift+C对其进行预合成操作。然后为新建的子合成文件取名为“闪电Comp 1”，并选中Move all attributes into the new composition（把层属性移动到新建的子合成文件中）单选按钮，再单击OK（确定）按钮，如图15-39所示。

㉒为“闪电 Comp 1”合成层添加Mask遮罩。首先在“合成”工程文件的Timeline面板内选中“闪电 Comp 1”合成层，接着在Tools（工具）面板中单击“圆形Mask”工具按钮，然后在合成图像窗口中为该合成层绘制出椭圆形状Mask(遮罩)，如图15-40所示。

> **注**：此处Mask（遮罩）的形状是一个横向的椭圆形，而且其范围须覆盖住闪电效果的中间区域。

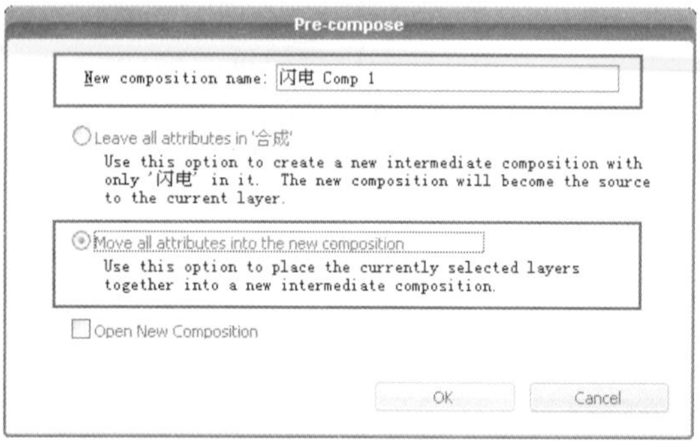


图15-39　预合成层

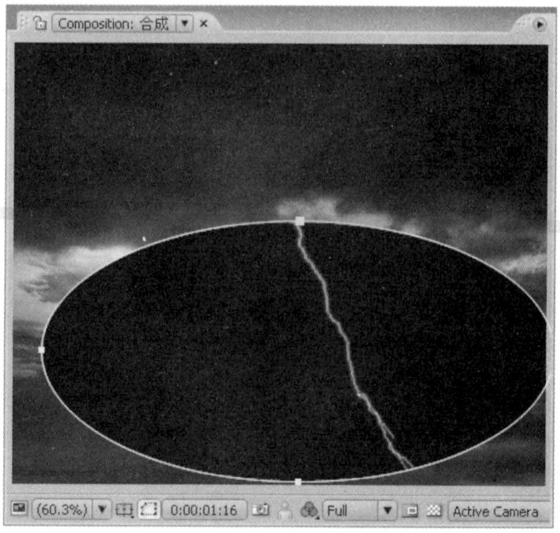


图15-40　绘制合成层的Mask遮罩

然后选中“闪电 Comp 1”合成层，并按快捷键M调出该合成层的Mask（遮罩）属性选项，设置其“Mask Feather（遮罩羽化）”参数为（55.0，55.0），如图15-41所示，效果如图15-42所示。

图15-41　设置合成层的Mask（遮罩）属性

图15-42　合成层Mask（遮罩）效果

㉓设置“闪电 Comp 1”合成层的 Opacity（透明度）属性及其图层混合模式。首先在 Timeline 面板内选中“闪电 Comp 1”合成层，并按快捷键 T 打开该合成层的 Opacity（透明度）属性选项，设置其 Opacity（透明度）参数为“75”。

然后在 Timeline 面板中，单击“闪电 Comp 1”合成层右侧的 Mode（混合模式）下拉菜单，从中选择“Add（添加）”选项，如图 15-43 所示，效果如图 15-44 所示。

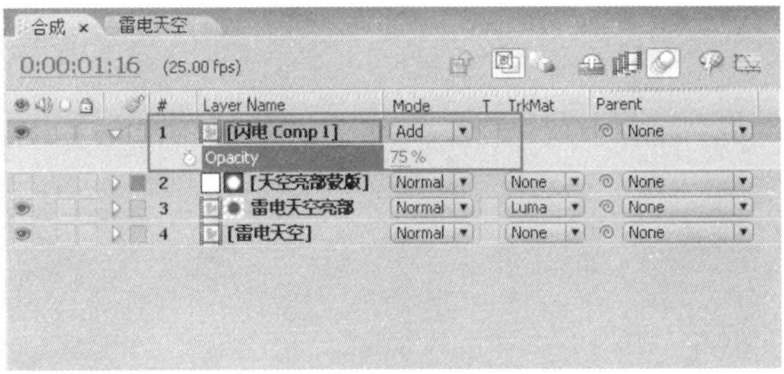


图15-43 设置合成层的Opacity属性及其混合模式

图15-44 闪电效果

㉔为“闪电 Comp 1”合成层的 Opacity（透明度）属性添加随机化关键帧。首先，在 Timeline 面板内展开“闪电 Comp 1”合成层的 Opacity（透明度）属性选项，并设置其 Opacity（透明度）参数为“0”。然后在时间 0:00:00:00 处，单击“闪电 Comp 1”合成层中 Opacity 属性左侧的秒表图标，为该合成层新建一个 Opacity（透明度）关键帧。

接着，将时间指针移至 0:00:07:24 处，并单击“闪电 Comp 1”合成层的 Opacity 属性中位于 Timeline 面板最左侧的菱形图标，为该合成层新建一个与之前关键帧参数一致的 Opacity（透明度）关键帧，如图 15-45 所示。

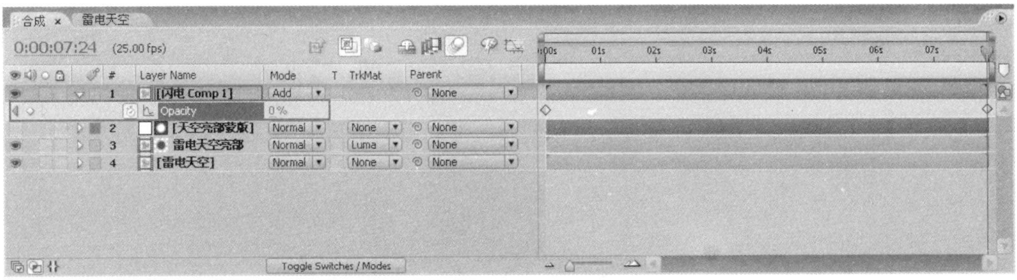


图15-45 设置合成层的Opacity（透明度）关键帧

然后，在“合成”工程文件的 Timeline 面板内，单击“闪电 Comp 1”合成层的 Opacity 属性选项，同时选中其前后两个关键帧。接着在 After Effects 主菜单栏中选择“Window（窗口）”→“The Wiggler（抖动器）”选项，打开“The Wiggler（抖动器）”设置对话框。设置“Apply To（应用到）”为“Temporal Graph（时间曲线图）”，“Noise Type（噪波类型）”为“Smooth（平滑）”，Dimensions（方向）为“All Independently（全维数独立）”，Frequency（频率）为“9 per second（帧/秒）”，Magnitude（数量）为“200”。然后单击该对话框下侧的 Apply（应用）按钮，即将自定义的“The Wiggler”命令赋予该合成层的 Opacity 属性关键帧，如图 15-46 所示。

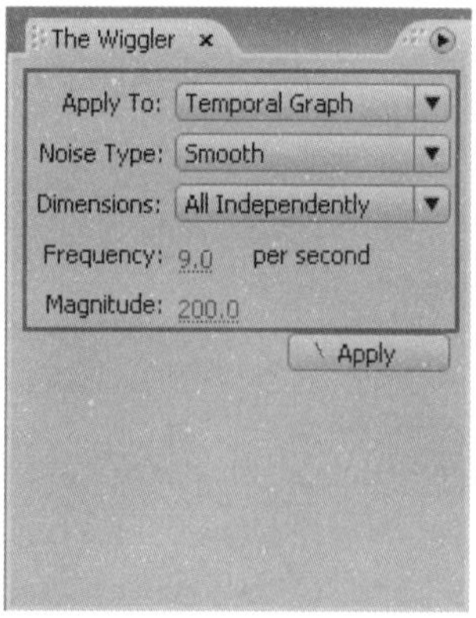


图15-46 设置对话框

注：此处通过The Wiggler命令为“闪电 Comp 1”合成层的Opacity（透明度）属性添加随机化关键帧，制作出天幕中划过的闪电忽明忽暗的视觉效果。

观察 Timeline 面板内“闪电 Comp 1”合成层的 Opacity（透明度）属性选项，可以看到该属性参数随机增减的关键帧都已全部自动生成，其随机生成频率为 9 关键帧/秒，随机变化范围为该属性参数“200”，如图 15-47 所示。至此，天幕中不断划过闪电的动画效果就制作完成了。最终效果如图 15-48 所示。

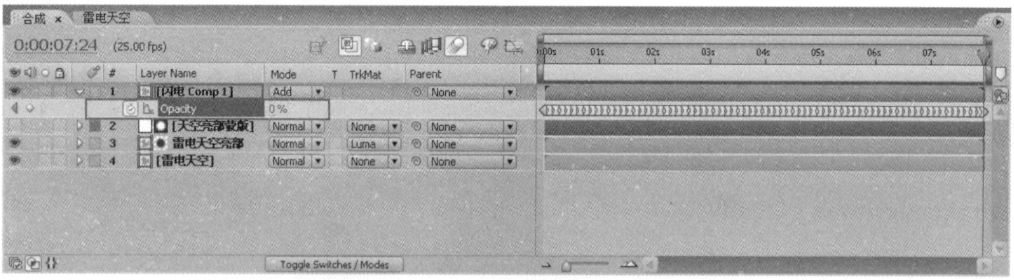


图15-47 添加命令自动生成关键帧

图15-48 最终动画效果截图

至此，本案例的具体制作步骤结束。

## 15.3　同类索引

通过本章案例的学习，用户已经知道如何制作乌云密布、电闪雷鸣的场景动画效果。首先，天空场景素材的景深效果及其从左向右移动的动画效果，是通过设置 Position（位置）属性关键帧、复制并生成新图层、设置 Mask 遮罩及运用 Fast Blur 特效等方法来实现的。其次，天空中乌云的细节变化效果及其流动时逼真的画面透视效果，则是通过运用 Turbulent Displace、Corner Pin 等特效来实现的。

而天空中的部分云层由于闪电的原因而忽明忽暗的视觉效果，则是通过设置 Mask（遮罩）、复制并生成新图层、设置 Track Matte 模式、设置 Opacity（透明度）属性关键帧、运用 The Wiggler 抖动功能及运用 Glow 特效等方法来实现的。最后一个环节是天幕中不断划过闪电的动画效果，主要通过运用 Lightning 特效、设置 Mask（遮罩）、设置图层混合模式、设置 Opacity（透明度）属性关键帧及运用 The Wiggler 抖动功能等方法来实现的。

可以看出，Turbulent Displace，Corner Pin、Lightning 等特效的运用和 The Wiggler 抖动功能的设置是本章案例的重要知识点。下面将本节制作思路及方法进行扩展延伸，探寻此类影像效果的画面细节并充分挖掘其运用到的 After Effects 中的其他技巧。

● **索引案例：天高流云涌**

这个索引案例表现的是天空中浮云流动的场景动画效果。这样的天空场景效果与本章案例“雷电天空场景效果”有所不同，主要区别在于天气环境和云彩运动方式不同。本章案例中所表现的天气环境是乌云密布、电闪雷鸣，而此索引案例中所表现出来的是蓝天白云。另外，本章案例中的云层是从左向右漂移的，而此索引案例中的白色浮云是从近景处向远景处流动的，其动画画面的纵深感更加强烈。此索引案例所表现的天空云彩类影像效果可以用“天高流云涌”这样的词语来形容，其画面效果在实景拍摄乃至影视特效制作中都十分常见。那么如何运用本章案例的制作逻辑制作这种新的动画效果呢？

由于最终效果存在天气环境和云彩运动方式这两点差异，因此索引案例“天高流云涌”的制作步骤将主要根据这两方面来做出调整和延伸。首先，运用 Fractal Noise、Brightness&Contrast、Tint 等特效，制作出模拟平面天空的噪波动画效果；接着，通过设置 3D 图层属性、调整图层旋转属性、设置 Mask（遮罩）、复制并生成新图层等方法，模拟出仰视视角的天空透视效果；然后，通过运用 Corner Pin、Turbulent Displace 等特效，制作出浮云的细节变化效果及其流动时逼真的画面透视效果。

需要注意的是，此索引案例中的天空场景素材并非导入的拍摄所得素材，而是运用 Fractal Noise、Brightness&Contrast、Tint 等特效来制作完成的，这样的模拟天空、云彩、烟雾效果的制作技巧值得借鉴。案例最后效果如图 15-49 所示。

图15-49　索引案例最后效果

下面介绍索引案例的具体操作步骤。

● **索引案例制作步骤**

①新建工程文件“合成”和“天空云彩”层。首先按快捷键 Ctrl+N 新建一个合成文件，并设置“Composition Name（合成名称）”为“合成”，然后在 Basic（常规）选项卡下的 Preset（预置）下拉列表中选择“PAL D1/DV”选项。再设置 Duration（持续时间）为“0:00:10:00”，接着单击 OK（确定）按钮，完成设置。

再按快捷键 Ctrl+Y，在“合成”工程文件内新建一个固态层。然后在打开的对话框中设置 Name（名称）为“天空云彩”，Color（色彩）为“黑色”，如图 15-50 所示。

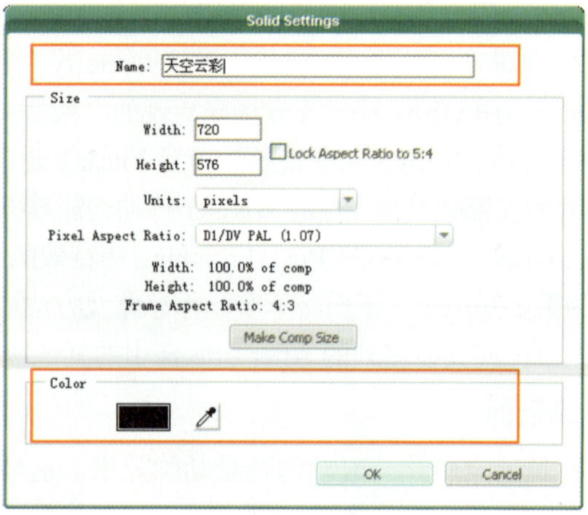


图15-50　创建层

②为“天空云彩”层添加 Fractal Noise（分形噪波）特效并设置其特效关键帧。在“合成”工程文件中选择“天空云彩”层并右击，从弹出的快捷菜单中选择“Effect（特效）”→“Noise&Grain（噪点和颗粒）”→“Fractal Noise（分形噪波）”选项。然后在其“Fractal Noise”特效控制面板中，设置“Fractal Type（分形类型）”为“Basic（基本）”，“Noise Type（噪波类型）”为“Spline（花键）”，Contrast（对比度）为“225.0”，Brightness（亮度）为“18.0”，Complexity（噪波复杂度）为“4.0”。再展开 Transform（转换）选项，设置 Scale（尺寸）为“78.5”，“Offset Turbulence（偏移抖动差值）”为（360.0，66.0），如图 15-51 所示，效果如图 15-52 所示。

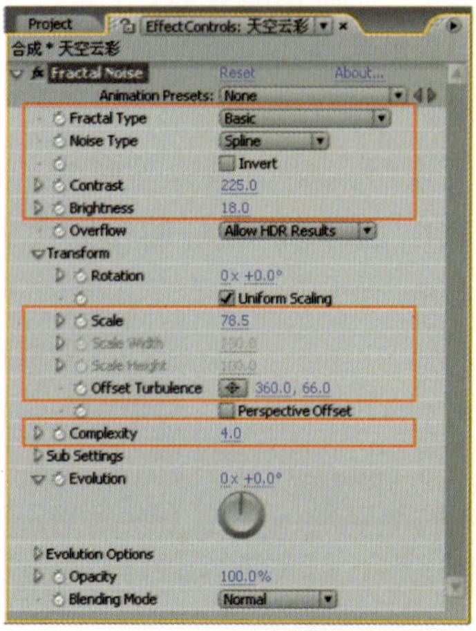


图15-51　Fractal Noise特效参数设置

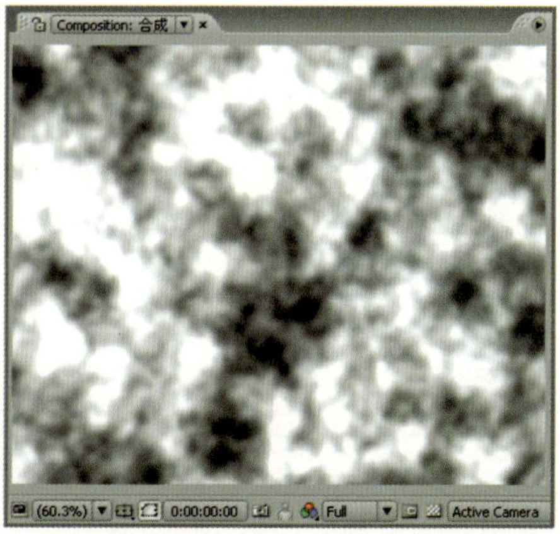


图15-52　Fractal Noise效果

接着，将时间指针移至 0:00:00:00 处，在“天空云彩”层的“Fractal Noise”特效控制面板中展开 Transform( 转换 ) 选项，并设置“Offset Turbulence ( 偏移抖动 )”为 ( 360.0，66.0 )。再单击该属性左侧的秒表图标新建一个特效关键帧。然后设置 Evolution( 相位演变 ) 为 ( 0x,+0.0° )，再单击 Evolution( 相位演变 ) 属性左侧和秒表图标新建一个特效关键帧。接着在 Timeline 面板内打开“天空云彩”层右侧分功能设置开关面板 ( Switches ) 中的运动模糊开关，如图 15-53 所示。

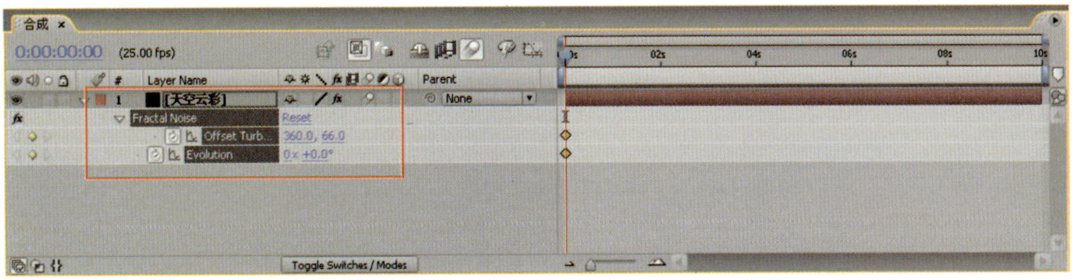


图15-53 设置层的Fractal Noise特效关键帧

然后，在时间 0:00:09:24 处，将“天空云彩”层中“Fractal Noise( 分形噪波 )”特效内的“Offset Turbulence ( 偏移抖动 )”属性设置改为 ( 455.0，550.0 )，再将 Evolution( 相位演变 ) 属性设置改为 ( 5x,+0.0° )。至此，模拟平面天空效果的灰度噪波动画就制作完成了，如图 15-54 所示。

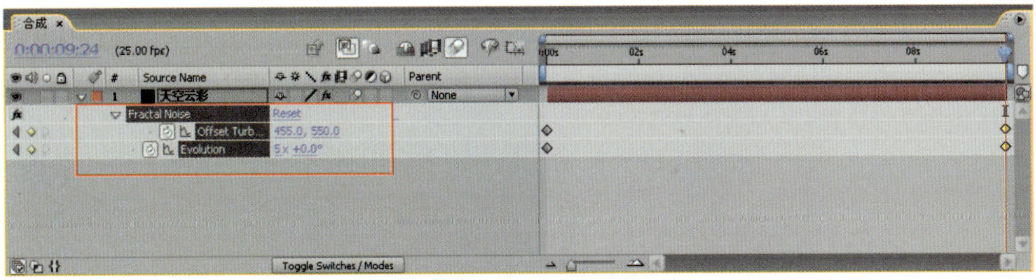


图15-54 设置层的Fractal Noise特效关键帧

❸为“天空云彩”层添加 Brightness&Contrast ( 亮度 & 对比度 ) 特效。在“合成”工程文件中选择“天空云彩”层并右击，从弹出的快捷菜单中选择“Effect( 特效 )”→“Color Correction ( 颜色修正 )”→“Brightness&Contrast ( 亮度 & 对比度 )”选项，然后按照如图 15-55 所示进行设置，效果如图 15-56 所示。

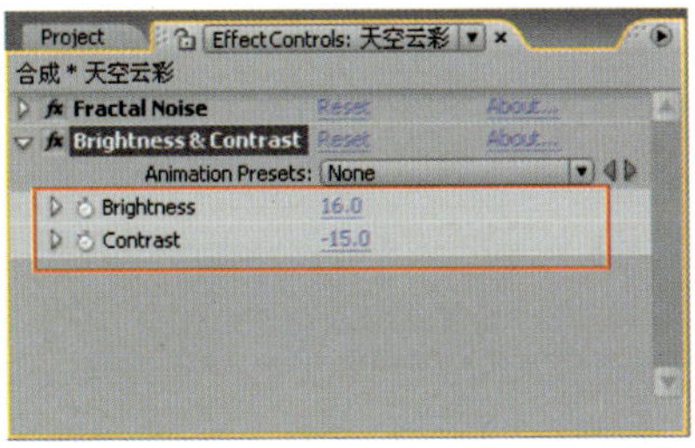


图15-55 Brightness&Contrast特效参数设置

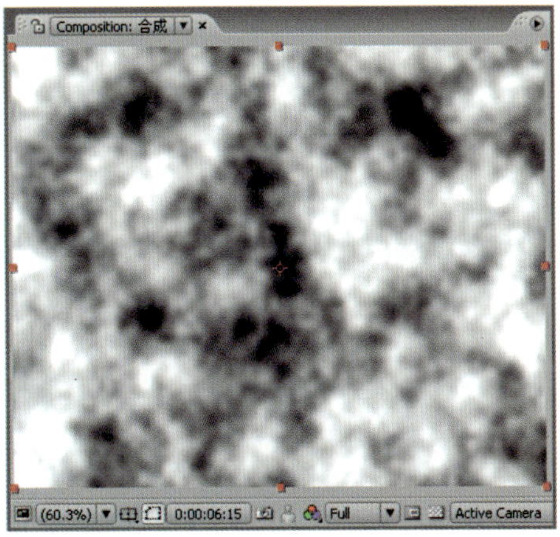


图15-56 Brightness&Contrast效果

❹为“天空云彩”层添加 Tint（染色）特效。在“合成”工程文件中选择“天空云彩”层并右击，从弹出的快捷菜单中选择“Effect（特效）”→“Color Correction（颜色修正）”→“Tint（染色）”选项。然后在其特效控制面板内设置“Map Black To（映射黑色到）”为“深蓝色（004A88）”，“Map White To（映射白色到）”为“白色”，“Amount to Tint（色彩量）”为“100.0”，如图 15-57 所示。

至此，模拟平面天空的噪波动画效果就制作完成了，效果如图 15-58 所示。

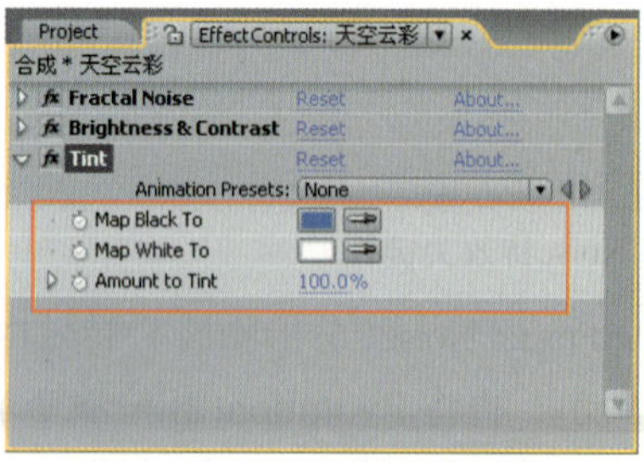


图15-57　Tint特效参数设置

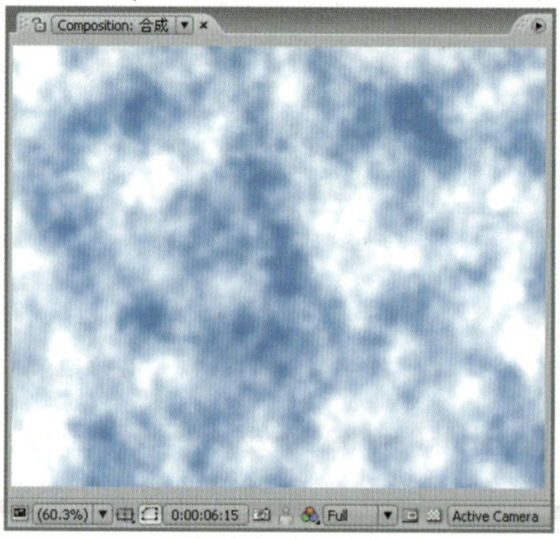


图15-58　Tint效果

❺将“天空云彩”层设置为 3D 图层。在“合成”工程文件的 Timeline 面板内选中“天空云彩”层，然后打开其右侧分功能设置开关面板（Switches）中的“3D 图层”开关，将该层设置为 3D 图层，如图 15-59 所示。

图15-59　将层设置为3D图层

❻调整“天空云彩”层的 Rotation（旋转）属性参数。在 Timeline 面板内设置“天空云彩”层的“X Rotation（旋转）”参数为（0x,+52.0°），再设置其“Y Rotation（旋转）”参数为（0x,-5.0°），如图 15-60 所示，效果如图 15-61 所示。

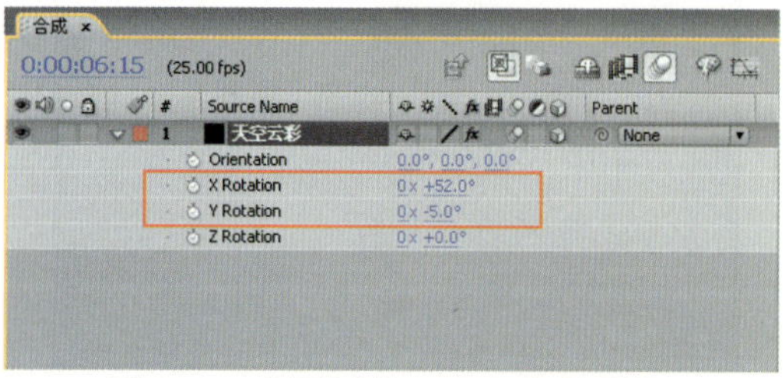


图15-60　调整层的Rotation旋转参数

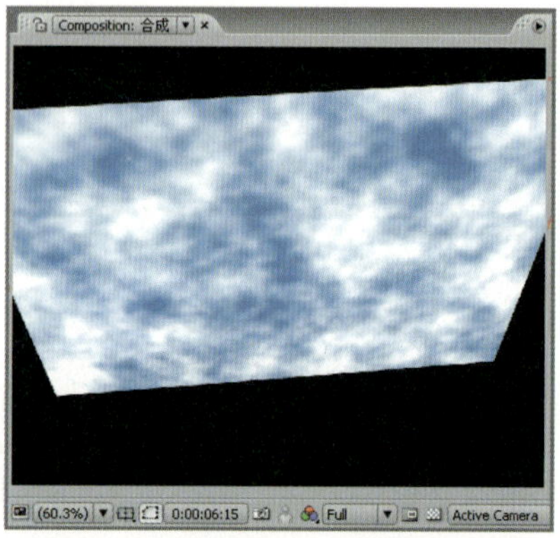


图15-61　调整Rotation属性后效果

7调整“天空云彩”层的 Scale（缩放）、Position（位置）属性参数。在 Timeline 面板内设置“天空云彩”层的 Scale 缩放参数为（180.0，180.0，180.0），再设置其 Position 位置参数为（369.0，415.4，0.0），如图 15-62 所示，效果如图 15-63 所示。

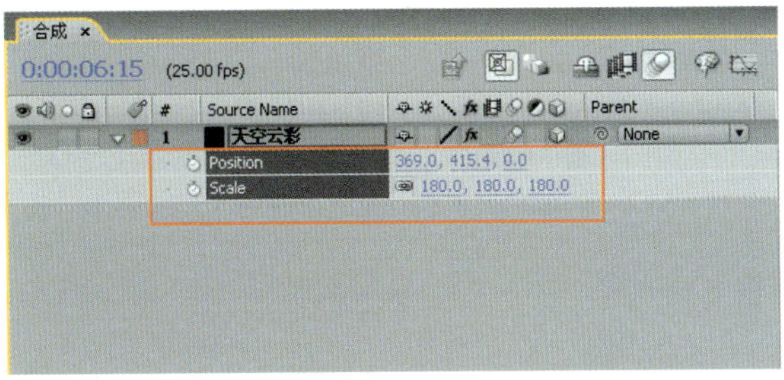


图15-62 调整Scale和Position属性参数

图15-63 调整属性后效果

8为“天空云彩”层添加 Mask（遮罩）。首先在 Timeline 面板内选中“天空云彩”层，接着在 Tools（工具）面板中单击“钢笔”工具按钮，然后在合成图像窗口中为该层绘制出封闭 Mask（遮罩），如图 15-64 所示。

> 注：此处Mask（遮罩）的形状是不规则的，而且其范围须覆盖住天空场景的前景及中景区域。

然后选中“天空云彩”层，并按快捷键 M 调出该层的 Mask（遮罩）属性选项，再设置“Mask Feather（遮罩羽化）”参数为（55.0，55.0），如图 15-65 所示，效果如图 15-66 所示。

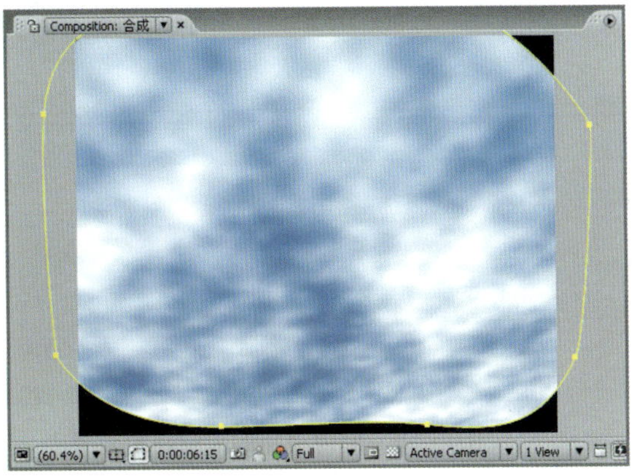


图15-64 绘制出层的Mask遮罩

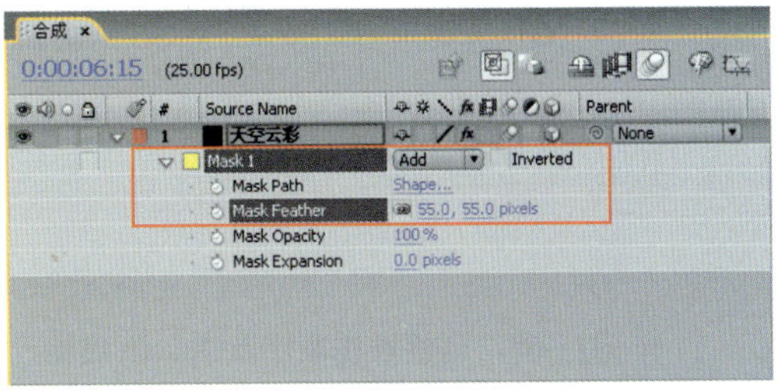


图15-65 设置层的Mask（遮罩）属性

⑨复制并生成“天空云彩远景”层并调整其图层堆栈顺序及 Opacity（透明度）属性。在“合成”工程文件内选中“天空云彩”层，然后按快捷键 Ctrl+D 复制并新建该层，再按 Enter 键并将新建层改名为“天空云彩远景”，如图 15-67 所示。

图15-66　Mask（遮罩）效果

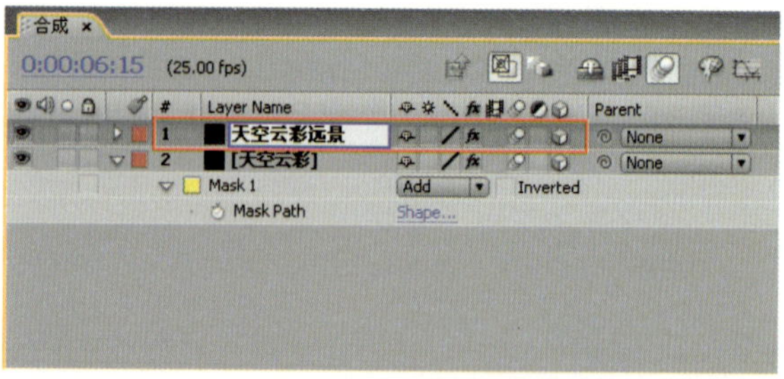


图15-67　复制生成层

然后在 Timeline 面板内选中“天空云彩远景”层，并按快捷键 M 调出该层的“Mask 1”选项，再按 Delete 键将该层的“Mask 1（遮罩）”删除。接着设置“天空云彩远景”层的 Opacity（透明度）参数为“50”，最后在 Timeline 面板内将“天空云彩远景”层置于“天空云彩”层的下方，如图 15-68 所示。

观察“合成”工程文件的合成图像窗口，可以看到仰视视角的天空透视效果已经产生，并且天空场景的远景处色调显得较为暗淡、幽远，效果如图 15-69 所示。

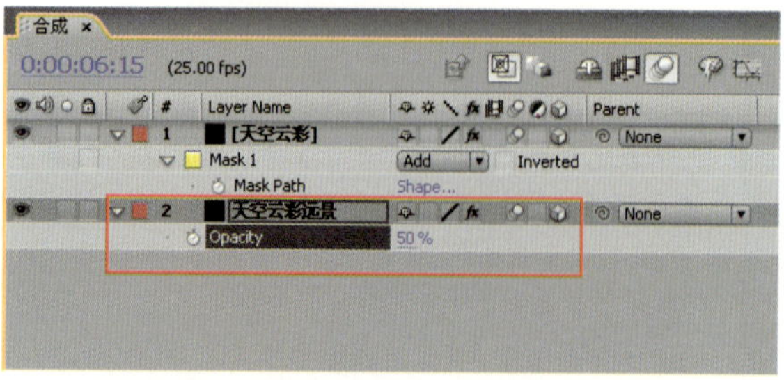


图15-68　调整堆栈顺序及Opacity属性

图15-69　仰视视角的天空透视效果

⑩预合成“天空云彩”层及“天空云彩远景”层。在“合成”工程文件的 Timeline 面板内，按住 Ctrl 键的同时选中“天空云彩”层和“天空云彩远景”层，再按快捷键 Ctrl+Shift+C 对这两个图层进行合并预合成操作。然后为新建的子合成文件取名为“Pre- 天空云彩”，并选中 Move all attributes into the new composition（把层属性移动到新建的子合成文件中）单选按钮再单击 OK（确定）按钮，如图 15-70 所示。

⑪为“Pre- 天空云彩”合成层添加“Corner Pin( 边角定位 )”特效并设置其特效关键帧。在“合成” 工程文件的 Timeline 面板内选择 “Pre- 天空云彩” 合成层并右击，从弹出的快捷菜单中选择 “Effect（特效）” → “Distort（扭曲）” → “Corner Pin（边角定位）” 选项。然后在其 “Corner Pin（边角定位）” 特效控制面板中，设置 “Upper Left（左上）” 为（-492.0，0.0），“Upper Right（右上）”为（720.0，0.0）。设置 “Lower Left（左下）” 为（0.0，576.0）。“Lower Right（右下）” 为（720.0，576.0）。再将时间指针移至 0:00:00:00 处，分别单击 “Upper Left（左上）” 和 “Upper Right（右上）” 属性左侧的秒表图标，即可在 0:00:00:00 处新建这两个属性的特效关键帧，如图 15-71 所示。

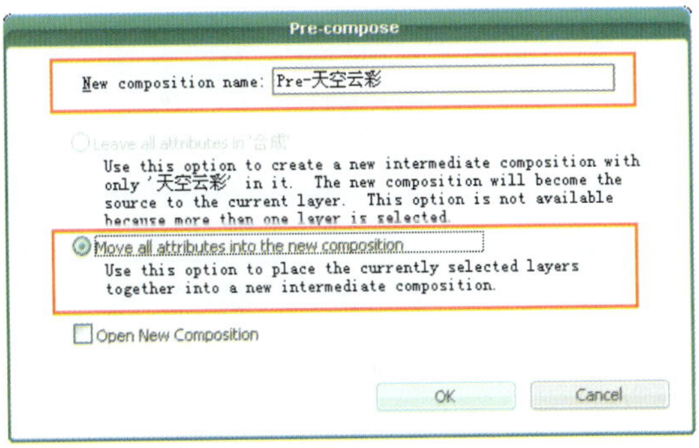


图15-70　合并预合成操作

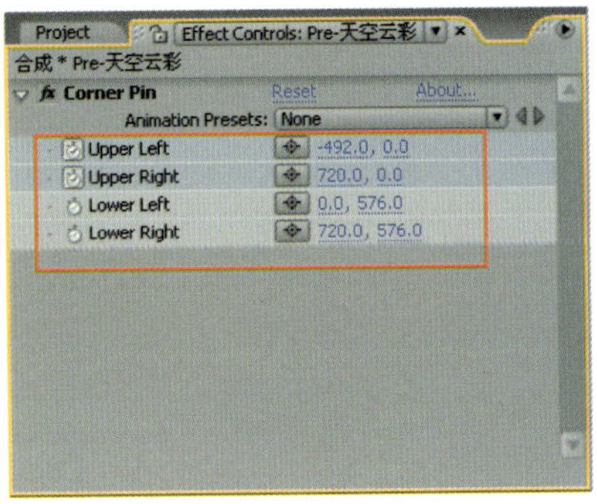


图15-71　Corner Pin特效参数设置

最后在时间 0:00:09:24 处，将“Pre- 天空云彩”合成层的“Corner Pin”特效内的“Upper Left（左上）” 参数改为（0.0，0.0），“Upper Right（右上）” 参数改为（1200.0，0.0），如图 15-72 所示。

> **注**：通过运用Corner Pin特效使天空场景的前景区域快速偏移，而其远景区域则缓速运动。

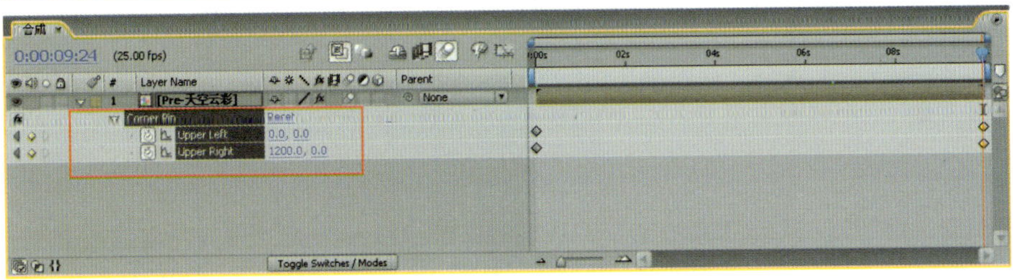


图15-72　设置Corner Pin特效关键帧

至此，模拟浮云快速流动的画面透视效果就制作完成了，效果如图 15-73 所示。

⑫为 “Pre- 天空云彩” 合成层添加 “Turbulent Displace（剧烈置换）” 特效并设置其特效关键帧。在 Timeline 面板内选择“Pre- 天空云彩”合成层并右击，从弹出的快捷菜单中选择“Effect（特效）” → “Distort（扭曲）” → “Turbulent Displace（剧烈置换）” 选项，然后按照如图 15-74 所示。

接着将时间指针移至 0:00:00:00 处，并在 “Pre- 天空云彩” 合成层的 “Turbulent Displace（剧烈置换）” 特效控制面板中展开 Evolution( 相位演变 ) 选项。然后设置其 Evolution( 相位演变 ) 参数为（0x,0.0°），并单击其左侧的秒表图标新建一个特效关键帧，再将时间指针移至 0:00:09:24 处，并将 “Pre- 天空云彩” 合成层的 “Turbulent Displace” 特效内的 Evolution( 相位演变 ) 参数改为（10x,0.0°），如图 15-75 所示。

图15-73　Corner Pin特效动画截图

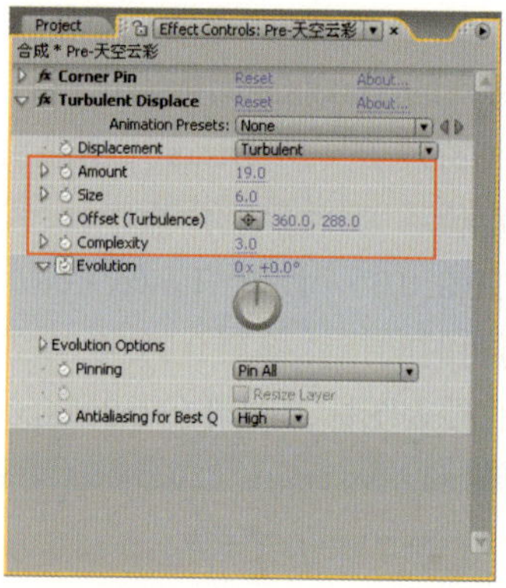


图15-74　Turbulent Displace特效参数设置

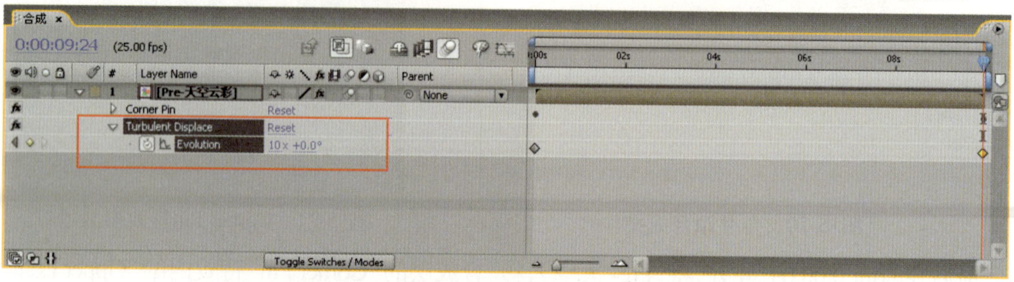


图15-75　设置Turbulent Displace特效关键帧

至此，浮云内部细节的变形动画效果也制作完成了。最终效果如图 15-76 所示。

图15-76　最终动画效果截图

这样，整个动画效果就完成了。

# 第16章 漂浮上游的晶莹水泡

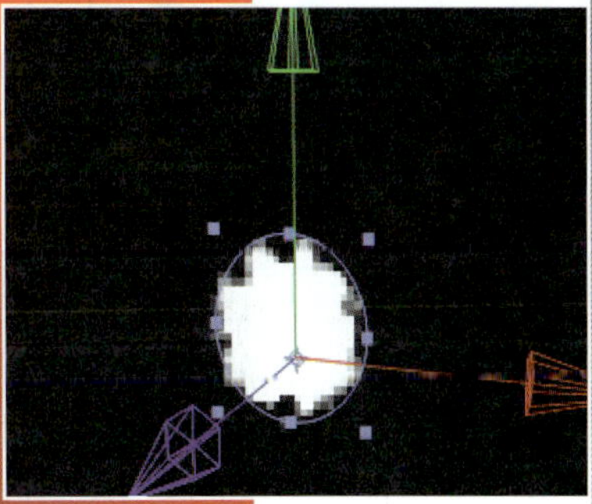

## 16.1 案例简介

这个案例表现的是一串串晶莹剔透的水泡在流水背景的映衬下漂浮上游的动画效果。通过示意图可以分析一下如何在 After Effects 中制作这样的效果。

首先，通过运用 Circle、Transform、Turbulent Displace、Fast Blur 等特效并结合设置 Mask（遮罩）、动画曲线编辑器控制动画速率及模式 Track Matte 设置等方法，制作出晶莹剔透的单个水泡的动画效果。其次，通过运用 Ramp、Particular 特效及创建 Emitter 灯光图层的方法，制作出单独一串水泡在蓝色渐变背景的映衬下漂浮上游的动画效果。再次，通过复制并新建 Emitter 灯光图层、创建 Camera 摄像机图层并制作其位移动画等方法，将上一步制作的水泡上游动画效果做集群化处理，从而表现出一串串错落排列的水泡动画效果，借此重点体现水泡阵列在上升时的密集感和错落感。然后通过 Water Filling、Curves、Fast Blur 等特效制作并修饰蓝色液体注入画面的背景动画效果。最后，在工程文件内设置部分图层的图层混合模式，完成整个动画效果的特效合成工作。制作思路示意图如图 16-1 所示，最后效果如图 16-2 所示。

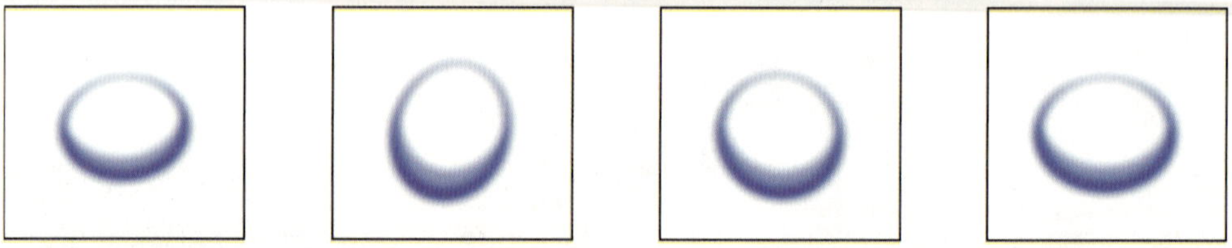

(1) 单个水泡动画效果：运用 Circle、Transform、Trubulent Displace、Fast Blur 等特效以及设置 Mask（遮罩）、曲线编辑器控制动画速率、设置 Track Matte 模式等

(2) 单独一串水泡在蓝色渐变背景的映射下漂浮上游的动画效果：运用 Ramp、Particular 特效以及创建 Emitter 灯光图层

(3) 将上一步制作完成的水泡上游动画效果做集群化处理：复制并新建 Emitter 灯光图层、创建 Camera 摄像机图层并制作其位移动画

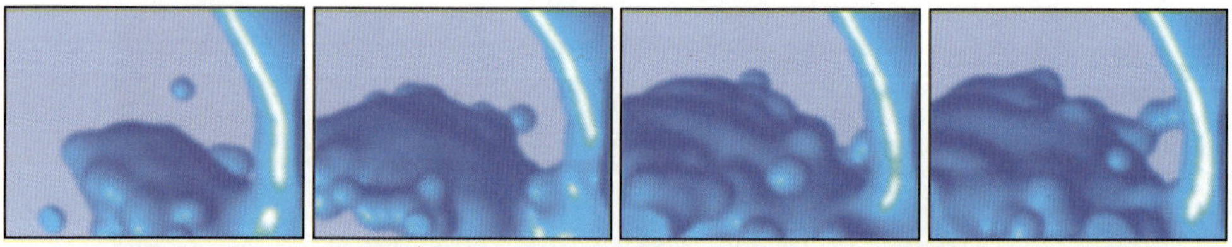

(4) 蓝色液体注入画面的背景动画效果：运用 Water Filling、Curves、Fast Blur 等特效

（5）整个动画效果的特效合成：在工程文件内设置部分图层的图层混合模式

图16-1　制作思路示意图

图16-2　最后效果

## 16.2　具体制作

### 16.2.1　创建工程文件和单个水泡动画效果

❶新建工程文件“合成”、合成文件“泡泡”和“泡泡底色”层。首先，启动 After Effects CS3 程序，并按快捷键 Ctrl+N 新建一个合成文件。然后在打开的合成文件设置对话框中设置“Composition Name（合成名称）”为“合成”。在 Basic（常规）选项卡下的 Preset（预置）下拉列表中选择“PAL D1/DV”，并设置 Width（宽）为“720”，Height（高）为“576”，“Frame Rate（帧率）”为“25 帧 / 秒”，Duration（持续时间）为“0:00:15:00”，再单击 OK（确定）按钮完成设置，如图 16-3 所示。

接着，再次按快捷键 Ctrl+N 新建一个合成文件，在打开的合成文件设置对话框中设置“Composition Name（合成名称）”为“泡泡”。然后在 Basic（常规）选项卡下的 Preset（预置）下拉列表中选择“Custom（自定义）”选项，并设置 Width（宽）为“100”，Height（高）为“100”，“Frame Rate（帧率）”为“25 帧 / 秒”，Duration（持续时间）为“0:00:02:00”，再单击 OK（确定）按钮完成设置，如图 16-4 所示。

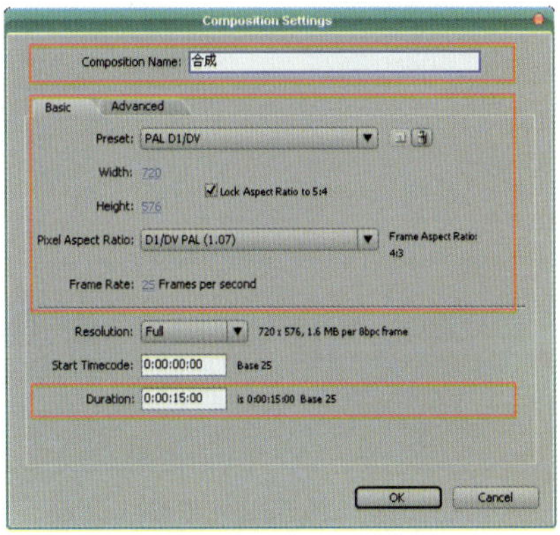


图16-3　新建工程文件

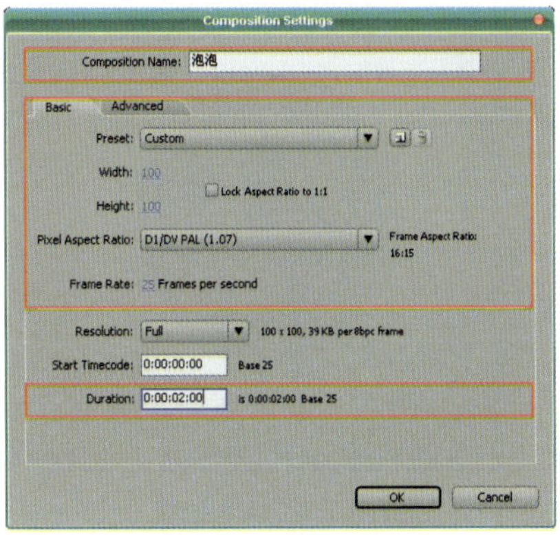


图16-4　新建合成文件

然后，在“泡泡”合成文件的Timeline面板内，按快捷键Ctrl+Y新建一个固态层。再在打开的对话框中设置Name（名称）为“泡泡底色”，在Size（尺寸）选项框中设置Width（宽）为“100”，Height（高）为“100”。最后设置Color（色彩）为黑色，单击OK按钮完成设置，如图16-5所示。

❷为“泡泡底色”层添加Circle（圆形）特效。首先选择“泡泡底色”层并右击，从弹出的快捷菜单中选择“Effect（特效）”→“Generate（生成）”→“Circle（圆形）”选项。然后在其Circle(圆形)特效控制面板中设置Center(中心位置)为(50.0,50.0),Radius(半径)为“37.0”，Color（色彩）为“深蓝色（00126A）”，如图16-6所示，效果如图16-7所示。

❸为“泡泡底色”层再次添加Circle（圆形）特效并调整其特效属性参数。选择泡泡底色层再次右击，从弹出的快捷菜单中选择“Effect(特效)”→“Generate(生成)”→“Circle(圆形)”选项。然后在其“Circle 2”特效控制面板中设置Center（中心位置）为（50.0,47.0),Radius（半径）为“33.0”,Color(色彩)为“白色”。再勾选“Invert Circle(反转圆形)”复选框,在“Blending Mode（混合模式）”下拉列表中选择“Stencil Alpha（Alpha模板）”选项,如图16-8所示。这样，一个上细下粗的深蓝色圆环图形效果就制作完成了，效果如图16-9所示。

❹创建“泡泡阴影”层。在“泡泡”合成文件的Timeline面板内，按快捷键Ctrl+Y新建一个固态层。然后在打开的对话框中设置Name(名称)为“泡泡阴影”,在Size(尺寸)选项框中设置Width（宽）为“100”,Height（高）为“100”。再设置Color（色彩）为“黑色”，接着单击OK（确定）按钮完成设置，如图16-10所示。

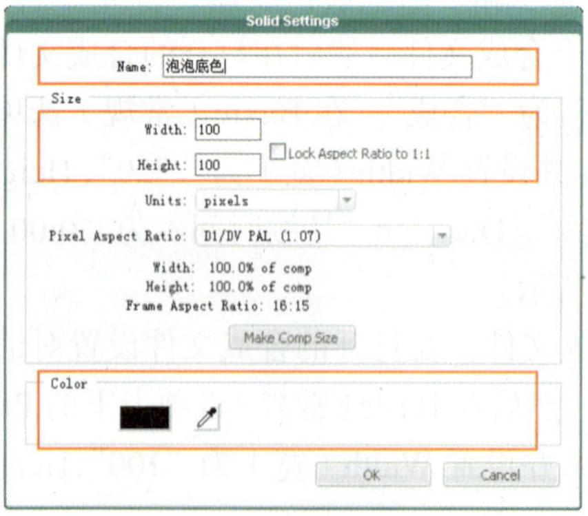


图16-5　创建层

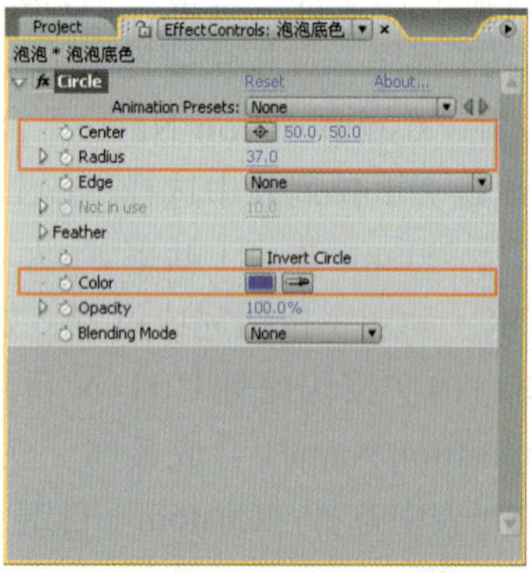


图16-6　Circle特效参数设置

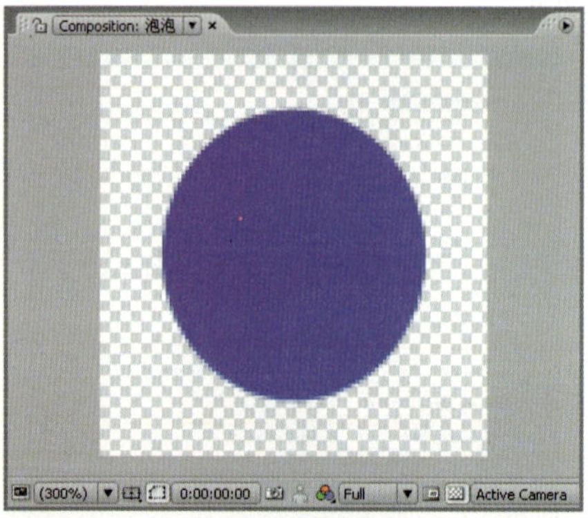


图16-7　Circle效果

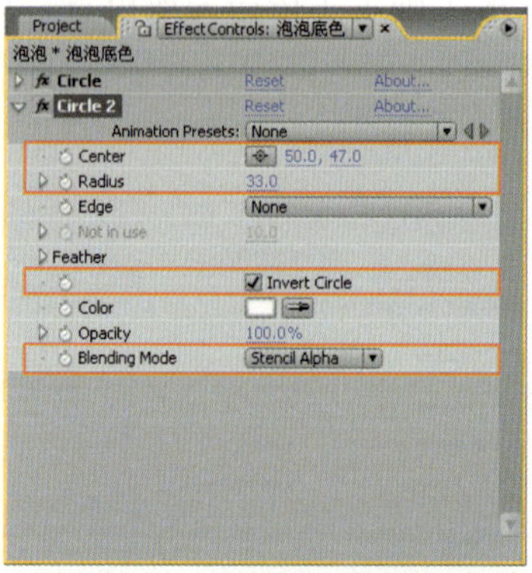


图16-8　Circle 2特效参数设置

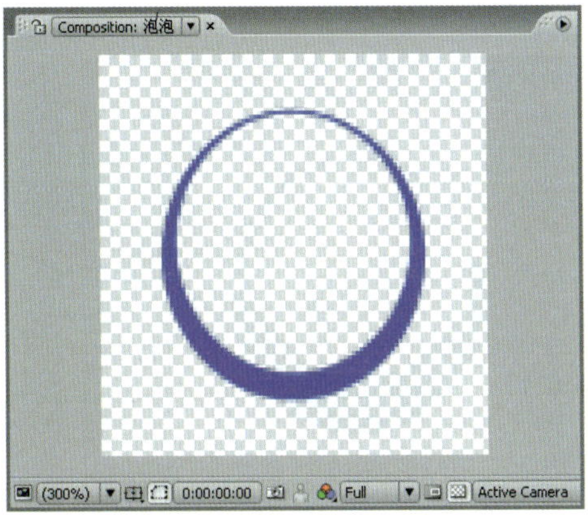

图16-9　深蓝色圆环图形效果

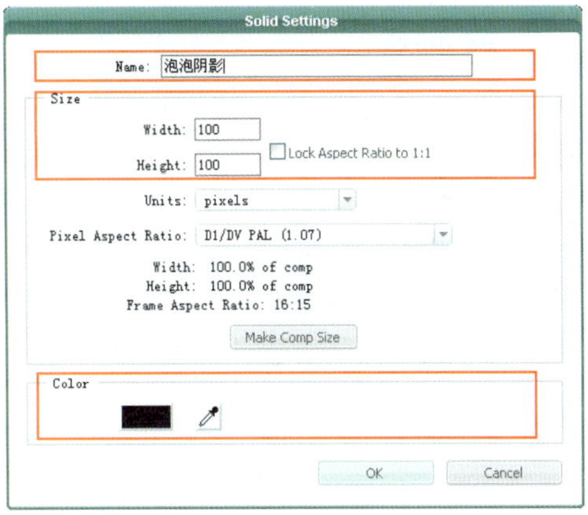


图16-10　创建层

5将“泡泡底色”层的“Circle”和“Circle 2”特效复制并粘贴至“泡泡阴影”层。首先，在 Timeline 面板内选中“泡泡底色”层，并按快捷键 E 调出该层所添加的全部特效。接着，选中其中“Circle”和“Circle 2”特效并按快捷键 Ctrl+C 进行复制，然后在 Timeline 面板内选中“泡泡阴影”层并按快捷键 Ctrl+V 进行粘贴。这样，便为“泡泡阴影”层添加了“Circle”和“Circle 2”特效，而其特效参数设置和“泡泡底色”层也是完全一致的。同时在 Timeline 面板内分别打开“泡泡阴影”层和“泡泡底色”层右侧的分功能设置开关面板（Switches）中的运动模糊开关，如图 16-11 所示。

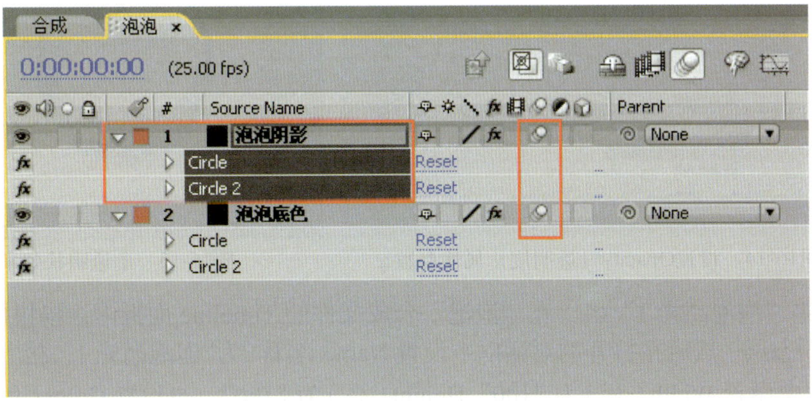


图16-11　将特效复制粘贴

6调整“泡泡阴影”层的“Circle”和“Circle 2”特效属性参数设置及其 Opacity（透明度）参数设置。选中“泡泡阴影”层并按快捷键 F3 调出该层的特效控制面板，首先在其“Circle”特效选项内设置“Center（中心位置）”为（50.0，47.0），“Radius（半径）”为“34.0”。然后在其“Circle 2”特效选项内设置 Center（中心位置）为（50.0，37.0），Radius（半径）为“34.0”，勾选“Invert Circle（反转圆形）”复选框，再在“Blending Mode（混合模式）”下拉列表中选择“Stencil Alpha（Alpha 模板）”选项，如图 16-12 所示。

观察合成图像窗口，即可发现在之前制作的圆环内部又生成了一个同样形态的深蓝色圆环。此新建的内部圆环图形即是最终泡泡图形的阴影区域，效果如图 16-13 所示。

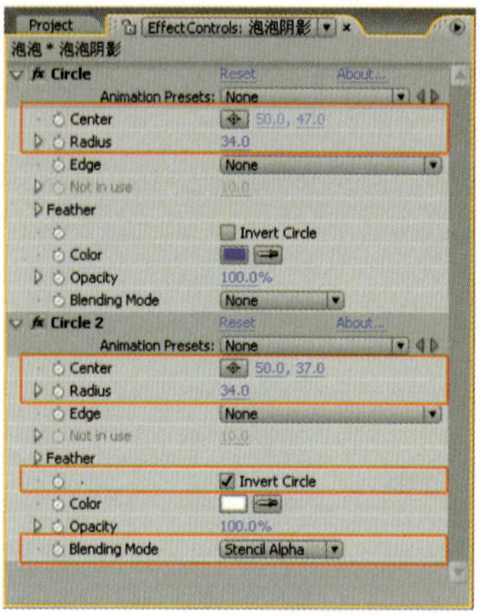


图16-12　参数设置

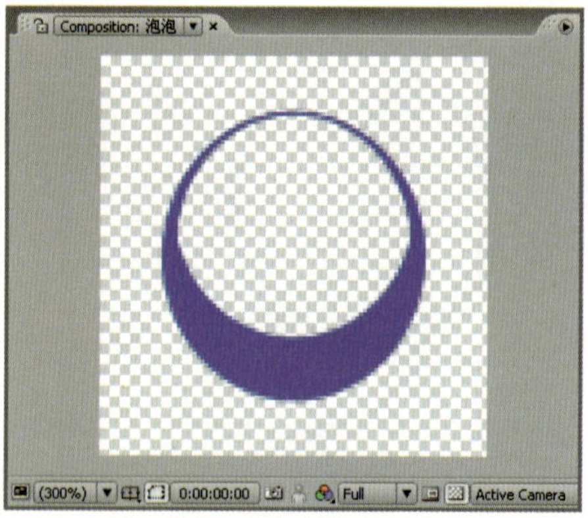


图16-13　内部圆环图形效果

在选中“泡泡阴影”层的情况下，按快捷键T调出该层的Opacity（透明度）属性选项，然后设置“泡泡阴影”层的Opacity（透明度）参数为“52”，如图16-14所示，效果如图16-15所示。

**注**：使“泡泡阴影”层呈现半透明状效果，从而与“泡泡底色”层的深蓝色圆环图形形成了明度反差，进一步强化了该图形的球体感。

图16-14　设置Opacity（透明度）属性参数

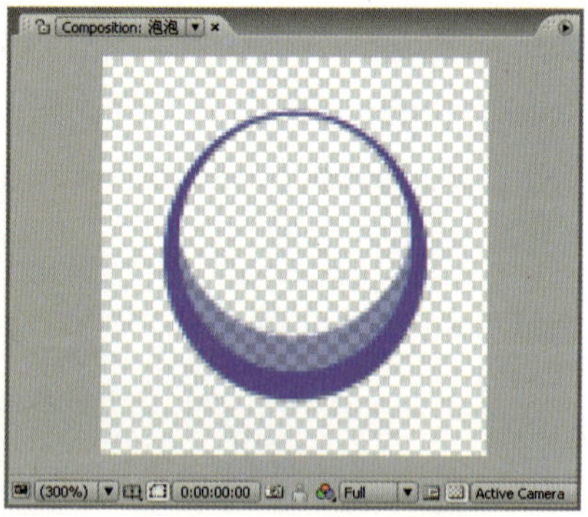


图16-15　半透明状效果

❼创建“泡泡高光1”层。在“泡泡”合成文件的Timeline面板内，按快捷键Ctrl+Y新建一个固态层。然后在打开的对话框中设置Name（名称）为“泡泡高光1”，接着在Size（尺寸）选项框中设置Width（宽）为“100”，Height（高）为“100”。再设置Color（色彩）为“白色”，如图16-16所示。

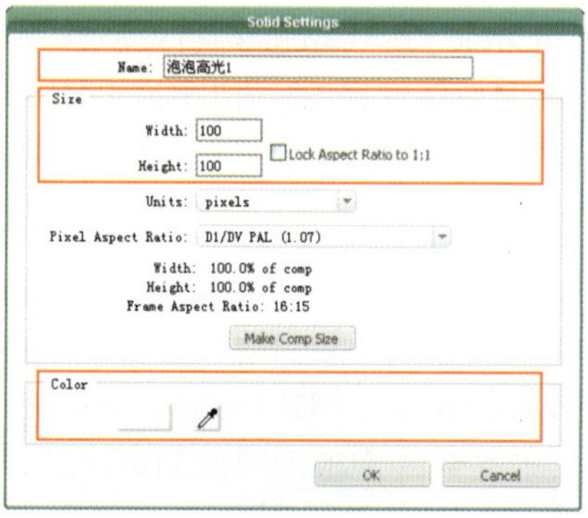


图16-16　创建“泡泡高光1”层

❽为“泡泡高光 1”层添加 Mask（遮罩）。首先在“泡泡”合成文件的 Timeline 面板内选中“泡泡高光 1”层，然后在 Tools（工具）面板中单击“圆形 Mask 工具”，接着在“泡泡”合成图像窗口中圆环图形的内部，为“泡泡高光 1”层制作出椭圆形 Mask 效果，如图 16-17 所示。

注：此处Mask（遮罩）的形状、大小、位置应模拟水中泡泡在阳光照耀下产生的表面高光区域。

然后选中“泡泡高光 1”层，并按快捷键 M 打开该层的 Mask（遮罩）属性选项，设置“Mask Feather（遮罩羽化）”为（3.0，3.0），即将“泡泡高光 1”层内的白色圆点图形的边缘进行模糊处理，模拟出真实自然的水泡表面高光效果。同时在 Timeline 面板内打开“泡泡高光 1”层右侧分功能设置开关面板（Switches）中的运动模糊开关，如图 16-18 所示，效果如图 16-19 所示。

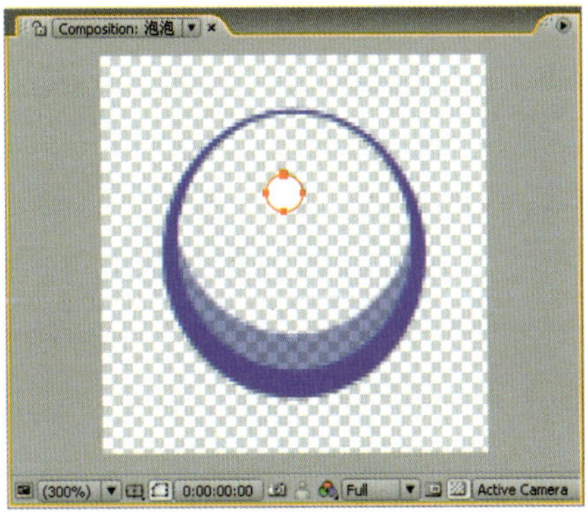

图16-17　模拟泡泡表面高光

❾在“泡泡”合成文件内创建调节图层。在选中“泡泡”合成文件内 Timeline 面板的情况下，选择 After Effects 主菜单栏中的“Layer（图层）”→“New（新建）”→“Adjustment Layer（调节图层）”选项，在 Timeline 面板内的顶层位置创建一个调节图层“Adjustment Layer 1”，如图 16-20 所示。

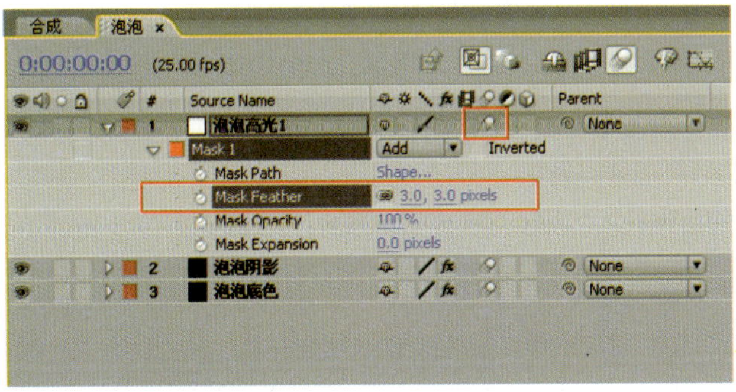

图16-18　设置Mask Feather属性参数

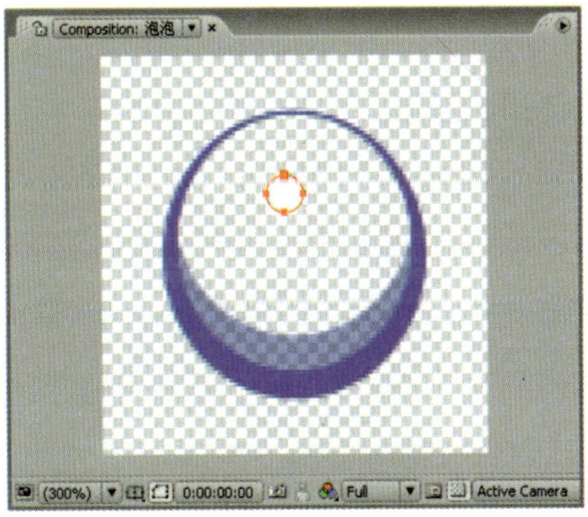

图16-19　Mask羽化效果

注：After Effects软件中的调节图层是一种独特而重要的图层形式，其本身是不可见的，但应用到调节图层的特效将会影响图层堆栈中该调节图层下方的所有图层。

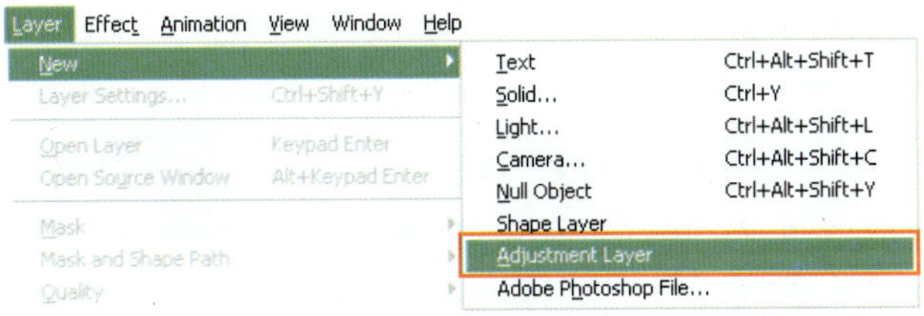

图16-20　创建调节图层

❿为调节图层“Adjustment Layer 1”添加 Transform（变换）特效。选择调节图层“Adjustment Layer 1”并右击，从弹出的快捷菜单中选择“Effect（特效）”→“Distort（扭

曲）”→“Transform（变换）”选项。首先将时间指针移至0:00:00:00处，接着在该调节图层的Transform（变换）特效控制面板中设置“Scale Height（数值高度）”为“83.0”，“Scale Width（数值宽度）”为“103.0”，Rotation（旋转）为（0x,+0.0°）。

然后分别单击其Transform特效内“Scale Height”、“Scale Width”、Rotation特效属性左侧的秒表图标，在0:00:00:00处分别为调节图层“Adjustment Layer 1”新建一个Transform特效关键帧，如图16-21所示，效果如图16-22所示。

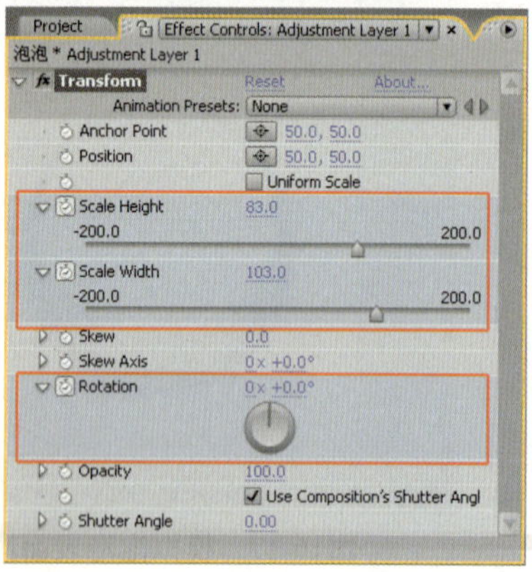

图16-21 Transform特效参数设置

图16-22 画面效果

⑪在调节图层“Adjustment Layer 1”上制作Transform（变换）特效关键帧动画。将时间指针移至0:00:00:16处，并展开“Adjustment Layer 1”层的Transform特效选项，然后设置“Scale Height（数值高度）”为“100.0”，“Scale Width（数值宽度）”为“83.0”，Rotation（旋转）为（0x,+8.0°），即在第16帧处，该调节图层Transform特效自动生成了新的“Scale Height”、“Scale Width”、Rotation特效属性关键帧，如图16-23所示。

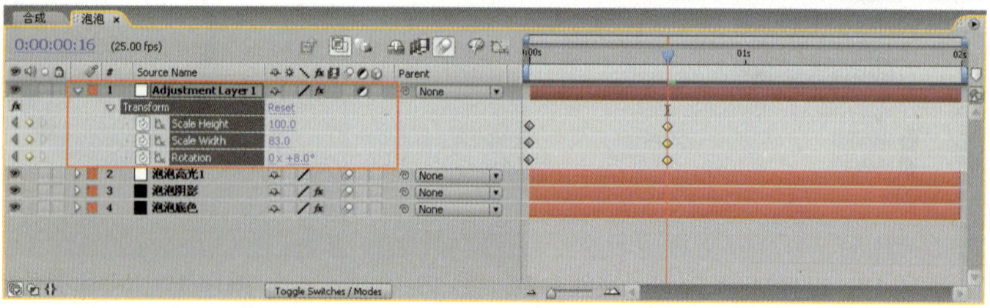

图16-23 设置特效属性关键帧

接着，在时间0:00:01:08处，展开“Adjustment Layer 1”层的Transform特效选项，并设置“Scale Height（数值高度）”为“78.0”，“Scale Width（数值宽度）”为“98.0”，Rotation（旋转）为（0x,-4.0°），即在当前时间处，该调节图层Transform特效自动生成了新的“Scale Height”、“Scale Width”、Rotation特效属性关键帧，如图16-24所示。

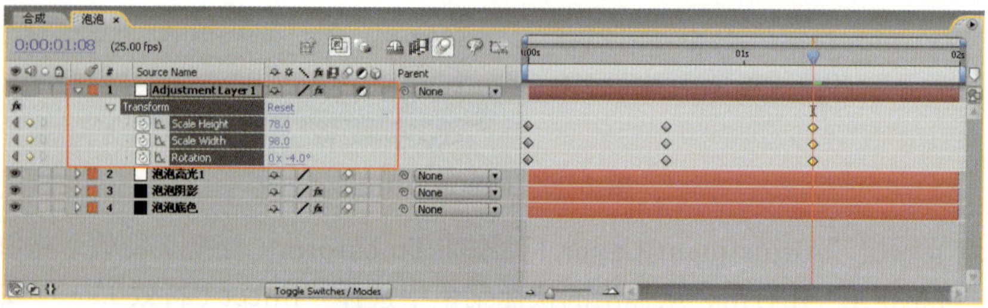

图16-24 设置特效属性关键帧

然后，在时间 0:00:01:24 处，展开“Adjustment Layer 1”层的 Transform 特效选项，并设置“Scale Height（数值高度）”为“83.0”，“Scale Width（数值宽度）”为“103.0”，Rotation（旋转）为（0x,+0.0°），即在最后一帧处，该调节图层 Transform 特效自动生成了新的“Scale Height”、“Scale Width”、Rotation 特效属性关键帧，如图 16-25 所示。

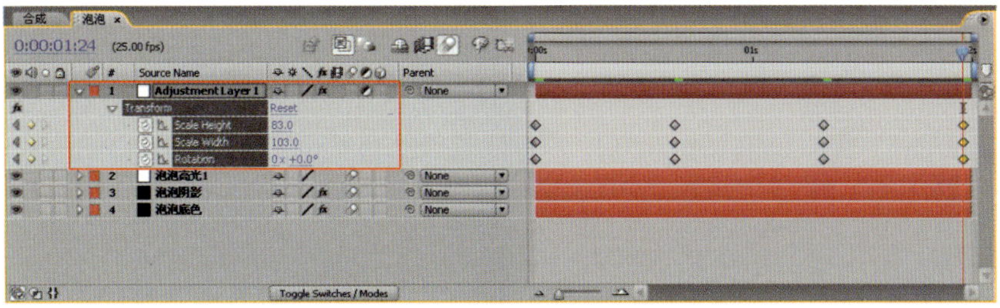


图16-25　设置特效属性关键帧

至此，单个水泡不规则的变化形态就初步完成了，效果如图 16-26 所示。

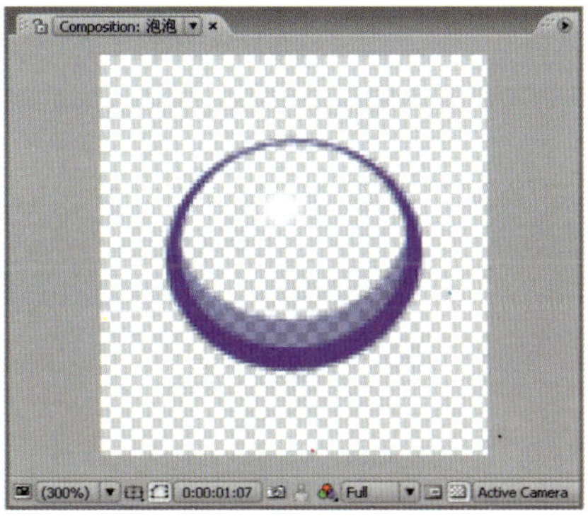


图16-26　变化形态效果

⑫通过动画曲线编辑器“Graph Editor”控制调节图层的 Transform 特效动画速率。首先单击 Timeline 面板内的功能按钮群中最右侧的“Graph Editor”按钮，将“泡泡”合成文件的 Timeline 面板从“Layer Bar(图层条)”堆栈模式切换到“Graph Editor（曲线编辑器）”编辑模式，如图 16-27 所示。

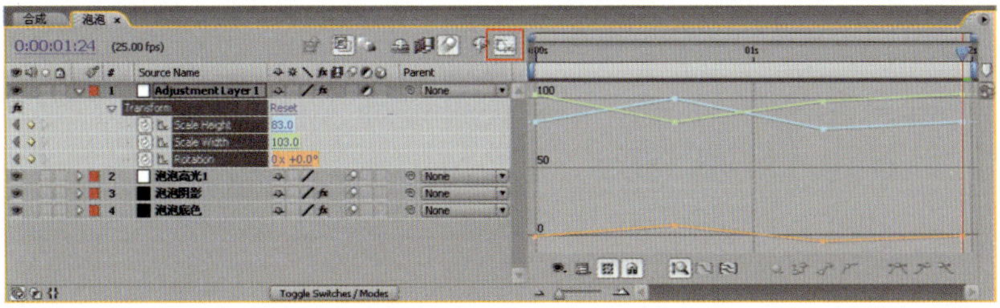


图16-27　从“Layer Bar(图层条)”堆栈模式切换到“Graph Editor（曲线编辑器）”编辑模式

注：After Effects软件从7.0版本开始提供了全新的Graph Editor（曲线编辑器），用户可以使用它来对关键帧属性进行完全的可视化控制，并且可以非常方便地跨图层来同步调控动画属性，从而能够快速地制作出更加精准流畅的动画效果。

通常情况下，After Effects默认的Layer Bar(图层条)堆栈模式只能在Timeline面板上方水平显示时间，却不能直观地显示图层各个属性值的变化。而Graph Editor（曲线编辑器）编辑

> 模式则是以贝塞尔曲线的形式来表现效果数值与动画速率的变化，并可以在Timeline面板上方水平显示回放时间。由此可见，图形化直观的观察效果属性值、对关键帧及其插值灵活自由的锚点控制等都是Graph Editor（曲线编辑器）的特点及其优势所在。

观察动画曲线编辑器的右侧编辑区域，此处同时显示了调节图层“Adjustment Layer 1”中Transform特效的3个动画属性各自的数值曲线：“Scale Height”、“Scale Width”和Rotation，并且分别用蓝、绿、橙3种不同的颜色显示出来。

接下来，通过调控曲线编辑器内各个动画属性的数值曲线使之产生平滑锚点，从而改变Transform的各个特效关键帧的数值及速率，使水泡图形的动画效果产生加速度或减速度的节奏变化。操作方法是，在Tools（工具）面板中选择“转换锚点工具”，接着使用该工具单击并拖动曲线编辑器内数值曲线上的锚点，将其转换为平滑锚点并自动调出切线手柄。然后适当调地整每条数值曲线上各个锚点的切线手柄的长度及方向，从而使“Scale Height”属性、“Scale Width”属性和Rotation属性各自数值曲线的曲率更加流畅，即赋予该水泡图像更加自然生动的Transform动画效果，如图16-28所示。

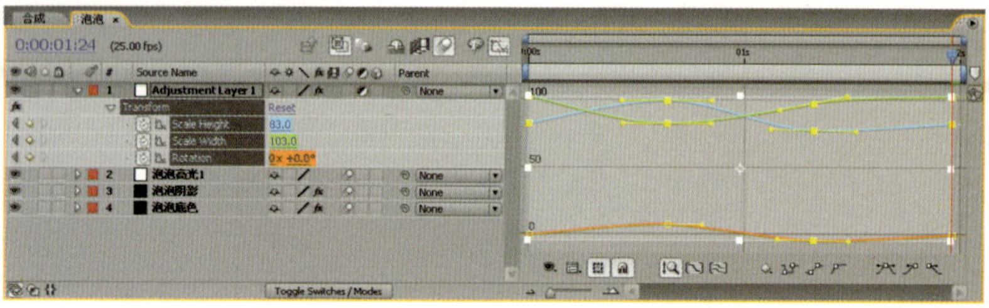

图16-28 调控动画属性的数值曲线

⑬为调节图层“Adjustment Layer 1”添加Turbulent Displace（剧烈置换）特效。选择调节图层“Adjustment Layer 1”并右击，从弹出的快捷菜单中选择“Effect(特效)”→“Distort（扭曲）”→“Turbulent Displace（剧烈置换）”选项。

首先将时间指针移至0:00:00:00处，接着在该调节图层的“Turbulent Displace（汹涌置换）”特效控制面板中设置Amount（数量）为“11.0”，Size（尺寸）为“102.0”，Complexity（复杂度）为“1.0”。然后展开“Evolution Options（相位演变选项）”选项，勾选复“Cycle Evolution（循环相位演变）”复选框，并设置Cycle（循环周期）为“1.0”。最后展开Evolution(相位演变)选项，设置Evolution(相位演变)为（0x,+0.0°），并单击其左侧的秒表图标新建一个特效关键帧，如图16-29所示，效果如图16-30所示。

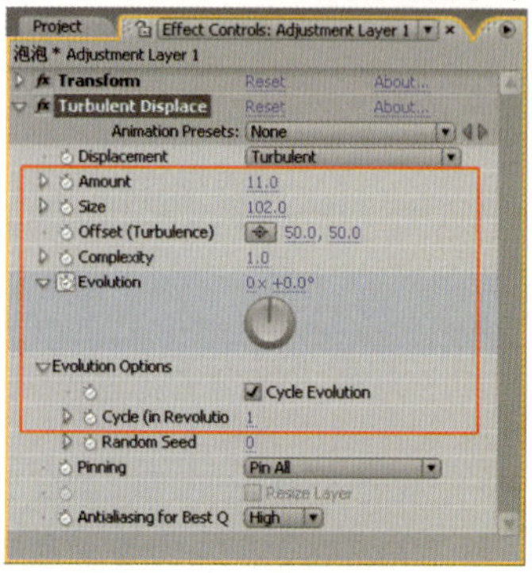

图16-29 参数设置

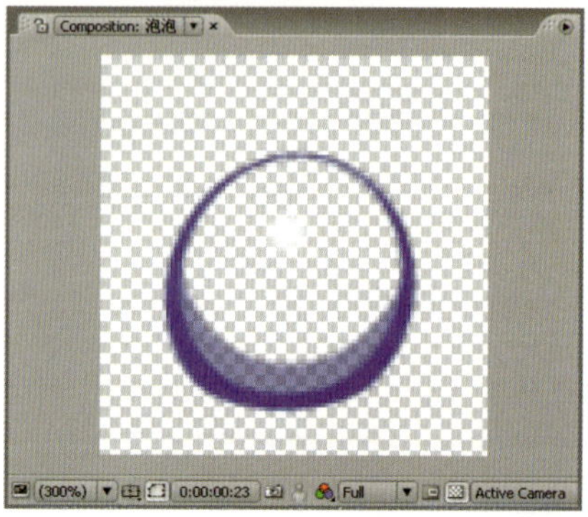

图16-30 添加特效效果

⑭在调节图层“Adjustment Layer 1”上制作“Turbulent Displace（剧烈置换）”特效关键帧动画。首先选中调节图层“Adjustment Layer 1”，并展开其“Turbulent Displace”特效选项。在时间 0:00:01:24 处，设置“Evolution(相位演变)”为（1x,100.0°），即在最后一帧处，该调节图层的 Turbulent Displace 特效自动生成了新的 Evolution 属性关键帧，如图 16-31 所示。至此，单个水泡剧烈置换变形的动画效果制作完毕。

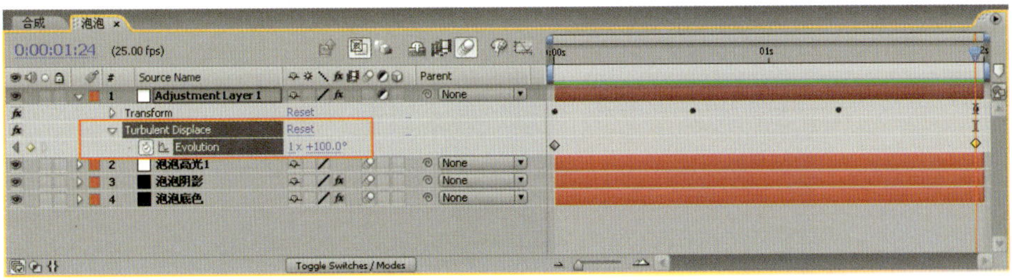

图16-31　在设置调节图层特效内属性关键帧

⑮为调节图层“Adjustment Layer 1”添加“Fast Blur（快速模糊）”特效。选择调节图层“Adjustment Layer 1”，并右击选择“Effect（特效）”→“Blur&Sharpen（模糊 & 锐化）”→“Fast Blur（快速模糊）”选项。然后在其“Fast Blur（快速模糊）”特效控制面板中，设置 Blurriness（模糊）为“3.5”，如图 16-32 所示，效果如图 16-33 所示。

注：此处对泡泡图形做模糊图像处理，可以实现泡泡内部明暗色调的平滑过渡。

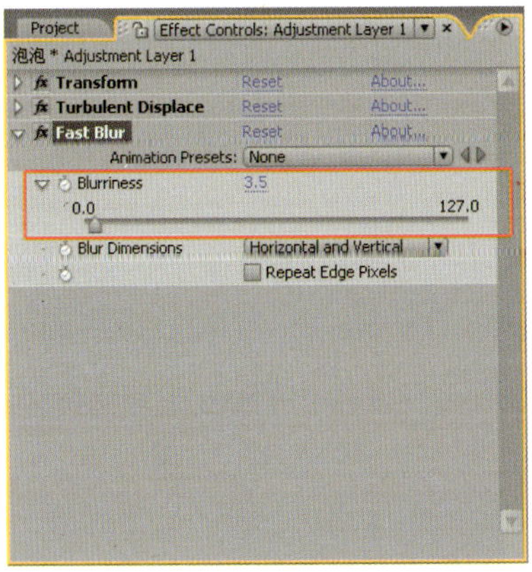

图16-32　特效参数设置

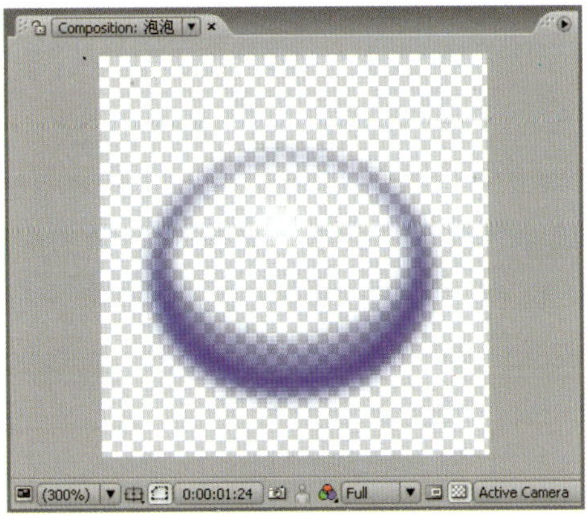

图16-33　调节图层添加特效效果

⑯创建合成文件“泡泡最终动画效果”。按快捷键 Ctrl+N 新建一个合成文件，并在打开的合成文件设置对话框中设置“Composition Name(合成名称)”为“泡泡最终动画效果”。Basic（常规）选项卡下的其他选项设置可参照合成文件“泡泡”，如图 16-34 所示。

⑰将调节图层“Adjustment Layer 1”和“泡泡底色”层复制并粘贴至合成文件“泡泡最终动画效果”内，并删除其部分特效。首先在“泡泡”合成文件的 Timeline 面板内，按住 Ctrl 键的同时选中调节图层“Adjustment Layer 1”和“泡泡底色”层，再按快捷键 Ctrl+C 进行复制，如图 16-35 所示。

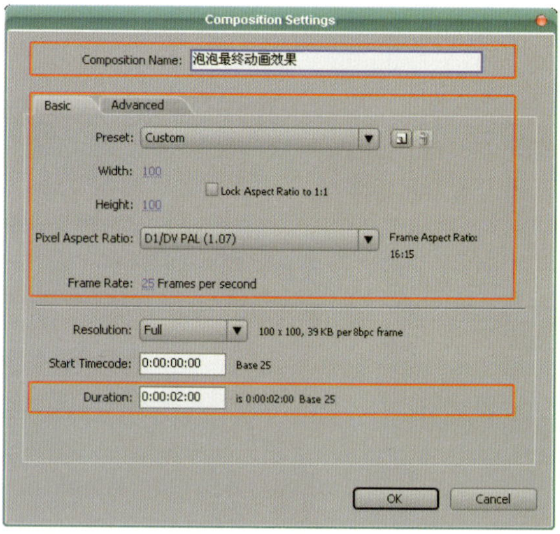


图16-34　创建合成文件

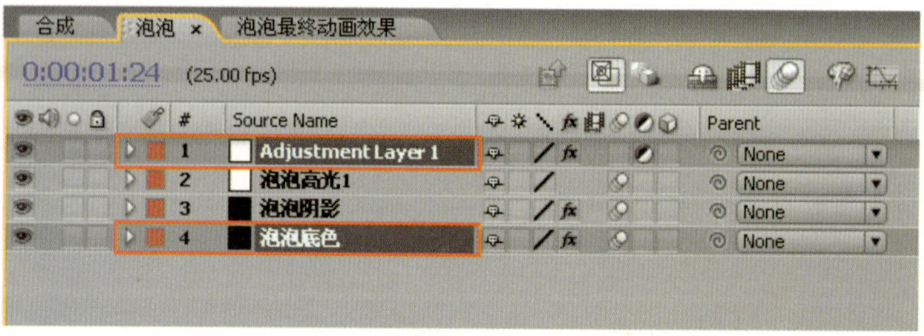


图16-35　复制图层

然后打开“泡泡最终动画效果”合成文件的Timeline面板，并按快捷键Ctrl+V进行粘贴。在当前Timeline面板内，同时选中粘贴进来的调节图层“Adjustment Layer 1”和“泡泡底色”层，并按快捷键E调出这两层所添加的全部特效。选中调节图层“Adjustment Layer 1”的“Fast Blur”特效以及“泡泡底色”层的“Circle 2”特效，并按Delete键将它们删除，如图16-36所示。至此，单个泡泡底色图形没有羽化边缘的动画效果制作完成，效果如图16-37所示。

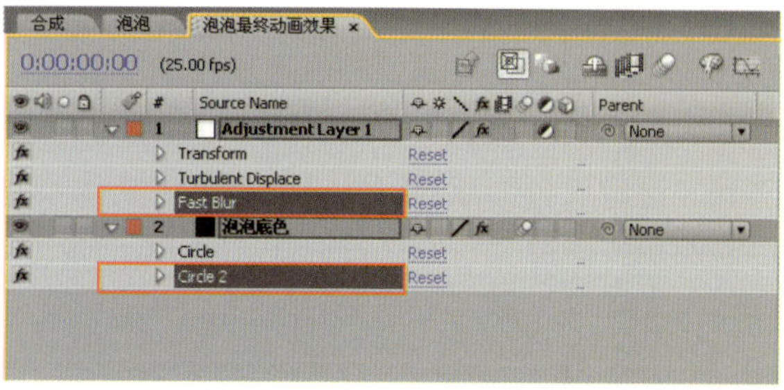


图16-36　删除Fast Blur以及Circle 2

图16-37　图形效果

⑱将调节图层“Adjustment Layer 1”和“泡泡底色”层合并预合成。在“泡泡最终动画效果”合成文件的 Timeline 面板内，按住 Ctrl 键的同时选中“Adjustment Layer 1”层和“泡泡底色”层，再按快捷键 Ctrl+Shift+C 对这两个图层进行合并预合成操作。然后为新建的子合成文件取名为“泡泡蒙版”，并选中 Move all attributes into the new composition（把层属性移动到新建的子合成文件中）单选按钮，再单击 OK（确定）按钮，如图 16-38 所示。

⑲将“泡泡”合成文件置入“泡泡最终动画效果”合成文件，并设置其 Track Matte 模式。首先将“泡泡”合成文件从 Project 项目窗口调入“泡泡最终动画效果”合成文件的 Timeline 面板中，生成“泡泡”合成层，如图 16-39 所示。

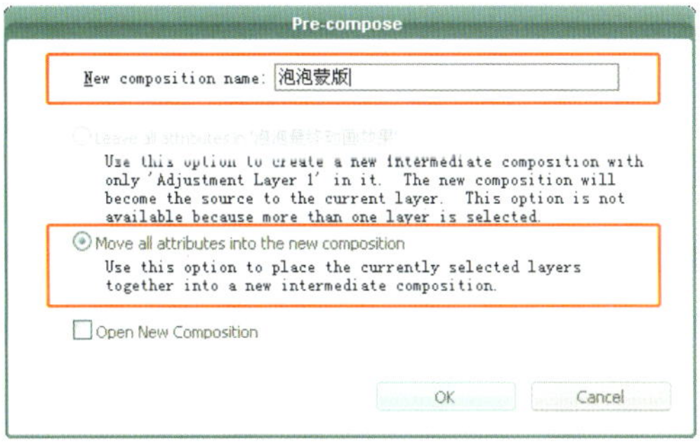


图16-38　合并预合成

图16-39　合成文件

然后在 Timeline 面板内单击“泡泡”合成层右侧的 Track Matte 下拉菜单，从中选择 Alpha Matte“泡泡蒙版”选项，将上层“泡泡蒙版”设置为“泡泡”合成层的 Alpha 通道蒙版，如图 16-40 所示。边缘未经羽化、晶莹剔透的单个泡泡动画效果就制作完成了，效果如图 16-41 所示。

> 注：“泡泡蒙版”合成层内的泡泡图形除了边缘没有羽化及图形内部呈深蓝色底色以外，其在Alpha通道区域和图形运动形态上和“泡泡”合成层是完全一致的。所以改变Track Matte模式之后的“泡泡”合成层，在视觉效果上的唯一改变处就是将其泡泡边缘的模糊像素删除。

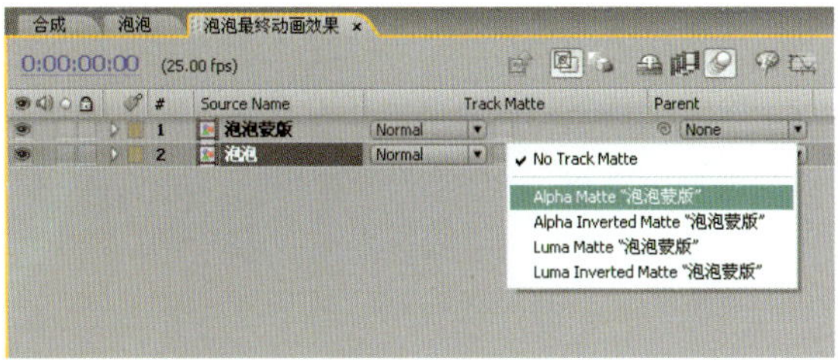


图16-40　设置Track Matte模式

图16-41　效果截图

## 16.2.2　制作单独一串水泡漂浮上游的动画效果

⑳将“泡泡最终动画效果”合成文件置入“合成”工程文件。在 Project 项目窗口中

的空白处双击打开第一步创建的“合成”合成文件。这是整个动画效果的工程文件，最后的粒子特效、摄像机动画及效果合成等都在此完成。然后将“泡泡最终动画效果”合成文件从 Project 项目窗口调入“合成”工程文件的 Timeline 面板中，生成“泡泡最终动画效果”合成层，同时打开“泡泡最终动画效果”合成层右侧的分功能设置开关面板（Switches）中的运动模糊开关，如图 16-42 所示。

21 在工程文件内创建“渐变背景”层。在“合成”工程文件的 Timeline 面板内，按快捷键 Ctrl+Y 新建一个固态层。然后在打开的对话框中设置 Name（名称）为“渐变背景”，在 Size（尺寸）选项框中设置 Width（宽）为“720”，Height（高）为“576”。再设置 Color（色彩）为“黑色”，如图 16-43 所示。

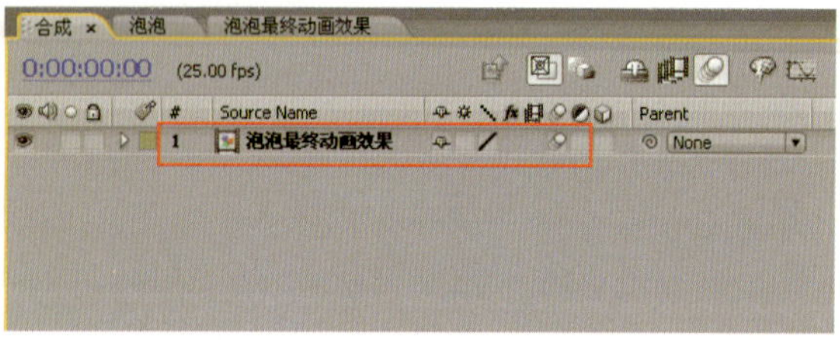


图16-42　合成文件置入工程文件

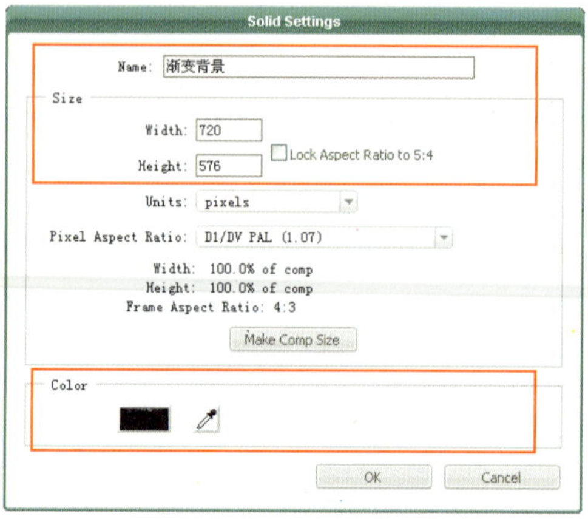


图16-43　创建“渐变背景”层

22 为“渐变背景”层添加 Ramp（渐变）特效。首先选择“渐变背景”层并右击，从弹出的快捷菜单中选择“Effect（特效）”→“Generate（生成）”→“Ramp（渐变）”选项。然后在其 Ramp（渐变）特效控制面板中，设置“Start of Ramp（渐变开始位置）”为（360.0，0.0），“Start Color（开始色彩）”为“深蓝色（005399）”，“End of Ramp（渐变结束位置）”为（360.0，576.0），“End Color（结束色彩）”为“淡蓝色（D2EEFF）”。再设置“Ramp Shape（渐变外形）”为“Linear Ramp（线性渐变）”，如图 16-44 所示，效果如图 16-45 所示。

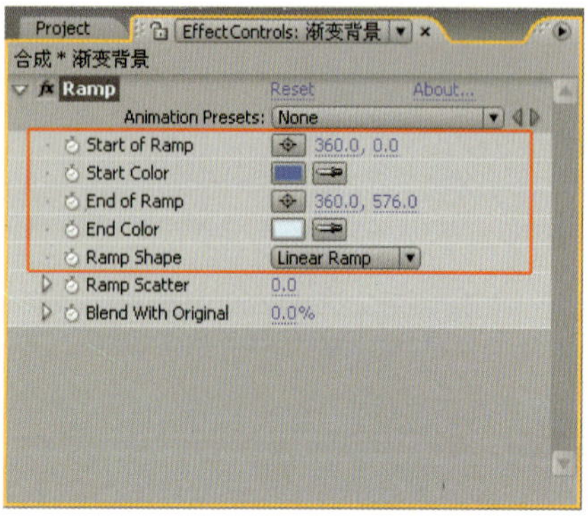


图16-44　Ramp特效参数设置

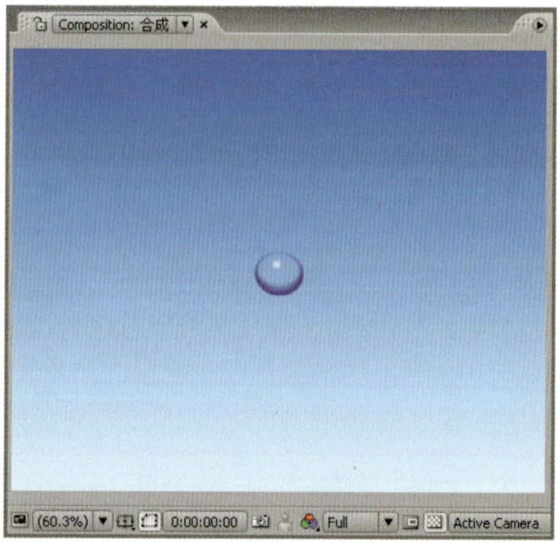


图16-45　Ramp效果

㉓创建“泡泡粒子效果”层并调整工程文件内的图层堆栈顺序。在“合成”工程文件的 Timeline 面板内，按快捷键 Ctrl+Y 新建一个固态层。然后在打开的对话框中设置 Name（名称）为“泡泡粒子效果”,其他固态层设置选项可参考工程文件内的“渐变背景”层,如图 16-46 所示。

接着对“合成”工程文件内各个图层的堆栈顺序进行调整，将“泡泡粒子效果”层置于顶层位置，而将“渐变背景”层置于底层位置，如图 16-47 所示。

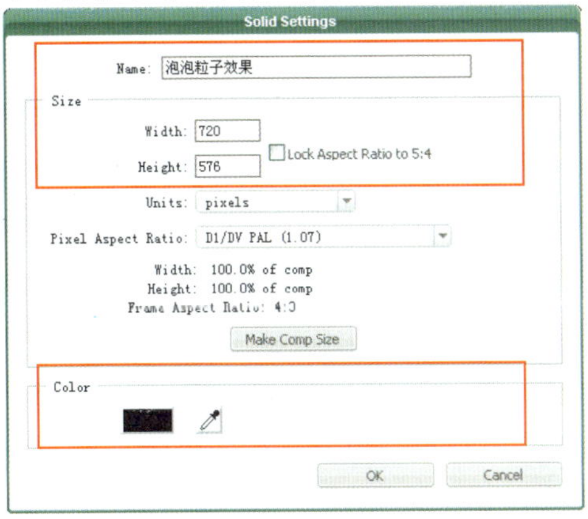


图16-46 创建层

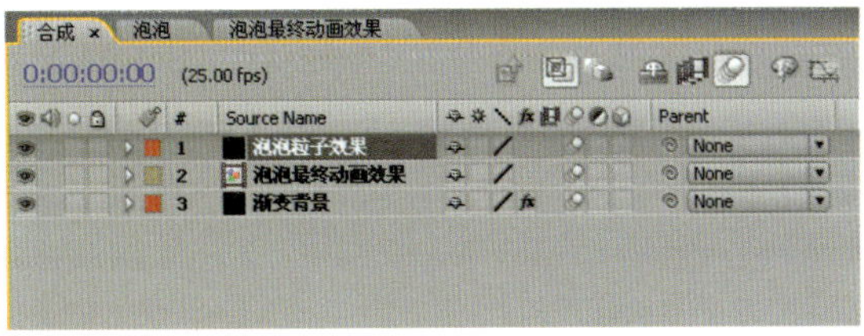


图16-47 调整图层堆栈顺序

㉔为“泡泡粒子效果”层添加 Particular 特效。首先在“合成”工程文件内选择“泡泡粒子效果”层并右击,从弹出的快捷菜单中选择“Effect（特效）”→“Trapcode”→“Particular”选项。

接下来，运用 Particular 特效制作一串水泡漂浮上游的动画效果。首先，在“泡泡粒子效果”层的 Particular 特效控制面板中展开 Emitter（发射器）选项,并设置 Particles/sec（粒子数量 / 秒）为“11”，“Emitter Type（发射器类型）”为“Light（灯光）”，“Direction（方向）”为“Directional（单向）”。再设置 Velocity（速度）为“11.0”，“Velocity Random（速度随机）”为“5.0”，“Velocity from Motion（初始化速度）”为“20.0”，如图 16-48 所示。

**注**：Particular是由Trapcode公司开发的一款非常经典的After Effects粒子插件特效，该插件特效通过对发射器子系统、粒子系统、物理子系统、AUX子系统、可见性及运动模糊等方面的控制，可以快速精确地制作出各种粒子的喷射、漂浮、变形等高质量动画特效。

接着，在其 Particular 特效控制面板中展开 Particle（粒子）选项，并设置 Life[sec]（生命值 [ 秒 ]）为“16.0”,“Particle Type（粒子类型）”为“Custom（自定义）”。再展开 Particle（粒子）选项下的 Custom（自定义）属性选项，设置 Layer（图层）为“2. 泡泡最终动画效果”，“Time Sampling（时间取样）”为“Random-Loop（随机 - 循环）”，即将“泡泡最终动画效果”合成层内的单个泡泡动画影像，设置为当前 Particular 特效的自定义粒子。然后在 Particle（粒子）选项中,设置 Size（粒子尺寸）为“20.0”,“Size Random（尺寸随机）”为“55.0”,Opacity（透明度）为“100.0”，“Opacity Random（透明度随机）”为“15.0”，如图 16-49 所示。

然后，在其 Particular 特效控制面板中展开 Physics（物理设置）选项，并将“Physics Model（物理模式）”设置为“Air（空气）”。再展开 Physics（物理设置）选项下的 Air（空气）属性选项,设置“Spin Amplitude（旋转振幅）”为“13.5”,“Wind Y（风向 Y）”为“-205.0”。接着展开 Air（空气）选项下的“Turbulence Field（漩涡范围）”属性选项,并设置“Affect

Size（影响大小）”为“0.0”，“Affect Position（影响位置）”为“300.0”，Scale（比例）为“4.2”，Complexity（复杂度）为“3”，如图 16-50 所示。

㉕在工程文件内创建“Emitter”灯光图层并调整其 Position（位置）属性。在选中“合成”工程文件内 Timeline 面板的情况下，选择 After Effects 主菜单栏中的“Layer（图层）”→“New（新建）”→“Light（灯光图层）”选项或者按快捷键 Ctrl+Alt+Shift+L 来新建灯光图层。然后在打开的灯光设置对话框中，设置 Name（名称）为“Emitter”，Intensity（灯光强度）为“100”，“Light Type（灯光类型）”为“Point（点光）”，Color（灯光色彩）为“白色”，如图 16-51 所示。

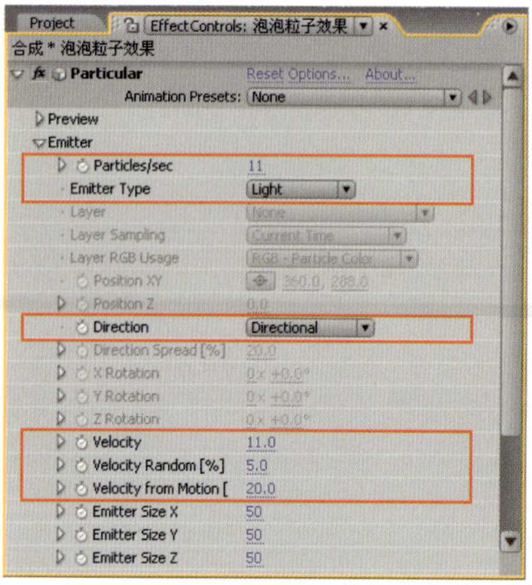


图16-48 特效参数设置（一）

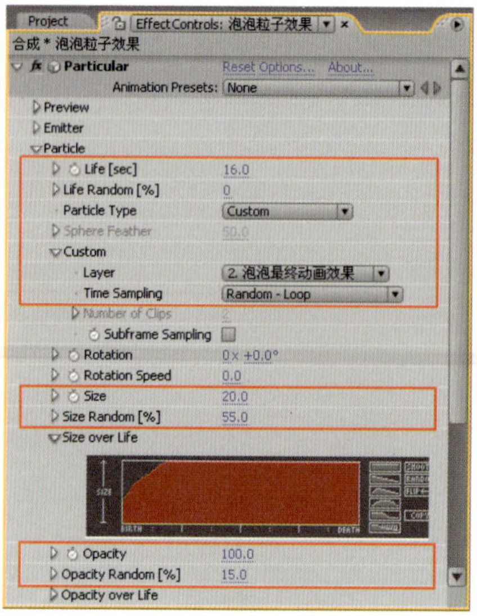


图16-49 特效参数设置（二）

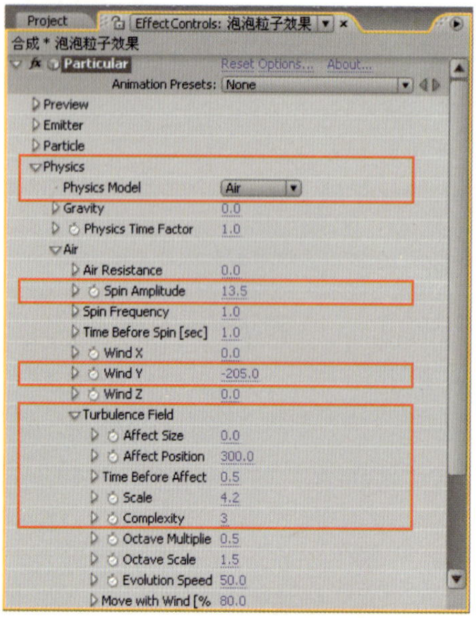


图16-50 Particular特效参数设置（三）

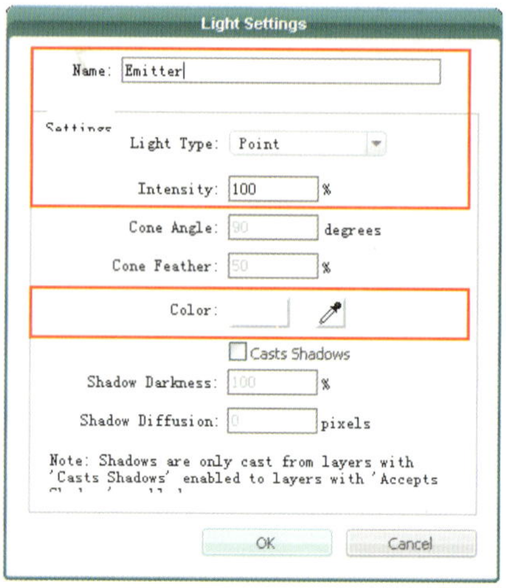


图16-51 创建Emitter灯光图层

然后选中“Emitter”灯光图层并按快捷键 P，调出该灯光图层的 Position（位置）属性选项。接着设置其 Position（位置）属性参数为（340.0，540.0，-250.0），如图 16-52 所示。

注："泡泡粒子效果"层的Particular特效参数设置完成后，通过观察合成图像窗口可以发现该层没有产生任何粒子动画效果。这是因为在上一步操作时，Particular特效内的Emitter Type（发射器类型）已设置为Light（灯光），即水泡粒子应该是从Light（灯光）发射器中发射出来，所以为此还必须在"合成"工程文件内创建名为"Emitter"的灯光图层。

观察"合成"工程文件的合成图像窗口，可以看到单独一串水泡在蓝色渐变背景的映衬下漂浮上游的动画效果已经产生，效果如图 16-53 所示。

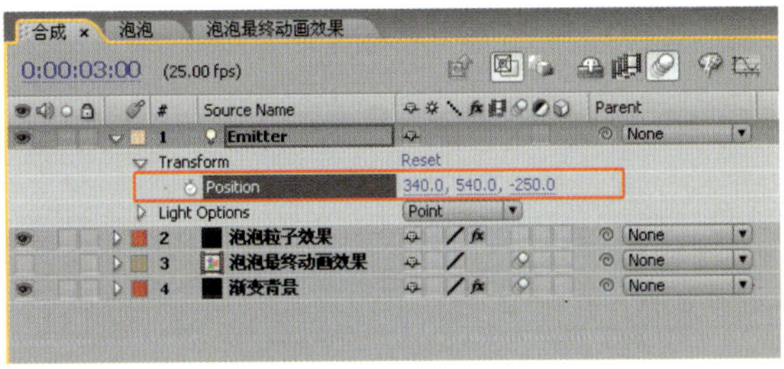

图16-52　设置图层的Position（位置）属性

图16-53　动画效果

## 16.2.3　将单独一串水泡上游动画效果做集群化处理

㉖复制并新建 4 个"Emitter"灯光图层并分别调整它们的 Position（位置）属性。在"合成"工程文件的 Timeline 面板内选中"Emitter"灯光图层，并连续 4 次按快捷键 Ctrl+D，将该灯光图层复制并新建 4 次。观察 Timeline 面板可以发现"Emitter2"、"Emitter3"、"Emitter4"及"Emitter5"这 4 个灯光图层已经生成。接着在按住 Ctrl 键的同时选中这 4 个图层，再按快捷键 P 调出它们的 Position（位置）属性选项。然后设置"Emitter2"灯光图层的 Position（位置）属性参数为（300.0,550.0,-830.0），"Emitter3"灯光图层的 Position（位置）属性参数为（216.0，600.0，-200.0），"Emitter4"灯光图层的 Position（位置）属性参数为（431.0，572.0，-600.0），"Emitter5"灯光图层的 Position 位置属性参数为（531.0，597.0，-250.0）。至此，为 Particular 特效准备的 5 个 Light 发射器已经按照错落有序的位置关系设置完毕，如图 16-54 所示。

观察"合成"工程文件的合成图像窗口，可以看到一串串错落排列的水泡动画效果已经产生，效果如图 16-55 所示。

㉗在工程文件内创建"Camera 1"摄像机图层。在选中"合成"工程文件内 Timeline 面板的情况下，选择 After Effects 主菜单栏中的"Layer（图层）"→"New（新建）"→"Camera（摄像机图层）"选项或者按快捷键 Ctrl+Alt+Shift+C 来新建摄像机图层。然后在打开的摄像机设置对话框中，设置 Name（名称）为"Camera 1"，Preset（预设）为"50mm"，Zoom（缩放）为"1067"，最后勾选"Enable Depth of Field（打开景深）"复选框，如图 16-56 所示。

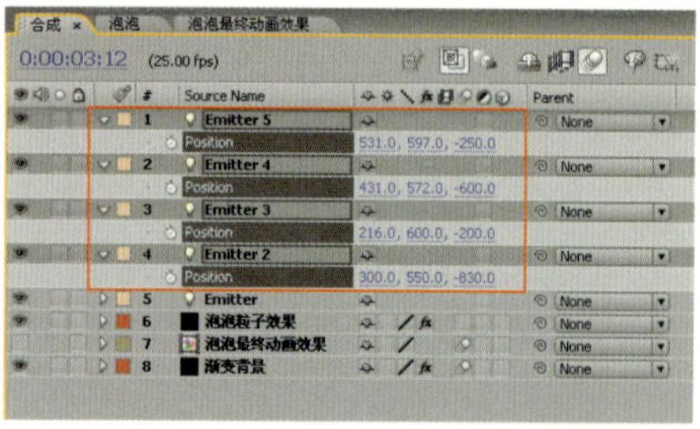


图16-54　复制新建图层并调整属性

图16-55　动画效果

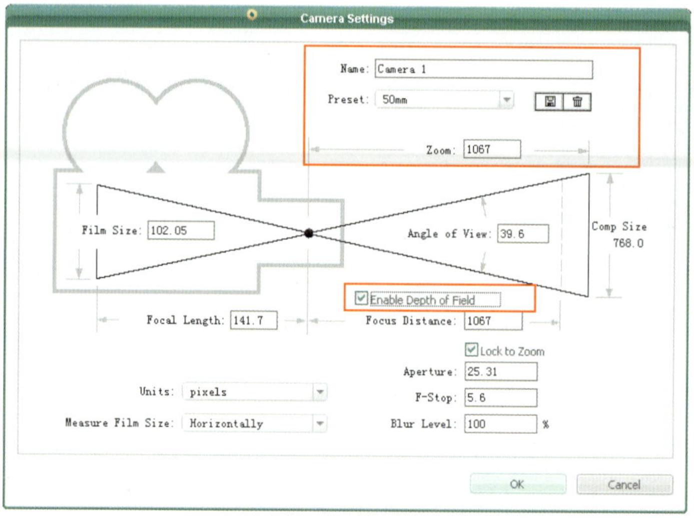


图16-56　创建图层

㉘制作“Camera 1”摄像机图层的Position（位置）属性关键帧动画。在Timeline面板内选中“Camera 1”摄像机图层并按快捷键P，调出该层的Position（位置）属性选项。接着在时间0:00:00:00处设置其Position（位置）属性参数为（360.0，288.0，-250.0），并单击其左侧的秒表图标新建一个Position（位置）关键帧。然后在时间4秒处，将“Camera 1”摄像机图层的Position（位置）参数改为（360.0，288.0，-1100.0），即在0:00:04:00处，该摄像机图层自动生成了新的Position（位置）关键帧，如图16-57所示。

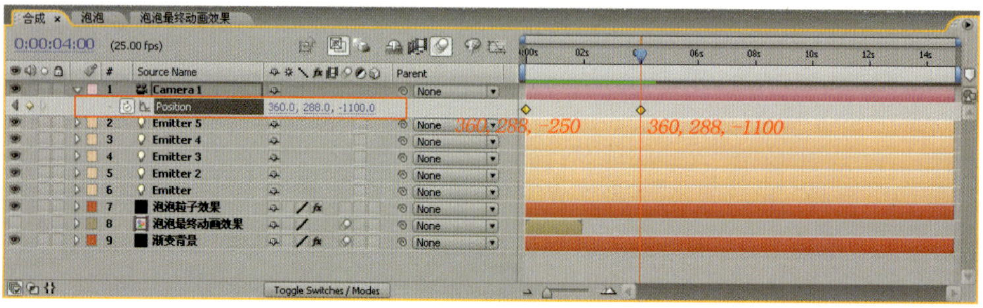


图16-57　制作Position（位置）属性关键帧动画

观察“合成”工程文件的合成图像窗口，即可发现镜头穿过一串串漂浮上游的水泡向后拉出的摄像机动画效果已经产生，效果如图 16-58 所示。

图16-58　动画效果截图

## 16.2.4 制作蓝色液体注入画面的背景动画效果

㉙创建合成文件“水流动画”和“水流”层。按快捷键 Ctrl+N 新建一个合成文件，并在打开的合成文件设置对话框中设置 Composition Name（合成名称）为“水流动画”。Basic（常规）选项卡内的其他选项设置可参照工程文件“合成”，如图 16-59 所示。

接着在“水流动画”合成文件的 Timeline 面板内，按快捷键 Ctrl+Y 新建一个固态层。然后在打开的对话框中设置 Name（名称）为“水流”，在 Size（尺寸）选项框中设置 Width（宽）为“720”，Height（高）为“576”。再设置 Color（色彩）为“蓝色（2F92D8）”，如图 16-60 所示。

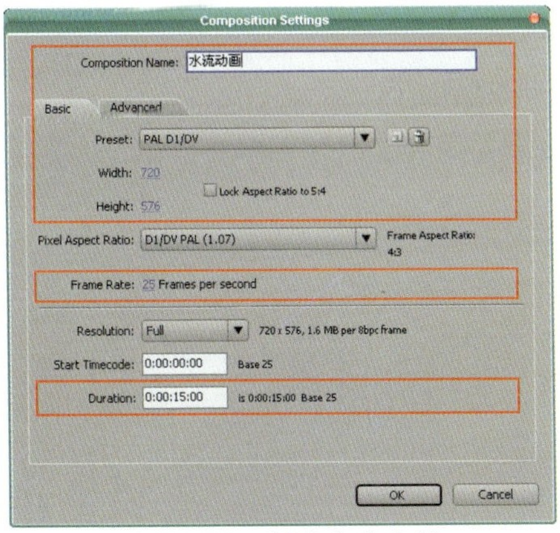


图16-59　创建合成文件

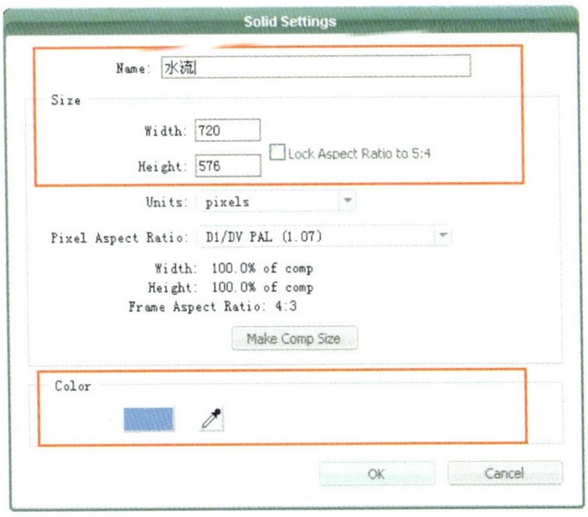


图16-60　创建层

㉚为“水流”层添加 Water Filling 插件特效。首先在“水流动画”合成文件内选择“水流”层并右击，从弹出的快捷菜单中选择“Effect（特效）”→“AlphaPlugins”→“Water Filling”选项。然后在其“Water Filling”特效控制面板中，设置“Mesh size（网格大小）”为“155”。再展开“Water motion（水运动）”选项，设置“Drops size（水滴大小）”为“3.37”，“Filling speed（流动速度）”为“5.00”，Scale（比例）为“220.00”，如图 16-61 所示，效果如图 16-62 所示。

> **注**：Water Filling是由Panopticum公司开发的一款非常经典的After Effects水流插件特效，其主要用于模拟液体被浇注到容器中的动画效果。使用Water Filling以及Panopticum Water plug-in插件包内其他插件特效，可以创作出逼真而漂亮的液体流动方面的特效画面。此处并不需要设置相关特效属性关键帧，使用Water Filling插件特效即可生成默认形态的液体注入动画效果。

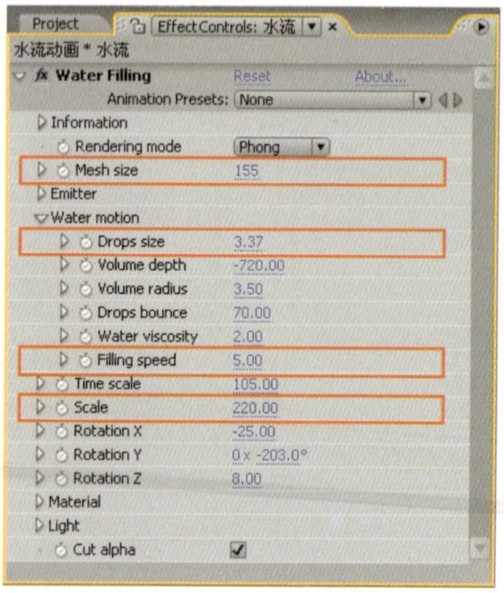

图16-61 特效参数设置

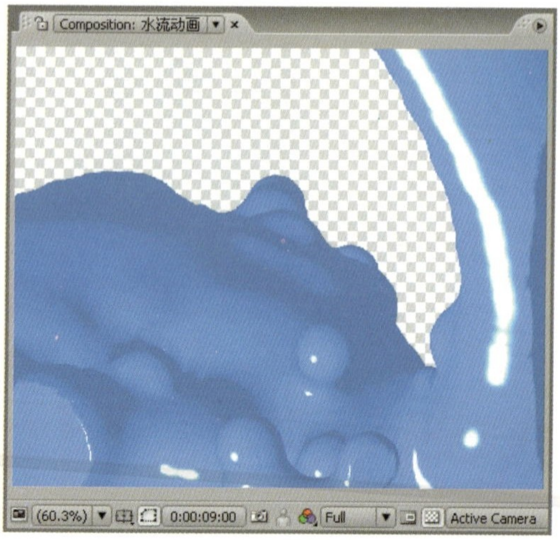

图16-62 效果截图

㉛为“水流”层添加Curves（曲线）特效。在Timeline面板内选择“水流”层并右击，从弹出的快捷菜单中选择“Effect（特效）”→“Color Correction（颜色修正）”→“Curves（曲线）”选项。然后在其Curves（曲线）特效控制面板中，将Channel（通道）设为“RGB”，再调控Curves曲线上的节点位置使其呈现圆滑的“S”形，如图16-63所示，效果如图16-64所示。

> **注**：在此运用Curves（曲线）特效可以提高当前水流动画影像的亮度和对比度。

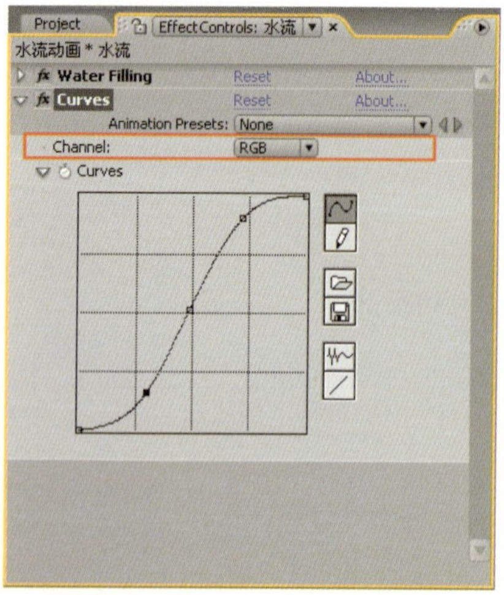

图16-63 Curves特效参数设置

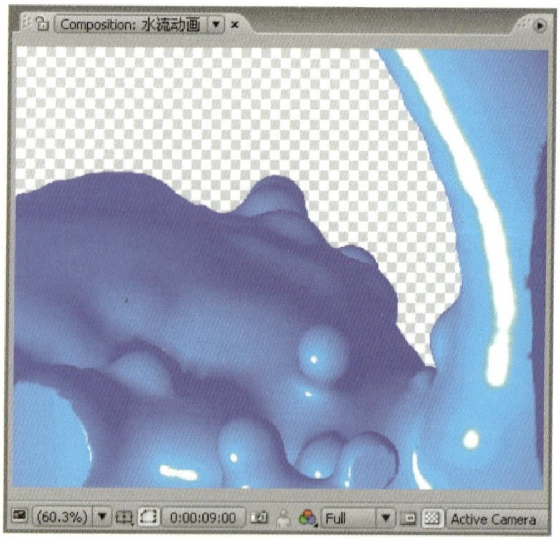

图16-64 Curves效果

㉜为“水流”层添加“Fast Blur（快速模糊）”特效。选择“水流”层并右击，从弹

出的快捷菜单中选择“Effect（特效）”→“Blur&Sharpen（模糊 & 锐化）”→“Fast Blur（快速模糊）”选项。然后在其“Fast Blur（快速模糊）”特效控制面板中，设置 Blurriness（模糊）为“15.0”，如图 16-65 所示，效果如图 16-66 所示。

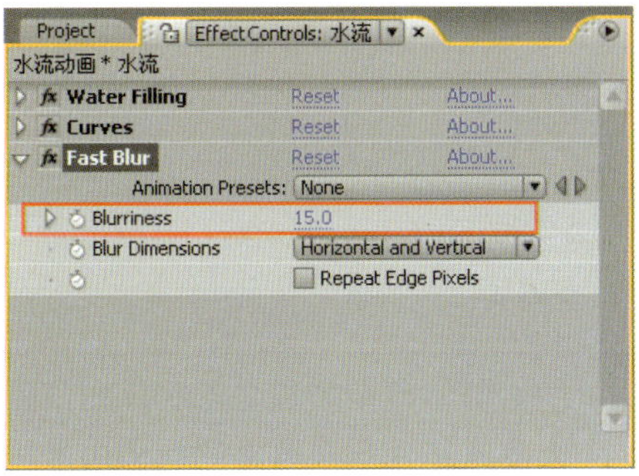


图16-65　Fast Blur特效参数设置

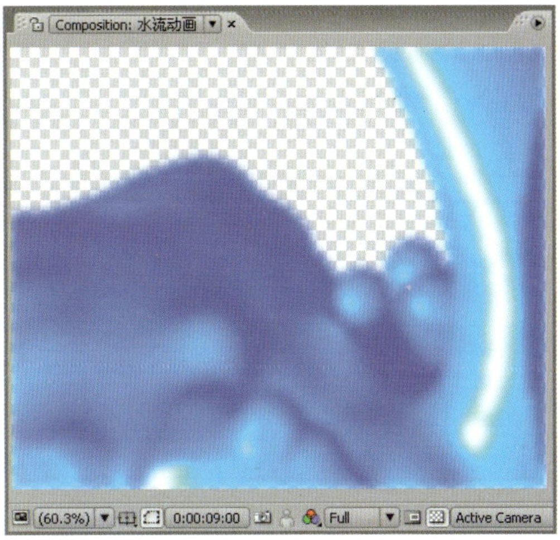


图16-66　Fast Blur效果

## 16.2.5　完善并合成最终动画效果

33将合成文件“水流动画”置入工程文件并复制生成“泡泡粒子效果 2”层。首先将“水流动画”合成文件从 Project 项目窗口调入“合成”工程文件的 Timeline 面板中，生成“水流动画”合成层。

然后在“合成”工程文件内选中“泡泡粒子效果”层，按快捷键 Ctrl+D 复制并新建该层，再按 Enter 键并将其改名为“泡泡粒子效果 2”，如图 16-67 所示。

图16-67　合成文件并复制生成层

34设置“泡泡粒子效果 2”层、“泡泡粒子效果”层和“水流动画”合成层的图层混合模式。在“合成”工程文件的 Timeline 面板中，依次单击“泡泡粒子效果 2”层、“泡泡粒子效果”层和“水流动画”合成层右侧的 Mode（混合模式）下拉菜单，在“泡泡粒子效果 2”层的 Mode 下拉菜单中选择“Add（添加）”选项，在“泡泡粒子效果”层的 Mode 下拉菜单中选择“Multiply（正文模式）”选项，在“水流动画”合成层的

Mode 下拉菜单中选择“Overlay（叠加）”选项，如图 16-68 所示，最终效果如图 16-69 所示。

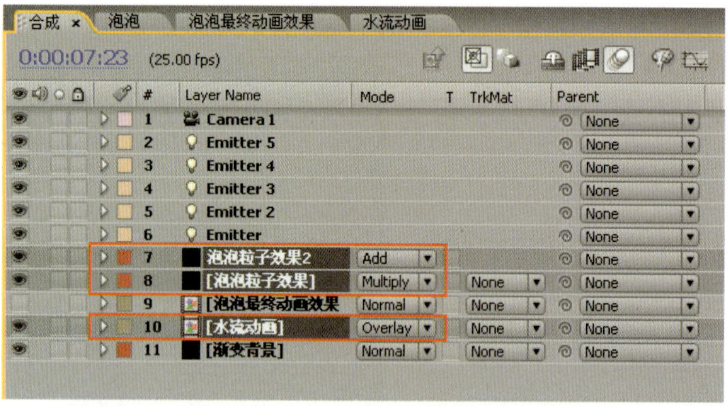


图16-68　依次设置图层混合模式

注：最后在“合成”工程文件内依次设置“泡泡粒子效果2”等层的图层混合模式，其作用是，可以通过整体提高泡泡图形的亮度和对比度来强化其晶莹剔透的视觉效果，并使其更自然柔和地与“水流动画”合成层及“渐变背景”层等背景像素进行融合。

图16-69　最终动画效果截图

至此，本案例的具体制作步骤结束。

## 16.3　同类索引

通过本章案例的学习，用户已经知道如何制作一串串晶莹剔透的水泡在流水背景的映衬下漂浮上游的动画效果。其中，单个水泡不规则变形的动画效果是通过运用 Circle、Transform、Turbulent Displace、Fast Blur 等特效并结合设置 Mask（遮罩）、动画曲线编辑器控制动画速率和设置 Track Matte 模式等方法来实现的。

上述制作思路中需要注意的技巧知识点是，运用转换锚点工具来调控动画曲线编辑器内各个动画属性的数值曲线及其锚点，可以自由改变其相关属性关键帧的数值及速率，从而使整个动画效果产生更流畅、更符合客观规律的节奏变化。

单独一串水泡在蓝色渐变背景的映衬下漂浮上游的动画效果，则是通过运用 Ramp、Particular 特效及创建 Emitter 灯光图层的方法来实现的。

上述制作思路中需要注意的技巧知识点有下面几点：其一是将单个泡泡动画效果所在图层设置为Particular特效的自定义粒子层，这样画面中从下往上喷射出的每个泡泡都能各自产生不规则的变形动画效果；其二是Particular特效内的Emitter Type（发射器类型）应设置为Light（灯光），即控制所有水泡粒子从Light（灯光）发射器中发射出来；最后注意灯光图层的名称、灯光类型及其位置属性的设置。

一串串错落排列的水泡动画效果，则是通过复制并新建 Emitter 灯光图层及创建 Camera 摄像机图层并制作摄像机位移动画等方法来实现的。此制作环节的原理是将已制作完成的单独一串水泡动画效果做集群化处理，从而表现出水泡阵列在水中漂浮上升时的密集感和错落感。

上述制作思路中需要注意的技巧知识点是，此处创建的每个Emitter灯光图层都可以被理解成为配合Particular特效而设置的柱状发射器，通过调整每个灯光图层的位置属性来定义每一串水泡在水泡阵列中的位置关系。

另外画面背景中蓝色液体的浇注动画效果，则是通过插件 Water Filling、Curves、Fast Blur 等特效制作完成的。最后在工程文件内设置部分图层的混合模式，提高泡泡图形的亮度、对比度并使其可以更自然柔和地与背景像素进行融合。

下面将本节制作思路及方法进行扩展延伸，探寻此类影像效果的画面细节并充分挖掘其运用到的 After Effects 中的其他技巧。

● **索引案例：银装素裹的世界**

这个索引案例表现的是纷纷扬扬的雪花从空中飘落下来、户外积雪逐渐变厚的动画效果。这样的效果与本章案例“漂浮上游的晶莹水泡”有所不同，主要区别在于粒子元素和背景动画效果不同。本章案例中的粒子元素是晶莹剔透的水泡，其整体动画形态是“漂浮上游”；而此索引案例的粒子元素是雪花，其整体动画形态是“纷纷扬扬地飘落”。本章案例中背景画面呈现的是蓝色液体的浇注动画效果，而此索引案例的背景画面是随着积雪变厚而产生局部“变色”的户外场景。那么如何运用本章案例的制作逻辑制作出这种新的动画效果呢？

由于最终效果存在粒子元素和背景动画效果这两点差异，因此索引案例“银装素裹的世界”的制作步骤主要根据这两方面来做出调整和延伸。首先，通过创建圆形图层、3D 图层旋转属性动画及运用 Roughen Edges、Fast Blur 特效等方法，制作出单片雪花的动画效果。接着，通过运用 Particular 特效及创建 Emitter 灯光图层的方法，制作出前景处雪花飘落的动画效果。然后，通过运用 Sharpen、Channel Mixer、Levels 特效并结合 Track Matte 模式设置、Opacity（透明度）属性设置等方法，制作出户外场景随着积雪逐渐变厚而产生局部变为白色的动画效果。最后运用 FE Snow 特效，制作远景处更加细密的雪花动画效果，案例最后效果如图 16-70 所示。

图16-70　索引案例最后效果

下面介绍索引案例的具体操作步骤。

● **索引案例制作步骤**

①新建工程文件“合成”和合成文件“雪花最终效果”。首先按快捷键 Ctrl+N 新建一个合成文件，并设置“Composition Name（合成名称）”为“合成”，在 Basic（常规）选项卡下的 Preset（预置）下拉列表中选择“PAL D1/DV”选项，再设置 Duration（持续时间）为“0:00:12:00”然后单击 OK（确定）按钮，完成设置。

接着，再次按快捷键 Ctrl+N 新建一个合成文件，并设置“Composition Name（合成名称）”为“雪花最终效果”，在 Basic（常规）选项设置 Width（宽）为“100”，Height（高）为“100”，Duration（持续时间）为“0:00:01:01”再单击 OK（确定）按钮完成设置，如图 16-71 所示。

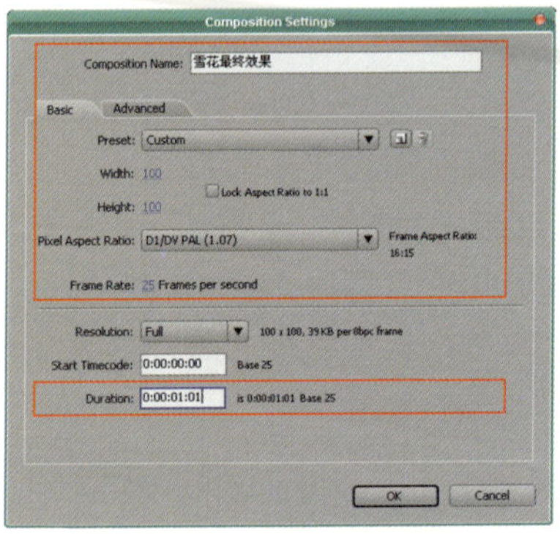


图16-71　新建合成文件

②创建形状图层“Shape Layer 1”及雪花形状原形。在选中“雪花最终效果”合成文件内 Timeline 面板的情况下，选择 After Effects 主菜单栏中的“Layer（图层）”→“New（新建）”→“Shape Layer（形状图层）”选项来新建一个形状图层，其默认图层名为“Shape Layer 1”。在 Tools（工具）面板中选择“圆形 Mask 工具”，并在其右侧的 Shape 设置面板内设置 Fill（填充）为“白色”，Stroke（描边）为“None（无）”，即将预设形状设置为白色填充、没有描边的绘图形态，如图 16-72 所示。

图16-72　选择圆形Mask工具并设置Shape形态

然后在 Timeline 面板内选中形状图层“Shape Layer 1”，接着选择“圆形 Mask 工具”，并在合成图像窗口内制作出一个范围较小的白色圆形 Shape，如图 16-73 所示。

注：此处创建的白色圆形图形就是此索引案例中雪花粒子的基础形状。

观察 Timeline 面板内的形状图层“Shape Layer 1”，可以看到在其 Contents（内容）属性选项下新增了“Ellipse 1（椭圆 1）”选项，如图 16-74 所示。

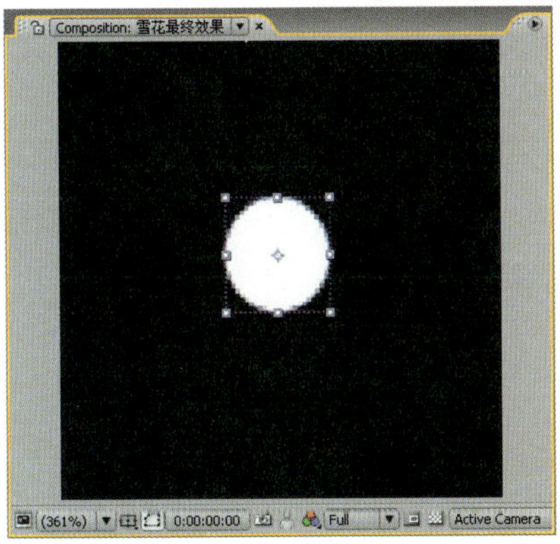

图16-73 制作白色圆形

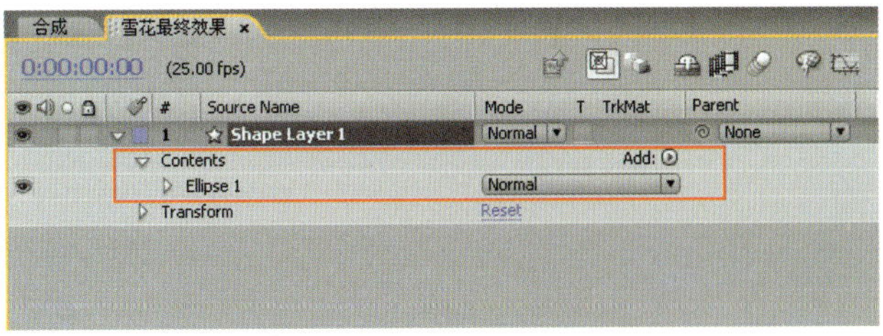

图16-74 新增“Ellipse 1”

❸为“Shape Layer 1”层添加“Roughen Edges（粗糙边缘）”特效。在 Timeline 面板内选择形状图层“Shape Layer 1”并右击，从弹出的快捷菜单中选择“Effect（特效）”→“Stylize（风格化）”→“Roughen Edges（粗糙边缘）”选项。然后在其“Roughen Edges（粗糙边缘）”特效控制面板中，设置“Edge Type（边缘类型）”为“Roughen（粗糙）”，Border（边界）为“12.00”，Complexity（复杂度）为“1”，如图 16-75 所示，效果如图 16-76 所示。

> 注：此处运用Roughen Edges特效对上一步制作的雪花形状原形进行噪化边缘处理，使其形态更加真实自然。

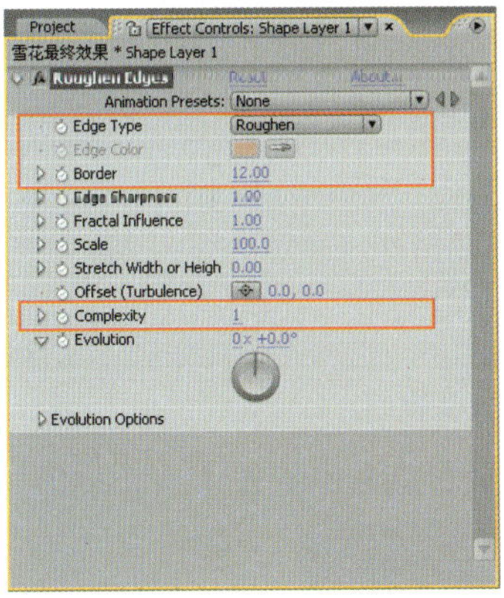

图16-75 Roughen Edges特效参数设置

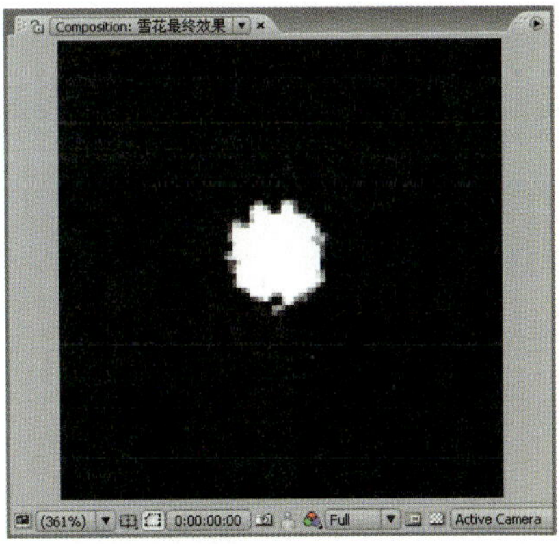

图16-76 效果图

❹打开“Shape Layer 1”层的 3D 图层开关，并制作其旋转属性关键帧动画。在 Timeline 面板内，打开形状图层“Shape Layer 1”右侧的分功能设置开关面板（Switches）中的 3D 图层开关，赋予该形状图层 3D 图层属性，如图 16-77 所示。

接下来，制作形状图层“Shape Layer 1”中 X 轴、Y 轴和 Z 轴各自旋转属性的关键帧动画。选中“Shape Layer 1”层，并按快捷键 R 调出该层的 Rotation（旋转）属性选项。然后分别在时间 0:00:00:00 和 0:00:01:00 处，为形状图层“Shape Layer 1”设置“X Rotation（X 轴旋转）”、“Y Rotation（Y 轴旋转）”和“Z Rotation（Z 轴旋转）”属性关键帧。注意前后两个时间处的同一属性关键帧参数设置应该一致，分别设置“X Rotation（X 轴旋转）”为（0x,+15.0°），“Y

Rotation（Y 轴旋转）”为（0x,+20.0°），“Z Rotation（Z 轴旋转）”为（0x,+0.0°）。这样，没有产生任何旋转动画效果的前后 3 组旋转属性关键帧设置完毕，如图 16-78 所示。

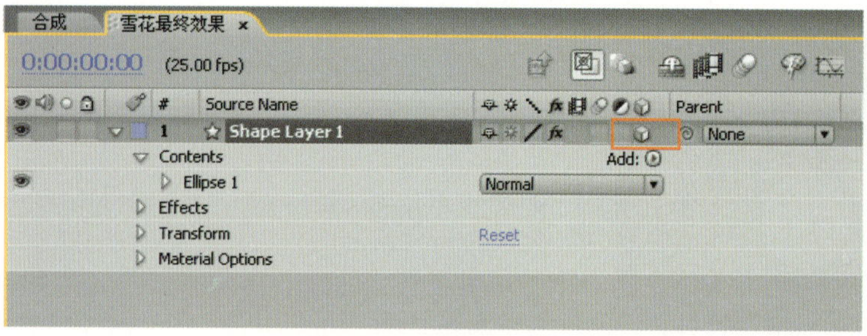

图16-77　3D图层开关

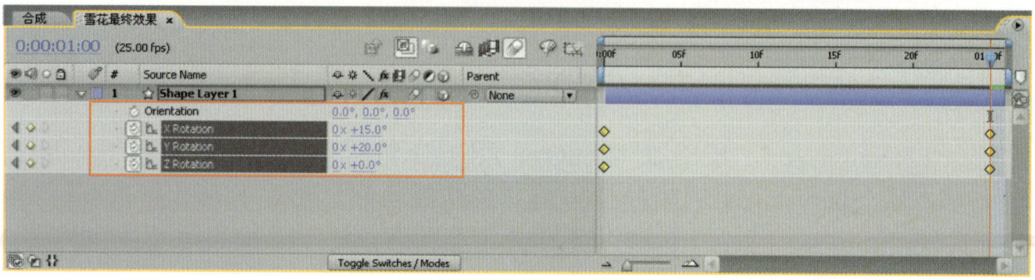

图16-78　设置旋转属性关键帧

接着，将时间指针移至 0:00:00:12 处，并展开“Shape Layer 1”层的 Rotation（旋转）属性选项。分别设置“X Rotation（X 轴旋转）”为（0x,+0.0°），“Y Rotation（Y 轴旋转）”为（0x,+0.0°），“Z Rotation（Z 轴旋转）”为（0x,+60.0°），如图 16-79 所示。

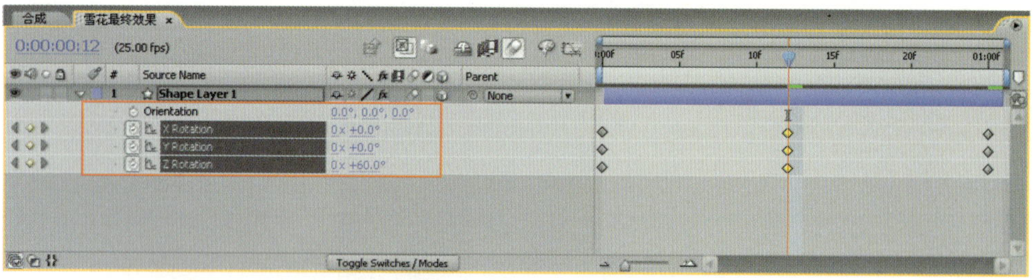

图16-79　设置旋转属性关键帧

至此，雪花形状原形在三维空间内轻微摇晃的动画效果就制作完成了，效果如图 16-80 所示。

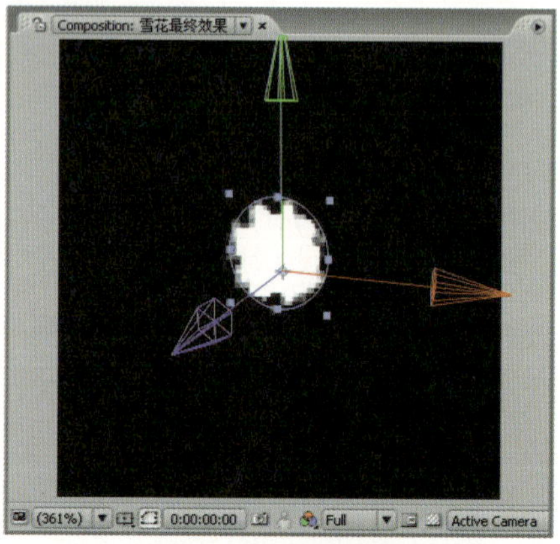

图16-80　效果截图

❺为“Shape Layer 1”层添加“Fast Blur( 快速模糊 )”特效。在 Timeline 面板内选择“Shape Layer 1”层并右击，从弹出的对话框中选择“Effect（特效）”→“Blur&Sharpen（模糊 & 锐化）”→“Fast Blur（快速模糊）”选项，然后按照如图 16-81 所示进行设置，效果如图 16-82 所示。

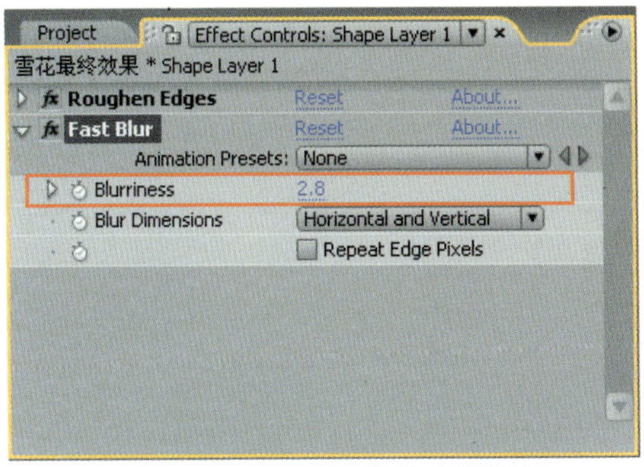


图16-81 Fast Blur特效参数设置

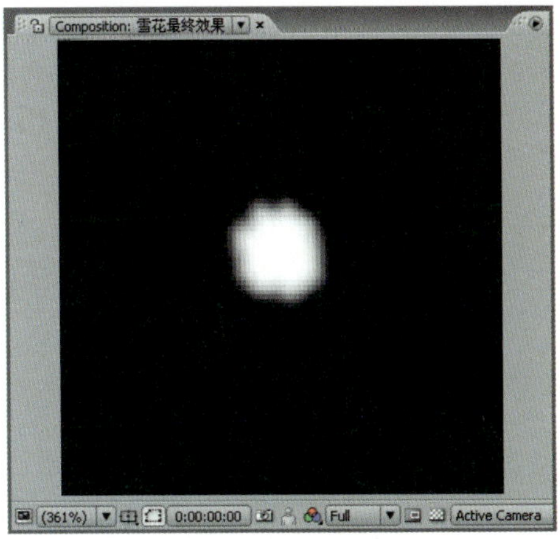


图16-82 效果图

❻创建合成文件“前景雪花飘落”和“雪花粒子”层。按快捷键 Ctrl+N 新建一个合成文件，并在打开的合成文件设置对话框中设置“Composition Name（合成名称）”为“前景雪花飘落”。Basic（常规）选项卡内的其他选项设置可参照工程文件“合成”，然后单击 OK（确定）按钮完成设置，如图 16-83 所示。

接着在“前景雪花飘落”合成文件的 Timeline 面板内，按快捷键 Ctrl+Y 新建一个固态层。然后在打开的对话框中设置 Name( 名称 )为“雪花粒子”，在 Size( 尺寸 )选项框中设置 Width( 宽 )为“720”，Height（高）为“576”。再设置 Color（色彩）为“黑色”，如图 16-84 所示。

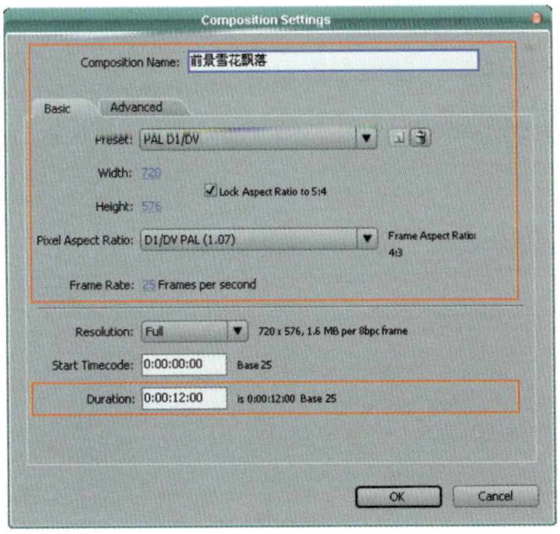


图16-83 创建合成文件

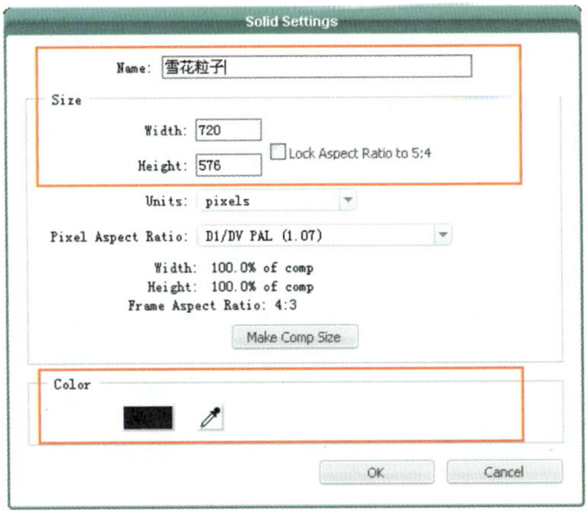


图16-84 创建层

❼将“雪花最终效果”合成文件置入“前景雪花飘落”合成文件内，并为“雪花粒子”层添加 Particular 插件特效。首先将“雪花最终效果”合成文件从 Project 项目窗口调入“前景雪花飘落”合成文件的 Timeline 面板中，生成“雪花最终效果”合成层，如图 16-85 所示。

然后运用 Particular 特效制作前景处的雪花纷纷扬扬飘落下来的动画效果。在“前景雪花飘落”合成文件内选择“雪花粒子”层并右击，从弹出的快捷菜单中选择“Effect（特效）”→“Trapcode”→“Particular”选项。

接着，在其 Particular 特效控制面板中，展开 Emitter(发射器)选项，并设置 Particles/sec(粒子数量 / 秒)为“95”，“Emitter Type(发射器类型)”为“Light(灯光)”，Direction(方向)为“Uniform(统一)”，Velocity（速度）为“115.0”，“Velocity Random（随机速度）”为“20.0”，“Velocity from Motion（初始化速度）”为“20.0”，如图 16-86 所示。

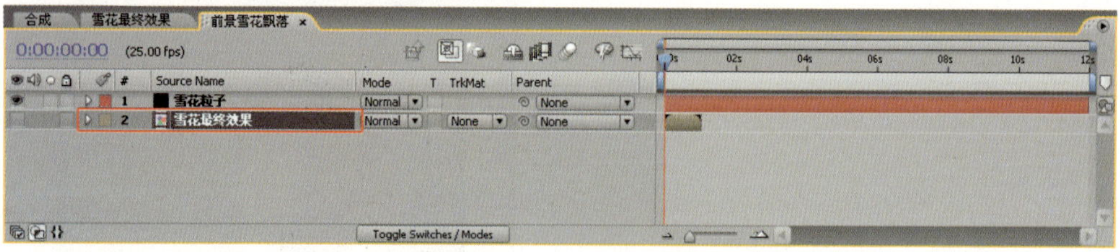

图16-85 设置合成文件

接着在其 Particular 特效控制面板中展开 Particle（粒子）选项，并按照如图 16-87 所示进行设置。

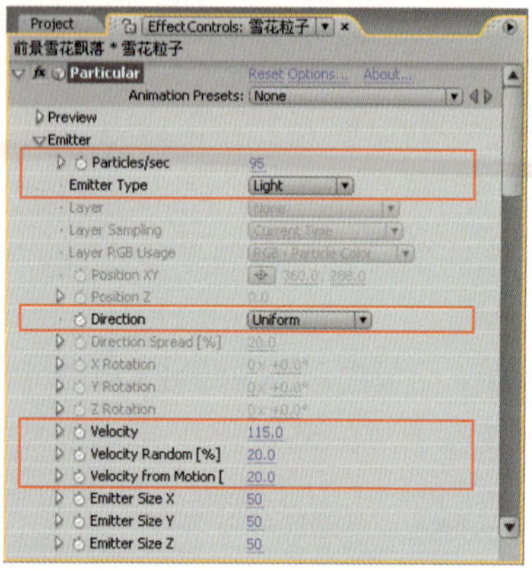

图16-86 特效参数设置（一）

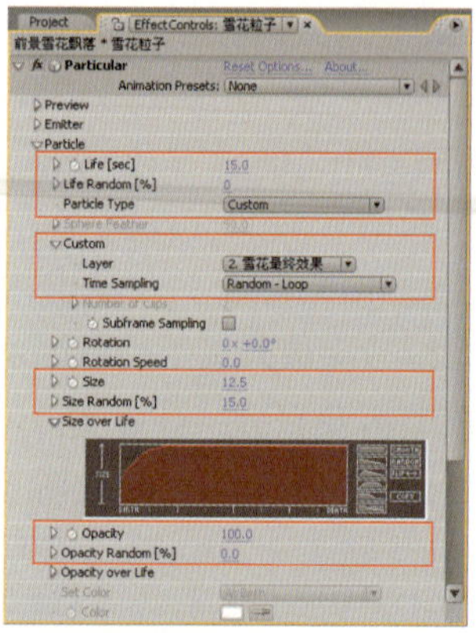

图16-87 特效参数设置（二）

然后在其 Particular 特效控制面板中展开 Physics（物理学）选项，并按照如图 16-88 所示进行设置。

最后在其 Particular 特效控制面板中展开 Motion Blur（运动模糊）选项，并按照如图 16-89 所示进行设置。

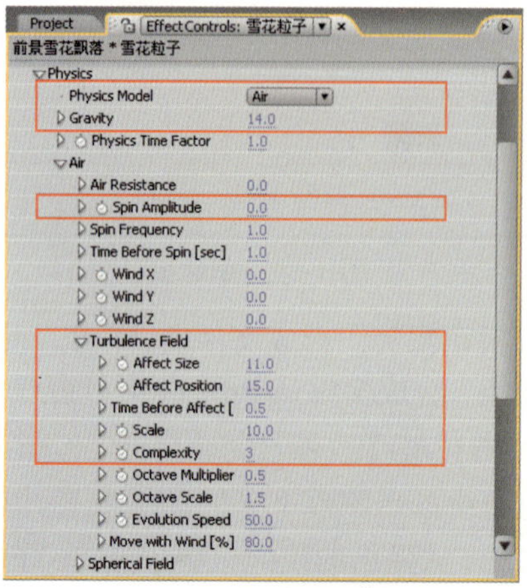

图16-88 特效参数设置（三）

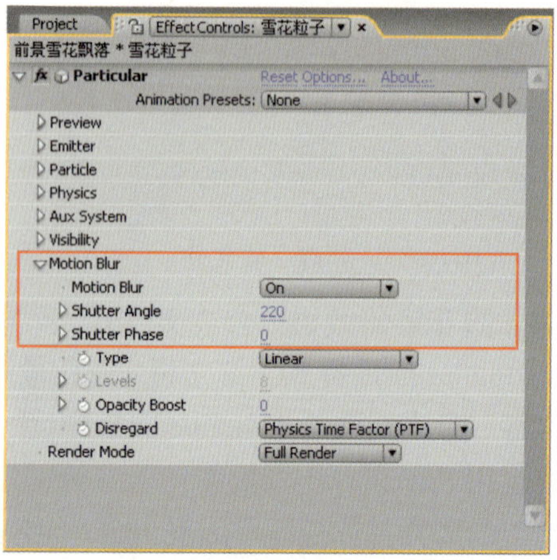

图16-89 特效参数设置（四）

8创建“Emitter”灯光图层并调整其 Position（位置）属性。在选中“前景雪花飘落”合成文件内 Timeline 面板的情况下，按快捷键 Ctrl+Alt+Shift+L 新建灯光图层。然后在打开的灯光设置对话框中，设置 Name（名称）为“Emitter”，其他设置如图 16-90 所示。

> 注：“雪花粒子”层的Particular特效参数设置完成后，通过观察合成图像窗口可以发现该层没有产生任何雪花动画效果。这是因为在上一步操作时，Particular特效内的Emitter Type（发射器类型）已设置为Light（灯光），所以为此还必须在“前景雪花飘落”合成文件内创建名为“Emitter”的灯光图层。

然后设置“Emitter”灯光图层的 Position 位置属性参数为（352.0，-460.0，-267.0），如图 16-91 所示。观察“前景雪花飘落”合成图像窗口，可以看到无数雪花纷纷扬扬地从空中飘落下来的动画效果已经产生，效果如图 16-92 所示。

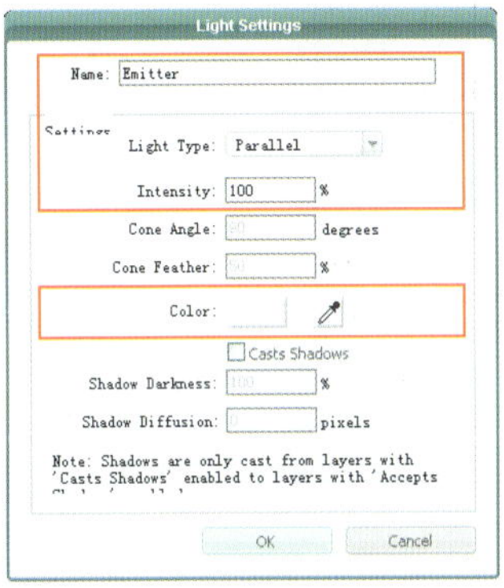


图16-90　创建灯光图层

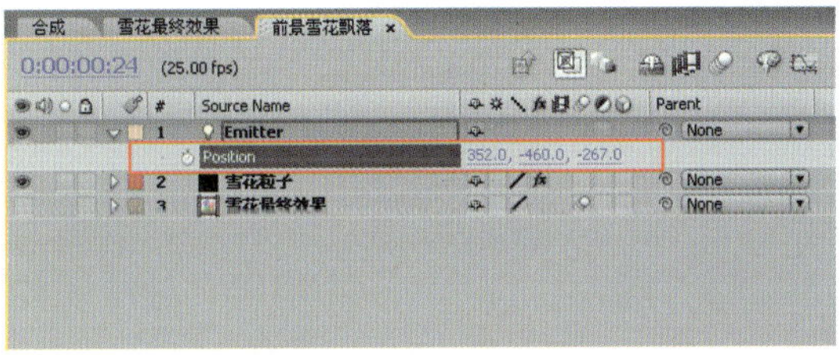


图16-91　设置属性

9创建合成文件“小屋积雪动画”并导入场景素材。首先按快捷键 Ctrl+N 新建一个合成文件，并在打开的合成文件设置对话框中设置“Composition Name（合成名称）”为“小屋积雪动画”。Basic（常规）选项卡内的其他选项设置可参照工程文件“合成”，如图 16-93 所示。

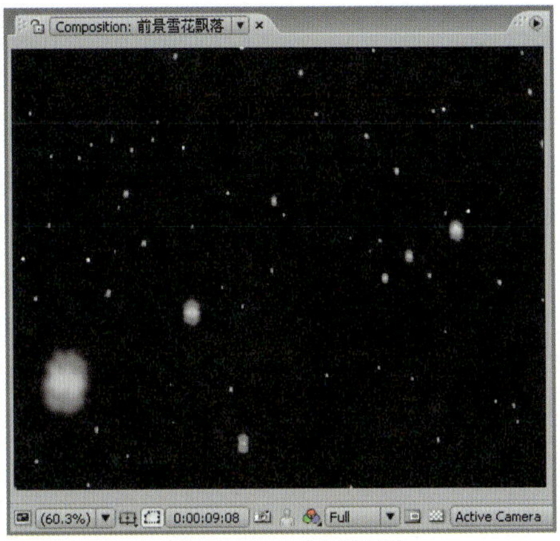


图16-92　动画效果

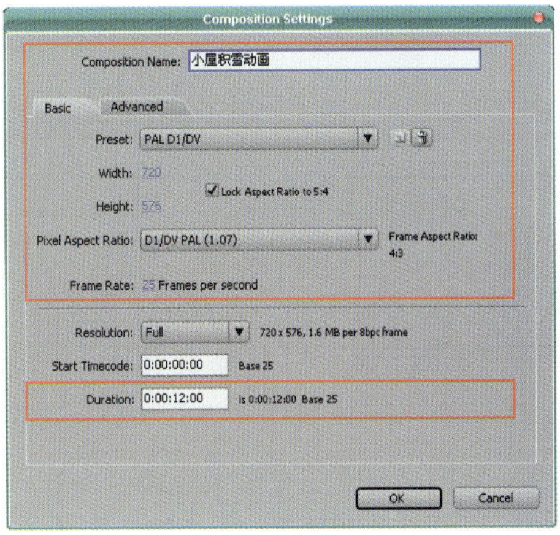


图16-93　创建合成文件

然后在 Project 项目窗口中的空白处双击，打开 Import File（导入文件）对话框，导入场景素材即 JPG 文件“小屋 01”，并将其置入“小屋积雪动画”合成文件的 Timeline 面板中，同时打开“小屋 01.jpg”层右侧的分功能设置开关面板（Switches）中的运动模糊开关，如图 16-94 所示，效果如图 16-95 所示。

图16-94　将场景素材置入合成文件

图16-95　场景素材效果

⑩复制生成“小屋蒙版”层并为其添加 Sharpen（锐化）特效。在“小屋积雪动画”合成文件内选中“小屋 01.jpg”层，按快捷键 Ctrl+D 复制并新建该层，再按 Enter 键并将新建层改名为“小屋蒙版”，如图 16-96 所示。

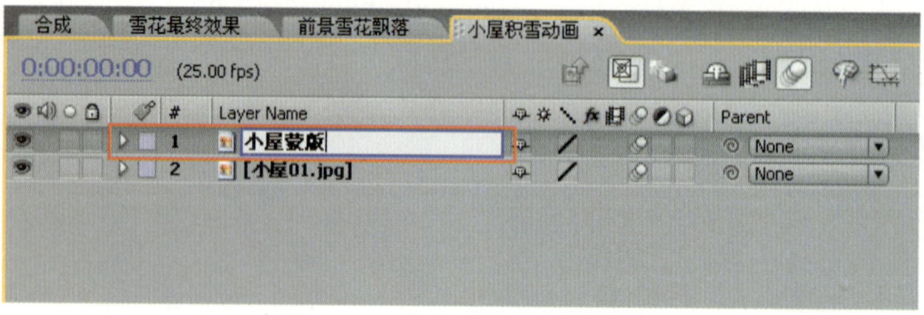


图16-96　复制生成“小屋蒙版”层

然后在 Timeline 面板内选择“小屋蒙版”层并右击，从弹出的快捷菜单中选择“Effect（特效）”→“Blur&Sharpen（模糊 & 锐化）”→“Sharpen（锐化）”选项。再在其 Sharpen（锐化）特效控制面板中，设置 Sharpen Amount（锐化量）为“8”，如图 16-97 所示，效果如图 16-98 所示。

注：此处对场景图像做锐化像素处理，可以在增强图像边缘效果的同时增加画面噪波，从而预先为白色积雪的选区做噪化处理。

⑪为“小屋蒙版”层添加“Channel Mixer（通道混合）”特效。选择“小屋蒙版”层并右击，从弹出的快捷菜单中选择“Effect（特效）”→“Color Correction（颜色修正）”→“Channel Mixer（通道混合）”选项。然后在其“Channel Mixer（通道混合）”特效控制面板中，勾选下侧的 Monochrome（单色）复选框，即可通过“去色”处理将该图层转变为高质量的“黑

白灰”单色效果，如图 16-99 所示，效果如图 16-100 所示。

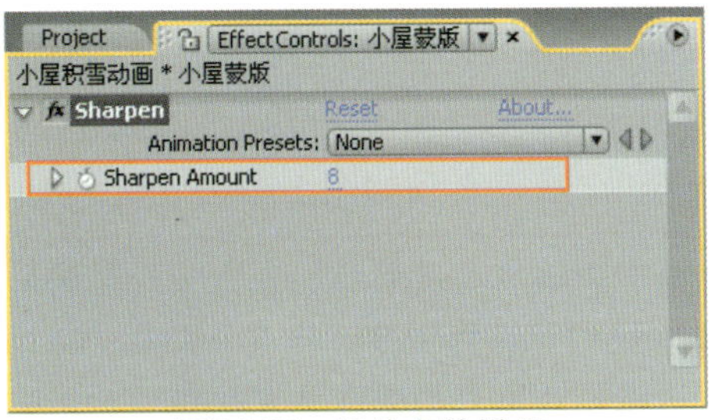


图16-97 特效参数设置

图16-98 Sharpen效果

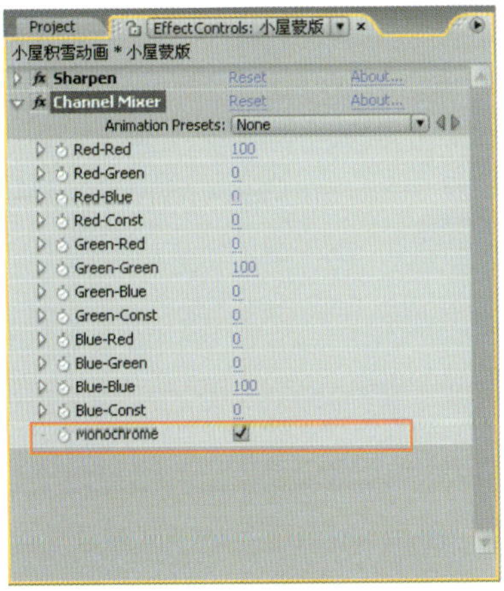


图16-99 特效参数设置

图16-100 效果图

⑫复制生成“小屋蒙版 2”层并为“小屋蒙版”层设置 Track Matte 模式。在“小屋积雪动画”合成文件内选中“小屋蒙版”层，按快捷键 Ctrl+D 复制并新建该层，即在 Timeline 面板内“小屋蒙版”层的上层位置生成“小屋蒙版 2”层，如图 16-101 所示。

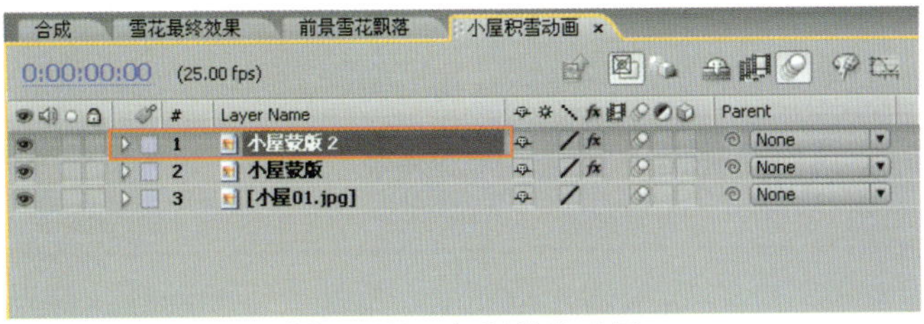


图16-101 复制并生成层

然后在 Timeline 面板内单击“小屋蒙版”层右侧的 Track Matte 下拉菜单，从中选择 Luma Matte“小屋蒙版 2”选项，即以上层“小屋蒙版 2”层的亮度区域作为下层“小屋蒙版”层的透明通道，使下层图像从上层像素的亮度区域显示出来，如图 16-102 所示。

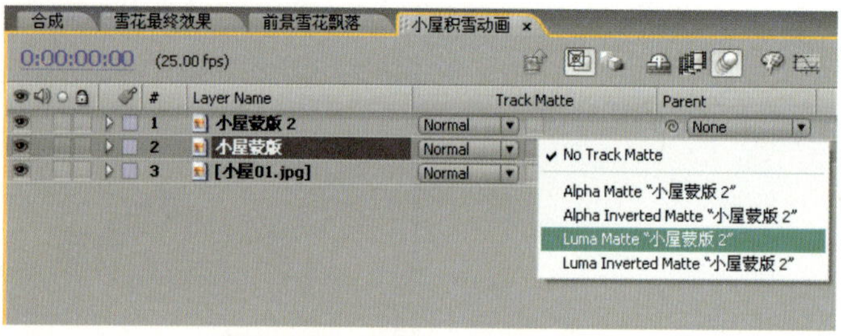


图16-102　设置Track Matte模式

最后选中 Timeline 面板内底层位置的“小屋 01.jpg”层，并单击其左侧的眼睛图标，暂时关闭其可视化效果，再观察合成图像窗口内的效果，可以看到如图 16-103 所示的效果。

注：由于作为Luma亮度蒙版的“小屋蒙版2”层和下层“小屋蒙版”层在明暗影调效果上是完全一致的，因此这一步设置Track Matte模式的操作相当于将“小屋01”场景图像中的所有亮部像素提取出来并单独保留。这些提取出来的亮部像素即可用于表现最终场景效果中的白色积雪部分。

图16-103　提取亮部像素并单独保留

⑬为“小屋蒙版”层添加 Levels（色阶）特效。选择“小屋蒙版”层并右击，从弹出的快捷菜单中选择“Effect（特效）”→“Color Correction（颜色修正）”→“Levels（色阶）”选项，然后按照如图 16-104 所示进行设置，效果如图 16-105 所示。

注：此处通过运用Levels特效来提高“小屋蒙版”层内单独保留的亮部像素的伽马值及亮度。

⑭制作“小屋蒙版”层的 Opacity（透明度）属性关键帧动画。首先在时间 0:00:06:00 处，将“小屋蒙版”层的 Opacity（透明度）参数设置为“0”，并单击其左侧的秒表图标新建一个 Opacity（透明度）关键帧。然后在时间 0:00:11:00 处，将该层的 Opacity（透明度）参数设置为“100”，如图 16-106 所示。

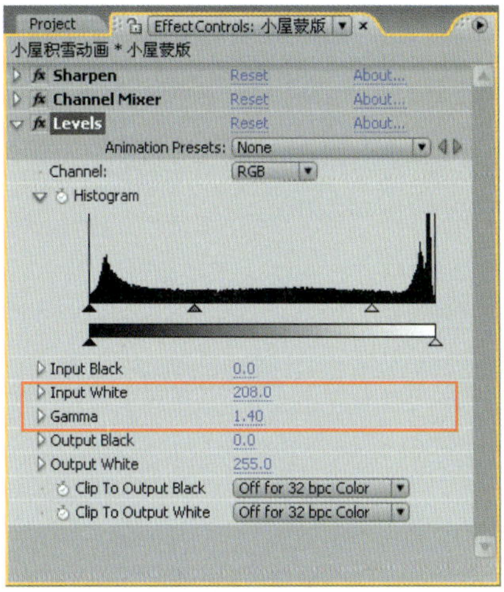


图16-104　特效参数设置

图16-105　Levels效果

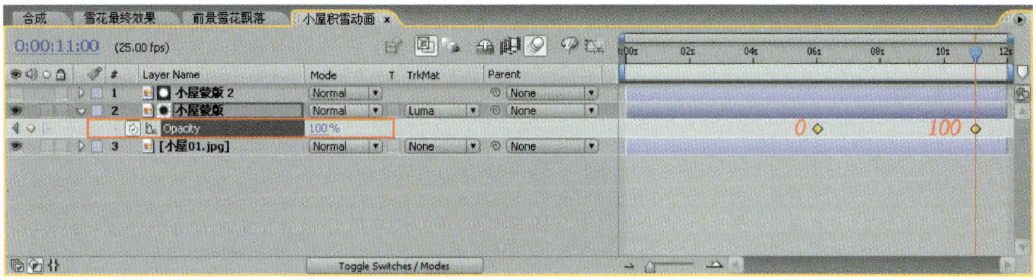


图16-106　设置属性关键帧

至此，用以模拟白色积雪部分的亮部像素逐渐显现出来的动画效果制作完毕，效果如图 16-107 所示。

⑮在工程文件内创建“远景雪花飘落”层，并将其他合成文件置入工程文件。在“合成”工程文件的 Timeline 面板内，按快捷键 Ctrl+Y 新建一个固态层。然后在打开的对话框中设置 Name（名称）为“远景雪花飘落”，Color（色彩）为“黑色”，如图 16-108 所示。

图16-107　动画截图

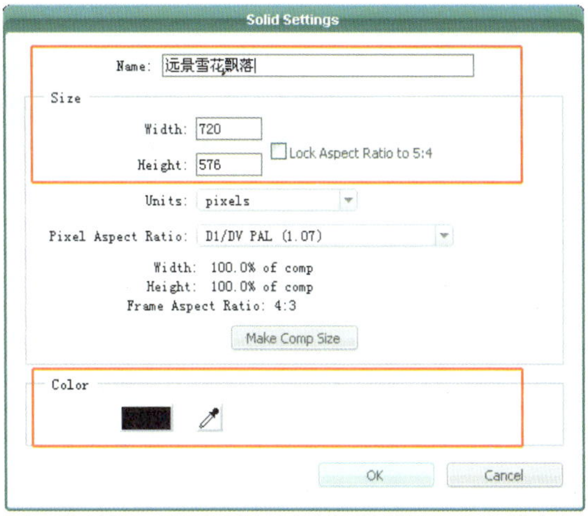


图16-108　创建层

然后将“前景雪花飘落”和“小屋积雪动画”这两个合成文件从 Project 项目窗口调入“合

成”工程文件的 Timeline 面板中，各自生成合成层。注意调整工程文件内的图层上下堆栈顺序，“前景雪花飘落”合成层位于顶层位置，“小屋积雪动画”合成层位于底层位置，“远景雪花飘落”层则居中，如图 16-109 所示。

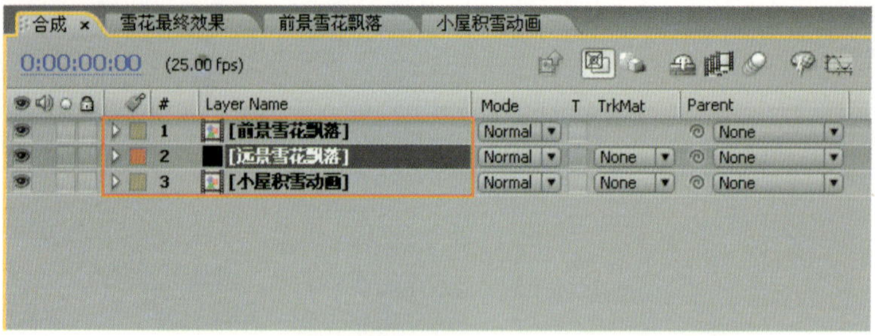


图16-109　将合成文件置入工程并调整其堆栈顺序

⑯为“远景雪花飘落”层添加两次“FE Snow”特效。在“合成”工程文件内选择“远景雪花飘落”层并分别两次右击，从弹出的快捷菜单中选择“Effect（特效）”→“Final Effects”→“FE Snow”选项。“FE Snow”和“FE Snow 2”特效的参数设置如图 16-110 所示，效果如图 16-111 所示。

> **注**：FE Snow是著名插件系列Final Effects中的一款能够快速模拟下雪动画效果的插件特效。此处通过运用FE Snow和FE Snow 2特效来制作中、远景处更加细密均匀的雪花飘落效果。

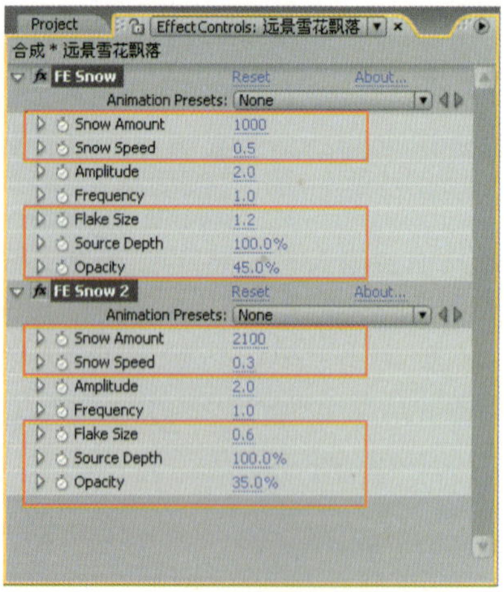


图16-110　特效参数设置

图16-111　效果图

⑰复制生成“前景雪花飘落 2”合成层并设置其 Scale（缩放）属性参数。在“合成”工程文件内选中“前景雪花飘落”合成层，按快捷键 Ctrl+D 复制并新建该合成层，再按 Enter 键并将新建层改名为“前景雪花飘落 2”。接着设置“前景雪花飘落 2”合成层的 Scale 缩放参数为（450.0，450.0），如图 16-112 所示。

> **注**：“前景雪花飘落2”合成层内效果用以模拟那些在近景处快速落下、运动模糊并且明显是体积感较大的雪花。

⑱设置“合成”工程文件内各图层的混合模式。在“合成”工程文件的 Timeline 面板中，分别单击“前景雪花飘落 2”合成层、“前景雪花飘落”合成层和“远景雪花飘落”层右

侧的 Mode（混合模式）下拉菜单，然后在上述这些图层的 Mode 下拉菜单中分别选择“Add（添加）”选项，如图 16-113 所示，最终效果如图 16-114 所示。

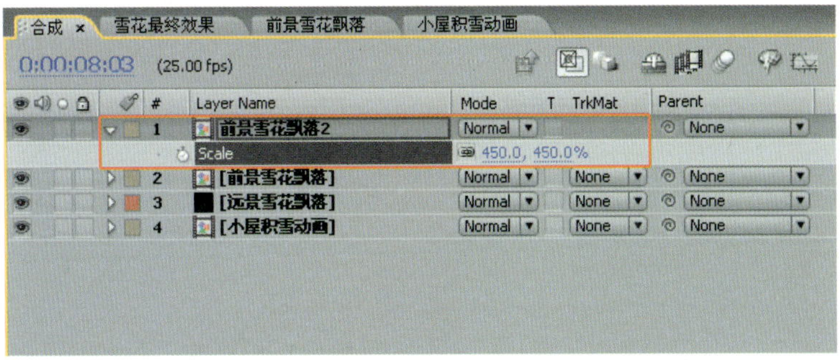


图16-112　复制生成合成层并设置其参数

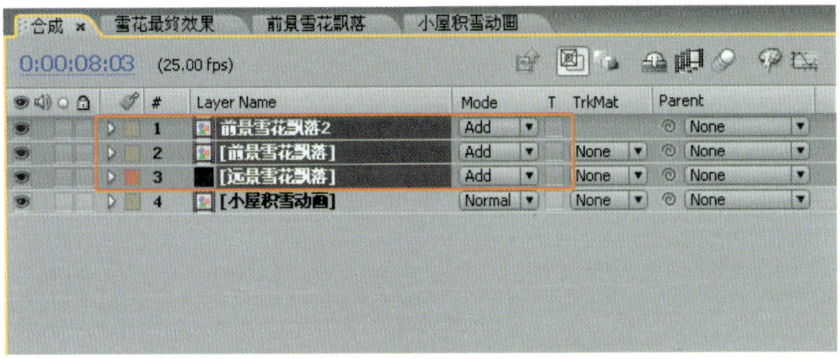


图16-113　设置各图层的图层混合模式

图16-114　最终动画效果截图

至此，整个动画效果就完成了。

·读·书·笔·记·

# 第 17 章

# 光华流逝的风景水墨画

## 17.1 案例简介

这个案例表现的是一张清幽淡雅的风景水墨画，随着时光流逝而逐渐显示出褶皱纸纹的动画效果。通过示意图分析一下如何在 After Effects 中制作这样的效果。

首先，通过复制生成新图层并运用 Find Edges、Channel Mixer、Levels、Median 等特效，制作出风景影像的白描图画效果。其次，通过运用 Curves、Median、Fast Blur、Liquify、Sharpen、Hue/Saturation 等特效并结合调整图层混合模式及创建调节图层等方法，在风景影像的素材基础上制作出清幽淡雅的淡彩水墨效果。然后通过制作透明度关键帧动画的方法，制作出褶皱纸纹逐渐显示出的视觉效果。最后，通过复制并生成新图层、运用 Fast Blur、Displacement Map 等特效、调整图层混合模式、调整图层 Transform 转换属性等方法，制作出风景水墨画随着逐渐显示出的褶皱纸纹而产生纸面起伏变化的动画效果。制作思路示意图如图 17-1 所示，最后效果如图 17-2 所示。

（1）风景影响的白描图画效果：复制并生成新图层，运用 Find Edges、Channel Mixer、Lecels、Median 等特效

（2）清幽淡雅的淡彩水墨效果：运用 Curves、Median、Fast Blur、Liquify、Sharpen、Hue/Saturation 等特效，调整图层混合模式，创建调节图层

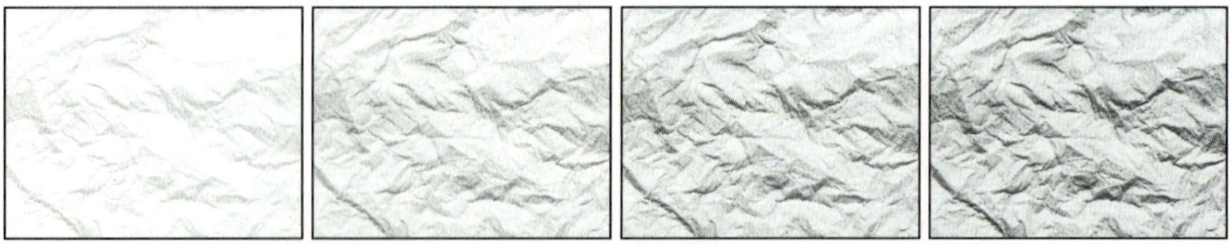

（3）褶皱纸纹逐渐显出的视觉效果：制作透明度关键帧动画

（4）随着褶皱纸纹而产生纸面起伏变化的动画效果：复制并生成新图层，运用 Fast Blur、Dsiplace Map 等特效，调整图层混合模式，调整图层 Transform 转换属性

图17-1　制作思路示意图

图17-2　最后效果

## 17.2　具体制作

### 17.2.1　创建工程文件和风景影像的白描图画效果

❶新建工程文件“合成”和合成文件“风景水墨画”。首先启动 After Effects 程序，并按快捷键 Ctrl+N 新建一个合成文件。然后在打开的合成文件设置对话框中设置“Composition Name（合成名称）”为“合成”。在 Basic（常规）选项卡下的 Preset（预置）下拉列表中选择“PAL D1/DV”选项，并设置 Width（宽）为“720”，Height（高）为“576”，“Frame Rate（帧率）”为“25 帧 / 秒”，Duration（持续时间）为“0:00:10:00”，再单击 OK（确定）按钮完成设置，如图 17-3 所示。

再次按快捷键 Ctrl+N 新建一个合成文件，在打开的合成文件设置对话框中设置“Composition Name（合成名称）”为“风景水墨画”，Basic（常规）选卡内的其他选项设置可参照工程文件“合成”。

❷导入风景影像素材并将其置入合成文件“风景水墨画”。在 Project 项目窗口中的空白处双击，打开 Import File（导入文件）对话框，在其中选择作为影像素材的 PSD 文件“水墨画图片素材”，再单击“打开”按钮进行导入，如图 17-4 所示。

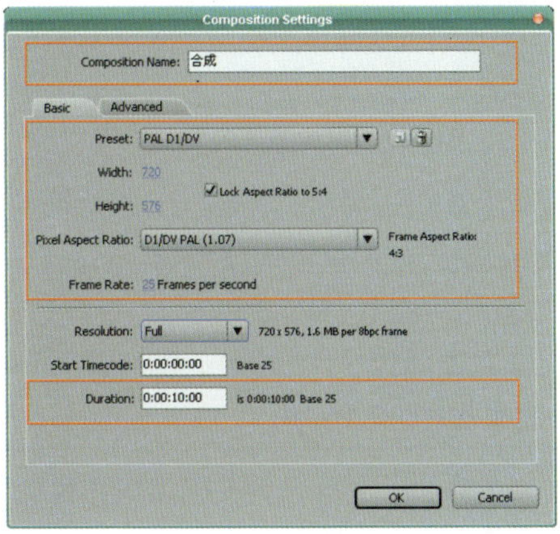


图17-3　新建工程文件

图17-4　导入素材文件

接着，在打开的 PSD 文件导入设置对话框中，设置“Import Kind( 导入种类 )”为“Footage ( 素材 )”，在“Layer Options ( 图层选项 )”选项组内的“Choose Layer ( 选择图层 )”下拉列表中选择“原图”选项，再单击 OK ( 确定 ) 按钮进行导入，即可将该 PSD 文件内的底层图层“原图”以 Footage ( 素材 ) 的形式导入到该 After Effects 项目中，如图 17-5 所示。

然后，将图片素材“原图 / 水墨画图片素材 .psd”从 Project 项目窗口拖动至“风景水墨画”合成文件的 Timeline 面板中，生成“原图 / 水墨画图片素材 .psd”层，如图 17-6 所示，效果如图 17-7 所示。

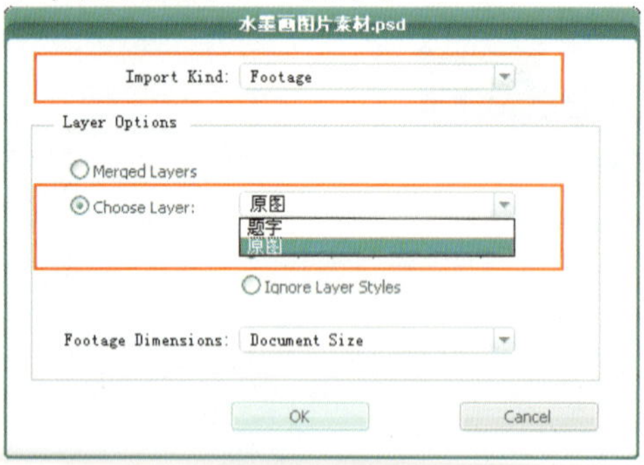


图17-5　导入图层

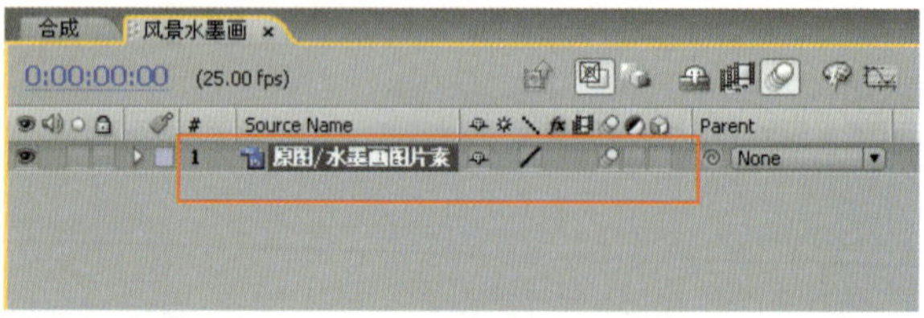


图17-6　将影像素材置入合成文件

❸为“原图 / 水墨画图片素材 .psd”层重命名并复制生成“水墨画描边”层。首先在“风景水墨画”合成文件的 Timeline 面板内选中“原图 / 水墨画图片素材 .psd”层，再按 Enter 键并将其改名为“水墨画渲染”。

然后在 Timeline 面板内选中“水墨画渲染”层，按快捷键 Ctrl+D 复制并新建该层，再按 Enter 键将新建层改名为“水墨画描边”，如图 17-8 所示。

图17-7　风景影像素材效果

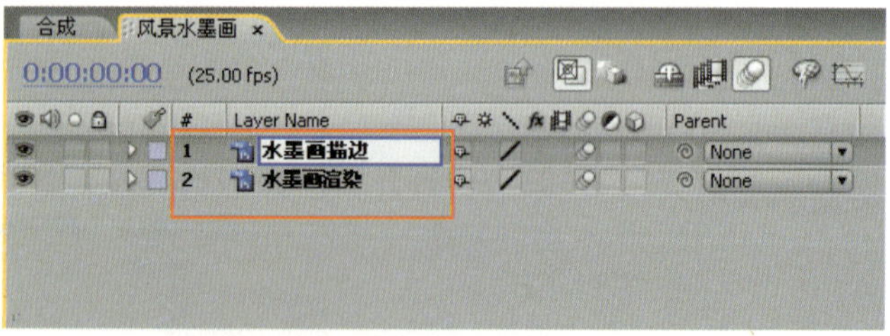


图17-8　重命名并复制生成层

❹为“水墨画描边”层添加“Find Edges ( 查找边缘 )”特效。在“风景水墨画”合成文件内选择“水墨画描边”层并右击，从弹出的快捷菜单中选择“Effect( 特效 )”→“Stylize ( 风格化 )”→“Find Edges ( 查找边缘 )”选项。然后在其“Find Edges ( 查找边缘 )”特效控制面板中，设置“Blend With Original ( 混合原始图像 )”为“0”，即可设置该描边轮廓效果与原图像不进行混合，如图 17-9 所示，效果如图 17-10 所示。

**注**：Find Edges (查找边缘) 特效能搜寻到图像中主要颜色的变化区域并强化其过渡像素，从而使图像产生一种以较硬的笔触来勾画轮廓的视觉效果。

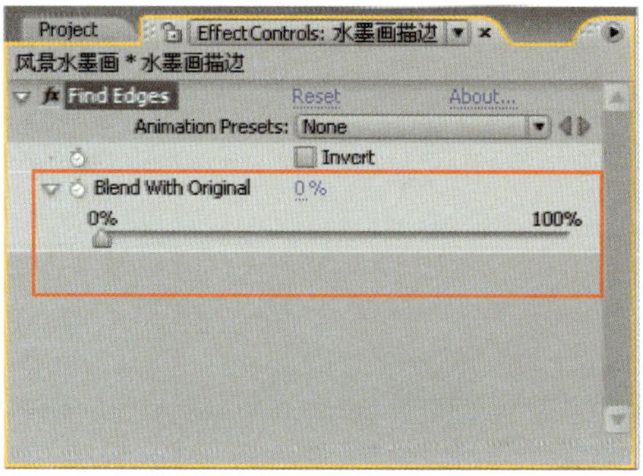


图17-9　特效参数设置

图17-10　Find Edges效果

❺为“水墨画描边”层添加 Channel Mixer（通道混合）特效。在“风景水墨画”合成文件内选择“水墨画描边”层并右击选择“Effect（特效）”→“Color Correction（颜色修正）”→“Channel Mixer（通道混合）”选项。然后在其“Channel Mixer（通道混合）”特效控制面板中，勾选下方的“Monochrome（单色）”复选框，即可将选定图层内的图像应用为灰阶图，如图 17-11 所示，效果如图 17-12 所示。

> 注：Channel Mixer（通道混合）特效可以通过设置每个色彩通道的百分比数值来产生高质量的灰阶图或其他色调图像。

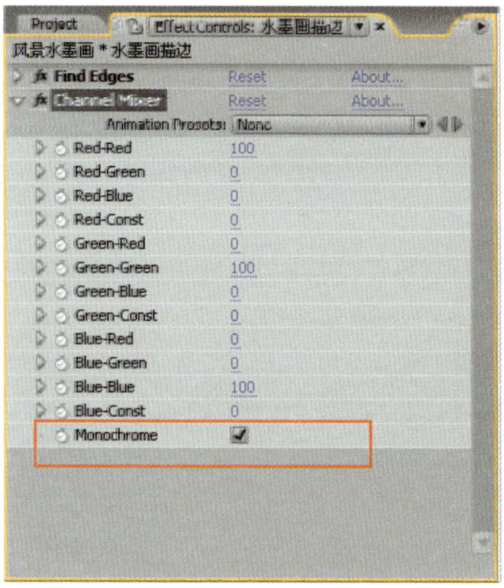


图17-11　特效参数设置

图17-12　Channel Mixer灰阶图效果

❻为“水墨画描边”层添加 Levels（色阶）特效。在“风景水墨画”合成文件内选择“水墨画描边”层并右击，从弹出的快捷菜单中选择“Effect（特效）”→“Color Correction（颜色修正）”→“Levels（色阶）”选项。然后在其 Levels（色阶）特效控制面板中，设置“Input Black（输入黑色阀值）”为“0.0”，“Input White（输入白色阀值）”为“161.0”，Gamma（伽马值）为“1.83”，如图 17-13 所示，效果如图 17-14 所示。

注：Levels（色阶）特效可以将输入的颜色范围重新映射到输出的颜色范围，并可以改变图像影调的Gamma(伽马值)，该特效主要用于基本的影像质量调整。通过运用Levels特效使图像中的部分灰色调像素转变为白色，该风景影像的轮廓勾边效果就更加明显了。

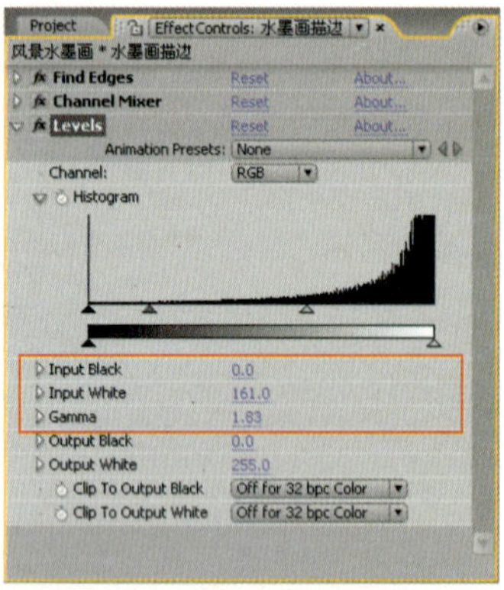


图17-13　Levels特效参数设置

图17-14　Levels效果

⑦为“水墨画描边”层添加Median（中间值）特效。在“风景水墨画”合成文件内选择“水墨画描边”层并右击，从弹出的快捷菜单中选择“Effect（特效）”→“Noise&Grain（噪点和颗粒）”→“Median（中间值）”选项。然后在其Median（中间值）特效控制面板中，设置Radius（半径）为“1”，如图17-15所示。至此，该风景影像的白描图画效果已经制作完成，效果如图17-16所示。

注：Median（中间值）是一种用于减少图像内杂色的特效，其工作原理是用指定半径内像素的平均亮度值来替换该区域内所有像素的亮度值。Median（中间值）特效可以通过对像素亮度的混合，使图像产生一种柔和的水墨效果。

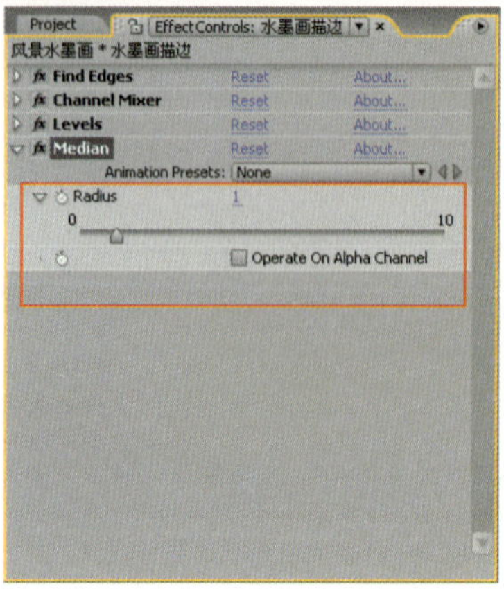


图17-15　特效参数设置

图17-16　Median效果

## 17.2.2　制作淡彩水墨效果

⑧为“水墨画渲染”层添加Curves（曲线）特效。在“风景水墨画”合成文件内选择“水墨画渲染”层并右击，从弹出的快捷菜单中选择“Effect（特效）”→“Color Correction

（颜色修正）”→“Curves（曲线）”选项。然后在其 Curves（曲线）特效控制面板中，将 Channel（通道）设置为“RGB”。再调控 Curves 曲线上半部分的节点位置，使其呈现较圆滑的下落曲线形状，如图 17-17 所示，效果如图 17-18 所示。

> **注**：在此运用Curves特效可以降低图像高光部分的Gamma值，适当地降低当前层内影像的亮度和对比度。

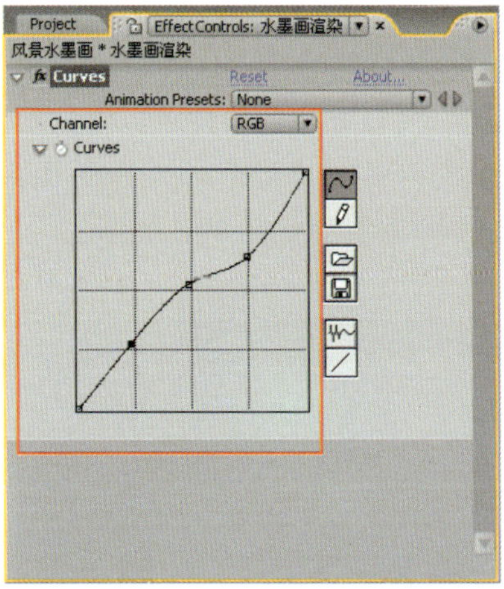


图17-17 特效参数设置

图17-18 Curves效果

⑨为“水墨画渲染”层添加 Median（中间值）特效。在“风景水墨画”合成文件内选择“水墨画渲染”层并右击，从弹出的快捷菜单中选择“Effect（特效）”→“Noise&Grain（噪点和颗粒）”→“Median（中间值）”选项。然后在其 Median（中间值）特效控制面板中，设置 Radius（半径）为“7”，如图 17-19 所示。

至此，该风景影像的淡彩水墨效果已经初步实现，效果如图 17-20 所示。

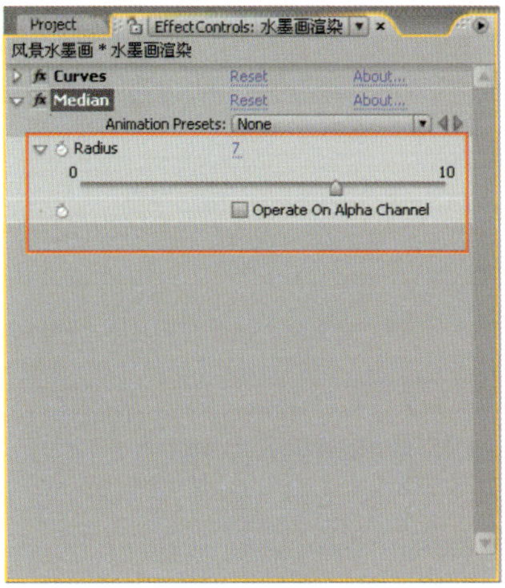


图17-19 特效参数设置

图17-20 Median效果

⑩复制生成“水墨画渲染 2”层并为其添加“Fast Blur（快速模糊）”特效。首先在“风景水墨画”合成文件内选中“水墨画渲染”层，按快捷键 Ctrl+D 复制并新建该层，即可在 Timeline 面板内生成“水墨画渲染 2”层，如图 17-21 所示。

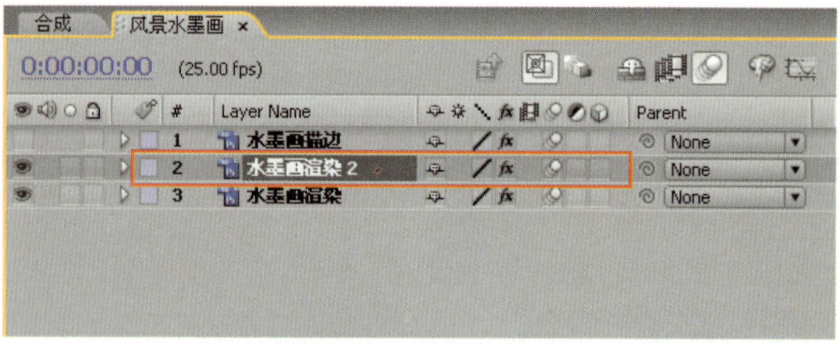

图17-21　复制生成层

然后在 Timeline 面板内选择“水墨画渲染 2”层并右击，从弹出的快捷菜单中选择“Effect（特效）”→“Blur&Sharpen（模糊 & 锐化）”→“Fast Blur（快速模糊）”选项。再在其“Fast Blur（快速模糊）”特效控制面板中，设置 Blurriness（模糊）为“16.0”，如图 17-22 所示，效果如图 17-23 所示。

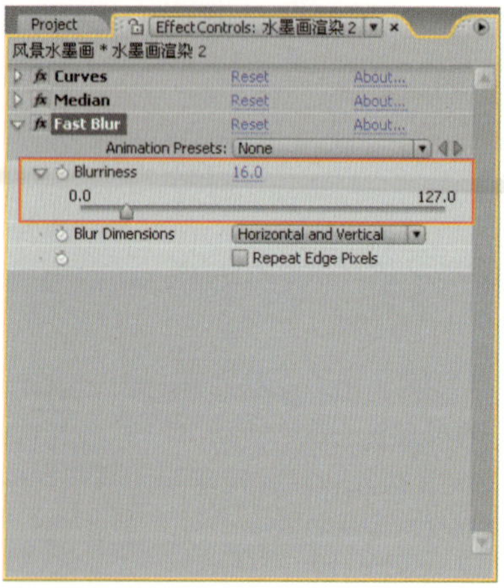

图17-22　特效参数设置

图17-23　Fast Blur效果

⑪ 调整“水墨画渲染 2”层的 Opacity（透明度）属性及其图层混合模式。首先在 Timeline 面板内选中“水墨画渲染 2”层并按快捷键 T，调出该层的 Opacity（透明度）属性选项，设置其 Opacity（透明度）参数为“35”。

然后在 Timeline 面板中，单击“水墨画渲染 2”层右侧的 Mode（混合模式）下拉菜单，从中选择“Darken（变暗）”选项，如图 17-24 所示，效果如图 17-25 所示。

注：将“水墨画渲染2”层和“水墨画渲染”层上下两个图层以Darken模式进行混合，可以使图像产生虚焦和晕染的视觉效果。

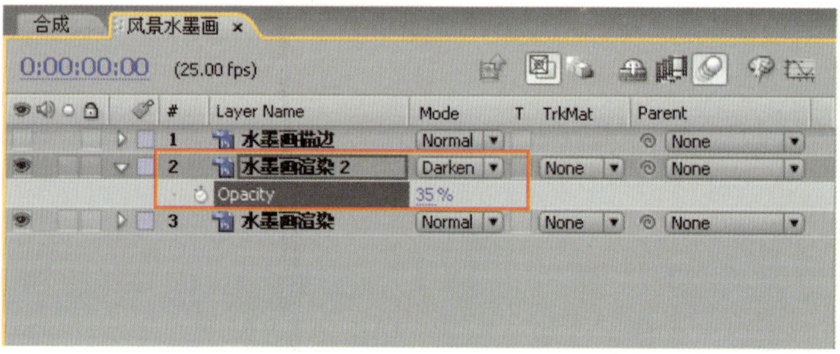

图17-24　调整Opacity属性及其混合模式

⑫合并预合成“水墨画渲染 2”层及“水墨画渲染”层。在“风景水墨画”合成文件的 Timeline 面板内，按住 Ctrl 键的同时选中“水墨画渲染 2”层和“水墨画渲染”层，再按快捷键 Ctrl+Shift+C 对这两个图层进行合并预合成操作。然后为新建的子合成文件取名为“Pre- 渲染”，并选中 Move all attributes into the new composition（把层属性移动到新建的子合成文件中）单选按钮，再单击 OK（确定）按钮，如图 17-26 所示。

图17-25　晕染效果

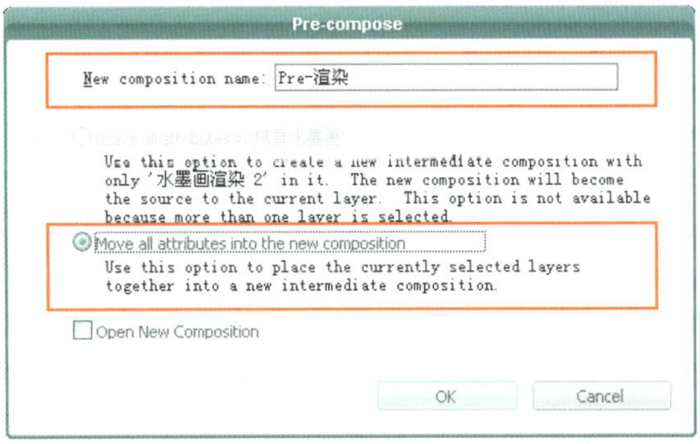


图17-26　合并预合

⑬为“Pre- 渲染”合成层添加 Liquify（液化）特效。在“风景水墨画”合成文件内选择“Pre- 渲染”合成层并右击，从弹出的快捷菜单中选择“Effect（特效）”→“Distort（扭曲）”→“Liquify（液化）”选项。然后在其 Liquify（液化）特效控制面板中，展开 Tools（工具）选项并选择“手形工具”。再展开“Warp Tool Options（弯曲工具选项）”选项，设置“Brush Size（笔刷大小）”为“35”，“Brush Pressure（笔刷笔压）”为“85”，“Distortion Percentage（变形率）”为“100”，如图 17-27 所示。

> **注**：Liquify（液化）特效可以通过其画笔、旋转扭曲及镜像等特效工具对图像进行液化变形处理，从而产生有趣的扭曲动画效果。

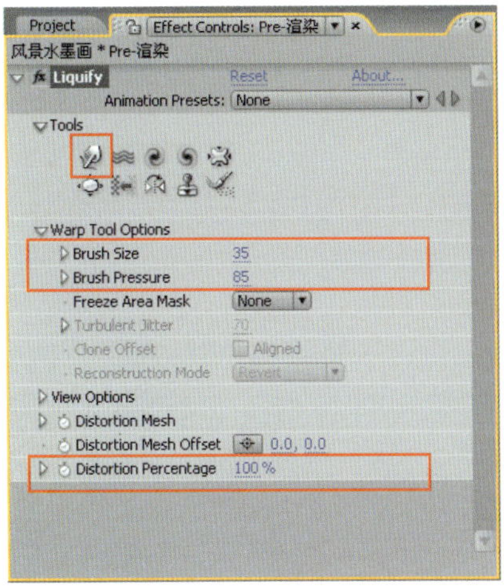


图17-27　特效参数设置

图17-28　涂抹效果

再在“风景水墨画”合成图像窗口内，用鼠标沿着风景影像内物体轮廓边缘处进行上下涂抹，直至得到较好的水墨晕染的笔触效果，如图 17-28 所示。

⑭调整“水墨画描边”层的 Opacity（透明度）属性及其图层混合模式。首先在“风景水墨画”合成文件的 Timeline 面板内，选中“水墨画描边”层并按快捷键 T，调出该层的 Opacity（透明度）属性选项，设置其 Opacity（透明度）参数为“70”。

然后在 Timeline 面板中，单击“水墨画描边”层右侧的 Mode（混合模式）下拉菜单，从中选择“Overlay（叠加）”选项，如图 17-29 所示，效果如图 17-30 所示。

> **注**：将“水墨画描边”层和“Pre-渲染”合成层以Overlay模式进行混合，可以使白描图画效果和淡彩水墨效果很好地融合在同一画幅内。

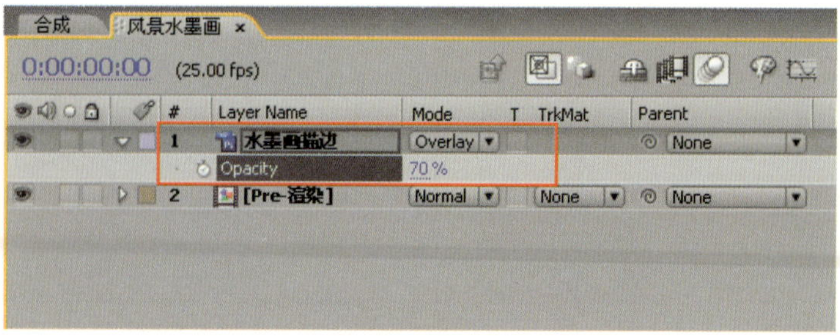


图17-29 调整层的属性及其混合模式

⑮导入底纹素材并将其置入合成文件“风景水墨画”。在 Project 项目窗口中的空白处双击，打开 Import File（导入文件）对话框，在其中选择作为底纹素材的 JPG 文件“宣纸 01.jpg”，并单击“打开”按钮进行导入，如图 17-31 所示。

图17-30 效果融合

图17-31 导入文件

然后将图片素材“宣纸 01.jpg”从 Project 项目窗口调入“风景水墨画”合成文件的 Timeline 面板中，生成“宣纸 01.jpg”层，如图 17-32 所示。

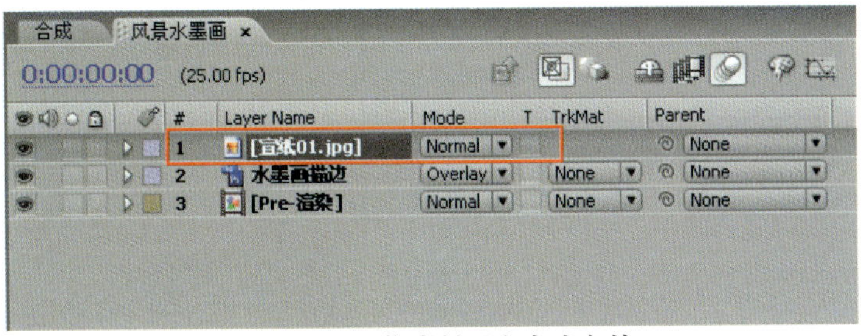

图17-32　将素材置入合成文件

⑯为“宣纸 01.jpg”层添加 Sharpen（锐化）特效。在 Timeline 面板内选择“宣纸 01.jpg”层并右击，从弹出的快捷菜单中选择“Effect（特效）”→“Blur&Sharpen（模糊 & 锐化）”→“Sharpen（锐化）”选项。然后在其 Sharpen（锐化）特效控制面板中，设置“Sharpen Amount（锐化量）”为“13”，如图 17-33 所示，效果如图 17-34 所示。

注：此处对底纹素材所在层做锐化像素处理，可以增强其宣纸纸面的肌理效果。

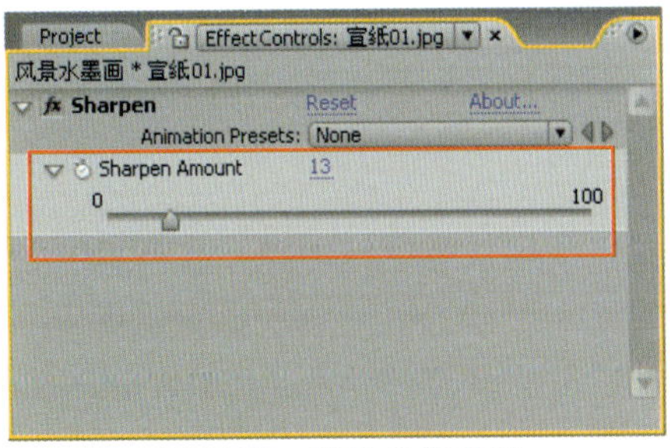

图17-33　特效参数设置

图17-34　Sharpen效果

⑰调整“宣纸 01.jpg”层的图层堆栈顺序及其图层混合模式。首先在“风景水墨画”合成文件的 Timeline 面板内，将“宣纸 01.jpg”层置于“水墨画描边”层的上层位置。

然后单击“宣纸 01.jpg”层右侧的 Mode（混合模式）下拉菜单，从中选择“Linear Burn（线性变暗）”选项，如图 17-35 所示，效果如图 17-36 所示。

注：此处通过设置底纹素材所在层的图层混合模式为Linear Burn，来表现风景水墨画叠印在宣纸纸面上的视觉效果。

⑱在“风景水墨画”合成文件内创建调节图层。在选中“风景水墨画”合成文件内 Timeline 面板的情况下，选择 After Effects 主菜单栏中的“Layer（图层）”→“New（新建）”→“Adjustment Layer（调节图层）”选项，然后在 Timeline 面板内的顶层位置创建一个调节图层“Adjustment Layer 1”，如图 17-37 所示。

图17-35　调整图层堆栈顺序及其混合模式

图17-36　风景水墨画叠印在宣纸纸面上的效果

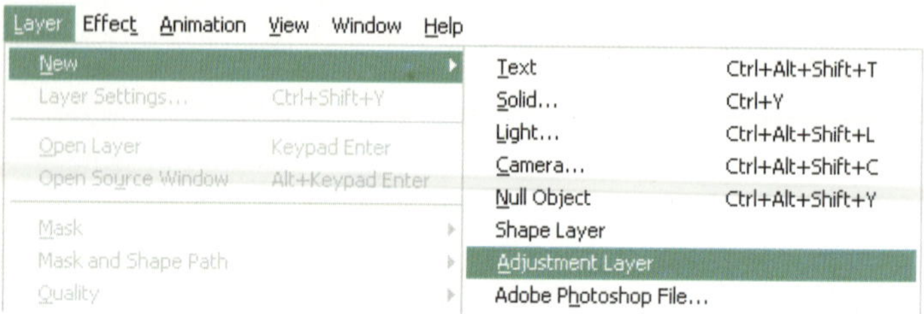


图17-37　创建调节图层

然后在 Timeline 面板内，将调节图层“Adjustment Layer 1”置于“水墨画描边”层的下方。这样，该调节图层所添加的特效将只影响到其下方的“Pre- 渲染”合成层，如图 17-38 所示。

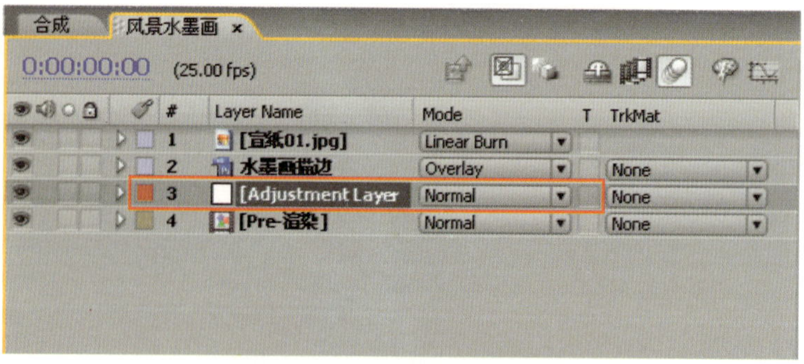


图17-38　调整图层堆栈顺序

⑲为调节图层“Adjustment Layer 1”添加 Hue/Saturation（色相 / 饱和度）特效。在“风景水墨画”合成文件内选择“Adjustment Layer 1”层并右击，从弹出的对话框中选择“Effect（特效）”→“Color Correction（颜色修正）”→“Hue/Saturation（色相 / 饱和度）”选项。然后在其 Hue/Saturation（色相 / 饱和度）特效控制面板中，将“Channel Control（通道控制）”设置为“Master（主）”，“Master Hue（主色相）”为（0x,0），“Master Saturation（主饱和度）”为“-20”，“Master Lightness（主亮度）”为“14”，如图 17-39 所示，效果如图 17-40 所示。

> **注**：Hue/Saturation特效是After Effects中非常重要的颜色校正工具，它可以很方便的调整图像整体或者其各种颜色通道的Hue（色相）、Saturation（饱和度）和Lightness（亮度）等属性。通过在当前调节图层上运用Hue/Saturation特效，使其下方的“Pre-渲染”合成层产生图像颜色变旧及影调变亮的视觉效果。

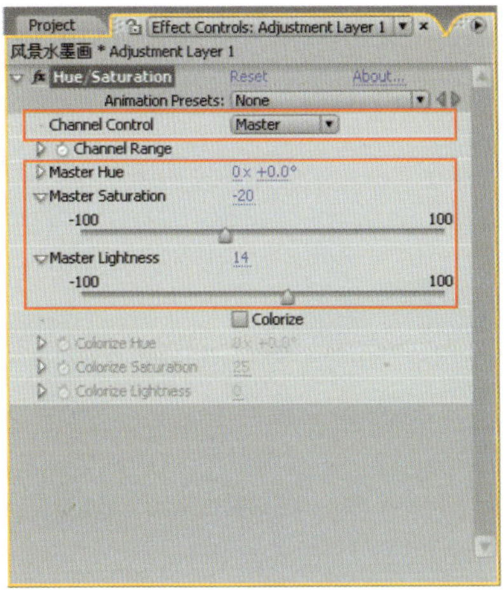


图17-39　特效参数设置

图17-40　合成层颜色变旧及变亮的效果

⑳导入题字素材并将其置入合成文件“风景水墨画”。首先在Project项目窗口中的空白处双击，打开Import File(导入文件)对话框，在其中选择作为题字素材的PSD文件“水墨画图片素材”，然后单击“打开”按钮进行导入，如图17-41所示。

接着，在打开的PSD文件导入设置对话框中，设置“Import Kind(导入种类)”为“Footage(素材)”，在“Layer Options(图层选项)”选项组内的“Choose Layer(选择图层)”下拉列表中选择“题字”选项，再单击OK(确定)按钮进行导入，即可将该PSD文件内的图层“题字”以Footage(素材)的形式导入到该After Effects项目中，如图17-42所示。

图17-41　导入素材文件

图17-42　选择导入图层

然后，将图片素材“题字 / 水墨画图片素材 .psd”从 Project 项目窗口拖动至“风景水墨画”合成文件的 Timeline 面板中，生成“题字 / 水墨画图片素材 .psd”层。

最后，在 Timeline 面板内单击“题字 / 水墨画图片素材 .psd”层右侧的 Mode（混合模式）下拉菜单，将该层的图层混合模式设置为 Multiply（正片叠底），如图 17-43 所示。

至此，白描图画、淡彩水墨晕染、落款题字等画面元素都已制作完成。观察“风景水墨画”合成图像窗口，可以看到清幽淡雅的水墨风景已经跃然纸上，效果如图 17-44 所示。

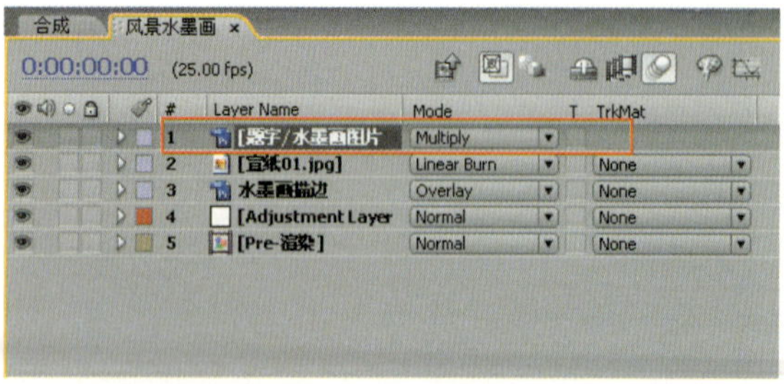


图17-43　将素材置入合成文件并调整其混合模式

图17-44　最终水墨效果

## 17.2.3　制作褶皱纸纹逐渐显出的视觉效果

㉑新建合成文件“褶皱纹理效果”。按快捷键 Ctrl+N 新建一个合成文件，并在打开的合成文件设置对话框中设置“Composition Name（合成名称）”为“褶皱纹理效果”，Basic（常规）选项卡内的其他选项设置可参照工程文件“合成”，如图 17-45 所示。

㉒导入褶皱纸纹素材。在 Project 项目窗口中的空白处双击，打开 Import File（导入文件）对话框，在其中选择作为褶皱纸纹素材的 JPG 文件“褶皱纹理 01”，再单击“打开”按钮进行导入，即可将该 JPG 文件以 Footage（素材）的形式导入到 After Effects 项目中，如图 17-46 所示。

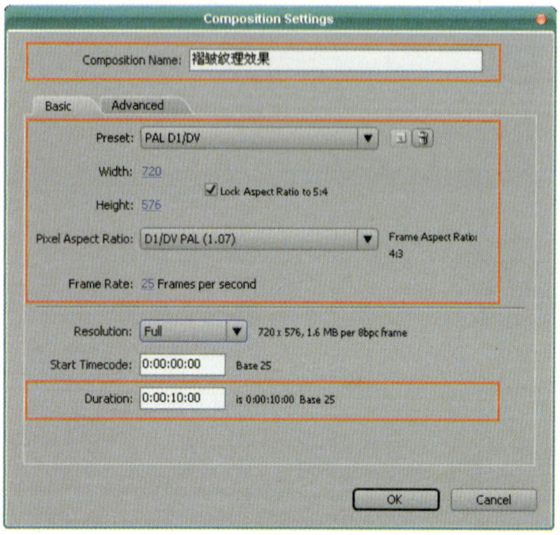


图17-45　新建合成文件

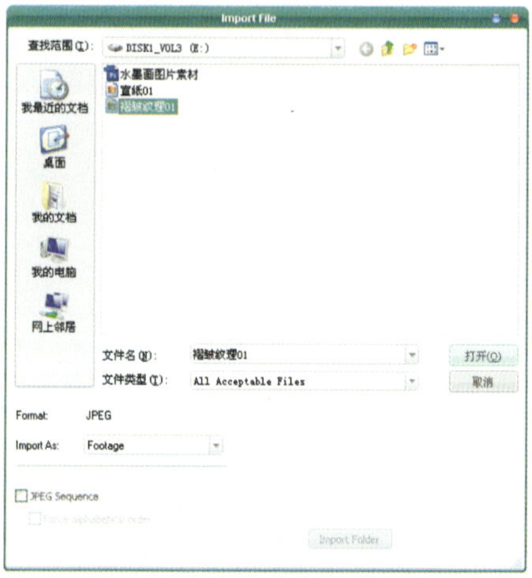


图17-46　导入素材文件

㉓将褶皱纸纹素材置入合成文件“褶皱纹理效果”，并制作其 Opacity（透明度）关键帧动画。首先将图片素材“褶皱纹理 01.jpg”从 Project 项目窗口拖动至“褶皱纹理效果”合成文件的 Timeline 面板中，生成“褶皱纹理 01.jpg”层。

然后选中“褶皱纹理 01.jpg”层并按快捷键 T，调出该层的 Opacity（透明度）属性选项。将时间指针移至 0:00:02:00 处，并设置“褶皱纹理 01.jpg”层的 Opacity（透明度）参数为“0”，再单击其左侧的秒表图标新建一个 Opacity（透明度）关键帧。

接着将时间指针移至 0:00:06:00 处，设置该层的 Opacity（透明度）参数为“100”，即在 6 秒处，该层自动生成了新的 Opacity（透明度）关键帧。至此，褶皱纸纹从 0:00:02:00 处开始逐渐显示出的淡入动画效果制作完毕，如图 17-47 所示，效果如图 17-48 所示。

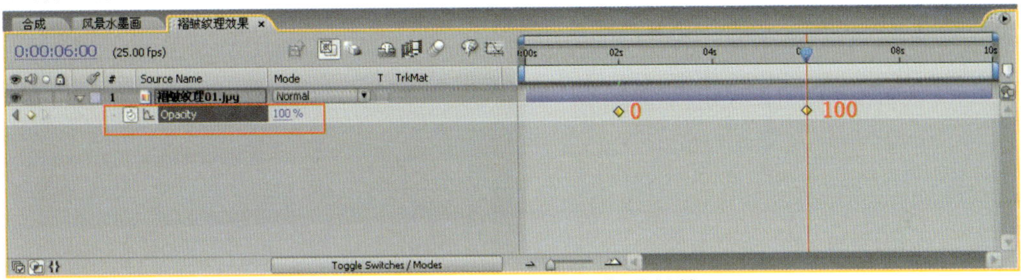


图17-47 设置Opacity(透明度)关键帧

## 17.2.4 制作随着褶皱纸纹而产生纸面起伏变化的动画效果

㉔将“风景水墨画”和“褶皱纹理效果”等合成文件置入“合成”工程文件，并复制生成“褶皱纹理置换”合成层。在 Project 项目窗口中的空白处双击并打开第一步创建的“合成”合成文件，这是整个动画效果的工程文件，最后的效果合成将在此完成。将“风景水墨画”和“褶皱纹理效果”两个合成文件从 Project 项目窗口拖动至“合成”工程文件的 Timeline 面板中，生成“风景水墨画”合成层和“褶皱纹理效果”合成层。

然后在 Timeline 面板内选中“褶皱纹理效果”合成层，按快捷键 Ctrl+D 复制并新建该合成层，再按 Enter 键并将新建层改名为“褶皱纹理置换”，如图 17-49 所示。

图17-48 动画效果截图

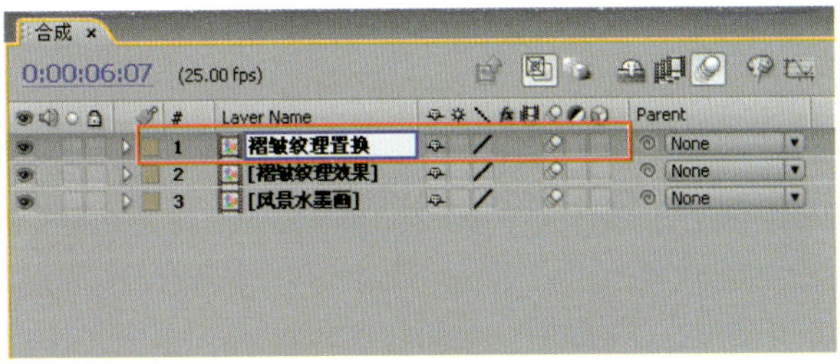


图17-49 复制生成合成层

㉕为“褶皱纹理置换”合成层添加 Fast Blur（快速模糊）特效。在“合成”工程

文件内选择“褶皱纹理置换”合成层并右击，从弹出的快捷菜单中选择“Effect（特效）”→“Blur&Sharpen（模糊 & 锐化）”→Fast Blur（快速模糊）选项。然后在其“Fast Blur（快速模糊）”特效控制面板中，设置 Blurriness（模糊）为“4.0”，如图 17-50 所示，效果如图 17-51 所示。

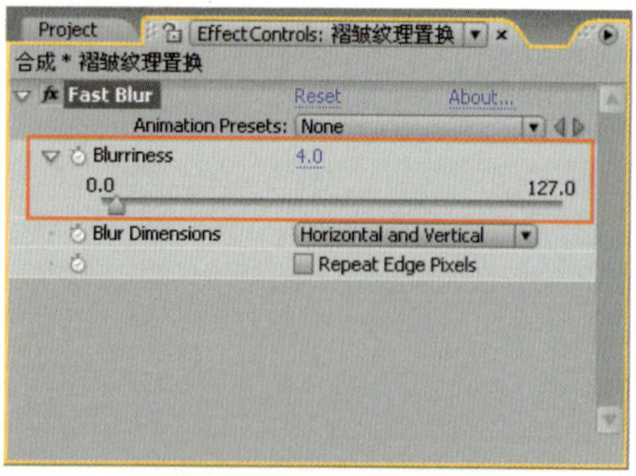


图17-50　特效参数设置

图17-51　合成层Fast Blur效果

㉖预合成“褶皱纹理置换”合成层。在“合成”工程文件内选中“褶皱纹理置换”合成层，并按快捷键 Ctrl+Shift+C 进行预合成操作。然后为新建的子合成文件取名为“褶皱纹理置换 Comp 1”，并选中 Move all attributes into the new composition（把层属性移动到新建的子合成文件中）单选按钮，再单击 OK（确定）按钮，如图 17-52 所示。

然后在 Timeline 面板内，关闭“褶皱纹理置换 Comp 1”合成层最左侧的眼睛图标，取消其可视状态。在随后的操作中，即可将该合成层设置为其他层的特效置换图层，如图 17-53 所示。

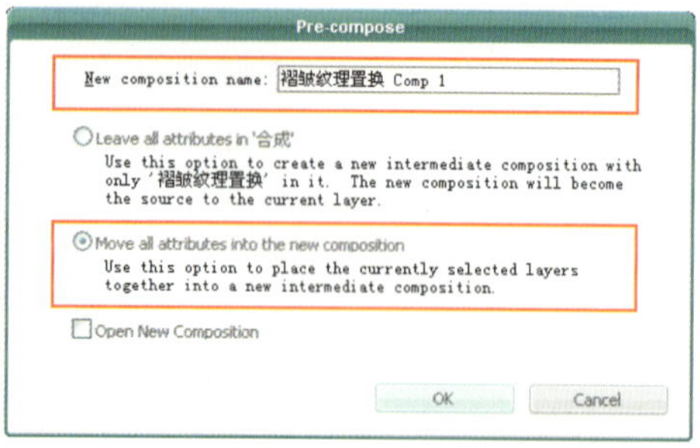


图17-52　预合成“褶皱纹理置换”合成层

图17-53　取消可视状态

㉗为“风景水墨画”合成层添加“Displacement Map（置换图层）”特效。在“合成”工程文件内选择“风景水墨画”合成层并右击，从弹出的快捷菜单中选择“Effect（特效）”→“Distort（扭曲）”→“Displacement Map（置换图层）”选项。然后在其“Displacement Map（置换图层）”特效控制面板内，设置“Displacement Map Layer（置换映射图层）”为“1. 褶皱纹理置换 Comp 1”，即将“褶皱纹理置换 Comp 1”合成层作为该特效的置换图层。再设置“Use For Horizontal Displacement（使用水平置换）”为“Luminance（亮度）”，“Max Horizontal Displacement（最大水平置换）”为“5.0”，“Use For Vertical Displacement（使用垂直置换）”为“Luminance（亮度）”，“Max Vertical Displacement（最大垂直置换）”为“6.0”，

其他“Displacement Map”特效选项参数保持默认，如图 17-54 所示，效果如图 17-55 所示。

注：Displacement Map特效可以利用一个层或者影像的亮度、色调、通道等信息使当前图层产生相应的移动、变形、扭曲、模糊等效果，从而通过置换图层有效地控制当前层的细节变形。此处通过在风景水墨画效果所在图层上运用Displacement Map特效，来表现该幅水墨画随着逐渐显示出的褶皱纸纹而产生纸面起伏变化的动画效果。

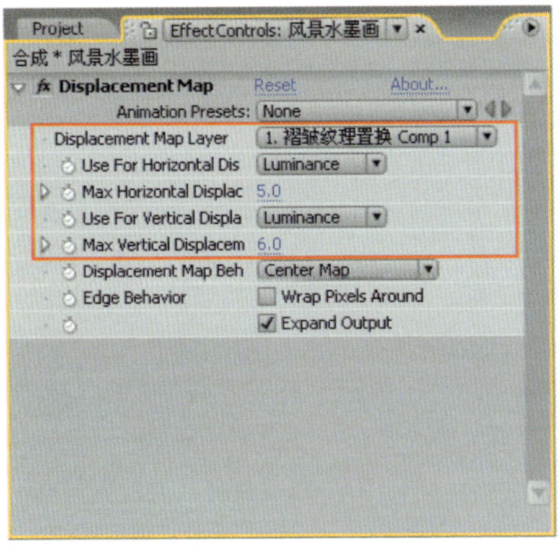


图17-54　特效参数设置图

图 17-55　合成层Displacement Map效果

28调整“褶皱纹理效果”合成层的 Opacity（透明度）属性及其图层混合模式。首先在 Timeline 面板内选中“褶皱纹理效果”合成层并按快捷键 T，调出该合成层的 Opacity（透明度）属性选项，并设置其 Opacity（透明度）参数为“50”。

然后在 Timeline 面板中，单击“褶皱纹理效果”合成层右侧的 Mode（混合模式）下拉菜单，从中选择“Linear Burn（线燃烧）”选项，如图 17-56 所示，效果如图 17-57 所示。

注：此处通过设置褶皱纹理效果所在层的图层混合模式为Linear Burn，来表现水墨画的纸面上最终产生凹凸褶皱的视觉效果。

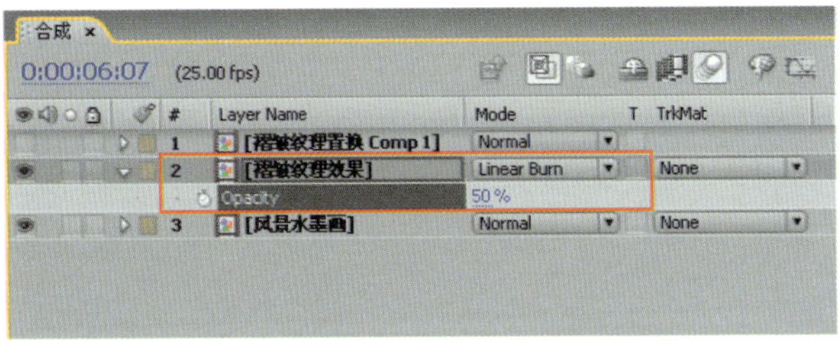


图17-56　调整合成层的属性及其混合模式

图17-57　最终视觉效果

29分别调整“褶皱纹理置换 Comp 1”合成层、“褶皱纹理效果”合成层及“风景水墨画”合成层的 Scale（缩放）属性。在“合成”工程文件的 Timeline 面板内，按住 Ctrl 的键同时选中“褶皱纹理置换 Comp 1”合成层、“褶皱纹理效果”合成层和“风景水墨画”合成层。再按快捷键 S 同时调出它们的 Scale（缩放）属性选项，然后设置这些合成层的 Scale 缩放参数均为（103.0,103.0），即可将水墨画纸面边缘处由于“Displacement Map”特效而产生的“穿帮”部分隐去，如图 17-58 所示，最终效果如图 17-59 所示。

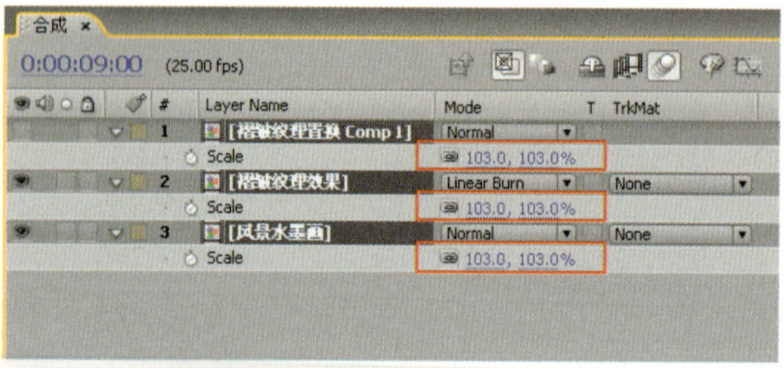


图17-58　调整所有合成层的属性

图17-59　最终动画效果截图

至此，本案例的具体制作步骤结束。

## 17.3　同类索引

通过本章案例的学习，用户已经掌握如何在 After Effects 中制作一张清幽淡雅的风景水墨画及其随着时光流逝而逐渐显示出褶皱纸纹的动画效果。

风景影像的白描图画效果是首先需要制作的，其主要通过复制生成新图层并运用 Find Edges、Channel Mixer、Levels 和 Median 等特效来实现；其次需要制作的是清幽淡雅的淡彩水墨效果，此静态效果是在之前风景影像的素材基础上来完成的，主要通过运用 Curves、Median、Fast Blur、Liquify、Sharpen 和 Hue/Saturation 等特效并结合调整图层混合模式及创建调节图层等方法来实现；接着需要制作的是褶皱纸纹逐渐显出的视觉效果，其主要通过设置 Opacity（透明度）关键帧的动画方法来实现；最后制作的是随着褶皱纸纹而产生纸面起伏变化的动画效果，其主要通过复制并生成新图层，运用 Fast Blur、Displacement Map 等特效，调整图层混合模式和调整图层 Transform（转换）属性等方法来实现。

不难发现，此案例技巧知识的重点是如何针对图像颜色进行调整及校正。一般而言，对影像进行色彩调整和校正的目的是为了优化或者匹配素材，使影片中的画面元素相互协调统一，从而达到最终的画面效果要求。After Effects 中常用的调色和校色工具均聚集在 Color Correction（颜色修正）特效系列内。

值得注意的是，对于基本的视频制作和特效合成处理并不需要在图层上运用太多的调色特效，Levels、Curves、Channel Mixer、Hue/Saturation 等基本工具完全可以高质量地优化和调整各个颜色通道的亮度、对比度和灰度系数（Gamma），从而实现不同影片画面所需的各种色调平衡。下面将本节制作思路及方法进行扩展延伸，探寻此类影像效果的画面细节并充分挖掘其运用到的 After Effects 中的其他调色技巧。

## ● 索引案例：神奇的变色荷花

这个索引案例表现的是，在缓缓展开的画页中，灰色的荷花在闪白之后渐渐转变为红色，而荷塘内其他灰色的荷叶则在随后渐渐转变为绿色。这样的动画效果与本章案例“光华流逝的风景水墨画”都是 After Effects 在色彩调整方面的典型案例，都运用到了视频制作中最典型、实用的调色工具。

但此索引案例与本章案例“光华流逝的风景水墨画”仍有许多不同之处，两者之间主要的区别在于调色后的视觉效果和调色对象的变化效果。通过运用 Find Edges、Channel Mixer、Levels、Median、Curves、Fast Blur、Liquify、Sharpen 及 Hue/Saturation 等特效，使本章案例呈现出叠印在宣纸纸面上的淡彩水墨效果。而此索引案例最终画面呈现的是逐渐恢复至原有颜色、没有其他修饰风格的荷塘一景。另外，本章案例中的调色对象——风景影像，其主要变化效果是随着褶皱纸纹而产生纸面起伏变化。而此索引案例中的调色对象——荷花与荷叶，其主要的变化效果是先后从灰色转变为原有颜色。那么如何运用本章案例的制作逻辑制作这种新的动画效果呢？

由于存在调色后的视觉效果和调色对象的变化效果这两点差异，因此索引案例“神奇的变色荷花”的制作步骤主要根据这两方面来做出调整和延伸。首先通过运用 Remove Grain、Leave Color 等特效，为整个影像素材进行降噪处理，并表现出荷叶由灰色转变为绿色的颜色变换过程。其次通过运用 Hue/Saturation 特效，表现出荷花由灰色转变为红色的颜色变换过程。然后通过复制并生成新图层、运用 Change Color 及 Lens Blur 等特效，制作出荷花在变色之前的闪白动画效果。最后通过运用 FE Page Turn、Hue/Saturation 及 Drop Shadow 等特效，制作出影片开始时该幅画页缓缓展开的动画效果，案例最后效果如图 17-60 所示。

图17-60　最后效果

下面介绍索引案例的具体操作步骤。

## ● 索引案例制作步骤

❶新建工程文件并导入荷塘影像素材。按快捷键 Ctrl+N 新建一个合成文件，并设置“Composition Name（合成名称）”为“合成”，然后在 Basic（常规）选项卡下的 Preset（预置）下拉列表中选择“PAL D1/DV”选项，并设置 Duration（持续时间）为“0:00:15:00”。

接着，在 Project 项目窗口中的空白处双击，打开“Import File(导入文件)”对话框，在其中选择 JPG 文件“荷塘”并单击“打开”按钮进行导入。最后将素材文件“荷塘 .jpg”从 Project 项目窗口拖动至“合成”工程文件的 Timeline 面板内，如图 17-61 所示，效果如图 17-62 所示。

图17-61　导入素材文件

图17-62　素材效果

❷为“荷塘.jpg”层添加“Remove Grain（去除颗粒）”特效。在“合成”工程文件内选择“荷塘.jpg”层并右击，从弹出的快捷菜单中选择“Effect（特效）”→“Noise&Grain（噪点和颗粒）”→“Remove Grain（去除颗粒）”选项。然后在其Remove Grain特效控制面板中，设置“Noise Reduction Settings（减少噪点设置）”选项内的Mode（模式）为“Single Channel（单通道）”，再设置Sampling（采样）选项内的“Number of Samples（采样数量）”为“5”，“Sample Selection（采样选定）”为“Manual（手动）”，如图17-63所示。

**注**：Remove Grain（去除颗粒）特效是After Effects中的一款比较经典的降噪工具，它可以根据不同颜色通道去除影像画面中的噪点和颗粒。

接着，在合成图像窗口中分别选择红、绿、蓝3个颜色通道来查看图像，找出噪点较多的通道及像素区域，如图17-64、图17-65和图17-66所示。

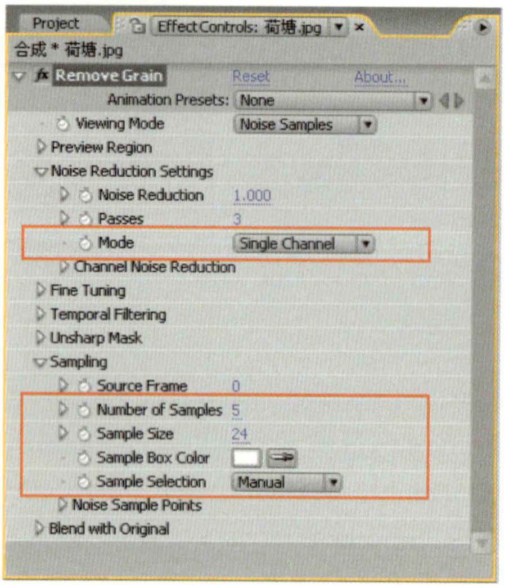


图17-63　Remove Grain特效参数设置（一）

图17-64　查看红色通道图像

图17-65 查看绿色通道图像

图17-66 查看蓝色通道图像

然后,在其 “Remove Grain” 特效控制面板中,展开 Sampling(采样)选项。单击 “Noise Sample Points(噪点采样点)” 所对应的按钮,再在合成图像窗口中噪点颗粒较多的区域处单击鼠标进行噪点采样,如图 17-67 所示。

最后,在其“Remove Grain”特效控制面板中设置“Viewing Mode(显示模式)”为“Final Output(最终输出)”。再展开“Noise Reduction Settings(减少噪点设置)”选项,并设置“Channel Noise Reduction(通道噪点减少)” 下的 “Red Noise Reduction(红色噪点减少)” 为 “1.00”, “Green Noise Reduction(绿色噪点减少)”为“6.500”,“Blue Noise Reduction(蓝色噪点减少)” 为 “1.000”, 如图 17-68 所示,效果如图 17-69 所示。

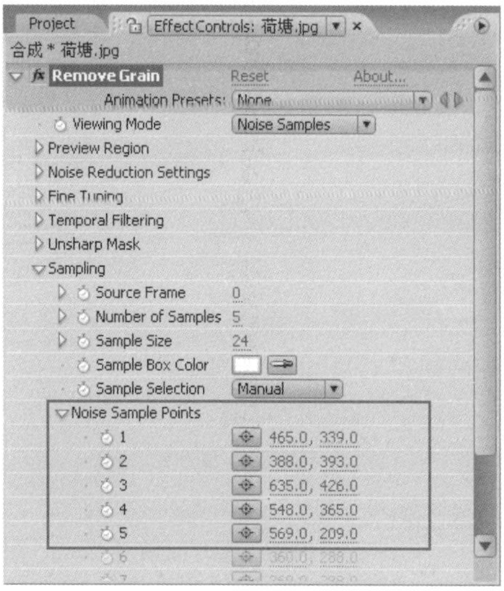

图17-67 噪点采样设置

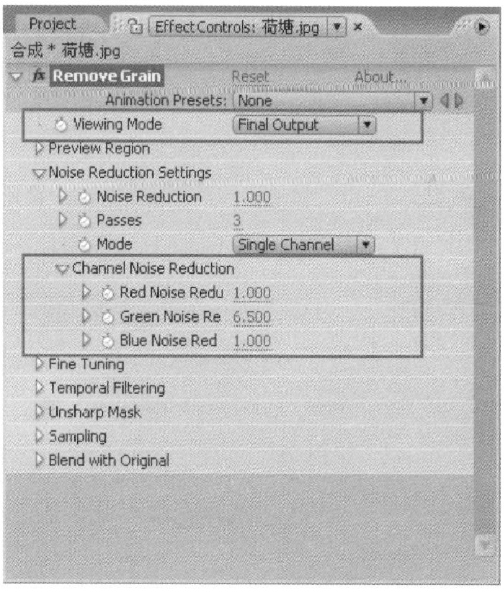

图17-68 Remove Grain特效参数设置(二)

❸为“荷塘.jpg”层添加“Leave Color(保留颜色)”特效并设置其特效关键帧。在“合成”工程文件内选择 “荷塘.jpg” 层并右击,从弹出的快捷菜单中选择 “Effect(特效)” → “Color Correction(颜色修正)” → “Leave Color(保留颜色)” 选项。然后在其 “Leave Color” 特效控制面板中,设置 “Amount to Decolor(脱色量)” 为 “100.0”,“Color To Leave(保留颜色)” 为“红色(FF0042)”,Tolerance(容差)为“38.0”,“Edge Softness(边缘柔化)”为“5.0”,“Match colors(匹配颜色)” 为 “Using RGB(使用 RGB)”,如图 17-70 所示,效果如图 17-71 所示。

**注**：顾名思义，Leave Color特效可以将自定义设置的颜色在图像中单独保留。

图17-69　Remove Grain效果

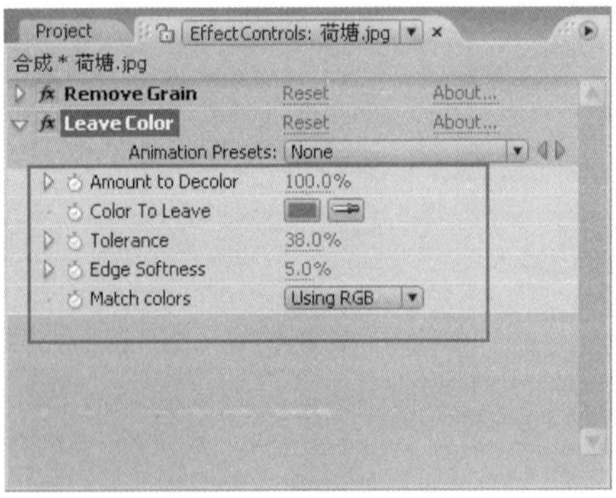

图17-70　特效参数设置

图17-71　Leave Color效果

然后在Timeline面板内展开“荷塘.jpg”层的Leave Color特效选项，可以看到其“Amount to Decolor（脱色量）”参数为“100”。将时间指针移至0:00:06:00处，并单击该层“Leave Color”特效内“Amount to Decolor（漂白量）”属性左侧的秒表图标，在0:00:06:00处新建该特效属性的关键帧。再将时间指针移至0:00:09:00处，设置“荷塘.jpg”层“Leave Color”特效内的“Amount to Decolor（漂白量）”参数为“0.0”，如图17-72所示。

至此，荷塘影像画面由单独保留荷花颜色直至恢复画面原状的动画效果制作完毕，此视觉效果也可视作荷叶部分由灰色逐渐转变为绿色的变化过程，效果如图17-73所示。

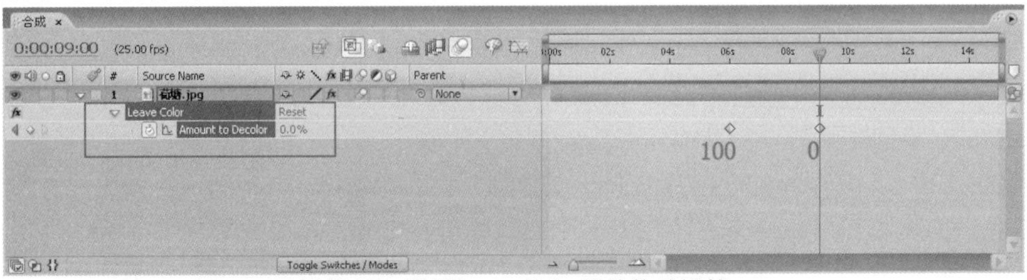

图17-72　设置Leave Color特效的关键帧

接着，将时间指针移至 0:00:04:00 处，在其 Hue/Saturation 特效控制面板中单击“Channel Range（通道范围）”属性左侧的秒表图标，在 0:00:04:00 处新建该特效属性的关键帧，如图 17-74 所示，效果如图 17-75 所示。

图17-73 动画效果截图

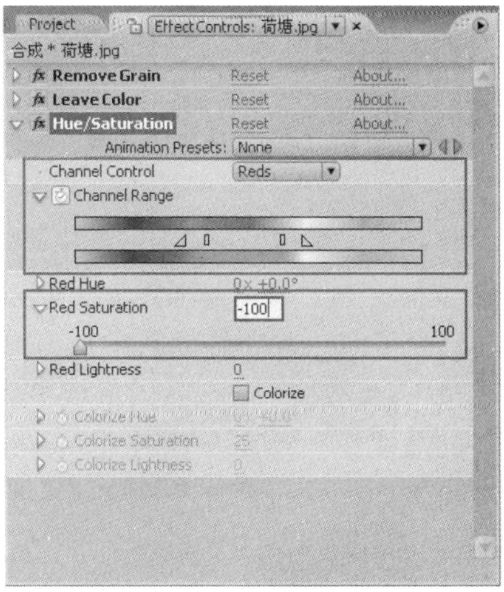


图17-74 设置关键帧

❹为“荷塘 .jpg”层添加 Hue/Saturation（色相 / 饱和度）特效并设置其特效关键帧。首先在“合成”工程文件内选择“荷塘 .jpg”层并右击，从弹出的快捷菜单中选择“Effect（特效）”→“Color Correction（颜色修正）”→“Hue/Saturation（色相 / 饱和度）”选项。

然后在其 Hue/Saturation 特效控制面板中，设置“Channel Control（通道控制）”为“Reds（红）”，即将红色通道提出并单独调控。接着展开“Channel Range（通道范围）”选项，将限定红色通道范围的两组图标 ⊿、▯、▯、◺ 分别向左右拖动，即在该 Hue/Saturation 特效内将“荷塘 .jpg”层的红色通道范围进行自定义扩大，例如色相相近的紫红和桔红等色彩都将被定义在该层图像的“红色通道”内。再设置“Red Saturation（红色饱和度）”参数为“-100”。

最后，将时间指针移至 0:00:06:00 处，并在“荷塘 .jpg”层的 Hue/Saturation 特效控制面板中将 Red Saturation（红色饱和度）参数改为“5”，如图 17-76 所示，Hue/Saturation 特效的关键帧设置如图 17-77 所示。

图17-75 Hue/Saturation效果

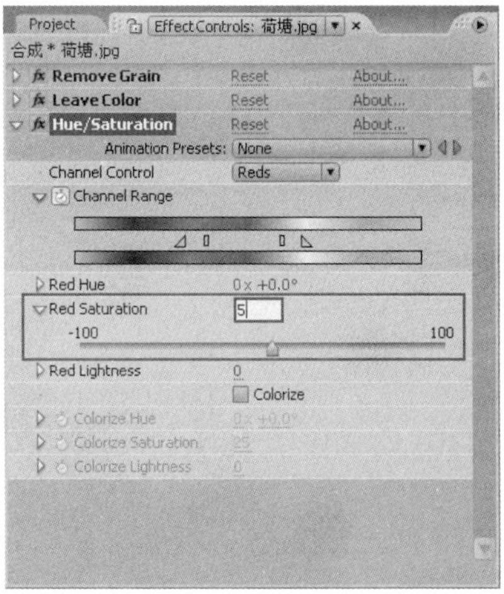


图17-76 设置Hue/Saturation关键帧

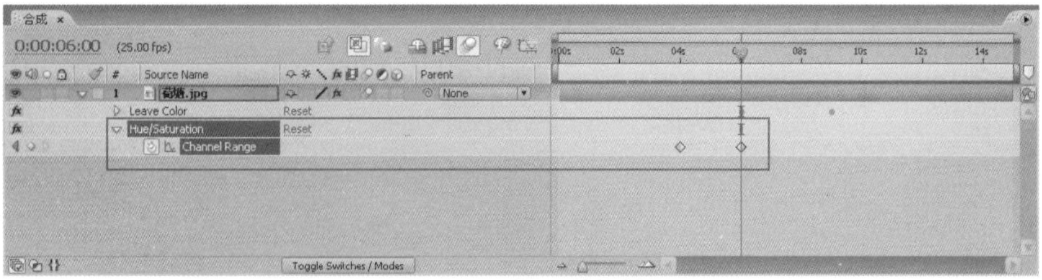

图17-77　设置关键帧

至此，荷塘影像内荷花由灰色转变为红色的动画效果制作完毕，效果如图 17-78 所示。

❺复制生成“荷花瞬间闪亮”层并为其删除 Hue/Saturation（色相 / 饱和度）特效。首先在“合成”工程文件内选中“荷塘 .jpg”层，按快捷键 Ctrl+D 复制并新建该层，再按 Enter 键并将其改名为“荷花瞬间闪亮”。然后在 Timeline 面板内选中“荷花瞬间闪亮”层，按快捷键 E 调出该层所添加的全部特效，选中其中的 Hue/Saturation（色相 / 饱和度）特效并按 Delete 键进行删除，如图 17-79 所示。

图17-78　动画效果

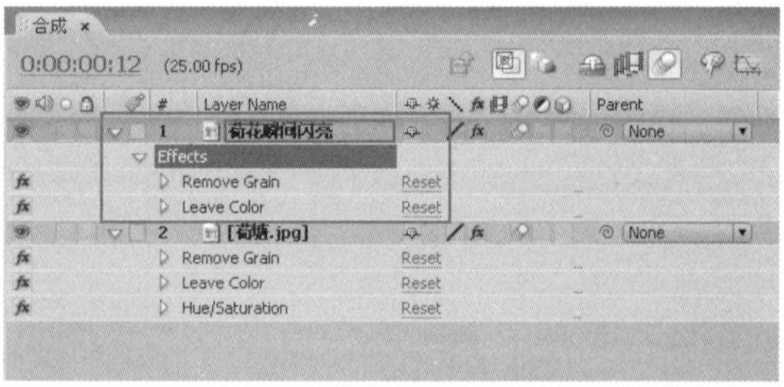

图17-79　删除部分特效

❻“荷花瞬间闪亮”层添加“Change Color（转换色彩）”特效并设置其特效关键帧。首先在“合成”工程文件内选择“荷花瞬间闪亮”层并右击，从弹出的快捷菜单中选择“Effect（特效）”→“Color Correction（颜色修正）”→“Change Color（转换色彩）”选项。然后在其特效控制面板中，将 View（查看）设置为“Color Correction Mask（颜色修正遮罩）”，“Color To Change（转换色彩）”设为“紫红色（F900B0）”，其他设置可以参照如图 17-80 所示，效果如图 17-81 所示。

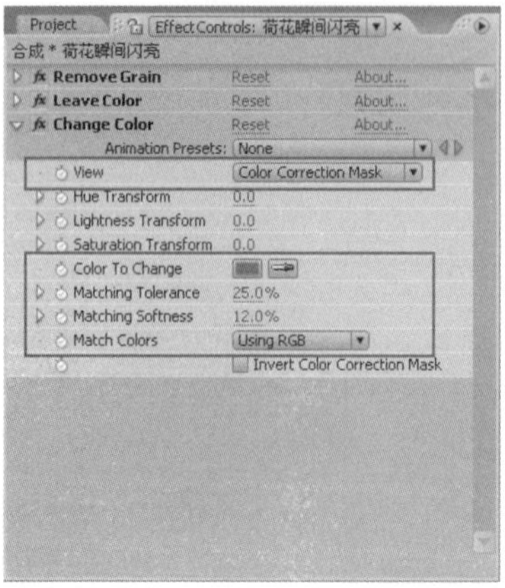

图17-80　Change Color特效参数设置

图17-81　Change Color效果

接着，在 Timeline 面板中单击“荷花瞬间闪亮”层右侧的 Mode（混合模式）下拉菜单，从中选择“Screen（屏幕）”选项。

然后，将时间指针移至 0:00:03:00 处，再在 Timeline 面板内展开“荷花瞬间闪亮”层的“Change Color”特效选项，单击其“Color To Change（转换色彩）”属性左侧的秒表图标，新建一个属性关键帧。接着将时间指针移至 0:00:04:00 处，并将其“Change Color”特效内的“Color To Change（转换色彩）”设置为“蓝色（3600FF）”，如图 17-82 所示。

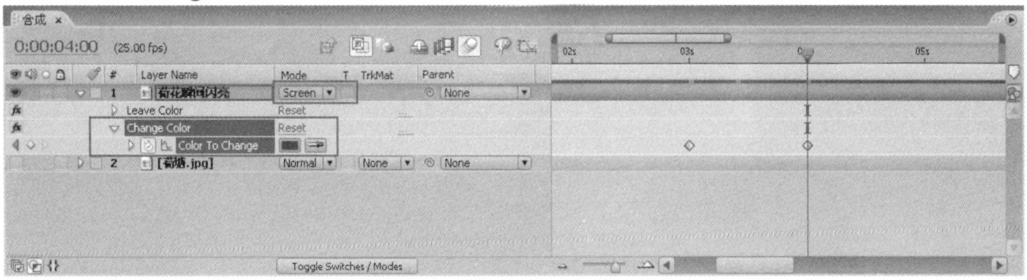


图17-82　设置Change Color特效关键帧

最后，将时间指针移至 0:00:03:10 处，并将“荷花瞬间闪亮”层“Change Color”特效内的“Color To Change（转换色彩）”设置为“红色（FF0000）”，如图 17-83 所示。

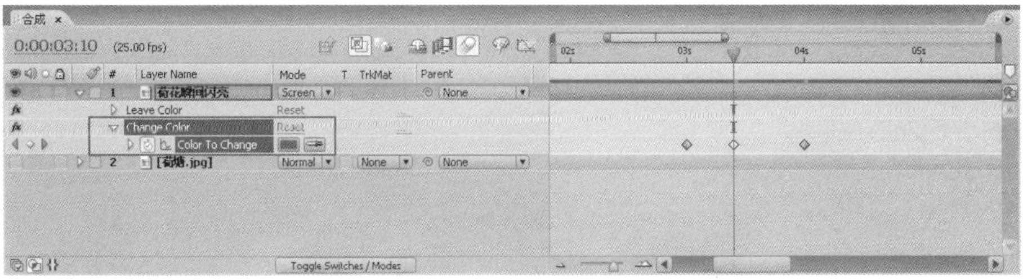


图17-83　设置Change Color特效关键帧

❼为“荷花瞬间闪亮”层添加“Lens Blur（镜头模糊）”特效。在 Timeline 面板内选择“荷花瞬间闪亮”层并右击，从弹出的快捷菜单中选择“Effect（特效）”→“Blur&Sharpen（模糊 & 锐化）”→“Lens Blur（镜头模糊）”选项，然后按照如图 17-84 所示进行设置，效果如图 17-85 所示。

图17-84　Lens Blur特效参数设置

图17-85　Lens Blur效果

❽合并预合成“荷花瞬间闪亮”层和“荷塘 .jpg”层。在“合成”工程文件的 Timeline 面板内，按住 Ctrl 键的同时选中“荷花瞬间闪亮”层和“荷塘 .jpg”层，再按快

捷键 Ctrl+Shift+C 对这两个图层进行合并预合成操作。然后为新建的子合成文件取名为“Pre- 荷塘”，并选中 Move all attributes into the new composition（把层属性移动到新建的子合成文件中）单选按钮，再单击 OK（确定）按钮，如图 17-86 所示。

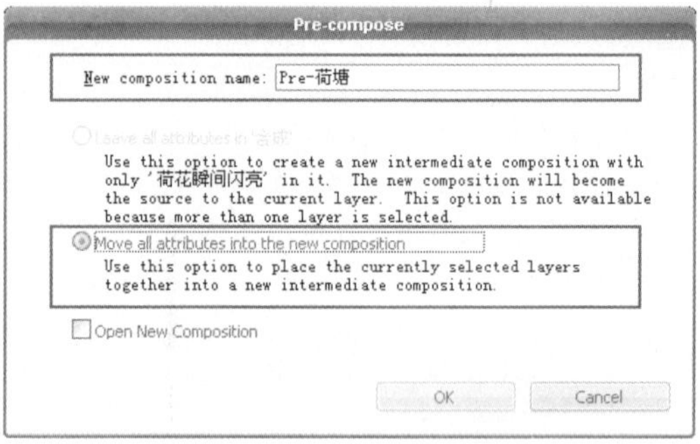


图17-86　合并预合层

❾为“Pre- 荷塘”合成层添加“FE Page Turn”插件特效并设置其特效关键帧。在“合成”工程文件内选择“Pre- 荷塘”合成层并右击，从弹出的快捷菜单中选择运用“Effect（特效）”→“Final Effects”→“FE Page Turn”选项。然后在 Timeline 面板内展开该合成层的 FE Page Turn 特效选项，按照如图 17-87 和图 17-88 所示设置其参数和关键帧，效果如图 17-89 所示。

> **注**：通过运用Final Effects插件系列中的FE Page Turn插件特效，可以制作出较为自然的翻页动画效果。

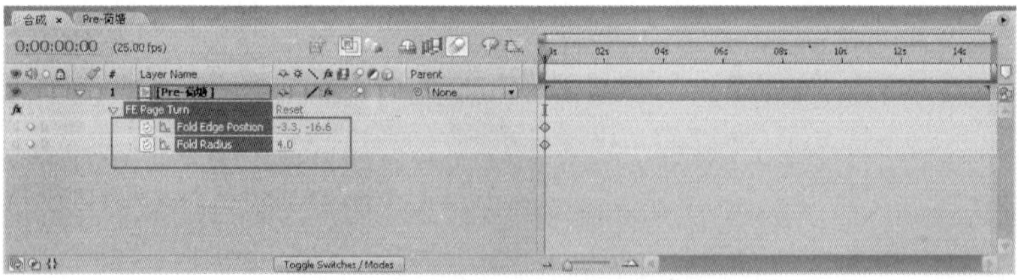


图17-87　设置合成层特效关键帧

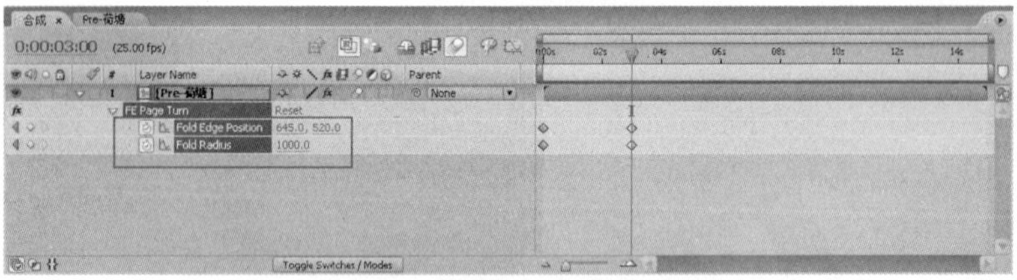


图17-88　设置合成层的特效关键帧

❿ 复制生成“Pre- 荷塘背面”合成层并调整其“FE Page Turn”特效参数设置。在“合成”工程文件中，选中“Pre- 荷塘”合成层，按 Ctrl+D 键复制并新建该层，再按 Enter 键并将其改名为“Pre- 荷塘背面”，如图 17-90 所示。

由于“Pre- 荷塘背面”合成层是通过复制“Pre- 荷塘”合成层新建生成的，因此此时“Pre- 荷塘背面”合成层所添加的特效及其特效关键帧的设置与“Pre- 荷塘”合成层是完全一致的。在 Timeline 面板内选中“Pre- 荷塘背面”合成层，并按快捷键 F3，调出该合成层的“FE Page Turn”特效控制面板，然后按照如图 17-91 所示对其“FE Page Turn”特效属性参数进行设置。

⑪为“Pre- 荷塘背面”合成层添加 Hue/Saturation（色调 / 饱和度）特效。在“合成”工程文件内选择“Pre- 荷塘背面”合成层并右击，从弹出的快捷菜单中选择“Effect（特效）”→“Color Correction（颜色修正）”→“Hue/Saturation（色相 / 饱和度）”选项，然后按照如图 17-92 所示进行设置，效果如图 17-93 所示。

图17-89　动画效果

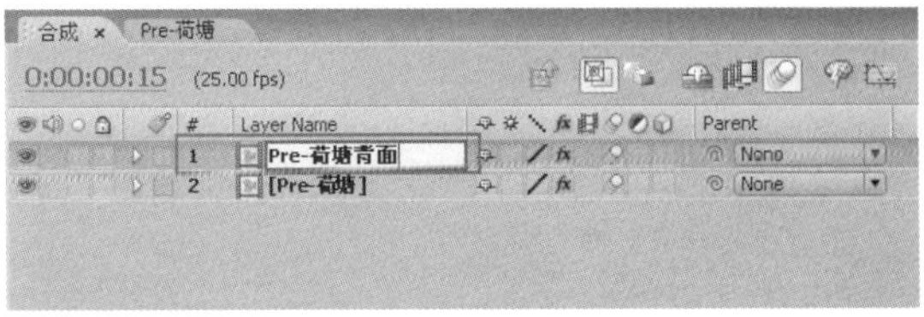


图17-90　复制并生成合成层

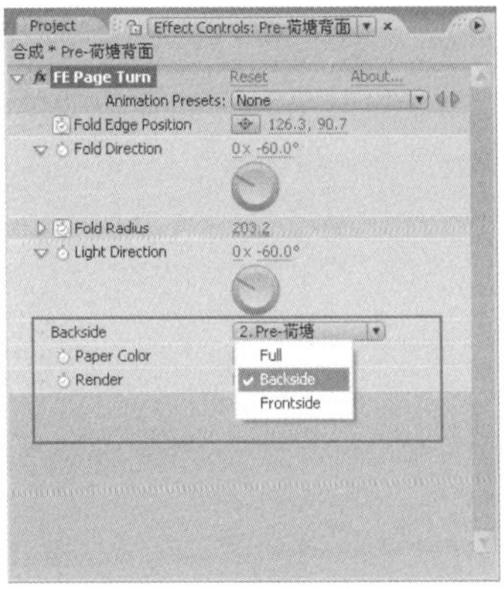


图17-91　调整参数设置

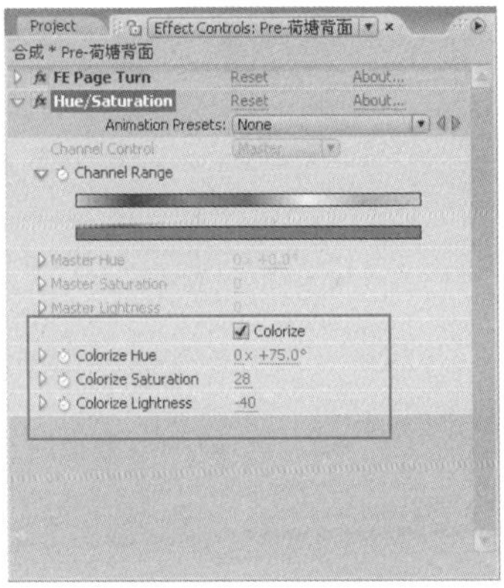


图17-92　参数设置

图17-93　合成层效果

⑫为“Pre- 荷塘”合成层添加“Drop Shadow（阴影）”特效。在“合成”工程文件内选中“Pre- 荷塘”合成层并先后两次右击，从弹出的快捷菜单中选择运用“Effect（特效）”→“Perspective（透视）”→“Drop Shadow（阴影）”选项。然后按照如图 17-94 所示对其“Drop Shadow”和“Drop Shadow 2”特效的参数进行设置选项，效果如图 17-95 所示。

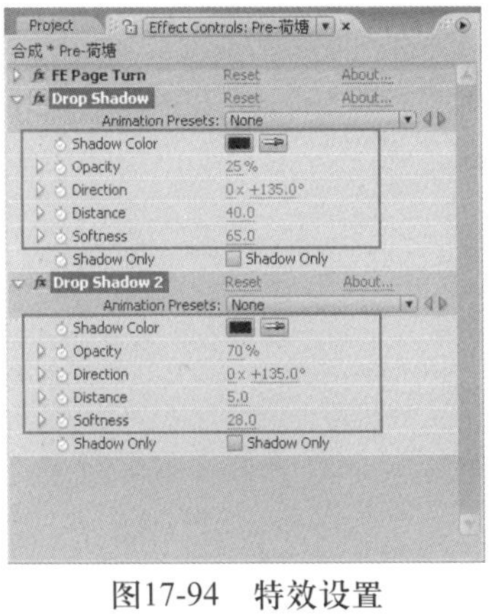


图17-94　特效设置

⑬创建“底图”层并调整其图层堆栈顺序。按快捷键 Ctrl+Y，在“合成”工程文件内新建一个固态层。然后在打开的对话框中设置 Name（名称）为“底图”，Color（色彩）为“褐色（A18357）”，如图 17-96 所示。接着在“合成”工程文件的 Timeline 面板内，将“底图”层置于底层位置，如图 17-97 所示，最终效果如图 17-98 所示。

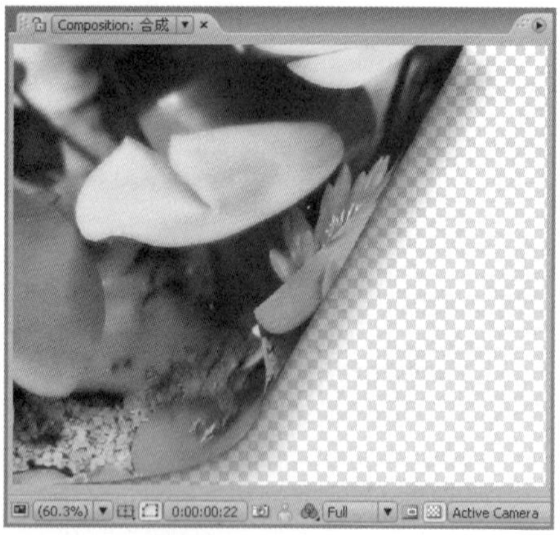


图17-95　阴影效果

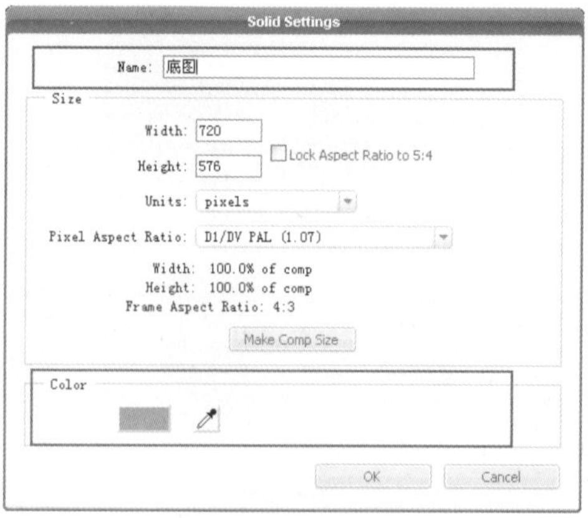


图17-96　创建层

图17-97　调整图层堆栈顺序

图17-98　最终动画效果截图

至此，整个动画效果就完成了。

# 第18章 "动画专业毕业展"宣传片头

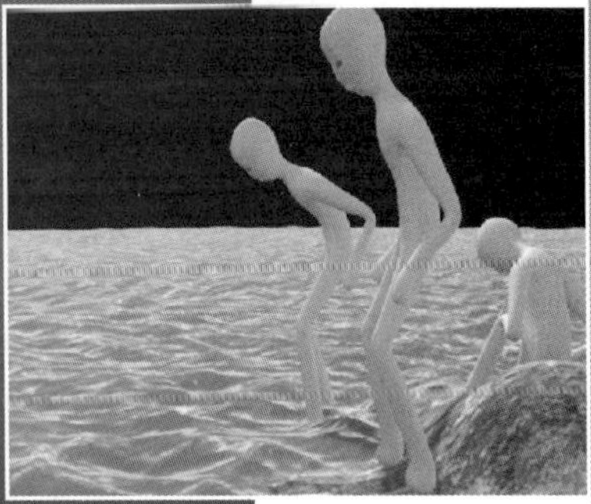

## 18.1 案例简介

这个案例展示的是天津工业大学动画专业毕业设计展宣传所需的动画片头，属于影视包装设计范畴。类似展会活动的动画片头不仅仅局限于电影和电视媒体的播放，也可以通过活动展厅的电视墙及网络视频等较新型的多媒体载体来实现播放传播。此案例全片通过应用大量动画专业学生的作品素材和影像资料进行创意组合，重构出一个奇幻的由图形、动画、文字信息等元素组合而成的三维“屏风”空间，同时配以流畅的镜头运动及时尚绚丽的色彩和动感的背景音乐，力求将动画专业的浓郁特色以及学生们的优秀作品在短短 30 秒内顺利地呈现出来。通过示意图可以分析一下如何在 After Effects 中制作这样的完整片头。

第一步，通过制作 Position（位置）属性关键帧动画、复制并生成新图层、设置 Track Matte 模式、设置图层混合模式以及运用 Levels、Ramp、Tint、Directional Blur 特效等方法，制作出第一面主要由图形和动画构成的“屏风”内的影像效果，即该项目中合成文件“镜头 1”的画面。

第二步，通过制作 Position（位置）属性关键帧动画、排列各图层的时间顺序、设置图层混合模式以及运用 Basic Text、Levels、Ramp、Glow 特效等方法，制作出第一面主要由文字信息构成的“屏风”内的影像效果，即该项目中合成文件“镜头 1 文字动画”的画面。

第三步，通过复制并生成新合成文件、替换选择层的源素材或合成图像、设置各图层的入点位置、制作 Opacity（透明度）关键帧动画以及运用 Ramp、Basic Text、Curves 特效等方法，制作出分别由图形、动画及文字信息构成的其他 4 面“屏风”内的影像效果，即该项目中“镜头 2”、“镜头 2 文字动画”、“镜头 3”及“镜头 3 文字动画”等合成文件的画面。

第四步，通过复制并生成新图层、设置 Track Matte 模式、调整 Position（位置）属性 \Rotation（旋转）属性 \Opacity（透明度）属性参数以及运用 Ramp 和 Fast Blur 特效等方法，制作出两面“屏风”相依而立并折射出各自倒影的视觉效果，即该项目中合成文件“第一组画面”的画面。

第五步，通过设置 Time Remap 属性关键帧、制作摄像机图层关键帧动画、复制 ua 生成新合成文件、替换选择层的源素材或合成图像、设置各图层的入点位置、制作 Position（位置）属性 \Rotation（旋转）属性 \Scale（缩放）属性关键帧动画以及运用 Ramp 特效等方法，制作出镜头伴随着音乐节奏在奇特的三维“屏风”空间内自由穿梭的动画效果。这也是本片视觉创意表现的亮点。

第六步，通过在 Illustrator 软件环境中创建植物形状路径、粘贴路径并添加 Mask（遮罩）、复制并生成新图层、删除各图层部分的 Mask（遮罩）、创建形状图层并设置其 Trim Paths（裁切路径）属性关键帧及设置 Track Matte 模式等方法，制作出异形植物的枝叶逐渐生长出来的动画效果，即该项目中合成文件“图案生长动画”的画面。

第七步，通过复制并生成新图层、设置图层混合模式、创建调节图层并运用 Glow 特效、分别为上下图层添加 Mask（遮罩）、创建灯光图层、制作 Position（位置）属性 \Opacity（透明度）属性 \Scale（缩放）属性关键帧动画以及运用 Basic Text、FE Twister、Light Factory EZ 特效等方法，制作出在枝叶生长动画背景的映衬下 LOGO 文字伴随着华丽光束、闪耀光斑而出场落版的动画效果。从而完成该 30 秒宣传片头的整体动画制作，较好地传达出了动画专业及其学生作品欣欣向荣、朝气蓬勃的气息。

制作思路如图 18-1 所示，最后效果如图 18-2 所示。

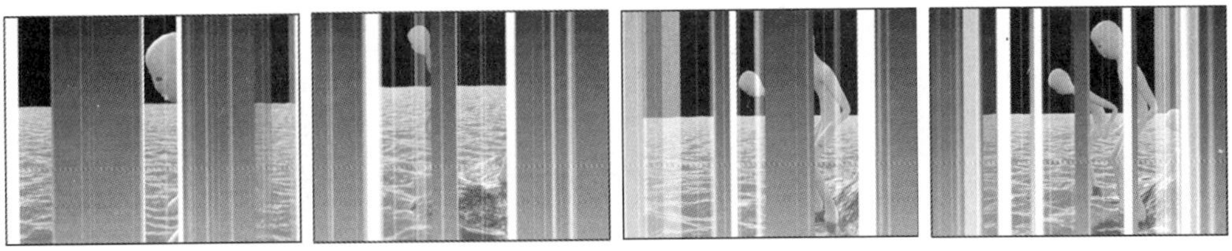

(1) 第一面主要由图形、动画构成的“屏风”内的影像效果：制作 Position 位置属性关键帧动画、复制并生成新图层、设置 Track Matte 模式、设置图层混合模式以及运用 Levels、Ramp、Tint、Directional Blur 等特效

(2) 第一面主要由文字信息构成的“屏风”内的影像效果：制作 Position（位置）属性关键帧动画、排列各图层的时间顺序、设置图层混合模式以及运用 Basic Text、Levels、Ramp、Glow 等特效

(3) 分别由图形、动画及文字信息构成的其他 4 面“屏风”内的影像效果：复制并生成新合成文件、替换选择层的源素材或合成图像、设置各图层的入点位置、制作 Opacity（透明度）关键帧动画以及运用 Ramp、Basic Text、Curves 等特效

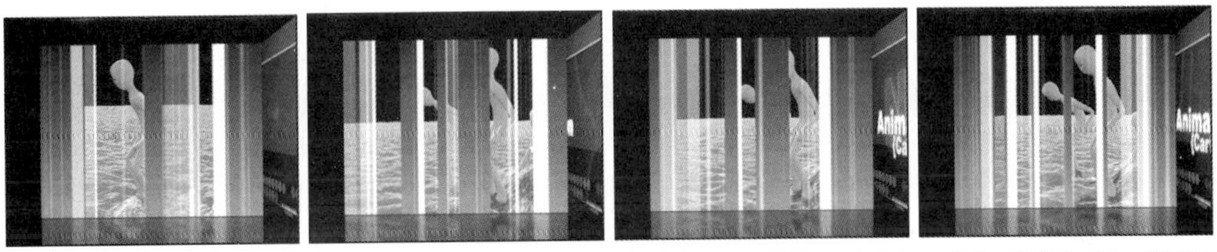

(4) 两面“屏风”相依而立并折射出各自倒影的视觉效果：复制并生成新图层、设置 Track Matte 模式、调整 Position（位置）属性 \Rotation( 旋转 ) 属性 \Opacity（透明度）属性参数以及运用 Ramp 和 Fast Blur 等特效

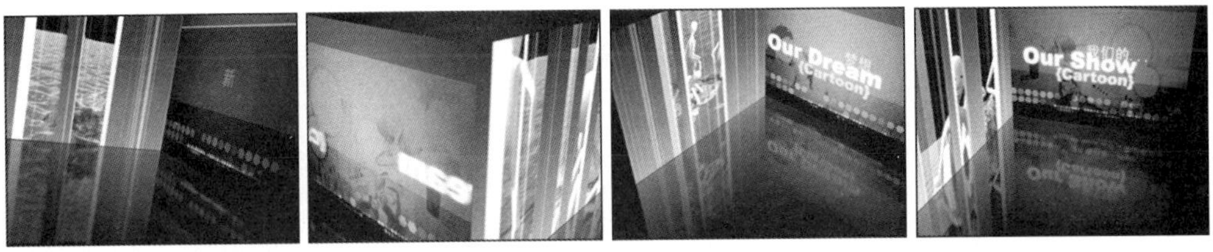

(5) 镜头在三维“屏风”空间内自由穿梭的动画效果：设置 Time Remap 属性关键帧、制作摄像机图层关键帧动画、复制并生成新合成文件、替换选择层的源素材或合成图像、设置各图层的入点位置及制作 Position（位置）属性 \Rotation（旋转）属性 \Scale（缩放）属性关键帧动画以及运用 Ramp 特效

(6) 异形植物的枝叶逐渐生长出来的动画效果：在 Illustrator 软件环境中创建植物形状路径、粘贴路径并添加 Mask（遮罩）、复制并生成新图层、删除各图层部分 Mask（遮罩）、创建形状图层并设置其 Trim Paths（剪切路径）属性关键帧及设置 Track Matte 模式

(7) LOGO文字出场落版的动画效果，完成片头的整体动画制作：复制并生成新图层、设置图层混合模式、创建调节图层并运用Glow特效、分别为上下图层添加Mask（遮罩）、创建灯光图层、制作Position（位置）属性\Opacity（透明度）属性\Scale（缩放）属性关键帧动画以及运用Basic Text、FE Twister和Light Factory EZ等特效

图18-1 制作思路示意图

图18-2 最后效果

## 18.2 具体制作

### 18.2.1 制作第一面主要由图形、动画构成的“屏风”内的影像效果

❶新建工程文件“合成”和合成文件“镜头1”。首先启动After Effects CS3程序，并按快捷键Ctrl+N新建一个合成文件。然后在打开的合成文件设置对话框中设置“Composition Name”（合成名称）为“合成”。在Basic（常规）选项卡下的Preset（预置）下拉列表中选择PAL D1/DV选项，并设置Width（宽）为“720”，Height（高）为“576”，“Frame Rate（帧率）”为“25帧/秒”，Duration（持续时间）为“0:00:30:00”，再单击OK（确定）按钮完成设置，如图18-3所示。

再次按快捷键Ctrl+N新建一个合成文件，并在打开的合成文件设置对话框中设置“Composition Name（合成名称）”为“镜头1”，在其Basic（常规）选项卡内设置Duration（持续时间）为“0:00:05:00”，其他选项设置可参照工程文件“合成”，如图18-4所示。

❷导入序列帧动画素材并将其置入合成文件“镜头1”。在Project项目窗口中的空白处双击，打开Import File（导入文件）对话框，在其中双击“镜头一”文件夹，该文件夹内包含有该段动画影像的所有帧图像，它们是由命名连续的161张TGA格式图像所组成的。其中的第一帧图像“10000.tga”并勾选“Import File（导入文件）”对话框下侧的“Targa Sequence（TGA序列）”复选框，再单击“打开”按钮进行导入，如图18-5所示。

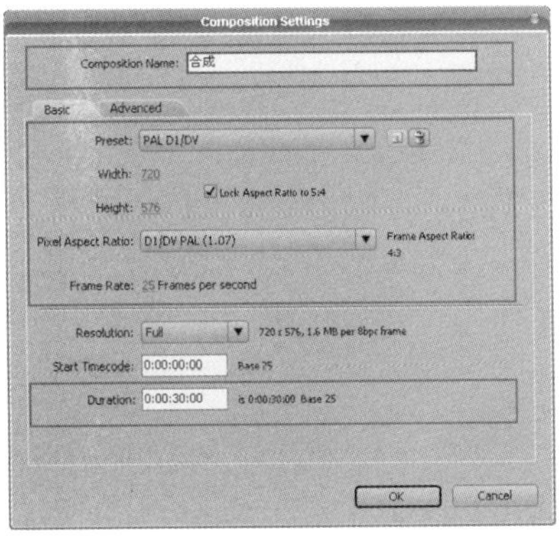


图18-3　新建工程文件

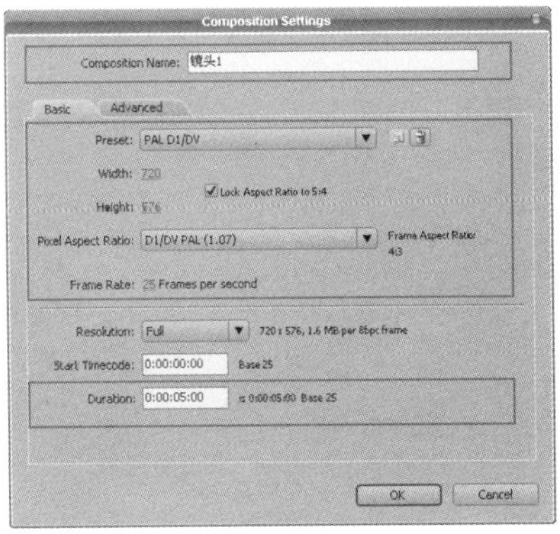


图18-4　新建合成文件

图18-5　导入“镜头一”文件夹中的序列帧动画素材

然后将序列帧素材“[10000-10160].tga”从 Project 项目窗口拖动至“镜头 1”合成文件的 Timeline 面板中，生成“[10000-10160].tga”层，如图 18-6 所示，效果如图 18-7 所示。

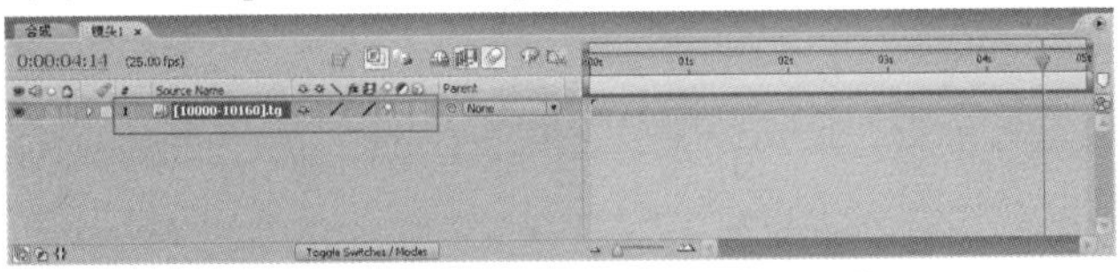


图18-6　将序列帧素材置入合成文件

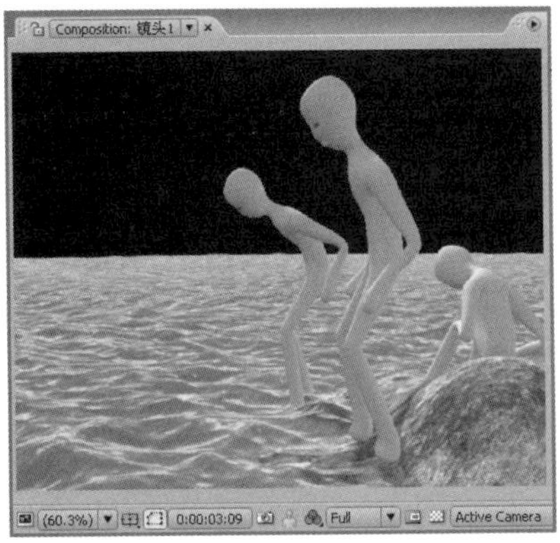


图18-7　序列帧动画素材效果

❸为“[10000-10160].tga”层添加 Levels（色阶）特效，并为该段序列帧动画素材进行初步的颜色调整。在“镜头 1”合成文件内选择“[10000-10160].tga”层并右击，从弹出的快捷菜单选择“Effect（特效）”→“Color Correction（颜色修正）”→“Levels（色阶）”选项。然后在其 Levels（色阶）特效控制面板中，设置“Input Black（输入黑色阀值）”为“19.0”。“Input White（输入白色阀值）”为“222.0”，“Gamma（伽马值）”为“0.92”，如图 18-8 所示。效果如图 18-9 所示。

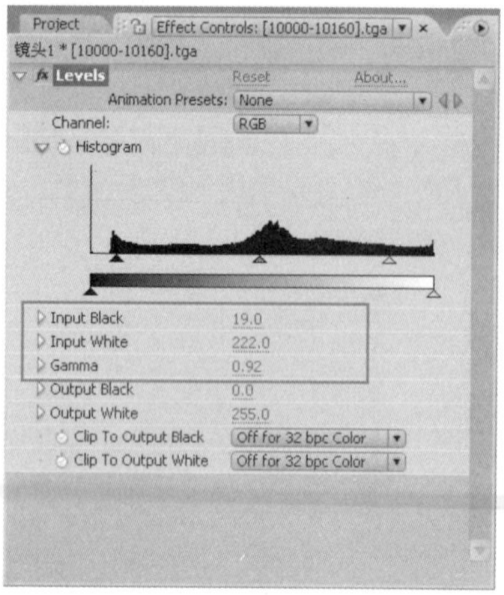


图18-8　Levels特效参数设置

图18-9　Levels效果

❹创建“黑白色条动画 1”合成文件和“White Solid 1”层。按快捷键 Ctrl+N 新建一个合成文件，并取名为“黑白色条动画 1”，其参数设置参考“镜头 1”合成文件，如图 18-10 所示。再按快捷键 Ctrl+Y，在“黑白色条动画 1”合成文件内新建一个固态层。然后在打开的固态层设置对话框中设置 Name（名称）为“White Solid 1”，Width（宽）为“80”，Height（高）为“576”，Color（色彩）为白色，如图 18-11 所示。

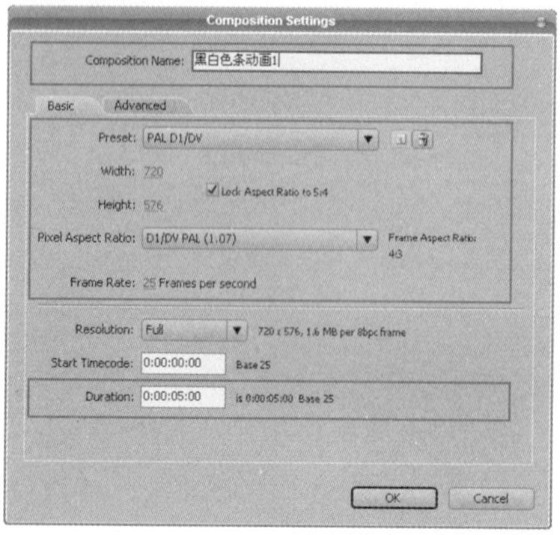


图18-10　新建合成文件

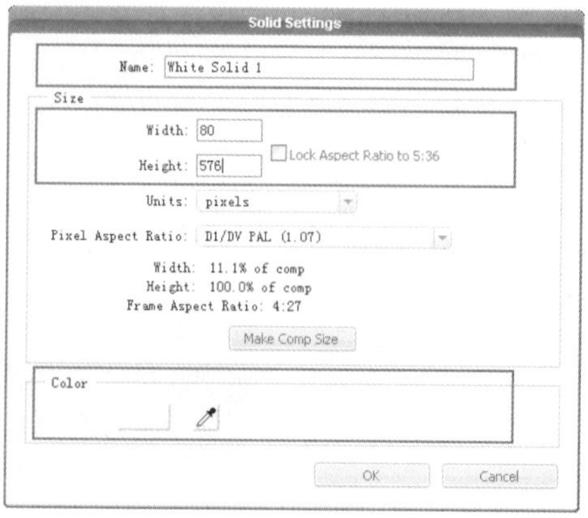


图18-11　创建层

观察“黑白色条动画 1”合成图像窗口，可以看到一个纵向的白色矩形图形已经产生，效果如图 18-12 所示。

❺为“White Solid 1”层重命名并复制生成其他 5 个白色矩形图形。首先在“黑白色条动画 1”合成文件的 Timeline 面板内，选中“White Solid 1”层并按 Enter 键，将其改名为“1”。然后选中“1”层并连续 5 次按快捷键 Ctrl+D 进行复制并新建，即可在 Timeline

面板内生成“2”层、“3”层、“4”层、“5”层及“6”层，这样，在合成图像窗口内又生成了位置和形状都相同的 5 个白色矩形图形，如图 18-13 所示。

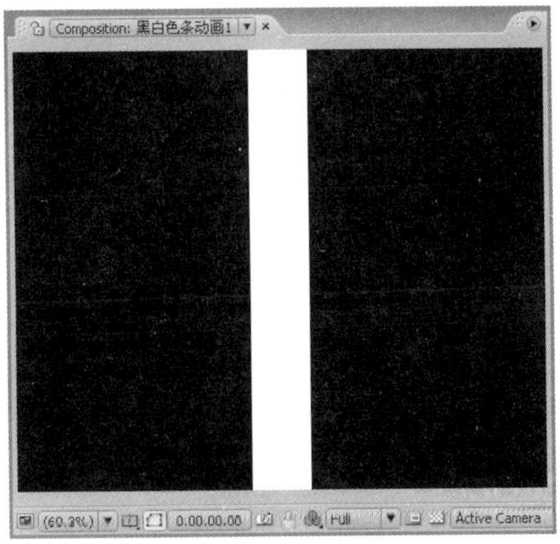


图18-12 白色图形效果

图18-13 为层重命名并复制生成其他图形

❻分别调整“1”层、“2”层、“3”层、“4”层、“5”层及“6”层的 Position \Opacity \ Scale（属性）参数以及制作其 Position（位置）属性关键帧动画。首先分别展开“1”层、“2”层、“3”层、“4”层、“5”层及“6”层的 Transform（转换）属性选项，设置“2”层的 Scale（缩放）属性为（125.0，125.0），“2”层的 Opacity（透明度）属性为“50”；设置“3”层的 Scale（缩放）属性为（40.0，100.0）。“3”层的 Opacity（透明度）属性为“65”；设置“4”层的 Scale（缩放）属性为（55.0，100.0）。设置“5”层的 Scale（缩放）属性为（60.0，100.0）。

然后在 Timeline 面板内按 Ctrl 键的同时选中这 6 个图层，并按快捷键 P 呼出各层的 Position（位置）属性选项。在时间 0:00:00:00 处，设置“1”层 Position（位置）参数为（35.0，288.0），“2”层 Position（位置）参数为（712.0，288.0），“3”层 Position（位置）参数为（35.0，288.0），“4”层 Position（位置）参数为（706.0，288.0），“5”层 Position（位置）参数为（35.0，288.0），“6”层 Position（位置）参数为（400.0，288.0）。再分别单击其左侧的秒表图标新建 Position（位置）属性关键帧，如图 18-14 所示。

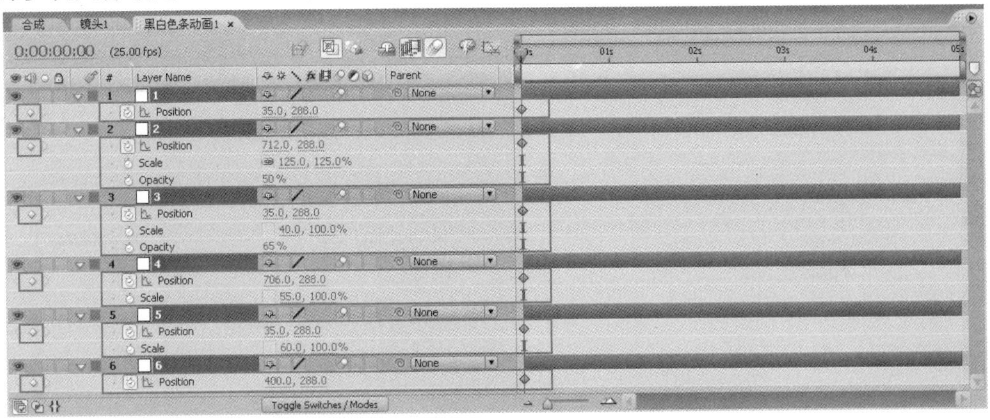


图18-14 各层的属性参数及其关键帧设置

接着在时间 0:00:02:12 处将“1”层 Position（位置）参数改为（537.0，288.0），“2”层 Position（位置）参数改为（5.0，288.0），“3”层 Position（位置）参数改为（369.0，288.0），“4”层 Position（位置）参数改为（256.0，288.0），“5”层 Position（位置）参数

改为（616.0，288.0），“6”层 Position（位置）参数改为（129.0，288.0），即在 0:00:02:12 处，各层自动生成了新的 Position（位置）属性关键帧，如图 18-15 所示。

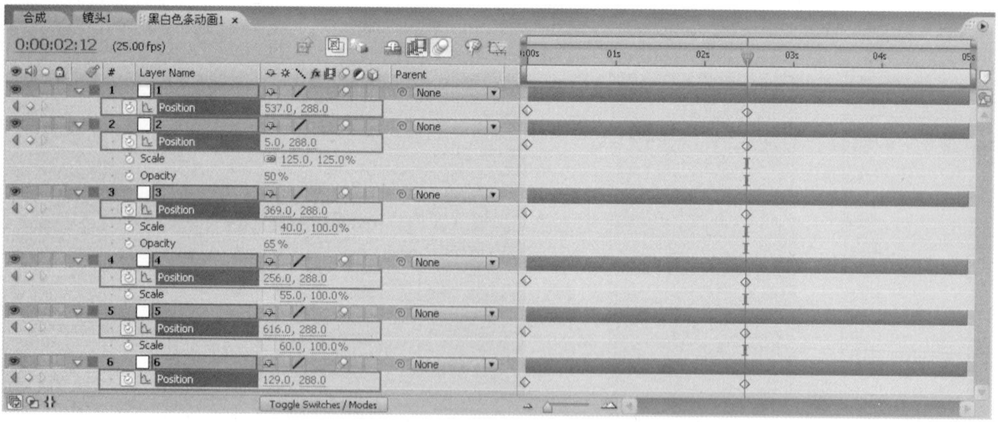

图18-15　各层的关键帧设置

最后在时间 0:00:04:24 处将“1”层 Position（位置）参数改为（291.0，288.0），“2”层 Position（位置）参数改为（602.0，288.0），“3”层 Position（位置）参数改为（123.0，288.0），“4”层 Position（位置）参数改为（548.0，288.0），“5”层 Position（位置）参数改为（185.0，288.0），“6”层 Position（位置）参数改为（453.0，288.0），即在最后一帧处，各层自动生成了新的 Position（位置）属性关键帧，如图 18-16 所示。

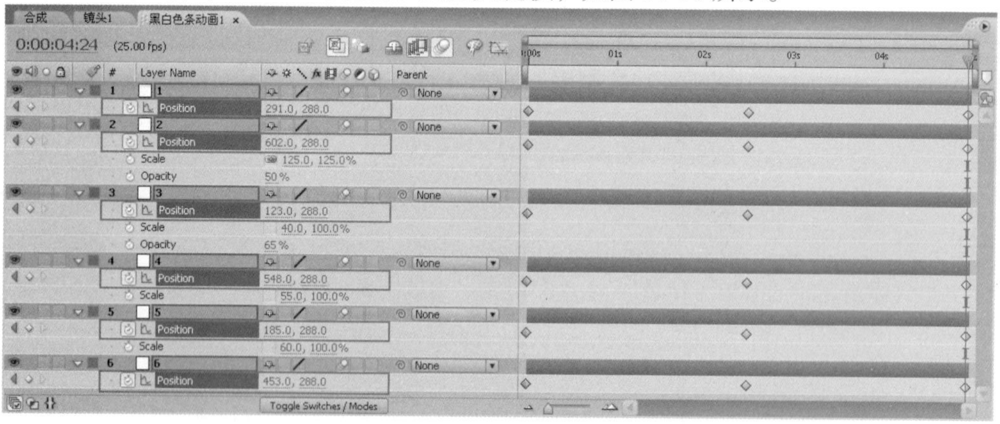

图18-16　各层的关键帧设置

同时选择“1”层、“2”层、“3”层、“4”层、“5”层及“6”层在 0:00:02:12 处的 Position（位置）属性关键帧并右击，从弹出的快捷菜单中选择“Keyframe Assistant（关键帧助手）”→“Easy Ease（简化曲线）”选项，为所选定关键帧添加缓入缓出效果，从而使各层白色矩形图形的 Position（位置）关键帧动画显得更加自然流畅，如图 18-17 所示。

观察“黑白色条动画 1”合成图像窗口，可以看到若干白色矩形图形左右自由移动的动画效果制作完成，效果如图 18-18 所示。

❼将合成文件“黑白色条动画 1”置入合成文件“镜头 1”内并设置“[10000-10160].tga”层的“Track Matte”模式。首先在 Project 项目窗口中选中“黑白色条动画 1”合成文件并将其拖动至“镜头 1”合成文件的 Timeline 面板中。再将生成的“黑白色条动画 1”合成层拖动至“[10000-10160].tga”层的上层位置。

然后单击“[10000-10160].tga”层右侧的 Track Matte 下拉菜单，从中选择第 3 项 Luma Matte“黑白色条动画 1”选项，即以上层“黑白色条动画 1”合成层的亮度区域作为下层“[10000-10160].tga”层的透明通道，使下层动画影像从上层像素的亮度区域显示出来，如图 18-19 所示，效果如图 18-20 所示。

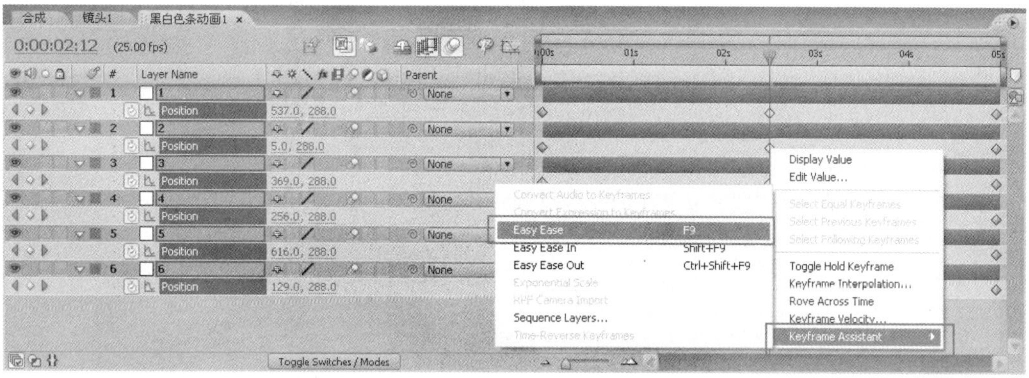


图18-17　添加缓入缓出效果

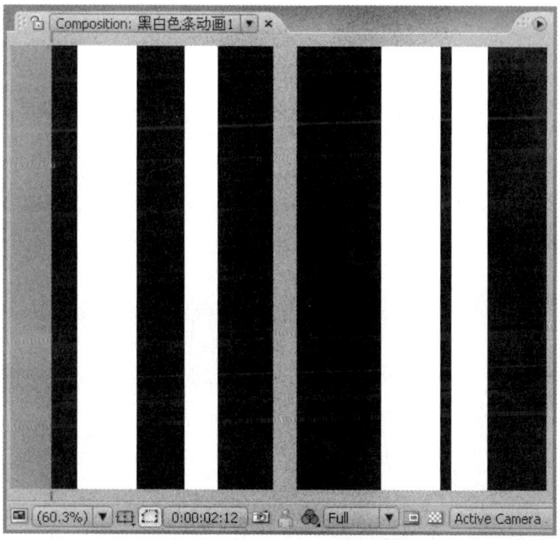


图18-18　动画效果截图

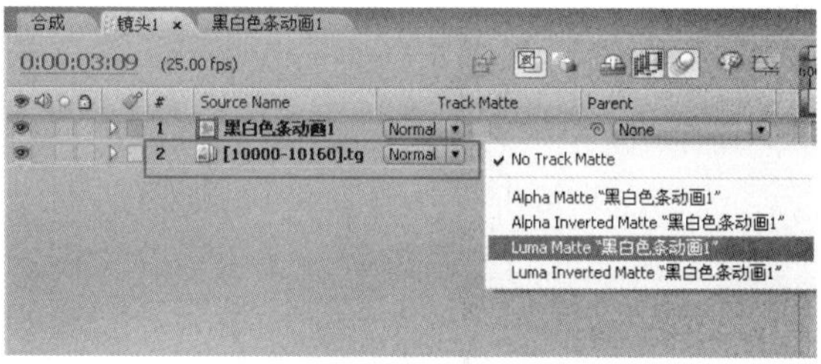


图18-19　设置层的Track Matte模式

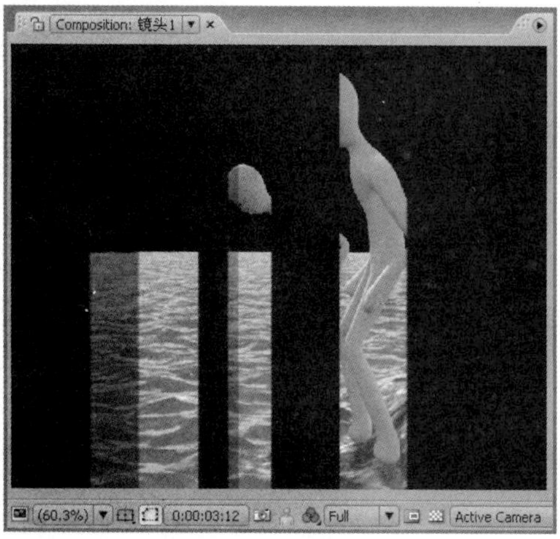


图18-20　效果截图

❽创建“蓝色渐变”层。按快捷键 Ctrl+Y，在“镜头 1”合成文件内新建一个固态层。然后在打开的对话框中设置 Name（名称）为“蓝色渐变”，Color（色彩）为“黑色”，如图 18-21 所示。此图层将作为第一面“屏风”内的背景图像。

❾为“蓝色渐变”层添加 Ramp（渐变）特效。首先选择“蓝色渐变”层并右击，从弹出的快捷菜单中选择“Effect（特效）”→“Generate（生成）”→“Ramp（渐变）”选项。然后在其 Ramp（渐变）特效控制面板中，设置“Start of Ramp（渐变开始位置）”为（360.0，0.0），“Start Color（开始色彩）”为“深蓝色（001152）”。再设置“End of Ramp（渐变结束位置）”为（360.0，576.0），“End Color（结束色彩）”为“淡蓝色（2B94FF）”。接着再设置“Ramp Shape（渐变外形）”为“Linear Ramp（线性渐变）”，如图 18-22 所示，效果如图 18-23 所示。

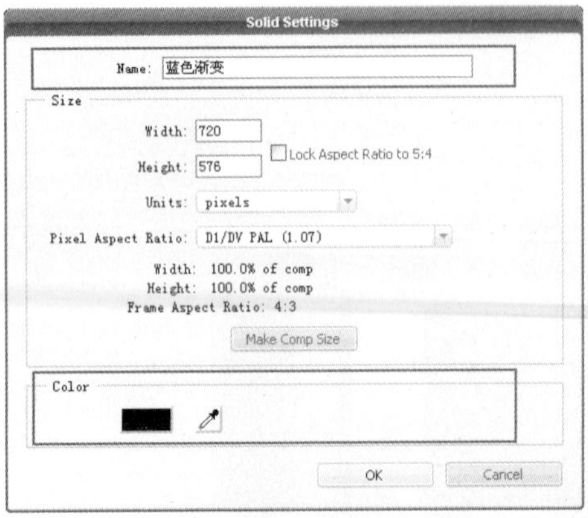


图18-21　创建层

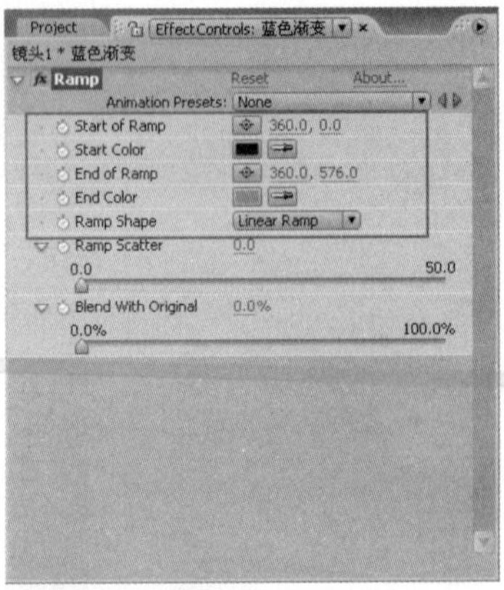


图18-22　Ramp特效参数设置

图18-23　Ramp效果

❿复制生成“黑白色条动画 1”合成层并调整其 Scale（缩放）属性参数，将其适当地扩大。在“镜头 1”合成文件的 Timeline 面板内选中“黑白色条动画 1”合成层，按快捷键 Ctrl+D 复制并新建该合成层，再选中新生成的“黑白色条动画 1”合成层，将其拖至 Timeline 面板内“蓝色渐变”层的上层位置，并单击该合成层左侧的眼睛图标 。接着在选中新生成的“黑白色条动画 1”合成层的情况下，按快捷键 S 调出该合成层的 Scale（缩放）属性选项，并设置其 Scale（缩放）参数为（120.0，120.0），如图 18-24 所示，效果如图 18-25 所示。

⑪导入序列帧动画素材“上升小点动画”，将其置入合成文件“镜头 1”并设置其图层混合模式。首先在 Project 项目窗口中的空白处双击，打开“Import File（导入文件）”对话框，在其中双击“上升小点动画”文件夹，然后选择其中的第一帧图像“上升小点_00000.tga”并勾选 Import File（导入文件）对话框下侧的“Targa Sequence（TGA 序列）”复选框，再单击“打开”按钮进行导入，如图 18-26 所示。

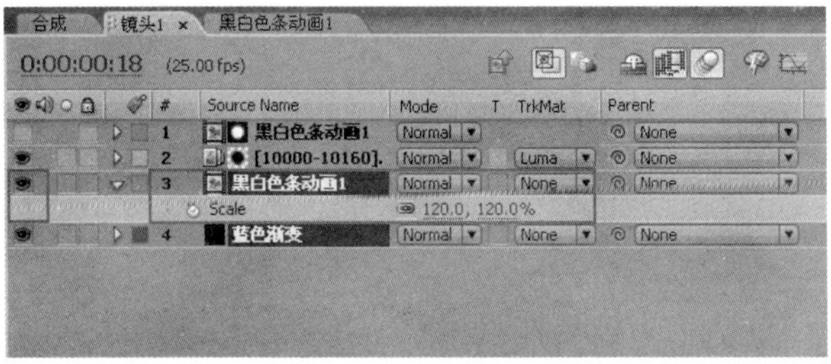


图18-24 设置合成层

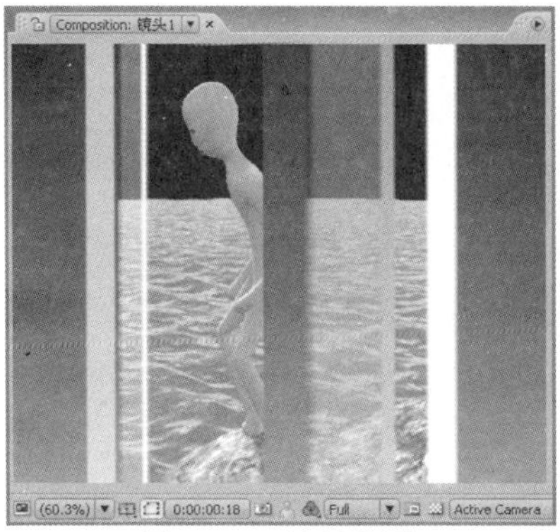


图18-25 效果截图

随即弹出图层 Alpha 通道信息设置对话框，图中信息表示导入的序列帧素材中包含有软件无法确认的 Alpha 通道透明信息，需要用户对其进行选择设置。在此选中“Straight-Unmatted（无遮罩）”单选按钮，即设置其图层透明信息仅包含在 Alpha 通道内。最后单击 OK（确定）按钮，完成该序列帧素材的导入操作，如图 18-27 所示。

图18-26 导入序列帧动画素材

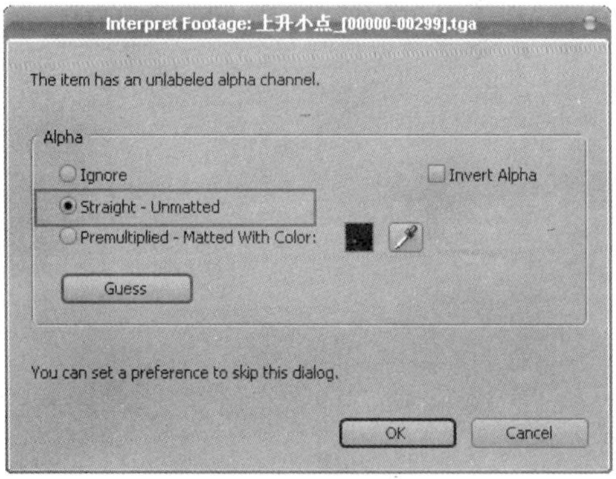


图18-27 信息设置

接着，将序列帧素材“上升小点_[00000-00299].tga”从 Project 项目窗口调入“镜头 1”合成文件的 Timeline 面板中，生成“上升小点_[00000-00299].tga”层。单击其右侧的 Mode（混合模式）下拉菜单，从中选择“Add（添加）”选项，如图 18-28 所示，效果如图 18-29 所示。

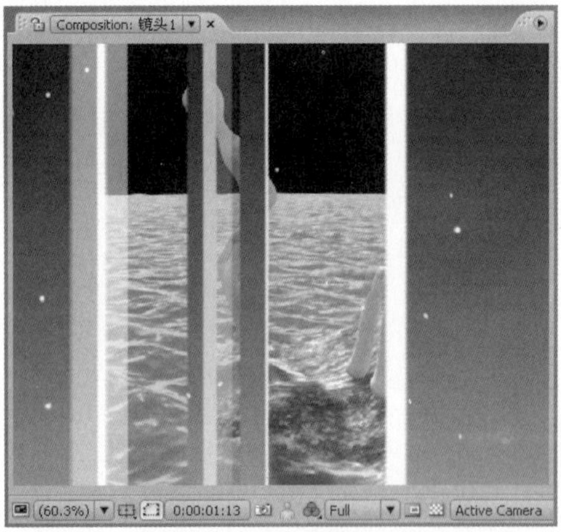


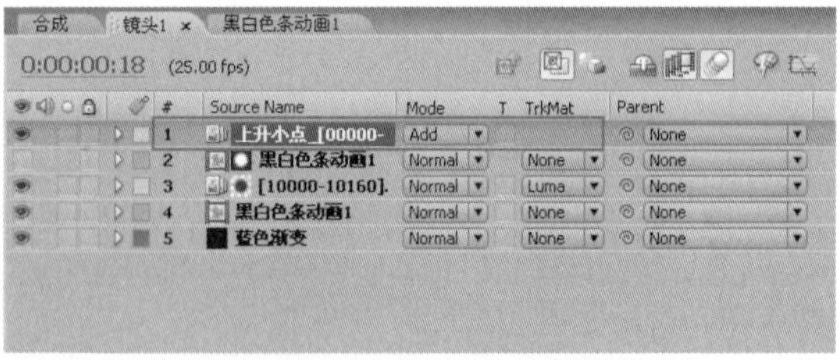


图18-28　将素材置入合成文件并设置其图层混合模式　　　　图18-29　导入序列帧后效果

⑫为“上升小点 _[00000-00299].tga”层添加 Tint（染色）特效。在“镜头 1”合成文件中选择“上升小点 _[00000-00299].tga”层右击，从弹出的快捷菜单中选择“Effect（特效）”→“Color Correction（颜色修正）”→“Tint（染色）”选项。然后在其特效控制面板内设置“Map Black To（映射黑色到）”为“黑色”，设置“Map White To（映射白色到）”为“黄色（FFE42C）”，“Amount to Tint（色彩量）”为“100.0”，如图 18-30 所示。

观察“镜头 1”合成图像窗口，可以发现“上升小点 _[00000-00299].tga”层的所有小圆点图形的颜色皆转变为黄色，效果如图 18-31 所示。

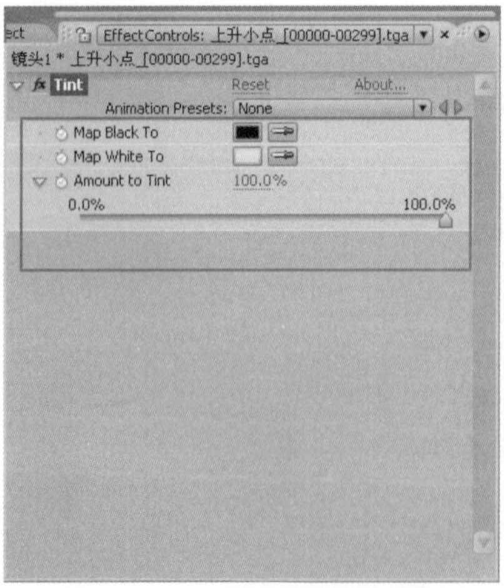


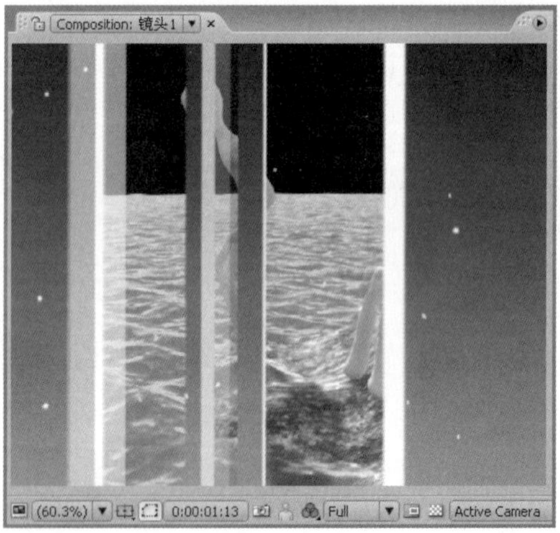


图18-30　Tint特效参数设置　　　　图18-31　效果截图

⑬复制生成另外两个“上升小点 _[00000-00299].tga”层并调整其 Position（位置）\Scale（缩放）属性参数。首先选中“上升小点 _[00000-00299].tga”层并连续 2 次按快捷键 Ctrl+D 进行复制并新建，即在 Timeline 面板内生成了另外两个完全相同的“上升小点 _[00000-00299].tga”层。

然后在 Timeline 面板中同时选中新建的两个“上升小点 _[00000-00299].tga”层，按快捷键 P，再按快捷键 Shift+S，同时呼出选中层的 Position（位置）、Scale（缩放）属性选项。接着分别调整其 Position（位置）属性为（200.0，288.0）和（550.0，288.0），并分别调整其 Scale（缩放）属性为（190.0，190.0）和（290.0，290.0），如图 18-32 所示。

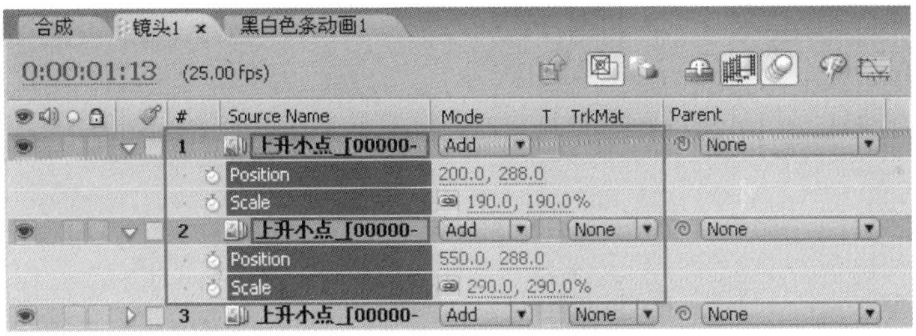


图18-32 复制生成新图层并调整其属性参数

此步操作将“上升小点 _[00000-00299].tga”层的动画效果做集群化处理，借此表现不同大小和位置的黄色小圆点图形在上升时的密集感和错落感，效果如图 18-33 所示。

⑭将全部“上升小点 _[00000-00299].tga”层合并预合成。在“镜头 1”合成文件的 Timeline 面板内，按 Ctrl 键的同时选中全部“上升小点 _[00000-00299].tga”层，再按快捷键 Ctrl+Shift+C 对这 3 个图层进行合并预合成操作。然后为新建的子合成文件取名为“Pre-上升小点”，并选中 Move all attributes into the new composition（把层属性移动到新建的子合成文件中）单选按钮，再单击 OK（确定）按钮，如图 18-34 所示。

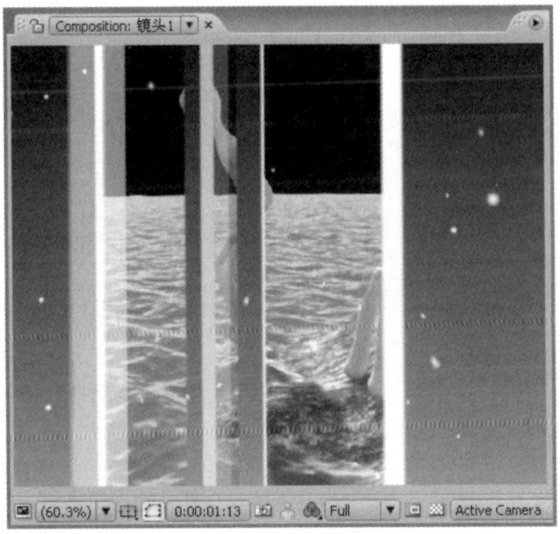


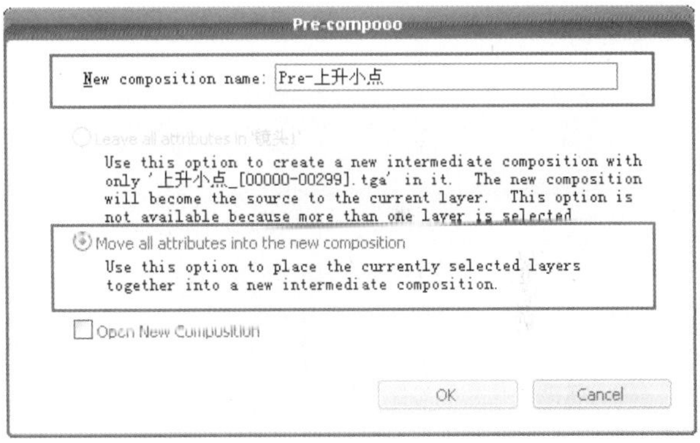


图18-33 效果截图

图18-34 进行层合并预合成操作

⑮调整“Pre- 上升小点”合成层的 Scale（缩放）属性参数并为其添加“Directional Blur（方向模糊）”和 Levels（色阶）等特效。首先在 Timeline 面板中选中“Pre- 上升小点”合成层，按快捷键 S 调出该合成层的 Scale（缩放）属性选项，再调整其 Scale（缩放）参数为（100，1000），如图 18-35 所示。

然后选择“Pre- 上升小点”合成层并右击，从弹出的快捷菜单中选择“Effect（特效）”→“Blur&Sharpen（模糊 & 锐化）”→“Directional Blur（方向模糊）”选项。在其特效控制面板中，设置 Direction（方向）为（0x，+0.0°），“Blur Length（模糊长度）”为“500.0”。

再次选择 Pre- 上升小点合成层，并右击，从弹出的快捷菜单中选择“Effect（特效）”→“Color Correction（颜色修正）”→“Levels（色阶）”选项。在其特效控制面板中，设置“Input Black（输入黑色阀值）”为“0.0”，“Input White（输入白色阀值）”为“11.0”，如图 18-36 所示。

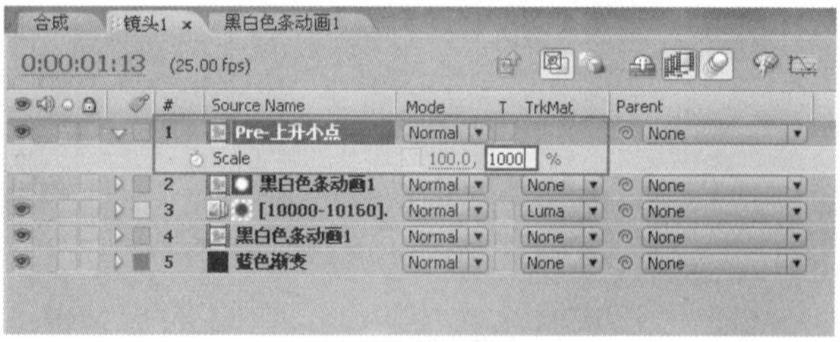


图18-35 调整参数

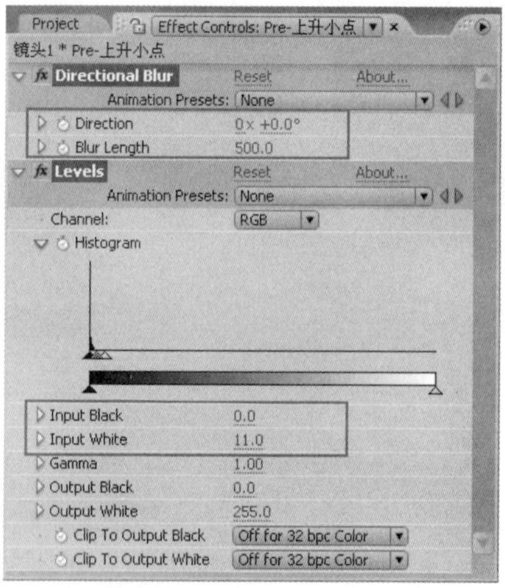


图18-36 特效参数设置

观察“镜头 1”合成图像窗口，可以看到如划痕般的许多黄色细线左右游走的动画效果制作完成，如图 18-37 所示。

⑯设置“Pre- 上升小点”合成层的图层混合模式。在 Timeline 面板内击“Pre- 上升小点”合成层右侧的 Mode（混合模式）下拉菜单，从中选择“Add（添加）”选项，如图 18-38 所示，效果如图 18-39 所示。

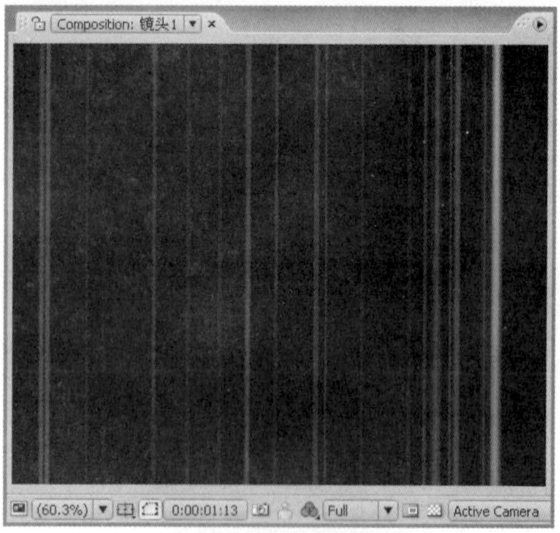


图18-37 动画效果

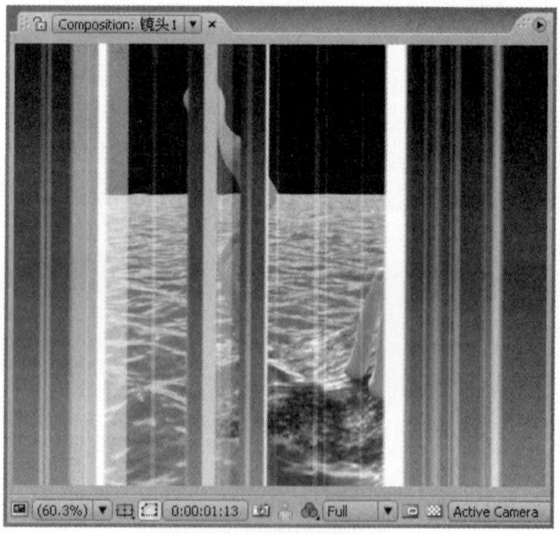


图18-39 效果截图

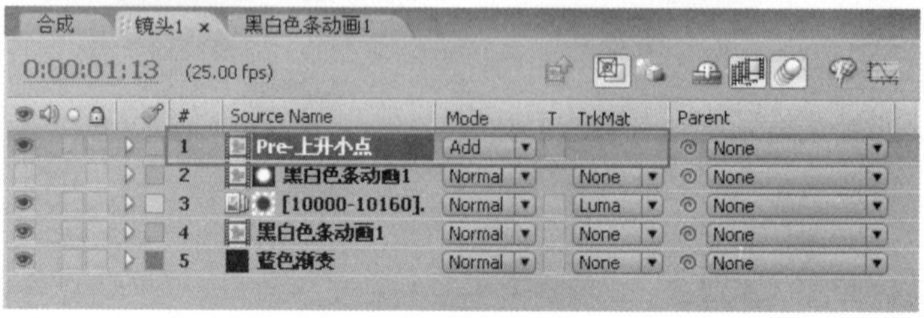


图18-38 设置图层混合模式

## 18.2.2 制作第一面主要由文字信息构成的“屏风”内的影像效果

⑰创建“镜头 1 文字动画”合成文件和“Animation”层。按快捷键 Ctrl+N 新建一个合成文件，并取名为“镜头 1 文字动画”，其参数设置参考“镜头 1”合成文件，如图 18-40 所示。

再按快捷键 Ctrl+Y，在“镜头 1 文字动画”合成文件内新建一个固态层。然后在打开的固态层设置对话框中设置 Name（名称）为“Animation”，Color（色彩）为黑色，如图 18-41 所示。

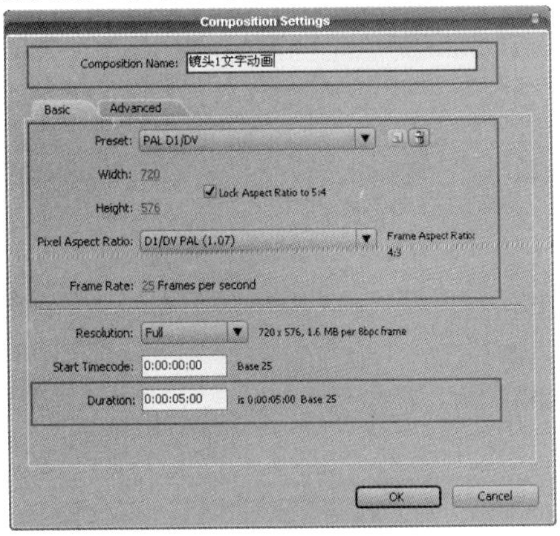


图18-40　创建合成文件

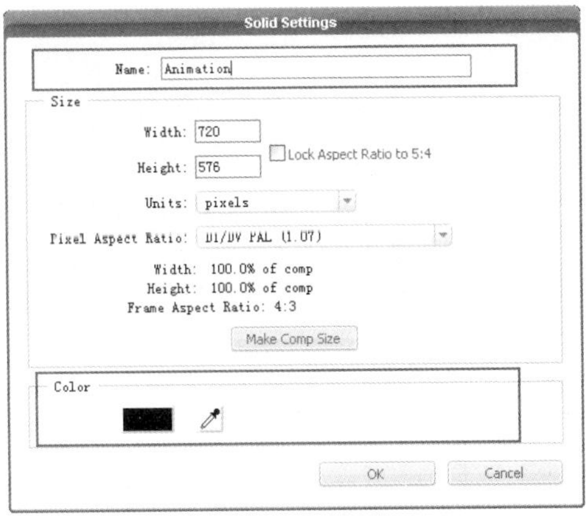


图18-41　创建层

⑱创建文字元素“Animation”。在“镜头 1 文字动画”合成文件内的 Timeline 面板中选择 Animation 层并右击，从弹出的快捷菜单中选择“Effect（特效）”→“Text（文字）”→“Basic Text（基本文字）”选项。然后在“Basic Text（基本文字）”对话框的文本框中输入文字“Animation”，并设置 Font（字体）为“Arial Black”，再单击 OK（确定）按钮，如图 18-42 所示。

接着，在“Animation”层的“Basic Text”特效控制面板中设置 Position（位置）为（262.0,279.0），“Display Options（显示选项）”为“Fill Only（单填充）”，“Fill Color（填充色彩）”为“白色”，Size（尺寸）为“95.0”，如图 18-43 所示，效果如图 18-44 所示。

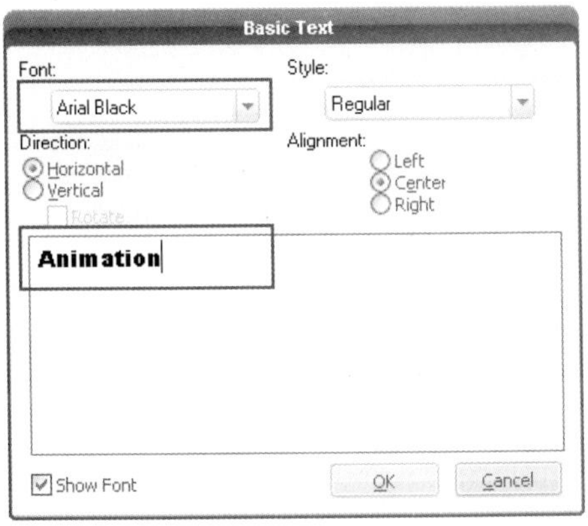


图18-42　设置窗口

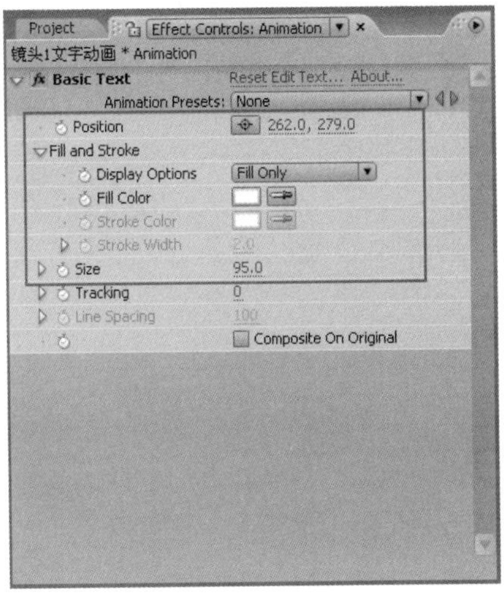


图18-43　特效参数设置

⑲创建“Cartoon”层。按快捷键 Ctrl+Y，在“镜头 1 文字动画”合成文件内新建一个固态层。然后在打开的固态层设置对话框中设置 Name（名称）为“Cartoon”,Color（色彩）为“黑色”，如图 18-45 所示。

图18-44　Basic Text效果

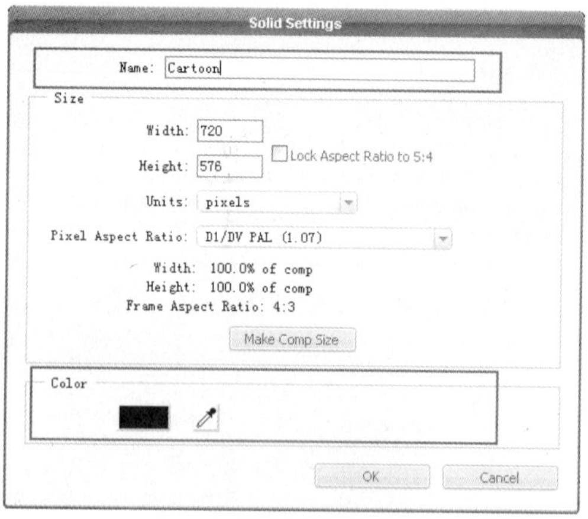


图18-45　创建层

⑳创建文字元素“Cartoon”。在“镜头 1 文字动画”合成文件内选择“Cartoon”层，并右击，从弹出的快捷菜单中选择“Effect（特效）”→“Text（文字）”→“Basic Text（基本文字）”选项。然后在“Basic Text（基本文字）”对话框的文本框中输入文字“{ Cartoon }”，并设置 Font（字体）为“Arial Black”，再单击 OK（确定）按钮，如图 18-46 所示。

接着，在“Cartoon”层的“Basic Text”特效控制面板中设置 Position（位置）为（385.0,344.0），“Display Options（显示选项）“为”Fill Only（单填充）“，“Fill Color（填充色彩）”为“淡蓝色（90D9FF）”，Size（尺寸）为“66.0”，如图 18-47 所示，效果如图 18-48 所示。

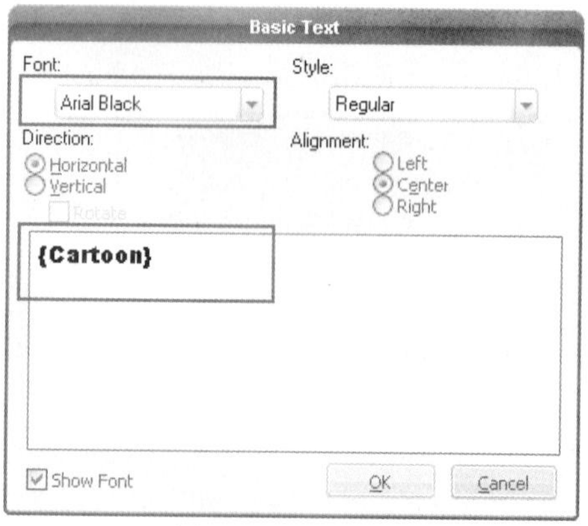


图18-46　设置窗口

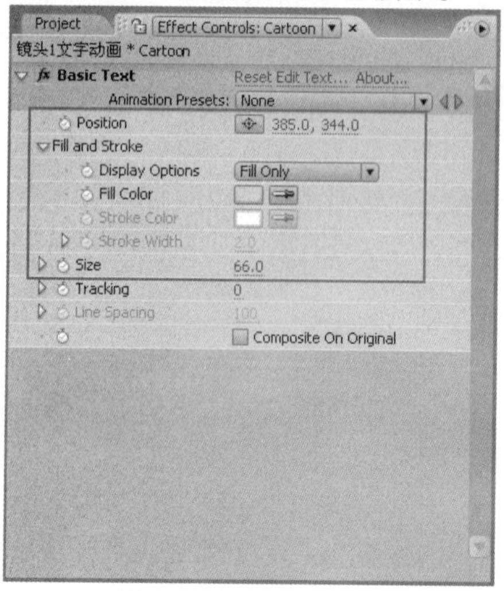


图18-47　特效参数设置

㉑创建“动画”层。按快捷键 Ctrl+Y，在“镜头 1 文字动画”合成文件内新建一个固态层。然后在打开的固态层设置对话框中设置 Name（名称）为“动画”，Color（色彩）为黑色，如图 18-49 所示。

㉒创建文字元素“动画”。在“镜头 1 文字动画”合成文件内选择“动画”层并右击，

从弹出的快捷菜单中选择“Effect（特效）”→“Text（文字）”→“Basic Text（基本文字）”选项。然后在“Basic Text（基本文字）”对话框中文本框中输入文字“动画”，并设置Font（字体）为“LiSu”，再单击OK（确定）按钮，如图18-50所示。

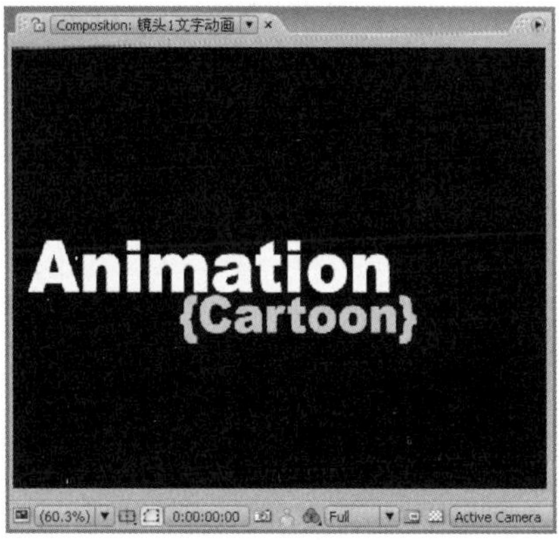


图18-48 “Basic Text”效果

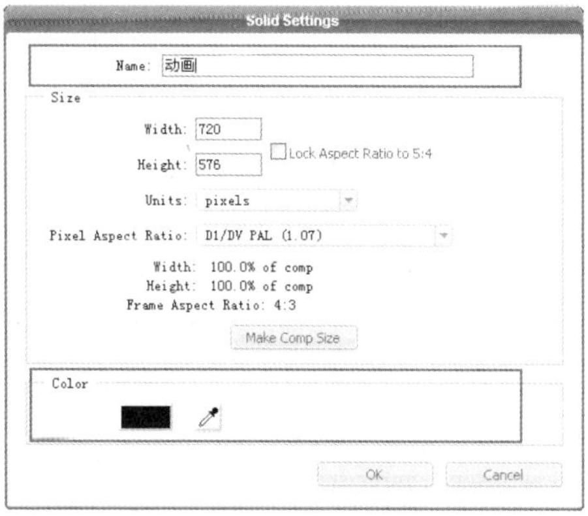


图18-49 创建层

接着，在“动画”层的“Basic Text”特效控制面板中设置Position（位置）为（456.0,243.0），“Display Options（显示选项）”为“Fill Only（单填充）”，“Fill Color（填充色彩）”为“淡蓝色（90D9FF）”，Size（尺寸）为“61.0”，如图18-51所示，效果如图18-52所示。

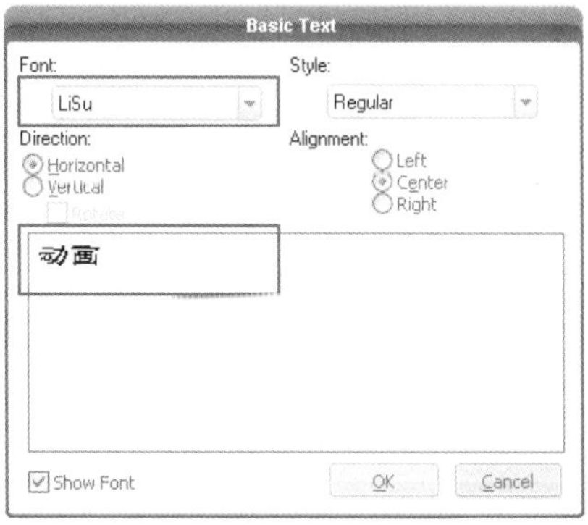


图18-50 设置窗口

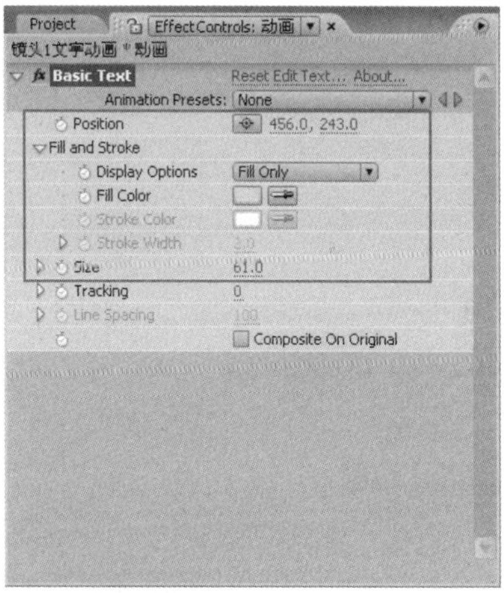


图18-51 特效参数设置

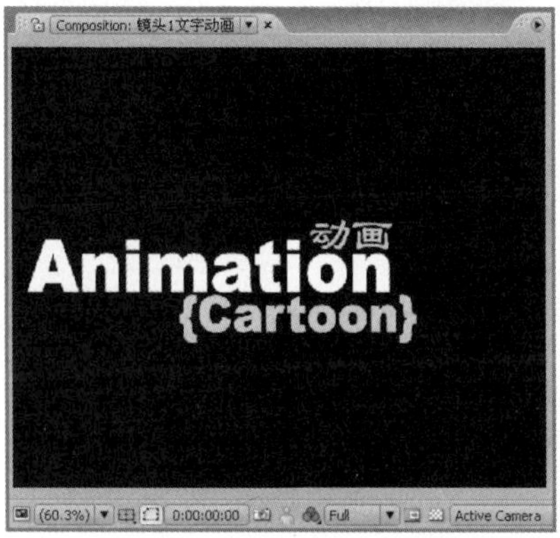


图18-52 Basic Text效果

㉓分别制作“动画”层、“Cartoon”层及“Animation”层的Position（位置）关键帧动画。首先在Timeline面板内按住Ctrl键的同时选中这3个图层，并按快捷键P调出各层的Position位置属性选项。在时间0:00:02:00处，设置“动画”层的Position（位置）参数为（695.0，288.0），“Cartoon”层的Position（位置）参数为（882.0，288.0），“Animation”层的Position（位置）参数为（-176.0，288.0）。再分别单击其左侧的秒表图标新建Position（位置）属性关键帧，如图18-53所示。

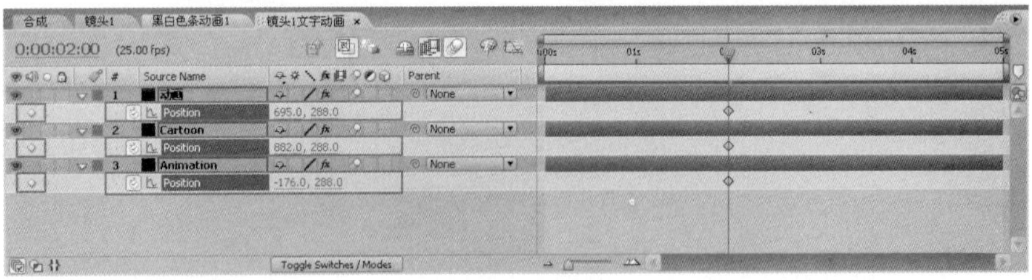

图18-53　关键帧设置

接着，在时间0:00:02:12处，将“动画”层、“Cartoon”层和“Animation”层的Position（位置）参数皆改为（360.0，288.0），即在0:00:02:12处，各层均自动生成了新的Position（位置）属性关键帧，如图18-54所示。

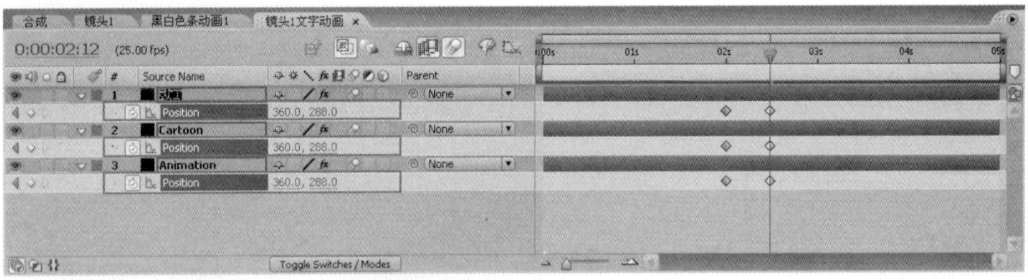

图18-54　关键帧设置

最后，在时间0:00:04:24处，将“动画”层的Position（位置）参数改为（326.0，288.0），“Cartoon”层的Position（位置）参数改为（289.0，288.0），“Animation”层的Position（位置）参数改为（338.0，288.0），即在最后一帧处，各层自动生成了新的Position（位置）属性关键帧，如图18-55所示，效果如图18-56所示。

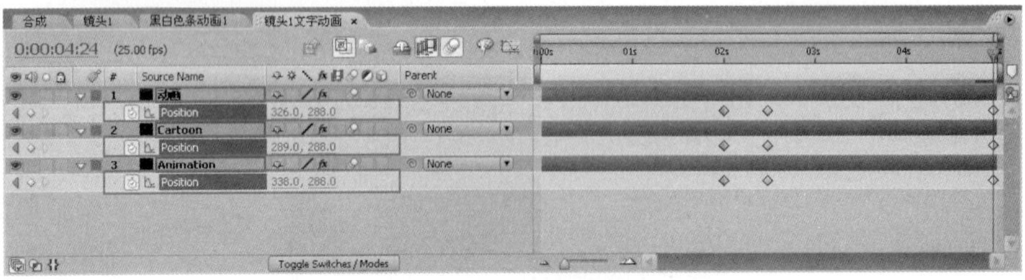

图18-55　关键帧设置

㉔导入学生作品截图素材，将其置入合成文件“镜头1文字动画”，调整其Scale（缩放）参数。在Project项目窗口中的空白处双击，打开“Import File（导入文件）”对话框，在其中选择作为“屏风”内场景素材的BMP格式文件“000”、“001”、“002”、“003”、“004”和“005”，并在“Import As:（导入为）”下拉菜单中选择“Footage（素材）”选项，最后单击“打开”按钮进行导入，如图18-57所示。

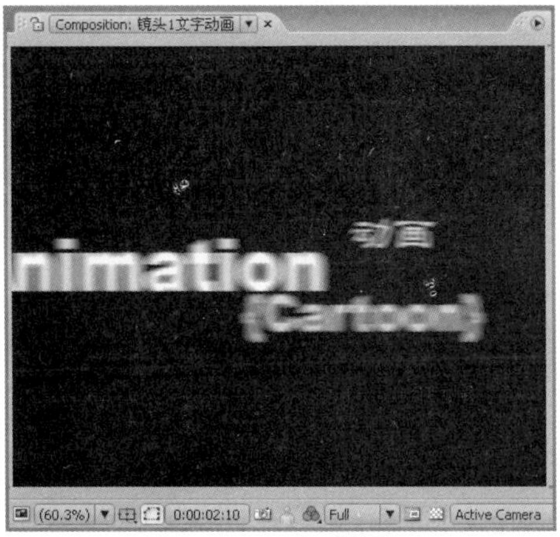

图18-56 动画截图

接着，然后将图片素材“000.BMP”、“001.BMP”、“002.BMP”、“003.BMP”、“004.BMP”和“005.BMP”从 Project 项目窗口调入“镜头 1 文字动画”合成文件的 Timeline 面板中。按住 Ctrl 键的同时选中这 6 个图层，并按快捷键 S，同时调出选中层的 Scale（缩放）属性选项，调整它们的 Scale（缩放）参数皆为（108.0，108.0），将原图片素材适当地扩大，如图 18-58 所示。

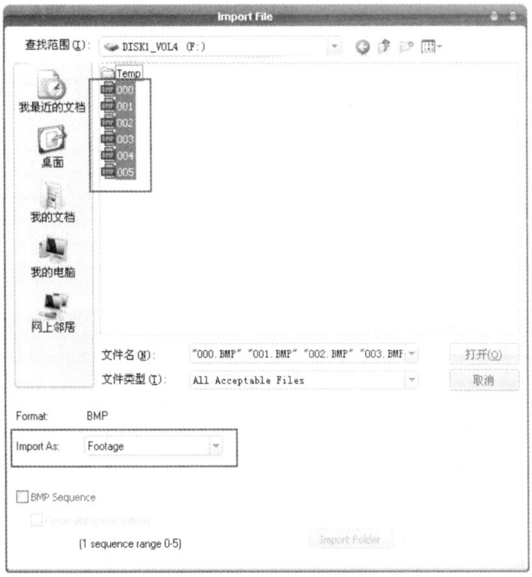

图18-57 导入素材

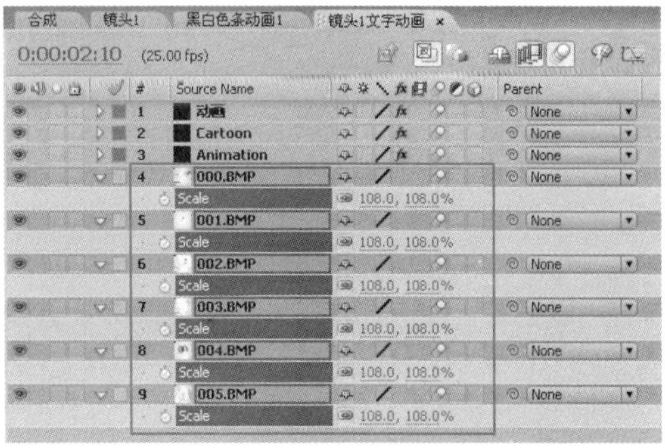

图18-58 调整参数

㉕ 为“000.BMP”、“001.BMP”、“002.BMP”、“003.BMP”、“004.BMP” 和“005.BMP”层排列时间顺序。首先在 Timeline 面板内按住 Ctrl 键的同时选中这 6 个图层，然后在 After Effects 主菜单栏中选择“Animation（动画）”→“Keyframe Assistant（关键帧助手）”→“Sequence Layers（图层排序）”命令，如图 18-59 所示。

在随即打开的“Sequence Layers（图层排序）”对话框中勾选左上角的 Overlap（重叠）复选框，再在 Duration（时间长度）文本框中输入“0:00:04:06”，即设定前后图层相隔时间长度均为 19 帧。最后在该对话框中设置 Transition（过渡转换）为“Off（关）”，如图 18-60 所示。

观察“镜头 1 文字动画”合成文件的 Timeline 面板，可以看到“000.BMP”、“001.

BMP”、“002.BMP”、“003.BMP”、“004.BMP” 和 “005.BMP” 层的时序已经发生了变化，从 “000.BMP” 层开始以相隔 19 帧的时间间距依次向后排列，如图 18-61 所示。

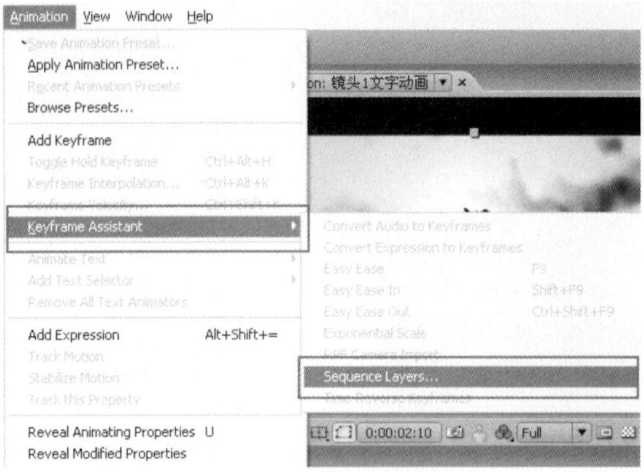


图18-59 选择命令

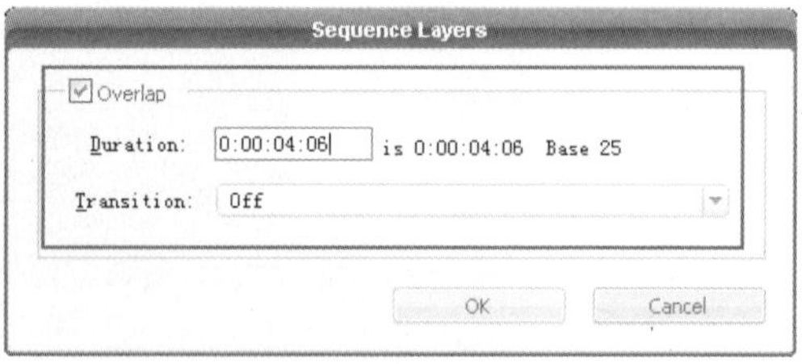


图18-60 设置窗口

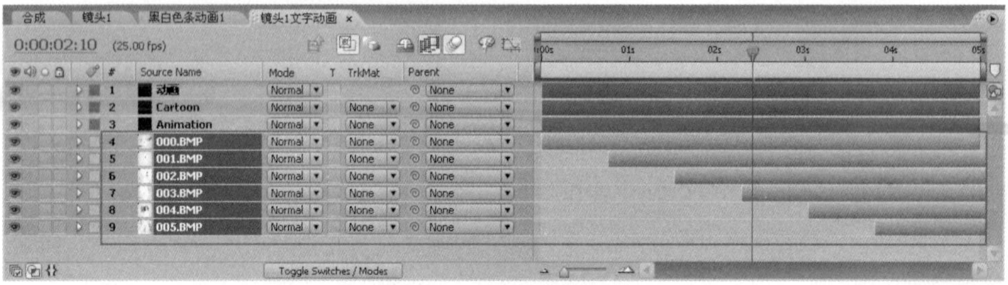


图18-61 排列时间顺序

最后设置这 6 个图层的上下堆栈顺序，使其按照 “005.BMP”、“004.BMP”、“003.BMP”、“002.BMP”、“001.BMP”、“000.BMP” 的顺序自上而下排列，如图 18-62 所示。

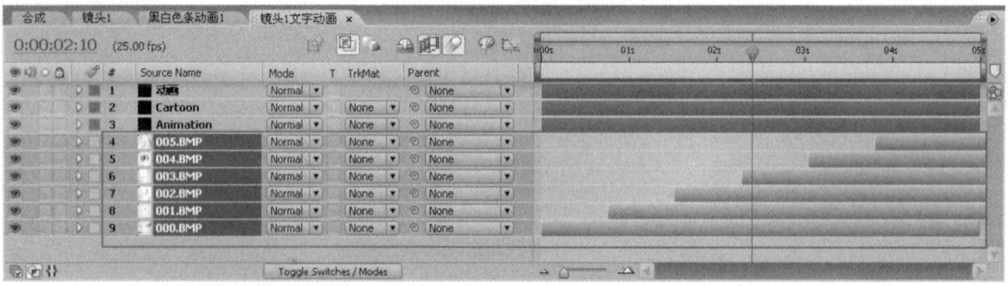


图18-62 设置上下堆栈顺序

观察 “镜头 1 文字动画” 合成图像窗口，可以看到 “000.BMP” 等学生作品截图就像播放幻灯片似的依次显示出来，效果如图 18-63 所示。

㉖ 将 “000.BMP”、“001.BMP”、“002.BMP”、“003.BMP”、“004.BMP” 和 “005.BMP” 层合并预合成。在 Timeline 面板内按 Ctrl 键并同时选中这 6 个图层，再按快捷键 Ctrl+Shift+C 对其进行合并预合成操作。然后为新建的子合成文件取名为 “Pre- 插图”，并选中 Move all attributes into the new composition（把层属性移动到新建的子合成文件中）单选按钮，再单击 OK（确定）按钮，如图 18-64 所示。

㉗为 “Pre- 插图” 合成层添加 Levels（色阶）特效，并为该合成层内影像制作负片效果。在 “镜头 1 文字动画” 合成文件内选择 “Pre- 插图” 合成层并右击，从弹出的快捷菜单中选择 “Effect（特效）” → “Color Correction（颜色修正）” → “Levels（色阶）” 选项。

然后在其 Levels（色阶）特效控制面板中，设置“Output Black（输出黑色阀值）”为“255.0”，“Output White（输出白色阀值）”为“0.0”，如图 18-65 所示，效果如图 18-66 所示。

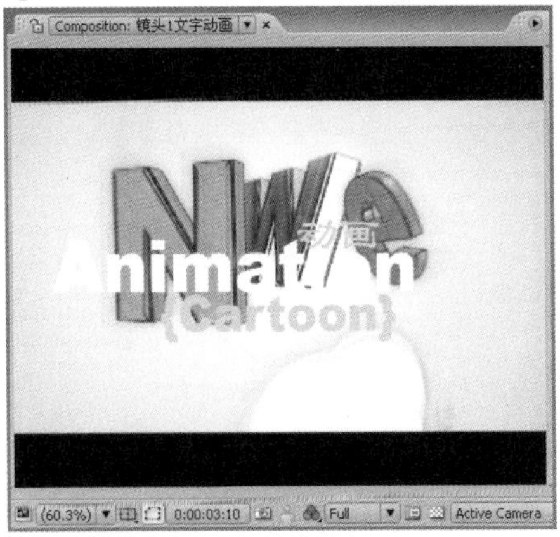


图18-63 合成图像窗口内效果

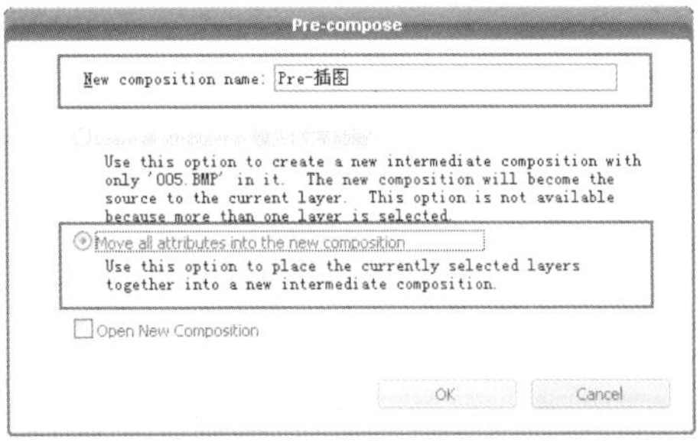


图18-64 合并预合成

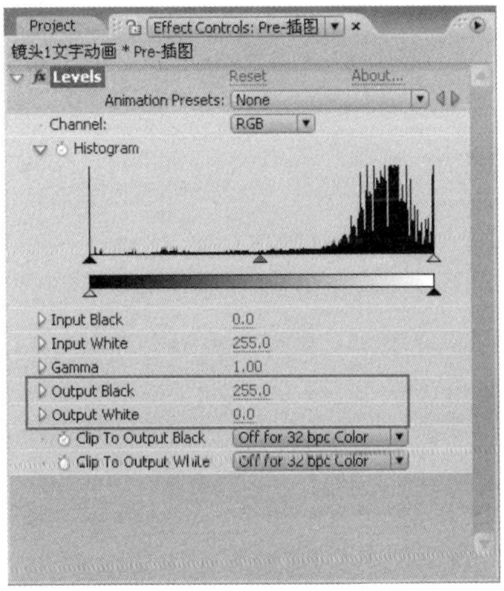


图18-65 Levels特效参数设置

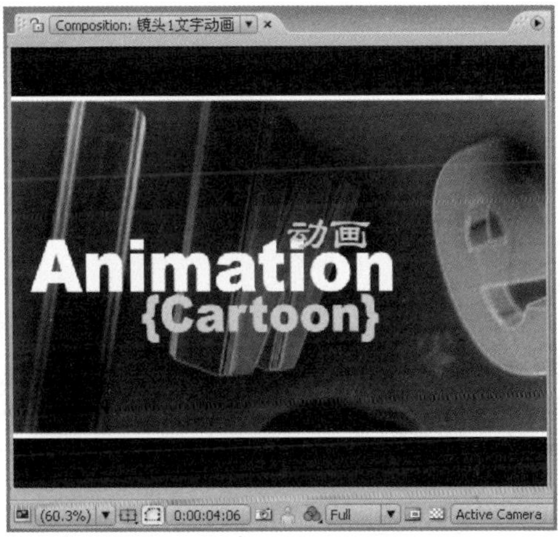


图18-66 合成层效果

㉘创建“蓝色渐变背景”层。按快捷键 Ctrl+Y，在“镜头 1 文字动画”合成文件内新建一个固态层。然后在打开的对话框中设置 Name（名称）为“蓝色渐变背景”，Color（色彩）为“黑色”，如图 18-67 所示。此图层将用于定义第一面由文字信息构成的“屏风”内影像的色相及影调。

㉙为“蓝色渐变背景”层添加 Ramp（渐变）特效。首先选择“蓝色渐变背景”层并右击，从弹出的快捷菜单中选择“Effect（特效）”→“Generate（生成）”→“Ramp（渐变）”选项。然后在其 Ramp（渐变）特效控制面板中，设置“Start of Ramp（渐变开始位置）”为（334.0，265.0），“Start Color（开始色彩）”为湖蓝色（2F6AFF）。再设置“End of Ramp（渐变结束位置）”为（674.0，608.0），“End Color（结束色彩）”为黑色。“Ramp Shape（渐变外形）”为“Radial Ramp（径向渐变）”，如图 18-68 所示，效果如图 18-69 所示。

图18-67　创建层

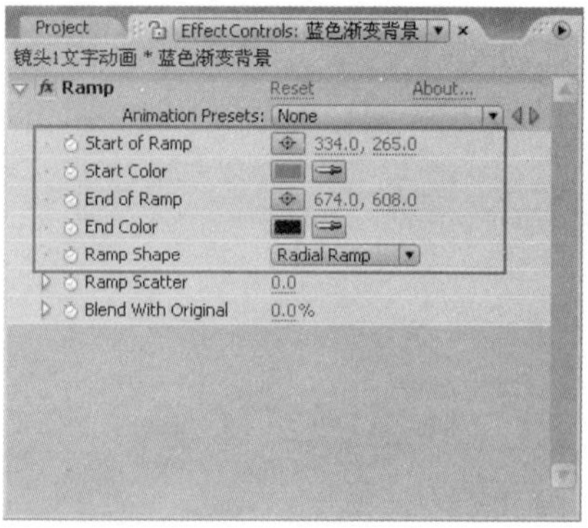


图18-68　Ramp特效参数设置

㉚调整“Pre- 插图”合成层的 Opacity（透明度）属性及其图层混合模式。首先在“镜头 1 文字动画”合成文件的 Timeline 面板内选中“Pre- 插图”合成层，并按快捷键 T 调出其 Opacity（透明度）属性选项，设置其 Opacity（透明度）参数为“40”。

然后在 Timeline 面板中，单击“Pre- 插图”合成层右侧的 Mode（混合模式）下拉菜单，从中选择“Add（添加）”选项，如图 18-70 所示，效果如图 18-71 所示。

图18-69　Ramp效果

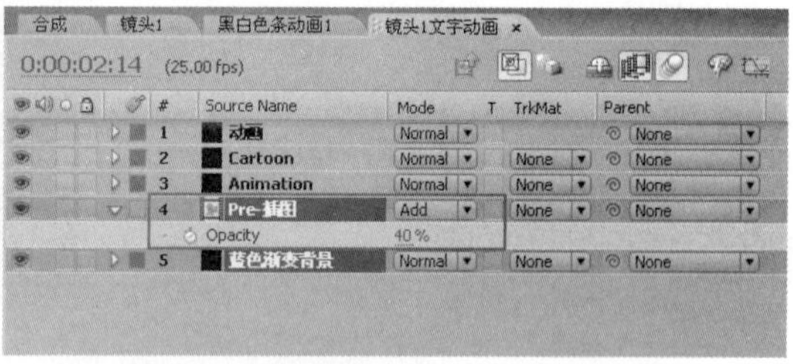


图18-70　调整合成层的属性及混合模式

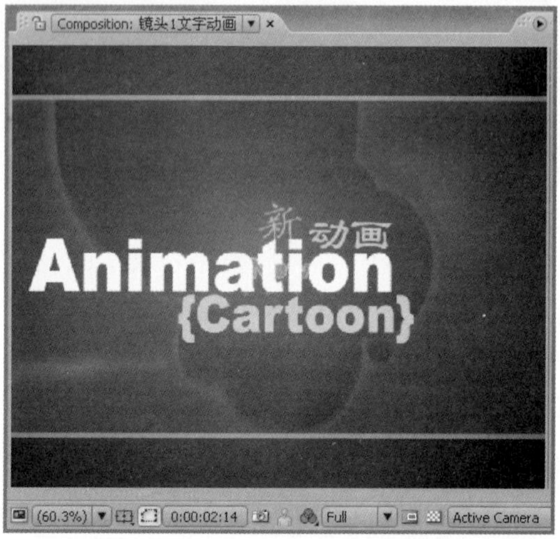


图18-71　合成图像窗口内效果

㉛导入序列帧动画素材“点素材动画 1”，将其置入合成文件“镜头 1 文字动画”并设置其图层混合模式。首先在 Project 项目窗口中的空白处双击，打开“Import File（导入文件）”对话框，在其中双击“点素材动画 1”文件夹，选择其中的第一帧图像“点素材动画 1_00000.tga”并勾选“Import File（导入文件）”对话框下侧的“Targa Sequence（TGA 序列）”复选框。再单击“打开”按钮进行导入，如图 18-72 所示。

随即打开图层 Alpha 通道信息设置对话框，在其中选中“Straight-Unmatted（无遮罩）”单选按钮，即设置其图层透明信息仅包含在 Alpha 通道内。最后单击 OK（确定）按钮，完成该序列帧素材的导入操作，如图 18-73 所示。

图18-72 序列帧动画素材

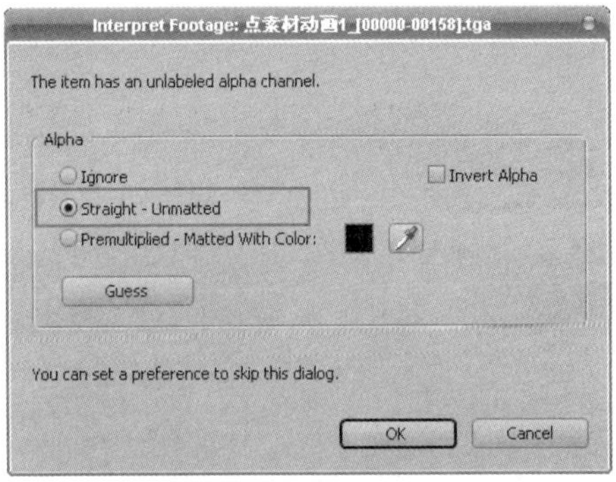


图18-73 通道信息设置

然后将序列帧素材“点素材动画 1_[00000-00158].tga”从 Project 项目窗口拖动至“镜头 1 文字动画”合成文件的 Timeline 面板中，生成“点素材动画 1_[00000-00158].tga”层。再单击其右侧的 Mode（混合模式）下拉菜单，从中选择“Overlay”（叠加）选项，如图 18-74 所示。

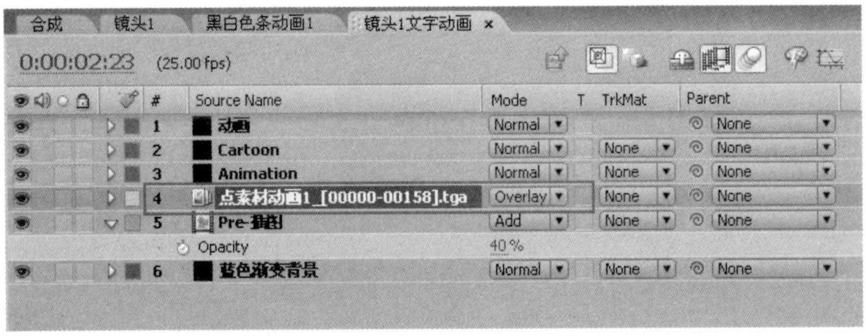


图18-74 将序列帧素材置入合成文件并设置其混合模式

序列帧动画素材“点素材动画 1”在此的作用主要是装饰画面，从而丰富这段动态影像的细节部分，效果如图 18-75 所示。

㉜将“动画”层、“Cartoon”层及“Animation”层合并预合成。在“镜头 1 文字动画”合成文件的 Timeline 面板中，同时选中“动画”层、“Cartoon”层和“Animation”层，并按快捷键 Ctrl+Shift+C 对其进行合并预合成操作。然后为新建的子合成文件取名为“Pre-文字 1”，并选中 Move all attributes into the new composition（把层属性移动到新建的子合成文件中）单选按钮，再单击 OK（确定）按钮，如图 18-76 所示。

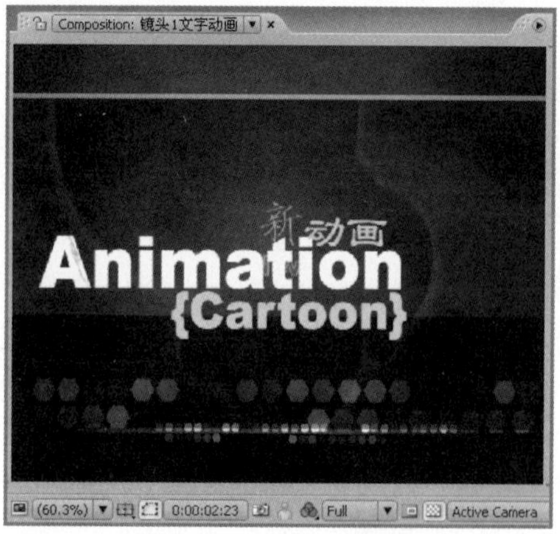


图18-75　导入后效果

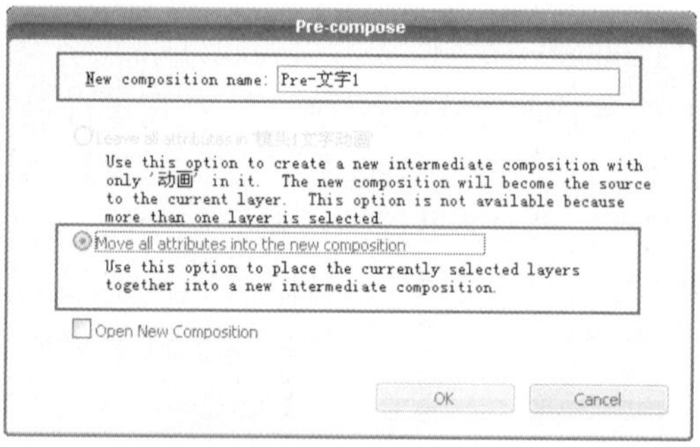


图18-76　合并预合成

㉝为“Pre- 文字 1”合成层添加 Glow（辉光）特效。在“镜头 1 文字动画”合成文件内选中“Pre- 文字 1”合成层并右击，从弹出的快捷菜单中选择“Effect（特效）”→“Stylize（风格化）”→“Glow（辉光）”特效。然后在其 Glow（辉光）特效控制面板中，设置“Glow Threshold（辉光极限值）”为“60.0”，“Glow Radius（辉光半径）”为“10.0”，Glow Intensity（辉光强度）为“1.0”，如图 18-77 所示，效果如图 18-78 所示。

图18-77　Glow特效参数设置

图18-78　合成层效果

## 18.2.3　制作出其他四面“屏风”内的影像效果

㉞复制并生成“镜头 2”合成文件。在 Project 项目窗口内选中“镜头 1”合成文件，按快捷键 Ctrl+D 复制并新建该合成文件，软件会为其自动命名为“镜头 2”，如图 18-79 所示。

㉟为“蓝色渐变”层重命名并调整该图层的 Ramp（渐变）特效设置。首先在“镜头 2”合成文件的 Timeline 面板内选中“蓝色渐变”层，按 Enter 键并将“蓝色渐变”层改名为“桔色渐变”，如图 18-80 所示。

然后选中“桔色渐变”层，按快捷键 F3 调出该图层的 Ramp（渐变）特效控制面板。调整“Start Color（开始色彩）”为“深红色（330000）”，“End Color（结束色彩）”为“桔黄色（FF9000）”，如图 18-81 所示，效果如图 18-82 所示。

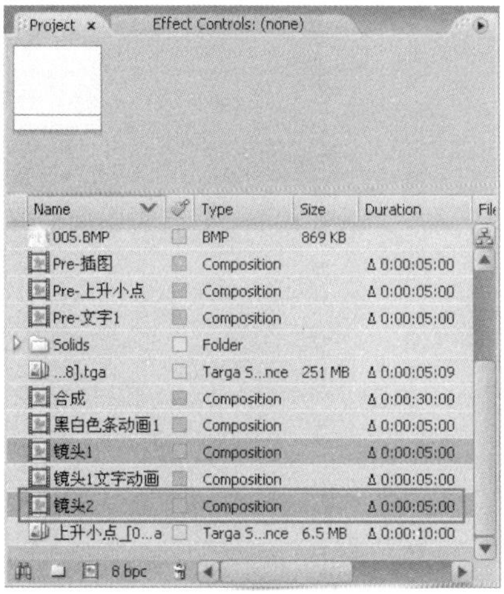

图18-79 复制并生成合成文件

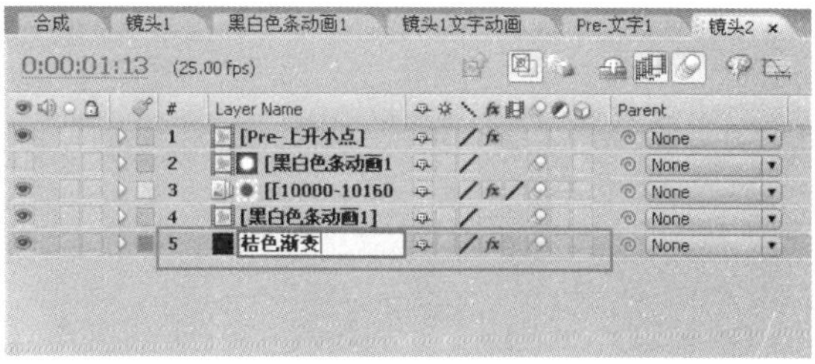

图18-80 重命名

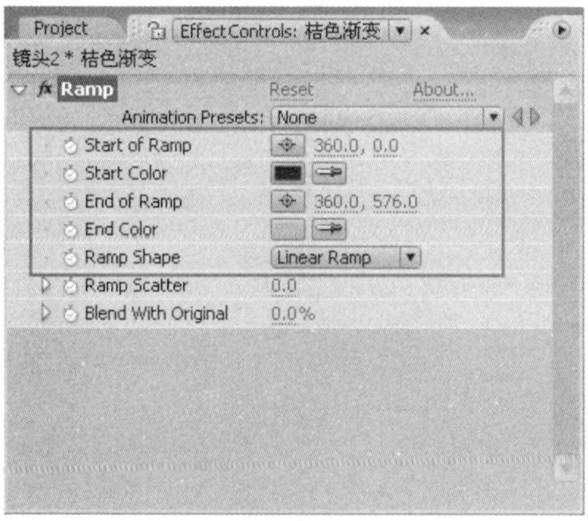

图18-81 调整特效设置

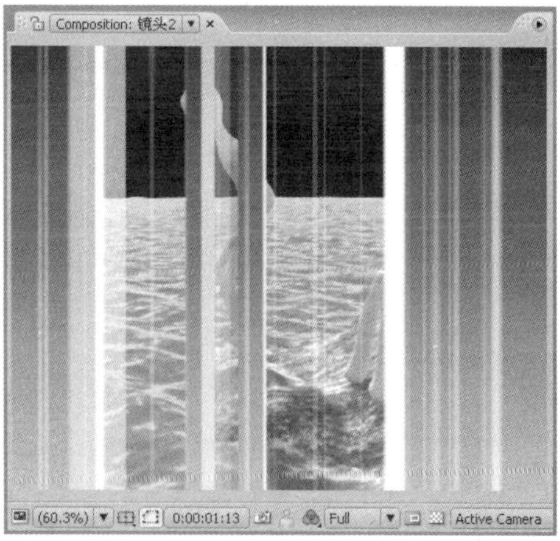

图18-82 Ramp效果

㊱导入序列帧动画素材“镜头二”。首先在Project项目窗口中的空白处双击，打开“Import File（导入文件）”对话框，在其中双击“镜头二”文件夹，选择其中的第一帧图像“30000.tga”并勾选“Import File（导入文件）”对话框下侧的“Targa Sequence（TGA序列）”复选框。再单击“打开”按钮进行导入，如图18-83所示。

㊲替换“镜头2”合成文件中现有序列帧动画素材。在Project项目窗口中同时选中“[30000-30140].tga”序列帧素材和“镜头2”合成文件内“[10000-10160].tga”层的情况下，按住Alt键并将项目窗口中的序列帧素材“[30000-30140].tga”拖动至“镜头2”合成文件内的“[10000-10160].tga”层处后释放，这样就完成了序列帧动画所在层的替换操作，如图18-84所示。

观察“镜头2”合成图像窗口，可以看到原有动画影像的内容已经替换成了“[30000-30140].tga”序列帧素材的画面。效果如图18-85所示。

㊳复制并生成“Pre-文字2”合成文件。在Project项目窗口内选中“Pre-文字1”合成文件，按快捷键Ctrl+D复制并新建该合成文件，软件会为其自动命名为“Pre-文字2”，如图18-86所示。

㊴分别为“动画”层和“Animation”层重命名并调整其“Basic Text(基本文字)”特效设置。首先在“Pre-文字2”合成文件的Timeline面板内选中“动画”层，按Enter键并将其改名为“梦

想”。再选中“Animation”层，按 Enter 键将其改名为“Our Dream”，如图 18-87 所示。

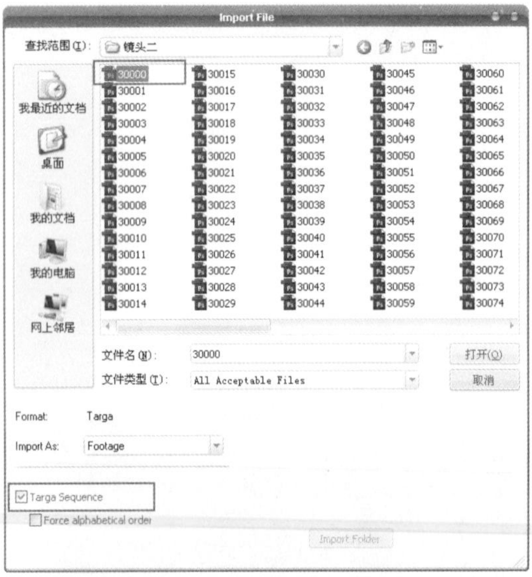


图18-83　导入序列帧动画素材

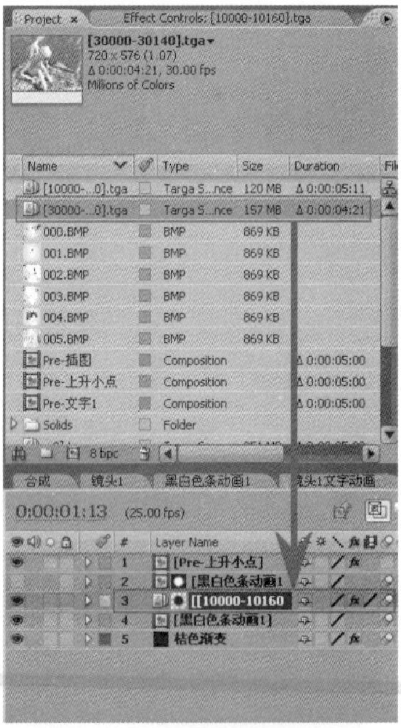


图18-84　替换原序列帧素材

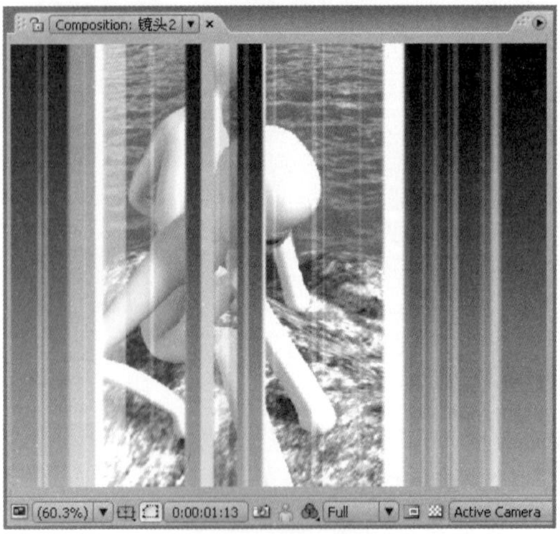


图18-85　动画效果

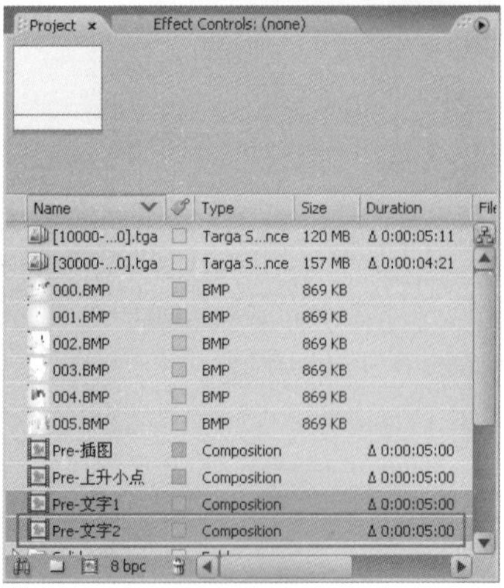


图18-86　复制并生成合成文件

图18-87　重命名

然后选中“梦想”层，并按快捷键 F3 打开该图层的 Basic Text（基本文字）特效控制面板。接着单击特效标题右侧的“Edit Text...（编辑文字）”选项，打开“Basic Text（基本文字）”对话框。在其中设置 Font（字体）为“SimHei”，并在相应文本框中将文字“动画”删除，再重新输入文字“梦想”，如图 18-88 所示。

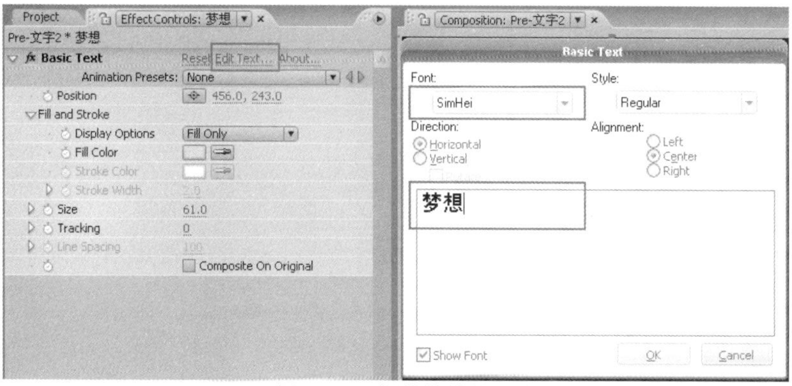

图18-88 调整特效设置

最后使用与上述相同的方法，在“Our Dream”层中“Basic Text”特效的“Basic Text（基本文字）”对话框中，设置 Font（字体）为“Arial Black”，并在相应的文本框中将文字“Animation”删除，再重新输入文字“Our Dream”，如图 18-89 所示，效果如图 18-90 所示。

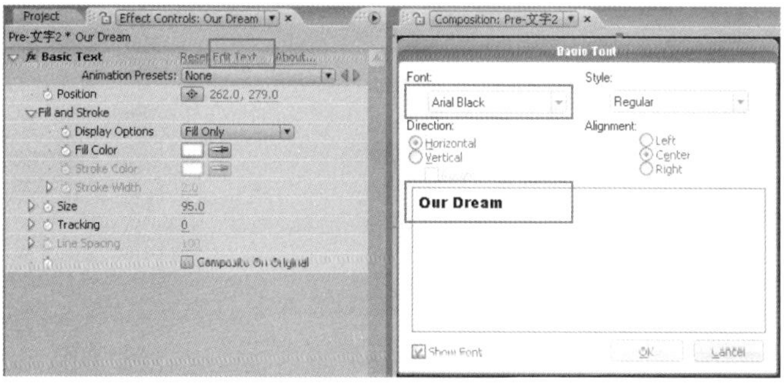

图18-89 调整特效设置

图18-90 效果截图

㊵复制生成“Pre- 插图 2”合成文件并删除该合成文件内全部图层。首先在 Project 项目窗口内选中“Pre- 插图”合成文件，按快捷键 Ctrl+D 复制并新建该合成文件，软件会为其自动命名的“Pre- 插图 2”，如图 18-91 所示。

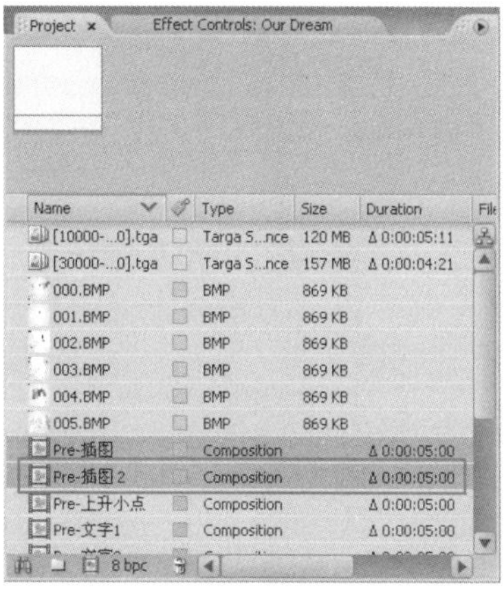

图18-91 复制并生成合成文件

然后选中“Pre- 插图 2”合成文件 Timeline 面板内的全部图层，按 Delete 键将其删除，如图 18-92 所示。

图18-92　删除合成文件内的全部图层

㊶导入花絮截图素材，将其置入合成文件“Pre- 插图 2”并调整其 Scale 缩放参数。在 Project 项目窗口中的空白处双击，打开“Import File（导入文件）”对话框，在其中选择作为“屏风”内场景素材的 BMP 格式文件“009”、“010”和“012”，并在“Import As:（导入为）”下拉列表中选择“Footage（素材）”选项，最后单击“打开”按钮进行导入，如图 18-93 所示。

接着，将图片素材“009.BMP”、“010.BMP”和“012.BMP”从 Project 项目窗口调入“Pre- 插图 2”合成文件的 Timeline 面板中。再同时选中这 3 个图层并按快捷键 S，同时打开选中层的 Scale（缩放）属性选项，调整它们的 Scale（缩放）参数皆为（108，108），将原图片素材适当地扩大，如图 18-94 所示。

图18-93　导入素材

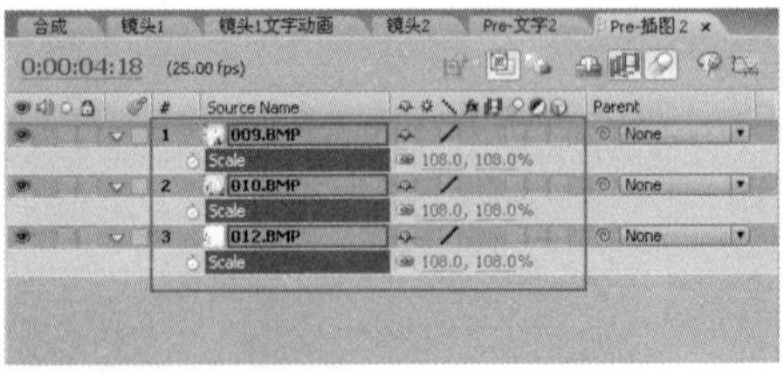

图18-94　调整参数

㊷设置“009.BMP”、“010.BMP”及“012.BMP”等层的图层入点时间。首先将时间指针移至 0:00:01:15 处，然后在按住 Shift 键的同时选中“010.BMP”层并将其向 Timeline 面板右侧拖动，直至该层片段入点位置被吸附到当前的时间指针位置，即 0:00:01:15 处。再使用相同方法将“012.BMP”层片段入点位置吸附到 0:00:03:00 处，如图 18-95 所示。

㊸制作“009.BMP”层和“010.BMP”层的 Opacity（透明度）关键帧动画。在 Timeline 面板内选中“009.BMP”层，并按快捷键 T 调出该层的 Opacity（透明度）属性选项。然后在 0:00:01:15 处单击“009.BMP”层左侧的秒表图标，新建一个默认参数为 100 的 Opacity（透明度）关键帧。再在 0:00:02:10 处，将该层的 Opacity（透明度）参数改为“0”，

即生成一个新的 Opacity（透明度）关键帧，如图 18-95 所示。至此，“009.BMP”层的淡出动画效果制作完成，如图 18-96 所示。

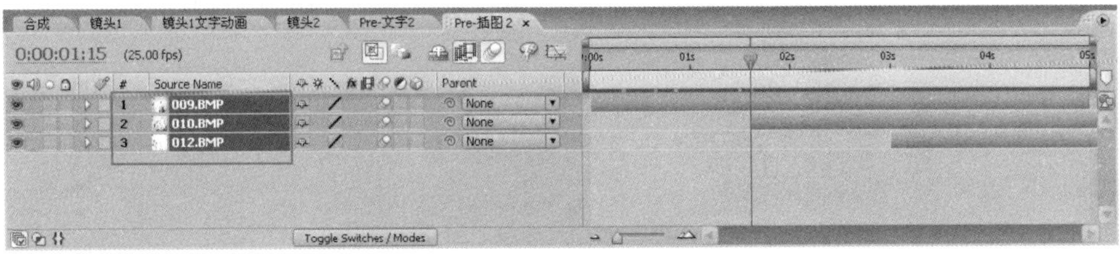


图18-95 设置图层入点时间

图18-96 关键帧设置

接着，再使用相同的方法，为“010.BMP”层分别在 0:00:03:10、0:00:04:00 处各建立一个 Opacity（透明度）关键帧。在 0:00:03:10 处将其 Opacity（透明度）参数设置为“100”，在 0:00:04:00 处将其 Opacity（透明度）参数设置为“0”，如图 18-97 所示。至此，“010.BMP”层的淡出动画效果也制作完成，效果如图 18-98 所示。

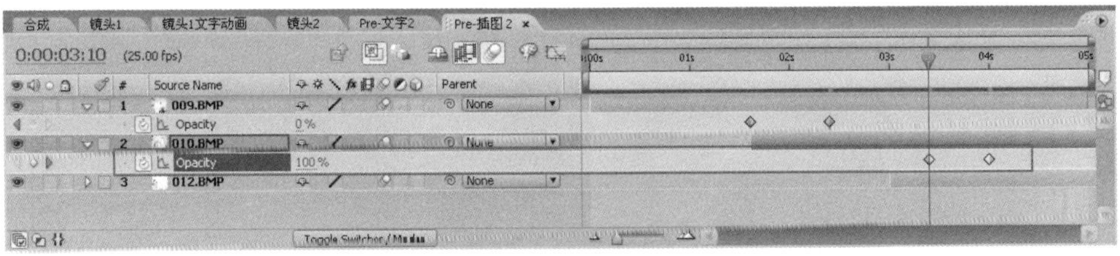


图18-97 关键帧设置

图18-98 动画效果截图

㊹复制并生成“镜头 2 文字动画”合成文件。在 Project 项目窗口内选中“镜头 1 文字动画”合成文件，按快捷键 Ctrl+D 复制并新建该合成文件，再按 Enter 键并为其手动命

名为“镜头 2 文字动画”，如图 18-99 所示。

㊺为“蓝色渐变背景”层重命名并调整其 Ramp（渐变）特效设置。首先在“镜头 2 文字动画”合成文件的 Timeline 面板内选中“蓝色渐变背景”层，按 Enter 键并将该层改名为“桔色渐变背景”，如图 18-100 所示。

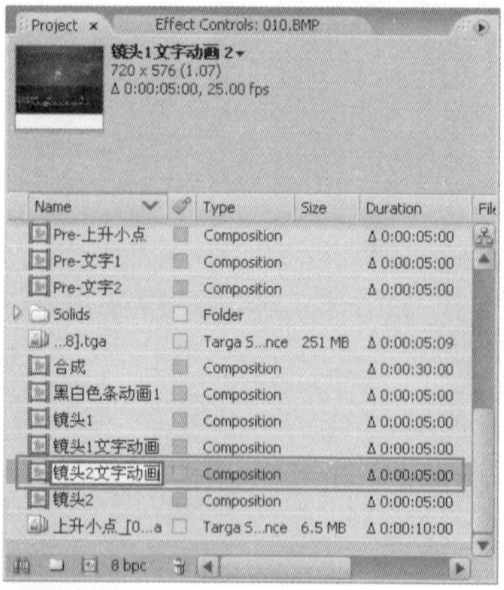


图18-99　复制生成合成文件

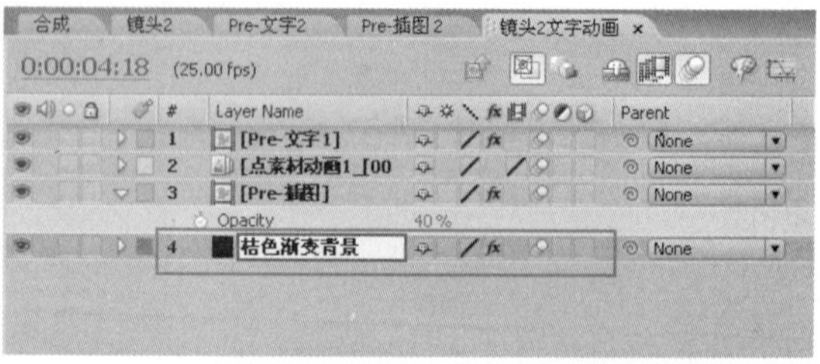


图18-100　重命名

然后选中“桔色渐变背景”层，按快捷键 F3 调出该图层的 Ramp（渐变）特效控制面板。再调整“Start Color（开始色彩）”为“桔红色（FF6D01）”，“End Color（结束色彩）”为“深红色（190000）”，如图 18-101 所示，效果如图 18-102 所示。

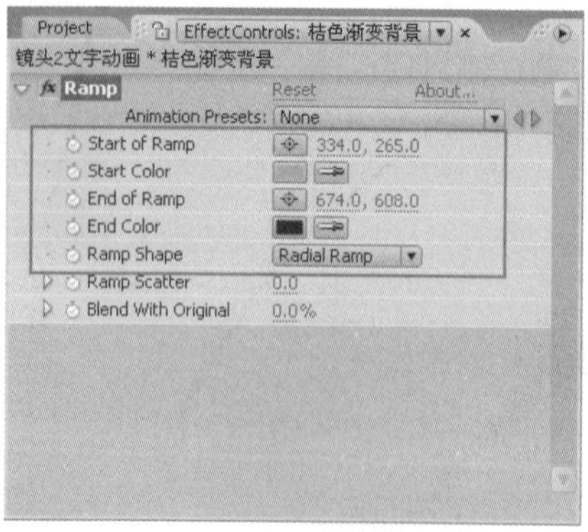


图18-101　调整特效设置

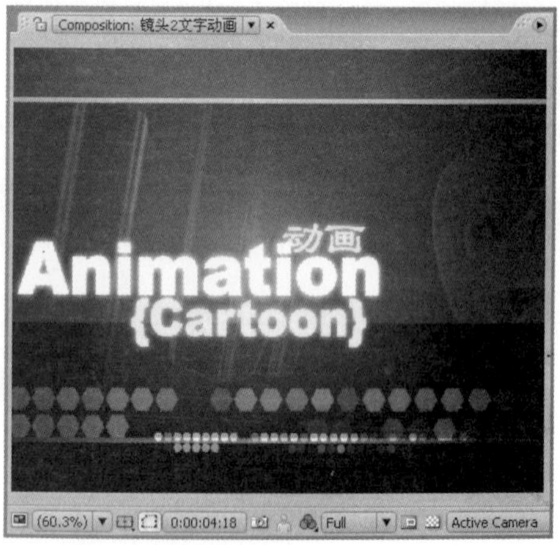


图18-102　Ramp效果

㊻替换“镜头 2 文字动画”合成文件中的“Pre- 文字 1”和“Pre- 插图”合成层。在 Project 项目窗口中，同时选中“Pre- 文字 2”合成文件和“镜头 2 文字动画”合成文件内的“Pre- 文字 1”合成层，然后按住 Alt 键并将项目窗口中的“Pre- 文字 2”合成文件拖动至“镜头 2 文字动画”合成文件内的“Pre- 文字 1”合成层处后释放，这样就完成了文字信息所在层的替换操作，如图 18-103 所示。

同样，在 Project 项目窗口中，同时选中“Pre- 插图 2”合成文件和“镜头 2 文字动画”合成文件内的“Pre- 插图”合成层，然后按住 Alt 键并将项目窗口中的“Pre- 插图 2”合成文件拖动至“镜头 2 文字动画”合成文件内的“Pre- 插图”合成层处后释放，这样就完成了图像信息所在层的替换操作，如图 18-104 所示，效果如图 18-105 所示。

㊼关闭“Pre- 插图 2”合成层的 Levels（色阶）特效，并为该合成层添加 Curves（曲线）特效。首先在“镜头 2 文字动画”合成文件内选中“Pre- 插图 2”合成层，并按快捷键 F3 调出该合成层的特效控制面板，单击 Levels（色阶）特效标题左侧的“fx”按钮，即屏蔽其 Levels 特效效果。

然后再次选中“Pre- 插图 2”合成层并右击，从弹出的快捷菜单中选择“Effect（特效）”→“Color Correction（颜色修正）”→“Curves（曲线）”选项。然后在其 Curves（曲线）特效控制面板中，将 Channel（通道）设置为“RGB”。再调控 Curves 曲线上半部分的节点位置，使其呈现较圆滑的上扬曲线形状，如此可以适当地提高当前层内影像的亮度和对比度，如图 18-106 所示，效果如图 18-107 所示。

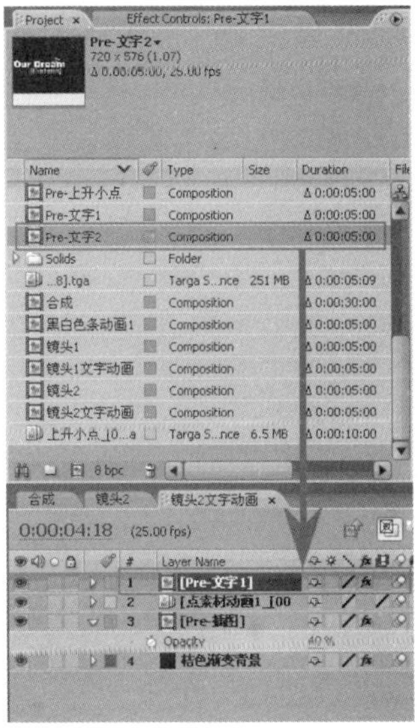


图18-103　替换合成层

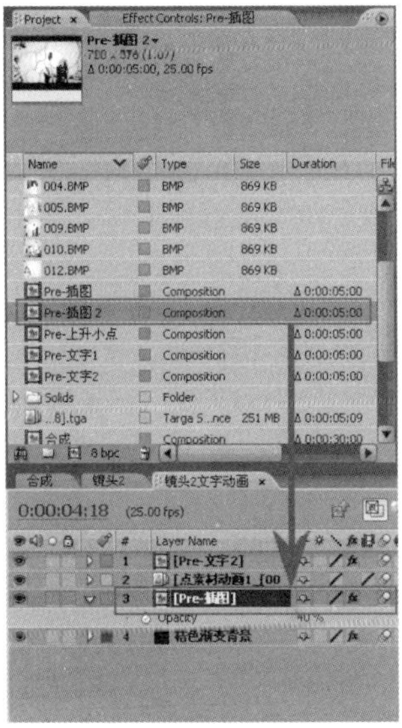


图18-104　替换合成层

图18-105　窗口内效果

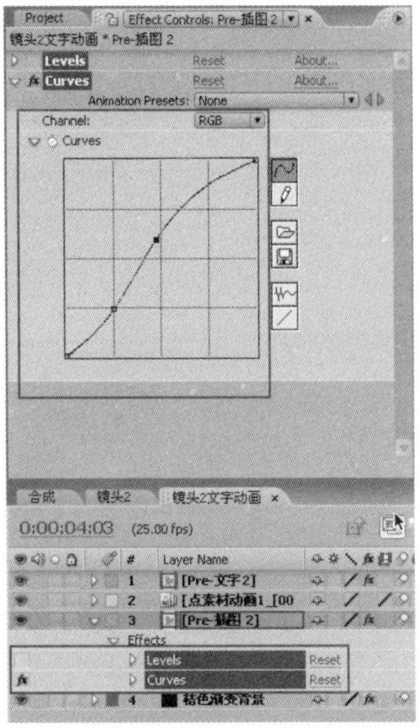


图18-106　添加Curves特效

㊽复制并生成“镜头 3”合成文件。在 Project 项目窗口内选中“镜头 2”合成文件，按快捷键 Ctrl+D 复制并新建该合成文件，软件会为其自动命名为“镜头 3”，如图 18-108 所示。

图18-107　合成层效果

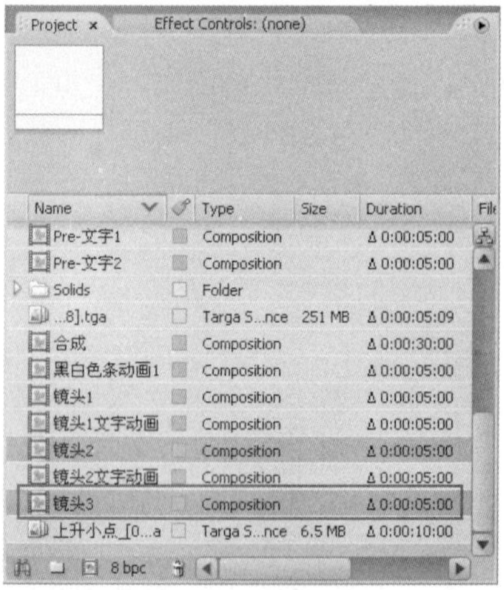


图18-108　复制并生成合成文件

㊾为“桔色渐变”层重命名并调整该图层的 Ramp（渐变）特效设置。首先在“镜头 3”合成文件的 Timeline 面板内选中“桔色渐变”层，按 Enter 键并将“桔色渐变”层改名为“绿色渐变”，如图 18-109 所示。

然后选中“绿色渐变”层，按快捷键 F3 调出该图层的 Ramp（渐变）特效控制面板。再调整“Start Color（开始色彩）”为“深绿色（002905）”，“End Color（结束色彩）”为“淡绿色（53FF1E）”，如图 18-110 所示，效果如图 18-111 所示。

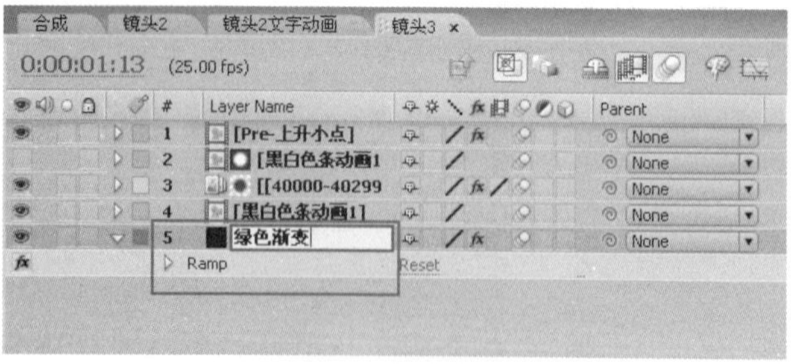


图18-109　重命名

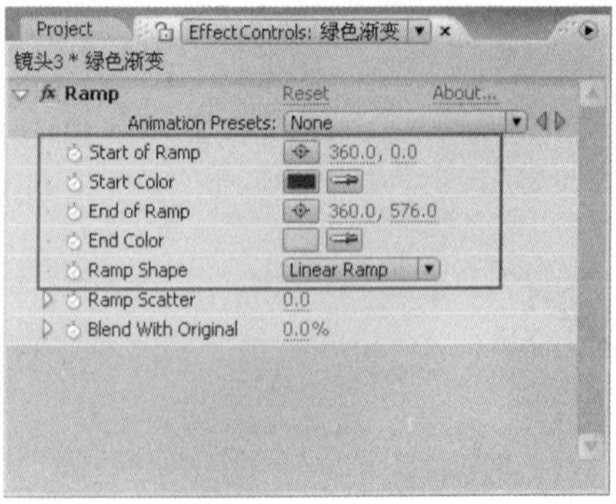


图18-110　调整特效设置

㊿导入序列帧动画素材“镜头三”。首先在 Project 项目窗口中空白处双击，打开“Import File（导入文件）”对话框，在其中双击“镜头三”文件夹，选择其中的第一帧图像“40000.tga”并勾选“Import File（导入文件）”对话框下侧的“Targa Sequence（TGA 序列）”复选框。再单击“打开”按钮进行导入，如图 18-112 所示。

图18-111　Ramp效果

图18-112　导入上侧序列帧动画素材

51替换“镜头 3”合成文件中现有的序列帧动画素材。在 Project 项目窗口中，同时选中“[40000-40299].tga”序列帧素材和“镜头 3”合成文件内“[30000-30140].tga”层，同时选中，然后按住 Alt 键并将项目窗口中的序列帧素材“[40000-40299].tga”拖动至“镜头 3”合成文件内的“[30000-30140].tga”层处的释放，这样就完成了序列帧动画所在层的替换操作，如图 18-113 所示。

观察“镜头 3”合成图像窗口，可以看到原有动画影像的内容已经替换成了“[40000-40299].tga”序列帧素材的画面，效果如图 18-114 所示。

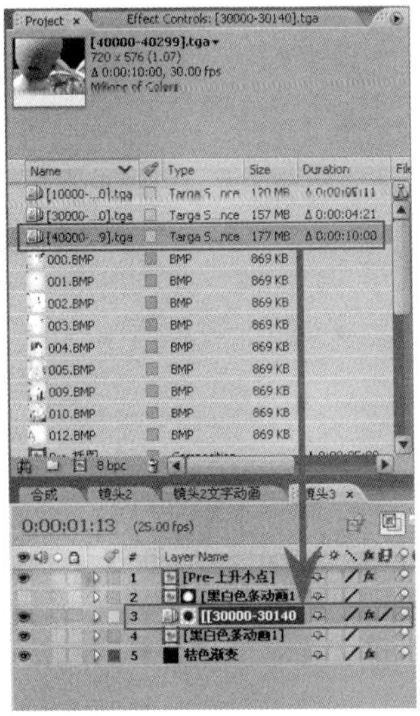

图18-113　替换原序列帧素材

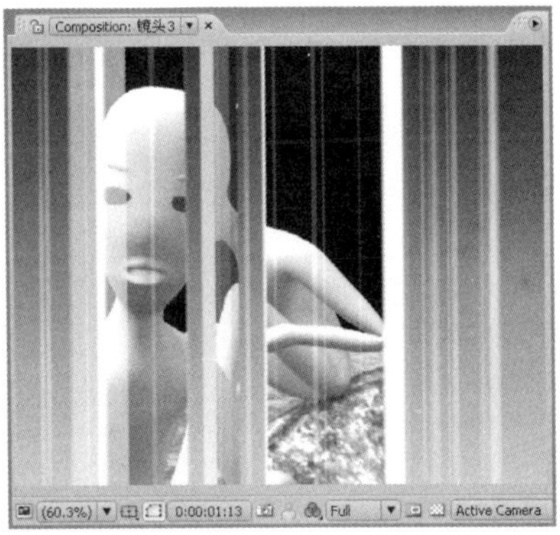

图18-114　动画效果

52复制并生成“Pre- 文字 3”合成文件。在 Project 项目窗口内选中“Pre- 文字 2”合成文件，按快捷键 Ctrl+D 复制并新建该合成文件，软件会为其自动命名为“Pre- 文字 3”，如图 18-115 所示。

53分别为“梦想”层和“Our Dream”层重命名并调整其 Basic Text（基本文字）特效设置。首先在“Pre- 文字 3”合成文件的 Timeline 面板内选中“梦想”层，按 Enter 键并将其改名为“我们的”。再选中“Our Dream”层，按 Enter 键并将其改名为“Our Show”，如图 18-116 所示。

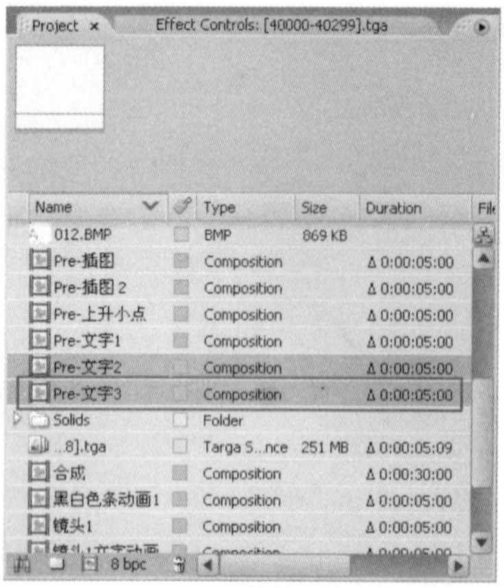

图18-115　复制并生成合成文件

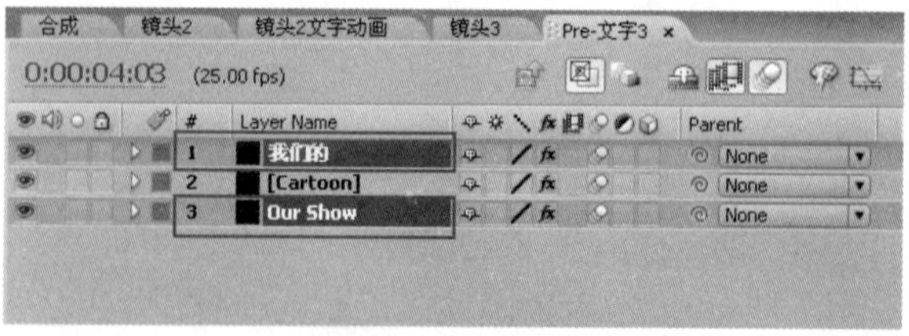

图18-116　重命名

然后选中“我们的”层，按快捷键 F3 调出该图层的“Basic Text(基本文字)”特效控制面板。单击特效标题右侧的“Edit Text...（编辑文字）”选项，打开“Basic Text（基本文字）”对话框，在相应的文本框中将文字“梦想”删除并重新输入文字“我们的...”，如图 18-117 所示。

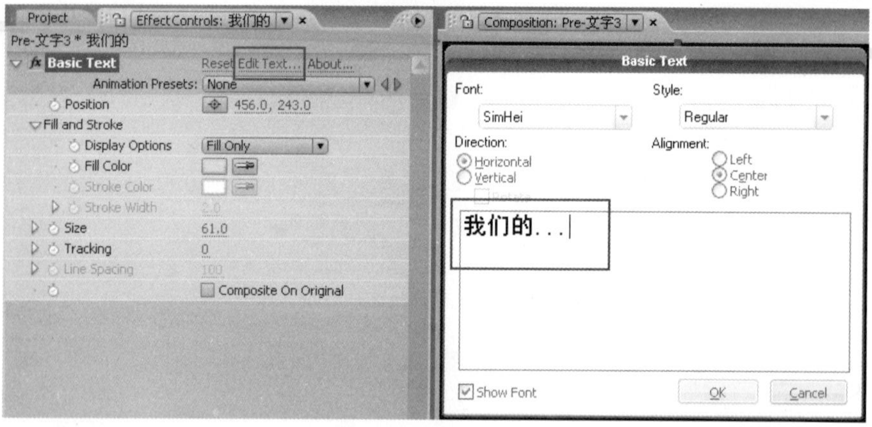

图18-117　调整特效设置

最后使用与上述相同的方法，在“Our Show”层的“Basic Text”特效的“Basic Text（基本文字）”对话框中，将文字“Our Dream”删除并重新输入文字“Our Show”，如图 18-118 所示，效果如图 18-119 所示。

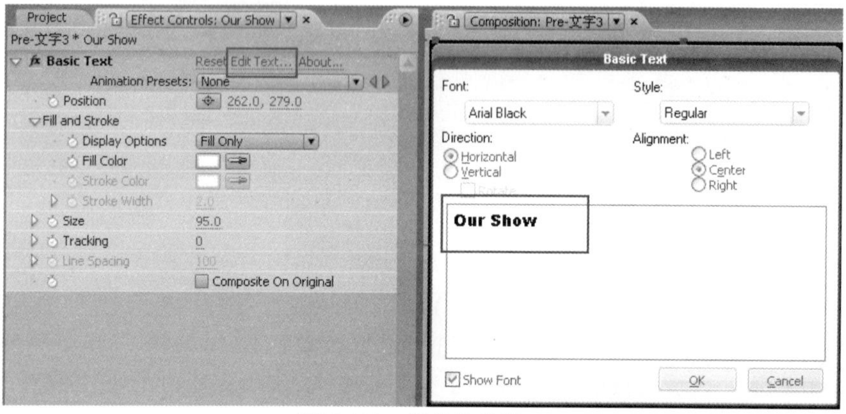

图18-118　调整特效设置

图18-119　效果截图

54复制并生成“Pre- 插图 3”合成文件。在 Project 项目窗口内选中“Pre- 插图 2”合成文件，按快捷键 Ctrl+D 复制并新建该合成文件，软件会为其自动命名为“Pre- 插图 3”，如图 18-120 所示。

55导入其他作品截图素材并用其替换合成文件“Pre- 插图 3”内的素材图层。首先在 Project 项目窗口中的空白处双击，打开“Import File（导入文件）”对话框，在其中选择作为“屏风”内场景素材的 BMP 格式文件“014”、“017”和“019”，并在“Import As:（导入为）”下拉列表中选择“Footage（素材）”选项，最后单击“打开”按钮进行导入，如图 18-121 所示。

接着，在 Project 项目窗口中，同时选中“014.BMP”图片素材和“Pre- 插图 3”合成文件内“009.BMP”层，然后按住 Alt 键并将项目窗口中的图片素材“014.BMP”拖动至“Pre- 插图 3”合成文件内“009.BMP”层处后释放，这样就完成了作品截图素材所在层的替换操作。使用与上述相同的方法，在“Pre- 插图 3”合成文件内将“010.BMP”层替换为“017.BMP”层，并将“012.BMP”层替换为“019.BMP”层，如图 18-122 所示。

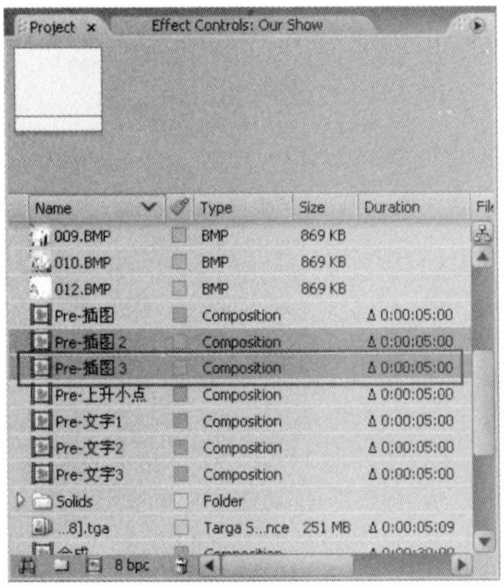


图18-120　复制并生成合成文件

图18-121　导入截图素材

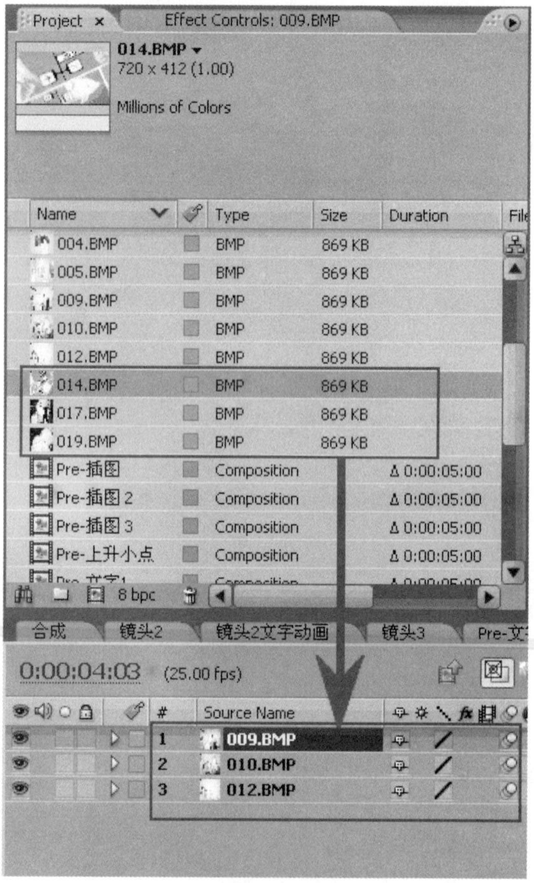


图18-122　替换合成文件的素材图层

㊻设置“014.BMP”、“017.BMP”、“019.BMP”等层的图层入点时间。首先将时间指针移至 0:00:01:15 处，然后在按住 Shift 键的同时选中“017.BMP”层并将其向 Timeline 面板右侧拖动，直至该层片段入点位置被吸附到当前的时间指针位置，即 0:00:01:15 处。再使用相同的方法将“019.BMP”层片段入点位置吸附到 0:00:03:00 处，如图 18-123 所示，效果如图 18-124 所示。

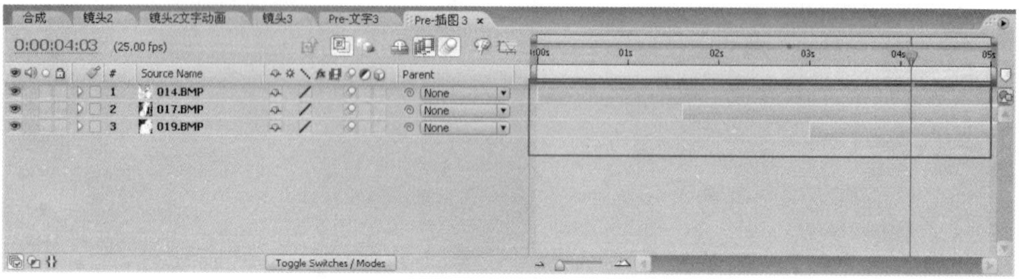


图18-123　设置图层入点时间

㊼复制并生成“镜头 3 文字动画”合成文件。在 Project 项目窗口内选中“镜头 2 文字动画”合成文件，按快捷键 Ctrl+D 复制并新建该合成文件，再按 Enter 键并为其手动命名为“镜头 3 文字动画”，如图 18-125 所示。

图18-124 效果截图

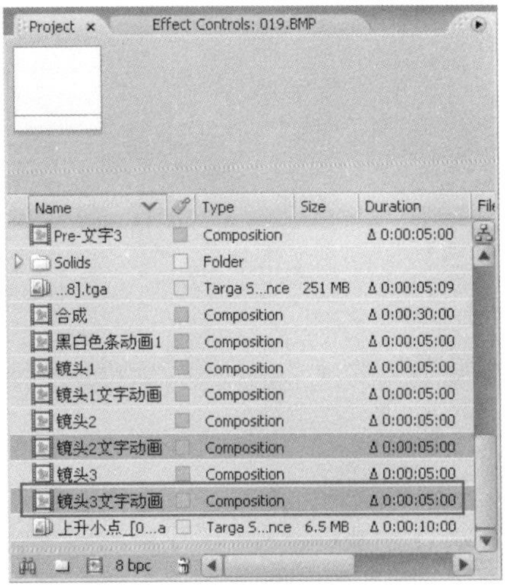

图18-125 复制并生成合成文件

㊿为“桔色渐变背景”层重命名并调整其 Ramp（渐变）特效设置。首先在“镜头 3 文字动画”合成文件的 Timeline 面板内选中“桔色渐变背景”层，按 Enter 键并将该层改名为“绿色渐变背景”，如图 18-126 所示。

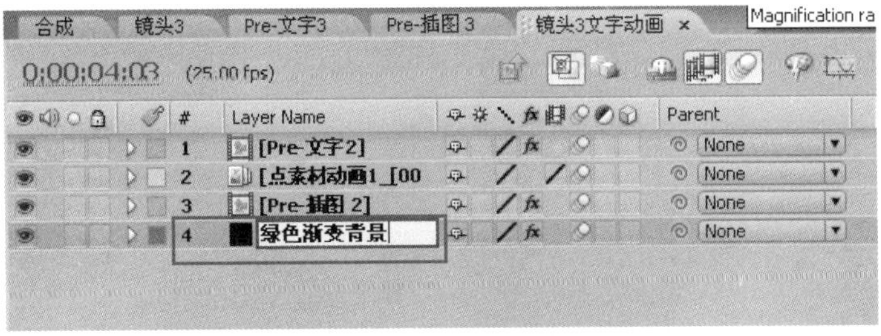

图18-126 重命名

然后选中“绿色渐变背景”层，按快捷键 F3 调出该图层的 Ramp（渐变）特效控制面板。再调整“Start Color（开始色彩）”为“翠绿色（098200）”，“End Color（结束色彩）”为“深绿色（0A1800）”，如图 18-127 所示。

59替换“镜头 3 文字动画”合成文件中的“Pre- 文字 2”合成层。在 Project 项目窗口中，同时选中“Pre- 文字 3”合成文件和“镜头 3 文字动画”合成文件内的“Pre- 文字 2”合成层，然后按住 Alt 键并将项目窗口中的“Pre- 文字 3”合成文件拖至“镜头 3 文字动画”合成文件内“Pre- 文字 2”合成层处后释放，这样就完成了文字信息所在层的替换操作，如图 18-128 所示。

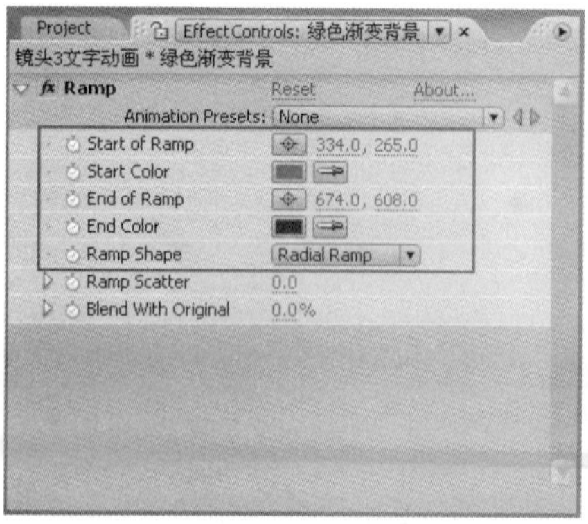


图18-127　调整特效设置

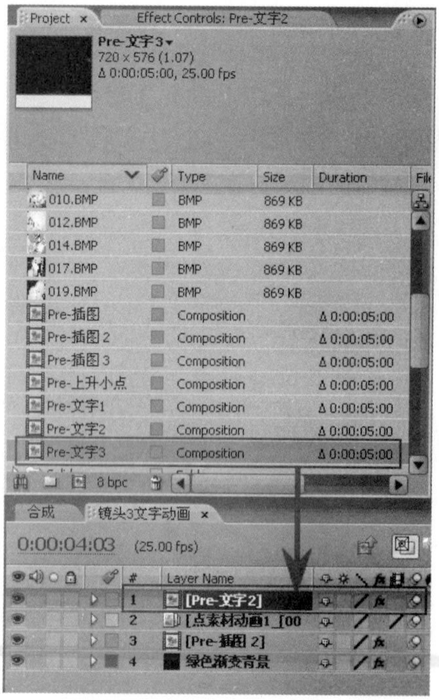


图18-128　替换合成层

观察“镜头 3 文字动画”合成图像窗口，原有动画影像中的文字信息、色相影调都已被替换，效果如图 18-129 所示。

图18-129　合成图像窗口内效果

## 18.2.4　制作两面“屏风”相依而立并折射出各自倒影的视觉效果

⑥⓪将“镜头 1”和“镜头 1 文字动画”合成文件置入“合成”工程文件，并将它们分别设置为 3D 图层。在 Project 项目窗口中的空白处双击并打开第一步创建的“合成”合成文件，这是整个动画案例的工程文件，最后的效果合成将在此完成。

将“镜头 1”和“镜头 1 文字动画”两个合成文件从 Project 项目窗口调入“合成”工程文件的 Timeline 面板中。然后在 Timeline 面板内按住 Ctrl 键的同时选中“镜头 1”、“镜头 1 文字动画”这两个合成层，再打开它们右侧的分功能设置开关面板（Switches）中的“3D 图层”开关，将它们均设置为 3D 图层，如图 18-130 所示。

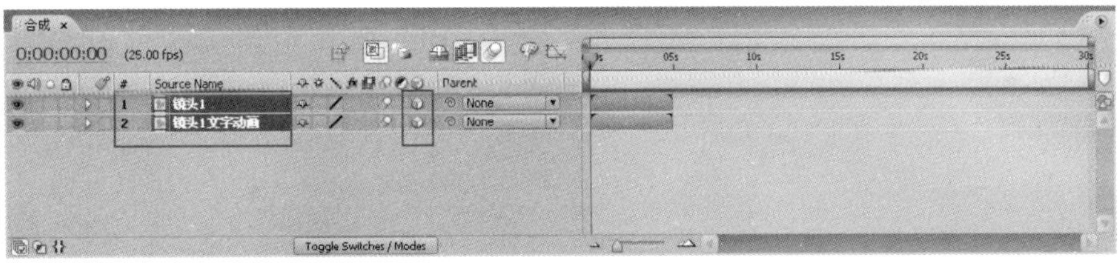


图18-130 合成文件置入工程文件

61调整“镜头 1”和“镜头 1 文字动画”合成层的 Position（位置）\Rotation（旋转）属性参数。在 Timeline 面板内同时选中“镜头 1”、“镜头 1 文字动画”合成层，并按快捷键 P，再按快捷键 Shift+R，同时打开选中层的 Position（位置）和 Rotation（旋转）属性选项。然后调整“镜头 1”合成层的 Position（位置）参数为（360.0，288.0，340.2），调整“镜头 1 文字动画”合成层的 Position（位置）参数为（720.4，288.0，-43.3），调整“镜头 1 文字动画”合成层的“Y Rotation（Y 轴旋转）”属性参数为（0x,+90.0°），如图 18-131 所示，效果如图 18-132 所示。

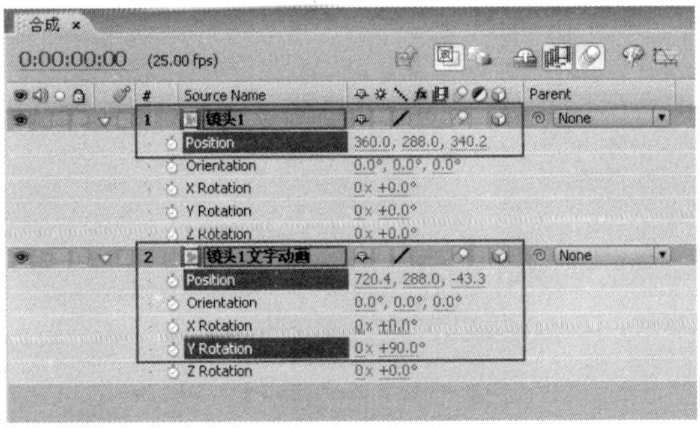


图18-131 调整属性参数

图18-132 合成图像窗口效果

62复制生成“镜头 1 倒影”和“镜头 1 文字动画倒影”合成层，并调整其 Position（位置）\Scale（缩放）属性参数。首先在 Timeline 面板内选中“镜头 1”合成层，按快捷键 Ctrl+D 复制并新建该合成层，再将其重命名为“镜头 1 倒影”。

接着选中“镜头 1 文字动画”合成层，按快捷键 Ctrl+D 复制并新建该合成层，再将其重命名为“镜头 1 文字动画倒影”，如图 18-133 所示。

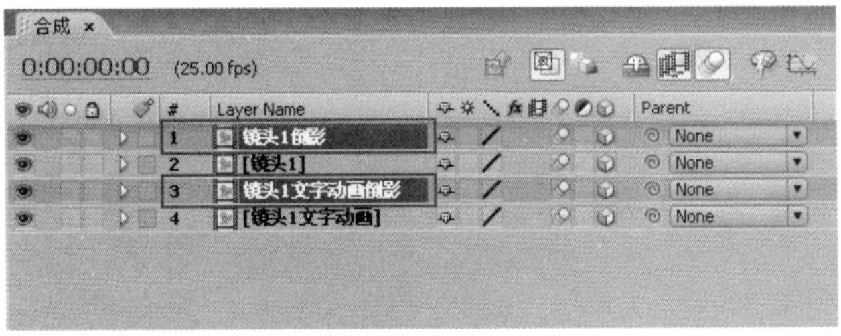


图18-133 复制生成合成层

接着，在 Timeline 面板中同时选中“镜头 1 倒影”和“镜头 1 文字动画倒影”合成层，按快捷键 P，再按快捷键 Shift+S，同时调出选中层的 Position（位置）和 Scale（缩放）属性选项。然后调整“镜头 1 倒影”合成层的 Position 位置参数为（360.0，865.0，340.2），Scale（缩放）参数为（100.0，-100.0，100.0），调整“镜头 1 文字动画倒影”合成层的 Position（位置）参数为（720.4，865.0，-43.3），Scale（缩放）参数为（100.0，-100.0，100.0），如图 18-134 所示，效果如图 18-135 所示。

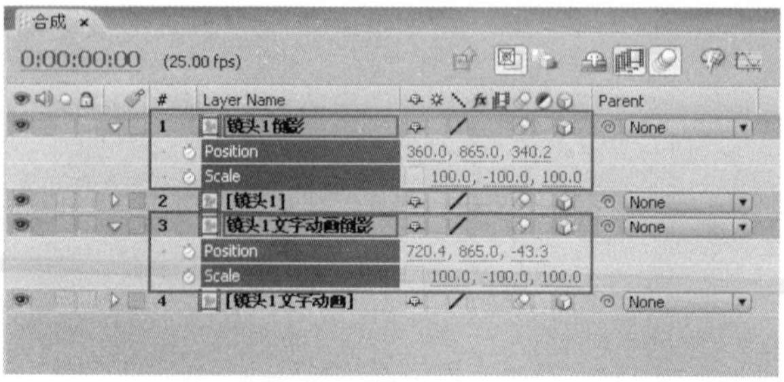


图18-134　调整属性参数

图18-135　合成图像窗口效果

63复制生成“镜头 1 倒影 2”和“镜头 1 文字动画倒影 2”合成层并为它们添加 Ramp（渐变）特效。首先在 Timeline 面板内选中“镜头 1 倒影”合成层，按快捷键 Ctrl+D 复制并新建“镜头 1 倒影 2”合成层。接着选中“镜头 1 文字动画倒影”合成层，按快捷键 Ctrl+D 复制并新建“镜头 1 文字动画倒影 2”合成层。

然后在“合成”工程文件内同时选择“镜头 1 倒影 2”、“镜头 1 文字动画倒影 2”合成层并右击，从弹出的快捷菜单中选择“Effect（特效）”→“Generate（生成）”→“Ramp（渐变）”选项，如图 18-136 所示。

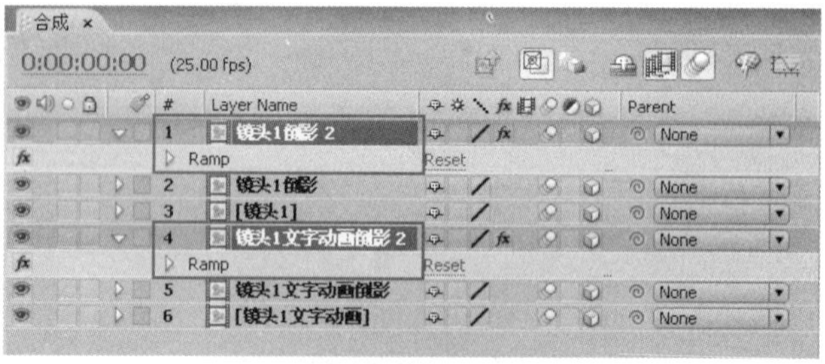


图18-136　为合成层添加特效

接着在其 Ramp（渐变）特效控制面板中，设置“Start Color（开始色彩）”为“黑色”，“End Color（结束色彩）”为“白色”，“Ramp Shape（渐变外形）”为“Linear Ramp（线性渐变）”，如图 18-137 所示，效果如图 18-138 所示。

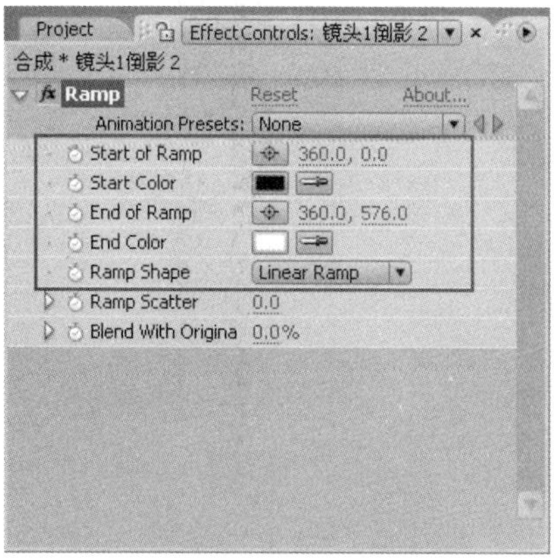


图18-137 Ramp特效参数设置

图18-138 合成图像窗口效果

64设置“镜头 1 倒影”和“镜头 1 文字动画倒影”合成层的“Track Matte”模式。首先需要确定两点，在 Timeline 面板内，“镜头 1 倒影 2”合成层在“镜头 1 倒影”合成层的上层位置；而“镜头 1 文字动画倒影 2”合成层在“镜头 1 文字动画倒影”合成层的上层位置。

单击“镜头 1 倒影”合成层右侧的 Track Matte 下拉菜单，从中选择 Luma Matte“镜头 1 倒影 2”选项，即以上层“镜头 1 倒影 2”合成层的亮度区域作为下层“镜头 1 倒影”合成层的透明通道，使下层动画影像从上层像素的亮度区域显示出来。

最后使用相同的方法，设置“镜头 1 文字动画倒影”合成层的“Track Matte”模式为 Luma Matte“镜头 1 文字动画倒影 2”，如图 18-139 所示，效果如图 18-140 所示。

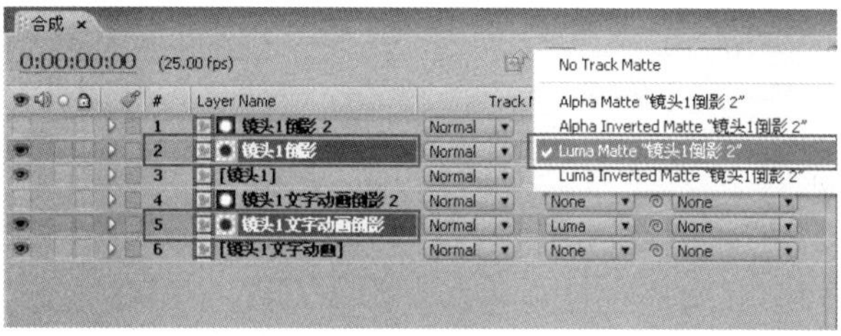


图18-139 设置模式

图18-140 效果截图

65为“镜头 1 倒影”和“镜头 1 文字动画倒影”合成层添加“Fast Blur(快速模糊)”特效，并调整其 Opacity（透明度）参数。首先同时选择“镜头 1 倒影”和“镜头 1 文字动画倒影”合成层并右击，从弹出的快捷菜单中选择“Effect（特效）”→“Blur&Sharpen（模糊 & 锐化）”→“Fast Blur（快速模糊）”选项，并设置 Blurriness（模糊）为“8”。

再次选中这两个合成层，并按快捷键 T 调出它们的 Opacity（透明度）属性选项，设置其 Opacity（透明度）参数皆为“55”，如图 18-141 所示。

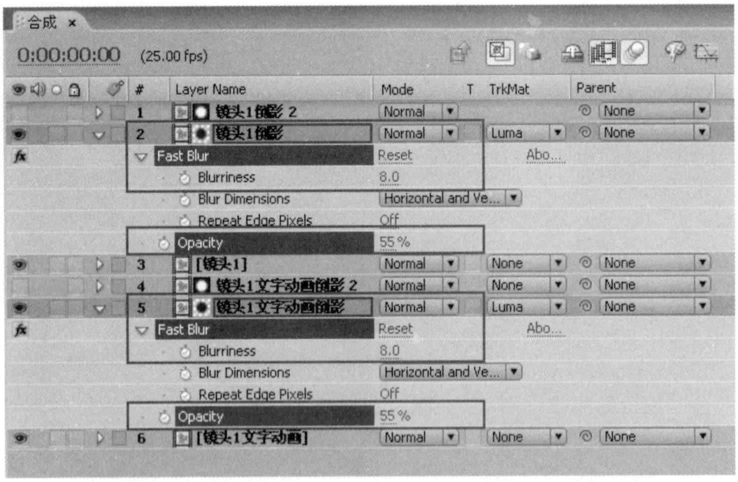

图18-141 添加特效并调整参数

至此，两面“屏风”相依而立并折射出各自倒影的视觉效果已制作完成，效果如图 18-142 所示。

图18-142 合成图像窗口效果

## 18.2.5 制作出镜头在三维“屏风”空间内自由穿梭的动画效果

⑯将此时“合成”工程文件内全部图层进行合并预合成。在“合成”工程文件的 Timeline 面板内，按住 Ctrl 键的同时选中“镜头 1 倒影 2”、“镜头 1 倒影”、“镜头 1”、“镜头 1 文字动画倒影 2”、“镜头 1 文字动画倒影”和“镜头 1 文字动画”合成层，再按快捷键 Ctrl+Shift+C 对它们进行合并预合成操作。然后为新建的子合成文件取名为“第一组画面”，并选中 Move all attributes into the new composition（把层属性移动到新建的子合成文件中）单选按钮，再单击 OK（确定）按钮，如图 18-143 所示。

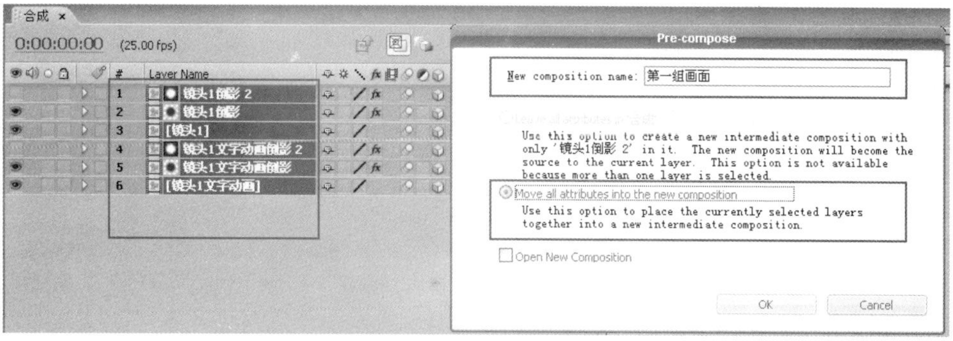


图18-143 将图层合并预合成

这时，在“合成”工程文件的 Timeline 面板内，生成了新的“合成层”“第一组画面”，打开其右侧的分功能设置开关面板（Switches）中的“矢量转换”开关和“3D 图层”开关，如图 18-144 所示。

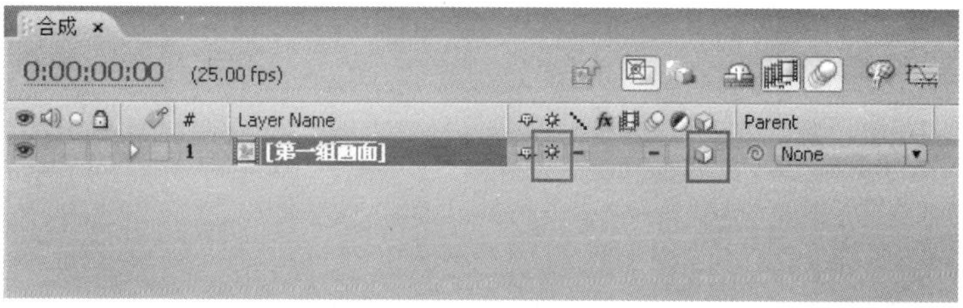


图18-144 打开开关

67为“第一组画面”合成层设置“Time Remap（时间重映射）”属性关键帧。首先在“合成”工程文件内的 Timeline 面板中选择“第一组画面”合成层，并在 After Effects 主菜单栏中选择“Layer（图层）”→“Time（时间）”→“Enable Time Remapping（允许时间重映射）”选项，启用“第一组画面”合成层的“Time Remap（时间重映射）”功能。

然后将时间指针移至 0:00:04:24 处，在 Timeline 面板内单击“第一组画面”合成层的“Time Remap”属性最左侧的菱形图标，新建一个时间参数为“0:00:04:24”的“Time Remap”关键帧，如图 18-145 所示。

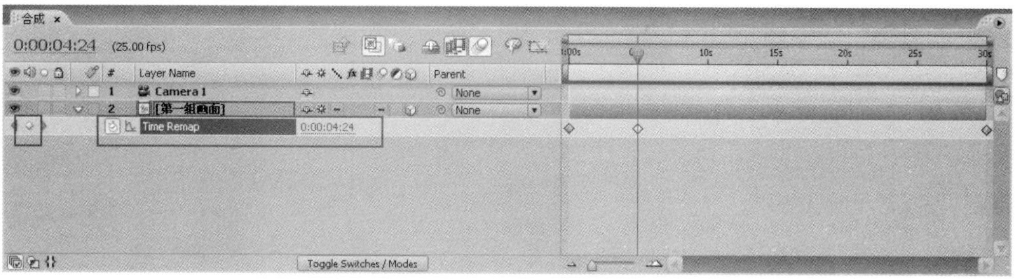


图18-145 设置属性关键帧

接着将时间指针移至 0:00:11:00 处，在 Timeline 面板内单击“第一组画面”合成层“Time Remap”属性最左侧的菱形图标，在 0:00:11:00 处新建一个“Time Remap”关键帧，然后将其“Time Remap”时间参数改为“0:00:00:00”，如图 18-146 所示。

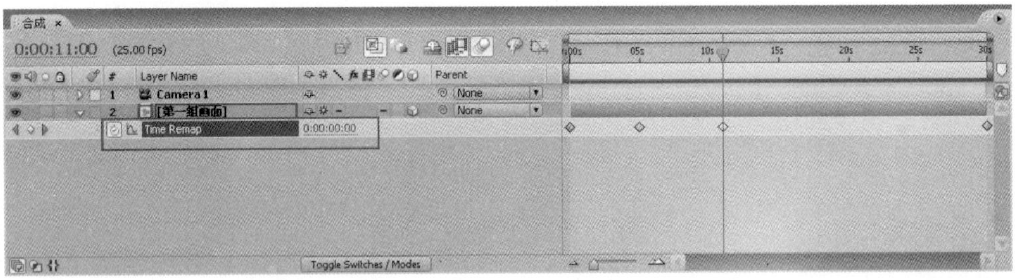

图18-146 在0:00:11:00处为“第一组画面”合成层设置“Time Remap”属性关键帧

再单击 Timeline 面板内的功能按钮群中最右侧的“Graph Editor”按钮，将“合成”工程文件的“Timeline”面板从“Layer Bar（图层条）”堆栈模式切换到“Graph Editor”（曲线编辑器）编辑模式。可以看到“第一组画面”合成层的“Time Remap”属性的数值曲线呈“N”字形变化形态，这意味着该合成层的动画效果是由 0:00:04:24 处开始倒序播放，至 0:00:11:00 处再正常播放，如图 18-147 所示。

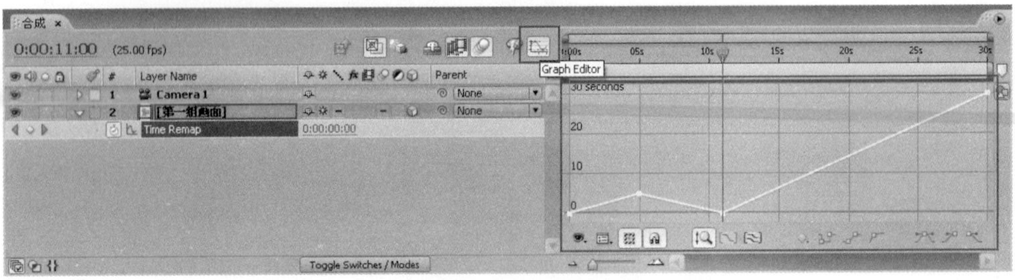

图18-147 观察Time Remap关键帧设置情况

68创建“Camera 1”摄像机图层并制作其摄像机关键帧动画。首先在选中“合成”工程文件内 Timeline 面板的情况下，按快捷键 Ctrl+Alt+Shift+C 新建一个摄像机图层。在打开的摄像机图层设置对话框内，设置 Name（名称）为“Camera 1”，并勾选“Enable Depth of Field（打开景深）”复选框，如图 18-148 所示。

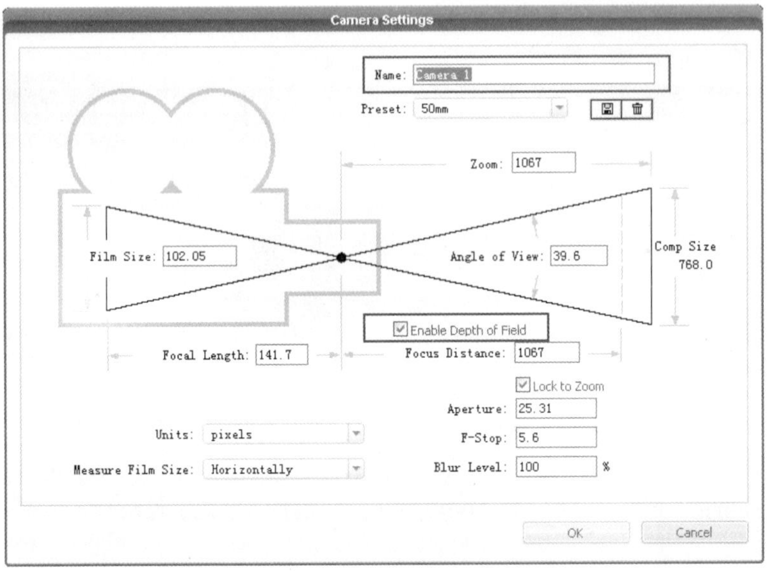


图18-148 创建摄像机图层

接着在 Timeline 面板内选中“Camera 1”摄像机图层并展开其 Transform（转换）属性选项。在时间 0:00:00:00 处设置其“Point of Interest（目标点）”参数为（366.0，288.0，0.0），Position（位置）参数为（366.0，288.0，-350.0），“X Rotation（X 轴旋转）”参数为（0x,+0.0°），Y “ Rotation（Y 轴旋转）”参数为（0x,+0.0°）。再单击这些属性左侧的秒表图标新建各自的关键帧，如图 18-149 所示，效果如图 18-150 所示。

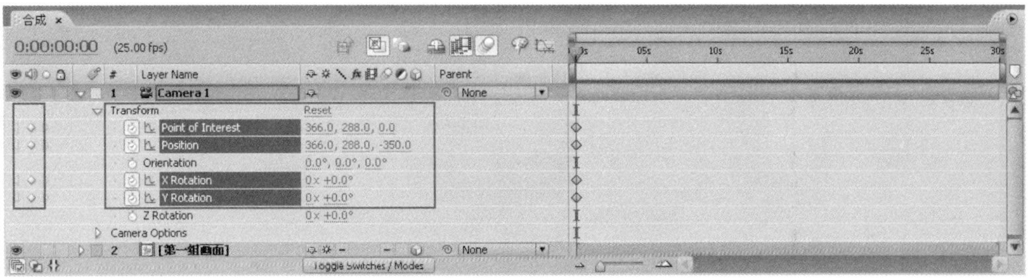

图18-149 设置图层关键帧

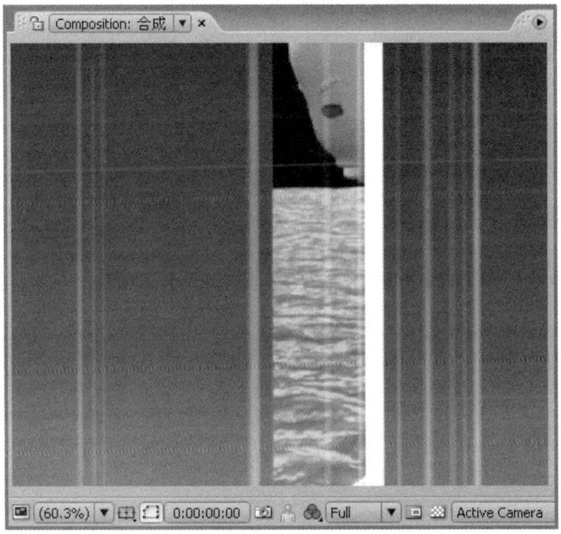

图18-150 合成图像窗口效果

然后，在时间 0:00:05:05 处，将“Camera 1”摄像机图层的“Point of Interest（目标点）”参数改为（366.0，255.0，0.0），Position（位置）参数改为（366.0，288.0，-500.0），“X Rotation（X 轴旋转）”参数改为（0x,-10.0°），“Y Rotation（Y 轴旋转）”参数改为（0x,52.0°），即在 0:00:05:05 处，该摄像机图层自动生成了这些属性新的关键帧，如图 18-151 所示，效果如图 18-152 所示。

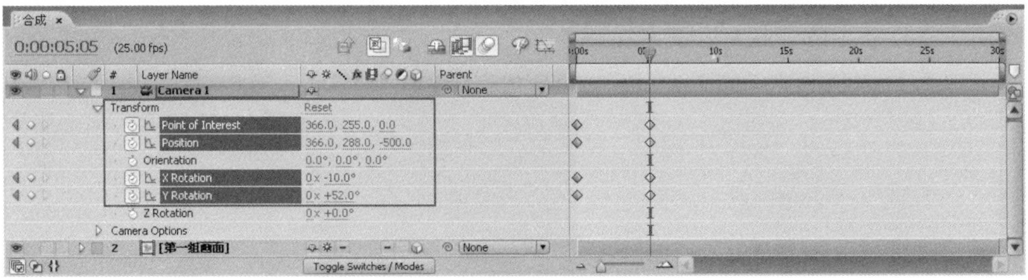

图18-151 设置图层关键帧

图18-152　合成图像窗口效果

再在时间 0:00:05:13 处，将“Camera 1”摄像机图层的“Point of Interest（目标点）”参数改为（-355.0，285.0，0.0），Position（位置）参数改为（0.0，255.0，-1050.0），并在 Timeline 面板内单击“X Rotation（X 轴旋转）”和“Y Rotation（Y 轴旋转）”属性最左侧的菱形图标，即在 0:00:05:13 处，该摄像机图层自动生成了这些属性的新的关键帧，其中“X Rotation（X 轴旋转）”和“Y Rotation（Y 轴旋转）”属性的参数与 0:00:05:05 处相同，如图 18-153 所示，效果如图 18-154 所示。

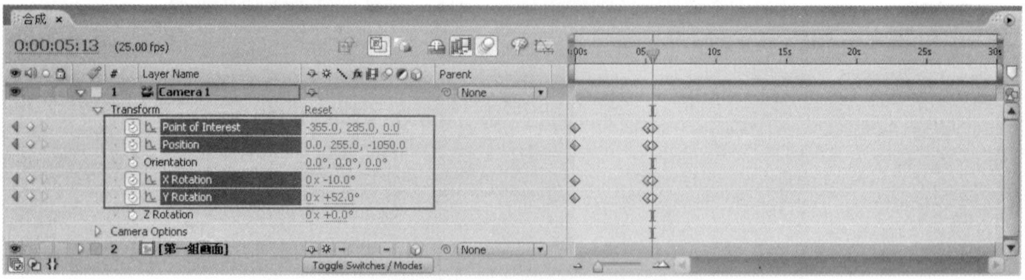


图18-153　设置图层关键帧

图18-154　合成图像窗口效果

最后，在时间 0:00:10:20 处，将“Camera 1”摄像机图层的“Point of Interest（目标点）”参数改为（-685.0，306.0，0.0），Position（位置）参数改为（0.0，255.0，-1200.0），即在 0:00:10:20 处，该摄像机图层自动生成了这两个属性的新的关键帧，如图 18-155 所示。

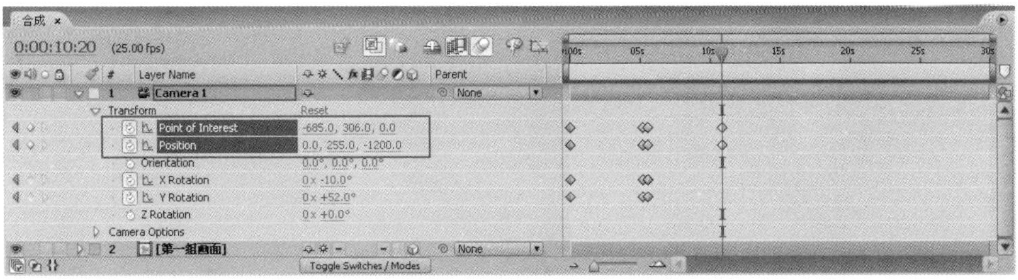

图18-155 设置图层关键帧

至此，镜头在第一组“屏风”内摇动并快速拉出的动画效果就制作完成了，效果如图 18-156 所示。

69复制并生成“第二组画面”合成文件。在 Project 项目窗口内选中“第一组画面”合成文件，按快捷键 Ctrl+D 复制并新建该合成文件，再按 Enter 键并为其手动命名为“第二组画面”，如图 18-157 所示。

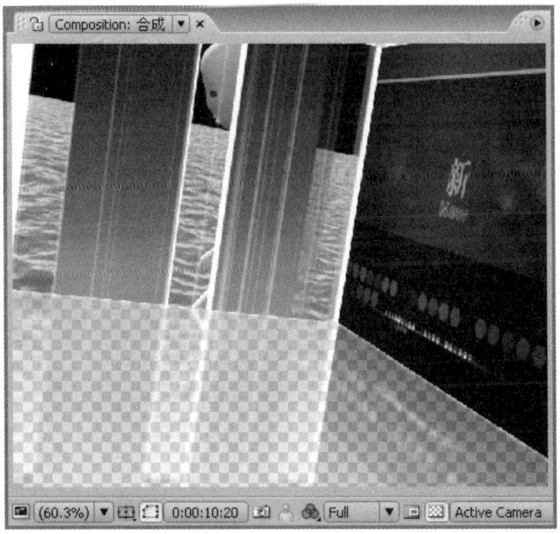

图18-156 合成图像窗口效果

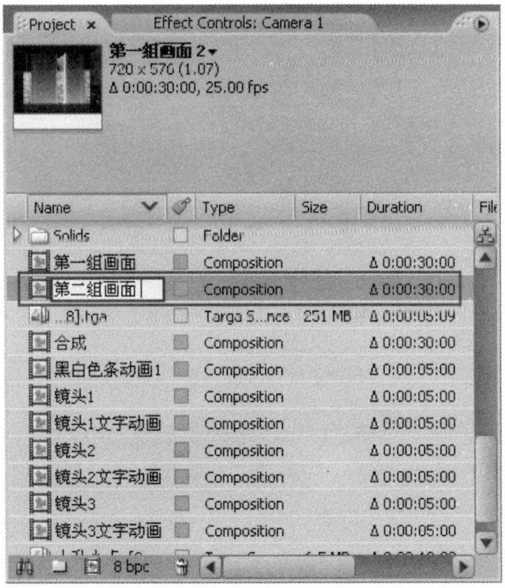

图18-157 复制并生成合成文件

70替换“第二组画面”合成文件中的“镜头 1 倒影 2”、“镜头 1 倒影”和“镜头 1”合成层。在 Project 项目窗口中，同时选中“镜头 2”合成文件和“第二组画面”合成文件内的“镜头 1”合成层，然后按住 Alt 键并将项目窗口中的“镜头 2”合成文件拖动至“第二组画面”合成文件内的“镜头 1”合成层处后释放，这样就完成了该合成层的替换操作。

再使用相同的方法，将“第二组画面”合成文件内的“镜头 1 倒影 2”、“镜头 1 倒影”合成层都替换为“镜头 2”合成层，如图 18-158 所示。

71替换“第二组画面”合成文件中的“镜头 1 文字动画倒影 2”、“镜头 1 文字动画倒影”和“镜头 1 文字动画”合成层。在 Project 项目窗口中，同时选中“镜头 2 文字动画”

合成文件和“第二组画面”合成文件内的“镜头 1 文字动画”合成层，然后按住 Alt 键并将项目窗口中的“镜头 2 文字动画”合成文件拖动至“第二组画面”合成文件内的“镜头 1 文字动画”合成层处后释放，这样就完成了该合成层的替换操作。

再使用相同的方法,将“第二组画面”合成文件内的“镜头 1 文字动画倒影 2”和“镜头 1 文字动画倒影”合成层都替换为“镜头 2 文字动画”合成层，如图 18-159 所示。

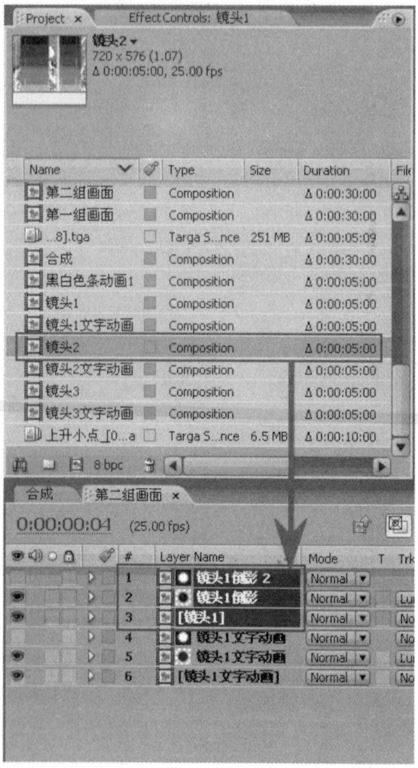

图18-158　替换合成层

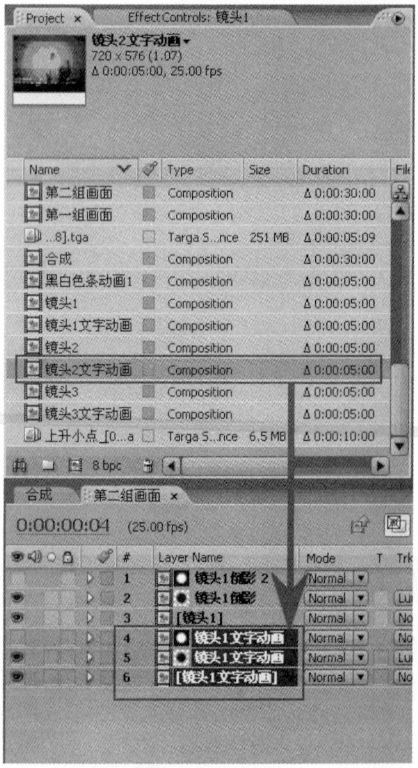

图18-159　替换合成层

观察“第二组画面”合成图像窗口，可以看到第二组“屏风”相依而立并折射出各自倒影的视觉效果已经显现，效果如图 18-160 所示。

❼❷复制生成“第一组画面”合成层并用“第二组画面”合成文件替换它。首先在“合成”工程文件的 Timeline 面板内选中“第一组画面”合成层，按 Ctrl+D 复制并新建该合成层。

然后在 Project 项目窗口中，同时选中“第二组画面”合成文件和“合成”工程文件内新建的“第一组画面”合成层，再按住 Alt 键并将项目窗口中的“第二组画面”合成文件拖动至“合成”工程文件内新建的“第一组画面”合成层处后释放，这样就完成了该合成层的替换操作，如图 18-161 所示。

❼❸设置“第二组画面”合成层的图层入点时间,并调整其 Position( 位置 )\“Y Rotation( 旋转 )”属性参数。首先将时间指针移至 0:00:10:20 处，然后在按住 Shift 键的同时选中“第二组画面”合成层并将其向 Timeline 面板右侧拖动，直至该层片段入点位置被吸附到当前的时间指针位置，即 0:00:10:20 处，如图 18-162 所示。

图18-160 合成图像窗口效果

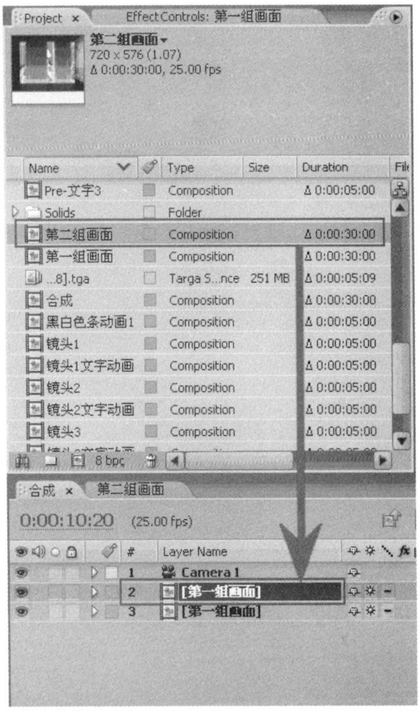


图18-161 复制生成合成层并替换它

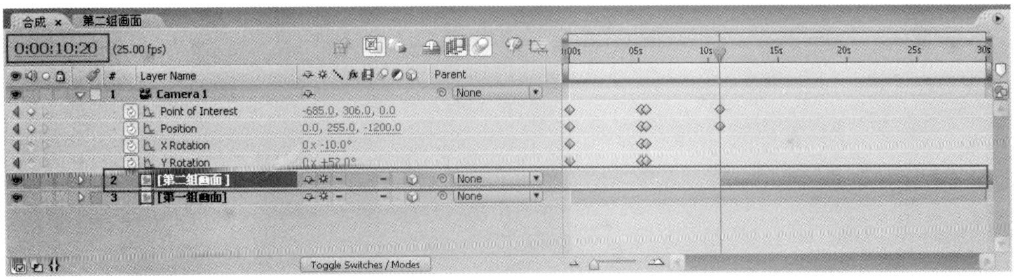


图18-162 设置图层入点时间

然后在“合成”工程文件的 Timeline 面板内选中“第二组画面”合成层，并按快捷键 P，再按快捷键 Shift+R，同时调出选中层的 Position（位置）和 Rotation（旋转）属性选项。接着调整“第二组画面”合成层的 Position（位置）参数为（1108.0，288.0，-46.0），调整“Y Rotation（旋转）”参数为（0x,+90.0°），如图 18-163 所示，效果如图 18-164 所示。

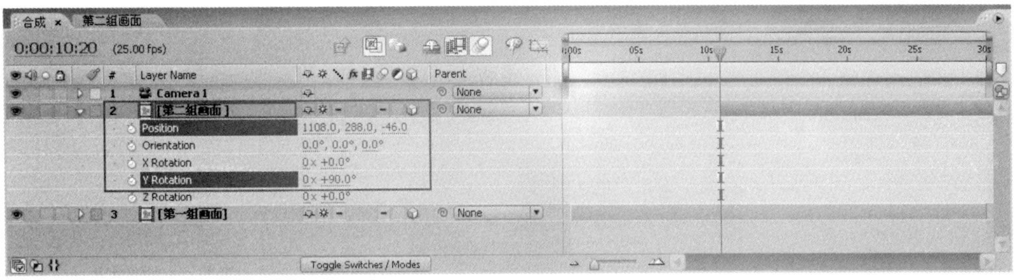


图18-163 调整参数

图18-164　合成图像窗口效果

⑭通过为“Camera 1”摄像机图层添加关键帧来制作转场动画。在时间 0:00:11:09 处，将“Camera 1”摄像机图层的“Point of Interest（目标点）”参数改为（-692.0，15.0，0.0），Position（位置）参数改为（1140.0，300.0，-1350.0），即在 0:00:11:09 处，该摄像机图层自动生成了这 2 个属性的新的关键帧，如图 18-165 所示。

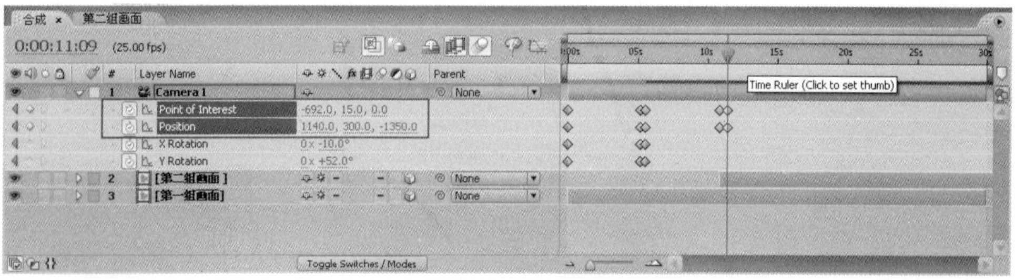


图18-165　制作转场动画

至此，镜头从第一组“屏风”摇至第二组“屏风”的转场动画制作完成，效果如图 18-166 所示。

图18-166　动画截图

75制作“第二组画面”和“第一组画面”合成层的 Rotation（旋转）\Position（位置）\Scale（缩放）属性关键帧动画。首先在“合成”工程文件的 Timeline 面板内分别展开“第二组画面”、“第一组画面”合成层的 Rotation（旋转）\Position（位置）属性选项，并在时间 0:00:11:09 处设置“第二组画面”合成层的“X Rotation（旋转）”参数为（0x,+0.0°），“Y Rotation（旋转）”参数为（0x,+90.0°）。再设置“第一组画面”合成层的 Position（位置）参数为（360.0,288.0,0.0）。接着分别单击它们左侧的秒表图标新建各自的属性关键帧，如图 18-167 所示。

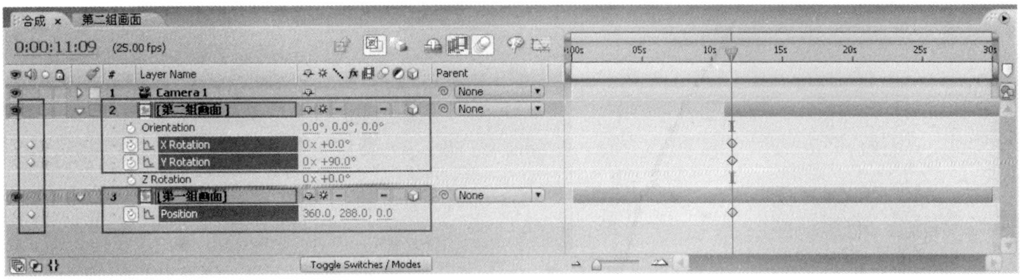


图18-167 关键帧设置

然后在时间 0:00:13:12 处，将“第二组画面”合成层的“X Rotation（旋转）”参数改为（0x,+25.0°），“Y Rotation（旋转）”参数为（0x,+140.0°）。再将“第一组画面”合成层的 Position（位置）参数改为（0.0,288.0,0.0），如图 18-168 所示。

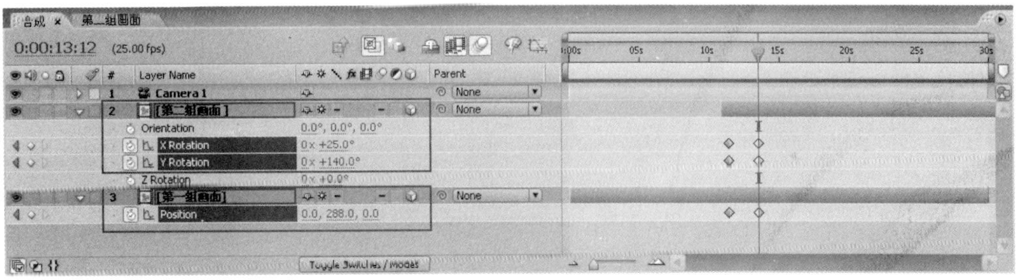


图18-168 关键帧设置

接着在 Timeline 面板内选中“第二组画面”合成层，并按快捷键 R，再按快捷键 Shift+S，同时调出选中层的 Rotation（旋转）、Scale（缩放）属性选项。然后在时间 0:00:13:24 处，将“第二组画面”合成层的“X Rotation（旋转）”参数改为（0x,+30.0°），“Y Rotation（旋转）”参数改为（0x,+298.0°）。同样在时间 0:00:13:24 处，设置其 Scale（缩放）参数为默认的（100.0,100.0,100.0），并单击其左侧的秒表图标新建一个 Scale（缩放）属性关键帧，如图 18-169 所示。

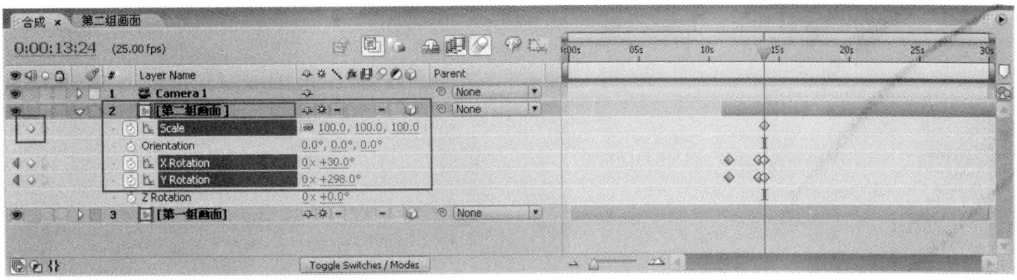


图18-169 关键帧设置

再在时间 0:00:16:05 处，将“第二组画面”合成层的 Scale 缩放参数改为（82.0,

82.0，82.0）。同时将其“X Rotation（旋转）”参数改为（0x,+40.0°），“Y Rotation（旋转）”参数改为（0x,+315.0°），如图 18-170 所示。

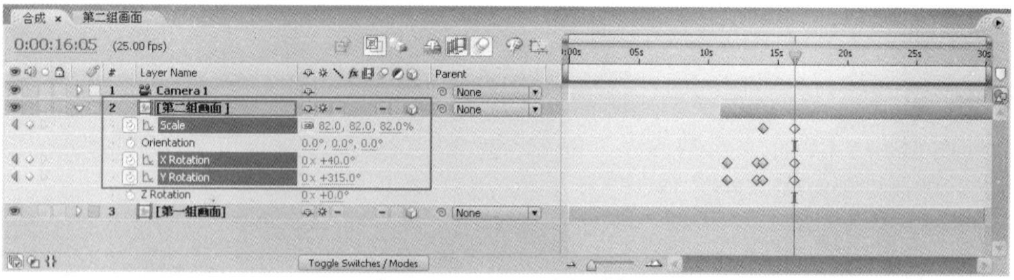


图18-170　关键帧设置

至此，镜头在第二组“屏风”处自由游动的动画效果也已制作完成，效果如图 18-171 所示。

76复制并生成“第三组画面”合成文件。在 Project 项目窗口内选中“第二组画面”合成文件，按快捷键 Ctrl+D 复制并新建该合成文件，再按 Enter 键并为其手动命名为“第三组画面”，如图 18-172 所示。

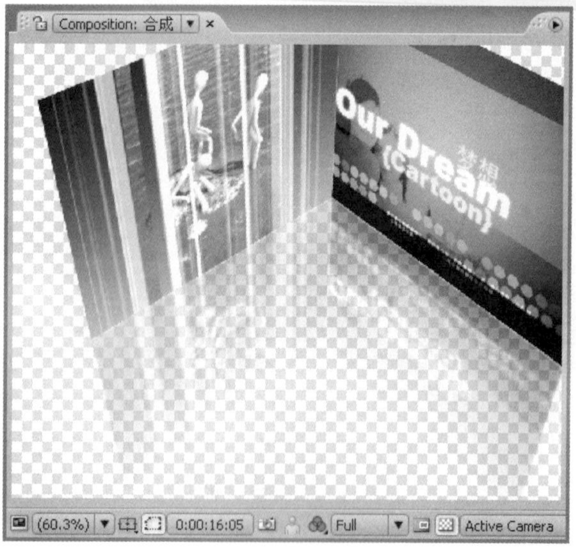


图18-171　效果截图

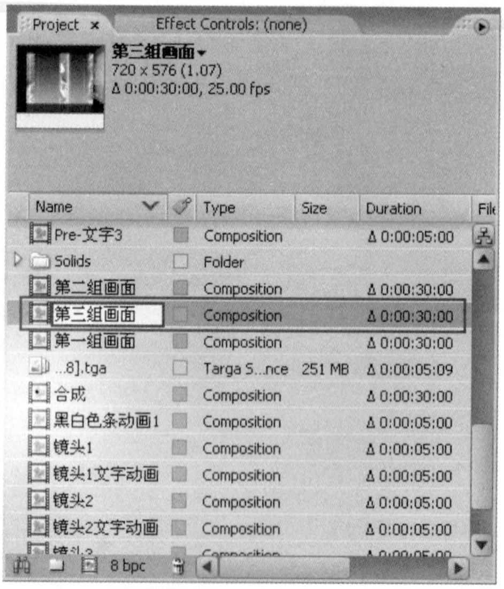


图18-172　复制生成合成文件

77替换“第三组画面”合成文件中的“镜头 1 倒影 2”、“镜头 1 倒影”及“镜头 2”合成层。在 Project 项目窗口中，同时选中“镜头 3”合成文件和“第三组画面”合成文件内的“镜头 2”合成层，然后按住 Alt 键并将项目窗口中的“镜头 3”合成文件拖动至“第三组画面”合成文件内“镜头 2”合成层处后释放，这样就完成了该合成层的替换操作。

再使用相同的方法，将“第三组画面”合成文件内的“镜头 1 倒影 2”和“镜头 1 倒影”合成层都替换为“镜头 3”合成层，如图 18-173 所示。

78替换“第三组画面”合成文件中的“镜头 1 文字动画倒影 2”、“镜头 1 文字动画倒影”及“镜头 2 文字动画”合成层。在 Project 项目窗口中，同时选中“镜头 3 文字动画”合成文件和“第三组画面”合成文件内的“镜头 2 文字动画”合成层，然后按住 Alt 键并将项目窗口中的“镜头 3 文字动画”合成文件拖动至“第三组画面”合成文件内“镜头 2 文字动画”合成层处后释放，这样就完成了该合成层的替换操作。

再使用相同的方法，将“第三组画面”合成文件内的“镜头 1 文字动画倒影 2”和“镜头 1 文字动画倒影”合成层都替换为“镜头 3 文字动画”合成层，如图 18-174 所示。

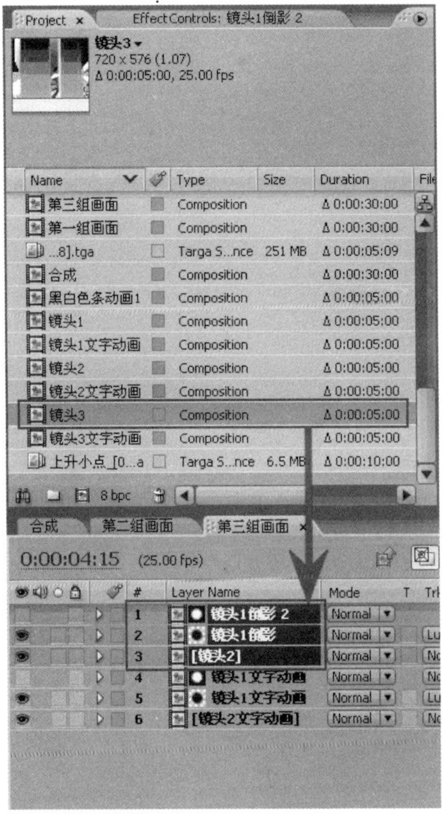


图18-173 替换合成层

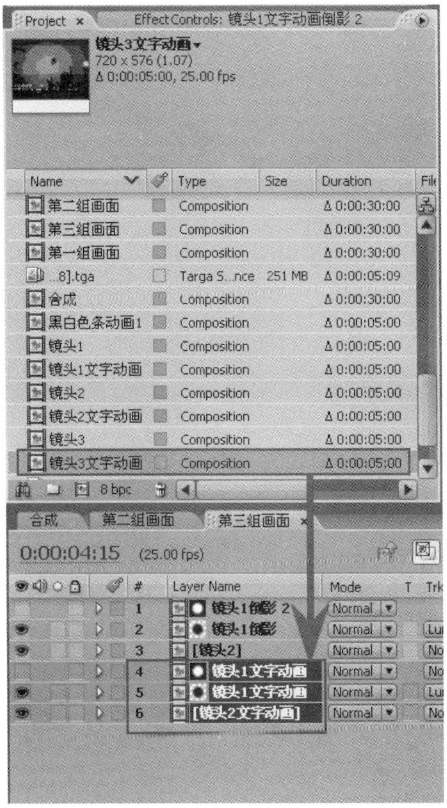


图18-174 替换合成层

至此，第三组“屏风”相依而立并折射出各自倒影的视觉效果也已制作完成。效果如图 18-175 所示。

图18-175 合成图像窗口效果

⑲设置“第三组画面”合成层的图层入点时间。首先将“第三组画面”合成层从Project项目窗口拖动至“合成”工程文件的Timeline面板内。然后将时间指针移至0:00:16:05处，在按住Shift键的同时选中“第三组画面”合成层并将其向Timeline面板右侧拖动，直至该层片段入点位置被吸附到当前的时间指针位置，即0:00:16:05处，如图18-176所示。

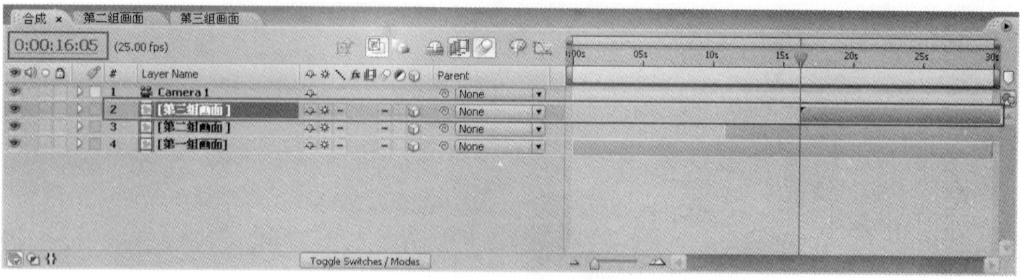


图18-176 设置图层入点时间

⑳制作“第三组画面”和“第二组画面”合成层的Position（位置）\Rotation（旋转）属性关键帧动画。首先在Timeline面板内选中“第三组画面”合成层，按快捷键P，再按Shift+R，同时调出选中层的Position（位置）和Rotation（旋转）属性选项。在时间0:00:16:05处，设置“第三组画面”合成层的Position（位置）参数为（1108.0，760.0，-46.0），再设置其“X Rotation（旋转）”参数为（0x,+40.0°）。“Y Rotation（旋转）”参数为（0x,+138.0°）。最后单击这些属性左侧的秒表图标新建各自的关键帧，如图18-177所示，效果如图18-178所示。

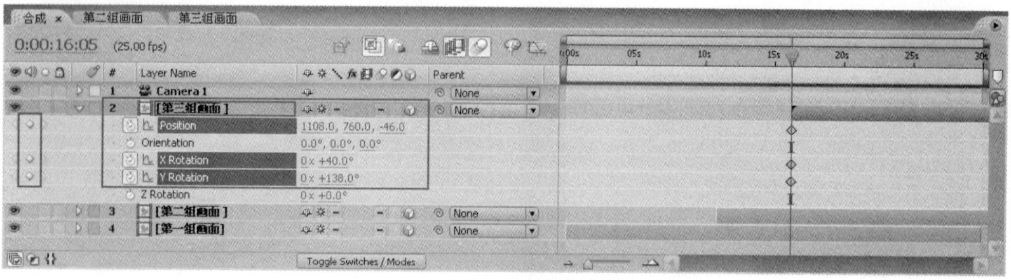


图18-177 关键帧设置

图18-178 合成图像窗口效果

再在时间 0:00:16:14 处，将“第三组画面”合成层的 Position（位置）参数改为（1150.0，230.0，-50.0），将其“X Rotation（旋转）”参数改为（0x,+5.0°），“Y Rotation（旋转）”参数改为（0x,+315.0°）。

接着展开“第二组画面”合成层的 Position（位置）和 Rotation（旋转）属性选项。在时间 0:00:16:14 处，将“第二组画面”合成层的“X Rotation（旋转）”参数改为（0x,+5.0°），“Y Rotation（旋转）”参数改为（1x，+138.0°）。同样在 0:00:16:14 处，设置“第二组画面”合成层的 Position（位置）参数为（1108.0，288.0，-46.0），并单击该合成层 Position（位置）属性左侧的秒表图标新建关键帧，如图 18-179 所示，效果如图 18-180 所示。

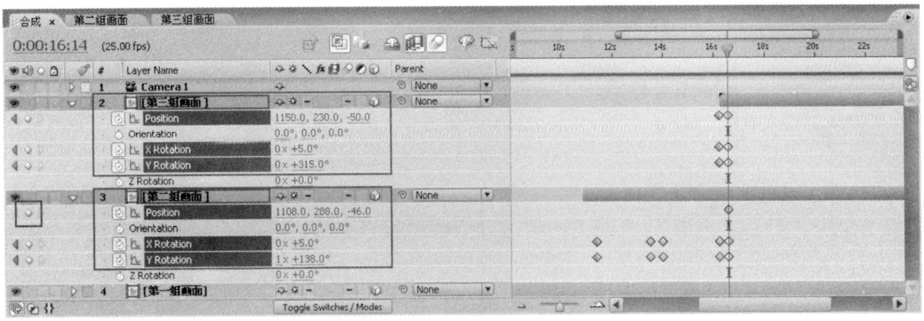

图18-179 关键帧设置

图18-180 合成图像窗口效果

在时间 0:00:16:19 处，将“第二组画面”合成层的 Position（位置）参数改为（402.1，347.1，-721.4），如图 18-181 所示，效果如图 18-182 所示。

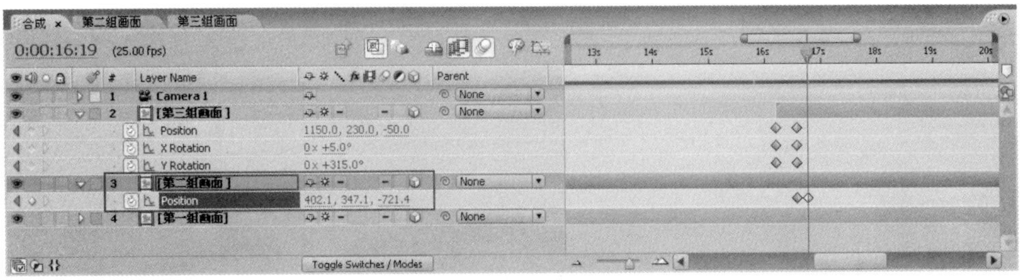

图18-181 关键帧设置

图18-182　合成图像窗口效果

在时间 0:00:20:00 处,将“第三组画面”合成层的 Position（位置）参数改为（1040.0，263.0，-15.0），再将其“X Rotation（旋转）”参数改为（0x,26），“Y Rotation（旋转）”参数改为（0x,+278.0°）。如图 18-183 所示，效果如图 18-184 所示。

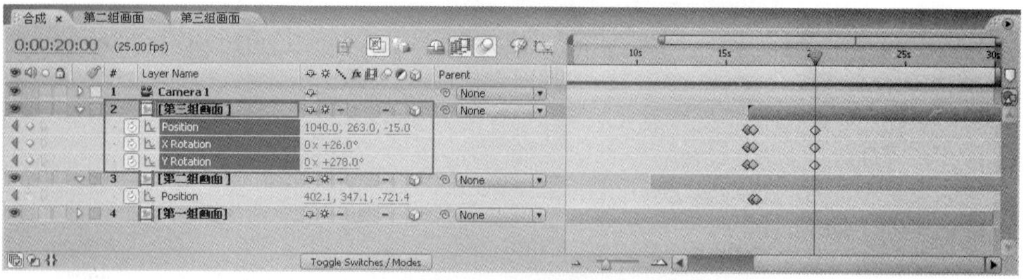


图18-183　关键帧设置

图18-184　合成图像窗口效果

最后在时间 0:00:21:04 处，将“第三组画面”合成层的 Position（位置）参数改为（1040.0，441.0，-1730.0），如图 18-185 所示，效果如图 18-186 所示。

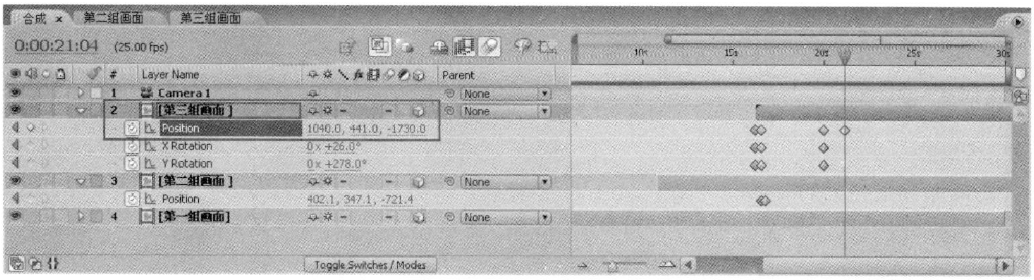


图18-185　关键帧设置

至此，镜头在第三组“屏风”处自由游动直至最后推进的动画效果也已制作完成。

81创建“合成背景”层。按快捷键 Ctrl+Y，在“合成”工程文件内新建一个固态层。然后在打开的对话框中设置 Name（名称）为“合成背景”，Color（色彩）为“黑色”，如图 18-187 所示。此图层将作为工程文件内整体动画效果的背景图像。

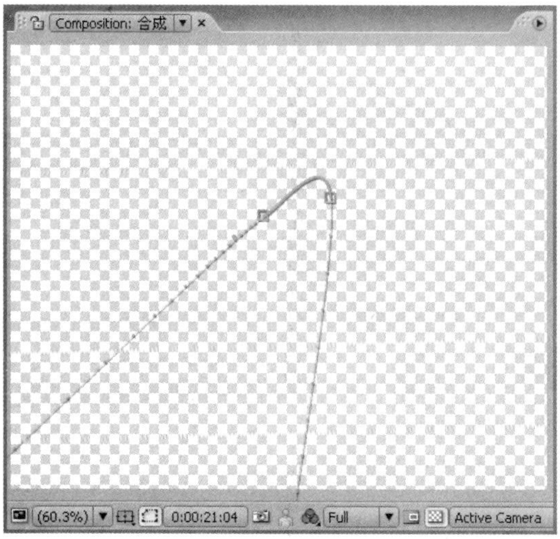


图18-186　合成图像窗口效果

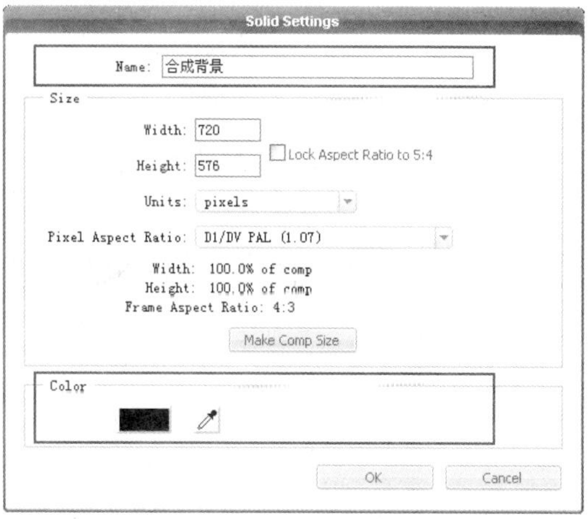


图18-187　创建层

82将“合成背景”层置底并为其添加 Ramp（渐变）特效。首先在“合成”工程文件的 Timeline 面板内，将“合成背景”层拖动至底层位置，再选择该层并右击，从弹出的快捷菜单中选择“Effect（特效）”→“Generate（生成）”→“Ramp（渐变）”选项，如图 18-188 所示。

然后在其 Ramp（渐变）特效控制面板中，设置“Start of Ramp（渐变开始位置）”为（360.0，240.0），“Start Color（开始色彩）”为“深蓝色（0E3876）”。再设置“End of Ramp（渐变结束位置）”为（500.0，540.0），“End Color（结束色彩）”为黑色。接着设置“Ramp Shape（渐变外形）”为“Radial Ramp（径向渐变）”，如图 18-189 所示，效果如图 18-190 所示。

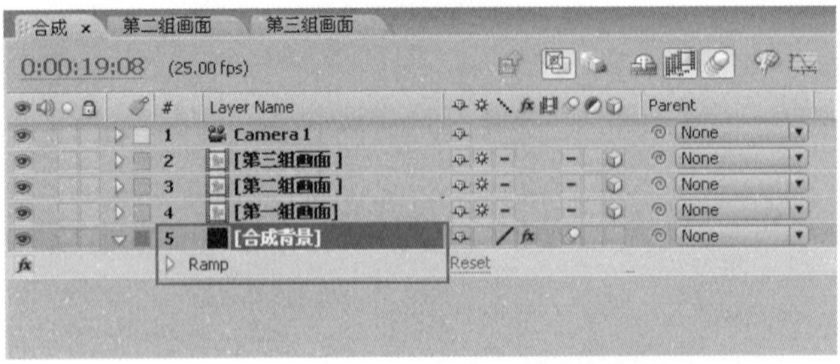

图18-188　将层置底并为其添加特效

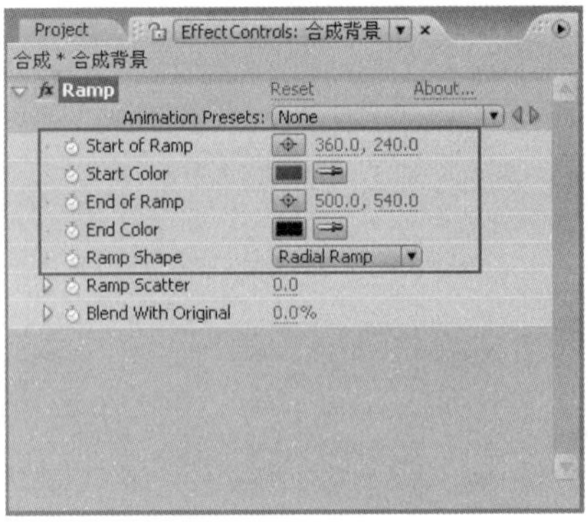

图18-189　参数设置

图18-190　效果图

至此，镜头伴随着音乐节奏在奇特的三维“屏风”空间内自由穿梭的动画效果制作完毕。

## 18.2.6　制作异形植物的枝叶逐渐生长出来的动画效果

㊳新建合成文件“logo 落版动画”并将“合成背景”层置入其中。按快捷键 Ctrl+N 新建一个合成文件，并在打开的合成文件设置对话框中设置“Composition Name（合成名称）”为“logo 落版动画”，接着在其 Basic（常规）选项卡内设置 Duration（持续时间）为“0:00:09:00”，其他选项设置可参照工程文件“合成”，如图 18-191 所示。

然后在“合成”工程文件的 Timeline 面板内选中“合成背景”层，按快捷键 Ctrl+C 进行复制。再在“logo 落版动画”合成文件的 Timeline 面板内，按快捷键 Ctrl+V 进行粘贴，将“合成背景”层置入“logo 落版动画”合成文件内，如图 18-192 所示。

㊴创建“图案”层。按快捷键 Ctrl+Y，在“logo 落版动画”合成文件内新建一个固态层。然后在打开的对话框中设置 Name（名称）为“图案”，Color（色彩）为“淡蓝色（C7E5FF）”，如图 18-193 所示。

㊵在 Illustrator 软件环境中创建异形植物的形状路径并对其进行复制。首先在 Adobe Illustrator 软件环境中新建一个文档，再使用工具面板内的“钢笔工具”勾勒出一个由 8 片枝叶组成的异形植物的形状路径。最后单击工具面板内的“选择工具”按钮并将该路径选

中，再按快捷键 Ctrl+C 进行复制，如图 18-194 所示。

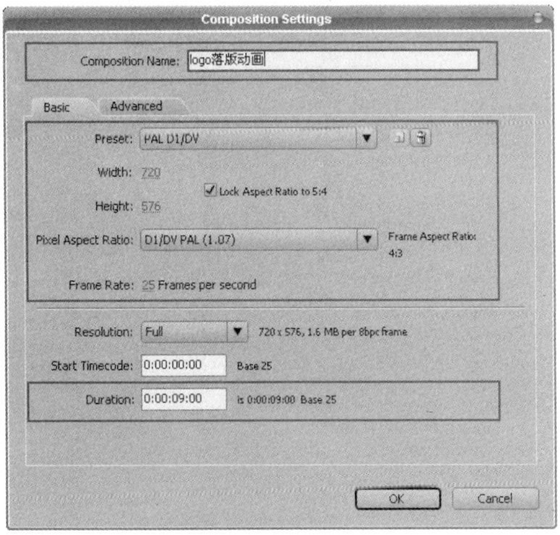


图18-191　新建合成文件

图18-192　合成文件

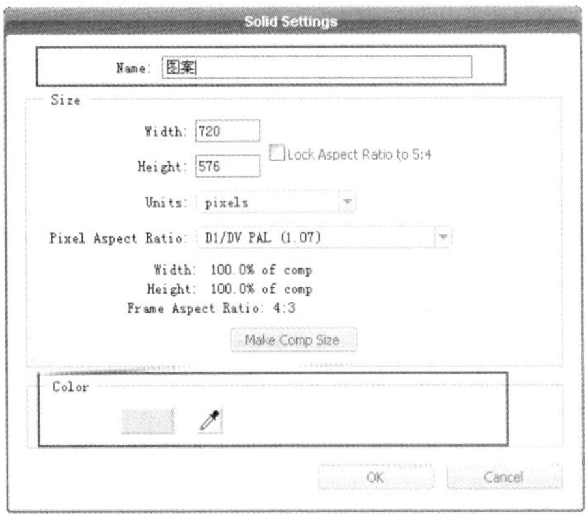


图18-193　创建层

图18-194　创建形状路径并对其复制

86通过粘贴路径为“图案”层添加 Mask（遮罩）。首先在合成文件“logo 落版动画”内选中“图案”层，然后按快捷键 Ctrl+V 进行粘贴，将上一步创建并复制的异形植物形状路径粘贴到“图案”层中。

选中“图案”层，然后按快捷键 M 调出该层所添加的全部 Mask（遮罩）及其 Mask（遮罩）属性选项。通过观察发现“图案”层已经添加了分别对应 8 片枝叶的 8 个 Mask（遮罩），这些即是通过复制并粘贴 Illustrator 内的异形植物形状路径而生成的，如图 18-195 所示。

观察“logo 落版动画”合成图像窗口，可以看到异形植物形状的 Mask（遮罩）效果已经出现，效果如图 18-196 所示。

87复制生成其他 7 个“图案”层并删除其部分 Mask（遮罩）。首先在合成文件“logo 落版动画”内选中“图案”层，并连续按 7 次快捷键 Ctrl+D 进行复制并新建，即在 Timeline 面板内生成了其他 7 个“图案”层，并在合成图像窗口内生成了位置和形状都相同的 7 个异形植物形状的 Mask（遮罩）图形，如图 18-197 所示。

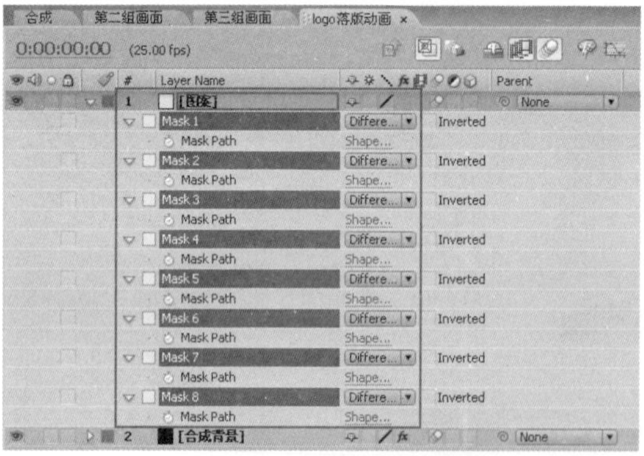


图18-195　8个Mask（遮罩）

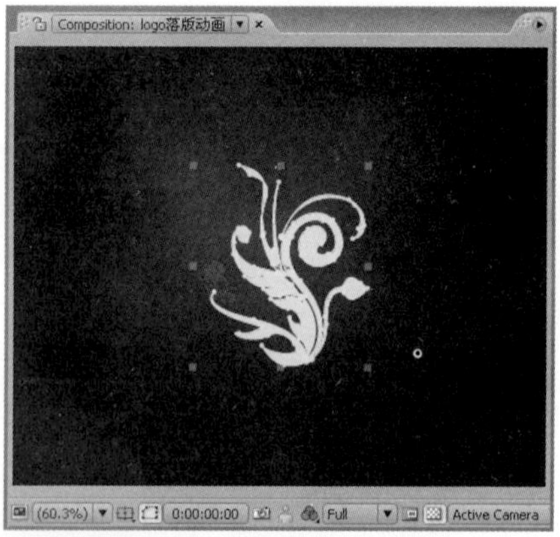


图18-196　添加Mask（遮罩）

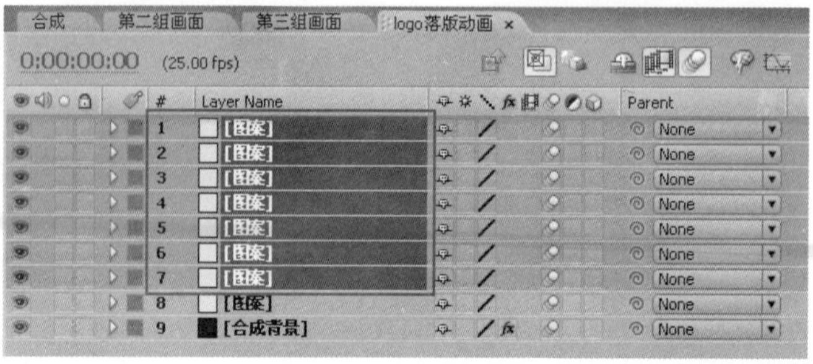


图18-197　其他7个层

然后选中第 8 层"图案"层，并按快捷键 M 调出该层所添加的全部 Mask（遮罩），选中"Mask 1"、"Mask 2"、"Mask 3"、"Mask 4"、"Mask 5"、"Mask 6"和"Mask 7"并按 Delete 键进行删除，即只保留第 8 层"图案"层的"Mask 8"。

再使用相同的方法删除其他"图案"层的部分 Mask（遮罩），使得第 1 层"图案"层只保留"Mask 1"，第 2 层"图案"层只保留"Mask 2"，第 3 层"图案"层只保留"Mask 3"，第 4 层"图案"层只保留"Mask 4"，第 5 层"图案"层只保留"Mask 5"，第 6 层"图案"层只保留"Mask 6"，第 7 层"图案"层只保留"Mask 7"，如图 18-198 所示。

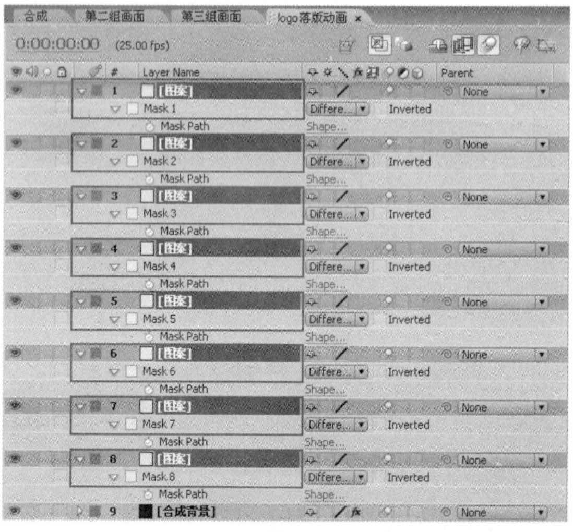


图18-198　删除部分Mask（遮罩）

88创建形状图层“Shape Layer 1”并沿着原第 8 层“图案”层的 Mask（遮罩）图形描绘笔画。在选中 logo 落版动画合成文件内的 Timeline 面板的情况下，选择 After Effects 主菜单栏中的“Layer（图层）”→“New（新建）”→“Shape Layer（形状图层）”选项新建一个形状图层，其默认图层名为“Shape Layer 1”。

先在 Tools（工具）面板中选择“钢笔工具”，并在其右侧的 Shape 设置面板内设置 Fill（填充）为“None（无）”，Stroke（描边）为“白色”，31px，即将预设形状设置为无填充及描边为白色并且宽度为 31px 的绘图形态，如图 18-199 所示。

图18-199 设置Shape形态

然后在 Timeline 面板内选中新建的形状图层“Shape Layer 1”，接着 选择“钢笔工具”并在合成图像窗口内沿着原第 8 层“图案”层的 Mask（遮罩）图形描绘笔画。注意此处描绘的白色笔画图形应该完全遮住原第 8 层“图案”层的 Mask（遮罩）图形，如图 18-200 所示。

最后将此形状图层“Shape Layer 1”的图层堆栈顺序设置为第 9 层“图案”层（原第 8 层“图案”层）的上层位置，并单击其他“图案”层左侧的眼睛图标，取消它们的可视化状态，如图 18-201 所示。

图18-200 描绘图形

图18-201 设置图层堆栈顺序

89制作“Shape Layer 1”层的“Trim Paths（修剪路径）”属性关键帧动画。在“logo 落版动画”合成文件的 Timeline 面板内选中“Shape Layer 1”层，并单击该形状图层 Contents（内容）属性选项右侧的 Add（添加）按钮，在其下拉菜单中选择“Trim Paths（修剪路径）”选项，该命令用于设置形状图层的修剪路径动画效果，如图 18-202 所示。

下面开始设置“Shape Layer 1”层的“Trim Paths（修剪路径）”属性关键帧。先展开“Shape Layer 1”层 Contents（内容）属性下的 Shape 1（形状 1）属性选项，再展开其中的“Trim Paths（修剪路径）”属性选项。然后将时间指针移至 0:00:00:00 处，并设置其 End（结束）参数为“0.0”，并单击其左侧的秒表图标新建一个关键帧。再在 0:00:02:00 处将 End（结束）参数改为“100.0”，如图 18-203 所示。

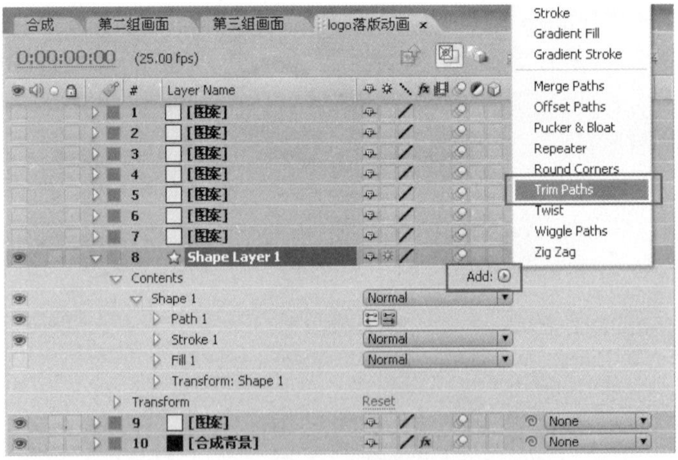


图18-202　新增命令

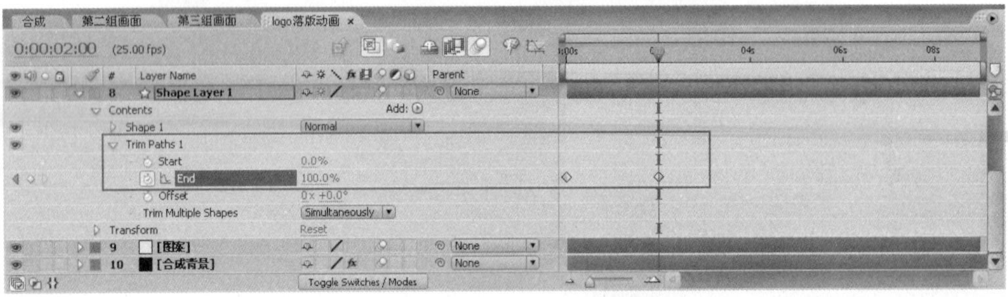


图18-203　设置属性关键帧

至此，“Shape Layer 1”层内白色笔画的生长动画效果已制作完成，效果如图 18-204 所示。

⑩设置第 9 层“图案”层的“Track Matte”模式。单击第 9 层“图案”层右侧的 Track Matte 下拉菜单，从中选择 Luma Matte“Shape Layer 1”选项，即以上层“Shape Layer 1”层的亮度区域作为下层“图案”层的透明通道，使下层的枝叶图形从上层像素的亮度区域显示出来，如图 18-205 所示。

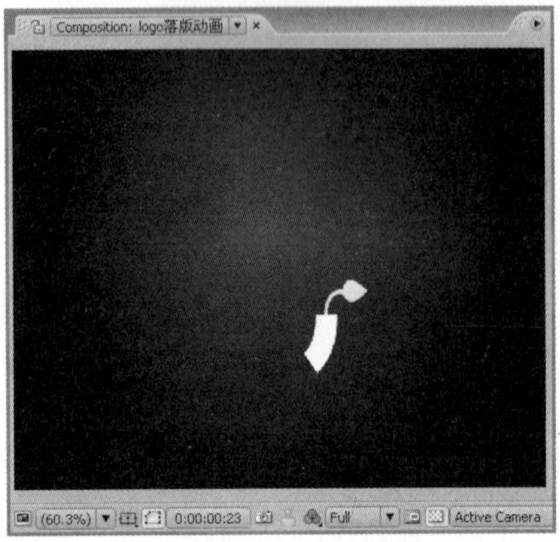


图18-204　动画效果

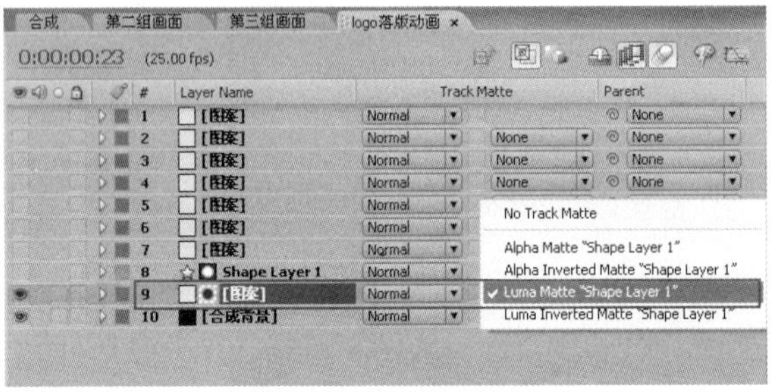


图18-205　设置模式

至此，此异形植物第一片枝叶的生长动画效果已制作完成，效果如图 18-206 所示。

91创建其他 7 个形状图层并分别沿着各个“图案”层 Mask 遮罩图形描绘笔画。参考第 88 步的操作，在“logo 落版动画”合成文件内再创建 7 个形状图层，依次取名为“Shape Layer 2”、“Shape Layer 3”、“Shape Layer 4”、“Shape Layer 5”、“Shape Layer 6”、“Shape Layer 7”和“Shape Layer 8”。

然后在 Tools（工具）面板中选择“钢笔工具”，并在其右侧的 Shape 设置面板内设置 Fill（填充）为“None（无）”，Stroke（描边）为“白色，31px”。最后在 Timeline 面板内分别选中新建的形状图层，并运用“钢笔工具”在合成图像窗口内分别沿着各层“图案”层的 Mask（遮罩）图形描绘笔画，即在每一层形状图层内沿着枝叶走势一笔笔地描绘，如图 18-207 所示。

图18-206　动画效果

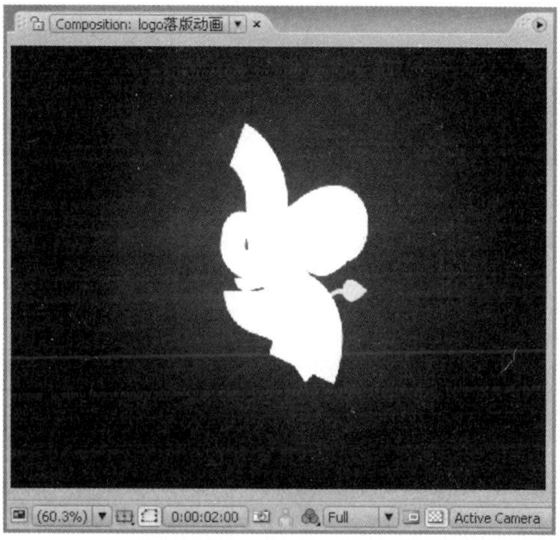


图18-207　描绘笔画

注：此处分别在各形状图层内描绘的白色笔画图形，应该完全遮住各“图案”层的Mask图形。

92设置其他 7 个形状图层的图层堆栈顺序，并分别制作它们的“Trim Paths（修剪路径）”属性关键帧动画。将形状图层“Shape Layer 2”的图层堆栈顺序设置为第 14 层“图案”层（原第 7 层“图案”层）的上层位置，观察形状图层“Shape Layer 2”内的白色笔画与第 14 层“图案”层的枝叶图形在形状和走势上是完全吻合的。依此类推，将每个形状图层分别拖动至与其笔画相吻合的“图案”层的上层位置。

再参考第 89 步的操作，设置其他 7 个形状图层的“Trim Paths（修剪路径）”属性关键帧。先分别展开各形状图层 Contents（内容）属性下的 Shape（形状）属性选项，再分别展开其中的“Trim Paths（修剪路径）”属性选项。然后将时间指针移至 0:00:00:00 处，分别设置其 End（结束）参数为“0.0”，并分别单击其左侧的秒表图标新建一个关键帧。然后在 0:00:02:00 处将各形状图层的“Trim Paths（裁切路径）”属性“End（结束）”参数改为 100.0，如图 18-208 所示。

至此，各形状图层内白色笔画的生长动画效果都已制作完成，效果如图 18-209 所示。

93设置其他各“图案”层的“Track Matte”模式。单击第 14 层“图案”层右侧的 Track Matte 下拉菜单，从中选择 Luma Matte“Shape Layer 2”选项，即以上层“Shape Layer 2”层的亮度区域作为下层“图案”层的透明通道。接着使用相同的方法，将每一层“图案”

层的“Track Matte”模式都设置为“Luma Matte”，如图 18-210 所示。

至此，此异形植物全部枝叶的生长动画效果都已制作完成，效果如图 18-211 所示。

图18-208 制作关键帧动画

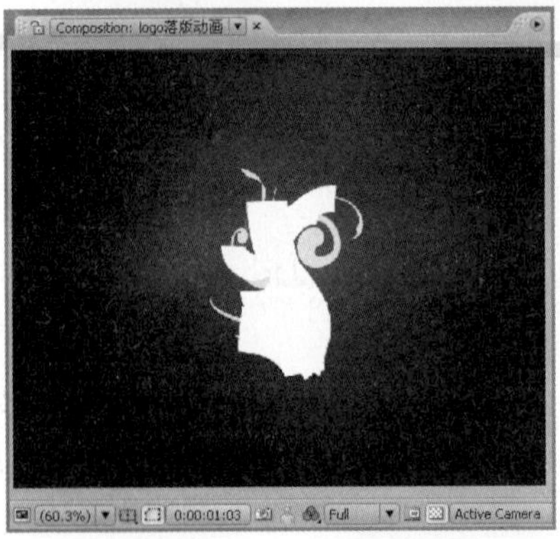


图18-209 动画效果

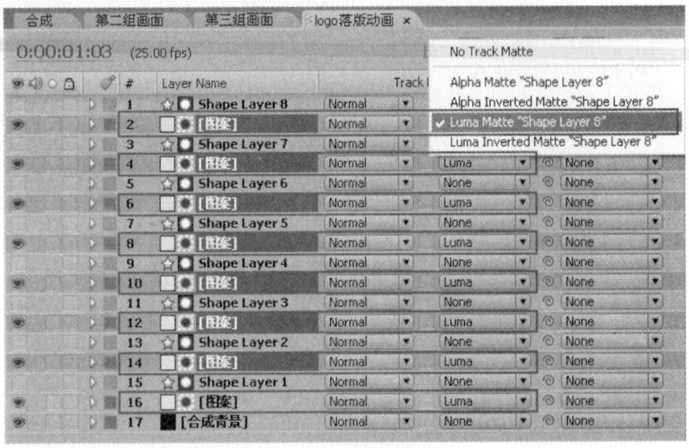


图18-210 设置图层模式

图18-211 动画效果

## 18.2.7 制作LOGO文字伴随着华丽光束和闪耀光斑出场并落版的动画效果

94将全部“图案”层和形状图层合并预合成。在“logo 落版动画”合成文件的 Timeline 面板内，按住 Ctrl 键的同时选中全部“图案”层和形状图层，再按快捷键 Ctrl+Shift+C 对它们进行合并预合成操作。然后为新建的子合成文件取名为“图案生长动画”，并选中 Move all attributes into the new composition（把层属性移动到新建的子合成文件中）单选按钮，再单击 OK（确定）按钮，如图 18-212 所示。

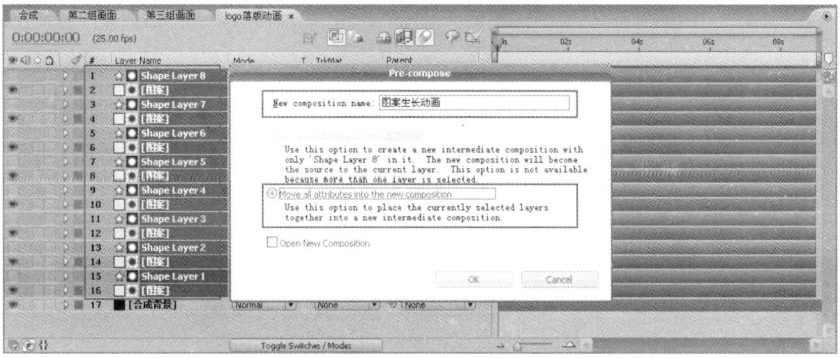


图18-212 合并预合成

95复制生成其他 3 个“图案生长动画”合成层，并调整其 Position（位置）/Scale（缩放）/Rotation（旋转）属性参数。首先在合成文件“logo 落版动画”内选中新生成的“图案生长动画”合成层，并连续按 3 次快捷键 Ctrl+D 进行复制并新建，即在 Timeline 面板内生成了其他 3 个“图案生长动画”合成层，如图 18-213 所示。

然后在 Timeline 面板中同时选中全部“图案生长动画”合成层，并按快捷键 P，再按快捷键 Shift+S+R，同时调出选中层的 Position（位置）、Scale（缩放）和 Rotation（旋转）属性选项。接着调整第 1 层“图案生长动画”合成层的 Position（位置）参数为（522.0,222.0），Scale（缩放）参数为（-61.0, 61.0），调整第 2 层“图案生长动画”合成层的 Position（位置）参数为（198.0, 222.0），Scale（缩放）参数为（61.0，61.0），调整第 3 层“图案生长动画”合成层的 Position（位置）参数为（270.0，282.0），Scale（缩放）参数为（35.0，35.0），Rotation（旋转）参数为（0x,+78.0°），调整第 4 层“图案生长动画”合成层的 Position（位置）参数为（449.0,282.0），Scale（缩放）参数为（-35.0,35.0），Rotation（旋转）参数为（0x,-78.0°），如图 18-214 所示，效果如图 18-215 所示。

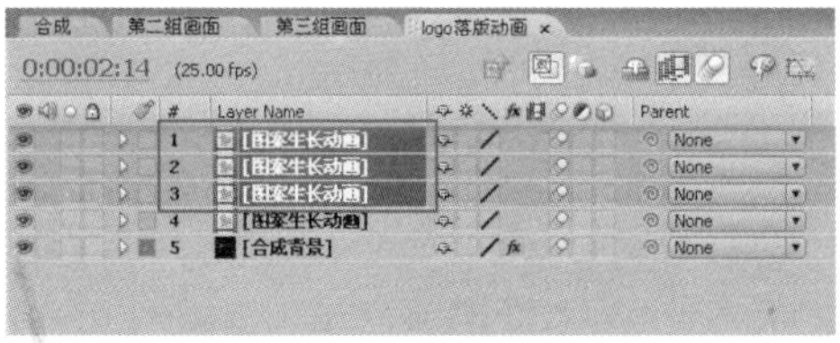

图18-213 复制并生成合成层

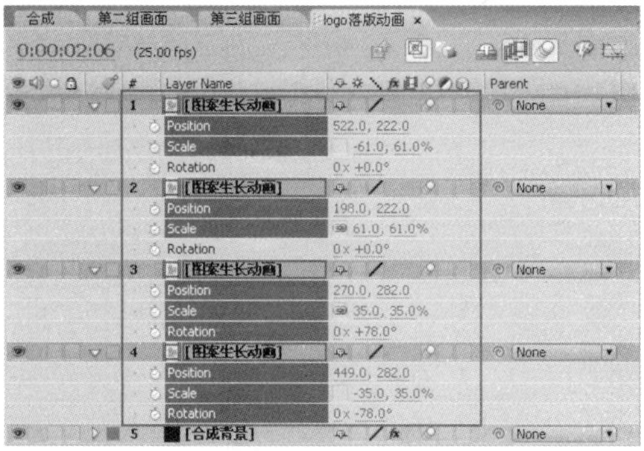

图18-214 调整属性参数

图18-215　效果截图

96设置全部“图案生长动画”合成层的图层混合模式。在 Timeline 面板内按住 Ctrl 键的同时选中全部“图案生长动画”合成层,并单击其右侧的 Mode（混合模式）下拉菜单，从中选择“Overlay（叠加）”选项，如图 18-216 所示，效果如图 18-217 所示。

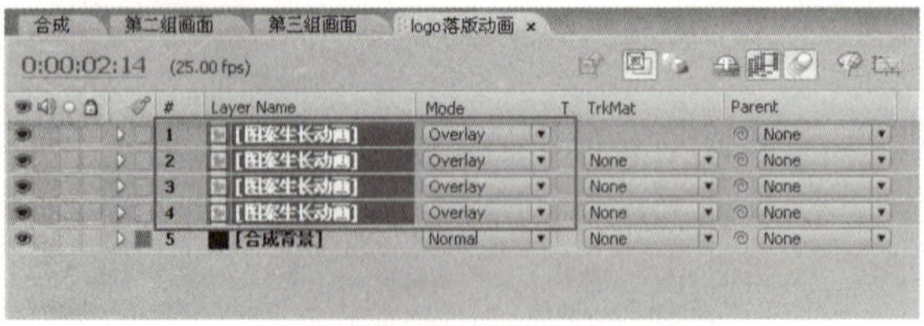


图18-216　设置合成层的混合模式

图18-217　效果截图

97在“logo 落版动画”合成文件内创建调节图层，并为其添加 Glow（辉光）特效。在选中 logo 落版动画合成文件内的 Timeline 面板的情况下，选择 After Effects 主菜单栏中的“Layer（图层）”→“New（新建）”→“Adjustment Layer（调节图层）”选项，即在 Timeline 面板内的顶层位置创建一个调节图层“Adjustment Layer 1”。

再选择“Adjustment Layer 1”层并右击，从弹出的快捷菜单中选择“Effect（特效）”→“Stylize（风格化）”→“Glow（辉光）”选项，如图 18-218 所示。

在调节图层“Adjustment Layer 1”的 Glow 特效控制面板中,设置“Glow Threshold（辉光极限值）”为“54.0”,“Glow Radius（辉光半径）”为“35.0”,“Glow Intensity（辉光强度）”为“1.5”，如图 18-219 所示，效果如图 18-220 所示。

⑱创建“动画 2009”合成文件和“Animation”层。按快捷键 Ctrl+N 新建一个合成文件，并取名为“动画 2009”，其参数设置参考“logo 落版动画”合成文件，如图 18-221 所示。

再按快捷键 Ctrl+Y，在“动画 2009”合成文件内新建一个固态层。然后在打开的固态层设置对话框中设置 Name（名称）为“Animation”，Color（色彩）为“黑色”，如图 18-222 所示。

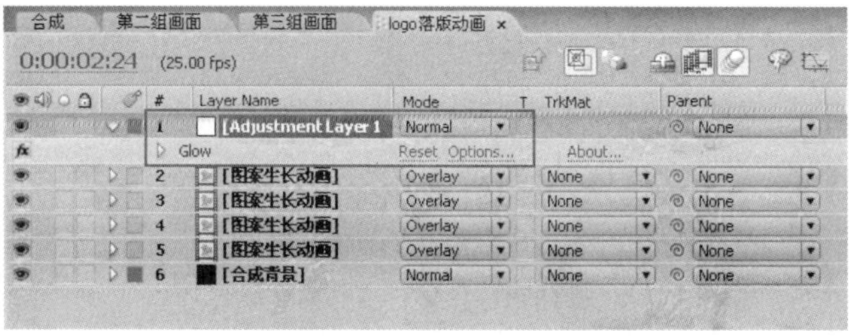


图18-218　创建调节图层

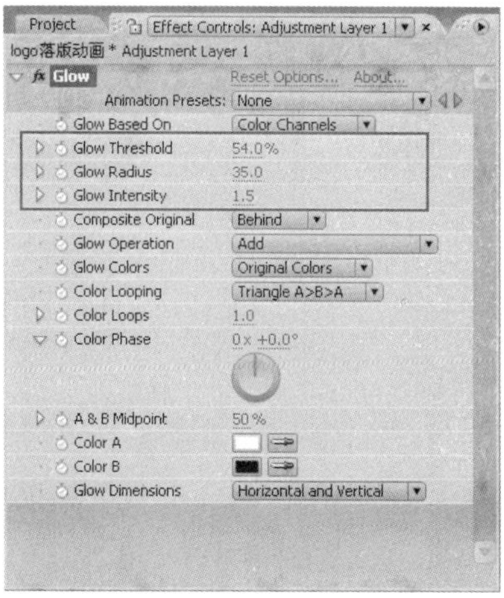


图18-219　特效参数设置

图18-220　Glow效果

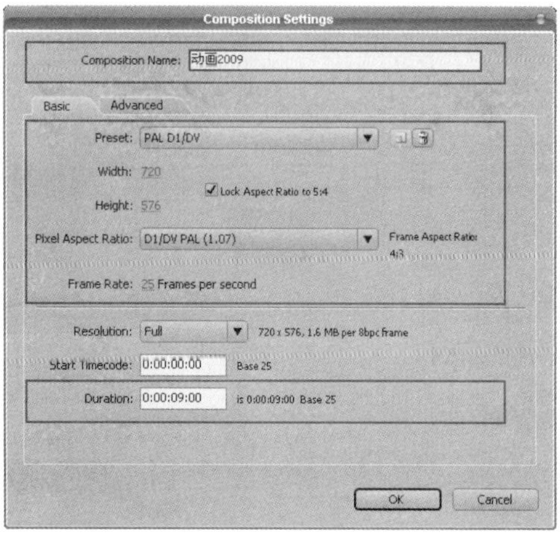


图18-221　创建合成文件

⑲创建文字元素“2009 Animation”。在“动画 2009”合成文件内选择“Animation”层并右击，从弹出的快捷菜单中选择“Effect（特效）”→“Text（文字）”→“Basic Text（基本文字）”选项。然后在其“Basic Text（基本文字）”对话框的文本框中输入文字“2009 Animation”，并设置 Font（字体）为“Arial Black”，再单击 OK（确定）按钮，如图 18-223 所示。

在“Animation”层的“Basic Text”特效控制面板中设置 Position（位置）为 360,238，“Display Options（显示选项）”为“Fill Over Stroke（填充覆盖描边）”，“Fill Color（填充色彩）”为“白色”，“Stroke Color（描边色彩）”为“蓝色（0A6CFF）”，“Stroke Width（描边宽度）”为“4.0”，Size（尺寸）为“66.0”，如图 18-224 所示，效果如图 18-225 所示。

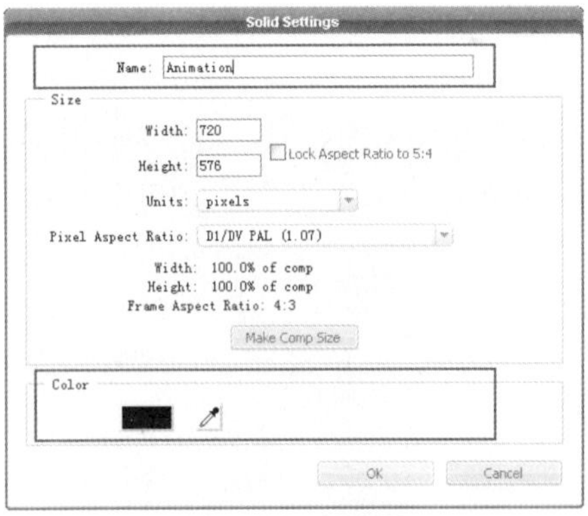


图18-222　创建层

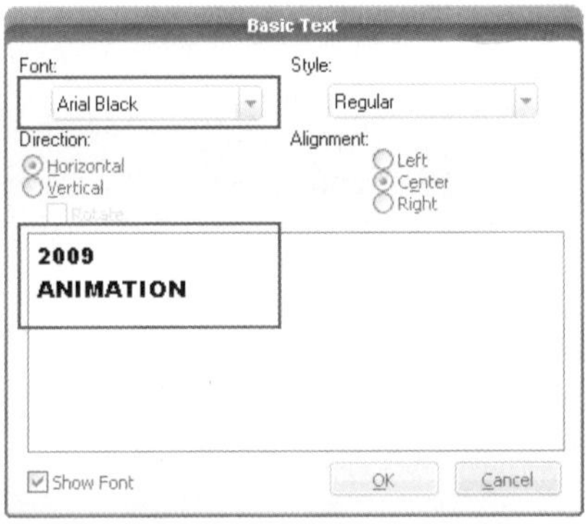


图18-223　“Bosic Text”对话框

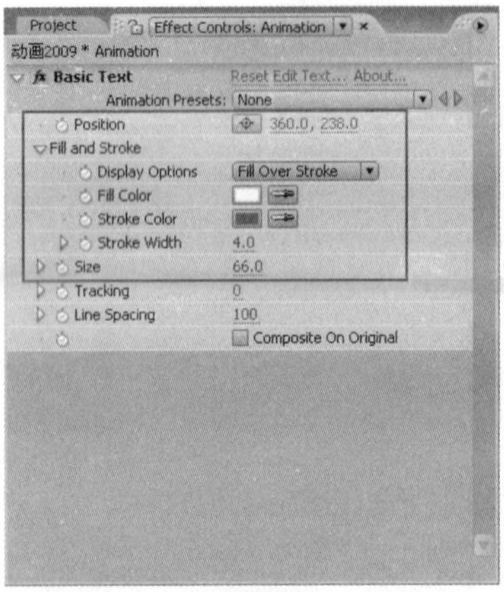


图18-224　特效参数设置

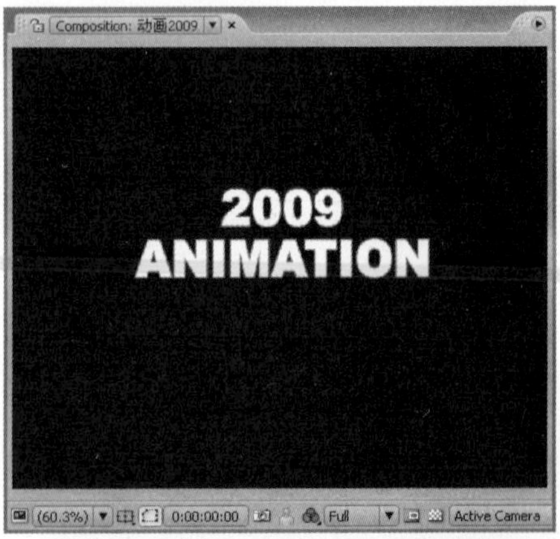


图18-225　Basic Text效果

⑩创建“空合成”合成文件并将其置入“动画2009”合成文件。按快捷键Ctrl+N新建一个合成文件，并取名为“空合成”，其参数设置参考“动画2009”合成文件，如图18-226所示。

然后将“空合成”合成文件从Project项目窗口拖动至“动画2009”合成文件的Timeline面板中，生成“空合成”合成层，并将其置于“Animation”层的下层位置，如图18-227所示。

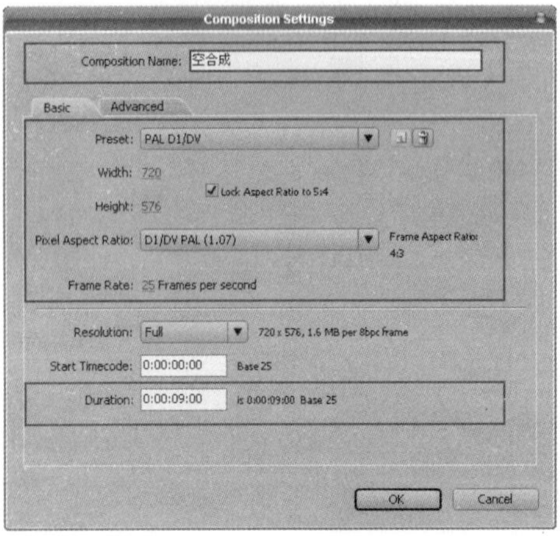


图18-226　创建合成文件

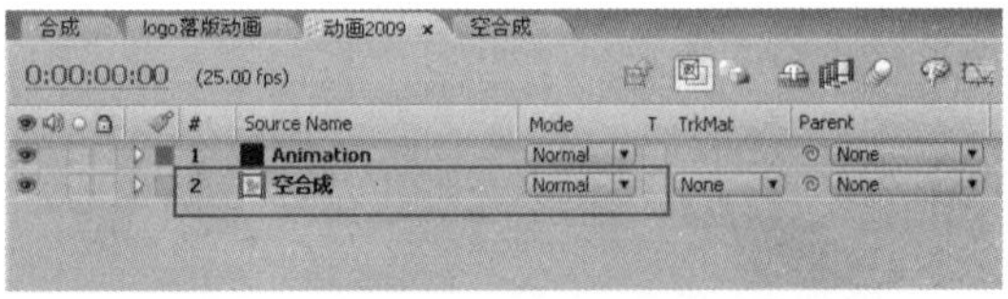


图18-227　设置“空合成”合成文件

101为“Animation”层添加“FE Twister”特效并制作其关键帧动画。在 Timeline 面板内选择“Animation”层并右击，从弹出的快捷键菜单中选择“Effect（特效）”→“Final Effects”→“FE Twister”选项。然后在其特效控制面板中，设置 Backside（背面）为“2. 空合成”,Completion（完成）为“100.0”,即将“空合成”合成层设置为“Animation”层“FE Twister”特效内的背面图像，如图 18-228 所示。

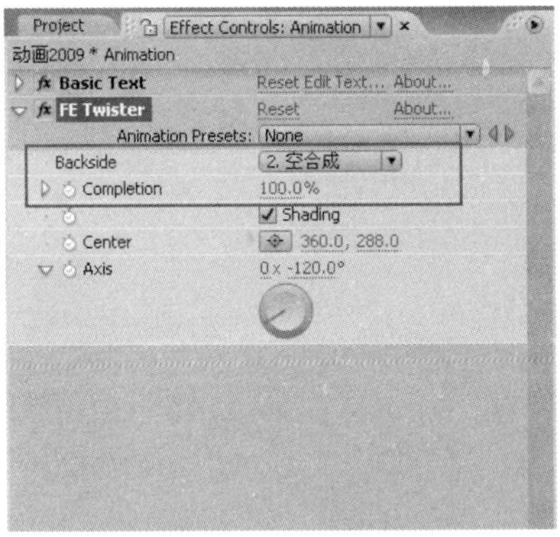


图18-228 特效参数设置

然后在 Timeline 面板内展开“Animation”层的“FE Twister”特效选项，并在 0:00:00:00 处设置其 Completion（完成）参数为“100.0”，再单击 Completion（完成）属性左侧的秒表图标新建一个关键帧，如图 18-229 所示。接着在 0:00:01:00 处，将其 Completion（完成）参数改为“0.0”。

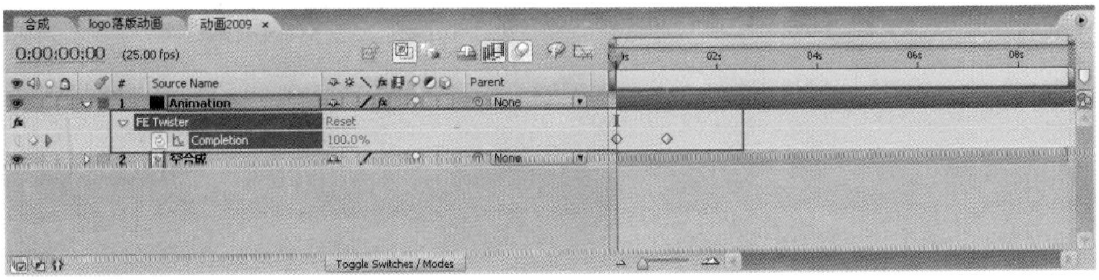


图18-229 设置特效关键帧

至此，文字元素“2009 Animation”从画面下侧翻转出来的动画效果就制作完成了，效果如图 18-230 所示。

102创建“文字介绍”层。按快捷键 Ctrl+Y，在“动画 2009”合成文件内新建一个固态层。然后在打开的固态层设置对话框中设置 Name（名称）为“文字介绍”,Color（色彩）为“黑色”，如图 18-231 所示。

103创建文字元素“天津工业大学动画专业毕业展”。在“动画 2009”合成文件内选择“文字介绍”层并右击，从弹出的快捷菜单中选择“Effect（特效）”→“Text（文字）”→“Basic Text（基本文字）”选项。然后在其“Basic Text（基本文字）”对话框的文本框中输入文字“天津工业大学动画专业毕业展”，并设置 Font（字体）为“SimHei”，对话框的文本框中单击 OK（确定）按钮，如图 18-232 所示。

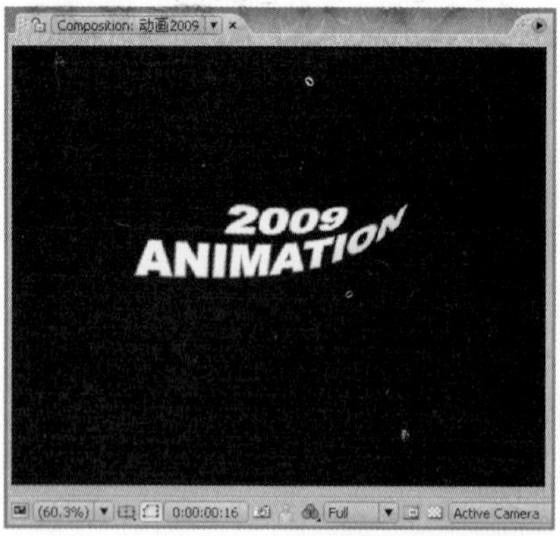


图18-230　动画效果

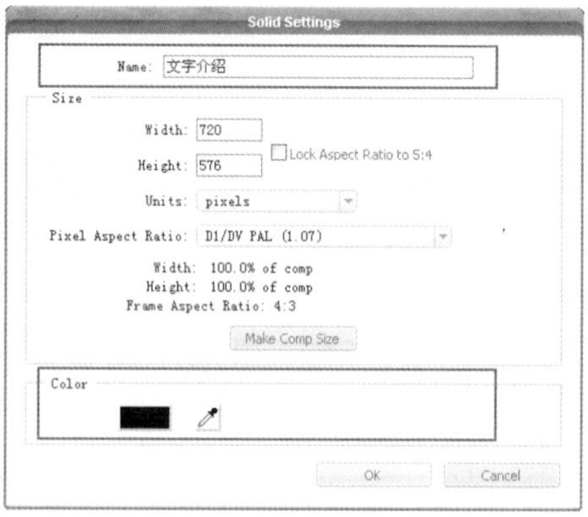


图18-231　创建层

在“文字介绍”层的“Basic Text”特效控制面板中设置 Position（位置）为（360,328），“Display Options（显示选项）”为“Fill Only（单填充）”，“Fill Color（填充色彩）”为“白色”，Size（尺寸）为“33.0”，如图 18-233 所示，效果如图 18-234 所示。

图18-232　Basic Text对话框

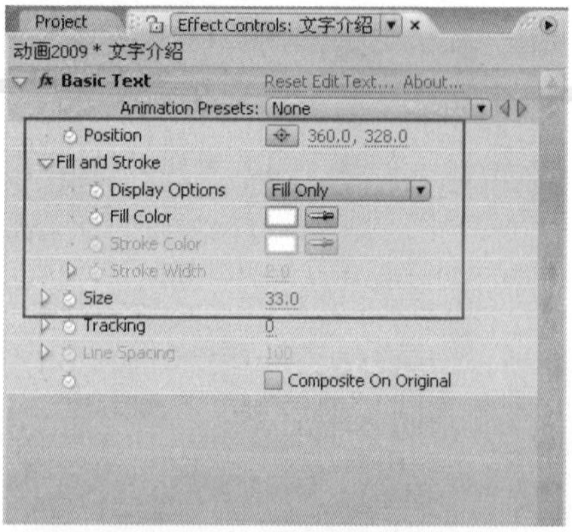


图18-233　特效参数设置

104导入序列帧动画素材“飞舞光束序列帧”，将其置入合成文件“动画 2009”并设置其图层入点时间。首先在 Project 项目窗口中的空白处双击，打开“Import File(导入文件)”窗口，在其中双击“飞舞光束序列帧”文件夹，选择其中的第一帧图像“feiwu0001.tga”并勾选“Import File（导入文件）”对话框下侧的“Targa Sequence（TGA 序列）”复选框，再单击“打开”按钮进行导入，如图 18-235 所示。

随即打开图层 Alpha 通道信息设置对话框，在其中选中 Straight-Unmatted（无遮罩）单选按钮，即设置其图层透明信息仅包含在 Alpha 通道内。最后单击 OK（确定）按钮，完成该序列帧素材的导入操作，如图 18-236 所示。

接着，将序列帧素材“feiwu[0001-0151].tga”从 Project 项目窗口拖动至“动画 2009”合成文件的 Timeline 面板中，生成“feiwu[0001-0151].tga”层。再按 Enter 键并将该层重命名为“飞舞光束”。

然后，将时间指针移至 0:00:02:00 处，在按住 Shift 键的同时选中“飞舞光束”层并将其向 Timeline 面板右侧拖动，直至该层片段入点位置被吸附到当前的时间指针位置，即 0:00:02:00 处，如图 18-237 所示。

图18-234　Basic Text效果

图18-235　导入序列帧动画素材

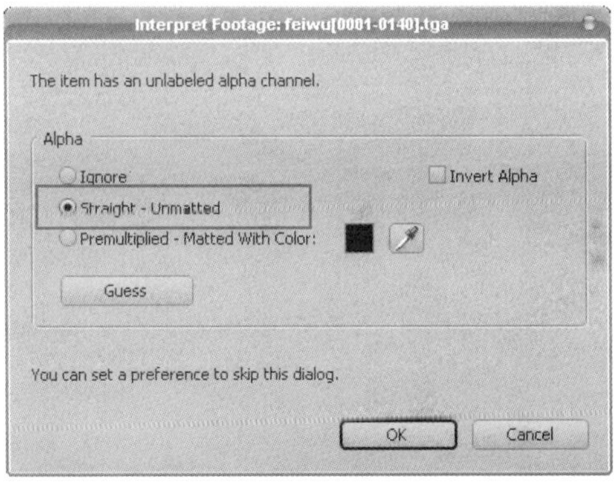


图18-236　通道信息设置

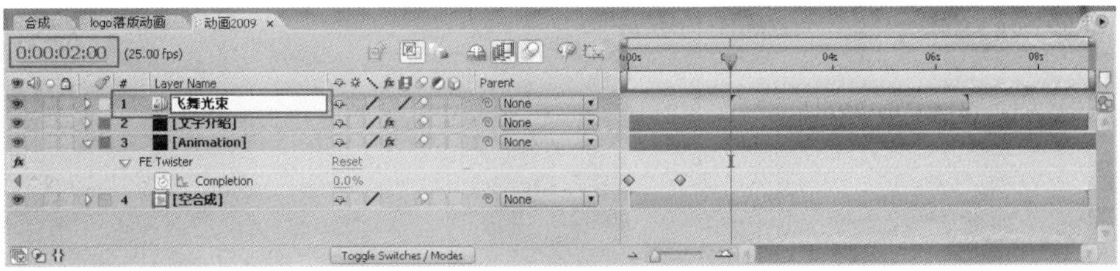


图18-237　设置图层入点时间

105复制生成“飞舞光束 2”层并分别为“飞舞光束”层和“飞舞光束 2”层添加 Mask（遮罩）。首先在“动画 2009”合成文件内选中“飞舞光束”层，按快捷键 Ctrl+D 复制并新建该层，生成“飞舞光束 2”层。

然后分别选中“飞舞光束”层和“飞舞光束 2”层，并在 Tools（工具）面板中选择“钢笔工具”，再在合成图像窗口中分别为这两个序列帧素材所在图层绘制出封闭 Mask（遮罩）。

**注**：此处Mask（遮罩）的形状建立可以参考图例，“飞舞光束2”层的Mask遮罩处于画面偏右半部分，是沿着飞舞光束从上侧至右下侧飞出的轨迹而勾绘出的；“飞舞光束”层的Mask遮罩处于画面偏左半部分，是沿着飞舞光束从左下侧至上侧飞出的轨迹而勾绘出的。

接着同时选中“飞舞光束”层和“飞舞光束 2”层，并按快捷键 M 调出选中层的 Mask（遮罩）属性选项，设置它们的“Mask Feather（遮罩羽化）”参数均为（20，20），如图 18-238 所示。Mask（遮罩）效果如图 18-239 和图 18-240 所示。

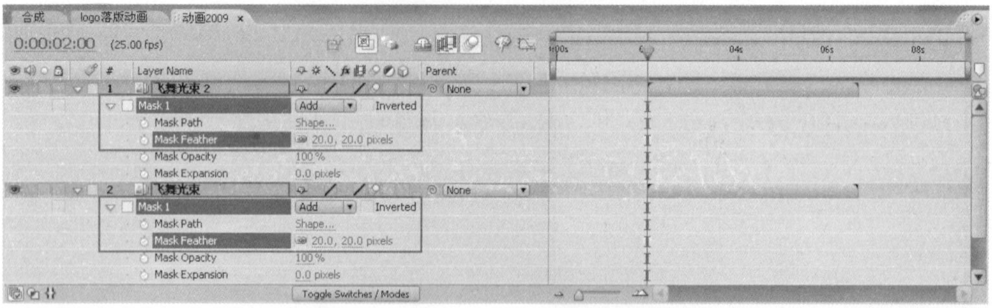


图18-238　设置层

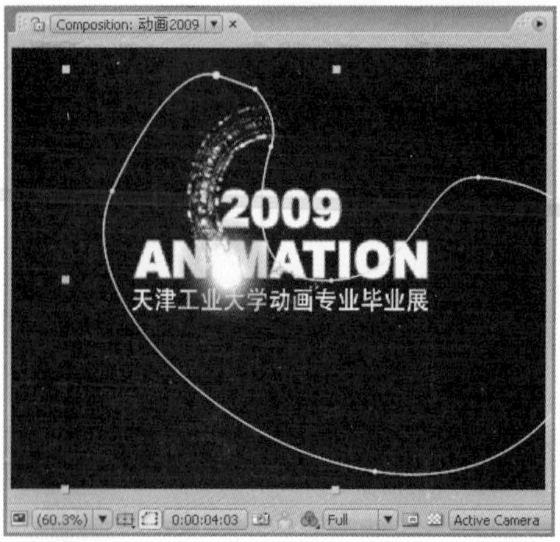


图18-239　为“飞舞光束2”层勾绘Mask

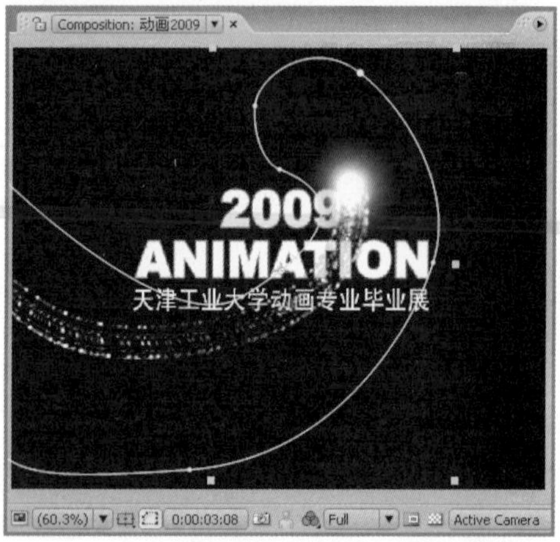


图18-240　为“飞舞光束”层勾绘Mask

⑩⑥分别设置“飞舞光束”层和“飞舞光束 2”层的图层堆栈顺序及图层混合模式。首先在“动画 2009”合成文件的 Timeline 面板内，将“飞舞光束”层拖动至顶层位置；再将“飞舞光束 2”层拖动至“Animation”层的下层位置。然后同时选中“飞舞光束”层和“飞舞光束 2”层，并单击其右侧的 Mode（混合模式）下拉菜单，从中选择“Add（添加）”选项。这样，一道华丽的光束从 LOGO 文字前方飞入并绕至其背后飞出的动画效果就制作完成了，如图 18-241 所示。

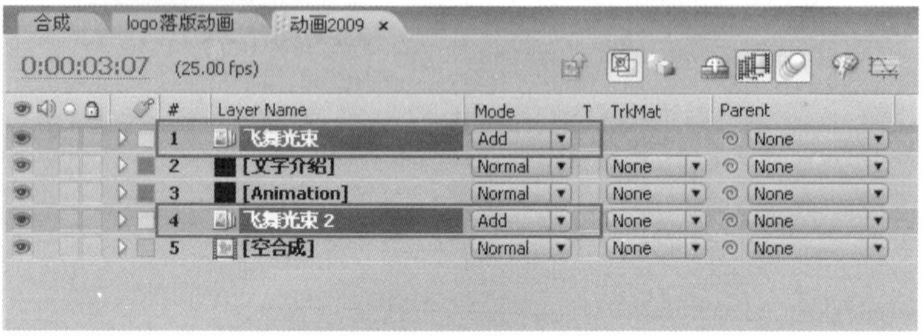


图18-241　设置堆栈顺序及混合模式

⑩⑦将“动画 2009”合成文件内的各图层分别设置为 3D 图层。在“动画 2009”合成文件的 Timeline 面板内，按住 Ctrl 键的同时选中该合成文件内的全部图层。然后打开它们右侧的分功能设置开关面板（Switches）中的“3D 图层”开关，即可将这些图层均设置为

3D 图层，如图 18-242 所示。

⑩⑧新建灯光图层 "Light 1" 并调整其 Position（位置）属性。首先选中 "动画 2009" 合成文件的 Timeline 面板，并在 After Effects 主菜单栏中选择 "Layer（图层）" → "New（新建）" → "Light（灯光）" 选项创建一个灯光图层。然后在打开的灯光设置对话框中，设置 Name（名称）为 "Light 1"，"Light Type（灯光类型）" 为 "Spot（斑驳）"，Intensity（灯光强度）为 "115"，"Cone Angle（灯光锥形角度）" 为 "90"，Color（灯光色彩）为默认白色，如图 18-243 所示。

图18-242　设置为3D图层

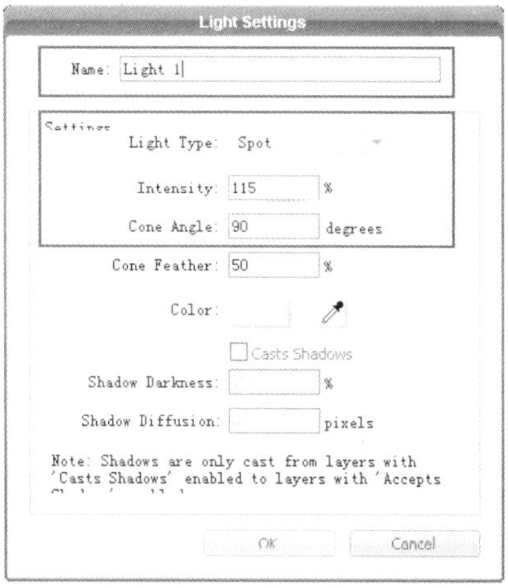


图18-243　灯光设置窗口

接着在 Timeline 面板内展开 "Light 1" 层的 Position（位置）属性选项，并设置其 Position 位置参数为（354.0，297.0，-325.0），如图 18-244 所示。

通过创建一个灯光图层来表现类似舞台幕布上的聚光效果，效果如图 18-245 所示。

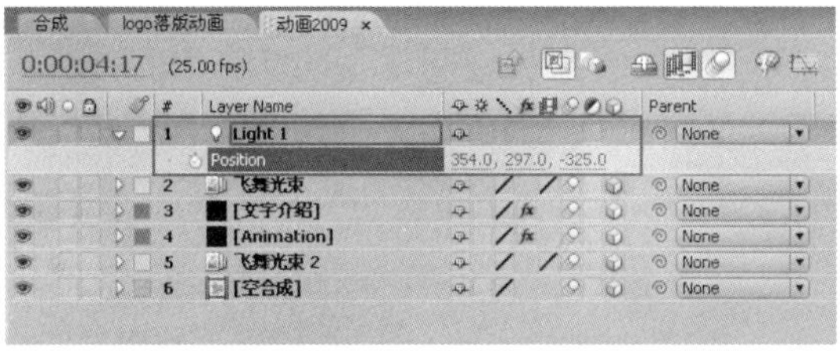


图18-244　调整Position（位置）属性

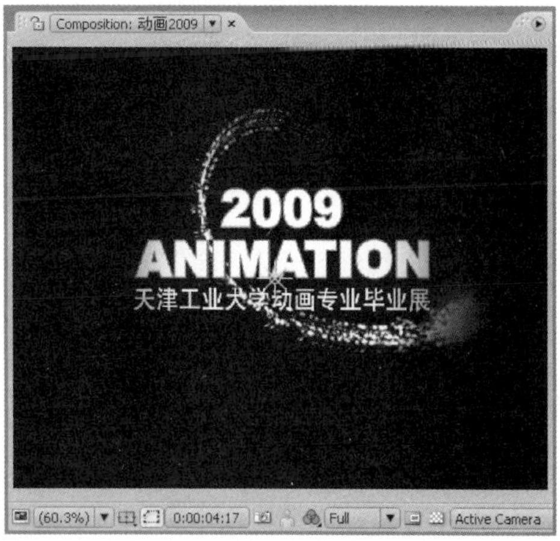


图18-245　效果截图

⑩⑨创建"辉光闪耀"层。按快捷键 Ctrl+Y，在"动画 2009"合成文件内新建一个固态层。然后在打开的固态层设置对话框中设置 Name（名称）为"辉光闪耀"，Color（色彩）为"黑色"，如图 18-246 所示。

⑪⓪为 "辉光闪耀" 层添加 "Light Factory EZ" 插件特效并制作其关键帧动画。选择 "辉光闪耀" 层并右击，从弹出的快捷菜单中选择 "Effect（特效）" → "Knoll Light

Factory”→“Light Factory EZ”选项。然后在其“Light Factory EZ”特效控制面板中，设置 Brightness（亮度）为“0.0”，Scale（比例）为“0.10”，“Light Source Location（光源位置）”为（-261.8,252.4），“Flare Type（耀斑类型）”为“Vortex Bright（涡旋亮光）”。接着将时间指针移至0:00:05:00处，并在Timeline面板内单击其Brightness（亮度）、Scale（比例）及“Light Source Location（光源位置）”属性左侧的秒表图标各自新建一个关键帧，如图18-247所示。

**注**：Knoll Light Factory系列插件特效通常被称为“光工厂”，该系列插件是After Effects最优秀的镜头光斑特效插件之一。

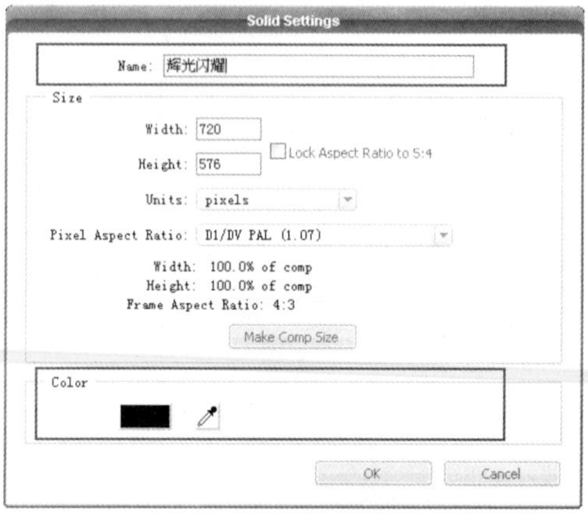


图18-246　创建层

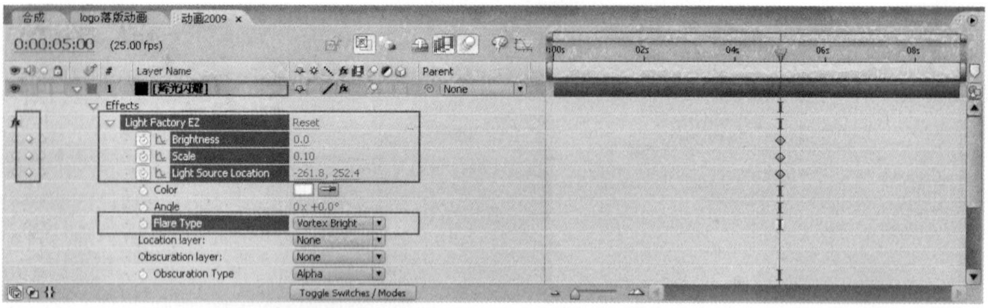


图18-247　设置特效关键帧

在时间0:00:05:05处，将“辉光闪耀”层的“Light Factory EZ”特效选项内的Brightness（亮度）参数改为“130.0”，Scale（比例）参数改为“1.20”，“Light Source Location（光源位置）”参数改为（335.2,252.4），如图18-248所示。

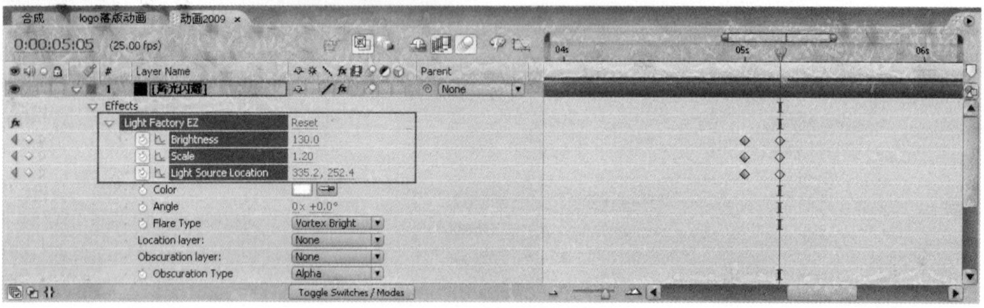


图18-248　特效关键帧

最后在时间0:00:05:15处，将“辉光闪耀”层的“Light Factory EZ”特效选项内的

Brightness（亮度）参数改为“0.0”，Scale（比例）参数改为“0.70”，“Light Source Location（光源位置）”参数改为（755.0,252.4），如图 18-249 所示。

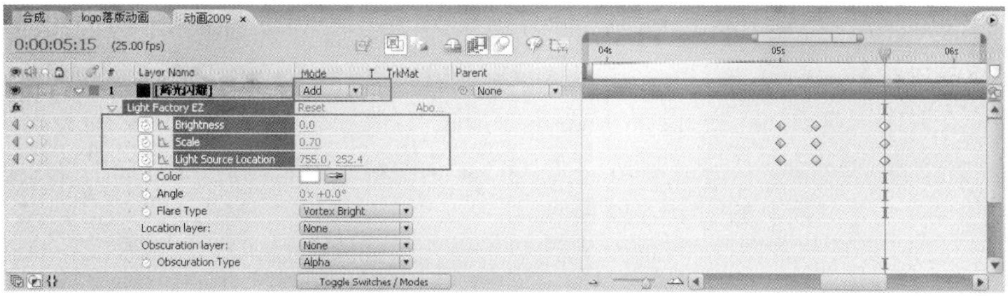


图18-249　设置特效关键帧

至此，一束青色的闪耀光斑快速划过画面的动画效果已经制作完成，效果如图 18-250 所示。

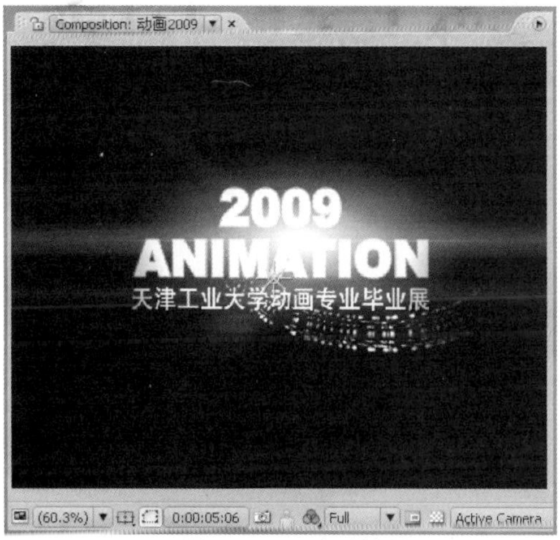


图18-250　动画效果

⑪将“logo 落版动画”合成文件置入“合成”工程文件，并复制生成“logo 落版动画底”合成层。首先在 Project 项目窗口中的空白处双击并打开第一步创建的“合成”合成文件，这是整个案例动画效果的工程文件。再将“logo 落版动画”合成文件从 Project 项目窗口拖动至“合成”工程文件的 Timeline 面板中，生成“logo 落版动画”合成层。

然后将时间指针移至 0:00:21:04 处，在按住 Shift 键的同时选中“logo 落版动画”合成层并将其向 Timeline 面板右侧拖动，直至该层片段入点位置被吸附到当前的时间指针位置，即 0:00:21:04 处。最后选中“logo 落版动画”合成层，再按快捷键 Ctrl+D 复制并新建该合成层，将其重命名为“logo 落版动画底”，如图 18-251 所示。

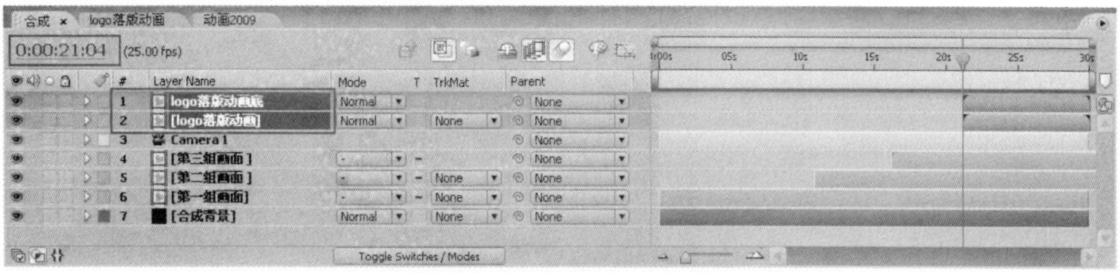


图18-251　设置合成文件

⑫制作“logo 落版动画底”和“logo 落版动画”合成层的 Position（位置）/Scale（缩放）关键帧动画，并设置它们的图层混合模式。在“合成”工程文件的 Timeline 面板内分别展

开“logo 落版动画底”和“logo 落版动画”合成层的 Position（位置）/Scale（缩放）属性选项。然后在时间 0:00:21:04 处，设置“logo 落版动画底”合成层的 Position（位置）参数为（360.0，288.0），再设置其 Scale（缩放）参数为（120.0，-120.0），并分别单击其左侧的秒表图标新建各自的属性关键帧。

同样在时间 0:00:21:04 处，设置“logo 落版动画”合成层的 Position（位置）参数为（360.0，288.0），再设置其 Scale（缩放）参数为（100.0，100.0）。并分别单击它们左侧的秒表图标新建各自的属性关键帧，如图 18-252 所示。

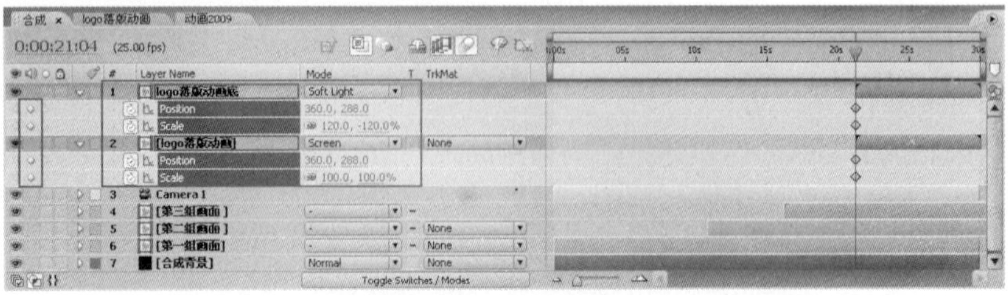


图18-252　设置关键帧

接着在时间 0:00:29:24 处，将“logo 落版动画底”合成层的 Position（位置）参数改为（360.0，332.0），Scale（缩放）参数改为（145.0，-145.0）。同样在时间 0:00:29:24 处，将“logo 落版动画”合成层的 Position（位置）参数改为（360.0，266.0），Scale（缩放）参数改为（125.0，125.0）。

最后在 Timeline 面板中单击“logo 落版动画底”合成层右侧的 Mode（混合模式）下拉菜单，从中选择“Soft Light（柔光）”选项；再单击“logo 落版动画”合成层右侧的 Mode（混合模式）下拉菜单，从中选择“Screen（屏幕）”选项，如图 18-253 所示，效果如图 18-254 所示。

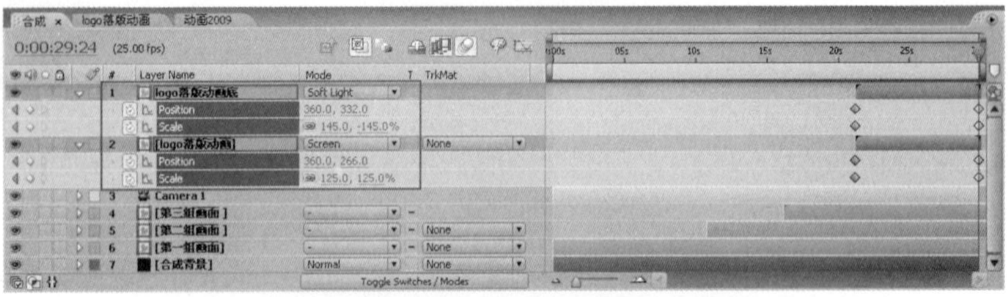


图18-253　设置关键帧

图18-254　效果截图

⑬将“动画 2009”合成文件置入“合成”工程文件，并设置其图层入点时间及图层混合模式。首先将“动画 2009”合成文件从 Project 项目窗口拖动至“合成”工程文件的 Timeline 面板中，生成“动画 2009”合成层。然后将时间指针移至 0:00:21:04 处，在按住 Shift 键的同时选中“动画 2009”合成层并将其向 Timeline 面板右侧拖动，直至该层片段入点位置被吸附到当前的时间指针位置，即 0:00:21:04 处。

最后在 Timeline 面板中单击“动画 2009”合成层右侧的 Mode（混合模式）下拉菜单，从中选择“Add（添加）”选项，如图 18-255 所示，效果如图 18-256 所示。

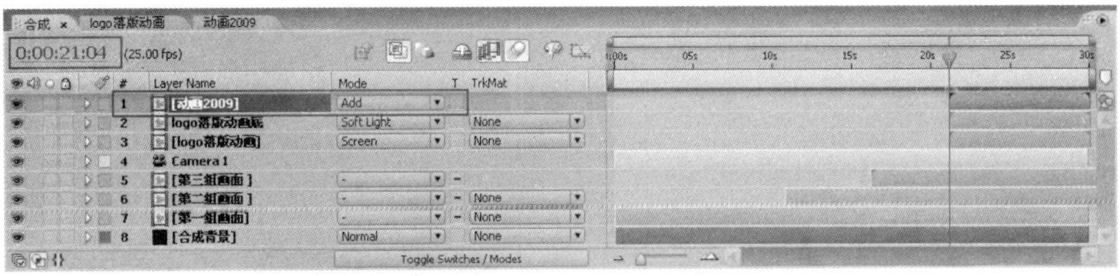


图18-255　设置“动画2009”合成文件

图18-256　效果截图

⑭制作“动画 2009”合成层的 Opacity（透明度）/Scale（缩放）关键帧动画。在“合成”工程文件的 Timeline 面板内展开“动画 2009”合成层的 Opacity（透明度）/Scale（缩放）属性选项。然后在时间 0:00:21:04 处，设置“动画 2009”合成层的 Opacity（透明度）参数为“0”，再设置其 Scale（缩放）参数为（100，100）。再分别单击它们左侧的秒表图标新建各自的属性关键帧。

接着在时间 0:00:21:18 处，将“动画 2009”合成层的 Opacity（透明度）参数改为“100”，如图 18-257 所示。最后在时间 0:00:29:24 处，将“动画 2009”合成层的 Scale（缩放）参数改为（118.0，118.0），如图 18-258 所示。效果如图 18-259 所示。

⑮导入音乐素材并将其置入“合成”工程文件。在 Project 项目窗口中的空白处双击，打开“Import File（导入文件）”对话框，在其中选择作为本片背景音乐的 WAV 格式文件“背景音乐 01”，再单击“打开”按钮进行导入，如图 18-260 所示。

然后将音乐素材“背景音乐 01.wav”从 Project 项目窗口拖动至“合成”工程文件的 Timeline 面板中，生成“背景音乐 01.wav”层。最后将此音乐素材所在层拖动至 Timeline

面板的底层位置，如图 18-261 所示。

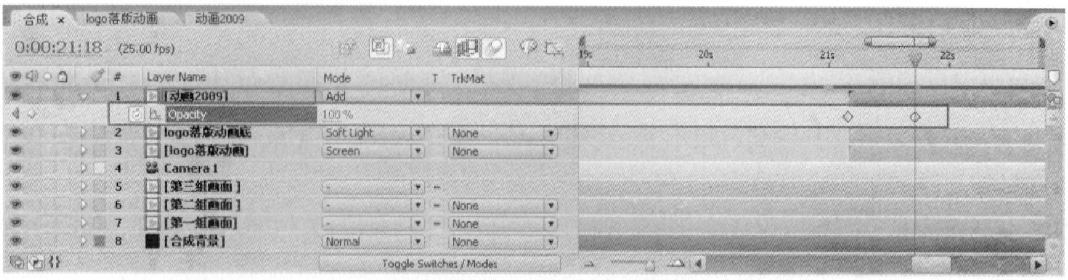


图18-257 设置关键帧

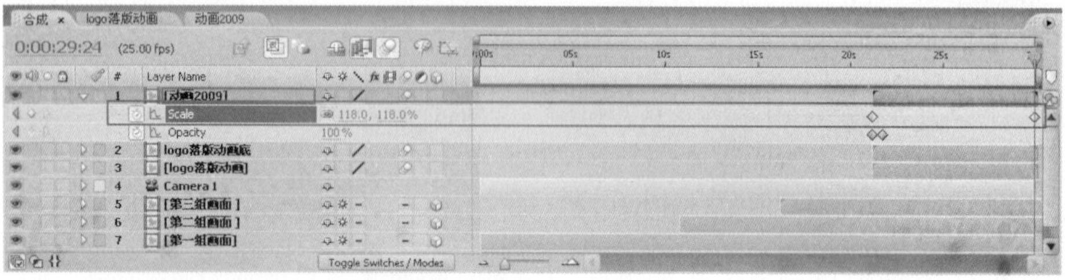


图18-258 设置关键帧

图18-259 效果截图

图18-260 导入音乐素材

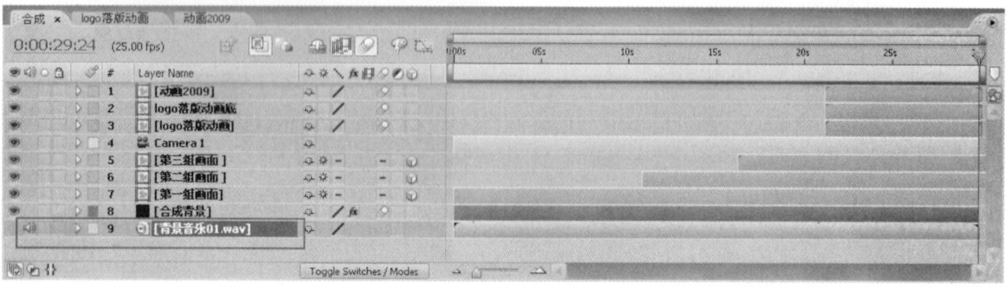


图18-261 将音乐素材置入“合成”工程文件

116渲染“合成”工程文件并输出影片。整个影片动画效果编辑完成以后，按空格键进行预览，若影片效果预览无误则可开始渲染输出的操作了。

选中“合成”工程文件的 Timeline 面板，并按快捷键 Ctrl+M 打开“Render Queue（渲染队列）”对话框。在其中设置“Render Settings（渲染设置）”为“Best Settings（最佳设置）”,“Output Module（输出模块）”为“Lossless（无损）”。最后单击“Output To（输出至）”

选项右侧的下拉按钮，在弹出的下拉菜单中选择最终输出影片的保存地址并设置影片名称，如图 18-262 所示。

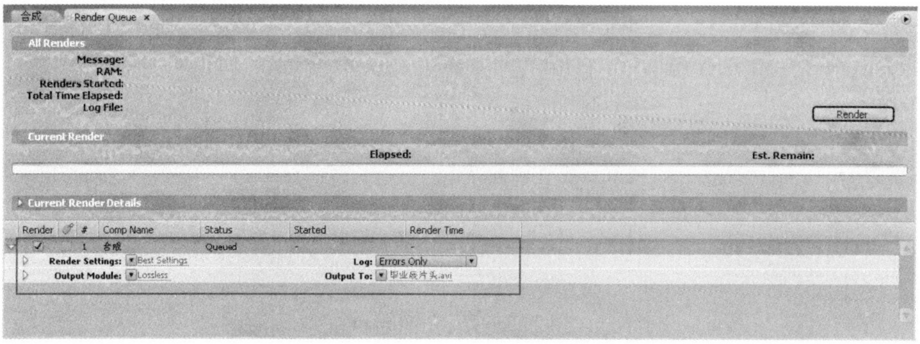


图18-262 渲染“合成”工程文件并输出影片

·读·书·笔·记·